LE

VIGNOLE DES MÉCANICIENS

SAINT-NICOLAS, PRÈS NANCY. — IMPRIMERIE DE P. TRENEL.

LE

VIGNOLE DES MÉCANICIENS

ESSAI

SUR LA CONSTRUCTION DES MACHINES

ÉTUDES DES ÉLÉMENTS QUI LES CONSTITUENT

TYPES ET PROPORTIONS DES ORGANES QUI COMPOSENT LES MOTEURS, LES TRANSMISSIONS DE MOUVEMENT ET AUTRES MÉCANISMES

PAR ARMENGAUD AÎNÉ

INGÉNIEUR

ANCIEN PROFESSEUR AU CONSERVATOIRE IMPÉRIAL DES ARTS ET MÉTIERS

CHEVALIER DE LA LÉGION D'HONNEUR

PARIS

A. MOREL ET Cie, LIBRAIRES-ÉDITEURS

Rue Bonaparte, 13

1863

PRÉFACE

Depuis longtemps, je me suis occupé de l'étude des organes essentiels qui entrent dans la construction des machines, en cherchant à soumettre leurs formes et leurs proportions à des règles uniformes et surtout assez simples pour être facilement suivies par les mécaniciens les plus modestes, comme par les contre-maîtres, les chefs d'atelier, les dessinateurs qui travaillent dans la mécanique.

Ayant dirigé, pendant plusieurs années, un établissement important pour l'exécution des moulins à blé, des moteurs hydrauliques et à vapeur, j'ai pu souvent me convaincre combien il serait utile pour les jeunes ingénieurs, pour les élèves qui se destinent à l'art si difficile de la construction, de posséder une série de bons modèles d'Éléments qu'ils pourraient consulter avec fruit, et qui leur permettraient d'acquérir, sans perte de temps, cette expérience que l'on ne peut obtenir qu'avec peine, par un séjour plus ou moins prolongé dans les ateliers, quelles que soient, d'ailleurs, les études théoriques que l'on ait faites.

Je me suis attaché à réunir, dans ce but, un grand nombre de matériaux, en faisant, parmi les meilleures machines existantes, un choix judicieux des organes les mieux établis, qui sont les plus employés, afin de les présenter comme exemples à suivre, en les accompagnant constamment des données essentielles qui servent de guides dans les applications.

Déjà l'on a pu voir, dans mon Recueil des Machines, Outils et Appareils, quelques-uns des ces organes, que j'ai publiés à titre d'essai et dont les figures sont indiquées sous une couleur bistre, pour les distinguer des autres planches de l'ouvrage.

A l'accueil favorable que j'ai reçu à ce sujet des ingénieurs et des constructeurs de grand mérite, s'est joint le vœu, qui m'a été bien des fois exprimé, de voir ces notions, jusqu'alors éparses, rassemblées et méthodiquement classées dans un livre spécial, affectant plus particulièrement la contexture d'un Traité.

J'ose espérer avoir répondu à ces désirs, en publiant aujourd'hui le VIGNOLE DES MÉCANICIENS, qui, tout en reproduisant mes premières planches, contient la plus grande partie de modèles nouveaux, et qui, en outre, à cause de l'importance même attribuée à cette étude, a exigé que le texte fût entièrement refondu et complété par des documents inédits.

Cet ouvrage débute par une *Introduction relative à la résistance des matériaux*, afin de rappeler succinctement les principes généraux qui se rapportent à cette partie de la science appliquée, et sur lesquels reposent les dimensions principales de chacun des organes que l'on est appelé à exécuter.

Ainsi, les *boulons*, les *rivets*, les *tiges* de piston sont des solides soumis à des efforts de compression ou d'extension, leur diamètre doit donc être déterminé pour résister à ce genre d'effort ; les *leviers*, les *dentures d'engrenages*, les *balanciers* sont des organes susceptibles de rompre sous un effort transversal ; tandis que les *arbres* et d'autres pièces doivent être calculés pour résister à des efforts de torsion ou de flexion.

Ces préliminaires m'ont paru d'autant plus nécessaires qu'il ne m'a pas toujours été possible de classer les exemples choisis selon l'ordre même des similitudes de résistance ; ils m'ont permis, du reste, de simplifier souvent les explications, et d'éviter, par suite, des répétitions inutiles en renvoyant à l'Introduction.

Procédant du simple au composé, j'ai commencé par les *boulons*, les *vis* et les *rivets*, organes que l'on rencontre constamment dans les groupes de pièces, et dont les formes, comme les applications, sont très-multipliées ; viennent ensuite les *arbres moteurs* et de *transmission*, les *pivots* et les *axes verticaux*, qui, se construisant, tantôt en fer ou en fonte, tantôt en métal ou en bois, ont dû par cela même être étudiés séparément dans chaque genre ; puis les *manchons d'accouplement*, et les *manchons d'embrayage*, qui, servant à la jonction fixe ou mobile des arbres, sont également très-variables dans l'exécution selon les forces à transmettre ou les conditions à remplir.

Les différents genres de *paliers* avec leurs *coussinets* et *chapeaux*, les *supports*, les *chaises* et les *consoles* qui portent les tourillons des arbres, forment avec les *boitards* et les *poëlettes* qui maintiennent ou reçoivent les pivots, un chapitre très-étendu, complété par les *paliers graisseurs*, qui, encore peu connus, sont appelés à se répandre partout.

Il en est de même des *poulies*, des *tambours* et des *engrenages* de toute espèce, que l'on applique actuellement sur les plus grandes comme sur les plus petites dimensions, dans la plupart des machines et des transmissions de mouvement.

Après l'étude de ces organes divers, employés d'une manière si générale et en même temps si variée, j'examine la structure des *colonnes* et des *bâtis* qui forment ce que l'on peut appeler la partie fixe des machines et qui, sous plusieurs points de vue, présentent également de l'intérêt.

J'aborde ensuite d'autres genres de pièces, qui, quoique peut-être d'un usage plus spécial que les précédentes, n'offrent pas moins une grande importance dans la composition des machines, comme les *traverses* et *tiges* de piston, les *garnitures* et *boîtes à étoupes*, les *bielles* et les *balanciers*, les *manivelles* et les *excentriques*, les *cylindres* et *corps de pompe*, les *pistons à eau*, *à air et à vapeur*, les *tuyaux* et *robinets*, les *soupapes* et *clapets*, etc., etc.

Enfin, le volume se termine par un chapitre sur les différents types de *volants-régulateurs*, dont j'ai exposé la théorie dans mon Traité des moteurs à vapeur, mais sans en indiquer l'exécution qui se modifie de tant de manières, suivant les proportions plus ou moins considérables qu'ils doivent avoir.

Tous ces organes, choisis, comme je l'ai dit, dans les meilleurs exemples, ont été dessinés sur une assez grande échelle avec le plus grand soin, et de manière à être aisément compris dans toutes leurs parties. En y appliquant les formules pratiques qui servent à la détermination de leurs dimensions fondamentales, je ne me suis point attaché systématiquement à poser des règles fixes pour certains détails, dont l'importance aurait véritablement paru très-secondaire aux praticiens. Si je l'ai fait quelquefois, c'est plutôt en vue de montrer la manière de procéder dans le cas où l'on voudrait établir des séries de chaque organe. Du reste, j'ai toujours eu le soin de coter chacune des figures représentées avec une grande exactitude, conformément aux modèles exécutés.

Confiant dans la bienveillance dont j'ai été honoré pour mes travaux antérieurs, je viens offrir ce nouvel essai, non comme une œuvre complète, mais susceptible d'être augmentée, et de rendre des services à nos jeunes mécaniciens, en leur facilitant l'étude de la construction. Je crois que de tels ouvrages, essentiellement pratiques, devraient être entre les mains de tous les élèves des Écoles professionnelles et des Écoles d'arts et métiers, comme je conserve l'espoir de les voir bientôt consultés par toutes les personnes qui s'occupent de l'industrie des machines.

ARMENGAUD aîné.

LE VIGNOLE DES MÉCANICIENS

ESSAI

SUR LA CONSTRUCTION DES MACHINES

INTRODUCTION

NOTIONS SUR LA RÉSISTANCE DES MATÉRIAUX

APPLIQUÉE A L'ÉTUDE DE LA CONSTRUCTION DES ORGANES DE MACHINES.

Lorsque l'on cherche à se rendre compte des conditions que doit remplir un organe mécanique qu'on se propose d'étudier ou de construire, on ne tarde pas à reconnaître que ces conditions sont de deux ordres distincts :

1° *La forme ou la structure extérieure*, motivée principalement par la fonction même de la pièce, par les mouvements qu'elle doit exécuter, quand elle est mobile, et, dans tous les cas, par la place qu'elle occupe dans l'ensemble du mécanisme ; enfin, quelquefois, par son rôle plus ou moins décoratif, etc. ;

2° *La résistance*, en vertu de laquelle cette pièce doit être capable de supporter une charge déterminée, ou de transmettre les efforts qui lui sont communiqués, sans qu'il en résulte pour elle ni rupture, ni même de transformation nuisible.

On est, en outre, bientôt convaincu que ces deux conditions sont doublement inséparables ; d'abord, parce que la forme, sans dimensions, ne serait qu'une abstraction, et ensuite, parce que le mode même de résistance conduit le plus souvent à quelques modifications dans la structure.

Ainsi, on comprend que la résistance propre d'une *plaque* de fonte, par exemple, dont les fonctions ne comportent que la table ou la surface, conduit, non-seulement à lui donner une certaine épaisseur, mais encore à la renforcer par des nervures ; que si une *bielle* n'est, élémentairement, qu'un solide prismatique pour transformer le mouvement, sa résistance commande d'en faire un corps *renflé;* il en est de même d'un grand nombre d'objets, comme un arbre, une colonne, un support, etc.

Par conséquent, il ne peut exister d'étude sérieuse sur un organe mécanique quelconque, sans y faire intervenir celle de la résistance pour la plus grande part, attendu que cette dernière *prime* la forme et la disposition qui ne peuvent être arrêtées définitivement qu'après avoir exactement tenu compte des efforts à supporter ou à vaincre.

C'est certainement à la *résistance des matériaux*, amenée de nos jours à l'état, pour ainsi dire, de science exacte, que l'on doit les plus sérieux progrès de la construction mécanique ; c'est, en effet, en s'appliquant à mesurer avec soin la résistance spécifique de la matière mise en œuvre, que l'on est parvenu à en améliorer de plus en plus la qualité même, et à donner aux pièces fabriquées les dimensions et les formes qui leur conviennent le mieux.

Pour atteindre le but que nous nous sommes proposé, il est donc indispensable, non pas d'entreprendre cette étude à fond, mais au moins d'en exposer les principes, comme nous les comprenons utilisés dans la pratique : car il faut toujours faire la part, dans les éléments d'une science, de la partie purement théorique de celle qui peut être immédiatement applicable.

En conséquence, nous allons essayer de faire connaître les données qui conduisent à l'estimation des divers modes de la résistance spécifique des matériaux, ainsi que la méthode de calcul employée pour les applications aux organes mécaniques suivant leurs formes et leurs dispositions particulières.

Les efforts auxquels ces pièces doivent résister sont de diverses natures. Ainsi, nous aurons à examiner :

1° Les corps soumis à des efforts de *traction* ou d'extension longitudinale, tels que les tiges des pompes élévatoires, les boulons d'assemblage, les cordes et les chaînes, etc.;

2° Les organes qui supportent des charges tendant à les écraser, c'est-à-dire, soumis à la *compression,* tels que les étais, les supports, les bâtis, les colonnes, etc.;

3° Les solides qui subissent un effort de *torsion*, comme les arbres de transmission de mouvement ;

4° Enfin la résistance au *cisaillement,* à laquelle sont soumises certaines pièces chargées transversalement et exactement maintenues en dehors de la partie chargée, comme le sont les rivets d'assemblage des tôles.

RÉSISTANCE A L'EXTENSION OU A LA TRACTION.

Lorsqu'un corps solide est fixé rigidement en un point quelconque et qu'un effort agit dans la direction qui produirait l'*arrachement,* on dit que ce corps est soumis à un effort d'*extension* ou de *traction*, c'est-à-dire que ses molécules constitutives, qui possèdent une cohésion naturelle tendant à les tenir rapprochées avec plus ou moins d'énergie, se trouvent sollicitées par une force qui tend à combattre cette cohésion et à les séparer les unes des autres.

Ainsi, une corde ou une chaîne qui soutient un poids est soumise à un effort d'*extension*, lequel porté à une intensité suffisante, produirait d'abord un certain allongement, puis ensuite la rupture complète de cette corde ou de cette chaîne.

La tige du piston d'une pompe élévatoire, située entre l'effort de traction de la commande et le poids de la colonne de liquide soulevée, est exactement dans la même condition de résistance, etc.

L'examen de cette proposition fournit bientôt cet autre résultat, qu'il existe entre l'espèce de matière constitutive du corps, sa dimension et l'intensité de l'effort, des relations desquelles dépend rigoureusement l'effet final. Ainsi, une grosse corde ne cédera aucunement à l'effort qui en ferait casser une plus petite confectionnée avec les mêmes matières, dans les conditions identiques ; une tige en acier fondu, à égalité de diamètre, supportera sans faiblir un effort qui pourrait produire la rupture de la tige en fer, etc.

C'est, qu'en effet, la cohésion des molécules est bien différente d'une matière à l'autre, et que la même résistance totale dépend rigoureusement de la quantité de molécules sollicitées à la fois, ce qui est naturel, puisque chaque molécule offre séparément sa résistance individuelle.

Néanmoins, il ne faut pas confondre la masse totale du corps soumis à un effort avec la partie isolée qui seule devra subir la rupture. Ainsi, revenons à une tige métallique supportant une certaine charge qui tend à l'étirer ou à l'allonger, il est clair que la plus ou moins grande longueur de cette tige ne modifiera pas sa résistance, mais qu'elle dépend de son diamètre ou de sa section perpendiculaire à la direction de l'effort.

Cependant, on peut dire que sa masse totale se ressent de l'effort exercé, puisque l'allongement qui précède la rupture est essentiellement proportionnel, dans un certain rapport, avec la *longueur* de la pièce ; or, cet allongement détermine un amincissement qui atteint un maximum en un certain point de la longueur, et la section, réduite en ce point, devenue insuffisante pour résister à l'effort, la rupture s'y produit bientôt.

Par conséquent, c'est par la section perpendiculaire à la direction suivant laquelle s'exerce l'effort qu'il faut aller chercher la résistance de la pièce ; ou mieux, lorsque celle-ci est soumise à un certain effort, il faut rechercher si toutes les sections que l'on pourrait y concevoir sont en équilibre de résistance avec la composante normale de l'effort exercé.

S'il s'agit d'une tringle prismatique soumise à une traction longitudinale, dans la direction même de son axe, le problème devient très-simple, la résistance de cette tringle est justement proportionnelle à sa section transversale.

C'est, en effet, au moyen de nombreuses expériences basées sur cette méthode que l'on est parvenu à estimer la résistance spécifique moyenne de divers matériaux employés dans la construction ; nous ne parlons, pour l'instant, que de la résistance à l'extension ou à la traction.

On a pris des tiges ou des prismes de chaque espèce de matériaux, puis les ayant solidement fixés par une extrémité, on les a soumis à un effort de traction exactement mesuré. En en modifiant convenablement l'intensité, on a pu reconnaître sous quelle charge l'allongement sensible commence à se produire et quelle est celle qui détermine la rupture ; on a reconnu également sous quelle loi se produit l'allongement qui est, comme nous l'avons dit, dépendant de la longueur totale du prisme, tandis que la rupture reste exclusivement proportionnelle à la section perpendiculaire à la direction de l'effort.

Afin de mieux faire comprendre la nature des résultats obtenus au moyen de ces expériences, nous prendrons un exemple qui suffira pour l'explication de la table que nous donnons ci-après.

Une barre de fer ronde, de 2 centimètres de diamètre sur 3 mètres de longueur, étant suspendue verticalement par son extrémité supérieure, nous supposons qu'on lui fait d'abord supporter une charge de 6500 kilog. ; or, sous cette charge, qui n'est point suffisante pour amener la rupture de la tige, on constate qu'elle s'est allongée d'une certaine quantité que nous admettons égale à 4 millimètres, par exemple.

On augmente alors un peu la charge, l'allongement s'accroît, et enfin, sous la charge totale de 12000 kilogrammes, l'allongement qui s'est très-rapidement accru, a atteint 60 millimètres et la barre de fer *se rompt*.

D'une expérience qui fournirait de semblables résultats, on ferait les déductions suivantes :

La rupture de la tige s'étant produite, sans choc, sous une charge de 12000 kilogrammes, et sa section étant égale à :

$$\frac{\overline{20^{\text{mill.}}}^2 \times 3{,}1416}{4} = 314{,}16 \text{ millimètres carrés,}$$

sa résistance spécifique maxima à la rupture par extension ou traction, est égale à :

$$\frac{12000^{\text{k}}}{314^{\text{mill c.}}16} = 38{,}197 \text{ kilogrammes par millimètre carré,}$$

soit environ 3820 kilogrammes par centimètre carré.

D'autre part, puisque, sous un peu plus de la moitié de la charge de rupture, la tige a subi un allongement de 4 millimètres et qu'elle a 3 mètres de longueur, on dirait que cet allongement équivaut à $^4/_3$ de millimètre par mètre, ou à :

$$\frac{4}{3000} = \frac{1}{750} \text{ de la longueur totale.}$$

Enfin, opérant de même à l'égard du degré d'allongement au moment de la rupture, on dirait qu'il correspond à 20 millimètres par mètre, ou à :

$$\frac{60}{3000} = \frac{1}{50} \text{ de la longueur totale.}$$

Il reste bien entendu que ces résultats, quoiqu'empruntés à des faits pratiques, sont néanmoins hypothétiques et ne constituent que des exemples plus ou moins approchés de ceux qu'une expérience exacte fournit ordinairement. D'ailleurs, rien n'est plus variable que les résultats obtenus dans diverses circonstances avec le même métal, sans parler même des variétés de fabrication qu'il présente. Ainsi, avec du fer, on trouvera des différences sensibles de résistance, non-seulement suivant sa nature, le mode de fabrication employé, mais encore suivant qu'il est de fort ou de faible échantillon, qu'il est dur ou recuit, qu'il a été laminé ou forgé, etc., etc.

Quoi qu'il en soit, lorsqu'on connaît approximativement le point de rupture de la matière que l'on se propose d'appliquer, on doit fixer la dimension des pièces, non pas seulement de façon à se tenir un peu au-dessous de cette résistance maxima, mais même au-dessous de celle qui correspondrait à un effort capable d'amener une simple déformation un peu sensible.

A cet égard, nous rappellerons que l'on distingue, dans les différentes déformations, par allongement ou par flexion, qu'une pièce peut subir sous un effort donné, celles qui ne dépassent pas *la limite d'élasticité* du corps, c'est-à-dire, qui disparaissent en partie avec l'effort lui-même, de celles qui dépassent cette limite et persistent après l'enlèvement de la charge. Il est évident que dans certaines applications, telles que les câbles en fil de fer pour les ponts, les fermes pour charpentes et dans les grandes constructions en général, dans lesquelles la matière étant employée en grande masse, on doit en restreindre le poids autant que possible, on peut à la rigueur admettre la première de ces deux conditions, mais jamais la seconde.

Quant à la construction mécanique du genre de celle dont nous nous occupons actuellement, les proportions adoptées en pratique sont tellement au-dessus de celles qui correspondraient à la limite d'élasticité que nous ne devons pas nous préoccuper de la quantité de flexion qu'elles subissent véritablement, parce qu'elle n'est généralement pas appréciable.

C'est en partant de cette idée qu'a été dressée la table suivante, que nous extrayons de l'ouvrage de M. le général Morin, et dans laquelle on trouvera *le point de rupture moyen* sous l'effort à l'extension ou à la traction des principaux matériaux employés dans la construction des machines et la charge qu'on peut leur faire porter *avec sécurité*, c'est-à-dire, sans avoir à se préoccuper de la flexion par allongement et en admettant les qualités ordinaires.

Néanmoins, en examinant par la suite chaque application particulière, nous montrerons combien on s'écarte souvent de ces données générales, qui ne doivent être considérées, pour l'instant, que comme des bases.

TABLE N° 1

EFFORTS SPÉCIFIQUES DE RUPTURE A L'EXTENSION LONGITUDINALE

DES DIFFÉRENTS MÉTAUX EMPLOYÉS DANS LA CONSTRUCTION

ET CHARGES ÉLÉMENTAIRES QU'ON PEUT LEUR FAIRE SUPPORTER AVEC SÉCURITÉ.

DÉSIGNATION DES MATÉRIAUX SOUMIS AUX EXPÉRIENCES.		EFFORT PAR CENTIMÈTRE CARRÉ capable de produire la rupture.	EFFORT PAR CENTIMÈTRE CARRÉ que l'on peut faire supporter avec sécurité.
MÉTAUX.		kilogr.	kilogr.
FER FORGÉ ou étiré, en barre	fort, petit échantillon	6000	1000
	faible, gros échantillon	2500	415
Id.	moyen	4000	667
FER LAMINÉ OU TÔLE	dans le sens du laminage	4100	670
	perpendiculairement au laminage	3600	600
FER, dit ruban	très-doux	4500	750
FIL DE FER non recuit	moyen, de 1 à 3 millimètres de diamètre	6000	1000
	de l'Aigle, de $0^{mill.},23$ de diamètre	9000	1500
	le plus fort, de $0^{mill.},5$ à 1 millimètre de diamèt.	8000	1330
	le plus faible, d'un grand diamètre	5000	830
FIL DE FER en câble		3000	500
CHAÎNES en fer doux.	ordinaires (1)	2400	400
	étançonnées	3200	530
FONTE DE FER grise	forte, coulée verticalement	1350	225
	faible, coulée horizontalement	1250	210
ACIER	fondu, ou de cémentation étiré au marteau, petit échantillon	10000	1670
	le plus mauvais, gros échantillon	3600	600
	moyen	7500	1250
BRONZE DE CANON moyennement		2300	380
CUIVRE ROUGE	laminé, dans le sens du laminage	2100	350
	id. qualité supérieure	2600	430
	battu	2500	415
	fondu	1340	220
LAITON FIN		1260	210
FIL DE CUIVRE ROUGE, non recuit	fort, au-dessous de 1 millimètre de diamètre	7000	1160
	moyen, de 1 à 2 millimètres de diamètre	5000	830
	très-faible	4000	667
LAITON EN FIL non recuit	fort, au-dessous de 1 millimètre de diamètre	8500	1415
	moyen ....*id*.........*id*.	5000	830
ÉTAIN FONDU		300	50
ZINC FONDU		600	100
Id. LAMINÉ		500	85
PLOMB FONDU		128	21
Id. LAMINÉ		135	22

NOTA. On voit, qu'en général, le coefficient de sécurité est pris au $^1/_6$, ce qui veut dire que, dans la pratique, on ne charge pas les pièces soumises à des efforts d'extension ou de traction longitudinale au-delà du sixième de leur résistance propre.

(1) Les chaînes ou câbles en fer, sans étais, sont essayés à la pression de 17 kilogrammes par millimètre carré de la double section du fer, et les chaînes étançonnées à 20 kilogrammes.

SUITE DE LA TABLE N° 1

EFFORTS SPÉCIFIQUES DE RUPTURE A L'EXTENSION LONGITUDINALE

ET CHARGES QU'ON PEUT LEUR FAIRE SUPPORTER AVEC SÉCURITÉ.

DÉSIGNATION DES BOIS ET DES CORDES SOUMIS AUX EXPÉRIENCES.	EFFORT PAR CENTIMÈTRE CARRÉ capable de produire la rupture.	EFFORT PAR CENTIMÈTRE CARRÉ que l'on peut faire supporter avec sécurité.
BOIS.	kilogr.	kilogr.
Acajou dans le sens des fibres	560	56
Buis *id.*	1400	140
Chêne dans le sens des fibres { fort	800	80
Chêne dans le sens des fibres { faible	600	68
Id. perpendiculairement aux fibres	160	16
Frêne fort dans le sens des fibres	1200	120
Id. des Vosges *id.*	678	68
Hêtre *id.*	800	80
Orme fort *id.*	1040	104
Id. des Vosges *id.*	699	70
Poirier *id.*	690	69
Sapin du Nord *id.*	800 à 900	80 à 90
Sapin des Vosges *id.*	400	40
Nota. Dans les constructions, le coefficient de sécurité n'est compté qu'au $^1/_{10}$ seulement.		
CORDES.		
Aussières et grelins en chanvre de Strasbourg, de 13 à 14 millimètres de diamètre	880	440
Id. en chanvre de Lorraine	650	325
Id. de 23 millimètres de diamètre	600	300
Id. de Strasbourg de 40 à 54 millimètres de diamètre	550	275
Cordages goudronnés	440	220
Vieille corde de 23 millimètres de diamètre	420	210
Courroie en cuir noir	»	20
Nota. Le coefficient de sécurité pour les cordes est pris à la moitié de la charge qui produit la rupture.		

Nous avons dit que la résistance de la même matière est susceptible de présenter de très-grandes variations suivant son mode de fabrication, sa provenance et même son échantillonnage. Pour en fournir la preuve et compléter, en même temps, les renseignements nécessaires sur la résistance des métaux qui constituent presque exclusivement les matières en usage dans la construction mécanique, nous donnons le tableau supplémentaire suivant, dans lequel nous avons réuni les principaux résultats d'expérience, sur le fer, la fonte et l'acier, relatés dans l'excellent ouvrage de M. Love, sur la résistance des matériaux.

TABLE N° 2

RÉSISTANCE A LA RUPTURE DE LA FONTE ET DU FER,

D'APRÈS LES EXPÉRIENCES FAITES PAR DIVERS INGÉNIEURS.

NATURE DU MÉTAL.	CHARGE de rupture par cent. carré	NOM de l'expérimentateur.
FONTE DE FER.	kilog.	
BARREAUX DE FONTE cylindriques de 1c.q.,47 de section. . .	1306	Minard et Désormes, 1815.
Id. . . . . *id.* . . . . 3 ,30 . . *id.*	1028	
Id. . . . . *id.* . . . . 3 ,46 . . *id.*	896	
Id. . . . . *id.* . . . . 3 ,46 . . *id.*	1060	
Id. . . . . *id.* . . . . 3 ,53 . . *id.*	1139	
FONTE ANGLAISE, barreaux de 6c.q.,45 de section, maxim. .	1811	Hodgkinson, 1848.
Id. . . . . *id.* . . . . . . *id.* . . . . minim. .	777	
FONTES de l'usine de Marquise, 4c.q.,00 de section.	1811	Brothier et Faure.
Id. . . . . *id.* . . . . . . *id.*	1832	
FONTES des Landes et de la Gironde, même échantillon. .	1555	Houlbrat.
Id. . . . . *id.* . . . . *id.*	1424	
Id. . . . . *id.* . . . . *id.*	1342	
FONTES de l'usine de Bessège (Gard) . . . . *id.*	2234	Id.
Id. . . . . *id.* . . . . *id.*	1453	
FONTES de l'usine de Mazières. . . . . *id.*	1512	Id.
Id. . . . . *id.* . . . . *id.*	1374	
FONTES de Fourchambault, barreaux de 2c.q.,32 de section.	3243	Lainé.
Id. . . . . *id.* . . . . . . 1 ,18 . . id. . .	2980	
FER.	kilog.	
FERS GRENUS de diverses provenances, de 3 à 5c.q.,00. . .	3852 2985	Émile Martin, 1834.
FERS NERVEUX. . . . . . . *id.* . . . . *id.*	3691 3148	
FERS en barre de la Moselle.	4020 3140	Tenbrinck.
FERS à boulons et rivets.	4552 3766	Lavalley et Faure.
FER à essieu coudé de M. Laubenière, de Rouen.	3756 3720	Love.
FIL DE FER.	kilog.	
FIL DE FER de différents diamètres : 0mil.,62 de diamètre. .	8611	Séguin aîné.
0 ,71 . . . id. . . .	8698	
5 ,94 . . . id. . . .	6263	
2 ,23 . . . id. . . .	5186	
TÔLE DE FER.	kilog.	
TÔLE chargée dans le sens du laminage, épaisseur 1c,645.	3464	Ponts tubulaires de Stephenson.
Id. . . . . *id.* . . . . *id.* . . 1 ,270.	2990	
TÔLE d'Imphy : provenant de fonte au coke, affinée à la houille, dans le sens du laminage	3657	Lavalley.
id. perpendiculairem. au laminage.	2906	
provenant de fonte au bois, affinée à la houille, dans le sens du laminage	3313	
id. perpendiculairem. au laminage.	3240	

SUITE DE LA TABLE N° 2

RÉSISTANCE A LA RUPTURE DE L'ACIER FONDU ET DE L'ACIER EN BARRE.

NATURE DU MÉTAL.	CHARGE de rupture par cent. carré	NOM de l'expérimentateur.
TÔLE D'ACIER FONDU.	kilog.	
TÔLE D'ACIER des usines Petin et Gaudet	4800	Gouin et Lavalley.
ACIER EN BARRES.	kilog.	
ACIER anglais doux pour tige de piston.	6760	Tenbrinck.
ACIER raide pour tarauds, de Petin et Gaudet.	7000	Tenbrinck.
ACIER raide de l'usine de Krupp.	7820	Tenbrinck.
ACIER doux. . . . . . *id.*	6300	Tenbrinck.
ACIER anglais, propre à faire des outils.	8110	Tenbrinck.

Les tables qui précèdent expriment très-sensiblement les degrés maxima de ténacité sur lesquels on peut compter, avec les différents métaux ; malheureusement, on voit que le même métal offre parfois de notables écarts, et s'il s'agit d'un travail important où il entre de grandes quantités de matières et que la sécurité soit une condition primordiale, comme pour des ponts et des fermes de bâtiment, dans lesquels cas, il faut aussi ménager le poids, il est de toute nécessité de faire un essai tout spécial de la matière employée et sous son échantillon même de mise en œuvre ; c'est, du reste, ce que ne manquent pas de faire les ingénieurs expérimentés.

Avant de donner des exemples d'applications directes de ces tables, nous devons examiner le second mode de résistance, c'est-à-dire, *la compression*.

RÉSISTANCE A LA COMPRESSION.

De même qu'une pièce peut être disposée pour subir un effort extensif, elle peut l'être également pour supporter une charge agissant pour en comprimer les molécules, au lieu de les faire se séparer suivant le mode caractéristique appelé arrachement. Les colonnes-supports, les piliers, les poteaux, etc., sont des solides soumis à des efforts de *compression*. Mais, en mécanique, on reconnaît que certaines pièces, dont les fonctions ne sont cependant pas similaires avec ces mêmes solides, se trouvent néanmoins soumises aussi à des efforts de compression ou de refoulement ; telles sont les bielles et les tiges de piston, qui supportent alternativement ce genre de résistance et celui dont il a été question précédemment, c'est-à-dire qu'elles résistent à l'extension dans l'un des deux sens du mouvement et au refoulement dans l'autre.

Les effets qui résultent d'un effort de compression ne sont pas aussi simples à étudier que ceux dus à la traction, car, dans ce dernier cas, l'action même de l'effort, si aucune autre cause n'intervient, tend à en maintenir la même direction dans l'axe propre de la pièce, qui n'en éprouve alors qu'un seul effet de déformation ; les molécules tendant, du reste, à s'éloigner les unes des autres, sauf un certain allongement, les deux parties conservent, après la rupture, à peu près leur structure primitive.

Sous l'effort de compression, au contraire, les molécules tendent à se rapprocher les unes des autres, et lorsque la charge atteint son maximum, le solide, en cédant, éprouve des ruptures et une déformation dont la nature dépend absolument de sa contexture particulière. Ainsi, mettons, par exemple, un morceau de bois de bout entre les plateaux d'une presse hydraulique, et nous le verrons céder en se renflant d'abord vers le milieu de sa longueur, puis ses fibres plier et se séparer jusqu'à la désorganisation complète de la buche. Une pierre se briserait en plusieurs parties de forme pyramidale, un autre corps serait réduit en fragments de diverses formes, etc.

Mais, indépendamment de cela, les dimensions relatives d'un solide soumis à un effort de compression ont une très-grande influence sur l'effet produit. Si, par exemple, on charge un prisme dont la hauteur est considérable comparativement à la base, il peut arriver qu'après les premiers moments de compression, l'ensemble du corps vienne à fléchir latéralement ou, autrement dit, à *se cintrer*. Alors, sous l'effort de compression longitudinal se développe une composante perpendiculaire à l'axe du prisme qui tend à en faire croître la flexion et à en hâter la rupture, laquelle prend un caractère différent qu'un écrasement simple, et amène la destruction du support sous un effort auquel il eût résisté s'il n'eût pas fléchi latéralement.

Par conséquent, lorsqu'on cherche les effets dus à la compression, il faut distinguer ceux attribuables à la charge simple de ceux qui résultent d'une flexion accidentelle. Mais sans que le corps chargé éprouve de flexion générale, le rapport même de ces dimensions influe sur sa résistance à la compression, attendu que les efforts se propageant dans sa masse, les molécules y cèdent plus ou moins, suivant leur disposition réciproque.

Enfin, pour toucher un instant aux applications, il est certain qu'un support, une colonne ou un pilier, qui serait susceptible de *vibrer*, se romprait beaucoup plus tôt que s'il était parfaitement rigide, car l'arc de flexion, si faible qu'il soit, donne lieu à cette composante transversale dont nous venons de parler et qui modifie si profondément les conditions de résistance d'un pareil solide, sans parler des effets dus à la force vive développée, etc.

En résumé, la notion de résistance à la compression comporte nécessairement celle du rapport de la section chargée à la dimension parallèle à la direction de l'effort. Un savant ingénieur anglais, M. E. Hodgkinson, a fait à ce sujet un grand nombre d'expériences qui ont été rapportées et discutées par M. le général Morin. Nous en extrayons les données suivantes :

Résistance des bois a l'écrasement. — Opérant sur des petits cylindres de divers bois, de 1 pouce de diamètre sur 2 de hauteur (mesures anglaises), soit, en nombres ronds et en mesures françaises, 25 millimètres de diamètre sur 50 de hauteur, M. Hodgkinson a obtenu les résultats suivants, parmi lesquels on distingue les essais faits sur du bois à l'état de siccité ordinaire et ceux sur du bois séché pendant deux mois dans une étuve.

TABLE N° 3

RÉSISTANCE DES BOIS A L'ÉCRASEMENT

D'APRÈS LES EXPÉRIENCES DE M. HODGKINSON.

ESSENCE DES BOIS.	CHARGE, par centimètre carré, qui produit l'écrasement.	
	Bois à l'état ordinaire de sécheresse.	Bois très-sec.
	kilogr.	kilogr.
Acajou	576	576
Aulne	480	489
Bouleau d'Angleterre	231,7	450
Cèdre	398,8	412
Chêne anglais	456	707
Chêne de Québec	297	421
Frêne	610	658
Hêtre	543,5	658
Noyer	426	508
Orme	»	726
Peuplier	218	360
Sapin blanc	476,6	512,5
Sapin rouge	404	463
Saule	203	431

Le même ingénieur, ayant fait d'autres expériences sur des poteaux en chêne de Dantzick, en a exprimé les résultats par les deux formules suivantes :

$$\text{Section carrée : } P = 2565\,\frac{b^4}{l^2}.$$

$$\text{Section rectangulaire : } P = 2565\,\frac{ab^3}{l^2}.$$

Dans ces formules, qui sont la traduction de celles originales, on représente par :

P la charge qui a déterminé l'écrasement, en kilogrammes ;

b le côté du carré ou le petit côté du rectangle de la section, en centimètres ;

a le grand côté du rectangle de la section, en centimètres ;

l la hauteur du poteau, en décimètres.

Ces formules expriment probablement bien la loi des effets observés par M. Hodgkinson ; cependant, elles ont l'inconvénient, lorsqu'on veut les appliquer à des pièces chargées dont la hauteur n'excède pas 15 à 20 fois l'équarrissage, de donner des charges beaucoup trop fortes.

M. Morin, après avoir divisé le coefficient numérique par 10, s'est servi de cette formule ainsi modifiée pour dresser le tableau pratique suivant :

TABLE N° 4

DIMENSIONS DES POTEAUX EN CHÊNE FORT

D'UN ÉQUARRISSAGE CONSTANT ÉGAL A 15 CENTIMÈTRES.

RAPPORT de la hauteur des poteaux carrés à leur équarrissage.	12	14	16	18	20	24	28	32	36	40	48	60	72
CHARGE en kilogrammes, par centimètre carré	178	131	100	79	64	44,5	32,8	25	19,8	16	11,1	7,1	4,9

Or, on voit que lorsque la hauteur égale 12 fois l'équarrissage, soit $1^{m},80$, la charge par centimètre carré atteint 178 kilogrammes, c'est-à-dire, environ la moitié de celle d'écrasement (voir le tableau n° 3 précédent). Cette charge serait peut-être un peu forte en pratique, quoiqu'elle puisse être admise, à la rigueur, à condition de compter sur la plus grande charge que l'on ait jamais à faire supporter. Mais au-dessous de ce rapport, la formule donnerait un résultat tout à fait inadmissible.

Prenons, par exemple, l'un des solides expérimentés de l'avant-dernier tableau, qui ont 25 millimètres de diamètre sur 50 de hauteur : soit le chêne anglais qui a donné 456 kilogrammes à l'écrasement. Appliquant la formule, le coefficient au $^1/_{10}$, nous trouvons pour la charge totale P :

$$P = 256{,}5\ \frac{(2{,}5)^4}{(0{,}5)^2} = 40078 \text{ kilogrammes.}$$

La section d'un cercle de 25 millimètres étant $4^{c.q.},9$, on trouve pour la charge spécifique :

$$\frac{40078}{4{,}9} = 8179 \text{ kilogrammes par centimètre carré.}$$

Ceci suffit pour prouver combien les limites de l'application de cette formule sont restreintes.

Néanmoins, nous reproduirons le tableau de formules dressé par M. Morin, pour déterminer les dimensions des poteaux carrés ou rectangulaires en trois essences de bois différentes, et au moyen duquel il a lui-même calculé le précédent.

TABLE N° 5

FORMULES SERVANT A DÉTERMINER LES DIMENSIONS PRATIQUES

DES POTEAUX EN BOIS SOUMIS A DES EFFORTS DE COMPRESSION.

NOM DES BOIS.	SECTION	
	CARRÉE.	RECTANGULAIRE.
Chêne fort.	$P = 256,5 \frac{b^4}{l^2}$.	$P = 256,5 \frac{ab^3}{l^2}$.
Chêne faible.	$P = 180 \frac{b^4}{l^2}$.	$P = 180 \frac{ab^3}{l^2}$.
Sapin rouge et blanc fort et pin résineux.	$P = 214,2 \frac{b^4}{l^2}$.	$P = 214,2 \frac{ab^3}{l^2}$.
Sapin blanc faible et pin jaune.	$P = 160 \frac{b^4}{l^2}$.	$P = 160 \frac{ab^3}{l^2}$.

Mais rappelons encore une fois qu'au-dessous du rapport 12, entre la hauteur et l'équarrissage, ces formules ne peuvent plus convenir, et qu'à ce rapport même, les charges trouvées sont déjà très-fortes.

Ainsi, pour des pilots qui sont des corps parfaitement exempts de flexion latérale, puisqu'ils doivent être enfoncés *à refus* dans le sol sur lequel on veut bâtir, M. Morin indique, d'après Rondelet, qu'il convient de ne les charger que de 30 à 35 kilogrammes par centimètre carré de leur section transversale.

Résistance de la fonte de fer a l'écrasement. — De nombreuses expériences ont été faites sur ce sujet par M. Hodgkinson ; mais comme il y a beaucoup plus d'uniformité dans ce métal que dans le bois, tous les résultats déduits de l'expérience peuvent se résumer, à notre point de vue, à quelques chiffres que nous allons faire connaître.

Les résultats les plus saillants, et qui présentent le plus de certitude, sont ceux qui se rapportent à des essais sur des pièces dont la hauteur n'excède guère 2 à 3 fois la dimension transversale. Dans cette condition, on a reconnu que la résistance de la fonte à la rupture par écrasement est sensiblement proportionnelle à la section transversale du solide chargé et qu'elle équivaut environ *à 5 ou 6 fois la résistance à l'extension.*

Ainsi une série d'expériences sur de bonne fonte anglaise, a fourni la moyenne suivante :

Résistance de la fonte à la rupture par écrasement = 8000 kilogrammes par centimètre carré.

Il est vrai que d'autres qualités n'ont fourni que 4500 à 6000 ; mais on peut compter généralement sur 6500 à 7000 kilogrammes.

Ces différences doivent apprendre que pour une construction importante dans laquelle le poids de la matière employée est une condition sérieuse, il est bon de faire un essai spécial de la fonte qui doit être employée.

Il est bien entendu que quand on connaît bien le point de rupture, il convient, pour la parfaite sécurité, de n'admettre que des charges atteignant au plus le $\frac{1}{5}$ ou le $\frac{1}{6}$ de celle-ci ; d'ailleurs, ces expériences se font habituellement sur des échantillons de petites dimensions, et l'on sait qu'au fur et à mesure que les proportions d'une pièce de métal, telle que la fonte, augmentent, il est impossible de l'obtenir complétement homogène et d'un grain aussi serré.

Quant à l'application des mêmes données aux pièces d'une notable *longueur*, telles que les colonnes, elle n'est possible qu'à la condition d'aborder les questions pratiques de formes et de dispositions ayant pour but de détruire les effets de flexion, ce que nous essayons de faire plus loin en nous occupant spécialement de ce genre d'organe.

Résistance du fer forgé a l'écrasement. — La résistance totale du fer forgé à la compression est inférieure à celle de la fonte ; mais on constate que dans les limites de charge qui ne dépassent pas celles de l'élasticité, le fer se comprime ou fléchit moins que la fonte.

Enfin, on considère comme charge normale que puisse supporter le fer, 6 à 800 kilogrammes par centimètre carré, soit à peu près le même effort que celui admis pour la résistance à l'extension.

RÉSISTANCE A LA TORSION.

La façon la plus simple de définir cet autre mode de résistance est d'en citer son effet le plus manifeste et le mieux connu : c'est par un axe ou un arbre de transmission de mouvement.

Lorsqu'un arbre est appliqué à transmettre un effort par un mouvement circulaire, toute la partie de cet arbre située entre l'organe sur lequel est appliquée la puissance, et celui qui subit la résistance, est dite soumise à un effort de *torsion*. Si, par exemple, le premier de ces deux organes est une manivelle et que le second soit une roue d'engrenage, laquelle se trouve en prise avec celle qu'il s'agit de faire tourner en en surmontant la résistance, il est certain que, théoriquement, cette roue de commande ne se met pas à tourner au même instant que l'on commence à agir sur la manivelle ; cette extrémité de l'arbre se met d'abord en mouvement, puis de proche en proche, et de section en section, celle qui porte la roue finit enfin par céder et se mettre elle-même en mouvement. Par conséquent, puisqu'il existe un retard entre les deux extrémités de l'arbre, dont toutes les parties sont néanmoins solidaires, et que celle qui porte la manivelle n'a pas cessé d'avancer circulairement, il est clair que les génératrices de l'arbre, ou mieux les fibres longitudinales constitutives, ont dû éprouver un changement de position par rapport à l'axe géométrique de rotation ; l'ensemble de la pièce *s'est tordu,* et si, cet arbre étant cylindrique, on avait préalablement tracé sur son contour des lignes figurant des génératrices, on verrait que ces lignes droites sont devenues maintenant des *hélices.*

Ce que nous proposons là comme exemple, se produit toujours en principe, et souvent en réalité, d'une façon même très-sensible. Si l'on examinait avec attention les effets qui se produisent par un arbre de transmission d'une assez grande longueur et recevant et transmettant de la force à l'aide de deux roues d'engrenages de grand diamètre, montées respectivement à chacune de ses extrémités, on observerait certainement un retard sensible dans l'entrée en mouvement de chacune de ces deux roues, à moins que l'arbre n'eût reçu une grosseur bien au-delà de celle rigoureusement nécessaire.

La torsion d'un axe est donc une sorte de flexion hélicoïdale et qui atteint différents degrés d'intensité, suivant le rapport de la section à la longueur et suivant la relation entre cette section et l'effort lui-même.

En effet, pour la même section et le même effort, il est évident que *le retard* entre la mise en mouvement des deux organes précités sera d'autant plus grand que leur distance, c'est-à-dire, la longueur de l'arbre, sera plus grande, car ce qui constitue le moment d'équilibre de résistance de l'arbre, c'est celui où ses fibres ont cédé, en s'inclinant par rapport à l'axe du mouvement, d'une quantité au-delà de laquelle il faudrait un plus grand effort pour les faire céder davantage ; or, cet angle d'inclinaison détermine une hélice dont le développement total dépend de la longueur même du cylindre, et l'on pourrait dire qu'en raison de cette longueur, elle aura une fraction de tour plus ou moins grande, ou un tour entier, ou même plusieurs tours, ce qui revient à dire encore que :

La variation angulaire des sections extrêmes de l'arbre, ou *l'angle total de torsion,* augmente, toutes choses égales d'ailleurs, avec la longueur de l'arbre.

Nous ne constatons jusqu'ici qu'un effet de flexion ; mais augmentons l'effort, et, en un moment donné, la torsion atteint son maximum et survient la rupture, laquelle, du reste, affectera une structure différente suivant la contexture même du solide soumis à la torsion.

On cherche la résistance à la torsion, précisément pour déterminer la relation qui existe entre les dimensions et la nature d'un solide qui s'y trouve soumis et l'intensité de l'effort capable d'en opérer la rupture, ou, par cela même, l'effort qui peut être, au contraire, supporté sans rupture, ni même sans flexion excessive.

Il faut dire que les résultats d'expérience sur ce point sont assez peu nombreux, et qu'en théorie, il y règne aussi beaucoup d'incertitude. Sans avoir la prétention de rectifier les données fournies par les savants qui se sont occupés de ce sujet important, nous nous permettons seulement d'exposer une méthode de démonstration qui donne une idée de la forme du calcul à l'aide duquel on parvient pratiquement à proportionner les arbres soumis à la torsion.

Si l'on considère dans son ensemble le phénomène de la torsion, il semble que la rupture du solide tordu provienne encore de l'*extension longitudinale* de ses fibres, car si ces dernières, de lignes droites deviennent des hélices, et si la longueur du solide ne diminue pas, il faut bien que ce soit les fibres qui s'allongent. Or, si toutes les fibres d'un solide tordu s'allongeaient également, on n'aurait qu'à rechercher la valeur de cet allongement et lui appliquer les principes ci-dessus relatifs à ce genre de rupture. Mais il est loin d'en être ainsi. Il est évident que depuis la surface extérieure du corps, où les fibres subissent le maximum de torsion et d'allongement, jusqu'au centre qui ne subit ni l'une ni l'autre, tous les allongements diffèrent, de telle façon, qu'en résumé, il faut renoncer, au moins quant au rapport numérique, à ce genre d'hypothèse.

Mais admettons qu'il ait été établi un coefficient compensateur et voyons d'après quelle loi il semblerait raisonnable de l'appliquer.

Soient, fig. A, deux cylindres A et B de diamètres différents, mais de même longueur, et tous deux rigidement retenus par l'une de leurs extrémités.

Fig. A.

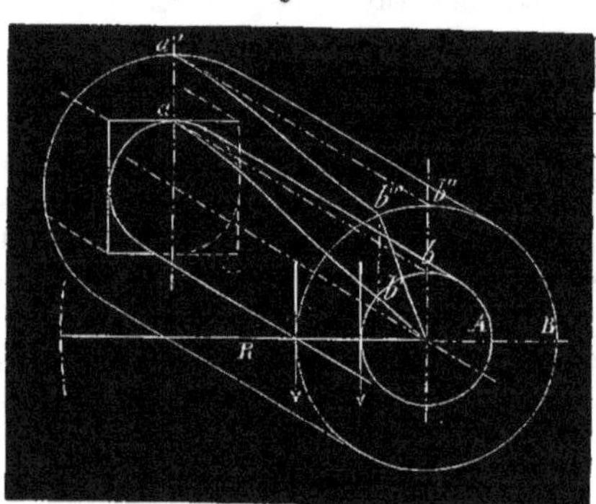

Si, au moyen d'un levier R, on fait subir un effort de torsion à celui A, nous admettrons que toutes les fibres extérieures, telles que celle ab, ont été déviées et contournées en hélice comme ab', l'arc bb' exprimant la base de déviation et pouvant servir à mesurer l'allongement qu'a subi la fibre ab.

Supposons maintenant, qu'au moyen du même levier, mais à l'aide d'un effort différent et suffisant, on ait fait subir le même degré de torsion au gros cylindre B, c'est-à-dire, du même arc $b''b'''$ égal à bb', produisant le même allongement des fibres, de $a'b''$ à $a'b'''$.

Puisque les fibres auraient opposé individuellement la même résistance, voyons s'il est possible de déterminer dans les deux cas la valeur proportionnelle de la résistance totale.

Si l'on représente par l'unité l'effort tangentiel qui a occasionné la torsion du petit cylindre A, en agissant à l'extrémité du levier R, avec une force F, et que l'on désigne par x celui qui produirait la torsion du plus gros, au même degré, il paraît naturel que ces deux efforts soient entre eux comme les carrés des diamètres, car le nombre de fibres élémentaires est lui-même dans ce rapport.

On aurait donc, pour le rapport de ces deux efforts tangentiels directs :

$$1 : x :: d^2 : D^2 ;\ \text{d'où} :\ x = \frac{D^2}{d^2}.$$

Or, les forces F et F′ à appliquer à l'extrémité du levier suivraient ce même rapport, si les diamètres des cylindres étaient égaux ; mais comme ils diffèrent et que leurs circonférences occupent des points différents entre le centre et l'extrémité du levier R où se fait l'application de la force, il faut, en résumé, pour déterminer le rapport de ces deux forces, dans les deux circonstances, *multiplier le rapport précédent par celui des diamètres.*

On aurait donc pour le rapport des forces à appliquer à l'extrémité du levier :

$$\frac{F'}{F} = \frac{D^2}{d^2} \times \frac{D}{d} = \frac{D^3}{d^3}.$$

Et, enfin, comme on peut représenter le premier diamètre par l'unité, on obtient :

$$\frac{F'}{F} = D^3 ;\ \text{d'où} :\ F' = FD^3.$$

Ce résultat conduit au théorème suivant :

La résistance des cylindres à la torsion est proportionnelle aux cubes de leurs diamètres.

Pour compléter cette règle et la rendre applicable, il faut que l'expérience indique quelle est la résistance d'un cylindre dont le diamètre et la matière constitutive soient donnés, et transformer la valeur littérale F en un nombre significatif se rapportant, pour la force F′ et pour le diamètre D, à des unités déterminées.

Parmi les expériences faites sur la résistance à la rupture par torsion, on cite souvent celles de M. Carillion, ancien ingénieur-mécanicien à Paris ; nous les choisissons de préférence, pour en parler, comme étant les plus simples.

Cet habile praticien avait fait exécuter une série de barreaux de fonte de fer, de diverses fonderies françaises, d'un diamètre commun de 2 centimètres, parfaitement déterminé, puis, leur ayant réservé une portée carrée, afin de pouvoir les retenir plus facilement dans une mâchoire d'étau, il les a successivement soumises à la torsion jusqu'à rupture complète.

Pour cela, il avait fixé à l'extrémité du barreau soumis à l'expérience et du côté opposé à celui par lequel il se trouvait retenu, un levier de 50 centimètres de rayon portant la charge.

La moyenne des charges, sur un assez grand nombre d'expériences, qui ont ainsi produit la rupture, s'est trouvée égale à un peu plus de 80 kilogrammes, agissant, comme nous l'avons dit, à l'extrémité du même levier de 50 centimètres de rayon. La charge maxima a atteint 96 kilogrammes et la plus faible ne s'est élevée qu'à un peu plus de 65 kilogrammes.

Pour faire entrer ce résultat d'expérience dans la formule générale ci-dessus, nous pouvons opérer de la façon suivante :

Dans ces expériences, la force produisant la rupture a pour expression le produit de la charge même par le rayon du levier ; si nous adoptons la charge moyenne de 80 kilogrammes et que nous exprimions les dimensions en mètres, nous avons :

$$80^k \times 0,5 = 40.$$

Or, dans la formule en question, c'est F qui représente cette force et qui occasionne la rupture d'un barreau dont le diamètre égale $0^m,02$. Par conséquent, pour obtenir la valeur du diamètre D dont la force F' produirait la rupture, on peut poser l'égalité suivante :

$$\frac{F'}{40} = \frac{D^3}{(0,02)^3}.$$

Enfin, considérant que la force F' doit être le produit d'une charge P à l'extrémité d'un levier qui a R pour rayon, et remplaçant F' par PR, de l'égalité précédente, on tire ainsi la valeur de D :

$$D = \sqrt[3]{\frac{PR}{5000000}}, \text{ ou : } PR = 5000000\ D^3.$$

Donnons, de suite, des exemples de ces deux formules.

1er Exemple. Quelle est la charge P capable d'amener la rupture, par torsion, d'un arbre en fonte de $0^m,15$ de diamètre, ayant la même qualité moyenne que dans les expériences précitées et en agissant à l'extrémité d'un levier de $1^m,20$ de rayon ?

Solution. On pose :

$$P \times 1^m,20 = 5000000 \times (0,15)^3,$$

d'où l'on tire :

$$P = \frac{5000000 \times 0,003375}{1,20} = 14062,5 \text{ kilogrammes.}$$

2e Exemple. Quel est le diamètre du barreau qui serait rompu par une charge de 1000 kilogrammes agissant à l'extrémité d'un levier de $0^m,45$ de rayon ?

Solution. On trouve :

$$D = \sqrt[3]{\frac{1000 \times 0,45}{5000000}} = 0^m,045.$$

Puisque cette formule établit le moment de rupture, on comprend qu'elle doit être modifiée pour la faire servir à la détermination de pièces qui doivent, non-seulement ne pas rompre, mais résister avec une grande sécurité.

Mais la modification à lui apporter est très-simple : il suffit de diviser le dénominateur sous-radical par 5, 10, 15, etc., pour obtenir des diamètres d'arbres correspondant à des charges 5, 10, 15, etc. fois plus grandes que celles dont ils doivent être réellement chargés ; nous montrerons qu'en pratique, les dimensions adoptées correspondent, en effet, à des charges plus de quinze fois celles qui occasionneraient la rupture.

Mais il y a lieu maintenant de voir quelles sont les formules applicables à d'autres sections que celles circulaires et à d'autres matières que la fonte de fer.

Ne pouvant entrer dans la discussion des éléments qui concourent à cette détermination pour chaque cas proposé, nous nous bornons à reproduire les principales formules calculées par M. le général Morin, et que ce savant a données dans son traité sur la résistance des matériaux. Seulement, on verra que ce qui précède permet de les parfaitement comprendre.

TABLE N° 6

RÉSISTANCE DES SOLIDES A LA TORSION.

FORMULES PRATIQUES.

FORME de la section transversale.	MATIÈRE dont le solide est formé.	FORMULES de l'équilibre de résistance avec sécurité.
CARRÉ	Fer ou acier	$b^3 = \frac{PR}{943280}$
	Fonte	$b^3 = \frac{PR}{314420}$
	Bois de chêne	$b^3 = \frac{PR}{62697}$
	Bois de sapin	$b^3 = \frac{PR}{68073}$
CIRCULAIRE PLEINE	Fer ou acier	$d^3 = \frac{PR}{785880}$
	Fonte	$d^3 = \frac{PR}{262900}$
	Bois de chêne	$d^3 = \frac{PR}{52234}$
	Bois de sapin	$d^3 = \frac{PR}{56713}$

Nous ferons connaître, avec les applications, l'emploi direct de ces formules en indiquant le rapport des résultats qu'elles fournissent avec ce que la pratique enseigne. Disons, quant à présent, que les coefficients numériques correspondent à des pièces dites *allégées*, c'est-à-dire, auxquelles on ne veut donner que strictement la résistance nécessaire pour qu'elles travaillent sans fatigue sensible ; pour des arbres qui sont exposés à des chocs ou même à des excès momentanés de résistance, il convient, comme on le verra par la suite, de réduire beaucoup ces coefficients. M. Morin les divise par 2.

M. Love, dans son traité sur la résistance des métaux, au moyen d'une méthode particulière que nous n'avons pas à exposer ici, après les développements qui précèdent, arrive aux formules suivantes pour déterminer la résistance des cylindres pleins à la rupture par torsion :

$$\text{Pour la fonte : } d^3 = \frac{PR}{0{,}34T},$$

$$\text{Pour le fer et l'acier : } d^3 = \frac{PR}{0{,}28T},$$

dans lesquelles on représente par :

d le diamètre du cylindre, en centimètres ;
P la charge ou l'effort, en kilogrammes ;
R le rayon du levier à l'extrémité duquel cet effort s'exerce, en centimètres ;
T le coefficient de résistance du métal à la traction, en kilogrammes.

Cette formule, dont la disposition est complétement analogue aux précédentes, conduit, par une ingénieuse hypothèse, à isoler le coefficient de la matière spéciale qui constitue le solide essayé et permet plus facilement des comparaisons. Nous nous bornerons, quant à présent, à bien faire ressortir son analogie avec celles dont l'explication est donnée ci-dessus.

D'après les tables spéciales que l'on a données plus haut, on voit que pour de bonnes fontes de fer, on peut prendre T = 1400 kilogrammes pour le coefficient de rupture, et pour le fer ordinaire T = 3600. Pour permettre la comparaison avec les formules précédentes, il faut conserver la même unité, c'est-à-dire, faire la traduction du centimètre en mètre pris pour unité ; il suffit, pour cela, de multiplier ce coefficient par dix mille, puisque le membre entier de l'équation doit être divisé par un million et que le numérateur est naturellement divisé par dix. Enfin, si l'on admet que la charge ne soit que le seizième de celle qui produirait la rupture, on arrive aux coefficients numériques suivants :

Pour le fer : $0{,}28 \times 3600 \times 10000 \div 16 = 630000$;
Pour la fonte : $0{,}34 \times 1400 \times 10000 \div 16 = 297500$.

Or, la table précédente fournit, dans les mêmes circonstances, 785880 et 262900, et comme les résultats cherchés sont inversement proportionnels à la racine cubique de ces coefficients, il est facile de voir qu'ils seront peu différents, que l'on emploie, dans chaque attribution particulière, les uns ou les autres de ces coefficients.

Mais, comme nous l'avons dit plus haut, ce n'est pas encore le moment d'examiner la valeur que la pratique fournit réellement, laquelle valeur subit même encore de notables écarts, suivant les applications diverses.

Nous désirons, quant à présent, indiquer une transformation que cette formule subit, lorsqu'on veut exprimer l'effort que transmet un axe tournant en *quantité de travail*, kilogrammètres ou chevaux-vapeur.

Le travail transmis, en kilogrammètres, par un axe tournant, a pour expression le produit de l'effort P, qui s'exerce avec un bras de levier R, par la vitesse V du point considéré pour l'application de l'effort ; autrement dit, cette vitesse est celle de la circonférence du cercle qui a 2R pour diamètre et qui fait N tours par minute.

Par conséquent, si l'on représente par C ce même travail exprimé en chevaux-vapeur, on a la relation suivante :

$$C = \frac{PV}{75}.$$

Mais la vitesse V peut être remplacée par sa valeur ainsi définie :

$$V = \frac{2\pi RN}{60} = \frac{\pi}{30} RN,$$

ce qui donne à la relation ci dessus cette autre expression :

$$C = \frac{\pi}{30 \times 75} \times PRN = 0,001396 \text{ PRN}.$$

Or, pour la transformation définitive dont il s'agit actuellement, il faut remplacer PR dans la formule de résistance, par une valeur équivalente, mais en fonction de la puissance dynamique ; cette valeur équivalente est précisément fournie par la dernière équation qui donne, en effet, le résultat suivant :

$$PR = \frac{C}{0,001396N}.$$

Pour introduire cette nouvelle expression de PR dans la formule de résistance, nous représentons d'abord le coefficient numérique par k, et nous obtenons, en résumé :

$$d^3 = \frac{C}{0,001396kN} = \frac{716,3}{k} \times \frac{C}{N}.$$

Si la quantité de travail avait été exprimée en kilogrammètres, le diviseur 75 aurait été évité, d'où le coefficient numérique ayant pour valeur 0,10472, la formule eût pris la disposition suivante :

$$d^3 = \frac{C^{kgm}}{0,10472kN} = \frac{9,549}{k} \times \frac{C^{kgm}}{N}.$$

L'utilité de ces transformations, qui trouveront leur application plus loin, peut être facilement expliquée.

Lorsqu'il s'agit de déterminer le diamètre d'un axe soumis à un effort de torsion, cet effort est susceptible d'être exprimé de façons différentes. Ainsi, pour l'arbre à manivelle d'une machine à vapeur, on a toujours comme donnée sa puissance en chevaux, que l'on peut, il est vrai, transformer en kilogrammètres. Il est juste de dire qu'il ne serait pas difficile de rechercher directement l'effort agissant sur le bouton de la manivelle, mais, néanmoins, c'est ordinairement la puissance dynamique dont on fait immédiatement usage.

Mais pour des axes qui ne sont pas animés d'un véritable mouvement continu et régulier, et qui ne sont pas, à proprement parler, des arbres de transmission, tels que les axes oscillants commandant des tiroirs, des tiges de clefs, des tiges de forage, etc., le véritable élément disponible pour déterminer la résistance d'organes ainsi disposés, c'est un effort ou une pression et non pas une force dynamique.

Il est donc indispensable de rechercher, comme nous l'avons fait, les formes de la règle, dont la base reste la même, mais qui diffèrent suivant le mode d'application.

RÉSISTANCE AU CISAILLEMENT.

Les plus récentes recherches faites en France et en Angleterre sur la résistance des matériaux, ont amené à considérer un mode de résistance particulier auquel on a donné la désignation nouvelle de *résistance au cisaillement.* Chaque fois qu'un solide soumis à un effort transversal est retenu de telle façon que la rupture ne peut s'effectuer que par l'exact *glissement* des faces de rupture l'une contre l'autre, cette dénomination peut être appliquée.

Ainsi, en prenant pour exemple le cas même qui dût fournir la dénomination, c'est-à-dire, une pièce de métal coupée par une cisaille, il est clair que la séparation moléculaire doit s'effectuer sans *abattage,* et que les deux parties du solide ne peuvent se séparer qu'en glissant l'une contre l'autre.

Mais il est évident que les fuseaux d'une chaîne de Galle, les boulons d'assemblage des tiges articulées, etc., comme, enfin, les rivets de chaudières sont dans le même cas. En principe, toute pièce soumise à une charge transversale et dont aucune partie n'est libre de fléchir en dehors de celle où la charge s'exerce, ne peut éprouver que ce mode de rupture très-bien désigné par *cisaillement.*

Fig. B.

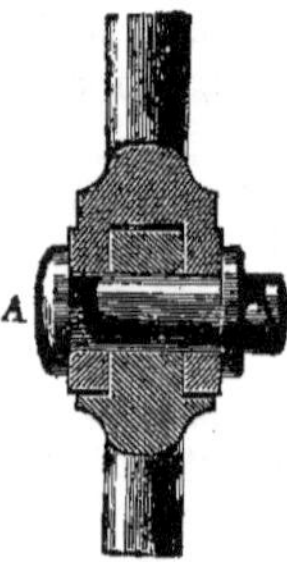

Cette définition ne peut être mieux complétée que par la fig. B ci-contre, où l'on reconnaît que le boulon A est en effet soumis à ce genre d'effort.

On aurait pu penser, avant de s'en être rendu compte exactement, que la résistance d'une pièce, ainsi disposée, est supérieure à celle de traction longitudinale qui permet réellement aux molécules de se mouvoir sensiblement avant de se séparer, ce qui amène une déformation préalable de la pièce. Cependant, cette résistance au cisaillement s'est montrée tantôt égale et tantôt inférieure à celle à la traction, et pour la pratique, il convient, en résumé, de plutôt augmenter les dimensions d'une pièce ainsi chargée que de les limiter même à celles qui correspondraient à une simple charge longitudinale.

M. Love, discutant un grand nombre d'expériences faites en Angleterre par M. Edwin Clark, et en France, par M. Lavalley, démontre qu'on ne devrait compter que sur les 2/3 ou les 3/4, au plus, de la résistance par traction.

A l'égard des rivets de chaudière, et, en général, pour des pièces rivées à chaud, susceptibles, par la contraction des têtes, en se refroidissant, de serrer fortement les parties qu'il s'agit de réunir, il se présente une résistance additionnelle par le frottement des pièces serrées, frottement qui doit être vaincu avant que le rivet ne supporte réellement de charge. Aussi, ces rivets paraissent-ils ne céder que sous un effort égal à celui qui les ferait rompre longitudinalement.

Nous ne croyons pas nécessaire d'entrer maintenant dans de plus grands détails sur ce genre particulier de résistance dont nous aurons l'occasion de parler plus amplement à propos de la construction des chaudières, des ponts et des poutres en tôle de fer.

APPLICATION DE LA RÉSISTANCE SPÉCIFIQUE DES MATÉRIAUX

A DES SOLIDES DE FORMES ET DISPOSITIONS DIVERSES.

La résistance des corps à la traction et à la compression sont les bases principales sur lesquelles on s'appuie pour déterminer les proportions des pièces mécaniques, en général, car les deux autres modes de résistance, torsion et cisaillement, la torsion principalement, s'appliquent à des cas plus spéciaux et ne dérivent pas moins encore des deux premiers, ainsi qu'on l'a vu.

Mais la forme de chaque pièce et le mode d'application de l'effort qu'elle supporte, sont loin de présenter toujours cette disposition simple d'une tige tirée ou poussée dans le sens exact de l'axe longitudinal, et pour laquelle il suffit de proportionner directement la section résistante à la charge ; dans la plupart des cas, au contraire, la forme du solide ne présente pas immédiatement la relation géométrique avec l'effort, et il faut, non-seulement chercher cette relation, mais encore raisonner le mode d'action de la charge et obtenir enfin les éléments qui permettent d'appliquer le coefficient spécifique de résistance.

Enfermé dans les limites toutes pratiques que nous nous sommes données, il nous suffira de considérer :

1° Les solides soumis à des efforts de rupture transversale ;

2° Les solides creux soumis à des efforts extensifs résultant d'une pression intérieure.

Les solides du premier genre comprennent : les supports en porte-à-faux ou posés sur deux appuis, les bras de leviers simples ou les balanciers, etc.

Les solides du deuxième genre constituent principalement les cylindres et les sphères en fonte ou en chaudronnerie, et, en général, les pièces à l'intérieur desquelles s'exerce une pression et qui résistent en raison de leur forme et de l'épaisseur de leurs parois.

SOLIDES SOUMIS A UNE CHARGE TRANSVERSALE.

Corps dits encastrés. — On comprend, sous cette désignation, les solides que nous pourrions dire : *chargés en porte-à-faux*, c'est-à-dire, résistant à un effort qui agit tout à fait en dehors de la partie par laquelle la pièce est fixée, et qui tend à en déterminer la rupture suivant une section parallèle à la direction même de cet effort.

Fig. C.

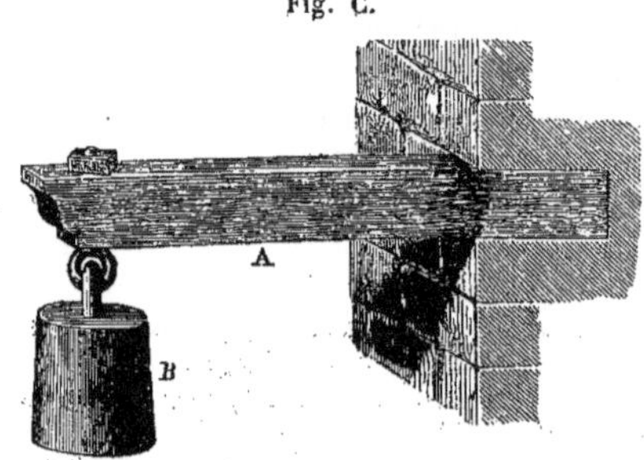

Soit, comme exemple d'un solide établi dans cette condition, une pièce de bois A, fig. C, scellée dans un mur et supportant, par l'extrémité libre, une certaine charge B.

Si, dans cette disposition, le scellement est invincible, par rapport à l'intensité de la charge, mais que la pièce, par ses dimensions propres, soit, au contraire, insuffisante, elle fléchira d'abord à partir du point d'*encastrement*, puis ensuite se rompra transversalement en ce point même, puisque la partie encastrée est supposée ne s'être pas ressentie de la flexion.

Mais en se rendant compte de la résistance de diverses pièces mécaniques, on ne tarde pas à reconnaître que beaucoup d'entre elles, bien que n'affectant pas, au premier coup d'œil, la même disposition, n'en offrent pas moins le même mode de résistance.

Fig. D.

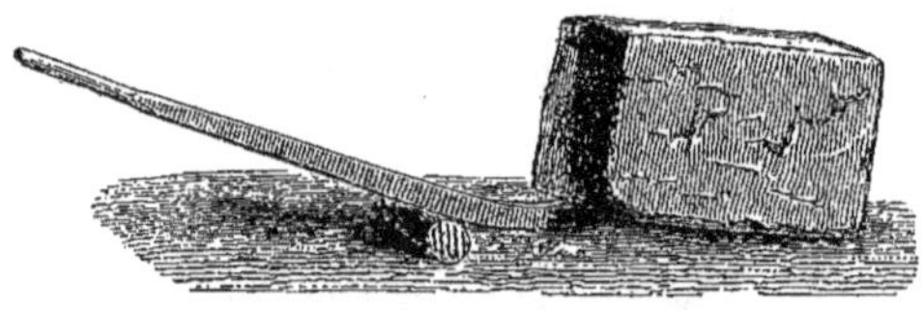

Ainsi, l'organe le plus simple, un levier du premier genre, fig. D, à l'extrémité duquel on fait effort pour soulever un fardeau, ne résiste-t-il pas exactement de la même façon, à partir de son point d'appui, et ne se romprait-il pas *transversalement*, si ses proportions ne répondaient pas à l'effort qu'on lui fait subir ?

Il en est donc de même de tout organe mécanique que l'effort qu'il supporte tend à faire tourner autour de son point d'appui, qu'il soit d'ailleurs mobile comme un levier ou un balancier, ou fixe comme les supports, les consoles, etc.

Nous allons donc essayer de donner une idée des principes sur lesquels sont basées les règles qui permettent de proportionner une pièce soumise à ce genre d'effort.

Si l'on considère un prisme A, fig. E, de section rectangulaire, encastré et supportant une charge P à une certaine distance L du point d'encastrement, cette charge tendant à le faire fléchir, on observe que, dans cette flexion, les fibres situées à la partie supérieure s'allongent, et que celles de la face opposée se raccourcissent.

Fig. E.

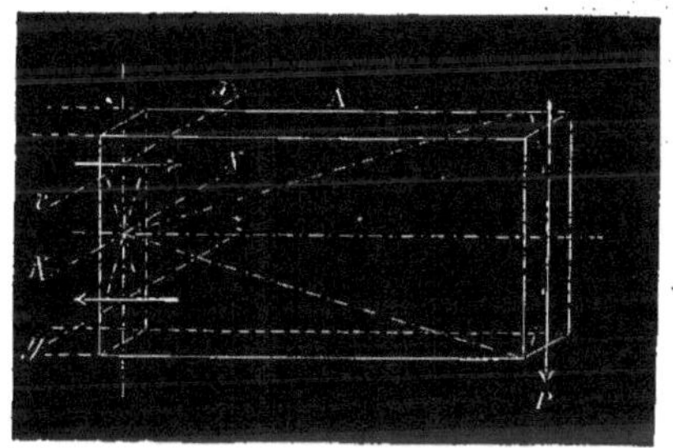

Il y a donc une région située dans l'intérieur du solide où les fibres ne subissent ni extension, ni compression, que l'on désigne sous le nom de *ligne des fibres invariables* ou d'*axe neutre*, autour duquel la tranche moléculaire tend à tourner en se rompant ; on admet que, sans beaucoup d'erreur, on peut regarder cet axe NN comme situé au centre de figure de la section, lorsqu'elle est symétrique, comme dans le cas actuel.

Que l'on considère les fibres extendues ou celles comprimées, il est clair que ce sont les plus éloignées de l'axe neutre qui subissent le maximum d'action et de déformation, et, par cela même, que la résistance est différente (la charge agissant verticalement), pour chacune des tranches horizontales que l'on pourrait concevoir entre l'axe neutre et les faces extérieures.

Mais supposons que la somme des résistances, c'est-à-dire, celle même représentée par le nombre de fibres du solide, qui est proportionnel à la section *ab*, puisse avoir deux résultantes sur les deux tranches *vx* et *yz*, situées symétriquement de chaque côté de l'axe neutre, et cherchons suivant quelle relation la charge P, qui agit transversalement, peut s'y répercuter.

Il est d'abord évident que la résistance de chacune de ces deux tranches est proportionnelle au nombre de molécules qu'elles renferment, ou plutôt qu'elles représentent.

Ensuite, la charge agissant à une distance L de la section d'encastrement, et la ligne neutre NN étant comme un axe autour duquel tourne cet axe L en entraînant avec lui la tranche de rupture, il en résulte que l'on peut regarder la charge P comme agissant définitivement sur les tranches vx et yz dans le sens longitudinal même des fibres et dans le rapport d'un levier d'équerre qui a L pour grand bras, et pour petit bras la distance de cet axe à chacune de ces deux tranches.

Or, pour des solides semblables, la distance des deux tranches vx et yz est proportionnelle à la hauteur b du solide, et la somme totale des molécules, ou des fibres qui résistent, est proportionnelle à sa section ab; comme, d'autre part, l'effort P, sur ces mêmes tranches, est multiplié par le rapport de L à b, on devra donc avoir, pour l'égalité proportionnelle entre l'effort et la résistance, en appelant R la résistance spécifique de la matière (fig. F) :

Fig. F.

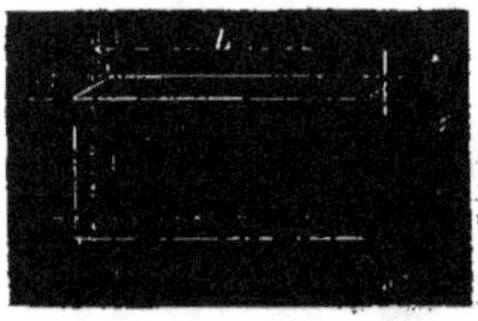

$$\frac{PL}{b} = Rab; \text{ d'où : } PL = Rab^2.$$

Cette relation démontre que :

La résistance d'un corps prismatique encastré, à la rupture transversale, est proportionnelle à la dimension perpendiculaire à la direction de l'effort, ou de la charge, et au carré de sa dimension disposée dans le même sens que cet effort.

C'est un fait dont la pratique a toujours démontré l'esprit, car chacun a pu se rendre compte de la grande différence de résistance d'une pièce méplate, suivant qu'on la charge dans le sens de sa plus faible ou dans celui de sa plus forte dimension.

Maintenant, répétons que la relation précédente n'est que proportionnelle et qu'une théorie, plus élevée que celle que nous pouvons aborder ici, a fourni un coefficient numérique qui permet de la rendre applicable à un cas proposé.

Toutes les dimensions étant exprimées en centimètres et les efforts en kilogrammes, la formule définitive applicable aux solides prismatiques, fig. F, est la suivante :

$$PL = \frac{Rab^2}{6},$$

dans laquelle on donne à R la résistance spécifique, par centimètre carré de section, attribuable à la matière considérée.

Fig. G.

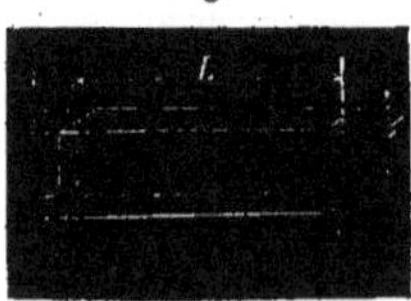

Si la section du solide est un carré, fig. G, comme dans ce cas $a = b$, la formule subit la modification suivante :

$$PL = \frac{Rb^3}{6}.$$

Fig. H.

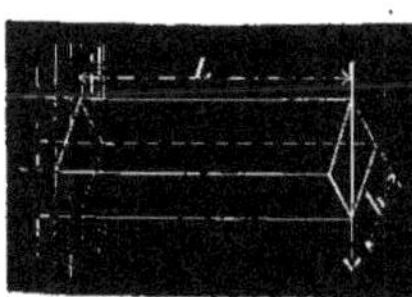

Si ce même solide de section carrée se trouvait placé de façon que l'effort agisse dans le sens de la diagonale, comme le montre la fig. H, on admet qu'il serait capable de supporter un accroissement de charge dans le rapport de la diagonale au côté, ce qui revient à cette expression :

$$PL = \frac{Rb^3}{6\sqrt{2}}.$$

Fig. I.

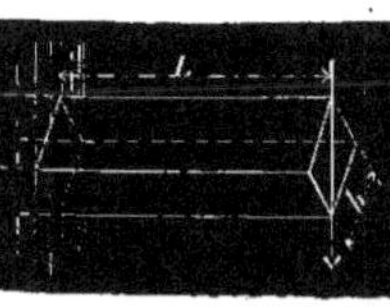

Pour un solide cylindrique plein, fig. I, la théorie donne la formule analogue suivante, dans laquelle b, ou d, représente le diamètre du cercle :

$$PL = \frac{\pi R d^3}{32}.$$

En comparant le résultat fourni par cette formule à celui que donnerait la règle ci-dessus applicable au prisme de section carrée dans le cas de la fig. G, on reconnaît que, toutes choses égales d'ailleurs, le diamètre trouvé pour le cylindre correspond à une section plus grande que celle du carré, dans le rapport de 1,42 à 1.

Pour un solide dont la section serait elliptique, b représentant le demi-axe dans le sens de l'effort et a le demi-axe transversal, on donne :

$$PL = \frac{\pi R a b^2}{4}.$$

On a probablement compris que les dimensions dont il s'agit s'appliquent à la section maxima du solide, et la plus rapprochée du point d'encastrement, soit la plus éloignée du point d'application de l'effort. A partir de l'encastrement jusqu'à ce point, où elle pourrait être très-faible, la section peut diminuer insensiblement, à condition que l'on conserve à l'ensemble du solide une forme parabolique, que l'on désigne par d'*égale résistance*. En mécanique, on se contente ordinairement de limiter le solide par des lignes droites angulaires, mais entre lesquelles la forme rigoureuse doit toujours être comprise, à moins qu'il ne s'agisse d'une forte pièce dont on veut ménager le poids, comme, par exemple, un balancier de machine à vapeur auquel on donne sensiblement cette courbure.

Nous ne pourrions, sans de très-grands développements, étendre d'une façon complète cette nomenclature des formules qui conviennent à tous les profils les plus usités en pratique, d'autant plus que nous n'avions pour objet que de donner une idée sur ce genre de règle que l'on retrouvera plus loin appliquée, mais sous la forme la plus simple, à quelques pièces de mécanique.

Pour de plus amples renseignements, nous renvoyons au traité de la résistance des matériaux par M. le général Morin, et dans lequel on trouvera en même temps les règles à employer lorsque la charge, au lieu d'agir seulement à l'extrémité du solide encastré, est uniformément répartie, etc.

Nous terminerons néanmoins par des exemples qui permettront de se faire une idée complète de l'application de cette règle.

1er *Exemple.* Quelles doivent être les dimensions d'un levier en fer forgé, à section rectangulaire, et d'un rayon de $0^m,60$, à l'extrémité duquel on exerce un effort de 800 kilogrammes, sans qu'il en résulte la moindre flexion appréciable ?

Les quantités cherchées étant les côtés a et b du rectangle que doit présenter la section, il faut naturellement se donner l'une ou l'autre ou leur rapport, ce dernier procédé étant le plus rationnel et le plus applicable en pareil cas.

Admettant que ces côtés soient dans le rapport de 1 à 2, c'est-à-dire, $a = 1$ et $b = 2$, il en résulte d'abord que :

$$ab^2 = \frac{1}{2}b \times b^2 = \frac{b^3}{2}.$$

Ensuite, comme la pièce doit offrir une grande rigidité, nous prendrons ce que nous appellerons un coefficient de *grande sécurité* en faisant $R = 500$ kilogrammes, c'est-à-dire, en n'attribuant au métal que cette charge par centimètre carré.

Tirant d'abord de la formule la valeur de ab^2, il vient :

$$PL = \frac{Rab^2}{6}; \text{ d'où : } ab^2 = \frac{6PL}{R}.$$

Remplaçant ab^2 par sa nouvelle valeur ci-dessus et introduisant les quantités numériques, les dimensions exprimées en centimètres, on obtient :

$$\frac{b^3}{2} = \frac{6 \times 800^k \times 60^c}{500}; \text{ d'où : } b = \sqrt[3]{\left(\frac{2 \times 6 \times 800 \times 60}{500}\right)} = 10^c,5.$$

Puisque l'autre côté de la section est moitié moindre, il égale donc $5^c,25$ ou 52 ½ millimètres.

Le résultat final d'une pareille opération dépend, après tout, de ce coefficient de résistance dont la valeur est très-variable depuis le moment de rupture jusqu'à celui de la flexion insensible. Il faut donc, pour chaque application différente, en pratique, reconnaître quelle limite de charge on peut adopter sans laisser de fatigue aux pièces ou sans leur donner des poids exagérés. Si l'on se reporte aux notions précédentes (tables 1 et 2), on reconnaîtra que le coefficient que nous venons de choisir est un peu fort et conviendrait pour des pièces de moyennes dimensions et soumises à l'action continuelle de l'effort, tandis que dans d'autres cas, soit qu'il s'agisse de pièces qui atteindront, de toute façon, un grand poids, soit qu'elles ne travaillent qu'à des intervalles éloignés, soit encore qu'elles puissent éprouver sans danger un peu de flexion, on pourra, pour *alléger* la pièce, adopter pour R, 800 et même 1000 kilogrammes par centimètre carré.

2e *Exemple.* Quels sont les deux points de rupture différents d'une barre de fonte, de section rectangulaire, chargée transversalement, suivant que l'effort agit dans le sens du plus grand côté de la section ou du plus faible, dans les conditions suivantes :

Rayon du levier. . . . . L = 1^{m},50
Grand côté de la section. . . . . b = 0 ,15
Petit côté id. . . . . a = 0 ,04
Coefficient de rupture . . . . R = 1400^{k}

Ce problème nous fournit l'occasion de faire une remarque à laquelle les auteurs spéciaux ne nous paraissent pas s'être attachés, bien qu'elle mette en lumière un fait très-intéressant pour la pratique.

Il faut, pour le cas proposé, résoudre l'équation d'équilibre en tirant la valeur de P, a et b étant successivement à la première et à la deuxième puissance ; et comme, dans les deux cas, cette valeur sera proportionnelle à ab^2 et à a^2b, si nous appelons P et P′ les deux efforts correspondants, on aura :

$$\frac{P}{P'} = \frac{ab^2}{a^2b} = \frac{b}{a}.$$

Par conséquent, les deux efforts seront dans le rapport même des deux côtés de la section, ce qui revient à cette intéressante observation pratique :

Les charges que l'on peut faire supporter, dans les mêmes conditions, à un solide encastré dont la section est rectangulaire, et suivant qu'on fait agir l'effort dans un sens ou dans l'autre de la section, sont entre elles comme les côtés eux-mêmes.

Ainsi, dans l'exemple proposé, le problème étant résolu dans l'hypothèse où l'effort est exercé dans la direction du côté b, on obtient :

$$P = \frac{1400^{k} \times 4^{c} \times (15^{c})^2}{6 \times 150^{c}} = 1400 \text{ kilogrammes.}$$

Pour le deuxième cas, l'effort agissant dans le sens du côté a, la remarque précédente nous permet de réduire l'opération à la suivante :

$$P' = 1400 \times \frac{4}{15} = 373,3 \text{ kilogrammes.}$$

Cette donnée simple permet d'apprécier facilement tout le parti qu'on peut tirer d'une telle propriété pour économiser le poids de la matière, puisque la résistance d'un solide, à la rupture, suit le même rapport que les côtés de la section ; c'est, du reste, à part l'évaluation numérique, un fait bien et dûment constaté. Quant à la quantité de flexion, nous ne disons pas que le même rapport existe, mais, à coup sûr, il est au moins aussi grand.

Solides reposant librement sur deux appuis. — Lorsqu'une pièce repose, par ses extrémités, sur deux points d'appui et qu'on lui fait supporter une charge en un point de sa longueur, que nous admettrons être le milieu de la distance des points d'appui, cette pièce tend à fléchir d'abord et à se rompre ensuite, si l'effort atteint une intensité suffisante.

La fig. J permet de comprendre les effets qui se produisent dans une telle circonstance.

Fig. J.

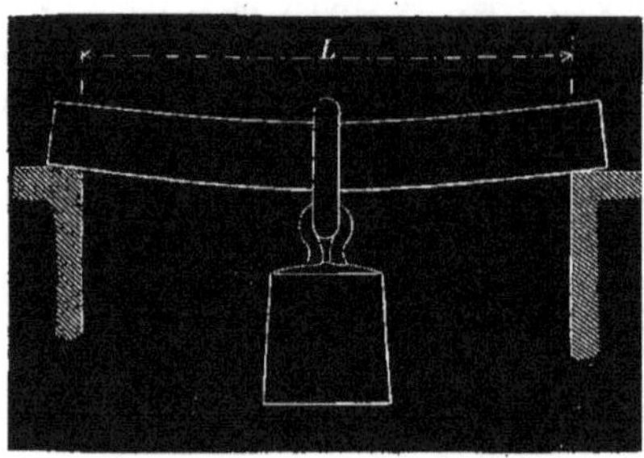

Les extrémités de la pièce étant libres, se soulèvent en même temps que la section chargée s'abaisse, les fibres de la face supérieure se raccourcissent et celles de la face inférieure s'allongent. Il y a donc, comme pour les solides encastrés, une région de fibres invariables, et si l'on suit les effets de flexion, on reconnaît que la section chargée est aussi invariable, et que c'est d'après elle que les extrémités fléchissent, comme si elles subissaient un effort, à l'endroit des points d'appui, dirigé en sens contraire de la charge P et d'une intensité moitié moindre ; enfin, c'est sur cette section que se ferait la rupture au moment de la charge maxima.

On peut donc considérer ce solide comme représentant deux pièces encastrées à l'endroit de la section centrale invariable, supportant chacune un effort 1/2 P, qui agit avec un bras de levier 1/2 L.

Amené sous ce point de vue, le problème se résume dans l'application pure et simple de la formule précédente servant pour les corps encastrés, dans laquelle, seulement, on fera figurer P et L pour la moitié de leur valeur.

On aura donc, pour les solides reposant librement sur deux appuis et chargés au milieu de leur distance :

$$\frac{P}{2} \times \frac{L}{2} = \frac{Rab^2}{6}\ ;\ \text{d'où : } ab^2 = \frac{3PL}{2R}.$$

Pour les solides de sections différentes et qui ont été cités précédemment dans le cas de l'encastrement, il est facile de trouver la formule correspondante, puisqu'il suffit de diviser PL par 4.

Solides encastrés par les deux extrémités. — Il peut arriver que l'on rencontre cette circonstance d'un solide dont les extrémités soient très-rigidement fixées et qui supporte un effort transversal, comme dans le cas précédent.

S'il en était ainsi, la charge déterminerait une flexion qui aurait à peu près le caractère que la figure K indique. Les extrémités n'étant pas libres de se relever, les points

Fig. K.

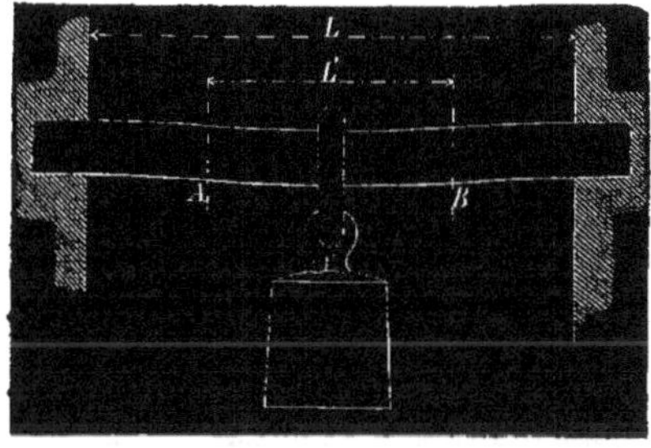

d'appui semblent se rapprocher de la charge, et l'on opère, en effet, comme s'il s'agissait d'une pièce reposant librement sur deux points A et B écartés d'une distance $L' = 1/2\ L$, car la formule de résistance revient à celle-ci :

$$\frac{PL}{8} = \frac{Rab^2}{6}\,;\quad \text{d'où : } ab^2 = \frac{3PL}{4R}.$$

Nous ne pouvons pas donner ici à cette question tout le développement qu'elle comporte, car elle est très-complexe, surtout lorsqu'on veut l'envisager sous toutes ses faces. Ainsi, il nous faudrait considérer la circonstance où l'on tient compte du poids propre du solide ; celle où la charge est uniformément répartie, ou encore lorsqu'elle agit en plusieurs points ou en un point quelconque de la distance, etc., etc. Nous avons dit qu'il faut avoir recours, pour cette étude, aux traités spéciaux, qui doivent même présenter une grande étendue en rapport avec les nombreuses conditions que ces problèmes comportent.

Terminons, néanmoins, par un exemple de l'application de la règle précédente.

Exemple. Trouver la section transversale d'une barre de fer méplate, encastrée par ses deux extrémités, et qui doit résister avec sécurité, quant à la rupture, à un effort transversal qui s'exerce au milieu de sa longueur dans les conditions suivantes :

Longueur entre les deux encastrements . . . . $L = 2^m,00$
Effort. . . . . $P = 1000^k$
Rapport des côtés a et b de la section. . . . . 1 : 5

Pour qu'il y ait sécurité, il faut que R n'excède pas 5 à 600 kil. D'autre part, étant donné le rapport 1 à 5 entre les côtés de la section, on a :

$$ab^2 = \frac{b}{5} \times b^2 = \frac{b^3}{5}.$$

Par conséquent, adoptant 600 kilog. pour la résistance spécifique, on trouve pour b :

$$\frac{b^3}{5} = \frac{3}{4} \times \frac{PL}{R},$$

et, de ces dimensions, exprimées en centimètres, on tire :

$$b^3 = \sqrt[3]{\frac{15 \times 1000^k \times 200^c}{4 \times 600^k}} = 10^c,8 = 108 \text{ millimètres.}$$

Le petit côté devant être le cinquième du grand, la section cherchée devrait donc avoir 108 millimètres sur environ 22 millimètres.

RÉSISTANCE DES CORPS CREUX AUX EFFORTS INTÉRIEURS.

CYLINDRES CREUX.

Une des recherches les plus intéressantes pour la mécanique pratique est celle de la résistance que doivent présenter les récipients, ou vases creux, à l'intérieur desquels règne une pression qui doit être contre-balancée par la rigidité des parois, et dirons-nous, par l'ensemble de la structure même du récipient. Comme pour toute autre nature de résistance, il faut considérer les effets successifs de flexion et de rupture, et avant même de parer à cet accident déterminatif, il y a évidemment lieu de rechercher les formes qui conviennent le mieux pour éviter les déformations résultant de flexions trop intenses.

Sous ce rapport, on donne aux pièces soumises à une pression interne une structure reconnue de tout temps pour celle qui, en égalisant l'effort, rend de même la résistance uniforme et met le récipient à l'abri de toute déformation qui en altère la fonction. On sait, en effet, que c'est la forme *cylindrique* qu'il convient de donner aux organes de cette nature, à défaut de celle *sphérique*, qui serait la résistance uniforme parfaite, et que l'on ne peut appliquer d'une manière générale. C'est plutôt sous forme de cylindres que se font les générateurs à vapeur, les corps de presse hydraulique, les récipients à gaz comprimé, etc., etc.

A la vérité, un cylindre clos se termine par des fonds dont la nature de résistance peut être différente du corps ; mais dans certains cas, ces fonds sont sphériques, et quand il faut qu'ils soient plats, on les arme de façon à compenser leur infériorité comme résistance organique.

Fig. L.

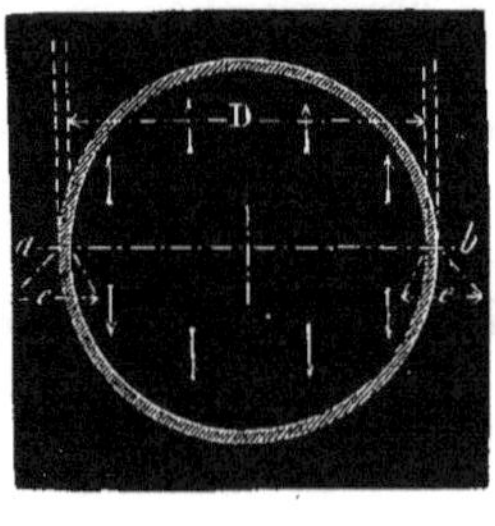

Nous allons essayer de faire comprendre de quelle façon un effort intérieur agit dans un cylindre et comment ses parois cylindriques peuvent lui opposer leur résistance ; nous ferons ensuite la même recherche pour une sphère, en attribuant cette forme aux fonds d'un cylindre.

Soit, fig. L, un corps cylindrique parfaitement clos, dont le diamètre est D, et la longueur L, à l'intérieur duquel un fluide élastique, comme de la vapeur, exerce une pression effective P, par unité de surface et exprimée en kilogrammes, ce récipient étant construit en une matière dont l'épaisseur uniforme est *e*.

On reconnaît de suite que la pression qui s'exerce à l'intérieur de cette capacité tend à produire deux effets différents :

1° Une action normale à la surface courbe concave, qui tend à déchirer le cylindre dans le sens de ses génératrices et à le séparer en deux parties suivant l'un de ses diamètres ;

2° Une autre action qui, agissant sur les fonds, tend à rompre ce cylindre circulairement en le fractionnant en deux parties dans le sens de sa longueur.

Action tendant a la rupture suivant les génératrices. — Si le fluide élastique presse également tous les points du récipient, et si la résistance des parois est aussi parfaitement égale en tous ces mêmes points, on pourra choisir une section quelconque *ab* pour calculer l'effort qui s'y manifeste, puisque tout autre diamètre offrirait des conditions semblables.

Or, si l'on compose la somme des efforts partiels qui s'exercent perpendiculairement à la surface courbe, et en chacun de ses points, on reconnaît facilement que l'effort total résultant est égal, sur chaque demi-circonférence, à celui qui s'exercerait sur une surface plane, rectangulaire, ayant pour largeur le diamètre D et pour longueur celle L du vase entier, et, par conséquent, de la surface courbe.

C'est donc cet effort, ainsi évalué, qui agit pour séparer le cylindre en deux parties suivant *ab* en surmontant la résistance du métal en deux points de la circonférence ; et ce qui s'oppose à la séparation, en résistant à cet effort, c'est la section matérielle de la paroi, qui est exprimée alors : par le double de son épaisseur *e* multiplié par la longueur L.

Résumant cette première donnée, nous disons que de l'effort total intérieur, il résulte un effort tangentiel qui détermine, pour chaque section de la paroi semblable à *ab*, un *effort de traction longitudinale,* dans la même condition que si cette paroi était développée suivant un plan et qu'elle fût soumise à ce genre d'action dont tous les éléments ont été exposés précédemment.

Puisqu'il ne s'agit plus que de comparer entre eux un effort et une section déterminés, rien de plus aisé que de calculer cet équilibre ; de plus, nous allons montrer que l'égalité s'établit simplement par la comparaison des dimensions linéaires mêmes.

En effet, l'effort défini ci-dessus a pour expression : l'effort spécifique P multiplié par le diamètre D et par la longueur L ; soit :

$$PDL.$$

D'autre part, la résistance totale de la matière sera représentée par le produit de sa résistance R, par unité de surface, par le double de son épaisseur *e* et par la même longueur L ; soit :

$$2eRL.$$

Mais, puisqu'il doit y avoir équilibre entre l'effort et la résistance, ces deux produits sont égaux, ce qui donne :

$$PDL = 2eRL.$$

Mais la longueur L étant facteur commun doit être éliminée, ce qui ramène l'équation d'équilibre à :

$$PD = 2eR,$$

d'où l'on tire :

$$e = \frac{PD}{2R}.$$

Cette expression, très-fondamentale, démontre que :

L'épaisseur d'une paroi cylindrique est directement proportionnelle à la pression spécifique intérieure et au diamètre du récipient cylindrique, et indépendante de sa longueur.

C'est ce qu'il est, du reste, facile de comprendre en remarquant que la pression intérieure agit exactement avec la même intensité sur chacune des sections transversales que l'on peut concevoir, et que chacune d'elle supporte, par conséquent, une part égale de l'effort total calculé en tenant compte de la longueur entière du cylindre.

L'application de cette formule est donc des plus simples, comme il est aisé de le montrer par un exemple.

Soit le corps en fonte de fer d'une presse hydraulique, à l'intérieur duquel il doit régner une pression de 400 atmosphères et dont le diamètre égale 25 centimètres ;

Déterminer l'épaisseur de la paroi cylindrique en admettant que la fonte, dont la résistance décroît pour de grandes épaisseurs, ne soit pas chargée de plus de 500 kilogrammes par centimètre carré.

On a donc, pour les données de ce problème :

Le diamètre. . . . . $D = 25$ centimètres.

La pression par centimètre carré, environ. . . $P = 400$ kilogrammes.

(Pour un effort aussi considérable, on peut négliger la pression atmosphérique extérieure qui doit, dans un autre cas, être retranchée.)

La résistance du métal par centimètre carré . . . . $R = 500$ kilogrammes.

D'où l'épaisseur cherchée devient :

$$e = \frac{400 \times 25}{2 \times 500} = 10 \text{ centimètres.}$$

Cependant, pour des pièces moins chargées et qui ne doivent pas comporter d'aussi grandes masses de fonte, on attribue au métal une résistance encore moins considérable, et il est même remarquable que plus les pièces sont de faibles proportions et plus les épaisseurs augmentent proportionnellement, ce qui a sa raison d'être dans les motifs de fabrication, et qui seront examinés en leur lieu.

Ainsi, on donne sensiblement à un cylindre à vapeur ayant 50 centimètres de diamètre, 20 millimètres d'épaisseur pour des pressions qui ne dépassent pas 5 atmosphères effectives.

Si nous voulons en déduire la valeur de R, il vient :

$$e = \frac{PD}{2R}; \text{ d'où } R = \frac{PD}{2e} = \frac{5^{at} \times 1^{k},0333 \times 50^{c}}{2 \times 2^{c}} = 64^{k},581.$$

Ceci démontre que pour déterminer l'épaisseur d'un cylindre de machine à vapeur, il existe d'autres motifs que la résistance pure et simple de la matière, puisque celle que nous venons de trouver n'est guère que $^{1}/_{24}$ (tab. n° 2) de la résistance d'une bonne fonte à la rupture.

Action tendant a la rupture circulaire. — Nous avons dit que c'est l'effort qui prend son point d'appui sur les fonds du cylindre qui tend à produire cet effet.

Que ces fonds soient plats ou courbes, la pression résultante totale, dirigée suivant l'axe du cylindre, sera la même et égale à celle qui s'exercerait sur la surface d'un cercle dont le diamètre est D.

Cet effort total est donc exprimé par :

$$\frac{\pi D^2 P}{4}.$$

D'autre part, la résistance de la paroi cylindrique a pour mesure la section circulaire transversale de la paroi, multipliée par la résistance spécifique R ; cette section ayant pour mesure le produit de l'épaisseur e par la circonférence du cercle passant par son milieu, on a, pour l'expression de la résistance transversale cherchée :

$$R\,\pi\,(D + e)\,e.$$

Or, si le diamètre intérieur D était très-grand comparativement à l'épaisseur e (comme cela a lieu pour les récipients en chaudronnerie), et qu'il y eût, par conséquent, fort peu de différence entre D et $D + e$, on pourrait les considérer comme égaux, ce qui ramènerait l'expression précédente à $R\pi De$.

Égalant, comme on l'a fait pour la résistance suivant les génératrices, cette deuxième résistance à l'effort total, il vient :

$$R\pi De = \frac{\pi D^2 P}{4}; \text{ d'où : } e = \frac{PD}{4R}.$$

Si, maintenant, l'on compare cette valeur attribuée à e en cherchant la résistance en section transversale, à celle trouvée ci-dessus pour la section suivant les génératrices, on voit qu'elle est *moitié* de la première, ce qui revient à dire que :

Pour un même récipient cylindrique et le même effort total intérieur, la charge tendant à la rupture des parois EST MOITIÉ MOINDRE *sur la section circulaire que sur celle longitudinale, en supposant le rapport entre l'épaisseur et le diamètre intérieur* INFINIMENT GRAND.

Mais en tenant compte de ce rapport, qui est évidemment *fini*, et qui a même parfois une très-faible valeur (tel que pour les presses hydrauliques), cette condition ne fait que s'améliorer, c'est-à-dire que cette section circulaire est de moins en moins chargée.

Pour le démontrer, nous allons choisir deux rapports limites, pour lesquels e serait successivement la moitié et le centième de D, ce dernier cas étant à peu près celui des chaudières à vapeur.

Si de l'équation générale d'équilibre déduite des données précédentes :

$$R\pi\,(D + e)\,e = \frac{\pi D^2 P}{4},$$

on tire la valeur de R, il vient :

$$R = \frac{D^2P}{4\,(D + e)\,e}.$$

Substituant successivement à e, dans cette expression et dans le facteur entre parenthèses, la valeur qui lui est attribuée dans les rapports précédents, c'est-à-dire, $e = {}^1/_{100}$ D et $e = {}^1/_2$ D, on trouve, pour le premier rapport :

$$R = \frac{D^2P}{4\left(D + \frac{D}{100}\right)e} = \frac{DP}{4{,}04e}.$$

Pour le deuxième, on trouve :

$$R = \frac{D^2P}{4\left(D + \frac{D}{2}\right)e} = \frac{DP}{6e}.$$

Ainsi, avec ce premier rapport, qui convient dans bien des circonstances aux chaudières à vapeur, la résistance transversale ne diffère de celle théorique que de 4 centièmes, mais à l'avantage de cette résistance.

Avec le deuxième rapport, l'allégissement de la section transversale s'est bien augmentée, car en comparant les dénominateurs 2 et 6, le premier correspondant à la résistance longitudinale, on voit que la charge sur la section transversale n'est, avec ce rapport $e = {}^1/_2$ D, que le tiers de celle afférent à la section longitudinale.

Il résulte d'abord, de ce qui précède, cette remarque importante :

C'est que, lorsqu'on s'occupe de la résistance intérieure d'un cylindre creux, *il faut déterminer l'épaisseur de la paroi* EN FONCTION DE LA CHARGE *sur la section parallèle à l'axe*, et que l'épaisseur trouvée ainsi est toujours *plus que suffisante,* quant à l'effort qui agit sur la section transversale.

SPHÈRES CREUSES.

La résistance d'une sphère se trouve complétement expliquée par les notions qui précèdent, car l'effort intérieur agit sur des sections qui ne peuvent être *que circulaires ;* les considérations qui concernent la résistance transversale d'un cylindre sont donc applicables, sans modifications, aux sphères creuses, et si l'on fait encore abstraction de la différence entre le diamètre intérieur et celui du cercle passant par le milieu de l'épaisseur de la paroi, on peut ajouter, comme corrollaire ou résumé, que :

Un récipient sphérique ne devrait avoir, à égalité de diamètre et de pression, que la moitié de l'épaisseur calculée pour un cylindre.

Mais, comme ici la résistance est uniforme pour toutes les sections, on pourrait bien, voulant économiser le poids de la matière, tenir compte du véritable diamètre moyen de la paroi, afin de ne donner que l'épaisseur justement nécessaire. Le calcul serait alors un peu plus compliqué, et nous allons donner une idée de la méthode à employer dans ce cas là.

Appelant, comme ci-dessus :

D le diamètre intérieur de la sphère, en centimètres ;

e l'épaisseur de la paroi, également en centimètres ;

P la pression intérieure, en kilogrammes par centimètre carré ;

R la résistance spécifique de la matière sur la même unité de surface ;

l'équation d'équilibre est, comme pour la résistance transversale d'un cylindre :

$$R\pi (D + e)\, e = \frac{\pi D^2 P}{4}.$$

De cette relation tirant la valeur de e, l'épaisseur cherchée, il vient, après les opérations algébriques ordinaires, qu'il est inutile de développer ici :

$$e = \frac{D}{2}\left(\sqrt{\frac{P}{R} + 1} - 1\right).$$

EXEMPLE. Quelle serait l'épaisseur d'une sphère creuse de 50 centimètres de diamètre intérieur, et qui se romprait sous une pression de 500 kilogrammes par centimètre carré ?

Prenant $R = 1400$ kilogrammes, pour le coefficient de rupture de la fonte, on trouve :

$$e = \frac{50}{2}\left(\sqrt{\frac{500}{1400} + 1} - 1\right) = 4^c{,}125,$$

soit environ 41 millimètres d'épaisseur.

Si l'on avait fait usage, purement et simplement de la formule (p. XLIII), où il n'est pas tenu compte de la différence entre le diamètre intérieur et celui moyen de la section, on aurait trouvé :

$$e = \frac{PD}{4R} = \frac{500 \times 50^c}{4 \times 1400} = 4^c{,}46.$$

Néanmoins, ceci démontre encore, qu'en pratique, la règle la plus simple est suffisante, et qu'elle donne d'ailleurs le résultat le plus élevé pour l'épaisseur à déterminer. Il est vrai que l'on a choisi ici le cas de rupture pour exemple, d'où l'épaisseur cherchée est beaucoup plus faible, par rapport au diamètre, que pour le moment de sécurité, dans lequel cas l'erreur serait plus grande, mais toujours à l'avantage du résultat.

Moment d'équilibre entre le corps et les fonds d'un récipient cylindrique. — On faisait autrefois les fonds d'une chaudière à vapeur sphériques, en les composant d'un certain nombre de segments rivés ensemble. Cette disposition est généralement abandonnée, et on fait maintenant les fonds d'une seule pièce de tôle forte emboutie en forme de segment sphérique, et dont les bords sont relevés pour former la pince d'assemblage avec le corps cylindrique.

Que cette structure convienne à un générateur ou à tout autre récipient de même espèce, si le fond est rapporté, on peut se demander si son épaisseur doit être différente de celle de la partie cylindrique ou, si elle est égale, quel doit être son rayon de courbure pour établir l'*égalité de résistance*.

Déjà, il est clair que ce fond ne doit pas être plat, attendu que la pression tendant à le courber, quelle que soit son épaisseur, il serait indéfiniment trop faible pour résister à la flexion, seul et sans armatures. Or, puisqu'il doit être courbe et que c'est la forme sphérique qui convient comme établissant l'équilibre de flexion, le rayon de courbure doit être déterminé de façon que l'égalité de résistance soit aussi établie entre le fond et la partie cylindrique, et en tenant compte de l'épaisseur à lui donner.

Nous nous proposons donc de chercher : *le rayon de courbure du fond pour l'égalité de résistance avec le corps cylindrique*, LES ÉPAISSEURS ÉTANT ÉGALES.

Il suffit, pour cela, de nous reporter à ce qu'il vient d'être dit pour une sphère complète, et à la formule simple qui permet d'en déterminer l'épaisseur :

$$e = \frac{PD}{4R}\text{ ; d'où : } R = \frac{PD}{4e}.$$

Si nous faisons la même chose pour la formule applicable au corps cylindrique, il vient :

$$e = \frac{PD}{2R}\text{ ; d'où : } R = \frac{PD}{2e}.$$

Or, pour rendre ces deux valeurs de R égales, P et e restant les mêmes, il suffit, évidemment, de doubler celle de D dans la première ou de la diviser par 2 dans la seconde.

Ce qui revient à dire que :

Le rayon ou le diamètre de courbure du fond doit être DOUBLE *de celui du corps cylindrique, pour que l'égalité de résistance soit établie, l'épaisseur étant la même pour les deux parties.*

Fig. M.

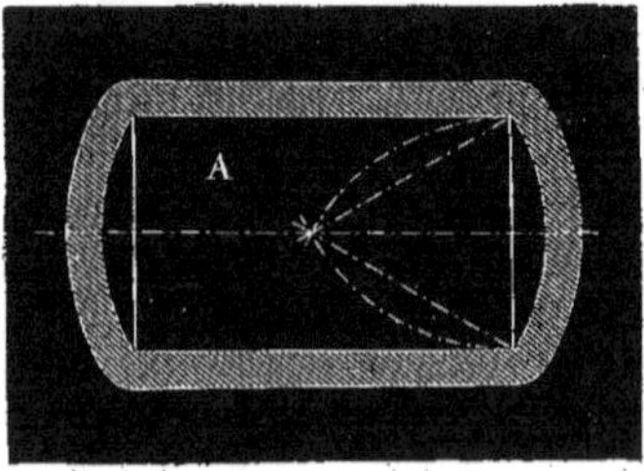

Soit, par exemple, une capacité cylindrique A, fig. M, les rayons de courbure du fond devraient former avec le diamètre du corps *un triangle équilatéral.*

CÔNES CIRCULAIRES CREUX.

La détermination de la résistance des parois d'un cône, ou d'un tronc de cône creux n'est, à vrai dire, qu'un corollaire de la proposition précédente relative aux cylindres creux ; néanmoins, l'examen particulier de ce nouveau sujet donne lieu à quelques remarques intéressantes, et nous croyons devoir nous y arrêter un instant.

On peut, en effet, considérer l'épaisseur des parois d'un cône circulaire creux, mesurée dans le plan de la base, comme devant être égale à celle qui conviendrait à un cylindre de même diamètre, et ceci étant vrai pour toutes les sections que l'on pourrait imaginer entre cette base et le sommet, il s'ensuit que, à l'égalité de résistance, les surfaces extérieure et intérieure de la paroi devraient concourir au sommet ; la section longitudinale du cône offrirait alors la structure représentée fig. N.

Fig. N.

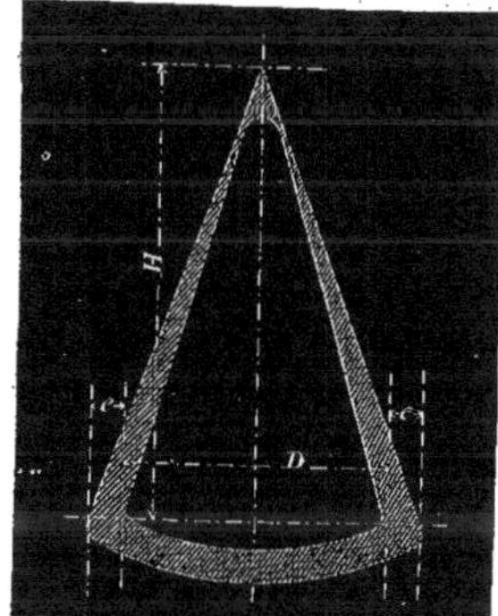

Il est facile de prouver directement que l'équilibre de résistance serait établi ainsi, l'épaisseur e, à la base ayant la même valeur que pour un cylindre du même diamètre (nous raisonnons pour le moment comme on l'a vu ci-dessus, en admettant que le rapport entre cette épaisseur et le diamètre soit très-grand).

Comme pour un cylindre résistant suivant les génératrice, l'effort total a ici pour mesure la section longitudinale intérieure, triangulaire dans le cas qui nous occupe, multipliée par la pression élémentaire P, soit pour cette pression :

$$\frac{1}{2}\,\text{HDP}.$$

D'autre part, la résistance étant exprimée par la section pleine et par sa résistance spécifique R, cette section a pour valeur la différence des deux triangles extérieur et intérieur, d'où l'on trouve pour cette résistance totale :

$$\frac{1}{2}(\text{D} + 2e - \text{D})\,\text{HR} = e\text{HR}.$$

L'effort et la résistance devant être égaux, on pose :

$$\frac{1}{2}\,\text{DHP} = e\text{HR},$$

d'où tirant la valeur de e, il vient, en divisant de suite les deux membres par H :

$$\frac{1}{2}\,\text{DP} = e\text{R}\,; \quad \text{d'où } e = \frac{\text{PD}}{2\text{R}}$$

Cette valeur de e étant parfaitement égale à celle trouvée ci-dessus (p. XLII) pour le cylindre, la proposition se trouve complétement démontrée.

Il faut dire, que si l'on avait à construire un cône en matériaux minces, on n'observerait pas évidemment cette conicité des parois, et l'on devrait leur donner pour épaisseur uniforme celle déterminée ainsi, comme pour le cylindre de même diamètre que la base ; il n'en résulterait qu'un excès de résistance, n'ayant d'autre inconvénient que le surplus de poids de la matière en œuvre. Cependant, il pourrait arriver que les dimensions totales du cône nécessitassent de rassembler plusieurs feuilles dans le sens de la hauteur, ce qui permettrait alors de les choisir d'épaisseurs successivement différentes. Autrement, pour de fortes résistances et des pièces présentant à la fois une grande épaisseur et une masse totale d'une certaine importance, on pourra en alléger le poids en profitant de cette propriété de l'égalité de résistance offerte par la paroi conique.

Quant à un *tronc* de cône, aucune particularité nouvelle ne se rencontre ; si l'on conserve l'uniformité d'épaisseur, elle devra être déterminée d'après la grande base, et, dans le cas contraire, elle devra concourir au sommet qu'il est facile de connaître.

Ces notions préliminaires, que nous ne croyons pas devoir étendre davantage, les trouvant suffisantes pour la plus grande partie des applications, vont nous permettre d'étudier facilement la structure et les fonctions des principaux organes qui entrent dans la construction des machines ; nous y renvoyons du reste, toutes les fois que l'occasion s'en présente.

Nous verrons que pour appliquer pratiquement les règles relatives à la résistance des matériaux, il est indispensable d'interroger la pratique elle-même, car chaque cas différent a ses exigences particulières, et, en définitive, c'est certainement dans l'application de cette science que les jeunes ingénieurs, d'ailleurs, très-intelligents et instruits, commettent les erreurs les plus graves, avant d'être complétement initiés à la construction même.

LE VIGNOLE DES MÉCANICIENS

ESSAI SUR LA CONSTRUCTION DES MACHINES

CHAPITRE PREMIER

PROPORTIONS DES VIS, DES BOULONS ET DES RIVETS

VIS ET BOULONS

(PLANCHE 1re)

L'emploi des vis, des boulons et des écrous est tellement fréquent dans les machines, qu'il serait du plus grand intérêt, pour les constructeurs et les fabricants, d'adopter un système uniforme, dans toute la France, pour les dimensions à donner à ces pièces. Il en résulterait évidemment une économie considérable, non-seulement dans la construction et la réparation des machines, mais encore dans l'achat et l'entretien des outils qui occasionnent, aux ateliers, des dépenses très-grandes, comme les coussinets, les tarauds, les forêts, les mèches, les écarrissoirs, les clefs, les tourne-à-gauche, etc.

On perd beaucoup de temps, dans une foule de circonstances, pour réparer un mécanisme ou un appareil quelconque, parce que le mécanicien, chargé de ce travail, ne possède pas les mêmes filets de vis que celui qui l'a construit ; les frais deviennent alors d'autant plus grands que, d'un côté, il est dans l'obligation de jeter au rebut, comme ferraille, les boulons ou les vis, dont il ne possède pas les coussinets, et que, d'un autre côté, il doit en refaire de nouveaux pour les remplacer.

Dans certains établissements, on a bien proposé à ce sujet des proportions qui pourraient servir de bases dans la construction ; mais, soit qu'on ne s'occupe pas de la question avec tout l'intérêt qu'elle mérite, soit qu'on ne se trouve pas suffisamment d'accord sur tous les points, les mécaniciens ne se sont pas encore arrêtés, au moins chez nous, à des règles uniformes.

Et, cependant, en présence du système métrique, qui est d'un usage si commode et actuellement adopté partout en France, en Belgique et même dans plusieurs contrées d'Allemagne, il est évident qu'on devrait arriver à avoir aussi une mesure générale pour ces organes essentiels de la mécanique.

On est plus avancé, sous ce rapport, chez nos voisins d'outre-mer, grâce à l'intervention d'un habile constructeur, M. Joseph Whitworth, de Manchester, qui, le premier, présenta en 1841, à l'Institut des ingénieurs civils, un mémoire fort intéressant, servant à faire voir l'avantage d'appliquer, pour les chemins de fer, la navigation et les manufactures, un système uniforme de filets de vis, dans toute l'Angleterre. Et, à l'appui de ce mémoire, il donna un tableau résumant les dimensions principales qui furent adoptées par plusieurs compagnies et par les constructeurs les plus recommandables.

M. Whitworth s'est surtout attaché à déterminer le *pas*, la *profondeur* et la *forme* des filets de vis pour les mettre en rapport avec leur diamètre. Il a cherché à établir des proportions telles que, tout en conservant aux filets la puissance nécessaire, ils présentent, en même temps, une grande solidité et ils peuvent servir, à la fois, pour la fonte et pour le fer. Ce sont, sans contredit, les proportions établies par cet ingénieur expérimenté, qui offrent le plus d'avantage et qui, par conséquent, sont susceptibles d'être prises pour base dans le système d'uniformité que nous proposons, parce qu'il a tenu compte à la fois de la force, de la résistance et de la durée, toutes conditions qui doivent être prises en considération dans la pratique.

Sur plusieurs lignes de chemins de fer et dans quelques ateliers particuliers, on a adopté les mêmes diamètres et les mêmes pas : c'est déjà un premier point ; mais, on n'a pas conservé la même profondeur, ce qui est un inconvénient, et d'ailleurs la collection n'est pas suffisante pour servir de base générale. Voici seulement la série qui compose les dimensions que nous avons recueillies :

	MILLIMÈTRES.	MILLIMÈTRES.	MILLIM.	MILLIMÈTRES.
Pour des diamètres de	10 | 12	15 | 18 | 20	25	25 | 28 | 30
Le pas est de	mill. 1,5	mill. 2	mill. 2,5	mill. 3

Il nous paraît d'autant plus facile d'adopter aujourd'hui des proportions uniformes pour les vis et les boulons, qu'il s'est monté à Paris et ailleurs des ateliers spéciaux qui s'occupent exclusivement de cette fabrication, et qui sont outillés pour faire bien et économiquement.

VIS A FILETS TRIANGULAIRES

(FIG. 1, 2 ET 2bis, PL. 1re)

Nous allons montrer les règles simples que nous avons cherché à établir dans la construction des vis à filets triangulaires, pour remplir les meilleures conditions de solidité et de durée, en nous rapprochant, autant que possible, des données de M. Whitworth et de celles adoptées dans nos principaux établissements.

Diamètre de la vis. — Faisons observer d'abord que, pour fixer le diamètre d'une vis ou d'un boulon en fer, il faut connaître, au moins d'une manière approximative, l'effort ou la résistance qu'il est susceptible d'éprouver, suivant la place qu'il occupe sur l'appareil. Ainsi, dans un cylindre de machine à vapeur, par exemple, les boulons qui assujettissent le couvercle sur la base, supportent ensemble un effort au moins égal à la puissance maxima exercée sur la surface du piston, qui se répartit sur chacun d'eux plus ou moins régulièrement, suivant le soin apporté dans l'exécution et dans le montage.

Comme il importe que la section du boulon ou de la vis soit beaucoup plus considérable que celle correspondante à la résistance moyenne du fer, afin qu'il ne puisse se rompre par l'effort de traction, ni même s'allonger ou se courber par le serrage, on calcule son *diamètre* par la formule :

$$d^2 = \frac{P \times 100}{81},$$

qui, en extrayant la racine carrée, peut se mettre sous la forme de :

$$d = \frac{10}{9} \sqrt{P} = 1,11 \sqrt{P}.$$

Dans laquelle d représente le diamètre de la tige en millimètres (fig. 1 ci-dessous ou fig. 2, pl. 1re) et P le poids ou la pression totale sur la section en kilogrammes (1).

Fig. 1.

Le diamètre de la tige d'une vis ou d'un boulon est donc égal aux 10/9 *de la racine carrée de la charge totale en kilogrammes;*

Exemple. — Soit une série de 6 boulons destinés à relier le couvercle d'un cylindre à vapeur, dans lequel la pression totale effective est de 2,460 kilog. ; on voudrait connaître leurs dimensions.

La charge sur chaque boulon étant de 2460 : 6 = 410^k, on a :

$$d = 10/9 \times \sqrt{410} = 22^{mill.},5 \text{ pour le diamètre.}$$

Pas des filets. — *Le pas de la vis est égal aux* 8/100 *du diamètre et augmenté d'un millimètre.*

Soit : $p = 0,08\, d + 1.$

Ainsi, pour le diamètre précédent, on aurait :

$$p = 0,08 \times 22,5 + 1 = 2^{mill.},8.$$

Profondeur des filets. — *La hauteur* h, *ou la profondeur des filets*, d'après Whitworth, *est égale aux* 19/30 *du pas.*

$$\text{Soit :} \quad h = \frac{19}{30} p,$$

$$\text{d'où :} \quad h = 19/30 \times 2,8 = 1,74.$$

Ainsi, la profondeur des filets de vis serait d'environ $1^{mill.},3/4$.

(1) La charge ou l'effort de traction longitudinale qu'on peut faire supporter avec sécurité à une barre de fer prismatique ou cylindrique est, par millimètre carré de section :

Au maximum, de	10^k,00.
Au minimum.	4 ,00.
En moyenne	6 ,67.

Or, d'après la formule ci-dessus, la charge ou pression P n'est pas de plus de 1^k,03 par millimètre carré en comptant sur le diamètre extérieur de la tige ; on se trouve donc dans les meilleures conditions pour la plus parfaite sécurité, lors même qu'on n'adopterait, comme il arrive souvent, que des fers de médiocre qualité.

Il est vrai de dire que, dans certains cas, on serait amené à avoir des tiges très-fortes, beaucoup trop grosses même et, par suite, trop chères à établir pour être adoptées. Dans les presses hydrauliques, les presses à vis, les découpoirs, les balanciers, etc., on fait nécessairement supporter aux vis des pressions de 5, 6 et jusqu'à 8 kilogrammes par millimètre carré de section.

DIAMÈTRE DU NOYAU. — On déduit naturellement le diamètre d' du noyau de la vis, par la relation :

$$d' = d - 2h,$$

c'est-à-dire, en retranchant le double de la hauteur du filet du diamètre extérieur.

Ce qui donnerait pour le cas précédent :

$$d' = 22{,}5 - (2 \times 1{,}77) = 18^{\text{mill.}}{,}96.$$

D'après ces données, il est facile de former une table qui montre, outre la charge correspondante aux diamètres, le pas et la profondeur des filets de vis, depuis les plus petites jusqu'aux plus grandes dimensions.

Lorsque la marine de l'État a outillé les établissements de construction qu'elle possède dans les ports de mer, elle a fait de grandes dépenses pour avoir une collection complète de tarauds et de coussinets, dont les diamètres varient de millimètre en millimètre sur une grande étendue.

Il nous a paru qu'il suffirait, pour la mécanique en général, de varier les diamètres par quart de centimètre, de 5 jusqu'à 25 millimètres, puis par demi-centimètre seulement, à partir de 25 millimètres.

La table suivante a été calculée sur cette base et s'étend de 5 à 80 millimètres ; elle peut généralement suffire à toutes les exigences.

Ire

TABLE RELATIVE AUX PROPORTIONS A DONNER AUX VIS ET BOULONS A FILETS TRIANGULAIRES.

Diamètre extérieur en millimètres. d.	Poids ou pression en kilogrammes. P.	Pas des filets en millimètres. p.	Profondeur des filets en millimètres. h.	Diamètre intérieur du boulon à fond de filets.	Nombre de spires sur une longueur de 100 mil.
5	20	1.4	0.8	3.2	71.4
7.5	45	1.6	1.0	5.5	62.5
10	81	1.8	1.1	7.7	55.5
12.5	126	2.0	1.3	9.9	50.0
15	182	2.2	1.4	12.2	45.4
17.5	243	2.4	1.5	14.5	41.6
20	324	2.6	1.6	16.7	38.4
22.5	410	2.8	1.8	19.0	35.7
25	506	3.0	1.9	21.2	33.3
30	729	3.4	2.1	25.7	29.4
35	992	3.8	2.4	30.2	26.3
40	1296	4.2	2.6	34.7	23.8
45	1640	4.6	2.9	39.2	21.7
50	2025	5.0	3.2	43.7	20.0
55	2450	5.4	3.5	48	18.5
60	2916	5.8	3.8	52.4	17.2
65	3422	6.2	4.1	56.8	16.1
70	3969	6.6	4.4	61.1	15.1
75	4556	7.0	4.7	65.5	14.2
80	5184	7.4	5.0	69.9	13.5

Observation. — Ce tableau aurait pu être continué, comme l'a fait Whitworth, jusqu'au diamètre de 150 à 160 millimètres; mais nous remarquerons que les boulons à filets triangulaires ne sont presque pas employés au-delà du diamètre de 75 à 80 millimètres, que le plus souvent même, ils ne dépassent pas 50 à 60, parce qu'au-dessus de ces dimensions, ne pouvant se servir de filière, il faut nécessairement employer des machines à fileter, et alors on fait plus ordinairement usage de vis à filets carrés. Du reste, il sera toujours facile, d'après les règles précédentes, de déterminer les proportions pour des diamètres plus forts que ceux compris dans la table.

FILETS ARRONDIS.

La maison Huguenin, Ducommun et Dubied, de Mulhouse, aujourd'hui Ducommun et Cie, en étudiant cette question des vis et des boulons d'une manière toute particulière et avec le plus grand soin, nous a fait remarquer qu'il était utile, dans la pratique, d'arrondir légèrement les arêtes des filets triangulaires, afin de rendre le filetage plus facile et d'éviter les angles vifs, qui coupent et abîment en peu de temps les coussinets.

Sans donc changer les proportions adoptées pour le pas et la profondeur des filets, nous admettons le léger arrondi que ces constructeurs ont déterminé géométriquement, et qu'ils arrivent à mettre à exécution avec la plus parfaite exactitude, au moyen d'un instrument fort ingénieux qui centuple les dimensions, et à l'aide duquel on peut faire les peignes et même les tarauds, suivant la forme rigoureuse que les dents doivent avoir, en les réduisant justement au centième.

Fig. 2.

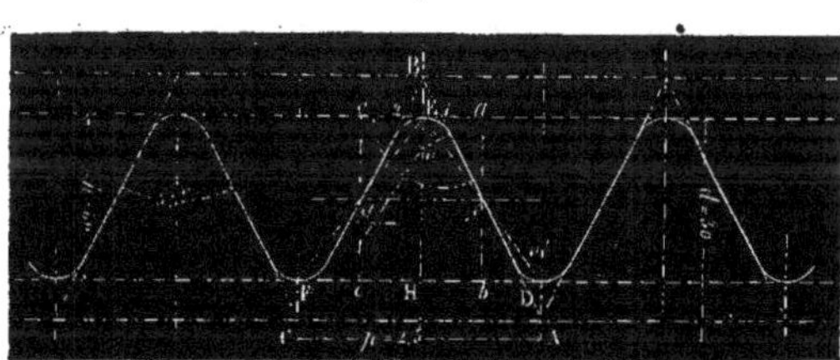

La fig. 2 fait aisément comprendre la détermination de cet arrondi et par suite la modification qu'il apporte dans la forme ou le contour des filets. Cette figure est dessinée sur une grande échelle, afin qu'on puisse mieux concevoir le tracé géométrique.

Supposons, pour fixer les idées, que le diamètre d de la vis ou du boulon soit de 30 centimètres; d'après les proportions établies précédemment, le pas p serait égal à 25 millimètres, et, par suite, la profondeur h serait de 16 millimètres.

Faisons le triangle isocèle DEF, dont la base DF $=$ 25 et la hauteur EH $=$ 16 ;

Divisons cette hauteur EH en deux parties égales par la ligne fg, puis les demi-bases DH et HF par les verticales ab et ce ;

Portons, de *a* en *i* et de *c* en *i'*, la moitié de *af* ou de *fb*, ou, si l'on veut, le 1/4 de la hauteur entière *ab* ;

En joignant les points *if* et *i'g* par les droites AB et BC, on forme le nouveau triangle isocèle ABC.

Ce sont justement les côtés de ce nouveau triangle qui engendrent les filets de vis ; on les arrête aux points 1 et 2 de la ligne *ac*, qui représente la génératrice extrême de la tige ou du cylindre extérieur de la vis, et la ligne DF, génératrice du noyau ou cylindre intérieur. Si on divise alors en deux parties égales, les angles que forment ces deux génératrices avec les côtés AB et BC, on trouve les points *o* et *o'* pour les centres des arcs de cercle qui doivent former les arrondis et qui sont tangents à ces côtés et aux deux droites AC et DE.

Cette construction amène, en résumé, à ce résultat que les côtés AB et BC des filets, forment entre eux un angle de 55 degrés, et que le rayon de l'arc de cercle qui forme l'arrondi de chaque angle, est environ le 1/5 de la profondeur.

Nous sommes heureux de mentionner cette addition de l'arrondi des filets, et de constater que des constructeurs habiles et intelligents veulent bien exécuter, comme nous l'avons proposé, un système uniforme pour les proportions des boulons et des écrous, qui, nous l'espérons, dans un temps plus ou moins rapproché, seront adoptées dans toute la France.

PROPORTIONS DES ÉCROUS ET DES TÊTES DE BOULONS.

Après avoir réglé le diamètre des vis, ainsi que leur pas et la profondeur des filets, il est utile aussi de régulariser de même les proportions à donner aux écrous et aux têtes de boulons. Sur ce second point, il n'y a pas jusqu'ici, à vrai dire, plus d'uniformité que sur le premier.

Diamètre de l'écrou. — Bien souvent, on a donné aux écrous à 6 pans, ou de forme hexagonale, des diamètres doubles de ceux des boulons correspondants ; mais cette proportion fait des écrous trop faibles pour les plus petites dimensions et souvent trop fort, pour les grandes. En effet, pour un petit boulon de 5 centimètres, le diamètre extérieur de l'écrou d'angle en angle, étant alors de 10 millimètres, n'a pas assez d'épaisseur de matière entre les côtés et les filets, tandis que, pour un boulon de 50 millimètres, le diamètre de l'écrou étant de 100 millimètres, laisse une épaisseur de 18 millimètres entre les côtés et le bord des filets, épaisseur trop grande par rapport à la force du boulon.

Fig. 3.

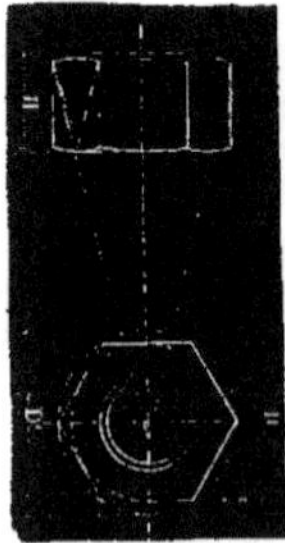

C'est évidemment, l'épaisseur du métal à laisser entre la tige, ou le bord du filet, et les côtés de l'écrou qui doit être déterminée en pratique pour présenter la résistance nécessaire, sans employer une quantité de matière inutile (voir fig. 3 ci-contre et fig. 2bis, pl. 1re). Cette épaisseur devient convenable en employant la formule suivante :

$$D = 1{,}4\,d + 5 \text{ millimètres.}$$

D exprimant le diamètre du cercle inscrit dans l'hexagone en millimètres,

Et d représentant, comme ci-dessus, le diamètre extérieur du boulon, également en millimètres.

Ainsi, *le diamètre du cercle inscrit dans l'hexagone est égal au produit du diamètre de la tige par* 1,4 *et augmenté de* 5 *millimètres.*

Pour le diamètre $d = 22^{m},5$, on aurait donc :

$$D = 1,4 \times 22,5 + 5 = 36^{mill.},5.$$

Comme en dessin, il est plus facile de tracer un hexagone, connaissant le côté où le rayon du cercle circonscrit, que lorsqu'on se donne le diamètre du cercle inscrit, on pourra, à cet égard, employer la formule suivante, en se rappelant que le rapport entre les deux diamètres est de 1000 à 866 :

$$D' = D \times \frac{1000}{866} = (1,4\,d + 5)\,1,15.$$

Le diamètre D′ du cercle circonscrit est donc *égal au diamètre du cercle inscrit multiplié par* 1,15.

Lorsqu'un écrou est carré, ce qui est rarement appliqué en bonne construction, le diamètre D du cercle inscrit est égal au côté du carré.

Par conséquent, pour D = 36,5, on a :

$$D' = 36,5 \times 1,15 = 42 \text{ millimètres}.$$

Hauteur ou épaisseur de l'écrou. — La hauteur H de l'écrou et de la tête du boulon est aussi une condition essentielle dans la construction. On l'a tellement senti en Angleterre (où l'on recherche, comme chez nous, à réduire autant que possible le poids des pièces, surtout dans les navires à vapeur) qu'on a fait une foule d'expériences pour parvenir à diminuer les dimensions de toutes sortes, jusqu'à celles des boulons et des écrous. On a reconnu, par exemple, que, lorsque la hauteur de l'écrou est égale à la moitié du diamètre du boulon, les filets résistaient toujours plus à l'effort que le corps même de la vis ; ce n'est que quand la hauteur est à peu près le 1/3 seulement du diamètre que les filets cèdent avant la tige.

Il n'est donc donc pas utile de donner à l'écrou, comme on l'a fait bien des fois, une hauteur très-grande, excepté dans certains cas, comme celui, par exemple, où il s'applique sur une pièce en mouvement ou susceptible d'éprouver des vibrations.

En général, il suffit de limiter la hauteur H au diamètre même de la tige, et de faire, dans les circonstances particulières,

$$H = 1,2 \text{ à } 1,4\,d,$$

ou mieux de mettre deux écrous superposés de moindre hauteur, pour qu'ils soient moins susceptibles de se desserrer.

Tête du boulon. — Afin d'employer les mêmes clefs de serrage, il est rationnel de donner à la tête du boulon la même forme et le même diamètre qu'à son écrou

Par conséquent, pour la forme hexagonale, on fait aussi :

$$D = 1,4\, d + 5$$

$$\text{et} \quad D' = D \times 1,15.$$

De même, lorsque la tête est carrée, le diamètre D est égal au côté du carré.

Pour la *hauteur* H' *de la tête du boulon*, il suffit de la faire *égale à la moitié du diamètre du cercle inscrit.*

$$\text{Soit alors : } H' = \frac{D}{2}.$$

Avec ces données, il devient facile d'établir la table suivante, qui résume les dimensions des écrous et des boulons pour les diamètres adoptés dans la précedente.

IIe

TABLE RÉSUMANT LES DIMENSIONS PRINCIPALES DES BOULONS ET DES ÉCROUS A FILETS TRIANGULAIRES.

Diamètre du boulon en millimètres.	ÉCROU A SIX PANS. DIAMÈTRE DU CERCLE		Hauteur de l'écrou en millimètres.	Nombre de spires dans la hauteur.	Tête du boulon. Hauteur en millimètres.
	inscrit en millimètres.	circonscrit en millimètres.			
5	12	13.7	5	3.6	6
7.5	15	17	7.5	4.7	7.5
10	19	22	10	5.5	9.5
12.5	22	20	12.5	6.2	11
15	26	35	15	6.8	13
17.5	29	36	17.5	7.3	14.5
20	33	38	20	7.7	16.5
22.5	36	42	22.5	8.0	18
25	40	46	25	8.3	20
30	47	54	30	8.6	23.5
35	54	62	35	9.2	27
40	61	70	40	9.5	30.5
45	68	78	45	9.8	34
50	75	86	50	10.0	37.5
55	82	94	55	10.1	41
60	89	102	60	10.3	44.5
65	96	110	65	10.5	48
70	103	118	70	10.6	51.5
75	110	126	75	10.7	55.0
80	117	134	80	10.8	58.5

VIS ET BOULONS A FILETS CARRÉS.

(FIG. 3 ET 4, PL. 1re.)

Les boulons à filets carrés présentent certaines particularités qui devaient en faire l'objet d'une étude spéciale ; les renseignements que nous avons pu recueillir, à cet égard, prouvent également qu'il n'existe pas en France plus d'homogénéité dans les proportions à donner à ce genre de boulons que dans l'exécution des vis et boulons à filets triangulaires; disons même qu'il y en a moins, car ce système est moins souvent appliqué. Nous avons pu reconnaître, du reste, que pour le pas et la profondeur des filets, c'est encore M. Whitworth qui paraît s'être le plus rapproché du but.

Pas et profondeur des filets. — Pour former des filets de vis convenables, présentant la résistance nécessaire, sans être trop susceptibles de se desserrer dans l'application, le pas est déterminé par la formule :

$$p = 0{,}09\ d + 2 \text{ millimètres.}$$

Soit 9/100 du diamètre augmenté de 2 millimètres.

La division du pas en deux parties égales, pour le filet et le creux, est naturelle quand la vis est du même métal que l'écrou.

La formule relative à l'épaisseur e du filet est alors :

$$e = \frac{1}{2}\ p,$$

$$\text{ou} \quad e = 0{,}045\ d + 1$$

La *profondeur* h *du filet*, un peu moindre que la moitié du pas, *est égale aux* 19/20 *de l'épaisseur.*

$$\text{Soit} \quad h = 19/20\ e.$$

Dimensions des écrous. — Il n'était pas possible de déterminer la hauteur de l'écrou par les règles suivies pour les boulons à filets triangulaires, car les filets carrés, par leur structure même, ne représentent, à pas égal, que la moitié de la résistance des premiers, et si, d'après cette considération, on donnait à l'écrou le double de la hauteur de ces derniers, on arriverait à des dimensions inusitées en pratique. Nous avons donc cherché directement la résistance des filets en prenant pour base l'effort auquel le corps du boulon est supposé soumis :

$$d = 1{,}11 \sqrt{P},$$

et le résultat de ces recherches nous a conduit à la règle suivante :

Fig. 4.

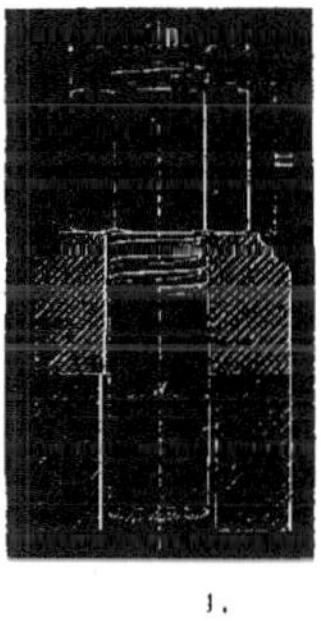

La *hauteur* H *de l'écrou doit comprendre* 12 *filets environ* (voir fig. 4 ci-contre ou fig. 3, pl. 1re), on a donc :

$$H = 1{,}08\ d + 24 \text{ millimètres.}$$

Cette hauteur donne à la somme des filets considérés suivant leur position, une résistance égale au corps du boulon.

Le diamètre de l'écrou est calculé comme celui des vis à filets triangulaires ;

$$\text{soit :} \quad D = 1{,}4\ d + 5,$$

$$\text{et, par suite :} \quad D' = 1{,}15\ D.$$

Nous résumons ces données dans le tableau suivant :

IIIe

TABLE DES DIMENSIONS DES VIS, BOULONS ET ÉCROUS A FILETS CARRÉS.

d. Diamètre en millimètres.	P. Poids ou pression en kilog.	*p.* Pas en millimètres.	*n.* Nombre de spires dans la long. = 100 mill.	*h.* Profondeur du filet en millimètres.	*e.* Épaisseur du filet en millimètres.	H. Hauteur de l'écrou en millimètres.
20	324	3.80	26.31	1.80	1.90	45.6
25	506	4.25	23.52	2.02	2.12	51
30	729	4.70	21.27	2.23	2.35	56.4
35	992	5.15	19.41	2.45	2.57	61.8
40	1296	5.60	17.85	2.66	2.80	67.2
45	1640	6.05	16.52	2.87	3.02	72.6
50	2025	6.50	15.38	3.19	3.25	78.0
55	2450	6.95	14.38	3.30	3.47	83.4
60	2916	7.40	13.51	3.51	3.70	88.8
65	3422	7.85	12.73	3.73	3.92	94.2
70	3969	8.30	12.04	3.94	4.15	99.6
75	4556	8.75	11.42	4.16	4.37	105.0
80	5184	9.20	10.86	4.37	4.60	110.4
85	5852	9.65	10.36	4.58	4.82	115.8
90	6561	10.10	9.90	4.80	5.05	121.2
95	7300	10.55	9.47	5.01	5.27	126.6
100	8100	11.00	9.09	5.22	5.50	132.0
105	8930	11.45	8.73	5.44	5.72	137.4
110	9801	11.90	8.40	5.65	5.95	142.8
115	10712	12.35	8.09	5.87	6.17	148.2
120	11664	12.80	7.81	6.08	6.40	153.6

DIAGRAMME DES PROPORTIONS RELATIVES AUX VIS ET BOULONS A FILETS TRIANGULAIRES ET CARRÉS.

Les fig. 1 à 4 de la pl. 1re résument les applications des règles exposées plus haut, lesquelles établissent d'une manière uniforme les proportions des vis, des boulons et des écrous, à filets triangulaires et carrés.

La fig. 1 est un tracé géométrique qui réunit toutes les dimensions depuis celles correspondantes au diamètre 5 millimètres jusqu'à celles du diamètre 60 millimètres.

La partie gauche du tableau graphique est relative aux proportions des filets triangulaires, et celle de droite aux filets carrés ; la courbe parabolique CD donne les diamètres correspondants aux pressions, d'après la formule adoptée précédemment ; et les droites EF, GH correspondent aux diamètres D et D′ des écrous.

L'usage de ce tableau ne présente aucune difficulté. Nous allons montrer par un exemple qu'il suffit de s'en servir une fois pour le connaître parfaitement.

Proposons-nous de déterminer les dimensions d'un boulon de 50 millimètres de diamètre à filet triangulaire en même temps que l'effort auquel on peut le soumettre sans danger :

Prenez sur le côté gauche CI *du tableau, qui est divisé en millimètres, le chiffre* 50, *diamètre donné, et suivez la ligne horizontale correspondante dans toute sa longueur ; vous trouverez successivement, à partir de* CI, *par l'intersection de cette ligne :*

Avec A′B′ : 3 millimètres pour la profondeur du filet ;

Avec AB : 5 millimètres pour le pas ;

Avec la courbe CD : 20 quintaux, ou 2,000 kilogrammes pour l'effort de traction ;
Et enfin, avec les lignes EF et GH, et à partir de A^5D :
75 millimètres pour le cercle inscrit de l'écrou (tête carrée ou à 6 pans) ;
Et 86 millimètres pour le cercle circonscrit dudit (ou de la tête à 6 pans).

La même manière d'opérer s'applique évidemment aux filets carrés, seulement le pas et la profondeur sont indiqués sur la droite du tableau, afin d'éviter la confusion des lignes.

Si l'effort de traction est donné, il suffit, pour trouver le diamètre du boulon, de s'élever, à partir du chiffre correspondant sur la base du tableau, jusqu'à la courbe. Ainsi, la charge P étant de 20 quintaux ou 2,000 kilogrammes, on trouve que l'horizontale qui passe au point d'intersection P de la verticale élevée au point 20 de la courbe parabolique, vient correspondre à gauche au chiffre 50 millimètres, qui est alors le diamètre cherché.

BOULONS TYPES.

(FIG. 2 ET 3, PL. 1re.)

La fig. 2 représente un boulon type de 50 millimètres de diamètre, avec sa tête et son écrou de forme hexagonale ; les filets de vis sont tracés suivant des hélices engendrées par les sommets de triangles isocèles, dont la base, située sur la génératrice du cylindre, est égale au pas ;

Soit : $p = 0{,}08,\ d + 1$ ou $p = 0{,}08 \times 50 + 1 = 5$ millimètres,

et dont la hauteur h, perpendiculaire à l'axe, est égale à la profondeur,

ou : $h = 19/30\,p = 3^{\text{mill.}},17.$

L'écrou est tourné sur ses deux bases opposées ; celle inférieure, qui s'applique sur la pièce à fixer, est légèrement arrondie aux angles, afin qu'ils ne touchent pas celle-ci, lorsqu'on serre l'écrou. Cette surface est dressée au tour, ce qui est évidemment le meilleur mode de faire de bons écrous ; les faces latérales sont taillées aux machines à fraises ou à burins ; il en est de même des deux bases de la tête du boulon.

Quant à la face supérieure qui termine l'écrou, elle est habituellement arrondie, suivant une surface sphérique, dont le rayon est égal à trois ou quatre fois la hauteur même de l'écrou ; cette forme est préférable à celle des angles abattus en chanfrein que l'on applique plutôt aux écrous bruts de forges et non tournés ; elle est, d'ailleurs, d'autant plus régulière qu'elle est produite sur le tour même.

La fig. 3 est un modèle de boulon d'écartement, ou boulon de fondation ordinaire de 50 millimètres de diamètre, exécuté exactement d'après les règles données ci-dessus pour les boulons à filets carrés. Des boulons de ce genre sont appliqués, mais sur des dimensions plus grandes, pour relier les sommiers des presses hydrauliques ; ainsi, il en existe de 100 à 130 millimètres de diamètre.

La fig. 4 montre un exemple de boulon à filets carrés, puisé dans la série de MM. Mazeline et de M. Nillus, du Havre, et appliqué, du reste depuis, par les meilleurs constructeurs, dans les appareils de navigation, pour les gros paliers, les têtes de bielle, ou de tiges de piston des cylindres oscillants, etc.

On y a fait l'application d'un système ingénieux, destiné à empêcher l'écrou de se desserrer ; c'est une sorte de chapeau ou de douille en bronze A qui recouvre en partie l'écrou en fer E. Celui-ci, hexagonal sur un peu plus du tiers de sa hauteur, est rond en diminuant de diamètre à sa partie supérieure, ce qui en réduit le poids en conservant la force nécessaire dans les filets ; on y pratique une entaille latérale c pour y engager un goujon g, taraudé sur le côté de la douille, afin de retenir l'écrou et l'empêcher de se détourner. Une vis de pression v, taraudée à l'extrémité du boulon B et en sens inverse de ses filets, retient le chapeau et l'écrou.

Une telle disposition est appliquée sur toutes les parties de l'appareil, qui reçoivent des boulons susceptibles d'éprouver des vibrations ou des chocs.

MODÈLES DIVERS DE BOULONS ET D'ÉCROUS.

(FIG. 5 A 25, PL. 1re.)

Il est quelquefois nécessaire de modifier les formes ou certaines parties des boulons ; ainsi, on ne peut pas toujours exécuter des têtes et des écrous à six pans : tantôt la forme doit être carrée, et tantôt ronde ou irrégulière ; d'autres fois, le boulon ne peut avoir de tête. Nous avons donné, à ce sujet, sur la planche 1re, plusieurs exemples de boulons d'assemblage, pour montrer les applications spéciales qui peuvent se rencontrer dans la construction des machines.

Boulon de fondation (fig. 5). — Ce boulon est à clavette, parce que, destiné à fixer une plaque d'assise ou un support sur un massif en maçonnerie, il ne peut s'introduire que par la partie supérieure, et, par conséquent, n'a pas de tête. Celle-ci est alors remplacée par une clavette en fer c, que l'on enfonce dans une mortaise pratiquée à l'extrémité inférieure et dans le sens de l'axe du boulon B.

Cette clavette a généralement pour épaisseur :

$$e' = 0{,}2\ d,$$

c'est-à-dire, le 1/5 du diamètre du boulon ; et pour largeur ou hauteur verticale :

$$h' = 0{,}9\ d.$$

Pour qu'elle ne détériore pas la pierre et que le serrage soit solide, il est nécessaire de placer, entre cette clavette et la maçonnerie, une plaque en fer ou en fonte F qui présente une large surface. En serrant alors l'écrou E, taraudé à la partie supérieure du boulon, on rend le tout parfaitement solidaire.

Les dimensions de ce boulon varient évidemment, suivant les applications que l'on en fait dans la pratique. Leur diamètre est de 25 à 30 millimètres, pour assujettir les plaques d'assise des machines à vapeur de 2 à 8 chevaux, ou des beffrois de moulin à blé, sur des massifs en pierre de $1^{m},00$ à $1^{m},50$ de profondeur.

Il peut être de 35 à 50 millimètres pour des machines au-dessus de 10 chevaux.

Le nombre de ces boulons est variable et proportionné, d'ailleurs, à l'étendue des plaques d'assise, ou des supports à fixer.

Il y a des constructeurs qui ménagent un renflement à la partie inférieure, comme celui indiqué en lignes ponctuées sur la fig. 5, afin de remplacer la force perdue par la mortaise qui reçoit la clavette ; mais alors il faut augmenter le diamètre du trou percé dans le massif en pierre.

Boulon a scellement (fig. 6 et 6 bis). — Lorsqu'il n'est pas nécessaire de relier tout le massif avec les plaques et les supports, on emploie des boulons à scellement, tel que celui représenté en élévation (fig. 6) et en plan (fig. 6 bis).

Ce boulon a sa tige B carrée en forme de tronc de pyramide, et sur chacune de ses arêtes, on pratique, à la tranche, des bavures saillantes *b*, qui ont pour but de gripper dans la matière fondue que l'on coule tout autour de la tige, dans le trou plus large pratiqué préalablement dans la pierre ; c'est ordinairement du plomb, ou bien un mastic composé, dans lequel on fait entrer du soufre. Lorsque ces boulons sont appliqués dans des endroits humides, ou peu apparents, les écrous sont bruts, et si les plaques sur lesquelles doivent serrer les écrous ne sont pas dressées, on interpose une rondelle en fer tournée qui a l'avantage de mieux faire porter les surfaces.

Boulon a tête encastrée (fig. 7). — Pour assujettir un palier ou un support sur une plaque d'assise, on fait habituellement la tête carrée, qu'on loge dans une excavation ménagée à la fonte, sous la plaque ; telle est la disposition indiquée fig. 7, qui s'applique dans les moulins, dans un grand nombre de machines et de transmissions de mouvement. Dans ces sortes d'applications, on a le soin de ménager à la semelle du palier une ouverture oblongue qui laisse une certaine latitude pour le fixer exactement à la place qu'il doit occuper.

Boulon a deux écrous (fig. 8). — Souvent, pour restreindre le développement de la pièce, on exécute des paliers avec des boulons qui servent à la fois à les assujettir sur leurs plaques d'assise et à serrer le chapeau. On fait alors les deux bouts taraudés pour recevoir chacun un écrou, comme le montre la fig. 8, et on ménage au corps du boulon une embase intermédiaire qui se loge dans un évidement réservé dans le corps du palier. Si cette embase est ronde, on laisse un ergot saillant pour empêcher le boulon de tourner lorsqu'on vient à serrer les écrous. Il résulte de cette disposition qu'en serrant l'écrou inférieur E, on fixe le palier sur sa plaque sans faire tourner le boulon et sans agir sur le chapeau, qui n'est serré que par l'écrou supérieur E'.

Boulon a T (fig. 9 et 10). — Il n'est pas toujours possible de percer d'outre en outre le trou dans lequel loge un boulon ; on est obligé d'employer, dans ce cas, des vis taraudées dans la fonte, ou même taraudées des deux bouts, ce que l'on doit, du reste, éviter autant que possible, toutes les fois que les pièces sont susceptibles d'être serrées ou desserrées souvent ; le boulon représenté fig. 9 et 10 est appliqué à un palier ordinaire : il est carré dans l'intérieur du corps du palier, et rond seulement au dehors ; à sa partie inférieure, il est terminé par une tête rectangulaire qui ne désaffleure la tige que sur deux de ses faces.

La place du boulon est venue de fonte dans le palier et ouverte du côté des coussinets. Cette disposition permet de rapprocher les boulons le plus possible du centre de l'arbre, et en même temps d'empêcher les coussinets de glisser latéralement ou de sortir de leur place, attendu qu'on a ménagé, de chaque côté, une rainure dans laquelle s'engage le boulon qui est plus gros que la profondeur de son entaille.

Boulon a deux taraudages (fig. 11). — Cette figure représente un assemblage, de foyer de locomotive avec les armatures en fer T placées à la partie supérieure ; les boulons sont taraudés dans la feuille en cuivre rouge C, qui forme le ciel du foyer près de leur tête ; ils sont en outre taraudés à l'autre extrémité et portent un écrou qui vient serrer sur la pièce. Par cette disposition, le boulon est parfaitement fixé après le foyer, avant même de serrer l'écrou.

Boulon a coulisse (fig. 12). — Il y a des boulons qui doivent souvent être changés de place avec les pièces qu'ils sont appelés à assujettir, tels que les supports à chariot, les supports de tours, etc. Les pièces dans lesquelles ces boulons doivent se mouvoir sont découpées suivant des mortaises plus ou moins longues qui donnent passage à leur tige et dans lesquelles se loge leur tête carrée. Tel est l'exemple indiqué fig. 12. Lorsque l'écrou est desserré, on peut promener le boulon dans toute la longueur de la rainure, puis le serrer, quand la pièce est à sa place.

Boulon a crochet (fig. 13). — Ce genre de boulon est fort utile dans certains cas pour fixer, par exemple, les palettes des roues hydrauliques sur leurs bras, lorsque ceux-ci sont en fer, comme dans les bateaux à vapeur, et n'ont pas l'épaisseur suffisante pour y pratiquer le trou nécessaire au boulon. Ce dernier est nécessairement carré dans la hauteur de la pièce, et rond seulement dans l'épaisseur du bois.

Boulons a oeil, ou a oreille (fig. 14 à 16). — Le boulon représenté fig. 14 est appliqué à un presse-étoupe de cylindre à vapeur ou de pompe à eau ; il est terminé à sa partie inférieure par un œil *o* dans lequel s'engage un goujon *g* taraudé dans la fonte. Le goujon est fendu comme une vis ordinaire, pour être serré avec un tournevis ou par une clef à griffe. On est conduit à cette disposition, quand, pour une difficulté de moulage ou pour toute autre cause, on ne peut pas faire venir d'oreille avec la pièce.

Les fig. 15 et 16 représentent un boulon semblable, en principe, au précédent ; il n'en diffère, en effet, que par la forme de l'œil O, qui est allongé au lieu d'être circulaire ; son point d'attache est une partie A fondue avec la boîte à étoupe. Cette disposition, plus économique que la précédente, se rencontre souvent dans certaines pompes de petit diamètre et particulièrement dans les pompes alimentaires.

Boulon a tête hémisphérique (fig. 17). — Ce boulon est moins dispendieux que le boulon à tête hexagonale ; il s'applique à un couvercle de cylindre à vapeur, ou de boîte à tiroir ; le tracé (fig. 17) montre comment on l'empêche de tourner par la tête qui est abattue du côté de la surface extérieure du cylindre. Cette disposition est d'autant plus avantageuse pour la construction qu'elle permet de réduire sensiblement la saillie des brides du cylindre et du couvercle, et, par suite, le poids de ces pièces.

Boulon a tête et écrou noyés (fig. 18). — Dans ce cas, l'écrou et la tête du boulon sont nécessairement ronds, et ils portent deux entailles ou rainures opposées, dans lesquelles s'engage la clef à griffe qui doit opérer le serrage. On emploie ce système, lorsque les surfaces des pièces à réunir doivent être lisses et sans saillies.

Boulon a ergot (fig. 19). — Le corps et la tête de ce boulon sont ronds ; il est alors nécessaire, pour l'empêcher de tourner, de placer sous la tête un ergot méplat *e*, qui se loge dans une petite entaille correspondante pratiquée sur la pièce sur laquelle elle s'appuie ; ce système est appliqué, dans les moteurs hydrauliques, pour fixer les aubes sur les bras ou les coyaux.

Vis de pression a contre-écrou (fig. 20). — Cette vis s'emploie souvent, soit pour serrer une roue sur son axe ou toute autre pièce, soit comme vis butante, ou d'arrêt; elle est taraudée dans la pièce même qui sert de point d'appui à son action ; le contre-écrou E est un moyen d'empêcher la vis de se desserrer, car le mouvement qui tendrait à la faire remonter exercerait une action contraire sur le contre-écrou.

Vis de pression a écrou noyé (fig. 21). — Ce système peut servir à plusieurs usages et s'appeler vis de centrage, vis calante, vis de nivelage, suivant les applications que l'on en fait. Son écrou est carré et entaillé dans la pièce qui reçoit la vis ; il est retenu en place par la pression même exercée sur les filets de la vis qui réagit en sens contraire ; mais il est ajusté assez *plein* pour ne pas tomber, lorsque la vis est desserrée. La tête peut avoir des formes différentes ; elle est indiquée ronde et percée latéralement de quatre trous dans lesquels on passe une broche qui sert de petit levier pour serrer la vis.

Boulon a écrou prisonnier (fig. 22). — Ce boulon est employé fréquemment dans la construction des roues hydrauliques, les bancs de tours, et les constructions en bois où l'on a besoin d'une grande solidité. Pour assembler une traverse sur une charpente à bois debout, un tel boulon est indispensable, puisqu'il ne pourrait pas traverser de part en part. L'écrou E est introduit à sa place par une mortaise, ou entaille latérale, qui est ensuite bouchée par un tampon de bois M; le corps du boulon est rond, et la tête et l'écrou sont le plus généralement carrés ; sous la tête est une rondelle en fer indispensable pour éviter la maculation du bois par les arêtes ou les angles.

Boulon a tête cylindrique (fig. 23). — Il y a des boulons à tête saillante de forme cylindrique, dont la tige est carrée pour ne pas tourner dans les pièces qu'ils assemblent. Tel est le boulon représenté fig. 23 et destiné à fixer une pièce de bois encastrée dans une pièce en fonte, comme un bras de roue hydraulique dans son moyeu. Le corps de ce boulon est carré dans la fonte et dans le bois ; mais il pourrait rester rond dans cette dernière, il suffit qu'il présente une partie carrée dans un point de sa longueur, pour qu'on puisse le serrer sans craindre qu'il tourne sur lui-même.

Vis a tête de violon (fig. 24). — Cette vis s'emploie pour fixer des pièces qui ne sont pas susceptibles d'une grande fatigue et qui doivent être souvent serrées et desserrées ; sa tête, de forme elliptique et creusée, permet de la tourner avec les doigts.

Écrou a oreilles (fig. 25). — Son usage est analogue à celui de la vis précédente ; ce genre d'écrou est aussi employé pour de petites pièces dont le serrage n'exige pas une grande force.

MOYENS D'EMPÊCHER LES ÉCROUS DE SE DESSERRER.

Nous avons indiqué sur la fig. 4 de la pl. 1re, et décrit plus haut, un procédé fort simple qui est appliqué souvent dans la construction des appareils de navigation à vapeur, pour empêcher les écrous de se desserrer.

Comme on a proposé, à diverses époques, des moyens différents pour remplir le même but, nous croyons intéressant d'en faire connaître quelques-uns, particulièrement ceux qui sont le plus ordinairement employés dans les machines et les transmissions de mouvement.

Fig. 5.

Fig. 6.

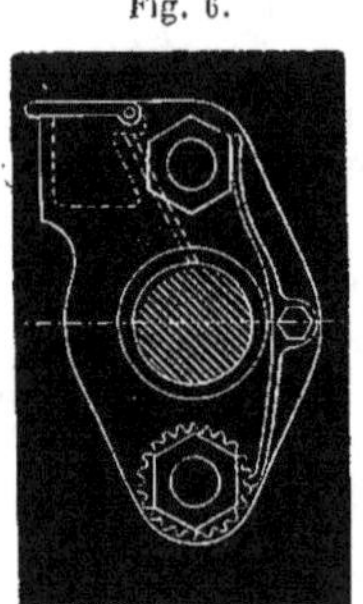

La fig. 5 indique une disposition qui est appliquée assez généralement pour les écrous des chapeaux de support ou de palier; c'est une sorte de clef méplate, en fer ou en acier, découpée aux deux extrémités de manière à pouvoir embrasser trois ou quatre côtés de l'écrou, suivant que celui-ci se trouve dans la position indiquée sur la figure, ou tourné de façon à ce que deux des faces parallèles se trouvent perpendiculaires au plan vertical. La clef est retenue sur le chapeau vers son milieu, et quand elle est en place, elle maintient à la fois les deux écrous.

La fig. 6 montre une disposition qui est très-souvent appliquée dans les machines locomotives; elle consiste en une lame d'acier faisant ressort et fixée par son milieu, tandis que ses extrémités pressent sur l'une des faces des écrous. Elle est terminée par un petit bec qui s'engage dans l'une des dents d'une roue à rochet, découpée dans une rondelle placée sous chaque écrou.

Enfin, la fig. 7 fait voir un système imaginé par M. Tailfer qui en a fait le sujet d'un brevet d'invention. Ce système est d'autant plus remarquable qu'il est d'une construction simple et fort peu apparente. Il se compose en effet d'un petit goujon en acier *v*, enveloppé d'un ressort à boudin *r*, et logé avec celui-ci dans un trou pratiqué à quelque distance du centre dans l'épaisseur de l'écrou où il est retenu par un petit tampon à vis *e*. Ce goujon poussé par le ressort désaffleure, d'une petite quantité, la surface inférieure de l'écrou, de sorte qu'en tournant celui-ci dans le sens convenable, il rencontre un des petits trous percés sur la surface de la pièce qui reçoit l'écrou autour du boulon même qui la traverse, et, tombant dans ce trou, il y reste engagé assez fortement pour empêcher l'écrou de se détourner.

Fig. 7.

OBSERVATIONS.

Avant de clore cet article sur les boulons d'assemblage, nous éprouvons le désir d'y ajouter quelques réflexions qui ont été faites, sur ce sujet important, par M. Denis Poulot, ingénieur-mécanicien à Paris, qui a inséré dans l'Annuaire de la Société des anciens élèves des Écoles d'arts et métiers (1862), un travail relatif au système qu'il propose pour l'uniformité des boulons, et une étude sur le taraudage en général.

En exposant ses idées sur la méthode qui lui paraît convenable pour établir l'échelle uniforme des diamètres des boulons et de leurs filets, cet habile praticien a émis l'opinion qu'en suivant les proportions et les règles que nous avons essayé d'établir, on serait conduit *à un trop grand nombre de pas*, et que la proportion que nous avons donnée pour les filets triangulaires, d'après M. Withworth, entre le pas du filet et sa profondeur, donne un filet *trop obtus*, où trop peu profond pour qu'il soit possible d'en arrondir le sommet et le fond, condition si nécessaire pour faire un bon taraudage.

Nous sommes complétement d'avis qu'en constituant la série des boulons d'un matériel ou d'une usine, on doit restreindre les types au plus faible nombre possible, et en effet, moins il y en aura, et moins il faudra de filières, de tarauds, de clefs, de forets, d'équarrissoirs, etc., etc., sans compter les moindres chances de se trouver pris au dépourvu au moment d'une réparation ou d'un démontage. Mais nous devons faire remarquer qu'en admettant des règles pratiques qui nous servent ensuite à calculer des tables, nous n'avons pas voulu dire que chaque degré de l'échelle devait nécessairement figurer dans un assortiment complet : nous avons seulement appliqué la règle au plus grand nombre de données possible, afin qu'il soit plus facile de se rendre compte de ses résultats.

Cependant, M. Poulot, dans le but principal de diminuer l'importance d'un outillage, émet l'avis, plus radical, d'appliquer le même pas à plusieurs diamètres ; c'est, en effet, un procédé très-praticable et qui nous paraît n'avoir aucun inconvénient, pourvu, toutefois, que l'on ne sorte pas des limites raisonnables.

Voici, du reste, la série que cet ingénieur propose :

SÉRIE DES DIAMÈTRES millimètres.	PAS DES FILETS. millimètres.	PROFONDEUR DES FILETS. millimètres.
7-8-9-10	1.50	1.30
12 14	1.75	1.51
15-18	2.00	1.73
20-23	2.50	2.16
25-28	3.00	2.60
30-32	3.50	3.03
35-38	4.00	3.47
40	4.50	3.90

Pour déterminer la profondeur des filets, M. Poulot donne à leur section la forme d'un triangle équilatéral, soit $h=0,866$ du pas, et il prend les arrondis du sommet et du fond sur cette hauteur, qui est ainsi réduite à celle effective de : $h = 0,75$ du pas.

Or, en proposant 19/30, ce qui revient à $h=0,633$ du pas, nous supposons cette dimension appliquée indépendamment des arrondis, c'est-à-dire qu'avec ces arrondis mêmes, cette proportion exprime encore la profondeur *effective et totale* du filet, conformément à l'opération indiquée ci-dessus (page 5, fig. 2), ce qui donne au filet une acuité peu différente de 60 degrés correspondant au triangle équilatéral.

Nous pensons que, ramenées à ces termes, les deux propositions sont bien près de se toucher, et pour notre part, nous sommes d'autant plus disposé à en reconnaître l'accord, que la partie essentielle du problème est moins telle ou telle proportion à préférer, que d'en adopter une générale, mais uniforme et qui s'applique avec une telle régularité que dans un lieu quelconque de notre pays, un mécanicien ayant à réparer ou à compléter une machine qu'il n'a pas construite, trouve néanmoins dans son outillage la filière qui convient exactement au boulon à remplacer pour un écrou qu'il faut, au contraire, conserver ou, réciproquement, les tarauds qui permettront de confectionner les écrous qui manquent, sans sacrifier les boulons, etc.

Lorsqu'on le voudra, l'adoption d'une telle règle sera plus facile que l'uniformité des poids et mesures, et au point d'extension où en est l'industrie, elle ne serait pas moins utile.

VIS A BOIS ET TIREFONDS.

(PLANCHE 2.)

Après les boulons à écrous et les boulons sans écrou, que l'on appelle plus simplement des vis mais dont le filet est préparé pour se tarauder dans du métal, nous avons à examiner les *vis à bois*, dont l'importance est non moins grande et dont l'emploi est peut-être même encore plus fréquent.

La vis à bois, dont le principe est le même que celui des boulons, s'en distingue, cependant, par ce point important *qu'elle fait son écrou elle-même*, en s'enfonçant dans la masse de la pièce dont la matière est assez tendre pour que les filets s'y impriment, moyennant un simple trou lisse percé préalablement au diamètre du noyau plein.

Toutefois, le filet doit posséder, à cet effet, une structure un peu différente que pour le fer, car il faut qu'il soit au moins *coupant*, pour pénétrer dans le bois ; il lui faut également une saillie considérable, attendu que le bois facile à entamer est aussi facile à arracher et qu'il se peut faire, d'ailleurs, que le premier trou ne soit pas tellement juste que les filets se trouvent en prise de leur saillie totale.

Du reste, les conditions de pose de la vis à bois varient avec l'espèce même ou la nature du bois, et aussi suivant la direction de ses fibres : nous essayons plus loin d'expliquer les particularités très-intéressantes que ce sujet présente dans la pratique.

Nous commençons par examiner la forme de la vis à bois en choisissant pour cela le type de fabrication de l'importante manufacture de MM. Japy frères, de Beaucourt (Doubs), qui, depuis plus d'un siècle, s'est acquis une grande réputation et qui est arrivée, ces dernières années, à monter un outillage mécanique tellement complet qu'elle peut alimenter la France presque exclusivement, de l'immense quantité de vis à bois qui s'y consomme.

VIS A BOIS A TÊTES PLATES ET RONDES.

Principe de la forme. — Les fig. 1 et 2 de la pl. 2 représentent, à une échelle double de grandeur naturelle, les deux types distincts de vis à bois ordinaires, qui se fabriquent sur toutes sortes de dimensions et dont on verra plus loin la série complète que nous devons à l'obligeance de MM. Japy.

Si nous faisons, pour l'instant, abstraction de la forme de la tête, l'ensemble de la vis, qui est le même dans les deux cas, comprend une partie pleine A et une partie filetée B ; la partie pleine est cylindrique, ainsi que l'extérieur des filets et de même diamètre ; mais le noyau, ou le corps *à fond de filet*, est légèrement conique dans toute sa longueur et, se réduisant brusquement de diamètre à l'extrémité suivant une forme arrondie, se termine définitivement par une pointe.

Pour étudier plus aisément la structure du filet, il faut jeter les yeux sur la fig. 3 qui en est une section au décuple de l'exécution. On voit que la figure génératrice de ce filet est un triangle *abc*, dont la base *ac* est égale, environ, aux 4 dixièmes du pas, *de*, et dont l'angle au sommet, *abc*, est d'à peu près 50 degrés ; il n'est pas isocèle et la perpendiculaire *bd*, abaissée du sommet sur sa base, la partage en deux parties inégales, dont la plus faible *ad* est placée du côté de la tête.

Cette particularité, dont nous aurons à citer d'autres exemples encore plus caractéristiques, est parfaitement motivée par la fonction même de la vis et par le mode employé pour la poser. Si l'on admet, en effet, qu'elle doive résister à un effort tendant à l'arracher, il est clair que sa résistance sera d'autant plus énergique que la face du filet supportant l'effort est moins inclinée par rapport à l'axe longitudinal. Réciproquement, lorsqu'on presse sur la tête en tournant, pour la forcer d'entrer dans le bois, celui-ci cède d'autant plus facilement à la compression par le filet, que la face qui transmet la pression présente, au contraire, une obliquité plus prononcée.

On a fait sentir sur cette figure agrandie de la section du filet, une particularité qui n'est due qu'au mode de fabrication, c'est-à-dire, à la forme de l'outil avec lequel le filet est enlevé, et qui ne se présente pas au même degré dans tous les modèles de vis. Le fond du filet ne coïncide pas avec la ligne génératrice du noyau et appartient à un cône moins aigu ; mais c'est peu sensible, et l'on peut très-bien admettre, en expliquant la structure de la vis, que la conicité du noyau soit rigoureusement observée.

Comme on le sait, la tête C de la vis peut affecter les deux formes désignées par *tête plate* ou *fraisée*, et *tête ronde*, dont la fig. 2 est un exemple. Les vis à tête fraisée sont employées lorsque la tête ne doit former aucune saillie sur la face de la pièce dans laquelle elles sont placées, et pour des assemblages sensiblement fixes ; elles sont, par cela même, d'une application plus fréquente que celles à tête ronde, dont on ne fait guère usage, au contraire, que pour assembler des pièces qu'il est nécessaire de démonter facilement ou trop minces pour supporter la fraisure destinée à loger la tête. Dans l'un et l'autre cas, cette tête est munie d'une fente *f* dans laquelle s'engage l'outil appelé *tourne-vis* et qui remplit, à leur égard, le même office que la clef pour les boulons.

Pose ou mise en place. — Les procédés employés pour poser les vis à bois offrent un double intérêt sous le rapport des précautions qu'ils exigent et des déductions que l'on en tire, au point de vue de la forme même de la vis et des qualités qu'elle doit posséder.

Pour aider à la description de ces procédés, nous avons représenté, fig. 4 à 7, des assemblages effectués à l'aide de vis à bois et dans différentes conditions.

Les fig. 4 et 5 représentent des pièces de bois réunies par des vis à tête plate et à tête ronde, et suivant une coupe qui laisse voir la disposition des trous percés préalablement pour les recevoir ; l'une de ces vis est supposée retirée, afin de mieux mettre en évidence l'état des trous après la pose et le démontage.

Les fig. 6 et 7 correspondent à une application très-fréquente des vis à bois grosses et courtes, à tête fraisée, servant à fixer une forte plate-bande en fer sur du bois ; on remarque aussi sur cette figure, l'état exact de l'un des trous avant la pose de la vis.

Si nous choisissons d'abord le premier exemple, fig. 4, relatif à l'assemblage de deux pièces de bois D et E au moyen de vis A, à tête fraisée, on voit que la pièce D traversée la première, doit être percée de part en part d'un trou au moins égal au diamètre du corps et dans lequel le filet ne doit aucunement prendre ; ce premier trou étant percé, ainsi que la fraisure nécessaire pour noyer la tête, on applique les deux parties l'une sur l'autre, et les retenant fortement à leur place, on introduit par le premier trou l'outil au moyen duquel on perce le second dans la pièce de bois E et dans lequel le filet doit, au contraire, s'imprimer.

C'est dans le diamètre à donner à ce second trou que réside principalement le soin à donner à la pose et d'où dépend la solidité de la vis. En principe, ce trou doit avoir le diamètre du corps à fond de filet, sauf à tenir compte du plus ou moins de dureté du bois et de la disposition de ses fibres.

Supposons d'abord le cas le plus général, celui où le bois est pénétré transversalement aux fibres. Dans le chêne, le hêtre et autres bois d'une même dureté, il faut que le trou soit *un peu plus fort* que le noyau de la vis, de façon que le filet n'ait à pénétrer, en refoulant le bois, qu'environ des deux tiers de sa saillie, et le refoule, en effet, sans le ronger ; s'il en est autrement, et que les fibres ne puissent céder assez pour laisser le filet s'y incruster simplement, il peut arriver qu'elles soient coupées et en partie détachées, ce qui détruit complétement la solidité de la vis. Mais en dehors de cet inconvénient grave, si l'on a à poser dans du bois dur une vis un peu longue et mince, et que le noyau ne puisse s'introduire lui-même qu'en refoulant le bois, qu'il faille en un mot *forcer* pour que la vis avance, le frottement peut devenir tel que la vis se rompe par torsion sous l'effort inintelligent exercé en vain pour surmonter une résistance due à un trou seulement un peu trop faible. Tous les ouvriers expérimentés connaissent les tribulations, les pertes de temps, les impatiences et les colères occasionnées par cet accident, en apparence si simple, d'une vis cassée dans son trou; c'est qu'il n'est d'autre moyen de l'en extraire qu'en mutilant la pièce, vu qu'il n'existe plus aucune prise pour saisir le tronçon resté qu'on ne peut atteindre qu'en pratiquant une large entaille suffisante pour y introduire des tenailles ou des pinces.

Aussi, pour ne pas courir les chances d'un pareil accident, et, cependant, éluder des soins qui absorbent un temps que l'on n'accorde pas toujours au travail, on perce un trou d'un diamètre plutôt excessif et la vis prend à peine par l'extrémité de son filet, souvent même ne tient pas du tout et tourne sur elle-même.

Parmi les causes qui amènent la rupture d'une vis, il faut aussi mentionner l'insuffisance de profondeur du deuxième trou, au fond duquel la vis portant avant d'être serrée à fond, la rupture s'ensuit immédiatement, si l'on veut la faire avancer quand même.

Peut-être trouvera-t-on puérile notre insistance sur une opération, après tout si simple et si vulgaire; mais c'est précisément parce qu'elle semble telle à beaucoup d'ouvriers, que peu y apportent les soins nécessaires; et, comptant qu'on ne vérifiera pas après eux les vis, qu'ils ont posées, rapidement il est vrai, mais fort mal, ils en laissent souvent qui n'ont de leur fonction que l'apparence et tiennent moins que de simples clous.

Hâtons-nous d'ajouter, néanmoins, que si cette opération est quelques fois accompagnée de difficultés semblables, elle est aussi très-simplifiée lorsqu'il s'agit de bois tendre, dans lequel noyau et filet pénètrent à la faveur du moindre trou et parfois sans aucun trou préalable.

Mais le plus difficile est de bien poser une vis dans du bois *de bout*. Ici, les fibres du bois se trouvant disposées dans le même sens que la vis, le filet tend absolument à les couper, et, si cela se produit, on peut être certain que la vis n'aura aucune espèce de résistance. Il faut donc que le deuxième trou soit d'un diamètre suffisant pour que le filet ne fasse que s'y imprimer faiblement en refoulant les fibres, et ne les coupe pas. Cette condition est absolue et ne saurait être éludée.

En général, on facilite singulièrement la pose d'une vis en la graissant, et même avec le deuxième trou un peu faible, une vis graissée entrera sans accident, le frottement se trouvant notablement réduit. Le graissage a encore l'avantage de retarder l'oxydation, ou la rouille, qui engendre une résistance presque invincible pour démonter une vis qui s'en trouve envahie.

La solidité d'une vis à bois dépend, en résumé, du soin que l'on a pris à ce que l'écrou, qu'elle se constitue elle-même dans le bois, soit nettement formé et que les fibres soient refoulées et non désagrégées. Il faut dire qu'il a existé, sous ce rapport, un système de vis dont la structure était en complète opposition avec le but à atteindre. On a livré au commerce, pendant longtemps, des vis qui, au lieu de se terminer par une pointe au-dessus de laquelle le filet est lui-même réduit de diamètre et forme un véritable escargot, comme le montrent tous nos exemples, fig. 1 à 6, se trouvaient coupées transversalement à l'extrémité et en plein diamètre ; en essayant de poser une pareille vis, il fallait de grands soins pour éviter que le filet de bois ne fût *rongé* par celui de la vis dès son entrée, car l'extrémité du filet des vis se présentait plat et tranchant, et mordait immédiatement le bord supérieur du trou. Cette façon de la pointe, dite terminée en *vrille*, fut donc une immense amélioration dans la structure des vis à bois ; aussi elles ne se font plus autrement dans la maison Japy.

Avant les quelques mots que nous avons à dire sur les outils qui servent à poser les vis, nous devons insister encore quelques instants sur certains points mis en évidence par les exemples fig. 4 à 7.

En indiquant, fig. 5, des vis à tête ronde toutes posées, nous avons rappelé cette circonstance qui se présente parfois où l'on est obligé de faire porter la tête sur une rondelle de métal *g*, comme on l'a vu pour des boulons. On adopte ce procédé pour des vis qui doivent être fréquemment serrées et desserrées, et pour des bois tendres. Il arrive, en effet, que sous un serrage quelque peu énergique et répété, le bois s'écrase au point que la tête s'y enfonce, et l'effort exercé, au lieu d'être utilisé totalement au rapprochement des pièces à réunir, est dépensé en partie pour comprimer le bois qui cède ; il est donc nécessaire, dans ce cas-là, d'employer la rondelle qui, en augmentant la surface de résistance du bois, a aussi l'avantage de le soustraire au mouvement circulaire de la tête de la vis, mouvement qui s'ajoute à la pression comme effet destructeur.

L'exemple supposé, fig. 6 et 7, est relatif à ce cas particulier de fortes vis fixant une pièce mince et dont le corps presque entier est logé dans la partie où elles sont vissées.

La pièce mince étant néanmoins une plaque de fer F d'une très-grande résistance, il faut de fortes vis, comme diamètre, et d'une longueur de taraudage proportionnée ; l'épaisseur de cette plaque ne correspond alors qu'à un peu plus de l'épaisseur de la tête de la vis qui doit tout entière pénétrer dans le bois. Il faut donc y percer successivement les deux trous relatifs au corps et au noyau, en observant bien leur profondeur respective ; mais il se présente ici une objection : lequel des deux trous doit être percé le premier ; doit-on percer d'abord le plus petit et en agrandir l'entrée, ou faut-il commencer par le plus grand en le continuant ensuite au plus petit des deux diamètres ?

Nous sommes d'avis que cette deuxième méthode est la meilleure, et en voici la raison : si l'on perce d'abord un petit trou pour l'agrandir ensuite, il est fort difficile de se maintenir, dans cette opération, concentrique avec le premier trou, tandis qu'en perçant d'abord le plus grand, l'outil en laissant le fond toujours un peu conique, rien n'est plus aisé que de bien percer le deuxième trou, pour lequel le deuxième outil vient naturellement se centrer avec le trou ouvert à l'aide du premier.

Quelques mots d'explication sur les outils eux-mêmes achèveront de faire comprendre notre pensée.

Outils servant a poser les vis. Fig. 8 à 11. — On perce les trous avec l'outil représenté fig. 8 et désigné sous le nom de *mèche à cuiller,* ou avec la *vrille* représentée fig. 9 ; l'emploi de ces deux outils est motivé par des circonstances différentes et que nous allons faire connaître.

On voit que la mèche à cuiller est formée d'une tige d'acier G, dont une partie est conformée, en effet, comme une cuiller à arètes tranchantes, particulièrement en *h* et vers l'extrémité qui présente une sorte de bec *i,* dont le bord doit être maintenu *coupant.* L'extrémité opposée forme une portée pyramidale par laquelle on emmanche la mèche dans cet autre instrument si connu sous le nom de *vilbrequin.*

On sait maintenant comment l'on manœuvre avec la mèche ainsi montée, en l'appuyant fortement sur le point où le trou doit être percé et en lui donnant un vif mouvement de rotation à l'aide du vilbrequin. A chaque changement de trou, un changement de mèche que l'on choisit en la présentant au corps de la vis pour en comparer les diamètres. Cette forme de l'extrémité *i,* par laquelle la mèche agit directement, suffit pour faire comprendre ce que nous disions tout à l'heure, à propos du centrage d'une petite mèche dans le fond d'un trou déjà percé à l'aide d'une mèche plus forte.

Une mèche emportant l'emploi du vilbrequin, il est clair que pour effectuer l'opération ainsi, il faut être complétement libre de ses mouvements, c'est-à-dire que l'on puisse loger et faire tourner le vilbrequin, et presque en approcher le corps à l'aide duquel on pèse sur lui, par la main et la poitrine, pour produire la pression nécessaire à l'avancement de la mèche.

Mais s'il n'en est point ainsi, que le trou à percer soit, par exemple, placé dans l'angle de deux parois plus hautes que la longueur de la mèche, ou entre deux parois horizontales moins distantes que la hauteur du vilbrequin, et, en un mot, accessible seulement à la main, l'usage de la mèche n'est plus possible et il faut employer la vrille, malgré son avancement infiniment moins rapide.

La vrille I, comme ensemble, a la même structure que la mèche, si ce n'est qu'elle est munie d'une poignée en bois *j,* permettant de la saisir et de la faire tourner avec la main ; mais elle est principalement caractérisée par la partie filetée *k* qui en forme l'extrémité et qui a pour objet de suppléer à la pression que l'on ne peut pas, à beaucoup près, exercer sur le manche *j* avec la main comme on le fait sur la mèche avec le poids d'une partie du corps pesant sur le vilbrequin.

Cette partie filetée est une vis conique à pointe aiguë et à deux filets, dont l'un des deux se raccorde avec l'arète tranchante l de la vrille. On commence par piquer cette pointe dans le centre du trou à percer, puis on fait tourner l'ensemble de la vrille en appuyant autant que la main est capable de le faire ; peu à peu, l'extrémité se visse dans le bois, et la cuiller, venant à son tour, commence à percer véritablement ; enfin, la vis détermine pendant toute l'opération l'avancement de l'outil sous la pression initiale de la main, la cuiller coupe le bois déjà entamé par le filet et complète l'opération.

Cet ingénieux outil, d'ailleurs indispensable, est loin d'être expéditif, car un tour ne peut se faire qu'avec deux reprises de main et que, par conséquent, à temps perdu et lentement. On n'exagère pas en disant qu'il faut au moins dix fois plus de temps pour percer le même trou avec une vrille qu'à l'aide d'une bonne mèche à vilbrequin.

Dans les deux cas, l'emploi de la graisse est utile et indispensable pour le bois dur. Lorsque le trou atteint une certaine profondeur par rapport au diamètre de l'outil, il faut aussi s'y reprendre à plusieurs fois, c'est-à-dire, sortir l'outil pour le dégager du bois coupé et le plonger dans la graisse; la mèche, qui tourne vivement, s'échauffe, dans du bois dur, au point de brûler, ce qui justifie encore la nécessité de la sortir et de la graisser.

Rappelons, en passant, que la vrille agrandie pour percer de gros trous, et dans les mains des charpentiers, devient la *tarière*.

Après ces deux outils, intimement liés à la pose des vis à bois, vient la fraise L, fig. 10, outil conique en acier et dentelé, à l'aide duquel on pratique la fraisure nécessaire pour loger la tête de la vis, et qui se manœuvre, comme la mèche, à l'aide du vilbrequin.

Enfin, le dernier outil et le plus caractéristique, le *tourne-vis* M, fig. 11, qui n'est autre chose qu'une pièce d'acier amincie à l'extrémité, pour s'engager dans la fente de la tête de toute vis à bois, et qui constitue le levier d'entraînement à l'aide duquel on fait tourner la vis, en appuyant fortement, pour obliger son filet à s'imprimer dans le bois.

Le tourne-vis offre la même distinction que la mèche et la vrille ; tantôt il est disposé pour se monter sur le vilbrequin et tantôt il possède un manche en bois, pour que l'on s'en serve à la main. Dans ces deux circonstances aussi, l'emploi du vilbrequin est de beaucoup préférable, quand il est possible, en ce qu'il permet d'aller bien plus vite et de serrer beaucoup plus fort.

Un tourne-vis doit essentiellement être en rapport de dimensions avec la vis à poser. Il est d'ailleurs évident que son épaisseur ne peut être supérieure à la fente de la tête ; mais elle ne doit pas non plus être beaucoup moindre, et il est utile, en résumé, que l'extrémité du tourne-vis la remplisse aussi parfaitement que possible. Avec un tourne-vis trop mince et trop étroit, on *éraille* la fente de la vis au point de ne plus pouvoir l'utiliser, et il faut d'ailleurs, pour bien employer la force que l'on déploie, agir aussi près que possible de la circonférence de la tête, c'est-à-dire, aux extrémités de la fente.

Quant au métal du tourne-vis, c'est de l'acier qui ne doit être ni trempé assez sec pour s'égrener, ni assez mou pour fléchir, deux accidents assez graves pour mettre l'outil hors de service. Cependant, la trempe en doit être assez ferme pour que la lime n'y morde pas, et lorsqu'il s'émousse, on le répare à la *meule*.

Vis dites a marteau. Fig. 12. — Pour fixer rapidement des pièces qui n'ont pas à supporter de grande fatigue et pour du bois tendre, on fait usage d'une sorte de vis qui tient pour ainsi dire le milieu entre le simple clou et celle que nous venons de décrire, mais en se rapprochant néanmoins davantage de cette dernière.

Ce genre particulier que l'on appelle *vis à marteau* et *vis à garnir*, et dont la fig. 12 représente le type, se met en place, en effet, en l'enfonçant droit comme un clou et en frappant sur la tête au lieu d'agir au moyen d'un tourne-vis.

Il a suffi, pour préparer une vis à une pareille méthode, de donner la plus grande extension possible au principe qui a été constaté ci-dessus à propos des vis ordinaires, dont les deux faces du filet ont des inclinaisons différentes. La section du filet de la vis à marteau est presque un triangle rectangle, dont le petit côté constitue la face supérieure et dont l'angle opposé est très-aigu ; il s'ensuit qu'elle n'offre qu'une très-faible résistance pour s'introduire dans le bois, dont les fibres cèdent et reviennent ensuite en vertu de leur élasticité, à condition, comme nous l'avons dit, qu'on n'ait affaire qu'à du bois tendre, tel que le sapin ou le peuplier, et que la vis soit de faible échantillon, comme on les emploie, par exemple, pour les petites charnières ; une fois en place, les filets se trouvant remplis par le bois refoulé, leur face supérieure, qui est à peu près perpendiculaire à l'axe de la vis, offre une assez grande résistance au glissement pour qu'il faille employer le tourne-vis pour la démonter.

Mais il ressort même de cette explication que l'usage de la vis à marteau doit être limité, ce qu'il est du reste facile de comprendre.

Proportions des vis a bois.— L'étude raisonnée des proportions de ces vis ne serait que d'un médiocre intérêt en présence des bases bien arrêtées que l'on suit dans les ateliers qui se livrent à cette fabrication et sur une si vaste échelle ; nous donnerons purement et simplement, à cet égard, le relevé d'une carte d'échantillon que MM. Japy frères ont bien voulu nous communiquer.

Les vis à bois sont classées chacune sous deux chiffres qui désignent, l'un le *numéro* se rapportant à la *grosseur*, c'est-à-dire, le diamètre du fil de fer dans lequel elles sont tirées, et l'autre la *longueur* en millimètres, y comprenant la tête.

Tous les exemples représentés pl. 2 sont la reproduction rigoureuse de types empruntés à cette série dont nous donnons le tableau ci-dessous, et conformes, dans toutes leurs proportions, à celles du tableau.

Ainsi, le modèle, fig. 1, est du 25–50, *tête fraisée*, et représenté au double de grandeur naturelle ;

Celui, fig. 2, *du* 20–55, *tête ronde*, aussi double de grandeur ;

Les vis montées, fig. 4 et 5, sont du 25-60, têtes fraisées et têtes rondes, grandeur réelle;

Enfin, celles de la figure 6 sont du 27-40, tête fraisée, grandeur naturelle.

Voici maintenant ce tableau de la série complète comprenant 21 numéros différents, de 10 à 30, qui correspondent à des longueurs de 5 à 110 millimètres.

IVe

DIMENSIONS DES VIS A BOIS A TÊTES PLATES ET RONDES, SÉRIE DE LA MAISON JAPY FRÈRES, MANUFACTURIERS.

NUMÉROS.	DIAMÈTRE DU CORPS.		PAS.	TÊTE				TYPES DES LONGUEURS en millimètres.
				PLATE.		RONDE.		
	Extérieur.	Intérieur.		Diamètre.	Hauteur.	Diamètre.	Hauteur.	
	mill.	mill.	mill.	mill.	mill.	mill.	mill.	
10	1.5	0.8	0.6	3.4	0.9	3.0	1.4	5, 7 et 10.
11	1.6	1.1	0.8	3.5	1.0	3.2	1.6	5, 7, 10 et 13.
12	1.8	1.1	0.8	3.7	1.0	3.7	1.8	5, 7, 10, 13 et 15.
13	1.9	1.4	0.9	4.0	1.0	4.0	2.0	5, 7, 10, 13, 15 et 17.
14	2.1	1.4	1.0	4.3	1.2	4.3	2.2	5, 7, 10 13, 15, 17 et 20.
15	2.4	1.5	1.0	5.2	1.4	4.6	2.4	5 à 17, 20, 25 et 30.
16	2.7	1.5	1.25	5.7	1.6	5.2	2.6	5 à 17, 20 à 35.
17	2.95	1.9	1.4	6.0	1.8	5.7	2.8	5 à 17, 20 à 40.
18	3.3	2.4	1.4	7.0	1.8	7.0	2.8	5 à 17, 20 à 45.
19	3.7	2.4	1.5	8.2	2.4	8.0	3.8	5 à 17, 20 à 50.
20	4.1	2.8	1.7	9.0	2.6	8.5	3.8	10 à 17, 20, 55 et 60.
21	4.6	3.0	1.8	9.8	2.8	10.0	4.2	13 à 17, 20, 60 et 70.
22	5.1	3.7	2.2	11.0	3.0	10.7	4.8	20 à 70, 80, 90 et 100.
23	5.6	4.0	2.4	12.8	3.6	12.0	4.8	20 à 70, 80, 90 et 100.
24	6.2	4.3	2.65	13.5	3.9	13.0	5.3	25 à 70, 80, 90 et 100.
25	6.9	4.6	3.05	15.0	4.2	14.0	6.5	35 à 70, 80, 90 et 100.
26	7.6	4.8	3.05	16.5	4.6	15.5	6.5	40 à 70, 80, 90 et 100.
27	8.4	5.7	3.45	18.0	5.0	17.5	6.0	40 à 70, 80, 90 et 100.
28	9.1	6.1	3.45	20.0	5.5	19.0	7.0	45 à 70, 80, 90 et 100.
29	10.0	7.0	3.75	21.0	5.6	20.0	7.0	50 à 70, 80, 90, 100 et 110.
30	10.8	7.0	3.75	22.5	6.0	22.0	8.5	50 à 70, 80, 90, 100 et 110.

En reproduisant cette table, qui a été dressée, comme nous l'avons dit, d'après un relevé direct de la carte d'échantillon, nous avons inscrit les nombres observés sans nous préoccuper de quelques irrégularités, comme suite progressive, provenant des imperfections inévitables de la pratique, et qui ne se présenteraient pas, si ces nombres avaient été déterminés à l'aide du calcul. Mais nous pensons qu'à ce titre, de dériver de l'exécution même, on nous excusera de n'avoir point cherché à rétablir un ordre qui n'ajouterait rien que de spécieux au résultat proposé.

Ajoutons néanmoins que nous avons cherché à nous rendre compte du rapport qui pourrait exister entre la série de numéros et les diamètres qu'ils représentent, et que sans pouvoir assimiler à ce rapport une loi très-précise, nous pouvons, cependant, en indiquer à peu près la nature.

Pour procéder à cette recherche, nous avons déterminé une figure curviligne ayant les diamètres observés pour ordonnées et les numéros pour abscisses ; cette figure s'est trouvée assez correcte pour que l'on puisse lui superposer une courbe rectifiée, alors parfaitement régulière et offrant au premier abord l'aspect d'une parabole avec son axe disposé dans le sens des ordonnées, et dont le sommet serait situé au-dessus de la ligne des abscisses.

Si, en effet, c'était une parabole, on pourrait, par l'examen raisonné de cette courbe et de ses dimensions coordonnées, déterminer approximativement les diamètres observés par la formule suivante :

$$d = \frac{n^2}{116} + 0{,}6,$$

dans laquelle d représenterait le diamètre, en millimètres, et n le numéro.

Mais cette courbe est véritablement un peu plus *rapide* qu'une parabole, et pour en représenter exactement la loi, il faudrait admettre n à une puissance un peu plus élevée que deux, et qui se rapproche très-sensiblement de 2,1.

Sans ce léger écart, on pourrait dire que :

Si des diamètres on retranche une quantité fixe d'environ un demi-millimètre, ils forment, ainsi réduits, une progression dont les termes sont proportionnels AUX CARRÉS DE LEURS NUMÉROS.

La dernière colonne du tableau fait connaître le nombre de types, comme longueurs, que chaque numéro possède. Ainsi, le plus bas, 10, ne se rapporte qu'à trois longueurs, 5, 7 et 10 millimètres, et les deux plus élevés, 29 et 30, correspondent à huit : 50, 55, 60, 70, 80, 90, 100 et 110.

Ces dimensions se rapportent, pour chaque type, à la longueur totale, y compris la tête, et la partie taraudée en est généralement un peu plus de la moitié.

Nous ne terminerons pas ce que nous croyons utile de dire sur les vis à bois, sans mentionner quelques renseignements pratiques sur leur fabrication.

Les vis à bois, qui sont livrées au commerce à un prix à peu près égal à celui du métal lui-même, c'est-à-dire, à un bon marché tel que la façon semble n'avoir qu'une faible part dans le prix de vente, sont exécutées aujourd'hui chez MM. Japy à l'aide d'un grand nombre de petites machines-outils du système d'un Américain, M. Sloan (1), et qui travaillent pour ainsi dire seules, les unes formant et fondant la tête et les autres enlevant le filet ; une femme suffit, en effet, pour conduire à la fois vingt de ces ingénieux outils, auxquels on arrive à faire produire à chacun *trente grosses* de vis limes par journée de travail !

Mais pour arriver à une production si active et réduire les déchets au minimum possible, MM. Japy n'emploient que d'excellent fer au bois, et parviennent ainsi à n'avoir pas 1 pour 1000 de déchet, c'est-à-dire, de produits à mettre au rebut par suite de

(1) Ces machines ont été dessinées et décrites avec détails dans le volume X de notre Recueil industriel de machines-outils et appareils.

mal-façon, tandis qu'en Angleterre, où l'on se sert des mêmes machines, mais où l'on n'emploie pas du fer de même qualité, ces déchets s'élèvent à 5 et 6 pour 100, et une ouvrière ne peut conduire que douze machines à fileter au lieu de vingt, par l'obligation de réparer les outils trop fréquemment.

Il paraît aussi que l'on a essayé, toujours en Angleterre, de fabriquer des vis à bois en fonte malléable, et on en moulait jusqu'à 200 à la fois ; mais on sait combien il est difficile d'éviter ce que l'on appelle les *contre-moulages*, et puis les *jets*, les légères dégradations du modèle, enfin une foule d'inconvénients qui grossissent en raison inverse des dimensions mêmes de la pièce et de son plus ou moins de délicatesse ; enfin, il devenait si dificile de s'en préserver avec les vis, que les rebuts s'élevaient souvent à 50 pour 100, et encore les pièces acceptées comme bonnes n'étaient-elles que de médiocre qualité. Enfin, ce mode de fabrication ne pouvait soutenir la comparaison ni la concurrence avec le procédé ordinaire et force fut d'y renoncer.

Un seul exemple suffirait, au besoin, pour faire comprendre à quel degré d'économie on est parvenu dans la fabrication des vis à bois en fer.

La maison Japy livre aujourd'hui, au commerce, une grosse de vis de 20-18 (voir le tableau) pour 25 à 30 centimes, ce qui représente environ 260 grammes de fil de fer en œuvre, divisé en 144 façons et vendu, en résumé, à raison de $1^{f},15$ le kilogramme.

TIRE-FONDS ET VIS DE BLINDAGE.

TIRE-FONDS. Fig. 13 à 16. — On donne habituellement cette désignation à des vis dont la forme d'ensemble est celle d'un boulon, mais dont le filet a la même structure que celui des vis à bois ordinaires. Le tire-fond, en effet, se visse directement dans le bois, au lieu de traverser de part en part et de recevoir un écrou en fer, mais il est généralement de plus forte dimension et sert, soit à réunir de fortes pièces de charpente, soit à fixer des pièces de métal sur du bois.

Comme premier exemple de ce genre particulier de vis, nous citerons celui représenté fig. 13, et qui reproduit, à l'échelle de moitié grandeur, l'un des plus forts échantillons fabriqués par M. Bouchacourt, qui s'occupe spécialement, dans ses établissements de Paris et de Fourchambault, de la fabrication en grand des vis, des rivets, des boulons et des écrous de toute espèce (1).

On voit, par cette figure, que le tire-fond représenté est bien, quant à la forme générale, un véritable boulon en fer forgé, non ajusté, avec une tête à six pans ; le corps plein est de même diamètre que le filet dont le fond est cylindrique et se raccorde par une partie conique régulière avec le corps. Cette condition, que l'on réalise en ouvrant les coussinets de la filière progressivement de façon que le filet finit par une simple indication de son arête saillante, est précieuse pour la solidité de la pièce qui n'éprouve ainsi aucun changement brusque de diamètre.

(1) M. Bouchacourt a introduit dans son usine une machine fort ingénieuse pour le percement et le découpage des écrous de diverses dimensions.

Le section du filet est un triangle isocèle dont la base est très-sensiblement égale à la moitié du pas et dont l'angle au sommet est égal à 54 ou 55 degrés.

La fig. 14 représente, à la même échelle, un modèle de tire-fond de la série appartenant à la maison Japy frères. Il diffère du précédent en ce que la tête est carrée et que la partie taraudée ne forme qu'environ le tiers de sa longueur totale ; il est aussi d'un plus faible échantillon.

Voici le tableau de la série dont ce tire-fond fait partie. On comprend que n'étant plus pris dans du fil de fer, ces tire-fonds ne sont pas désignés par numéro et sont directement cotés d'après leurs diamètres et leurs longueurs en millimètres.

V[e]

DIMENSIONS DES TIRE-FONDS OU VIS A TÊTE CARRÉE, D'APRÈS LA SÉRIE DE MM. JAPY FRÈRES.

DIAMÈTRE DU CORPS.		PAS.	LONGUEUR		TÊTE.		DIAMÈTRE DU CORPS.		PAS.	LONGUEUR		TÊTE.	
Extérieur.	Intérieur.		totale.	du taraudage	Largeur.	Épaisseur.	Extérieur.	Intérieur.		totale.	du taraudage	Largeur.	Épaisseur.
mill.	mill.	mill.	mill.	mill.	mill.	mill.	mill.	mill.	mill.	mill.	mill.	mill.	mill.
			30	18						140	70		
7	4.7	2.1	40	22	13	7	12	8.0	4.6	160	75	22	11
			50	30						180	85		
			50	30						160	73		
8	4.8	3.0	60	35	15	8	14	9.2	4.97	200	83	25	13
			70	37						220	80		
			70	37						180	80		
9	6.1	3.36	80	42	17	9	16	11.0	5.68	220	90	28	14
			90	47						240	90		
			90	47						140	70		
10	6.5	3.7	100	56	18	10	18	12.3	7.8	200	85	32	16
			110	58						300	90		
			110	60									
11	7.1	4.6	120	65	20	11							
			140	70									

On voit que cette série est constituée en plusieurs groupes de chacun trois tire-fonds qui ne diffèrent que par la longueur ; elle renferme, du reste, de quoi suffire largement à la construction dans les circonstances les plus diverses.

Néanmoins, certaines entreprises industrielles, très-importantes, adoptent pour leur usage des modèles spéciaux qu'ils font fabriquer exprès.

Ainsi, la compagnie des chemins de l'Ouest emploie, pour fixer diverses pièces, telles que paliers, supports, etc., un tire-fond dit *à chapeau,* dont nous donnons le dessin exact à l'échelle de moitié d'exécution, fig. 15, d'après un modèle de M. Bouchacourt qui a été chargé de cette fabrication.

Ce tire-fond se distingue d'abord par la forme de sa tête qui est, comme on le voit, composée d'un carré, par lequel on l'attaque avec la clef pour le serrer, et qui surmonte, en quelque sorte, une embase ronde en *goutte de suif*. Mais il est particulièrement remarquable par la section de son filet, auquel on a largement appliqué ce principe de l'inégalité d'inclinaison que nous avons signalé, en parlant des vis à bois ordinaires et surtout des vis à marteaux qui en sont la réalisation la plus radicale.

La fig. 16, qui est un détail, en grandeur naturelle, d'une portion du corps fileté de ce tirefond, indique très-nettement la forme de son filet dont la base est encore égale à la moitié du pas et l'angle au sommet à 57 degrés. Mais cet angle est inégalement divisé, par le plan perpendiculaire à l'axe, en deux angles de 41°,30 et 15°,30, ce dernier situé du côté de la tête. Nous n'avons pas à revenir davantage sur cette particularité dont les motifs ont été étudiés ci-dessus.

Quant à la manière de poser les tire-fonds, elle est évidemment semblable à celle des vis à bois : il faut toujours percer deux trous pour le corps plein et pour le noyau, à fond de filet. Seulement, on voit que les filets sont beaucoup moins aigus et tranchants et qu'à moins d'un bois très-tendre, le trou relatif à la partie filetée doit être au moins égal au noyau lui-même. Il est vrai aussi que la résistance du tire-fond est considérable et qu'il peut aisément supporter l'effort de torsion qu'on est susceptible de lui appliquer, en agissant sur la tête, non plus avec un faible tourne-vis, mais avec une puissante clef.

Vis de blindage. fig. 17 a 20. — Nous terminons cet exposé sur les vis à bois, en général, par une mention succincte de ces tire-fonds, nouveaux comme leur application spéciale et que l'on appelle *vis de blindage*.

Nous n'avons pas à décrire en détail ces formidables cuirasses de fer dont on cherche aujourd'hui à armer les navires de guerre ; mais qu'il nous suffise de dire que la vis de blindage est le procédé de fixer cette cuirasse, dont l'épaisseur dépasse 10 centimètres, sur la forte carène en bois du vaisseau.

Le premier des deux modèles que nous offrons à la curiosité de nos lecteurs est celui représenté fig. 17 à l'échelle du 1/4, et qui a reçu déjà beaucoup d'applications dans la marine française. L'ensemble est une tige conique A commençant par une tête B, dont la forme, aussi conique, mais moins allongée, indique qu'elle doit être encastrée dans la cuirasse ; puis, après cette tête, se trouve ménagé un carré *a* pour attaquer la vis et qui peut être coupé après pose. Cette conicité de la tête, comparée à celle des vis à bois ordinaires, fait aussi apercevoir quelle résistance on lui demande pour supporter, sans *sauter*, le choc d'un boulet.

La hauteur de cette tête, plus une partie lisse à peu près égale, constitue toute la longueur du corps plein qui équivaut, en effet, à l'épaisseur de la cuirasse ; tout le reste est fileté et doit atteindre la plus grande partie de l'épaisseur de la muraille du navire. La distinction à établir entre ce filet et ceux que nous venons de passer en revue, réside dans son peu d'épaisseur et de saillie comparativement au pas. Comme on recherche ici une solidité toute exceptionnelle, il est du plus grand intérêt que le bois, comme écrou, conserve toute sa résistance, et pour cela faire, on a dû chercher à l'entamer peu profondément, en réduisant la saillie du filet de fer, et à lui réserver une grande résistance à l'arrachement, en lui attribuant la plus grande fraction du pas.

La fig. 18 représente, grandeur naturelle, une section du filet ; elle permet de voir que ses faces sont encore inégalement inclinées, afin de favoriser à la fois l'entrée et la résistance à l'arrachement.

Mais ce caractère est bien autrement marqué dans le second modèle de vis de blindage représenté fig. 19, et qui est celui que la marine a adopté pour fixer la cuirasse de la frégate blindée *la Couronne*.

Le filet de cette vis est tout à fait comparable à celui de la vis à marteau indiquée ci-dessus, si ce n'est que sa section, au lieu d'un rectangle, est une figure curviligne dont le détail, grandeur d'exécution, fig. 20, indique très-exactement la forme et les proportions.

La tête est de même forme que précédemment ; mais elle est percée d'un trou carré *a* destiné au même usage que la portée *a* réservée, au contraire, comme saillie, à la vis représentée fig. 17. Cette méthode a pour inconvénient d'affaiblir la tête, mais elle offre aussi l'avantage de conserver à la vis le moyen de l'attaquer, quand il est nécessaire de la démonter, tandis que la portée saillante, que l'on doit faire disparaître après la pose, ne laisse après elle aucun recours pour cette opération, si ce n'est de pratiquer alors, sur place, le vide ménagé au type fig. 19.

Ajoutons que ces tire-fonds, différents en cela des autres, sont très-exactement tournés sur toute leur étendue. Puis on leur fait subir ensuite un galvanisage, afin de les mettre à l'abri de l'oxydation.

Les vis de *la Couronne* ont été fabriquées à Lorient au prix de revient de 2f,53 le kilogramme, y compris le galvanisage ; comme elles pèsent 3k,700, elles ont donc coûté chacune 9f,36. La maison Japy frères a fabriqué des pièces analogues au prix de 5 francs la pièce, tournée.

En terminant ce sujet, nous désirons mentionner quelques renseignements sur les procédés usités en Angleterre pour fixer les plaques d'armure sur les navires.

Les deux frégates *Warrior* et *Black Prince* sont recouvertes de plaques de fer jointes *à rainures et languettes*, ayant 4m,88 de longueur, 1m,22 de large et 114 millimètres d'épaisseur, dimensions qui correspondent à un poids d'environ 5430 kilogrammes. Elles sont retenues à leur place au moyen de *boulons* à tête conique et noyée, et portant double écrou dans l'intérieur du navire.

On préconise aussi beaucoup, pour le même usage, l'emploi de boulons dont la tête conique est remplacée par un taraudage qui se visse dans les plaques mêmes, en plaçant ces boulons à l'endroit des joints, mi-partie dans les deux plaques voisines.

RIVETS ET ASSEMBLAGES DE TOLES

POUR LA CONSTRUCTION DES GÉNÉRATEURS, PONTS ET BATIMENTS EN FER

(PLANCHE 3)

Les vis et les boulons sont aussi nécessaires dans les machines pour réunir et fixer des pièces entre elles, que les rivets sont indispensables dans la construction des appareils formés en grande partie de feuilles de tôle, tels que les générateurs, les réservoirs, les ponts et les navires en fer.

Ce que nous avons dit pour les premiers, relativement aux proportions qu'il convient de leur donner dans la pratique, est également applicable en principe aux seconds, c'est-à-dire que ceux-ci doivent toujours être exécutés de façon à résister largement aux efforts qu'ils ont à subir. C'est pourquoi nous avons cherché à établir des règles et des tables qui permettent de déterminer les diamètres des rivets et leurs autres dimensions, en rapport avec les tôles qu'ils doivent assembler et selon les applications de ces mêmes tôles.

Il est évident que, pour les chaudières à vapeur, par exemple, qui sont des vases que l'on doit rendre parfaitement étanches, et susceptibles d'éprouver des pressions intérieures considérables, il faut que les rivets aient les proportions suffisantes pour remplir cette double condition ; leur tige doit donc être d'un assez fort diamètre pour correspondre avec les épaisseurs des tôles, et leur tête assez large pour faire une fermeture hermétique.

On voit déjà qu'à cet effet, il est utile de connaître tout d'abord l'épaisseur des feuilles de tôle à assembler.

Jusqu'alors, c'est la tôle de fer qui est le plus en usage dans la construction des générateurs à vapeur, des ponts et des navires. On emploie quelquefois des feuilles de cuivre pour certaines chaudières ; mais les applications, loin de se répandre, sont plutôt restreintes ; du reste, les formules indiquées pour calculer leur épaisseur sont les mêmes que pour les tôles de fer.

Depuis quelques années, on s'occupe de fabriquer des tôles d'acier qui paraissent devoir jouer bientôt un rôle important dans la chaudronnerie. La maison Petin et Gaudet, de Rive-de-Gier, avait exposé en 1855, à Paris, une chaudière à vapeur construite par MM. Cail et Cie, et qui était entièrement composée de feuilles de tôle en acier fondu.

Les expériences, qui ont été faites sur cette chaudière par une commission d'ingénieurs, nommée par M. le ministre des travaux publics, ont été satisfaisantes, et ont permis à l'Administration supérieure de prendre un arrêté en vertu duquel la construction des chaudières en acier, avec réduction d'épaisseur, est désormais autorisée. Nous en disons quelques mots plus loin.

ÉPAISSEUR DES TÔLES POUR CHAUDIÈRES ET BOUILLEURS.

L'épaisseur des tôles en fer pour les chaudières à vapeur est déterminée depuis plusieurs années par la règle pratique suivante :

On multiplie le diamètre de la chaudière, exprimé en mètres et fractions décimales du mètre, par la pression effective de la vapeur exprimée en atmosphères et par le coefficient 18 ; puis on prend la dixième partie du produit ainsi obtenu, et on y ajoute le nombre fixe 3.

Le résultat donne, en millimètres, l'épaisseur cherchée.

Cette règle peut se mettre sous la forme de :

$$e = \frac{18 \times D \times P}{10} + 3^{\text{mill.}} = 1,8\,DP + 3 \text{ millimètres},$$

dans laquelle :

e représente l'épaisseur des feuilles de tôle en millimètres ;

D le diamètre de la chaudière en mètres ;

P la pression de la vapeur dans la chaudière en atmosphères, et diminuée de la pression atmosphérique.

Les générateurs et bouilleurs cylindriques doivent être, lorsqu'ils sont en fer ou en cuivre laminé, éprouvés, avant leur réception, à une pression correspondant au triple de la pression effective ; ces épreuves se font à l'aide d'une pompe foulante.

Quant aux générateurs tubulaires dans lesquels il se présente des parois planes entre-toisées, on n'a pas cru devoir les exposer à une pression d'essai aussi considérable, attendu, qu'à moins de moyens de consolidation, d'ailleurs superflus, des appareils ainsi construits se déformeraient, ou éprouveraient au moins une désorganisation préjudiciable à leur marche future, s'ils étaient préalablement soumis à un effort triple de celui auquel ils doivent raisonnablement résister.

On ne les essaie, en effet, qu'au *double* de la pression effective.

A l'aide de cette formule, on a pu calculer la table suivante où l'on trouvera, pour les chaudières et bouilleurs cylindriques, les épaisseurs en rapport avec les diamètres et les pressions qui sont généralement adoptés dans la pratique.

VIe

TABLE DES ÉPAISSEURS DE CHAUDIÈRES A VAPEUR CYLINDRIQUES

DIAMÈTRES des CHAUDIÈRES.	NUMÉROS DE TIMBRES EXPRIMANT LES TENSIONS DE LA VAPEUR.						
	2 atmosph.	3 atmosph.	4 atmosph.	5 atmosph.	6 atmosph.	7 atmosph.	8 atmosph.
mètres.	millim.	millim.	millim.	millim.	millim.	millim.	millim.
0.50	3.9	4.8	5.7	6.6	7.5	8.4	9.3
0.55	4.0	5	6	7	7.9	8.9	9.9
0.60	4.1	5.1	6.2	7.3	8.4	9.5	10.5
0.65	4.2	5.3	6.5	7.7	8.8	10.	11.2
0.70	4.3	5.5	6.8	8	9.3	10.5	11.8
0.75	4.3	5.7	7	8.4	9.7	11.1	12.4
0.80	4.4	5.9	7.3	8.8	10.2	11.6	13.1
0.85	4.5	6.1	7.6	9.1	10.6	12.2	13.7
0.90	4.6	6.2	7.9	9.5	11.1	12.7	14.3
0.95	4.7	6.4	8.1	9.8	11.5	13.3	15
1.00	4.8	6.6	8.4	10.2	12	13.8	15.6
1.10	5	7	8.9	10.9	12.9	14.9	»
1.20	5.2	7.3	9.5	11.6	13.8	16	»
1.30	5.3	7.7	10	12.4	14.7	»	»
1.40	5.5	8	10.6	13.1	15.6	»	»
1.50	5.7	8.4	11.1	13.8	»	»	»
1.60	5.9	8.8	11.6	14.5	»	»	»
1.70	6.1	9.1	12.2	15.2	»	»	»
1.80	6.2	9.5	12.7	16	»	»	»
1.90	6.4	9.8	13.3	»	»	»	»
2.00	6.6	10.2	13.8	»	»	»	»

Cette table a l'avantage de montrer les diamètres des chaudières et des bouilleurs en nombres ronds, comme on les fait le plus généralement ; mais cette disposition a l'inconvénient de donner, pour les épaisseurs de tôle, des nombres fractionnaires. Ainsi une chaudière de 1 mètre de diamètre, devant marcher à la pression de 4 atmosphères, devrait être faite avec des tôles de 8^{mill}.4 d'épaisseur ; et pour être timbrée à 7 atmosphères, il faudrait donner aux tôles une épaisseur de 13 ^{mill}.8.

Il peut être plus commode, dans certains cas, pour les constructeurs, d'avoir les épaisseurs mêmes en nombres ronds ; c'est pourquoi nous y joignons la table suivante qui est calculée comme la précédente, mais en prenant pour base l'épaisseur même de la tôle, laquelle varie de millimètre en millimètre, et en écrivant en regard le diamètre correspondant pour chaque pression absolue, exprimée en atmosphères.

VIIe

TABLE DES ÉPAISSEURS DE TOLE CORRESPONDANT AUX DIAMÈTRES DES CHAUDIÈRES, SUIVANT LES PRESSIONS DE LA VAPEUR A L'INTÉRIEUR.

ÉPAISSEUR DE LA TÔLE en millimètres.	DIAMÈTRES AUXQUELS CES TÔLES CORRESPONDENT SUIVANT LES PRESSIONS INTÉRIEURES.					
	2 atmosph.	3 atmosph.	4 atmosph.	5 atmosph.	6 atmosph.	7 atmosph.
	mètres.	mètres.	mètres.	mètres.	mètres.	mètres.
4	0.55	0.27	0.18	0.14	0.11	»
5	1.11	0.55	0.37	0.27	0.22	0.185
6	1.66	0.83	0.55	0.42	0.33	0.277
7	2.22	1.11	0.74	0.55	0.44	0.370
8	2.77	1.39	0.92	0.69	0.55	0.462
9	3.33	1.67	1.11	0.83	0.67	0.555
10	3.88	1.94	1.39	0.97	0.78	0.648
11	»	2.22	1.48	1.11	0.89	0.740
12	»	2.50	1.67	1.25	1.00	0.833
13	»	2.77	1.85	1.39	1.11	0.925
14	»	»	2.03	1.53	1.22	1.018
15	»	»	2.22	1.67	1.33	1.111
16	»	»	2.40	1.85	1.44	1.203
17	»	»	»	1.94	1.55	1.329
18	»	»	»	2.08	1.67	1.388
19	»	»	»	2.22	1.78	1.481
20	»	»	»	»	1.89	1.574

Usage de la table. — Cette table permet, comme la précédente, de résoudre le problème proposé, quel que soit d'ailleurs l'inconnu ; ainsi, on peut également se donner : la pression et l'épaisseur pour obtenir le diamètre ; le diamètre et la pression pour trouver l'épaisseur ; ou, enfin, le diamètre et l'épaisseur pour connaître la pression qui ne doit pas être dépassée.

Une pareille table offre encore l'avantage de montrer de suite les limites des relations qui peuvent exister entre ces trois données du même problème.

Supposons maintenant un exemple de l'emploi de cette table suivant les trois conditions du problème.

1re *Condition.* Quel diamètre ne doit pas dépasser un corps cylindrique en tôle de fer de 10 millimètres d'épaisseur pour une pression de 7 atmosphères ?

La table indique $0^m,648$ pour ce diamètre.

2e *Condition.* Quelle doit être l'épaisseur de la tôle pour 1 mètre de diamètre et 6 atmosphères ?

Ce diamètre, pris dans la colonne de la pression 6, est en regard de 12, dans la première colonne du tableau ; ce nombre 12 est l'épaisseur cherchée en millimètres.

3e *Condition.* Enfin, quelle pression ne doit-on pas dépasser avec un corps cylindrique de $1^m,20$ de diamètre et 11 millimètres d'épaisseur ?

Si l'on suit tous les diamètres en regard de cette épaisseur, on trouve $1^m,48$ et $1^m,11$, qui correspondent à 4 et 5 atmosphères. La pression cherchée est donc entre celles-ci, et très-près de 5.

Il peut se présenter des cas extrêmes, où la pression étant considérable, on se trouve dans l'obligation de réduire notablement le diamètre ou augmenter de beaucoup l'épaisseur de la tôle. La table donne aussi les limites dans lesquelles il faut se renfermer.

S'il s'agit, par exemple, d'une pression de 7 atmosphères, on voit que déjà pour un diamètre de $1^m,018$, la tôle doit avoir 14 millimètres d'épaisseur ; et comme au-dessus de ce chiffre on est de moins en moins certain de l'homogénéité du métal, on devra donc éviter ces grandes épaisseurs en atteignant, au maximum, 1 mètre de diamètre pour 7 atmosphères de pression absolue.

D'ailleurs, l'ordonnance qui fixe l'épaisseur des tôles au moyen de cette formule, prescrit, en même temps de ne pas dépasser la limite de 15 millimètres et de multiplier le nombre de générateurs plutôt que d'en adopter un seul, qui, par son diamètre, exigerait une aussi forte épaisseur. Aussi n'avons-nous étendu la table jusqu'à 20 millimètres que pour faciliter les comparaisons, mais en indiquant par un trait les limites qui correspondent aux réglements administratifs.

Comparaison entre les résultats fournis par la formule précédente avec la résistance a la rupture. — C'est le moment de rappeler les principes sur lesquels est basée la formule générale de résistance des cylindres (Int. p. XL) et de rechercher le degré de sécurité que procure la formule pratique officielle.

On a vu, dans les principes relatifs à la résistance des matériaux, que la formule d'équilibre de résistance des cylindres, suivant les génératrices, est celle-ci :

$$e = \frac{PD}{2R},$$

dans laquelle les dimensions sont exprimées en millimètres et les efforts en kilogrammes, R correspondant à la résistance du métal par millimètre carré.

La formule officielle diffère essentiellement, comme principe, de celle théorique par cette quantité fixe additive, 3 millimètres, excellente modification pour la pratique, qui attribue déjà une épaisseur minimâ à la tôle, avant toute notion de résistance, et pare d'abord aux défauts imprévus de fabrication. D'ailleurs, s'il en était autrement, et qu'il s'agit de fixer l'épaisseur des parois d'un générateur devant fonctionner à la pression absolue de 1 atmosphère, on trouverait, faute de la quantité additive, $e = o$, ce qui est absurde, tandis qu'on obtient $e = 3$ millimètres, au minimum.

Par conséquent, les grandes épaisseurs, ainsi déterminées, sont proportionnellement moins fortes que les plus faibles, et pour la comparaison que nous voulons faire, il faut nécessairement se donner des limites.

Admettons d'abord, cependant, que la quantité additive soit supprimée dans la formule officielle, et que les diamètres soient exprimés en millimètres, pour pouvoir établir la comparaison avec celle de principe. La pression P pouvant aussi exprimer des kilogrammes au lieu d'atmosphères, sans beaucoup d'erreur, et étant multipliée par 100, puisqu'il faut ne lui attribuer maintenant que la valeur correspondant à 1 millimètre carré de section, la formule pratique, ainsi modifiée, aurait la forme suivante :

$$e^{\text{mill.}} = 1,8 \times 100\,P^{k} \times \frac{D^{\text{mill.}}}{1000} = 0,18\,PD.$$

Si maintenant, nous nous reportons aux tables (Int. n°s 1 et 2) qui donnent le point de rupture de la tôle de fer dans différentes circonstances, nous voyons que ce n'est pas dépasser les conditions les plus ordinaires de la pratique, en prenant 30 kilogrammes par millimètre carré pour son point de rupture.

On aurait donc, par la formule de principe, et pour le point de rupture :

$$e = \frac{PD}{2 \times 30} = \frac{PD}{60}.$$

Cherchant alors le rapport entre ces deux valeurs de e, on trouve :

$$0,18\,PD \div \frac{PD}{60} = 0,18 \times 60 = 10,8.$$

Ceci démontre que :

Les épaisseurs de tôle déterminées au moyen de la formule officielle, excèdent de 3 millimètres, LE DÉCUPLE, *environ, de celle qui correspond au point de rupture, en supposant la résistance même inférieure à celle d'une bonne tôle tirée dans le sens du laminage.*

Mais il faut noter immédiatement que si l'on néglige pour un instant la résistance propre des rivets, la section de la tôle, qui est aussi un peu affaiblie par la chaleur, est réduite par leur fait, environ de deux cinquièmes, ce qui abaisse à 6 le rapport ci-dessus.

Aussi les explosions sont-elles bien plutôt dues à des avaries exceptionnelles, soit à un coup de feu ou à un défaut de fabrication du métal, qu'à son insuffisance d'épaisseur.

Remarque. Avec cet excès de force, un générateur cylindrique, à pression intérieure, devrait toujours parfaitement résister, même à un excès momentané de pression atteignant celle d'épreuve qui est le triple de la pression effective.

Lorsqu'en effet, on essaye un générateur neuf chez le constructeur, cet essai se fait au moyen d'eau froide refoulée, et, dans les conditions ordinaires, il ne se montre jamais autre chose que de légères fuites par quelques rivets, qu'un rematage fait promptement disparaître. Mais une fois le même générateur en fonction et à la chaleur, il peut arriver des accidents que l'essai à l'eau froide ne pouvait faire prévoir. Nous avons vu des bouilleurs qui avaient subi victorieusement l'épreuve légale et qui, cependant, n'ont pu marcher huit jours. Il s'est déclaré à la feuille de coup de feu de l'un d'eux, une *paille* qui la coupait en sifflet dans toute son épaisseur et sur une longueur de plus de 60 centimètres, ce qui fit tout arrêter pour sortir le bouilleur et changer la feuille de tôle avariée.

Par conséquent, si l'essai à la pompe est efficace pour reconnaître quelque faiblesse due à un vice de construction, il est sans effet, quant aux défauts de la matière première, défauts qui quelquefois sont beaucoup plus dangereux qu'un certain manque d'épaisseur, comparativement à celle réglementaire.

Le mieux est d'améliorer le plus possible la fabrication de la tôle, et, appréciant plus exactement sa véritable résistance *au feu*, d'employer des épaisseurs plus faibles, car plus la tôle est épaisse et plus il est difficile de l'obtenir saine, bien soudée, et de la cintrer sans l'affaiblir (1).

Résistance des fonds. — Nous avons démontré (Int., p. XLVI) que pour mettre les fonds d'un corps cylindrique en équilibre de résistance avec le corps lui-même, et à épaisseur égale, il faut que ces fonds soient sphériques et que leur rayon de courbure soit égal au diamètre du corps cylindrique. Nous profitons de l'occasion du rappel de ce principe, qui s'applique immédiatement à la construction des générateurs à vapeur, pour citer une méthode de le démontrer différente de celle dont nous avons fait usage, et qui nous a été communiquée par M. de Mastaing, ingénieur civil.

Soit ABC, fig. 8, la courbure du fond dont r ou oa est le rayon, et aed une section proposée pour exemple, représentant un segment sphérique qui supporte une partie de l'effort de pression correspondant à la résultante calculée sur aed comme base plane circulaire. L'objet de la démonstration actuelle consiste dans la recherche du rapport entre cette pression directe sur la calotte sphérique et la résistance tangentielle de la paroi qui doit lui faire équilibre.

Fig. 8.

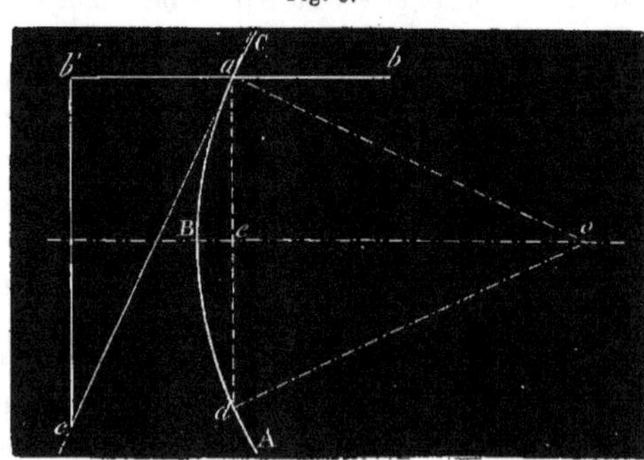

En considérant la pression totale sur la partie sphérique dBa, pression que nous savons être équivalente à celle qui correspondrait au cercle plan du diamètre aed,

(1) En Angleterre on est beaucoup moins sévère qu'en France pour les épaisseurs et les qualités des tôles appliquées à la construction des chaudières à vapeur. Aussi, les constructeurs Anglais peuvent livrer des générateurs, estimés par la force en chevaux, à des prix sensiblement inférieurs à ceux des constructeurs français, non-seulement parce que les tôles sont moins bonnes et moins chères que les nôtres, mais encore parce que, pour la même puissance, leurs générateurs sont sensiblement moins lourds, étant exécutés avec des feuilles moins épaisses. Ils durent aussi beaucoup moins longtemps que les chaudières françaises.

dont nous désignerons le rayon par r_1, on comprend que cette pression constitue un effort réparti exclusivement sur la circonférence prise ici comme base de résistance ; et de plus l'égalité de cette répartition permet de n'en considérer qu'un point pour lui appliquer l'unité de pression.

Soit, par conséquent, le point a sur lequel l'effort circonférentiel agit uniformément avec l'intensité P représentée en grandeur et en direction par une droite ab ; la résistance de la paroi, qui doit être égale et de direction contraire, est alors représentée par ab', qui, décomposée suivant la tangente, devient ac, mesure directe et absolue de la résistance transversale de la paroi.

Or, si nous considérons le triangle $ab'c$, dont les côtés représentent exactement l'effort direct P, ou ab', et la résistance de traction de la paroi, nous voyons qu'il est semblable à celui aeo, dans lequel les côtés ae, et ao ou r, sont dans le même rapport ; donc, nous en concluons déjà que le rapport cherché entre l'effort direct et la résistance tangentielle de la paroi est celui même des rayons r_1 et r du segment sphérique et de sa courbure, c'est-à-dire :

$$\frac{ab' \text{ ou } ab}{ac} = \frac{r_1}{r}.$$

Alors, pour arriver à établir la relation d'équilibre entre l'effort et la résistance, nous trouvons d'abord que la pression directe sur la partie de fond dBa est égale à :

$$\pi r_1^2 \mathrm{P}.$$

Cet effort total décomposé tangentiellement, suivant le sens même de la résistance normale de la paroi sphérique, et comme on l'a fait ci-dessus pour la pression élémentaire P, devient :

$$\pi r_1^2 \mathrm{P} \frac{r}{r_1} = \pi r_1 \mathrm{P} r.$$

D'autre part, l'expression de la résistance de cette paroi est (Int., p. XLIII) :

$$2\pi r_1 e \mathrm{R}.$$

Enfin, la charge et la résistance devant être égales, on obtient :

$$\pi r_1 \mathrm{P} r = 2\pi r e_1 \mathrm{R} \,; \quad \text{d'où} \quad \mathrm{P} r = 2e\mathrm{R}.$$

Si de cette dernière relation, nous tirons la valeur de r, le rayon de courbure, il vient :

$$r = \frac{2e\mathrm{R}}{\mathrm{P}}.$$

Mais la section ad ayant été prise arbitrairement, on peut admettre que ce soit précisément le diamètre D d'un cylindre dont la partie sphérique dBa serait le fond, et pour lequel nous venons de rappeler que la relation qui permet de déterminer l'épaisseur des parois cylindriques est la suivante :

$$e = \frac{\mathrm{PD}}{2\mathrm{R}}, \text{ d'où l'on tire : } \mathrm{D} = \frac{2e\mathrm{R}}{\mathrm{P}}.$$

Par conséquent, cette valeur étant la même que la précédente, r et D sont égaux, d'où, en résumé, l'égalité de résistance, à égalité d'épaisseur entre le fond et les parois cylindriques, sera établie quand le rayon de courbure du fond sera égal au diamètre du cylindre, soit dans la circonstance :

$$2ad = r, \text{ ou } D = r.$$

Nous croyons devoir renvoyer à notre Traité des moteurs à vapeur pour la construction détaillée et la disposition générale des chaudières à vapeur de toute espèce (1).

Chaudières en tôle d'acier. — Un progrès très-marqué dans le sens de l'amélioration des générateurs à vapeur, est l'adoption, assez récente, en France, de la tôle d'acier fondu. En rapportant, dans l'introduction (p. XVII), la résistance spécifique de ce métal, nous avons mentionné les forges de MM. Pétin-Gaudet et Cie, qui, des premiers en France, firent confectionner, avec leurs tôles d'acier fondu, par la maison Cail et Cie, de Paris, un magnifique corps cylindrique de chaudière à vapeur qui a fait l'admiration des connaisseurs à l'Exposition universelle de 1855.

Ce générateur, tout en acier, feuilles et rivets, avait 1 mètre de diamètre, et l'épaisseur de la tôle était seulement de 6 millimètres ; dans ces conditions on n'aurait pas dû dépasser, avec la tôle de fer, 2[at],3/4 environ.

Ce remarquable spécimen de chaudronnerie ayant été mis à la disposition de l'Administration pour être expérimenté, la commission centrale des machines à vapeur délégua trois ingénieurs, MM. Combes, Lorieux et Couche, pour procéder aux essais tendant à déterminer les qualités de l'acier dans cette application, au double point de vue de la résistance et de la façon dont il supporte l'action du feu.

Nous devons au savant M. Couche, le rapporteur de cette commission, la communication du mémoire adressé à M. le ministre du commerce sur cet objet. Nous ne pouvons entrer dans le détail de ces expériences qui ont été faites avec un soin et une intelligence dignes des hommes distingués auxquels elles ont été confiées ; que l'on nous permette, du moins, d'en mentionner les points principaux et le nouvel arrêté qui en fut la conséquence.

L'essai des tôles à la rupture par traction, avant l'action du feu, a montré qu'elles possèdent une résistance maximâ variant de 46 à 58 kilogrammes par millimètre carré, mais avec une ductibilité telle que l'allongement, au moment de la rupture, s'est élevé à 19 pour 100, qualité très-appréciée par les expérimentateurs pour la construction d'une chaudière, comparativement à de la tôle aigre qui aurait peut-être résisté davantage, mais en se rompant brusquement.

Après un service de trois années, la chaudière ayant été découpée et la tôle essayée de nouveau, la résistance a été sensiblement la même, et le métal était en parfait état de conservation. Ce dernier point est important, car il pouvait arriver que l'acier éprouvât une certaine altération par l'action prolongée d'une haute température.

(1) *Traité théorique et pratique des moteurs à vapeur* (Paris 1862, 2 gros vol. in-4° avec 50 planches.)

Avant et après la mise en service, la rivure a été également l'objet d'expériences tendant à déterminer, soit sa résistance au glissement, soit celle au cisaillement des rivets, s'il était possible de pousser la charge assez loin. Le glissement seul a été produit et sous des efforts dépassant généralement celui sur lequel on compte dans la construction ordinaire. Il est utile d'ajouter que les rivets étaient d'un diamètre proportionnellement beaucoup plus grand qu'on ne le fait pour la chaudronnerie en fer, car ils n'avaient pas moins de 15 millimètres de diamètre, et étaient, comme nous l'avons dit, en acier.

En somme, la savante commission a émis l'avis que la construction des chaudières à vapeur en tôle d'acier pouvait être autorisée, avec des épaisseurs moitié moindres que celles fournies au moyen de la formule légale ci-dessus, mais en imposant au constructeur l'obligation de soumettre un échantillon de la tôle employée à un essai légal et de faire poinçonner les feuilles avant la mise en œuvre ; pour être admise au bénéfice de recette, la tôle devrait présenter une résistance à la rupture de 60 kilog. par millimètre carré, et une ductibilité telle que l'allongement proportionnel de rupture fût de 1/15 au moins.

De plus, la même commission a insisté pour que l'administration exigeât *deux rangs de rivets*, en quinconces, pour former les joints longitudinaux, considérant que, dans les circonstances ordinaires des rivures à un seul rang, la résistance s'abaisse à 56/100 sur la ligne de rivure, et se maintient à 70/100 avec une rivure à double rangée, comme cela résulte des expériences de M. Fairbairn, en 1858 ; qu'il y avait donc lieu d'imposer cette modification, en employant des tôles d'une épaisseur réduite à moitié.

C'est conformément à ces conclusions, qu'un arrêté ministériel, en date du 26 juillet 1861, autorise la construction des chaudières en acier, dont il a été fait déjà des applications importantes. A l'égard des machines locomotives et en se référant à une instruction modificative de la loi principale, en date du 3 novembre 1852, les chaudières de ces machines pourront ne porter que le tiers de l'épaisseur réglementaire, lorsqu'elles seront exécutées en tôle d'acier remplissant les conditions de qualité requises. Nous ferons la remarque que cet arrêté est muet, quant à la nature du métal appliqué pour les rivets ; mais nous admettons qu'en adoptant l'acier pour les feuilles, on doit en faire autant pour les rivets.

PROPORTIONS DES RIVETS.

Sans être guidés par des règles fixes, les divers constructeurs de chaudières ont adopté des séries de rivets correspondant à peu près à un certain nombre d'épaisseurs de tôles en usage, en limitant l'écartement de ces rivets en raison de la dimension nécessaire à la tête pour faire des joints bien étanches.

Quelques auteurs, voulant établir des règles à ce sujet, ont fixé le diamètre des rivets à deux fois l'épaisseur de la tôle ; mais cette règle, qui n'est suivie par les constructeurs que dans une limite très-restreinte, ne peut être d'une application générale, parce que, si elle était observée dans toute son acception, elle donnerait des rivets beaucoup trop petits pour les tôles minces et des rivets trop gros pour les tôles fortes.

Il semble donc naturel d'appliquer à la détermination du diamètre des rivets cette méthode si rationnelle employée pour l'épaisseur de la tôle, et consistant à faire usage d'une quantité additive fixe qui intervient efficacement, dans le cas des petites dimensions, pour conserver les proportions pratiques, ce qu'un simple rapport ne saurait faire.

Le diamètre du corps une fois déterminé, les autres parties s'en déduisent facilement, d'autant plus qu'elles sont d'un ordre tout à fait pratique. Nous sommes ainsi arrivé aux proportions suivantes qui satisfont aux conditions exigées.

Le diamètre des rivets est égal à 1,5 fois l'épaisseur de la tôle, plus 4 millimètres,

soit : $d = 1{,}5\, e + 4.$

L'écartement des rivets est égal à 3 fois l'épaisseur de la tôle, plus 18 millimètres,

ou : $E = 3\, e + 18 = 2\, d + 10.$

De ces dimensions et de celles adoptées par divers constructeurs, nous avons pu déduire celles relatives, soit à la tête ou à la hauteur des rivets, soit à la rivure proprement dite. Ainsi, représentons par :

d' le diamètre de la tête du rivet ;

h' la hauteur de ladite tête ;

d'' le diamètre de la rivure finie, laquelle est le plus généralement conique et présente plus d'empatement que la tête, ce qui résulte de l'opération même de la rivure ;

h'' la hauteur de cette rivure ;

et h la longueur nécessaire à ajouter à la tige du rivet, pour servir à former la rivure, en supposant celle-ci de forme conique, comme on le voit fig. 3, pl. 3.

La longueur totale de la tige du rivet, avant la rivure, est donc égale à l'épaisseur des tôles à assembler, augmentée de cette longueur h.

On a successivement les formules suivantes pour toutes les dimensions proportionnelles au diamètre du rivet ou à l'épaisseur de la tôle :

$$d' = 1{,}8\, d \quad \text{ou} \quad d' = 2{,}7\, e + 7\,;$$

$$h' = 0{,}6\, d \quad \text{ou} \quad h' = \frac{9\, e + 24}{10}\,;$$

$$d'' = 2\, d \quad \text{ou} \quad d'' = 3\, e + 8\,;$$

$$h'' = 0{,}8\, d \quad \text{ou} \quad h'' = \frac{12\, e + 32}{10}\,;$$

$$\text{et} \quad h = 1{,}14 d \quad \text{ou} \quad h = \frac{12\, e + 32}{7}.$$

D'après ces règles, qui établissent une parfaite uniformité dans l'exécution et se trouvent, sans contredit, dans les meilleures conditions pratiques, il est facile de réunir les dimensions des rivets en un seul tableau.

VIIIe

TABLE RELATIVE AUX DIMENSIONS DES RIVETS POUR CHAUDIÈRES A VAPEUR.

Épaisseur de la tôle employée en millimètres.	RIVETS CORRESPONDANTS.					d'' Diamètre de la rivure finie.	h'' Hauteur de cette rivure finie.
	d Diamètre de la tige ou du corps du rivet.	d' Diamètre de la tête du rivet.	h' Hauteur de la tête du rivet.	E Écartement des rivets.	h Hauteur nécessaire à jouter à la tige pour river.		
	millim.	millim.	millim.	millim.	millim.	millim.	millim.
4	10.0	17.8	6	30	11.4	20	8.0
5	11.5	20.5	6.9	33	13.1	23	9.2
6	13.0	23.2	7.8	36	14.8	26	10.4
7	14.5	25.9	8.7	39	16.5	29	11.6
8	16.0	28.6	9.6	42	17.1	32	12.8
9	17.5	31.3	10.5	45	18.8	35	13.0
10	19.0	34.0	11.4	48	21.7	38	15.2
11	20.5	36.7	12.3	51	23.4	41	16.4
12	22.0	39.4	13.2	54	25.1	44	17.6
13	23.5	42.1	14.1	57	26.8	47	18.8
14	25.0	44.8	15.0	60	28.5	50	20.0
15	26.5	47.5	15.9	63	30.2	53	21.2
16	28.0	50.0	16.8	66	32.0	56	22.4
17	29.5	52.9	17.7	69	33.7	59	23.6
18	31.0	55.6	18.6	72	35.4	62	24.8
19	32.5	58.3	19.5	75	37.1	65	26.0
20	34.0	61.0	20.4	78	38.8	68	27.2

Ces dimensions, relatives, non-seulement à la tige et à la tête des rivets, mais encore à la rivure et à leur écartement, supposent des vases hermétiquement clos, et devant résister à des pressions plus ou moins considérables, comme les chaudières à vapeur. Dans tout autre cas, l'écartement et la force des rivets pourraient évidemment changer d'une manière sensible ; mais la diversité des exemples particuliers où il peut en être ainsi ne permet de fixer aucune règle à cet égard, excepté peut-être dans certaines constructions bien étudiées, comme dans celles des ponts en fer et en tôle, dont nous parlerons plus loin.

NOTE SUR LA RÉSISTANCE D'UNE RIVURE. — Les règles ci-dessus, qui permettent de trouver les proportions pratiques d'une rivure, sont, en effet, conformes avec celles adoptées par les constructeurs, et ont surtout pour objet, comme nous le faisions observer en commençant, d'établir des séries pour les ateliers ; mais elles ne semblent avoir aucune base théorique et il est intéressant de rechercher, cependant, la relation exacte qui existe entre la résistance du rivet et celle de la tôle elle-même.

Les rivets se présentent toujours transversalement, lorsque la tôle est soumise, au contraire, à l'effort de traction simple. L'effort auquel ils résistent s'exerce donc transversalement et tend à les couper. Mais comme ils sont exactement pris par les deux tôles, cet effort est dit de *cisaillement*, dont nous avons défini l'espèce (Int., p. XXX).

A propos des rivets de ponts, nous donnons, plus loin, quelques détails sur les expériences qui ont permis d'estimer ce genre particulier de résistance qui se trouve être environ les 2/3 de celle par traction longitudinale, d'où, en tenant compte de la résistance additionnelle due au serrage des têtes, on peut évaluer la résistance totale des rivets aux 3/4 environ de celle que leur corps oppose à la traction.

Comme nous désirons rendre compte de la résistance d'ensemble d'un joint de chaudière à vapeur, en admettant une seule rangée de rivets, et ayant les proportions déterminées au moyen des formules précédentes, nous prendrons pour exemple un assemblage de tôle de 10 millimètres d'épaisseur pour lequel on a, par lesdites formules :

Diamètre du corps du rivet.	19 millimètres.
Écartement de deux rivets, de centre en centre. . . .	48
Distance du centre d'un rivet au bord de la pince. . .	24

Une rivure exécutée suivant ces proportions est représentée à l'échelle de 1/5, par la figure 9.

Fig. 9.

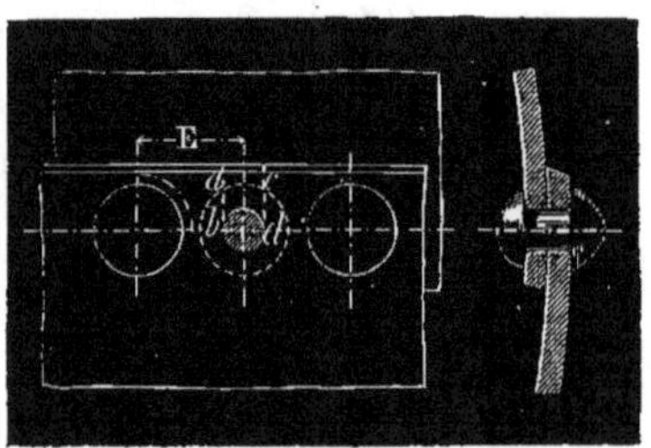

Nous avons donc à rechercher ce qu'est devenue la résistance totale de la paroi sur la ligne de rivure comparativement à ce qu'elle est en pleine tôle. Mais il faut se préoccuper également de la quantité de résistance qu'oppose la pince à l'effort qui tend à l'arracher suivant les deux tangentes *ab* et *cd* au corps du rivet, et qui indiquent, en effet, le passage que ce rivet s'ouvrirait au travers de la pince si celle-ci devait céder avant lui.

Quant à la résistance sur la ligne de rivure, un rivet est égal, par son diamètre, aux 19/48 de la distance de centre en centre, de façon que la section de la paroi se trouve être réduite d'autant.

Par conséquent, si le serrage de la tête ne constituait pas une résistance à vaincre avant de faire céder la tôle elle-même, la résistance, sur la ligne de rivure, serait réduite à:

$$\frac{48-19}{48}=0,604,$$

soit environ 0,6 de celle en pleine tôle.

Il résulte d'expériences, faites avec soin, que l'effort nécessaire pour faire *glisser* les tôles rivées, en surmontant la résistance due au serrage des têtes, par l'effet du refroidissement après la pose, peut s'élever à plus de 1250 kilogrammes par centimètre carré de la section du rivet, soit environ les 0,4 de la résistance spécifique de la tôle. Or, ce dernier occupe une partie de tôle retranchée dont la section égale :

$$10^{\text{mill.}} \times 19 = 190 \text{ millimètres carrés.}$$

La section du rivet égale :

$$\frac{3,1416 \times (19)^2}{4} = 283,53 \text{ millimètres carrés.}$$

Mais, puisque sa résistance, par le serrage des têtes, est équivalente aux 4/10 de celle en pleine tôle, il faut donc, pour comparer la résistance retranchée à celle ajoutée, ne prendre que les 4/10 de cette dernière, soit :

$$283,53 \times 0,4 = 113,412.$$

Par conséquent, la partie retranchée étant, linéairement, les 19/48 du tout, elle est remplacée par cette dernière, qui a pour valeur proportionnelle :

$$\frac{19}{48} \times \frac{113,412}{190} = 0,236.$$

Donc, en résumé, la résistance totale de la ligne de rivure, indépendamment des rivets eux-mêmes, serait égale à :

$$0,604 + 0,236 = 0,84,$$

comparativement à ce qu'elle est en pleine tôle. Il faut bien reconnaître, cependant, que ce résultat dépasse de beaucoup le chiffre sur lequel on croit devoir compter en pratique, car on n'est jamais assez certain du serrage de toutes les têtes pour admettre que leur résistance au glissement s'ajoute intégralement à celle de la section effective de la tôle sur la ligne de rivure, et si l'on s'en tient à cette dernière, isolée, pour asseoir le coefficient de sécurité, on en déduit que la résistance sur la ligne de rivure n'est environ que *les* 0,6 *de celle en pleine tôle.*

Maintenant, si nous voulons nous rendre compte de la résistance propre des rivets, comme si, la tôle étant assez forte pour résister, on ne devait considérer qu'eux, il suffira de les regarder d'abord comme offrant chacun théoriquement une même résistance spécifique que leur section transversale à la traction, c'est-à-dire, la même résistance que la tôle, en faisant la somme des résistances au cisaillement et au serrage de la tête, sur lequel nous devons compter d'abord, au moins théoriquement, puis d'effectuer, comme ci-dessus, la comparaison de leur section transversale avec celle de la partie de tôle qu'ils occupent. On trouvera :

$$\frac{19}{48} \times \frac{283,53}{190} = 0,59.$$

La résistance individuelle des rivets est donc, dans les conditions proposées, sensiblement égale à celle de la tôle sur la ligne de rivure ; il est vrai, comme on le faisait remarquer tout à l'heure, que l'on ne peut pas compter sur la résistance intégrale des têtes au glissement ; mais aussi le métal du rivet est réellement supérieur à celui de la tôle, et moyennement dans le rapport de 40 à 30, comme on l'a vu à la table n° 2 (Int., p. XVI).

Par conséquent, en retranchant même cette résistance des têtes, il reste pour celle isolée des rivets par cisaillement (p. 44) :

$$0{,}59 \times \frac{40}{30} \times \frac{2}{3} = 0{,}52.$$

Soit, environ, la moitié de la résistance en pleine tôle.

Par la quantité additive fixe, qui figure dans la formule servant à déterminer le diamètre des rivets, il est clair que ce rapport est différent pour chaque épaisseur de tôle, mais néanmoins dans des limites assez étroites.

Il nous reste, maintenant, à faire une recherche analogue pour l'arrachement de la pince.

Dans les proportions de l'exemple proposé (fig. 9), il faudrait, pour que le rivet se livrât passage au travers de la pince, que le morceau fût enlevé par une sorte de double cisaillement suivant les deux sections *ab* et *cd*, qui ont chacune la moitié de la distance, de centre en centre, des rivets. Par conséquent, le développement total des sections à cisailler est égal à celui de la pleine tôle, et, puisque ce mode de résistance en est environ les 2/3, la résistance totale sera dans le même rapport.

La largeur de la pince est donc suffisante pour résister plus que les rivets ; mais il est prudent de ne pas la faire plus étroite.

TABLEAU GRAPHIQUE RÉSUMANT LES PROPORTIONS DES TÔLES ET RIVETS.

Comme nous l'avons fait pour les boulons et les écrous, nous réunissons dans un tracé géométrique, fig. 1, pl. 3, les différentes proportions que nous venons d'établir entre les tôles et les rivets qui sont particulièrement appliqués dans la construction des bouilleurs et des chaudières à vapeur.

La ligne verticale AC représente les épaisseurs de tôle depuis 1 jusqu'à 20 millimètres, en admettant, pour rendre les dimensions plus apparentes et plus distinctes, que les divisions de cette ligne soient sensiblement plus grandes que celles de l'exécution. Ainsi, nous avons supposé prendre et diviser cinq centimètres en 20 parties égales, d'où l'échelle adoptée est donc relativement à la grandeur naturelle dans le rapport de 5 à 2. Ce rapport est, au reste, insignifiant ; il n'influe en aucune manière sur les résultats. Les dimensions exactes sont toujours indiquées par les chiffres ; et, pour les ateliers de construction, on fera bien d'adopter les divisions plus grandes encore, afin qu'elles soient très-visibles, même à distance.

La ligne horizontale AB qui est divisée en 1/2 centimètres et en millimètres, donne, de grandeur naturelle, les diamètres du corps des rivets et de leurs têtes, ainsi que les hauteurs, en rapport avec les épaisseurs des tôles. Ces dimensions sont naturellement déterminées par les diverses diagonales tracées sur la figure d'après la table qui précède.

Ainsi, la 3e diagonale indiquée par la lettre d, donne le diamètre de la tige, pour les points où elle coupe les lignes horizontales tracées des divisions 1, 2, 3, 4, etc., faites sur la ligne AC. Ce diamètre se lit, soit sur la ligne horizontale supérieure CD, soit sur celle inférieure AB.

Par exemple, si l'épaisseur de la tôle est 10 millimètres, on trouve que la ligne horizontale tirée du point 10, milieu de AC, rencontre la droite oblique dd en o, sur lequel passe la ligne verticale qui correspond à 19 millimètres sur la ligne CD ou sur la ligne AB. De même, les diagonales d, et d'' donnent les diamètres correspondants des têtes de rivets et les diamètres des rivures finies, et les diagonales h, h' et h'', correspondent, soit à la hauteur nécessaire à ajouter à la tige, en plus des épaisseurs de tôles, soit à la hauteur de la tête du rivet et à celle de la rivure finie

Enfin, la diagonale E donne l'écartement qui doit exister entre les rivets. Ainsi, lorsqu'on trouve, pour l'épaisseur de 10 millimètres, que le diamètre du corps et de la tige des rivets est de 19 millimètres, l'écartement ou la distance de centre en centre de ces mêmes rivets doit être de 48 millimètres.

Nous avons aussi représenté sur la fig. 2, à droite de la précédente, un tracé graphique qui montre à première vue les diamètres des chaudières, exprimés en mètres, et les pressions auxquelles elles peuvent fonctionner avec sécurité, suivant les épaisseurs de tôles qui les composent.

Ainsi, ayant, comme précédemment, marqué sur la ligne verticale A′ C′, 20 divisions correspondantes aux épaisseurs successives de 1 à 20 millimètres, et sur les lignes horizontales C′, D, et A′ B, des quantités égales prises arbitrairement et représentant les pressions intérieures de 1 à 10 atmosphères, nous avons tracé, conformément au premier tableau indiqué ci-dessus, les diagonales qui donnent les diamètres des corps cylindriques en tôle, depuis $0^m,50$ jusqu'à $1^m,50$.

De cette sorte, pour connaître, par exemple, quelle doit être l'épaisseur de la tôle pour une chaudière d'un mètre de diamètre et timbrée à 5 atmosphères, il suffit de chercher l'intersection de la diagonale correspondant à 1 mètre, avec la verticale passant par le point 5 de la pression donnée ; et la ligne horizontale tirée de ce point p, montre, sur la verticale A′C′, que l'épaisseur demandée doit être de 10 millimètres.

On voit donc par ce simple exposé combien il est facile, à l'aide de ce tableau, de fixer d'une manière précise les diverses dimensions des tôles et des rivets qui doivent être employés dans la construction des chaudières à vapeur, sans être dans l'obligation de faire les calculs nécessaires, ni même de se rappeler les formules pratiques indiquées, puisqu'il suffit de jeter les yeux sur le tracé géométrique, fig. 1 et 2, que l'on peut exécuter à une échelle quelconque.

DIVERS TYPES DE RIVETS ET MODES D'ASSEMBLAGE.

Pour compléter les documents relatifs à cette partie qui forme la base essentielle de la construction des chaudières et autres appareils en tôle, nous donnons, sur le dessin pl. 3, les modèles des rivets tracés d'après les règles précédentes et présentés comme types à suivre d'une manière générale ; nous en indiquons aussi les applications aux assemblages des feuilles de tôle et de cuivre pour divers genres de générateurs à vapeur.

La fig. 3 représente, à moitié d'exécution, le modèle d'un rivet préparé dans les conditions conformes aux règles adoptées plus haut. Si on suppose le diamètre d de la tige égal à 25 millimètres, pour correspondre à une épaisseur de tôle de 14 millimètres, alors le diamètre d' de la tête doit être de 44,8, soit 45 millimètres, et sa hauteur h' de 15 millimètres.

Nous avons indiqué, pour cette tête, sur la fig. 3, une forme intermédiaire entre celles conique et sphérique, c'est-à-dire, une sorte de surface *ellipsoïdale*, qui nous a paru la plus convenable et la plus généralement adoptée ; elle a l'avantage de conserver, sur tout le pourtour extérieur, toute la force nécessaire, sans employer trop de matière et, par conséquent, sans faire paraître le rivet trop lourd. Ces têtes peuvent facilement se bouteroller dans des matrices à l'aide d'un mouton ou d'un balancier, ou mieux au moyen d'un poinçon énergique opérant mécaniquement (1).

Pour la forme de la rivure, qui le plus souvent se fait encore à la main, elle est à peu près semblable à celle de la tête, d'un diamètre et d'une hauteur au centre plus grands, parce qu'on admet qu'étant plus fatiguée par le grand nombre de petits coups de marteau qu'elle reçoit, elle serait moins résistante. Dans ce cas, la quantité de fer à ménager sur la tige est calculée, comme on l'a vu plus haut, par la formule :

$$h = 1,14\ d,$$

dans laquelle on fait même h un peu plus fort pour que la matière soit plutôt en excès.

La fig. 4 représente l'assemblage de deux tôles de 12 millimètres d'épaisseur avec un rivet proportionné dans toutes ses parties, conformément aux règles qui précèdent. La rivure a la même forme ellipsoïdale que la tête, forme que l'on doit faire son possible d'obtenir, même à la main, car elle est bien préférable à celle conique simple, comme on le voit fig. 3, où cette indication n'est qu'un tracé géométrique destiné seulement à estimer la quantité de matière à réserver pour faire cette rivure. Il est évident que la forme conique ne laisse au métal qu'un mince bord qui s'écrase ordinairement, et diminue la surface effective de serrage. Si, néanmoins, on ne produit pas tout à fait cette forme curviligne, et que l'on s'approche davantage de celle conique, on fait en sorte que le sommet du cône soit un peu arrondi, et que la base, au lieu de former une arête très-vive, présente une sorte de filet, qui serait aussi légèrement arrondi, afin de lui conserver plus d'épaisseur sur les bords.

C'est ce que montre la fig. 5 sur laquelle nous rappelons, en partie, le système imaginé par M. Lemaître, en indiquant, en coupe verticale, d'une part, la matrice A qui reçoit la tête *a* du rivet, et de l'autre, le poinçon d'acier ou bouterolle B qui est entaillé pour refouler la rivure *b*, et qui se meut dans une douille de pression C, laquelle maintient les deux tôles à assembler fortement rapprochées pendant l'opération.

A l'aide d'une telle machine, la pression exercée est tellement considérable que l'on peut, dans certains cas, former du même coup la tête du rivet et la rivure. Ainsi, il suffit de préparer seulement la tête *a* (fig. 6), en refoulant le métal de manière à présenter une espèce d'embase cylindrique un peu plus forte que le diamètre de la tige. Si on chauffe ce simple clou et qu'on l'introduise dans les deux tôles à réunir, en posant, comme sur la fig. 5, la tête sur la matrice et en pressant avec le poinçon, on obtient pour résultat le rivet formé des deux bouts, comme le montrent les lignes ponc-

(1) Le Ve volume de la *Publication industrielle* comprend, à ce sujet, les dessins et la description d'une machine très-ingénieuse de M. Haley ; et le IVe volume la machine de M. Lemaître, pour river ou bouteroller.

tuées de la fig. 6. Les dimensions de la rivure, dans ce cas, ne sont pas sensiblement plus fortes que celles de la tête. Ajoutons que, par ce procédé, les tôles sont tellement serrées par la pression de la douille mobile, au moment de l'opération, qu'en les coupant par le milieu du rivet, on ne distingue plus de joint à la simple vue.

Nous devons faire observer que lorsqu'on opère mécaniquement, on peut adopter les formes indiquées fig. 5 et 6 qui montrent les rivures coniques arrondies au sommet et à la base, et que, lorsqu'on opère à la main, on doit faire en sorte d'éviter la forme purement conique, pour se rapprocher, autant que possible, de celle indiquée fig. 4.

Dans quelques établissements, on adopte parfois des rivets dits à tête plate, c'est-à-dire, dont la tête est en partie méplate et en partie conique, comme celle tracée sur la fig. 7. Cette disposition permet de réduire un peu la hauteur de la tête, en laissant plus d'épaisseur vers les bords.

En Angleterre, on a proposé, particulièrement pour les chaudières de locomotives, de faire les rivets à chanfrein, comme nous en donnons un exemple sur la fig. 8. La tête est tout à fait plate, et sa hauteur très-réduite, à cause du cône ou chanfrein c qui pénètre dans la partie fraisée de la tôle et ajoute à sa résistance en évitant les angles droits. Il en est de même à l'extrémité opposée, où le cône c' rivé dans la seconde feuille de tôle permet également de diminuer l'épaisseur de la rivure extérieure. Ce système paraît réellement avantageux dans la pratique ; mais il devient nécessairement d'un prix plus élevé par la main-d'œuvre qu'il exige, ce qui peut être une cause pour l'empêcher de se répandre.

Observons d'ailleurs que plusieurs constructeurs évitent les angles prononcés, en les arrondissant plus ou moins, ainsi que les bords des trous de chaque tôle.

Lorsqu'on assemble des feuilles minces, au-dessous de 4 millimètres d'épaisseur, et qui ne sont destinées qu'à la confection de vases ou d'objets non susceptibles d'éprouver de grandes pressions ou de renfermer des gaz ou de la vapeur, on fait usage de rivets très-petits qui sortent des proportions indiquées précédemment, et qui peuvent se former d'un simple coup de poinçon à la main ; tel est le modèle fig. 9.

Les figures suivantes du même dessin (pl. 3) représentent divers modes d'assemblage de feuilles de tôle ou de cuivre, dans les différents cas qui peuvent se présenter pour la construction des chaudières, des bouilleurs ou d'autres capacités destinées à supporter de grandes pressions, et à recevoir de l'eau, de la vapeur, de l'air comprimé, etc. Ces feuilles sont réunies par des rivets analogues aux principaux modèles que nous venons de donner ; mais elles peuvent être plates, coudées ou amincies selon les exigences de l'appareil.

La construction la plus simple (fig. 10, 11 et 12) est de superposer les deux feuilles par leurs bords extérieurs qui sont légèrement coupés en chanfrein ; si c'est pour une chaudière, par exemple, elle ne peut présenter un cylindre exact de même diamètre dans toute sa longueur. On s'arrange, dans ce cas, pour que le bord qui recouvre d'un côté, soit recouvert du côté opposé, de sorte que ce sont des surfaces légèrement coniques qui composent toute la chaudière.

On peut s'approcher de la forme cylindrique rigoureuse, en inclinant un peu les bords des tôles (fig. 13); mais alors les rivets, qui doivent toujours avoir leurs axes perpendiculaires à la direction même des feuilles, deviennent eux-mêmes obliques.

Quelquefois on cintre la tôle (fig. 14), sur des mandrins en fonte, en la chauffant préalablement à une température peu élevée, ce qui a lieu, par exemple, pour certaines parties des boîtes à feu ou à fumée des chaudières de locomotives.

On emploie souvent aussi des cornières en fer F (fig. 15 et 16), sur les surfaces desquelles s'appuient les bords de chaque feuille de tôle, qui se présentent à angle droit, ou suivant un autre déterminé par la forme même de l'équerre. Ce mode d'assemblage est bien en usage maintenant, depuis que l'on fait facilement au laminoir les cornières et les fers à T.

La fig. 17 est un exemple d'un autre mode d'assemblage appliqué autrefois à la partie inférieure d'un foyer de locomotive, où l'on a employé une double cornière. D'un côté, la feuille de tôle extérieure G′ est assemblée avec la cornière inférieure F, et de l'autre, la feuille de cuivre G, qui reçoit l'action du feu, est rivée à la cornière supérieure F′ réunie à la première par une rangée de rivets. Cette disposition évite de cintrer les feuilles de métal; mais elle forme un joint de plus, et n'est pas en usage maintenant pour cette application particulière.

On s'est servi aussi, pour le même objet, d'une feuille de tôle ou de cuivre doublement recourbée H (fig. 18), pour réunir les deux feuilles intérieure et extérieure G et G′. Les effets de dilatation ou de contraction que le foyer ou la chaudière peut éprouver, n'influent pas sensiblement sur les joints, parce que la feuille intermédiaire H peut céder par les parties cintrées. Seulement, il faut pour la couder préalablement prendre des précautions pour qu'il ne se forme pas de criques ou de fendillements qui diminueraient notablement sa résistance.

Les fig. 19 et 20 montrent d'autres exemples d'assemblages, également employés pour les chaudières de locomotives, ou pour quelques autres systèmes de chaudières à foyer intérieur. La paroi extérieure G est supposée plane, et en tôle ; la paroi intérieure G′ est un peu recourbée par le bas et généralement en cuivre rouge. On les réunit, soit par des tiges taraudées *d* (fig. 19), qui traversent les deux épaisseurs et qui se rivent ensuite, soit par de longs rivets *e* (fig. 20), qui traversent des viroles ou manchons en fer *f*, formant embases aux deux feuilles pour maintenir l'écartement. Ce dernier mode n'est pas aussi facile à exécuter, et n'est, du reste, appliqué maintenant qu'exceptionnellement.

Le procédé employé, au contraire, aujourd'hui, pour presque toutes les locomotives, est celui que la fig. 19 représente, et qui consiste à réunir les deux parois du foyer sur un cadre en fer *g*, sur lequel elles sont rivées par les deux bords inférieurs. On peut aussi faire porter les deux bords directement l'un sur l'autre et les river, comme l'indique la fig. 20.

Nous avons tracé, sur les fig. 21 et 22, un fragment de fond de chaudière cylindrique composé de segments en tôle, afin de montrer que, dans certains cas, les rivets doivent assembler trois épaisseurs de tôle. Il est évident, par exemple, qu'à la jonction de la calotte extérieure I, qui forme le fond extrême proprement dit, et qui est généralement une portion de sphère, avec les deux secteurs en fuseaux J et J', dont les bords sont superposés, il y a les trois épaisseurs, et que les rivets doivent être plus longs dans ces parties. Il en est de même de l'assemblage de ces fuseaux avec la partie cylindrique K de la chaudière.

Lorsqu'il faut réunir un plus grand nombre de feuilles de tôle, il est nécessaire de les amincir par les bords, afin de réduire l'épaisseur totale. C'est ce qui a lieu sur le modèle indiqué fig. 23 et 24. A l'angle d'intersection des bords des deux feuilles L et L' avec ceux des autres feuilles M et M', il y a nécessairement quatre épaisseurs de tôle; malgré cela, le rivet *i* qui se trouve à cet angle n'a pour longueur de tige entre les têtes que trois fois environ l'épaisseur de l'une d'elles, par ce qu'on a eu le soin de diminuer en biseau allongé deux des tôles, afin de les rapprocher autant que possible.

Faisons observer, toutefois, que cette forme sphérique, composée de segments rassemblés par des rivures, n'est presque plus employée. Les fonds de chaudières et de bouilleurs se font aujourd'hui d'une seule pièce de tôle forte, emboutie et conformée à chaud, suivant la disposition indiquée fig. 25. La forme est une calotte sphérique, dont le rayon doit être égal au diamètre de la chaudière, pour que l'équilibre de résistance soit établi, comme cela a été complétement expliqué.

La bouche des bouilleurs et l'entrée des trous d'homme se font en fonte ; l'assemblage des tôles avec ces parties de fonte a lieu de même avec des rivets dont la tête est à l'intérieur, comme le montre la fig. 26.

APPLICATION DES TÔLES ET RIVETS A LA CONSTRUCTION DES PONTS, NAVIRES, GRUES, ETC.

La tôle est destinée à jouer un grand rôle dans bien d'autres constructions que celles des chaudières à vapeur. Tous les jours, on en voit faire de nouvelles applications qui sont suivies avec succès. Ainsi pour les grues, pour les ponts, pour les bâtiments, etc., elle est employée avec avantage. Nous l'avons vue appliquée à des appareils à mâter (1), à des arbres de transmission de mouvement, à des roues hydrauliques. Dans ces sortes d'exemples, comme dans d'autres circonstances, on est souvent obligé de laisser d'un côté la surface entièrement lisse, sans saillies extérieures ; il faut alors que la tête des rivets soit noyée dans l'épaisseur de l'une des tôles, comme le montre la fig. 27 ; ou bien il faut que les tôles soient réunies bout à bout, et alors l'assemblage a lieu par une plate-bande intermédiaire en fer méplat N (fig. 28).

(1) On peut voir, dans le VIe volume de la *Publication industrielle*, un appareil à mâter construit par MM. Mazeline, du Havre.

Dans certains cas, surtout lorsqu'il n'est pas possible de bouteroller, ou lorsque le rivet doit se démonter, on remplace la rivure par un écrou qui se visse sur le bout taraudé de la tige du rivet, lequel devient ainsi une sorte de boulon à tête sphérique ou conique, comme nous en avons donné des exemples fig. 17 et 19, pl. 1.

Pour compléter les documents qui précèdent, concernant les rivets et assemblages de tôle, nous croyons intéressant de donner un extrait du travail de MM. Molinos et Pronnier, sur l'application spéciale à la construction des ponts.

Le mode de résistance d'un rivet est de deux natures : la pression qu'il exerce sur les tôles qu'il réunit, ayant pour effet d'empêcher qu'elles ne glissent l'une contre l'autre et la résistance au cisaillement du rivet lui-même.

Supposons, fig. 10, trois tôles réunies par un rivet qui ne remplirait pas exactement le trou percé dans celle du milieu. Si les deux tôles *c* étant fixées à leur extrémité, la tôle B est soumise à un effort de traction suffisant, cette tôle commencera par glisser entre les deux autres, jusqu'à ce que le bord du trou de la tôle B ait atteint le rivet, qui résistera alors au cisaillement ; enfin, l'assemblage cédera, lorsque ce rivet se trouvera coupé. Le frottement des deux tôles l'une contre l'autre est opéré par la contraction subie par le rivet lors du refroidissement.

Fig. 10.

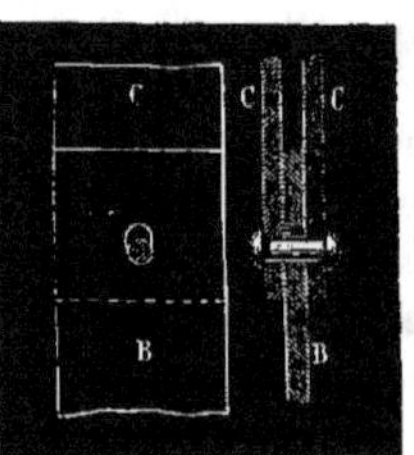

Des expériences ont été faites en Angleterre et en France pour déterminer la valeur de ces deux efforts ; nous allons les rapporter, en nous occupant d'abord du cisaillement.

Résistance au cisaillement. — Pour déterminer la résistance d'un rivet au cisaillement, on s'est servi en Angleterre d'un bloc de fonte portant deux joues parallèles distantes de 19 millimètres. Ces joues étaient traversées par un boulon servant d'articulation à un levier de 1m,829 de long, qui se mouvait entre les deux joues, de manière à remplir tout l'intervalle. Les deux joues étaient percées d'un trou ayant rigoureusement le même diamètre que le rivet à expérimenter.

On introduisait le rivet dans une seule joue si on voulait observer le *cisaillement simple ;* dans les deux joues, si on voulait observer le *cisaillement double.*

Le cisaillement était opéré au moyen de poids placés à l'extrémité du levier.

Les lois déduites d'une série de douze expériences sont les suivantes :

« 1° La résistance au cisaillement est proportionnelle à la section totale cisaillée du rivet ; ainsi elle est deux fois plus grande pour un rivet réunissant trois feuilles de tôle que pour un rivet n'en réunissant que deux.

» 2° La résistance au cisaillement par millimètre carré, de section du rivet, est à peu près les 4/5 de celle du même fer à la traction directe dans le sens longitudinal des fibres. »

Lors de la construction du pont de Clichy, exécuté dans les ateliers de MM. Gouin et Cie, M. Lavalley entreprit, pour vérifier ces lois, une série d'expériences dont les résultats concordent avec les précédents.

Résistance des rivets au glissement. — La pression des tôles l'une sur l'autre a lieu par suite de l'effort exercé sur ces tôles par les têtes de rivets, lors du refroidissement. Cet effort ne peut être calculé directement, car si on voulait le déduire du raccourcissement produit par une différence de température de 700° (qui est à peu près celle qui a lieu lorsque la température d'un rivet descend du rouge sombre à la température ordinaire), on trouverait que le rivet est soumis à un effort qui dépasse la résistance à la rupture et qui se produit quelquefois, puisqu'on voit des têtes de rivets sauter par suite du simple refroidissement. Mais, en général, il faut admettre que les fibres, après une extension anormale, subissent un allongement permanent et resten dans un état d'équilibre différent du primitif.

Des expériences directes ont été faites en Angleterre pour déterminer la valeur de la résistance au glissement, produite par le serrage des têtes de rivets.

Voici les résultats obtenus :

Numéros des expériences.	Diamètre du rivet.	Nombre de feuilles.	Charge par millim. carré de section du rivet.	OBSERVATIONS.
1	22mm,2	3	14k,63	
2	»	3	11 ,70	Rivet mal mis ; il y avait une plaque de fer sous les têtes.
3	»	3	20 ,78	

Ces expériences ont été reprises d'une manière plus complète par M. Lavalley. Voici comment il a procédé :

Trois bandes de tôle de 50 millimètres de largeur sur 10 millimètres d'épaisseur étaient placées l'une sur l'autre et percées d'un trou de 20 millimètres ; le trou de celle du milieu fut ovalisé de 10 à 12 millimètres dans le sens de la longueur de la bande ; un rivet de 19 millimètres fut inséré à chaud dans les trois feuilles de tôle et écrasé comme ceux des poutres.

Les tôles extérieures furent suspendues à une grue et celle du milieu fut tirée au moyen de poids ; chaque poids ajouté était de 50 kilogrammes.

Six échantillons furent éprouvés, et le glissement se manifesta sous les charges suivantes :

Numéros des échantillons.	Poids total produisant le glissement.	Poids rapporté à 1 millimètre carré de section du rivet.
1	4377k	15k,4
2	4520	15 ,7
3	4896	17 ,2
4	3884	13 ,7
5	5008	17 ,7
6	4312	15 ,4
	Moyenne.........	15k,8

Les mêmes résultats ont été observés par M. Lavalley, pour des rivets réunissant deux tôles.

Ces expériences, dont l'exactitude peut inspirer toute confiance, sont extrêmement importantes. En effet, il est indispensable que la résistance au glissement suffise à assurer la solidité de l'assemblage, car on n'est jamais certain que les rivets remplissent assez bien les trous pour qu'ils résistent tout d'abord au cisaillement, et, quoiqu'il n'en faille pas moins prendre les précautions nécessaires pour que cela ait lieu, on ne devra compter que sur la résistance au glissement. Or, nous admettons comme résistance maxima dans une poutre, $R = 7$ ou 8^k par millimètre carré, pour du fer rompant sous une charge de 30 à 35k par millimètre carré ; si donc on suppose une tôle interrompue en un point quelconque de la poutre, et qu'on l'assemble à la suivante au moyen de deux couvre-joints représentant une section totale égale à celle de cette tôle, il suffirait, pour assurer la solidité de l'assemblage, de mettre un nombre de rivets dont la section fût égale à celle de la tôle interrompue, et dans ce cas, la moitié seulement de la résistance au glissement serait employée, c'est-à-dire qu'il faudrait que R s'élevât à 15k par millimètre carré, pour que les rivets commençassent à travailler au cisaillement. Néanmoins, il est logique de doubler ce nombre de rivets, afin de prendre entre la résistance maxima du rivet au glissement et sa résistance absolue à ce genre d'effort, le rapport admis entre le coefficient de résistance maxima du fer et sa résistance à la rupture.

Des couvre-joints. — Considérons d'abord le cas de deux feuilles de tôle consécutives à réunir ; cet assemblage pourra se faire en croisant les deux feuilles, ou avec un simple couvre-joint, ou bien encore avec un double couvre-joint, comme l'indique la fig. 11 ci-contre.

Fig. 11.

La première disposition présente l'inconvénient de placer les tôles dans deux plans différents ; il s'ensuit que les tôles, sous l'action d'une traction longitudinale, tendent à se mettre dans un même plan. Il en résulte une extension anormale de la tôle et une composante dans le sens de la longueur du rivet qui tend à arracher les têtes.

Cette disposition ne peut d'ailleurs convenir aux ponts en tôle, où pour la simplicité de la construction, il importe que les tôles soient toujours dans le même plan.

La seconde disposition qui atteint ce but exige une surface de couvre-joints double, un nombre de rivets double, car il faut que la somme des sections des rivets soit double de celle de la tôle de chaque côté du joint ; mais ici encore, il y a une composante dans le sens de la longueur des rivets ; il est clair d'ailleurs que la section du couvre-joint doit être égale à celle de la tôle interrompue.

Dans la troisième disposition, la somme des sections des couvre-joints doit être égale à celle de la tôle interrompue, en sorte que le poids des couvre-joints peut être égal à celui qu'on obtient par la disposition précédente ; mais les rivets sont soumis à un double cisaillement. Il faudra néanmoins que la section totale des rivets soit double de celle de la tôle interrompue pour conserver les rapports que nous avons indiqués entre le coefficient de résistance des rivets au glissement et leur résistance absolue à cet effort.

Passons maintenant au cas de deux feuilles de tôle, dont une seule soit interrompue.

La disposition qui paraît au premier abord la plus naturelle, est celle de la fig. 12, dans laquelle un couvre-joint présentant l'épaisseur de la tôle interrompue est placé sur le joint ; elle est pourtant défectueuse, si les tôles sont abandonnées et peuvent se voiler quelque peu. En effet, supposons l'assemblage soumis à un effort de traction ; cet effort communiqué au rivet par la tôle interrompue, se répartira à peu près également sur le couvre-joint et sur la tôle inférieure, à cause de la courbure que prendra l'assemblage pour se placer dans une position symétrique, par rapport à la direction des tôles ; en sorte que l'effort supporté par cette dernière sera augmenté et, par conséquent, la résistance de la section affaiblie. Si la traction de chaque tôle est représentée par 1 au joint, la tôle inférieure pourra supporter environ 1,50 et le couvre-joint seulement 0,5.

Fig. 12.

Généralement, si on avait n tôles d'égale épaisseur, l'accroissement de R ou l'affaiblissement du joint, sera de :

$$\frac{R}{2n},$$

lorsqu'on emploiera un seul couvre-joint. Dans le cas où l'assemblage serait assez bien maintenu par la paroi verticale de la poutre pour ne prendre aucune courbure, l'emploi d'un seul couvre-joint n'affaiblirait pas la section de la poutre, mais la rivure serait dans des conditions un peu moins bonnes.

Avec l'emploi de deux couvre-joints, fig. 13, les inconvénients que nous venons de signaler seront évités, et il suffit que chacun des couvre-joints ait la demi-épaisseur de la tôle interrompue.

Fig. 13.

Ainsi, en résumé, les assemblages devront toujours être faits au moyen d'un double couvre-joint et le nombre des rivets sera toujours, de chaque côté du joint, égal au double de la section de la tôle interrompue ; de cette manière, la résistance des tôles au glissement ne dépassera pas $3^k,5$ à 4^k, et suffira pour assurer la solidité de l'assemblage, sans que jamais les rivets ne travaillent au cisaillement.

De la forme et des dimensions des couvre-joints. — Il est possible d'assembler deux feuilles de tôles simples sans les affaiblir au joint ; il suffit pour cela que les rivets aient une section supérieure au quadruple de la section, suivant l'axe du trou ; dans ce cas, en effet, les têtes seront des couvre-joints, dont l'adhérence remplacera la résistance de la tôle enlevée ; mais les dimensions qu'il faudrait alors donner à ces rivets, seraient trop considérables pour que la rivure en fût facile. L'assemblage sera donc en général affaibli d'une quantité dont on peut se donner à l'avance la valeur, et il faut donner aux couvre-joints une forme et une dimension telles qu'ils remplissent la condition qu'on s'est imposée, avec le moins de métal possible. L'affaiblissement de la section se fait d'abord forcément sentir dans la première rangée de rivets placés sur le bord du couvre-joint, et, si on néglige la résistance au glissement exercé par cette première rangée, l'affaiblissement sera le même que si la largeur de la feuille de tôle avait été réduite de la somme des diamètres des rivets qui se trouvent sur cette ligne.

Il faut donc d'abord s'imposer l'accroissement de l'effort que l'on consent à faire supporter à la section sur la première ligne des rivets du couvre-joint. Cet accroissement sera représenté par une certaine fraction du coefficient R, soit, par exemple :

$$\frac{R}{n},$$

et entraîne une diminution proportionnelle de la section de la poutre égale à :

$$\frac{S}{n}.$$

Chaque rivet déterminant dans la tôle une diminution de section égale à celle suivant l'axe du trou, il faut que la somme de ces sections égale :

$$\frac{S}{n},$$

ce qui, pour un diamètre donné des rivets, en détermine le nombre à placer dans la première rangée. Il suffit maintenant, pour que le but soit atteint, que tout le reste du couvre-joint présente une résistance égale à celle de cette première ligne ; or, la deuxième rangée de rivets, pour un égal affaiblissement de la poutre, pourra contenir un nombre de rivets plus grand que la première. En effet, la rupture de la tôle ne peut avoir lieu en cet endroit sans que la première rangée soit cisaillée, ou qu'il se soit produit un glissement. La section de la tôle pourra donc être inférieure à celle de la première rangée d'une quantité équivalant au double cisaillement des premiers rivets, ou plutôt à la résistance au glissement qu'ils exercent.

Dans la troisième rangée, la section de la tôle pourra être diminuée de la résistance au glissement exercé par les deux premières rangées de rivets, et ainsi de suite.

On voit donc que le nombre de rivets de chaque rangée ira en croissant, et d'autant plus rapidement que l'épaisseur à river sera moins forte ; la même loi devra être observée en se rapprochant du bord de la tôle interrompue, et la rangée près des joints doit contenir le même nombre de rivets que la première sur le bord du couvre-joint.

La distance entre deux rangées consécutives, en principe, devrait être simplement suffisante, pour que les rivets étant placés en quinconce, le cisaillement du rivet se produise d'une manière certaine avant que la portion de la tôle comprise entre les trous les plus rapprochés ne vienne à s'arracher ; on réduirait ainsi la surface du couvre-joint à son minimum. On laisse généralement les distances entre les rangées de rivets trop grandes.

Un couvre-joint établi, d'après les indications que nous venons de donner, présenterait la disposition de la fig. 14, dans laquelle nous avons supposé un coefficient de 8 kilogrammes pour la résistance de la tôle, de 4 kilogrammes pour la résistance au glissement des rivets, et un affaiblissement nul dans l'assemblage.

FIG. 14.

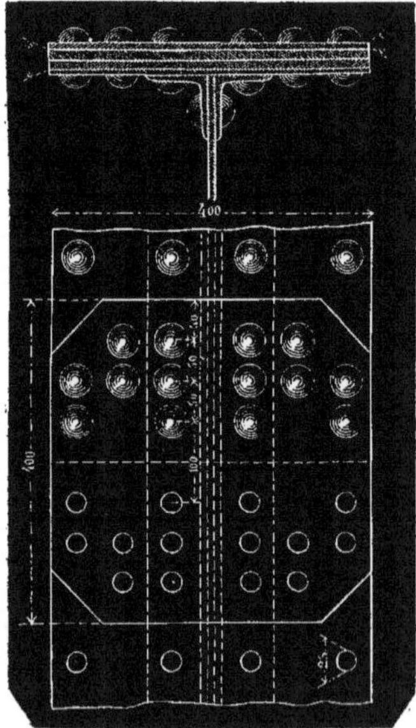

La disposition la plus généralement adoptée pour diminuer le poids des couvre-joints est celle de cette figure ; on diminue la largeur du couvre-joint à ses extrémités, où les rivets sont moins nombreux.

On pourrait, au premier abord, ne pas accorder à la question des couvre-joints toute l'importance qu'elle mérite ; mais, il est du plus grand intérêt, lorsqu'on ne dispose que de matériaux de petites dimensions, de chercher à donner à ces couvre-joints les moindres dimensions possibles, car on peut produire ainsi une économie notable sur le poids total du pont. Pour démontrer la vérité de ce fait, il nous suffira de citer le rapport du poids des tables horizontales à celui de leurs couvre-joints, au pont de Conway, par exemple :

Le poids des tôles et cornières qui composent ces tables est de 624 tonnes ;

Celui des couvre-joints de 96 tonnes ;

Le rapport est d'environ 1/6.

Dans les derniers ponts construits en France avec des matériaux de grandes dimensions, cette proportion est beaucoup moindre :

Elle n'est que de 1/10 dans le pont de Langon.

Nous donnons, dans le tableau ci-après, les longueurs et les poids des rivets employés usuellement dans la construction des ponts en tôle ; ils ont été déterminés expérimentalement et avec beaucoup de soin dans les ateliers de MM. Gouin et Cie ; la longueur de ces rivets suppose que les trous sont percés dans la tôle à un diamètre excédant de 1 millimètre celui des rivets.

La tête et la bouterolle de ceux-ci sont sphériques, d'un diamètre $d' = 1,67d$, ou une fois et 2/3 le diamètre de la tige, et dont la hauteur $h' = 0,67d$, soit les 2/3 de ce diamètre.

La longueur nécessaire pour la bouterolle est $h = 1,08d$, longueur que l'on doit ajouter à celle comprise entre la tête et la rivure, et qui correspond à l'épaisseur totale des tôles.

IXe

TABLE DES DIMENSIONS ET POIDS DE RIVETS EMPLOYÉS DANS LA CONSTRUCTION DES PONTS EN TOLE.

ÉPAISSEUR des tôles à river.	DIAMÈTRE DES RIVETS.							
	18 MILLIMÈTRES.		20 MILLIMÈTRES.		22 MILLIMÈTRES.		25 MILLIMÈTRES.	
	Longueur de la partie cylindrique.	Poids de 100 rivets.	Longueur de la partie cylindrique.	Poids de 100 rivets.	Longueur de la partie cylindrique.	Poids de 100 rivets.	Longueur de la partie cylindrique.	Poids de 100 rivets.
millim.	millim.	kilog.	millim.	kilog.	millim.	kilog.	millim.	kilog.
12	39	11.45	42	15.40	»	»	»	»
15	42	12.04	45	16.14	45	20.50	51	29.28
18	45	12.64	48	16.87	48	21.39	54	30.16
21	48	13.23	51	17.60	51	22.28	57	31.31
24	51	13.83	54	18.34	54	23.17	60	32.46
27	54	14.42	57	19.07	57	24.05	63	33.61
30	57	15.01	60	19.80	60	24.94	66	34.76
33	60	15.61	63	20.54	63	25.84	69	35.90
36	63	16.19	66	21.27	66	26.72	72	37.05
39	66	16.78	69	22.00	69	27.61	75	38.20
42	69	17.36	72	22.73	72	28.49	78	39.35
45	75	18.53	75	23.47	75	29.38	81	40.50
48	78	19.11	78	24.20	81	31.16	84	41.64
51	81	19.62	81	24.93	84	32.05	90	43.94
54	84	20.28	84	25.67	87	32.93	93	45.09
57	87	20.86	87	26.40	90	33.82	96	46.24
60	90	21.45	90	27.18	93	34.71	99	47.38
63	93	22.03	96	28.60	99	36.49	»	»
66	96	22.62	99	29.33	102	37.37	108	50.29
69	99	23.20	102	30.06	105	38.26	111	51.98
72	»	»	105	30.71	108	39.15	114	53.12
75	»	»	111	32.26	111	40.04	117	54.27
78	»	»	114	33.00	117	40.81	120	55.42
Poids de 100 têtes ou rivures.		4k,28	»	5k,87	»	7k,76	»	11k,39

CONDITIONS PRINCIPALES D'UNE BONNE RIVURE. — MM. Molinos et Pronnier, dans le même ouvrage auquel nous empruntons les renseignements qui précèdent, résument de la façon suivante les soins à apporter à la confection et à la pose des rivets :

1° A froid, le diamètre du rivet ne doit pas être inférieur à celui du trou de plus de 0m,001 à 0m,0015 ; au-delà de cette limite, il est à craindre que le refoulement du rivet ne suffise pas à remplir complétement le trou.

2° Pour que la tête soit convenablement bouterollée, il faut que la longueur du rivet dépasse l'épaisseur à river d'une quantité variable (voir le tableau précédent).

3° La température du rivet, au moment où on le pose, doit correspondre à peu près au blanc. Il faut qu'à la fin de l'opération, il soit encore au rouge sombre.

4° Les têtes doivent être parfaitement concentriques avec l'axe du rivet et non déportées d'un seul côté ; elles ne doivent présenter ni gerçures, ni fentes, surtout dans le sens latéral ; il faut, en un mot, que les têtes soient bien hémisphériques, sans crevasses, et qu'on aperçoive sur leur périmètre l'empreinte de la bouterolle, ce qui indique un bon serrage.

5° Le rapport entre la longueur du rivet et son diamètre devra toujours être assez petit pour que le refoulement du rivet ait lieu sur toute sa longueur ; le diamètre du rivet ne doit pas être non plus trop considérable, pour qu'on ne puisse remplir cette condition avec des marteaux d'un poids ordinaire et d'une manière courante. On regarde 25 millimètres comme la limite du diamètre des rivets que l'on peut facilement écraser avec des marteaux de 4 kilog. ; l'épaisseur à river, dans ce cas, ne doit pas dépasser 60 millimètres pour que la rivure soit bonne. Les rivets de 22 millimètres peuvent river une épaisseur maxima de 40 millimètres sans inconvénient, et ceux de 18 millimètres une épaisseur de 25 millimètres.

Une équipe de riveurs exercés peut poser, par jour, dans les conditions les plus favorables, 250 à 300 rivets de 22 millimètres ; lorsqu'il faut river des tôles placées verticalement, ce maximum se réduit environ à 200.

Voici pourtant, à peu près, les chiffres sur lesquels on doit compter pour la moyenne des équipes, sur un chantier plat :

Avec des rivets	de 18 millimètres de diamètre.	200 à 250	rivets.
Id.	de 20 millimètres de diamètre.	180 à 200	—
Id.	de 22 millimètres de diamètre.	100 à 125	—
Id.	de 25 millimètres de diamètre.	90 à 100	—

Sur un chantier vertical, ces chiffres doivent être réduits de 1/4.

Avec une bonne machine à river, on peut poser 2 à 3000 rivets par jour, avec quatre hommes, dont deux riveurs et deux manœuvres.

Enfin, nous ajouterons qu'il importe de n'employer, pour les rivets, que des fers nerveux et forts, qui conservent cette qualité après le chauffage, sans quoi, ils risquent de se casser sous les chocs. Ces fers, dont la cassure est très-nerveuse à froid, ne remplissent pas toujours cette condition. Les fers doivent provenir de fontes au bois, puddlées, ayant subi deux corroyages.

Néanmoins, nous sommes informé que certains fabricants de rivets s'engagent à en fournir aux constructeurs pour un prix auquel il n'est ordinairement pas possible d'employer du fer de cette qualité. Il faut pourtant, en dehors de la question du prix, que le métal conserve les propriétés nécessaires à un bon travail, car si ce métal ne se prête que difficilement à l'écrasement, et qu'on n'aboutisse, en résumé, qu'à une rivure mal formée, on ne peut trouver à cet inconvénient, que rien ne dissimule, aucune compensation dans l'économie que l'on avait cru aire.

CHAPITRE II

PROPORTIONS ET CONSTRUCTION DES ARBRES

En mécanique, on donne plus particulièrement le nom d'*arbres* aux axes des pièces animées d'un mouvement circulaire, continu ou oscillatoire, et transmettant des efforts dans le sens même de leur mouvement, efforts auquel ils doivent résister par *torsion*, suivant la définition qui en a été donnée précédemment dans l'Introduction (p. XXII).

Mais indépendamment de cette classe principale, avec laquelle il ne faut pas confondre non plus les simples tiges agissant par traction longitudinale, il existe des *axes* dont les fonctions n'ont cependant rien de comparable avec celles des arbres de la première espèce que nous venons de citer, et qui ne sont véritablement que des supports résistant seulement à des efforts de *pression* ou à des efforts de flexion.

Ainsi, on peut appeler *arbre*, l'axe d'une grue qui porte son pivot et d'après lequel elle tourne horizontalement, mais cette pièce est seulement soumise à un effort de pression ou, suivant la disposition d'ensemble de la grue, à des efforts transversaux qui tendent à la faire fléchir entre ses points d'appui.

De même l'axe rotatif d'une roue hydraulique, qui porte elle-même son engrenage premier moteur, n'est aucunement soumis à la torsion, et n'éprouve qu'un effort tendant à l'appuyer sur ses supports ou à le faire fléchir entre ces derniers, suivant sa longueur et la répartition de la charge.

La classe d'arbres soumis à la torsion nous paraît la plus intéressante, et c'est du reste celle à laquelle nous nous attachons plus particulièrement pour en étudier les proportions pratiques. Mais si tout ce qui, en dehors, porte la même dénomination, ne peut être aussi nettement caractérisé au point de vue de la résistance, la forme et la construction en présentent peut-être plus de variétés et méritent d'être examinées sous cet autre aspect.

D'ailleurs, les arbres dynamiques, comme les supports simples, affectent des formes très-diverses dans leur classe respective ; nous allons d'abord passer en revue les types les plus remarquables des arbres, proprement dits, soumis à la torsion et à la charge, réservant pour un chapitre spécial ceux auxquels le nom de support convient plus réellement.

DIMENSION DES ARBRES SOUMIS A LA TORSION.

Dans la nombreuse famille d'arbres expressément soumis à l'effort de torsion, on est convenu de distinguer *à priori*, trois classes différentes qui sont, respectivement, les arbres *premiers-moteurs*, les arbres *seconds-moteurs* et les arbres *troisièmes-moteurs;* cette classification répond à la fixité plus ou moins grande de l'effort auquel ils sont soumis et aux efforts réactifs qu'ils sont susceptibles d'éprouver de la part des organes de transmission qu'ils reçoivent.

Ainsi, l'arbre à manivelle d'une machine à vapeur, qui porte ordinairement un volant et un engrenage ou une poulie de transmission, est essentiellement un arbre *premier-moteur*, attendu qu'indépendamment de la puissance régulière qu'il a pour mission de transmettre, le volant, principalement, et l'organe de transmission, surtout si c'est un engrenage, sont susceptibles, par leur force vive importante, de donner naissance, par un changement brusque de vitesse, à des efforts directs additionnels souvent bien supérieurs à la force normale constante attribuée à l'axe en mouvement.

Il est évident que le premier axe d'un moteur d'un autre genre, soit d'une roue hydraulique ou d'une turbine, est dans le même cas, chaque fois que cet arbre renferme immédiatement la puissance totale du moteur et la transmet à l'aide d'un organe mécanique monté sur lui.

Les arbres qui viennent à la suite des précédents, quoique transmettant encore la force totale du moteur, appartiennent à la catégorie des *seconds-moteurs*, à condition qu'ils ne portent pas de volants.

Enfin, on désigne comme *troisièmes-moteurs*, les arbres de renvoi qui ne reçoivent leur mouvement que par des poulies ou des engrenages légers et qui commandent des outils à résistance constante et exempts de chocs. La plupart des axes qui n'effectuent que des mouvements oscillatoires sont dans le même cas.

A la vérité, cette distinction des arbres en trois classes n'aurait pas sa raison d'être, si l'on pouvait toujours connaître exactement dans chaque cas proposé l'effort maximum que l'organe est susceptible d'éprouver, et si, en effet, on ignore ce que cet effort peut être, la classification n'est plus qu'une méthode insuffisante.

Nous commencerons cette étude par des exemples choisis dans ce que l'on est convenu d'appeler les premiers-moteurs, afin de comparer les dimensions qu'on leur attribue en pratique avec celles que donnent les règles exposées dans l'introduction.

DIAMÈTRE DES TOURILLONS.

On sait que les tourillons d'un arbre rotatif sont les parties par lesquelles il repose et tourne dans ses supports ou paliers. Comme cette partie est ordinairement la plus faible de diamètre, c'est à elle que l'on doit appliquer la valeur trouvée par le calcul de la résistance; mais il faut encore distinguer, parmi les tourillons d'un même arbre, ceux qui subissent réellement l'effort de torsion, c'est-à-dire ceux qui sont situés entre la puissance et la résistance, car tout autre n'est pas dans le même cas.

Si nous prenons pour exemple l'arbre à manivelle d'une machine à vapeur, porté sur deux paliers, la manivelle en dehors du premier et le volant ou l'organe de transmission entre les deux, il est clair que le premier tourillon seul subit l'effort de torsion.

Formule de Buchanan. — En pratique, on emploie généralement pour calculer le diamètre des tourillons d'un tel arbre, dit premier-moteur, une formule pratique due à Buchanan, ancien ingénieur anglais.

Cette formule, dont la base est la même que celle de principe (Int., p. XXV), a néanmoins un point de départ un peu différent. L'auteur anglais a admis que, pour la force d'un cheval-vapeur et avec la vitesse de 1 tour par minute, un arbre en fer forgé, de qualité moyenne, devrait avoir, pour transmettre cette puissance avec sécurité et en comptant sur les excès accidentels dus au volant et aux chocs probables, 16 centimètres de diamètre.

Ayant reconnu également que la résistance est proportionnelle au cube du diamètre, et sachant, d'ailleurs, que l'effort direct est en raison inverse de la vitesse, soit ici du nombre de tours à l'unité de temps, Buchanan est arrivé, en résumé, pour le diamètre des tourillons des arbres en fer premiers-moteurs, à la formule suivante que nous avons traduite en mesures françaises :

$$D^3 = \frac{C}{N} \times (16)^3 = 4096 \frac{C}{N},$$

dans laquelle,

D représente le diamètre cherché, en centimètres ;
C — la puissance à transmettre, en chevaux de 75 kilogrammètres ;
N — le nombre de tours de l'arbre par minute.

Ayant fait la même recherche pour la fonte de fer, il a trouvé que l'arbre devrait avoir dans les mêmes conditions, 19 centimètres de diamètre, ce qui revient, pour la fonte au lieu du fer, à :

$$D^3 = \frac{C}{N} \times (10)^3 = 6850 \frac{C}{N}.$$

Avant toute application, nous allons rechercher dans quelle limite cette formule, qui paraît avoir été adoptée assez généralement par les constructeurs, est comparable à celles qui sont déduites d'expériences directes d'un autre genre.

On a vu (p. XXVI) que les résultats des expériences faites par M. Carillon sur la rupture de la fonte par torsion, sont représentées par la formule suivante, les dimentions exprimées en mètres :

$$PR = 5000000\ D^3.$$

Quant au fer, il résulte d'un grand nombre d'expériences rapportées par M. Morin, que sa résistance est triple, dans la même circonstance, ce qui, en conservant la disposition de la formule précédente, donnerait pour la rupture du fer par torsion :

$$PR = 15000000\ D^3.$$

Nous avons montré (p. XXIX) que la même formule, transformée au point de vue de l'emploi de la puissance dynamique en fonction de l'effort, revient à la suivante, dans laquelle k représente le coefficient numérique, soit pour la rupture, soit pour une certaine résistance avec sécurité :

$$D^3 = \frac{716,3}{k} \times \frac{C}{N}.$$

Cette forme permettant la comparaison directe avec la règle de Buchanan, nous rechercherons d'abord dans quelle proportion cette dernière dépasse le moment de rupture ; il suffit, pour cela, de résoudre complétement le cofficient numérique, en faisant aussi la traduction du mètre au centimètre, unité prise pour base dans la formule déduite de celle anglaise.

On trouve ainsi, pour les arbres en fer :

$$\frac{716,3 \times 1000000}{15000000} = 47,75.$$

Or, la règle pratique ayant 4096 pour coefficient, les diamètres que l'on trouverait dans les deux cas sont comme les racines cubiques de ces coefficients, soit :

$$\sqrt[3]{\frac{4096}{47,75}} = 4,41.$$

Ce qui signifie que le diamètre trouvé à l'aide de la formule Buchanan est plus que *quadruple* de celui qui se romprait sous la même charge ; ou encore, que l'arbre ainsi proportionné correspond à un effort de rupture plus de 80 fois, environ, celui pour lequel il est calculé.

Cet excès paraît énorme, au premier énoncé, et dans quelques circonstances, en effet, cette règle donne des dimensions un peu trop fortes. Cependant, si l'on tient compte de ce qu'elle s'applique à ce genre d'arbres qui portent des volants sous l'influence desquels peuvent naître des efforts de réaction plus que triples et quadruples de celui normal et constant, et si l'on remarque que pour une machine à vapeur on prend souvent pour base la force nominale, qui est la plupart du temps inférieure à celle qu'elle est capable de développer dans un moment donné, on est forcé de reconnaître que cette règle s'éloigne peu des bonnes conditions pratiques, et que ce n'est pas sans raison que les constructeurs en ont adopté les termes.

Si, en effet, nous faisons la somme (hypothétique toutefois) des précédentes causes d'augmentation accidentelles de résistance, nous voyons que pour un moteur à vapeur, ce n'est pas trop dire en évaluant l'effort que l'arbre du volant est susceptible de supporter accidentellement à 5 ou 6 fois, au moins, celui qui correspond à la puissance nominale, ce qui, dans ce cas, abaisserait le moment de sécurité à 13 environ.

Enfin, faisons la même comparaison que ci-dessus en employant le coefficient trouvé par M. Morin pour les arbres en fer, *forts*, c'est-à-dire, avec $k = 392940$ (p. XXVII, table n° 6), on obtient :

$$\frac{716,3 \times 1000000}{392940} = 1823 \text{ environ.}$$

D'où il résulte :

$$\sqrt[3]{\frac{4096}{1823}} = 1,31.$$

Cette dernière opération nous démontre que les dimensions que l'on trouverait avec les deux formules sont dans le rapport de 13 : 10, et les résistances approximativement comme 2 : 1, le cube de 1,3 étant, en effet, égal à 2,197.

A l'égard du coefficient adopté pour les arbres en fonte, qui sont aujourd'hui presqu'entièrement remplacés par ceux en fer forgé, nous en ferons seulement la comparaison avec celui donné par M. Morin dans la même table.

Ce coefficient étant 262900 pour les arbres *allégés*, et moitié moindre pour les arbres *forts*, nous trouvons :

$$\frac{716,3 \times 1000000}{131450} = 5449,$$

et, par suite,

$$\sqrt[3]{\frac{6859}{5449}} = 1,08.$$

Ainsi, la règle de Buchanan, pour les arbres en fonte, donnerait des résultats très-approchés de ceux que l'on trouverait au moyen de la formule du tableau n°6, en divisant le coefficient par 2, comme l'enseigne M. Morin pour les arbres *forts*.

Nous allons montrer maintenant dans quelles limites la formule de Buchanan se rapproche des conditions adoptées en pratique.

A cet effet, nous avons rassemblé dans le tableau suivant un certain nombre de machines exécutées par différents constructeurs et de systèmes très-divers, en mettant en regard leur puissance nominale respective, celle qu'elles peuvent facilement développer sans s'écarter notablement de leurs conditions de marche ordinaires, la vitesse de rotation de l'arbre à manivelle et le diamètre de ses tourillons. Dans la dernière colonne, nous avons inscrit la valeur que fournirait la formule pour ce diamètre en le basant sur la puissance nominale.

Xe

TABLEAU COMPARATIF DES DIMENSIONS DES TOURILLONS DES ARBRES EN FER PREMIERS-MOTEURS APPARTENANT A DIVERSES MACHINES, AVEC CELLES QUI SERAIENT DÉDUITES DE LA FORMULE :

$$D^3 = \frac{4096\,C}{N}.$$

DÉSIGNATION DU SYSTÈME DE LA MACHINE.	NOM du CONSTR[r]	PUISSANCE nominale.	PUISSANCE effective maxima.	VITESSE de rotation de l'arbre par minute.	DIAMÈTRE DES TOURILLONS réel.	DIAMÈTRE DES TOURILLONS calculé d'après la puissance nominale.
MACHINES FIXES ET LOCOMOBILES.	MM.	Chevaux.	Chevaux.	Tours.	Millim.	Millim.
1 — Machine locomobile à 4 roues	Flaud.	5	8	250	45	43.3
2 — *Id.* *id*..........	Rouffet.	8	12	90	70	71.4
3 — Machine fixe simple horizontale.....	Cail et Cie.	8	12	52	110	86
4 — *Id.* *id*.............	Bréval.	20	25	50	125	118
5 — *Id.* *id*.............	Bourdon.	25	30	30	180	150.5
6 — *Id.* *id*.............	Legavrian.	35	45	38	220	155.7
7 — Machine horizontale double accouplée (1)...................	Bourdon.	48	60	25	175	199
8 — Machine horizontale simple........	Farcot.	60	80	36	200	189.6
9 — Machine à balancier double accouplée	Powell.	140	250	22	280	296
10 — Soufflerie horizontale double accouplée (2)...................	Cavé.	140	180	70	220	201.6
APPAREILS DE NAVIGATION.						
11 — *Notre-Dame-de-Grâce.* — Machine à hélice...............	Nillus.	30	80	110	125	103.7
12 — *Chamois.* — Machine à roues.....	*Id.*	58	170	42	160	178
13 — *Biche.* — Machine à hélice.......	Mazeline.	120	200	80	200	183
14 — *Phénix.* — Machine à roues......	Nillus.	220	»	45	280	272
15 — *Aigle.* — *Id*...........	Mazeline.	500	1500	25	420	434
16 — *Batteries flottantes.* — Hélice. .	*Id.*	1000	3000	50	420	434
LOCOMOTIVES.						
17 — Machine-tender, cylindres intérieurs.	Buddicom.	»	370	180	160	203
18 — Machine à marchandises, cylindres int.	Polonceau.	»	400	115	170	242

(1) Ne porte pas de volant. — (2) Ne transmet pas de force, mais porte un volant.

Examen du tableau précédent. En comparant entre eux les chiffres des deux dernières colonnes, on remarque un accord presque général entre les dimensions adoptées par le constructeur et celles que fournirait la formule ; dans le plus grand nombre de cas, l'exécution est au-dessus du calcul, mais elle est parfois au-dessous, et cette infériorité peut du reste s'expliquer pour plusieurs de ces exemples.

Ainsi, nous voyons que pour la machine n° 7, les tourillons de l'arbre portent 175 tandis que la formule donnerait 199. Mais cette machine est formée de deux systèmes accouplés sur des manivelles à angle droit, et l'effort total ne se fait véritablement sentir qu'au milieu de la longueur de l'arbre où se trouve la roue d'engrenage qui transmet le mouvement; cet arbre, d'ailleurs, ne porte pas de volant (1).

La même observation est applicable à la machine n° 9, de M. Powell, qui affecte la même disposition, excepté que l'engrenage de commande monté entre les deux manivelles forme en même temps volant. Nous avons dessiné et décrit cette belle et grande machine dans le IIe vol. de notre *Traité des Moteurs à vapeur.*

Vient ensuite le bateau *Chamois*, n° 12, à l'égard duquel il est facile de démontrer qu'il n'est pas utile de faire correspondre les tourillons de l'arbre à la puissance collective de la paire de cylindres, puisque cette puissance se trouve naturellement divisée par la résistance séparée des deux roues à pales (2). Cela ne signifie pas, néanmoins, que ces tourillons ne doivent être calculés que sur la moitié de la puissance totale, car il arrive que les roues travaillent inégalement, ce qui reporte évidemment une partie de la force de l'un des cylindres sur l'autre.

La même observation est absolument applicable aux deux locomotives, n°s 17 et 18, dont la puissance des cylindres peut être regardée comme répartie également sur chaque côté de la machine, et correspond à deux essieux connexés pour la machine-tender, et à trois pour celle à marchandises. La première de ces locomotives est publiée dans le IIe vol. de notre *Traité*, et la seconde dans le XIe vol. de notre *Recueil industriel.*

Enfin, pour les deux appareils de M. Mazeline n°s 15 et 16, le calcul donnerait une différence en plus, mais peu importante, ainsi qu'on le voit; la même observation que pour le *Chamois* s'applique à l'*Aigle*, publié aussi dans notre *Traité des Moteurs*, et dont l'appareil de propulsion se compose également de deux grandes roues à pales mobiles.

En somme, puisque toutes les machines portées au tableau précédent sont en très-bon état de fonctionnement et qu'elles sont dues à des constructeurs très-expérimentés qui n'adoptent des dimensions qu'après les avoir mûrement raisonnées et surtout souvent appliquées, il faut bien en conclure que la formule de Buchanan satisfait sensiblement aux conditions exigées en pratique pour les machines à vapeur. Cependant, nous avons à faire des réserves qui semblent importantes.

Cet accord approximatif n'a lieu que parce que la formule correspond à un grand excès de résistance, attendu que la puissance nominale est la plupart du temps assez sensiblement inférieure à celle que l'on peut demander réellement à la machine, d'où il résulte que l'excès de résistance de l'arbre finit, néanmoins, par être utile et utilisé. Mais le rapport entre cette puissance nominale et celle effective maxima

(1) Voir l'ensemble et les détails de cette machine dans le IXe vol. de la *Publication industrielle.*
(2) Cet appareil est aussi représenté et décrit dans le même volume.

ne peut être constant, tandis que les diamètres des tourillons, déterminés par une même formule, conservent la même relation ; par conséquent, si l'on fait usage de cette règle, il faut au moins choisir, non pas la puissance nominale même, mais celle que la machine développe réellement dans les circonstances les plus générales de sa réglementation. Cette objection puise de la force surtout à l'égard des machines à grande détente dans lesquelles il se développe, à chaque début de course, un effort bien au-dessus de celui moyen, et qui, par cela même sont munies d'un volant d'une énergie correspondante.

Mais si nous nous arrêtons un instant aux machines de navigation, nous remarquons, qu'à leur égard, l'accord est bien plus apparent que réel, puisque la puissance effective dépasse *toujours* notablement celle réelle ; et puisque le résultat du calcul est même un peu plus élevé que l'exécution (n°s 12, 15 et 16 du tableau), il faut bien en conclure que la résistance de l'arbre, pour ces machines, est sensiblement moins élevée que celle que donnerait la formule de Buchanan. Et, cependant, les proportions adoptées pour les machines marines, et surtout pour l'arbre d'une hélice propulsive, sont certainement supérieures à celles qui conviendraient raisonnablement pour une machine fixe de terre.

De ceci nous concluons que la formule de l'ingénieur anglais, qui pouvait être adoptée sans restriction à une époque où les machines à vapeur étaient construites sur des bases peu variables, doit être remplacée par une règle dans laquelle on tienne compte plus exactement des conditions de marche particulières de la machine pour laquelle on en fait usage.

C'est, en effet, conduit par cette idée, que nous avons été amené à la règle dont on va voir le principe, et que nous appellerons *méthode rationnelle.*

Méthode rationnelle pour déterminer le diamètre des tourillons. — Il est clair que la notion la plus simple de l'effort de torsion auquel est soumis l'arbre principal d'un moteur à vapeur, c'est la pression effective de la vapeur sur le piston et le rayon de la manivelle, lesquels termes complètent les éléments nécessaires à cette détermination.

Par conséquent, si nous désignons par P la pression totale et effective de la vapeur sur le piston, d'après la tension manométrique sur la chaudière, et par R le rayon de la manivelle, nous en déduisons d'abord la pression moyenne et constante sur le bouton de cette manivelle de la façon suivante :

Pendant que le bouton de la manivelle fait un tour complet, le piston parcourt deux fois le cylindre, c'est-à-dire qu'il fait un chemin égal à 4R dans le même temps que le bouton décrit un cercle ayant 2R pour diamètre ; or, à quantité de travail égale, les efforts directs sont en raison inverse des chemins parcourus ; par conséquent, si l'effort P est constant sur le piston pendant toute sa course, celui correspondant sur le bouton de la manivelle aura pour valeur :

$$P \frac{4R}{2\pi R} = \frac{2}{\pi} P = 0,6366 \ P.$$

D'après cela, le moment de l'effort sur l'arbre serait 0,6366 PR ; mais entre le cylindre et l'arbre, et surtout après avoir pris pour base la pression effective de la vapeur sans autre retranchement que la contre-pression de l'atmosphère ambiante, ou du condenseur, suivant le cas, il y a toujours une déperdition de force, que ce n'est pas trop d'évaluer à 0,3 de l'effet théorique de la vapeur. On peut donc admettre pour ce moment de torsion :

$$0,6366 \times 0,7 \text{ PR} = 0,44562 \text{ PR}.$$

Pour adapter cette donnée à la formule qui représente le moment de rupture (p. 62), nous admettons que le diamètre à déterminer corresponde à celui de rupture pour une charge 24 fois celle à laquelle l'arbre doit résister, puis, ramenant au centimètre pour unité, il vient :

$$0,44562 \text{ PR} \times 24 \times 10000 = 15000000 \text{ D}^3,$$

d'où l'on tire :

$$\text{D}^3 = 0,007 \text{ PR}.$$

Mais, comme nous l'avons déjà montré, et comme nous aurons l'occasion de le faire voir encore, il est utile de faire intervenir, dans une semblable opération, une certaine quantité additive fixe qui favorise les pièces de petites dimensions en les rendant toujours relativement plus fortes que les grandes. Ajoutant donc 1 centimètre à chaque diamètre ainsi déterminé, la formule prend la disposition définitive suivante :

$$\text{D} = \sqrt[3]{0,007 \text{ PR}} + 1^{c},$$

dans laquelle nous rappelons que :

P représente la pression effective totale sur le piston en kilogrammes, déduction faite de la contre-pression et d'après la tension initiale de la vapeur au manomètre ;

R le rayon de la manivelle en centimètres ;

D le diamètre cherché en centimètres.

Cette formule permet ainsi de déterminer le diamètre des tourillons de l'arbre d'une machine à vapeur, en tenant compte de sa réglementation particulière, sans avoir à se préoccuper du rapport entre sa puissance nominale et la force réelle développée, ni même de sa force variable, puisqu'en prenant la pression initiale de la vapeur pour base, on regarde la machine comme marchant à pleine vapeur, ce qui a le mérite de proportionner l'arbre au plus grand effort possible dans le cas de la marche à détente.

Nous allons donner des exemples de son application.

1er *Exemple*. Trouver le diamètre des tourillons de l'arbre à manivelle d'une machine à vapeur dans les conditions suivantes :

Diamètre du piston. 14 centimètres.
Superficie. . . . . 154 cent. carrés.

Pression de la vapeur . . . . 6 atmosphères.
Contre-pression . . . . 1 *id.*
Rayon de la manivelle . . . . 7 cent. 5.

On trouve :

Pression totale $P = 1{,}0333\ (6 - 1) \times 154 = 795$ kil.

Diamètre cherché $D = \sqrt[3]{0{,}007 \times 795 \times 7{,}5} + 1^c = 4^c{,}47$.

C'est le même exemple que la locomobile citée au n° 1 du tableau précédent, et dont les tourillons de l'arbre ont 45 millimètres.

2e *Exemple.* Même recherche pour une machine à condensation, dans les conditions suivantes :

Diamètre du piston . . . . 65 cent.
Superficie. . . . . 3318 cent. carrés.
Pression effective de la vapeur 5 — 0,1 . . . . . . = $4^{at}{,}9$.
Pression totale maxima. . . . . 16800 kilog.
Rayon de la manivelle . . . . 65 cent.

On trouve pour le diamètre cherché :

$$D = \sqrt[3]{0{,}007 \times 16800 \times 65} + 1 = 20^c{,}7.$$

Ce sont les conditions de la machine de M. Farcot, n° 8 du tableau, et dont les tourillons ont 200 millimètres de diamètre.

3e *Exemple.* Appliquons encore cette formule à la machine de navigation à hélice n° 16, dont les tourillons supportent intégralement l'effort des deux cylindres, c'est-à-dire transmettent la puissance totale.

Cet important appareil, dont nous avons donné tous les détails dans le *Traité des Moteurs à vapeur,* est établi dans les conditions suivantes :

Diamètre des cylindres. . . . . $2^m{,}10$.
Superficie . . . . 34636 cent. carrés.
Pression effective de la vapeur 2,5 — 0 ,2. . . . . = $2^{at}{,}3$.

Pression totale maxima, pour les deux cylindres :

$2^{at}{,}3 \times 1{,}0333 \times 34636 \times 2$. . . . . = 164631 kil.
Rayon de la manivelle . . . . 65 cent.

On a, d'après cela :

$$D = \sqrt[3]{0{,}007 \times 164631 \times 65} + 1 = 43^c{,}2.$$

Or, le constructeur a donné 42, et sans la quantité additive qui n'a d'effet et d'utilité réels que pour les petites dimensions, nous serions d'accord, à 2 millimètres près.

Les divers grands appareils à hélice de même puissance, construits par la marine de l'État, ont également des arbres de cette dimension.

A ces exemples, qui suffisent pour permettre de comprendre l'usage de la formule et de juger de l'opportunité de son adoption, nous croyons utile d'ajouter quelques éclaircissements relatifs aux machines à cylindres multiples, et dont la disposition est telle que les tourillons ne peuvent pas être considérés comme transmettant chacun la puissance totale des cylindres réunis.

Lorsqu'un moteur à vapeur fixe est formé de deux machines accouplées par manivelles à angle droit, les manivelles occupent les deux extrémités de l'arbre moteur et l'organe de transmission est placé vers le milieu de sa longueur. On comprend que, dans ce cas-là, les tourillons extrêmes ne correspondent qu'à l'effort d'une machine; mais la section de l'arbre où se trouve l'organe de transmission supporte la somme des deux efforts et doit y répondre par un diamètre proportionné. Néanmoins, comme la conjugaison de deux machines permet de réduire environ au quart le poids du volant (voir cet article spécial), on conçoit qu'il est possible d'alléger l'arbre dans de certaines limites, puisque, toutes choses, égales d'ailleurs, il n'aurait à subir les efforts réactifs que d'une masse plus petite.

Prenons pour exemple la machine de M. Bourdon (n° 7 du tableau), qui est exactement construite dans ces conditions, à l'exception toutefois que l'arbre ne porte pas de volant, lequel est monté sur un arbre secondaire et dont la place est occupée sur celui des manivelles par un très-fort engrenage droit.

Les proportions générales de cette machine sont de beaucoup supérieures à sa force nominale. Les pistons ont 54 centimètres de diamètre et leur course égale $1^m,16$; leur marche est ordinairement réglée à grande détente et condensation, et la pression de la vapeur à 4 atmosphères.

Admettant une pression effective et maxima de 4 kilog. par centimètre carré, l'effort total sur chaque piston serait de 9000 kilog. environ, et l'on trouverait pour chaque tourillon proportionné pour l'effort d'un piston :

$$D = \sqrt[3]{0,007 \times 9000 \times 58} + 1 = 16,4.$$

Si ce diamètre était déterminé en fonction de la puissance totale, il aurait :

$$D = \sqrt[3]{0,007 \times 18000 \times 58} + 1 = 20,4.$$

Or, le constructeur a adopté 17,5, chiffre qui se rapproche très-sensiblement de celui que nous venons de trouver ci-dessus, et qui serait, d'ailleurs, intermédiaire entre les dimensions qui conviennent respectivement à la moitié et à la totalité de la puissance.

Comme accouplement de machines, les appareils à roues de navigation et les locomotives offrent cette circonstance que la résistance est théoriquement divisée comme la puissance et que l'arbre moteur pourrait aussi n'avoir, dans toute son étendue, que la résistance correspondante à l'un des deux systèmes. Mais aussi ce sont ces deux classes de machines qui réclament le plus de sécurité, comme résistance de leurs organes, et qui sont le plus susceptibles d'avoir des accroissements d'efforts à surmonter ;

et puis la résistance est loin d'être régulièrement divisée comme la puissance, particulièrement, comme nous le rappellions ci-dessus, dans les bateaux à roues, dont l'une des deux peut s'engager et concentrer en elle, dans un moment donné, la presque totalité de la puissance de la machine.

Nous allons rechercher, à cet égard, dans quelle situation se trouve l'arbre de la machine de l'*Aigle* (n° 15 du tableau), dont voici les conditions de marche :

Diamètre des cylindres.	$1^m,800$
Superficie de chaque piston	25446^{cq}
Pression effective de la vapeur, environ	$2^{at},4$
Rayon des coudes-manivelles.	$0^m,95$

La pression maxima sur chaque piston égale, d'après cela :

$$1,0333 \times 2,4 \times 25446 = 63104 \text{ kil.}$$

Le diamètre des tourillons calculé sur cet effort d'un seul cylindre aurait :

$$D = \sqrt[3]{0,007 \times 63104 \times 95} + 1 = 35^c,7.$$

Et pour la puissance totale :

$$D = \sqrt[3]{0,007 \times 126208 \times 95} + 1 = 44,8.$$

On leur a donné 42 centimètres.

Par conséquent, c'est comme si l'on avait admis que la presque totalité de la puissance fût susceptible d'être transmise par un seul tourillon. Il est évident que pour les appareils de navigation, c'est un principe à adopter sans réserve.

Diamètres des tourillons des arbres des moteurs hydrauliques. — Bien que l'une ou l'autre des formules précédentes soit presque immédiatement applicable, sans modification à cette autre espèce de moteurs, il convient cependant d'étudier ce sujet spécialement, ce qui va nous fournir en même temps l'occasion de nous occuper des arbres en bois et des arbres *creux*, en fonte, qui sont plus particulièrement employés dans la construction des roues et des turbines.

Pour les arbres *pleins*, en fer, en fonte ou en bois, la formule de Buchanan peut être employée pour les moteurs hydrauliques, sauf l'application du coefficient numérique propre à chaque espèce de matière. Quant à la formule *rationnelle*, dont on a vu précédemment l'exposé, elle est aussi applicable en principe, mais avec des modifications dont nous expliquerons la nature.

Que l'on fasse usage de l'une ou l'autre de ces deux formules, il faudrait évidemment se baser sur le plus grand effort que le moteur est capable de transmettre, même momentanément. Ainsi, qu'une roue hydraulique en déversoir ou en dessus éprouve une résistance accidentelle qui fasse ralentir sa marche, elle se chargera d'un excédant d'eau qui s'élèvera autant que la résistance et tant que sa propre capacité le permettra, et, dans cette circonstance, il peut arriver, d'après les proportions usuelles de ces moteurs, que cette charge acquise momentanément s'élève au double, ou presque au triple, de celle qui correspond à la marche normale et à la dépense d'eau régulière et continue ; avec une turbine, on observera des effets analogues, et si ce genre de moteur ne permet pas un *emmagasinage* d'eau, il y a transformation dans les éléments de la force vive, le terme, poids ou pression, augmentant au fur et à mesure que la vitesse diminue, et *vice versâ*.

D'autre part, la puissance totale développée par le fluide, et surtout celle théorique en fonction directe de la dépense et de lachute, n'est pas transmise intégralement à l'arbre ; il existe un certain rapport entre les deux effets, très-variable d'un moteur à l'autre, et même pour le même moteur, suivant l'état de marche de chaque moment considéré.

En présence de ces conditions variables, et la plupart du temps incertaines, ne convient-il pas de choisir la puissance théorique pour base de la dimension de l'arbre, sauf à employer dans la formule un certain correctif, afin de bien conformer la règle aux exigences de la pratique ?

La règle de Buchanan, au moins pour les arbres en fer, paraît néanmoins convenir en se contentant de la puissance *réelle* pour base, puisque, comme nous l'avons indiqué, les dimensions qu'elle fournit correspondent au moment de rupture sous plus de 80 fois la charge, ce qui serait, dans toute éventualité, une sécurité suffisante. Nous allons en essayer l'application en recherchant, en même temps, ce que donne une méthode directe analogue à celle indiquée ci-dessus pour les machines à vapeur.

Nous prenons, comme base de cette recherche, une roue hydraulique, en déversoir, établie dans les conditions suivantes :

Hauteur de la chute	2 mètres.
Dépense d'eau par 1''	1000 kilogrammes.
Diamètre extérieur de la roue	5 mètres.
Vitesse circonférentielle.	1 mètre par 1''.
Vitesse de rotation correspondante	$3^t,8$ par 1'.

Ces conditions répondent à une puissance théorique de :

$$2 \times 1000 = 2000 \text{ kilogrammètres, ou } \frac{2000}{75} = 26,66 \text{ chevaux.}$$

Dans les meilleures conditions d'établissement, on recueillera sur l'arbre les 75/100 de cette force, soit :

$$0,75 \times 26,66 = 20 \text{ chevaux.}$$

Si maintenant on veut connaître l'effort direct auquel cette puissance correspond, ou celui maximum qui peut résulter d'une surcharge de la roue, il faut remarquer d'abord que, dans les deux cas, cet effort est le quotient de la puissance, en kilogrammètres, divisée par la vitesse circonférentielle du cercle dont le rayon sera choisi comme bras de levier, en fonction de la résistance de l'arbre qu'il s'agit de déterminer.

Prenant, ce qui est le plus simple, le cercle extérieur de la roue dont la vitesse circonférentielle est égale à 1 mètre par 1'', l'effort correspondant à

20 chevaux effectifs ou à 1500 kilogrammètres, sera évidemment égal à 1500 kilogrammes.

Si nous supposons ensuite que la roue ait éprouvé un rallentissement par suite d'une surcharge momentanée, elle s'emplira aussi davantage, mais en diminuant de vitesse ; comme ce fait a pour limite la propre capacité de la roue, nous admettons, ce qui est à peu près la condition ordinaire, qu'elle puisse recevoir un volume d'eau double de celui qui correspond à sa marche normale ; dans ce cas, puisque la puissance dynamique n'a pas changé théoriquement et que la vitesse de la roue doit se réduire à moitié pour que le volume d'eau soit doublé dans le récepteur, il est clair que de 1500, toutes choses égales d'ailleurs, l'effort circonférentiel deviendrait 3000 kil., et même, en se basant sur l'effet théorique, on pourrait dire que l'arbre d'une roue, dans les conditions proposées, est susceptible d'éprouver un effort de torsion maximum de près de 4000 kilogrammes, avec le plus grand rayon de la roue pour levier.

Muni de ces deux éléments, la puissance effective en chevaux et l'effort direct, de toute façon maximum, appliquons avec l'un la formule de Buchanan, et avec l'autre une règle basée sur celle précédente dite rationnelle.

Le diamètre d'un arbre en fer, dans la partie soumise à la torsion, aurait, suivant la formule anglaise :

$$D^3 = \sqrt[3]{\frac{4096 \times 20}{3^t,8}} = 27^c,8.$$

Pour faire la même opération par la seconde méthode, qui consisterait, comme ci-dessus, à donner à l'arbre la dimension qui correspond à la rupture sous une charge 24 fois celle maxima, on se rappelle, d'abord, que le moment de rupture est représenté par :

$$PR = 15000000\,D^3,$$

les dimensions exprimées en mètres.

A l'égard du problème qui nous occupe, R est le rayon extérieur de la roue et P la charge théorique maxima estimée comme on vient de le voir. Mais, après tout, l'axe ne peut ressentir intégralement l'effort dû à la puissance théorique, et c'est beaucoup d'admettre qu'il peut avoir à résister aux 0,8 de cette puissance.

Par conséquent, ramenant, comme ci-dessus, au centimètre pour unité, on obtient pour l'équilibre de résistance avec sécurité 24 fois la charge de rupture :

$$24PR \times 0,8 = \frac{15000000}{10000} D^3,$$

d'où :

$$D = \sqrt[3]{0,013\,PR}.$$

(Une quantité additive fixe n'aurait pas la même influence que dans le cas des machines à vapeur, pour lesquelles on rencontre de très-petits arbres, ce qui ne se présenterait, avec les moteurs hydrauliques, que pour des turbines de petite force et marchant à très-grande vitesse, circonstance qui est rare, et qui permettrait alors une dérogation à la règle.)

Appliquant enfin cette règle au problème qui nous occupe et pour lequel on a :

Rayon de la roue ou du bras de levier... R $= 2^m,50$.
Charge double de celle normale........ P $= 4000$ kilogr.

On trouve pour le diamètre cherché :

$$D = \sqrt[3]{0,013 \times 4000 \times 250^c} = 23^c,5.$$

Ce résultat tend à prouver que la règle de Buchanan, appliquée sans modification, donnerait aux arbres des roues hydrauliques des dimensions supérieures à celles qui suffisent réellement, et si la même situation n'est pas aussi apparente à l'égard des machines à vapeur, c'est qu'il peut exister, comme on l'a vu ci-dessus, de très-grandes différences entre la puissance nominale et l'effort maximum dû à la pression initiale de la vapeur, indépendamment de la réglementation de la détente : en d'autres termes, le régime d'un moteur hydraulique ne comporte pas, comme celui d'un moteur à vapeur à détente, de résistances aussi variables.

En résumé, le diamètre de l'arbre d'un moteur hydraulique, quand il porte l'engrenage premier moteur et qu'il est soumis, par conséquent, à l'effort de torsion, peut être déterminé au moyen des formules suivantes :

Arbre rond, en fer forgé plein. . . . . $D = \sqrt[3]{0,013\ PR}$.

Id. en fonte de fer plein. . . . . $D = \sqrt[3]{0,039\ PR}$.

Id. à pans, en bois de chêne (cercle inscrit). . . . . . . $D = \sqrt[3]{0,196\ PR}$.

Nous allons montrer, par de nouveaux exemples, que ces formules correspondent, aussi exactement que possible, aux données directes de la pratique.

1er *Exemple.* Les nouvelles roues hydrauliques de Marly (voir la *Publication industrielle*, vol. XIV), commandent chacune quatre pompes foulantes au moyen de deux manivelles placées, à angle droit, aux deux extrémités de l'axe, qui est en fer forgé ; leur diamètre extérieur égale 12 mètres, et la hauteur de la chute varie de 1 à 3 mètres : mais elle est moyennement de $2^m,50$. La dépense est aussi très-variable, mais, d'après la dimension de l'aubage, on peut la supposer limitée à 6000 litres par 1'', au maximum, avec 2 tours de roues par minute, ce qui correspond à une vitesse circonférentielle de $1^m,26$ par 1''.

Dans ces conditions, qui correspondent, en effet, au plus grand effort que l'arbre de ces roues ait à transmettre, on trouve, pour cet effort, à la circonférence extérieure :

$$P = \frac{6000^k \times 2^m,50}{1^m,26} = 11905 \text{ kilogrammes.}$$

Par suite, le diamètre de l'arbre au milieu de sa longueur, et non plus aux tourillons, puisque la puissance est divisée sur chacun d'eux, égale, déterminé à l'aide de la formule ci-dessus :

$$D = \sqrt[3]{0{,}013 \times 11905 \times 600^{c}} = 45^{c}{,}3.$$

On a donné à ce diamètre 45 centimètres.

2e *Exemple.* Déterminer la dimension de l'arbre, en bois, d'une roue hydraulique à aubes droites, marchant en déversoir, dans les conditions suivantes :

Hauteur de la chute.	$2^m{,}50$
Dépense d'eau par seconde.	1500^k
Diamètre extérieur de la roue.	$6^m{,}00$
Vitesse circonférentielle par seconde.	$1^m{,}00$

La force théorique correspondante égale :

$$2^m{,}50 \times 1500 = 3750 \text{ kilogrammètres.}$$

Comme l'aubage de cette roue lui permet de recevoir une charge d'eau double de celle de régime, ce qui correspond à une vitesse circonférentielle moitié moindre, soit de $0^m{,}50$ par $1''$, il s'ensuit que l'effort moyen P maximum qui peut produire la torsion avec $R = 3$ mètres, ou 300 centimètres de rayon, atteint :

$$\frac{3750^{\text{kgm.}}}{0{,}50} = 7500 \text{ kilogrammes.}$$

D'où l'on trouve, pour le diamètre du cercle inscrit dans le polygone à six ou à huit pans constituant la section :

$$D = \sqrt[3]{0{,}196 \times 7500 \times 300} = 76 \text{ centimètres.}$$

Les données de ce problème appartiennent à l'ancienne roue des moulins de Corbeil, construite par MM. Cartier et Armengaud, et dont l'arbre, exécuté dans de très-bonnes conditions de résistance, a pour section un octogone circonscrit à un cercle de 75 centimètres de diamètre.

Nous devons rappeler que ces règles s'appliquent particulièrement aux roues dont il est possible d'estimer exactement le plus grand effort qu'elles puissent développer, car si, au contraire, il s'agit d'un moteur hydraulique commandant un mécanisme susceptible de produire des chocs et donnant lieu à de très-grandes variations de résistance, tels que des laminoirs ou des marteaux de forge, l'arbre déterminé en prenant les mêmes bases, *ne serait plus suffisant.*

Ainsi, M. Faure, l'éminent ingénieur et professeur de mécanique à l'École centrale, a reconnu que, dans certains moteurs de cette nature, l'arbre en bois, quoique d'un diamètre *double* de celui que l'on donnerait dans les mêmes conditions de puissance à transmettre, mais lorsqu'il n'existe pas de choc, résistait à peine aux efforts de torsion qu'il éprouvait.

Par conséquent, si la roue précédente, au lieu de transmettre le mouvement à un mécanisme doux et d'une marche régulière, tel qu'un moulin à farine, ou une filature, commandait directement un puissant marteau de forge ou un laminoir à gros fer, son arbre devrait donc avoir environ $1^m,50$, ou s'il n'atteignait pas tout à fait cette dimension, qui exige de rassembler plusieurs pièces de bois ensemble, il devrait être consolidé au moyen d'armatures en fer convenablement disposées.

Enfin, d'une manière générale, la formule appropriée aux arbres en bois de chêne soumis à des chocs violents, prendrait la disposition suivante :

$$D = 2\left(\sqrt[3]{0,196\ PR}\right) = \sqrt[3]{1,568\ PR}.$$

Arbres creux. Il arrive fréquemment que des roues hydrauliques établies entièrement en métal ont leur arbre en fonte et *creux*, en vue d'en diminuer le poids en augmentant aussi leur diamètre, ce qui donne aux *tourteaux* des croisillons une meilleure assise que si ce diamètre était réduit aux proportions d'un arbre plein. Les turbines offrent la même particularité, et pour celles qui sont à pivot supérieur, l'arbre moteur est nécessairement *creux*.

Pour déterminer les proportions de ce genre d'arbre, on s'appuie sur ce théorème simple : *le moment de résistance d'un arbre creux est égal à la différence des moments de deux arbres pleins ayant respectivement pour diamètres ceux intérieur et extérieur de l'arbre creux.*

Soit, par exemple, un arbre A, fig. 15, dont les deux diamètres sont D et d; si nous désignons par pr le moment de résistance d'un arbre plein dont le diamètre est D, et par $p'r'$ celui du petit arbre plein dont le diamètre serait d, les équations d'équilibre correspondantes seraient :

Fig. 15.

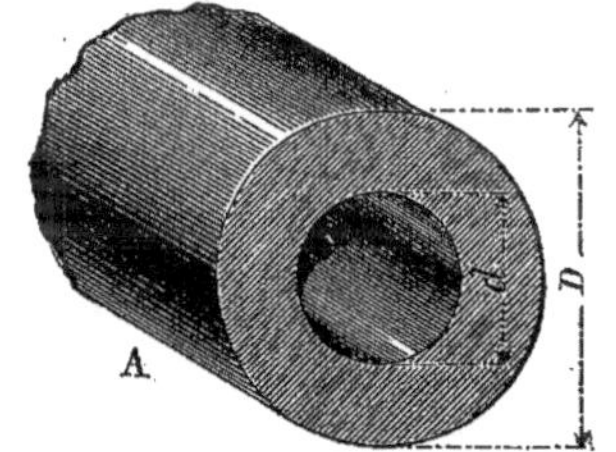

$$D^3 = pr, \text{ et } d^3 = p'r'.$$

Si maintenant PR représente le moment de l'arbre creux, on aurait, d'après le théorème ci-dessus :

$$PR = pr - p'r'.$$

Mais, puisque les deux termes du second membre sont égaux respectivement aux cubes des deux diamètres, il s'ensuit que l'équation proportionnelle de l'arbre creux devient :

$$D^3 - d^3 = PR, \text{ ou } kPR,$$

en complétant par l'introduction du coefficient numérique représenté par k.

Par conséquent, si l'on veut appliquer cette formule à la détermination d'un arbre à construire, il y manque une donnée, c'est-à-dire, l'un des deux diamètres ou leur rapport. C'est évidemment en se donnant *à priori* cette dernière condition que le problème sera posé la plupart du temps, car si les dimensions de l'arbre sont complétement *imprévues*, on ne pourrait que *tâtonner*, en essayant de se donner d'abord l'un des deux diamètres. Admettons donc que ce rapport soit m, c'est-à-dire que $d = m\text{D}$, et l'on aura :

$$\text{D}^3 - (m\text{D})^3 = k\text{PR}, \text{ d'où : } \text{D}^3 = \frac{k\text{PR}}{1 - m^3},$$

équation qui donnera le diamètre extérieur de l'arbre creux, et d'après lequel il est facile de déterminer le diamètre intérieur, puisqu'il suffit de multiplier D par m.

Comme première application de cette règle, prenons la même roue que dans le premier exemple ci-dessus, et cherchons les dimensions de l'arbre en fonte creux qui lui conviendrait, en se donnant que le diamètre intérieur soit la moitié de celui extérieur, c'est-à-dire que $m = 0,5$.

Le coefficient numérique étant 0,039 pour la fonte de fer (p. 73), le diamètre extérieur de l'arbre proposé égale :

$$\text{D} = \sqrt[3]{\frac{0,039 \times 7500 \times 300}{1 - \overline{0,5}^3}} = 46,4.$$

D'où son diamètre intérieur égale :

$$d = 46,4 \times 0,5 = 23,2.$$

Mais, ce qui est tout à fait remarquable, c'est que si cet arbre eût dû être *plein*, son diamètre eût été :

$$\sqrt[3]{0,039 \times 7500 \times 300} = 44,4.$$

Par conséquent, l'économie de poids est évidente ; les poids étant proportionnels aux sections, on trouve, en effet, en remarquant que la section effective de l'arbre creux est les 3/4 de celle totale, à cause du rapport même des deux diamètres :

$$\frac{\pi\,(44,4)^2}{4} \div \frac{3}{4}\,\frac{\pi\,(46,5)^2}{4} = 1,21.$$

Cela établit, en résumé, que l'arbre plein serait d'environ un sixième plus lourd que l'arbre creux, construit dans les conditions proposées, et il est clair que plus le rapport entre les deux diamètres de l'arbre creux sera grand et plus cet avantage sera marqué.

Si l'arbre creux était en fer forgé, comme MM. Petin et Gaudet en ont déjà exécutés, la formule appliquée au même problème, avec le coefficient spécial de 0,013, attribué ci-dessus au fer, le diamètre extérieur égalerait :

$$\text{D} = \sqrt[3]{\frac{0,013 \times 7500 \times 300}{1 - \overline{0,5}^3}} = 32,2,$$

et celui intérieur 16,1, par conséquent.

En donnant à ce même principe toute l'extension possible, on en est arrivé à construire des arbres avec de la tôle même, ce qui devait procurer nécessairement la plus grande économie de poids réalisable ; néanmoins, cette application n'a pas encore été très-généralisée, car, s'il en résulte, d'un côté, un certain avantage, il faut dire que la construction en tôle ne laisse pas que de présenter quelques difficultés, lorsqu'il s'agit d'une pièce que l'on façonne ordinairement avec beaucoup de soin pour l'assembler avec les différents organes mécaniques qu'elle doit recevoir.

Quoi qu'il en soit, cette application a eu lieu et peut se rencontrer encore : nous croyons donc bien faire en indiquant la forme du calcul qui permettra de déterminer le diamètre d'un arbre en tôle de fer, en fonction de la résistance à la torsion et de l'*épaisseur que l'on destine à la tôle.*

Si l'on désigne, comme ci-dessus, les diamètres extérieur et intérieur par D et d, et par e, l'épaisseur de la tôle avec laquelle l'arbre doit être construit, on pose d'abord d'une manière générale :

$$D^3 - d^3 = kPR\,;$$

mais le diamètre intérieur d n'est autre chose que $D - 2e$, ce qui fournit, après avoir fait cette substitution :

$$D^3 - (D - 2e)^3 = kPR.$$

Si, de cette expression, on tire la valeur de D, le diamètre extérieur cherché, on obtient, après les transformations et réductions nécessaires :

$$D = \sqrt[2]{\frac{kPR - 2e^3}{6e}} + e.$$

Prenons encore comme exemple la roue ci-dessus pour laquelle $P = 7500$ kilog., $R = 300$ centimètres, et proposons-nous de déterminer le diamètre de l'arbre à lui appliquer, cet arbre devant être construit en tôle de 1 centimètre d'épaisseur.

Prenant $k = 0{,}013$, comme nous l'avons trouvé ci-dessus (p. 72), pour le fer et pour les moteurs hydrauliques, il vient :

$$D = \sqrt[2]{\frac{(0{,}013 \times 7500 \times 300) - 2 \times \overline{1}^3}{6 \times 1}} + 1 = 70^c{,}8.$$

Afin de donner aux personnes qui n'auraient pas une habitude suffisante du calcul toute la confiance que cette opération mérite, nous ferons la preuve du résultat ci-dessus en nous basant sur la donnée primitive qui consiste, ainsi qu'on la vu précédemment, à considérer la quantité d'action transmise par un arbre creux comme égale à la différence des cubes des diamètres extérieur et intérieur.

Dans cet exemple, la quantité d'action est représentée par kPR qui équivaut au nombre abstrait suivant :

$$kPR = 0{,}013 \times 7500 \times 300 = 29250.$$

Or, le diamètre extérieur trouvé étant 70,8 et l'épaisseur de la tôle 1 cent., il s'ensuit que le diamètre intérieur égale $70{,}8 - 2 = 68{,}8$, et les cubes de ces deux nombres sont 354894,912 et 325660,672 dont la différence égale :

$$354894{,}912 - 325660{,}672 = 29234{,}240.$$

L'opération se trouve ainsi vérifiée et exacte, car un millimètre de plus au diamètre extérieur eût suffi pour que la différence des cubes fut supérieure au nombre 29250 qui représente la quantité d'action.

Nous terminerons ce que nous croyons utile de dire, relativement aux arbres creux, par un exemple de l'application de la règle à une turbine Fontaine, à pivot supérieur.

Exemple. Une turbine dite *en dessus*, établie pour fonctionner sous une chute de $1^m,50$ et une dépense de 4000 litres d'eau par $1''$, possède un diamètre moyen de 2 mètres mesuré au milieu de la zone des orifices récepteurs, et dont la vitesse circonférentielle est de $2^m,50$ par seconde;

Déterminer le diamètre de l'arbre en fonte, qui est creux à cause de la tige sur laquelle s'appuie le pivot placé à la partie supérieure.

On suppose que les diamètres D et d seront dans le rapport de 10 à 6.

La puissance théorique, en kilogrammètres, égale :

$$4000 \times 1^m,50 = 6000.$$

Il en résulte un effort direct, sur le cercle de 2 mètres de diamètre, égal à :

$$\frac{6000}{2,50} = 2400 \text{ kilogrammes.}$$

Au lieu de doubler ce nombre, comme nous l'avons fait ci-dessus pour les roues, il nous parait suffisant, à l'égard des turbines, de le conserver tel quel, car c'est l'effort théorique, et, outre que ce genre de moteur ne rend pas l'effet utile de 80/00 que nous avons adopté (p. 72), en établissant la formule, il n'est pas admissible que l'effort normal direct se trouve doublé par un simple ralentissement, car on constate que le rendement s'abaisse très-notablement, lorsque la turbine prend une vitesse sensiblement différente de celle qui donne le maximum d'effet; enfin, il y a intérêt à alléger l'arbre d'une turbine, dont la rotation est relativement rapide et dans laquelle les excès de résistance passive doivent être soigneusement évités.

Ayant, en résumé, les données suivantes :

$$P = 2400 \text{ kil.}, R = 100 \text{ cent.}, m = 0,6.$$

On aurait, pour le diamètre extérieur cherché :

$$D = \sqrt[3]{\frac{0,039 \times 2400 \times 100}{1 - (0,6)^3}} = 22,8 \text{ ou } 228 \text{ millimètres.}$$

Le diamètre intérieur serait, d'après la donnée même :

$$22,8 \times 0,6 = 13,7 \text{ ou } 137 \text{ millimètres.}$$

Pour une turbine établie dans des conditions identiques, les constructeurs, MM. Fontaine et Brault ont donné à l'arbre 210 et 120 millimètres; nous pensons, cependant, que les dimensions trouvées avec la formule, et qui ne diffèrent pas beaucoup, du reste, sont loin d'être excessives, surtout en comptant, comme on doit le faire, sur de la fonte de moyenne qualité.

Arbres dits deuxièmes et troisièmes moteurs. — Nous avons dit quelques mots, en commençant cet article, de la distinction que l'on a essayé d'établir entre les différents genres d'arbres soumis à la torsion, suivant que ces arbres sont susceptibles d'éprouver des efforts momentanés plus élevés que ceux auxquels répond la puissance qu'ils sont appelés à transmettre normalement; mais nous avons fait remarquer aussi que les motifs de cette distinction sont souvent incertains et que le principe en est la plupart du temps difficile à appliquer.

Néanmoins, après avoir examiné les arbres de la première classe, dont nous avons déterminé les proportions en admettant qu'ils ne puissent se rompre que sous une charge égale à 24 fois celle maxima qu'ils aient à supporter, et qu'il est possible de prévoir, il nous paraît utile de faire un travail analogue à l'égard des deux autres classes qu'il importe seulement de définir aussi exactement que possible.

Les arbres *deuxièmes moteurs* comprendront ceux qui ne portent pas de volant, mais qui reçoivent leur mouvement du moteur directement et par engrenage, et ceux, quel que soit leur mode de commande, qui transmettent par engrenage la totalité de la force qu'ils renferment.

Les arbres *troisièmes moteurs* comprendront : ceux qui sont commandés par des courroies, ou, s'ils portent des engrenages, qui ne transmettent par ce moyen qu'une partie de la puissance qu'ils renferment; et ceux qui n'accomplissent que des mouvements oscillatoires.

Les deuxièmes moteurs seront déterminés en fixant leurs dimensions pour le moment de rupture sous 20 fois la charge maxima qu'ils doivent transmettre, et les troisièmes moteurs pour 15 fois cette charge seulement.

Dans les deux cas, la règle doit être disposée en fonction, soit de la puissance dynamique, soit de l'effort direct, suivant que l'on disposera plus facilement de l'une ou l'autre notion.

Dans les deux cas aussi, nous ne considérerons que les arbres en *fer, pleins,* comme étant les seuls adoptés en pratique aujourd'hui.

Il est utile de faire observer que ces deux classes renferment les arbres de transmission qui possèdent souvent une longueur considérable, et pour lesquels une légère flexion angulaire, sans atteindre la limite d'élasticité du métal, peut devenir sensible néanmoins, quant à la position des organes mécaniques qu'ils portent. Mais les coefficients de sécurité que nous adoptons sont assez considérables pour que, dans les conditions ordinaires des transmissions, même les plus développées, l'angle de torsion soit assez faible pour être sans effet nuisible.

Appelant, enfin, comme dans les cas précédents :

P l'effort maximum qui produirait la torsion, en kilogrammes ;

R le bras de levier de l'effort, en centimètres ;

C la quantité de travail transmise par seconde, en kilogrammètres ;

N le nombre de révolutions de l'arbre, par minute,

nous suivons, pour les arbres *deuxièmes moteurs*, les deux règles suivantes, en admettant que la quantité d'action transmise soit représentée par l'effort direct ou par la quantité de travail :

1er cas. — *Étant donné l'effort direct :* $D = \sqrt[3]{0{,}0134\,PR} + 1$ centimètre.

2me cas. — *Étant donné le travail :* $D = \sqrt[3]{\frac{12{,}73\,C}{N}} + 1$ centimètre.

Pour les arbres *troisièmes moteurs*, nous trouvons :

1er cas. — *Étant donné l'effort direct :* $D = \sqrt[3]{0{,}01\,PR} + 1$ centimètre.

2me cas. — *Étant donné le travail :* $D = \sqrt[3]{\frac{9{,}55\,C}{N}} + 1$ centimètre.

Remarque. En comparant entre elles les différentes règles données précédemment au sujet des arbres soumis à la torsion, il pourrait arriver, qu'avant un examen plus approfondi, on crût voir un anachronisme dans les différents coefficients numériques qui ne paraissent pas être en rapport avec la classe d'arbres à laquelle ils sont attribués ; ainsi, tandis que pour les arbres à manivelle des machines à vapeur, on a vu $\sqrt[3]{0{,}007\,PR} + 1$, on vient de trouver $\sqrt[3]{0{,}0134\,PR} + 1$ pour les arbres *deuxièmes moteurs,* ce qui serait véritablement une erreur si, dans les deux cas, P avait la même signification. Mais il suffit de revoir les motifs de chacune des deux formules pour voir qu'il en est autrement.

En effet, pour les machines à vapeur, P représente la pression totale de la vapeur sur le piston dont le bouton de la manivelle n'en ressent qu'une partie, réduction dont le coefficient tient compte, et, pour les arbres *deuxièmes moteurs,* P représente, au contraire, l'effort qui s'exerce intégralement à l'extrémité du rayon choisi pour levier ; en un mot, les coefficients numériques n'expriment, dans tous les cas, que le résultat d'une opération dans laquelle il a été tenu compte exactement des circonstances particulières à chaque problème.

D'ailleurs, on peut ajouter encore, que quelle que soit la nature de chaque arbre, il n'existe aucune raison pour leur attribuer des résistances différentes, si pour tous aussi la charge maxima est exactement connue. Or, c'est précisément parce qu'elle est incertaine et éventuelle que ceux de la première classe sont taxés à 24 fois l'effort qui produirait la rupture au lieu de 15 pour les troisièmes moteurs, et somme toute, par les proportions qui leur sont ainsi attribuées à tous, les arbres des trois classes ne doivent être chargés, *au maximum*, que du quinzième ou du douzième de l'effort qui en produirait la rupture.

RÉCAPITULATION DE TOUTES LES RÈGLES PRÉCÉDENTES.

Afin de rendre plus facile l'usage des formules dont on a vu précédemment les motifs et la disposition respective, nous les avons rassemblées dans un même tableau avec la désignation des signes qu'elles renferment.

En cas d'incertitude au moment d'une application, on fera bien de se reporter au texte précédent, qui fournit toutes les explications nécessaires.

XIe

FORMULES PRATIQUES SPÉCIALES DISPOSÉES POUR DÉTERMINER LE DIAMÈTRE MINIMUM DES ARBRES SOUMIS A DES EFFORTS DE TORSION.

MODE D'APPLICATION.	MATIÈRE de L'ARBRE	FORMULE SPÉCIALE. Les dimensions en centimètres. Les efforts en kilogrammes.	SIGNIFICATION DES SIGNES.
ARBRE du volant et de la manivelle des MACHINES A VAPEUR..............	Fer.	$D = \sqrt[3]{0,007\ PR} + 1$ cent.	D — Diamètre du tourillon. P — Effort total effectif sur le piston, d'après la pression manométrique de la vapeur. R — Rayon de la manivelle en centimètres.
MOTEURS HYDRAULIQUES.			D — Diamètre d'un arbre rond, ou du cercle inscrit dans la figure polygonale de la section. P — Plus grand effort théorique moyen résultant de la plus grande charge d'eau que peut recevoir le moteur, et rapporté à la circonférence du cercle dont le rayon est pris pour bras de levier. R — Rayon du bras de levier de l'effort. e — Épaisseur de la tôle. m — Rapport entre les diamètres intérieur et extérieur.
Arbres pleins...........	Fer.	$D = \sqrt[3]{0,015\ PR}.$	
	Fonte.	$D = \sqrt[3]{0,039\ PR}.$	
Arbres creux...........	Fonte.	$D = \sqrt[3]{\frac{0,039\ PR}{1 - m^3}}.$	
	Tôle.	$D = \sqrt[2]{\frac{0,015\ PR - 2e^3}{6e}} + e.$	
Arbres pleins...........	Chêne.	$D = \sqrt[3]{0,196\ PR}.$	
Arbres soumis à des chocs violents..............	Chêne.	$D = \sqrt[3]{1,568\ PR}.$	
ARBRES DEUXIÈMES MOTEURS.			D — Diamètre des tourillons. P — Effort maximum à transmettre. R — Rayon du bras de levier. C — Puissance maxima à transmettre en kilogrammètres et par seconde. N — Nombre de tours de l'arbre par minute.
Étant donné l'effort direct...	Fer.	$D = \sqrt[3]{0,0134\ PR} + 1$ cent.	
Étant donné le travail......	Fer.	$D = \sqrt[3]{\frac{12,75\ C}{N}} + 1$ cent.	
ARBRES TROISIÈMES MOTEURS.			
Étant donné l'effort direct...	Fer.	$D = \sqrt[3]{0,01\ PR} + 1$ cent.	
Étant donné le travail......	Fer.	$D = \sqrt[3]{\frac{9,55\ C}{N}} + 1$ cent.	

Ne pouvant, à cause de l'étendue exigée, produire des tables toutes calculées des dimensions que fourniraient ces formules dans les principales circonstances de la pratique, nous nous limiterons à la suivante, qui contient les diamètres des tourillons des arbres en fer deuxièmes moteurs, pour des puissances maxima à transmettre de 25 à 3000 kilogrammètres par 1″, et faisant de 20 à 200 tours par minute.

XIIe

TABLE DES DIAMÈTRES A DONNER AUX TOURILLONS DES ARBRES EN FER DEUXIÈMES MOTEURS.

PUISSANCE TRANSMISE EN		NOMBRE DE TOURS DE L'ARBRE PAR MINUTE									
kilogrammètres par 1″.	chevaux.	20	40	60	80	100	120	140	160	180	200
		mill.	mill.	mill.	mill.	mill.	mill.	mill.	mill.	mill.	mill.
25	0.33	35	30	27	26	25	24	23	23	22	22
50	0.66	42	35	32	30	29	27	27	26	25	25
75	1.00	47	37	35	33	31	30	29	28	27	27
100	1.33	50	42	37	35	33	32	31	30	29	29
125	1.66	53	44	40	37	35	34	32	32	31	30
150	2.00	56	46	42	39	37	35	34	33	32	31
200	2.66	60	50	45	42	39	38	36	35	34	33
250	3.33	64	53	48	44	42	40	38	37	36	35
300	4.00	68	55	50	46	43	42	40	38	38	37
350	4.66	71	58	52	48	45	44	42	40	39	38
400	5.33	73	60	54	50	47	45	43	42	40	39
450	6.00	76	62	56	52	48	46	44	43	42	40
500	6.66	78	64	57	53	50	48	46	44	43	42
550	7.33	80	66	59	54	51	49	47	45	44	43
600	8.00	82	68	60	56	52	50	48	46	45	44
650	8.66	84	69	62	57	54	51	49	47	46	44
700	9.33	86	71	63	58	55	52	50	48	47	45
800	10.66	90	73	65	60	57	54	52	50	48	47
900	12.00	93	76	68	62	59	56	53	52	50	49
1000	13.33	96	78	70	64	60	58	55	53	51	50
1100	14.66	99	80	72	66	62	59	56	54	53	51
1200	16 00	102	83	73	68	63	60	58	56	54	52
1300	17.33	104	85	75	69	65	62	59	57	55	54
1400	18.66	106	86	77	71	66	63	60	58	56	55
1500	20.00	108	88	78	72	68	64	61	59	57	56
1600	21.33	110	90	80	73	69	65	63	60	58	57
1700	22.66	113	92	81	75	70	66	64	61	59	58
1800	24.00	115	93	83	76	71	68	65	62	60	59
1900	25.33	117	95	84	77	72	69	66	63	61	59
2000	26.66	118	96	85	78	73	70	67	64	62	60
2100	28.00	120	97	86	79	74	71	68	65	63	61
2200	29.33	122	99	88	80	75	72	68	66	64	62
2300	30.66	124	100	89	81	76	72	69	67	65	63
2400	32.00	125	101	90	83	77	73	70	68	65	63
2500	33.33	127	103	91	84	78	74	71	68	66	64
2600	34.66	129	104	92	85	79	75	72	69	67	65
2700	36.00	130	105	93	86	80	76	73	70	68	66
2800	37.33	131	106	94	86	81	77	73	71	68	66
2900	38.66	133	107	95	87	82	77	74	72	69	67
3000	40.00	134	108	96	88	83	78	75	72	70	68

Remarque sur la table précédente. Les diamètres donnés par cette table offrent la sécurité pratique suffisante ; mais leur application exige, nous le répétons, que la force prise pour base soit bien celle maxima que l'arbre ait à transmettre, sans quoi on ferait une erreur, et c'est, en un mot, les dimensions les plus faibles que l'on puisse adopter.

On sait d'ailleurs qu'elles se rapportent aux *tourillons*, c'est-à-dire aux points qui correspondent aux supports à coussinets ou *paliers*, en dehors desquels l'arbre se trouve augmenté de la saillie ou rebord qui constitue le *collet;* pour les arbres de transmission surtout, qui portent des poulies ou des engrenages d'une seule pièce et qu'il faut pouvoir amener à leur place en les faisant glisser sur l'arbre, celui-ci est tourné dans toute sa longueur, à un diamètre uniforme et égal à celui des tourillons plus la saillie des collets.

LONGUEUR OU PORTÉE DES TOURILLONS.

Les tourillons des arbres, que leur diamètre ait été déterminé en vue de la *torsion*, comme nous venons de le voir, ou en vue de la *pression*, comme on le verra plus loin, doivent de toute façon résister à ce second genre d'effort qui s'ajoute au premier ou constitue la seule résistance du tourillon, d'après la position qu'il occupe relativement à la puissance et à la résistance ; il est clair, que d'une manière ou de l'autre, le poids de l'arbre, des organes mécaniques qu'il porte et surtout la décomposition des efforts qu'il transmet, constituent, poids et poussée ajoutés ensemble, une pression qui s'exerce sur les supports sur lesquels l'arbre repose par ses tourillons.

C'est en considération de cette pression ressentie simultanément par la surface du tourillon et par celle de son support que l'on est conduit à en déterminer la *longueur* ou *portée*, en s'arrangeant pour que cette surface ait une étendue en rapport avec la pression qui tend sans cesse à détruire, par l'usure, les surfaces frottantes, nonobstant le graissage qu'on lui oppose. Mais comme la rapidité de l'usure dépend aussi essentiellement de la vitesse du roulement, il s'ensuit donc que la longueur d'un tourillon devrait être *proportionnée à la charge qu'il porte et à la vitesse de sa circonférence.*

Bien que ce fait ait été observé et étudié depuis longtemps, l'exploitation des chemins de fer devait y attirer particulièrement l'attention des praticiens, car les fusées des essieux des machines ou des wagons sont des tourillons très-chargés, tournant très vite, et dont la conservation n'est plus un simple intérêt vénal, attendu que beaucoup d'existences humaines peuvent en dépendre. Lorsqu'un tourillon est surchargé, non-seulement le coussinet et lui s'usent plus rapidement, mais le tout s'échauffe avec une intensité qui augmente comme la rapidité du roulement, et bientôt aucun graissage ne pouvant suffire, la complète destruction des pièces s'ensuit : on a vu, sur les chemins de fer, des fusées se *souder* avec le coussinet, faute de s'en être aperçu à temps et d'un graissage efficace.

En cherchant à se rendre compte de la charge proportionnelle que l'on peut confier avec sécurité à un tourillon, dans les mêmes conditions de vitesse que la fusée d'un essieu de wagon, il a été reconnu que la charge totale rapportée à la section longitudinale de la fusée ne doit pas dépasser 20 à 25 kilogrammes par centimètre carré, pour que l'échauffement ne se produise pas et que la lubrification puisse s'opérer régulièrement.

Prenons, par exemple, un wagon qui doit porter un chargement de 10000 kilog., ce qui ferait environ un poids total de 12000 sur les quatre fusées et 3000 par chacune d'elles, celles-ci ayant 75 millimètres de diamètre sur 200 de longueur ou portée.

Rapportant la charge à la section longitudinale qui représente la surface soumise à la charge, on trouve, pour la pression moyenne :

$$\frac{3000^{k}}{20 \times 7,5} = 20 \text{ kilog. par centimètre carré.}$$

Dans les circonstances les plus générales des applications, on proportionne simplement la longueur d'un tourillon à son diamètre, lequel représente nécessairement déjà la charge auquel il est soumis.

On donne à la portée 1,5 fois le diamètre pour des vitesses rotatives qui ne dépassent pas 50 à 80 tours par minute, et pour des vitesses supérieures, n'atteignant pas toutefois celle des fusées d'essieu sur les chemins de fer, on arrive à 2 fois le diamètre. Dans certains cas particuliers seulement, comme, par exemple, pour des axes oscillants, on limite la longueur au diamètre même.

Nous ne croyons pas devoir nous étendre davantage ici sur cette question que nous complétons à propos des paliers et coussinets, en nous occupant plus loin de ce sujet spécial ; en examinant, du reste, ci-après la construction même des arbres, nous aurons encore l'occasion de faire des observations sur la longueur donnée aux tourillons.

Mais il est nécessaire de dire auparavant quelques mots des dimensions des arbres et de leurs tourillons au point de vue *des efforts de pression.*

TOURILLONS SOUMIS A DES EFFORTS DE PRESSION.

Nous avons déjà établi, en commençant, la distinction qui existe entre les arbres soumis à la torsion et ceux qui, ne transmettant aucune action mécanique, sont des axes tournants qui ne subissent qu'un effort de flexion ou de *pression.* Ainsi, nous avons cité, comme exemple, l'arbre d'une roue hydraulique dont l'une des couronnes est munie du premier engrenage moteur ; dans ce cas, il ne transmet évidemment rien, mais tend à fléchir sous la charge qu'il porte ; tandis que les deux tourillons disposés à ses extrémités, s'ils n'éprouvent pas la même tendance à la flexion, n'en doivent pas moins représenter, par leur diamètre, une résistance proportionnée à la charge qu'il sont appelés à supporter.

Nous avons expliqué précédemment que, pour un arbre dont l'ensemble est soumis à la torsion, ceux de ses tourillons qui sont situés en dehors des organes moteurs et résistants sont soustraits à ce mode d'effort ; ils sont donc, comme pour l'arbre que nous venons de citer, soumis à la pression simple. Si nous prenons, pour exemple, l'arbre à manivelle d'une machine à vapeur, qui est ordinairement retenu par deux paliers, l'un derrière la manivelle et l'autre à l'extrémité opposée, en dehors du volant et de la roue ou de la poulie motrice, le tourillon de ce second palier est certainement en dehors de l'effet de torsion, mais il doit résister à la charge du poids propre de l'arbre, des pièces qui s'y trouvent montées et des efforts résultant, par décomposition ou *poussée*, de la transmission même.

Enfin, un tourillon transmettant un effort par torsion est de toute façon soumis en même temps à la pression : donc, pour ce cas même, les dimensions relatives aux deux efforts doivent être estimées, afin d'appliquer celle qui convient au plus considérable.

Il est important de faire remarquer, pour faire comprendre la forme du calcul appliqué à ce cas particulier, qu'un tourillon situé en dehors des effets de torsion occupe nécessairement l'extrémité de l'arbre, ou peut être considéré comme tel, attendu que si l'arbre est prolongé au-delà, ou il porte des organes de transmission importants, et alors le tourillon est transmis à la torsion, ou bien il n'en porte pas, ou de très-peu importants, et d'après cela, l'arbre peut être considéré comme se terminant au tourillon, quant au mode de résistance de ce dernier.

Raisonnant alors comme si un tourillon soumis à la pression occupait l'extrémité de l'arbre, ainsi que l'indique la fig. 16, on considère ce tourillon comme un solide cylindrique encastré par l'une de ses extrémités et chargé par l'autre (p. XXXII) ; il a en outre la charge de son propre poids uniformément répartie et que l'on néglige évidemment.

Fig. 16.

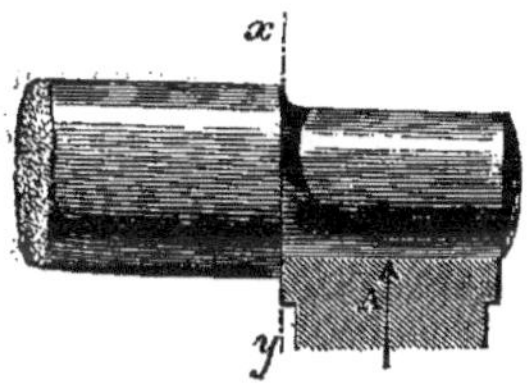

Pour comprendre ce que cette manière de voir peut présenter de rationnel, il faut se figurer que l'encastrement a lieu dans l'arbre même, en xy, et que l'effort agit dans l'axe A du support et en sens contraire de la direction réelle de la charge; nous prenons l'axe du support comme s'il était réduit à un point géométrique, c'est-à-dire, comme si l'arbre ne reposait que sur un couteau placé au milieu de la longueur du tourillon.

On a vu (p. XXXV) que la formule relative à ce cas de résistance donne pour le diamètre :

$$d^3 = \frac{32PL}{\pi R}.$$

Pour le cas qui nous occupe, P représente la charge supportée par le tourillon, d son diamètre, et L la demi-portée ou la distance du point d'encastrement. Comme nous l'avons montré déjà pour des opérations analogues, il faut se donner préalablement le rapport de la longueur au diamètre, afin de n'avoir que ce dernier pour inconnue, et, d'ailleurs, jamais on ne fixe la longueur d'un tourillon sans posséder préalablement son diamètre.

Or, nous avons fait pressentir que plusieurs causes tendent à faire varier ce rapport ; mais, pour la détermination de la résistance, on peut s'en donner un *à priori* qui laisse, pour le plus grand nombre des applications, la latitude nécessaire. On peut admettre, par exemple, que la longueur du tourillon soit double du diamètre, rapport qu'on ne dépasse généralement pas, et qu'on ne doit même pas atteindre pour des tourillons chargés en porte-à-faux.

Il s'ensuit que dans la formule ci-dessus, la demie portée $L = d$, ce qui revient à :

$$d^3 = \frac{32P \times d}{\pi R}\ ;\ \text{d'où : } d^2 = \frac{32P}{\pi R}.$$

Néanmoins, comme il peut se présenter des circonstances où la partie du tourillon excède notablement ce rapport admis comme base, et qu'il soit nécessaire d'en tenir compte, si nous appelons m ce rapport de la portée au diamètre, la demi-portée L, que nous adoptons comme levier de l'effort, sera représentée par :

$$L = \frac{1}{2}\, md.$$

On aura donc, comme expression plus générale :

$$d^2 = \frac{16Pm}{\pi R}.$$

De cette forme de calcul, à laquelle nous conduit le raisonnement, il résulte que :

En se donnant d'avance un rapport fixe entre le diamètre et la longueur d'un tourillon, ce diamètre devient *proportionnel à la racine carrée de la charge qu'il supporte.*

Pour rendre cette formule applicable, il faut attribuer à R, qui représente la résistance spécifique du métal, la valeur qui doit procurer la sécurité nécessaire en pratique.

Pour le fer, et pour des tourillons bien graissés et bien entretenus, on peut prendre pour R moyennement 600.

Pour les tourillons en fonte des roues hydrauliques, qui sont mouillés d'eau et susceptibles d'une usure plus rapide à cause du gravier déposé par l'eau, M. le général Morin donne une formule dans laquelle $R = 375$.

L'ingénieur anglais, Buchanan, avait autrefois donné une règle pour déterminer le diamètre des tourillons chargés, et principalement ceux des roues hydrauliques, qui consistait à considérer le diamètre comme proportionnel à la racine cubique de la charge, sans faire entrer dans le calcul la longueur ou portée. Cette méthode, dont nous avons donné tous les éléments dans le recueil la *Publication industrielle* et dans le *Traité des Moteurs hydrauliques*, ne nous semble pas néanmoins aussi rationnelle que celle dont nous venons de poser les bases, qui est celle admise par les ingénieurs modernes et qui est d'ailleurs plus conforme au mode de résistance considéré.

Mais il paraît encore nécessaire de modifier cette dernière règle, comme nous l'avons fait autre part, en introduisant une quantité additive fixe, soit d'un 1/2 centimètre seulement, qui favorise les petites dimensions que la proportionalité simple laisse toujours pratiquement trop faibles.

D'après cela, nous trouvons pour les tourillons en fer forgé, les dimensions exprimées en centimètres, et la charge en kilogrammes :

$$d = \sqrt[2]{\frac{16}{3,1416} \times \frac{Pm}{600}} + 0,5 = \sqrt[2]{0,0085Pm} + 0,5.$$

De même, pour les tourillons en fonte, on aurait :

$$d = \sqrt[2]{\frac{16}{3,1416} \times \frac{Pm}{375}} + 0,5 = \sqrt[2]{0,0136Pm} + 0,5.$$

Ces formules donnent des dimensions suffisantes et convenables pour la pratique ; néanmoins, il est nécessaire d'examiner la nature de chaque application pour savoir s'il n'y a pas lieu d'en faire varier le résultat en plus ou en moins, suivant que l'on voudra parer à des augmentations éventuelles de résistance ou à des chocs, ou, au contraire, réduire au minimum les résistances passives dans le cas d'une grande vitesse rotative.

Rappelons, d'ailleurs, que lorsqu'un tourillon est soumis à la fois à la torsion et à une forte charge, on devra calculer son diamètre à ce double point de vue et lui attribuer le plus grand résultat trouvé.

Dans tous les cas, l'application des tourillons en fonte sera de plus en plus rare, car ils donneront toujours plus de frottement, puisqu'ils doivent avoir plus de diamètre, et moins de sécurité, quoique bien proportionnés, vu la nature de la fonte plus cassante en tout état de cause que le fer, et susceptible de moins de régularité comme contexture.

Nous terminons ce sujet en faisant l'application de la formule des tourillons en fer à deux cas empruntés à la pratique.

1er Exemple. Quel diamètre trouverait-on, à l'aide de la formule ci-dessus, pour l'une des quatre fusées d'un wagon pesant 12000 kilogrammes, soit 3000 kilogrammes par fusée, le rapport de la portée au diamètre étant environ 2, 5 ?

Ce genre de tourillon n'étant exclusivement soumis qu'à la charge, on trouve avec la formule spéciale ci-dessus :

$$d = \sqrt[2]{0,0085 \times 3000 \times 2,5} \times 0,5 — 0,40.$$

Cet exemple est celui cité précédemment (p. 84), des tourillons auxquels on a donné 75 de diamètre et 200 de portée. Ce diamètre est plus faible que celui que donne la formule, mais aussi ce genre de tourillon est de ceux que l'on cherche à réduire, autant que possible, à cause de la grande vitesse, sauf l'échauffement pour laquelle circonstance on a expliqué les précautions à prendre.

Cependant, on applique, depuis quelques années, des essieux en acier fondu aux roues de voitures et de wagons, et bien que ce métal présente plus de résistance que le fer, on n'a pas réduit le diamètre des tourillons.

2e Exemple. Le balancier de chacune des grandes machines élévatoires du système de Cornwall, établies à Paris (Chaillot), supporte à chaque extrémité une charge qui n'est pas moindre de 65000 kilogrammes environ, ce qui produit, avec le poids propre de tout l'équipage, une charge totale d'au moins 150000 kilogrammes sur les deux tourillons de ce balancier, soit environ 75000 kilog. pour chacun d'eux. La portée est faible et n'excède que très-peu le diamètre, d'où nous pouvons admettre que $m = 1$.

La formule donne pour leur diamètre :

$$d = \sqrt[2]{0,0085 \times 75000} + 0,5 = 25^c,7.$$

Les constructeurs ont donné 28 centimètres de diamètre et 32 de portée, ce qui semble indiquer qu'ils ont admis, pour plus de sûreté, une charge plus considérable.

Il ne nous semble pas nécessaire de donner plus d'étendue à cette question, qui donnera lieu, du reste, à de nouveaux développements, en examinant plus loin la construction des différents organes qui en offrent l'application.

CONSTRUCTION DES ARBRES MOTEURS EN FER.

(PLANCHE 4.)

Les arbres moteurs dont la construction mérite particulièrement d'être examinée et qui offre de l'intérêt, à part le calcul de leur résistance, sont ceux *premiers-moteurs*, appartenant aux machines à vapeur et à certaines roues hydrauliques ; viennent ensuite les arbres soumis à une simple charge, mais qui servent d'axes à des appareils importants comme les moteurs hydrauliques et comme les véhicules de chemins de fer, par exemple. Quant aux arbres droits dits de transmission, et qui appartiennent aux deux catégories des deuxièmes et troisièmes moteurs, ce sont généralement des tiges cylindriques en fer forgé, plus remarquables par leur mode d'assemblage et par les procédés au moyen desquels on les monte et on les relie que par leur propre contexture, et c'est un sujet que nous traitons à part.

Nous croyons devoir nous attacher plus particulièrement à ces arbres véritablement *premiers-moteurs*, des appareils à vapeur et hydrauliques et aux axes spéciaux, non soumis à la torsion, mais remarquables par les efforts de flexion énergiques auxquels ils sont soumis. Nous commençons par les arbres en fer, en choisissant nos exemples dans les moteurs à vapeur.

ARBRE A MANIVELLE D'UNE MACHINE A VAPEUR.

Les fig. 1 et 2 de la planche 4 représentent, à l'échelle de 6 centimètres par mètre, l'arbre à manivelle de l'une des deux machines à vapeur, à détente et condensation, de la force nominale collective de 120 chevaux, construites par MM. Farcot, pour la Compagnie générale des eaux de Paris ; ces deux machines sont montées dans un établissement situé à Ivry (Paris), où elles font mouvoir des pompes qui servent à élever l'eau de la Seine.

La forme de cet arbre, comme de tous ceux de la même fonction, qui reçoivent l'action motrice du piston à vapeur au moyen d'une manivelle simple rapportée, est généralement cylindrique, mais sous divers diamètres, en raison des organes mécaniques qu'il porte et des ajustements nécessaires pour ses propres points d'appui.

En le passant en revue d'une extrémité à l'autre, on reconnaît, en effet, qu'il présente successivement sur la longueur entière, sept parties distinctes A, B, C, D, E, F et G, ayant chacune une attribution particulière et plusieurs diamètres différents.

Les trois premières divisions A, B et C constituent réellement une seule portée uniformément cylindrique, destinée à recevoir la manivelle motrice *a* en A, les coussinets *b* du premier palier en B, et l'excentrique circulaire commandant le tiroir de distribution en C.

A la suite, et séparée par un cordon saillant *c*, vient une partie D, libre et de même diamètre, se raccordant par un congé avec la portée E, d'un diamètre plus fort, et sur laquelle est monté le volant *d*.

Enfin, après cette portée principale, l'arbre est subitement réduit de diamètre et présente le deuxième tourillon, puis la dernière portée G destinée à recevoir un organe de transmission.

Il faut faire remarquer de suite que cet arbre, contrairement à ses similaires, n'est pas appelé à transmettre la puissance totale de la machine, attendu que les deux pompes qui en reçoivent le mouvement sont attelées au bouton même de la manivelle et à la traverse du piston ; mais dès l'instant que cet arbre porte un volant d'une énergie en rapport avec la puissance motrice totale, c'est comme s'il la transmettait, et il est soumis au même effort de torsion.

Il reçoit, en effet, la résistance correspondante de la manivelle au volant ; mais au-delà, la partie F, qui forme le deuxième tourillon, n'a plus que la dimension nécessaire pour résister à la charge, et à une légère torsion provenant d'une faible partie de la puissance utilisée pour faire mouvoir quelques outils accessoires et qui est recueillie, au moyen de l'organe de transmission, engrenage ou poulie, que l'on peut monter sur l'extrémité G.

Assez généralement la partie A, sur laquelle est montée la manivelle, est d'un diamètre plus fort que le tourillon B, qui vient à la suite, de la quantité nécessaire pour en former le *collet*; celle G reprend, par la même raison, le même diamètre, et plus loin surviennent encore les portées saillantes pour le volant et les autres organes que l'arbre reçoit.

Mais ici, le constructeur a conservé le diamètre uniforme, et c'est la manivelle et l'excentrique qui tiennent lieu des collets entre lesquels les coussinets *b* doivent être maintenus. On sait, du reste, que la manivelle est un arrêt fort rigide et invariable, attendu qu'elle est emmanchée à chaud, ou à dilatation, et clavetée au moyen de la clef *e* ; quant à l'excentrique, qui doit être mis en place après la manivelle et le volant, il est formé de deux parties qui se boulonnent ensemble et sont arrêtées sur l'arbre par la clavette *f*; le rebord *c*, réservé à l'arbre, lui sert de point d'appui contre la poussée qui tendrait à l'éloigner des coussinets.

Devons-nous ajouter que cet arbre est exactement tourné dans toute son étendue, et qu'il doit être exécuté en fer forgé et corroyé, de la meilleure qualité possible? Avant que la forge eut à sa disposition des moyens aussi puissants qu'aujourd'hui, on faisait ce genre de pièce en fonte, lorsque les proportions atteignaient certaines dimensions alors inabordables pour la forge. Mais la fonte de fer, malgré la bonne fabrication et l'excès de résistance donné à la pièce, fut toujours un métal tôt ou tard infidèle pour des organes aussi directement soumis à un grand effort que l'est l'arbre à manivelle et à volant d'une machine à vapeur : aussi, son emploi devient-il de moins en moins fréquent dans des applications semblables, pour ne pas dire qu'il est complétement disparu.

Pour le cas même qui nous occupe, c'est-à-dire, pour l'arbre représenté fig. 1 et 2, le constructeur pensant que la machine était susceptible de développer parfois une puissance bien supérieure à celle nominale de 60 chevaux, a augmenté le diamètre de l'arbre qui se trouve plus fort, en effet, que pour d'autres machines semblables sorties des mêmes ateliers.

Les deux machines d'Ivry sont exactement dans les mêmes conditions de marche que celle citée précédemment (p. 68), comme pression, diamètre du cylindre et rayon de la manivelle et dont l'arbre porte 200 millimètres de diamètre, tandis que nous trouvons pour celui-ci $0^m,240$.

ARBRE D'UN APPAREIL DE NAVIGATION A HÉLICE.

Les arbres moteurs les plus remarquables de la construction moderne sont ces axes immenses qui transmettent, sans intermédiaire, le mouvement aux hélices propulsives des navires à vapeur, en se prolongeant, depuis la machine motrice jusqu'à l'extrême arrière, sur une longueur qui peut être de 25 à 30 mètres et plus, suivant l'importance du bâtiment.

La fig. 3 représente, à l'échelle de 1/100, la ligne d'arbre complète d'un appareil à hélice construit dans les ateliers d'Indret, et d'une puissance nominale de 900 chevaux, c'est-à-dire, en faisant la part des usages spéciaux de la marine, d'une puissance réelle effective de près de 2000 chevaux-vapeur de 75 kilogrammètres. C'est, en effet, un axe composé, dans le sens de la longueur, de plusieurs parties qui se relient par des manchonnages, disposition exigée autant sous le rapport de la construction même que pour la mise en place et le bon fonctionnement.

L'extrémité opposée à l'hélice est formée d'une partie A, présentant deux coudes d'équerre qui constituent les manivelles de la machine motrice à double cylindre, laquelle est disposée en travers de la coque du bâtiment, puisque l'arbre doit être posé longitudinalement et que les pistons actionnent directement l'arbre par leurs bielles qui s'assemblent avec les coudes.

A la suite de cette partie coudée, qui trouve ses trois supports sur les bâtis mêmes où s'appuient les cylindres, vient un bout d'arbre B qui relie, par deux jonctions articulées a et a', l'arbre à coudes avec un axe droit C, lequel se joint, par un embrayage b, et sur lequel nous donnerons quelques détails préliminaires, avec la dernière partie D qui porte enfin l'hélice propulsive E.

Ce n'est pas le moment d'insister sur ces divers organes que l'arbre porte ou qui en relient les différentes parties, attendu que nous décrivons autre part les assemblages que l'on appelle, dans la construction mécanique, *manchons de jonction et d'embrayage ;* mais il est utile, avant d'examiner l'arbre lui-même, de dire quelques mots sur l'ensemble de ses fonctions.

La machine, dont il transmet la puissance, est composée d'une paire d'énormes cylindres avec pistons *à fourreau*, de $2^m,30$ de diamètre et $1^m,10$ de course, montés côte-à-côte, à tribord, avec leurs condenseurs et pompes à air placés vis-à-vis ; l'effort que chaque piston communique ainsi au coude-manivelle qui lui correspond, n'est pas moins de 70 à 75000 kilogrammes, en marchant à la vitesse de 50 à 60 coups doubles par minute. La partie coudée, ou *vilbrequin*, transmet la somme des deux efforts et la vitesse à la ligne d'arbre à laquelle il est relié, et enfin à l'hélice qui en occupe l'extrémité, dans le bâti d'étambot, à l'*avant* du gouvernail.

L'hélice E, dont les fig. 3 et 4 permettent de comprendre l'ensemble de la structure, est du système adopté souvent en France, et désigné du nom de M. Mangin, ingénieur de la marine, auquel on en doit l'application. On voit que cette hélice est formée de deux paires d'ailes fondues en bronze, de la même pièce, ainsi que le moyeu par lequel elle est montée sur l'arbre. Cette pièce remarquable ne mesure pas moins de $5^m,85$ de diamètre à l'extrémité des ailes, dont l'inclinaison, sur la tranche extérieure, correspond à un pas héliçoïdal d'environ $9^m,546$. Afin de rappeler à nos lecteurs l'influence du pas sur la marche (qui n'est autre chose, en principe, que l'avancement d'une vis dans son écrou), nous dirons que si l'hélice fait, par exemple, 55 tours à la minute, c'est comme si elle avançait dans l'eau d'un même nombre de fois son pas, c'est-à-dire de :

$$9,546 \times 55 = 525^m,03,$$

et, par seconde, de :

$$\frac{525,03}{60} = 8^m,75.$$

Mais cela n'est que l'avancement théorique, car l'eau n'est pas, à beaucoup près, un écrou rigide : elle cède en partie à la pression des ailes de l'hélice, qui a ce qu'on nomme du *recul*. Admettant, en résumé, que ce recul soit de 35/100, c'est-à-dire que l'avancement réel de l'hélice et du bâtiment soit les 65/100 de celui théorique ci-dessus, il sera de :

$$8,75 \times 0,65 = 5,69 \text{ p. } 1''.$$

En langage marin, on dira que la marche du navire égale par heure :

$$\frac{5,69 \times 3600}{1851} = 11 \text{ nœuds},$$

un nœud étant une minute d'un méridien terrestre et correspondant à 1851 mètres (1).

Ce mode de propulsion indique que la puissance de la machine se transmettant d'abord directement, par un effort dirigé circulairement, est transformée ensuite, par l'action de l'hélice, en un effort longitudinal dirigé dans le sens même de l'axe de l'arbre et conformément à l'avancement du bâtiment ; et comme l'hélice a dû se créer, pour cela, un point d'appui sur l'eau, et que c'est par son axe que le bâtiment reçoit son mouvement progressif, il faut bien que cet axe, qui n'est autre chose que l'arbre lui-même, en ait éprouvé une *poussée* dirigée en sens contraire, et précisément égale à la résistance que le bâtiment oppose à la propulsion.

C'est, en effet, ce qui se manifeste avec une grande intensité ; et l'effort de torsion éprouvé par l'arbre est finalement transformé pour lui en charge longitudinale, de façon qu'il résiste simultanément à ces deux modes d'effort. En ce point, ce genre d'arbre est donc différent des autres, et le second effort auquel il est soumis est très-considérable : on peut l'évaluer, avec les proportions de celui représenté ici, et dans des conditions de marche moyenne, à environ 18000 kilogrammes.

En nous attachant à décrire séparément les parties principales de cet arbre, nous dirons comment on parvient à en soustraire la plus grande portion à cette poussée que le mécanisme même de la machine ne pourrait pas supporter sans les plus graves inconvénients.

Partie coudée ou vilbrequin. — La fig. 5 représente, à l'échelle de 3 centimètres par mètre, cette partie importante A de l'arbre qui appartient plus particulièrement au mécanisme de la machine motrice.

Cette pièce, chef-d'œuvre de fer forgé, présente sur sa longueur totale plusieurs parties de fonctions différentes, parmi lesquelles on doit remarquer d'abord les deux coudes *c*, dont la fig. 6, qui est une vue de bout de l'arbre, permettra de comprendre la forme et la position relative. On voit que chacun d'eux est formé de deux manivelles *c*, de forme prismatique, et séparées par le tourillon ou bouton *d* sur lequel s'assemble la bielle correspondante.

Au milieu de la longueur de l'arbre et de chaque côté des coudes, sont situés les trois tourillons *e* par lesquels l'ensemble repose sur les trois flasques du bâti de la machine. Enfin, deux parties *f* sont réservées pour placer les excentriques de distribution, et l'extrémité *g* est destinée au manchonnage avec la seconde partie d'arbre B.

Bien que les deux coudes soient placés à angle droit, afin de conjuguer l'action des pistons et régulariser la vitesse, la masse entière de l'arbre donnerait lieu à des *faux-pesants* très-sensibles et très-nuisibles, si l'on ne prenait soin de l'équilibrer à l'aide de contre-poids rapportés *ad hoc*. Déjà l'on peut voir que les deux joues

(1) On peut voir, au sujet des propulseurs à hélice, la 2e partie de notre traité des *Moteurs à vapeur*.

des coudes sont prolongées d'une certaine quantité *h* du côté opposé au bouton ; mais ceci ne suffisant pas, on a rapporté entre le tourillon central et chacun des deux coudes, deux plateaux en fonte F, fig. 5 et 7, en deux parties, dans lesquels sont ménagés des vides *i* dont on remplit de plomb un certain nombre jusqu'à ce que l'équilibre soit obtenu.

Sous le rapport des proportions relatives de toutes les parties, l'ensemble de la pièce conserve à peu près partout la même section, comme si la même tige de fer avait pu être ployée suivant la forme voulue. En prenant comme base le diamètre des tourillons, qui égale 43 centimètres, on voit que les boutons *d*, qui sont plus faibles pour les manivelles simples ordinaires, ont ici la même force, condition que l'on observe toujours dans la construction des arbres ou essieux coudés. Quant aux parties latérales *c*, elles n'ont que 0^{m},35 de largeur, mais elles présentent, dans l'autre sens, 45 centimètres, conformément au corps de l'arbre en dehors des tourillons.

A l'égard de ces derniers, leur *portée* est presque le double du diamètre.

Partie droite portant l'hélice fig. 8. — Cette partie D de la ligne, remarquable d'abord comme pièce de fer forgé de près de 9 mètres de longueur, est encore caractérisée par l'*étui* en cuivre, dans lequel elle est ajustée, et par une disposition spéciale en vue de la *poussée* : c'est, en effet, exclusivement la partie qui résiste à la fois à la torsion et à la pression longitudinale.

Commençant par l'organe le plus important du système, on voit que l'extrémité qui doit recevoir l'hélice est tournée conique et se termine par un fort taraudage, pour l'écrou à l'aide duquel on retient le propulseur qui s'y trouve également fixé par une clavette *j*. Si l'on ajoute à cela la pression réactive de l'eau sur l'hélice et de celle-ci sur le cône de l'arbre, on peut admettre qu'elle s'y trouve très-solidement emmanchée.

A ce propos, il est utile de faire remarquer que ce système de relation entre l'hélice et son arbre, est celui dit *inamovible*, dans lequel l'hélice restant constamment liée à l'arbre et immergée pendant la marche à la voile, on se contente de l'*affoler*, en débrayant les deux parties d'arbre C et D. Mais on établit aussi des hélices *amovibles* que l'on peut isoler complétement de la ligne d'arbre, et sortir entièrement de l'eau, lorsqu'on veut profiter d'un bon vent et marcher exclusivement à la voile.

Cette partie d'arbre D, pour parvenir à l'hélice qui est naturellement en dehors du bâtiment, traverse la carène par un long tube, que l'on appelle *tube d'étambot*, et qui est fermé extérieurement par un presse-étoupe complétant une garniture à laquelle tous les soins ont été réservés pour empêcher toute infiltration d'eau à l'intérieur du navire. Nonobstant ces précautions, l'arbre est encore protégé, dans son passage au travers du tube d'étambot, par une enveloppe formée d'un étui en cuivre rouge *k*, et de deux manchons en bronze *l* tournés extérieurement dans les deux parties par lesquelles il frotte dans ce tube qui lui sert aussi de guide.

Nous arrivons à cette autre extrémité de l'arbre où se trouve ménagée la disposition nécessaire pour *éteindre* la poussée énorme qu'il ressent, c'est-à-dire, le palie spécial, appelé palier de *poussée* ou de *butée*.

Un palier ordinaire, dans lequel l'arbre serait maintenu par deux simples collets, arrêterait la poussée ; mais le collet situé du côté de l'hélice et qui, seul, en éprouverait l'effort, n'y résisterait pas ; il serait bientôt usé et même brûlé, faute d'opposer à cette poussée une surface suffisante.

Au lieu d'un seul collet, on en a réservé 10, dont 9 supportent la pression. Ces 10 collets *m* sont pris dans la masse de l'arbre ; le palier correspondant présente un même nombre de cannelures pratiquées dans ses coussinets, qui sont en bronze et, de plus, revêtus intérieurement d'un métal blanc spécial, dit anti-friction, dont la nature est reconnue préférable au bronze pour le frottement et la conservation de l'arbre.

Ce palier de butée constitue, d'après cela, l'un des organes les plus importants du mécanisme de transmission de l'hélice propulsive ; c'est lui qui en reçoit définitivement tout l'effet et le transmet au navire, avec lequel il doit être nécessairement relié avec une solidité exceptionnelle. Nous le ferons connaître plus tard dans tous ses détails.

Il ne nous reste plus qu'à examiner l'ensemble de cette ligne d'arbre, au point de vue de sa résistance comparée aux efforts qu'elle transmet.

Proposons-nous d'abord de déterminer le diamètre qui convient, d'après nos formules (p. 66), à l'arbre d'une machine, dans les conditions de celle-ci.

Le diamètre extérieur des pistons est de $2^m,30$ et celui du fourreau 1 mètre ; la pression de la vapeur, dans les appareils de navigation est réglée, aujourd'hui, à $2^{at},5$, et la contre-pression dans le condenseur étant assez considérable, la pression effective maxima sur la surface des pistons ne dépasse pas $2^{at},3$ environ.

Dans ces conditions, l'effort effectif total sur chaque piston s'élève, à très-peu près, à 80000 kilogrammes ; la manivelle ayant 55 centimètres de rayon, la règle que nous avons établie donne, pour le diamètre des tourillons correspondant à la puissance totale des deux cylindres :

$$D = \sqrt[3]{0,007PR} + 1 = \sqrt[3]{0,007 \times 160000^k \times 55^c} + 1 = 40^c,5.$$

Or, les constructeurs ont donné aux tourillons du vilbrequin 43 centimètres de diamètre, et 42 à l'arbre intermédiaire B ; enfin, le diamètre des deux parties qui viennent à la suite est réduit à 38 centimètres. Cette diminution progressive du diamètre s'explique, si l'on considère que la résistance du propulseur est inférieure à la puissance transmise directement aux boutons du vilbrequin et que, d'ailleurs, ce dernier étant d'une fabrication plus délicate que les arbres droits, il peut être prudent de le faire travailler à un taux moins élevé.

Ces dimensions, déterminées en fonction de la résistance à la torsion, sont plus que suffisantes, quant à la pression longitudinale que la partie D de l'arbre supporte en même temps.

Ainsi, lors même que cette pression, ou poussée, atteindrait 20000 kilogrammes, la charge spécifique ne s'élèverait encore qu'à :

$$\frac{20000^k}{0,7854 \times 38 \times 38} = 17^k,6 \text{ par centimètre carré.}$$

Recherchons maintenant sous quelle charge travaillent les collets de la butée.

La surface annulaire d'un collet égale, d'après les diamètres 38 et 48 du fond et de l'extérieur :

$$0,7854 \times (\overline{48}^2 - \overline{38}^2) = 675 \text{ centimètres carrés.}$$

La pression étant supportée par 9 surfaces semblables, la charge spécifique devient :

$$\frac{20000}{675 \times 9} = 3^k,3 \text{ par centimètre carré.}$$

Ainsi, en admettant que la charge totale soit bien répartie sur les neuf collets frottants, il faudrait que la pression fût presque sextuplée pour atteindre le taux auquel travaille le tourillon, ou la fusée d'essieu, d'un wagon de chemins de fer (p. 84), au point de vue du frottement.

Nous complétons cette description de la ligne d'arbre d'un appareil à hélice par une note intéressante sur la fabrication même des arbres coudés. Mais il nous reste, auparavant, à citer encore des exemples de ce type.

ESSIEUX COUDÉS ET DROITS DE LOCOMOTIVES.

Les fig. 9 et 10 représentent, à l'échelle de 6 centimètres par mètre, l'essieu moteur d'une puissante machine locomotive à marchandises construite dans les ateliers de la compagnie du chemin de fer d'Orléans, sous la direction de feu M. C. Polonceau.

On sait que cette classe de machines se distingue par l'accouplement de tous les essieux, afin, en les rendant tous moteurs, de profiter du poids total de la machine pour l'*adhérence*, de l'intensité de laquelle dépend la charge que la machine peut entraîner. Mais, parmi ces essieux, au nombre de trois pour la machine actuelle, l'un reçoit directement la puissance développée par la vapeur sur les pistons, avec lesquels il se trouve en rapport immédiat par des bielles principales, et transmet ensuite cette puissance aux autres essieux, au moyen d'autres bielles dite d'accouplement.

Dans tous les cas, ces essieux secondaires sont *droits*, car les bielles qui les actionnent, toujours en dehors des roues, sont assemblées avec un bouton monté, soit sur le moyeu de la roue elle-même, soit sur le bouton d'une petite manivelle rapportée à l'extrémité de l'arbre. Mais il n'en est pas de même de l'essieu moteur. Les machines sont, tantôt à cylindres *extérieurs* et tantôt à cylindres *intérieurs* ;

dans le premier cas, c'est-à-dire, les cylindres à vapeur placés à l'extérieur des roues, les bielles motrices attaquent l'essieu moteur par la roue elle-même, et cet essieu est simplement *droit*, comme ceux dont nous venons de parler ; si, au contraire, les cylindres sont montés en dedans des roues, il faut que les bielles attaquent directement l'essieu moteur qui est alors *coudé*, comme celui décrit précédemment, et tel que celui pris ici pour exemple (1).

Nous pouvons, en effet, comparer complétement ces deux arbres moteurs, par les deux coudes et par l'ensemble forgé de la même pièce, et dans les deux cas, recevant l'action d'une machine à double cylindre ; seulement le fonctionnement de ce dernier offre de plus le rôle qu'il remplit comme essieu véritable d'un véhicule ; et, enfin, sa relation avec les autres parties de la machine mérite un examen particulier. Ajoutons encore, que de dimensions bien inférieures à celles de l'arbre à hélice, il correspond, cependant, à une puissance considérable, relativement, résultat remarquable dû à la grande différence des deux vitesses de rotation.

L'ensemble de l'arbre est complétement symétrique par rapport à l'axe de la machine ou au milieu de la distance des deux roues ; il présente, d'abord, les deux coudes A, placés à angle droit, et, en dehors de ces derniers, deux portées B, sur lesquelles les roues *a* sont emmanchées avec une solidité telle, qu'on pourrait les considérer comme exactement solidaires de l'arbre lui-même ; puis en dehors des roues viennent les tourillons C, d'après lesquels s'exécute la rotation de l'arbre dans le palier connu, dans l'industrie des chemins de fer, sous le nom de *boîte à graisse*, et lesquels tourillons portent la partie du poids de la machine dévolue à cet essieu ; enfin, l'arbre est encore prolongé des deux bouts suivant une portée D, pour recevoir les deux paires d'excentriques de distribution et les manivelles *b* auxquelles s'assemblent les bielles d'accouplement qui rendent les trois essieux moteurs.

Résumant la position de cet arbre, on voit qu'il est d'abord solidaire des deux roues et relié ensuite au bâti général de la machine par les boîtes à coussinets *c*, dans lesquelles ses tourillons sont engagés ; les roues constituent ses véritables supports, ainsi que de la charge qui pèse sur les deux tourillons C. Mais, pour assurer la rigidité de l'arbre, et, en même temps, pour diviser l'effort final de traction qui s'exerce horizontalement sur le bâti de la machine, on le guide entre les deux coudes dans un troisième palier qui correspond à la portée saillante E, réservée à cet effet.

Les fonctions d'un tel arbre sont également intéressantes à étudier et offrent des circonstances toutes particulières, distinctes du rôle principal qu'on lui reconnaît tout d'abord.

La puissance des cylindres à vapeur s'exerçant sur chacun des deux boutons *d*, par les bielles motrices dont on voit la section *e*, la résistance immédiate est à la

(1) Nous avons donné dans la *Publication industrielle* et dans le traité des *Moteurs à vapeur*, la description et les dessins complets des différents types de machines locomotives.

circonférence des roues qui tendent à tourner sur elles-mêmes en surmontant le frottement dû à la charge qu'elles portent ; par conséquent, l'effet de torsion dû à cette action se manifeste sur les portées B, ou sur la partie voisine qui la précède par rapport au coude, et si la puissance pouvait être exactement partagée sur les deux coudes, la force de l'arbre pourrait être limitée à la puissance d'un seul des deux cylindres, puisque la résistance est régulièrement divisée suivant les deux roues.

Au-delà de la roue, le tourillon B ne serait soumis qu'à un effort de presssion, si les essieux n'étaient pas connexés ; mais comme celui actuel commande au contraire les deux autres, qui résistent en raison de la charge qu'ils portent, le tourillon C et son prolongement D ont à résister à l'effort de torsion correspondant à la partie de puissance transmise par la manivelle *b*.

Enfin, l'ensemble de l'arbre éprouve encore un effort de flexion transversale dirigé horizontalement, qui s'exerce sur les trois portées C et E, et qui résulte de la résistance du convoi à la traction.

En présence de ces efforts différents, on sait que les proportions des parties qui résistent à plusieurs à la fois, doivent évidemment répondre au plus grand de tous, et il va être facile de se convaincre que c'est l'effort de torsion qui doit exiger les plus forts diamètres.

Pour poser les bases de cette évaluation, nous avons les données suivantes :

Diamètre des pistons		0m,420
Course		0 ,650
Pression maxima de la vapeur		8 atm.
Poids total de la machine en ordre de marche		30710k
Répartition de ce poids sur les 3 essieux	1er essieu-avant	9905
	2e essieu moteur	10790
	3e essieu-arrière	10015
Plus grand effort de traction de la machine		4600

Déterminons d'abord le diamètre que la formule donnerait, pour l'arbre soumis à la torsion sous l'influence d'un seul cylindre.

On a premièrement :

$$P = 0,7854 \times 42 \times 42 \times 7^{at} \times 1,0333 = 10000 \text{ kil.}$$

Le rayon des coudes-manivelles étant $32^c,5$, il vient, pour le diamètre cherché :

$$D = \sqrt[3]{0,007 \times 10000 \times 32,5} \times 1 = 14^c,2.$$

Si l'on calcule, au contraire, pour la puissance totale, on trouve :

$$D = \sqrt[3]{0,007 \times 20000 \times 32,5} + 1 = 17^c,6.$$

C'est, précisément, par une singulière coïncidence, le diamètre donné à l'arbre par le constructeur, dans l'emmanchement avec les roues, ce qui prouve, d'ailleurs, qu'il est proportionné à la puissance totale développée sur les deux pistons

Pour déterminer le diamètre de la portée D soumise à la torsion par l'effort que la manivelle *b* transmet, on peut regarder la charge comme uniformément répartie sur les trois essieux qui absorberaient alors chacun le tiers de la force motrice ; et comme chaque manivelle *b* communique avec deux essieux, elle ne transmet réellement que la moitié des deux tiers, soit 1/3 de cette puissance, puisque ces essieux sont attaqués par leurs deux extrémités.

En admettant ce principe, on aurait donc pour le diamètre de cette portée D, et en conservant le même rayon comme levier de l'effort :

$$D = \sqrt[3]{0,007 \times \frac{20000}{3} \times 32,5 \times 1} = 12^c,5.$$

Si, comme pour le diamètre principal, nous avions pris le double de cette force, c'est-à-dire, comme si les bielles d'accouplement n'existaient que d'un seul côté de la machine, nous aurions trouvé $15^c,5$, et le diamètre réel égale $13^c,5$, qui se rapproche davantage du précédent, obtenu avec la répartition rationnelle de la force.

Enfin, pour appliquer au tourillon C la règle ci-dessus (p. 87), relative à la résistance à la pression simple, on vient de voir que cet essieu supporte une charge de 10790 kilogrammes, soit 5395 par chaque tourillon dont la portée est supérieure au diamètre dans le rapport de 17 à 14.

Par conséquent, *m*, ce rapport, égale environ 1,21, et la formule fournit pour le diamètre :

$$D = \sqrt[2]{0,0085 \times 5395 \times 1,21} + 0,5 = 7^c,94,$$

soit environ 8 centimètres.

Mais comme il lui faut au moins 13 pour résister à l'effort de torsion, c'est nécessairement cette dernière dimension qui doit être adoptée, et, de fait, il a 14, diamètre intermédiaire entre 17,6 et 13,5, les diamètres des portées B et D entre lesquelles ce tourillon se trouve situé.

Quant à l'effort de traction horizontal qui n'atteint pas 5000 kilog. et qui est supporté à la fois par les trois portées C et E, on comprend que leurs diamètres y répondent suffisamment.

Il est important de faire remarquer que les opérations qui précèdent ne peuvent avoir pour objet de fixer, ou de rectifier, des dimensions que la pratique a indiquées aux ingénieurs et aux constructeurs habiles et expérimentés qui s'occupent d'établir ce genre de machines, lesquelles sont, d'ailleurs, soumises à des chocs, des vibrations, des résistances additionnelles, en un mot, qui échappent, pour ainsi dire, à toute analyse, et pour lesquelles on réclame, au contraire, une sécurité toute exceptionnelle ; les exemples que nous proposons n'ont donc d'autre but que d'établir des comparaisons et de montrer dans quelles limites les règles peuvent servir de base.

Après ce qu'il nous paraissait utile de dire au sujet de cet essieu moteur *coudé*, nous nous arrêterons seulement quelques instants sur celui que représente la fig. 11, et qui est, au contraire, un essieu moteur *droit*, appartenant, par conséquent, à une locomotive à cylindres *extérieurs*.

C'est l'un des quatre essieux accouplés de la machine-tender, dite de *forte rampe*, que M. Petiet a fait établir pour le chemin de fer du Nord.

Non-seulement ces quatre essieux sont droits, mais les longerons du bâti de la machine étant à l'intérieur des roues, les tourillons C s'y trouvent aussi, et comme les bielles d'accouplement attaquent directement les roues, ces essieux se terminent juste à la surface extérieure du moyeu.

La structure de l'essieu A est par cela même très-simple. La partie centrale est cylindrique à 16 centimètres de diamètre ; elle est limitée par les deux collets *b* des tourillons C, dont le diamètre a un centimètre de plus. Après le tourillon, se trouve la partie B, sur laquelle est montée la roue ; son diamètre égale 19 centimètres ; elle est accompagnée d'un petit cordon ou rebord *c*, encastré dans le moyeu de la roue, à laquelle il forme point d'appui au moment du calage.

Cette opération, à l'égard des roues des locomotives et des wagons qui sont solidaires de leur essieu, se fait au moyen de la presse hydraulique qui permet d'effectuer cet assemblage avec toute la solidité exigée dans cette circonstance spéciale.

L'assemblage de la roue et de l'essieu se fait cependant au moyen d'une clavette, qui empêcherait les deux parties de tourner l'une sur l'autre, si par hasard le serrage venait à manquer ; mais la première condition de solidité réside dans ce serrage, qui doit être extrêmement énergique.

Pour cela, on tourne la portée de l'essieu à un diamètre légèrement plus fort que l'alésage du moyeu de la roue, puis, à la faveur d'un peu *d'entrée*, on refoule l'essieu dans sa place à l'aide d'une presse hydraulique.

Les auteurs de l'excellent traité, *le Guide du mécanicien conducteur de locomotives*, nous apprennent que la pression moyenne nécessaire pour le calage d'une roue de locomotive atteint 70000 kilogrammes, et 25000 pour les essieux de wagons. Les boutons de manivelle, qui sont aussi implantés dans le moyeu des roues, n'exigent pas moins de 15000 kilogrammes.

Le décalage est opéré de la même façon.

Revenant à l'arbre, ou essieu, représenté fig. 11, nous insistons pour faire remarquer combien les proportions en sont considérables. On ne charge pas l'essieu d'un véhicule quelconque de chemin de fer de plus de 10 à 12000 kilogrammes, pour ne pas fatiguer les voies et les roues elles-mêmes outre mesure ; supposons celui-ci chargé au maximum, ce qui ferait 6000 kilogr. par tourillon : il résiste à cette charge par un diamètre de 17 centimètres sur 24 de portée. Il a les mêmes dimensions que s'il devait résister à la torsion.

ARBRE COUDÉ EN FER ROND.

Nous terminons cette liste des principaux arbres moteurs en fer, par l'exemple de l'un de ces petits arbres coudés qui sont d'un type de fabrication très-convenable pour des applications moins importantes que dans le cas des arbres à coudes précédemment décrits.

Pour des arbres de petites dimensions, principalement pour ceux des machines à vapeur locomobiles, on prend une tige de fer cylindrique que l'on coude simplement à la forge, en lui conservant la structure indiquée par les fig. 12 et 13; puis on le finit sur le tour pour le corps principal et pour le bouton, et on termine ensuite les parties déviées à la lime, soit en conservant la forme ronde, soit en adoptant une section polygonale.

C'est une méthode économique et dont le résultat n'est pas moins bon, car le fer reste *dans tout son nerf* s'il a été ployé à une température convenable, et en conservant les angles d'un rayon au moins aussi grand que notre figure l'indique.

Toutes les locomobiles sortant des ateliers de M. Rouffet aîné, mécanicien à Paris, sont pourvues d'un arbre moteur ainsi constitué.

FABRICATION DES ARBRES EN FER DROITS ET COUDÉS.

Comme complément de ce travail, relatif aux arbres moteurs en fer, nous pensons qu'on ne lira pas sans intérêt les quelques détails que nous donnons ci-après sur les procédés de forgeage usités aujourd'hui dans la fabrication de ces arbres qui dépassent de beaucoup, en dimensions et en poids, les pièces que l'on peut travailler à la main et à l'ancienne forge simple, dite de *maréchal*. Nous appelons principalement l'attention du lecteur sur les notes relatives à la fabrication du grand arbre coudé, représenté fig. 5 et 6, pl. 4, et sortant des ateliers d'Indret.

Arbres droits. — La fabrication des arbres *droits* n'offre évidemment pas le même intérêt que les essieux coudés; néanmoins, lorsqu'ils atteignent des dimensions considérables, qui représentent de grandes masses de métal à soumettre à la fois au feu et au marteau, cette main-d'œuvre de forge acquiert une véritable importance, et peut d'ailleurs s'effectuer à l'aide de procédés différents.

Fig. 17.

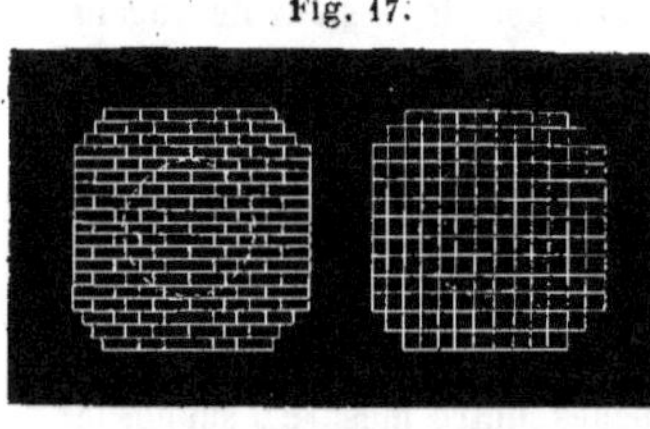

Lorsqu'un arbre est d'une certaine grosseur, il faut employer la méthode dite des *paquets*, laquelle consiste à réunir, en un seul faisceau, un grand nombre de barres, plates ou carrées, suivant l'une ou l'autre des deux dispositions que représente la fig. 17. Cette masse, au moins égale à celle de l'arbre fini, mais plus courte et plus grosse, est mise au feu, et amenée à la température du blanc soudant pour les premières chaudes ; après le martelage, les barres sont parfaitement soudées ensemble et la masse entière progressivement transformée selon les dimensions voulues de la pièce finie.

Cette opération, que l'on nomme *corroyage*, et qui pourrait se faire au laminoir pour de petites pièces, s'effectue au marteau lorsque le poids dépasse seulement 200 kilogrammes. Le soudage se fait ainsi bien mieux que sous l'influence d'une simple compression, que produit le laminoir ; et puis avec ce dernier outil, il faut que la pièce soit chauffée à la fois dans toute son étendue, ce qui devient difficile pour une certaine longueur, tandis que pour le travail au marteau, on peut ne chauffer la pièce que partie par partie.

La disposition des barres, qui composent le paquet primitif, n'a pas toujours lieu comme nous l'avons indiqué tout à l'heure.

Fig. 18.

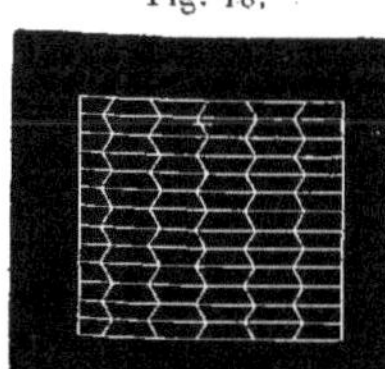

Ainsi, MM. Pétin et Gaudet emploient, de préférence, des barres de forme trapézoïdale, fig. 18, forme qui a l'avantage de faciliter le serrage réciproque de ces barres sous le martelage et d'en opérer plus intimement la liaison. Dans d'autres circonstances, on a donné à ces barres une forme hexagonale, qui est de celles, ainsi qu'on le sait, ayant la propriété de remplir exactement un espace, comme des triangles isocèles, des carrés et des rectangles égaux.

Pour de très-gros arbres, on accorde la préférence à cette autre méthode, qui consiste à préparer d'abord, par l'un des procédés ci-dessus, un premier arbre, d'un moindre diamètre, et qui constitue, en quelque sorte, le noyau d'un paquet, fig. 19, composé de barres conformées préalablement suivant des segments de la zone qu'elles occupent autour de ce noyau ; ces mises se font par zones successives que l'on soude au moyen d'une enclume à étampe circulaire, en répétant l'opération jusqu'à ce que l'on ait atteint le diamètre voulu.

Fig. 19.

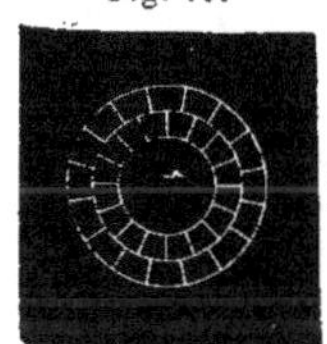

Ce système de corroyage, par mises successives, assure le parfait soudage, *à cœur*, comme l'on dit ; mais comme c'est une opération plus longue que par les paquets préparés d'une seule masse, on ne l'emploie que pour des arbres dont le diamètre atteint réellement une limite pour laquelle on peut craindre que l'action du marteau ne se fasse sentir qu'imparfaitement jusqu'au centre.

En général, pour un arbre dont le diamètre est uniforme, sans renflements, la méthode la plus simple est de composer un paquet carré, assez gros pour pouvoir s'allonger du simple au double, et d'un poids qui excède l'arbre fini de celui des déchets résultant nécessairement de la forge et du tournage.

On soude parfaitement le paquet en l'étirant faiblement à chaque chaude, et en prenant le soin de le travailler sur les angles pour arriver insensiblement de la forme carrée à celle ronde ; on place ensuite la pièce sous un marteau à étampe qui achève de lui donner la forme et la longueur requises ; on appelle cela *parer* la pièce.

Les arbres à renflements se préparent souvent en forgeant une pièce au diamètre uniforme moyen, et sur laquelle on rapporte des mises pour les parties renflées ; puis on enlève ensuite à la tranche les parties d'un diamètre moindre, telles, par exemple, que les tourillons. Cette méthode, qui est simple, a le grave inconvénient de diviser le nerf du métal en différents points ; on regarde, comme préférable, de prendre l'arbre dans un seul paquet que l'on étire convenablement, de façon à produire toutes les réductions de diamètre, exclusivement à l'aide du martelage.

Arbres coudés de locomotives. — La confection des gros arbres coudés est un art tout moderne, et dont on peut relier principalement l'origine à celle des machines locomotives, auxquelles cet organe fut appliqué dès leur introduction dans l'industrie. C'est, en effet, pour ce genre de machine qu'un arbre en vilbrequin, principe connu autrement d'ailleurs, devait réunir à la fois les conditions les plus expresses de bonnes qualités ainsi que les plus grandes dimensions, et pendant longtemps, c'est en vue de cette application qu'ils furent étudiés et amenés à un haut degré de perfection. Mais vinrent ensuite les appareils de navigation à hélice et à commande directe, qu'il fallut pourvoir d'arbres coudés, bien autrement considérables, et d'une exécution présentant des difficultés bien plus sérieuses ; certains de ces nouveaux arbres sont même à trois coudes.

Maintenant que les deux genres de machines ont acquis une extension considérable, la fabrication de ces magnifiques pièces de forge se fait assez couramment malgré les difficultés qu'elles présentent, d'ailleurs, dans l'exécution : plusieurs établissements se sont même formés, en France et en Angleterre, spécialement pour cette fabrication, sans compter les ateliers particuliers des chemins de fer, qui peuvent établir eux-mêmes leurs essieux, et de grands chantiers, comme Indret, où les plus grands arbres coudés s'exécutent à côté de la machine et des chaudières qui doivent compléter l'appareil.

Désirant mettre sous les yeux du lecteur les principaux procédés que l'on emploie, ou qui ont été proposés pour la fabrication des arbres coudés, nous ferons quelques emprunts, pour cette question spéciale, au grand ouvrage de MM. E. Flachat, A. Barrault et J. Petiet, *sur la fabrication de la fonte et du fer.*

« La qualité de fer qui convient le mieux pour la fabrication des essieux coudés est le fer dur, à grain, facile à travailler à chaud et à froid, plutôt que le fer nerveux, qui se prête difficilement aux manipulations que l'on fait subir au métal pour l'amener à cette structure si caractéristique.

» Les premiers arbres coudés pour locomotives que l'on a faits en France, ont été forgés en préparant d'abord un arbre rond sur lequel on réservait, à l'endroit des manivelles, des parties plates en saillie destinées à recevoir des mises successives de fer plat, de dimensions convenables, et que l'on soudait après coup ; on enlevait ensuite à froid, au moyen de la machine à mortaiser, l'évidement nécessaire pour le passage des bielles. Mais on reconnut bientôt que par cette méthode les différentes parties de l'arbre manquaient de la liaison nécessaire, et que la sûreté de la pièce dépendait d'une seule soudure incomplète : elle fut donc peu employée.

Fig. 20.

Fig. 21.

» En Angleterre, les essieux coudés de locomotive se font généralement en deux pièces. On prépare au marteau des plaques d'environ $0^{m},60$ de long sur 0,45 de large, et 0,06 à 0,07 d'épaisseur, que l'on perce d'un trou ovale à l'endroit de l'évidement de la manivelle. On réunit ensuite, en les soudant à plat, trois ou quatre de ces plaques en une masse, fig. 20, et en ayant soin que les trous se correspondent ; puis, en forgeant sur champ, on détermine à chaque extrémité une partie cylindrique d'un diamètre un peu plus grand que celui de l'arbre fini, en s'arrangeant aussi de façon que les trous préparés à l'avance s'agrandissent, afin que la soudure se fasse bien à cœur. Les pièces arrivées à ce degré d'avancement ont la structure que représente la fig. 21 ; on en soude alors deux, à angle droit, et on obtient un essieu complet, de forge, tel que l'indique la fig. 22.

Fig. 22.

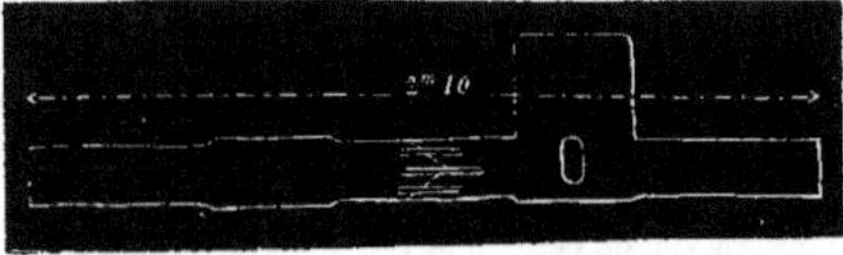

» Nous avons fait voir, sur cette même figure, le procédé employé pour effectuer convenablement le soudage des deux parties. Les extrémités, qui doivent être réunies, étant conformées d'avance suivant un rentrant et un saillant triangulaires, on a pratiqué, au travers du joint, des fentes longitudinales dans lesquelles on introduit des bandes de fer, en manière de *faux-tenons.* C'est ainsi, préparées et rassemblées, que les deux pièces sont mises au feu et que la soudure est opérée.

» Sans doute, en prenant toutes les précautions nécessaires, et avec l'expérience d'un bon forgeron, on peut obtenir, par ce procédé, de bonnes pièces et faire une soudure parfaite ; mais il est néanmoins préférable d'éviter cette soudure en enlevant l'essieu dans un même paquet.

» En admettant cette dernière méthode, on prépare un paquet méplat d'un poids suffisant pour produire trois essieux, on en corroye une partie, fig. 23, que l'on coupe ensuite à une longueur d'environ $1^m,10$, et avec laquelle on va faire le premier essieu.

Fig. 23.

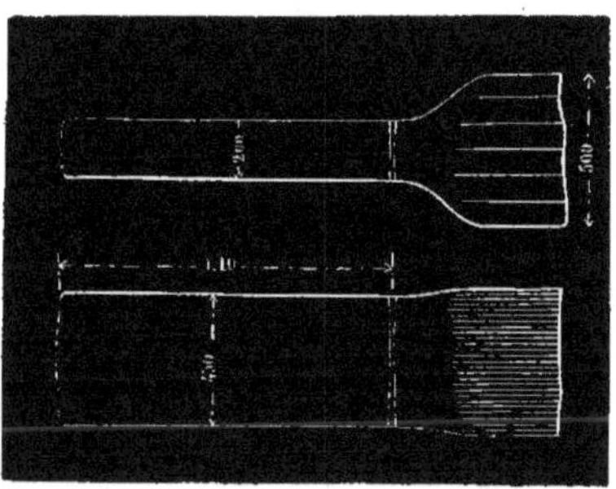

» Cette partie détachée du paquet principal, et qui a la forme générale d'une plaque *abde*, fig. 24, est amenée, à la forge, à cette autre forme *dbcga'c'*, complétée sur cette figure par un tracé en lignes ponctuées, et, en même temps, on fait venir le même trou *x*, à l'endroit de l'évidement de l'un des deux coudes, qui a pour objet de favoriser la chauffe *à cœur*.

Fig. 24.

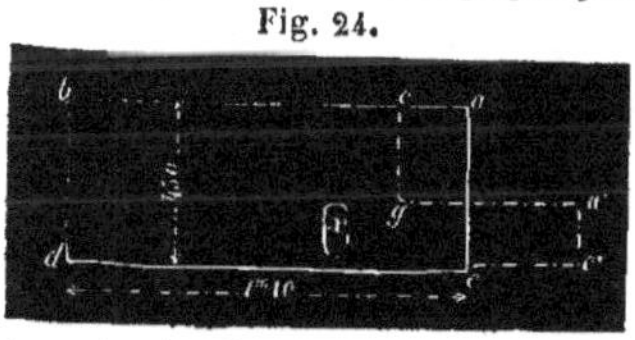

De cette forme, et en forgeant la pièce sur champ, entre les deux parties réservées pour les deux coudes, on arrive à celle-ci, fig. 25, suivant le contour, en lignes pleines *c'a'gee'g'g''e''b'd'*, puis on perce le deuxième trou *y*.

Fig. 25.

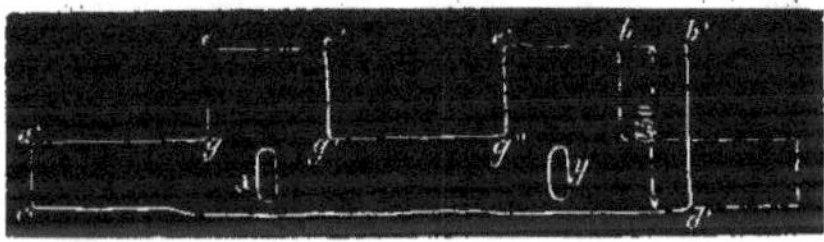

» L'extrémité de cette pièce présentant encore une masse pleine rectangulaire, on forge de champ, et sur *bb'*, jusqu'à l'obtention de la forme en lignes ponctuées.

» Enfin, les deux coudes sont détachés, mais encore dans le même plan; en prenant le soin, dans les dernières chaudes, de tordre peu à peu la pièce ; on arrive à l'essieu complétement dégrossi, dans l'état indiqué fig. 26.

Fig. 26

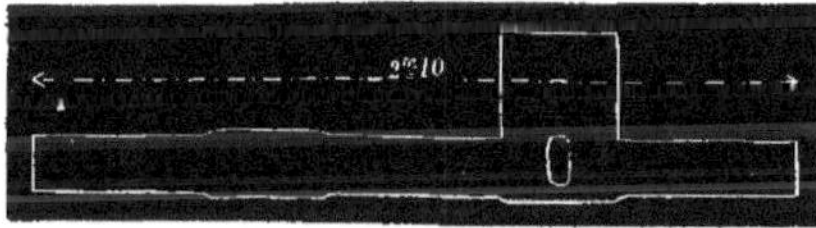

» Cette méthode, qui est à peu près celle que suivait M. Cavé, permet d'obtenir un essieu dégrossi en 8 ou 9 chaudes, environ; il reste, bien entendu, à finir la pièce, à la parer, ce qui se fait à la main et à la forge de maréchal. »

Néanmoins, il s'en faut de beaucoup que l'on se soit arrêté à ces modes de fabrication des arbres à coudes : un grand nombre de procédés ont été, au contraire, proposés pour le même objet. Si, en effet, on réfléchit quelque peu sur les méthodes précédentes, on éprouve instinctivement le regret de ne pas voir employer ce que l'on pourrait appeler : *un ployage*, c'est-à-dire, un procédé par lequel une masse primitivement droite serait *contournée* à la forge suivant les replis de cet arbre coudé qui semble n'être, en principe, qu'une tige droite courbée et recourbée ; il est vrai que la torsion à angle droit dérangerait un peu cet ordre d'idées, et pourtant l'esprit s'y repose plus volontiers qu'en s'imaginant une masse dans laquelle on aurait obtenu cet arbre par *découpage*.

C'est bien dans cette voie que plusieurs constructeurs ont cherché une autre solution au problème, et nous désirons en dire quelques mots. Néanmoins, le procédé suivant n'est pas absolument de cet ordre.

Procédé de MM. Russery et Lacombe. — Ces fabricants se sont fait breveter, en 1854, pour des procédés propres à la fabrication des essieux coudés de locomotive *sans tordre* le fer. Ils consistent :

1° A superposer sur chaque coude-manivelle des mises de fer ayant pour but de faire trouver *le profil du fer* sur toutes les faces ;

2° D'évider les coudes au moyen de matrices adaptées au marteau-pilon et à la chabotte.

Cette fabrication comprend quatre opérations distinctes :

1° On fait un paquet à la manière ordinaire, mais plus léger, puisque les coudes sont rapportés en partie ; on le chauffe pour le souder et le corroyer convenablement ;

2° En faisant cette opération, qui amène à la forme cylindrique, on réserve deux amorces C, fig. 27, sur chacune desquelles on va appliquer une *mise* D, destinée à compléter la masse des coudes auxquels les deux amorces C correspondent.

Fig. 27.

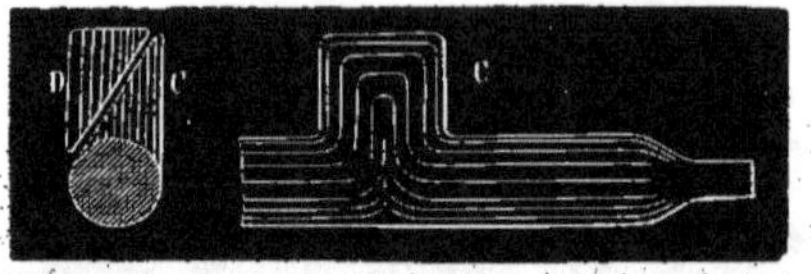

Mais il est important de faire remarquer que la mise est formée d'une masse de fer *reployée* suivant le contour du coude, et comme l'indique cette même figure ; les auteurs des procédés font ressortir l'avantage qui résulte de croiser ainsi le fil du fer, par rapport au paquet primitif dont les barres constitutives avaient la direction longitudinale ordinaire ;

Fig. 28.

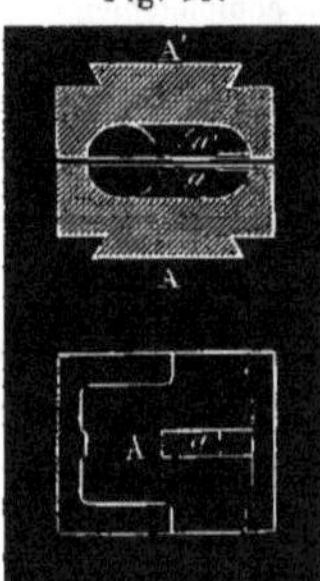

3° Les mises étant faites, on donne une première chaude pour les souder avec la masse principale ;

4° On chauffe ensuite l'ensemble de la pièce au blanc soudant, puis on le soumet au pilon dont le marteau lui-même et la chabotte sont armés des deux matrices A et A', fig. 28, présentant exactement les formes du coude fini de forge, moins une sorte de nervure *a* qui relie les deux parties de l'enfourchement et que l'on fait sauter après coup.

Cette dernière opération est un véritable *étampage* permettant d'approcher, de forge, très-près de la forme finie.

Procédé de MM. Pétin, Gaudet et Cie. — C'est ce procédé breveté qui se rapproche le plus de l'idée que nous émettions plus haut sur l'opportunité de fabriquer un essieu en conservant partout le fil primitif du fer. On pourra s'en convaincre par l'exposé succinct suivant :

On prépare un paquet assez fort pour fournir deux ou trois essieux ; ce paquet est chauffé à blanc pour être corroyé au marteau-pilon.

Réduit ensuite et coupé à la dimension voulue pour un essieu, on en forme autant de cylindres sur lesquels on pratique des échancrures qui correspondent à peu près aux parties qui devront rester cylindriques.

Chaque masse ainsi préparée, on la soumet, sous le marteau-pilon, à deux matrices A et B, fig. 29, qui ont toute l'étendue d'un arbre, et présentent, comme on le voit, par saillies et ren-

Fig. 29.

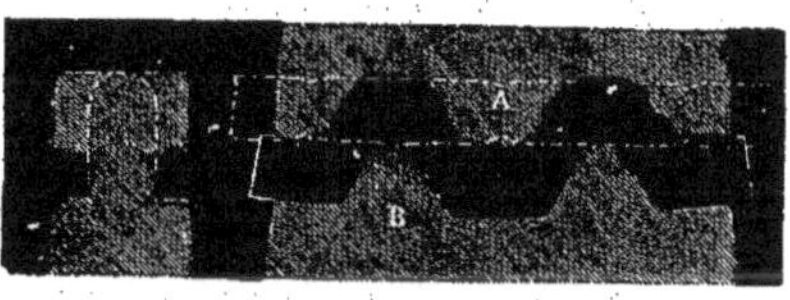

trants, les ondulations des deux coudes ramenés dans un même plan.

Fig. 30.

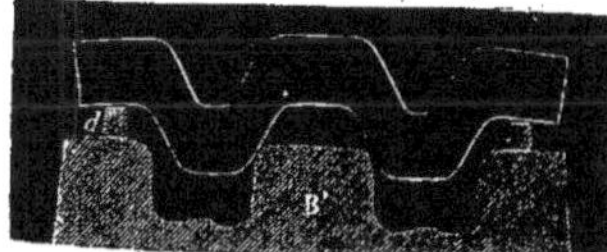

Fig. 31.

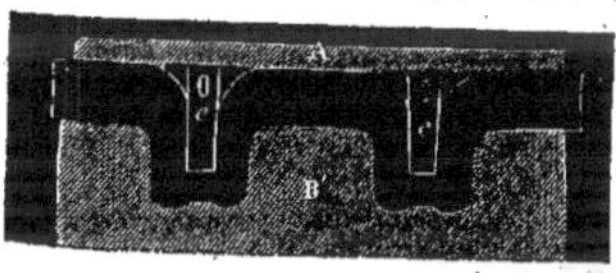

La pièce étant amenée à une ébauche de sa forme définitive, on la chauffe de nouveau, puis on vient la présenter à une autre étampe B', fig. 30, qui possède, cette fois, la forme des deux coudes plus exactement prononcés. Mais en présentant la pièce à l'étampe, on la fait reposer sur deux tasseaux *d*, afin de procéder à une première opération ayant pour objet de faire pénétrer dans les deux évidements des coudes deux chevalets *e*, fig. 31, qui en préparent la forme intérieure. Lorsque ces derniers sont enfoncés, sous l'action du marteau, d'une quantité suffisante, on retire les cales *d*, et la pièce s'achève en épousant complétement les contours de la matrice inférieure B' et en se conformant à celle supérieure A.

Après cette opération, qui a donné à la pièce tout le détail de forme qu'il est permis d'obtenir à la forge, il reste à effectuer la torsion qui doit amener les coudes à angle droit. Pour cela, l'arbre est encore remis au feu, puis serré entre les deux coudes dans deux matrices étroites, d'après lesquelles, comme point d'appui, on peut alors devier les coudes à l'angle voulu.

Il est au moins inutile de faire remarquer encore combien ce procédé est rationnel, au point de vue de l'emploi du fer, dont les fibres conservent ainsi leur filiation non interrompue dans toute l'étendue de l'arbre, et nonobstant ses contours sinueux ; il faut seulement, pour le mettre en pratique, un outillage puissant et tout à fait spécial, mais qui ne peut être une objection pour un établissement comme celui de MM. Pétin et Gaudet.

Ces habiles maîtres de forge qui ont formé, à Saint-Chamond, un établissement considérable pour la fabrication des arbres, des roues et des bandages en fer corroyé, ont pris successivement plusieurs brevets d'invention pour les ingénieux procédés mécaniques qu'ils ont imaginés et qui font le succès de leur importante maison.

Il faut que cette fabrication soit bien perfectionnée pour arriver à faire le service énorme que les pièces en fer, appliquées aux machines locomotives, doivent effectuer sur les chemins de fer.

Ainsi, les essieux coudés, par exemple, supportent des charges de 10 à 12 mille kilogrammes, font des parcours de 200 à 300 mille kilomètres avant d'être mis au rebut ; on en compte même qui ont parcouru plus de 350 mille kilomètres. Il y a, du reste, maintenant, des fabricants qui garantissent les essieux qu'ils fournissent aux compagnies pour un parcours minimum de 150 mille kilomètres. Il en est de même des bandages de roues qui, lorsqu'ils sont en fer, parcourent 50 à 60 mille kilomètres et plus, et quand ils sont en acier, ce parcours est souvent doublé.

Les essieux droits des wagons, dont le diamètre au corps est de 0m,120, et aux tourillons 0m,080, sont éprouvés, avant leur réception, au moyen d'un mouton du poids de 500 kilogrammes, que l'on fait tomber sur leur milieu, à 0m,750 des points d'appui, d'une hauteur de 3m,60, ce qui correspond au produit : 500 × 3,60 = 1800 kilogrammètres. Pour être acceptés, il faut qu'ils résistent à 8 coups au moins, en fléchissant de 0m,25 et en se redressant successivement. Des essieux fournis par MM. Pétin et Gaudet ont ainsi reçu 80 à 100 coups de mouton avant de se rompre.

Arbre a coudes pour un appareil a hélice de 900 chevaux. — Nous avons à décrire maintenant la fabrication de l'arbre représenté fig. 5 et 6, pl. 4, et dont les dimensions colossales ajoutent aux difficultés de la forme qui est la même que pour les essieux coudés de locomotives, ainsi qu'on l'a vu.

La masse même d'un tel arbre s'oppose, en effet, à ce que l'on puisse le tirer d'un seul paquet, et conduit au contraire à procéder par mises successives.

On a commencé, cependant, par former un premier paquet, fig. 32, composé de 162 barres de 15 cent. sur 4, et de 12 autres barres plus fortes réparties extérieurement sur deux faces, dont deux de 22c sur 10c, et 10 de 22c au carré ; ce premier paquet pesait 35000 kilogrammes.

Fig. 32.

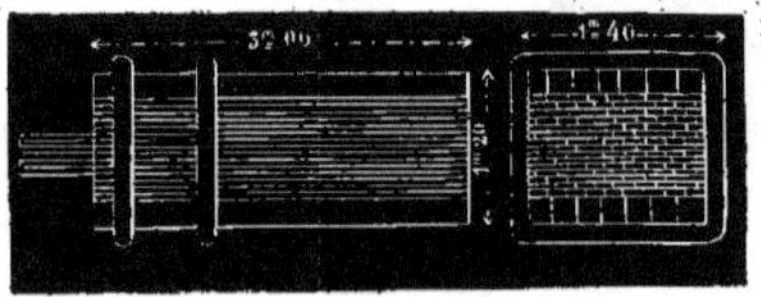

Ce paquet a été mis au feu, et après 7 chaudes, représentant, la première 29 heures de chauffe, et ensemble environ 61 heures, il a été amené à la forme représentée fig. 33.

Fig. 33.

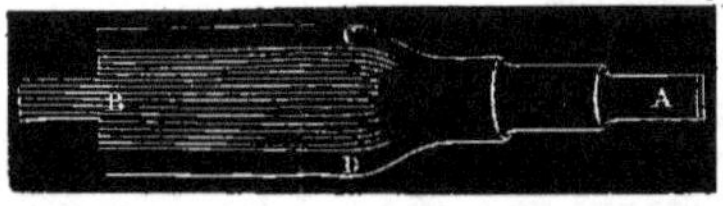

On reconnaît que l'ensemble du paquet se trouvant déjà soudé en partie, on s'est particulièrement attaché à en conformer un bout, celui opposé à la naissance B, ménagée, en formant le paquet, pour placer le ringard à l'aide duquel on dirige la pièce sous le marteau ; et forgeant cette autre extrémité du paquet, on a *enlevé* une seconde amorce A pour y placer le ringard et changer la pièce de bout. Cette première naissance B a de même été coupée à la chaude suivante, en même temps que l'on achevait le soudage de cette extrémité du paquet qui n'avait pas encore pu être soumise au marteau.

Après 11 autres chaudes successives, la masse entière étant complétement corroyée, on lui a fait une première mise M, fig. 34, d'un poids de 4062 kilog., pour y prendre le deuxième coude de l'arbre et la partie cylindrique située au-delà.

Mais on a fait aussi, dans cette même partie, une naissance de ringard pour retourner la pièce et terminer la partie N, correspondant au premier coude.

Fig. 34.

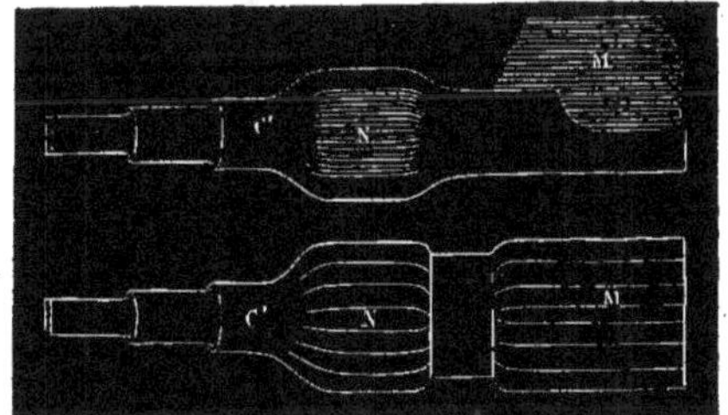

Enfin, l'arbre ayant été amené à l'état représenté fig. 35, c'est-à-dire, les masses des coudes M et N dans le même plan, on a commencé à tordre, et deux chaudes ont suffi pour les obtenir à angle droit.

Fig. 35.

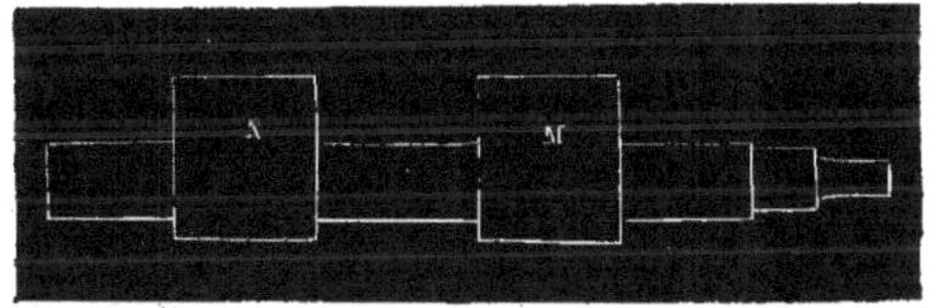

Nous ne pouvons faire entrer, dans l'énumération de ce grand travail, plusieurs opérations, que nous appellerons accidentelles, provenant de fausses manœuvres et de deffectuosités, lesquelles ont occasionné des reprises et *refaçons*, mais qui se trouvent en dehors de la suite naturelle qu'aurait le travail, s'il pouvait s'exécuter sans ces accidents souvent imprévus et inévitables. Qu'il nous suffise, en terminant, de résumer les conditions dans lesquelles cette œuvre importante a été accomplie.

La première mise au feu a eu lieu le 8 juin 1858, et la dernière le 30 octobre suivant.

Pendant ce temps, il a été donné 73 chaudes, formant ensemble environ 483 heures de chauffe, et ayant absorbé 172934 kilogrammes de charbon, en roches.

Il a été employé 44889 kilogrammes de fer, sur lequel poids il reste, à déduire pour faire le prix de revient, 9500 kil., susceptibles d'emploi.

Enfin, 1219 journées d'ouvrier ont été passées pour ce travail qui a coûté, en salaires, fer, charbon et frais généraux, 29700 francs.

L'arbre pesant, fini de forge, 24000 kil., il revient, dans ces conditions, à 1 fr. 237 le kilogr.

Nous aurions désiré donner ici quelques renseignements sur l'emploi des essieux droits et coudés en acier fondu, qui commencent à s'appliquer aux wagons et aux machines locomotives; mais outre que ce sujet mérite des développements dans lesquels il ne nous est guère possible d'entrer, il faut dire que c'est une question encore à l'étude et dont l'épreuve n'a pas été suffisamment prolongée pour en bien connaître les résultats. C'est ce qui ressort d'un travail statistique par M. Nozo, ingénieur du chemin de fer du Nord, relativement aux services comparatifs des essieux en fer et en acier. Nous y trouvons, néanmoins, que les premiers essieux coudés en acier fondu, de Krupp, placés sous des locomotives mixtes Engerth de 22 tonnes d'adhérence, n'ont donné une première rupture qu'après un parcours de 270 mille kilomètres, et que, des essieux en acier puddlé de MM. Pétin et Gaudet, frettés et appliqués dans des machines à marchandises, ont fourni, jusqu'à présent, un parcours de près de 100 mille kilomètres, et permettent d'espérer encore un très-long service.

CONSTRUCTION DES ARBRES EN FONTE ET EN BOIS

(PLANCHE 5)

ARBRES EN FONTE

Tous les arbres représentés sur la planche 5 appartiennent à des roues hydrauliques, et sont tantôt *moteurs*, c'est-à-dire, portant un engrenage sur lequel la puissance de la roue est transmise, et tantôt de simples *axes*, d'après lesquels tourne la roue dont ils supportent le poids. C'est, en effet, presque exclusivement pour les roues hydrauliques, de divers systèmes, que les arbres en fonte ou en bois sont employés aujourd'hui, et c'est aussi dans cette circonstance que cette application a plutôt sa raison d'être que dans toute autre.

Une roue hydraulique peut être à la fois d'une grande largeur et d'un grand poids, et se trouver formée, par cela même, de plusieurs couronnes, ou croisillons, qui doivent relier l'aubage à l'arbre; ce dernier éprouve alors un effort considérable tendant à le faire fléchir, indépendamment de sa résistance à la torsion, s'il porte l'engrenage de transmission. Dans ces conditions, il pourrait arriver qu'un arbre en fer d'une résistance suffisante, quant à la torsion, fût trop faible pour ne pas fléchir ou *flamber*, sous l'influence du grand poids dont une partie vient agir entre les points d'appui qui se trouvent forcément limités à deux et placés complétement en dehors de la charge.

Par conséquent, comme métal, la fonte qui se prête aisément à des formes variées, devient d'un plus facile emploi que le fer pour le corps de l'arbre, dont les tourillons peuvent être néanmoins en fer. Quant au bois, un arbre proportionné pour résister à la torsion est la plupart du temps d'un diamètre assez fort pour résister à la flexion, ce qui rend ce mode de construction très-praticable, au moins dans des circonstances particulières que nous ferons connaître.

Nous commençons l'examen des arbres de roues hydrauliques par ceux établis en fonte de fer, pleins ou creux.

ARBRE PLEIN A NERVURES, FIG. 1 A 3. — La fig. 1re, de la pl. 5, est le détail d'un arbre en fonte appartenant à l'une des plus fortes roues à augets établies en France.

Ce moteur a été construit, il y a déjà longtemps, pour une usine importante de Wesserling, dans le département du Bas-Rhin. C'est une roue dite à augets, recevant l'eau de côté et au-dessous de son sommet; l'aubage est en tôle avec couronnes en fonte, qui se relient à deux tourteaux montés aux extrémités de l'arbre par un grand nombre de rayons et de tirants en fer; elle a 7m,16 de diamètre et 5m,30 de largeur; fonctionnant sous une chute d'environ 6 mètres, elle développe une puissance de 80 chevaux, qui est directement transmise par une couronne dentée fixée sur celle des augets; par conséquent, son arbre, dont nous nous occupons en ce moment, ne résiste qu'à la *flexion* et point à la torsion.

L'ensemble de cet arbre présente un noyau central cylindrique A et quatre nervures B, disposées en croix, ainsi que l'indique la section transversale, fig. 3, et dont la forme est à peu près parabolique, en vue de la flexion, tandis que le noyau est au contraire réduit de diamètre dans la plus grande partie de sa longueur, par économie de poids; mais vers les extrémités, qui se terminent par les tourillons C et qui portent les tourteaux D, le noyau reprend le diamètre qui convient à la charge que l'arbre supporte.

Il est remarquable que, malgré sa grande largeur, l'aubage n'est relié à l'arbre que par ces deux tourteaux qui se trouvent montés tout à fait aux extrémités, dans le plan même des deux couronnes extérieures qui s'y rattachent près des rayons en fer boulonnés avec le rebord cylindrique *a*; mais comme l'aubage ne pourrait pas néanmoins se soutenir ainsi, il existe une troisième couronne placée au milieu de la largeur et qui se relie, à l'aide de tirants en fer rond disposés obliquement avec ces tourteaux D, dont le contour est aussi percé à cet effet d'une série de trous *b*, dans cette même direction oblique.

Le moyeu du tourteau étant alésé cylindriquement, il s'emmanche sur l'arbre dont les nervures B, terminées d'abord par des talons *c* contre lesquels le tourteau vient s'appuyer, sont prolongées parallèlement jusqu'au tourillon, mais en formant une faible saillie dont l'extérieur correspond au diamètre même de l'alésage; pour rendre ce tourteau parfaitement solidaire avec l'arbre lui-même, et dans le sens de l'entraînement circulaire, quatre autres courtes nervures E, d'une saillie plus forte que les précédentes, sont réservées dans cette partie de l'arbre et pénètrent dans le moyeu du tourteau comme des clavettes.

Ce mode d'ajustement est indiqué par la fig. 2, qui est une section transversale de l'arbre à l'endroit du tourteau, dont le moyeu est représenté en lignes ponctuées.

Ce genre d'arbre à grandes nervures paraboliques n'est guère applicable lorsque la roue a plus de deux systèmes de bras, attendu que les tourteaux intermédiaires devraient avoir des diamètres en rapport avec la dimension des nervures à l'endroit de leur ajustement, lequel conduirait aussi à réserver une certaine portée pour les recevoir. Cependant, quoique la charge se trouve, par ce fait, entièrement reportée près des points d'appui, ces nervures sont nécessaires pour donner de la rigidité à l'arbre sans exagérer son poids.

Mais, une preuve que l'arbre lui-même n'est pas indispensable, c'est qu'il a été construit, à Saint-Remy, par MM. Waddington frères (1), une roue, très-large, dont les tourillons sont fondus avec les tourteaux, et dans laquelle, l'arbre étant tout à fait supprimé, des arcs partant de ces tourillons soutiennent l'aubage de la même façon que ceux des ponts en supportent le tablier.

Arbre plein a nervures, fig. 4 et 5. — L'arbre représenté en détail par les fig. 4 et 5 appartient à une roue toute semblable, en principe, à la précédente, mais un peu différente de puissance et de construction, comme l'arbre lui-même.

(1) Voir, à ce sujet, notre *Traité des moteurs hydrauliques*, roue de MM. Waddington frères.

Cette roue possède $6^m,80$ de diamètre et $3^m,90$ de largeur ; elle travaille sous une chute de $5^m,15$ et une dépense de 1000 litres par seconde, conditions qui correspondent à une puissance théorique de :

$$\frac{5,15 \times 1000}{75} = 68,67 \text{ chevaux.}$$

Le rendement, qui n'est pas aussi élevé que lorsque l'eau est admise tout à fait à la partie supérieure, étant d'environ 70/100, il s'ensuit que le moteur correspond à un effet utile d'à peu près :

$$68,67 \times 0,7 = 48 \text{ chevaux.}$$

Malgré l'infériorité de puissance de cette roue sur la précédente, l'arbre possède une résistance plus considérable : c'est ce qu'il est facile de reconnaître en comparant les deux figures ; on peut constater également que ce dernier est d'une forme plus rationnelle et plus en rapport avec les méthodes modernes.

La génération d'ensemble de cette forme a pour base uniforme le cercle, et le fût ou le corps, aussi bien que les parties extrêmes et les tourillons, constituent un corps rond dans lequel on aurait dégagé, du noyau A, les nervures B qui vont en s'amincissant des extrémités au centre ; le tourteau D est monté sur une portée exactement cylindrique, et, s'appuyant sur le collet *a* réservé à l'arbre, il est simplement calé au moyen d'une clef *b*.

Ces dispositions s'accordent en effet très-bien avec les opérations à faire pour l'ajustement et le montage; depuis l'extrémité du tourillon C jusqu'au collet *a*, toute cette partie est ronde et peut être aisément tournée.

L'ensemble de l'arbre, dont nous n'avons pu indiquer que cette extrémité correspondant au côté de la commande, présente cette particularité que la forme générale est celle d'un fuseau dont le gros bout est cette extrémité même ; les deux tourillons sont égaux en diamètre, mais la portée du tourteau située à l'opposé de celle indiquée fig. 4, est d'un diamètre plus faible, et le fût, se raccordant aux deux portées, possède alors cette forme que nous prenions tout à l'heure comme point de comparaison.

Le motif de cette différence entre les dimensions des deux extrémités de l'arbre, qui n'est encore qu'un simple support, n'est pas autre chose que la commande même qui s'effectue à l'aide d'une couronne dentée fixée sur celle de l'aubage et engrenant avec un pignon monté sur un arbre indépendant ; il en résulte nécessairement une poussée latérale dont l'autre côté de la roue ne se ressent que très-peu, et qui réagit au contraire avec toute son intensité sur le bout correspondant de l'arbre.

Le tourteau C, que nous n'avons encore que cité, est d'une disposition assez différente de celui de la roue précédente. Comme le montrent la coupe longitudinale, fig. 4, et la vue extérieure, fig. 5, il présente deux systèmes *d'amorces c* et *d*, l'un plan et l'autre conique, en rapport avec la série de tirants en fer qui constituent les bras proprement dits, et avec celle de tiges semblables qui relient diagonalement les premiers d'un côté à l'autre de la roue.

Ces amorces sont autant de boîtes creuses rectangulaires dans lesquelles sont engagées les extrémités des bras et des boulons d'écartement, qui sont de section carrée, et s'y trouvent retenues par un clavetage, pour lequel des mortaises transversales *e* ont été réservées dans les boîtes *c* et *d*.

Arbre rond et creux, fig. 6 à 8. — Nous abordons le premier exemple d'un arbre en fonte exclusivement rond et creux, appliqué à une roue construite en bois et en fonte, et dont l'aubage est réuni à l'arbre par plus de deux croisillons; faisons remarquer de suite que l'une de ces conditions entraîne nécessairement les autres, car pour appliquer plusieurs tourteaux il faut, pour la facilité de la construction, que l'arbre soit uniformément rond, et en même temps assez résistant pour ne pas fléchir sous le poids de la charge répartie sur toute son étendue; mais pour ce dernier motif, il doit avoir un grand diamètre, ce qui conduit à le faire creux pour l'alléger.

Cette roue, dont nous avons donné tous les détails dans le IVe vol. du recueil *La Publication Industrielle* et dans le *Traité des moteurs hydrauliques*, a été construite sur les données de M. Brière, pour une filature de coton qui renferme quinze mille broches de métiers continus. Elle est remarquable par son système de construction très-étudiée et notablement différente de celle assez généralement adoptée.

C'est néanmoins encore une roue à augets, mais recevant l'eau au-dessus de son sommet, et qui peut développer une puissance utile de plus de 60 chevaux. Ce moteur est établi dans les conditions suivantes :

Chute.	$6^m,535$
Dépense par seconde.	500 à 900 litres.
Diamètre.	$6^m,25$
Largeur.	$4^m,40$.

L'arbre A, de cette roue, est d'une longueur totale de $5^m,74$, y compris les tourillons C qui sont creux comme l'ensemble de la pièce ; son diamètre au milieu de la longueur est de 660 millimètres avec seulement 50 d'épaisseur sur toute l'étendue, excepté dans les tourillons qui ne sont traversés que par un trou de 46 millimètres de diamètre, tandis qu'ils portent, l'un 270 et l'autre 320 extérieurement.

Aux deux extrémités et en deux points intermédiaires équidistants, sont ménagées quatre portées cylindriques B, d'égal diamètre, pour recevoir les tourteaux D des quatre croisillons qui réunissent l'aubage avec l'arbre. Les portées étant tournées et les moyeux des tourteaux alésés, ils s'ajustent avec précision et sont fixés au moyen de quatre clavettes *b* (fig. 6 et 7).

Comme particularité relative à cet arbre comparé aux précédents, faisons remarquer qu'à l'extrémité opposée à celle représentée fig. 6, il est prolongé, en dehors du tourillon, par une portée qui reçoit l'engrenage de transmission, d'où l'arbre, et principalement ce tourillon qui possède aussi 50 millimètres de diamètre de plus que l'autre, sont soumis à la *torsion*, ainsi qu'à la pression ou flexion.

La construction des tourteaux D appartient à un principe différent de celle habituelle et des exemples qui ont été cités précédemment. Afin d'éviter d'affaiblir les bras en les perçant pour placer les boulons nécessaires à leur assujettissement, on a disposé les amorces *c* des tourteaux, destinées à les recevoir, en formes de boîtes dont les ouvertures sont ménagées de champ et dans lesquelles les bras E viennent s'encastrer de pleine pièce ; à part un talon *d* réservé à la fonte et qui forme contre-butée, chaque bras est retenu à sa place au moyen de quatre boulons *e* traversant des oreilles qui font corps avec la boîte et deux platines en fer *f*, assemblage que la section sur la ligne 1-2, fig. 8, permettra de parfaitement comprendre.

Quoique cette roue ait bien marché et que ses organes aient été convenablement proportionnés pour la résistance, nous croyons devoir faire observer que son mode de construction, quant à l'arbre, ne peut être adopté sans restriction.

Pour obtenir un arbre creux, il faut naturellement qu'il soit percé d'un bout à l'autre, afin de trouver les portées nécessaires au noyau en sable à l'aide duquel on réserve le vide, et ensuite déboucher la pièce lorsqu'elle est coulée ; mais en ménageant les tourillons de la même pièce que l'arbre, le trou ne peut être que très-réduit aux extrémités, afin que le diamètre de ces tourillons ne soit pas lui-même trop considérable ; par conséquent, le noyau devient difficile à soutenir et la fabrication nécessite, en résumé, une foule de soins minutieux qu'on ne peut pas toujours demander au travail courant. La difficulté est d'autant plus grande que le corps de cet arbre est lui-même très-mince et qu'un certain déplacement de la part du noyau, au moment de la coulée, pourrait, par son excentration, amener une altération assez sérieuse pour faire mettre la pièce au rebut. C'est ainsi que nous avons vu un arbre creux cylindrique se rompre à cause de grandes inégalités d'épaisseur.

Enfin, il faudrait, pour ainsi dire, couler, le moule *de bout*, ou au moins fortement incliné, pour faciliter la sortie de l'air et l'expulsion de la crasse ; et alors l'un des tourillons, celui qui se trouverait à la partie supérieure, courrait le risque de venir *souffleux*, à moins de réserver, à cet effet, une *masselotte*, que l'on coupe à froid, etc.

Mais, comme cela résulte de ces considérations mêmes, presque toutes les difficultés dérivent des tourillons venus de fonte avec l'arbre ; qu'on les rapporte après coup et la plupart des inconvénients signalés disparaissent : c'est, en effet, le parti que l'on prend généralement aujourd'hui et que nous conseillons sans réserve.

Ajoutons encore qu'il convient d'éviter, ce qu'une condition toute locale a conduit à faire ici, de rapporter l'engrenage moteur en dehors du tourillon, car c'est lui infliger la résistance à la torsion, pour laquelle il faut augmenter forcément son diamètre au-delà de ce que la pression simple eût exigé.

Pour terminer ce sujet, nous appliquons à celui des deux tourillons qui est soumis à la torsion la méthode de calcul donnée ci-dessus (p. 75), afin d'en déterminer le diamètre.

La chute étant de $6^{m},535$, la puissance théorique, avec la dépense maxima de 900 litres par $1''$, égale :

$$6^m,535 \times 900 = 5881,5 \text{ kilogrammètres.}$$

Comme les augets n'ont pas été proportionnés en vue d'une plus grande charge d'eau, qui est la plus forte, en effet, que la source puisse fournir, nous conserverons, pour déterminer l'effort circonférentiel moyen, sa vitesse correspondante de régime qui est de $1^m,303$ par $1''$ pour 4 tours par minute.

D'après cela, cet effort théorique, en fonction duquel s'effectue la torsion avec le rayon de la roue pour bras de levier, égale :

$$P = \frac{5881^{kgm.}}{1,303} = 4513 \text{ kilogrammes.}$$

Ce tourillon, dont nous cherchons le diamètre, est creux ; mais le trou est si faible comparativement au diamètre extérieur que nous pourrions le regarder comme étant plein, sans erreur sensible pour la pratique ; néanmoins, nous commencerons par en tenir compte pour mieux fixer les idées à cet égard.

Le diamètre réel extérieur égale 320 millimètres et le trou 46 ; le rapport m, qui doit figurer dans la formule, devient :

$$\frac{46}{320} = 0,143.$$

Nous avons donc pour l'application de cette formule :

$$P = 4513^k \,;\; R = 312^c,5 \,;\; m = 0,143.$$

Le diamètre du tourillon en fonte qui correspondrait à ces données égale, en résumé (p. 76) :

$$D = \sqrt[5]{\frac{0,039 \times 4513 \times 312,5}{1 - (0,143)^5}} = 38^c,1.$$

En négligeant le trou, c'est-à-dire, en calculant comme si ce tourillon devait être plein, on trouverait :

$$D = \sqrt{0,039 \times 4513 \times 312,5} = 38^c.$$

L'évidement central ne donnant qu'un millimètre de plus au diamètre extérieur aurait pu, par conséquent, être négligé.

Le diamètre réel de ce tourillon est donc plus faible, puisqu'il n'a que 32 centimètres, que celui donné par la formule, et cependant, il a parfaitement résisté jusqu'ici.

Nous allons voir quel serait, d'après les règles pratiques exposées précédemment, le diamètre que l'on aurait donné aux tourillons de cet arbre s'ils avaient été en fer et pleins.

Dans les conditions de chute et de dépense qui correspondent à la puissance théorique maxima de 5881 kilogrammètres, si nous admettons un effet utile, certainement minimum, de 70/100, on a :

$$\frac{5881^{\text{kgm.}}}{75} \times 0,70 = 55 \text{ chevaux.}$$

D'après la règle de Buchanan pour les tourillons en fer soumis à la torsion, on trouverait :

$$D = \sqrt[5]{\frac{55 \times 4096}{4^t}} = 38^c,4.$$

Il est vrai, comme nous l'avons déjà fait remarquer, que cette formule donne des résultats trop élevés pour des moteurs réguliers, dans lesquels on n'a pas à prévoir, comme pour les machines à vapeur, des efforts très-variables et la réaction d'un volant ; notre formule spéciale pour les arbres en fer, pleins, des roues hydrauliques, donnerait (p. 73) :

$$D = \sqrt[5]{0,013 \times 4513 \times 312,5} = 26^c,4.$$

En définitive, nous devons regarder le tourillon principal de l'arbre représenté fig. 6 comme surchargé ; aussi, malgré la différence existante, nous ne pouvons qu'engager les constructeurs à préférer les valeurs que donneraient nos formules.

Arbre a nervures et creux, fig. 9 et 10. — L'arbre représenté en détail par ces figures est pareil, sauf les dimensions des tourillons, à celui d'une roue hydraulique à aubes planes et en déversoir qui fut montée, il y a environ 25 ans, par MM. Cartier et Armengaud, pour un moulin à blé de quatre paires de meules, chez M. Pinet, près de Châlon-sur-Saône.

Cette roue, d'une puissance moyenne utile de 15 chevaux, est établie sur une chute variable de 1 mètre à $1^m,60$, et pour une dépense qui est également très-différente aux diverses époques de l'année. Son diamètre extérieur égale $5^m,80$; la largeur de l'aubage est faible et de $2^m,50$ seulement, ce qui a permis de ne lui appliquer que deux croisillons sur la jante de l'un desquels on a fixé une couronne dentée qui transmet directement la puissance du moteur.

L'arbre n'est alors soumis qu'à la pression. Il est formé d'un noyau cylindrique creux A et de quatre nervures B, dont le galbe est régulier entre les deux seuls points où sont montés les croisillons D ; en dehors de ces nervures, le noyau est réduit de diamètre pour former les tourillons C qui sont néanmoins assez forts pour laisser au trou qui les traverse une dimension suffisante et plus en rapport avec les exigences de la construction que dans l'exemple précédent.

L'arbre actuel est aussi remarquable par le mode adopté pour l'assemblage des croisillons, dont la fig. 10, qui est une section transversale suivant 1-2, permet de comprendre la disposition.

Le moyeu D des croisillons étant carré, on a simplement tenu les nervures B de l'arbre parallèle à l'axe, à l'endroit où ils doivent être placés, en ménageant aussi à ces nervures un talon *a* dont les faces sont ajustées d'équerre, de façon à ce qu'ils correspondent ensemble à un carré d'une dimension un peu plus faible que celui du moyeu ; le croisillon se met alors en place en l'assujettissant au moyen de huit clavettes *b* qui serrent contre les talons et pénètrent dans des entailles pratiquées sur les faces intérieures du moyeu, ce qui les soustrait à toute chance de sortir de leur place.

La fig. 11 montre une variante que ce mode d'ajustement présente dans certaines applications. Au lieu de ménager des talons longitudinaux pour y appuyer les clavettes, on fait venir, sur les nervures, des bossages *a'* qui saillissent sur la tranche, de façon à former une sorte de rainure dans laquelle ces clavettes *b'* peuvent être ajustées et retenues, et portent directement dans les angles du moyeu.

Arbres creux avec tourillons en fer, fig. 12 et 13. — Le mieux que l'on puisse faire maintenant, lorsqu'on applique un arbre en fonte à une roue hydraulique, c'est de rapporter les tourillons qu'il est possible alors d'établir en fer, et que l'on peut réduire de diamètre autant que le permet la charge, tout en conservant au vide de l'arbre tout le diamètre nécessaire pour le fabriquer sans difficulté.

Ce procédé n'est cependant pas nouveau, et l'exemple que montre la fig. 13 en serait déjà la preuve, car c'est le détail d'un arbre appartenant à une roue dont la construction ne date pas de moins de 22 ans. On peut objecter, il est vrai, l'ajustement de plus à faire : mais il nous semble que ce léger excédant de travail est plus que compensé par les avantages qu'il procure et les inconvénients qu'il permet d'éviter.

Cet arbre, dont la fig. 13 représente l'une des deux extrémités, dépend d'une belle roue en dessus construite tout en métal, en 1841, pour la filature de M. Ch. Bellot, à Augecourt, près Sedan, par ce manufacturier lui-même.

C'est un moteur puissant fonctionnant sous $4^m,55$ de chute et avec une dépense d'environ 360 litres d'eau par seconde ; le diamètre de cette roue est de $4^m,10$ sur $2^m,92$ de largeur.

Comme nous en avons cité des exemples, la couronne des augets est reliée à l'arbre par deux croisillons seulement ; mais elle est soutenue en son milieu par des boulons en écharpe qui vont s'appuyer sur les tourteaux des deux systèmes de bras principaux.

Dans ces conditions, on n'a tourné que les deux portées B qui reçoivent les tourteaux des croisillons ; la longueur de l'arbre A est de $3^m,63$ sans les tourillons C ; il est entièrement rond et présente assez sensiblement la forme d'un balustre double très-allongé.

Chaque tourillon C est ajusté sur l'arbre par une forte portée ou *soye* cylindrique qui pénètre dans le vide, dont l'entrée a dû être préalablement alésée ; cette soye ayant été tournée au même diamètre, on l'emmanche fortement, puis on la fixe à l'aide de la clavette *a*, qui a surtout pour objet de l'empêcher de céder à l'effort résistant occasionné par le frottement engendré à sa circonférence, sous l'influence de la charge qui pèse sur lui. Ce n'est guère que lorsque les deux tourillons sont pour ainsi dire rendus solidaires de l'arbre qu'on doit songer à les tourner eux-mêmes, en mettant l'arbre tout d'une pièce sur le tour et en tournant, du même coup, les portées destinées à recevoir les tourteaux; on comprend que sans cela, il serait difficile de rendre l'arbre et ses tourillons parfaitement concentriques.

La fig. 12 montre une méthode un peu différente de cet ajustement.

La soye du tourillon est emmanchée légèrement conique et fixée par une clavette *a*, qui traverse l'arbre de part en part et permet d'opérer le serrage par *appel* sur le cône. On donne ainsi beaucoup de solidité à l'assemblage, mais il faut avoir bien soin de ne pas serrer jusqu'à faire éclater l'arbre sous l'influence du cône, et pour plus de sûreté, il est important de garnir l'extrémité de l'arbre d'une *frette* en fer, rapportée à chaud.

Arbre creux avec tourillons rapportés en fonte, fig. 14 et 15. — Ce modèle d'arbre est principalement applicable aux roues très-larges, et réalise au plus haut degré le principe d'allégissement que comporte l'emploi d'un arbre creux.

Celui-ci est un véritable tuyau cylindrique A, armé seulement de quatre nervures B de fort peu de saillie, et terminé à chaque extrémité par une bride avec laquelle on boulonne un bouchon en fonte qui porte le tourillon C. Cette forme régulière permet facilement l'application d'un nombre quelconque de croisillons, suivant la largeur de la roue et pour lesquels sont réservées des portées octogonales D.

En adoptant cette construction, on peut, si la longueur est considérable, composer l'arbre de deux parties, qui s'emboîtent bout à bout et sont reliées par des boulons, comme pour fixer les tourillons. Néanmoins, pour assurer la parfaite rigidité de cet assemblage et soustraire les boulons à l'effort transversal qui pourrait résulter d'une tendance au déplacement angulaire entre les deux parties, on interpose dans le joint des deux brides un certain nombre de cales en fer entaillées par moitié de chaque côté, et qui rendent toute variation impossible.

On se figurera bien ce mode d'ajustement en jetant les yeux sur la fig. 19 qui en est un exemple appliqué à un autre arbre que nous décrivons plus loin.

Ajoutons que, conduit à établir un arbre de même système, nous ferions les tourillons en fer forgé ou même en acier, en les assemblant avec le bouchon en fonte, au lieu de les faire venir de la même pièce, comme dans cet exemple.

ARBRES EN BOIS.

Les arbres en bois sont appliqués dans les mêmes circonstances générales que ceux en fonte dont il vient d'être question; souvent même, les uns pourraient être substitués aux autres indifféremment, et ce n'est, quelquefois, que l'habitude du constructeur qui en décide.

Pour la plus grande partie, les roues hydrauliques sont construites en bois et en fonte, parce que ce mode de construction est économique et que, si les parties en bois en ont moins de durée, elles sont aussi plus facilement réparables dans telle localité où la roue se trouve établie que si elles étaient en métal, qui ne peut être travaillé qu'à l'aide des ressources d'un atelier bien monté et placé dans un centre industriel.

On ne peut pas, en résumé, indiquer d'avance d'une manière absolue, dans quel cas le métal est préférable au bois, et réciproquement, le choix pouvant être déterminé, soit par le genre d'application même, soit par les proportions relatives du moteur, etc. Cependant, on peut prévoir que l'emploi du bois, pour l'arbre, se trouverait tout naturellement limité aux puissances pour lesquelles on atteindrait des dimensions dépassant celles des bois qui peuvent être facilement employés : car il n'est guère dans l'usage de la bonne construction mécanique de faire un arbre en plusieurs pièces, quoique ce soit possible. Au contraire, pour des roues de petit diamètre, dont les croisillons peuvent être faits d'une même pièce de fonte, bras et couronne, ou bien très-étroites, comme le sont certaines roues en dessus à grande chute et faible dépense, l'arbre sera presque toujours en fonte ou même en fer.

Il n'est pas inutile de faire remarquer que, toute autre objection écartée, l'emploi de la fonte, pour une roue hydraulique, n'est pas sans danger à cause de la *gelée*, qui peut occasionner la rupture des pièces particulièrement exposées aux conséquences de ce phénomène.

Quel que soit, en définitive, le genre d'application qui leur soit réservé, nous nous proposons d'indiquer quelques types d'arbres en bois dont les différences portent sur le procédé d'assemblage des tourillons qui ne peuvent être, évidemment, qu'en métal, fonte, fer ou acier; et c'est aussi le seul point important par lequel deux arbres en bois puissent se distinguer l'un de l'autre.

Tourillons en fer avec manchon en fonte, fig. 16. — Étant donné un arbre en bois pour servir d'axe tournant à une roue hydraulique, la difficulté la plus sérieuse de la construction réside dans l'adjonction à lui faire des tourillons par lesquels il repose et tourne dans les paliers placés aux deux extrémités. Le but à atteindre est la solidarité parfaite des deux parties rassemblées et la conservation de l'arbre, qu'il ne faut pas affaiblir en voulant multiplier les points d'attache du tourillon; bien des moyens ont été employés pour y réussir : nous commençons par celui qui nous semble le meilleur.

Le procédé représenté fig. 16 consiste à fixer le tourillon en fer C au centre d'un manchon en fonte B qui vient tout simplement embrasser le bout de l'arbre A, sur lequel il est calé au moyen d'un grand nombre de vis de centrage *a*. On peut dire que, de cette façon, le bout de l'arbre fût-il mauvais, se trouve toujours suffisant pour faire un assemblage parfaitement solide et qui, loin de l'affaiblir, le maintient et le conserve.

Le corps du manchon est polygonal, à huit pans, comme l'arbre, sur lequel il s'ajuste avec un certain jeu nécessaire pour opérer le centrage. Cette opération s'effectue à l'aide des 24 vis *a*, qui, dans la construction soignée, au lieu d'être taraudées dans la fonte, sont munies d'un écrou en fer encastré dans la paroi intérieure de la pièce, et qui sont encore armées extérieurement d'un contre-écrou. La pression de ces vis s'exerce sur des platines en fer *b*, entaillées dans chacune des faces de l'arbre.

Le tourillon C est réuni au mamelon central du manchon par une soye conique dont l'extrémité est taraudée pour recevoir l'écrou *c*, au moyen duquel on peut opérer un serrage très-énergique ; aussi la portée du manchon est-elle renflée près de l'embase du tourillon et garnie d'une frette en fer *d*, que l'on pose à chaud, comme nous l'avons déjà rappelé ci-dessus.

Les qualités de cette disposition seront encore mieux appréciées en la comparant à celles dont nous dirons quelques mots tout à l'heure ; mais déjà on peut remarquer que si la construction du manchon est quelque peu dispendieuse, sa mise en place ne coûte presque rien et n'exige aucun autre travail préalable que la pose des platines en fer *b*. Quant au centrage il se réduit à agir, pour chacune des extrémités de l'arbre, sur 8 des 24 vis, en se réservant de serrer les autres à fond et sans ménagement, une fois la réglementation achevée.

Tourillon et manchon en fonte de la même pièce, fig. 17. — Ce mode d'assemblage a quelque analogie avec le précédent, en ce que le bout de l'arbre est entièrement embrassé par la pièce qui porte le tourillon ; mais il en diffère aussi par des points importants qu'il est aisé de reconnaître.

Le tourillon C est fondu de la même pièce qu'un manchon B, à l'intérieur duquel il est comme prolongé par une longue soye *a* qui est accompagnée de quatre ailettes *b*, pour en opérer la liaison plus intime avec le corps entier de la pièce.

Pour en faire l'application au bout de l'arbre, il faut pratiquer dans ce dernier les entailles nécessaires à la pénétration de la soye, des ailettes et même de la jante cylindrique B, puisqu'elle affleure le corps de l'arbre. Cet ajustement fait avec tout le soin possible, c'est-à-dire, en prenant la précaution rigoureuse que les entailles soient remplies et même forcées par la fonte, on fixe le tout au moyen d'une clef en fer *c* qui traverse la soye et l'arbre de part en part.

On voit que la mise en place de cette pièce n'est pas sans difficulté, comparativement au procédé décrit précédemment, sans compter que les tourillons ne peuvent être tournés qu'après pose et en mettant l'arbre entier sur le tour, car il n'existe aucun moyen de centrage, ni même de serrage, si nous en exceptons la clavette *a*, dont l'action n'a pas d'autre résultat que d'appeler à joint dans la direction de l'axe.

Enfin, ce n'est encore qu'un tourillon en fonte, dont la rupture ou l'usure suffit pour mettre la pièce entière hors de service, et qu'on ne peut remplacer que moyennant une opération assez longue ; de plus, l'arbre est déjà entaillé, évidé, affaibli, et l'application d'une nouvelle pièce qui doit s'adapter aux mêmes évidements n'en est que plus délicate, si l'on veut obtenir la même solidité que la première fois.

Il est clair que nous constatons les mêmes défauts aux divers procédés ayant pour principe la pénétration et l'évidement du bois, ainsi que la solidarité absolue du tourillon avec les autres pièces qui concourent à l'assemblage ; nous n'aurons donc pas à reproduire ces observations qui s'appliquent à chaque cas analogue.

Tourillon en fonte avec plateau boulonné, fig. 18 et 19. — Le mode de construction de l'arbre représenté fig. 18, et qui appartient à une roue montée dans une forge à Vienne (Isère), nous paraît préférable au précédent, en ce que le tourillon C, quoique en fonte, est indépendant de la pièce assemblée directement sur l'arbre, qui n'est lui-même nullement affaibli par des évidements.

Le tourillon C fait partie d'un plateau en fonte C′, qui se boulonne avec un manchon à bride B, monté sur l'arbre A. Ce manchon, octogone comme l'arbre et de même dimension, est ajusté d'abord par un épaulement enlevé sur le bois; puis, pour consolider cet assemblage, on a pratiqué sur chaque pan des entailles angulaires dans lesquelles on a chassé avec force des coins *a* en chêne bien sec, dans lesquels on a enfoncé, en plein bois, d'autres coins en fer *b* appelés *langues de carpe*, qui refoulent les fibres et déterminent un serrage d'une très-grande énergie. De plus, on a encore relié le manchon à l'arbre au moyen de huit longues vis ou tire-fonds *c*.

L'ajustement du plateau C′ a lieu sur le manchon par une légère pénétration dite *à tabatière*, qu'il est bien de rectifier au tour; néanmoins, il ne nous paraît pas que cela dispense de tourner les tourillons après le montage des plateaux et en y mettant l'arbre tout entier lui-même; car pour les tourner séparément, il faudrait, pour bien faire, que l'ouverture des plateaux et la surface des brides eussent été tournées elles-mêmes après pose, ce qui conduit, de toute façon, à monter l'arbre sur le tour. Cependant, cette dernière méthode est praticable, et elle a même pour avantage de conserver au tourillon et à son plateau leur concentricité parfaite, ce qui ne pourrait avoir lieu en adoptant la première méthode.

Or, cette condition deviendra précieuse, lorsqu'il s'agira de remplacer un tourillon; car, dans cette circonstance, le tourillon neuf avec son plateau, pourra être fondu et tourné à part, et s'adaptera à l'arbre avec toute la précision désirable, sans toucher à ce dernier.

Cet arbre nous fournit encore l'exemple d'un mode d'ajustement dont il a été dit quelques mots ci-dessus. Pour que les boulons *d*, qui réunissent le plateau C′ et le manchon B, n'aient à résister à aucun effort transversal, on a encastré, dans le joint des brides et vis-à-vis des angles du polygone, des cales en fer *e* dont la disposition est représentée par la fig. 19, qui est un détail de la bride du manchon, en vue extérieure et le plateau démonté.

En somme, ce mode d'assemblage n'est pas sans mérite, et il offre des garanties assez sérieuses pour être appliqué à des arbres de fortes dimensions. Par le plateau rapporté, on peut assez facilement remplacer un tourillon usé ou cassé, sans autre démontage que ce plateau même.

Tourillons en fonte, a ailettes, fig. 20 a 22. — La disposition, que représente la figure 20, a été souvent appliquée et l'est encore assez fréquemment, soit telle quelle soit avec quelques modifications; pourtant nous la décrirons plutôt pour en faire ressortir les défauts que pour en conseiller l'emploi.

Le tourillon C est fondu avec une longue soye *a*, et quatre ailettes *b* qui sont entaillées et calées dans le bout de l'arbre A, lequel est tourné conique pour faciliter la pose de trois frettes en fer plat *c*. On s'arrange de façon pour que ces frettes portent principalement sur le bois et non pas sur le champ des ailettes qui ne doivent pas atteindre la circonférence de l'arbre, tandis que les entailles faites pour les recevoir traversent au contraire d'outre en outre ; après la pose du tourillon et des frettes, on chasse dans le bout de l'arbre un grand nombre de coins de fer minces pour en refouler les fibres et produire un serrage énergique. Le vide laissé au bout des ailettes est de même rempli par des cales en bois *e* que l'on chasse avec force.

Lorsque l'arbre a été ainsi découpé et pour ainsi dire haché en tous sens, pour la pose du tourillon, on comprend la difficulté de remplacer ce dernier, en cas d'usure ou de rupture ; il est certain que si l'arbre peut subir une première réparation semblable, il n'en supporterait pas deux et devrait être entièrement remplacé lui-même.

Pour la roue des moulins de Corbeil, qui a été construite autrefois par MM. Cartier et Armengaud, on avait admis un système analogue à celui-ci, mais avec une modification qui le rendait bien préférable. Le tourillon, y compris sa longue soye, était en fer forgé, et par conséquent indépendant des ailettes qui étaient fondues avec un moyeu que le tourillon traversait et avec lequel il était claveté. On avait ainsi moins à redouter la rupture du tourillon et l'opération désastreuse qui en serait la suite : il est vrai que la roue était très-pesante, et qu'il aurait été imprudent de se confier à des tourillons en fonte, et si, de toute façon, on croyait devoir employer purement et simplement le système représenté fig. 20, ce ne devrait être au moins que pour des roues très-légères.

Les tourillons de cette roue de Corbeil, que nous venons de citer, ont encore fourni une observation sur un inconvénient de plus à reprocher à ce système, en dehors des soins pris pour l'établir. Un jour, pour une cause que nous n'avons pas à rechercher, les tourillons ont *chauffé* assez fortement, et, comme ils pénètrent profondément dans le bois, la chaleur s'est communiquée à l'intérieur de l'arbre qui s'est desséché, *retiré*, et la solidité du montage s'est trouvée assez compromise pour que l'on ait été obligé de détruire, par un nouveau calage, le jeu qui en était résulté.

Avant de terminer ce que nous avions à dire sur cet exemple, fig. 20, faisons remarquer que l'on a profité de cette figure pour indiquer le moyen, bon cette fois, employé pour monter l'engrenage premier moteur B, lorsque la roue ne porte pas elle-même son organe de transmission. Le moyeu de la roue est polygonal comme l'arbre que l'on tient quelquefois carré dans la partie où cette roue s'applique ; le centrage s'opère à l'aide des vis *d* qui s'appuient sur des platines de fer entaillées dans l'arbre. Pour les grandes dimensions, on fait cette roue en deux parties.

La fig. 21 représente un autre mode de tourillon à ailettes, plus robuste que le précédent et d'un montage aussi différent.

Les quatre ailettes *b*, dont on voit la largeur de champ, fig. 22, forment une croix avec les angles reliés par de forts congés, dont le rayon est assez grand pour circonscrire l'embase du tourillon C ; elles sont traversées, aux extrémités, par quatre boulons *a* qui servent à retenir l'ensemble du tourillon au bout de l'arbre et se vissent dans des écrous en fer *d*, prisonniers dans le bois. Il est, du reste, entaillé comme le précédent, et l'extrémité de l'arbre, qui est tournée conique, est cerclée de trois frettes *c*.

Tourillons en fer de petites dimensions, fig. 23 et 24. — Tous les arbres que nous venons de décrire, ainsi que les divers procédés employés pour leur adapter des tourillons, s'appliquent à des moteurs d'une puissance assez considérable pour que les efforts directs atteignent eux-mêmes une grande intensité. Mais s'il s'agit, au contraire, de très-petits moteurs ou d'appareils quelconques, très-légers, comme, par exemple, des arbres de bluteries à farine, ces dispositions peuvent être évitées.

La fig. 23 montre un exemple de ce que l'on peut adopter en pareil cas. Le tourillon C, qui est en fer, pénètre simplement dans l'arbre par une soye d'abord cylindrique, puis quadrangulaire et pointue, avec des barbes enlevées sur les angles, à la forge, par un coup de tranche. On commence par garnir l'extrémité de l'arbre d'un plateau en fonte B qui porte, au centre, un moyeu percé pour laisser passer le tourillon dont l'embase doit lui servir de retenue ; ce dernier est ensuite mis à sa place en l'entrant de force, néanmoins, après avoir amorcé la pénétration de la soye au moyen d'un trou percé d'avance, mais d'un diamètre aussi faible que possible et seulement suffisant pour que le bois ne se fende pas. L'extrémité de l'arbre a dû être, d'ailleurs, préalablement frettée.

La fig. 24 indique un mode de construction encore plus simple. Le tourillon pénètre dans le bout de l'arbre sous la forme d'une soye légèrement pyramidale, et s'y trouve retenue à l'aide d'une clef *a* qui traverse l'arbre de part en part.

Nous croyons que les diverses dispositions qui viennent d'être décrites feront suffisamment comprendre le mode de construction qu'il conviendra d'adopter, toutes les fois qu'il s'agira d'exécuter un arbre de couche en fer, en fonte ou en bois.

Sans prétendre n'avoir rien omis, nous pensons, néanmoins, avoir donné, relativement aux arbres de transmission, en y comprenant ces derniers, des notions d'un développement en rapport avec l'importance de ce sujet. Nous devons maintenant nous occuper des *arbres verticaux*, qui, s'ils ne diffèrent pas toujours de ceux qui font l'objet du chapitre actuel, sont, néanmoins, parfaitement caractérisés par la nature de leur point d'appui principal, *le pivot*, lequel donne parfois son nom, dans certaines applications, à l'arbre tout entier lui-même, comme on le verra plus loin.

CHAPITRE III

PIVOTS, CRAPAUDINES ET ARBRES VERTICAUX

(PLANCHES 6 ET 7.)

En nous occupant, dans le chapitre précédent, des arbres de transmission, nous avons compris spécialement, dans cette énumération, ceux qui sont disposés horizontalement, qu'ils soient d'ailleurs moteurs ou de simples axes ou supports tournants, parce que cette position comporte des applications particulières et un mode de construction qui lui est propre; mais nous avons, en même temps, cité d'autres arbres qui sont, au contraire, *verticaux* et qui comprennent également les deux types, savoir : les arbres de transmission moteurs soumis à la torsion, et les arbres qui ne sont aussi que de simples axes ou supports soumis à la charge et à la flexion.

Ainsi, lorsque, dans une usine, on doit communiquer le mouvement du moteur, placé au rez-de-chaussée, aux étages supérieurs, on emploie des arbres verticaux recevant et transmettant le mouvement à l'aide de roues d'angle; ces arbres, comme ceux horizontaux, sont soumis à la torsion, et, sous ce rapport, rentrent complétement dans la catégorie des précédents, quant au mode de calcul de leur résistance.

Mais, de plus, l'ensemble de leur propre poids et de celui des organes qu'ils portent se trouvant dirigé dans le sens même de leur point d'appui, ils se trouvent soumis à un effort de compression longitudinale, dont l'intensité est ressentie tout entière sur cette extrémité inférieure, que l'on appelle le *pivot*, et par lequel ils sont, dans la généralité des circonstances, exclusivement supportés.

Au contraire, l'axe d'après lequel tourne une grue ne transmet aucune force motrice, mais il résiste d'abord à d'énergiques efforts transversaux qui tendent à le faire fléchir, et, en outre, comme les précédents, à une charge verticale agissant par compression sur l'ensemble de sa masse et sur son point d'appui inférieur; seulement, dans cette application particulière, la charge verticale atteint une intensité qui doit être prise en sérieuse considération, tandis que pour les arbres de transmission, elle pouvait, non pas être négligée, mais au moins être regardée comme secondaire parmi les divers éléments de la résistance totale.

En somme, n'ayant plus à nous préoccuper ici de la résistance à la torsion, il ne nous reste qu'à examiner les deux genres d'arbres sous le rapport commun de la charge verticale, c'est-à-dire, la dimension du pivot qui supporte cette résistance, et le mode de construction des arbres particulièrement soumis à la fois à la charge et à la flexion.

Mais le pivot seul n'offrirait guère d'intérêt que la détermination de son diamètre, tandis que l'organe dans lequel il tourne et qui est soumis au même effort que lui, la *crapaudine*, présente, au contraire, des types de construction très-variés; de plus, la crapaudine fait souvent partie de l'arbre même et tourne avec lui sur le pivot, qui est alors fixe.

Par conséquent, il nous paraît rationnel de rapprocher la description des crapaudines de la détermination du diamètre des pivots, qui en est la donnée première, et de l'étude des arbres verticaux en général, dont la crapaudine en est souvent l'une des parties constitutives.

DÉTERMINATION DU DIAMÈTRE DES PIVOTS.

Ainsi qu'on le sait, et comme le montre d'ailleurs la fig. 1 de la planche 6, le pivot ou le *pointal* d'un arbre vertical B est une partie cylindrique A, d'un diamètre plus faible que l'arbre, rapportée à son extrémité inférieure ou de la même pièce, suivant le mode particulier d'application; ce pivot est pris et guidé dans un gobelet en métal C, constituant la crapaudine proprement dite, et dont le fond est garni d'une pièce d'acier trempé appelée *grain*, sur laquelle porte directement et tourne le pivot.

Sans insister davantage, quant à présent, sur cette disposition qui est décrite plus loin avec tous les détails nécessaires, nous pouvons faire remarquer que si l'on peut négliger certains efforts latéraux, provenant des organes de transmission que l'arbre porte et qui peuvent occasionner une *poussée* horizontale tendant à *décentrer* le pivot, cet organe n'est soumis qu'à un effort de compression résultant du poids total de l'arbre et de son équipage, et auquel il résiste en proportion de sa section transversale.

On a vu dans les notions préliminaires (Int., p. XVII à XXII) d'après quelles considérations on est amené à déterminer les proportions d'un solide soumis à la compression, et que cette détermination doit comporter la notion du rapport entre la dimension transversale et la longueur de la pièce chargée. Mais les pivots sont toujours trop courts pour qu'il y ait lieu de se préoccuper de ce rapport, qui est ordinairement au-dessous de 5 dans cette circonstance, ce qui s'approche certainement des limites maxima de la résistance pratique des corps chargés; il suffit donc de considérer la section du pivot pour lui appliquer un certain taux de charge proportionnelle à celle totale qu'il doit supporter, et en rapport avec les convenances de la construction et de leur fonctionnement.

Nous avons rappelé (Int., p. XXII) que, si l'on ne tient pas compte de la longueur, on peut faire supporter au fer, avec sécurité, une charge de 6 à 800 kilogrammes par centimètre carré. Or, si l'on voulait appliquer purement et simplement cette donnée à la détermination du diamètre des pivots, on ne tarderait pas à reconnaître que l'on serait, dans la plupart des cas, bien au-dessous des proportions admises dans la bonne construction, et qu'un pivot ainsi déterminé, bien qu'en rapport avec la charge qu'il supporte, ne remplirait pas les conditions exigées.

C'est, qu'en effet, si le métal ne s'écrase pas, il s'use et s'échauffe par le frottement, et si la charge à l'unité de surface est trop intense, les deux phénomènes se manifestent d'autant plus, l'un aidant l'autre : c'est la même question que pour les tourillons.

Il convient donc de fixer le diamètre des pivots en attribuant à la section correspondante une charge sous laquelle la pratique a démontré que le graissage peut être facilement maintenu, de façon à ne pas craindre un excès d'usure, mais cependant sans atteindre une limite à laquelle le pivot, par un excès de diamètre, absorberait par son frottement une trop grande quantité de travail.

Il résulte d'un travail auquel nous nous sommes livré, relativement aux proportions adoptées en pratique, pour les pivots en fer animés d'un mouvement continu et que nous appellerons *rapides*, c'est-à-dire, faisant au moins 50 tours par minute, qu'on doit limiter la charge à leur faire porter, à environ 200 ou 250 kilogrammes par centimètre carré de la section transversale.

Si nous admettons cette base, pour l'instant, en prenant le taux le plus élevé de 250 kilogrammes par centimètre carré, soit $2^k,5$ par millimètre carré, et que nous représentions par P la charge totale en kilogrammes, et par d le diamètre du pivot en millimètres, il vient :

$$\frac{\pi d^2}{4} \times 2^k,5 = \mathrm{P}, \text{ d'où : } d^2 = \frac{\mathrm{P}}{1,96}.$$

Mais il est encore nécessaire de faire intervenir dans cette règle une quantité additive fixe qui favorise les plus faibles pivots et leur conserve, dans tous les cas, une dimension au-dessous de laquelle on se trouverait en dehors des conditions admissibles en pratique; nous avons du reste choisi à dessein, dans l'opération précédente, la plus forte des deux charges limites que nous nous sommes imposées, comptant d'avance sur cette quantité additive pour revenir, au fur et à mesure que les proportions diminuent, à un plus faible taux de charge.

Nous admettons donc que pour $\mathrm{P} = 0$, $d = 5$ millimètres, et prenant, en nombre rond, 2 pour le dénominateur de la fraction au lieu de 1,96, la formule devient :

$$d = \sqrt{\frac{\mathrm{P}}{2}} + 5 \text{ millimètres, ou : } d = \sqrt{0,5\mathrm{P}} + 5,$$

et permet de déterminer le diamètre des pivots en fer forgé qui, pour bien faire, doivent être aciérés dans la partie qui porte sur le grain.

Mais le pivot peut être exécuté d'une seule pièce en acier fondu, ce qui permet d'en diminuer le diamètre, lorsque cette condition est réclamée, soit, par exemple, dans l'intention de réduire le travail absorbé par le frottement.

La proportion qui convient, dans ce cas, est environ les 6/10 du diamètre donné par la règle précédente pour le fer.

La formule spéciale pour l'acier devient donc, d'après cela :

$$d' = 0,6\,d = \sqrt{0,18\,P} + 3 \text{ millimètres.}$$

Malgré la simplicité de ces règles, nous en donnerons des exemples pour mieux fixer les idées.

1er Exemple. Quel doit être le diamètre du pivot d'un fer de meule, sachant que le poids qu'il porte, composé de l'arbre lui-même, dont la longueur égale 2 mètres, de sa poulie et de la meule courante, est de 1200 kilogrammes?

Le pivot devant être en fer aciéré, on trouve pour le diamètre :

$$d = \sqrt{0,5 \times 1200^k} + 5 \text{ mill.} = 29^{mill},5.$$

On donne, en effet, dans la pratique, environ 30 millimètres aux pivots des arbres des meules de moulins à blé, dont le diamètre est de 1^m,30.

S'il devait être en acier fondu et trempé, le diamètre pourrait être réduit à :

$$d' = \sqrt{0,18 \times 1200} + 3 = 17^{mill.},7.$$

Mais en réduisant autant le diamètre du pivot, on en diminuerait aussi la longueur, qui, comme nous le faisions observer plus haut, ne doit pas excéder 4 à 5 fois le diamètre, afin que l'effort transversal, qu'il est aussi susceptible de ressentir, ne lui fasse pas éprouver de flexion sensible.

2e Exemple. — Le poids d'une *turbine hydraulique* en marche, étant de 10000 kilogrammes, y compris le poids de l'eau qui la fait mouvoir et de l'arbre sur lequel elle est montée, on demande le diamètre à donner au pivot ?

Pour le pivot en fer, on a :

$$d = \sqrt{0,5 \times 10000} + 5 = 75^{mill.},7,$$

et pour le pivot en acier fondu :

$$d' = \sqrt{0,18 \times 10000} + 3 = 45^{mill.},4.$$

Les deux formules qui précèdent nous ont permis de calculer la table suivante, qui renferme une série de diamètres de pivots en fer et en acier, pour des charges déterminées et dans des limites très-étendues.

Il est évident qu'en étendant cette table jusqu'aux chiffres énormes de 90 à 100000 kilogrammes, il est bien rare que de telles charges se rencontrent en pratique ; aussi est-ce plutôt comme point de comparaison que nous l'avons fait. Cependant, dans certains cas, pour des pivots de grues, par exemple, on peut quelquefois s'en approcher.

Quant aux pivots en fonte de fer, il n'y a pas lieu de procéder de même pour la détermination de leur diamètre, car ils ne sont jamais appliqués aux arbres ou axes *rapides*, et appartiennent à des organes spéciaux dont nous nous occupons plus loin.

La table ne contient donc pas d'indications à l'égard des pivots en fonte, que l'on évite généralement. Quand on les applique, c'est souvent parce qu'ils font partie de la pièce même qu'il s'agit de supporter, ainsi que nous en montrerons des exemples.

XIIIe

TABLE

DES DIAMÈTRES EN MILLIMÈTRES DE PIVOTS EN FER ET EN ACIER POUR DES CHARGES DONNÉES DE 10 A 100 000 KILOGRAMMES.

CHARGES	DIAMÈTRES des pivots		CHARGES.	DIAMÈTRES des pivots		CHARGES.	DIAMÈTRES des pivots	
	en fer.	en acier.		en fer.	en acier.		en fer.	en acier.
kil.	mill.	mill.	kil.	mill.	mill.	kil.	mill.	mill.
10	7	4	1500	32	19	23000	112	67
20	8	5	2000	37.5	22	24000	114	68
30	9	5.5	2500	39	23	25000	116	69
40	9.5	5.5	3000	41	26	26000	119	71
50	10	6	3500	46	27	27000	121	72
60	10.5	6	4000	49	29	28000	122	73
70	11	6.5	4500	52	31	29000	125	75
80	11.5	7	5000	55	33	30000	127	76
100	12	7	5500	58	35	32000	131	79
125	13	8	6000	60	36	34000	135	81
150	14	8	6500	62	37	36000	139	83
175	14.5	8.5	7000	64	38	38000	142	85
200	15	9	7500	66	39.5	40000	146	87
250	16	9.5	8000	68	41	42000	150	90
300	17	10	9000	72	43	44000	153	91
350	18	11	10000	76	46	46000	156	93
400	19	11.5	11000	79	47	48000	160	96
450	20	12	12000	82	49	50000	163	98
500	21	12.5	13000	85	51	55000	170	102
600	22	13	14000	88	53	60000	178	106
700	24	14	15000	91	54.5	65000	185	111
800	25	15	16000	94	56	70000	192	115
900	26	15.5	17000	97	58	75000	198	118
1000	27	16	18000	99.5	59	80000	205	123
1100	28	17	19000	102	60	85000	211	126
1200	29	17.5	20000	105	63	90000	217	130
1300	30	18	21000	107	64	95000	223	134
1400	31	19	22000	109	65	100000	229	137

Tracé graphique. — La fig. A, du dessin pl. 6, est un tracé qui permet de trouver directement les diamètres des pivots en fer et en acier pour des charges comprises entre zéro et 40000 kilogrammes.

Les charges sont indiquées en kilogrammes par l'échelle supérieure AB, et les diamètres en millimètres par celle verticale AD.

La première courbe DB correspond aux pivots en fer, et la deuxième DB' aux pivots en acier fondu.

S'il s'agit, par exemple, de déterminer le diamètre d'un pivot en fer correspondant à la charge de 22000 kilogrammes, on suit la ligne du tracé passant par ce degré, pris sur l'échelle AB, jusqu'à son intersection *a* avec la première courbe DB; et de ce point on suit l'horizontale jusqu'à l'échelle AD, sur laquelle on trouve, comme division correspondante, 110 millimètres, qui est le diamètre cherché.

Si le pivot devait être en acier fondu, on ferait la même opération, mais en se servant de la deuxième courbe, et l'horizontale passant en *a'* donnerait 66 sur l'échelle AD des diamètres.

En jetant les yeux sur la table, dont toutes les valeurs ont été déterminées exactement par les formules, on trouve, pour les mêmes données, 109 et 65, soit pour chaque cas 1 millimètre de différence, ce qui est tout à fait insignifiant pour la pratique, et qui, d'ailleurs, n'aurait pas lieu en effectuant le tracé sur une grande échelle.

CONSTRUCTION DES PIVOTS, CRAPAUDINES ET POÊLETTES.

(PLANCHE 6.)

PIVOTS DES ARBRES DE TRANSMISSION.

TYPE DE LA DISPOSITION GÉNÉRALE, FIG. 1 ET 2. — Le support ou la *poêlette* qui reçoit la partie inférieure d'un arbre vertical se compose, comme le palier qui porte le tourillon d'un axe horizontal, de plusieurs pièces essentielles qui diffèrent souvent dans leurs formes comme dans leurs dispositions, suivant les applications spéciales que l'on en fait dans les machines ou dans les communications de mouvement.

Ainsi la *pointe* ou le *pivot* proprement dit, qui remplace le tourillon de l'axe horizontal, tout en remplissant le même but, tourne ou pivote sur un *grain* d'acier fixe, supporté au fond d'une douille en bronze ou en fonte que l'on nomme *crapaudine*, et qui le maintient latéralement.

Celle-ci est généralement disposée de façon à permettre, d'une part, de monter ou de descendre le pivot pour régler la position exacte de l'arbre vertical, et, par suite, de l'engrenage qu'il porte, ainsi que pour remédier à l'usure de la pointe et du grain; et, d'autre part, de le pousser latéralement, soit d'un côté, soit de l'autre, afin de centrer l'axe et de fixer exactement sa verticalité.

Telle est la composition de la poêlette-type, représentée sur les fig. 1 et 2 de la pl. 6 et que nous allons décrire dans tous ses détails.

La fig. 1 est une section verticale faite par le centre de l'arbre, du pivot, de la crapaudine et de la poêlette;

La fig. 2 en est une projection horizontale vue en dessus, en supposant l'arbre enlevé.

La pointe, ou le *pivot* proprement dit, est une pièce cylindrique A, que l'on exécute le plus souvent en fer forgé, comme nous l'avons dit plus haut, en l'aciérant par le bout ou en la trempant en paquet, et qui, dans certains cas, est complétement en acier, comme le grain qui la porte. Cette pièce est légèrement conique à sa partie supérieure, pour s'ajuster dans la base alésée de l'arbre B qui la reçoit, et avec lequel elle fait corps. Cet ajustement doit être assez bien fait pour que l'arbre entraîne toujours la pointe avec lui, dans son mouvement de rotation. On peut, d'ailleurs, l'y retenir encore par une petite nervure *a*; cependant, s'il y avait du jeu dans l'ajustement, ce jeu ne tarderait pas à augmenter, à faire tourner l'arbre faux rond, et à produire les plus mauvais effets, ce qu'il importe d'éviter. Aussi, avec un contact parfait, peut-on supprimer l'embase elle-même, qui, en tout cas, ne doit jamais toucher à l'arbre, puisqu'elle ne sert réellement que d'ornement pour cacher l'assemblage. Alors la partie cylindrique de la pointe se termine directement par la partie conique qui pénètre dans l'arbre.

Le pivot ainsi rapporté, au lieu d'être fondu ou forgé avec l'arbre, a l'avantage de pouvoir être exécuté en métal plus dur, plus résistant, de durer beaucoup plus longtemps, de pouvoir être notablement réduit de diamètre, ce qui diminue les pertes de force résultant du frottement, qui est en raison du diamètre du pivot, de la charge qu'il supporte, et de la vitesse avec laquelle il tourne sur lui-même. Il peut être, en outre, renouvelé facilement quand on le juge nécessaire. On chasse alors une clavette ou une sorte de coin méplat dans une ouverture oblongue *b* pratiquée à travers l'arbre et la pointe, et qui, en s'appuyant sur celle-ci, tend à la faire descendre. Pour plus de simplicité d'exécution, il est mieux de percer préalablement dans l'arbre, au-dessus de la partie conique du pivot, un trou oblong *c*, qui permet d'y introduire au besoin un coin à l'aide duquel il est aisé de faire sortir la pointe.

La *crapaudine*, destinée à recevoir le pivot, est aussi disposée de façon à procurer les mêmes avantages que ce dernier. Ainsi, composée le plus communément d'une douille cylindrique C en fonte, ou mieux en bronze, qui est alésée intérieurement et tournée à l'extérieur, elle renferme un petit dé d'acier *e* appelé *grain*, qui y est ajusté avec soin et retenu dans le fond par une petite nervure *f*, découpée tout simplement dans un morceau de fil de fer. Ce grain étant en métal plus dur que la crapaudine, peut durer fort longtemps malgré la charge qu'il supporte, et se remplacer de même avec facilité, sans être dans l'obligation de remplacer toute la pièce, qui n'est soumise alors qu'à l'usure résultant de la pression latérale.

Le pivot repose par sa base sur la surface du grain, soit en totalité, soit en partie, suivant la forme même qu'on leur a donnée. Il est évident que le mieux serait de les faire coïncider le plus exactement possible sur toute leur étendue, afin de diminuer l'usure, et de les faire servir plus longtemps. Pourtant, il convient d'adopter de préférence des surfaces légèrement convexes et concaves, comme celles indiquées sur la fig. 1, afin de laisser un petit espace libre à la circonférence pour faciliter l'introduction de l'huile entre elles.

Pour maintenir la verticalité de l'arbre, il ne faut pas seulement que le pivot porte bien sur son grain d'acier, il doit encore être ajusté avec soin dans la crapaudine, qui l'enveloppe latéralement sur une grande partie de sa hauteur, et qui, pour cela, doit être retenue très-solidement, après que sa place a été bien déterminée.

A cet effet, elle est ajustée elle-même dans une sorte de manchon ou *gobelet* en fonte D, qui, alésé intérieurement, repose par sa base sur le fond dressé de l'espèce de boîte E, appelée *poêlette*. Sur quatre parties extérieures opposées de ce gobelet, on a ménagé des facettes droites et verticales destinées à recevoir la pression des vis latérales F, dont les écrous en fer *g*, de forme carrée, sont logés dans l'épaisseur même de la poêlette. A l'aide de ces vis, qui sont quelquefois, mais à tort selon nous, taraudées directement dans la fonte, on peut aisément fixer la position du gobelet en le poussant, soit d'un côté, soit de l'autre, et régler par suite celle de la crapaudine, du pivot et de l'arbre entier.

La poêlette est retenue solidement sur un massif en maçonnerie ou sur une assise en fonte, au moyen de boulons à écrous *d*, lorsqu'elle n'est pas fondue avec de grandes plaques en fonte.

On peut, dans certains cas, supprimer le gobelet en fonte, ce qui diminue un peu le volume de la poêlette, mais alors la pression des vis de centrage F se fait directement sur la crapaudine, qui est le plus souvent en matière moins dure. De plus, comme il faut la soulever ou la baisser, afin de régler exactement la hauteur du grain, et, par suite, la position du pivot et de son arbre, on est dans l'obligation de desserrer les vis, et, par conséquent, l'arbre vertical est susceptible de se décentrer. Cet inconvénient n'a pas lieu avec le gobelet, qui permet l'élévation ou l'abaissement de la crapaudine, tout en restant sur le fond de la poêlette, et sans déranger la verticalité de l'arbre.

Il est vrai que des mécaniciens, pour simplifier, autant que possible, la construction de ces organes mécaniques, se contentent de fixer la crapaudine même sur la poêlette, et n'appliquent pas de moyens de *soulagement*. Mais cela ne peut s'admettre que pour des axes qui n'ont pas d'engrenages, et qui peuvent être levés ou baissés d'une certaine quantité sans inconvénient. Il n'en est pas de même dans un grand nombre de cas, où il est très-essentiel, au contraire, que la position de l'arbre soit rigoureusement déterminée et reste invariable.

Tel est, dans un moulin à farine, l'axe vertical nommé *fer de meule*. On n'a pas seulement à remédier à l'usure de son pivot et à régler la position de l'engrenage qu'il porte, mais encore à vérifier si la meule mobile s'approche trop ou trop peu de la meule gisante. Il est indispensable d'avoir la faculté de monter ou de baisser l'arbre, et, par conséquent, sa crapaudine et son pivot.

C'est ce qui a lieu au moyen d'une tige verticale en fer G, qui traverse le centre de la poêlette et vient s'appliquer au-dessous de la crapaudine. Cette tige ne doit pas tourner ; elle est, par cela même, carrée à sa partie supérieure ou cylindrique avec une petite nervure qui la retient dans l'épaisseur de la fonte, sans toutefois l'empêcher de marcher verticalement. On peut employer divers procédés, comme on le verra plus loin, pour la faire monter ou descendre et la maintenir dans la position qu'elle doit occuper. Le tout doit d'ailleurs être disposé pour porter la charge de la crapaudine et de l'arbre : c'est pourquoi on donne à la tige à peu près le même diamètre qu'au pivot.

Pour maintenir parfaitement la verticalité d'un arbre de transmission commandé par des roues d'angle, à la manufacture de tabac de Strasbourg, l'ingénieur, M. Rolland, craignant que le gobelet et les vis de centrage ne fussent pas suffisants pour soutenir la poussée des dents de la roue motrice, a placé immédiatement au-dessus de la crapaudine un large collet en bronze, de sorte que le pivot ne touche pas le gobelet ; il ne fait que reposer sur le grain d'acier de la crapaudine, qui n'a alors d'autre mission que de supporter l'arbre.

Une condition extrêmement essentielle à remplir dans la construction de ces organes, c'est un graissage facile, certain et constant. Par cela même que la charge porte sur des surfaces comparativement très-petites, si ces surfaces ne sont pas bien lubrifiées, elles ne tardent pas à s'échauffer, et, par suite, le frottement et l'usure augmentent dans des proportions considérables.

Lorsque le pivot et la poêlette sont à portée de l'ouvrier, comme dans la plupart des moulins, le graissage peut être vérifié à chaque instant. Il suffit de ménager à la partie supérieure de la crapaudine un évidement annulaire formant un petit réservoir dans lequel on verse l'huile, qui peut se rendre goutte par goutte, ou du moins en très-petite quantité à la fois, par deux cannelures étroites et demi-circulaires *i* (fig. 2), pratiquées verticalement sur toute la hauteur de la paroi intérieure de la crapaudine, et qui ont servi à introduire la nervure *f*; une demi-saignée analogue est également pratiquée sur la base concave du grain, depuis la circonférence jusqu'au centre, afin que la goutte d'huile puisse y arriver et se répandre sur toute la surface pendant la rotation du pivot.

Pour remplacer le grain, il faut, après avoir démonté l'arbre et enlevé la pointe, retirer la crapaudine en desserrant les vis de centrage. Comme souvent il ne suffit pas de renverser celle-ci pour faire tomber le grain, à cause de la grande adhérence qu'il a prise par le poids constant qu'il a supporté pendant un temps plus ou moins long, on pratique au centre un petit trou *t* (fig. 1), que l'on taraude, afin d'y visser un fil de fer terminé par une poignée, au moyen duquel on peut alors l'enlever aisément. Ce petit trou ne nuit nullement au mouvement, il facilite, au contraire, le graissage en s'emplissant d'huile constamment.

Malgré son ajustement précis dans le gobelet, la crapaudine pouvant, dans certains cas, l'échauffement, par exemple, tendre à tourner sur elle-même, entraînée par la pointe, on la retient à l'aide d'une petite vis *h* (fig. 1), taraudée dans l'épaisseur du manchon, et qui, pour pénétrer dans la rainure verticale, pratiquée sur la surface extérieure de la crapaudine, désaffleure depuis ce point jusqu'à sa base, afin de ne pas l'empêcher de monter, quand il est nécessaire de l'élever.

Le pivot, la crapaudine et la poêlette établis dans ces conditions, exigent nécessairement beaucoup de main-d'œuvre, et reviennent, par suite, à un prix assez élevé, comparativement à d'autres organes analogues, d'une disposition plus simple et plus facile.

Il arrive parfois que l'on peut, pour des arbres légers et dont le fonctionnement n'est pas très-délicat, ajuster la crapaudine directement dans sa poêlette, et supprimer les vis de centrage, ainsi que la tige à soulager, ce qui rend le mécanisme plus économique. Nous allons avoir l'occasion, du reste, de montrer des exemples de constructions différentes de celle que nous venons de décrire et qui s'appliquent particulièrement à des pivots pour lesquels tous les soins sont réclamés.

PIVOTS DE FERS DE MEULES.

Les pivots appliqués aux axes des meules de moulins à farine peuvent être considérés avec leurs crapaudines comme entièrement semblables, quant à leur ensemble, à celui que nous avons présenté comme type, fig. 1 et 2. On remarque seulement quelques différences dans la disposition de la poêlette proprement dite, à cause de son installation sur les pièces qui servent de base à la construction du beffroi. Mais c'est encore dans les moyens employés pour soulever le pivot et la meule, que l'on signale des modifications essentielles.

Nous allons montrer plusieurs exemples de cette nature de pivot.

Pivots des moulins de Corbeil, fig. 3 et 4. — Ces figures représentent la disposition qui a été adoptée autrefois dans la construction des moulins de Corbeil, appartenant à M. Darblay.

La pièce principale A, dans laquelle sont renfermées toutes celles qui composent l'ensemble de la poêlette, est fondue avec une bride *a* encastrée dans la plaque de fondation B du beffroi, qui repose elle-même sur un massif en maçonnerie, dans lequel se trouve pratiqué un évidement pour loger le mécanisme servant à soulever la meule.

Le pivot C du fer de meule D tourne dans son gobelet en bronze *b*, lequel est ajusté dans un étui cylindrique en fonte *c* qui doit être soulevé avec le fer de meule. Pour effectuer ce mouvement indépendamment des autres pièces, il est disposé pour glisser dans une pièce cylindrique *d* reposant invariablement sur le fond de la crapaudine A, mais qui peut obéir latéralement à l'action des quatre vis de centrage *e* taraudées dans le corps principal A.

Afin que le mouvement vertical de la pièce *c* ait lieu sans la variation qui pourrait résulter du mouvement circulaire du pivot, à cause de la liberté nécessaire dans son ajustement, cette pièce a une forme extérieure à huit pans, ainsi que l'intérieur de celle *d* dans laquelle elle glisse, ce que la fig. 4 fait très-bien voir.

Pour soulever l'étui *c*, et, par suite, le fer de meule, on fait usage d'une vis E, dont la tête est aussi à huit pans comme la pièce qu'elle doit soulever, et qui est taraudée dans le moyeu d'une roue d'engrenage horizontale F, de façon à lui former écrou. Cette roue est munie d'un pivot *f*, qui a son point d'appui fixe sur la maçonnerie.

Par conséquent, si l'on fait tourner la roue, la charge la maintenant constamment à une même hauteur, la vis sort de son écrou ou s'y engage, suivant le sens du mouvement, et la roue, c'est-à-dire, l'écrou, ne se déplaçant pas dans le sens vertical, c'est la vis qui monte ou qui descend, et qui soulève ou laisse descendre la pièce *c*, ainsi que le fer de meule.

Pour opérer ce mouvement à la main, il existe un pignon engrenant avec la roue F, dont l'axe est également fixe, et traverse la plaque de fondation B ; au-dessus de celle-ci, il est terminé par un carré sur lequel s'adapte une clef ou un volant-manivelle.

Toute la partie du mécanisme qui se trouve au-dessus de la plaque est recouverte par une rosace en cuivre mince *g*, pour la garantir des folles farines qui, souvent, se déposent en abondance sur la plupart des pièces qui composent le beffroi d'un moulin.

Système de M. Calla, fig. 5 et 6. — Le détail du système précédent suffirait déjà pour faire comprendre la seconde disposition indiquée sur les fig. 5 et 6, qui peut être considérée comme une légère variante de la première.

Cette disposition a été adoptée par M. Calla dans la construction d'un moulin très-important, dont nous avons donné les machines motrices dans le vol. IX de la *Publication industrielle*.

La différence que l'on peut remarquer tout d'abord, est dans les roues qui commandent la vis E, qui sont coniques au lieu d'être droites, par cette simple raison que la manœuvre devait se faire sur la face verticale du massif en maçonnerie, au lieu de s'effectuer au-dessus de la plaque B. En effet, l'arbre horizontal *h* du pignon F′ est celui qui porte le volant sur lequel on agit pour régler la meule.

Mais il existe aussi un changement qui ne peut être qu'avantageux, c'est que la vis E, au lieu d'être taraudée dans le moyeu de la roue F, qui est évidemment en fonte, a un écrou spécial en fer *i* encastré dans le moyeu de la roue.

Il en est de même des vis de centrage *e* qui ont aussi leur écrou *e′* logé dans la paroi intérieure de la boîte A. Comme cela se rencontre souvent, on n'a pas cru nécessaire d'employer l'étui *c* de la disposition précédente ; le gobelet en bronze *b* est poussé directement par la vis E, et se trouve ajusté rond dans la pièce *d*, sur laquelle agissent les vis de centrage.

Pivot des moulins de Saint-Maur, fig. 7. — Cette figure représente la disposition adoptée par M. Darblay, pour les pivots des meules du grand moulin de Saint-Maur.

Pour mieux la faire comprendre, il est utile de dire en quoi consiste le mécanisme d'ensemble de l'une des paires de meules qui le composent.

La meule gisante est traversée par un bout d'axe vertical A, qui ne tourne pas, et sert de support à la meule courante en même temps qu'à l'arbre supérieur D, qui constitue réellement l'organe de transmission. La partie inférieure de l'arbre fixe A repose dans une crapaudine, contre laquelle s'exerce le mouvement de la vis qui règle l'écartement des deux meules.

L'arbre de commande D transmet le mouvement de rotation à la meule par la nille B, qui se trouve entraînée par un manchon en fonte *b*, claveté à la partie inférieure de l'arbre D.

Or, le point d'appui de ce mouvement est pris sur l'arbre fixe A, qui est garni, à sa partie supérieure, d'un gobelet en bronze *a* dans lequel pénètre un manchon ménagé à la nille, et qui lui forme exactement pivot. Ainsi, c'est la nille qui constitue la partie tournante en s'appuyant sur l'arbre fixe A, lequel remplit de cette façon le rôle de crapaudine.

Mais comme il doit exister entre la nille et l'arbre D qui la commande une liberté de mouvement, en vue du nivellement de la meule, cet arbre n'y possède qu'un point d'appui au moyen du pointal C, qui se loge dans la fraisure pratiquée au centre de la nille. Le pointal C a une forme conique très-prononcée, tant pour réserver de la force à son ajustement dans l'arbre creux D, que pour rendre aussi faible de diamètre que possible l'évidement fait dans la nille pour le recevoir.

Par conséquent, le pivot C n'a pas de mouvement relatif par rapport à la nille B, puisqu'il tourne avec elle, ainsi que l'arbre D ; il a pour fonction unique de supporter cet arbre, tout en laissant à la nille la liberté d'osciller légèrement suivant l'influence de la meule courante.

PIVOTS DE TURBINES.

Les pivots des turbines ont, comme particularités, la difficulté d'entretenir leur graissage, lorsqu'ils sont *noyés*, ou la disposition spéciale au moyen de laquelle on parvient à les ramener dans les conditions ordinaires en les reportant, au contraire, en dehors de l'eau. A ce titre, ils présentent donc deux types principaux, dont nous prendrons pour exemple celui de la turbine Fourneyron, comme pivot noyé, et celui de la turbine Fontaine, comme pivot *en dessus* ou hors de l'eau. Nous mentionnons également une disposition qui a été proposée sous la désignation de pivot *atmosphérique*, et le pivot *hydraulique* de M. Girard.

Pivot de la turbine Fourneyron, fig. 8 a 11. — La turbine de M. Fourneyron a son axe supporté par une crapaudine placée à sa partie inférieure, sur le fond même du bief d'aval ; cette crapaudine se trouve, par conséquent, entièrement plongée dans l'eau, ainsi que le pivot.

Par ce fait, comme, par la grande vitesse de l'axe, dont la charge est souvent considérable, le graissage est difficile et ne doit, cependant, jamais faire défaut, M. Fourneyron a imaginé une disposition toute spéciale avec laquelle le graissage peut se maintenir convenablement, tout en laissant la facilité de soulever l'axe tout entier.

Les fig. 8 à 11 représentent le pivot et sa crapaudine, tels qu'ils ont été appliqués aux turbines du moulin de Saint-Maur ;

La fig. 8 est une coupe verticale de la crapaudine parallèlement au levier de soulagement, avec la partie inférieure de l'axe de la turbine ;

La fig. 9 est une seconde coupe verticale faite perpendiculairement à la précédente ;

La fig. 10 est une coupe horizontale partielle suivant la ligne 1-2, indiquant l'ajustement du gobelet B dans son coussinet D ;

La fig. 11 est un détail du grain d'acier sur lequel repose le pivot.

L'arbre A de la turbine est garni à sa partie inférieure d'un disque *a* en acier, dont la surface inférieure est concave, et qui constitue la partie frottante, ou le pivot proprement dit. C'est par ce disque que l'axe repose, en effet, sur un grain en acier *b* terminant la partie supérieure d'un gobelet B percé d'une mortaise rectangulaire pour le passage du levier C, par lequel on soulève l'ensemble de l'axe avec la turbine, son prolongement et tous les organes de transmission.

Mais ici le pivot n'est point engagé dans le gobelet de façon que celui-ci puisse le retenir latéralement, comme cela a lieu ordinairement, et comme l'indique le modèle fig. 1 ; il est, au contraire, entouré d'une virole *c* qui lui forme un rebord saillant venant embrasser le grain et même le gobelet B ; c'est donc une disposition inverse à celles habituelles dans lesquelles le pivot est l'organe pénétrant. On verra plus bas que c'est précisément en vue du graissage que cette disposition a été imaginée et appliquée par M. Fourneyron.

Le gobelet B représente extérieurement un cylindre bien tourné et glissant à frottement doux dans une longue douille D, qui est maintenue dans le siége E de la crapaudine ; comme cette douille est terminée des deux bouts par des collets pour l'empêcher de céder au mouvement vertical, le siége du corps E est formé de deux parties qui sont réunies par des boulons *d*, comme les deux moitiés d'un manchon d'assemblage : le siége porte aussi en *e* les points d'appui du levier C, et repose directement sur une assise en maçonnerie.

Avant d'aller plus loin et de décrire les moyens réservés pour le graissage, résumons ce que nous venons de dire pour bien faire comprendre ce qui se passe dans le fonctionnement de ces organes.

Le levier C, prenant son point d'appui fixe en *e* sur le siége en fonte E, est prolongé de l'autre côté d'une quantité suffisante, afin de diminuer l'effort à exercer pour le faire agir ; cette extrémité est rattachée pour cela à une tige filetée, par laquelle on peut alors le soulever facilement à l'aide d'un écrou que l'on fait tourner. Or, comme ce levier traverse le gobelet B, ainsi que la douille D, ce gobelet doit se soulever nécessairement avec lui, mouvement qui s'effectue par le glissement du gobelet dans la douille D, et qui a pour résultat de relever l'axe de la turbine.

Voyons maintenant ce qui est relatif au graissage.

L'huile est amenée, d'un réservoir placé beaucoup plus haut que le pivot, par un tube ou conduit F, qui débouche à la partie inférieure du gobelet B, auquel il a été ménagé un vide *f*, au-dessous de la mortaise que traverse le levier C. Par conséquent, cette espèce de chambre se remplit d'huile ; et, comme celle-ci a une charge due à la hauteur du réservoir, elle s'élève en passant par des trous *g* pratiqués dans le gobelet, de chaque côté de la mortaise, jusque dans la chambre *f'*, semblable à la précédente, mais qui se trouve justement au-dessous du grain *b*.

De cette dernière capacité, l'huile s'élève encore en vertu de sa pression et parvient à la surface supérieure du grain en contact avec le pivot, en passant par des cannelures ou rigoles *h*, pratiquées sur sa circonférence. (Voyez fig. 8 et 11.)

L'huile peut ainsi être fournie continuellement, et en quantité qui peut être réglée suivant la hauteur que l'on donne au réservoir, de laquelle hauteur dépend la pression qu'elle exerce pour s'élever jusqu'au pivot ; et, de plus, elle est complétement isolée de l'eau dans laquelle tout l'appareil est néanmoins plongé.

Mais comme cette huile doit être renouvelée et pouvoir s'échapper d'elle-même des surfaces en contact, le disque en acier *a* qui garnit le bout de l'arbre est percé à son centre d'un trou *i* (fig. 9), qui correspond à un évidement *j* ménagé au centre de l'arbre A ; et ce dernier est lui-même en communication avec l'extérieur par un trou *k* qui traverse l'arbre.

C'est en suivant ce chemin, le seul qui lui soit réservé, que l'huile, toujours sollicitée par sa pression initiale, peut quitter les surfaces en contact, goutte à goutte, et au fur et à mesure qu'elle atteint le centre du pivot.

Cette explication, et les figures qui représentent le mécanisme dans tous ses détails, suffiront probablement pour en faire comprendre tout le mérite. On a quelquefois, il est vrai, objecté sa complication. Mais ce reproche n'a pas d'importance en présence des bons résultats obtenus ; car, excepté les pivots en dessus, dont nous allons parler, aucune autre disposition n'a peut-être aussi complétement rempli le but que l'inventeur s'est proposé d'atteindre.

Il ne nous reste qu'à faire remarquer la grande dimension de ce pivot, comparativement à celles qui se rencontrent généralement et à celles déterminées par la règle pratique donnée ci-dessus.

En effet, son diamètre correspond à une pression qui ne représente guère qu'une charge de 70 à 80 kilogrammes par centimètre carré, au lieu de celle de 250 à 300 kilogrammes qui est souvent admise.

Mais ici c'est plutôt la disposition même que la résistance à la charge qui a conduit à fixer le diamètre. En se basant sur nos données, au lieu de 130 qu'il possède, ce pivot eût été réduit à 70 millimètres environ, dimension trop réduite pour se prêter à l'agencement actuel.

M. Fourneyron, en adoptant de telles proportions, a eu surtout en vue d'éviter l'échauffement et, par suite, l'adhérence ou le grippement du pivot et de son grain. Il a compris qu'il était infiniment préférable, pour un tel mécanisme fonctionnant sous l'eau, et par cela même, presque toujours inabordable, de donner une grande section au pivot, afin de réduire autant que possible la pression sur chaque centimètre carré de surface en contact, et d'être ainsi plus certain d'un graissage régulier et continu.

Pivot de la turbine Fontaine, fig. 12 et 13. — Frappé des difficultés que l'on éprouve à disposer un pivot sous l'eau et à l'entretenir dans un état convenable, M. Fontaine, constructeur de turbines, a eu la pensée de placer ce pivot hors de l'eau, et a d'abord adopté le procédé dû à un ingénieur de mérite, M. Arson, qui avait imaginé de placer le pivot à la partie supérieure de l'arbre, et, par conséquent, au-dessus du niveau du bief d'amont.

Cette disposition, améliorée par M. Fontaine, est arrivée au point de perfection où nous la montrons aujourd'hui sur les fig. 12 et 13.

On voit qu'elle consiste dans un arbre creux en fonte A, sur lequel est calée la turbine, et qui tourne avec elle, et dans un support ou deuxième arbre plein B placé à l'intérieur du premier, mais complétement fixe, ayant son point d'appui au-dessous de la turbine, et servant uniquement à recevoir la crapaudine à sa partie supérieure. Le pivot C est considéré comme solidaire de l'arbre creux A, qui forme, à l'endroit de son ajustement, une partie oblongue, mais plate et ouverte de part en part, suffisante pour loger aussi la crapaudine D.

D'après ce premier aperçu, il est facile de concevoir comment le mécanisme fonctionne. L'arbre moteur A est guidé en deux points de sa longueur, et se trouve maintenu indépendamment de son pivot, dont le support ou point d'appui B est lui-même guidé à l'intérieur de l'arbre. Celui-ci est prolongé au-dessus de son évidement pour se rattacher par un manchon à un arbre en fer plein ordinaire, qui s'élève alors à une hauteur convenable pour porter les organes de la transmission. Mais on met souvent, et nous dirons même autant que possible, au-dessous de la cage du pivot, un engrenage moteur qui transmet la plus grande partie de la puissance de la turbine.

Le pivot ainsi placé a donc tous les avantages que l'on puisse attendre de sa position tout à fait hors de l'eau, c'est-à-dire, qu'il peut être visité à tout instant, et que son graissage est ramené aux procédés ordinaires.

Mais il n'en possède pas moins la propriété de pouvoir servir à soulager la turbine en la soulevant avec tout son équipage.

Pour cela, la tige, dont le pivot fait partie, est logée librement dans la partie supérieure de l'arbre A, lequel est alésé cylindriquement pour la recevoir ; cette tige est filetée et munie d'un fort écrou E, qui s'appuie par sa base supérieure contre un bossage a, formant comme le prolongement de la partie ronde de l'arbre, à l'intérieur de la cage.

La charge entière reposant sur cet écrou, et de là sur le pivot, maintient ces pièces constamment en contact. Par conséquent, si l'on vient agir sur l'écrou en le faisant tourner, de façon à modifier sa hauteur sur la tige filetée, l'arbre A le suit inévitablement en s'élevant ou en s'abaissant, suivant qu'on élève l'écrou ou qu'on le fait descendre.

Le pivot se met en place en l'introduisant par la partie supérieure de l'arbre qui est percé jusqu'en haut, ainsi qu'on vient de le voir. Mais après s'être arrangé pour que sa longueur totale, y compris la tige filetée, n'excède pas la hauteur de l'ouverture de la cage, on a adopté une disposition qui permet de le faire sortir de sa place par cette ouverture même, et sans rien démonter du mécanisme. Il serait impossible, en effet, de faire repasser le pivot par le trou central de l'arbre, lorsque celui-ci est surmonté d'un arbre vertical prolongé. Par conséquent, pour rendre ce démontage facile, en cas de réparation, la portée a ménagée à l'intérieur de la cage est coupée suivant son centre et complétée par un chapeau a', qui forme comme un demi-collier rapporté au moyen de boulons.

D'après cela, lorsqu'on veut retirer le pivot, on commence par passer des supports au-dessous de la turbine, ou au-dessous du premier engrenage, de façon à soutenir l'ensemble du mécanisme ; puis on détourne l'écrou E dans le sens qui convient pour faire remonter le pivot dans le vide qui doit toujours être réservé entre lui et l'arbre de prolongement. Lorsque l'écrou est assez descendu pour pouvoir remonter le pivot et le dégager de la crapaudine D, on retire celle-ci ; on peut alors abaisser le pivot assez bas pour que sa partie supérieure arrive à la hauteur de la partie démontante a', laquelle ayant été retirée, laisse passer le pivot par l'ouverture de la cage.

Il nous reste à indiquer la disposition de la crapaudine D, qui a reçu de très-ingénieux perfectionnements depuis l'établissement des premières turbines ainsi montées.

Dans les premières applications de ce système de pivot, le gobelet destiné à le recevoir était ménagé à la partie supérieure de l'arbre fixe lui-même. Mais actuellement, les constructeurs ont imaginé une disposition infiniment préférable.

La crapaudine D est une pièce fondue à part, qui s'ajuste à l'extrémité de l'arbre fixe B, mais qui possède un diamètre beaucoup plus considérable, de façon à présenter une très-grande capacité pour l'huile, ce qui ne pouvait pas avoir lieu quand l'arbre en tenait lieu lui-même.

La pièce D forme intérieurement un petit croisillon à quatre branches, dont le moyeu central b est percé d'un trou cylindrique et garni d'une virole en bronze c, pour recevoir et guider le pivot. Celui-ci vient reposer ensuite sur un grain d'acier d incrusté dans le fond de la crapaudine D.

Remarquons encore que la crapaudine D étant ajustée à l'intérieur de l'arbre creux A, elle en éprouve le mouvement de rotation, et celui du glissement, lorsqu'on soulage la turbine. Aussi cet arbre est-il garni à l'endroit de l'ajustement par une virole en bronze e, faisant l'office de coussinets.

En résumé, on peut voir que tout est prévu dans la construction de ce pivot, pour rendre les fonctions régulières, par un entretien facile, et la possibilité de remplacer au besoin chaque pièce détériorée par l'usure.

Les constructeurs ont ainsi fait tout ce qui était nécessaire pour rendre entièrement indépendantes, des pièces principales, toutes celles qui sont susceptibles d'une prompte destruction.

Pivot atmosphérique. — Cette ingénieuse disposition a été imaginée par MM. Laurent et Decker, qui l'ont appliquée à des turbines dont nous avons donné un spécimen dans le VIe vol. du recueil la *Publication industrielle.*

La fig. 36 ci-dessous, qui reproduit, à quelques détails près, l'idée primitive des auteurs, permet de reconnaître que l'arbre A de la turbine est muni, à sa partie inférieure, d'un pivot ordinaire enveloppé d'une cloche B, sous laquelle se trouve confiné un certain volume d'air empêchant l'eau de noyer le pivot et sa crapaudine.

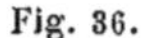

Fig. 36.

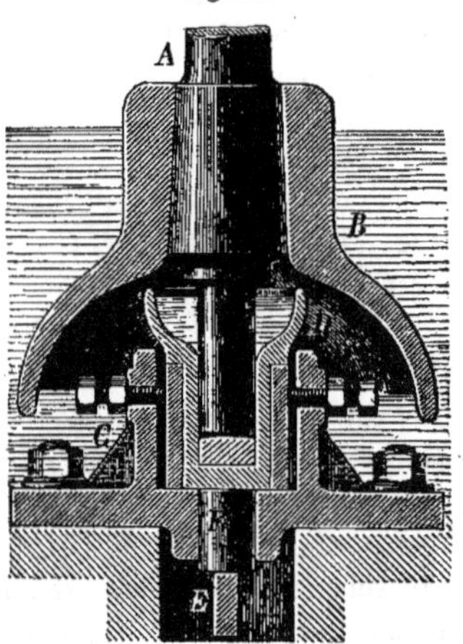

On voit, en effet, que l'arbre A de la turbine repose, par un pivot simple, dans une crapaudine en fonte C, fixée sur un massif en maçonnerie construit dans le fond du bief d'aval, et qui est garnie, comme on l'a vu ci-dessus, d'un gobelet en bronze D ajusté dans un manchon-guide, lequel est réglé par des vis de pression et peut être soulevé, avec tout l'équipage, à l'aide d'un levier horizontal E, qui vient agir sous une sorte de poussoir F sur lequel ce gobelet repose directement.

A cet ensemble, qui est analogue à la disposition généralement adoptée pour les pivots, il a suffi, pour atteindre le but proposé, d'ajouter une cloche en fonte B qui se fixe, par un ajustement conique très-exact, avec l'arbre tournant. Ainsi que l'indique la figure, la cloche B descend assez bas pour que le godet d'huile soit plus élevé que son bord inférieur; par conséquent, l'air qu'elle renferme empêchant l'eau d'y pénétrer plus que d'une très-faible hauteur, en rapport avec le degré de compression dû à la colonne d'eau dans le bief d'aval, cette eau ne peut s'élever jusqu'au godet, qui se trouve alors complétement isolé, et peut être alimenté d'huile à l'aide d'un conduit spécial qui part d'un réservoir supérieur et pénètre sous la cloche.

Cette ingénieuse idée ne paraît pas, cependant, avoir été généralement appliquée, et il peut sembler douteux, en effet, que l'air puisse être indéfiniment retenu sous la cloche, en raison de l'agitation que l'eau éprouve. Néanmoins, le principe en étant donné, on peut lui trouver ailleurs d'utiles applications.

Pivot hydraulique. — M. Girard, ingénieur hydraulicien, s'est occupé, depuis quelques années, d'appliquer la pression de l'eau à l'atténuation des résistances passives par les frottements, et a même fait établir, sur ce principe, un chemin de fer avec des véhicules dont les roues sont remplacées par des patins glissant sur des rails plats, mais avec une lame d'eau intermédiaire qui est refoulée à une pression convenable, et équilibre, à ce point, le poids du véhicule que le frottement en est réduit d'une quantité considérable ; il en résulte que la résistance au transport horizontal est inférieure à ce qu'elle serait avec des roues ordinaires.

Fig. 37.

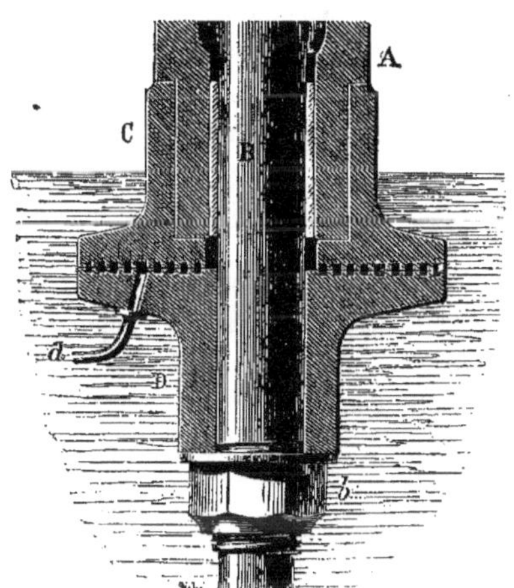

Passant de cette application, encore à l'état d'essai, à des applications réelles, cet ingénieur a construit des turbines avec *pivot hydraulique*, qui soulage l'appareil tournant d'une telle partie de son poids qu'on le juge convenable, et rend le mouvement extrêmement doux.

La fig. 37 représente ce mécanisme qui se trouve installé au-dessous de la turbine, dans le canal de fuite. L'arbre A de la turbine est en fonte et creux, comme dans la disposition précédente, fig. 12 et 13, pl. 6, et traversé par le support fixe B autour duquel il tourne ; l'arbre A et le support B sont munis de deux manchons semblables C et D, s'appuyant l'un sur l'autre, et présentant, sur leurs faces en contact, une suite de rainures circulaires destinées à loger une lame d'eau que l'on y fait arriver, sous pression, par un tuyau *a*.

Si l'on combine convenablement le diamètre de ces plateaux et la pression de l'eau injectée entre eux, on comprend que l'on puisse arriver à décharger le pivot supérieur d'une partie plus ou moins considérable du poids total de l'équipage ; le plateau C tournant sur celui inférieur fixe D, est en quelque sorte soulevé, et à part même la condition d'équilibre qui en résulte, le mouvement de ce plateau sur une lame d'eau toujours maintenue par une pression, est d'une extrême douceur.

Quant à cette pression, si la chute sous laquelle fonctionne la turbine est assez considérable, il peut suffire de faire communiquer l'ouverture opposée du conduit *a* avec le niveau supérieur, pour obtenir, entre les deux plateaux C et D, la pression nécessaire ; dans le cas contraire, on peut faire usage d'une petite pompe foulante que le mécanisme principal fait mouvoir.

Enfin, la figure indique que la hauteur du plateau fixe D est réglée à volonté, au moyen d'un écrou *b* monté sur le support fixe central B.

Rappelons, à propos de cette ingénieuse disposition, que M. Cadiat à construit, il y a une vingtaine d'années, des turbines équilibrées d'une façon analogue, en mettant le disque inférieur mobile tout entier, en rapport avec la pression due à la chute et augmentée, au besoin, par l'action d'une petite turbine auxiliaire agissant comme organe foulant et par l'action de la force centrifuge (1).

PIVOTS DE GRUES.

Les pivots appliqués aux grues ont une très-grande importance, considérés sous le rapport des charges énormes qu'ils sont appelés à supporter parfois et de la sécurité qu'ils doivent présenter ; mais ils possèdent aussi cette particularité essentielle, que leur vitesse de rotation peut être considérée comme nulle ; ce sont à peu près de simples supports à l'égard desquels on peut faire, jusqu'à un certain point, abstraction du mouvement.

On remarque, en effet, que les charges qu'ils supportent par unité de surface, sont bien inférieures à celles des pivots ordinaires animés d'une vitesse de rotation appréciable, et avec lesquels on cherche à diminuer les résistances passives.

Ainsi, pendant que le pivot Fontaine, décrit ci-dessus, supporte une charge qui peut être évaluée à près de 400 kilog. par centimètre carré, nous trouvons des grues dont le pivot n'en supporte pas 100. Mais aussi le pivot de turbine tourne rapidement et celui de la grue tourne à peine.

Souvent, d'ailleurs, le pivot d'une grue est fondu de la même pièce que le bâti de la machine même, et dans ce cas la solidarité des deux pièces, comme l'espèce de matière employée, sont des motifs suffisants pour conserver de fortes dimensions.

Avant d'entrer dans les détails de construction de ces arbres mêmes, dont nous nous occupons plus loin, nous devons citer quelques exemples de leurs pivots considérés séparément, et qui se trouvent représentés sur la même planche que les précédents.

Pivot en fonte tournant, fig. 14. — Cette grue, qui a été construite dans les anciens établissements Cavé, a son axe principal A en fonte de fer prolongé au-dessous du sol, auprès duquel il est guidé, et porte avec lui son pivot B. Ce dernier est

(1) Voir, à ce sujet, la *Publication industrielle*, IIe vol., et notre traité des *Moteurs hydrauliques*.

engagé dans une boîte C ajustée dans une forte crapaudine D, où l'on règle son centre au moyen de clavettes verticales *a* qui forment coins et pénètrent dans les deux pièces. La boîte C représente exactement le gobelet en bronze D, que nous avons examiné fig. 1. Mais le fond de la crapaudine, sur lequel il repose, est évidé de façon à rendre son dressage plus simple et surtout pour en assurer le contact parfait.

Ce pivot en fonte, comme la pièce de laquelle il dépend, est néanmoins garni d'une semelle en acier *b*, qui s'y trouve ajustée ou plutôt retenue au moyen d'une nervure à queue *c*. Par cette semelle, il s'appuie sur une pièce du même métal *d* ayant la forme d'une lentille, et interposée entre elle et le grain *e* qui garnit le fond du gobelet C.

Cette disposition a pour but de rendre la rotation plus facile, en empêchant les pièces en contact de s'entraîner par l'énorme friction provenant de la charge sur le pivot. Il résulte, en effet, de l'interposition de la pièce *d* que, si l'intensité de la charge faisait gripper le pivot sur elle et l'entraînait, celle-ci, par sa forme, pourrait ne pas en faire autant du grain *e*, d'où la liberté de la rotation serait encore conservée.

Remarquons que les proportions de la crapaudine sont très-considérables, même en dehors de celles demandées par le diamètre du pivot. La raison en est que dans le travail d'une grue, la charge n'est pas simplement verticale, mais qu'elle agit aussi latéralement et avec une très-grande énergie; et comme la rupture qui pourrait s'ensuivre donnerait lieu à de très-graves accidents, on doit plutôt exagérer la force du support que de se maintenir dans des limites simplement suffisantes.

La même raison existe aussi pour donner au pivot une dimension bien au-dessus de celles que l'on adopterait, à charges égales, dans une application d'un autre genre, la charge pouvant s'élever, avec cette grue et non compris son poids propre, à 30000 kilogrammes.

Pivot en fonte tournant d'une grue en tole, fig. 15.—Cette disposition est due à feu M. Lemaître. Elle était appliquée à une grue à pivot supérieur, c'est-à-dire, n'ayant pas de fusée prolongée dans le sol, au-dessus duquel se trouve, au contraire, une colonne fixe A servant de guide à l'axe, qui est alors creux.

Cette colonne A est construite en tôle de fer de 10 millimètres d'épaisseur; elle est cylindrique dans la moitié inférieure de sa hauteur environ, et conique dans l'autre moitié. A la partie supérieure se trouve fixé un plateau en fonte B, dont le milieu présente l'évidement nécessaire pour recevoir le pivot C et lui former crapaudine.

La réunion du plateau B avec la colonne ou fusée A a lieu par des rivets qui traversent la tôle et le rebord du plateau. Cependant l'application des deux parties l'une contre l'autre a lieu par l'intermédiaire d'une virole en fer forgé *a* destinée à racheter la dissemblance de leurs formes, dont l'une est cylindrique et l'autre conique, car on admet que le plateau ne peut être mis en place qu'en l'introduisant par la partie supérieure de la colonne.

Quant au pivot C, il appartient au corps de la grue et se trouve fixé vers la partie supérieure de l'axe qui doit entourer la colonne A, autour de laquelle il tourne et qui lui sert de guide.

Pivot en fer, fixe et renversé, fig. 16. — Le système de pivot que nous allons mentionner ici appartient à une grue ayant une disposition complétement identique à celle dont on vient de voir précédemment le pivot. C'est, en effet, une grue montée sur un chariot et qui peut se déplacer en roulant sur un chemin de fer *ad hoc;* seulement, elle est construite en fonte au lieu d'être en tôle comme celle établie par M. Lemaitre.

Mais elle se compose encore d'une colonne centrale A dépendante du chariot qui la rend locomobile, et de son bâti principal. La tête B de ce bâti n'est autre qu'une colonne creuse entourant celle A, qui lui sert de guide dans son mouvement de rotation sur le pivot C.

Ce pivot offre ici ce caractère distinctif, qu'il est renversé, ainsi que le montre la figure; il est monté sur la colonne fixe A par une portée conique C', que la charge maintient toujours suffisamment serrée dans son ajustement.

On adopte volontiers cette disposition pour rendre le graissage plus aisé, suivant la forme même des pièces de la machine. Le gobelet D est en bronze, rapporté dans la colonne ou chape B, et garni de son grain d'acier *a;* un trou *b*, ménagé au centre, vient déboucher à l'extérieur dans un godet *c* appartenant à la pièce B, et par lequel on introduit l'huile pour lubrifier le pivot. De cette façon, celui-ci, quoique entièrement caché, peut être facilement entretenu. On a aussi la précaution de couvrir le godet graisseur *c*, pour éviter que la poussière ne s'y introduise.

On peut remarquer encore que les efforts latéraux que peut éprouver la grue ne sont pas ressentis par le pivot, attendu que la chape tournante B s'ajuste concentriquement avec la colonne fixe A, au moyen d'une fraisure *d* dans laquelle pénètre une portée cylindrique *e*, appartenant à la colonne A.

Pivot tournant en fer d'une grue en bois, fig. 17 et 18. — Ces figures représentent, en coupes verticale et horizontale, l'assemblage du pivot d'une grue dont le bâti principal est construit en bois, comme on le verra plus loin à propros de l'arbre lui-même.

Ce pivot est une pièce en fer cylindrique, d'une longueur suffisante pour pénétrer dans le bout de l'axe A, où il est fortement serré par une clavette *a* chassée entre deux contre-clavettes à mentonnets *b* qui le traversent, ainsi que la pièce de bois. La mortaise percée dans le bois pour leur passage est garnie sur les deux faces de deux plaques de fer entaillées *c*, et fixées par des vis à bois ordinaires.

A l'aide de ces garnitures métalliques, on peut exercer un serrage énergique, ce qui ne pourrait pas avoir lieu avec le bois seul, qui s'écraserait sous ces efforts.

Le serrage de la clavette a pour effet de solliciter la fusée du pivot à porter par son embase contre le bout de l'axe, lequel est aussi garni d'une virole en fer *d*, qui l'emboite entièrement pour le serrage de l'embase, et pour empêcher que le bois ne se fende ou ne s'ouvre en s'écrasant.

La crapaudine est une pièce de fonte C, formée d'un mamelon évidé pour recevoir le pivot, et d'une semelle supérieure entaillée à fleur d'une pierre de fondation D.

Pivot fixe en fer et renversé appliqué a une grue légère, fig. 19. — Dans certaines applications, il y a avantage à employer des pivots renversés dans le genre de celui représenté par la fig. 19, lequel appartient à une petite grue construite en bois, et appliquée au service des forges ordinaires d'un atelier de construction.

L'axe tournant A de la grue est en bois et garni à sa partie inférieure d'une crapaudine en fer *a*, dans laquelle s'engage le pivot B. Celui-ci fait partie d'une plaque *b* par laquelle on le fixe sur le sol au moyen de quatre boulons à scellement *c*.

En adoptant une telle disposition, on a eu pour but d'éviter le grave inconvénient qui résulterait de l'emploi d'un pivot ordinaire, avec un sol chargé de poussière, laquelle ne tarderait pas à encrasser la crapaudine et à détruire complétement le fonctionnement du pivot.

Aussi ce système sera-t-il appliqué souvent, et chaque fois qu'il s'agira d'un emplacement où l'entretien de la crapaudine ordinaire ne serait pas possible ou demanderait des soins incessants; on doit s'en servir pour des portes, par exemple, ou des barrières tournantes. Mais il faut renoncer à l'utiliser pour de fortes charges ou des rotations vives, attendu que son graissage ne peut se maintenir.

PIVOTS DIVERS.

Pivot d'une plaque tournante, fig. 20. — Cet exemple est emprunté à un système de plaques tournantes en fonte employées dans les chemins de fer et construites en Angleterre. Il est choisi pour cette particularité, qu'au lieu d'avoir été simplement ajusté par une portée conique ou cylindrique avec embase dans la pièce qu'il supporte, il s'y trouve rattaché au moyen de boulons, qui supportent nécessairement la charge avec lui.

La raison qui semble avoir motivé cette disposition est la faculté que le constructeur a voulu réserver de régler à volonté la hauteur de la plate-forme.

Le pivot C s'y trouve ajusté par une partie cylindrique d'un plus grand diamètre que lui-même; il est terminé à la partie supérieure par une large embase ronde *a*, par laquelle quatre boulons *b* l'assemblent au moyeu A de la plate-forme.

La crapaudine B est une pièce de fonte cylindrique ayant pour semelle quatre oreilles *c*, par lesquelles on la boulonne sur un croisillon fixe en fonte D appartenant au bâti circulaire de la plaque. La crapaudine est, comme toujours, garnie d'un grain d'acier *d*; son collet supérieur est évidé de façon à former une portée *e* et recevoir le collier du croisillon, auquel sont fixés les galets nécessaires au roulement de la plaque.

Par conséquent, l'ajustement du pivot étant cylindrique, il peut permettre à la plate-forme de monter ou descendre d'une certaine quantité, en agissant sur les écrous des boulons *b*.

Ce pivot se trouvant complétement couvert, et sa crapaudine inabordable sans démontage, on s'est réservé la possibilité de graisser en perçant un trou oblique *f* qui part du bout supérieur tourné en forme de godet *g*, et vient percer au bas de la partie cylindrique d'ajustement. D'après cela, l'huile que l'on verse en *g* s'introduit par le trou *f*, et vient couler sur le sommet de la crapaudine, d'où elle ne tarde pas à pénétrer dans l'intérieur.

Comme il est aisé de s'en apercevoir, ce pivot fait partie de ceux à rotation lente, et possède un diamètre relativement très-fort, surtout en considérant que la charge supportée par la plaque repose principalement sur les galets.

Pivot d'une broche de filature, fig. 21. — On sait que les broches de métiers à filer, bancs à broches, mulls-jenny et continus, tournent avec une extrême rapidité et sont en très-grand nombre. Malgré leur peu de poids individuel, un excès de frottement de la part de leur pivot absorberait néanmoins une très-grande force par leur multiplicité et la rapidité de leur rotation; on a donc le plus grand intérêt à réduire, autant que possible, la dimension de ces pivots, tout en maintenant leur entretien parfait.

On peut donner aux pivots des broches une forme complétement conique, ainsi que l'indique la figure. La broche A est d'abord réduite de diamètre, puis son extrémité est terminée en pointe, mais peu aiguë. Cette pointe est engagée dans un petit gobelet en bronze B, tourné à sa partie supérieure pour recevoir l'huile, et est ajusté dans une traverse en fonte C, appartenant au bâti du métier.

L'exemple que nous avons choisi est pris d'un banc à broches en gros, dont les broches ont, par conséquent, un diamètre plus considérable que dans les métiers avec lesquels on file les plus hauts numéros.

Cette méthode, qui consiste à rendre un pivot complétement pointu, ne peut convenir que dans une application analogue, où le mouvement est rapide et la charge faible, et même, avec ces deux conditions, lorsqu'on tient à réduire infiniment la quantité de travail absorbée. Elle exige, du reste, que le graissage soit toujours parfait, sans quoi le pivot s'userait rapidement, et pourrait s'échauffer jusqu'au point de rougir.

Pivot sphérique, fig. 22. — Nous terminons cette série d'exemples par un pivot d'une nature tout à fait exceptionnelle et d'une application peu fréquente. C'est un pivot dont la forme sphérique le tient comme emprisonné dans une boîte dite à rotule, dans le but d'empêcher les variations verticales de l'axe qu'il supporte.

Celui-ci appartient à un métier dit *à faire les cannettes*, pour une machine de filature. L'axe A est celui qui porte la cannette ; son extrémité inférieure se termine par une partie sphérique *a* engagée dans une boîte en bronze *b* de même forme intérieure, et nécessairement en deux parties qui sont serrées l'une contre l'autre, au moyen d'une vis de pression *c* servant en même temps à les fixer dans la pièce B rattachée au bâti de la machine.

Le motif de cette disposition particulière est que, lorsque la cannette est chargée, un mouvement de débrayage vient opérer en la soulevant pour l'enlever de l'axe A qui la porte, et que ce mouvement donne à l'axe une tendance à s'élever aussi, et à sortir, par conséquent, de sa crapaudine. C'est pour éviter qu'il ne se déplace que cette disposition a été imaginée, ce qui n'empêche pas toutefois que le mouvement de rotation soit extrêmement doux et facile, en même temps que très-rapide, comme la confection des cannettes l'exige.

ARBRES VERTICAUX DE GRUES EN BOIS ET EN MÉTAL

(PLANCHE 7.)

Nous avons dit que les arbres verticaux, à part la détermination de leur pivot et la disposition de la crapaudine qui le reçoit, n'offrent d'intérêt que dans certaines circonstances où leur forme générale est étudiée en vue de fonctions plus compliquées qu'un simple mouvement de rotation, et de la résistance à la flexion transversale. Ce sont particulièrement les arbres de grues qui offrent ce caractère, et c'est aussi dans cette classe d'organes que nous prenons les types décrits ci-dessous.

Ces arbres ou axes, désignés aussi plus logiquement par le nom de *pivots*, comprennent deux genres distincts : les pivots *fixes* et les pivots *tournants*. Suivant la disposition générale de la grue, ils sont exécutés en bois, en fer, en fonte ou en tôle ; enfin, on reconnaît que certains d'entre eux sont retenus aux deux extrémités et que d'autres sont en porte-à-faux, etc.

PIVOTS TOURNANTS, MAINTENUS AUX DEUX EXTRÉMITÉS.

PIVOT DE GRUE EN BOIS, FIG. 1 ET 2. — Les fig. 1 et 2 de la pl. 7, représentent, en élévation extérieure et en coupe transversale, l'axe d'une grue construite en bois et appliquée dans une fonderie de fer de deuxième fusion.

On sait que la plupart des grues établies dans ce genre d'usine, où elles sont employées à faire mouvoir les moules, démouler, transporter les poches qui contiennent le métal en fusion, sortir les pièces du sable, etc., sont appuyées sur le sol et retenues à la charpente du bâtiment par leur partie supérieure, et forment une véritable potence dont la traverse supérieure doit être exactement horizontale pour recevoir ce que l'on appelle le mécanisme *de direction*. Cette condition exclut donc la possibilité d'établir une pareille grue en porte-à-faux et exige, au contraire, que son axe vertical, auquel se rattache la traverse supérieure, soit exactement maintenu par ses deux extrémités.

L'arbre, dont il s'agit actuellement, est, en effet, formé d'une forte pièce de bois de chêne A, de section carrée, et dont les extrémités sont armées des tourillons en fer *a* et *b* ; tous deux ayant à résister à des efforts latéraux considérables, celui inférieur *a* est particulièrement le pivot et supporte de plus toute la charge verticale, pivot ou tourillon, ces deux pièces sont retenues dans des crapaudines en fonte *c* et *d*, l'une scellée dans une pierre et l'autre fixée à la charpente du bâtiment. La potence, constituant la forme générale de la grue, est complétée par la traverse horizontale B et par celle en écharpe C, l'une et l'autre formées de deux pièces parallèles qui sont assemblées avec l'axe et fixées au moyen de boulons *e* et *e'*, comme l'indique, du reste, la section transversale fig. 2, faite sur la ligne 1-2.

Enfin, l'axe porte encore deux joues en fonte D, munies des paliers qui reçoivent les arbres du treuil et des engrenages.

Le point principal de notre sujet résidant dans l'arbre lui-même, nous nous arrêterons seulement, parmi ces détails, sur le procédé employé pour rapporter les pivots en fer et qui présente une variante du système indiqué fig. 17, planche 6.

Le pivot *a* et le tourillon *b* sont assemblés tous deux, par une soye, dans des manchons en fonte *f* et *f'*, lesquels sont emboîtés très-fortement à chaque extrémité de l'arbre en bois. Bien que ce mode d'assemblage paraisse plus rationnel que celui représenté par les fig. 17 et 18 de la pl. 6, où ces tourillons sont retenus au moyen de clavettes et l'arbre est fretté, nous conseillons de préférence ce dernier, attendu qu'il est fort difficile d'empêcher le jeu que le bois prend dans les manchons par suite de sa dessiccation dans un local à température élevée, ce qui obligerait, ce jeu s'étant produit, à l'annuler par un calage fait après coup. Si l'on tient compte des efforts considérables qui tendent à faire dévier l'arbre de la verticale, on voit de suite le grave inconvénient et les dangers qui résulteraient du défaut de rigidité entre la masse de l'arbre et les manchons dont ses extrémités sont garnies.

Nous ne pouvons entrer dans l'examen détaillé des différents efforts qui se transmettent à toutes les parties d'une grue semblable et qui changent très-notablement, pour la même charge soulevée, avec toutes les proportions relatives du même appareil. Néanmoins, de tous ces efforts, celui que l'axe éprouve transversalement, et qui tend à renverser la grue, peut être le plus considérable et le plus dangereux.

Cette flexion transversale, qui tend à faire plier l'arbre et à le renverser en faisant tourner l'ensemble d'après l'un des deux tourillons comme centre, dépend, évidemment, pour une charge donnée, du rapport entre la portée, ou la *volée*, et la hauteur même de l'axe, c'est-à-dire, du plus ou moins de porte-à-faux, ce qui est naturel; par conséquent, plus cette *volée* est grande, et plus il est important, non-seulement de donner à l'arbre une grande résistance, mais aussi de rendre les deux tourillons extrêmement solides, principalement celui inférieur qui doit résister à la fois à cet effort transversal et à la charge verticale, laquelle est égale, pour sa part, au poids total de l'appareil et de celui qu'il enlève. Il faut aussi donner toute son attention à la pierre dans laquelle est encastrée la crapaudine *c* et qui doit être d'un volume proportionné à la charge qu'elle supporte. On en a vu *s'ouvrir* sous cette charge et occasionner de grands malheurs.

Le modèle d'axe représenté fig. 1 et 2, appartient à une grue dite de 6000 kilogrammes, c'est-à-dire, construite pour soulever cette charge, au maximum. La distance verticale des deux tourillons de l'arbre égale $5^m,200$, et la volée maxima, c'est-à-dire, la distance horizontale de l'axe au point le plus éloigné où puisse être portée la charge par le mécanisme de direction, égale $4^m,500$. L'écharpe C, partant à 40 centimètres en arrière de ce point, forme alors, avec l'axe et la traverse supérieure, un triangle rectangle, dont l'angle le plus aigu, compris entre cette traverse et l'écharpe, égale 39 degrés.

On peut regarder ce porte-à-faux comme un maximum, ne pouvant même être atteint que dans le cas d'une charge moyenne, et avec une grue dont l'axe ou pivot est maintenu par ses deux extrémités.

Pivot de grue en métal, fig. 3 et 4. — Ces figures représentent l'axe d'une grue analogue, quant à l'emploi et à la disposition générale, à celle dont il vient d'être question, si ce n'est que celle-ci est complétement en métal, fer et fonte. Elle a été construite par M. C. Neustadt, d'après le système dit à chaîne-galle, adopté par cet ingénieur, et qui consiste dans le remplacement de la chaîne ordinaire, s'enroulant sur un treuil, par une chaîne de galle engrenant avec des pignons *ad hoc* (1).

Elle est aussi plus faible que la précédente et établie pour 3000 kilogrammes.

L'axe A de cette grue est une tige de fer ronde sur laquelle sont réservées les portées nécessaires pour recevoir la traverse B, la flèche en écharpe C et le bâti D auquel se rattachent les pièces du mécanisme de la chaîne. Le pivot *a* et le tourillon *b* sont retenus, comme précédemment, dans des crapaudines *c* et *d* fixées dans le sol et après la charpente de l'usine.

La traverse B est constituée par de fortes plaques qui sont boulonnées avec une potence renversée E, en fonte, portant un canon creux par lequel elle est emmanchée sur l'arbre. La flèche C s'y rattache par un manchon, en deux parties, qui l'embrasse et repose sur une embase réservée au-dessus du pivot. Dans le système de M. Neustadt, cette flèche forme une sorte de gaine vide qui sert de magasin à la chaîne, au lieu de faire enrouler celle-ci sur un tambour.

PIVOT FIXE, EN PORTE-A-FAUX.

Pour les grues qui doivent être établies à demeure et hors d'un atelier, sur un quai, par exemple, où il n'existe aucun point d'appui pour l'extrémité supérieure du pivot, on est obligé d'établir cette pièce importante, partie encastrée dans le sol et partie en porte-à-faux au-dessus du sol où vient se rattacher la flèche de la grue, qui ne peut être formée alors que d'une pièce principale en forme de potence ayant relativement peu de volée, ou d'une pièce droite soutenue par des tirants en fer déterminant, de toute facon, avec la flèche et le pivot, un triangle très-aigu.

Mais ce genre d'appareil présente aussi deux systèmes distincts dans l'un desquels le pivot tout entier *tourne* avec l'ensemble de la grue, tandis que dans l'autre, le pivot étant absolument fixe, c'est le corps de la grue qui tourne autour de lui.

Déjà nous avons montré, fig. 15 et 16, pl. 6, deux modèles de cette dernière espèce, mais particulièrement de la partie du pivot proprement dit.

Les fig. 5 et 6 de la pl. 7, représentent, en section verticale et horizontale, l'axe tout entier de l'une de ces grues dites à pivots fixes, et du système de M. Neustadt.

(1) Nous avons dessiné et décrit dans le XIIIe vol. de notre *Publication industrielle*, une grue à chaîne de Galle, du système de M. Neustadt.

L'ensemble de cette pièce importante est un véritable canon en fonte A, dont la partie inférieure est terminée par une semelle plate armée de quatre nervures *b*, et qui, ayant à porter le poids total de l'appareil et de la charge, tout en résistant à d'énergiques efforts transversaux, est encastrée dans une pierre qui garnit le fond de la fosse dans laquelle descend le pivot. La partie hors sol se termine, au contraire, par une crapaudine qui reçoit le véritable pivot *a*, lequel dépend de la partie tournante, comme dans les exemples déjà cités.

La forme générale du support du pivot est celle dite en *navette-fuseau*, conformément au genre d'effort auquel il est soumis; ses points d'appui sont la pierre du fond de la fosse et son orifice où il est maintenu par une plaque de fonte B, qu'il traverse.

Ce support, dont les proportions sont calculées avec le plus grand soin par M. Neustadt, correspond à une grue de 10000 kilogr., pesant elle-même près de 2000 kilogr.; sa volée égale $5^{m},200$. Les épaisseurs de fonte sont déterminées de façon que le métal ne travaille pas à un taux plus élevé que 400 kilogr. par centimètre carré, quels que soient le sens et l'intensité des efforts.

PIVOTS TOURNANTS, EN PORTE-A-FAUX.

Pivot en fonte, fig. 7 a 12. — Le pivot que ces figures représentent est du système inverse au précédent; il est disposé pour tourner avec la volée de la grue, et ne diffère, en principe, des premiers décrits plus haut, qu'en ce qu'il est en porte-à-faux hors sol.

La fig. 7 représente ce pivot partie en vue extérieure et partie coupée, suivant l'axe, et perpendiculairement au plan de la volée;

La fig. 8 en est une élévation extérieure dans ce plan même;

Les fig. 9 à 12 sont des sections transversales faites en divers points, suivant les indications des figures d'ensemble.

Le simple examen de ces figures permet de reconnaître que la conformation générale de cette pièce est un double cône creux A, percé latéralement de quatre ouvertures *b* et *c*, renforcé à l'intérieur par un panneau *d* qui existe sur toute la hauteur et vient se raccorder, à la partie inférieure, avec le mamelon dans lequel est ajusté le pivot en fer *a*; enfin un grand nombre de petites nervures *e* achèvent de relier la masse conique de la pièce avec le panneau intérieur.

En détaillant cet ensemble, on voit que la partie supérieure, hors sol, se termine par une fourche dont les joues servent à fixer le boulon *f* auquel se rattachent les tirants qui vont soutenir l'extrémité de la flèche, dont on voit l'amorce C fondue de la même pièce que le pivot. L'autre face présente deux parties dressées pour recevoir les supports B du mécanisme.

Les deux parties coniques du pivot se raccordent par une partie cylindrique A', qui correspond à l'entrée de la fosse où se trouve placée la plaque servant de guide supérieur. Comme le pivot s'y meut circulairement, la partie A' est tournée et maintenue dans une couronne de galets pour faciliter le mouvement de rotation.

En comparant ce pivot mobile au précédent qui est fixe, on remarque surtout que le premier est régulièrement *rond*, tandis que le dernier, quoique de constitution circulaire, présente néanmoins, à cause des évidements, un sens de résistance maxima à la flexion.

C'est, qu'en effet, le pivot fixe résiste également dans tous les sens, puisque la grue tourne autour de lui, tandis que le pivot tournant étant solidaire de la grue est soumis à une flexion à direction fixe. Toutefois, si l'on profite de cette circonstance pour alléger la pièce en la conformant plus particulièrement à son mode principal de résistance, il faut bien se garder de donner au principe toute l'extension qu'il pourrait recevoir à l'égard d'une pièce fixe, car ici, lorsqu'on oriente sous charge, il peut se produire, entre la charge et l'appareil, des moments de retard dans le mouvement qui donnent lieu momentanément à un changement de direction dans le sens de l'effort transversal, effet dangereux pour l'axe, s'il était trop réduit perpendiculairement au sens de sa résistance maxima.

Le pivot rapporté en fer *a*, n'offre rien de particulier; il est garni d'une semelle en acier, montée à queue, comme nous en avons montré un exemple fig. 14, pl. 6.

Cette remarquable pièce offrira surtout de l'intérêt aux personnes qui l'étudieront au point de vue de ses proportions comparées aux conditions d'établissement de la grue même qui a été montée, par M. Neustadt, dans le port militaire de Cherbourg, pour soulever des charges de 15000 kilogr. Sa portée, ou distance de l'axe du pivot à celui du crochet d'enlevage, égale $8^m,50$, et la hauteur verticale du niveau du sol au sommet de la flèche est de 10 mètres.

Cette grue est munie d'un mécanisme pour orienter mécaniquement.

Pivot en tôle, fig. 13 a 15. — Ce dernier axe-pivot, de même système que le précédent, est très-remarquable par sa construction tout en tôle ; il dépend d'une puissante grue, de 20000 kilogr., $8^m,50$ de portée et 12 mètres de hauteur de flèche, montée par M. Neustadt, sur les bassins à flot de Saint-Nazaire.

Comme le montre la section transversale fig. 15, sa structure générale est celle d'un fer à double T avec panneau formé de deux cloisons A, dont l'intervalle *b* sert de coffre pour emmagasiner la chaîne pendant la montée. Ces cloisons sont rivées d'équerre, par des cornières d'angle *c* et des fers à T *d*, avec les côtés B qui sont formés de plusieurs épaisseurs de tôles superposées dont le nombre varie de 5 au milieu à une seule aux deux extrémités. La partie supérieure s'ouvre en fourche pour recevoir les deux tirants de la flèche, qui sont rattachés au boulon *f'* par des écrous, lesquels, en serrant contre les joues de la fourche, ont pour appui rigide le canon-entretoise *f*.

Ce coffre *b* qui doit, comme nous l'avons dit, recevoir la chaîne-galle, est garni intérieurement sur ses deux champs et sur plus des trois quarts inférieurs de sa hauteur, d'une fourrure en bois *e*, recouverte elle-même d'une tôle mince. Cette fourrure a pour effet de rétrécir la partie inférieure du coffre et de donner à l'intérieur la forme d'une *gaîne* convenablement appropriée à l'introduction et au dégagement de la chaîne.

La flèche C est d'une construction identique à celle du pivot ; c'est une poutre en tôle composée de quatre parois solidement rivées et consolidées par des cornières ; elle est rivée directement avec le pivot.

Le pointal *a*, qui garnit le pied du pivot, est en fonte ; il est relié à l'ensemble de l'axe par une platine *a'*, fondue de la même pièce, qui se trouve pincée entre les deux cloisons du coffre et fixée par des boulons.

Une partie importante, et dont nous n'avons pas encore parlé, c'est le tambour en fonte D, par lequel s'exécutent les mouvements du pivot dans la couronne de galets placée à l'orifice de la fosse. Cette pièce, rapportée en deux parties autour du pivot, comprend deux disques *g* et *h* réunis par un véritable moyeu, ayant la même forme que le corps du pivot qui le traverse et avec lequel il est relié par des boulons.

Le disque *g* est exactement cylindrique et chaussé d'un cercle en fer *i* tourné extérieurement, sur lequel frottent les galets-guides de la couronne fixe.

Quant au disque *h*, qui est aussi tourné extérieurement, il est emboîté par une couronne dentée *j*, qui se relie, par une chaîne horizontale, à un mécanisme fixe appliqué spécialement à l'orientation de la grue. C'est un procédé que nous avons cité en parlant du précédent pivot et qui est d'une utilité incontestable pour les forts appareils.

Nous aurions désiré, en citant ces quelques exemples d'arbres verticaux, ou pivots de grues, entrer dans certains détails sur les opérations qui permettent d'en calculer pratiquement les dimensions ; mais outre qu'il serait difficile pour cela de ne pas atteindre jusqu'à des considérations théoriques plus élevées que celles sur lesquelles cet ouvrage est basé, il faut dire aussi que les dimensions de chaque pivot de cette espèce dépendent autant des dispositions et des proportions respectives des appareils auxquels ils appartiennent, que de l'effort principal servant de base à leur établissement ; il aurait donc fallu encore décrire des grues, et plus seulement des arbres, et c'eût été doublement nous écarter de notre objet.

Nous ne pouvons donc mieux faire que de renvoyer, pour l'étude et la construction de ces appareils, à notre recueil la *Publication industrielle*, où la plupart des grues en usage se trouvent complétement représentées et décrites.

CHAPITRE IV

MÉCANISMES D'ASSEMBLAGES FIXES ET MOBILES

APPLIQUÉS AUX ARBRES DE TRANSMISSION.

(PLANCHES 8 A 11.)

Sous le titre général de *manchons*, on désigne les organes dont la fonction est de rassembler des parties d'arbres de transmission placées sur un axe commun et qui doivent, en se communiquant le mouvement de l'une à l'autre, fonctionner comme si la ligne d'arbre était d'une seule pièce.

Cependant un manchon n'est pas toujours un appareil de jonction immuable ; il peut être établi, au contraire, pour produire arbitrairement la séparation temporaire des arbres qu'il réunit.

Ou, encore, il peut être disposé pour relier deux parties d'arbre de façon à ce qu'elles se transmettent le mouvement, mais sans les rendre complétement solidaires, et leur laisser, au contraire, la liberté d'obéir individuellement à un certain déplacement de la ligne des centres, qui peut, du reste, former, dans l'état normal, une ligne brisée, etc.

On peut donc considérer les nombreux systèmes de manchons d'assemblage comme présentant trois catégories principales distinctes :

1° *Les manchons fixes*, qui servent à composer des lignes d'arbres absolument rigides ;

2° *Les manchons à raccord variable*, qui rendent deux parties d'arbre solidaires comme mouvement transmis, sans les rattacher rigidement l'une à l'autre ;

3° *Les manchons d'embrayage ou de débrayage*, qui donnent la faculté d'interrompre ou d'établir à volonté la communication dynamique entre les parties d'arbre qu'ils réunissent.

Rien n'est donc plus varié de forme et de disposition que cet organe important, dont nous allons nous occuper : aussi, malgré le grand nombre de systèmes qui ont été dessinés sur les planches 8, 9, 10 et 11, nous ne pourrions pas assurer que cette nomenclature est complète; mais on verra qu'elle comprend du moins les types les plus remarquables et les plus en usage ; nous allons essayer d'en faire connaître les différentes particularités, en commençant par les manchons *fixes*, suivis de ceux à raccord variable et des *embrayages*.

ASSEMBLAGES PAR ACCOUPLEMENT FIXE.

ASSEMBLAGES SANS MANCHONS.

(FIGURES 1 A 4, PLANCHE 8.)

Assemblage a clavettes, fig. 1. — Avant de décrire les assemblages à l'aide de manchons proprement dits, nous devons mentionner des procédés qui sont aussi usités pour réunir entre elles des parties d'arbres directement, sans cet organe auxiliaire, mais pourtant dans un but tout à fait analogue.

La fig. 1 représente un mode d'assemblage qui est très-employé pour relier des arbres tournants légers, et des tringles ou tiges de traction simple, comme il s'en trouve, par exemple, dans certaines grandes machines à vapeur à balancier pour la commande des pompes.

On voit que cet assemblage consiste à terminer l'une A, des parties de l'arbre ou de la tige, par un renflement cylindrique et l'autre A′ par une douille refoulée à la forge, et tournée intérieurement au diamètre du renflement qui y pénètre et s'y fixe au moyen d'une clavette *c*.

C'est un excellent assemblage, et qui a le mérite de ne pas ajouter au poids propre de l'arbre un excédant de charge relativement considérable. Mais on conçoit aussi qu'il ne convient qu'aux faibles puissances, car la clavette n'est pas de nature à résister convenablement à un effort d'une certaine intensité. On l'emploie avec succès pour l'arbre de commande d'une vanne de roue hydraulique, pour des axes de blutteries ou de vis sans fin des moulins à farine, etc.

Arbres verticaux entés, fig. 4. — La fig. 4 représente un mode de jonction analogue, employé pour réunir les différentes parties d'un arbre vertical, mais dans des conditions de puissance d'un ordre plus élevé.

Nous avons eu l'occasion de l'appliquer plusieurs fois, dans la construction des moulins, pour assembler la colonne d'arbre verticale en fer, traversant le premier étage du moulin, avec l'arbre en fonte qui commande directement les fers de meule. Ce dernier arbre A est fondu creux et alésé à sa partie supérieure pour recevoir le bout de l'arbre A′, qui s'y ajuste avec deux clavettes *c* ; une frette en fer *f* est rapportée à chaud à l'extérieur de l'arbre en fonte, afin de le consolider et de lui donner une résistance suffisante contre le serrage qui tend à le faire éclater.

Pour démonter facilement, au besoin, cet assemblage, on a pratiqué, dans l'arbre en fer, une mortaise transversale dans laquelle on peut alors introduire une clef *g* qui fait coin et permet de faire sortir l'arbre en fer en prenant son point d'appui sur celui A.

Faisons remarquer, cependant, qu'en adoptant ce mode d'assemblage, on admet que l'arbre en fer ne doit transmettre qu'une faible partie de la puissance renfermée dans celui qu'il surmonte. Ainsi, dans cet exemple, l'arbre en fonte doit transmettre 20 ou 24 chevaux, ce qui correspond à 5 ou 6 paires de meules, tandis que l'arbre en fer n'ayant pour mission que de commander les appareils accessoires du moulin, tels que nettoyages, bluttages, etc., n'est appelé à transmettre que le quart ou le cinquième, environ, de la puissance totale absorbée par l'ensemble du moulin.

Arbres assemblés a mi-fer. — On fait également usage, pour rassembler deux parties d'arbre, d'un système qui consiste à couper les bouts à réunir à moitié diamètre, comme on dirait, *à moitié fer*, et à appliquer ensuite et visser les deux parties l'une sur l'autre. Ce procédé n'est pas sans difficulté pour obtenir la concentricité parfaite des parties rassemblées ; il est du reste fort peu usité.

Assemblage d'arbres en fonte creux, fig. 2 et 3. — Enfin ces figures rappellent un procédé qui a été déjà décrit complétement (p. 116) à propos des roues hydrauliques, et qui est relatif à la jonction, bout à bout, de deux parties d'arbre creux en fonte.

On a vu que les deux bouts sont réunis par des brides boulonnées, avec des cales dans le joint pour soustraire les boulons à l'effort transmis ; ce que nous avons dit, à cet égard, nous dispense de nous étendre davantage sur ce sujet.

ASSEMBLAGES AVEC MANCHONS D'UNE SEULE PIÈCE.

Assemblage a mi-fer, avec manchon, fig. 5. — Lorsque des arbres ne sont pas susceptibles d'être fréquemment démontés, comme cela pourrait arriver, au contraire, pour changer des organes de transmission, on fait usage de manchons d'une seule pièce, dans lesquels les deux extrémités d'arbre à réunir sont emmanchées *en bout*.

Cette disposition, fig. 5, par laquelle nous commençons les exemples en ce genre, serait la reproduction exacte de celle que nous citions tout à l'heure, sauf le manchon en fonte M et la clef de serrage *c*, qui modifient, en l'améliorant, la condition d'accouplement des deux parties. Le manchon est un simple cylindre de fonte alésé très-exactement au diamètre commun des deux parties A et A', et la clavette *c* en assure le serrage (seulement l'embase qui a été réservée à la partie A' pour servir de portée au tourillon de l'arbre, doit être entaillée vis-à-vis de la clavette, sans quoi celle-ci *butterait* et ne pourrait être sûrement serrée à fond).

Il est clair, en résumé, qu'avec le manchon et la clavette, on pourrait simplement rapprocher les parties d'arbre bout à bout, et se passer de l'ajustement à mi-fer, qui constitue un travail important et délicat sans compensation bien réelle.

Assemblage a queue, fig. 6. — Des constructeurs d'Alsace ont modifié le système précédent en formant une sorte de joint à queue d'hyronde dans le bout de chacune des deux parties à réunir, comme on le voit sur la fig. 6 ; mais ce joint est encore difficile à faire, exige des soins et ne laisse pas que d'être *coûteux*. Aussi, nous ne le voyons que très-rarement appliqué aujourd'hui dans les transmissions de mouvement.

Joints bout a bout, fig. 7 et 8. — Ce système, qui n'est que la réalisation de ce que nous supposions ci-dessus, a pour lui, au contraire, la simplicité d'exécution ; il est appliqué dans les diverses et nombreuses transmissions de mouvement qui sont établies aux ateliers du chemin de fer de Paris à Lyon.

Le manchon en fonte M, qui réunit les deux parties d'arbre, est d'une seule pièce, comme dans les modèles précédents ; mais au lieu d'être cylindrique, il est légèrement renflé en forme de tonneau, de manière à présenter un diamètre plus fort au milieu qu'aux extrémités.

Pour fixer le tout, on a fait usage d'une longue clavette de serrage *c* qui, au lieu d'être incrustée dans chaque arbre, repose à plat. Dans ce cas, la clavette est sensiblement plus large que ne le serait une nervure entaillée et forme un coin, plus mince dans le bout par lequel on l'introduit qu'à l'autre qui forme la tête.

Par mesure de précaution, on ajoute quelquefois une vis de pression *v* sur l'une des deux parties pour empêcher le glissement du manchon, ce qui pourrait arriver dans le cas de chocs ou de vibrations répétées.

Accouplement de laminoirs, fig. 9 et 10. — Pour terminer la série des manchons d'une seule pièce, nous devons parler de ceux que l'on applique aux laminoirs, aux moulins à sucre et en général aux appareils à cylindres rotatifs, qui sont susceptibles d'éprouver des résistances très-variables.

Dans ces sortes de machines, les arbres sont réunis de façon à ce que les jonctions, ou organes d'assemblage, soient plus faibles que les tourillons mêmes des cylindres, afin que si, par un défaut d'attention ou par négligence, il se produisait des efforts trop considérables à une extrémité des cylindres, et qu'une rupture s'en suivît, elle soit plutôt supportée par les manchons que par les cylindres ou leurs tourillons.

On adopte généralement alors la disposition indiquée sur les fig. 9 et 10, et qui consiste à prolonger les tourillons T des cylindres, ou des arbres mêmes qui les commandent, d'une partie carrée plus petite, ou mieux d'une sorte de trèfle *t*, dont la longueur est moindre que le diamètre du tourillon, et d'un bout d'axe A de même forme, et à les réunir par les manchons M, M′, qui y sont ajustés bruts de fonte, avec un jeu de plusieurs millimètres ; puis, afin d'empêcher ces manchons de glisser sur une trop grande étendue, on rapporte entre eux, sur les parties creuses de l'axe de jonction, des cales en bois *c* que l'on y retient simplement à l'aide de courroies bouclées.

Cette disposition a l'avantage de permettre aux cylindres de se lever ou de se baisser d'une certaine quantité, sans forcer sur les tourillons, parce qu'alors ce sont les manchons et l'axe intermédiaire qui s'obliquent ou s'inclinent ; et si, comme nous venons de le dire, l'effort est trop grand, ils cèdent et n'occasionnent pas la rupture des pièces importantes. Ils peuvent le faire d'autant mieux, qu'ils sont de dimensions notablement plus faibles que les tourillons. On verra plus loin quelles sont, à ce sujet, les proportions adoptées.

ASSEMBLAGES AVEC MANCHONS EN DEUX PIÈCES.

Afin de se réserver la faculté de rompre facilement une ligne d'arbre établie, soit pour changer des organes de transmission, engrenages ou poulies, soit pour en retrancher ou en ajouter, soit encore pour modifier la place des points d'appui, etc., on emploie de préférence les manchons en deux pièces qui peuvent être démontés isolément, sans effort, et surtout sans descendre préalablement les parties d'arbres de leurs supports. D'ailleurs, ne pouvant amener une ligne d'arbre un peu longue d'une seule pièce à sa place, il faut pouvoir opérer facilement le manchonnage à la pose même, ce que permet particulièrement encore le manchon en deux pièces.

Considérée sous ce point de vue général, cette espèce de manchons présente plusieurs types principaux et distincts :

1° Les manchons *à griffe*, qui sont coupés perpendiculairement à l'axe de l'arbre, et sont armés de saillies qui s'emboîtent de façon à favoriser l'effort d'entraînement ;

2° Les manchons à *plateaux*, qui sont constitués comme les précédents, moins le système d'emboîtage qui est remplacé par un procédé de réunion fixe ;

3° Les manchons à *coquilles*, qui sont coupées en deux parties dans le sens même de l'axe, qu'elles enveloppent, et sont ensuite rassemblées au moyen de vis ou de boulons.

Manchons a griffes, fig. 11, 12 et 13. — Des divers genres de manchons en usage, les plus anciens sont ceux désignés sous le nom de manchons à griffes, et dont les applications sont du reste encore très-répandues.

Le modèle représenté en vue latérale, fig. 11, de face intérieure, fig. 12, et en section verticale par l'axe, fig. 13, se compose de deux parties en fonte M, M′ rondes, mais brutes extérieurement, alésées à l'intérieur et ajustées entre elles de telle sorte que les saillies ou les griffes de l'une pénètrent et portent exactement dans les vides ou entailles de l'autre, et réciproquement. Ainsi, elles forment une espèce d'engrenage dont les dents correspondent à des segments de cercle occupant chacun un quart de circonférence.

Elles sont ajustées sur les deux bouts d'arbres qu'elles doivent accoupler, de telle façon que l'un d'eux désaffleure la partie M′ pour pénétrer dans celle M d'une quantité égale à la profondeur des dents ou des griffes ; cette disposition a l'avantage de ne pas laisser tomber le second arbre, quand on détache la moitié M′ du manchon de la première ; il reste encore soutenu par celle-ci qui ne bouge pas, étant appuyée contre l'embase du premier arbre ou contre la joue même du coussinet qui le supporte. Pour déterminer l'entraînement dans la marche rotative, ces deux parties sont fixées sur leurs axes respectifs par deux clefs ou nervures c, et afin qu'elles ne puissent se séparer, on les retient entre elles par des vis de pression v, à tête ronde et perdues dans l'épaisseur du métal. Lorsque les arbres ne portent pas d'embases, ce qui a lieu le plus souvent au moins sur l'un d'eux, il est bon d'ajouter aussi des vis d'arrêt v', qui, taraudées aux extrémités du manchon, viennent s'appuyer par le bout sur la surface de chaque arbre. Ces vis sont le plus souvent à tête carrée et saillante, pour qu'on puisse les serrer avec la première clef venue ; mais il est toujours préférable de les faire à tête ronde encastrée dans la fonte, afin de ne laisser aucune saillie extérieure.

On sait, en effet, que de telles parties saillantes que l'on ne voit pas ou auxquelles on ne fait pas attention, peuvent occasionner des accidents plus ou moins graves, parce que les ouvriers, chargés du graissage des transmissions, sont susceptibles d'y accrocher leurs vêtements et de se blesser plus ou moins grièvement.

Manchons a plateaux, fig. 14 et 15. — Depuis plusieurs années, on emploie pour les accouplements d'arbres de couche, des *manchons* en deux pièces, dits à *plateaux*, qui sont d'une exécution facile et qui présentent réellément des avantages dans la construction.

Nous en avons remarqué une application qui en a été faite par MM. Brissonneau frères, dans toute la transmission de mouvement qu'ils avaient été chargés d'établir à l'Exposition de Nantes (1861).

Ce sont deux plateaux ou disques M, M' tout à fait semblables, et, par conséquent, fondus sur le même modèle, avec des moyeux prolongés que l'on alèse exactement cylindriques à l'intérieur, pour y ajuster les deux bouts d'arbre à assembler, et qui, comme dans le type précédent, sont aussi arrangés de façon à ce que celui A', qui fait le prolongement de la première partie A du côté du coussinet, pénètre de quelques centimètres dans le plateau M, pour être soutenue lors même que le second plateau M' en serait séparé. L'entraînement a lieu par deux clavettes *c* encastrées dans chaque bout d'arbre et dans chaque plateau. Il pourrait se faire également par une clef de serrage chassée de force sur une partie méplate pratiquée sur les bouts d'arbres.

Les deux plateaux sont dressés sur leur surface de contact ; seulement, pour ne pas avoir à tourner une trop grande superficie, on les a préalablement évidés à la fonte, de sorte qu'ils ne coïncident réellement que par les parties essentielles. Leur jonction se fait par quatre, cinq ou six boulons à écrous *b*, suivant leurs dimensions ; des rebords arrondis sont ménagés à leur circonférence extérieure pour garantir la saillie des têtes de boulons et des écrous.

Cette circonférence extérieure, ainsi élargie par les rebords, peut elle-même former poulie au besoin, de sorte que, dans certains cas, le manchon accouplé sert en même temps à transmettre une partie de la puissance par une courroie.

Manchons a plateaux a deux diamètres, fig. 16. — Cette figure représente une disposition appliquée par M. Rolland, à la manufacture des tabacs de Strasbourg, pour accoupler deux arbres de diamètres très-différents, l'un des deux ne transmettant qu'une très-faible partie de la puissance renfermée dans l'autre.

L'ensemble du manchon est composé de deux véritables plateaux M et M', correspondant, comme diamètres, aux arbres A et A' sur lesquels ils sont respectivement montés, mais égaux par les brides qui les rassemblent au moyen de boulons ; le plus faible est ajusté à drageoir dans l'autre, et toutes les parties en étant exactement tournées, le centrage parfait des deux axes est indubitable. Quant au calage, il est effectué simplement à l'aide de clefs fixes *c* et *c'*.

Rien n'est donc plus rationnel que cette méthode d'accouplement dans ce cas particulier, mais peut-être peu fréquent, de deux arbres très-inégaux de diamètre.

Manchons a plateaux et a queue, fig. 17 à 19. — Un mécanicien de Rouen, M. Blondel, qui s'est beaucoup occupé des organes relatifs aux communications de mouvements et particulièrement aux accouplements d'arbres de couche, avait appliqué, sur la transmission des galeries de l'Exposition rouennaise (en 1859), un système de manchons à queue d'hyronde, pour lequel il s'est fait breveter et qui lui a valu l'approbation de divers fabricants et manufacturiers très-compétents.

Ce système, sans avoir le mérite de la simplicité et de la facilité d'exécution que présentent les précédents, n'en est pas moins remarquable par sa disposition et son mode d'assemblage.

Composé aussi de deux disques tournés M, M′, que l'on fixe seulement par des boulons ou vis v à tête noyée, il se distingue par l'application de deux coins à queue d'hyronde C, encastrés par moitié dans chacun des disques et réunis par une grande vis v' qui, passant exactement au centre, se trouve justement entre les deux bouts d'arbres à accoupler.

Cette disposition permet au constructeur de placer à l'avance, sur chaque arbre, les clavettes en fer c, c' qui sont coniques du dedans au dehors et, par conséquent, celle du premier arbre A, de droite à gauche, et, au contraire, celle du second arbre A′, de gauche à droite. De cette façon, on comprend que lorsque le tout est monté, il est impossible que le manchon glisse d'un côté ou de l'autre ; l'accouplement est certain et présente toute sécurité. On peut cependant aussi, quand il est nécessaire de le démonter, le faire assez facilement en desserrant les vis. En tout cas, on voit que rien n'a été négligé pour éviter toute saillie extérieure, comme dans la plupart des exemples précédents.

Manchons a coquilles, fig. 20 à 22. — Ces figures représentent le type le plus général sur lequel on établit ce système de manchons dits à *coquilles*, et dont nous avons expliqué ci-dessus l'usage particulier. Cette disposition consiste en deux demi-cylindres à brides M, M′, que l'on réunit d'abord par quatre ou six boulons b, et que l'on alèse ensuite, tout assemblés, pour y ajuster les deux bouts d'arbres tournés au même diamètre.

Pour éviter que les boulons d'assemblage, qui, dans ce système, jouent un rôle important, ne se desserrent, on a le soin d'ajouter à chacun, soit un contre-écrou serrant le premier, soit une goupille ou une petite clavette.

Chez MM. Cail et Cie, ces demi-cylindres sont fondus avec des nervures extérieures, pour augmenter l'épaisseur du côté de la clef de serrage c, qui sert à l'entraînement, et en même temps du côté opposé, où se placent les vis de pression v qui retiennent le manchon assemblé sur les deux bouts d'arbre, de manière à ce qu'il ne puisse glisser à droite ou à gauche.

Fig. 38

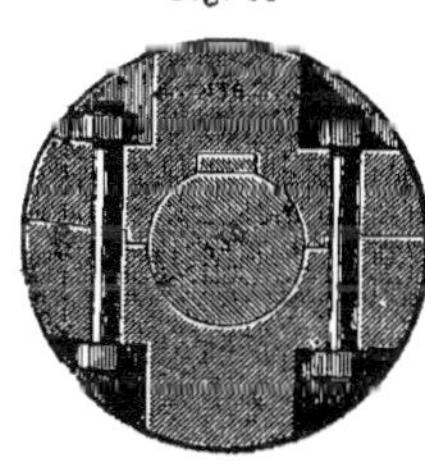

Les axes se soutiennent préalablement sans le secours du manchon, lorsqu'on a le soin de ménager à l'un d'eux un téton cylindrique t, que l'on fait pénétrer dans le trou correspondant percé à l'extrémité de l'autre, comme le montre la coupe verticale fig. 22.

Une bonne disposition à donner à ces manchons est celle que représente la fig. 38 ci-contre, telle qu'elle est adoptée par M. Pihet fils et divers autres constructeurs. L'extérieur du manchon est complétement cylindrique et d'un diamètre suffisant pour que même les têtes et les écrous des boulons se trouvent complétement effacés. Nous avons déjà insisté sur les dangers que présentent les manchons qui conservent, au contraire, des parties saillantes, et s'il était possible de remplir même ces vides réservés pour les têtes des boulons, cela n'en vaudrait que mieux.

MANCHONS A COLLIER, FIG. 23 et 24.— Ce genre de manchon est employé pour l'accouplement des arbres carrés, qui viennent bruts de fonte ou de fer forgé. Ces figures en montrent une application qui a été faite récemment par MM. Thirion et de Mastaing dans les nouvelles forges de Rachecourt.

On voit que ces manchons, que nous classons dans ceux à coquilles, sont formés de deux brides en fer M et M' coudées d'équerre et rassemblées par des boulons *b* autour des deux bouts d'arbre qu'ils embrassent comme un collier. C'est un moyen très-simple et qui permet d'employer du fer forgé, ou en plaque, que l'on contre-coude à la forge sur une matrice en fonte.

On applique également des manchons de cette espèce dans les tours à chariot, comme engin d'entraînement pour tourner les arbres ronds, carrés ou à pans. Dans ce cas, les deux coquilles n'ont pas besoin d'épouser la forme même du bout de l'arbre ; rondes ou carrées intérieurement, elles peuvent toujours l'embrasser et l'entraîner, quand les boulons sont suffisamment serrés, dans la rotation qui leur est imprimée par le *toc* ou fort goujon adapté au plateau du tour.

PROPORTIONS DES MANCHONS D'ACCOUPLEMENT.

Ces organes ne sont pas de ceux auxquels on peut espérer appliquer facilement des règles fixes pour en déterminer les proportions, vu leur diversité, presque infinie, de forme, de disposition et de système ; aussi ne devons-nous pas tenter un tel travail qui n'aurait, même en arrivant à un procédé un peu méthodique, qu'une très-mince utilité en pratique.

Nous préférons, en nous appuyant sur chacun des types mêmes qui ont été représentés et décrits, et qui résument assez sensiblement les dispositions les plus simples, comparer leurs propres dimensions respectives avec le diamètre de l'arbre auquel ils appartiennent, diamètre qui doit en effet servir de base, et dont nous avons développé longuement, dans le précédent chapitre, les motifs qui conduisent à sa détermination.

En faisant cette recherche, nous désignerons par :

d le diamètre du tourillon de l'arbre ;
d' le diamètre du corps de cet arbre ou de sa partie renflée ;
e l'épaisseur de la douille ou du manchon ;
D le diamètre de celui-ci ;
L la longueur totale ;
l la demi-longueur ou la partie ajustée de l'arbre ;
c la largeur de la clef ou de la clavette de serrage ;
s sa saillie en dehors de l'arbre.

ASSEMBLAGE A CLAVETTES, FIG. 1. — Étant donné le diamètre d du tourillon le plus proche de l'extrémité de l'arbre supporté, et qui doit s'emmancher dans le bout renflé de l'autre, on a l'épaisseur e de cette partie renflée, en faisant :

$$e = 0,4\ d,$$

et la longueur L en faisant :

$$L = 2,5\ d.$$

La clavette qui assemble les deux parties, a pour largeur, à son extrémité supérieure :

$$c = d,$$

et à son extrémité inférieure :

$$c' = 0,8\ d.$$

L'épaisseur de cette clavette est limitée à :

$$s = 0,2\ d.$$

La grosseur de chaque arbre est supposée, au maximum :

$$d' = 1,2\ d.$$

ASSEMBLAGE D'ARBRES EN FONTE ET EN FER, FIG. 4. — Nous admettons que le diamètre D de l'arbre en fonte est égal au double de la partie tournée de l'arbre en fer qui doit y pénétrer et dont la longueur L est exprimée par :

$$L = 1,6\ d.$$

La largeur de la rondelle ou virole en fer qui enveloppe le bout de l'arbre en fonte est égale au même diamètre d, et son épaisseur au 1/5 de ce diamètre.

ASSEMBLAGE A JOINTS PLATS, FIG. 5. — La longueur l de chacune des deux parties méplates qui forment la jonction des deux arbres est égale au double du diamètre d de leurs tourillons.

La longueur L du manchon en fonte qui les embrasse est égale à trois fois ce diamètre.

Si l'on n'emploie qu'une seule clavette ou nervure pour fixer le manchon, on lui donne pour largeur c et pour épaisseur s :

$$c = 0,4\ d, \quad \text{et :} \quad s = 0,1\ d.$$

Lorsqu'on applique deux clavettes ou deux nervures qui, alors, sont placées dans une direction diamétralement opposée, on a, la saillie restant toujours la même :

$$c = 0,3\ d,$$

ASSEMBLAGE A QUEUE, FIG. 6. — Dans ce système, la longueur du manchon est égale à 4 fois environ le diamètre du tourillon, et son épaisseur à la moitié de ce diamètre.

La saillie des deux parties extrêmes qui forment l'assemblage à queue, est aussi égale à la moitié de ce diamètre, et l'angle de l'arête oblique, par rapport à la verticale, est de 40 degrés.

JOINTS BOUT A BOUT, FIG. 7 et 8. — On fait aussi, dans ce système, la longueur du manchon égale à 4 fois le diamètre du tourillon, et son épaisseur moyenne n'est pas moindre de la moitié, c'est-à-dire :

$$e = 0,5\ d.$$

La largeur de la clavette méplate qui fixe ce manchon et son épaisseur sont, comme précédemment :

$$c = 0,4\ d, \text{ et : } s = 0,1\ d.$$

Le jeu laissé entre les deux arbres est de 3 à 4 millimètres.

MANCHONS DE LAMINOIRS, FIG. 9 et 10. — D'après ce que nous avons dit précédemment, ces manchons ne doivent pas présenter une résistance trop considérable ; il suffit de faire leur longueur :

$$L = 1,25\ d,$$

et leur épaisseur, dans les parties les plus minces :

$$e = 0,25\ d.$$

Le diamètre d' des portions d'arbres à réunir est seulement :

$$d' = 0,9\ d.$$

Ainsi, pour des laminoirs en fonte dont les tourillons auraient $0^m,200$ de diamètre, chaque manchon n'aurait que : $0^m,250$ de longueur, et $0^m,250$ d'épaisseur.

MANCHONS A GRIFFES, FIG. 11, 12 et 13. — En supposant, comme pour les manchons fondus d'une seule pièce, que le diamètre d des tourillons soit connu, et que toutes les parties du manchon lui soient proportionnelles, on fait la longueur totale, pour les arbres en fer :

$$L = 4\ d;$$

et, par suite, la 1/2 longueur :

$$l = 2\ d.$$

L'épaisseur du moyeu ou des parties extrêmes les moins fortes est :

$$e = 0,5\ d;$$

ce qui fait naturellement pour le diamètre correspondant :

$$D = 2\ d.$$

Pour le plus fort diamètre D' des parties renflées qui s'embrayent entre elles et pour la longueur l', on a :

$$D' = 3\ d, \text{ et : } l' = 2\ d.$$

Par conséquent, la longueur restante :

$$l'' = d.$$

Les saillies S des griffes et leur profondeur sont chacune égale à la moitié du diamètre ; soit :

$$S = 0,5\ d.$$

L'étendue de chacune de ces griffes est de 1/4 de cercle.

Enfin, les clavettes ou nervures qui fixent le manchon assemblé sur les deux bouts d'arbre, ont pour largeur c et pour épaisseur s :

$$c = 0{,}3\ d,\ \text{et}:\ s = 0{,}2\ d.$$

Pour laisser un jeu de 4 à 5 millimètres entre les deux arbres, la portion du bout qui pénètre dans l'autre manchon est un peu inférieure à $1/2\ d$.

Manchons a plateaux, fig. 14, 15. — Dans ce système chaque plateau a pour longueurs l et l' au moyeu et à la circonférence :

$$l = 2\ d,\ \text{et}:\ l' = d;$$

ce qui donne, quand le manchon est assemblé, pour la longueur totale :

$$L = 4\ d,$$

et et pour largeur totale de la surface extérieure :

$$L' = 2\ d.$$

On a ainsi, en faisant l'épaisseur $e = 0{,}5\ d$, pour le diamètre moyen du moyeu :

$$D = 2\ d,$$

et, pour le diamètre extérieur du manchon :

$$D' = 4{,}5\ d.$$

Ainsi, un manchon à plateau, pour l'accouplement de deux arbres en fer dont les tourillons auraient $0^{m},100$ de diamètre, devraient avoir les proportions suivantes :

$l = 200^{\text{mill.}}$	....	$L = 400$
$l' = 100$	....	$L' = 200$
$D = 200$	....	$D' = 450$

En mettant 5 boulons pour réunir les deux plateaux, on donne à ces boulons un diamètre égal au 1/5 de celui du tourillon.

S'il n'y avait que 4 boulons, leur diamètre serait de $1/4\ d$.

Pour la clavette, lorsqu'on n'en met qu'une, on lui donne les proportions indiquées :

$$c = 0{,}4\ d,\ \text{et}:\ s = 0{,}1\ d,\ \text{ou}:\ 2\,s = 0{,}2\ d.$$

Système Blondel, fig. 17 à 19. — Les dimensions de ce manchon diffèrent peu de celles du précédent, à l'exception du diamètre extérieur qui est seulement égal à $4\ d$, et de la longueur totale réduite à $3{,}5\ d$.

Les coins à queue d'hyronde, ajustés entre les plateaux, ont pour épaisseur :

$$e' = d;$$

pour profondeur dans le sens du rayon :

$$p = 0{,}7\ d;$$

pour la largeur au milieu à l'extérieur :

$$a = d;$$

et pour largeur aux deux bases parallèles :

$$b = 1{,}5\ d.$$

Le diamètre des boulons d'assemblage est $3/10\ d$.

Manchons a coquilles, fig. 20 à 22. — La plus grande longueur donnée à ce genre de manchons ne dépasse pas 3 fois le diamètre des tourillons ; soit :

$$L = 3\ d\ ;$$

et l'épaisseur des coquilles, dans les parties les plus faibles, est en moyenne égale à la moitié de ce diamètre :

$$e = 0{,}5\ d\ ;$$

mais le renflement peut porter l'épaisseur à 0,7 ou 0,8 d.

L'écartement entre les deux rangées de boulons parallèles qui réunissent les coquilles ne peut être moindre que 2 d, et le diamètre de ces boulons, quand ils sont au nombre de 6, est égal à 1/6 d, mais à 1/4 d s'ils ne sont qu'au nombre de 4.

Le diamètre du goujon qui termine l'un des arbres est au plus de 1/2 d.

Les dimensions de la clavette unique sont toujours :

$$c = 0{,}4\,d, \text{ et : } s = 0{,}1\ d.$$

Le diamètre des deux vis de pression appliquées sur le côté opposé à la clavette est égal à 0,2 d.

Observations. — Les diverses proportions que nous venons de donner s'appliquent particulièrement aux transmissions de mouvement de dimensions moyennes qui sont le plus généralement employées dans les usines et manufactures, c'est-à-dire, pour la jonction ou l'accouplement d'arbres en fer dont les diamètres varient depuis 5 à 6 centimètres jusqu'à 12 à 13 centimètres.

Dans certains cas, pour des arbres très-gros, si on emploie des manchons en fonte, comme ceux que nous avons décrits, on peut, sans inconvénient, réduire certaines proportions.

ASSEMBLAGES PAR MANCHONS A RACCORD VARIABLE

OU JOINTS BRISÉS

(planche 9.)

Articulation brisée dite jointure de cardan, fig. 25 a 28. — Parmi les divers moyens que l'on possède, pour relier les mouvements de deux arbres dont les axes sont susceptibles de varier, le plus caractéristique est, sans contredit, celui connu dans la mécanique sous le nom de *jointure de Cardan;* c'est cet appareil, que l'on pourrait fort bien aussi appeler *genouillère*, qui réalise, dans les plus larges limites, le but proposé, bien qu'avec des restrictions que nous allons faire connaître.

Les fig. 25 et 26, pl. 9, représentent le premier et le plus simple des deux modèles que nous allons décrire en ce genre; les fig. 27 et 28 représentent le second, qui correspond à une construction plus soignée et aussi à des efforts plus considérables à transmettre; mais le principe du fonctionnement des deux étant parfaitement identique, nous nous attacherons exclusivement au premier pour l'expliquer.

Les arbres A et A′, qu'il s'agit de connexer par un assemblage variable, portent, respectivement fixées sur chacun d'eux, les fourches B et B′ qui viennent s'assembler, par articulation, avec un cercle C, et dans la position relative de deux diamètres perpendiculaires ; cet assemblage a lieu au moyen de boulons D, dont l'un, D′, a pu être réservé d'une seule pièce et traverse le cercle C, ainsi que les branches de la fourche B de part en part.

Considéré au point de vue géométrique, cet appareil constitue deux axes (ceux mêmes des boulons-tourillons) qui se coupent perpendiculairement, et d'après lesquels les deux arbres A et A′ peuvent décrire des arcs de cercle, d'une certaine amplitude, dans deux plans également perpendiculaires l'un à l'autre.

Quant au mode d'entraînement même, si l'on suppose d'abord l'un des deux arbres, celui A, par exemple, parfaitement rigide et animé d'un mouvement de rotation, on comprend que le cercle C, solidaire de cet arbre par la fourche B tournant avec lui, entraîne dans son mouvement circulaire les deux branches de l'autre fourche B′, et partant le second arbre A′, dont elle fait intimement partie.

L'effet final d'un tel agencement est que les deux arbres peuvent, sans cesser de se transmettre le mouvement de rotation, éprouver une certaine variation qui dérange la rectitude de leurs axes, dont la position normale pourrait également être un angle plus ou moins prononcé. Aussi la jointure de Cardan s'applique-t-elle pour transmettre le mouvement entre deux parties de mécanisme qui ne sont pas assez rigidement reliées pour établir une communication inflexible et invariable, ou qui sont susceptibles d'occuper des positions relatives différentes. On peut citer, comme exemple de ce fait, un manége portatif appliqué à faire mouvoir un appareil d'agriculture établi dans un champ, ou sur une aire mal nivelée, et pouvant d'ailleurs être changé de place, suivant les exigences du service qu'il est appelé à rendre ; si, dans cette circonstance, le mouvement est donné directement par un arbre de couche, il faut nécessairement que cet arbre présente une flexibilité qui rende la communication possible entre le moteur et l'appareil commandé, malgré leur instabilité réciproque ou leur relation variable d'un endroit à un autre.

Le joint en question atteint le but proposé, en *brisant* la ligne d'arbre, qui peut alors céder aux inflexions déterminées par la situation.

Mais il faut noter immédiatement que cet arbre, soumis à l'obliquité normale ou accidentelle, doit être également indépendant des deux appareils, et constituer un véritable intermédiaire entre leurs propres organes, qui doivent conserver leur rigidité. Il faut donc deux joints brisés à la fois, un à chaque extrémité de l'arbre, et, en nous reportant à notre exemple, fig. 25 et 26, l'une des deux parties d'arbre A et A′ appartient à celui intermédiaire, et l'autre à l'appareil commandant ou commandé.

Néanmoins, malgré les services réels qu'il rend, cet ingénieux mécanisme est loin d'être sans défauts et applicable en toute circonstance. On conçoit que tout l'effort de torsion se trouve transmis par l'intermédiaire des deux fourches, qui sont nécessairement d'un faible rayon, et par les boulons, pour lesquels il résulte un effort de cisaillement proportionné ; on ne peut donc transmettre, par ce moyen, que des puissances relativement faibles, et d'autant moins considérables que l'on veut se réserver des variations d'axe plus considérables, car la résistance de ce mécanisme s'affaiblit, évidemment, d'autant plus que les axes s'écartent de la ligne droite.

Ces limites mêmes de variation que l'on peut atteindre avec le joint de Cardan, méritent un examen spécial, et sur lequel nous désirons nous arrêter quelques instants.

En examinant le fonctionnement de cet appareil, on voit que les branches des fourches qui arment les extrémités A et A' des deux parties d'arbre, décrivent deux cercles plans, *invariablement perpendiculaires aux axes respectifs de ces arbres, quelle que soit leur obliquité réciproque*, et ayant pour centre commun l'intersection de ces deux arbres.

Soient, fig. 39, M N et *m n*, les axes des deux arbres A et A' formant entre eux un certain angle, dont le sommet est *o*, et que nous supposerons très-prononcé pour rendre les effets à observer plus sensibles ; les extrémités géométriques de la fourche B décriront le cercle plan invariable *a b c d*, et celles de la fourche B' du second arbre, le cercle plan invariable *a' b c' d*, lequel coupe le premier suivant un diamètre *b d*.

Mais si ces extrémités de fourche décrivent des cercles plans nécessairement invariables, pour une même position des axes dont elles sont solidaires, il n'en est pas de même du cercle C, fig. 25 et 26, pl. 9, qui les réunit, et qui prend, au contraire, une obliquité différente à chaque moment de la rotation des deux axes.

Fig. 39.

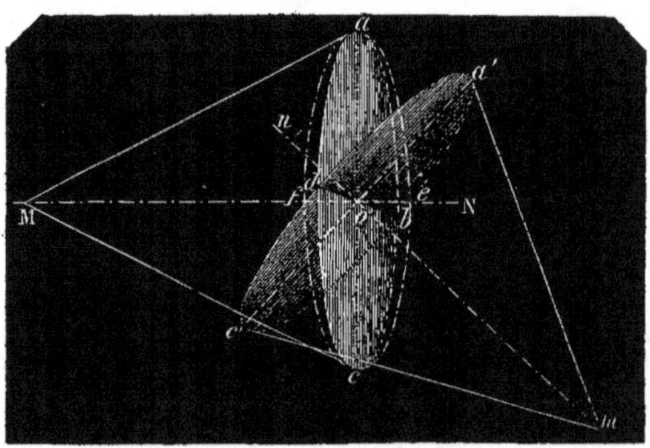

Si, en effet, nous prenons pour point de départ celui où la fourche B a ses extrémités en *a* et en *c*, celles de la fourche B', qui sont constamment placées perpendiculairement aux précédentes et qui ne peuvent quitter le cercle invariable *a'bc'd*, seront nécessairement en *e* et en *f*, et l'ensemble du cercle C se trouvera occuper un troisième plan *aecf* oblique par rapport aux deux autres, et les coupant, néanmoins, le premier en *ac* et le deuxième en *ef*, puisque ces trois plans passent tous par le sommet *o* de l'angle déterminé par les deux axes MN et *mn*.

Or, la particularité curieuse de ce problème de cinématique, et qu'il faut observer avec soin pour concevoir toutes les circonstances du fonctionnement de l'appareil, c'est que les quatre extrémités des deux fourches restent constamment sur la circonférence des deux cercles invariables *abcd* et *a'bc'd* sans cesser d'appartenir cependant au troisième cercle *aecf*, lequel prend alors toutes les obliquités voulues pour toucher constamment les deux premiers en quatre points.

Cette mobilité du cercle en fer C résulte précisément des quatre articulations qui jouent toutes ensemble pendant la rotation. Mais il peut se faire que l'on se demande encore si, en effet, ce système d'articulation satisfait à la question, et s'il permet bien au cercle les mouvements nécessaires pour coïncider constamment, par les extrémités de ses deux diamètres conjugués, avec les circonférences des deux cercles plans invariables, sans qu'il en résulte aucun gauche ni effort contraire de la part des quatre points articulés.

Pour résoudre cette objection, il faut noter ceci :

Quelle que soit la position prise pendant la rotation, les deux diamètres passent par le centre *o*, commun aux trois plans ; or, pour qu'il y eût torsion gauche dans les quatre articulations, il faudrait que par l'obligation de s'appliquer constamment dans les deux plans invariables, les deux diamètres fussent conduits à perdre leur perpendicularité, qui est rigide, et résulte de la construction même de l'appareil ; mais supposons au moins l'un des deux amené dans son plan, et voyons s'il est possible à l'autre de s'appliquer sur le sien sans cesser d'être perpendiculaire au premier.

D'abord, si les deux diamètres sont rigidement perpendiculaires l'un à l'autre, ils ont néanmoins la propriété de pouvoir exécuter un mouvement de rotation l'un sur l'autre, en engendrant deux plans qui s'interceptent perpendiculairement : c'est ce qui résulte de l'agencement même des articulations.

Par conséquent, si *ac*, l'un des deux diamètres, est supposé dans son plan invariable *abcd* sans que l'autre *ef* soit dans le sien *a'bc'd*, son mouvement de rotation normal autour du premier suffira pour l'y amener ; car il est évident que le plan qu'il engendrera ainsi, coupant les autres au centre commun *o*, aura pour intersection même ce diamètre générateur, lequel s'appliquera donc dans son plan en même temps que l'autre dans le sien, et sans cesser de lui être perpendiculaire.

Donc, les articulations n'auront subi ni torsion ni gauche, ce qu'il fallait démontrer.

Maintenant que nous croyons avoir réussi à expliquer en principe les fonctions de la jointure de Cardan, il reste à en établir les limites d'applications, et à faire connaître une particularité remarquable déduite du jeu principal de ce mécanisme.

Le point important est de reconnaître, en résumé, quel est le plus grand angle sous lequel les arbres puissent être placés, autrement dit, jusqu'à quel point on peut utiliser ce principe. En théorie, cette limite serait 90 degrés, sous lequel angle la transmission du mouvement circulaire n'est évidemment plus possible, attendu qu'il ne résulte pour le cercle plan *commandé*, aucune composante tangentielle ; mais, bien avant cette limite, la transmission serait déjà complètement défectueuse, car les organes du mé canisme devant résister, dans une direction trop éloignée de celle normale, ne pourraient communiquer l'effort transmis qu'en en supportant un beaucoup plus considérable, amenant une usure rapide des articulations.

Si l'on prend pour bases mêmes les dimensions et les formes de l'appareil représenté fig. 25 et 26, on voit de suite que, loin de s'approcher de la limite d'inclinaison, celui-ci ne permettrait d'atteindre au plus que 25 degrés, ce qui résulte naturellement de la simple approche de l'une des fourches amenée, en la faisant tourner, contre le cercle C. Sous ce point de vue, la limite à atteindre dépendrait donc du plus ou moins de dégagement donné à la forme des pièces : mais elle est indiquée davantage encore par la résistance de l'instrument qui conduit à restreindre cette limite plutôt que de l'étendre. On comprend d'ailleurs qu'il faut ici faire entrer en ligne de compte la valeur absolue de la puissance à transmettre, car s'il s'agit d'une très-faible charge, on pourra ne voir aucun inconvénient à profiter plus amplement de la propriété du principe.

Enfin, faisons remarquer que sous la transmission oblique, la vitesse des deux arbres, évidemment égale dans un temps fini et comme nombre de tours, ne l'est pas pour une période plus petite qu'une révolution ; autrement dit, si la vitesse de l'arbre commandant est uniforme, celle de l'arbre commandé est périodiquement variable dans la durée d'un tour. Mais considéré sous son point de vue exclusivement pratique, cette objection est peu grave, car sous l'inclinaison même de 60 degrés, limite bien supérieure à celle que nous venons de reconnaître possible avec l'appareil pris pour exemple, cette variation, qui se répète périodiquement quatre fois pour un tour, répond, en divisant un quart de révolution en six temps égaux, soit en angles de 15 degrés à vitesse uniforme, à une progression ayant pour premier terme un angle maximum de 17 degrés, et pour dernier un angle de 13 degrés environ.

Il ne nous reste plus qu'à dire quelques mots de l'appareil analogue, mais plus important et plus perfectionné, que les fig. 27 et 28 représentent.

Ici, les fourches B et B′ sont de très-robustes pièces de fonte, tournées extérieurement, clavetées sur les arbres A et A′, et dans lesquelles on a réservé de véritables paliers avec chapeaux boulonnés *a* et coussinets de bronze *b* pour les tourillons. Ceux-ci, au lieu de simples boulons, font partie d'une pièce de fer forgé C, remplaçant le cercle de la disposition précédente.

C'est là une construction très-bien étudiée, et qui convient du reste à un mécanisme soigné dans toutes ses parties ; on voit d'ailleurs que ce modèle est approprié à une application spéciale, car le dégagement des deux fourches, ou manchons pour mieux dire, ne laisse aux arbres que des limites d'inclinaison assez resserrées.

L'assemblage représenté par les fig. 35 à 37 n'est pas autre chose encore qu'une jointure de Cardan, appliquée à l'un de ces immenses arbres qui commandent les hélices propulsives des plus forts bâtiments de guerre à vapeur. Nous y reviendrons plus loin pour décrire les dispositions spéciales exigées pour des appareils aussi puissants.

Entraînement de meule a blé, fig. 29 et 30. — Cet assemblage présente, comme le précédent, mais à un degré moindre, la propriété d'une jointure brisée qui permet des variations entre les deux parties connexées.

On sait que les meules à blé doivent être mises en mouvement en leur conservant la liberté de se niveler d'elles-mêmes sous l'action de leur masse, qui tend naturellement à se placer dans le plan normal à l'axe de rotation, sous l'influence d'une vitesse angulaire considérable. Pour cela, l'axe qui commande chaque meule n'est pas lié rigidement avec elle, et la supporte seulement en l'entraînant à l'aide du procédé que les fig. 29 et 30 représentent.

Le *fer* de meule A, cet axe de commande, est terminé à la partie supérieure par un pointal en acier trempé *a*, dont la tête n'est pas pointue, mais de forme sphérique, sur lequel repose librement la meule par une sorte de traverse en fonte C, appelée *nille*, et qui se trouve scellée en travers de l'œillard. Mais c'est aussi par la nille que la meule est entraînée circulairement, de la même façon que l'on commande, sur le tour, une pièce montée entre pointes à l'aide de cet outil connu dans les ateliers sous le nom de *toc*. La nille porte, en effet, deux boutons sphériques rapportés en fer *b*, et qui sont engagés dans des trous carrés ménagés dans une traverse en fonte B, solidement clavetée à l'extrémité du fer de meule, et que l'on pourrait désigner par *manchon d'entraînement*.

On conçoit maintenant que le fer de meule, d'ailleurs parfaitement maintenu par son pivot et par un boitard (voir plus loin paliers et boitards), communique aussi son mouvement de rotation à la meule, laquelle n'en reste pas moins libre de prendre la position d'équilibre qui lui est nécessaire, indépendamment de son axe de commande. On remarquera que, pour éviter la maculation de la fonte sous l'effort d'entraînement, la face des mortaises de la traverse B, sur laquelle elle s'exerce, est garnie d'une plaque d'acier *c*, entaillée à queue.

On n'a pas toujours adopté cette disposition telle quelle. On a souvent remplacé la traverse B par un véritable manchon circulaire, ouvert en dessus d'un enfourchement, dans lequel la nille se trouvait directement engagée, comme nous l'avons fait voir en décrivant le moulin de Corbeil dans le t. Ier de la *Publication industrielle*. Mais nous pensons que l'on doit donner la préférence à celle-ci, attendu que le rayon d'entraînement étant beaucoup plus grand, et au moins double, l'effort est réduit d'autant, ainsi que l'usure, par conséquent.

Manchonnage des arbres d'hélice propulsive, fig. 31 à 34. — En nous occupant spécialement des arbres, nous avons montré comment sont disposés ceux qui transmettent le mouvement de la machine à l'hélice propulsive dans les navires à vapeur de ce type, et déjà nous faisions connaître les motifs qui conduisent à former une pareille ligne d'arbres de parties manchonnées, auxquelles on réserve la faculté de supporter une certaine variation d'axe.

Les systèmes de jointures adoptés à cet effet diffèrent un peu d'un appareil à l'autre, et sont aussi différents sur la même ligne d'arbre, suivant le point où on l'applique, et aussi d'après la nature de jonction qui peut être inamovible ou sujette au démontage, sans parler des débrayages proprement dits, qui constituent un genre particulier, auquel nous réservons plus loin un article spécial.

Comme jointure inamovible, notre sujet actuel, nous avons à décrire un manchon d'entraînement à deux goujons, qui est très-généralement appliqué aux arbres d'hélice, et dont le premier exemple, fig. 31 et 32, est emprunté à des appareils de 160 chevaux-nominaux, exécutés par M. Nillus, du Havre, et d'autres constructeurs.

Cet assemblage est formé de deux manchons en fer, à oreilles B et B', clavetés sur les bouts des arbres A et A' qu'il s'agit de joindre ; l'un de ces deux manchons porte deux forts goujons *a*, emmanchés cônes sur chaque oreille, clavetés, et terminés par un bout en forme de baril ou d'olive, lequel pénètre dans des trous ouverts dans les oreilles du manchon placé vis-à-vis, où vient aussi s'emboîter l'arbre A, de façon à assurer, non la rectitude des axes, mais au moins la concordance des centres.

Le jeu de cette jointure est trop analogue à ce qui vient d'être décrit tout à l'heure, et s'explique d'ailleurs assez par sa propre contexture pour qu'une mention plus étendue soit utile. Ce qu'il faut prendre en considération, ce sont les proportions adoptées, comparativement à la puissance à transmettre, dont le diamètre de l'arbre est, du reste, l'expression exacte.

C'est aussi pour faciliter cette étude que nous donnons le deuxième modèle représenté fig. 33 et 34, et qui ne diffère du premier que par ses dimensions en rapport avec l'arbre appartenant à un appareil de 900 chevaux-nominaux, avec une vitesse d'environ 60 tours par minute.

Ce manchon dépend, en effet, d'un puissant appareil construit par MM. Mazeline et Ce, pour les grandes batteries flottantes de la marine française ; il relie directement l'essieu coudé de la machine, dont A est l'extrémité, et la première partie A' de la grande ligne d'arbre. Ce système de jonction jouit, en résumé, des mêmes propriétés que celle de Cardan, mais dans des limites plus restreintes ; lorsqu'elles suffisent néanmoins, on évite ainsi la complication de ce mécanisme.

Jointure, système de Cardan, appliquée a un arbre d'hélice, fig. 35 a 37. — Cependant, on a cru utile parfois d'en faire l'application dans cette circonstance même. Les fig. 35 à 37 représentent une jointure de Cardan exécutée dans les ateliers d'Indret, pour la connexion de l'essieu coudé d'une machine marine de la force de 900 chevaux, avec la ligne d'arbre de l'hélice; cet essieu et la ligne d'arbre correspondante sont précisément ceux qui ont été dessinés pl. 4 et décrits p. 90. On voit par la fig. 3 de cette pl. 4, que, conformément à ce que nous faisions remarquer ci-dessus, la partie d'arbre soumise aux variations obliques fait l'office d'intermédiaire et relie les autres parties par deux joints brisés semblables.

Ce mécanisme, remarquable par les soins apportés à sa construction et par ses proportions mêmes, est composé en principe, comme le type précédent, fig. 25 et 26, excepté que le cercle de jonction est circonscrit aux fourches, au lieu de se trouver, au contraire, entre leurs branches.

La fig. 35 en est une section suivant l'axe des deux parties d'arbre ;

La fig. 36 est une vue extérieure correspondante, mais les arbres changés de côté et ayant exécuté un quart de tour d'après leur axe ;

La fig. 37 est une coupe transversale du joint en projection avec la figure précédente, et suivant un plan passant par le centre des tourillons.

L'essieu coudé A, assez compliqué par lui-même pour qu'on lui rapporte tout ce qui ne doit pas être nécessairement forgé de la même pièce, reçoit en effet sa fourche B, puissante pièce de forge qui s'y trouve fixée au moyen de deux clefs *a;* pour le second arbre A', dont la forme générale est cylindrique, on a pu, au contraire, faire venir la fourche de forge : mais son extrémité opposée est de même munie d'une fourche rapportée pour la deuxième jointure avec le troisième arbre, lequel est alors forgé avec une fourche pareille à celle A'.

Les branches de ces deux fourches sont armées de quatre tourillons D et D', qui y sont ajustés cônes et fixés au moyen d'écrous *b*, encastrés; elles sont assemblées d'équerre, à l'aide d'un cercle en fer C, formé de deux parties dans le sens de son épaisseur, et dans lesquelles ont été ménagés des évidements demi-circulaires, pour y placer les coussinets en bronze *c* des tourillons D; les deux parties du cercle, qui devait, en effet, être en deux pièces pour la mise en place, sont ensuite solidement réunies par huit boulons *d*, à tête et écrou encastrés, et disposés particulièrement par groupe de deux de chaque côté des tourillons D.

Il est clair que le système même du moteur, ou des exigences particulières d'installation, conduisent les ingénieurs à préférer ce mécanisme à celui représenté fig. 33 et 34, qui est fait pour être appliqué exactement dans les mêmes conditions, mais qui est infiniment plus simple et moins dispendieux. On doit lui attribuer d'ailleurs des limites de variations plus étendues entre les axes des arbres, dont l'un A', fig. 36, a été dessiné exprès, pour rendre le fait sensible, avec une inclinaison très-prononcée.

Assemblage a té. — Indépendamment de cette jonction principale, qui sert à relier directement le moteur avec la première partie d'arbre, et de celle à débrayage placée au contraire de la seconde à la troisième portant l'hélice, on emploie, pour connexer les deux premières parties de cette ligne, un moyen aussi simple qu'ingénieux, opérant à la fois la brisure, et permettant le démontage avec la plus grande facilité.

Fig. 40. Fig. 41.

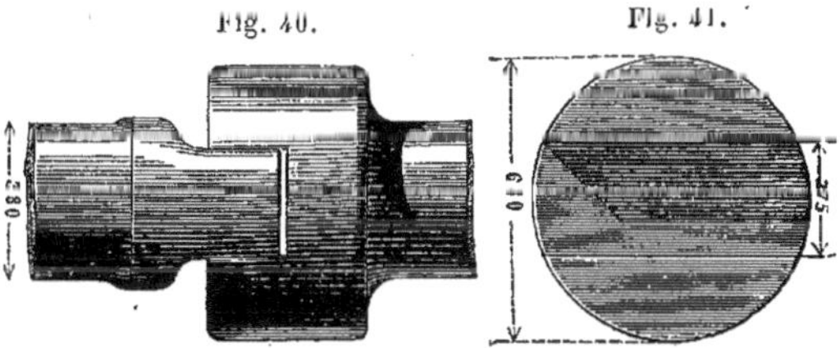

Les figures 40 et 41 donneront une idée très-complète de ce mode d'assemblage, que l'on appelle *jonction à té.*

On voit, en effet, que l'un des arbres est terminé par une partie renflée, ouverte par un enfourchement dans lequel s'ajuste librement un méplat réservé à l'autre partie : c'est un véritable *toc* d'entraînement.

Pour faire usage de ce procédé, il faut que les deux parties soient maintenues par des paliers tout près de la jonction. Dans ces conditions, l'entraînement se fait bien, et si l'on veut enlever l'un des deux arbres, il suffit d'amener la ligne entière, en la faisant tourner d'un quart de tour, au maximum, dans une position telle que l'enfourchement soit placé verticalement suivant le sens même de la sortie des chapeaux de paliers : rien ne s'oppose alors à l'enlèvement de l'arbre et ensuite à sa remise en place.

MÉCANISMES D'EMBRAYAGE

MANCHONS A GRIFFES

(PLANCHES 9, 10 ET 11)

EMBRAYAGE SIMPLE DE TRANSMISSION, FIG. 38 ET 39, PL. 10 ET FIG. 40 ET 41, PL. 11. — Les mécanismes d'embrayages, ou de débrayages, sont employés pour interrompre à volonté le mouvement d'un appareil ou d'une partie entière de transmission, tandis que l'autre partie, ou le moteur lui-même, doit, au contraire, continuer le sien.

Mais on désigne encore sous le nom d'embrayages des appareils destinés à renverser le sens du mouvement d'un axe et produisant ce que l'on peut appeler aussi *un changement de marche.*

Enfin, on peut classer encore parmi les débrayages, des mécanismes qui ont pour objet de connexer, en temps voulu, deux moteurs d'espèce semblable ou différente, soit, par exemple, de faire concourir, dans un moment donné, la puissance de deux machines à vapeur au mouvement d'un même arbre, soit de réunir ou séparer à volonté un moteur à vapeur et un moteur hydraulique, soit encore d'utiliser séparément, toujours à volonté, l'un ou l'autre de ces moteurs, etc.

Le but principal à atteindre avec un mécanisme de débrayage étant, du reste, défini et compris, chacun des nombreux systèmes que cet organe présente justifie, par sa disposition même, l'application spéciale pour laquelle il a été imaginé.

Il existe une disposition depuis longtemps appliquée, et dont les fig. 38 et 39 de la pl. 10 serviront à rappeler les fonctions, c'est celle connue sous le nom de manchon à griffes, dont on distingue divers types que nous nous proposons de passer ici en revue.

Le débrayage que ces figures représentent, et qui est emprunté à la série de MM. Cail et Cie, peut être suposé placé sur une ligne d'arbre de transmission formée de deux parties A et A', dont l'une étant animée d'un mouvement incessant, commande l'autre qui doit en être à volonté rendue indépendante.

L'ensemble de ce mécanisme est formé de pièces de fonte ou manchons B et B', qui sont calés chacun sur une partie d'arbre, mais l'un au moyen d'une clef de serrage *a*, qui le rend complétement solidaire de l'arbre, et l'autre avec deux nervures parallèles ou clefs longues *b*, sur lesquelles le manchon B' peut glisser tout en restant invariablement relié à l'arbre A', quant au mouvement circulaire. Le jeu du mécanisme est fondé sur la structure des faces en regard des deux manchons, qui présentent chacune deux segments saillants *c*, divisant la circonférence en quatre parties égales, de façon que les intervalles vides *c'* ont exactement la même étendue que les parties pleines. Par conséquent, en rapprochant les deux manchons, l'un de l'autre, ils s'emboîtent comme s'ils ne formaient plus qu'une pièce, et étant tous deux calés sur leurs arbres respectifs, l'arbre A tournant fait nécessairement tourner l'autre; dès qu'on les sépare, B' est dégagé de B, et l'arbre A' s'arrête inévitablement.

L'installation d'un débrayage semblable doit se faire évidemment entre deux supports aussi rapprochés que le permettent les dimensions des manchons et la course de celui mobile; mais comme cet écartement est sensible, et qu'il faut de toute façon que le raccord des manchons se fasse avec la plus grande exactitude, on réserve à celui fixe B une partie centrale dans laquelle le second arbre A' pénètre d'une quantité égale à la saillie des griffes, ce qui assure la parfaite concordance des centres.

Le complément indispensable d'un tel organe doit être le moyen d'actionner le manchon mobile et de l'*embrayer* ou de le *débrayer* facilement et avec rapidité. On voit que le manchon B' porte, à cet effet, une gorge *d* dans laquelle sont ajustées à frottement doux deux cales *e*, qui sont articulées avec les branches d'une fourchette en fer C, portant un moyeu par lequel elle est fixée sur un bout d'arbre D, ayant des points d'appui fixes, et qui peut recevoir un mouvement oscillatoire à la main, à l'aide d'un levier à poignée.

En faisant ainsi décrire un arc de cercle à la fourchette C, on dégage ou on engage le manchon B', et sans suspendre le mouvement de l'arbre A : car on voit que la mise en prise, par la fourchette, ne s'oppose en rien au mouvement de rotation. Pour débrayer, le déboîtement des griffes se produit naturellement, lorsqu'on sollicite le manchon B' à glisser en s'éloignant de celui B, et pour embrayer, on le fait approcher d'abord, puis, en continuant de presser sur la fourchette, la rotation du manchon mobile amène immédiatement les griffes dans la position convenable à l'emboîtage, qui s'effectue avec une rapidité proportionnée à la pression que l'on exerce par l'intermédiaire de la fourchette.

Cette opération de débrayage ou d'embrayage en marche n'est pas exempte d'inconvénient : aussi elle ne doit avoir lieu que dans certaines conditions que nous devons faire connaître. S'il s'agit, par exemple, d'un effort considérable transmis d'un arbre à l'autre, il ne faut point songer à débrayer en marche, car non-seulement la puissance d'un homme peut être insuffisante pour faire glisser les griffes sous l'effort circonférentiel transmis, mais si l'on ne peut opérer avec une grande promptitude, les griffes, lorsqu'on débraye, ne se trouvant graduellement en prise que de parties de plus en plus faibles de leur saillie, peuvent être brisées, ou au moins écornées, ce qui arrive souvent.

C'est pour faciliter leur engagement que les griffes possèdent cette inclinaison hélicoïdale que l'on remarque sur la fig. 38, et nous aurons l'occasion de montrer des exemples de manchons dont les griffes sont radicalement des dents hélicoïdales ayant circulairement une section triangulaire. Mais cette forme ne peut s'appliquer à des axes susceptibles de tourner dans les deux sens, car on comprend que l'entraînement ne peut avoir lieu qu'autant que la rotation s'effectue dans la direction d'approche des faces plates des dents, qui tendent, au contraire, à se dégager d'elles-mêmes, si l'on fait tourner les manchons en sens contraire.

Les fig. 40 et 41, pl. 11, représentent l'ensemble complet d'un débrayage construit par M. Stehelin, et dans lequel nous retrouvons précisément, en partie, le caractère qui vient d'être indiqué.

La face des griffes présente bien une courbe allant du fond au dehors ; mais au lieu de véritables surfaces hélicoïdales, qui donneraient nécessairement aux dents une forme anguleuse, et, par conséquent, peu résistante, ces surfaces sont engendrées par deux arcs de cercle qui se raccordent en doucine et qui ramènent, en résumé, l'angle travaillant des griffes à peu près à 90 degrés.

Cet ensemble de débrayage, remarquable en général par sa bonne organisation, se distingue par sa chaise double E, fondue d'une seule pièce, et par la disposition de son levier de commande C qui mérite une mention spéciale.

Ce levier, articulé sur un boulon D monté sur deux oreilles venues de fonte avec la chaise, est ouvert, à l'endroit du manchon B′, suivant un anneau à l'intérieur duquel sont fixées, par des vis *f*, les deux cales *e* qui sont ajustées dans la gorge *d* du manchon, et par lesquelles ce dernier est entraîné ; au-delà du manchon, le levier, redevenu droit, se termine par une poignée *g* pour le saisir, et se trouve armé d'un verrou *h*, à l'aide duquel on l'assure dans chacune des positions du manchon embrayé ou débrayé. Ce verrou est une tige plate à poignée, monté par des gâches contre le levier principal, et qui se termine par une chappe engagée dans une mortaise pratiquée dans le levier C où se trouve aussi logé un ressort à boudin *j*, que la chappe comprime ou abandonne suivant que l'on tire le verrou ou qu'on l'abandonne lui-même. A cette même extrémité du verrou est fixé un talon *k* destiné à rester en prise entre deux goujons *l* et *l′*, rivés sur une entretoise *m* montée sur la chaise E, ou à buter contre l'un d'eux *l′*, suivant la situation du manchon, comme nous allons le faire comprendre.

Lorsqu'on veut déplacer le manchon, on tire le verrou à soi, et le talon *k* se trouvant libre, on peut faire articuler le levier ; le manchon amené dans la position requise, on lâche le verrou que le ressort à boudin *j* fait remonter, ainsi que le talon *k* qui vient alors se loger, soit *entre* les deux goujons *l* et *l′* dans la position du *débrayage*, comme on l'a supposé sur la fig. 40, soit en dehors et contre celui *l′*, pour l'*embrayage*. On conçoit que dans cette dernière position, où les manchons ne pourraient que reculer, la simple butée du talon suffit.

Manchons a griffes sur engrenage, fig. 42 et 43, pl. 10. — Dans certaines circonstances, l'un des deux manchons est l'organe de transmission même, poulie ou engrenage, sur lequel sont ménagées les griffes qui doivent correspondre avec celles du manchon mobile.

Nous prenons pour exemple de ce cas particulier un embrayage installé par MM. Thirion et de Mastaing, dans les forges de Rachecourt.

Ce mécanisme est particulièrement destiné à raccorder les deux parties d'une transmission qui correspondent respectivement à un moteur à vapeur et à une turbine hydraulique, moteurs dont l'établissement dispose à volonté ; l'arbre en fer A venant de la machine à vapeur se trouve vis-à-vis d'un second arbre A', en fonte, placé du côté de la turbine, et avec lequel la jonction s'opère à l'aide du manchon B', qui vient se mettre en prise avec des griffes venues de fonte avec un pignon d'engrenage B calé sur l'arbre A ; ce pignon est en rapport avec une roue montée sur un arbre parallèle, et sur laquelle se prend le mouvement d'une cisaille.

Comme dans les dispositions précédentes, ce manchon B' porte une gorge *d* dans laquelle s'engagent les boutons *e* appartenant à deux leviers C et C' montés sur un bout d'arbre D ; l'un de ces deux bras de levier est prolongé suivant une manette par laquelle on l'attaque pour déplacer le manchon.

Les griffes *c* sont au nombre de huit de chaque côté ; elles ont la forme d'une doucine à courbes hélicoïdales très-accentuées de façon à donner aux angles saillants une très-grande résistance. Le pignon et le manchon sont montés sur leurs arbres respectifs, chacun par deux clavettes *a* et *b* ; celles *b* du manchon, qui ne forment point serrage, sont ajustées à queue dans l'arbre.

Embrayages sur roues folles, fig. 44 et 45. On fait encore usage du manchon à griffes pour opérer à volonté le calage d'une roue d'engrenage montée folle sur son axe et qui n'en devient solidaire qu'en embrayant le manchon, lequel est, au contraire, claveté sur l'arbre.

La fig. 44 représente une disposition très-intéressante de ce genre, appliquée dans une brasserie mécanique par M. Weinberger, ingénieur attaché à un important établissement de construction mécanique de la Belgique.

Dans la brasserie dont il s'agit, il existe deux pompes placées à peu de distance l'une de l'autre, et auxquelles on doit donner le mouvement ensemble ou séparément, à volonté ; pour cela, les pistons de ces pompes sont commandés par des bielles articulées avec deux petits arbres coudés, dont A et A' sont les tourillons prolongés ; ces deux arbres, étant montés très-exactement vis-à-vis l'un de l'autre, reçoivent ensemble une roue d'engrenage D qui, ajustée folle, est maintenue latéralement par deux rondelles *a* goupillées avec chacun des deux arbres, lesquels sont munis des manchons clavetés B' et B², dont les griffes sont en rapport avec celles *c* de la roue.

Cette dernière, recevant d'une façon permanente le mouvement d'une autre roue montée sur l'arbre principal de la commande, il suffit alors, pour mettre en mouvement l'un ou l'autre des arbres A et A', ou les deux ensemble, de mettre en prise avec elle l'un des manchons B' ou B², ou les deux à la fois. Le mouvement de ces manchons a lieu de la même façon que précédemment, par des leviers à fourche C et C′, articulant d'après les axes D et D′ sur lesquels sont aussi fixés d'autres leviers à manette.

Faisons remarquer, qu'en exécution, l'ensemble de ce mécanisme est dans la position opposée à celle figurée ici, c'est-à-dire, les axes D et D′ en dessus, ce qui ne change en rien, du reste, son mode de fonctionnement.

La fig. 45 reproduit une disposition analogue en principe, et appliquée autrefois dans des moulins à farine par MM. Cartier et Armengaud, pour établir la réunion du moteur avec le mécanisme.

A est l'arbre de couche principal du moulin auquel il donne le mouvement par une roue d'angle fixe et le reçoit d'un pignon B monté à l'extrémité opposée, et engrenant avec le premier moteur fixé sur l'axe de la roue hydraulique.

Pour pouvoir isoler à volonté le moulin du moteur, on a monté le pignon B fou sur son arbre A, où il est seulement maintenu latéralement par une rondelle *a* retenue par une clavette *a′*; il n'en devient solidaire qu'en embrayant le manchon B′ fixé, au contraire, par une clavette *b*.

Ce jeu est le même que dans l'exemple ci-dessus, ce qui rendrait, à cet égard, une plus longue explication inutile; mais le procédé employé pour déplacer le manchon diffère complétement de ce que nous avons vu jusqu'ici. Une simple fourchette n'eût pu suffire pour faire mouvoir le manchon en raison de son importance même, et comme on ne devait d'ailleurs effectuer cette opération qu'après avoir suspendu momentanément la marche du moteur, on a relié le manchon par une oreille dans laquelle est placé un écrou prisonnier *d*, avec une vis de rappel C arrêtée sur un support *e* implanté dans l'arbre, et munie d'un petit volant à main *f*. Ce mécanisme tourne évidemment avec l'arbre; mais au repos, il est facile de faire manœuvrer la vis et d'opérer le changement voulu.

On comprend que les griffes *c*, dans cette circonstance, ne doivent plus être hélicoïdales, puisque l'embrayage se fait au repos; pour cette raison aussi, il peut arriver que pour faire *rencontrer*, il soit nécessaire de faire faire à l'arbre ou au pignon une certaine fraction de tour.

Néanmoins, nous sommes d'avis que quand l'organe à débrayer peut être placé sur un arbre indépendant, on doit le faire, car cette roue B étant déjà montée *gaiement* sur son axe et forcée de tourner *sur* lui, quand elle est débrayée, il peut en résulter une certaine usure assurément préjudiciable à son assiette; cet inconvénient sera d'ailleurs d'autant plus marqué que les pièces seront plus fortes et les efforts plus considérables.

Embrayage des cylindres d'un métier self-acting, fig. 46 et 47, pl. 11. — Ces figures représentent un de ces ingénieux mécanismes comme on rencontre à chaque instant dans ces métiers si compliqués qui constituent le matériel des filatures; c'est le débrayage des cylindres cannelés d'un métier dit *self-acting*, et qui a pour objet de mettre ces cylindres en marche ou de les arrêter pendant l'étirage des fils ou la rentrée du chariot.

Le mouvement discontinu des cylindres est donné par un arbre A' traversant librement une douille A sur laquelle est calée la roue de commande D, dont le mouvement est incessant, ainsi que celui de cette douille qui doit, en effet, transmettre sans interruption le mouvement à une autre partie du métier; la combinaison que nous allons décrire est telle, que c'est la roue D qui commande l'arbre central A', dont le mouvement est cependant intermittent, tandis que celui de la roue et de la douille est continu.

A cet effet, la douille A est fondue avec un manchon B, dont la face annulaire est pourvue d'un grand nombre de dents hélicoïdales *c*, ayant la contre-partie *c'* sur un manchon mobile B', qui est fou et *non* calé sur l'arbre A'; mais il en est rendu dépendant, comme s'il était effectivement calé, au moyen d'un disque C, alors claveté en *b* avec l'arbre A', et portant à sa circonférence deux entailles dans lesquelles pénètrent les talons *a* qui sont solidaires du manchon B'. Ces talons sont suffisamment longs pour ne jamais sortir des entailles, malgré le mouvement de recul du manchon B', pour se dégager de celui B; par conséquent, lorsque les deux manchons sont en prise et tournent tous deux, le disque C est nécessairement entraîné, et avec lui l'arbre A'; le manchon B', au contraire, dégagé de la denture *c*, est amené à l'immobilité, et, sans cesser de rester en prise avec le disque C, ne lui communique plus, ainsi qu'à l'arbre A', aucun mouvement.

A la vérité, le disque C ne produit exactement que l'effet d'une simple clef qui réunirait le manchon B' à l'arbre A', et sur laquelle il glisserait, comme dans les dispositions précédentes; mais il a le mérite de reporter le point d'entraînement plus loin du centre et d'en réduire notablemet la fatigue et l'usure : car il faut bien remarquer que le mouvement s'opère à chaque évolution du métier, et si la même clavette placée à la circonférence de l'arbre devait à la fois supporter l'effort d'entraînement, et subir le glissement du manchon, il en résulterait bientôt une usure allant sans cesse en augmentant, qui produirait un retard angulaire dans la position relative des pièces, retard certainement préjudiciable à la marche d'un tel métier, dont toutes les parties opèrent en temps mesurés avec la plus rigoureuse exactitude.

Embrayage a griffes pour changement de marche, fig. 48, pl. 10. — Pour certaines machines-outils, opérant à l'aide d'un chariot qui porte l'outil lui-même ou la pièce à travailler, il est nécessaire d'appliquer un mécanisme qui produise à volonté ou automatiquement le renversement du sens de la marche, et donne au chariot un mouvement de va-et-vient. Les machines à raboter les métaux en sont un exemple ; quand la pièce est fixe, c'est le burin qui se déplace et parcourt la pièce dans toute son étendue en allant alternativement d'une extrémité à l'autre ; lorsqu'on préfère que l'outil soit fixe et que la pièce soit montée sur un chariot mobile, l'effet mécanique est évidemment le même. Enfin, les tours à chariot pour fileter ou cylindrer sont dans le même cas ; le porte-outil doit pouvoir marcher sur le banc alternativement dans les deux sens.

Souvent un simple mouvement de bielle donne le résultat demandé, comme, par exemple, dans les *étaux limeurs*, et les machines *à mortaiser* dont l'outil est actionné par une bielle ; mais lorsqu'il s'agit d'une course longue et effectuée à vitesse uniforme, on a recours à un véritable *mécanisme de changement de marche*, comme celui que représente la fig. 48, pl. 10.

Ce mécanisme, appliqué à un tour à chariot, est destiné à changer alternativement le sens du mouvement du chariot porte-outil dans son déplacement longitudinal sur le banc. Ordinairement installé sur le côté du banc de tour, il a pour base un arbre A, qui reçoit de la commande principale et d'une roue d'engrenage G un mouvement de rotation continu ; cet arbre traverse librement deux douilles en fonte B et B′ fondues toutes deux avec une roue d'angle qui se trouve en relation permanente avec une troisième D, agissant simplement comme intermédiaire, et montée folle sur un boulon *e* qui traverse un mamelon F fixe et dépendant du banc de tour après lequel sont aussi fixés les paliers E.

Cet arbre est non-seulement indépendant des douilles, dans lesquelles il peut tourner librement, tandis qu'elles-mêmes peuvent tourner dans les paliers ; mais il s'arrête à la moitié de celle B′ où il existe un assemblage à rappel par la vis *b* pour le retenir latéralement ; un peu au-delà commence un second arbre A′, alors rendu complétement solidaire de la même douille B′ au moyen d'une goupille *a*, et qui communique directement avec le mécanisme commandant la vis du chariot. C'est cet arbre A′, ainsi que la douille avec laquelle il est relié, qui doit recevoir un changement de sens relatif, la commande émanant de celui A, dont la direction est, au contraire, continue et fixe.

Cet effet est produit à l'aide d'un manchon double à griffes B^2, calé avec l'arbre A, et reporté alternativement de l'une à l'autre des roues B et B′, lesquelles sont munies des dents *c* et *c′*, en rapport avec celles du manchon.

Si le manchon est mis en prise avec la roue B′, celle-ci, devenant solidaire de l'arbre A, tourne dans le même sens que lui, ainsi que l'arbre A′ ; les deux autres roues sont également entraînées ; mais comme elles ne sont en ce moment dépendantes d'aucun axe, elles sont sans effet. Si ce manchon est ensuite ramené sur la roue B, celle-ci prend le sens de l'arbre A et transmet le mouvement aux deux autres ; mais il est aisé de s'apercevoir que la roue B′, et son arbre A′, sont mis en mouvement dans le sens inverse que tout à l'heure, ce qui résulte naturellement de la disposition même de ces trois roues, dont celles B et B′ en regard ne peuvent tourner, en tout état de cause, qu'en sens contraire l'une de l'autre.

Donc, en résumé, l'arbre de commande A possédant une marche continue et fixe, celui A′ tourne dans le même sens que lui ou en sens inverse, suivant que le manchon B^2 est en prise avec la roue B′ ou avec celle B. De plus, il est évident que dans la position moyenne du manchon, où il n'est en prise avec ni l'une ni l'autre des deux roues, telle qu'on l'a indiqué fig. 48, l'arbre A′ est complétement au repos, condition indispensable pour opérer tout changement de marche ou de direction.

Le déplacement du manchon s'effectue à l'aide du levier oscillant C portant un bouton engagé dans la gorge *d*; ce levier est lui-même commandé à la main ou automatiquement suivant la nature du travail de l'outil ; pour fileter ou cylindrer, c'est l'ouvrier qui change la marche à chaque passe, en même temps qu'il donne l'avance nécessaire au burin ; mais pour le rabotage, opération pour laquelle l'outil agit rapidement et fait de suite un grand nombre de passes semblables, le changement de marche doit s'effectuer par la machine elle-même.

Cette disposition, déjà ancienne, mais qui renferme néanmoins un principe que nous devions faire connaître, est remplacée aujourd'hui, particulièrement dans les machines à raboter, par un très-ingénieux mécanisme, analogue cependant, mais qui présente des différences assez sensibles pour que nous en disions quelques mots.

Fig. 42.

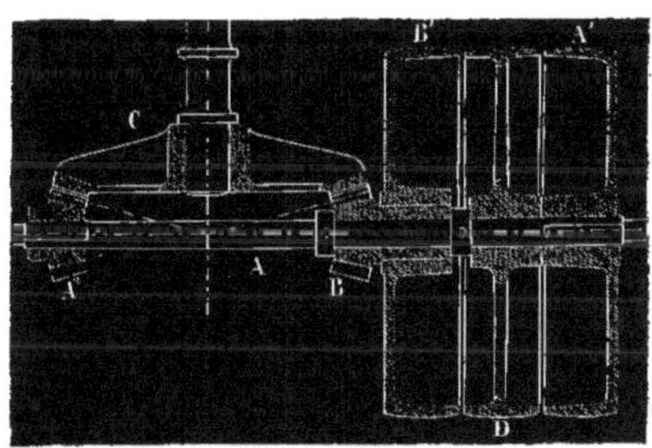

L'axe soumis au changement de direction porte une roue d'angle C, fig. 42, avec laquelle engrènent deux pignons A^2 et B, l'un A^2 calé avec un arbre A auquel appartient de même une poulie A', et l'autre B monté fou sur le même arbre, mais recevant sur son moyeu qui est prolongé à cet effet, une poulie B' rendue solidaire de cet arbre A par un calage ; enfin, entre ces deux poulies s'en trouve une troisième D complétement folle et indépendante.

Ces poulies sont en rapport avec la commande principale par une courroie qu'une fourchette déplace et amène alternativement sur chacune d'elles, en passant par dessus celle centrale D servant de moment de transition neutre et créant le repos nécessaire pour opérer le changement de direction. On comprend, d'après cela, que pour un même sens de rotation donné à l'une ou à l'autre des poulies A' ou B', la roue C se trouvant commandée par le pignon A^2 ou par celui B correspondant à la poulie en prise avec la courroie, prend dans les deux cas une direction différente, puisque ces pignons tournent dans le même sens, lorsqu'ils sont moteurs, et l'attaquent en deux points diamétralement opposés.

Embrayage d'hélice par manchons a griffes, fig. 49 et 50. — Nous avons expliqué précédemment, à propos des arbres, qu'une hélice propulsive de navigation doit être disposée de façon à pouvoir être, à volonté, *affolée* ou *démontée*, et retirée complétement de l'eau, suivant le système adopté, mais dans tous les cas, isolée, au besoin, du mécanisme de la machine. Lorsque cette hélice est *inamovible*, la partie d'arbre qui la porte doit alors être reliée avec l'autre partie de la ligne au moyen d'un embrayage à l'aide duquel on peut, en effet, séparer à volonté l'hélice de la machine et la laisser libre, comme l'on dit, de *tirbouchonner* dans l'eau sans entraîner le restant du mécanisme.

On fait usage, pour cela, de plusieurs systèmes d'embrayages, dont les dispositions varient suivant la puissance même de l'appareil, le service particulier du navire et enfin l'idée du constructeur.

Nous citons, comme premier exemple, le manchonnage, fig. 49 et 50, appliqué par M. Nillus, du Havre, à des appareils de 160 chevaux auxquels appartient aussi le manchon brisé décrit ci-dessus et représenté fig. 31 et 32, pl. 9.

Cet embrayage fonctionne exactement comme ceux du même système que nous avons examinés en commençant, et n'en diffère que par la partie qui remplace les griffes proprement dites.

L'arbre A, venant de la machine, porte un manchon B en relation avec un semblable B' monté sur la partie A' porte-hélice ; les faces de ces manchons sont armées de saillies *c* en forme de secteurs et qui s'emboîtent exactement les unes dans les autres ; enfin, le manchon mobile B' est muni d'une gorge *d* en prise avec la fourchette C, dont l'axe D est pris sur un support *a* boulonné sur la charpente de la carène. Au moyen d'un levier placé sur cet axe, on comprend comment l'on fait jouer le manchon mobile, de la même façon qu'on l'a vu ci-dessus ; il est bien entendu que cette manœuvre ne s'effectue qu'au repos.

L'ensemble de ce manchonnage est placé entre le palier de butée et un autre palier ordinaire, dont on aperçoit le tourillon *e*. Malgré qu'on ne laisse entre ces deux supports que bien juste la place nécessaire pour loger l'embrayage et son jeu, les deux manchons ne cessent jamais de se soutenir mutuellement par une partie cylindrique *b* réservée au manchon fixe et pénétrant dans celui mobile B'.

Embrayage a griffes et a déclic. — Avant de terminer l'énumération des systèmes d'embrayages qui ont pour principe ce que l'on désigne par des griffes ou des dents, il est utile de mentionner une application importante des manchons à denture hélicoïdale destinés à fonctionner comme le déclic ordinaire à rochet, qui ne permet l'entraînement des pièces qu'il réunit que dans un seul sens déterminé.

Il existe aussi certaines circonstances où l'arbre, auquel on transmet un mouvement de rotation, ne doit, dans aucun cas, rétrograder, c'est-à-dire, tourner en sens inverse de celui qui lui est attribué ; ou bien, il peut arriver qu'un axe tournant à grande vitesse soit chargé de pièces présentant une forte masse et pour lesquelles un arrêt brusque serait un grave inconvénient, comme, par exemple, les arbres munis de volants.

Utilisant alors cette propriété des manchons à dents triangulaires et hélicoïdales, de ne fonctionner que dans un seul sens, on relie les arbres en question par deux manchons ainsi construits, puis on fait buter celui destiné à la mobilité, et placé sur l'arbre commandé, contre un ressort à boudin qui entoure cet arbre et s'y trouve fixé : ce manchon peut alors *reculer* en se dégrenant, s'il se produit un arrêt brusque dans l'arbre de commande ou un mouvement rétrograde.

Fig. 43.

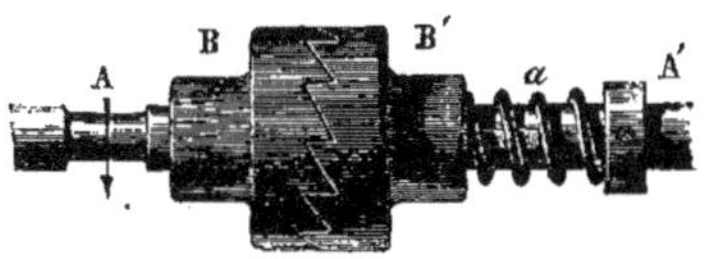

La fig. 43, qui permet de bien comprendre l'effet qui résulte d'un tel agencement, montre l'arbre de commande A relié par les manchons B et B' à l'arbre A', lequel est supposé muni d'un volant ou, ce qui revient au même, transmet le mouvement à des pièces lourdes et animées d'une vitesse considérable.

Si, en pleine vitesse et tournant dans le sens de la flèche en rapport avec la disposition de la denture, l'arbre A vient à éprouver un arrêt ou seulement un ralentissement subit, si court qu'il soit, l'arbre A' ne le ressentira point, car une inégalité de vitesse entre eux deux équivaut à un changement de direction, et le manchon B' *remontant* sur l'autre s'échappera de sa denture en surmontant la résistance du ressort *a* qui le tient ordinairement engrené ; mais aussitôt que l'arbre A aura repris sa vitesse ou que celui A' aura peu à peu perdu de la sienne, les deux manchons se remettront en prise, et la transmission sera de nouveau rétablie.

Enfin si, au repos, on fait, par mégarde, tourner l'arbre A en sens inverse de sa direction normale, par la même cause celui A' ne sera point entraîné.

Ce mécanisme, qui rappelle en tous points la clef de montre dite *Bréguet*, est d'une application très-fréquente dans les machines conduites par des manéges, telles que les machines à battre le blé, pour lesquelles, en raison de leur grande vitesse, un recul ou un arrêt brusque serait très-préjudiciable, ce qui peut être à craindre avec les chevaux.

Cependant, il n'est pas encore employé aussi souvent que l'occasion s'en présente, car il est susceptible de mal fonctionner, lorsqu'il s'agit d'efforts transmis considérables. Ainsi, les dents se dégagent bien les unes des autres, mais pas complétement et ne cessent de *ressauter* en tournant, c'est-à-dire, entrant et sortant à chaque passage d'un plein devant un vide, et l'on comprend que sous ces chocs successifs, elles se détruiraient promptement si l'effort transmis atteignait une certaine intensité.

Embrayage pour jonction de moteurs, fig. 51 à 54, pl. 11. — L'appareil que nous allons décrire, et qui est dû à M. Pouyer-Quertier, manufacturier à Rouen, a précisément pour but d'opérer la jonction de deux moteurs sur un même arbre de transmission, par un procédé analogue au précédent, quant au résultat, mais mieux approprié à cette fonction, par une combinaison ingénieuse qui en rend le jeu plus sûr, et dont les organes, qui composent ce mécanisme, sont moins susceptibles de se détériorer. Il a été présenté à la Société industrielle de Mulhouse, qui en a publié un rapport dans son Bulletin de 1849. Les appareils actuels ont été construits par M. Stehelin.

Nous avons déjà cité des exemples d'usines dans lesquelles il se trouve deux moteurs différents, dont on additionne à volonté la puissance sur un même arbre de transmission, l'un qui sert ordinairement d'auxiliaire à l'autre et lui prête le secours de sa force, lorsque la sienne devient insuffisante.

Lorsqu'on est amené à une telle manœuvre, on éprouve toujours l'obstacle de l'inégalité des vitesses qui, soit au moment de la mise en train, soit pendant la marche même, peut donner lieu à des chocs et à de très-graves accidents.

L'embrayage en question a justement pour objet d'éviter cet inconvénient, en laissant les deux moteurs, même embrayés, libres de différer momentanément de vitesse, sans qu'il en résulte aucun dommage pour les mécanismes actionnés.

Supposons que l'arbre A, fig. 51 et 52, soit en communication directe avec un moteur hydraulique, et celui A′ avec une machine à vapeur, et qu'il s'agisse de joindre, dans un moment donné, les efforts des deux moteurs, comme si les arbres A et A′ n'en faisaient plus qu'un actionné simultanément par ces deux sources de puissance.

A cet effet, l'arbre A porte, fixé avec lui, une roue à rochet B, et l'arbre A′ une espèce de té C, dont les extrémités sont munies de deux cliquets articulés D, qui ont, dans la partie agissante, la forme indiquée particulièrement sur la fig. 54, laquelle en est une coupe suivant la ligne 1-2, fig. 53 ; de plus, on voit, par les fig. 51 et 52, que ces cliquets présentent chacun, en avant, une sorte de platine triangulaire *a* avec un goujon *b*, de la même pièce, qui est engagé entre les brides d'un collier en deux pièces E, entourant librement une gorge ménagée au moyen du rochet, dont le fond est même garni d'une virole en bronze *c*, aussi en deux pièces, et destinée à favoriser le frottement du collier dans la gorge.

Enfin, faisons remarquer encore que la traverse C, fixée sur l'arbre A′, présente à chaque extrémité un talon *d*, fig. 54, sur lequel les cliquets D peuvent s'appuyer par une de leurs branches, qui porte à cet effet un étoquiau saillant *e*, que les figures ne permettent de voir que par un trait en ligne ponctuée.

Si, dans cette situation, nous admettons que le moteur hydraulique soit seul en mouvement et fasse tourner l'arbre A dans le sens indiqué par la flèche, de toutes ces pièces le rochet B seul tournera, et il est libre de le faire, car le collier E qui l'entoure, entraîné d'abord un peu par adhérence, fera tourner par ses brides les deux cliquets D, jusqu'à ce que ceux-ci viennent s'arrêter, par leurs étoquiaux *e*, sur les talons *d* appartenant au té C, ce qui éloigne l'autre branche des cliquets de la denture du rochet et laisse ce dernier libre de tourner.

Mais si l'on vient à mettre la machine à vapeur en marche, le té C commençant à tourner dans le même sens que le rochet, les cliquets D, s'inclinent peu à peu, finissent par mordre dans sa denture, et enfin, lorsque la vitesse de l'arbre A' aura atteint celle du premier A, le contact des cliquets avec cette denture étant devenu complet, les deux puissances seront réunies.

Ce qu'il faut bien remarquer, c'est que l'encliquetage progressif ne se manifeste pas seulement au moment de la mise en train, mais chaque fois qu'en marche le moteur auxiliaire aura éprouvé un ralentissement de vitesse ; du moment que le rochet devance un peu le té C, le collier E, arrêté par les goujons *b* des cliquets, les renverse et fait sortir leurs branches de la voie du rochet qui peut tourner sans en être atteint ; donc l'encliquetage ne peut avoir lieu que lorsque la vitesse du moteur auxiliaire atteint celle du moteur principal, et sans donner lieu à aucun choc.

On a constaté, dans une usine importante de l'Alsace, où plusieurs de ces appareils se trouvaient appliqués pour opérer la réunion de deux machines à vapeur de 40 et 80 chevaux, avec une turbine hydraulique de 50 chevaux, et une roue hydraulique à augets de 45 à 50 chevaux, que l'on pouvait arrêter et remettre en marche isolément l'un de ces différents moteurs, sans, pour ainsi dire, que la marche de la transmission générale éprouvât une variation qui permît de déterminer le moment où cette manœuvre avait lieu, tant l'encliquetage se fait progressivement et avec douceur. On ne peut donc que recommander l'emploi de cet ingénieux embrayage, en conseillant toutefois de lui donner toujours des proportions bien en rapport avec *la somme* des puissances qu'il est appelé à transmettre.

A la suite de cette première disposition que nous venons de décrire, et dans laquelle les arbres correspondant à chacun des deux moteurs sont distincts et placés sur le même axe, il en vient une un peu différente et que représente la fig. 53.

La connexion des deux moteurs est supposée se faire ici à l'aide d'une paire d'engrenages dont l'un F se trouve calé sur une douille C' fondue avec le té C et montée folle sur l'arbre même A qui porte le rochet.

Il est évident que cela ne modifie en rien le jeu de l'embrayage, car il est indifférent que le mouvement du té C provienne d'un arbre ou d'une roue, pourvu, en définitive, que cet arbre ou cette roue puisse prendre un mouvement indépendant de l'autre arbre A. Nous devons faire remarquer seulement que cette roue est montée sur la douille C' avec un mécanisme qui permet au besoin de la dégager complétement de celle qui lui donne le mouvement. C'est une vis à filet carré G retenue dans le té C par la tête et une embase rapportée *f*, et qui traverse le moyeu de la roue dans lequel se trouve un écrou prisonnier *g* ; une partie du corps de la vis est à six pans pour pouvoir l'attaquer, et un contre-écrou *h* sert à assurer chaque position qu'on lui donne. En agissant au moyen de cette vis, on peut ainsi faire glisser la roue sur la douille de façon à dégager sa denture de celle qui la commande, ou l'y ramener dans le cas contraire.

Embrayage direct par engrenage, fig. 55, pl. 10. — Ce mode d'embrayage n'a de rapport avec ceux qui précèdent que le but consistant à additionner plusieurs moteurs sur une transmission unique, car il ne comprend aucun manchon à griffe ou à rochet, et réside simplement dans un mécanisme de rappel appliqué à l'engrenage principal par lequel le moteur transmet sa puissance.

Ce système d'embrayage est appliqué aux deux machines à balancier qui commandent les outils des ateliers de la Monnaie de Paris, et qui ont été construites par M. Moulfarine. Ces deux machines, chacune de 16 chevaux, sont disposées parallèlement et transmettent simultanément leur puissance à un arbre de transmission disposé perpendiculairement à leurs arbres à manivelle qui portent chacun une roue d'angle engrenant avec une semblable montée sur cet arbre de transmission ; mais comme il arrive que la puissance d'une machine suffit, il faut pouvoir isoler l'autre, et M. Moulfarine s'est borné, pour cela, à disposer les roues d'angle des arbres à manivelle de façon à pouvoir les dégager facilement de celle qui appartient à la transmission.

La fig. 55 représente l'extrémité de l'un des arbres à manivelle A, et le moyeu de la roue d'angle B soumise à la mobilité. Cet arbre est traversé longitudinalement par un boulon C dont l'écrou *a* porte une embase ronde noyée dans le bout de l'arbre et rendue prisonnière par une rondelle *b* rapportée avec des vis ; ce boulon est lui-même traversé par une clavette D pour laquelle une mortaise longue a été ménagée dans l'arbre et qui passe sans jeu au travers du moyeu de la roue.

Ce simple énoncé suffit pour permettre de comprendre que pour faire glisser la roue sur l'arbre, lorsqu'on veut dégager ou engager la denture, on doit simplement faire tourner l'écrou *a*, ce qui déplace le boulon longitudinalement en entraînant la roue ; celle-ci, lorsqu'elle est engrenée, se trouve arrêtée juste à sa place par le bout de l'arbre qui présente un cône sur lequel le moyeu s'ajuste et peut même s'y trouver serrée assez fortement, au moyen de l'écrou, de façon à soustraire son calage à la plus grande partie de l'effort à transmettre.

EMBRAYAGES SPÉCIAUX DES ARBRES D'HÉLICE.

Si l'on en excepte quelques exemples analogues à celui décrit ci-dessus et représenté fig. 49 et 50, pl. 10, les embrayages appliqués sur les arbres moteurs des appareils de navigation à hélice ont des dispositions spéciales qui ne nous permettent pas de les désigner autrement que par leur application même ; ils se distinguent d'abord par deux genres principaux : les embrayages d'hélices *fixes* ou *affolées*, et ceux des hélices *amovibles*. Nous nous proposons de décrire plusieurs des meilleurs types dans les deux genres.

Embrayage d'hélice affolée, fig. 56 et 57, pl. 10. L'important appareil que ces figures représentent est, à quelques variantes près, le type d'embrayage généralement adopté dans la marine française pour les hélices fixes, c'est-à-dire que l'on se contente d'isoler de l'arbre de transmission, lorsqu'il est nécessaire de le faire, mais en les laissant dans leur état d'immersion en ordre de marche, ainsi que nous l'avons expliqué plus haut à l'égard du manchonnage représenté fig. 49 et 50, et qui, avec une disposition différente, est appliqué exactement dans les mêmes conditions.

Comme dans ce précédent exemple, l'appareil actuel est placé à l'avant du palier de poussée et relie la dernière partie A de la ligne d'arbre avec l'arbre A' porte-hélice ; il appartient encore aux mêmes machines de 900 chevaux dont nous avons décrit l'arbre entier et les divers joints brisés.

Cet embrayage est formé d'un disque ou plateau en fonte B calé sur l'arbre porte-hélice A' et d'un manchon mobile en fer forgé B', présentant de face une forme à peu près elliptique, et auquel sont adaptés deux goujons cylindriques *a* qui doivent venir pénétrer dans deux des six trous *b* ménagés à cet effet dans le plateau B ; ce manchon mobile n'est point claveté sur l'arbre A, mais les deux goujons *a* sont guidés par une pièce en fer C de même forme que le manchon et qui est, au contraire, calée à demeure sur l'arbre, de façon que le manchon s'en trouve ainsi rendu solidaire quant au mouvement de rotation.

La manœuvre de cet embrayage n'est point différente de celle qui convient aux manchons à griffes décrit précédemment.

Le manchon mobile est encore entraîné par un balancier ou levier D, articulant d'après un support E fixé à la charpente du bâtiment, et que l'on fait agir à bras et à l'aide de cordages et de mouffles ; ce levier est formé de deux parties entretoisées auxquelles sont adaptés deux goujons taraudés *c* portant leurs poignées *c'* qui permettent de les sortir au besoin de leur place pour les dégager de la gorge *d* du manchon.

Lorsqu'on débraye, il suffit d'arrêter la machine et de faire glisser le manchon, en surmontant toutefois la pression des goujons *a* dans leurs trous, déterminée par l'effort d'entraînement ; mais pour embrayer, ces trous ne sont plus forcément disposés pour *rencontrer*, et il devient nécessaire d'établir la concordance exigée par l'embrayage en faisant tourner un peu l'un ou l'autre des deux arbres ; néanmoins comme il y a six trous semblables dans le disque B, on n'a jamais à faire faire plus d'un douzième de tour.

Pour effectuer cette opération, on applique un *vireur* dont ce plateau B est en même temps la pièce principale.

Sa circonférence présente deux zones distinctes, l'une dentée pour engrener avec une vis sans fin F dont l'axe s'élève à une certaine hauteur où il peut être mis en rapport avec des manœuvres à bras, et l'autre formant une simple poulie à rebord déterminée par un cercle en fer chaussant le plateau qui est en fonte, et sur laquelle poulie on applique un *frein* à l'aide duquel on maintient l'arbre de l'hélice parfaitement fixe, soit pour débrayer, soit pour embrayer, dans la position où il a été amené.

On comprend qu'en marche cette vis F ne doit pas rester en prise avec le disque B qui tourne avec l'arbre ; elle doit, en effet, n'être engrenée qu'au moment de s'en servir, et pour cela elle peut glisser sur son axe qui est pourvu d'une rainure longue. Pour l'amener en prise, on la fait glisser jusqu'à ce que son filet atteigne les dents de la roue que l'on fait tourner de la quantité nécessaire pour que la vis s'abaisse jusqu'à l'embase fixe ménagée à l'arbre, puis on l'assujettit dans cette position par une clavette de serrage h. Pour la dégager ensuite, on comprend qu'il faut faire l'opération inverse, c'est-à-dire, retirer la clef h, puis faire tourner le disque en sens contraire.

A l'aide de ce moyen dont on dispose pour faire tourner à bras le plateau B, on peut *virer* la machine, c'est-à-dire, changer la position de ses pièces lorsqu'elle est au repos, ou encore, faire tourner la ligne d'arbre dans le but de raccorder l'embrayage, comme nous l'expliquions tout à l'heure.

Il ne nous reste qu'à signaler quelques détails qui distinguent ce remarquable mécanisme.

Les trous du plateau B où pénètrent les goujons a par lesquels se transmet, en résumé, tout l'effort d'entraînement, sont garnis de viroles en bronze e avec un méplat répété sur les goujons, de façon à préparer d'avance une plus large surface au contact; comme il devient nécessaire, d'après cela, que ces goujons conservent très-exactement leur position relative, ils sont munis d'une rainure dans laquelle pénètre un grain d'acier f ajusté fixe dans le guide intermédiaire C et qui leur permet de glisser sans tourner sur eux-mêmes. Enfin, le moyeu du plateau est consolidé à l'aide d'une frette en fer g emmanchée à chaud.

Embrayage pour hélice amovible assemblée a té, fig. 58 et 59. — Les hélices dites amovibles sont montées dans un châssis disposé dans le bâti d'étambot et que l'on soulève, avec l'hélice, pour sortir celle-ci de l'eau. Mais pour cela faire, l'hélice doit être préalablement disjointe de l'arbre moteur, qui doit être lui-même combiné de façon à ce qu'il ne présente, après cette séparation, aucune saillie qui puisse faire obstacle au mouvement vertical du châssis porte-hélice.

Pour atteindre le but proposé, on emploie deux procédés principaux : l'assemblage à té et l'assemblage à pyramide.

L'assemblage à té, tout à fait conforme en principe à celui qui a été mentionné ci-dessus (p. 169), consiste à terminer la dernière partie d'arbre agissant directement sur l'hélice par un manchon présentant un enfourchement avec lequel s'emmanche une portée rectangulaire appartenant au noyau de l'hélice; en marche, l'entraînement se fait comme on l'a vu dans l'exemple cité, et lorsqu'on veut enlever l'hélice, il suffit de faire virer la ligne d'arbre jusqu'à ce que cet enfourchement soit disposé verticalement, après quoi rien ne s'oppose à ce que le té s'en dégage lorsqu'on soulève l'hélice.

L'assemblage à pyramide, comme son nom l'indique, consiste à terminer l'arbre porte-hélice par une portée pyramidale pénétrant dans le moyeu de l'hélice; pour enlever celle-ci avec son châssis, on ramène l'arbre en le faisant glisser dans l'intérieur du navire, et l'hélice, s'en trouvant dégagée, peut être soulevée sans difficulté.

Les fig. 58 et 59, pl. 10, représentent un manchon d'embrayage appliqué à l'arbre de commande d'une hélice disposée par assemblage à té, comme celui que nous décrirons ci-dessous correspond, dans les mêmes conditions, à l'assemblage à pyramide.

Ce manchon, pour assemblage à té, est formé de deux coquilles B, réunies par des boulons a, et qui enveloppent les extrémités de l'arbre A venant du moteur et de celui

A' porte-hélice, sur lequel est placé le palier de poussée, tout près du manchon. L'extrémité de l'arbre A' est cylindrique ainsi que la partie correspondante du manchon, et celle de l'arbre A est carrée avec les angles abattus suivant de forts chanfreins.

La forme même du bout d'arbre A établit, d'une façon invariable, sa liaison avec le manchon; mais l'autre arbre A', qui est cylindrique, est calé au moyen de deux clavettes *b* qui sont mises en rapport avec l'extérieur du manchon par quatre vis *c* à pas contraires, et sur les têtes desquelles sont montés des pignons d'engrenage *d* qui engrènent ensemble deux à deux, de chaque côté. Comme ces vis sont arrêtées par des embases qui leur empêchent tout mouvement longitudinal, et qu'elles sont taraudées dans des talons ménagés aux clavettes, lorsqu'on les fait tourner, ces dernières sortent de leur rainure, en venant *s'effacer* dans un vide ménagé au manchon, ou y rentrent, suivant la direction du mouvement imprimé aux vis, que les pignons conduisent parfaitement ensemble deux à deux, en agissant, de chaque côté, sur l'axe de l'une d'elles qui se termine par un carré.

Avec l'emmanchement à té, qui permet de remonter l'hélice sans rentrer l'arbre, sa disjonction du moteur n'est nécessaire que dans certaines circonstances où l'on voudrait se contenter de l'affoler simplement sans la remonter, ou si même cette opération se trouvait accidentellement empêchée. Ceci explique que l'on ait cherché à appliquer un manchonnage plus simple et moins délicat que celui représenté fig. 56 et 57, qui serait d'ailleurs également applicable à ce montage d'hélice, mais dont le genre de construction atteste des soins apportés en vue d'une manœuvre fréquente et qui doit être facile.

Embrayage pour hélice amovible assemblée a pyramide, fig. 60 a 63, pl. 9. — Le système d'embrayage que l'on applique aux hélices assemblées à pyramide est, au contraire, tout spécial, et se trouve combiné exclusivement en vue de cette disposition même.

Les fig. 60 à 63 de la pl. 9 représentent un appareil de cette nature approprié à une machine à hélice de 400 chevaux, construite dans les ateliers d'Indret.

La fig. 60 en est une coupe longitudinale, sauf le palier de poussée qui est réservé en vue extérieure;

La fig. 61 est une coupe transversale faite sur les tourillons par lesquels ce palier est monté sur son support, et suivant l'axe du mécanisme de *rentrée;*

La fig. 62 est un détail du support en vue extérieure, et la figure 63 une coupe transversale du dernier palier fixe.

L'ensemble de ce mécanisme a pour principe la réunion de l'arbre A, situé du côté du moteur, avec celui A' porte-hélice, par un manchon creux B, qui glisse longitudinalement sur l'arbre A, lorsqu'on ramène l'autre arbre vers l'intérieur du navire, afin de dégager la portée pyramidale du moyeu de l'hélice.

L'arbre A, guidé par un dernier support fixe C, forme, au-delà, un prisme hexagonal avec un porte-à-faux d'une longueur suffisante pour le jeu du manchon B, dans lequel il s'ajuste et pénètre librement, et se trouve ainsi relié avec lui, quant au mouvement de rotation, en raison même de sa forme. Ce manchon est une forte pièce de bronze extérieurement cylindrique, avec un réseau de nervures *a*, qui ont pour objet de lui conserver une raideur suffisante tout en l'ayant allégé. Il est réuni avec l'arbre A′ de l'hélice par un ajustement hexagonal, comme le précédent, et par une clavette transversale *b* qui l'en rend complétement solidaire. La communication du mouvement rotatif, d'un arbre à l'autre, a donc lieu en raison de leur ajustement polygonal avec ce manchon, dont les extrémités sont garnies de quatre frettes en fer *c*, afin de prévenir les ruptures qui résulteraient d'un excès d'effort de torsion.

Pour que cet arbre A′ et son manchon puissent accomplir le mouvement de transport horizontal qui leur est réservé, le palier de poussée, tout près duquel a lieu le manchonnage, est composé d'un bâti fixe et d'un coussinet qui peut se déplacer sur ce bâti, au lieu de s'y trouver invariablement relié comme dans le cas des hélices fixes ou amovibles, mais assemblées à té.

Le bâti fixe est composé de deux flasques en fonte D, très-solidement boulonnées avec une plaque E agrafée après la charpente du bâtiment; ces flasques présentent deux larges coulisses, dans lesquelles s'ajustent les lunettes en bronze *d* qui servent de coussinets aux tourillons *e* du coussinet mobile F, dont l'intérieur est disposé pour épouser les collets de l'arbre A′. Ce coussinet est formé de deux coquilles rassemblées par des boulons *f*, suivant le mode que nous avons déjà rencontré pour des applications différentes; on remarque, qu'à part cette mobilité relative au mouvement de transport, on a aussi le soin de le monter sur tourillons, disposition que l'on adopte quelquefois même pour des paliers fixes, afin de parer le plus complétement possible aux dénivellements ou abaissements de centre qui peuvent se manifester entre l'hélice et la ligne d'arbre.

Pour donner enfin à ce coussinet, ainsi qu'à la partie d'arbre A′ et à son manchon, le mouvement de *rentrée* requis pour dégager son extrémité conique du moyeu de l'hélice, ce coussinet porte à sa partie supérieure une crémaillère en fer *g*, engrenant avec un pignon G, dont l'axe est maintenu par les flasques D, et en dehors desquelles il porte aussi deux roues H qui sont en relation elles-mêmes avec deux pignons fixés aux extrémités d'un second axe I également dépendant des flasques D. Au moyen des leviers J placés aux extrémités de ce dernier axe, on met ainsi tout ce mécanisme en mouvement.

Mais il ne faut pas oublier que si le coussinet F est rendu mobile, il n'en doit pas moins posséder un point d'appui en rapport avec la poussée qui forme la base de ses fonctions. Lorsqu'il se trouve dans la position correspondant à l'embrayage, et, par conséquent, à l'hélice en état de marche, ses tourillons occupent l'une des extrémités des coulisses des flasques D, comme se trouve indiquée, fig. 62, l'une des lunettes *d* de ces tourillons. Pour les maintenir ainsi et leur créer un point d'appui contre la poussée, on place dans chaque coulisse un boulon entretoise K appelé *vérin*, dont l'une des extrémités porte un tenon de peu de saillie, qui pénètre dans la lunette, tandis que l'autre est taraudée et se visse dans un écrou à pan *h*, qui s'emboite, par un pareil tenon cylindrique, dans le bout de la coulisse. Il est évident qu'en faisant tourner cet écrou dans le sens où il se *dévisse*, l'ensemble de l'entretoise *s'allonge* et serre fortement la lunette; en le faisant tourner dans le sens opposé, l'entretoise se raccourcit, au contraire, et il vient un moment où ce raccourcissement est suffisant pour que les deux tenons se dégagent, l'un de la lunette et l'autre du bâti D ; le vérin peut être alors complétement sorti de sa place, d'où le manchon devient libre de se déplacer dans la coulisse pour opérer la rentrée de l'arbre.

Nous pensons en avoir dit assez pour que l'on comprenne parfaitement le jeu de cet ingénieux appareil, et qu'il n'est aucunement nécessaire d'insister sur de plus minutieux détails d'exécution. Nous ferons remarquer, toutefois, l'importance d'un semblable mécanisme, résultat d'une très-longue expérience et d'essais nombreux.

L'hélice, par sa position, son poids et la nature même de son service, constitue un organe fort difficile à bien établir, et dont il ne suffit pas de considérer l'état de marche seulement au sortir de l'atelier de construction ; car l'usure, qui se manifeste pour tout mécanisme et détermine des accidents quelquefois sans gravité, peut, au contraire, créer ici des obstacles absolus au fonctionnement ; il faut les prévoir et y parer par une combinaison convenable des organes mobiles et des supports, objet des recherches continuelles des praticiens, et principalement des marins qui, dans cette circonstance, sont naturellement en position de constater, les premiers, les améliorations nécessaires.

EMBRAYAGES PAR FRICTION.

EMBRAYAGE A PRESSION CONSTANTE, FIG. 64, PL. 10. — Les embrayages, ainsi désignés, ont pour principes réunis les propriétés du *coin* et celles du *frottement;* ils se ressemblent généralement tous et consistent en deux cônes, l'un creux et l'autre plein, qui s'emboîtent très-exactement; mais ils présentent de notables différences dans les détails d'exécution, différences motivées, soit par le genre d'application même, soit par l'idée du constructeur.

Le premier exemple que nous citons, fig. 64, est la disposition adoptée par M. E. Pihet fils, qui en a fait de nombreuses et satisfaisantes applications.

Suivant le cas particulier de cet exemple, les deux arbres A et A', qui doivent se transmettre le mouvement de l'un à l'autre, sont placés à angle droit et sont mis en rapport, à cet effet, au moyen de deux roues d'angle B et B'; la roue B', commandée, n'est pas calée sur son arbre, mais porte, fondue de la même pièce, une couronne conique a, dans laquelle peut venir s'emboîter une couronne semblable C, qui est munie d'un croisillon et d'un moyeu, et se trouve alors clavetée avec cet arbre A', sur lequel elle peut néanmoins glisser, comme les autres manchons mobiles de débrayage.

Si nous supposons ces deux couronnes, qui sont très-exactement tournées, entrées l'une dans l'autre, et celle mobile C chargée de façon à déterminer une certaine adhérence entre les surfaces en contact, cette adhérence pourra s'élever à une intensité suffisante pour que l'effort à transmettre ne puisse surmonter la résistance au frottement qui en est le résultat; dans cette condition, la couronne sera comme solidaire de la roue d'angle B', et comme cette couronne C est calée avec l'arbre, la transmission s'effectuera entre les deux arbres.

L'embrayage et le débrayage consistent donc à engager ou à dégager la couronne C, comme dans les autres systèmes ; mais l'avantage de celui-ci ressort immédiatement de la nature de l'entraînement même qui résulte de l'adhérence des surfaces lisses et non de l'emmanchement de parties rigides saillantes.

Quelle que soit, en résumé, l'intensité du frottement résultant de cette adhérence, elle n'est pas invincible, ou pour mieux dire, elle peut être vaincue *sans rupture* de pièces, par le simple glissement des surfaces l'une sur l'autre ; par conséquent, qu'un excès de résistance se manifeste et l'embrayage cédera, momentanément, se conservant lui-même et préservant les autres pièces du mécanisme moins robustes que lui.

Réciproquement, puisque l'entraînement ne peut avoir lieu que sous une pression initiale combinée avec l'angle des deux cônes, il s'ensuit qu'au moment où l'on embraye, l'arbre commandé n'est pas assujéti à passer brusquement de l'état de repos à la vitesse plus ou moins considérable que l'on tend à lui communiquer, attendu que si l'inertie des masses à faire mouvoir donne naissance à un excès d'effort résistant, les cônes glissent d'abord l'un sur l'autre, jusqu'à ce que l'équilibre, entre la puissance et la résistance constante, soit rétabli.

Les précieuses qualités de l'embrayage par friction ont été largement utilisées pour tous ces appareils qui reçoivent des vitesses considérables et qu'il serait quelquefois impossible de mettre subitement en marche sans rupture de pièce ou sans faire éprouver au moteur un surcroît de charge capable de l'arrêter lui-même ; on pourrait citer, par exemple, les appareils à force centrifuge qui ne peuvent fonctionner sans cela. On peut encore compter parmi les avantages de ce système celui de marcher avec le même appareil indifféremment dans un sens ou dans l'autre, avec la même facilité et sans aucun changement de disposition.

Il est vrai que la commande par courroie participe à ces mêmes propriétés ; mais on n'atteindrait pas avec elle des efforts aussi considérables que ceux qui peuvent être transmis par des mécanismes analogues à celui dont nous nous occupons actuellement.

Déjà l'application de ce mécanisme semble être limitée aussi ; car pour donner naissance à un frottement en rapport avec un grand effort tangentiel à transmettre, il faut une forte pression ou un cône aigu, et ces deux conditions combinées produisant un *coin* fortement serré, le débrayage peut offrir, dans ce cas-là, une résistance trop considérable pour une manœuvre qu'il est utile de pouvoir effectuer rapidement.

Suivant diverses dispositions, dont nous donnons des exemples, cette pression du cône d'embrayage est donnée à la main, en l'amenant en prise avec sa contre-partie ; dans celle de M. Pihet, cette pression est réglée d'avance au moyen d'un contre-poids D suspendu à l'extrémité du levier oscillant E, qui se trouve en prise, comme dans les autres embrayages, avec la gorge *d* et la couronne C, et au moyen duquel on l'entraîne.

L'embrayage ayant lieu sous l'action isolée de ce poids, en tant qu'on le laisse libre de peser sur le levier et sur la couronne, il ne reste plus qu'à se donner le moyen de le tenir soulevé pour laisser, au contraire, la roue B' libre et la débrayer. Pour cela, il suffisait d'agir sur ce levier et sur le poids à l'aide d'un organe qui n'eut d'effet qu'en sens inverse de la direction de la pesanteur, de façon à ce qu'aucune force mécanique extérieure ne pût être ajoutée à son intensité naturelle; en se disposant, comme l'indique le dessin, c'est-à-dire, voulant agir du haut, on a dû alors rattacher le levier à une chaîne *b*, qui est elle-même suspendue à un boulon *c*, sur lequel se trouve un écrou qui s'appuie sur le bâti, et qui est muni d'un volant *e* pour le faire tourner à la main.

Par conséquent, pour débrayer, on fait monter la chaîne jusqu'à ce qu'elle soit tendue et que le levier et le poids s'y trouvent suspendus; pour l'opération inverse, on la laisse descendre, au contraire, jusqu'au moment où elle se replie sur elle-même, ce qui annonce qu'elle n'est plus chargée et que l'action du poids s'exerce intégralement sur la couronne.

La réglementation préalable et invariablement fixe de la *pression d'embrayage* est d'un avantage évident, car si l'on veut profiter de cette propriété du système de céder à une certaine limite d'effort, il ne faut pas s'en remettre à l'action incertaine de la main qui peut faire serrer plus ou moins les cônes, tantôt trop ou trop peu; faisons observer, toutefois, que la nature même de l'application fera décider de la question en dernier ressort; ainsi, pour l'appareil dont il s'agit, qui correspond à une puissance de 25 chevaux, puissance relativement considérable, il n'est pas indifférent que la pression soit réglée juste ou à peu près.

On remarque que l'appareil nécessite une installation qui n'est cependant pas au-dessus de son importance et du rôle utile qu'il remplit. Cette installation, en dehors du palier *f*, de la chaise *g* des arbres et de la plaque *h* qui les reçoit, consiste en deux petites colonettes *i*, rassemblées par une traverse *j* qui porte une oreille, avec laquelle le levier E est articulé, et en deux autres colonnes *k* qui reçoivent le sommier *l*, sur lequel l'écrou de la vis *e* s'appuie.

Principes de l'embrayage par friction. — Nous devons dire quelques mots des principes qui permettent d'établir un embrayage de ce système, fondé, comme nous l'avons dit, sur les propriétés générales du coin et sur celles du frottement de deux surfaces en contact et en mouvement l'une sur l'autre.

Le problème à résoudre est le suivant:

Étant donnée une force à transmettre par ce mode d'entraînement, déterminer le degré de conicité des deux organes et la charge capable de leur donner un serrage tel qu'ils puissent résister, sans glisser l'un sur l'autre, à l'effort tangentiel à transmettre, résultant de leur diamètre et de leur vitesse de rotation.

Le premier élément de ce problème est l'intensité du *frottement*, c'est-à-dire, le rapport qui existe entre la charge qui fait appuyer les deux organes l'un sur l'autre, estimée normalement à leurs surfaces en contact, et l'effort qu'il faudrait exercer pour les faire glisser l'un sur l'autre.

On sait que le frottement de deux corps dépend de leur propre matière, de l'état de leurs surfaces frottantes, raboteuses ou lisses, sèches ou plus ou moins bien lubrifiées. Ainsi, un arbre tournant dans ses coussinets offre une bien moindre résistance, sous la même charge, s'il est parfaitement graissé, que si les deux surfaces sont sèches; pour le même état d'entretien, cette résistance sera différente, suivant que les deux surfaces seront lisses ou rugueuses, que les matières seront différentes, fer sur bronze, fer sur fonte, fer sur fer, etc.

Pour le cas qui nous occupe, on ne cherche certainement pas à lubrifier les surfaces, puisque l'on veut, au contraire, déterminer une forte adhérence entre elles, et que leur fonction n'est pas de *frotter* l'une contre l'autre, mais de s'entraîner sans glissement; mais il faut qu'elles soient parfaitement lisses, sans être polies, néanmoins, car c'est leur parfaite conformité qui procure le plus intime contact.

Suivant l'état de chose établi, les deux pièces, le cône C et sa contre-partie a, sont en fonte de fer tournée; il faut donc connaître le coefficient de frottement de *fonte sur fonte*, les surfaces parfaitement *sèches*.

Pour chaque nature de frottement, c'est l'expérience seule qui permet d'en connaître la valeur, laquelle est, du reste, assez variable, même dans des conditions qui paraissent identiques. Cependant, on peut estimer que, dans le cas actuel, le rapport entre la pression et l'effort à exercer, en glissant, pour la surmonter, en est les 25/100 ou le 1/4 environ, ce qui revient à dire que si l'on suppose, par exemple, deux plaques de fonte bien dressées posées à sec l'une sur l'autre et chargées d'un poids de 100 kilogrammes, il faudra un effort équivalent environ à 25 kilogrammes pour produire le glissement, et dans la direction même du mouvement; en admettant ce rapport, on suppose que le contact a duré un certain temps, c'est-à-dire que pendant le mouvement, cet effort peut devenir un peu moindre.

On désigne ordinairement par f ce rapport entre l'effort et la pression normale; si nous appelons E cet effort et P la pression, on posera donc :

$$E = f\,P.$$

Pour le problème qui nous occupe, l'effort E est précisément celui tangentiel correspondant à la puissance à transmettre par l'entraînement des cônes qu'il ne doit donc pas être capable de faire glisser l'un sur l'autre, c'est-à-dire qu'il faut que E soit plus petit que f P.

Si l'on admet pour l'instant qu'il y ait seulement égalité, comme ci-dessus, on en tirera facilement la valeur de P ou de la pression minima que la couronne C doit exercer sur l'autre et normalement au contact.

On aurait, en effet :

$$P = \frac{E}{f}.$$

Supposons, par exemple, que l'effort à transmettre par la circonférence de ces deux couronnes égale 100 kilogrammes, cette charge aura pour valeur minima :

$$P = \frac{100}{0,25} = 400 \text{ kil.}$$

Or, cette pression de l'une des couronnes sur l'autre dépend ici du poids propre de la pièce, puisqu'elle agit verticalement, et de celui dont on la charge par l'intermédiaire du levier à poids ; ce poids total détermine un *serrage* qui dépend de la conicité des couronnes, ou de *l'acuité* du coin, dont nous allons maintenant rappeler les propriétés.

Fig. 44.

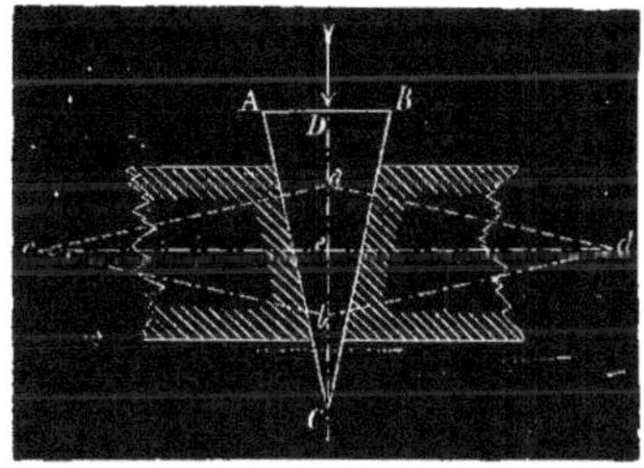

Soit, fig. 44, un simple coin isocèle A C B, enfoncé, dans un corps résistant, sous l'influence d'un effort p exercé sur la tête dans la direction de son axe D C.

La somme P des pressions transmises par ses deux faces A C et B C, dans des directions perpendiculaires à ces faces, est à celle initiale p comme A C est à 1/2 A B, c'est-à-dire, comme la longueur d'une face est à la moitié de la base.

Si, par exemple, l'effort p égale 100 kil., et que A B soit la dixième partie de A C ou B C, le coin exercera un effort total de compression de 2000 kil., soit 1000 kil. par chacune des deux faces agissantes.

Si, au lieu d'avoir la forme prismatique, le coin était conique, comme celui de l'embrayage, la même pression totale de 2000 kil. se reporterait sur la circonférence entière, sans modification des termes du théorème.

Pour le démontrer, à l'aide du même coin prismatique, fig. 44, on représente l'effort initial p par une certaine grandeur arbitraire ab, puis on construit le parallélogramme des forces en traçant, de ces deux points, des perpendiculaires ac, ad, bc et bd aux faces A C et B C du coin.

Ces côtés du parallélogramme $acbd$ représentent les forces qui feraient équilibre, dans cette direction, à celle initiale p ou ab, et celles qu'il faudrait, par conséquent, exercer normalement à chaque face du coin pour s'opposer à son avancement, ce qui revient à dire que ces forces font équilibre à la pression communiquée par les faces ; or, il est facile de démontrer géométriquement que les deux triangles *a c b* et *a d b* sont semblables à celui A C B qui figure le coin, d'où l'on a la proportion suivante :

$$a\,b : a\,c :: \mathrm{A\,B} : \mathrm{A\,C},$$

qui fournit encore celles-ci :

$$2\,a\,c : a\,b :: \mathrm{Q\,A\,C} : \mathrm{A\,B}; \quad \text{ou} : 2\,a\,c : a\,b :: \mathrm{A\,C} : 1/2\,\mathrm{A\,B}.$$

Cette dernière est l'énoncé même du théorème en question, savoir : *que la pression totale, ou* 2 a c, *transmise par le coin est à celle initiale* a b *comme la longueur* A C *d'une face est à la moitié de la base* A B.

Pour un coin conique circulaire, on dirait seulement : *comme la génératrice est au rayon de la base.*

Pour appliquer maintenant cette connaissance acquise à l'embrayage dont on veut déterminer la charge initiale p d'après la pression P des deux couronnes, il faut d'abord chercher la longueur de la génératrice du cône qui dépend du rayon de la base et de *l'angle* du coinçage qui sont donnés tous deux.

Si nous désignons ce rayon par r et par l la génératrice, nous aurons pour la pression p, d'après le théorème précédent :

$$\mathrm{P} : p :: l : r; \quad \text{d'où} : p = \frac{\mathrm{P}\,r}{l};$$

et comme nous avons vu que $\mathrm{P} = \frac{\mathrm{E}}{f}$, la formule renfermant tous les termes du problème devient la suivante :

$$p = \frac{\mathrm{E}\,r}{f\,l},$$

dans laquelle nous rappelons que :

E représente l'effort à transmettre à la circonférence des cônes d'embrayage ;
r » le rayon de la base des cônes ;
l » la longueur de leur génératrice ;
f » le coefficient de frottement ;
p » la charge exercée sur la couronne mobile et déterminant l'équilibre entre le frottement et l'effort à transmettre.

Rien de plus aisé, maintenant, que d'appliquer cette règle à l'embrayage représenté fig. 64, pl. 10, et qui est établi pour transmettre une puissance de 25 chevaux ou 1875 kilogrammètres, l'arbre A', qui porte l'embrayage, faisant 101,7 tours par minute.

Pour pouvoir, d'abord, évaluer l'effort direct à transmettre à la circonférence des cônes, il faut remarquer que cet effort doit être basé sur la vitesse circonférentielle estimée, comme moyenne, sur le milieu de la largeur du contact, puisque cette vitesse est nécessairement différente pour chaque zone de la nappe conique.

Or, ce contact a lieu suivant une surface tronc-conique de $1^m,200$ à la grande base sur $0^m,120$ de largeur, et dont la génératrice fait avec l'axe un angle de 15 degrés; ces données vont nous permettre de déterminer à la fois la longueur totale de la génératrice, de cette base au sommet du cône, et le diamètre moyen sur lequel l'effort à transmettre doit être calculé.

La longueur de cette génératrice l, à partir de la grande base qui a $0^m,600$ de rayon, égale :

$$l = \frac{0,600}{\sin.\ 15^\circ} = \frac{0,600}{0,2588} = 2^m,318.$$

Le rayon moyen de la zone de contact correspondant à une génératrice de 60 millimètres de moins, égale, d'après cela :

$$0,600 \times \frac{2,318 - 0,060}{2,318} = 0^m,5844.$$

La vitesse circonférentielle de ce cercle est de ;

$$V = \frac{2\pi \times 0,5844 \times 101,7}{60} = 6^m,229 \text{ par } 1''.$$

Par conséquent, l'effort correspondant pour 1875 kilogrammètres égale :

$$E = \frac{1875}{6,229} = 300 \text{ kilogrammes.}$$

Possédant maintenant toutes les valeurs du problème, nous trouvons, enfin, le coefficient de frottement f admis à 0,25 :

$$p = \frac{E\,r}{f\,l} = \frac{300^k \times 0^m,600}{0,25 \times 2^m,318} = 310 \text{ kilogrammes.}$$

Ce résultat signifie, en résumé, que la couronne C doit représenter, par son propre poids et celui qu'on lui ajoute, une charge totale sur la couronne fixe B' de 310 kilogrammes, pour établir l'équilibre *seulement*, entre l'effort qu'elles sont appelées à transmettre et la friction de leurs surfaces en contact.

Le poids de cette couronne atteint déjà environ ce poids; par conséquent, en lui ajoutant celui du levier E et du poids D suspendu à son extrémité, on arrive ainsi très-aisément à la surcharge nécessaire pour dépasser le moment d'équilibre où les deux surfaces sont sur le point de glisser l'une sur l'autre.

Cette surcharge n'a rien d'absolu, et il suffit qu'elle existe sans atteindre un excès qui priverait l'appareil de cette propriété de céder à une résistance anormale, et de pouvoir se débrayer facilement. On peut même, lorsqu'on le juge convenable, retrancher la charge additionnelle du levier et de son poids à la faveur de la chaîne *b* qui permet de le soutenir, en ne laissant l'embrayage que sous l'influence isolée du poids de la couronne mobile.

Toutes ces conditions dépendent, comme on vient de le voir, de l'angle sous lequel a lieu l'emboîtement des deux couronnes; celui-ci qui égale 15 degrés, et qui est adopté par M. Pihet, est considéré par ce constructeur comme très-convenable pour atteindre le but proposé. En le faisant plus aigu, on peut réduire la charge initiale; mais il peut se faire aussi que les surfaces viennent à *gripper*, et s'il se produit de l'usure, la couronne mobile s'enfonce et la surface de contact change de place; moins aigu, au contraire, la charge à produire devient trop grande; nous verrons, du reste, que parmi plusieurs exemples, c'est le plus grand angle appliqué.

Pour éviter ce *grippement*, on fait observer encore qu'il ne faut pas dépasser une certaine pression spécifique pour les surfaces en contact, pression dont nous pouvons évaluer le chiffre à l'égard de l'appareil actuel, et qui est regardée comme ne devant pas être dépassée sensiblement.

La charge verticale pouvant être estimée à 400 kilogrammes environ, en tenant compte du levier à contre-poids, constitue, multipliée par le coinçage, une pression totale et normale au contact, égale à :

$$400 \times \frac{2,318}{0,600} = 1545 \text{ kilogrammes.}$$

Cette pression s'exerce sur une surface tronc-conique de $0^{m},5844$, de rayon moyen, sur 12 centimètres de largeur; cette surface équivaut à :

$$2\pi \times 0^{m},5844 \times 0^{m},12 = 0^{mq},4410 = 4410 \text{ centimètres carrés.}$$

La pression *spécifique*, par centimètre carré, ne dépasse donc pas :

$$\frac{1545}{4410} = 0^{k},350, \text{ environ.}$$

Embrayages par friction a pression arbitraire, fig. 65 a 67, pl. 11. — Les fig. 65 et 66 représentent les détails d'un embrayage par friction, fort bien construit par la maison Stehelin et Ce, et destiné à opérer directement la jonction de deux arbres placés en ligne droite, dans les mêmes conditions que l'embrayage à griffes (fig. 40 et 41). Il diffère aussi de la disposition précédente en ce que la pression des cônes se donne à la main, sans poids régulateur, comme, du reste, dans la plupart des cas.

L'arbre de commande A, ainsi que celui A′ commandé, se terminent en porte-à-faux entre leurs deux paliers *a* et reçoivent sur leurs extrémités les deux cônes B et B′ qui s'y trouvent clavetés, l'un pouvant glisser et l'autre complétement fixe. Le cône mobile B porte, sur son moyeu, une gorge *d* embrassée par une fourche E montée sur un axe horizontal F qui peut osciller d'après les deux supports *b* reposant, comme tout cet ensemble, sur deux semelles en fonte *c* assises sur une fondation en maçonnerie; le même axe est muni d'un levier E′, dont l'extrémité est rattachée à une tige C filetée à son extrémité supérieure et passant dans un écrou en bronze ajusté dans une petite colonne en fonte D, dont le point d'appui est pris sur le bord de la fosse en maçonnerie réservée pour loger ce mécanisme.

Il est aisé de comprendre comment l'on fait agir le cône mobile B à l'aide du volant-manivelle G claveté sur la tête de l'écrou, qui tourne, tandis que la tige C monte ou descend et fait osciller l'axe F par le mouvement donné aux leviers E' et E; on voit aussi que le serrage des deux cônes dépend absolument de l'effort exercé sur le volant G, effort qu'il faut savoir limiter au degré seulement nécessaire.

Cette pression, donnée à la main, est, du reste, très-faible, et si l'on compare le diamètre des arbres à celui des cônes en tenant compte de la division de l'effort par l'angle de conicité, le rapport des deux leviers, le pas de la vis et le diamètre du volant G, on trouve que la plus légère action suffit pour atteindre l'effort que des arbres de ce diamètre sont ordinairement appelés à transmettre.

Pour essayer cette opération, comme exemple, on a les données suivantes :

Diamètre des arbres	60 millim.
Diamètre moyen des cônes	654 »
Conicité	8 degrés.
Rapport des rayons des leviers	160 à 500
Pas de la vis.	10 millim.
Rayon du volant.	190 »

Rappelant, comme on l'a vu ci-dessus, que la pression circonférentielle des cônes est égale à celle transmise dans le sens de l'axe, et multiplié par le rapport de la génératrice conique au rayon de la base et par le coefficient de frottement admis à 0,25; et le sinus de l'angle de 8 degrés étant égal à 0,139173, on trouve pour le rapport théorique entre cet effort circonférentiel des cônes et celui transmis au volant G :

$$0,25 \times \left(\frac{2\,\pi \times 190}{10} \times \frac{500}{160} \times \frac{1}{0,139173} \right) = 670.$$

Mais une vis absorbe toujours, par le frottement dans son écrou, une très-notable partie de l'effort qu'on lui transmet ; ce n'est pas trop de compter ici sur la moitié, ce qui réduit le rapport ci-dessus à environ 335.

Par conséquent, une action sur le volant équivalant à 1 kilogramme donnerait naissance à un effort tangentiel d'environ 335 kilog. à la circonférence des cônes, effort qui s'approche beaucoup du maximum auquel les arbres, en raison de leur diamètre et du bras de levier, doivent être raisonnablement soumis, comme on peut s'en rendre facilement compte en se reportant aux notions relatives à la résistance des arbres à la torsion (p. 60 et suivantes).

Nous voulions prouver, en résumé, que cet embrayage est très sensible et que le moindre effort que la main puisse exercer suffit pour le mettre en jeu; son action est également très-prompte, car le plus léger déplacement du cône mobile permet de le mettre en prise ou de le dégager.

Nous avons encore à citer la disposition, fig. 67, des mêmes constructeurs, qui consiste en un embrayage de même nature, mais sur roue d'angle folle, comme celui ci-dessus de M. Pihet. Il en diffère cependant en ce que le cône fixe C est rapporté au moyen d'un clavetage sur la roue B et qu'il est de bien plus petite dimension; quant au levier qui attaque le cône mobile, il est manœuvré à la main comme dans le mécanisme précédent.

Embrayage par friction et a ressort, fig. 68. — M. Mauzaize aîné, de Chartres, a adopté pour les embrayages par friction une disposition particulière que nous reproduisons ici et qui a été l'objet d'un rapport favorable à la Société d'encouragement.

Déjà le simple examen de la figure permet de comprendre que le contact des cônes a lieu sous l'influence d'un fort ressort à boudin prenant son point d'appui sur l'arbre même, ce qui a pour avantage de soustraire les supports de l'axe à toute poussée longitudinale pendant la marche; mais quelques mots d'explication sont nécessaires pour bien faire comprendre ce mécanisme qui est un peu plus compliqué que les précédents du même ordre.

L'arbre A, qui, dans cet exemple, est celui d'une pile à papier, doit recevoir son mouvement de la poulie B que l'embrayage conique a précisément pour objet d'affoler à volonté. Cette poulie est montée folle, et par l'intermédiaire de coussinets, sur une douille C entourant l'arbre et maintenue longitudinalement par son embase et par une vis de pression *a* qui pénètre dans l'arbre, après avoir traversé une bague *b* montée à vis sur l'extrémité de la douille C, laquelle bague sert de rebord pour retenir la poulie. Celle-ci porte la couronne conique concave D dans laquelle doit venir s'emboîter le cône mobile D′ dont le moyeu est claveté sur l'arbre A et forme boîte pour loger le ressort à boudin E; ce ressort s'appuie contre le fond même du cône et sur une embase *c* montée à vis sur l'extrémité de l'arbre.

Par conséquent, si nous supposons ce mécanisme abandonné à lui-même et le ressort libre de s'étendre, il est évident que s'appuyant contre la rondelle *c*, qui est fixe comme l'arbre qui la porte, il poussera le cône mobile au contact et l'embrayage aura lieu. Pour débrayer, il faut donc s'opposer à l'extension du ressort, ce que l'on fait en retenant le cône au moyen d'un levier réglé par une vis et qui vient appuyer contre le collet ou rebord *d* qui lui est réservé : c'est tout simplement l'effet du levier à fourche, dont on a vu précédemment de nombreuses applications.

Indépendamment de la partie principale de cette disposition, l'auteur s'est appliqué à y introduire divers perfectionnements qui ont pour but de parfaitement lubrifier le roulement de la poulie sur l'arbre, pendant l'arrêt de ce dernier, et de maintenir l'huile qui tend naturellement à s'épancher au dehors, surtout sous l'influence de la force centrifuge.

Cependant, l'exiguité de la figure ne nous permet pas de rendre un compte exact des diverses plaques, garnitures, etc., qui sont appliquées, à cet effet, sur le moyeu de la poulie qui est creux et forme réservoir d'huile; nous nous bornons donc à mentionner les précautions qui ont été prises en vue d'assurer le bon graissage de ce frottement, ce qui est à la fois très-important et toujours assez difficile.

Embrayage par friction a cônes renversés, fig. 69. — On a pu remarquer que dans les dispositions qui précèdent, excepté celle de M. Mauzaize, la pression qu'il faut exercer pour déterminer le contact des cônes se fait sentir également sur les supports, et occasionne une poussée qui peut devenir très-nuisible, si rien n'a été ménagé pour lui faire équilibre, et que le mécanisme n'ait pas d'ailleurs été combiné de façon à rendre cette pression longitudinale aussi faible que possible.

Dans l'appareil précédent, il est clair que rien de cela n'est à craindre, puisque le ressort qui tient les deux cônes en contact prend son propre point d'appui sur l'arbre même; il est vrai que pour tenir le cône débrayé, il faut faire un effort extérieur qui se fait nécessairement sentir sur l'axe; mais comme cet axe est alors en repos, l'effort longitudinal qu'il ressent n'a plus d'effet nuisible.

Sur la transmission de mouvement qui a été établie, il y a quelques années, au Conservatoire des arts et métiers de Paris, on a placé un embrayage par friction qui, par sa disposition, évite merveilleusement cette poussée tant à redouter pour les axes et leurs supports.

Ainsi que l'indique la fig. 69, cet embrayage, qui doit connexer deux arbres A et A′ placés sur la même ligne, comprend deux manchons cônes B et B′, dont les parties agissantes sont inclinées en sens inverse de ce que l'on a vu précédemment; le cône concave B s'ouvre par sa petite base, et l'autre étant dans une disposition correspondante ne peut être amené au contact qu'en le déplaçant dans le sens où il *s'éloigne* du premier.

Avant d'expliquer l'effet rendu par cette combinaison, nous allons dire quelques mots sur la construction du mécanisme même.

Comme la direction des cônes ne permettrait pas de les emmancher, s'ils étaient d'une seule pièce chacun, le manchon concave B est un cylindre creux dans lequel s'ajuste une bague *a*, dont l'intérieur est tourné à la forme conique voulue et qui doit être mise en place en même temps que le manchon B′, lequel se trouve naturellement prisonnier et ne peut en être complétement dégagé qu'en démontant la bague qui est retenue au moyen de vis *b*.

Le déplacement du manchon mobile B′ s'opère en agissant sur le volant C monté sur une virole en deux pièces *c*, qui rattache le manchon et un écrou en bronze D pour lequel un filet est ménagé sur l'arbre A′.

Les deux manchons étant clavetés sur leurs arbres respectifs, on comprend facilement l'effet résultant de leur mise en prise, qui rend ces deux arbres solidaires, que la commande vienne de l'un ou de l'autre. Mais ce qu'il faut expliquer, c'est la suppression de toute poussée longitudinale, quel que soit le serrage des cônes.

On voit que l'un des arbres se termine par un petit tourillon *d* qui pénètre dans l'autre et assure déjà leur concentricité. Lorsqu'on amène le cône mobile B′ en contact avec l'autre, ces deux pièces, d'abord indépendantes, se trouvent bientôt comme si elles étaient, au contraire, complétement solidaires, et si, étant en parfait contact, on cherchait néanmoins à augmenter le serrage, l'ensemble du manchonnage tendrait à se déplacer en se rapprochant du côté du volant et en exerçant directement sur l'arbre A, et, par réaction, sur celui A′, des efforts de traction longitudinaux tendant à les rapprocher l'un de l'autre.

Or, cette influence se trouve absolument neutralisée par le contact préalable des deux arbres bout à bout qui, se touchant d'avance, s'opposent immédiatement à l'effort qui tend à les rapprocher, *ce qui*, comme nous l'annoncions en commençant, *supprime toute espèce de poussée sur les supports de ces arbres.*

Embrayage a genouillères. — On peut encore classer parmi les embrayages par friction qui ne donnent point de poussée longitudinale nuisible, un système qui a été employé plusieurs fois et dans lequel se trouve appliqué le principe dit des *genouillères;* M. Garand, mécanicien à Paris, en a fait usage, il y a déjà plusieurs années, pour le changement de marche de machines à *trancher* le bois de placage, et l'exemple que nous décrivons actuellement est emprunté à un laminoir spécial construit par M. Boutevillain, pour la fabrication des tubes en fer.

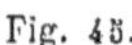

Fig. 45. Fig. 46.

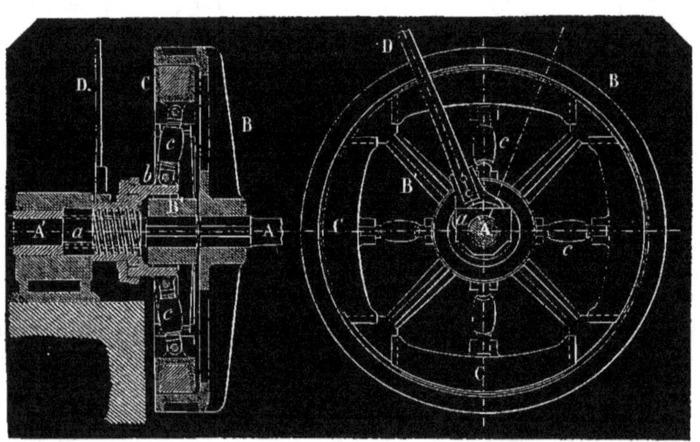

Les fig. 45 et 46 représentent cet appareil en coupe longitudinale et vu de face, à l'échelle de 1/20.

Les deux arbres, celui A de commande, et celui A′ du laminoir soumis à l'interruption du mouvement, sont placés sur la même ligne et se touchent presque par leurs extrémités où ils portent respectivement, et fixés par des clavettes, le premier, un plateau B avec large rebord tourné intérieurement, le second, un croisillon B′ à quatre branches dont les extrémités servent de guides à quatre sabots en fonte C garnis chacun d'une forte pièce de bois saillant extérieurement. Ces quatre sabots sont reliés, par de courtes bielles articulées *c*, avec un manchon en bronze *b* assemblé, à l'aide d'un mécanisme de rappel que les figures permettront de comprendre, avec un écrou monté sur une douille filetée *a* fixée à demeure dans le premier palier et que l'arbre A′ traverse librement.

Il est visible, maintenant que, suivant la position que l'on fait occuper au manchon *b*, les bielles *c* s'inclinent ou se redressent et éloignent les sabots C de la circonférence de la poulie B ou les en approchent, à volonté. Par conséquent, pour embrayer, c'est-à-dire, mettre l'arbre A' en mouvement, on fait tourner le manchon fileté *b* à l'aide du levier D, dont il est muni, et lequel porte un contre-poids pour le tenir dans ses deux positions inverses; ce manchon *b*, en tournant, s'avance vers le disque B, et les quatre bielles ne pouvant dans ce mouvement que se redresser, repoussent les sabots C contre la circonférence intérieure de ce disque, en y déterminant un serrage dont l'intensité dépend de l'action facultative de la main sur le levier D; à partir du moment où ce serrage est suffisant pour n'être pas vaincu par l'effort tangentiel à transmettre, il est clair que l'ensemble du croisillon B' doit tourner avec le plateau B, ainsi que l'arbre A sur lequel il est claveté : c'est du reste un ensemble de fonction qu'il est aisé de se figurer après tout ce qui précède.

On remarque donc encore ici la promptitude avec laquelle la manœuvre s'effectue, puisque de l'état d'entraînement à celui d'indépendance, c'est-à-dire, du serrage des sabots à leur non contact, il suffit au plus de quelques millimètres, et, partant, d'un faible mouvement angulaire du levier D. On voit également que la poussée est complétement nulle du côté de l'arbre A, et que du côté opposé, elle résulte seulement de l'effet de réaction sur la douille filetée *a* que l'on a eu le soin de faire appuyer sur un palier solidement assujéti.

Faisons observer, en terminant, que les bielles *c* sont formées chacune de deux bouts de tiges taraudées à droite et à gauche et rassemblées au moyen d'un écrou, de façon à pouvoir en régler facilement la longueur.

Embrayage et changement de marche par plateaux a friction, fig. 70 et 71, pl. 11.— Nous terminons cette longue nomenclature d'appareils de jonction et d'embrayage d'arbres, par la description d'un ingénieux mécanisme proposé par M. J. Robertson, mécanicien anglais, et dans lequel le principe de la friction est appliqué tout à la fois à un mouvement de changement de marche et d'embrayage.

La fig. 70, qui représente ce mécanisme de face, partie en vue extérieure et en coupe, et la fig. 71, une coupe transversale faite sur le milieu, montrent qu'il se compose d'un arbre A sur lequel sont placées deux poulies B et B', qui sont elles-mêmes ajustées et fixées, par un clavetage, sur deux plateaux C et C' montés fous, par leurs moyeux, sur l'arbre A et appuyés, d'un bout, contre l'embase de l'arbre, et, de l'autre, sur une bague rapportée *a* fixée par une vis de pression; l'intervalle réservé entre ces deux plateaux est occupé par un manchon mobile et claveté, composé de deux plateaux semblables D et D' formant une même pièce avec une douille intermédiaire, dans laquelle est ménagée une gorge *b* d'entraînement.

On voit que les faces des quatre plateaux sont tournées suivant des gorges angulaires et concentriques, qui s'emboîtent très-exactement. Lorsque l'ensemble du manchon mobile est amené au milieu juste de la distance des plateaux C et C' des poulies, il s'en trouve complétement isolé, et si ces poulies tournent, l'arbre reste néanmoins immo bile ; mais aussitôt que ce manchon mobile D D′ est reporté d'un côté ou de l'autre, de façon que les saillies angulaires soient en prise, l'arbre prend immédiatement le mouvement de celle des deux poulies dont le plateau est engagé.

Ces poulies tournent, en effet, en sens inverse, ce qu'il est facile d'obtenir d'un même axe de renvoi en croisant l'une des deux courroies qui leur transmettent le mouvement ; par conséquent, l'arbre A change de sens à volonté, suivant que l'on porte le manchon mobile d'un côté ou de l'autre, et on l'arrête entièrement en plaçant ce manchon dans la position où il ne touche ni l'un ni l'autre des deux plateaux C et C′.

Comme le plus léger déplacement du manchon suffit pour mettre les saillies angulaires en prise ou les séparer et même passer d'un côté à l'autre, on a pu faire usage, pour cette manœuvre, d'un petit mouvement très-simple et ingénieux tout à la fois.

La fourche E qui embrasse la gorge *b* est munie d'une tige traversant excentriquement une douille cylindrique *c* ajustée dans un support F, lequel est fixé sur la plaque en fonte G qui reçoit aussi les paliers H de l'arbre A ; cette douille étant armée d'un levier à lunette et à poignée I qui permet de la faire tourner dans son support, il suffit donc d'un déplacement angulaire de peu d'amplitude pour donner à cette fourche le léger mouvement de transport nécessaire pour faire opérer le manchon mobile D D′.

Nous ne pouvons, en résumé, qu'approuver une pareille disposition ; il nous semble que partout où un changement de direction rapide et fréquent est réclamé, surtout pour des outils qui n'absorbent pas de très-grandes forces, il peut remplacer avec avantage la plupart de ces mécanismes, dont nous avons cité des exemples, et qui comportent plusieurs poulies ou engrenages, des arbres creux, etc.

On a pu juger, par ces nombreux exemples, combien cette opération, si simple à l'énoncé, de réunir deux arbres de transmission de mouvement, comporte, néanmoins, de moyens d'exécution et de principes différents. Nous ne pouvons dire que ces systèmes d'assemblages soient tous d'une application également générale, mais ils ont, du moins, tous été employés, et il peut même se rencontrer, pour les moins usités, des cas où ils deviennent d'un usage spécial. Nous sommes d'avis, d'ailleurs, qu'en fait d'exemples mécaniques, l'abondance de bien ne peut nuire. C'est ce qui nous a conduit à donner, à ce sujet, une aussi grande étendue, avant de nous occuper des *paliers et supports des arbres*, qui font l'objet du chapitre suivant.

CHAPITRE V

PALIERS, COUSSINETS ET BOITARDS, CHAISES ET SUPPORTS, PALIERS-GRAISSEURS

PALIERS, COUSSINETS ET BOITARDS

(PLANCHES 12 ET 13.)

Les pièces fixes qui reçoivent les tourillons des arbres de couche dans les transmissions de mouvement, sont appelées, selon les dispositions particulières qu'on leur donne, *paliers*, *chaises*, *supports* ou *consoles;* et celles qui soutiennent ou maintiennent les axes verticaux, se nomment *poêlettes*, *crapaudines*, *boitards* ou *colliers*.

Ces organes jouent un rôle important dans la construction des machines ; il est donc utile de les étudier sous les différentes formes qu'ils sont susceptibles de prendre, et de montrer les meilleurs types que l'on doit adopter dans la pratique.

Le *support* ne diffère du *palier*, proprement dit, que par la hauteur qui est généralement plus grande que celle de ce dernier. Et la *chaise* ou la *console* n'en diffère également que parce qu'elles sont renversées ou parce qu'elles s'appliquent à un plafond, ou contre une muraille, au lieu de se poser, comme le palier ou le support, sur un massif en pierre ou sur une plaque d'assise.

Dans l'un comme dans l'autre cas, l'organe est toujours composé de trois parties distinctes, savoir :

1° Le corps en fonte qui est la partie fixe que l'on doit assujétir très-solidement à l'aide de boulons, et qui est variable de formes et de dimensions ;

2° Les coussinets qui embrassent le tourillon de l'arbre, en lui permettant de tourner librement, mais sans jeu,

3° Le chapeau qui les recouvre et les tient appuyés contre le tourillon au degré convenable, sans les serrer.

Nous avons donc à examiner ces trois parties séparément et à indiquer les proportions qu'il convient de leur donner.

Nous nous occupons ensuite d'une nature particulière de paliers que l'on désigne, dans la mécanique appliquée, sous le titre général de *paliers-graisseurs*. Tout palier, boitard ou crapaudine, et en général tout organe destiné à supporter ou à guider un axe tournant, est toujours muni d'une disposition quelconque appropriée à la lubrification du tourillon qu'il embrasse ; mais comme cette fonction s'accomplit ordinairement mal avec les procédés habituels, on s'est appliqué à l'étude des moyens qui permettent, au contraire, un graissage régulier, en rapport avec la vitesse du tourillon, et qui conservent le mieux possible la matière lubrifiante. Ce sont les appareils qui, perfectionnés spécialement en ce sens, constituent les *paliers-graisseurs* proprement dits.

Nous commençons par décrire le palier simple pour axe horizontal, comme étant le genre d'organe le plus généralement employé pour support d'arbre mobile, et au point de vue de ses dimensions comparées avec celles du tourillon auquel il est appliqué.

A cet effet, nous avons choisi et arrangé un bon modèle, sur lequel s'appliquent les modules ou formules pratiques qui en déterminent les dimensions en rapport avec la force ou le diamètre du tourillon. Ce type présente une grande solidité, et en même temps un bel aspect ; aussi, depuis sa publication dans le Xe vol. de notre Recueil industriel, il a été adopté par plusieurs constructeurs.

DESCRIPTION DU PALIER TYPE.

(FIG. 1 A 4, PLANCHE 12.)

Disposition générale. — Le corps A de ce palier est assez élevé pour retenir, à la fois, les deux coussinets B et B′ ; son chapeau G n'est pénétré que d'une légère quantité par le coussinet supérieur B′ ; l'encastrement est limité de chaque côté par deux talons *a*, qui reposent sur le corps, de façon à laisser une partie évidée à l'endroit des boulons ; il en résulte que le serrage de ceux-ci s'exerce en ces deux points, et non pas sur le tourillon.

On remplace quelquefois les deux talons par des cales de bois, dont on diminue l'épaisseur au fur et à mesure de l'usure des coussinets. Dans tous les cas, on doit se garder d'y laisser porter le chapeau exclusivement, car il peut en résulter deux inconvénients : le premier, de trop serrer le tourillon, et le second, de faire porter le chapeau à faux, et, par suite, de le faire rompre.

Les coussinets ne sont pas fixés à demeure dans le corps du palier et dans le chapeau ; ils y sont maintenus de façon qu'ils n'en puissent sortir, ni tourner sous l'influence du mouvement de rotation de l'arbre. On a imaginé bien des combinaisons pour atteindre ce double résultat : nous indiquons plus loin les principales.

On trouve de l'économie à tourner la surface extérieure des coussinets, ce qui permet d'aléser facilement l'intérieur du palier sur le tour. Mais cette forme cylindrique leur laisse plus de facilité pour céder au mouvement de rotation. Aussi, lorsqu'on adopte ce mode d'ajustement, on est obligé de rapporter à l'un des coussinets une nervure, ou un fort goujon, qui rentre dans un trou préalablement pratiqué dans le corps du palier.

Pour empêcher le glissement dans le sens de l'axe du tourillon, on fait les coussinets avec ou sans *joues* ou rebords. Avec des joues, les coussinets sont parfaitement maintenus sur toute la circonférence ; mais ces joues ne permettant pas de voir le contact des coussinets avec le corps du palier, il peut rester quelque incertitude sur le degré de perfection de leur ajustement. En supprimant les joues, au contraire, on est sûr de l'ajustement ; mais il faut alors rapporter une clavette ou leur ménager une nervure pour les tenir en place, et, dans ce dernier cas, on se crée une autre difficulté d'ajustement.

Tout compte fait, et à l'aide des procédés perfectionnés de travail, on préfère, assez généralement, surtout dans les forts paliers, adopter les joues et une forme prismatique pour l'extérieur des coussinets, afin d'éviter toute espèce de pièces de rapport. Cependant, pour les paliers de petites dimensions, on peut employer aussi, avec quelque avantage, la forme cylindrique et les joues.

Dans le palier type représenté fig. 1, le coussinet inférieur est ajusté suivant un demi-octogone à peu près régulier, et celui supérieur a la forme d'un rectangle d'une largeur égale au cercle inscrit dans l'octogone ; cette forme permet de rendre le chapeau presque plat, et de faire sa jonction avec le corps au-dessus des coussinets.

Néanmoins, la forme rectangulaire n'a besoin d'exister que sur les bords ; l'intervalle compris entre les points d'ajustement peut être à pans ou d'une autre forme, et présenter des évidements pour diminuer le poids.

Les joues du coussinet inférieur sont demi-circulaires, et celles du coussinet supérieur de forme rectangulaire comme lui-même.

Les boulons *d*, qui fixent le chapeau, traversent le corps du palier de part en part ; leur tête est en bas et s'appuie contre un bossage ménagé dans un évidement carré pratiqué sous la semelle. Cet évidement n'a d'autre objet que d'alléger la pièce, ce que l'on peut faire sans danger dans la limite indiquée par le dessin ; il est évident que cette particularité ne présente véritablement d'intérêt que pour les fortes pièces.

Les trous nécessaires pour le passage des boulons peuvent venir bruts de fonte, à la condition d'être rectifiés après coup. Il est bon, dans ce cas, de leur ménager des évidements pour n'avoir qu'à toucher aux extrémités. Pour les petits paliers, où les boulons sont d'un diamètre très-réduit, des mécaniciens préfèrent souvent les percer entièrement à froid, ce qui est plus facile que de les rectifier.

Les trous *m* pratiqués dans la semelle pour le passage des boulons qui doivent l'assujétir, sont légèrement allongés, afin de laisser une certaine latitude dans la pose du palier, pour le centrer avec exactitude.

Un palier d'une dimension un peu importante, se monte, généralement, sur une plaque de fonte entre deux ergots d'une saillie correspondant à l'épaisseur de la semelle, la longueur de cette dernière étant inférieure à l'écartement des ergots, on chasse, à chaque extrémité, un coin au moyen duquel on règle la position du palier, après quoi on serre les écrous des boulons.

Le palier type, fig. 1, présente, sous le rapport du raccord de la semelle avec le corps, une forme particulière qui nous semble conforme avec la nature des efforts qui tendent à rompre la pièce : nous voulons parler des grands congés latéraux dans lesquels pénètrent les demi-colonnes des boulons, et qui se terminent par des plans inclinés prolongés jusqu'aux extrémités de la semelle.

Il est évident que c'est surtout vers ces deux points que les ruptures peuvent se manifester, en raison même de la direction des efforts, et à cause des évidements nécessaires pour loger les têtes des deux boulons.

Nous admettons, en conséquence, que le rayon du congé soit à peu près égal à la distance qui sépare le centre du tourillon de la semelle, moins une légère différence pour former le plan incliné. On peut arriver ainsi à diminuer l'épaisseur générale de la semelle et répartir la résistance d'une manière plus uniforme.

Graissage des coussinets. — Le graissage est une chose très-importante qui a donné lieu à bien des combinaisons, ayant toutes pour but de rendre cette opération facile, régulière et constante. Les dispositions particulières que l'on a imaginées à ce sujet, portent généralement, comme nous l'avons dit, le nom de paliers-graisseurs et font l'objet d'un article spécial dans ce chapitre.

En dehors de ces moyens particuliers de graissage, les paliers bien montés sont munis d'un godet H, disposé pour recevoir une mèche de coton *b*, qui, fonctionnant comme un siphon, laisse écouler l'huile goutte à goutte sur le tourillon. Le trou dans lequel pénètre la mèche de coton traverse le chapeau et le coussinet supérieur, où il se termine par une fraisure conique de laquelle partent quatre rainures ou rigoles *c*, qui se croisent sur la surface intérieure des coussinets et permettent à l'huile de circuler mieux que si elle ne devait s'y introduire que par le jeu insensible laissé par le tourillon. Comme les coussinets forment deux pièces séparées, la communication des rigoles se trouve établie de l'une à l'autre, par quatre chanfreins *i* ménagés dans le joint, et qui forment, lorsque les deux pièces sont réunies, une rigole angulaire par laquelle l'huile circule parallèlement à l'axe du tourillon.

Quant au godet graisseur lui-même, il peut être fondu de la même pièce avec le chapeau, comme on le verra dans plusieurs autres modèles décrits plus loin; ou bien, il est en bronze, comme nous l'avons supposé sur les fig. 1 et 4, et, par conséquent, fondu à part du chapeau G. Il s'y rapporte alors au moyen d'un taraudage au-dessous duquel le trou, qui communique avec l'intérieur des coussinets, s'évase pour servir de récipient d'huile intermédiaire. Le godet doit être muni d'un couvercle *j*, rendu solidaire par un assemblage à charnière. Pour réunir le conduit du chapeau avec celui du coussinet supérieur, on y ajuste un petit appendice de bronze *k*, qui empêche toute solution de continuité dans le passage de l'huile.

Composition des coussinets. — Les coussinets que l'on rapporte dans les paliers, les chaises ou les supports, sont le plus généralement en bronze, composé de 20 parties de cuivre, et 80 parties d'étain.

Cependant, par raison d'économie, on en fait quelquefois en fonte de fer ou en bois dur : nous en donnerons des exemples; on en fait encore en métal dit *anti-friction*, que nous montrerons appliqué dans plusieurs cas particuliers. Ce métal, importé en 1844, par M. Waucher, de Strubing, se compose généralement de 4 parties d'étain, 6 parties de zinc, et 1/4 à une partie d'antimoine fondu.

La quantité d'antimoine, comme aussi la proportion des deux autres métaux, est variable selon le degré de dureté que l'on veut donner à l'alliage, lequel a l'avantage de pouvoir, à l'état de fusion, être immédiatement coulé sur place dans les parties d'ajustement où il doit fonctionner.

PROPORTIONS DES PALIERS ET DE LEURS COUSSINETS.

Pour déterminer les dimensions des différentes parties qui constituent un palier, il est indispensable de connaître d'abord le diamètre et la longueur du tourillon de l'arbre qu'il doit recevoir. Non-seulement les dimensions des coussinets en dépendent, mais encore celles du corps du palier et de son chapeau.

Il ne paraît pas possible d'établir une relation fixe entre le diamètre du tourillon de l'arbre et celui des boulons de serrage, parce qu'un même arbre peut correspondre à une infinité d'efforts de traction directe, tandis qu'il résiste à un effort de torsion qui, pour une même force, varie suivant la distance à laquelle cette force agit du centre de rotation; d'où il résulte que, quelle que soit cette distance, l'effet reste constant comme la force par rapport au palier.

Pour former une série de paliers, dont toutes les proportions soient établies d'avance, on ne peut faire autre chose que d'adopter aussi une série de boulons correspondant à celle des différents diamètres de tourillons, sauf à faire une estimation directe, comme vérification, de l'effort de traction pour chaque application, quand on pense se trouver dans une circonstance exceptionnelle.

D'après cela, les proportions de toutes les parties d'un palier sont rapportées, d'une part, au diamètre du tourillon de l'arbre, et de l'autre, à celui des boulons du chapeau.

Dans les formules pratiques que nous avons établies à ce sujet, nous avons désigné (fig. 1) par :

D, le diamètre du tourillon de l'arbre, lequel est naturellement le même que le diamètre intérieur des coussinets;

d, le diamètre des boulons qui retiennent le chapeau sur le palier;

L, la longueur ou portée des coussinets qui est celle même du tourillon;

e et e', leurs épaisseurs minima et maxima;

f et f', la saillie et l'épaisseur des joues;

L', la largeur du corps du palier;

l' et F, la largeur et l'épaisseur de sa semelle;

C et C', les épaisseurs du chapeau;

E, l'écartement de ses boulons;

E', la distance des boulons de fondation.

Dimensions rapportées au tourillon. — *Épaisseur des coussinets.* — Pour les règles qui suivent, nous admettons que les coussinets soient toujours en bronze. Lorsqu'ils sont taillés extérieurement suivant des faces plates, comme dans le modèle, fig. 1 à 4, pl. 12, il est assez général de rendre les épaisseurs opposées à l'ouverture, plus fortes que celles qui correspondent à cette partie; on suppose que les coussinets s'usent davantage dans le sens perpendiculaire à l'ouverture que parallèlement à cette direction; cette usure serait égale pour chaque point de la surface intérieure des coussinets, si le mouvement de l'arbre était parfaitement régularisé. Mais comme il est rare que l'on puisse compter sur une perfection semblable, et qu'un effort maximum peut être considéré suivant l'axe des boulons, on augmente l'épaisseur du métal dans cette direction. Toutefois, cette observation ne s'applique réellement que pour les dimensions un peu grandes; dans bien des cas, les coussinets étant tournés extérieurement, leur épaisseur est uniforme.

L'épaisseur des coussinets ne peut pas être exactement proportionnelle au diamètre du tourillon, attendu que la règle, qui la fixerait ainsi donnerait des valeurs trop faibles pour les petits diamètres et trop fortes pour les grands.

En examinant avec soin les proportions que l'on est dans l'habitude d'adopter en pratique, on trouve que les épaisseurs minima et maxima se déterminent approximativement par les relations suivantes :

$$e = 0{,}07\ D + 4\ \text{mill.},\quad e' = 0{,}11\ D + 4\ \text{mill.}$$

L'épaisseur moyenne devient alors environ la 1/11e partie du diamètre du tourillon, augmentée de 4 millimètres.

Saillie et épaisseur des joues. — Ces deux dimensions ne présentent pas une importance bien grande. Il est cependant utile de convenir de leurs valeurs, afin de créer une certaine harmonie dans toutes les parties du palier. On peut adopter, en général, pour la saillie et son épaisseur :

$$f \text{ et } f' = 0{,}1\ D,$$

c'est-à-dire, la 1/10e partie du diamètre du tourillon.

Portée des coussinets. — La longueur des coussinets correspond exactement à celle du tourillon de l'arbre qu'ils embrassent. On sait que cette longueur n'est pas constamment proportionnelle au diamètre. Elle varie, comme nous l'avons fait voir, selon les applications mêmes des arbres et peut être comprise entre 1 fois et 2 fois le diamètre.

Nous admettons, comme la plus ordinaire, la proportion une fois et demie, soit :

$$L = 1{,}5\ D.$$

Largeur du palier. — La largeur L′ du corps du palier est égale à la distance comprise entre les joues des coussinets. Elle est donc généralement exprimée par la portée totale diminuée de la somme des épaisseurs des joues, soit alors :

$$L' = L - 2f.$$

Ainsi, dans le cas où, comme dans notre modèle, la portée égale 1,5 D, la largeur du corps devient naturellement :

$$L' = 1{,}3\ D.$$

Lorsque les coussinets n'ont pas de saillies, ou lorsque les joues sont encastrées dans la fonte, la largeur L' est, d'après cela, égale à la portée des coussinets.

Épaisseur du palier. — Les parties dressées, sur lesquelles s'ajustent les joues des coussinets, sont des saillies spécialement réservées à cet effet, et qui forment en quelque sorte des bossages ayant extérieurement le même contour que les joues, plus un léger excédant, afin que, si les centres ne se rapportaient pas avec une parfaite exactitude, les joues puissent néanmoins s'appliquer partout sans désaffleurer.

Ces parties saillantes permettent donc d'ajuster les rebords des coussinets sans être obligé de dresser le corps du palier sur les faces entières. On peut aussi, en les augmentant agrandir la portée, dans de certaines limites, sans faire subir au corps la même variation, ce qui économise du poids, sans altérer pour cela la stabilité de l'ensemble.

Dans le modèle représenté, nous admettons que l'épaisseur du corps proprement dit est :

$$l = 1{,}05\ \mathrm{D},$$

d'où la saillie de chaque côté égale :

$$\frac{\mathrm{L'} - l}{2} = \frac{(1{,}3 - 1{,}05)\ \mathrm{D}}{2} = 0{,}125\ \mathrm{D}.$$

Largeur de la semelle. — On donne quelquefois à la semelle une largeur qui excède beaucoup l'épaisseur du corps. Mais, sauf les cas particuliers qui peuvent se présenter dans la pratique, elle peut n'être que légèrement plus grande, sans compromettre pour cela la stabilité du palier.

Nous faisons cette largeur égale au diamètre du tourillon, augmenté d'un cinquième, soit alors :

$$l' = 1{,}2\ \mathrm{D}.$$

Épaisseur autour des boulons du chapeau. — Pour déterminer cette épaisseur, désignée par r', il est bon de considérer que la grosseur des boulons n'est pas proportionnelle au diamètre du tourillon, et que ces boulons sont plus forts, relativement, pour les petits arbres que pour les gros; si l'on ne tenait compte de cette particularité, la résistance latérale du palier, pour les grands diamètres, serait trop faible, en admettant la même règle que pour les petits.

En comptant, au contraire, l'épaisseur depuis le centre des boulons, quel que soit le diamètre de ceux-ci, le corps du palier conserve toujours son aspect extérieur dans toutes les dimensions possibles, et même pour les paliers à quatre boulons où l'inconvénient que nous venons de signaler deviendrait très-sensible.

En résumé, cette épaisseur r', du bord extérieur des coussinets au centre de chaque boulon, et, par conséquent, de la demi-colonne qui l'entoure, peut être égale au 35/100 du diamètre D du tourillon, augmenté de 5 millimètres, soit :

$$r' = 0{,}35\ \mathrm{D} + 5 \text{ millimètres}.$$

Cette valeur r' s'applique particulièrement à la forme de palier type que nous avons adoptée; elle serait trop faible pour des paliers dont le chapeau pénètre presque jusqu'au centre des coussinets.

Distance des centres de ces boulons. — Cette distance E est déterminée par la somme de celles D, e et r' auxquelles elle correspond exactement. En faisant cette somme d'avance, on peut facilement exécuter le tracé de tous les paliers d'une série.

On trouve donc par l'addition des valeurs de D, e et r' :

$$E = 1{,}84\ D + 18 \text{ millimètres.}$$

Distance des boulons de la semelle. — La liaison de la semelle avec le corps devant former un tout parfaitement rigide, les boulons qui fixent le palier ont à supporter un effort égal à celui des boulons du chapeau, et ont comme tels le même diamètre.

Pour obtenir cette rigidité, tout en économisant la quantité de matière employée dans la construction, il est nécessaire de limiter convenablement l'écartement des boulons ; on ne doit pas les éloigner par trop, de même qu'il est avantageux aussi de conserver au palier un empattement suffisant. Ces deux conditions sont bien remplies en portant l'écartement des boulons de la semelle à un peu plus du double de celui des boulons du chapeau.

Nous croyons pouvoir, sans erreur, adopter la relation suivante :

$$E' = 4{,}25\ D + 42 \text{ millimètres,}$$

valeur qu'il vaudrait mieux restreindre que de dépasser, s'il était nécessaire de la modifier pour un cas particulier.

Dimensions rapportées au boulon. — *Épaisseur du chapeau.* — L'épaisseur minima du chapeau est à l'endroit du boulon; celle maxima se trouve dans l'axe même du palier. En supposant, comme on l'a fait ici, qu'il n'y ait pas de *serrage* libre, c'est-à-dire, que les boulons ne puissent jamais tirer à vide de façon à faire exercer la totalité de leur effort sur le tourillon, on peut réduire notablement l'épaisseur du chapeau, sans craindre de le rompre par l'effet d'un serrage inégal.

Désignant par C et C' les épaisseurs minima et maxima du chapeau, et par d le diamètre de ses boulons, nous adoptons les valeurs suivantes, pour les paliers à deux boulons :

$$C = 2\ d, \text{ et : } C' = 2{,}15\ d.$$

Hauteur ou épaisseur du palier. — L'épaisseur C'' du corps du palier, au-dessous des coussinets, quand elle ne dépend pas d'une hauteur de centre donnée, doit égaler celle maxima C' du chapeau. Par conséquent :

$$C'' = 2{,}15\ d.$$

Pour les paliers à quatre boulons, nous admettons :

$$C = 2{,}2\ d + 10 \text{ mill.}, \quad C' \text{ et } C'' = 2{,}4\ d + 10 \text{ mill.}$$

Cela revient à peu près, pour les paliers moyens de la série, à multiplier les précédentes valeurs par la racine carrée de 2, rapport entre les diamètres de deux boulons dont les sections seraient entre elles dans le rapport de 1 à 2.

Épaisseur de la semelle. — La forme donnée au palier type dispense, avec avantage, de donner à la semelle une grande épaisseur. Elle ne fait, du reste, que figurer dans toute sa longueur par une légère saillie, et son épaisseur réelle F n'existe de fait qu'aux extrémités, à l'endroit des boulons, où se trouve encore un bossage en plus pour recevoir l'écrou et pour compenser la perte de section par l'effet du trou.

On a, pour les paliers à deux boulons :

$$F = d + 5 \text{ mill.}$$

C'est-à-dire que l'épaisseur de la semelle est égale au diamètre du boulon augmenté de 5 mill.

Et, pour les paliers à quatre boulons :

$$F = 1{,}3\ d + 5 \text{ mill.}$$

Épaisseur de la fonte autour du boulon.—Cette dimension, n'étant importante qu'à cause du diamètre de l'écrou, suit une règle uniforme pour les paliers à deux et à quatre boulons.

Il faut que le diamètre de la demi-colonne soit au moins égal à celui du cercle circonscrit à l'écrou, c'est-à-dire, au moins le double de celui du boulon.

Ainsi, on fait le rayon de la demi-colonne :

$$r = d + 3 \text{ mill.},$$

d'où l'épaisseur du métal est :

$$0{,}5\ d + 3 \text{ mill.},$$

c'est-à-dire, égale à *la moitié du diamètre augmenté de 3 millimètres.*

Tables des dimensions principales des paliers. — Les formules pratiques que nous venons de résumer, nous ont servi à calculer les tables XIVe et XVe, qui donnent les dimensions des paliers composant deux séries successives, dont la première comprend les diamètres des tourillons variant de 30 millimètres à 230, avec les boulons correspondants de 12,5 à 45 millimètres, et la seconde comprend les diamètres des tourillons de 0^m,240 à 0^m,500, avec les boulons correspondants de 45 à 85 millim.

Nous ferons remarquer seulement que nous avons admis, dans la formation de ces tables, que jusqu'au diamètre de tourillon de 0^m,140, les paliers n'ont que deux boulons au chapeau et aux semelles, mais qu'au-dessus de ce diamètre, il doit exister quatre boulons pour le chapeau et autant pour la semelle, ce qui explique pourquoi les diamètres des boulons de cette partie de la série, sont relativement plus faibles.

Ces tables comprennent, d'ailleurs, deux parties, en regard l'une de l'autre; celle de gauche est relative aux dimensions calculées d'après les diamètres des tourillons, et l'autre aux dimensions qui se rapportent aux diamètres des boulons correspondants.

XIVᵉ

TABLE

DES DIMENSIONS PRINCIPALES DES PALIERS POUR DES TOURILLONS DE 0m,030 A 0m,230.

DIAMÈTRE des tourillons. D	DIMENSIONS RAPPORTÉES AU DIAMÈTRE DU TOURILLON.					ÉCARTEMENT des boulons	
	Portée du tourillon. L	Portée entre les joues. L′	Largeur de la semelle. l'	Épaisseur du corps. l	Épaisseur entre le boulon et le coussinet. r'	du chapeau. E	de la semelle. E′
mill.	mill.	mill.	mill.	mill.	mill.	mill.	mill.
30	45	39	36	31	15.5	73	169
35	52.5	45.5	42	36	17	82	190
40	60	52	48	42	19	91	212
45	67.5	58.5	54	47	21	100	233
50	75	65	60	52	22.5	110	254
55	82.5	71.5	66	57	24	119	275
60	90	78	72	63	26	128	297
65	97.5	84.5	78	68	28	137	318
70	105	91	84	73	29.5	146	339
75	112.5	97.5	90	78	31	156	360
80	120	104	96	84	33	165	382
85	127.5	110.5	102	89	35	174	403
90	135	117	108	94	36.5	183	424
95	142.5	123.5	114	99	38	192	445
100	150	130	120	105	40	202	467
110	165	143	132	115	43.5	220	517
120	180	156	144	126	47	238	552
130	195	169	156	136	50.5	257	594
140	210	182	168	147	54	275	617
150	225	195	180	157	57	294	679
160	240	208	192	168	61	312	722
170	255	221	204	178	64	330	764
180	270	234	216	189	68	349	807
190	285	247	228	199	71	367	849
200	300	260	240	210	75	386	892
210	315	273	252	220	78	404	934
220	330	286	264	231	82	422	977
230	345	299	276	241	85	441	1019

Tracé graphique. — La fig. A est un tracé graphique à l'aide duquel on obtient les mêmes résultats qu'avec les formules précédentes ; nous n'avons pu, il est vrai, lui donner toute l'étendue désirable ; mais la simplicité même de cette figure permet d'en augmenter l'étendue très-facilement, puisqu'il suffit de prolonger les lignes qu'elle renferme.

L'échelle verticale MN représente les diamètres des tourillons de 0 à 300 millimètres ;

XIVe

TABLE

DES DIMENSIONS PRINCIPALES DES PALIERS. (Suite.)

DIMENSIONS rapportées au diamètre du tourillon. COUSSINETS. ÉPAISSEURS minima. e	ÉPAISSEURS maxima. e'	JOUES. Saillie et épaisseur. f et f'	DIAMÈTRE des boulons du chapeau et de la semelle. d	DIMENSIONS RAPPORTÉES AU BOULON. Épaisseur minima du chapeau C	Épaisseur maxima du chapeau et du corps du palier au-dessous des coussinets. C' et C''	Épaisseur minima de la semelle F	Rayon de la colonne. r
mill.	mill.	mill.	mill.	mill.	mill.	mill.	mill.
6	7	3	12.5	25	27	17	15.5
6.5	8	3.5	12.5	25	27	17	15.5
7	8.5	4	15	30	32	20	18
7	9	4.5	15	30	32	20	18
7.5	9.5	5	17.5	35	38	22	20.5
8	10	5.5	17.5	35	38	22	20.5
8	10.5	6	20	40	43	25	23
8.5	11	6.5	20	40	43	25	23
9	12	7	22.5	45	48	27	25.5
9	12	7.5	22.5	45	48	27	25.5
9.5	13	8	25	50	54	30	28
10	13	8.5	25	50	54	30	28
10	14	9	27.5	55	59	32	30.5
10.5	14.5	9.5	27.5	55	59	32	30.5
11	15	10	30	60	64.5	35	33
11.5	15	11	30	60	64	35	33
12	17	12	32.5	65	70	37	35.5
13	18	13	32.5	65	70	37	35.5
13.5	19	14	35	70	75	40	38
14.5	20.5	15	30	76	82	44	33
15	21.5	16	30	76	82	44	33
16	22.5	17	35	87	94	50	38
16.5	24	18	35	87	94	50	38
17	25	19	40	98	106	57	43
18	26	20	40	98	106	57	43
19	27	21	40	98	106	57	43
19.5	28	22	45	109	118	63	48
20	29	23	45	109	118	63	48

La ligne supérieure horizontale N O donne les dimensions correspondantes du palier, pour les valeurs e, e' f, f' et r' ;

L'échelle OP correspond aux diamètres des boulons de 0 à 60 millimètres ;

Et la ligne horizontale inférieure PM les dimensions qui s'y rapportent, comme C, C', C'', F et r.

On a déjà vu précédemment combien il est aisé de faire usage d'un pareil tracé. Il suffit, en effet, de mesurer la longueur de chaque ligne horizontale qui passe par

XVe

TABLE

DES PRINCIPALES DIMENSIONS DES PALIERS, POUR DES TOURILLONS DE 0m,240 A 0m,500.

DIAMÈTRE des tourillons.	DIMENSIONS RAPPORTÉES AU DIAMÈTRE DU TOURILLON.						
	Portée du tourillon.	Portée entre les joues.	Largeur de la semelle.	Épaisseur du corps.	Épaisseur entre le boulon et le coussinet.	ÉCARTEMENT des boulons du chapeau.	ÉCARTEMENT des boulons de la semelle.
D	L	L′	l'	l	r'	E	E′
mill.	mill.	mill.	mill.	mill.	mill.	mill.	mill.
240	360	312	288	252	89	459	1.062
250	375	225	300	262	92	478	1.104
260	390	338	312	273	96	496	1.147
270	405	351	324	283	99	514	1.189
280	420	364	336	294	103	533	1.232
290	435	377	348	304	106	551	1.274
300	450	390	360	315	110	570	1.317
310	465	403	372	325	113	588	1.359
320	480	416	384	336	117	606	1.402
330	495	429	396	346	120	625	1.444
340	510	442	408	357	124	643	1.487
350	525	455	420	367	127	662	1.529
360	540	468	432	378	131	680	1.572
370	555	481	444	388	134	698	1.614
380	570	494	456	399	138	717	1.657
390	585	507	468	409	141	735	1.699
400	600	520	480	420	145	754	1.742
410	615	533	492	430	148	772	1.784
420	630	546	504	441	152	790	1.827
430	645	559	516	451	155	809	1.869
440	660	572	528	462	159	827	1.912
450	675	585	540	472	162	846	1.954
460	690	598	552	483	166	864	1.997
470	705	611	564	493	169	882	2.039
480	720	624	576	504	173	901	2.082
490	735	637	588	514	176	919	2.124
500	750	650	600	525	180	938	2.167

le degré proposé, dans sa partie interceptée par les droites angulaires partant, soit du point M, soit du point O, et de reporter la quantité trouvée sur l'échelle NO, pour les dimensions principales rapportées aux tourillons, et sur l'échelle PM pour les autres, le tout exprimé en millimètres.

Ainsi, on peut voir comment l'horizontale, passant par le degré 100 de la ligne MN des tourillons, rencontre les différentes obliques qui partent du point M : en o, o' et o^2, et comment par ces points d'intersection, en suivant les verticales qui s'arrêtent sur

XVe TABLE

DES DIMENSIONS PRINCIPALES DES PALIERS. (Suite.)

DIMENSIONS rapportées au diamètre du tourillon. — COUSSINETS. — ÉPAISSEURS — minima.		JOUES. — Saillie et épaisseur.	DIAMÈTRE des boulons du chapeau et de la semelle.	DIMENSIONS RAPPORTÉES AU BOULON. — Épaisseur minima du chapeau.	Épaisseur maxima du chapeau et du corps du palier au-dessous des coussinets.	Épaisseur minima de la semelle.	Rayon de la colonne.
minima.	maxima.	Saillie et épaisseur.	de la semelle.	chapeau.	coussinets.	la semelle.	la colonne.
e	e'	f et f'	d	C	C′ et C″	F	r
mill.	mill.	mill.	mill.	mill.	mill.	mill.	mill.
21	30	24	45	109	118	63	48
21.5	31.5	25	50	120	130	70	53
22	32.5	26	50	120	130	70	53
23	33.5	27	50	120	130	70	53
23.5	35	28	55	131	142	76	58
24	36	29	55	131	142	76	58
25	37	30	55	131	142	76	58
25.5	38	31	60	142	154	83	63
26	39	32	60	142	154	83	63
27	40	33	60	142	154	83	63
28	41.5	34	65	153	166	89	68
28.5	42.5	35	65	153	166	89	68
29	43.5	36	65	153	166	89	68
30	44.5	37	70	164	178	95	73
30.5	46	38	70	164	178	95	73
31	47	39	70	164	178	95	73
32	48	40	75	175	190	102	78
32.5	49	41	75	175	190	102	78
33	50	42	75	175	190	102	78
34	51	43	80	186	202	109	83
35	52	44	80	186	202	109	83
25.5	53.5	45	80	186	202	109	83
36	54.5	46	80	186	202	109	83
37	55.5	47	85	197	214	115	88
37.6	57	48	85	197	214	115	88
38	58	49	85	197	214	115	88
39	59	50	85	197	214	115	88

l'échelle NO, on obtient les nombres 11, 15 et 40 millimètres pour les valeurs correspondant aux dimensions e, e' et r'.

On trouve de même que l'horizontale tirée du diamètre 30 de la ligne OP des boulons rencontre en t, t', u, u', etc., les diagonales partant de O, et que les verticales abaissées de ces points sur PM donnent les quantités 33, 44, 60 et 64 pour les valeurs de r, F, C, C′ et C″.

Nous n'insistons pas davantage sur l'usage de ce tableau graphique, qui peut être d'autant plus exact et plus lisible qu'il sera exécuté sur une plus grande échelle, comme nous avons eu le soin de recommander de faire les précédents.

Nous allons indiquer maintenant quelques-unes des variétés de formes sous lesquelles se présente en pratique le palier simple, et dont les applications sont analogues à celles du palier type.

DESCRIPTION DE DIVERS SYSTÈMES DE PALIERS.

(PLANCHES 12 ET 13.)

FORT PALIER A QUATRE BOULONS, FIG. 7 ET 8. — Ce palier ne se distingue pas par cette seule particularité d'avoir quatre boulons pour fixer le chapeau, il présente aussi plusieurs conditions essentielles :

1° Il est disposé pour une machine à vapeur horizontale;

2° Il est fondu de la même pièce que le bâti, et, par conséquent, sans semelle qui lui soit propre;

3° Les boulons sont à deux écrous, dont celui inférieur forme la tête.

Suivant la disposition transversale de l'action à laquelle il est soumis, il se trouve relié, en effet, latéralement avec la masse du bâti par deux écoinçons *a*, qui sont formés simplement par la prolongation du bâti accompagné de ses propres nervures. Non-seulement, cette disposition convient pour la résistance de l'ensemble de la pièce, mais elle est aussi indispensable pour que les pressions horizontales n'exercent aucune influence sur la section transversale des boulons qui se présentent aussi nécessairement de la façon la moins favorable à la résistance, toujours, bien entendu, dans l'hypothèse que la machine peut exercer accidentellement dans cette direction un maximum d'effort, par suite d'une irrégularité possible.

L'emploi de quatre boulons est, pour ce cas, justifié autant par le diamètre du tourillon que par la forme du palier lui-même. Comme il est placé symétriquement par rapport au bâti dont le panneau occupe le milieu de l'épaisseur, si l'on n'adoptait que deux boulons, il faudrait, pour les mettre en place, soit les tarauder dans la fonte, ce qui est inadmissible, particulièrement pour les grandes dimensions, soit les retenir au moyen de clavettes transversales pénétrant dans les demi-colonnes, soit encore en ménageant dans le bâti des ouvertures pour introduire une clavette ou l'écrou inférieur; car, dans tous les cas, les boulons ne peuvent avoir de tête fixe, à moins de les prolonger, ainsi que les trous, jusqu'à la partie inférieure du bâti.

En adoptant, au contraire, quatre boulons, ils se trouvent répartis de chaque côté du panneau du bâti et deviennent très-faciles à mettre à leur place; et si la largeur verticale de ce dernier est supérieure à la longueur totale des boulons, ils peuvent être introduits par dessous et avoir une tête fixe, au lieu de l'écrou inférieur *b* qui doit en tenir lieu dans le cas contraire, ainsi que l'indiquent les fig. 7 et 8.

Nous avons supposé ici tous les ajustements de même nature que dans le palier type, à l'exception du coussinet inférieur B, dont l'ajustement est circulaire, au lieu d'être à pans. Nous signalerons encore une petite modification qui a été apportée à la structure du chapeau, en vue d'économiser du poids. Sa face supérieure est plate et armée de deux nervures *c*, qui se raccordent avec les bossages ronds sur lesquels reposent les écrous; un bossage central relié avec ces deux nervures a été aussi réservé pour recevoir le godet graisseur.

Pour les paliers de fortes dimensions, comme celui-ci, on met souvent double écrou à chaque boulon du chapeau, de crainte qu'ils ne se desserrent d'eux-mêmes, par suite des mouvements vibratoires imprimés par la machine; cette précaution est surtout usitée dans les locomotives, où l'on ajoute encore des goupilles traversant le corps du boulon au-dessus de l'écrou, et même des écrous munis d'une embase taillée en forme de rochet avec un cliquet qui s'engage dans la denture (p. 15). L'application de ce système se rencontre aussi dans les machines de bateaux à vapeur.

Palier avec boulons a deux serrages, fig. 9 et 10. — Lorsqu'un palier doit être monté sur un emplacement d'une étendue assez restreinte pour ne pas permettre le développement latéral de la semelle, on dispose les boulons pour servir à deux fins, c'est-à-dire, fixer, indépendamment l'un de l'autre, le chapeau et le corps du palier, dont la largeur totale se trouve ainsi limitée à l'extérieur des demi-colonnes.

Il suffit pour cela de ménager aux boulons une embase intermédiaire *a* à la hauteur de l'ouverture du chapeau, où cette embase est encastrée dans le corps du palier; les deux bouts étant taraudés et munis chacun d'un écrou, on peut, d'un côté, fixer le palier sur le bâti qui doit le recevoir, et de l'autre, retenir le chapeau, ces deux fonctions étant indépendantes l'une de l'autre.

Les fig. 9 et 10 représentent un palier disposé pour des arbres de transmission et qui se fixe sur une console en fonte I, attachée elle-même à une colonne en fonte ou contre un mur. Tout, dans cette application, conduit à diminuer la largeur totale du palier, tant pour l'aspect général que pour la saillie de la console, dont la portée naturelle est parfois considérable à cause du diamètre des poulies ou des engrenages.

L'arbre auquel il est destiné étant animé d'une grande vitesse, la portée de ses coussinets est très-considérable et double du diamètre de l'ouverture. L'ajustement de ces derniers se fait au tour, attendu qu'ils sont complétement cylindriques; et comme il existe des évidements qui permettent de n'ajuster que les extrémités, on a pu réserver, sans obstacle pour le tournage, deux bossages *c* et *d*, l'un raccordant le conduit du graisseur, et l'autre pénétrant dans le corps du palier pour empêcher les coussinets de tourner. Les rebords ont une saillie assez forte, mais tournée en forme de talon, ce qui est d'un très-bon effet.

La grande largeur du palier et sa position sur la console I, relativement à son panneau, ont fait adopter quatre boulons. Le couvercle du graisseur est muni d'un ressort *e*, qui, en s'appuyant contre un petit talon *f*, le tient constamment fermé. Le chapeau n'a pas d'aussi fortes dimensions que les précédents, parce que l'effort est dirigé de haut en bas, comme cela a lieu avec les arbres placés vers la partie supérieure d'un atelier, et commandant, au moyen de courroies, des outils placés en contre-bas.

XVIe

TABLE

DES PRINCIPALES DIMENSIONS DES PALIERS ADOPTÉS DANS LES ATELIERS DE MM. CAIL ET Ce.

DIAMÈTRE des TOURILLONS.	COUSSINETS.			CORPS DU PALIER.			ÉPAISSEUR du CHAPEAU.
	Portée.	Largeur.	Hauteur.	Épaisseur.	Hauteur.	Largeur en dehors des colonnes.	
mill.	mill.	mill.	mill.	mill.	mill.	mill.	mill.
50	63	66	70	60	137	168	36
55	68	71	76	65	152	178	42
60	73	78	82	70	161	190	44
65	74	84	90	71	174	208	48
70	87	90	96	84	186	220	52
75	93	95	104	90	196	234	55
80	98	102	110	95	210	248	58
85	103	107	116	100	220	265	63
90	111	113	122	108	230	276	65
95	117	120	130	114	242	290	70
100	123	130	134	120	255	308	70
105	129	130	142	126	266	314	75
110	133	138	150	130	276	330	80
115	140	143	155	137	290	340	80
120	147	150	160	144	300	350	85
125	153	155	168	150	312	360	90
130	158	163	175	155	322	380	90
135	163	171	180	160	335	392	96
140	171	176	188	168	346	410	96

PALIER AVEC COUSSINETS SANS JOUES, FIG. 5 ET 6. — Ce palier appartient à la maison Cail et Cie; il offre cette particularité que ses coussinets n'ont pas de joues. Celles-ci sont remplacées par deux languettes a, fondues avec les coussinets, et ajustées très-exactement dans des rainures ménagées à l'intérieur du corps du palier. Comme la portée est faible, les demi-colonnes ne sont pas complètes, et leur centre ne correspond pas à celui des boulons.

On voit, du reste, qu'il est construit sur le même principe que le premier, quant à la forme du corps A, par rapport aux coussinets qui s'y trouvent entièrement compris; il en est de même du chapeau G, excepté que le godet-graisseur H est fondu avec lui, au lieu d'être rapporté.

Ce palier fait partie d'une série que la table XVIe ci-dessus nous a permis de reproduire en entier.

PETIT PALIER SIMPLE, FIG. 11 ET 12. — Il existe des paliers disposés pour des axes de petits diamètres, et pour lesquels on peut, par une simplification dans la structure, profiter d'une certaine économie de construction.

Celui représenté fig. 11 et 12 est justement dans cette condition. Il est combiné

XVIe

TABLE

DES PRINCIPALES DIMENSIONS DES PALIERS ADOPTÉS DANS LES ATELIERS DE MM. CAIL ET C^o. (Suite.)

HAUTEUR du CENTRE.	SEMELLE.			BOULONS DU CHAPEAU.		BOULONS DE LA SEMELLE.	
	Longueur.	Largeur.	Épaisseur.	Diamètre.	Écartement.	Diamètre.	Écartement.
mill.	mill.	mill.	mill.	mill.	mill.	mill.	mill.
75	304	94	30	18	108	20	236
81	320	106	32	20	115	22	254
86	340	112	33	20	120	22	370
92	362	122	34	23	136	25	296
97	384	130	35	23	144	25	308
103	402	138	35	25	154	27	324
109	424	146	38	25	161	28	345
115	448	154	38	28	172	30	364
120	468	162	38	28	180	31	378
132	490	170	40	30	188	33	398
136	510	180	40	30	200	33	416
138	532	188	40	30	205	34	432
145	556	196	44	33	215	36	454
150	596	206	45	33	225	36	470
155	598	214	48	33	233	36	486
162	618	225	50	35	240	38	507
168	642	232	51	35	253	38	531
173	662	242	53	35	260	38	544
181	690	250	56	38	270	40	568

pour être facile à exécuter ; les coussinets sont cylindriques et semblables à ceux du précédent ; la tête des boulons est conique et présente peu de saillie, afin de ne pas trop affaiblir les angles formés par le corps avec la semelle. La forme ronde a été choisie pour la tête des boulons, afin que l'évidement destiné à la recevoir pût se faire à l'aide d'une fraise. Il est vrai que pour empêcher le boulon de tourner sur lui-même, quand on serre les écrous, on est obligé de rapporter un grain ou étoquiau, ce qui n'a pas lieu avec l'évidement carré que l'on fait alors venir de fonte.

Quelle que soit la dimension d'un axe et des paliers qui le supportent, le graissage doit en être parfait, et, par conséquent, le godet graisseur avoir une capacité suffisante pour retenir un certain volume d'huile. Lorsqu'il est fondu avec le chapeau, il ne peut avoir qu'une section longitudinale assez restreinte par le peu d'intervalle entre les écrous ; on lui donne alors la forme rectangulaire en lui faisant occuper la largeur entière du chapeau.

Palier de côté, fig. 13 et 14. — Ce palier s'applique contre une paroi verticale, tout en conservant aux coussinets leur ouverture horizontale, qui se trouve ainsi perpendiculaire à la semelle.

Dans toutes les positions qu'un palier est susceptible d'occuper, on doit pouvoir retirer le chapeau sans que l'arbre cesse d'être à sa place ; cette condition ne pourrait être remplie avec un palier ordinaire dont la semelle serait fixée verticalement, et le graissage deviendrait impossible, à moins que le godet ne fût relevé en retour d'équerre, ce qui se présente, d'ailleurs, quelquefois.

Le palier de côté atteint parfaitement le but proposé. Le corps A, conservant la position horizontale, est fondu d'équerre avec la semelle *b*, qui vient s'appliquer contre la face verticale d'un bâti en fonte et s'y fixe avec deux boulons *c* ; mais il repose aussi sur un talon *d* venu de fonte avec le bâti, de façon que sa position devient invariable, indépendamment des boulons *c* et du jeu qu'ils peuvent avoir dans leurs trous.

Cette disposition supprime l'un des boulons du chapeau ; il est remplacé par une clavette *e* prenant ses points d'appui sur le chapeau et sur un talon *f* ménagé, à cet effet, à la semelle. Le boulon restant conserve sa forme ordinaire, et passe librement dans un trou percé dans la demi-colonne, en évitant ainsi le taraudage dans la fonte ou l'encastrement de la tête.

Afin de réduire la saillie du palier autant que possible, le chapeau n'y pénètre que d'une très-petite quantité, suivant deux ajustements à 45° coïncidant avec deux angles des coussinets.

Quant à la forme extérieure de ces derniers, c'est l'octogone qui semble le mieux convenir pour conserver aux angles du corps du palier une résistance suffisante avec la moindre largeur ; elle permet aussi, comme on vient de s'en rendre compte, le dégagement facile du chapeau.

Palier a semelle verticale, fig. 15 et 16. — Ce système est appliqué sur une traverse horizontale I, dont l'épaisseur est insuffisante pour le recevoir à plat. La semelle *b*, fondue avec deux nervures latérales *e*, forme le prolongement de l'une des faces du palier. Comme dans l'exemple précédent, on a réservé un talon *d* qui vient reposer sur la traverse I, pour produire une assise solide avec les boulons d'assemblage *c*. Les coussinets sont ajustés cylindriquement, et les boulons du chapeau sont prisonniers dans le corps A, et fixés, par conséquent, au moyen d'un taraudage dans la fonte. La partie extérieure des boulons est également taraudée, et reçoit les écrous à l'aide desquels le chapeau est retenu.

Palier simple de M. Faivre, fig. 17 à 19, pl. 13. — Cet ingénieur a proposé, depuis plusieurs années, un mode d'ajustement qui paraît rationnel et peut être, dans bien des cas, adopté de préférence à d'autres dispositions que l'on rencontre en pratique.

On a vu que l'adjonction des joues aux coussinets, convenable pour les maintenir à leur place, a l'inconvénient de masquer les surfaces en contact et d'en rendre l'ajustement difficile ; mais si la substitution des nervures aux joues permet la vérification de cet ajustement, celui-ci n'en est pas plus facile à faire.

Le système de M. Faivre consiste à employer les boulons mêmes du chapeau comme nervures pour retenir les coussinets qui, par suite, présentent avec l'intérieur du palier des surfaces sans saillie que l'on ajuste l'une sur l'autre sans difficulté.

Le coussinet inférieur B est à pans, et celui B' est rectangulaire ; ces coussinets n'ont pas de joues et présentent une forme prismatique sans saillie.

Les boulons *a*, au lieu de traverser le corps A de part en part, se logent dans des entailles venues de fonte avec le palier, et ouvertes sous forme de rainures rectangulaires avec une partie agrandie correspondant au pan coupé pour recevoir la tête des boulons. Ceux-ci sont carrés dans leur hauteur correspondant à celle du palier, et leur tête a la forme d'un T ; leur partie supérieure, qui traverse le chapeau C, est ronde et taraudée.

La section horizontale, fig. 19, fait voir que les boulons mis en place pénètrent en partie dans les coussinets dans lesquels est pratiquée une rainure semblable, mais de peu de profondeur ; les boulons servent donc à maintenir les coussinets, comme s'il y avait des joues ou des languettes.

La simplicité de cet ajustement est remarquable. Les rainures venues de fonte dans le corps du palier n'empêchent pas de dresser les surfaces ni de présenter les coussinets en les faisant glisser pour vérifier leur ajustement. Les boulons sont mis à leur place par l'intérieur même du palier, puis les coussinets, et ensuite le chapeau, lequel est presque entièrement plat, et pourrait, par ce fait, être exécuté en fer.

La légère saillie que forment les coussinets en dehors du palier doit être tournée concentriquement avec l'alésage, afin que les collets de l'arbre portant sur une partie ronde comme eux, ne puissent, par l'usure, s'incruster dans le métal.

Gros palier a clavettes, fig. 20 a 23. — Il arrive souvent qu'un palier est soumis à une pression qui n'agit que dans le sens vertical de haut en bas. Les supports de l'axe d'une roue hydraulique, par exemple, sont dans ce cas. Le coussinet supérieur peut alors être supprimé et le chapeau avoir de faibles dimensions, puisqu'il n'a aucun effort à supporter ; mais aussi l'usure se manifeste assez promptement sur le coussinet inférieur, et le tourillon tend sans cesse à s'abaisser.

Pour remédier à ce déplacement, on construit le palier de telle sorte que le coussinet puisse être relevé à volonté par un mécanisme qui dispense de l'emploi des cales, procédé toujours imparfait et incommode.

Tel est le palier représenté en vue extérieure, fig. 20, en projection horizontale, fig. 21, en vue de bout, fig. 22, et en section transversale, fig. 23.

Il se distingue d'abord par l'application d'un coussinet en bois de gaïac, qui convient pour les tourillons des roues hydrauliques à rotation lente, et a l'avantage de joindre l'économie à un bon service.

Le corps A forme une cage de fonte, dont l'intérieur est ouvert rectangulairement pour recevoir le coussinet B, de même forme, et muni de joues qui s'appuient contre des saillies *a* ménagées sur chaque face du palier. Ces saillies, ainsi que les côtés intérieurs de la cage, doivent être bien dressées, pour que le coussinet s'y ajuste sans jeu.

Le coussinet, au lieu de reposer sur la semelle, est supporté par deux contre-clavettes à talons *b*, qui traversent le palier dans toute sa largeur en passant dans les mortaises pratiquées sur les côtés ; mais chaque contre-clavette repose elle-même sur une clavette ou clef de serrage *c*, qui remplit avec elle la mortaise. Cette clef est terminée par une partie taraudée passant dans une portée percée, forgée avec la contre-clavette *b*, et contre laquelle vient s'appuyer l'écrou *d*, qui sert à retenir la clef *c*.

Par cette disposition, il devient facile de régler la place du coussinet B, et de maintenir le tourillon à la hauteur voulue, malgré l'usure. Il suffit, en effet, de chasser plus ou moins les clavettes, pour relever le coussinet d'une quantité déterminée, après quoi, on serre les écrous *d* pour empêcher tout effet de recul.

La charge agissant sur le tourillon à peu près regulièrement dans la direction de l'axe vertical qui passe par son centre, les côtés du corps du palier sont relativement minces ; mais ils sont garnis de forts bossages à l'endroit des mortaises dans lesquelles les clavettes sont ajustées, et sont renforcées de chaque côté par deux nervures *e*. Ces bossages demi-ronds sont percés d'un trou pour le passage des boulons *f* qui fixent le palier, soit directement sur une pierre d'assise, soit sur une plaque de fondation en fonte C, laquelle s'entaille dans la maçonnerie avec la nervure *g*, ménagée en dessous dans l'axe même des boulons où elle porte des renflements ronds. La semelle du palier est comprise entre deux ergots *h*, contre lesquels s'appuient les coins *i*, qui servent à régler la position du centre.

Il n'existe donc pas ici de coussinet supérieur, ni de chapeau ; celui-ci est remplacé par une sorte de bride D, qui a surtout pour fonction de garantir le tourillon des substances étrangères pouvant lui nuire ; elle porte aussi de la même pièce la boîte à graisse *j*. Cette bride, n'éprouvant pas de pression, il suffit pour la fixer de deux petites vis *k* taraudées dans les bords du corps A. Néanmoins, pour que la bride revienne toujours bien à sa place, elle porte deux talons *l*, qui emboîtent exactement le corps du palier par ses bords extérieurs. Cette précaution est d'autant mieux justifiée que l'intérieur de la bride ne touche pas le tourillon, d'où l'ajustement devient inutile dans cette partie.

La boîte à graisse présente une assez grande capacité pour contenir une certaine quantité de graisse à l'état pâteux, dont on se sert habituellement, au lieu d'huile, pour lubrifier les tourillons de ce genre ; c'est pourquoi elle occupe toute la largeur du palier ; la fig. 23 fait voir que l'ouverture, par laquelle la graisse est en contact avec le tourillon, existe aussi sur presque toute la longueur du coussinet.

Palier a clavettes latérales. — Déjà nous avons fait observer qu'on ne pouvait que rarement compter sur la parfaite régularisation des efforts qui s'exercent sur les tourillons de l'arbre à manivelle d'une machine à vapeur, et qu'il y existe toujours un maximum dirigé suivant l'axe du piston, ce qui, pour une machine horizontale, doit amener le maximum d'usure pour les tourillons dans cette direction même.

M. Farcot, à qui l'on doit un grand nombre d'améliorations importantes dans les moteurs à vapeur, a proposé un système de palier à clavettes de serrage qu'il applique avec avantage aux arbres de couche des machines horizontales.

Ce palier disposé spécialement en vue de la condition énoncée, et que représentent

Fig. 47.

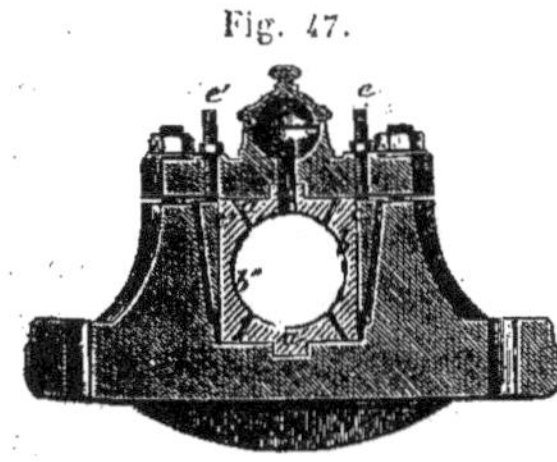

Fig. 48.

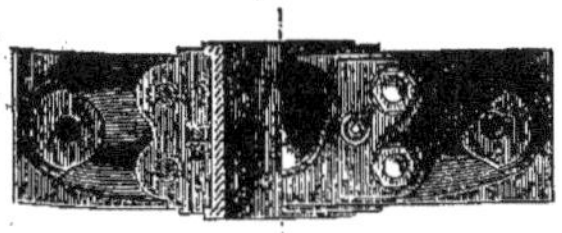

les fig. 47 et 48 ci-contre, renferme un coussin et coupé en quatre parties *a*, *a'*, *b*, et *b'*, qui sont soumises simultanément à la pression du chapeau et de deux coins latéraux *c* et *c'* armés des vis *e* et *e'*, à l'aide desquelles on les fait descendre pour rapprocher les coussinets de l'axe et regagner le jeu déterminé par l'usure.

Ces coins, qui sont en fer, occupent la largeur entière du palier, dont les faces intérieures sont inclinées suivant l'accuité entière du coin qui presse sur le coussinet par sa face parallèle à son avancement; une nervure, qui lui est réservée du côté opposé et pénétrant dans le corps du palier, le maintient transversalement. Les vis *e* et *e'* sont taraudées dans le chapeau et reliées aux coins par un mode de rappel qui permet de les remonter ; elles sont aussi munies de contre-écrous pour assurer leur serrage. Moyennant que les deux coins latéraux laissent une certaine quantité de jeu à leurs deux extrémités, on peut aussi, en agissant sur les boulons du chapeau, faire serrer les parties horizontales *a* et *a'* du coussinet.

On construit également des paliers à coins latéraux, dont les coussinets sont coupés en deux parties seulement, comme ceux ordinaires, mais verticalement, et munis, comme ici, de deux coins. Parfois aussi, on dispose l'inclinaison du coin du côté du coussinet, et on fait la vis de la même pièce en la taraudant, non plus dans le chapeau, mais dans un écrou séparé qui peut tourner sans se mouvoir verticalement.

Fig. 49.

Fig. 50.

Palier a trois coussinets. — Dans la construction de la machine du monte-charge établie au chemin de fer de Lyon, à Bercy, et qui est complétement décrite dans le XIIIe volume de la *Publication industrielle*, les ingénieurs ont appliqué un palier qui répond au même objet que le précédent, mais avec une disposition toute différente.

Par les fig. 49 et 50, qui représentent ce palier en coupes transversale et longitu–

dinale, on reconnaît que le coussinet est divisé en trois parties a, b et b', dont l'ensemble forme une partie circulaire raccordée avec un rectangle et qui est traversée *excentriquement* par le tourillon.

Un coin c se trouvant inséré entre les deux parties b et b', lorsqu'on serre le chapeau, qui porte également sur le tout, le coin repousse les deux segments, lesquels ne peuvent s'écarter qu'en tournant autour du tourillon et en se mettant en contact avec lui, toujours moyennant un certain jeu réservé par rapport au coussinet inférieur a. C'est encore un moyen d'opérer un serrage concentrique et de maintenir l'arbre sur son axe vertical normal.

Palier a coussinets partiels, fig. 24 et 25. — Ce palier est emprunté à la transmission de mouvement d'une grande forge. Il peut servir de point de comparaison pour les supports destinés à résister à des efforts considérables. On sait, en effet, combien sont grandes les résistances que les axes des laminoirs ont à surmonter, résistances évidemment ressenties par tous les organes de leur mécanisme.

Les coussinets sont divisés en quatre pièces, dont deux a, placées au-dessus et au-dessous du tourillon, n'embrassent chacune qu'environ un quart de la circonférence, et les deux autres b, sur l'axe horizontal, dont la largeur est encore moindre.

La substitution de ces portions de coussinets à des coquilles entières a pour raison l'usure, qui est très-prompte, et qui oblige de les changer fréquemment. Il est préférable de n'avoir à remplacer que ces coussinets partiels plutôt que des coussinets ordinaires, d'autant plus que l'usure se manifeste inégalement, surtout sur les coussinets supérieurs et inférieurs a, qui, par cela même, sont plus étendus que les deux autres coussinets b, qui n'ont qu'à maintenir ce tourillon latéralement.

Ces coussinets n'ont pas de rebords; ils portent des languettes saillantes qui s'incrustent dans des entailles correspondantes ménagées au corps du palier.

Le chapeau B, qui est très-fort, est retenu par quatre boulons c portant des écrous à leur partie supérieure, et des clavettes à l'extrémité opposée. Il s'appuie sur le corps A par l'intermédiaire de cales en bois d, qui ne laissent aucun serrage libre, mais qui permettent, en diminuant leur épaisseur, de regagner le jeu qui se produit, jusqu'au moment où il devient nécessaire de changer les coussinets.

On remarque que la hauteur du centre au-dessus de la base étant considérable, on a dû, pour ne pas augmenter inutilement le poids de la pièce, constituer le corps du palier par une toile ou panneau renforcé de nervures sur les quatre faces. Seulement, la direction des efforts auxquels ce palier est soumis a permis de lui donner peu de largeur transversale comparativement à sa hauteur.

Palier a coussinets sphériques, fig. 26 et 27. — La particularité de ce système réside dans la disposition des coussinets B, qui permettent à l'axe un mouvement oscillatoire dans chacun des plans parallèle et perpendiculaire à la base du palier.

Pour obtenir ce résultat, l'ajustement des coussinets dans le corps A et dans le chapeau C est sphérique d'après le centre de figure a de la pièce; mais pour rendre cet ajustement plus facile, la zone sphérique a une étendue assez limitée correspondant à l'amplitude de l'angle d'oscillation que le tourillon doit effectuer; l'intérieur du palier se trouve donc dégagé, et sans ajustement.

Dans cette disposition, rien n'empêcherait les coussinets de tourner sur eux-mêmes si l'on n'avait placé dans le corps du palier un goujon à vis *b*, qui pénètre dans un évidement ménagé dans le coussinet inférieur, dont la largeur, dans le sens longitudinal, fig. 26, est égale à la grosseur du goujon, et qui, dans l'autre direction, est suffisamment allongée pour satisfaire au mouvement d'oscillation. Un évidement analogue existe au coussinet supérieur; mais il sert en quelque sorte de récepteur à l'huile qui s'écoule du godet graisseur par un tube *c;* cet évidement est aussi d'une forme allongée, avec des dimensions telles que le tube *c* ne soit pas rencontré pendant le mouvement oscillatoire.

Ce système de palier peut donc convenir, soit que l'oscillation de l'axe ait lieu d'une manière continue pendant la rotation, soit que cet arbre change incidemment de direction. Il est préférable de donner la forme sphérique aux coussinets, qui n'ont pas de mouvement circulaire, qu'au tourillon, dont le frottement, devenant considérable par le mouvement de rotation, déterminerait une usure prompte qui ne tarderait pas à détruire la précision de l'ajustement.

Palier monté sur une douille cylindrique, fig. 28 et 29. — Cet exemple est aussi applicable, lorsqu'il s'agit d'un axe tournant, dont la position varie dans de certaines conditions. Le palier A est fondu avec une douille alésée, montée à l'extrémité d'une tige cylindrique D, sur laquelle elle est retenue entre une embase et un écrou *a*.

Cette disposition peut convenir à un axe qui est susceptible d'une certaine inclinaison; la différence qui existe avec celui représenté fig. 26, c'est que le palier tout entier cède au mouvement oscillatoire, en tournant autour de la portée par laquelle il est assemblé avec la tige D. Pour qu'il puisse céder ainsi, son ajustement doit être un peu libre entre l'embase et la rondelle que l'écrou *a* fait serrer, non sur la douille, mais sur le bout de la portée, laquelle rondelle figure alors un simple collet. Les coussinets B sont ronds extérieurement, à l'exception de méplats latéraux pour les empêcher de tourner.

Les boulons *b* du chapeau sont taraudés dans le corps A, afin de ne pas être dans l'obligation de démonter le palier pour les retirer, ce qui arriverait, s'ils portaient une tête, vu le peu de distance entre l'axe du tourillon et celui de la tige D; mais ils n'en sont pas moins taraudés par l'autre extrémité, pour recevoir des écrous mobiles comme à l'ordinaire.

Palier double, fig. 30. — Lorsque deux axes disposés parallèlement sont trop rapprochés pour avoir leurs supports séparés, on emploie avec avantage des paliers doubles, et lors même que l'espace permet de placer des supports isolés, il se rencontre des cas particuliers où les axes ayant besoin d'être bien solidaires l'un de l'autre sont mieux maintenus par une seule pièce.

On voit que les deux paliers sont fondus ensemble, et que l'écartement de leurs centres est juste suffisant pour laisser la place des deux chapeaux C. La construction d'une telle pièce est évidemment simple ; mais le détail de la forme l'est beaucoup moins, lorsqu'on veut arriver à des proportions régulières. On s'est arrangé ici pour conserver autant que possible l'aspect de chaque palier isolé; la seule différence, c'est que pour restreindre l'écartement des centres, les deux chapeaux se touchent, et ne sont point arrondis à leur contact comme aux extrémités libres. Les boulons sont prisonniers pour ne pas compliquer la pièce et alourdir ses formes, par le motif, surtout, que la hauteur des centres est supposée un peu considérable par rapport aux dimensions générales.

Pour ce même motif, la liaison entre le corps et la semelle a lieu par une toile *a*, de peu d'épaisseur, et par quatre nervures *b*, disposées transversalement sur les axes même des tourillons.

Paliers de butée pour arbres d'hélice. — On sait quelle énorme *poussée*, ou pression réactive, s'exerce contre les supports de l'arbre moteur dans les appareils à hélice appliqués à la navigation. En décrivant spécialement ce genre d'arbre (p. 92), nous avons expliqué comment agit l'effort du propulseur, et l'on a vu de quelle façon on dispose cet arbre pour recevoir le palier de *poussée* ou de *butée*.

Nous avons déjà montré, par la même occasion, comment on dispose ce palier, mais sans nous y arrêter davantage, puisque nous ne nous occupions alors que de l'arbre lui-même ou des manchons d'embrayage. Nous y revenons un instant pour citer quelques exemples importants empruntés à des constructeurs français, et une disposition particulière proposée par un ingénieur anglais.

Disposition appliquée par M. Nillus, fig. 31 *et* 32. — L'intérieur de ce palier A est garni de deux coquilles, ou coussinets *a*, formant six cannelures à section rectangulaire, dans lesquelles sont engagés un même nombre de collets *b*, appartenant à l'arbre B, qui porte l'hélice.

Par cette disposition, la poussée se répartit sur tout les collets *b*, qui n'en supportent chacun, par conséquent, que la sixième partie; et la surface totale des coussinets, qui reçoit cette pression, étant six fois plus grande, l'usure est proportionnellement moindre, ainsi que le jeu qui peut en résulter.

Les coquilles *a* ne sont pas en bronze, mais en métal dit : *anti-friction.*

Ce support doit être établi avec une grande solidité et avoir une base assez étendue pour multiplier convenablement ses points d'attache. Il est monté, au moyen de quatre boulons *c* et des coins *d*, sur une base de fonte D, qui se fixe sur une carlingue E, en bois ou en fer, suivant le mode de construction du navire, par douze boulons à l'endroit des bossages *e;* pour que ces boulons n'aient pas eux-mêmes à subir la poussée, la plaque D est munie de deux rebords *f*, qui l'agrafent en quelque sorte à la carlingue E.

On a eu le soin de ménager à la base D un petit réservoir *g*, du côté où la poussée fait sortir l'huile, afin d'empêcher celle-ci de tomber dans la cale.

Ce palier est destiné à une machine de 30 chevaux seulement. Pour celles d'une grande puissance, la forme générale du support est évidemment modifiée ; mais on conserve le principe de la répartition de la poussée totale sur un nombre plus ou moins grand de collets ménagés sur l'arbre de l'hélice.

Palier de butée monté sur tourillons. — Les fig. 51 et 52 ci-dessous montrent le modèle d'un palier de butée d'un appareil à hélice de 900 chevaux, comme on les exécute maintenant pour la marine impériale.

Fig. 51.

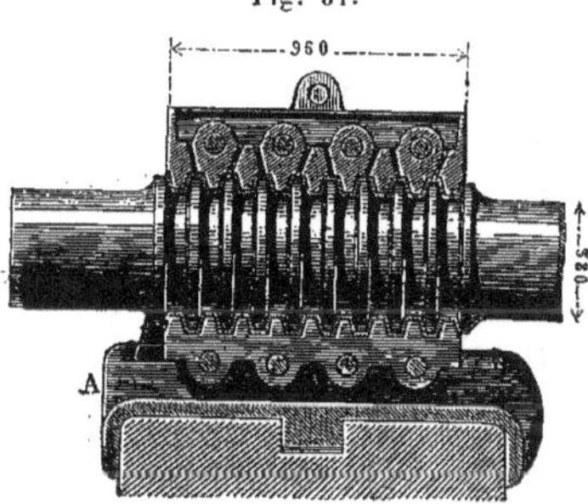

Fig. 52.

Cette disposition, qui est analogue à celle qui a été déjà reproduite à propos des mécanismes d'embrayage, est caractérisée par l'installation du palier sur des tourillons B et B′ ajustés dans deux supports latéraux C qui reposent sur un patin A fixé et agrafé sur une carlingue.

Le point qui distingue ce genre de palier de celui représenté pl. 9, c'est qu'ici le tourillon, comme l'ensemble du manchon à coussinet, est fixe au lieu d'être soumis à un déplacement horizontal, comme pour les hélices emmanchées *à pyramide* (p. 185). Ce montage avec son palier fixe correspond, soit aux hélices affolées, soit aux hélices amovibles, mais avec emmanchement à té (p. 184).

Rappelons, d'ailleurs, que l'emploi des tourillons a pour objet de remédier à l'inconvénient des variations que la ligne d'arbre peut éprouver par suite des flexions de la carène, ce qui motive les divers modes de jonction décrits précédemment.

C'est un palier à tourillons que MM. Mazeline et Cie appliquent aux navires de 1000 chevaux qu'ils construisent pour la marine de l'État (1).

Palier à coussinets séparés. — M. Elias Barlow a proposé, il y a quelques années, en Angleterre, un système de palier de butée avec coussinets séparés, comme l'indiquent les fig. 53 et 54 ci-après.

Comme dans le modèle précédent, l'arbre à hélice A est muni d'une série de collets, mais qui sont tournés droits du côté où a lieu la poussée, et en chanfrein du côté

(1) En représentant l'un de ces importants appareils dans notre *Traité des moteurs à vapeur*, nous avons indiqué un palier de butée *fixe* que l'on doit supposer remplacé par un palier *à tourillons*, et même à coulisse, bien que l'hélice ne soit pas emmanchée à pyramide. On utilise cette disposition pour rentrer l'arbre porte-hélice, lorsqu'on doit visiter le palier extérieur, ce qui exige que l'arbre intérieur intermédiaire soit préalablement soulevé, puisque le manchon creux, dont il a été précédemment question, n'est pas appliqué dans cet appareil.

Fig. 53.

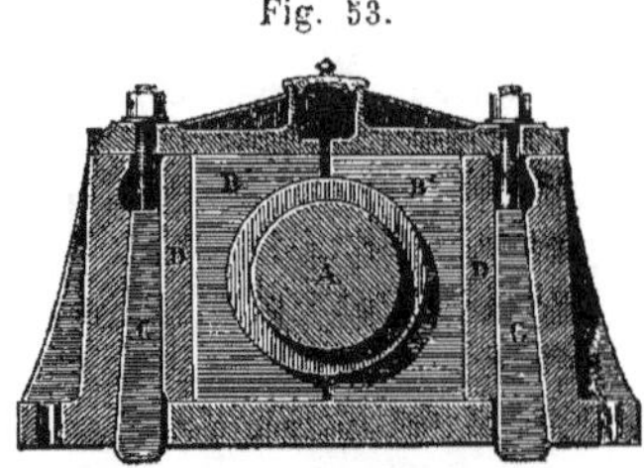

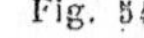

Fig. 54.

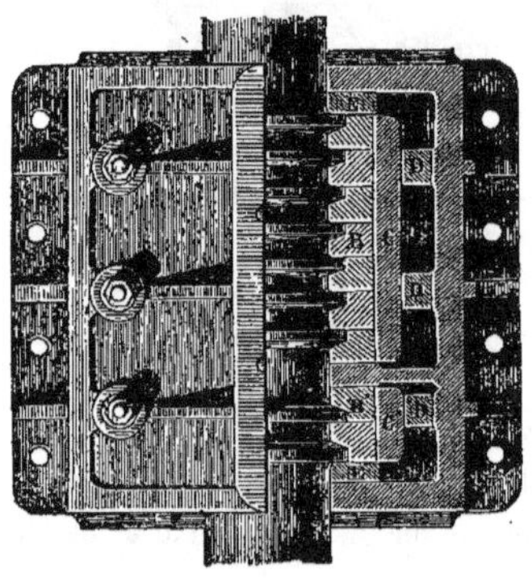

opposé. De plus, deux collets isolés de la série précédente sont destinés à résister à la poussée dans le mouvement de recul, ou marche en arrière.

Le corps du palier est une boîte en fonte rectangulaire, divisée, à cet effet, dans le sens de sa longueur par une cloison, de façon à former deux systèmes séparés pour la marche en avant et pour la marche en arrière. L'un des compartiments contient les coussinets B fondus séparément, et qui enveloppent l'arbre en épousant la forme des collets; l'autre compartiment contient les deux coussinets B′ dans une même disposition, mais inversement.

La série de coussinets B est poussée contre l'arbre, de chaque côté, par une plaque C, derrière laquelle sont disposés des coins à vis D, qui servent en même temps à fixer le chapeau; les deux coussinets B′ sont repoussés au moyen d'une disposition semblable. Aux deux extrémités de la boîte de fonte sont deux plaques E de même métal que les coussinets, et qui supportent les pressions extrêmes.

Par cette disposition, l'inventeur a eu pour but de rendre facile le changement de ces diverses pièces, au fur et à mesure que l'usure se manifeste.

BOITARDS POUR ARBRES VERTICAUX.

On emploie souvent, au lieu de paliers, pour maintenir les arbres verticaux, un système que l'on appelle *boitard*, et qui varie de forme et de proportions, selon les applications spéciales auxquelles il est destiné. Les exemples que nous en donnons ci-dessous montrent dans quelles circonstances ce système est utile et convenable.

Boitard de meule, fig. 33 et 34. — L'arbre vertical qui soutient une meule de moulin à blé et l'entraîne dans son mouvement de rotation, n'a ordinairement que deux points d'appui, l'un à son extrémité inférieure et l'autre auprès de la meule supérieure; mais comme il ne traverse pas celle-ci et que son collet doit en être, néanmoins, aussi près que possible, le boitard se loge dans la meule inférieure, qu'il traverse de part en part.

Le corps du boitard est un cylindre de fonte A, scellé dans l'ouverture centrale de la pierre B, dite *meule dormante* ou le *gît*. A l'intérieur de ce cylindre, se place une pièce C appelée *trèfle*, qui repose et se fixe par des boulons *b* sur un rebord *a*, venu de fonte avec le corps principal. Le trèfle est formé d'un disque circulaire percé au centre pour le passage de l'axe D appelé *fer* de meule, et il est fondu avec trois parties qui laissent entre elles des vides rectangulaires pour recevoir les coussinets *c* et leurs coins de serrage *d*. Les trois parties présentent elles-mêmes, à l'intérieur, une cavité demi-cylindrique *e*, que l'on garnit d'étoupe graissée. L'arbre D se trouve centré et guidé par les coussinets *c*, et lubrifié par les étoupes.

Chacun des coussinets *c* est poussé par un coin en fer *d* à deux talons ; une vis de rappel *f*, taraudée dans l'un de ces talons et traversant l'autre librement, est engagée, d'un bout, dans le couvercle E qui ferme le boitard, et de l'autre, dans le disque du trèfle ; on peut la tourner du haut ou du bas à volonté, par le carré qui termine les deux extrémités. Dans son mouvement, le coin monte ou descend en suivant l'axe de la vis, et, dans ce dernier cas, fait avancer le coussinet vers l'axe D.

Pour que la vis *f* soit retenue dans le sens vertical, elle est munie, au-dessus de la base du trèfle, d'une rondelle goupillée *g*, que l'on fixe après l'avoir introduite dans les talons du coin. Tout l'ensemble du boitard est recouvert d'une tôle mince *h*, fixée par des vis sur le bord supérieur du boisseau.

On voit que ce système permet de centrer l'axe tournant avec beaucoup d'exactitude, puisque les coussinets, au nombre de trois, peuvent être dirigés isolément vers le centre, à volonté.

Boitard au centre d'un croisillon, fig. 35 et 36. — C'est le cas général d'un axe vertical traversant une pièce de fonte disposée horizontalement, ainsi que cela se présente souvent, soit pour l'arbre central d'un beffroi de moulin composé de plusieurs jeux de meules, soit pour l'arbre d'une turbine.

Le centre de la pièce A, qui est supposé un croisillon à trois branches, est disposé comme un moyeu de roue, et formé intérieurement comme le trèfle dont nous venons de parler, c'est-à-dire, avec trois évidements rectangulaires pour loger les coussinets *a* et leurs coins *b*, et trois cavités *c* pour contenir l'étoupe grasse.

Mais les coins *b* sont ici de simples clavettes terminées chacune par une tige taraudée et un écrou *d* en dessous pour l'empêcher de se desserrer. Ces clavettes, plus minces que la largeur des coussinets, sont ajustées dans des mortaises qu'elles remplissent exactement ; celles-ci ne traversent pas entièrement le moyeu, qui est seulement ouvert d'un trou à sa partie inférieure pour le passage de l'arbre B, et de trois autres trous pour laisser traverser les tiges taraudées des clavettes. Le tout est recouvert d'une plaque de tôle *e* pour empêcher la poussière de s'y introduire.

On reconnaît, par ce modèle, que les deux faces du croisillon sont également accessibles, et que l'on pourrait, au besoin, atteindre les clavettes de chaque côté pour les serrer ou les desserrer.

Nous donnons, fig. 37, une disposition modifiée de ce système, pour son application au centre du plateau inférieur d'une turbine. Les clavettes *b*, au lieu d'être munies de tiges taraudées, portent chacune un talon percé d'un trou dans lequel passe une tige *d*, fixée à demeure dans le moyeu par un taraudage, et filetée à son autre bout pour recevoir un écrou *f* et un contre-écrou *f'*. Par conséquent, la clavette, une fois chassée, est maintenue par ces écrous ; et s'il s'agit de la retirer, comme on ne peut pas la frapper par dessous, on enlève l'écrou supérieur *f*, et, en tournant celui *f'*, on soulève facilement la clavette.

Boitard simple, fig. 38 et 39. — Ce modèle de boitard est employé pour guider des arbres verticaux à leur passage à travers les planchers d'usines, dans les moulins, par exemple. Nous ne le citons qu'à cause de sa simplicité, car il est dépourvu d'un bon moyen de graissage. Il se compose d'une boîte ronde ou rectangulaire A, à large base, renfermant deux coussinets *a*, que l'on fait souvent en bois dur, au lieu de bronze, et que l'on rapproche de l'axe B au moyen des vis *b*.

Cette boîte est fondue avec quatre nervures *c*, et se fixe sur le plancher par quatre boulons, de la même façon qu'un palier ordinaire ou une crapaudine. A l'endroit des boulons *b*, elle est renforcée d'un bossage descendant jusqu'à la semelle pour la facilité du moulage. De même que précédemment, les coussinets sont recouverts d'une plaque mince *d*, soit pour les maintenir, soit pour les préserver de la poussière.

Le graissage ne peut avoir lieu qu'en versant de l'huile à la partie supérieure; on a eu le soin de lui ménager une entrée par un chanfrein pratiqué au bord des coussinets et mis en communication avec des rigoles intérieures. Mais cette disposition ne suffit pas toujours, elle ne permet pas à l'huile de rester longtemps, et il faut la renouveler souvent. Aussi, on lui substitue avec avantage le système de boitard que représente la figure 40, et qui peut être employé dans les mêmes circonstances.

D'abord les coussinets *a* sont au nombre de trois, comme dans les dispositions fig. 35 et 37, pour la facilité de maintenir l'arbre B au centre; puis, entre les coussinets, on a aussi réservé les vides *e* afin d'y mettre de l'étoupe grasse.

Les vis *b*, au lieu d'être taraudées dans la fonte, sont munies chacune d'un écrou en fer *e*, qui se loge dans une entaille venue de fonte avec la boîte.

Nous avons maintenant à examiner la troisième catégorie d'organe faisant fonction de paliers, c'est-à-dire, celle qui comprend les *supports* et les *chaises*, dont les dispositions sont aussi très-variables.

CHAISES ET SUPPORTS.

(PLANCHE 14.)

Chaise simple, fig. 1 et 2. — Ce modèle est spécialement approprié à l'établissement des arbres horizontaux suspendus sous les planchers. Il se compose d'un corps de palier A fondu avec une colonne B et un large patin C, qui s'y trouve relié par deux nervures plates D en forme de potences. Celles-ci aboutissent à deux bossages *a* traversés par les boulons, au moyen desquels on fixe la chaise aux charpentes du plancher.

Cette structure est très-simple et souvent employée, mais avec des variantes. Ainsi, par exemple, on dispose parfois deux corps de paliers sur la même colonne, soit l'un derrière l'autre dans un même plan, pour deux arbres parallèles très-rapprochés, soit en retour d'équerre, pour supporter les extrémités de deux arbres placés perpendiculairement.

Comme il est d'un certain intérêt de diminuer la saillie du palier et d'en rapprocher le centre autant que possible de celui de la colonne, il n'existe qu'un boulon *b* pour fixer le chapeau E, dont l'une des extrémités est engagée sous un talon *c* venu de fonte avec la colonne. Le tirage du boulon, prenant son point d'appui sur le coussinet supérieur, fait tout naturellement porter l'autre bout du chapeau contre le talon et le maintient solidement à sa place.

Mais alors, lorsqu'on veut retirer le chapeau, il faut nécessairement sortir le boulon en le repoussant de haut en bas : aussi, n'est-il pas fixé à demeure. Il est libre, au contraire, dans le corps du palier, et porte une tête qui vient affleurer avec le contour arrondi de la pièce. Le boulon sorti, on retire le chapeau d'autant plus aisément qu'il n'entre pas carrément à sa place, et que son ajustement forme un plan incliné partant de l'angle du coussinet, qui est octogone. Pour la même raison, le côté du chapeau engagé sous le talon *c*, ne pénètre pas dans le corps du palier, et laisse un vide à l'endroit du pan coupé que présente le coussinet dans cette partie.

Comme on peut le voir par la fig. 2 (vue de profil de la partie inférieure de la chaise), le corps du palier, plus mince que le diamètre de la colonne B, est renflé autour des coussinets, afin que ceux-ci aient une portée suffisante.

La colonne B est creuse, pour ne pas augmenter le poids de la pièce inutilement ; les nervures D la consolident ; son épaisseur peut varier de 15 à 18 millimètres.

A part les proportions du palier proprement dit, la pratique est le plus sûr guide pour trouver celles de la chaise entière. Disons, cependant, comme remarque générale, que la distance des boulons, en *a*, ne doit jamais être de beaucoup inférieure à la hauteur du centre de l'arbre au patin, et qu'il vaut même mieux qu'elle lui soit supérieure, ainsi que cela arrive dans l'exemple fig. 1 et 2.

Chaise a trois paliers, fig. 3 a 5. — Comme pose et comme emploi, cette chaise est analogue à la précédente ; mais elle présente une disposition bien remarquable et distincte en ce qu'elle comprend trois coussinets, dont deux situés sur un même axe, et le troisième perpendiculairement aux précédents.

Cette chaise convient parfaitement pour porter les extrémités de trois arbres munies de trois roues d'angle engrenant simultanément. Dans ce but, elle est construite de façon qu'on puisse toujours maintenir les trois tourillons dans le même plan horizontal, soit pour corriger les variations survenues par l'usure, soit pour rendre plus facile le montage primitif. Le premier tourillon A, celui de commande, a seul son siége fixe, et, d'après lui, les paliers des deux autres tourillons, indépendants du corps de la chaise, peuvent être réglés dans leur position respective à volonté.

L'ensemble de la chaise est formé d'une colonne C reliée au patin D par deux nervures principales E, qui s'étendent à leur partie inférieure et présentent des surfaces dressées pour recevoir les paliers latéraux F. Celui du centre est ménagé dans le corps même de la chaise, qui présente, dans cette partie, une ouverture oblongue G, et sur ses deux surfaces, deux renflements de même forme E', ayant pour épaisseur totale la portée des coussinets *a*, moins les joues.

Le coussinet inférieur est ajusté dans l'ouverture G, et celui supérieur dans le chapeau *b*, que l'on maintient par deux clavettes *c* remplaçant des boulons, qu'il serait difficile d'y placer. Chaque palier F est formé d'une demi-coquille fondue avec une semelle verticale par laquelle on le fixe contre la table dressée du corps de la chaise, au moyen d'un boulon à tête noyée *d*. Le chapeau *e*, de même forme extérieure, est retenu par une clef *f* qui s'appuie contre un talon appartenant à la semelle du palier. L'intérieur est garni, comme à l'ordinaire, de coussinets en bronze *g*.

Un seul boulon suffit pour fixer le palier, qui est guidé latéralement par les renflements E′ et par un listel *h*. On peut régler sa hauteur par une clavette *i* ajustée entre le bord inférieur de sa semelle et un talon *j* ménagé au corps de la chaise; le passage du boulon *d* dans la table dressée a lieu par un trou allongé, pour permettre les variations de hauteur. Le moyen de fixer la chaise est le même que le précédent, sauf que le patin D a la forme d'un T, pour pouvoir mettre trois boulons, et la troisième branche est reliée à la colonne C par une nervure E^2 d'équerre avec celles E.

Chaises simples, avec guide de débrayage. — 1er *Modèle fig.* 6. — Le principe de la disposition de cette chaise est complétement le même que pour celles décrites fig. 1 et 2. Ses formes seules sont modifiées; mais elle est munie d'un bras E pour maintenir en *a* la barre qui porte la fourchette de débrayage avec laquelle on fait passer la courroie d'une poulie à l'autre et dont l'ouvrier, qui dirige l'outil commandé, doit avoir le mécanisme sous la main.

2e *Modèle fig. 7 et* 8. — Cette chaise, disposée également pour guider la barre d'un débrayage, est donnée ici spécialement pour sa structure particulière et pour l'ajustement de la partie qui reçoit les coussinets.

Le corps A du palier, avec le chapeau B, est formé d'un manchon cylindrique relié au patin C par un panneau évidé *a*, bordé des deux côtés par une nervure *b*, qui se raccorde avec le corps d'une manière régulière. Le chapeau B consiste en une demi-coquille augmentée d'une joue *c* qui s'ajuste à plat sur le panneau; un seul boulon *d*, traversant les deux parties, sert à maintenir le chapeau.

On conçoit que la disposition même de la pièce a conduit à faire ouvrir le chapeau suivant une ligne oblique, à 45° environ par rapport à l'axe vertical; mais le godet graisseur *e* est nécessairement ramené dans cette dernière direction.

Chaise fermée, fig. 9 et 10. — Pour des arbres courts, ou portés seulement sur deux points de leur longueur, on emploie quelquefois des chaises comme celle représentée par la fig. 9, qui en est une vue de face verticale, et la fig. 10, une section horizontale faite un peu au-dessus du chapeau.

Le corps A est relié de chaque côté, symétriquement avec la semelle C, par deux jambages droits ou courbes D, ayant une section en forme de T, ainsi que le montre la fig. 10.

On peut donner ainsi au palier tout le développement nécessaire pour disposer le chapeau B de la façon la plus usuelle, en lui conservant la forme ordinaire. Bien que ses boulons *a* soient indiqués comme étant prisonniers par un taraudage dans la fonte, ils pourraient aussi facilement être mobilisés, en ménageant à la pièce des renflements convenables pour y pratiquer des trous ouverts de part en part.

Nous pensons que chaque fois que son application sera possible, cette chaise offrira de certains avantages sur les autres, d'abord, parce qu'elle peut être plus légère à égale résistance par sa symétrie de forme, et puis la chute d'un arbre, qui pourrait être occasionnée par un accident quelconque qui l'aurait fait sortir de ses coussinets, n'est pas à craindre, puisqu'il se trouverait maintenu par les jambages.

Pour les petits arbres, on peut encore diminuer le poids de la chaise, en supprimant la partie de la semelle C comprise entre les jambages ; mais si ces derniers ont un développement un peu considérable par rapport à leur section transversale, il est presque indispensable de conserver la semelle dans toute la longueur, afin de maintenir leur écartement et les empêcher de gauchir à la fonte.

Ajoutons que très-souvent, et même pour des coussinets correspondant à des tourillons de 5 à 6 centimètres de diamètre, on confectionne de semblables chaises avec une simple bande de fer contre-coudée, d'environ 2 centimètres d'épaisseur, le palier étant néanmoins en fonte et rapporté.

Palier-chaise, fig. 11 et 12. — Ce modèle remplit exactement la fonction d'un palier ordinaire, dont il diffère seulement par la grande hauteur de son centre au-dessus de sa base. Le corps A est fondu avec un chevalet B formé d'un panneau évidé *a* et de deux nervures *b* qui se raccordent par des congés avec la semelle C; celle-ci vient saillir de chaque côté pour recevoir les boulons *c* qui servent à fixer la chaise sur une pièce de fonte E, soit une plaque, soit un bâti, comme on l'a supposé ici.

En examinant la projection horizontale, fig. 12, on remarque que les nervures *b*, qui vont en s'élargissant depuis le corps du palier jusqu'à la semelle, ont leur inclinaison portée d'un seul côté. Ceci n'a pas d'autre cause que la position du panneau *a* qui a été mis à fleur de l'une des faces du palier pour en laisser le centre libre, et pouvoir mettre au chapeau F des boulons à tête *d* que l'on retire facilement. Par conséquent, les nervures *b* ne font saillie que du côté opposé.

Comme cette pièce se fixe sur le bâti E par des parties dressées, on s'est arrangé pour ne faire porter que les patins, qui saillissent sur la semelle à l'endroit des boulons *c*, afin de n'avoir pas à faire l'ajustement dans toute la longueur. Outre les boulons, la chaise est maintenue entre deux talons venus de fonte avec le bâti E, et deux coins en fer *e*, à l'aide desquels on peut facilement régler la position du centre.

Palier monté sur une potence, fig. 13 et 14. — Cette disposition permet de varier ou de régler à volonté l'écartement du centre du palier de la paroi verticale près de laquelle il est placé : c'est une chaise avec palier indépendant.

La console A, que l'on désigne souvent par le nom de *corbeau*, est formée d'un panneau *a*, fondu avec une tablette horizontale *b*, et une semelle verticale *c* par laquelle on fixe la pièce.

Le palier B repose sur la tablette *b* où il est maintenu entre deux rebords *d* parallèles et bien dressés, ainsi que les rives inférieures du palier, afin qu'il puisse s'y déplacer comme dans des glissières. Il est fixé sur la console par les deux boulons *e* du chapeau portant une embase intermédiaire, et prolongés au-dessous de la semelle.

Lorsque la console est fixée contre un bâti de fonte C, comme l'indique la figure, on peut encore lui ménager des talons *f*, entre lesquels la semelle *c* est maintenue et serrée par un coin *g*, qui soustrait presque complétement les boulons *h* à l'effort qui tend à les arracher, dans l'hypothèse où la charge maxima sur le palier aurait lieu de haut en bas.

Chaise en console, fig. 15 et 16. — Cette chaise est disposée pour servir de support à un axe placé en dehors et au-dessus du bâti qui doit le recevoir. Elle se compose d'un corps de palier A fondu avec un patin vertical B, et une nervure déviée *a* renforcée d'une autre nervure *b*, qui donne la raideur nécessaire à toute la pièce.

La chaise s'applique contre la traverse horizontale C d'un bâti, et s'y fixe par quatre boulons *c*. Les bords de la traverse C ayant été dressés, ainsi que le patin, à l'endroit du contact, l'ajustement est plus facile et tout aussi sûr que si le patin portait dans toute son étendue. On lui a ménagé une saillie dressée *d*, qui repose sur le dessus du bâti, et maintient la verticalité du support indépendamment des boulons *c*.

Chaise d'un axe de roues a pales, fig. 17 a 19. — Cette chaise appartient à un ancien appareil à vapeur de navigation de 450 chevaux. Elle est fixée sur le cadre extérieur des tambours des roues à palettes, pour soutenir l'extrémité de l'arbre moteur. Doublement remarquable, par son application spéciale et par la dimension de l'arbre, dont les tourillons n'ont pas moins de trente centimètres de diamètre, elle se compose d'une semelle A fondue avec deux joues B, qui forment nervures, et entre lesquelles s'ajustent les coussinets en bronze C. Ceux-ci ont une forme extérieure rectangulaire, déterminée par deux collets *a*, qui embrassent les saillies *b* ménagées sur les faces intérieures des grandes nervures B. Ces mêmes parties sont traversées par deux boulons à clavettes *d* servant à retenir et fixer à la chaise la plaque inférieure D, sur laquelle reposent les coussinets par l'intermédiaire des clavettes, et qui est rapportée, au lieu d'être fondue avec le corps de la chaise, afin de permettre de placer celle-ci, sans difficulté, lorsque l'arbre, dont elle doit supporter l'extrémité, est déjà en place.

Le constructeur s'est arrangé pour pouvoir régler la hauteur du centre des coussinets avec une grande exactitude, condition importante à cause du grand diamètre des roues, qui doivent conserver parfaitement leur position, malgré la flexion possible du cadre en charpente qui reçoit le point d'appui extérieur. Pour y parvenir, on a placé les coussinets entre deux systèmes doubles de clavettes *e*, avec contre-clavettes à talon *f*, qui permettent d'élever les coussinets ou de les abaisser, suivant le besoin, soit par suite d'usure, soit pour la facilité du montage.

Tout le support se fixe par la semelle, au moyen de six boulons *g*, contre la face intérieure de la pièce de charpente E, parallèle au flanc du navire, et appartenant au cadre qui reçoit le tambour de la roue.

PALIERS GRAISSEURS.

(PLANCHE 15.)

Le graissage des tourillons des pivots et des transmissions de mouvement exige, comme on le sait, un soin continuel qui, dans les usines de quelque importance, nécessite l'emploi d'un ouvrier spécial. Mais malgré les soins qu'on peut y apporter, il est rare que le graissage soit régulier : il est ou insuffisant ou superflu.

Dans le premier cas, il y a échauffement, *grippage*, usure, détérioration des pièces, et, par suite, absorption inutile de force motrice ; dans le second cas, dépense d'huile en pure perte et malpropreté. En effet, l'huile en excès, en se répandant au dehors du coussinet, glisse le long des arbres, et tombe sur les machines ou sur le sol, ce qui oblige, comme on le remarque dans les ateliers qui ont des transmissions en l'air, de rapporter au-dessous des paliers des boites ou des cuvettes pour recevoir l'excédant de l'huile, ou bien encore de faire venir de fonte une sorte de récipient avec la semelle des paliers.

Une autre considération, et des plus importantes, c'est que le graissage, tel qu'on le pratique ordinairement, est souvent la cause des nombreux accidents qui arrivent dans les usines où les ouvriers ont l'habitude de graisser avec des burettes, pendant la marche du moteur.

Pour remédier à ces inconvénients, on a proposé, à diverses époques, un grand nombre de dispositions particulières. Sans avoir la prétention de les décrire toutes, nous allons, cependant, faire connaître les systèmes qui nous ont paru les mieux étudiés, et dont plusieurs sont appliqués aujourd'hui.

On peut diviser les paliers ou organes graisseurs en deux grandes classes :

La première peut être appelée *à réservoir supérieur ;*

La seconde *à réservoir inférieur.*

Dans la première, en effet, l'huile est versée par une ouverture ménagée dans l'épaisseur du chapeau et au milieu du coussinet supérieur. La disposition la plus simple de ce système, c'est le godet fondu avec le chapeau et garni d'une mèche faisant syphon, comme on vient d'en voir de nombreux exemples.

Ce système, qui est encore le plus généralement employé, ne présente pas, cependant, toute la sécurité désirable, parce qu'il ne permet pas toujours d'obtenir un graissage en rapport exact avec la vitesse et la charge des arbres. Or, c'est réellement là le problème de fournir une quantité d'huile en proportion avec la vitesse transmise pendant le mouvement du tourillon, sans en déverser au dehors.

A cet effet, on a imaginé des appareils distributeurs qui fonctionnent, soit par intermittence, soit d'une manière continue par le mouvement même de l'arbre ; de cette façon, si l'appareil est bien réglé, le graissage doit se mettre en rapport avec les besoins de ce dernier, puisque c'est lui-même qui commande l'écoulement.

Ces distributeurs sont généralement composés d'un réservoir spécial qui se rapporte sur le chapeau du palier, lequel est percé et muni d'un mécanisme à levier ou à excentrique, en contact avec l'arbre. Une soupape, une valve ou un robinet actionné par ce mécanisme déverse ou laisse tomber goutte à goutte l'huile sur le tourillon, par intervalles plus ou moins rapprochés, suivant le besoin. Ces intervalles, réglés à l'avance par l'appareil, sont naturellement proportionnels à la vitesse de l'arbre.

Les appareils qui appartiennent à cette première classe de graisseurs ont l'inconvénient de présenter un mécanisme souvent compliqué et susceptible de se déranger. Dans bien des cas, les collets ne sont pas suffisamment rafraîchis, et l'huile ne peut être répartie assez également sur toute la surface des coussinets pour effectuer un graissage complet, surtout pour les arbres animés d'une grande vitesse de rotation.

De plus, avec ce mode de graissage en dessus, on peut concevoir que si l'arbre supporte une forte charge, comme celle d'un volant puissant ou d'un fort engrenage, le coussinet inférieur épousant bien la demi-périphérie de l'arbre, comme cela doit être, il est très-difficile que l'huile puisse passer en dessous, où le graissage est le plus nécessaire, même en supposant des rainures pratiquées dans l'épaisseur des coussinets, comme on le fait généralement. D'un autre côté, lorsqu'on veut graisser abondamment, une partie de l'huile s'échappe au dehors en pure perte.

On comprend alors que le système de paliers à réservoir inférieur, auxquels on paraît s'attacher plus particulièrement depuis quelques années, devienne un jour très-en faveur en présence des inconvénients inhérents à l'autre système, néanmoins encore le plus répandu.

Nous allons décrire avec soin cette deuxième classe, qui peut être divisée elle-même en *trois systèmes* principaux, offrant chacun un caractère distinctif.

Le *premier système* comporte en principe, soit une rondelle, un disque ou une bague, soit une cuiller, une chaîne ou une courroie sans fin montée sur le tourillon de l'arbre et mobile avec lui. Que ce soit l'un ou l'autre de ces organes auxiliaires que l'on adopte, il plonge toujours dans le réservoir d'huile ménagé à la partie inférieure du palier, soit en dessous, soit sur le côté ; et, en tournant avec l'arbre, cet organe élève une certaine quantité de l'huile contenue dans le réservoir, dont une partie y retombe bientôt, après avoir fourni au tourillon la quantité nécessaire à son graissage.

Le *second système* repose sur l'application d'un corps cylindrique, tel qu'un rouleau ou galet mobile maintenu en pression au moyen de contre-poids ou de ressorts, avec le tourillon de l'arbre, et entraîné avec lui par ce contact dans son mouvement rotatif. Une portion de la circonférence de ce cylindre plonge dans le réservoir inférieur, de façon qu'en tournant, il élève et transmet au tourillon l'huile nécessaire à son graissage.

Le *troisième système* consiste à faire tourner complétement le tourillon de l'arbre dans l'huile, en maintenant le niveau du liquide contenu dans le réservoir inférieur plus élevé que le plan horizontal à la circonférence inférieure du tourillon. Alors, pour empêcher l'huile de s'échapper à droite et à gauche du coussinet, des boîtes en cuir sont disposées de chaque côté, ou bien un renflement est ménagé sur l'arbre pour augmenter le diamètre du tourillon, de telle sorte que les parois latérales du réservoir soient plus élevées que le fond du coussinet.

Chacun de ces systèmes a donné lieu à un grand nombre de combinaisons différentes, quoique reposant sur l'emploi des mêmes organes. Il nous a donc paru intéressant de classer chaque système, afin de mieux connaître les particularités de chacun d'eux, et autant que possible par ordre de date, pour bien apprécier les perfectionnements successifs dont l'expérience et la pratique ont démontré la nécessité.

Néanmoins, nous devons ici abréger un peu cette relation pour laquelle nous renvoyons au XIe vol. de la *Publication industrielle* où elle se trouve *in extenso*.

PREMIERS GRAISSEURS A RÉSERVOIR INFÉRIEUR.

Comme historique, avant de décrire les trois séries que nous venons de mentionner, nous devons parler des combinaisons de MM. Jaccoud et Baudelot, qui forment, en principe, la base fondamentale de tous les paliers graisseurs à réservoir inférieur.

Système Jaccoud, 1829 à 1831. — M. Jaccoud, de Vienne (Isère), s'est fait breveter en 1829 et en 1831, pour des appareils destinés à l'entretien du graissage : *des essieux et moyeux de toute espèce de roues et de rouages*. Voici les croquis de ces appareils et la description même que l'auteur en donne :

« A, fig. 55 ci-dessous, cylindre ou essieu de machine à vapeur ; il supporte la *grenouille* E ; cette dernière est à cheval ; l'embase R du cylindre entre dans sa cannelure, et empêche l'essieu d'avancer ou de reculer. Cette embase a aussi des cannelures et des trous qui, en tournant dans son réservoir d'huile, la font monter et arrosent abondamment l'essieu des deux côtés de l'embase. Alors la grenouille prend l'huile en frottant contre l'embase, tantôt d'un côté, tantôt de l'autre. Ces cannelures sont évasées à leur origine pour faciliter l'entrée de l'huile.

Fig. 55.

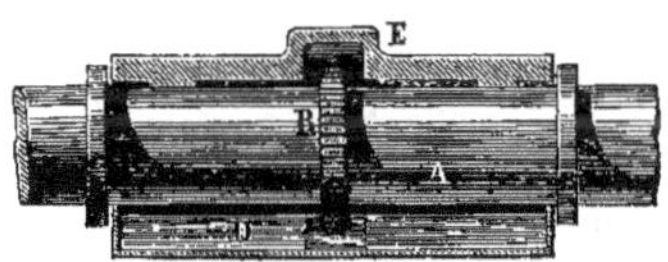

» La *grenouille* supérieure E porte une profonde cannelure en travers, dans le centre, pour faire place à l'embase du cylindre ; elle a aussi une cannelure longitudinale, à l'exception de 0^{m},055 à l'extrémité. A chaque bout est une retraite de 0^{m},028 de large tout autour, afin que le cylindre n'y touche pas. »

On voit qu'ici l'inventeur ne paraît pas beaucoup se préoccuper du coussinet inférieur dont il ne parle pas. Sa disposition reproduite fig. 55 serait plutôt applicable aux essieux de wagons. Cependant, plus loin, il indique bien le coussinet à réservoir inférieur, tel que le montre la fig. 56. Ce coussinet, ou « cette *grenouille* C, dit-il, est fondue d'une seule pièce ; sa cannelure transversale *c* et son canal en long servent à ramener l'huile dans son réservoir principal D. »

Fig. 56.

Outre la rondelle, cet inventeur a proposé aussi une simple courroie engagée dans une rainure pratiquée dans le tourillon, et ensuite un cylindre garni de pinceaux, de cuirs ou d'éponges.

Dans ce dernier mode, les deux extrémités du cylindre sont supportées par le réservoir, et une lanière ou courroie entourant l'arbre lui communique le mouvement. D'autres combinaisons, telles que des leviers à bascule terminés par une éponge ou un pinceau et actionnés par une camme à chaque révolution de l'arbre, de façon à toucher légèrement l'essieu ou le tourillon, et, par suite, en opérer le graissage automatiquement, sont indiquées d'une façon plus ou moins intelligible sur les dessins du même auteur.

Dispositions Baudelot. — Les fig. 57 et 58 ci-après, représentent deux dispositions appliquées par M. Baudelot, ingénieur à Haraucourt, dont l'une, la première, brevetée en 1838, au ventilateur d'un appareil propre à la fusion des minerais.

Fig. 57.

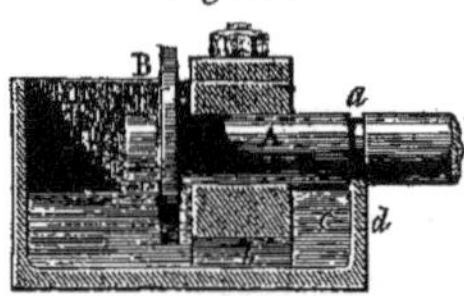

On voit que le palier indiqué en coupe verticale, fig. 57, est construit d'après le principe de la rondelle ou de l'embase qui élève l'huile, de façon à ce que son mouvement soit continu, et qu'elle puisse s'infiltrer entre les surfaces des coquilles ou des coussinets et le tourillon de l'arbre.

Ainsi, l'arbre A est muni d'un disque B d'un diamètre plus grand que celui de l'arbre, de manière qu'il puisse toujours être plongé d'une certaine hauteur dans l'huile que contient le réservoir C. On conçoit que, en tournant, ce disque entraîne avec lui une certaine quantité d'huile qui se répand des deux côtés ou par les deux faces sur le tourillon et, par suite, dans le coussinet ; en circulant sur toute la longueur des surfaces en contact, elle vient tomber dans l'intervalle *c* ménagé entre les coussinets et la joue ou paroi *d*, pour retourner au réservoir par le conduit *b* pratiqué sous le coussinet inférieur, de sorte que l'huile ne se projette pas au dehors et les coussinets sont toujours bien graissés.

Ce palier étant appliqué aux extrémités de l'axe d'un ventilateur, l'auteur n'avait pas, par cela même, jugé à propos de le faire traverser entièrement par l'arbre ; mais si l'on veut l'employer dans une transmission ordinaire, il suffit de ménager un intervalle sur chacune des deux faces pour faire retourner l'huile au réservoir.

Le palier que représente la fig. 58 diffère un peu du précédent ; il appartient au système dans lequel le tourillon de l'arbre est complétement baigné dans l'huile.

Fig. 58.

Nous pensons que c'est M. Baudelot qui a eu le premier l'idée de renfler la partie B, ou le tourillon proprement dit de l'arbre A, de façon à le faire tourner complétement dans l'huile. Celle-ci ne peut s'échapper, attendu que la paroi *d* est plus élevée que le fond du coussinet. La petite gorge ou gouttière *a* a pour but, comme dans la figure précédente, d'éviter que l'huile ne glisse le long de l'arbre.

PREMIER SYSTÈME A RONDELLE, DISQUE, BAGUE OU CHAINE.

PALIER DECOSTER (1847). — M. Decoster s'est fait breveter, le 23 mars 1847, pour un *graisseur mécanique continu, à réservoir inférieur, applicable aux paliers, supports et coussinets.*

Ce graisseur, dont nous avons donné la description et le dessin dans le VIe vol. de la *Publication industrielle*, pl. 14, est fondu avec un espace vide qui sert de réservoir et que l'on remplit d'huile à cet effet. Les deux coussinets sont séparés par le milieu pour donner passage à une sorte de *cuiller* ou d'*écope* qui est fixée au milieu du tourillon, afin de tourner avec lui et de prendre, chaque fois qu'elle plonge dans le réservoir inférieur, quelques gouttes d'huile qu'elle déverse, en se relevant, de chaque côté des coussinets. Pour que ces quelques gouttes puissent se répandre également sur toute la surface du tourillon, des cannelures ou rainures étroites sont pratiquées, soit dans le sens longitudinal, soit transversalement et de haut en bas.

PALIER BRANCHE (1850). — Pour simplifier autant que possible les graisseurs mécaniques et appliquer son système aux paliers ordinaires, M. Branche, mécanicien à Paris, a proposé, en 1850, un appareil additionnel qui consiste en une sorte de boîte de ferblanc ou de zinc qu'il adapte directement sous le support, et en une petite chaîne sans fin passant sur l'arbre, près du tourillon, mais en dehors du coussinet. Cette chaîne, à mailles serrées et arrondies dans tous les sens, plonge dans cette boîte et apporte sans cesse, pendant la rotation de l'arbre, des gouttes d'huile sur le bord supérieur du tourillon, et qui se répandent ainsi sur la surface intérieure du coussinet. Cette disposition, qui n'est applicable qu'aux arbres de couche suspendus, a été décrite et dessinée dans le tome Ier du *Génie industriel.*

Fig. 59.

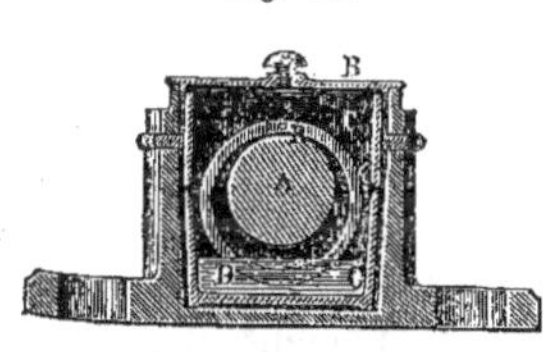

PALIER J. HICK (1853). — Le graissage s'effectue dans ce système, au moyen d'une bague ou virole R, fig. 59, d'un diamètre plus grand que le tourillon A, et entièrement libre entre les deux coussinets C et C'; ceux-ci, au lieu d'être séparés, comme dans le palier Decoster, sont, au contraire, évasés, afin de ménager la chambre D, nécessaire à la fois pour le passage de la bague et pour former le réservoir.

Un couvercle en métal B recouvre cette chambre, et des rainures horizontales *c* sont pratiquées dans l'épaisseur des deux coussinets pour établir la circulation de l'huile.

PALIER PFANNKUCHE (1853), FIG. 1 A 5. — M. Gustave Pfannkuche, constructeur à Vienne, en Autriche, s'est fait breveter dans ce pays, le 21 octobre 1853, pour des paliers de machines et de transmissions.

La fig. 1 de la pl. 15 représente, en section verticale, un palier de ce système disposé pour être fixé sur un bâti et supporter un arbre horizontal ;

La fig. 2 en est une projection correspondante en section horizontale ;

La fig. 3 est une section transversale d'une disposition analogue appliquée à une chaise pour transmission de mouvement ;

Les fig. 4 et 5 indiquent, en section verticale et en plan horizontal, un support ou collet graisseur pour un arbre vertical.

Voici, d'après un ouvrage allemand (*Zeitschrift der œsterreichischen Ingenieur-Vereines*), la description de ce palier :

Le perfectionnement principal du système Pfannkuche consiste dans le palier et le réservoir d'huile réunis en une seule pièce. Sur l'arbre A est soudée ou rapportée, au moyen de vis de pression, une rondelle R qui sert d'embase à l'arbre, en ce qu'elle se trouve entièrement engagée, moitié dans le chapeau B du palier, et moitié dans le coussinet en bronze C. Ce coussinet est ajusté solidement dans la partie inférieure D du palier, entre deux espèces de joues d, disposées pour le recevoir. Le serrage du chapeau a lieu de la manière ordinaire, au moyen de vis ou de boulons.

Le réservoir ou chambre à huile est formé par les deux joues d', entre lesquelles est ajusté le coussinet inférieur, de telle sorte qu'il reste encore au-dessous un espace libre e qui sert de récipient à l'huile. Celui-ci et les espaces compris extérieurement aux joues d et intérieurement aux parois bombées d' fondues avec le palier, ainsi que l'évidement ménagé dans le coussinet, sont en communication les uns avec les autres au moyen de trous, et forment ensemble le réservoir d'huile proprement dit, que l'on remplit jusqu'à ce que le niveau soit à 3 millimètres au-dessous du bord de l'ouverture pratiquée pour le passage de l'arbre.

Pendant la rotation de ce dernier, la rondelle R plonge naturellement dans l'huile, et en entraîne avec elle une petite quantité qui s'attache à la paroi supérieure de la chambre b ménagée dans le chapeau B. Pour que cette huile s'attache sûrement et s'élève jusqu'en haut, la chambre du chapeau est formée de telle sorte qu'elle ne touche la rondelle qu'en une place, en b', fig. 1 et 3 ; alors l'huile entraînée coule des deux côtés sur les parois inclinées de la chambre, et va graisser, par conséquent, la surface de frottement ; elle s'écoule ensuite de chaque côté entre les bords bombés du palier, et se rend dans la chambre e, pour entrer, par l'ouverture c' ménagée à l'intérieur du coussinet, dans l'espace occupé par la rondelle.

Les parois extérieures du palier, qui forment la chambre à huile et les bords saillants du chapeau, entourent l'arbre de telle sorte qu'il ne reste plus qu'une ouverture annulaire de l'épaisseur de quelques millimètres, à travers laquelle il ne peut pénétrer dans le palier que de la poussière. Cette poussière, ainsi que les parcelles de métal produites par l'usure et tout ce qui pourrait se séparer de l'huile et s'amasser pour former cambouis, est rejetée de l'intérieur du coussinet dans le fond de la chambre, par le mouvement lent et continu du liquide. Pour enlever ces dépôts, il suffit de retirer la vis d'écoulement g, ce qui n'est nécessaire ordinairement que tous les six mois environ ; lorsqu'elle est remise en place, on enlève le chapeau, on y verse de l'huile nouvelle, puis on referme le palier, et l'appareil graisseur est, par ce moyen, remis en état pour six autres mois.

Pour le graissage des collets des arbres verticaux, comme l'indiquent les fig. 4 et 5, le réservoir d'huile F, au lieu de faire partie du palier, est, au contraire, fixé avec l'arbre. Ce réservoir n'est autre qu'un vase en ferblanc qui est formé de deux pièces réunies par des oreilles au moyen de vis ou rivets ; sa position est telle qu'il ne touche pas le palier D, et rien ne l'empêche alors de tourner avec l'arbre.

Lorsque l'appareil est entièrement monté, on remplit la coupe d'huile, de telle sorte que le niveau monte au-dessus des trous c, qui, avec ceux c' de l'étage inférieur, amènent l'huile au tourillon. Pour que celle-ci ne puisse pas être lancée au dehors du réservoir, par l'effet de la force centrifuge dans une rotation rapide, son bord f est replié ou garni d'une petite membrane qui opère la fermeture.

Dans ces paliers, on a remarqué que l'huile monte pendant la rotation de l'arbre jusqu'à la hauteur x, ce qui prouve bien qu'elle circule parfaitement entre le collet et l'arbre, et que le graissage est bien complet.

Palier Molher (1853). — Le principe de cet appareil graisseur d'organes à grande vitesse repose sur des dispositions permettant un *courant d'huile continu*, soit pour les arbres verticaux, soit pour les arbres horizontaux ; dans ces derniers, le moyen consiste, comme dans les paliers Jaccoud et Pfaunkuche, à garnir le tourillon de l'arbre d'un disque plongeant dans l'huile et tournant entre deux parois *très-rapprochées.* Deux chambres sont disposées de chaque côté des coussinets inférieurs ; elles communiquent l'une avec l'autre et en même temps avec l'évidement nécessaire pour le passage de la rondelle, par un canal pratiqué dans l'épaisseur du palier en dessous des coussinets. Il résulte de ces dispositions, dit l'auteur, une ascension régulière et constante de l'huile par une action rotative et capillaire, et cette huile, obligée de passer de chaque côté de la rondelle entre les coussinets et le tourillon de l'arbre, descend dans les deux réservoirs latéraux et se répand par le canal dans l'évidement du milieu où puise la rondelle ; il s'établit donc ainsi un courant continu de chaque côté du tourillon et parallèle à son axe.

Palier Decoster perfectionné (1855), fig. 6 et 7. — La fig. 6 indique, en section longitudinale, un palier pour arbre de transmission de mouvement, construit par M. Decoster, suivant des modifications apportées à son premier système ;

La fig. 7 est une section transversale de ce même palier, suivant la ligne 1-2 de la fig. précédente.

On remarque que, dans cette disposition, les coussinets C et C' sont séparés au milieu pour le passage du disque ou de la rondelle R. Cette séparation est beaucoup plus grande pour le coussinet supérieur, afin de laisser complétement libre l'espèce de chambre b ménagée dans le chapeau B du palier. La séparation du coussinet inférieur ne laisse que la place suffisante au passage de la rondelle, et même, afin d'éviter les frottements, c'est-à-dire, pour que celle-ci ne touche à droite ni à gauche des parois du coussinet, par suite des mouvements de dilatation ou de contraction de cette pièce, le disque est rapporté sur l'arbre A au moyen d'une petite équerre *r*, encastrée dans une ouverture un peu plus grande pratiquée dans celui-ci, de façon à laisser le jeu nécessaire au déplacement de la rondelle.

Cette dernière, comme dans les dispositions précédentes, trempe dans le liquide lubrifiant, et lorsque l'arbre tourne, elle soulève une partie de l'huile dans la chambre *b*, d'où elle est projetée à droite et à gauche des coussinets supérieurs C' ; elle pénètre entre eux et l'arbre, par l'action capillaire et l'influence du mouvement. Cette huile circule entre ces deux pièces, et s'échappe par les espaces libres *d* laissés entre les parois des extrémités et les coussinets, et retombe ensuite dans le réservoir inférieur *e* pour être reprise par la rondelle, et recommencer sa circulation continuelle.

Palier Vaissen-Reynier (1855), fig. 8 et 9. — M. Vaissen-Reynier, ingénieur à Liége (Belgique), a fait un très-grand nombre d'applications de ce palier qui, dit-on, n'exigerait le renouvellement d'huile qu'une seule fois par année, avec la précaution, toutefois, de mettre dans le fond du réservoir une certaine quantité d'eau qui retient en *lave*, en quelque sorte, les parcelles métalliques provenant du frottement, ainsi que les autres corps étrangers admis accidentellement dans le bassin du graisseur.

La fig. 8, pl. 15, représente ce palier en section verticale faite par l'axe ;

La fig. 9 en est une vue de face en supposant l'enveloppe coupée suivant la ligne 3-4.

Dans ce palier, comme dans celui de M. Hick, dont nous avons parlé plus haut, le graissage s'effectue au moyen d'une bague ou anneau métallique R, qui est placé, soit au milieu du tourillon, soit à gauche ou à droite, comme le représente la fig. 8.

Au moyen de cette dernière disposition, le palier, proprement dit D, est très-simple, et n'offre même rien de particulier, si ce n'est, pourtant, que son embase est fondue avec une sorte d'enveloppe *d*, qui sert de réservoir à l'huile. Cette enveloppe, en sus du chapeau B du palier, est en outre fermée par un second chapeau B' à mince paroi et terminé par des coquilles *b*, qui embrassent la demi-circonférence de l'arbre. Par ce moyen, le palier est complétement garanti, et la poussière ne peut entrer que très-difficilement à l'intérieur, puisqu'il ne reste que l'espace annulaire laissé aux deux coquilles *b* et *d* pour le passage de l'arbre.

Observation. — Nous ferons observer que, selon plusieurs praticiens, ces diverses dispositions de graisseurs, à disques ou à rondelles, ont l'inconvénient de battre l'huile, et, par suite, de la faire mousser d'autant plus que la vitesse de rotation est plus grande.

Palier Bourdon (1856), fig. 10 a 15. — M. Bourdon a reconnu qu'avec le système à rondelle, si l'élévation de l'huile se fait parfaitement, le déversement sur les tourillons est défectueux. En effet, la force principale qui tend à élever le liquide est la force centrifuge ; par conséquent, la pesanteur, la seule force qui sollicite cette huile à redescendre sur le tourillon, c'est-à-dire, à se rapprocher du centre, devient insuffisante, dès que la rotation est un peu rapide, et l'huile, décrivant un cercle complet, revient en grande partie constamment à son point de départ.

Saisir l'huile à son passage, à la partie la plus élevée de la rondelle, la détourner, pour de là la conduire en totalité, et quelle que soit la vitesse de la rotation, sur les parties à graisser, tel est le problème que l'inventeur s'est proposé de résoudre par des dispositions qui s'appliquent également aux tourillons et coussinets des arbres horizontaux, aux fusées des essieux, aux pointes et autres pièces de butée, ainsiqu'aux collets et pivots des arbres verticaux ou obliques.

La fig. 10 représente, en section verticale, le palier ordinaire d'un arbre horizontal sur lequel le système de M. Bourdon est appliqué.

On remarque qu'il a suffi de ménager à l'arbre A la rondelle R, et de rapporter de chaque côté des coussinets C et C′ les boîtes circulaires B et B′. Un canal *c*, pratiqué dans l'épaisseur du coussinet inférieur, met en communication ces deux boîtes qui font aussi l'office de réservoir d'huile dans lequel plonge la rondelle R.

Au-dessus, et contre le chapeau du palier, est fixé un resort terminé par une espèce de cuiller *r*, qui constitue le principe de ce système de graissage. Cette cuiller appuie constamment contre la circonférence de la rondelle, où, sans même la toucher, elle se trouve très-près d'elle, de façon que par son bord tranchant, elle entame la *ménisque* d'huile, la détourne au lieu de la laisser, par la rotation, retourner au fond de la cuvette, et la dirige, au moyen d'un bec disposé à cet effet, sur le canal *e* du coussinet supérieur.

Il se produit de cette sorte un graissage continu, tant que l'arbre et la rondelle tournent.

L'huile ainsi versée sur le tourillon retombe dans l'une ou l'autre des boîtes B et B′ qui communiquent entre elles, par le conduit *c*, pour être de nouveau et indéfiniment élevée par la rondelle et reversée sur le tourillon tant qu'il en reste suffisamment pour que le bord de la rondelle y soit baigné.

Pour retirer les impuretés qui forment dépôt au fond du réservoir, des bouchons à vis *g* sont ajoutés au deux boîtes B et B′, cette dernière étant en outre munie d'une porte *b* pour l'introduction de l'huile. Cette porte est à charnière et maintenue fermée par un ressort.

La fig. 11 représente, en coupe longitudinale, un palier muni d'une pointe de butée, comme ceux qu'on emploie dans les tours, les ventilateurs, etc. ;

La fig. 12 en est une section transversale suivant la ligne 5-6.

On remarque que, dans ce palier, le réservoir est venu de fonte avec lui, et que la communication, qui doit exister avec les deux côtés des coussinets pour la circulation de l'huile, est obtenue par le canal *c*. La console D, qui porte la pointe de butée *d*, maintenue, en outre, par la vis de serrage *d′*, est aussi fondue avec le palier. Un chapeau à bride D′ recouvre le réservoir et cache complétement la rondelle R et la cuiller *r*. Celle-ci, comme l'indique le détail, fig. 13, est à deux becs, de façon à pouvoir déverser l'huile à la fois dans l'intérieur des coussinets par le canal *c*, et contre la pointe de butée *d*. Cette cuiller, qui forme ressort pour rester en contact avec la rondelle, est montée à charnière contre une cloison en tôle *f* ajoutée, à cet effet, dans l'intérieur du palier.

Les fig. 14 et 15 indiquent, en section verticale et en plan horizontal, un mode analogue de graissage applicable à un arbre vertical A.

Sur cet arbre, au-dessous du collet C, est fixée une cuvette annulaire C′ contenant l'huile. Dans cette cuvette repose, par son propre poids, la rondelle R, de manière à tourner par le simple frottement de la cuvette. C'est cette rondelle qui remonte l'huile à la partie supérieure du collet, où la cuiller-ressort *r*, à simple déversement, la recueille, et la dirige sur l'espèce de godet *e* ménagé au collet.

Pour éviter que la rondelle ne rencontre les bords de la cuvette, ce qui l'empêcherait de baigner dans l'huile, on lui a donné une forme intérieure concave, de façon qu'ayant suffisamment de place à son intérieur pour le chapeau du palier, on puisse rapprocher la circonférence de cette rondelle le plus possible du centre de la cuvette. Les bords de celle-ci sont légèrement recourbés, afin d'empêcher l'huile d'être projetée au dehors. Pour maintenir la rondelle, et pourtant lui laisser la liberté de reposer de tout son poids sur le fond de la cuvette, son axe *a*, sur lequel elle tourne librement, est forgé avec une petite pièce taillée à queue d'hironde, qui est engagée dans une mortaise de forme correspondante pratiquée dans l'épaisseur du chapeau.

Palier Lacolonge (1862). — M. O. de Lacolonge, savant officier d'artillerie et ingénieur, ayant remarqué la justesse des observations de M. Bourdon, sur les inconvénients que présente le système de rondelle élévatoire avec une grande vitesse, a constaté aussi qu'avec une vitesse trop lente, la quantité d'huile élevée peut être trop faible pour être convenablement saisie par ce petit organe, que M. Bourdon propose dans les conditions qui viennent d'être expliquées.

M. de Lacolonge a imaginé alors d'appliquer, pour les faibles vitesses de 30 tours et au-dessous, un système de graisseur fondé sur le principe des roues à pots hydrauliques élévatoires, c'est-à-dire, comprenant un véritable *pot* qui tourne avec l'arbre, puise l'huile dans un réservoir inférieur, l'élève et la déverse dans un récepteur disposé au-dessus du chapeau qui recouvre le tourillon.

Les fig. 60 et 61 représentent, suivant deux coupes transversale et longitudinale, un palier-graisseur ainsi combiné.

Fig. 60. Fig. 61.

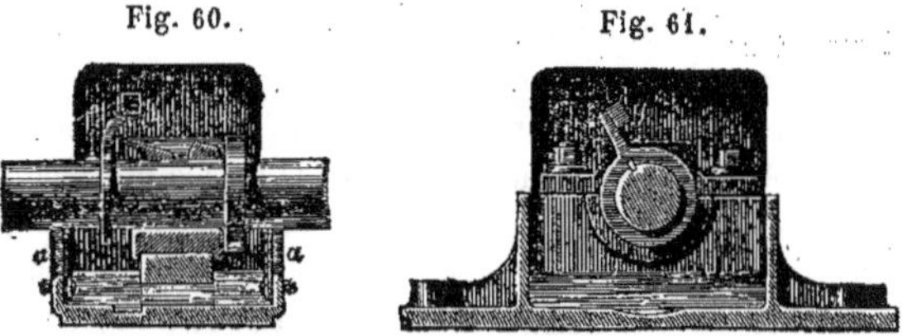

La boîte à huile et le siége du coussinet sont en fonte et d'une seule pièce ; sous le siége, une ouverture permet la communication de l'huile d'un côté à l'autre. Les deux parois de cette boîte, qui constitue le réservoir d'huile, sont percées, pour le passage de l'arbre, d'une ouverture demi-circulaire *a* que l'on ferme, en marche, par un demi-anneau en fer boulonné, et qui a pour objet d'empêcher l'huile de se répandre au dehors.

On voit que l'élévateur d'huile est un petit godet g appartenant à une rondelle fixée sur l'arbre, dont la rotation fait plonger, une fois par tour, ce godet dans l'huile et l'élève ensuite jusqu'au-dessus du récipient où elle se déverse et pénètre ensuite, par un trou convenablement ménagé, à l'intérieur du coussinet.

L'auteur, qui a bien voulu mettre de suite son système dans le domaine public, fait remarquer qu'une expérience suffisamment prolongée lui en a démontré la complète efficacité (1).

Boitard Mauzaize (1851), fig. 16 — On peut considérer les dispositions de paliers que nous venons de décrire comme les meilleurs types de ceux que nous avons désignés sous le titre de 1er *système à rondelle, disque, bague, courroie ou chaîne*. Avant de passer au 2e *système à cylindre ou galet*, nous croyons devoir dire un mot du boitard lubrifieur pour moulins à blé de M. Mauzaize, que nous avons représenté en section verticale, fig. 16.

La Société d'encouragement, dans le tome 50e de son *Bulletin* (année 1851), a publié un rapport de M. Benoît sur le boitard de M. Mauzaize, et plus tard, en 1856, a donné les dessins de diverses dispositions appliquées avec avantage par cet inventeur dans plusieurs établissements de meunerie.

Nous avons choisi le modèle le plus simple, fig. 16, pl. 15, pour donner une idée de ce système qui est exécuté par la maison Fontaine et Brault, de Chartres.

Sur l'arbre A, ou fer de meule, est fixé le fond d'une cuvette D dans laquelle l'huile est introduite. Pour empêcher les fuites autour de la fusée, des rondelles de cuir ou de caoutchouc sont serrées par un presse-étoupe p. Celui-ci se visse sur le fond de la cuvette au moyen d'une clef à goujons, et une vis v l'empêche de se desserrer.

Le corps du boitard B est entaillé pour recevoir trois coussinets en bois semblables à celui C, et disposés à égale distance les uns des autres. Un coin c, mobile au moyen de la vis V, maintient respectivement chaque coussinet serré contre l'arbre.

Pour empêcher que l'huile ne s'échappe par-dessus les bords de la cuvette par l'action de la force centrifuge, une rondelle en cuir r est fixée avec le corps du boitard au moyen d'un disque en métal d et de trois boulons semblables à celui b, taraudés, à cet effet, à leur extrémité, afin de pouvoir se visser dans l'épaisseur du disque métallique d. Cette précaution est d'autant plus nécessaire que le niveau de l'huile, qui ne s'introduit entre l'arbre et les coussinets que par l'effet de la capillarité, est nécessairement plus élevé qu'il n'est indiqué sur la figure.

DEUXIÈME SYSTÈME A CYLINDRE OU GALET.

Graisseur Busse (1848). — La réalisation la plus simple de ce système est la disposition proposée par le sieur Busse, de Leipzig (Saxe). Elle consiste dans l'emploi d'un

(1) Voir, pour la description complète de ce palier-graisseur, et les considérations théoriques sur lesquelles il est fondé, le XXIVe vol. du *Génie industriel*.

bouchon de liége de forme cylindrique qui flotte dans l'huile du réservoir inférieur, sous le tourillon à graisser.

Il faut naturellement, avec cette disposition, qu'une ouverture soit pratiquée au centre du coussinet inférieur, pour laisser le bouchon toucher le tourillon, et qu'en outre, le niveau du liquide soit toujours maintenu assez élevé pour que le contact ait lieu.

En 1852, MM. Fontaine et Brault eurent l'occasion d'exécuter des paliers de ce genre, avec des galets en bois pressés contre lès tourillons par des contre-poids; plus tard, en 1853, ils en construisirent avec des galets pressés par des ressorts à boudin.

Palier Vallod (1852), fig. 17. — M. Vallod, ingénieur à Paris, s'est beaucoup occupé de la question du graissage des essieux et des tourillons, et après avoir fait construire des appareils spécialement appliqués aux essieux de wagons, il a étendu le principe de son système aux paliers ordinaires.

C'est cette dernière application que nous allons examiner en nous aidant de la fig. 17, pl. 15, qui représente, en section verticale faite perpendiculairement à l'axe, un palier graisseur complet.

Le corps de ce palier est disposé de façon à présenter entre le patin et les brides inférieures, un espace libre permettant l'introduction de la boîte B′ qui contient le galet G et son contre-poids P. Cette boîte est fixée par des vis *v* sous le coussinet inférieur C, qui est ouvert pour livrer passage au galet et lui laisser toucher la circonférence du tourillon A. Une broche *b*, qui traverse la boîte, reçoit le levier à deux branches réunissant le galet avec son contre-poids, auquel plusieurs personnes ont proposé de substituer un ressort ; l'action de ce contre-poids est facile à comprendre : il maintient en pression le galet contre le tourillon, afin que ce dernier, en tournant, entraîne toujours le galet, et comme il est constamment trempé dans l'huile, celle-ci se trouve élevée jusqu'au tourillon qui l'entraîne alors dans sa rotation entre les parois des coussinets.

Palier Mesnier et Cheneval (1857), fig. 18. — Sur cette figure, G indique le galet graisseur, et H une petite boîte ou cuvette en bronze qui soutient l'axe du galet, et qui est fondue avec deux languettes latérales engagées dans des rainures pratiquées dans les guides *h* et *h′*, lesquels sont fondus ou rapportés à l'intérieur du palier. Un ressort à boudin *r* est placé dans cette cuvette ; il la soulève constamment, et maintient ainsi la circonférence du galet en contact avec celle de l'arbre A.

Les deux guides *h* et *h′* obligent la cuvette à s'élever bien verticalement, et, par conséquent, maintiennent l'axe *a* du galet dans une position exactement parallèle à l'arbre.

Cette cuvette est, en outre, percée de plusieurs trous *t*, au fond et sur les côtés, afin que l'huile contenue dans le corps D du palier, formant réservoir, puisse y pénétrer et baigner le galet suivant une portion de son diamètre ; alors celui-ci, entraîné par son contact avec l'arbre, distribue à ce dernier, et, par suite, aux coussinets inférieur et supérieur C et C′, l'huile nécessaire à leur graissage, et l'excédant retombe dans le réservoir.

Palier Hermann (1856). — La fig. 62 ci-après représente, en section verticale et en plan horizontal, le graisseur perfectionné de M. Hermann.

Comme on le remarque, le corps du palier est fondu creux, pour former réservoir d'huile. Sur ce réservoir est ajustée une pièce D disposée pour recevoir le coussinet ou coquille inférieure de l'arbre, et fondue avec une petite chambre ouverte en dessous pour laisser pénétrer l'huile. Dans cette chambre est introduit le cylindre ou bouchon de liége B. Ce dernier, qui n'est autre chose qu'un simple flotteur, pourrait être aussi bien un cylindre creux en bois ou en métal mince recouvert d'étoffe,

Fig. 62.

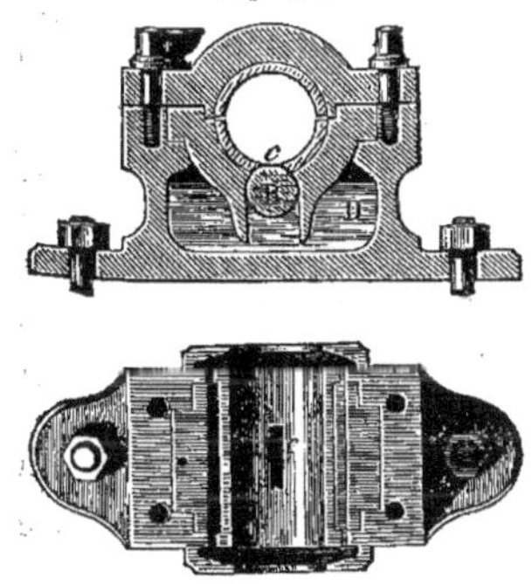

La disposition de la pièce D, et surtout de la chambre, est le perfectionnement important de ce palier, attendu que, par ce moyen, le flotteur est parfaitement guidé et sûrement maintenu en contact avec la circonférence du tourillon, au-dessous de l'ouverture rectangulaire *c* pratiquée dans l'épaisseur du coussinet.

Ce flotteur, entraîné par l'arbre dans son mouvement de rotation continu, répand l'huile autour et dans toute la partie intérieure des coquilles.

Cette huile retourne ensuite au réservoir par les deux canaux latéraux ménagés entre les bords des coussinets et l'enveloppe extérieure du palier.

TROISIÈME SYSTÈME A TOURILLON NOYÉ.

Ce système se distingue par l'absence de tout mécanisme ; il a beaucoup d'analogie avec la deuxième disposition proposée par M. Baudelot et indiquée ci-dessus. C'est celui qui semble, tout d'abord, le plus rationel, puisque, en effet, son principe repose sur le graissage du tourillon en le faisant tourner directement dans l'huile ; seulement, il présente une difficulté réelle dans son application, car il est de toute nécessité, pour que le tourillon soit noyé, que le niveau du liquide soit plus élevé que le plan horizontal inférieur tangent à sa circonférence ; mais il faut alors éviter que l'huile ne s'échappe de chaque côté des coussinets, par les ouvertures ménagées à droite et à gauche du palier pour le passage de l'arbre.

Ce problème a été résolu de deux manières :

1° En disposant de chaque côté du palier des cuirs, du caoutchouc ou des boîtes à ressorts formant, autant que possible, fermeture hermétique ;

2° En forgeant avec l'arbre un renflement ou en rapportant un manchon, ou encore en pratiquant une rainure circulaire de chaque côté, de façon, dans tous les cas, à laisser les bords latéraux du palier plus élevés que le tourillon, afin que l'huile contenue dans le fond de ce palier, formant réservoir, puisse conserver un niveau assez élevé pour noyer le tourillon.

Palier Normanville (1848). fig. 19. — Cette figure représente une application du premier des deux moyens sus-énoncés.

Cette disposition consiste, comme nous l'avons dit, à faire tourner le tourillon de l'arbre A complétement dans l'huile, et à empêcher que celle-ci ne s'échappe par les ouvertures circulaires ménagées dans le corps du palier pour le passage de l'arbre. A cet effet, deux bagues *b* et *r* sont placées de chaque côté pour fermer hermétiquement ces ouvertures, tout en conservant à l'arbre sa liberté de tourner. Celles *b* sont fixées sur l'arbre, les deux autres sont seulement appliquées sur les faces latérales du palier, et, pour qu'elles ne puissent se déplacer, elles sont maintenues constamment en pression par des petits ressorts à boudin qui se trouvent logés dans l'espace annulaire ou boîte circulaire formée par les rebords mêmes des deux bagues.

Le palier, comme on le voit sur le dessin, est fondu avec deux joues qui forment réservoir, et le coussinet supérieur a deux ouvertures pour laisser pénétrer l'huile jusqu'au tourillon.

Palier Peulvey (1853). — M. Peulvey, mécanicien à Paris, a imaginé un système de graissage continu qui repose sur l'application d'un renflement ou manchon rapporté sur l'arbre pour augmenter le diamètre du tourillon.

La fig. 63 ci-après représente, en section verticale faite parallèlement à l'axe, un palier de ce système. On voit que l'arbre A est muni de son manchon R, et que c'est celui-ci qui forme tourillon en tournant entre le coussinet inférieur C et le chapeau du palier.

Fig. 63.

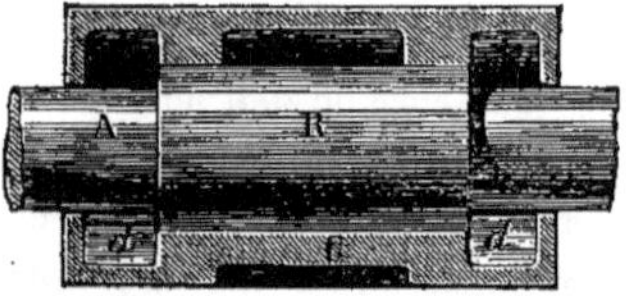

Dans l'exemple que nous avons choisi, le tourillon tourne sur la fonte ; mais il est très-facile, sans modifier sensiblement la disposition, de rapporter des coquilles en bronze. De chaque côté des coussinets, on a ménagé des espaces libres *d* qui servent de réservoir à l'huile, dont le niveau supérieur, comme on peut le remarquer, est plus élevé que la partie inférieure du renflement, de sorte que cette huile peut aisément s'introduire de chaque côté entre les coussinets et le tourillon par les rigoles *r* pratiquées dans l'intérieur du coussinet, comme l'indique la fig. 64, et peut circuler librement de la chambre de droite à celle de gauche. Par ce moyen, le collet baigne constamment dans l'huile, laquelle est nécessairement entraînée autour du tourillon, et il n'en sort pas par les bords extérieurs.

Fig. 64.

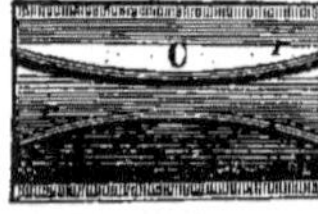

Palier Avisse (1855), fig. 20 à 23. — M. Avisse aîné, mécanicien à Paris, est l'auteur d'une disposition de palier reposant sur un principe analogue aux précédents, mais qui est entrée plus avant dans le domaine des applications.

La fig. 65 suivante va nous servir à expliquer les caractères distinctifs de ce palier, et les fig. 20 à 23 de la pl. 15 à faire connaître le mode de construction de ce système, adopté par la maison J.-F. Cail et Cie.

La fig. 20 est une vue de face extérieure de ce palier.

La fig. 21 en est un plan, moitié vu en dessus et moitié en section horizontale, faite à la hauteur de l'axe ;

La fig. 22 en est une section longitudinale perpendiculaire au tourillon ;

La fig. 23 est une section transversale, suivant l'axe de ce tourillon.

Fig. 65.

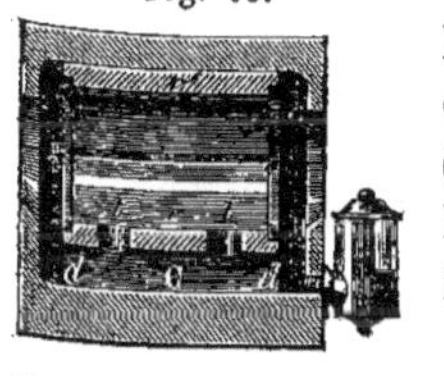

Il est facile de reconnaître par ces figures et par celle 65 que le corps de ce palier se compose d'une seule pièce de fonte, qui s'élève beaucoup plus haut que le centre du tourillon (voyez fig. 20 et 22), et qui, par suite, peut loger entièrement les deux coussinets, aussi bien celui supérieur r' que celui inférieur r.

Cette disposition présente alors cet avantage que l'huile constamment remontée de la partie inférieure jusqu'au-dessus du centre, soit par les bords, soit par les embases du tourillon, ne peut jamais s'échapper au dehors, puisqu'il n'y a aucun joint, aucun passage autre que celui formé par les extrémités du chapeau B, qui recouvre le tout.

Or, si l'on remarque (fig. 23) que les joues ou les bords extrêmes de ce chapeau sont, comme les joues latérales du palier, dressées extérieurement pour entourer presqu'exactement le corps de l'arbre A, d'un diamètre moindre que le tourillon, on doit comprendre que l'huile n'arrive pas à l'intersection, et que, par conséquent, elle ne peut sortir. Dans certains cas, M. Avisse pratique dans l'arbre, aux deux extrémités du tourillon, des espèces de gorges ou évidements circulaires, dans lesquels pénètrent les joues latérales.

Nous nous sommes convaincu qu'il n'y avait aucune fuite, sur des transmissions de mouvement établies chez le constructeur avec des chaises ou paliers de ce système et marchant à grande vitesse ; les paliers présentent, à l'extérieur, la plus grande propreté, à ce point qu'on pourrait croire qu'ils n'ont pas d'huile. Aussi celle-ci s'y conserve des mois entiers sans qu'il soit nécessaire d'en ajouter.

L'intérieur du palier, qui n'est pas occupé par les coussinets, forme une sorte de bassin ou de réservoir qui, par cela même que l'huile est bien ménagée, peut en contenir, malgré son peu de capacité, pour plusieurs mois consécutifs. Il est facile, du reste, de connaître la quantité d'huile qui s'y trouve en un moment donné, par le tube indicateur m.

On ne peut douter de l'exactitude et de la régularité du graissage, par la disposition même donnée à cette partie inférieure du système, soit que l'on emploie le tourillon à embase B', comme celui qui est indiqué sur les fig. 21 et 23, soit qu'on l'exécute sans embase, en pratiquant seulement des rainures circulaires de chaque côté du tourillon.

Dans l'un comme dans l'autre cas, l'huile est constamment relevée, comme nous l'avons dit, par les bords du tourillon jusqu'au-dessus du centre de celui-ci, et se répand, par suite, en très-petite quantité sur sa surface entière avec d'autant plus de facilité que les deux coussinets ont des rainures longitudinales pratiquées dans leur épaisseur. En outre, le coussinet inférieur r' est évidé à sa base, et percé dans son épaisseur de plusieurs orifices t, fig. 65, ci-dessus, de sorte que l'huile peut toujours se rendre de l'intérieur de la boîte ou du réservoir à la surface inférieure du tourillon, qui, par sa rotation plus ou moins rapide, forme une sorte d'aspiration continue.

Le palier représenté par les fig. 20 à 23 diffère de celui indiqué fig. 65, en ce que sa boîte est allégée intérieurement par des évidements dans lesquels sont venues de fonte des nervures d, fig. 21, limitant le jeu des coussinets. On remarque que le manchon B est muni de deux embases b pour prévenir le mouvement longitudinal de l'arbre A ; elles sont incrustées dans l'épaisseur du coussinet, afin que le tourillon, dans son mouvement de rotation, ne puisse projeter l'huile et ne fasse que la relever en petite quantité, comme il est dit plus haut.

L'huile versée par un orifice m, fig. 20, se répand dans la partie inférieure de la boîte, à une hauteur telle que le manchon proprement dit B puisse y plonger d'une manière suffisante, et relever l'huile dans toute son étendue.

La communication entre les différentes parties de la boîte s'établit par le canal C du coussinet en fonte ou en bronze r. Ce canal reçoit l'excès de l'huile amené sous la fusée par l'ouverture longitudinale t, pratiquée dans le coussinet inférieur.

L'orifice d'introduction d'huile peut être disposé comme sur la fig. 65 ci-dessus, c'est-à-dire, présenter un ajutage en verre, de manière à permettre la constatation du niveau de l'huile dans la cuvette de la boîte.

Des boulons f, à tête noyée dans la partie inférieure de celle-ci, permettent de fixer le chapeau B sur cette boîte. D'autres boulons v, traversant ce chapeau par une partie taraudée, ont pour objet le serrage du coussinet supérieur contre la fusée r'.

Pour obvier au desserrage des écrous, qui a généralement lieu dans les transmissions de mouvement par suite des vibrations inhérentes à la longueur des arbres, ce qui déplace souvent les coussinets et occasionne des frottements considérables, une pièce d'arrêt V est appliquée sur le chapeau. Cette pièce est échancrée des quatre côtés répondant aux positions des écrous des boulons de serrage du coussinet, et à celle des écrous des boulons de serrage du chapeau.

Les échancrures de la pièce d'arrêt V forment un polygone à douze pans, ce qui lui permet de répondre à un plus grand nombre de positions des écrous. Ladite pièce étant chassée avec un certain effort sur la tête de ces écrous, rend leur position rigide et invariable.

APPENDICE.

Il nous semble utile d'ajouter à cette nomenclature deux systèmes plus récents et qui rentrent plus particulièrement dans le principe de graissage ordinaire, par un réservoir supérieur, que nous n'avons fait que citer en commençant. Le premier de ces nouveaux procédés est de M. Bonnière, de Rouen, et le second de M. Léon Amenc, de Clermont-Ferrand.

Système Bonière. — Le système de graissage de M. Bonière consiste simplement dans l'emploi de graisse à l'état pâteux, ayant la glycérine pour base, et disposée dans un récipient placé à la partie supérieure du palier, avec une disposition spéciale pour faciliter l'écoulement de cette graisse, qui se fond peu à peu sous l'influence de la chaleur développée par le frottement, ou pour accélérer cette fusion.

Dans le premier cas, la graisse est renfermée dans un vase muni d'un piston, ou poussoir à ressort, que l'on fait descendre, à volonté, et à la main, de façon à repousser la masse de graisse et maintenir son contact avec le tourillon au fur et à mesure qu'elle se fond.

Dans le second cas, le godet graisseur conserve à peu près la disposition ordinaire, mais avec l'addition d'une tige conique creuse disposée dans l'intérieur, traversant la masse de graisse, et en contact avec le tourillon auquel elle sert de conducteur au calorique, en le propageant au sein de la masse lubrifiante pour en opérer la fusion.

Le système de graissage de M. Bonière figurait, avec avantage, sur plusieurs machines exposées à Rouen, en 1860.

Système Amenc (1862). — M. Amenc, manufacturier à Clermont-Ferrand, est d'avis qu'on ne peut obtenir réellement un bon graissage en faisant circuler la même huile qui, successivement, parvient au tourillon et retombe dans le réservoir commun où elle ne tarde pas à altérer la partie restée pure, de façon qu'après un certain temps de marche, si le graissage ne fait pas défaut, il est effectué avec de mauvaise matière lubrifiante.

Fig. 66

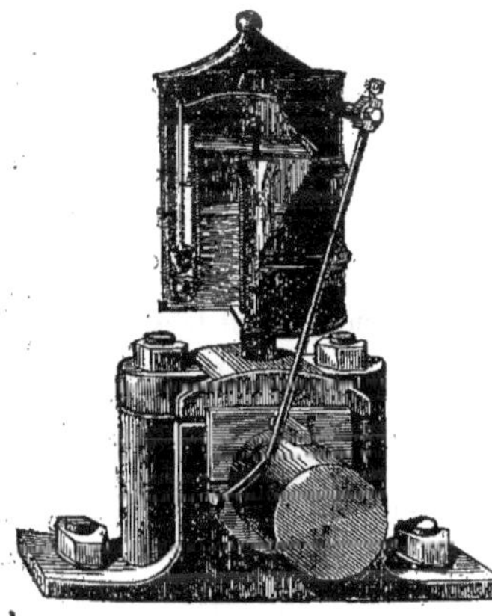

Dans cette vue, il est revenu au système de graissage supérieur, mais à l'aide d'un appareil qui ne doit donner à la fois que la quantité d'huile nécessaire et l'abandonne complétement après qu'elle est parvenue au tourillon.

La fig. 66 représente un appareil de ce système tout monté sur un palier ordinaire. On voit qu'il se compose d'un réservoir cylindrique, à l'intérieur duquel s'élève un tube central E qui doit conduire l'huile à l'intérieur du palier, et renfermant un véritable corps de pompe A dont le piston est mis en relation avec un bras de levier *t* qui reçoit un mouvement oscillatoire d'une tige extérieure, qu'un *toc f*, fixé sur l'arbre, soulève à chaque tour qu'il effectue.

L'huile, que contient le réservoir, ainsi puisée par la pompe, s'élève et parvient à un conduit horizontal dans lequel on a ménagé, visà-vis du tube E, un petit trou dont l'ouverture est réglée par une petite tige v qui remplit exactement les fonctions de *régulateur*. Une partie de cette huile s'écoule donc par ce trou et tombe dans le palier, tandis que l'excédant continuant de traverser le tube horizontal, peut retomber dans le réservoir dans le même état qu'elle y a été prise.

C'est au moyen du modérateur v que l'on règle la quantité d'huile, qui doit s'écouler, en rapport avec la dépense, qui n'a, cependant, lieu qu'en marche, puisqu'au repos, la pompe n'en élève pas.

Notons, en terminant, que l'auteur a eu le soin, à l'aide de son appareil, de se rendre un compte exact de la quantité d'huile à consommer pour une certaine somme de travail mécanique produite.

En comparant les données de cette expérience, il a trouvé qu'un gramme de bonne huile correspond à la dépense faite par un tourillon qui a développé 630630 kilogrammètres. Ainsi, supposons une machine à vapeur de la force de 1 cheval marchant 12 heures, la consommation des deux tourillons de son arbre à manivelle (si nous négligeons l'excédant de frottement dû au poids du volant), s'élèverait, dans le même temps, à :

$$\frac{75^{\text{kg.m}} \times 12^{\text{h}} \times 3600''}{630630} = 5^{\text{g}},26,$$

soit environ 5 grammes et 1/4 en 12 heures pour la force de 1 cheval.

Nous laissons aux praticiens le soin d'établir la comparaison avec les conditions ordinaires du graissage par les procédés différents de celui de M. Amenc.

Nous n'avons pu évidemment qu'indiquer les principaux parmi le grand nombre de systèmes proposés pour opérer le *graissage continu*, question importante et qui, si elle est résolue, n'est pas encore devenue d'une pratique générale. Et, cependant, il n'est pas de manufacturier ou de conducteur de machines qui n'ait compris l'immense avantage d'un graissage régulier, continu, propre, économique, et, surtout, automatique, car il est permis de considérer comme telle une opération qui n'exigerait de main-d'œuvre sérieuse que deux ou trois fois par an. Et puis qui dit bon graissage dit encore économie de force absorbée et conservation des organes mécaniques ; enfin, une infinité de motifs doivent engager les constructeurs et les usiniers à généraliser les procédés de graissage continu ou les *paliers graisseurs*, et, puisqu'ils ne s'y sont pas encore absolument décidés, il faut bien admettre qu'ils voient quelque obstacle, même aux meilleurs systèmes connus, soient prix de revient, doute sur le fonctionnement, difficulté d'installation, etc, enfin des objections qui seront levées, nous n'en doutons pas, pour le plus grand bien de la mécanique appliquée.

CHAPITRE VI

CONSTRUCTION DES ENGRENAGES ET DES POULIES DE TRANSMISSION

(PLANCHES 16 A 19.)

Après avoir étudié, avec autant de détails que le sujet le comporte, la construction des arbres de transmission et les moyens employés pour les assembler, nous arrivons aux organes à l'aide desquels ils se *transmettent* le mouvement de rotation. A l'exception du système de renvoi par bielle et manivelle que l'on emploie aussi pour relier les mouvements rotatifs de deux arbres, système dont nous parlerons du reste en son lieu, ce sont principalement les *engrenages* et les *poulies*, qui constituent généralement les organes de transmission dont nous devons nous occuper actuellement.

Ces importants engins sont, en effet, d'une applicaion qui n'a, pour ainsi dire, pas d'égale en mécanique où ils se retrouvent, particulièrement les roues dentées, jusque dans l'enfance de cet art ; si les véritables poulies en fonte avec courroies en cuir ont une origine moins ancienne, leur principe, représenté par les tambours et les cordes, ne l'est, sans doute, pas moins : il est juste de dire que les premiers engrenages différaient aussi notablement de ceux que l'on exécute depuis que l'emploi de la fonte de fer s'est généralisé.

Nous avons donc à étudier maintenant des pièces de mécanique qui dépassent l'ordre des organes dont la forme et les proportions de résistance étaient les seules considérations qui présidassent à leur établissement ; des éléments nouveaux doivent être introduits dans l'étude de ces derniers, tels que :

Le tracé géométrique et les rapports de vitesse qui concourent à l'accomplissement des fonctions qu'ils sont appelés à remplir ;

Des *opérations de cinématique*, qui viennent se joindre aux conditions de résistance dans la détermination des engrenages et des transmissions par poulies ou tambours, courroies ou cordes, etc.

Par conséquent, avant d'aborder la construction directe de chacun de ces organes, il est nécessaire de poser les principes, les bases des calculs à l'aide desquels on fixe d'abord leurs dimensions purement géométriques, en vue du mouvement à obtenir, avant de déterminer l'intensité de leur résistance en rapport avec l'effort qui devra être surmonté pendant la durée du mouvement.

FONCTIONS GÉOMÉTRIQUES DES ENGRENAGES ET DES POULIES.

PRINCIPE GÉNÉRAL DE LEUR ÉTABLISSEMENT.

Deux axes ou deux arbres, qui doivent se transmettre le mouvement circulaire continu, peuvent se trouver dans plusieurs conditions différentes :

1° Ils sont parallèles ou forment un angle plus ou moins prononcé, et, dans ce dernier cas, sont situés dans le même plan ou dans deux plans différents ;

2° Ils correspondent à de faibles efforts ou à des efforts considérables ;

3° Ils peuvent être très-rapprochés ou très-éloignés l'un de l'autre.

Chacune de ces conditions différentes peut correspondre à une application particulière des organes de transmission et motive les variétés que l'on rencontre.

Parmi les engrenages produisant le mouvement circulaire continu, on distingue principalement :

1° Les engrenages *droits*, qui sont disposés pour mettre en rapport les arbres parallèles ;

2° Les engrenages d'*angle*, qui conviennent aux arbres formant entre eux un certain angle, mais situés dans le même plan ;

3° Les engrenages *à vis sans fin* et les engrenages hélicoïdaux, qui transmettent le mouvement entre deux arbres formant un angle et situés dans deux plans différents.

Viennent ensuite les *crémaillères*, destinées à transformer le mouvement intermittent circulaire en rectiligne, et les secteurs dentés qui ne sont, d'ailleurs, que des portions de roues ou des crémaillères courbes, etc. Enfin, les *pignons* à *chaîne*, qui représentent une combinaison de l'engrenage simple et de la transmission par poulie.

Les poulies et les tambours n'offrent pas autant de variétés dans leur structure, bien qu'ils puissent être disposés pour marcher, soit avec des courroies, soit avec des cordes ; et, cependant, on peut en faire usage pour commander des axes présentant les différents caractères de disposition qui viennent d'être énumérés à propos des divers types d'engrenages. De plus, la transmission par poulies est applicable à deux axes trop éloignés l'un de l'autre pour être mis directement en rapport par une paire de roues dentées, sous la réserve, toutefois, de l'intensité de l'effort à transmettre.

Sans nous arrêter davantage, pour l'instant, sur les conditions spéciales qui motivent les dispositions particulières des engrenages ou des poulies, nous dirons que le principe de ce mode de transmission consiste en :

Deux cercles qui s'entraînent, sans glissement, par leurs circonférences, directement pour les engrenages, ou par l'intermédiaire d'un organe flexible enveloppant, courroie ou corde, pour les poulies et les tambours.

Passant du principe à l'application, les cercles deviennent deux disques *cylindriques* pour les engrenages droits et les poulies, et deux *troncs de cônes* pour les engrenages d'angle que l'on appelle aussi, en effet, des engrenages *coniques.* Et puis l'entraînement des circonférences est favorisé, pour les engrenages, par des *den-*

tures qui s'entre-croisent, tandis que pour les poulies, on se contente de l'adhérence naturelle résultant, sur leur contour poli, du serrage ou de la tension donnée à la courroie ; c'est donc un entrainement par *friction*, comme cela pourrait avoir lieu même à l'aide de deux disques polis, cylindriques ou coniques, roulant l'un sur l'autre, en tant que l'effort à surmonter permettrait ce genre de transmission.

C'est, en résumé, d'après ce principe énoncé ci-dessus, que l'on détermine les proportions géométriques des engrenages et des poulies pour les mettre en rapport avec les vitesses qu'ils sont appelés à transmettre, car si, en se commandant, leurs circonférences se meuvent ensemble sans que l'une devance l'autre, elles ont exactement *la même vitesse*, et à vitesses circonférentielles égales, deux cercles tournants possèdent des vitesses angulaires *inversement proportionnelles à leurs diamètres.*

Cette donnée suffit, comme on va pouvoir s'en convaincre, pour déterminer très-facilement toutes les conditions d'une transmission à établir.

Détermination des diamètres en fonction des vitesses rotatives. — Les diamètres géométriques des deux roues composant une paire d'engrenages sont ceux des cercles qui figurent les deux disques tangents et roulant l'un sur l'autre, et sur lesquels se fait le contact des deux dentures, ce qui les fait désigner par *cercles primitifs* ou *de contact*. A l'égard des poulies et des tambours, c'est leur diamètre extérieur même.

Si l'on désigne par N et n les vitesses rotatives de deux axes, et par d et D les diamètres des engrenages ou des poulies à leur appliquer pour réaliser ce rapport de vitesses, on aura, d'après cette propriété des cercles tournant à une même vitesse circonférentielle, la relation suivante :

$$\frac{D}{d} = \frac{N}{n},$$

et le diamètre D se rapportera à la roue ou à la poulie montée sur l'axe ayant la vitesse n, ou, réciproquement, le diamètre d à la vitesse N.

Supposons, pour exemple, qu'il s'agisse de deux axes devant faire $N = 50$ tours par minute et $n = 30$ tours dans le même temps, on posera :

$$\frac{D}{d} = \frac{50}{30};$$

et si nous admettons que le diamètre D égale $1^m,20$, il en résultera :

$$\frac{1^m,20}{d} = \frac{50}{30}; \text{ d'où : } d = \frac{1^m,20 \times 30}{50} = 0^m,72.$$

Les deux roues ou les deux poulies auront donc $1^m,20$ et $0^m,72$ de diamètre, la plus grande montée sur l'axe qui possède la plus faible vitesse et réciproquement.

Il est clair que de quelque façon que le problème se présente, la même relation en fournit la solution.

Ainsi, il arrive que pour une transmission établie, on veut connaître les vitesses de deux axes d'après les diamètres des organes qui les mettent en rapport : ce n'est toujours que le quatrième terme d'une proportion à déterminer ou un rapport à établir.

Soient, par exemple, deux axes se commandant par une paire d'engrenages, dont les diamètres égalent $1^m,50$ et $0^m,45$, on a :

$$\frac{D}{d}=\frac{1,50}{0,45}=\frac{10}{3}.$$

Les vitesses seront donc dans le rapport de 10 à 3, et si l'axe portant la grande roue fait 30 tours par minute, l'autre axe en fait 100 dans le même temps.

La simplicité de pareils calculs nous permet de n'en pas multiplier davantage les exemples, avant d'aborder l'étude particulière de chacun des genres différents d'organes que nous nous proposons de décrire. Nous devons examiner de suite le mode d'effort auquel ils sont soumis et qui leur est commun à tous.

Efforts transmis par les engrenages et par les poulies. — Le travail d'un engrenage ou d'une poulie réside dans l'effort direct qui se manifeste à leur circonférence, qu'il soit transmis ou reçu; nous avons eu l'occasion d'étudier précédemment la nature de l'effort circonférentiel déterminant la résistance à la torsion d'un arbre de transmission, et qui a toujours pour origine une force appliquée à l'extrémité d'un bras de levier d'un certain rayon; or, dans un système mécanique composé de poulies ou d'engrenages, le rayon de ces organes est celui du levier en question, et la force cet effort circonférentiel auquel ils doivent résister : seulement, bien que la nature n'en soit pas pour cela modifiée, il faut distinguer les deux cas où l'effort est transmis à l'arbre ou par l'arbre, ces deux circonstances se présentant toujours ensemble dans une transmission entre deux axes. Le point important de cette remarque, c'est que l'effort circonférentiel est nécessairement égal pour les deux organes en rapport, tandis qu'il est égal ou différent pour les arbres, suivant que les rayons de ces organes, poulies ou engrenages, sont égaux ou différents.

La résistance des engrenages et des poulies a donc pour base : un *effort circonférentiel simple et direct* mesuré en kilogrammes, effort d'après lequel on proportionne la denture des engrenages et la courroie ou la corde qui est l'engin de transmission avec les poulies ou les tambours ; il ne nous reste qu'à examiner comment cet effort peut être évalué, suivant la nature des applications.

Il peut se présenter souvent que la puissance à transmettre soit elle-même déjà exprimée par un effort simple, et indépendant de toute autre circonstance ; en cas pareil, on n'a qu'à rechercher comment cet effort est traduit par le mécanisme, par rapport aux rayons des organes considérés comme leviers simples, et l'on a de suite la mesure de la résistance à laquelle ils doivent répondre.

Ainsi, pour une grue ou un treuil, on a ordinairement comme donnée la charge maxima à soulever ; cette charge s'exerçant par le tirage de la chaîne à la circonférence du treuil, il est facile de calculer de suite la pression correspondante qui en résulte sur la denture de la première paire de roues, de là sur celle de la seconde, etc.

Supposons, par exemple, une charge de 1000 kilogrammes suspendue à une chaîne qui s'enroule sur un treuil de 0m,30 de diamètre, et dont l'axe porte une roue d'engrenage de 1m,20 commandée par un pignon de 0m,12, dont l'axe porte les manivelles motrices ayant 0m,40 de rayon ;

Il est évident que pour cet effort de 1000 kilogrammes à la circonférence du treuil, la pression sur la denture de la roue, et du pignon, par conséquent, sera de :

$$1000 \times \frac{0^{m},30}{1^{m},20} = 250 \text{ kilogrammes.}$$

De même, cet effort ayant lieu à la circonférence du pignon, dont le rayon est de 0m,06, il faudra, pour l'équilibrer, exercer sur chaque manivelle un effort de :

$$\frac{250}{2} \times \frac{0^{m},06}{0^{m},40} = 18,\ 75 \text{ kilogrammes,}$$

abstraction faite des frottements, dont nous n'avons pas à tenir compte pour notre exemple, mais qui tendent à augmenter cet effort purement théorique.

Mais, dans bien des circonstances, la puissance à transmettre est donnée en chevaux ou en kilogrammètres ; il faut donc, pour évaluer l'effort transmis, recourir au procédé ordinaire, c'est-à-dire, tenir compte de la vitesse circonférentielle par 1'', suivant laquelle se meut la denture ou la courroie considérée.

Comme nous avons eu souvent l'occasion de le rappeler précédemment, si l'on désigne par V cette vitesse en mètres par 1'', R le rayon de l'une des roues et par n la vitesse de rotation ou le nombre de révolutions qu'elle effectue par minute, on sait que cette vitesse égale :

$$V = \frac{2\,\pi\,R\,n}{60''}.$$

D'autre part, une quantité de travail F, en kilogrammètres, étant le produit PV de l'effort exercé par la vitesse uniforme du point d'application de cet effort, on pose :

$$F^{kgm.} = PV\ ;\ \text{et}\ P = \frac{F^{kgm.}}{V}\ ;\ \text{d'où}\ :\ P = \frac{60\,F^{kgm.}}{2\,\pi\,R\,n}.$$

Admettons, comme exemple, qu'il s'agisse de déterminer la pression qu'aurait à supporter la denture d'une roue d'engrenage de 1 mètre de rayon, montée sur l'arbre à manivelle d'une machine de 20 chevaux, dont elle transmet la totalité de la puissance, cet arbre faisant 50 tours par minute.

20 chevaux font 1500 kilogrammètres, d'où la pression cherchée égale :

$$P = \frac{60 \times 1500}{2 \times 3,\ 1416 \times 1^{m} \times 50} = 286 \text{ kilogrammes.}$$

Supposons encore que l'on ait à rechercher l'effort à transmettre, par une courroie, pour commander une meule de moulin, dont le travail qu'elle absorbe est évalué à environ 3 chevaux ou 225 kilogrammètres, en faisant 120 tours par minute.

Si la poulie de commande possède 1m,30 de diamètre (ordinairement le même que la meule), on aura pour l'effort cherché :

$$P = \frac{60 \times 225^{kgm.}}{2 \times 3,1416 \times 0^m,65 \times 120^t} = 27^k,5.$$

Résumons ce qui précède :

Les roues d'engrenage par leur denture, et les poulies par la courroie qui les connexe par couple, transmettent des efforts exprimés en kilogrammes qui servent, par conséquent, de bases à leurs proportions ;

De cet effort, on déduit directement les dimensions des dents et d'après elles, celles de l'ensemble de la roue entière ;

De même, à l'égard des poulies, la résistance de la courroie est déduite de l'effort qu'elle est appelée à transmettre et les dimensions de la poulie entière en découlent ;

Enfin, ces deux genres d'organes empruntent aussi plusieurs de leurs dimensions à l'axe qui les porte, car les proportions de cet axe ne sont pas nécessairement dépendantes de l'effort circonférentiel transmis, attendu que, d'une part, l'organe transmet tout ou partie de la puissance renfermée dans l'axe, et que, d'autre part, qu'il en transmette une fraction ou la totalité, cet effort circonférentiel final dépend du *diamètre* de l'organe qui n'a aucune relation absolue avec celui de l'axe.

Ayant établi ces bases préliminaires, communes à ces deux genres d'organes mécaniques, nous allons les étudier séparément, en commençant par les *engrenages*.

PROPORTIONS ET CONSTRUCTION DES ENGRENAGES DE DIVERS SYSTÈMES.

(PLANCHES 16 ET 17.)

CONSTRUCTION GÉOMÉTRIQUE DES ENGRENAGES DROITS.

Nous avons dit que l'établissement des engrenages comprend l'étude de leur disposition géométrique au point de vue de la partie dynamique de leurs fonctions, et celle de leurs proportions à l'égard de leur résistance. C'est de la première étude que nous devons d'abord nous occuper.

Les engrenages *droits* comprennent, premièrement, les roues *droites* ou *cylindriques* se commandant réciproquement et transmettant le mouvement circulaire, continu ou alternatif, entre deux axes parallèles et dans le même plan, et ensuite, les roues ou pignons et crémaillères droites, déterminant la transformation du mouvement circulaire en mouvement rectiligne, continu ou intermittent, *et vice versâ*. De plus, on distingue, parmi les engrenages droits, les roues à dentures *extérieures* et celles à dentures *intérieures*.

En principe, le tracé géométrique d'un engrenage se composant d'une *paire de roues droites*, consiste dans deux cercles tangents dont les diamètres sont déterminés, comme on l'a vu ci-dessus, suivant le rapport inverse des vitesses rotatives de leurs axes respectifs ; s'il s'agit de roues à dentures *extérieures*, les deux cercles peuvent être indifféremment égaux ou inégaux de diamètre, et roulent l'un sur l'autre extérieurement ; dans le cas contraire, ils sont inévitablement de diamètres différents et le plus petit tourne *à l'intérieur* de l'autre.

Dans la plupart des cas, les axes des deux roues qui composent *une paire*, ou *un système*, ou encore, *un harnais*, tournent avec elles sur eux-mêmes dans des supports fixes ; mais il arrive aussi que l'une des deux roues est complétement fixe, d'où la seconde, en tournant sur elle-même, accomplit en même temps un véritable mouvement de translation autour de la première, et cette particularité se présente aussi bien pour les dentures intérieures que pour les dentures extérieures.

Enfin, dans l'étude des mouvements d'une paire de roues, il faut considérer *le sens de rotation des axes.*

Dans l'engrènement d'une paire de roues *à denture extérieure* et mobiles toutes deux, le point de contact des deux cercles géométriques : *marchant ensemble et sans glissement,* se trouvant placé *entre* les deux centres de rotation, les deux cercles tournent *en sens inverse.*

Mais, dans le mouvement de l'engrenage intérieur, ce point de contact se trouve *en dehors* des deux centres et les deux axes tournent *dans le même sens.*

Cette propriété de l'inversion du sens de rotation, avec une paire de roues à denture extérieure, amène souvent l'emploi de ce que l'on désigne par : *un intermédiaire*, c'est-à-dire, une troisième roue montée sur un axe indépendant, et qui, placée entre les deux premières, engrène simultanément avec elles dont les axes tournent alors dans *le même sens*, puisque l'inversion se trouve reproduite deux fois.

En général, si plusieurs axes se trouvent en rapport au moyen de roues se communiquant le mouvement de l'une à l'autre, le sens du mouvement étant renversé chaque fois, on en déduit la règle suivante :

Si le nombre d'axes est *pair*, les axes extrêmes tourneront *en sens inverse ;*

S'il est *impair*, ils tourneront *dans le même sens*. De plus, quel que soit le nombre de ces axes, toutes les roues se commandant et possédant toutes, par conséquent, quels que soient leurs diamètres, la même vitesse circonférentielle:

Les axes extrêmes auront la même vitesse rotative que si leurs roues se commandaient directement, en supprimant les intermédiaires.

Quant au principe géométrique de l'engrenage à crémaillère, qui est susceptible de moins de variante, c'est une ligne droite et un cercle tangent.

Mais le système de mobilité présente aussi des particularités différentes. Ainsi, la crémaillère peut être mobile et l'axe du pignon fixe ; la crémaillère peut être fixe, au contraire, et le pignon et son axe mobiles, exécutant, en tournant, un mouvement de translation rectiligne.

Dans tous les cas, la vitesse rectiligne, pour chacun des deux modes, est égale à celle circonférentielle du pignon.

Ces préliminaires arrêtés, nous avons à examiner la structure géométrique de la denture en rapport avec chacune des conditions précédentes.

Définition du pas. — Ainsi qu'on le sait, et comme le montre du reste la fig. 1re de la pl. 16, la denture d'une roue d'engrenage est formée d'une suite successive de saillies ou *dents*, et de rentrants ou *creux;* une dent et un creux consécutifs composent *le pas* de la denture. Caractérisé numériquement, le pas commun des deux dentures correspondantes est : *une même valeur linéaire d'arc rectifié de chacun des deux cercles primitifs*, mais correspondant : *à des angles inversement proportionnels à leurs diamètres*, d'où le nombre de pas, ou de dents, est *directement proportionnel à ces diamètres*, et, par conséquent, *en raison inverse des vitesses rotatives.*

Bien que ces théorèmes soient très-simples et découlent naturellement de la relation qui existe déjà entre les diamètres des cercles primitifs et les vitesses rotatives, il peut être utile de fixer les idées par des exemples.

Supposons deux roues droites, dont les cercles primitifs égalent 1 mètre et $2^m,50$ de diamètre, ce qui donne pour le rapport des vitesses rotatives :

$$\frac{2,50}{1} = 2,5.$$

Ce rapport indique que si la roue de 1 mètre effectue, par exemple, 20 tours par minute, celle de $2^m,50$ en fera, dans le même temps :

$$\frac{20}{2,5} = 8.$$

Admettons maintenant que la petite roue possède 50 dents, le pas, ou l'arc rectifié représentant un plein ou un creux égale :

$$\frac{1^m \times 3,1416}{50} = 0^m,062832,$$

et comme il est le même pour l'autre roue et que les circonférences sont proportionnelles aux diamètres, le nombre de pas ou de dents des deux roues sont donc comme leurs diamètres, soit pour la grande roue :

$$50 \times 2,5 = 125 \text{ pas ou dents.}$$

Ajoutons même de suite que le nombre de tours représenté par les diamètres ne s'accomplira exactement qu'autant que les nombres de dents seront dans le rapport exact voulu, ce qui est évident ; car la valeur des mouvements angulaires dépend exclusivement de la rencontre réciproque des dents et des creux de chacune des deux roues, et un tour de l'une n'est réellement complet qu'autant que ses dents sont toutes passées au point d'intersection des deux dentures.

Néanmoins, cette remarque pourrait sembler, de prime abord, oiseuse, puisqu'il vient d'être dit que le pas étant égal pour les deux roues, les nombres en sont, d'après cela, proportionnels aux diamètres, et, partant dans le rapport inverse voulu des vitesses ; mais en pratique, ce fait peut très-bien ne pas être exactement réalisé. Ainsi, dans l'exemple précédent, par le *jeu* nécessaire à toute denture, il pourrait se faire que pour les mêmes diamètres primitifs, et le même nombre de dents à la petite roue, la grande eût une ou deux dents en plus ou en moins, sans que, pour cela, l'engrènement régulier en fût sensiblement affecté : mais le rapport des vitesses serait immédiatement changé.

Si, par exemple, au lieu de 125 dents, la grande roue en avait 127, son pas particulier deviendrait :

$$\frac{2^{m},50 \times 3,1416}{127} = 0,061842.$$

Or, on vient de voir qu'il est égal, avec le nombre exact de dents, à $0^{m},062832$; la différence entre les deux pas serait donc :

$$0,062832 - 0,061842 = 0^{m},000990,$$

soit un peu moins de 1 millimètre.

Malgré cette différence, qui, par le jeu laissé entre les dentures, se répartit moitié sur la dent et moitié sur le creux, il n'est pas douteux que l'engrènement ne puisse se faire sans inconvénient appréciable ; mais le rapport des vitesses serait modifié, car dépendant rigoureusement des nombres de dents, il deviendrait :

$$\frac{127}{50} = 2,54, \text{ au lieu de } 2,5.$$

Ainsi pour 20 tours de la petite roue, la grande en ferait 7,87 environ, au lieu de 8, etc.

On doit donc s'appliquer à ce que les cercles primitifs soient eux-mêmes parfaitement en rapport avec les nombres de dents correspondants, de façon que le pas soit, pour les deux dentures :

La même longueur linéaire d'arc rectifié pour chacun des deux cercles.

Engrenages elliptiques. — On peut dire que presque *tous* les engrenages appliqués sont *circulaires*, d'où les vitesses angulaires des deux roues d'un même harnais sont constamment dans le rapport inverse de leurs diamètres respectifs, comme les arcs de circonférence avec les angles correspondants décrits d'après les centres de rotation. Mais il se rencontre, néanmoins, des circonstances particulières où l'on a besoin d'obtenir un mouvement angulaire ou linéaire *varié*, par un organe de commande qui est animé d'un mouvement angulaire *constant ;* on fait usage, alors, de roues dont le contour, au lieu d'être circulaire, présente, en tout ou en partie, *des courbures excentrées par rapport au centre de rotation.*

On peut, en effet, imaginer deux roues d'engrenages se commandant comme à l'ordinaire, mais qui soient, par exemple, plus ou moins *ovalisées,* et qui pourraient fonctionner régulièrement, à cette condition : *que dans le mouvement, et tout en maintenant constamment la tangence des contours primitifs, la distance des centres fixes de rotation* SOIT PARFAITEMENT CONSTANTE.

Si l'on établit une telle paire d'engrenages, il est clair que l'axe de l'un étant animé d'une vitesse angulaire, régulière ou constante, la vitesse de l'autre axe variera, au contraire, *comme le rapport des rayons différents qui passeront successivement sur la ligne des centres.*

Il est évident que, d'après cette donnée, on pourrait combiner diverses formes de roues dentées qui atteindraient le but proposé pour autant de systèmes différents à vitesses variables; mais nous allons essayer de donner seulement une idée de l'effet qui résulte de *deux roues elliptiques semblables.*

Soient, fig. 67, deux ellipses exactement pareilles mises en contact et tangentes en un point a quelconque, mais absolument symétrique, pour les deux courbes, avec leurs axes et leurs foyers F, C, F′ et C′.

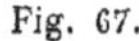
Fig. 67.

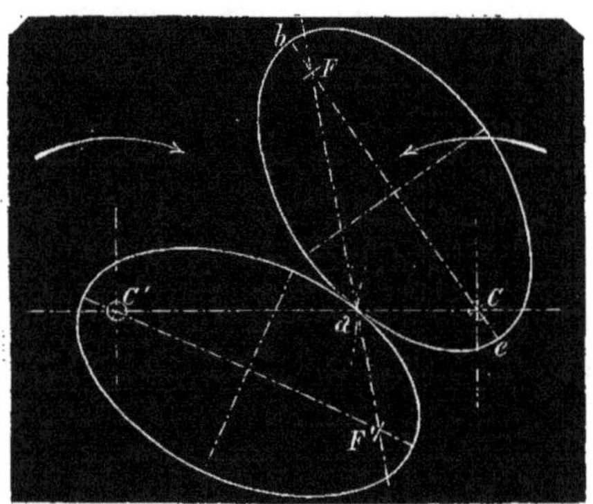

Si, dans cette condition, on mène les rayons vecteurs F a, C a, F′ a et C′ a, il est aisé de reconnaître que ces rayons seront en lignes droites FF′ et CC′ joignant les quatre foyers, et, de plus, la somme des rayons vecteurs étant, pour toute ellipse, constamment égale au grand axe, et les deux ellipses étant pareilles, en telle position que l'on admette le contact arrivé par le roulement des deux courbes l'une sur l'autre, *ces droites* FF′ *et* CC′, *joignant les foyers, seront toujours égales entre elles et au grand axe des ellipses.*

Par conséquent, si nous imaginons que ces deux ellipses soient *les contours primitifs* de deux roues dentées, ayant respectivement pour centres fixes de rotation *deux foyers opposés* C *et* C′, ces deux courbes exécutent régulièrement chacune un mouvement de rotation complet, sans cesser de se toucher et sans glissement, attendu que : *la ligne des centres est invariable comme longueur et passe constamment, en chaque moment de la révolution des courbes, par leur point de contact.*

Il est curieux, maintenant, de se rendre compte de la nature du mouvement varié qui résulte d'une semblable combinaison.

Si nous choisissons ce même point a pour comparer les vitesses angulaires des deux roues au moment du contact, nous remarquons que, pour un mouvement infiniment petit, ce point a, commun aux deux courbes, représente un élément de deux cercles, tournant d'après les centres C et C′, et dont les rayons respectifs sont

C a et C′ a; le moment des vitesses angulaires correspondant est donc : *le rapport inverse de ces deux rayons*. Comme la même observation est applicable à tout autre point de contact des deux courbes, on en déduit que :

Les vitesses angulaires successives sont dans le rapport inverse des deux sections de la ligne des centres, déterminées par la position qu'y prend successivement le point de contact.

Cette loi permet de déterminer facilement les limites de variation de la vitesse angulaire, car on vient de voir que la longueur de la ligne des centres est égale au grand axe des ellipses, et le point de contact, dans ses deux positions extrêmes, s'approche des centres C et C′ à une distance F b ou C c égale à celle d'un foyer F à une extrémité b du grand axe.

Par conséquent, si nous désignons par r cette distance F b et par R l'autre partie du grand axe, la plus grande vitesse V sera représentée par le rapport $\frac{R}{r}$ et la plus petite v par $\frac{r}{R}$; par suite ces vitesses extrêmes seront entre elles comme :

$$\frac{V}{v} = \frac{R}{r} : \frac{r}{R} = \frac{R^2}{r^2},$$

ce qui signifie que :

Les vitesses angulaires extrêmes sont entre elles comme les carrés des deux sections F e, *ou* R, *et* F b, *ou* r, *du grand axe des ellipses.*

Cette variation présente des phases semblables pour une révolution complète ; il est clair que les deux limites extrêmes correspondent aux moments où les deux grands axes sont en ligne droite, tandis que les deux moyennes, où les vitesses des deux roues sont égales, se présentent, lorsque ce sont les deux petits axes qui sont en ligne droite.

Admettons, comme exemple, que le grand axe ait 33 centimètres et que chaque foyer se trouve à 11 centimètres des extrémités ; les deux rayons extrêmes auront 22 et 11, ou seront doubles l'un de l'autre ; le rapport des vitesses angulaires extrêmes sera donc 4, c'est-à-dire que l'une des roues ayant une vitesse rotative uniforme, l'autre passera nécessairement d'une vitesse moitié moindre à une vitesse double de la première, soit une variation totale de vitesse angulaire de 1 à 4.

D'après cela, il est facile de trouver les proportions de roues elliptiques capables de fournir des limites de vitesses déterminées.

Supposons que l'on veuille, par ce procédé, communiquer à un axe donné une vitesse variant de 1 à 2 ; le rapport des rayons correspondant égale :

$$\frac{R^2}{r^2} = \frac{2}{1} \text{ ; d'où : } \frac{R}{r} = \frac{\sqrt{2}}{1} = \frac{1,4142}{1}.$$

On tracera, fig. 68, une droite AB sur laquelle on portera, à partir d'un point f, deux distances fc et fb, respectivement proportionnelles à 1,4142 et à l'unité ; la lon gueur totale *c b* étant le grand axe de l'ellipse cherchée et *f* l'un des foyers, on lui élèvera, au milieu, une perpendiculaire, et du point *f* comme centre, avec un rayon égal au demi-grand axe O *b*, on décrira deux arcs de cercle qui couperont la perpendiculaire en deux points *d* et *e*, lesquels détermineront le petit axe *d e*, et permettront de tracer l'ellipse.

Fig. 68.

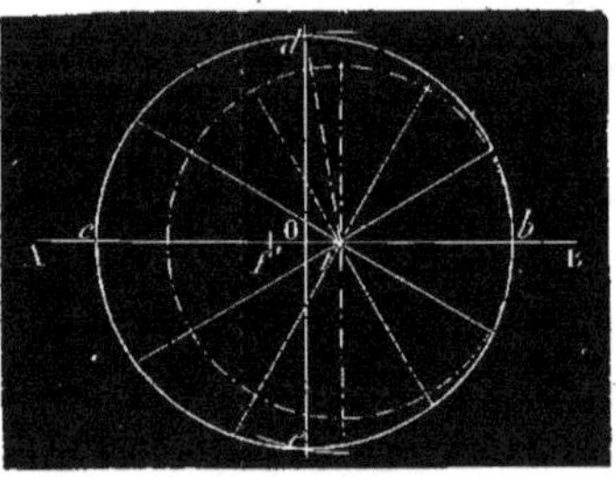

Afin de donner une idée de la progression suivie par la variation des vitesses, pour une paire d'engrenages elliptiques construite dans ces conditions, nous donnons le tracé suivant, fig. 69, dans lequel ces vitesses angulaires de la roue commandée sont représentées par des ordonnées équidistantes et qui correspondent à une division isochrone de la révolution, laquelle est figurée sur le tracé, fig. 68, par un cercle décrit de l'un des foyers *f*, pris pour centre fixe de rotation.

Fig. 69.

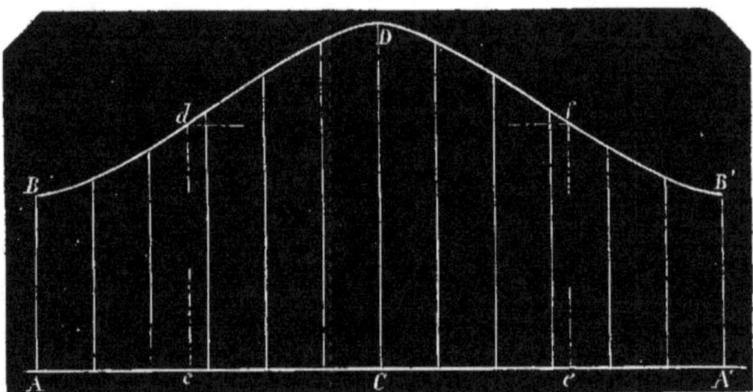

On voit que ces ordonnées déterminent, pour un tour complet, deux courbes symétriques B *d* D, D *f* B', dont le point culminant est sur D C qui représente la plus grande vitesse angulaire, c'est-à-dire, le moment où les ellipses sont tangentes par l'extrémité du grand axe, et, pour la roue commandée, par l'extrémité la plus rapprochée du centre de rotation fixe; les plus petites ordonnées AB et A'B', lesquelles correspondent au même point de la rotation, indiquent, au contraire, la plus faible vitesse angulaire, lorsque la roue commandée est attaquée par l'extrémité de son grand axe opposée à la précédente, la roue à vitesse constante agissant alors par son bout le plus rapproché de son centre de rotation; enfin, les deux ordonnées moyennes et égales *d c* et *f e* répondent aux contacts des ellipses par les extrémités du petit axe, leurs vitesses angulaires étant égales en cet instant, qui est marqué sur le tracé, fig. 68, par le rayon *f d* ou par celui qui joindrait les points *f* et *e*.

Nous terminerons ce sujet, des roues *elliptiques* ou *excentrées*, par quelques mots sur une application importante qui en a été faite récemment.

On sait que dans les presses typographiques doubles ou *à retiration*, il existe, pour faire mouvoir le marbre, un mécanisme composé d'une crémaillère commandée par un pignon qui, à la faveur d'une jonction brisée *de Cardan* (p. 162), l'attaque successivement en dessus ou en dessous, afin d'en obtenir un mouvement de va-et-vient sans changer le sens de la rotation du pignon (1). Ce système de commande se ressent des inconvénients que nous avons reconnus dans la jointure dite de Cardan, qui donne lieu, dans la partie de l'arbre soumise à l'inclinaison et commandée, à une certaine irrégularité dans la vitesse angulaire (p. 166). Bien que cette irrégularité ne soit pas très-sensible, lorsque l'angle des deux arbres n'est pas considérable, le marbre de la presse la supporte, tandis qu'il devrait être, au contraire, en parfait rapport avec les cylindres, qui possèdent une vitesse uniforme. Il en résulte donc un certain glissement qui tend à faire déchirer le papier, ou, tout au moins, à déformer l'impression.

Pour obvier à ce désavantage, M. Normand, mécanicien à Paris, a imaginé de rendre le pignon elliptique ou ovale; seulement, pour que les différents rayons du pignon puissent passer, il a donné aux dents de la crémaillère et du pignon lui-même, des saillies variables, les moindres en rapport avec le plus grand axe de l'ellipse, *et vice versâ*.

Par conséquent, en combinant d'une façon convenable les variations de vitesse dues au contour elliptique avec celles qui résultent naturellement du jeu de la jointure brisée, le constructeur est arrivé à produire la vitesse uniforme du marbre, but de cette ingénieuse application.

Ajoutons, d'ailleurs, que la forme elliptique est peu sensible, car avec un diamètre moyen d'environ 15 centimètres, ce pignon semble, de prime abord, complétement circulaire, ses deux axes ne différant que de quelques millimètres (2).

TRACÉ DES DENTS D'ENGRENAGE. — *Principes généraux.* — Admettant, pour l'instant, que deux dentures en rapport soient de même matière, fonte sur fonte, fer sur fer, etc., il est naturel que les dents de chaque denture aient la même épaisseur, ce qui revient à dire que les dents et les creux sont égaux, théoriquement, *à la moitié*

(1) Nous avons publié, dans notre grand Recueil, les divers systèmes de machines typographiques actuellement en usage.

(2) Voir, pour la relation complète de cette invention, le n° de mars 1863 du Bulletin de la Société d'Encouragement.

du pas. Cependant, il se construit beaucoup d'engrenages dont l'une des dentures est en fonte et l'autre en bois, ce qui oblige, puisque chacune d'elles éprouve une même résistance, à rendre les épaisseurs des dents différentes; mais cette particularité ne modifie en rien le tracé que nous voulons étudier, et un pas ne se compose pas moins d'un plein et d'un vide; seulement, ils ne sont plus égaux, et les dents de l'une des roues sont égaux aux creux de l'autre.

Nous pouvons donc prendre le premier cas pour exemple, en regardant le pas comme divisé en deux parties égales par les dents et les creux, ainsi que le montre la fig. 1 de la pl. 16.

Réservant pour plus tard la question de l'épaisseur des dents, d'après laquelle on opère la division des cercles primitifs, nous devons examiner maintenant *la forme* qui leur convient, pour qu'elles puissent *passer* les unes dans les autres et s'engager ou se dégager sans excès de résistance, mais en restant aussi en contact régulier et *tangent* pendant la durée totale de leur rencontre, c'est-à-dire, de façon que le contact ait toujours lieu par des surfaces et jamais par des angles.

Si l'on envisage la question du point de vue le plus général, on reconnaît que la formes, à donner aux dents serait pour ainsi dire, arbitraire, au moins pour l'une des dentures avec laquelle la seconde doit être nécessairement mise en rapport par une construction géométrique *ad hoc.* On voit, par les traités spéciaux de cinématique, qu'une denture peut se composer de dents rondes, triangulaires, curvilignes, etc., et engrener très-régulièrement avec une autre dont les dents possèdent alors une forme spéciale pour chaque roue, mais déduite absolument d'un tracé rigoureux et non pas arbitraire.

Mais dans la mécanique pratique, on ne rencontre pas une aussi grande variété de forme et la plus employée est celle que représente la fig. 1, pl. 16, qui indique que pour les deux dentures, qui ont le mérite d'être semblables, les dents, dont la saillie est à peu près partagée en deux parties égales par le cercle primitif, sont composées de deux flancs droits rayonnants raccordés par deux parties courbes intérieures. La symétrie des deux dentures et de chaque côté des dents permet de commander le mouvement indifféremment par l'une ou l'autre des deux roues A et A', ce qui ne pourrait avoir lieu dans le cas contraire.

Si l'on examine le mouvement d'une telle denture, on voit que la *poussée* des dents s'effectue, quelle que soit leur position, *flanc sur courbe, et vice versâ,* un flanc de la denture de commande agissant, *à l'entrée,* sur la courbure de l'autre, et à partir de la ligne des centres (où le point de contact est commun aux deux cercles primitifs), une courbe de cette même denture poussant l'autre par un flanc droit.

La propriété caractéristique de ce mouvement consiste, comme nous l'avons dit ci-dessus, en ce que, pendant toute la durée de l'action réciproque de deux dents, les deux parties agissantes, flanc sur courbe d'abord, et courbe sur flanc ensuite, *restent constamment en contact tangent parfait.* Voyons quelle peut être la nature du tracé qui répond à cette condition importante.

Les deux roues, en tournant, sont exactement représentées par leurs cercles primitifs roulant l'un sur l'autre, d'après leurs centres fixes ; mais, pour simplifier l'étude des effets qui résultent de ce mouvement, nous devons supposer que l'un des deux cercles soit complétement fixe et que l'autre seul tourne en exécutant alors un mouvement de translation autour de lui, ce qui rétablit le mouvement relatif des deux cercles.

Soient, en effet, deux cercles tangents, fig. 70, dont les centres sont en O et o, ce second cercle roulant autour du premier, qui est fixe, sans glissement, c'est-à-dire, en développant très-exactement sa propre circonférence sur celle du cercle fixe.

Si l'on détermine toutes les positions successives du point tangent A, appartenant au cercle mobile, jusqu'à ce qu'il redevienne tangent en A^2, ce qui aura lieu, quand ce cercle mobile aura fait un tour complet, la trace de ce point détermine une courbe $AA'A^2$ que l'on appelle une épicycloïde.

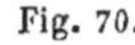

Fig. 70.

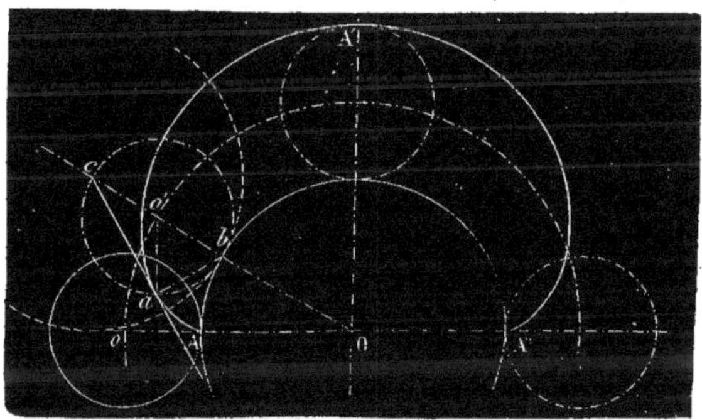

Si les flancs des dents d'une roue représentée par le cercle o se réduisaient à un *point*, il est clair que la partie courbe des dents de la roue O devrait être empruntée à la naissance de cette épicycloïde, et cela est si naturel que si l'on suppose les dents de l'une des deux dentures en matière tendre, d'abord entièrement formée de parties droites, et que l'on fixe une arète tranchante en un point du cercle primitif de l'autre denture, ce tranchant, par le mouvement des deux cercles, *découpera* les dents conformément à cette courbe géométrique.

Il n'en peut être ainsi puisque les flancs sont des parties droites figurées par le rayon du cercle o auquel cette courbe n'est tangente qu'à sa naissance en A ou en A'', tandis que, suivant la condition proposée, elle devrait lui être constamment tangente.

Mais si dans une position quelconque du cercle générateur, en o', par exemple, où il a décrit la partie de courbe A a, on joint les deux centres O et o' par une droite O c, et que l'on réunisse cette extrémité du diamètre cb avec le dernier élément courbe a par une corde ca, on reconnait que cette corde est *tangente* à la courbe.

On peut, en effet, regarder cet élément a comme appartenant à un arc de cercle infiniment petit, qui serait engendré dans un mouvement oscillatoire du cercle générateur d'après son point de tangence *b* comme centre ; or, cet arc de cercle serait bien tangent à la corde *ca* qui est perpendiculaire au rayon d'oscillation *ab*, comme déterminant avec lui et avec le diamètre *bc* un triangle rectangle *cab ;*

Par conséquent, la corde *ca* est tangente à l'élément de courbe A *a*, et la condition requise pour l'engrenage serait remplie pour une roue dont le cercle primitif serait en *c*, c'est-à-dire : *ayant pour rayon le diamètre* cb *du cercle générateur de l'épicycloïde* A A' A².

C'est, en effet, le moyen employé pour la construction des dentures *épicycloïdales*, dont les dents sont formées, comme l'indique la fig. 1, pl. 16, de courbes raccordées avec des flancs droits rayonnants ; la courbure des dents de chacune des deux roues est :

Une épicycloïde engendrée par un cercle dont le rayon est moitié de celui du cercle primitif opposé et roulant sur le sien propre.

Le même procédé est appliqué pour les engrenages *intérieurs*, dont l'une des roues tourne à l'intérieur de l'autre. Le principe graphique de cette disposition particulière est encore représenté par deux cercles primitifs O et *o*, fig. 71, sur chacun desquels on fait rouler un cercle ayant pour diamètre le rayon du cercle primitif opposé.

Fig. 71.

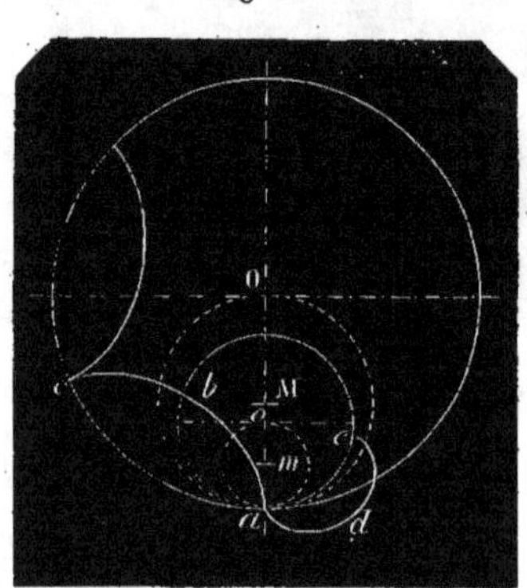

Ainsi, les courbures des dents de la grande roue O appartiennent à la courbe épicycloïdale engendrée par le petit cercle *m* moitié de la roue *o* et qui produirait, en roulant à l'intérieur du grand cercle O, une suite de courbes semblables *a b c* répétées autant de fois que les diamètres, ou les circonférences en contact, se contiennent.

De même, la courbure des dents de la roue intérieure *o* est obtenue en faisant rouler à l'extérieur de son cercle primitif un cercle M moitié de celui de la grande roue, et donnant ainsi naissance à une épicycloïde *extérieure ade* qui n'est complète que lorsque le cercle générateur a fait plus que le tour de celui autour duquel il tourne, puisqu'il l'enveloppe et est nécessairement plus grand. Il est remarquable que cette épicycloïde extérieure a pour base un arc du cercle *o* égal, comme développement, à *la différence* des circonférences des cercles M et *o*, et que, de plus, cette épicycloïde est la même que celle qui serait engendrée par un petit cercle ayant pour diamètre la différence des diamètres de ces mêmes cercles, et roulant à l'extérieur de celui *o*, etc.

Cette condition des épicycloïdes intérieures présente un cas particulier très-remarquable et qui vient à l'appui de la démonstration ci-dessus : c'est celui où le cercle intérieur roulant, générateur, est justement *moitié* de celui à l'intérieur duquel il roule.

Dans cette circonstance, l'épicycloïde engendrée est *une ligne droite* qui est le diamètre même du cercle extérieur ; nous allons montrer que cette propriété démontre une fois de plus l'opportunité de choisir, comme cercle générateur, lorsque les dents ont des flancs *droits*, celui moitié du cercle primitif correspondant.

Si nous concevons deux cercles O et *o*, fig. 72, moitié l'un de l'autre, roulant ensemble autour d'un autre cercle B D, il est évident que le petit cercle *o* décrivant, par sa rotation, des arcs moitié de ceux décrits par celui O, il roulera à l'intérieur de celui-ci, et tracera l'épicycloïde droite A O, comme si le cercle O était fixe, et de plus, il décrira l'épicycloïde courbe A C autour du cercle B D. Or, si nous supposons le cercle *o* arrêté en un point *a* et la courbe A C au point C correspondant, l'amplitude de sa rotation sera exprimée par l'angle C *o a ;* celle du cercle O, qui est moitié de celle-ci, devra donc être représentée par un angle moitié moindre, c'est-à-dire, par celui A′ O′ *a*. Mais A′ O, étant la même ligne que A O, qui s'est déplacée, sa portion A′ C est précisément la partie de l'épicycloïde droite engendrée partie cercle *o* à l'intérieur du cercle O, et de plus, elle est perpendiculaire à C *a*. Par conséquent, les deux épicycloïdes A C et A′ C sont engendrées en même temps et par le même point C, d'où il résulte qu'elles sont continuellement tangentes.

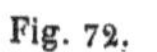
Fig. 72.

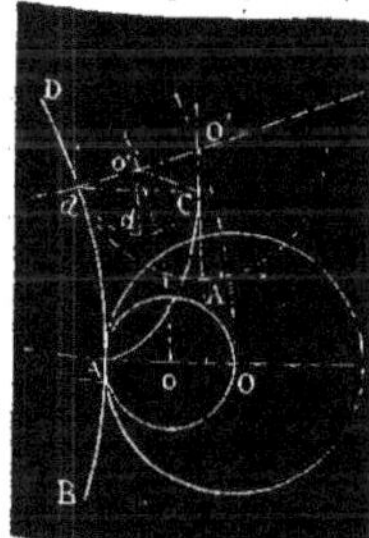

C'est précisément cette propriété qui est mise en application dans le tracé des engrenages, attendu que la courbure d'une dent se développe au point de contact *b*, fig. 1, pl. 16, contre le flanc de l'autre dent, qui est une ligne droite.

Avant d'examiner le procédé graphique employé pour tracer l'épicycloïde appliquée à la construction d'une denture, disons quelques mots de ce qui est relatif à l'engrenage *à crémaillère*, dans lequel on a, en principe, *un cercle roulant sur une ligne droite*, et, réciproquement, *une ligne tournant autour d'un cercle*.

Si l'on fait rouler un cercle sur une ligne droite, fig. 73, et que l'on suive le parcours du point de tangence *a* jusqu'à ce qu'il revienne en contact avec la ligne, et que le cercle générateur ait, par conséquent, fait un tour entier, on obtient une courbe dont celle *a b a′* est la moitié, et qui s'appelle *cycloïde*, laquelle joue exactement le même rôle que l'épicycloïde pour la courbure des dents des dentures circulaires ; *la naissance de la cycloïde fournit la courbure des dents de la crémaillère*, mais en donnant encore, au cercle générateur, un diamètre *moitié* du cercle primitif du pignon.

Quant à la courbure des dents de ce dernier, elle appartient à une courbe *u c*, fig.

73, engendrée par une ligne droite *tournant* autour du cercle primitif du pignon et désignée, en géométrie, sous le nom de : *développante de cercle.*

Nous revenons plus loin sur la développante pour son application spéciale à des dentures circulaires.

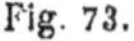

Fig. 73.

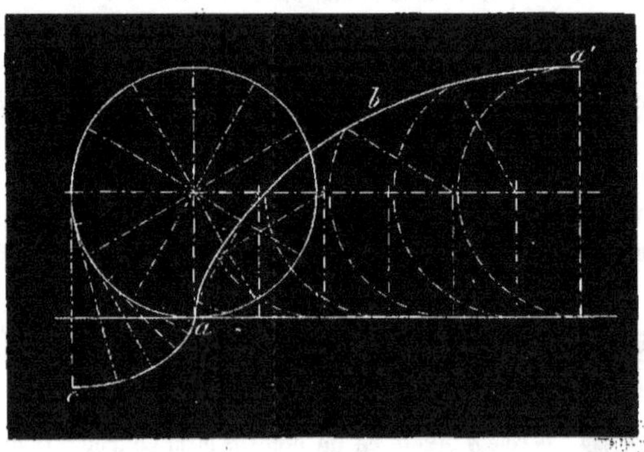

Engrenages à épicycloïde. — Nous arrivons maintenant au tracé de l'épicycloïde appliquée à une paire de roues d'engrenage A et A', fig. 1 pl. 16, dont nous supposons donnés les deux cercles primitifs *a b c* et *a' b c'*, et *le pas*, ou la division des dents, également arrêtée d'avance.

La courbe à obtenir, pour déterminer les dents de la roue A', est engendrée, d'après ce qui précède, par un cercle *e b d*, ayant pour rayon le diamètre du cercle primitif *a b c* et roulant sur le cercle primitif *a' b c'* de la roue à laquelle doit appartenir la courbure cherchée.

Pour obtenir cette épicycloïde, on porte sur le cercle primitif directeur *a' b c'* un certain nombre de parties égales *b* 1, 2, 3, 4, etc., puis on reproduit les mêmes divisions sur le cercle *d b e* à partir du même point de tangence *b ;* on trace par les divisions 1, 2, 3, 4, etc., et le centre O du cercle *d b e*, des cercles *f k*, *g l*, *h m*, *i n*, *j p* et O o^5 concentriques avec *a' b c' ;* par les points de division 1, 2, 3, 4 de ce cercle, on fait passer des rayons prolongés qui marquent sur le cercle O o^5 la position du centre O, à mesure que le cercle *d b e*, par sa rotation, devient successivement tangent aux points 1, 2, 3, 4 et 5.

Si des points o', o^2, o^3, o^4 et suivants, on trace des arcs de cercle ayant pour rayon celui du cercle *d b e*, leur intersection respective avec les cercles concentriques correspondants *f k*, *g l*, *h m*, etc., déterminent le passage de la courbe *b j*, qui est l'épicycloïde cherchée et dont la naissance *f i* est la partie courbe des dents de la roue A'.

Si les deux roues sont de même diamètre, il est évident que les dents de chacune seront semblables ; dans le cas contraire, on recommencerait l'opération à l'égard de la roue A.

Cette simple remarque suffit pour démontrer qu'il n'est pas possible, avec le système épicycloïdal, de changer à volonté l'une des roues d'un engrenage, puisque la courbure des dents est dépendante du rapport des diamètres.

La longueur des dents en dehors du cercle primitif peut être limitée au point où la courbe tracée à la distance d'un pas, à partir du point de contact *b*, rencontre le cercle primitif *a' b c'* de la roue A, en son point 4. Mais nous démontrerons plus loin qu'on peut fixer cette longueur d'avance en raison des efforts que l'on doit produire.

Dents à double courbure. — Il est remarquable que les dents dont les flancs sont droits et rayonnants présentent, pour les dentures extérieures, un amincissement à l'origine par cette disposition angulaire des flancs, condition tout à fait contraire au principe de leur résistance, qui est celui *des corps encastrés et chargés en porte à faux* (Int. p. XXXII); plus le pas est grand par rapport au diamètre et plus cet inconvénient s'aggrave, puisque l'angle correspondant à un pas est d'autant plus grand ; pour des petits pignons à grosse denture, cet effet est si caractérisé que les dents semblent se détacher du noyau, tant elles deviennent comparativement minces à leur racine.

On pourrait toujours éviter cette condition défavorable en adoptant le mode de dent *à double courbure,* suivant le tracé indiqué fig. 11, pl. 16, dans lequel mode les flancs droits sont remplacés par une courbe concave disposée en sens inverse de celle extérieure.

Il est facile de démontrer que cette courbe peut remplir, dans l'engrènement, exactement le même rôle que le rayon, quant aux propriétés du contact tangent parfait.

Si l'on note que le cercle générateur auxiliaire, moitié du cercle primitif, jouit de cette propriété de décrire simultanément une épicycloïde courbe sur le cercle extérieur, et une épicycloïde droite dans le cercle intérieur, épicycloïdes qui sont engendrées par le même point et, par conséquent, tangentes, il est aisé de concevoir que si ce cercle générateur était moindre que la moitié de celui qui l'enveloppe, l'épicycloïde intérieure serait *courbe*, au lieu d'être *droite*, et, par le fait, il en résulterait *deux épicycloïdes courbes* également tangentes, et susceptibles d'être appliquées, comme dans l'autre cas, à la forme des dents d'engrenages.

C'est, en effet, par ce procédé, que l'on peut arriver à la détermination de ce genre de denture dont on vient d'indiquer le type et qui peut être de la plus grande utilité dans bien des circonstances. Ce procédé consiste, comme nous venons de le dire : *à donner au cercle générateur un diamètre un peu plus faible que le rayon du cercle primitif qui l'enveloppe.*

Quant au rapport exact à adopter, il ne peut être fixé d'avance et dépend de la relation entre le pas et le diamètre de la roue, ou mieux de l'angle correspondant au pas que l'on veut rendre sans influence, en remplaçant les flancs droits rayonnant par des courbes ; celles-ci seront donc d'autant plus accentuées que le cercle générateur sera pris d'un plus petit rayon, et doit l'être d'autant plus que l'angle du pas est plus grand.

Tracé de l'engrenage à développante. — Les engrenages à épicycloïde exigent, comme on vient de le voir, que les diamètres relatifs ne varient pas sensiblement, c'est-à-dire que l'on ne peut pas remplacer l'une des deux roues par une autre d'un diamètre différent sans s'exposer à ce que l'engrenage ne se fasse pas régulièrement, puisque la courbure des dents est en rapport avec les diamètres ; la distance des centres doit aussi être parfaitement invariable, et dans la pratique, il se trouve fréquemment que cette condition ne peut pas être complétement remplie, quand les pièces fonctionnant sur les axes sont susceptibles de changer légèrement de position, comme dans les laminoirs, par exemple.

Ces causes ont amené l'application des engrenages à *développante*, qui atteignent par leur nature un but différent.

La fig. 2 représente une portion de l'engrenage de deux roues droites A, A', dont les dents sont tracées d'après le principe de la développante, ainsi que nous allons essayer de le démontrer.

Supposons E F et E' F' les cercles primitifs de l'engrenage à construire.

On tracera les cercles C B' et B D tels que la somme de leurs distances *f b* et *b f'* du point de contact *b*, soit égale à la hauteur que la dent doit avoir, et que ces distances *f b* et *b f'* soient directement proportionnelles aux rayons O *b*, *o b* ; puis, par le point *b*, on mènera la droite B B' tangente à l'un des deux, et qui se trouvera nécessairement tangente à l'autre. On conçoit qu'il suffit de déterminer l'un des deux cercles, C B', par exemple, et que le rayon de B *o* est égal à la perpendiculaire *o* B abaissée du centre *o* sur la tangente B B'.

Les deux parties B *b*, B' *b*, de la tangente B B', sont les directrices primitives des deux développantes *a b e'* et *c b e*, tangentes au point de contact *b*, et que l'on décrit d'après les cercles B *f'* D et C *f* B' ; il suffit, pour tracer chaque courbe, de se donner sur le cercle correspondant B' C, ou B D, par exemple, un certain nombre de points 1, 2, 3, etc., par lesquels on trace des tangentes que l'on fait égales, de leur point de tangence à la grandeur B *b*, plus ou moins les arcs rectifiés du point B à ce point de tangence, suivant qu'il est situé en dehors ou en dedans de l'arc B *f'* : la développante est la courbe *a b e'* qui réunit les tangentes par leurs extrémités.

La seconde courbe *c b e* s'obtient évidemment de la même manière et se trouve tangente à la première au point *b*.

Les deux courbes étant reproduites par tous les points de division indiquant les épaisseurs des dents sur les deux cercles primitifs E F et E' F', leur longueur est limitée, ainsi que nous l'avons dit plus haut, par les deux cercles C B' et B D, plus une petite grandeur excédante, pour le jeu nécessaire dans le fond ; on obtient ainsi un engrenage semblable à celui-ci, fig. 2.

Une propriété très-remarquable de cette construction est que toutes les dents qui se trouvent en prise simultanément ont précisément leur point de contact ou de tangence sur la ligne géométrique B B'. Afin de démontrer clairement cette particularité, nous faisons le raisonnement suivant :

Si l'on fait passer la courbe $b' e^2$ par l'un des points de division *b'* du cercle E F, la courbe $b^2 e^3$, développée sur le cercle BD qui lui serait tangente au point T sur BB′, passe par le point de division b^2 du cercle E′F′; et les deux arcs $b b'$ et $b b^2$ sont égaux en développements.

En effet, la grandeur BT étant égale à l'arc rectifié $B f' a'$, la partie b T est égale à l'arc $a a'$, et, par conséquent, à celui $c c'$, par un raisonnement semblable; mais l'arc $c c'$ égale celui $f 2$ à cause de la symétrie des courbes, et $a a'$ égale $f' 2'$, d'où $f 2$ égale $f' 2'$; or, l'égalité de ces deux arcs établit celle des arcs $b b'$ et $b b^2$, puisque les rayons des arcs CB′ et BD′ sont directement proportionnels à ceux des cercles primitifs EF et E′F′. Par conséquent, les deux courbes $b' e^2$ et $b^2 e^3$ interceptent deux arcs égaux $b b^2$, $b b'$, en passant par un même point T sur B B′.

En résumé, les engrenages à développante ont sur ceux à épicycloïde les avantages suivants :

1° Une même roue peut convenir à une série de diamètres différents, ayant le même pas, car la courbe est indépendante du rapport des diamètres ;

2° L'écartement des centres de leurs axes peut varier d'une certaine quantité, les courbes ne pouvant être prolongées sans cesser d'être en contact, puisqu'elles ont toujours entre elles la même distance ;

3° La forme des dents est infiniment plus favorable à la résistance que dans celles à épicycloïde et à flancs droits, la partie la plus épaisse se trouvant à leur origine sur la couronne de la roue, et en dedans du point de contact.

CONSTRUCTION GÉOMÉTRIQUE DES ENGRENAGES D'ANGLE.

Nous avons dit que lorsque deux axes, quoique situés dans le même plan, ne sont pas parallèles entre eux, on emploie pour les commander des engrenages qui prennent le nom de *roues d'angle* ou *coniques*. Nous rappelons également qu'il existe d'autres genres d'engrenages qui ont aussi la propriété de transmettre des mouvements *d'angle ;* mais nous nous attachons, quant à présent, aux engrenages *coniques* qui sont les plus importants et les plus caractéristiques.

Tracé géométrique des engrenages d'angle ou coniques, fig. 4 à 6, pl. 17. — Soient A B et C D, fig. 4, les directions des deux axes qui doivent se commander par une paire de roues d'angle ; les couronnes des engrenages sont deux troncs des cônes E S F et E S G qui ont une génératrice commune E S, et un sommet commun S, correspondant à celui de l'angle formé par les axes A B et C D. Le rapport entre les diamètres des deux bases E F et E G est égal à celui des vitesses réciproques de ces axes.

Il faut, pour établir l'engrenage de deux roues d'angle, connaître non-seulement les diamètres de leurs cercles primitifs, mais encore la véritable direction de leurs axes, et chercher la position exacte de ces cercles sur ceux-ci, pour tracer ensuite la forme géométrique de leurs dents. Disons comment on procède à cet égard.

Après avoir indiqué la position des deux axes donnés A B et C D (que nous supposons ici à angle droit comme étant le cas le plus général, mais qui pourraient faire entre eux un tout autre angle, pourvu qu'ils fussent dans un même plan et se rencontrassent en un point S), on mène les droites H E et I E parallèles à ces axes et aux distances R et r égales à $0^{m},40$ et $0^{m},20$, les rayons donnés des roues. Par leur point de rencontre E, on élève E F et E G, perpendiculaires aux mêmes axes, et on reporte le rayon R de H en F, et celui r de I en G. Si on joint alors les points E, F et G au sommet S, on obtient les *cônes primitifs* des deux roues, et les circonférences des bases E F et E G deviennent leurs *cercles primitifs.*

Les dents dont ces cônes doivent être armés pour constituer l'engrenage occupent, par rapport aux cercles primitifs, la même position que dans les engrenages droits ; mais les flancs et la courbure concourent au sommet S, et leurs deux bouts appartiennent aux surfaces de deux cônes dont les génératrices sont perpendiculaires à celles des cônes primitifs. Par conséquent, ayant porté la largeur E e des dents sur E S à partir de E, on mènera, perpendiculaires à E S, les droites s E S^2 et s' e S', qui seront les génératrices de ces cônes comprenant le profil des dents à l'extérieur et à l'intérieur de la couronne ou de la jante proprement dite.

Ces cônes, que l'on pourrait appeler *complémentaires,* se trouvent donc indiqués, pour la grande roue, par les bases E F et $e f$, et par les génératrices E S^2, F S^3, dont la rencontre donnerait le sommet ; et celles e S', S' f, dont le sommet est S'. On trouve de même, pour le pignon, les cônes E G s, et e g s'.

On voit, par cette disposition, que lorsque l'engrènement a lieu, le contact intime de deux dents consécutives est situé sur la ligne s E S^2, qui, prolongée suffisamment pour rencontrer les deux axes A B et CD, comprend deux des génératrices des cônes complémentaires ; on considère alors le développement des surfaces de ces deux cônes comme étant les cercles primitifs de deux roues droites dont on voudrait obtenir la denture (1).

En conséquence, comme la figure du développement d'un cône est un secteur-plan ayant pour rayon la génératrice du cône, on mène parallèlement à s E une droite o O, fig. 5, sur laquelle on trace, tangents à S E prolongée, les cercles a b c et d b c', dont les rayons sont précisément égaux aux génératrices s E et E S^2. Celle-ci doit être, comme la précédente, supposée prolongée jusqu'au sommet du cône, lequel n'a pu, faute de place sur la planche, être indiqué sur la gravure fig. 4.

On doit donc opérer le tracé exactement comme il a été dit pour les roues droites, quant aux épicycloïdes à décrire ; le diamètre du cercle générateur est égal à la génératrice du cône complémentaire des dents, si les flancs doivent être droits, et un peu plus faibles, s'ils doivent être courbes (p. 269).

On projette, parallèlement à E S, les points j, l, m en j', l', m', et tirant de ces points des lignes qui convergent au sommet S des cônes primitifs, on complète

(1) Dans l'origine, la plus grande partie des auteurs, qui ont traité théoriquement des engrenages, indiquaient le tracé des épicycloïdes sphériques comme constituant la forme rigoureuse de la denture des roues d'angle ; mais ces tracés sont d'une exécution longue et difficile, comme on peut s'en convaincre par l'ouvrage de Hachette. M. Poncelet a singulièrement simplifié le travail à ce sujet, en ramenant, comme nous l'indiquons ici, toute l'épure au tracé d'épicycloïdes planes.

la configuration exacte de la denture, dans le sens des génératrices. La forme, comme on le voit, n'est autre qu'un trapèze pour la dent de la roue, comme pour celle du pignon, au lieu d'être un rectangle comme dans les roues droites.

La fig. 5 *bis* indique le tracé correspondant à la forme et à la dimension minima des dents, à l'intérieur de la jante.

On remarque que sur la fig. 4 la grande roue est représentée en section verticale faite par le plan même des deux axes A B et C D, et que le pignon est dessiné moitié en section correspondante, et moitié en vue extérieure.

La fig. 6 est une vue de face du même pignon, avec les cercles primitifs divisés qui ont servi à montrer le pas et le nombre des dents. Il était inutile de représenter la vue correspondante de la roue, qui eût été analogue.

En pratique, la section verticale et le tracé auxiliaire, fig. 5, sont seuls nécessaires ; les projections extérieures des dents demandant un temps très-long pour s'obtenir convenablement, on ne les trace pas, d'autant plus qu'elles ne donnent pas les dimensions rigoureuses : il suffit d'indiquer les cercles primitifs avec la division des dents, la couronne extérieure, le moyeu et les bras dont on a montré une section transversale fig. 4 *bis*.

Nous devons borner là, pour l'instant, les notions relatives au tracé des engrenages, car aussitôt que l'on dépasse ce qui est purement géométrique, on aborde forcément des considérations de forme et de proportions pour lesquelles les notions de résistance, que nous allons examiner, sont indispensables.

PROPORTIONS DES ENGRENAGES.

Dimensions des dents. — Nous avons montré que la résistance d'une denture d'engrenage se résume à une pression exprimée en kilogrammes et qui constitue la principale base des proportions d'après laquelle on doit calculer les dimensions des dents et de la couronne, ou *jante*, à laquelle elles sont adhérentes ; quant aux bras qui relient cette jante au moyeu, ils participent de ces deux parties, et le moyeu dépend de l'arbre qui porte l'engrenage.

Une dent est un véritable *solide encastré*, avec charge qui se manifeste plus particulièrement sur la ligne de contact, ou le cercle primitif, mais que l'on doit supposer reportée tout à fait sur le bout de la dent pour plus de sécurité, c'est-à-dire qu'au lieu de ne prendre pour levier de l'effort que la partie de la saillie comprise en dedans du cercle primitif, on prend la saillie tout entière.

On a vu (Int., p. XXXII) par les notions élémentaires relatives à la résistance des solides encastrés, que l'équation d'équilibre applicable aux solides à section rectangulaire, est la suivante :

$$PL = \frac{Rab^2}{6}.$$

Rapportée aux dents d'engrenages,

P représenterait la charge en kilogrammes;
L » la saillie totale de la dent;
a » la largeur de la dent dans le sens de l'axe de rotation;
b » l'épaisseur de la dent suivant le cercle primitif;
R » la résistance spécifique de la matière, en kilog. par centimètre carré.

Conformément à une méthode enseignée par les principaux traités de mécanique, et d'un usage assez général dans la pratique actuelle, on modifie cette formule pour les engrenages en fixant, *à priori*, les rapports entre la saillie, la largeur et l'épaisseur de la dent prise pour base.

Si, d'après cela, l'on désigne par :

e l'épaisseur de la dent, en centimètres;
h la saillie en dehors de la couronne;
l sa largeur, parallèlement à l'axe du mouvement de rotation;
P la charge en kilogrammes;
s le rapport de la saillie à l'épaisseur e, d'où : $se = h$;
r le rapport de la largeur l à l'épaisseur e, d'où : $re = l$,

la formule de principe se trouve transformée ainsi :

$$Pse = \frac{Rre \times e^2}{6}; \text{ d'où : } e^2 = \frac{6}{R} \times \frac{Ps}{r}.$$

Pour compléter cette formule, il reste à donner au coefficient R une valeur en rapport avec la nature de la matière qui constitue la denture à déterminer. Pour la fonte de fer, on a adopté le coefficient suivant :

$$\frac{6}{R} = \frac{1}{25}; \quad \text{d'où :} \quad R = 150,$$

ce qui revient à dire que la fonte, qui ne se romprait cependant que sous une charge de 13 à 1400 kilogrammes, par centimètre carré de section transversale, ne travaille néanmoins, dans les engrenages, qu'au taux de 150 kilogrammes, en moyenne. Mais il faut noter qu'en donnant une aussi forte résistance aux dents, on admet une usure qui se manifeste avec d'autant plus de rapidité que la vitesse de la denture est plus grande et que les dents reviennent en contact un plus grand nombre de fois dans un temps donné ; cette usure amène donc, après une durée de travail plus ou moins prolongée, une réduction de l'épaisseur des dents qui mettrait plutôt la pièce hors de service, si sa résistance n'avait pas été en excès en commençant.

La vérité de cette observation se trouve démontrée par certaines applications pour lesquelles on voit que les engrenages possèdent des dimensions bien inférieures à celles que fournirait la règle précédente. Ainsi, pour les appareils de *levage*, les grues, les treuils, etc., il est aisé de reconnaître que les proportions des dentures d'engrenages, pour lesquelles la sécurité est cependant impérieusement réclamée et qui sont susceptibles d'éprouver des chocs, ne répondent pas aux données de cette règle; il en est de même de ces gros engrenages premiers-moteurs dont on arme les roues hydrauliques, etc.

Mais aussi ces divers engrenages travaillent très-lentement, et particulièrement à l'égard de ces appareils statiques, d'une façon intermittente, et si leurs dentures s'usent néanmoins, cette usure ne peut être que fort peu rapide.

Nous devons donc réserver l'application du coefficient de résistance ci-dessus aux engrenages des transmissions *rapides*, marchant continuellement, et rechercher la modification à apporter pour les engrenages de fonction différente.

La formule qui permet de déterminer l'épaisseur des dents d'engrenage en fonte, pour les dentures rapides, est, en résumé, la suivante, dont nous venons d'expliquer tous les éléments, et modifiée seulement en vue d'exprimer l'épaisseur cherchée en millimètres :

$$e = \sqrt[2]{\frac{100\,s\mathrm{P}}{25\,r}}, \text{ ou : } e = 2\sqrt{\frac{s\mathrm{P}}{r}}.$$

Maintenant, il convient d'examiner ce que l'on doit faire, quant aux rapports de la hauteur et de la largeur avec l'épaisseur à déterminer.

Pour la généralité des dentures qui transmettent des efforts mécaniques de quelque importance, on évite les dents trop allongées, et, au lieu de chercher à en laisser en contact simultané le plus grand nombre possible, ce qui revient à limiter la partie extérieure par la rencontre naturelle des deux flancs courbes suffisamment prolongés, on interrompt ces courbes en coupant les dents par un cercle distant extérieurement du cercle primitif d'environ les 6/10 de leur épaisseur, et comme les flancs droits doivent posséder un développement égal, plus un certain jeu *à fond de denture*, il s'ensuit que la saillie totale de la dent est, au minimum, égale aux six cinquièmes, environ, de l'épaisseur, d'où le rapport s de la hauteur à l'épaisseur e égale :

$$s = 1,2.$$

Le rapport r de la largeur à l'épaisseur est très-variable, et il existe, en effet, de puissantes raisons pour lui donner des valeurs très-différentes, suivant les circonstances particulières des applications.

Il est certain qu'il y a toujours intérêt à ce que plusieurs dents se trouvent simultanément en contact, et pour cela, le rapport du pas au diamètre primitif ne doit pas être trop grand, c'est-à-dire que le développement angulaire du pas ne doit pas dépasser certaines limites ; or, si l'effort à transmettre est considérable, la dent est, de toute façon, d'une résistance correspondante, et pour maintenir son épaisseur dans les limites convenables, il faut donc augmenter sa largeur, autrement dit, faire le rapport r d'autant plus grand que l'effort à transmettre est plus considérable.

Comme il serait difficile d'appliquer la méthode, assez rationnelle, de la limite angulaire du pas, nous nous contenterons de la formule empirique suivante, qui permet de trouver très-pratiquement la valeur qu'il convient d'assigner au rapport r :

$$r = \frac{\mathrm{P}}{1000} + 4,$$

ce qui signifie qu'il faut diviser l'effort à transmettre, exprimé en kilogrammes, par 1000 et ajouter 4 unités au quotient ; le résultat donne le rapport cherché, en ayant soin d'éliminer les trop petites décimales, s'il s'en trouve, pour ne conserver qu'un nombre très-simple.

Donnons maintenant des exemples de ces règles, afin de les bien fixer dans l'esprit.

1er *Exemple*. — Trouver l'épaisseur des dents de fonte d'une roue devant transmettre un effort de 150 kilogrammes, le rapport s entre la hauteur et l'épaisseur étant 1, 2, et en se donnant, *à priori*, celui r de la largeur à l'épaisseur égal à 4.

On trouve pour l'épaisseur cherchée :

$$e = 2 \times \sqrt{\frac{1,2 \times 150}{4}} = 13^{\text{mill.}},4.$$

La largeur l devant être quadruple sera donc :

$$l = 13,4 \times 4 = 53^{\text{mill.}},6.$$

2e *Exemple*. — Trouver toutes les dimensions d'une denture de fonte devant transmettre un effort de 6500 kilogrammes, le rapport $s = 1,2$, étant seul déterminé d'avance.

On devra d'abord chercher le rapport de la largeur à l'épaisseur, qui se trouve être, par la méthode ci-dessus, égal à :

$$r = \frac{6500}{1000} + 4 = 10,5.$$

Faisant usage de ce rapport dans la recherche de l'épaisseur, on trouve :

$$e = 2 \times \sqrt{\frac{1,2 \times 6500}{10,5}} = 54^{\text{mill.}},52.$$

Soit, pour la largeur de la denture :

$$l = 54,52 \times 10,5 = 572 \text{ millimètres}.$$

Dans les anciennes machines fixes (aujourd'hui supprimées) du chemin de fer atmosphérique de Saint-Germain, il existait une paire de roues transmettant un effort circonférentiel d'environ 6500 kilogrammes, et dont les dents portaient 75 millimètres d'épaisseur sur 525 de largeur : on voit qu'elles se trouvaient, assez approximativement, dans les conditions précédentes.

Beaucoup d'engrenages sont composés d'une roue à denture de bois mise en rapport avec un pignon à denture de fonte, ce qui donne de la douceur au mouvement et évite le bruit d'un contact entièrement métallique. Le bois employé pour ce genre de denture est le cormier ou le charme que l'on choisit, autant que possible, dans la partie avoisinant la racine ou dans la racine même.

On détermine ordinairement l'épaisseur de ces dents de bois d'après celles des dents en fonte correspondantes, en y ajoutant simplement un tiers, ce qui revient à faire cette épaisseur, que nous désignons par e' :

$$e' = \frac{4}{3} e.$$

Il serait inutile de rechercher si ce rapport répond exactement à celui de la résistance des deux matières, la pratique ayant depuis longtemps indiqué qu'il est convenable. L'épaisseur des dents de bois se détermine donc en cherchant d'abord ce qu'elle doit être en fonte, et en en déduisant ensuite celle pour le bois.

On s'est moins préoccupé des dentures en *fer* forgé et de celles en *acier fondu*, qui, jusqu'à présent, sont peu en usage. Néanmoins, il est facile de se faire une idée des dimensions qui leurs seraient attribuables, connaissant, comme on a pu l'apprendre, les différences de résistance à la rupture entre la fonte, le fer et l'acier.

Ainsi, les tables des résistances spécifiques (Int., tab. n°s 1 et 2) montrent que la rupture de la fonte, par traction, étant voisine de 1400 kilogrammes par centimètre carré, celle du fer atteint 4000. Si nous conservons le taux de sécurité admis pour les engrenages et pour la fonte dans la formule ci-dessus, il suffira, pour l'emploi du fer forgé, d'opérer la transformation suivante :

$$e_1 = e \times \sqrt{\frac{1400}{4000}}\,;\ \text{d'où :}\ e_1 = 2\sqrt{\frac{1400}{4000}} \times \sqrt{\frac{sP}{r}} = 1,18\sqrt{\frac{sP}{r}}.$$

Si, d'après cela, dans le premier exemple ci-dessus, les dents eussent dû être en fer, leur épaisseur aurait été égale à :

$$e_1 = 1,18 \times \sqrt{\frac{1,2 \times 150}{4}} = 7^{\text{mil.}}\,9\,,$$

soit, environ 8 millimètres, au lieu de 13,4.

Quant à l'acier fondu, pour lequel les expériences démontrent que la résistance à la rupture est moyennement de 7000 kil. par cent. carré, on trouverait de même :

$$e_2 = 2\sqrt{\frac{1400}{7000}} \times \sqrt{\frac{sP}{r}} = 0,89\sqrt{\frac{sP}{r}}.$$

Faisant l'application de cette relation au même exemple, il vient :

$$e_2 = 0,89 \times \sqrt{\frac{1,2\times150}{4}} = 5^{\text{mill.}},97\,,$$

soit, environ, 6 millimètres au lieu de 13,4.

La table suivante permet d'obtenir de suite, et sans calculs, les épaisseurs des dents en fonte, d'après l'effort qu'elles doivent transmettre, de 10 à 10000 kilogr., et en se donnant d'avance le rapport entre la largeur et cette épaisseur, la table indiquant les résultats correspondants pour les rapports 3 à 10.

XVIIe

Formule $e = \sqrt[2]{\frac{120\,P}{25\,r}}$

TABLE RELATIVE A L'ÉPAISSEUR DES DENTS D'ENGRENAGE DE FONTE.

PRESSION en kilogram.	RAPPORT ENTRE L'ÉPAISSEUR ET LA LARGEUR DES DENTS.							
	3	4	5	6	7	8	9	10
	mil.	mil.	mil.	mil.	mil.	mil.	mil.	mil.
10	4.0	3.4	3.1	2.8	2.6	2.4	2.3	2.2
20	5.6	4.9	4.4	4.0	3.7	3.5	3.2	3.1
30	6.9	6.0	5.3	4.9	4.5	4.2	4.0	3.8
40	8.0	6.9	6.2	5.6	5.2	4.9	4.6	4.4
50	8.9	7.7	6.9	6.3	5.8	5.5	5.2	4.9
60	9.8	8.5	7.5	6.9	6.4	6.0	5.6	5.4
70	10.5	9.2	8.2	7.5	6.9	6.5	6.1	5.8
80	11.3	9.8	8.8	8.0	7.4	6.9	6.5	6.2
90	12.0	10.4	9.3	8.5	7.8	7.3	6.9	6.6
100	12.6	10.9	9.8	8.9	8.2	7.7	7.3	6.9
150	15.5	13.4	12.0	10.9	10.1	9.5	8.9	8.4
200	17.9	15.5	13.8	12.6	11.7	10.9	10.3	9.8
250	20.0	17.3	15.5	14.1	13.1	12.2	11.6	10.9
300	21.9	18.9	16.9	15.5	14.2	13.4	12.6	12.0
350	23.6	20.5	18.5	16.7	15.5	14.5	13.7	12.9
400	25.3	21.9	19.6	17.9	16.6	15.5	14.6	13.8
450	26.8	23.2	20.8	18.9	17.6	16.4	15.4	14.7
500	28.3	24.5	21.9	20.0	18.5	17.3	16.3	15.5
550	29.6	25.7	22.9	21.0	19.4	18.1	17.1	16.2
600	31.0	26.8	23.9	21.9	20.3	19.0	17.8	16.9
650	32.9	27.9	24.9	22.8	21.1	19.7	18.6	17.6
700	33.5	28.9	25.9	23.6	21.9	20.5	19.3	18.3
750	34.7	30.0	26.8	24.5	22.7	21.2	20.0	18.9
800	35.8	31.0	27.7	25.3	23.4	21.9	20.7	19.6
850	36.9	31.9	28.5	26.1	24.1	22.6	21.3	20.2
900	38.0	32.9	29.4	26.8	24.8	23.2	21.9	20.8
950	39.0	33.8	30.2	27.5	25.5	23.9	22.5	21.3
1000	40.0	34.7	30.9	28.3	26.1	24.5	23.1	21.9
1500	49.0	42.4	38.0	34.6	32.0	30.0	27.8	26.8
2000	56.5	48.9	44.7	40.0	37.1	34.6	32.3	31.0
2500	63.2	54.7	48.9	44.7	41.4	38.7	36.0	34.7
3000	69.3	60.0	53.6	48.9	45.3	42.4	39.7	38.0
3500	74.8	64.8	58.0	52.9	49.0	45.8	42.9	41.0
4000	80.0	69.3	61.9	56.5	52.4	48.9	45.9	43.8
4500	84.8	73.5	65.7	60.0	55.5	51.9	48.7	46.5
5000	89.4	77.4	69.3	63.2	58.5	54.8	51.4	49.0
5500	93.8	81.2	73.0	66.3	61.4	57.4	53.9	51.4
6000	97.9	84.8	75.6	69.3	64.2	60.0	56.2	53.7
6500	102.0	88.3	79.0	72.1	66.8	62.4	58.6	55.9
7000	105.8	91.6	82.0	74.8	69.3	64.8	60.9	58.0
7500	109.5	94.8	84.8	77.4	71.7	67.1	63.1	60.0
8000	113.1	97.9	88.0	80.0	74.1	69.3	65.1	62.0
8500	116.6	100.9	90.3	82.4	76.3	71.4	67.1	63.9
9000	120.0	103.9	93.0	84.8	78.6	73.5	69.1	65.7
9500	123.3	106.7	95.5	87.2	80.7	75.5	71.0	67.5
10000	126.5	109.5	98.0	89.4	82.8	77.4	72.9	69.3

La simplicité de cette table pourrait nous dispenser d'insister sur son emploi ; néanmoins, pour qu'il ne reste aucun doute à cet égard, supposons, comme exemple, qu'il s'agisse de connaître l'épaisseur de dents en fonte qui doivent transmettre un effort de 1000 kilogrammes, étant admis que leur largeur soit 6 fois leur épaisseur.

En regard de cet effort, dans la première colonne de gauche, on trouve dans la colonne du timbre 6, 28$^{mill.}$,3 qui est l'épaisseur demandée ; la largeur correspondante serait donc 169,8, soit 170 millimètres.

Si l'on voulait se contenter du rapport 5, afin de réduire cette largeur, on aurait, de même, 30,7 pour l'épaisseur et 154,5 pour la largeur, etc.

Enfin, si l'engrenage doit avoir lieu fonte sur bois, les dents de bois auraient, dans le premier cas, $28,3 \times 4/3 = 37,7$ d'épaisseur, et dans le second, $30,9 \times 4/3 = 41,2$.

Tableaux graphiques, fig. A et B, pl. 16. — Ces deux tableaux, dont la construction est analogue à ceux que nous avons donnés pour les boulons et les rivets, permettent aussi de déterminer, sans calcul, les pressions supportées par les dents d'engrenages d'après leurs conditions de marche, et les épaisseurs correspondantes pour la fonte et pour le bois.

Le tableau A est relatif à la détermination de la charge ou pression, d'après la force en chevaux à transmettre et la vitesse circonférentielle.

Les droites angulaires qui partent de B représentent des forces en chevaux de 1 à 10 ; les verticales, à partir de A inclusivement, correspondent aux vitesses linéaires de 0^{m},10 à 1 mètre, et l'échelle supérieure D C est divisée en parties égales représentant des efforts de 0 à 8000 kil.

Proposons-nous de déterminer, avec ce tableau, la pression exercée sur les dents d'une roue qui transmet une force de 5 chevaux et dont la vitesse à la circonférence égale 0^{m},25 par seconde.

Par l'intersection v de la verticale 0^{m},25 avec la ligne angulaire 5 chevaux, on mène l'horizontale $v\,f$ jusqu'à sa rencontre p avec la ligne A E partant du point A, et qui est un lieu géométrique pour le tableau entier ; la partie $p\,f$, de cette horizontale, étant reportée sur l'échelle D C, indique la pression cherchée qui est, d'après les données précédentes, de 1500 kilogr.

Il est bon de remarquer que la pression sur les dents varie en raison inverse du diamètre de la roue. Si nous supposons, en effet, que le diamètre soit double de celui qui donnait 0^{m},25 de vitesse à la circonférence, il est évident que la rotation restant la même, on aurait 0^{m},50 de vitesse à la circonférence et 75 kilogr. pour la pression sur la dent. Cette propriété est mise à profit pour éviter des pièces trop chargées ; on doit en tenir compte pour fixer les diamètres en raison des efforts à produire.

L'autre tracé, B, donne les mêmes résultats que la table numérique précédente, mais avec une étendue plus considérable.

Les lignes angulaires qui viennent se terminer sur le côté B C correspondent à la première colonne de cette table et représentent les pressions de 100 à 1000 kilogr., ou de 1000 à 10000 à volonté ; les verticales indiquent le rapport r de 3 à 12 ; et les épaisseurs cherchées se trouvent, en grandeur naturelle, sur l'échelle supérieure C D divisée en centimètres.

Supposons une pression de 400 kilogr., et proposons-nous de trouver l'épaisseur correspondante d'une dent, dont nous fixons la largeur à cinq fois cette épaisseur.

On cherche l'intersection de la verticale 5 avec la ligne 400, et on mène, comme la figure l'indique, une horizontale jusqu'au côté B C ; la portion de cette droite comprise entre B C et la courbe B E étant renvoyée directement sur l'échelle D C, donne l'épaisseur cherchée, qui est ici 1^c 96.

Si les dents devaient être en bois, leur épaisseur, qui est les 4/3 de celles en fonte, est trouvée en se servant de la courbe B F : elle serait ici égale à 2^c 61.

Enfin, si la pression dépasse 1000, on supposerait les valeurs indiquées par les lignes angulaires multipliées par 10, et on se servirait alors de la courbe B E′ : c'est ainsi que l'on trouverait pour 4000 kil. et r égalant 5, 6^c 1 d'épaisseur.

On voit qu'une même horizontale donne trois résultats à la fois et qu'il en est de même dans tous les cas.

Remarque. — Bien que dans la formule servant à déterminer l'épaisseur des dents l'on fasse entrer comme terme variable le rapport s de la saillie, ou hauteur, à cette épaisseur, il est remarquable qu'en pratique, ce rapport change peu, et si l'on en excepte certains cas particuliers où les dents possèdent un développement plus considérable, et pour des organes à l'égard desquels la notion de résistance est tout à fait secondaire, si nous en exceptons, disons-nous, ces types assez rares, d'ailleurs, on peut constater que le rapport s se maintient de 1,2 à 1,5, environ.

Dans la formule servant à déterminer l'épaisseur des dents, et que nous rappelons ici :

$$e = 2\sqrt{\frac{sP}{r}},$$

s étant le rapport de la hauteur h ou saillie de la dent, à son épaisseur e, il est évident que cette formule pourrait prendre la forme suivante :

$$e^2 = 4 \times \frac{h}{e} \times \frac{P}{r} \text{ ; d'où : } e = \frac{4\,h\,P}{r}.$$

Or, si dans cette dernière expression e égale l'unité, h équivaudra nécessairement au rapport s lui-même ; enfin, la résistance d'un solide encastré étant proportionnelle à la dimension perpendiculaire à la direction de la charge (Int., p. XXXIV), soit ici la largeur de la dent qui est représentée par son rapport r avec l'épaisseur e, si nous ramenons aussi cette largeur à l'unité, on aura $r = 1$, et la formule prendra la disposition suivante :

$$e = 4\,s\,P.$$

De cette dernière expression se déduit cette observation importante, qui peut s'appliquer à tous les solides résistant dans les mêmes conditions :

A hauteurs proportionnelles et à largeurs égales, la résistance des dents est proportionnelle à leur épaisseur, et réciproquement.

Cette observation va nous permettre, en définitive, de calculer la résistance des dents d'engrenage sur une proportionnalité directe entre leur épaisseur et l'effort à transmettre, et *par unité de largeur*, moyennant que nous adoptions, *à priori*, un rapport fixe entre la saillie et cette épaisseur.

Si nous admettons pour ce rapport $s = 1,2$, la dernière transformation de la formule fournit :

$$e = 4 \times 1,2 \times \mathrm{P} = 4,8\ \mathrm{P}.$$

Ce qui revient à dire que :

Pour le rapport 1,2 entre la hauteur et l'épaisseur d'une dent d'engrenage *de 1 millimètre de largeur* (conformément à l'unité adoptée dans la formule originale), cette épaisseur est égale *aux* 48 *dixièmes de la pression qu'elle supporte, toujours exprimée en kilogrammes.*

Réciproquement, tirant de cette même formule la valeur de P, e toujours ramené à l'unité, il vient :

$$\mathrm{P} = \frac{e}{4,8};\ \text{d'où : } \mathrm{P} = \frac{1}{4,8} = 0^{k},208333.$$

On résume cette nouvelle expression en disant :

Une dent de 1 *millimètre de largeur* et dont la saillie est dans le rapport adopté ci-dessus, correspond à *un effort de* $0^{k},208333$ *par millimètre d'épaisseur.*

Mais, puisque nous avons admis que s peut égaler 1,5, il en résulterait pour cet autre rapport les valeurs analogues suivantes :

$$e = 4 \times 1,5 \times \mathrm{P} = 6\ \mathrm{P};\ \text{et : } \mathrm{P} = \frac{e}{6} = \frac{1}{6} = 0,166667.$$

Appliquons maintenant ces règles à des exemples.

1er *Exemple.* — Quelle épaisseur faut-il donner à des dents de fonte, dont la saillie est dans le rapport ordinaire 1,2 et la largeur de 150 millimètres, pour transmettre un effort de 1000 kilogrammes ?

On trouve pour l'effort correspondant à 1 millimètre de largeur :

$$\mathrm{P} = \frac{1000}{150} = 6^{k},667.$$

L'épaisseur cherchée égale, par conséquent, d'après les relations ci-dessus :

$$e = 4,8\ \mathrm{P} = 4,8 \times 6,667 = 32 \text{ millimètres.}$$

2e *Exemple.* — A quel effort peut correspondre une denture donnée, les dents ayant 40 millimètres d'épaisseur sur 250 de largeur, et la hauteur dans le rapport 1,5 ?

XVIIIe
TABLE

SERVANT A ESTIMER LA RÉSISTANCE DES DENTS D'ENGRENAGE EN FONTE, D'APRÈS L'ÉPAISSEUR ET PAR CENTIMÈTRE DE LARGEUR.

Épaisseur en centimèt.	Pression en kilogr. Rapport $h = 1.2$.	Pression en kilogr. Rapport $h = 1.5$.	Épaisseur en centimèt.	Pression en kilogr. Rapport $h = 1.2$.	Pression en kilogr. Rapport $h = 1.5$.	Épaisseur en centimèt.	Pression en kilogr. Rapport $h = 1.2$.	Pression en kilogr. Rapport $h = 1.5$.
0.5	10.4	8.3	2.8	58.2	46.7	5.5	114.4	91.8
0.6	12.5	10.0	3.0	62.4	50.1	5.6	116.5	93.5
0.7	14.5	11.7	3.2	66.5	53.4	5.8	120.6	96.8
0.8	16.6	13.3	3.4	70.7	56.8	6.0	124.8	100.2
0.9	18.7	15.0	3.5	72.8	58.4	6.2	129.0	103.5
1.0	20.8	16.7	3.6	74.9	60.1	6.4	133.1	106.9
1.2	24.9	20.0	3.8	79.0	63.4	6.5	135.2	108.5
1.4	29.1	23.4	4.0	83.2	66.8	6.6	137.3	110.2
1.5	31.2	25.0	4.2	87.3	70.1	6.8	141.4	113.5
1.6	33.3	26.7	4.4	91.5	73.5	7.0	145.6	116.9
1.8	37.4	30.0	4.5	93.6	75.1	7.2	149.8	120.2
2.0	41.6	33.4	4.6	95.7	76.8	7.4	153.9	123.6
2.2	45.7	36.7	4.8	100.0	80.1	7.5	156.0	125.2
2.4	50.0	40.0	5.0	104.0	83.5	7.6	158.0	126.9
2.5	52.0	41.7	5.2	108.1	86.8	7.8	162.2	130.2
2.6	54.0	43.4	5.4	112.3	90.2	8.0	166.4	133.6

On a vu précédemment que des dents de cette saillie correspondent à un effort de $0^k,166667$ par millimètre d'épaisseur et sur un millimètre de large ; on obtient donc pour l'effort total cherché :

$$0,166667 \times 40 \times 250 = 1666^k,67.$$

Si cette denture n'avait que la saillie ordinaire, on trouverait qu'elle peut transmettre un plus grand effort, égal à :

$$0,208333 \times 40 \times 250 = 2083^k,33.$$

On peut reconnaître, en résumé, que si cette méthode n'a pas, comme la première, le mérite d'une aussi grande généralisation, et de poser d'avance, pour déterminer les proportions d'une denture à construire, le rapport entre l'épaisseur et la largeur des dents, elle est, cependant, d'un facile usage, et peut donner, en valeurs immédiatement appréciables, la résistance d'une denture donnée, ce qui devient utile surtout pour évaluer rapidement la résistance possible d'un engrenage en état de marche.

Afin d'en rendre l'application plus facile, nous avons calculé, par cette méthode, les deux tableaux ci-contre qui donnent, respectivement, les charges par unité de largeur pour des épaisseurs différentes, et les épaisseurs en rapport avec des charges données.

Seulement, pour éviter les trop petites fractions, nous avons adopté, pour dresser ces tableaux, le *centimètre pour unité*.

XIXe

TABLE

RELATIVE A L'ÉPAISSEUR DES DENTS D'ENGRENAGE EN FONTE, D'APRÈS LA PRESSION ET SUR UN CENTIMÈTRE DE LARGEUR.

Pression en kilogr.	Épaisseur en centimèt.		Pression en kilogr.	Épaisseur en centimèt.		Pression en kilogr.	Épaisseur en centimèt.	
	Rapport $h = 1.2$.	Rapport $h = 1.5$.		Rapport $h = 1.2$.	Rapport $h = 1.5$.		Rapport $h = 1.2$.	Rapport $h = 1.5$.
10	0.5	0.6	60	2.9	3.6	120	5.8	7.2
15	0.7	0.9	65	3.1	3.9	130	6.2	7.8
20	1.0	1.2	70	3.3	4.2	140	6.7	8.4
25	1.2	1.5	75	3.6	4.5	150	7.2	9.0
30	1.4	1.8	80	3.8	4.8	160	7.7	9.6
35	1.7	2.1	85	4.1	5.1	170	8.1	10.2
40	1.9	2.4	90	4.3	5.4	180	8.6	10.8
45	2.1	2.7	95	4.5	5.7	190	9.1	11.4
50	2.4	3.0	100	4.8	6.0	200	9.6	12.0
55	2.6	3.3	110	5.3	6.6			

A l'aide de ces deux tables, il devient maintenant très-facile, soit de trouver la résistance d'une dent dont on a mesuré l'épaisseur et la largeur en centimètres, soit de déterminer son épaisseur, lorsqu'on connaît la résistance en kilogrammes et que l'on se donne la largeur.

Ainsi : 1° on demande quelle est la résistance d'une dent de fonte dont l'épaisseur est de deux centimètres et demi, ou 2,5 avec le rapport $h = 1{,}2e$, et la largeur de 14 centimètres ?

Le premier tableau indique en regard de 2,5, dans la deuxième colonne, 52 kilogr. pour la pression par centimètre de largeur. Si on multiplie cette quantité par 14 centimètres, la largeur donnée, on a la pression totale cherchée, qui est égale à 728 kilogr. ;

2° Quelle est l'épaisseur d'une dent de fonte qui doit avoir 12 centimètres de largeur, et résister à 480 kilogr., en adoptant le même rapport $h = 1{,}2\,e$?

Puisque $l = 1, 2$, chaque centimètre de largeur doit donc supporter :

$$\frac{480}{12} = 40^{\text{kil.}}$$

Or, on trouve, par le deuxième tableau, que le nombre en regard de cette pression 40 est $1^c{,}9$ ou 19 millimètres ; c'est l'épaisseur réelle à donner à la dent.

Cas particuliers où l'on réduit les dimensions des dentures. — Nous avons dit, en commençant, que les mêmes bases de proportions ne sont pas adoptées pour tous les engrenages, et que ceux des appareils employés à l'élévation des fardeaux, par exemple, sont notablement plus faibles, ainsi que les grands engrenages premiers moteurs appliqués aux roues hydrauliques. Nous pourrions citer encore les manéges dont il est aisé de reconnaître que les roues d'engrenages ne possèdent pas généralement des dimensions en rapport avec celles que donneraient les règles précédentes.

Les motifs de cet écart, relativement aux engrenages dits de *transmission rapide*, ont été également exposés ; mais il est juste d'ajouter encore que pour tous ces engrenages *allégés*, on a le soin de laisser marcher les dentures *brutes de fonte*, au lieu de les tailler, ce qui conserve au métal un excès de résistance particulièrement dû à la *croûte*, qui présente ordinairement un caractère de vitrification d'une dureté parfois excessive.

Nous allons examiner dans quelles limites on peut, en résumé, réduire ainsi les dentures de fonte, sans s'approcher sensiblement du point de rupture du métal.

Si de la bonne fonte peut supporter jusqu'à 1400 kilogrammes par centimètre carré avant de rompre, il en est de bien inférieure et qui atteindrait à peine 1000 (Int., table n° 2).

On peut, cependant, admettre ce taux minimum de résistance à la rupture par traction et baser les dimensions des engrenages allégés, et non écroûtés, sur un peu plus du tiers de cette résisance, 350 kilogrammes par centimètre carré, ce qui revient à environ un quart de la résistance à la rupture de la bonne fonte.

Ce taux de résistance est même inférieur à celui que l'on peut constater journellement à l'égard de grues bien construites. Ainsi, parmi un certain nombre de recherches analogues auxquelles nous nous sommes livré, voici l'un des résultats qu'il nous a été donné d'obtenir.

L'ancienne Compagnie Cavé a monté, à Rouen, une puissante grue résistant très-bien à l'énorme charge de 30000 kilogrammes, ou 30 tonnes, pour laquelle elle a été construite, et qui a les dimensions principales suivantes :

Diamètre du cercle de la chaîne autour du tambour du treuil	0^m,515
Diamètre des deux roues d'engrenage montées sur l'axe de ce tambour.	1 ,632
Nombre de dents de chaque roue.	102
Pas de la denture	0 ,050
Épaisseur maxima des dents	0 ,025
Largeur *id.*	0 ,150

La charge maxima de 30000 kilog. n'étant enlevée qu'en *mouflant* la chaîne, il s'ensuit que le brin mobile entourant le treuil n'exerce qu'un effort de traction moitié moindre, soit 15000 kilog., qui se réduit pour les deux premières roues dans le rapport inverse de leurs diamètres avec celui du cercle de la chaîne autour du treuil, soit :

$$15000 \times \frac{0,515}{1,632} = 4733 \text{ kilogrammes,}$$

ou environ 2367 pour chacune des deux roues.

Maintenant, si de la formule de principe ci-dessus (p. 274), dans laquelle les dimensions sont exprimées en centimètres, nous tirons la valeur de R, il vient :

$$e^2 = \frac{6\,Ps}{Rr}, \quad \text{d'où :} \quad R = \frac{6\,Ps}{e^2 r}.$$

Or, les dents des roues du treuil ont ici $2^c,5$ d'épaisseur et 15 cent. de largeur, d'où le rapport $r = 6$; enfin conservant pour leur hauteur ou saillie $s = 1,2$, on trouve pour cette valeur de R devant donner le taux auquel ces dentures travaillent :

$$R = \frac{6 \times 2367 \times 1,2}{(2,5)^2 \times 6} = 454.$$

Encore ne considérons-nous que l'effort théorique qui est évidemment inférieur à celui réel par le fait de résistances passives très-notables; et ajoutons encore que ce résultat est loin d'être le plus élevé que nous ayons trouvé.

Par conséquent, ce n'est donc pas être en dehors des limites pratiques que de proposer 350 pour la valeur de R attribuable à ce genre d'engrenages; on obtiendrait donc, pour l'épaisseur à déterminer, cette première relation :

$$e^2 = \frac{6 P s}{350 r} = \frac{P s}{58,33 r}.$$

Ramenant, enfin, au millimètre pour unité, comme dans le premier cas, il vient la formule suivante :

$$e = \sqrt{\frac{100 s P}{58,33 r}}; \text{ ou : } e = 1,3 \sqrt{\frac{s P}{r}}.$$

Rappelons que cette méthode est applicable à ces engrenages qui se placent sur l'axe des roues hydrauliques, sont d'un très-grand diamètre et marchent très-lentement; d'où, malgré l'énorme effort qu'ils transmettent ordinairement, leur usure est fort peu rapide. Nous terminerons même ce sujet par un exemple de cette application.

Exemple. — Trouver les dimensions de la denture de l'engrenage premier moteur monté sur l'arbre d'une roue hydraulique, en déversoir, dans les conditions suivantes :

Diamètre primitif de la denture	$4^m,67$
Vitesse circonférentielle.	0 ,7335
Hauteur de la chute	2 ,475
Dépense d'eau par seconde.	1200 kil.

Il est prudent de baser les proportions d'une pareille denture sur l'effort théorique déduit directement de la dépense et de la chute, car nous savons que cet effort peut s'élever accidentellement au-dessus de sa valeur normale. Il égale donc, dans le cas actuel.

$$P = \frac{1200^k \times 2^m,475}{0^m,7335} = 4049 \text{ kilogrammes.}$$

Cherchons, d'après cela, les dimensions de la denture en nous donnant le rapport de la largeur à l'épaisseur $r = 7$; nous obtenons pour l'épaisseur des dents :

$$e = 1,3 \sqrt{\frac{1,2 \times 4049}{7}} = 34^{\text{mill.}},2.$$

La largeur serait donc $34,2 \times 7 = 239^{\text{mill.}},4$.

Les conditions ci-dessus appartiennent à l'ancienne roue hydraulique des moulins de Corbeil (1), et les dimensions données à la denture de l'engrenage premier moteur (qui a parfaitement résisté), par les constructeurs, MM. Cartier et Armengaud, sont 36 et 270, un peu plus fortes, néanmoins, que celles qui viennent d'être calculées.

Mais, si l'on faisait usage de la règle générale (p. 275), on trouverait :

$$e = 2\sqrt{\frac{1,2 \times 4049}{7}} = 52^{\text{mill.}},7$$

pour l'épaisseur des dents et, par conséquent, $52,7 \times 7 = 368^{\text{mill.}},9$ pour leur largeur.

Et même en ne comptant que sur l'effort pratique résultant du rendement immédiat du moteur, on obtiendrait encore :

$$e = 2\sqrt{\frac{1,2 \times 4049 \times 0,75}{7}} = 45^{\text{mill.}},6,$$

et 319,2 pour la largeur.

PROPORTIONS DES DIVERSES PARTIES D'UNE ROUE D'ENGRENAGE. — *Jante.* — Les dimensions des dents renferment, comme on vient de le voir, les éléments nécessaires pour définir complétement la résistance d'une roue ; on peut, par conséquent, trouver les autres dimensions en prenant la denture pour base.

La jante ou couronne J, fig. 3 à 5, est le cercle auquel les dents sont directement attachées ; elles font corps avec elle dans ce cas. Sa largeur est la même que celle des dents. Elle résiste à la pression dans le sens de la circonférence, c'est-à-dire, proportionnellement à sa section suivant le rayon de la roue ; cette section pourrait très-bien être inférieure à celle des dents ; mais pour empêcher l'ovalisation à la fonte, on lui donne des proportions plus fortes, et on fait cette épaisseur :

$$y = e,$$

et de plus, on la renforce intérieurement d'un cordon ou nervure n qui se raccorde avec les bras B.

Bras. — Les bras résistent comme des corps encastrés par une de leurs extrémités et chargés de l'autre. L'effort qui agit pour les rompre est celui qui s'exerce sur la denture, et s'ils étaient trop faibles, la couronne de la roue commandée tournerait sans entraîner l'arbre ; ils fléchiraient un peu et se briseraient ensuite.

Les dimensions qu'on leur attribue en pratique sont bien supérieures à ce que donnerait le calcul direct, attendu qu'on doit tenir compte de la coulée pendant laquelle le retrait, en s'effectuant, les ferait casser, s'ils étaient trop faibles par rapport à la couronne qui les relie ensemble.

Sans essayer de faire, à cet égard, de profondes recherches et en consultant sim-

(1) Cette roue a été décrite avec détails dans notre *Traité des moteurs hydrauliques.*

plement les exigences et les données de la pratique, on reconnait que la largeur b des bras, vers le centre, égale :

$$b^{\text{mill.}} = \frac{18\,e + 30^{\text{mill.}}}{\text{N}}$$

N exprimant le nombre de bras.

Leur épaisseur a est à peu près proportionnelle à la largeur l des dents, on a :

$$a = 0{,}15\,re + 2^{\text{mill.}}$$

Ils diminuent de largeur vers la circonférence, suivant un angle que l'on fait habituellement égal à 2 degrés environ.

Les dimensions sont exprimées en millimètres.

Les bras sont garnis de fortes nervures N, dont l'épaisseur à la base est égale à celle a ; on les fait un peu plus minces vers le haut à cause de la dépouille ; leur hauteur aux extrémités correspond à la couronne et au moyeu.

Les bras ont pour section moyenne la forme indiquée fig. 5, qui est une section suivant la ligne 5-6, fig. 4.

On adopte assez généralement six bras et on peut se renfermer dans les nombres 4, 6 et 8, que l'on prend en raison des diamètres, en cherchant à éviter de grandes parties de couronnes non soutenues, ce qui occasionne du faux rond, soit à la fonte, soit quand on les tourne.

Moyeu. — Quand la roue transmet la totalité de la puissance renfermée dans l'arbre sur lequel elle est montée, l'épaisseur E du métal autour de l'arbre est encore calculée d'après la denture, plus une quantité fixe ajoutée pour l'effort produit par le serrage de la clavette ; c'est surtout cette opération qui détermine la rupture des moyeux de roues. Nous faisons cette épaisseur :

$$\text{E} = 1{,}5\,e + 10^{\text{mill.}}$$

Sa largeur L, ou portée sur l'arbre, est naturellement égale à celle de la couronne, plus une quantité proportionnelle au diamètre primitif pour assurer sa stabilité :

$$\text{L} = re + 0{,}10\,\text{R}.$$

La largeur c de la clavette peut être évaluée au 1/10 du rayon primitif de la roue, tout en évitant qu'elle ne dépasse le 1/3 du diamètre de l'arbre ; on en met plus d'une dans ce cas ; son épaisseur est environ moitié de sa largeur.

Jante pour denture de bois. — Pour l'application des dents en bois, la jante est percée de mortaises ou cabinets venus à la fonte, dans lesquels les dents sont entrées solidement et retenues à l'intérieur de la couronne par des coins en bois ou en fer, ou par des goupilles.

Les fig. 6 et 7 représentent un engrenage de ce genre.

La fig. 7 *bis* est une section de l'un des bras suivant la ligne 5-6.

La dent de bois doit avoir une épaisseur plus grande que la dent de fonte qui engrène avec elle, tant à cause de sa résistance propre, que de l'usure qui se manifeste assez promptement. Son épaisseur est, comme nous l'avons dit, les 4/3 de la den de fonte.

Dans ces dentures, on ne doit pas supposer que les dents de fonte soient brutes, car elles ne tarderaient pas à maculer celles en bois ; elles sont au moins repassées à la lime : le jeu est le même, en conséquence, que pour les engrenages taillés.

On peut admettre que ce jeu ne soit pas entièrement ménagé, attendu que l'usure ne tarde pas, en se produisant, à *frayer* le passage des dents, et même à corriger les fautes du tracé.

L'épaisseur y' de la jante est déterminée suivant des proportions qui sont en raison de l'évidement des mortaises, et aussi de la stabilité de la dent, dont le tenon doit avoir une portée suffisante.

Nous faisons cette épaisseur :

$$y' = 2\,e + 5,$$

e exprimant toujours l'épaisseur de la dent de fonte.

L'épaulement l' de chaque bout de la dent de bois sera un peu plus faible qu'on ne le fait ordinairement, car nous supposons que la dent ne doit serrer que dans le sens de son épaisseur :

$$l' = 0{,}5\,e + 5.$$

La couronne en fonte qui reçoit les dents de bois doit toujours être tournée, nous dirons presque par économie de construction, vu qu'il est très-difficile de faire une denture régulière avec une roue qui n'est qu'imparfaitement ronde.

L'intérieur des cabinets doit être visité avec soin pour faire disparaître toutes les saillies ou rebarbes qui arrachent le bois et empêchent la mise en place des dents.

APPLICATION DE TOUTES LES RÈGLES PRÉCÉDENTES A LA CONSTRUCTION DES ENGRENAGES.

Engrenages droits. — *Denture fonte sur fonte taillée.* — Les engrenages, qui sont destinés à marcher avec beaucoup de précision, sont taillés à même le métal ou retouchés après la fonte ; on donne néanmoins du jeu aux dents, c'est-à-dire que les creux sont un peu plus grands que les pleins.

La quantité dont les creux sont augmentés, pour une denture exécutée avec soin, est telle que le pas, qui se compose, comme on l'a vu plus haut, d'une dent plus un vide, devient :

$$p = 2{,}04\,e + 1^{\text{mill.}}$$

La profondeur des creux doit être aussi légèrement augmentée, afin que les dents ne portent pas à fond. Quand les axes sont bien rigides, et sans être superposés, le jeu au fond des dents peut être égal à $0{,}03\,e + 1^{\text{mill.}}$

Nous supposons qu'il soit donné de construire un engrenage droit composé de deux roues égales de 700 millimètres de diamètre, et devant transmettre une force totale de 10 chevaux ou 750 kilogrammètres avec une vitesse de 30 tours à la minute.

On cherche d'abord la vitesse à la circonférence, en opérant comme il a été dit plus haut, et on trouve :

$$V = \frac{3,1416 \times 0,700 \times 30}{60} = 1^{m},099, \text{ soit } 1^{m},1.$$

On déduit de cette vitesse la pression P :

$$P = \frac{750}{1,1} = 681^{k},8, \text{ soit : } 682^{k}.$$

Le rapport entre la largeur et l'épaisseur des dents sera (p. 275) :

$$r = \frac{682}{1000} + 4 = 4,68, \text{ soit environ } 5.$$

On possède maintenant les éléments nécessaires à la recherche de l'épaisseur des dents :

$$e = 2\sqrt{\frac{1,2 \times 682}{5}} = 25,6.$$

On détermine ensuite le pas, d'après la relation ci-dessus, qui fournit :

$$p = (2,04 \times 25,6) + 1^{mill.} = 53,22.$$

Divisant maintenant la circonférence du cercle primitif par cette valeur du pas, le quotient donne le nombre de dents, pour lequel on choisit, évidemment, le nombre entier le plus approché ou même un nombre pair voisin, soit :

$$\frac{3,1416 \times 700^{mill.}}{53,22} = 41 \text{ ; soit : 40 dents.}$$

Donc, en résumé, la division exacte de la circonférence en 40 parties donne le pas $p = 54,98$, et l'épaisseur difinitive des dents s'obtient en tenant compte du jeu par la formule ci-dessus $p = 2,04\,e + 1$, de laquelle on tire :

$$e = \frac{54,98 - 1}{2,04} = 26,4 \text{; soit } e = 26 \text{ mill.},$$

et la largeur l égale $26 \times 5 = 130$.

Les autres dimensions étant calculées d'après les précédentes, on trouve :

Épaisseur de la couronne.	$y = 20$
Épaisseur des bras	$a = 21,5$
Largeur maxima des bras, leur nombre étant fixé à 6 . . .	$b = 83$
Épaisseur du moyeu	$E = 49$
Portée sur l'arbre du moyeu	$L = 165$
Largeur de la clavette	$c = 35$
Épaisseur de la clavette	17

Les dimensions ainsi obtenues, on détermine la courbure des dents en adoptant, par exemple, le système épicycloïdal, et les diamètres étant égaux, les deux roues et leurs dentures sont exactement semblables.

La fig. 3 de la pl. 16 est une vue de face d'une roue droite exécutée d'après ces données, et la fig. 4 en est une coupe verticale suivant la ligne brisée 1-2-3-4;

La fig. 5 est une section moyenne d'un bras suivant la ligne 5-6, comme nous l'avons dit plus haut.

La jante J et le moyeu M portent une moulure sur le bord extérieur, qui n'est le plus souvent qu'un simple arrondi : il est utile, cependant, de faire venir un carré sur les deux faces pour pouvoir tourner sans faire de faux raccords, ce qui arrive dans le cas contraire, puisqu'on ne touche pas à l'intérieur.

Les surfaces intérieures de la jante et du moyeu forment un cône à partir de la nervure n, ce qui donne la *dépouille* nécessaire au moulage; il en est de même des nervures N, dont la section est un trapèze ayant sa grande base appuyée sur les bras B.

Les angles formés par les nervures avec les bras sont garnis de chanfreins ou de congés pour éviter ce que l'on appelle des *criques*, c'est-à-dire, des gerçures dans la fonte, et qui se produisent souvent par le retrait dans les angles vifs rentrants.

La clavette est placée en face d'un bras, endroit le moins susceptible de rupture.

Denture, fonte sur fonte brute. — L'emploi des engrenages non retouchés doit être restreint autant que posssible, et encore est-il nécessaire de vérifier la pièce pour s'assurer que tous les creux sont capables de laisser passer les dents, et qu'il n'existe pas de contre-moulage; autrement, on s'exposerait à des accidents qui sont parfois très-graves. S'il arrive, en effet, qu'une dent rencontre un obstacle, ne pouvant pas passer, il se produit des ruptures; les axes sont faussés, et les points d'appui sont repoussés.

Malgré tous les soins apportés à la confection du modèle et au moulage, les dents brutes ne peuvent pas être parfaitement égales, ni le cercle très-rond; on donne, en conséquence, un jeu assez fort, tant dans le sens de l'épaisseur que de la profondeur.

Le pas des engrenages, fonte sur fonte, bruts, est ainsi fixé :

$$p' = 2{,}1\ e';$$

d'où l'épaisseur de la dent rapportée au pas égale :

$$e' = \frac{p'}{2{,}1}$$

et le jeu égale, par conséquent, $0{,}1\ e'$. Le jeu à fond de creux égale $0{,}1\ e' + 1$ mill.

Denture taillée fonte sur bois. — Proposons-nous d'appliquer ces règles à la construction d'un engrenage composé de deux roues droites devant transmettre une force de 7 chevaux, le rapport des vitesses étant 4 : 7 et la vitesse à leurs circonférences primitives étant de 1 mètre par 1''.

On trouverait, d'après toutes les données ci-dessus, les valeurs suivantes, auxquelles correspond l'exemple représenté fig. 6 et 7.

Diamètre de la plus grande A.	$D = 700$
Diamètre de la plus petite A'.	$D' = 400$
Pression sur les dents.	$P = 500$

Épaisseur de la dent de fonte	e =	22
Épaisseur de la dent de bois	e'' =	29
Nombre de dents de la roue A	=	42
Nombre des dents de la roue A'	=	24
Pas de l'engrenage	p =	52$^{\text{mill.}}$ 35
Largeur de la denture (rapport $r = 5$)	l =	110$^{\text{mill.}}$
Épaisseur de la jante chaussée avec des dents de bois	y' =	49
Épaulement de la jante de chaque bout des dents	l' =	17
Largeur maxima des bras de la roue A	b =	71
Épaisseur maxima id. pour les deux roues	a =	18,5
Épaisseur de la fonte du moyeu de la grande roue autour de l'arbre	E =	43
Longueur ou portée du moyeu sur l'arbre	L =	179

On remarquera, à l'égard de cette dernière dimension, que la jante étant plus large des épaulements l', la portée du moyeu subit la même augmentation ; sa valeur s'exprime ainsi dans ce cas :

$$L = re + 2\,l' + 0{,}1\ R.$$

Les dents sont arrêtées en place chacune par deux goupilles g que l'on enfonce de chaque bout séparément, ce qui est plus facile que de percer un seul trou traversant le tenon de part en part, qu'il serait très-difficile de faire rencontrer juste de chaque côté avec la couronne.

Les deux dents qui se trouvent en face de chaque bras ont leur tenon taillé en enfourchement, attendu que ce bras pénètre en partie dans les mortaises pour se souder à la couronne. On doit rendre le nombre des dents de bois divisible par celui des bras, car s'il en était autrement, celles qui se trouveraient en face d'une nervure ne pouvant traverser la couronne, il serait très-difficile de les ajuster, à moins que la nervure ne se terminât elle-même par un enfourchement, condition que l'on doit éviter autant que possible.

On peut, pour trouver un nombre de dents convenable, faire la recherche suivante :

Après avoir disposé en fractions les nombres qui expriment les rapports des diamètres ou des vitesses des deux roues, on multiplie les deux termes par des multiples du nombre de bras de la roue qui doit être dentée en bois, ou par ce nombre lui-même, s'il est suffisant.

Ainsi, dans l'exemple qui nous occupe, les diamètres étant 700 et 400, on forme la fraction 7/4, dont les deux termes multipliés par 6 produisent 42/24, ou 42 et 24, nombres qui conviennent à ce cas-ci.

On donne aux dents de bois des formes diverses, dont nous allons montrer les propriétés respectives.

La forme qui est préférable est celle des dents fig. 8 à 11, où le tenon est plus fort que la dent, de façon que celle-ci ne porte aucunement sur la couronne : elle n'est rendue fixe que par le serrage dans la mortaise. C'est aussi le système le plus commode pour l'ajustement ; il suffit de chasser *à refus* un coin de bois, que l'on coupe ensuite à la dimension voulue.

On peut, avec ce système, ménager un congé au fond des dents, comme fig. 8 et 9, ou faire le flanc comme fig. 10 et 11 (p. 269), ce qui, dans les deux cas, conserve la force du bois.

On a encore l'avantage, avec des coins de bois qui ont une très-forte épaisseur, quand on les met en place, de prendre moins de précautions pour la division des cabinets qui parfois ne sont même pas perpendiculaires au plan de la roue.

On les retient en place par des clefs en bois *m*, comme fig. 8 et 9, ou des clavettes de fer *m*, comme fig. 10 et 11 ; on les fixe également avec des goupilles, ainsi que nous l'avons vu précédemment.

On fait aussi des dents, fig. 12 et 13, dont le tenon est diminué pour laisser un épaulement tout autour, et de plus un chanfrein dans les bouts pour soutenir l'épaulement qui est très-saillant, afin de lui donner de la force ; ce système coûte au moins deux fois autant que le précédent et ne le vaut pas pour la résistance.

Il existe également des dents, fig. 14 et 15, dont le tenon n'est pas diminué, mais qui portent un carré s'appuyant sur la couronne.

En résumé, les dents qui portent un fort épaulement aux extrémités sont vicieuses, par la raison que, souvent en les mettant en place, l'épaulement est fendu, et s'il vient à se détacher pendant la marche de la roue, il en peut résulter un accident analogue à ce qui est arrivé dans une usine des environs de Paris, laquelle a été obligée de s'arrêter pendant plusieurs jours, par le simple fait d'un épaulement qui, s'étant détaché, est resté entre deux dents, de façon que n'ayant pu engrener, les roues ont repoussé les paliers et faussé les arbres.

Engrenages a crémaillère. — On sait qu'une crémaillère est une barre en métal, parfaitement rectiligne, et armée de dents ayant la forme ordinaire de celles des roues. Elle engrène avec un pignon ou une roue dentée d'un diamètre quelconque. Le résultat obtenu par ces organes est la transformation d'un mouvement rectiligne en un autre circulaire ou réciproquement : il arrive, en effet, que la crémaillère commande le pignon, *et vice versâ* (1).

Les mouvements opérés peuvent, cependant, différer sous certains rapports, et être définis ou classés de la manière suivante :

1° Le pignon étant monté sur un arbre fixe, tournant seulement sur lui-même, commande une crémaillère à laquelle il communique un mouvement de translation rectiligne ;

2° Les pièces conservant la même disposition, c'est la crémaillère qui commande le pignon en opérant son mouvement de translation ; ce mouvement lui est donné par un mécanisme à part ;

(1) Le plus généralement les crémaillères sont droites, c'est pourquoi leur marche est rectiligne. Mais il est des cas particuliers, cependant, où on leur donne une forme circulaire ; elles deviennent alors des portions de roues qui, au lieu d'avoir un mouvement de rotation continu, ont, au contraire, un mouvement circulaire alternatif.

3° La crémaillère peut être fixe, et l'arbre du pignon opérer un mouvement de translation, tout en conservant celui de rotation produit par l'engrenage ; l'arbre appartient dans ce cas à un mécanisme indépendant de la crémaillère.

Dans toutes les circonstances ci-dessus, le tracé des dents aura toujours lieu de la même façon : la courbure des dents doit être une cycloïde, et celle du pignon une développante de cercle, comme cela a été expliqué (p. 267).

La vitesse linéaire à la circonférence du pignon correspond à celle du mouvement de translation de la crémaillère : cette loi peut servir d'énoncé à un problème susceptible de plusieurs solutions.

1er *Cas*. — Soit proposé de communiquer à une crémaillère une vitesse rectiligne V par seconde, au moyen d'un pignon dont le nombre de tours est N par minute : quel doit être le diamètre D de ce pignon ?

On multiplie la vitesse V, exprimée en mètres, par 60, pour avoir l'espace parcouru par 1', et on divise ce produit par celui du nombre N et de $\pi = 3{,}1416$, le rapport de la circonférence au diamètre ; ce qui peut se mettre sous la forme de :

$$D = \frac{V \times 60}{N \times 3{,}1416}.$$

Soient, par exemple, $V = 0^m{,}35$ et $N = 30$; on aurait :

$$D = \frac{V \times 60}{N \times \pi} = \frac{0^m{,}35 \times 60}{30 \times 3{,}1416} = 0^m{,}223.$$

Cette formule est absolument la même que celle donnée précédemment pour trouver la vitesse à la circonférence des cercles en mouvement.

2e *Cas*. — Si l'on voulait déterminer le nombre de tours par minute du pignon donné, lorsqu'on connaît son diamètre, et la vitesse V, de la crémaillère avec laquelle il engrène, la formule prendrait la forme :

$$N = \frac{V \times 60}{D \times 3{,}1416}.$$

Ce qui revient à diviser l'espace E parcouru, par minute, par la circonférence primitive du pignon.

On aurait donc avec l'exemple précédent, en faisant $D = 0^m{,}223$:

$$N = \frac{0{,}35 \times 60}{0{,}223 \times 3{,}1416} = 30 \text{ révolutions.}$$

Soient encore : $E = 1^m{,}50$, et, $D = 0^m{,}12$, on a :

$$N = \frac{1{,}50}{0{,}12 \times 3{,}1416} = 3{,}97.$$

Ce calcul représente également le cas où l'arbre du pignon serait mobile, et la crémaillère fixe.

Il est, du reste, évident qu'une crémaillère n'ayant pas une longueur indéfinie, ses mouvements et ceux du pignon ne peuvent être qu'alternatifs.

Les proportions des dentures de crémaillères et le calcul des efforts qu'elles doivent produire correspondent exactement à ce qui a été dit jusqu'à présent sur les engrenages circulaires droits.

Engrenages a chaine, fig. 1 a 3, pl. 17. — On emploie l'engrenage à chaîne pour transmettre le mouvement à deux axes assez éloignés l'un de l'autre pour ne pas pouvoir être commandés directement par une paire de roues simples, qui deviendraient d'une dimension embarrassante ; c'est aussi le cas des petites vitesses, où des courroies ne pourraient être appliquées, en raison du glissement qui serait à craindre.

Les axes à commander portent chacun un pignon A, fig. 1 et 2, pl. 17, dont la denture correspond à une chaîne sans fin B, dite chaîne de Galle (1), qui réunit les pignons de la même façon qu'une courroie.

Les fuseaux ou goujons *b* de la chaîne sont tournés cylindriquement ; leurs centres sont placés précisément sur le cercle primitif du pignon et sur sa tangente C D analogue à la ligne primitive d'une crémaillère.

Le tracé graphique consiste d'abord à diviser le cercle primitif du pignon en autant de parties qu'il doit avoir de dents ; puis on porte la division, ou le *pas ef*, sur la ligne primitive C D de la chaîne : ces parties indiquent les centres des fuseaux *b*, et leur subdivision en deux, sur le cercle du pignon, donne le milieu de chaque dent.

La courbure des dents est une courbe parallèle à la développante de cercle *cd*, qui serait, en effet, décrite par le centre de l'un des fuseaux *b*, si le pignon était fixe, et si on faisait tourner la ligne C D autour du cercle primitif. La courbe parallèle est tracée suivant une ligne tangente à des cercles décrits avec le rayon du fuseau, de divers points pris sur la développante. On forme le fond de la denture par un demi-cercle d'un diamètre égal à celui des fuseaux, augmenté du jeu nécessaire, lequel est environ de 1/10ᵉ.

Le diamètre des fuseaux n'est pas la moitié, mais seulement les 2/5ᵉ du pas, d'abord en raison de la résistance du fer comparée à celle de la fonte, et puis pour diminuer autant que possible le poids de la chaîne, dont les maillons *a* doivent être d'une force relative au diamètre des fuseaux.

La fig. 3 représente, à une échelle double des fig. 1 et 2, l'assemblage de l'un des fuseaux *b* avec les chaînons *a* ; les extrémités du fuseau sont diminuées de diamètre pour former tourillons, et se terminent par une tête rivée qui laisse assez de liberté aux fuseaux pour que chacun d'eux puisse pivoter sur lui-même.

On conçoit aisément qu'on n'a pas, dans la construction d'un tel système, le même intérêt à élargir la denture de la roue du pignon, que dans les engrenages ordi-

(1) Les chaînes de Galle sont beaucoup plus fortes, plus résistantes que les chaînes dites à la Vaucanson ; elles peuvent s'établir sur des dimensions très-considérables, en multipliant les maillons et en leur donnant l'épaisseur nécessaire.

naires : car les fuseaux agissant comme solides encastrés par leurs extrémités, leur diamètre doit être, à résistance égale, augmenté en même temps que la longueur. En général, on ne dépasse pas le rapport 3 pour les faibles efforts, et 2 à 2 1/2 pour les plus fortes charges.

L'emploi des engrenages à chaîne est le plus généralement limité aux efforts peu considérables et aux mouvements lents, qui ne sont pas susceptibles de secousses. Lorsqu'elles ne sont pas bien proportionnées, les chaînes s'allongent en raison du nombre d'assemblages, qui finissent, en s'usant, par prendre du jeu : et alors, si les axes tournent trop vite, on éprouve des chocs ; parfois même, il arrive que les maillons se brisent ou sortent de la denture.

Nous pouvons, néanmoins, citer des exemples très-remarquables d'applications de l'engrenage à chaîne dans des proportions importantes. Ainsi, dans l'étirage des tuyaux de plomb ou de cuivre, par l'ancien procédé, on a employé des machines à étirer, à chaînes résistant à des efforts de 10 à 12 chevaux et plus, mais aussi marchant à des vitesses très-faibles. Dans le fameux *Great-Britain* (bateau anglais de 1,000 chevaux), le mouvement de l'appareil moteur était transmis à l'hélice par une paire de roues à chaînes, dont les maillons en fer carré présentaient, réunis l'un près de l'autre, une largeur de près d'un mètre.

Sur la machine locomotive dite *la Bavaria,* qui a été essayée pour la rampe du Semmering, en Autriche, le constructeur a aussi appliqué un engrenage à chaîne pour rendre toutes les roues de la locomotive et celles du tender solidaires, et, par suite, les obliger à devenir toutes adhérentes sur les rails.

Dans le concours organisé pour la comparaison des différents systèmes de locomotives de montagnes proposés pour le Semmering, *la Bavaria* avait donné des résultats supérieurs aux autres locomotives.

Mais une expérience suffisamment prolongée ne tarda pas à démontrer les défauts de ce mécanisme, qui est aujourd'hui complétement abandonné, et même les pignons qui l'ont remplacé d'abord.

En effet, dans le cours des essais, la chaîne se rompit très-fréquemment, soit par suite de la perte des écrous, soit à cause de l'usure rapide ou de la rupture des boulons, quoique ceux-ci fussent en bon acier. Il était extrêmement difficile d'entrenir les boulons suffisamment graissés, et, par suite, d'en prévenir le grippage.

Le plus grand nombre des accidents provenait de ce que les chaînes, par suite des mouvements de tangage et de lacet de la locomotive et des inégalités de la voie, acquéraient, après un moment de marche, un balancement latéral très prononcé, et finissaient par monter sur les dents des roues au lieu d'engrener. L'exès de tension causé par cet accident les faisait rompre ou allonger d'une manière fâcheuse.

Cet effet se produisait surtout lorsque la machine marchait en avant, et que, par suite, la chaîne qui la réunissait au tender était tendue par dessus les roues et détendue par dessous, la partie détendue et oscillante se trouvant alors plus longue que quand la machine marchait en arrière.

Dans ce dernier cas, la partie supérieure seule de la chaîne se trouvait détendue, et elle enveloppait une plus grande partie de la circonférence des roues dentées; la longueur de la partie détendue devenait d'autant moindre et le balancement moins considérable.

Néanmoins, il est certaines applications dans lesquelles ce système de chaîne rend d'utiles services. Un ingénieur distingué, M. Neustadt, l'emploie avec succès pour les grues à la place de la chaîne à maillons ordinaires, comme nous l'avons dit en décrivant les pivots de ces grues.

Engrenages coniques. — *Résistance de la denture.* — La résistance des dentures coniques est évidemment basée sur les mêmes principes que celles cylindriques ; mais il existe, cependant, là quelques particularités qui méritent un examen spécial.

Puisque l'étendue d'une dent correspond dans la même roue, à différents diamètres, de la grande à la petite base du cône, il est clair que l'effort circonférentiel diffère de même pour chaque point de cette étendue, autrement dit, que l'effort total transmis par une dent est la somme d'efforts élémentaires variables formant une progression, dont le terme le plus élevé se trouve précisement coïncider avec *le petit bout de la dent.*

Mais si l'effort est différent et plus grand où la dent est à son minimum d'épaisseur ; il est vrai qu'elle a aussi au même point la moindre saillie, et il peut bien y avoir, par suite, une espèce de compensation qui rende la différence de résistance moins importante qu'elle ne paraît de prime abord.

Fig. 74

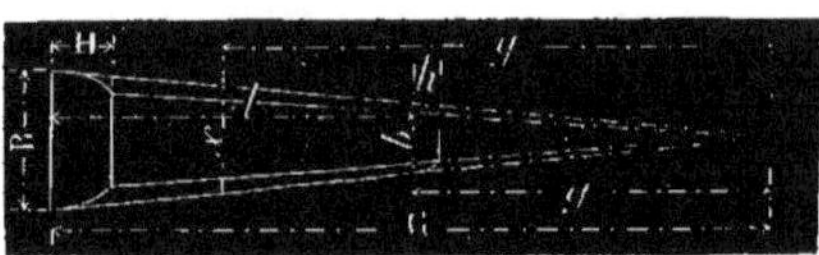

Pour fixer les idées à cet égard, considérons une dent géométrique, fig. 74, comme étant un élément pyramidal tronqué, dont l'axe entier est G, et celui de la partie retranchée g, G et g correspondant à la génératrice entière du cône primitif et à sa partie intérieure.

Suivant la formule de principe relative à la résistance des corps encastrés, si nous désignons par p l'effort estimé d'après le rayon G, par B l'épaisseur de la dent sur ce cercle, et par H sa saillie au même point, le moment de résistance proportionnelle en cette section transversale de la dent pourra être représenté de la manière suivante :

$$pH = B^2.$$

Si nous considérons ensuite la petite base de la dent, en appelant P l'effort évalué sur le cercle ayant g pour rayon, on aura de même :

$$Ph = b^2$$

Or, si la résistance de la dent était la même dans toute son étendue, il faudrait trouver l'égalité suivante :

$$\frac{pH}{Ph} = \frac{B^2}{b^2}.$$

Mais il va être facile de découvrir que cette égalité n'existe pas, et pour cela faire, il faut remplacer dans la formule les valeurs qui se déduisent les unes des autres par le rapport même des deux bases de la dent.

Il est clair, que si nous adoptons comme données les dimensions de la grande base, par exemple, celles de la petite se déduisent naturellement du rapport des rayons G et g.

On a évidemment les relations suivantes :

$$b = B\,\frac{g}{G};\ \text{et}\ h = H\,\frac{g}{G}.$$

Il en est de même de l'effort qui étant P sur la petite base égale sur la grande :

$$p = P\,\frac{g}{G}.$$

Remplaçant, maintenant, ces termes par leurs valeurs dans la précédente égalité, il vient :

$$\frac{P \times \frac{g}{G} \times H}{P \times H \times \frac{g}{G}} = \frac{B^2}{B^2 \times \frac{g^2}{G^2}};\ \text{d'où}:\ 1 = \frac{1}{\frac{g^2}{G^2}};\ \text{où}:\ 1 = \frac{G^2}{g^2},$$

ce qui prouve que l'égalité n'existe pas, et qu'elle n'existerait que si g et G étaient égaux.

Mais on reconnaît ensuite que l'irrégularité de résistance réside uniquement dans la différence des bases B et b, attendu que le moment de l'effort est le même pour tous les points de la dent.

En effet, ce moment est pH pour une base et Ph pour l'autre ; faisant la même substitution que précédemment, il vient :

$$Ph = PH\,\frac{g}{G};\ \text{et}\ p\,H = P\,\frac{g}{G}\,H,\ \text{ou}:\ PH\,\frac{g}{G}.$$

Donc les deux valeurs sont parfaitement identiques, ce qu'il était du reste facile de prévoir, puisque l'effort et la saillie varient en raison inverse l'un de l'autre.

Puisque l'inégalité de résistance réside uniquement dans les différences d'épaisseur de la dent sur sa largeur totale, il faut donc rechercher en quel point de cette largeur il convient de placer la section qui doit répondre au moment de l'effort que nous venons de reconnaître le même pour tous.

La formule de principe indiquant que la résistance d'un solide prismatique encastré est proportionnelle au carré du côté dirigé dans le même sens que l'effort, si nous imaginons cette dent composée de tranches infiniment minces ayant chacune pour épaisseur une fraction f de la largeur totale l de la dent, et une hauteur b, variable de B à b, il est clair que la résistance de chacune de ces tranches sera proportionnelle à :

$$f b_1^2.$$

Or, ce produit correspond aussi, proportionnellement, au cube de cette tranche que l'on peut supposer carrée, c'est-à-dire que la saillie de la dent soit égale à son épaisseur, ce qui ne modifie en rien le principe cherché ; la somme des cubes de toutes les tranches élémentaires de B à b n'est donc autre chose que le cube d'un tronc de pyramide quadrangulaire ayant B^2 et b^2 pour bases et l, ou $G-g$, pour hauteur.

Par conséquent, ceci démontre que la résistance totale de la dent est proportionnelle au cube de ce tronc de pyramide ou à celui d'un parallélipipède quadrangulaire équivalent, et de même hauteur; d'où il suit que : la section moyenne cherchée est celle de ce *parallélipipède, et dont le côté* x *est celui auquel il convient d'appliquer l'épaisseur calculée pour la dent.*

L'évaluation de ce côté moyen va nous apprendre en quel point il est placé entre B et b, position qui varie évidemment, suivant le rapport entre la largeur de la dent et la génératrice conique primitive G.

On démontre, en géométrie, que le cube d'un tronc de pyramide et de celui-ci, par conséquent, égale (les mêmes signes conservés) :

$$S = \frac{(B^2 + \sqrt{B^2 b^2} + b^2)\, l}{3} = \frac{(B^2 + Bb + b^2)\, l}{3}.$$

Le côté x du carré correspondant à la base d'un prisme équivalent, et de même hauteur, égale :

$$x = \sqrt{\frac{(B^2 + Bb + b^2)}{3}}.$$

Remplaçant dans cette formule, b par sa valeur déduite ci-dessus, du rapport de G à g, il vient :

$$x = \sqrt{\left(\frac{G^2 + Gg + g^2}{3\, G^2}\right) B^2}.$$

Enfin, si nous désignons ce rayon G par l'unité et que nous voulions connaître sur quel autre rayon y doit se trouver placée cette section dont le côté est x (voir figure ci-dessus), nous posons :

$$\frac{x}{B} = \frac{y}{G}\ ;\ \text{d'où :}\ B^2 = \frac{G^2 x^2}{y^2} = \frac{x^2}{y^2}.$$

Substituant, dans la relation précédente, B^2 par sa dernière valeur, on obtient définitivement :

$$y^2 = \frac{1 + g + g^2}{3}.$$

Un exemple de l'application de cette relation est maintenant nécessaire.

Soit une roue d'angle dont les dents auraient, exceptionnellement, pour largeur l, la moitié de la génératrice G du cône primitif; trouver le point de cette largeur auquel on doit rapporter l'épaisseur e donnée par le calcul de la résistance.

Pour appliquer à ce problème la relation précédente, il faut d'abord chercher la valeur de g, qui égale la génératrice moins la largeur de la dent, soit justement 0,5, puisqu'ici la dent est égale à la moitié de la génératrice.

On trouve donc pour y, la distance du sommet du cône primitif à la section moyenne cherchée :

$$y = \sqrt{\frac{1 + 0{,}5 + (0{,}5)^2}{3}} = 0{,}763.$$

Par conséquent, le milieu de la largeur de la dent se trouvant à 0,750 G du sommet du cône, la section moyenne de résistance n'en diffère que de 0,763 moins 0,750, égale 0,013, fraction dont elle est rapprochée du bout extérieur de la dent.

Admettons, par exemple, que la génératrice du cône primitif soit de 1 mètre, et les dents 0,50 de largeur, par conséquent, le milieu de la largeur des dents se trouvant à 0,25 du bout extérieur, la section rationnelle de résistance en est plus rapprochée de 0,013 ou 13 millimètres ; elle se trouve donc à 0,250 — 0,013 = 0^{m},237 du gros bout de la dent.

Donc la différence entre le milieu de la largeur de la dent et la section rationnelle est assez faible pour qu'il soit sans influence, pour la pratique, que l'on adopte le milieu lui-même pour y appliquer l'épaisseur calculée e; et comme cette différence sera d'autant plus faible que le rapport entre la largeur de la denture et la génératrice primitive sera plus grand, et que nous avons choisi pour exemple le plus faible rapport que l'on puisse raisonnablement rencontrer, il faut déduire de toute la recherche qui précède :

Que pour les dentures coniques, on peut, sans erreur appréciable, attribuer l'épaisseur calculée pour les dents à la section faite AU MILIEU DE LEUR LARGEUR.

Cette recherche était utile pour ne rien laisser d'imprévu ; mais dans bien des circonstances, lorsque, par exemple, la denture est très-étroite comparativement au rayon de la roue, on peut prendre les diamètres extérieurs pour base, ce qui est plus commode pour le tracé, et sans qu'il en résulte de différence capable d'influer sur la résistance de cette denture, car, après tout, on est la plupart du temps obligé de s'écarter de la dimension rigoureuse, soit pour obtenir le nombre exact de dents en rapport avec la vitesse, soit à cause de la division des bras, etc.

CONSTRUCTION DES ENGRENAGES CONIQUES. — Les roues dont la denture est entièrement en fonte n'offrent rien de bien particulier, quant à leur construction. On remarquera pourtant que les croisillons, ou la partie pleine qui les remplace quand le diamètre ne permet pas de mettre des bras (comme le pignon indiqué fig. 4), ne peuvent pas être placés au milieu de la largeur de la couronne comme on le fait généralement pour les roues droites; on est obligé de les reporter à l'intérieur du côté le plus petit en diamètre, à cause du moulage de la pièce; les nervures se trouvent alors entièrement d'un seul côté à l'extérieur, afin de relier intimement le moyeu à la jante. On sait, en effet, que le moulage en sable exige, pour la sortie du modèle en bois du moule proprement dit, que la pièce ne présente dans le sens perpendiculaire à l'ouverture de ce moule aucun angle rentrant ou aigu; et c'est ce qui arriverait par la forme conique de la jante, si les croisillons étaient placés vers le milieu de la largeur.

Les roues d'angle à dents de bois (comme celle fig. 4), ont leur jante percée de cabinets ou mortaises qui, au lieu d'être rectangulaires, comme dans les roues droites, sont trapézoïdales selon la forme même de la denture. La place du croisillon est déterminée d'après les mêmes considérations que ci-dessus, et doit être choisie en raison du plus ou moins de conicité de la jante pour, autant que possible, ne pas gêner l'ajustement des queues ou des tenons qui traversent celle-ci dans toute son épaisseur et la dépassent même d'une certaine quantité, afin qu'on puisse y chasser les goupilles *n* qui les empêchent de sortir.

On voit par la figure que le plan des croisillons se trouve dans l'épaisseur du champ intérieur de la jante; la dépouille est ménagée en dedans pour favoriser la sortie du sable du côté opposé aux nervures. Si les croisillons avaient, au contraire, leur surface extérieure affleurante à l'arête intérieure du champ, c'est-à-dire qu'ils soient entièrement pris sur la surface intérieure de la couronne, la dépouille devrait être en sens contraire, de façon que le sable contenu entre les bras, pendant le moulage, fît corps avec celui qui se trouve entre les nervures.

La première des deux conditions, qui est celle que nous avons adoptée dans notre exemple, a cela d'avantageux qu'elle laisse libre l'intérieur de la couronne pour le passage des tenons des dents, surtout quand cette couronne est d'un angle très-ouvert, ce qui a pour effet de faire occuper plus de place à l'épaisseur du croisillon.

Dans l'un ou dans l'autre cas, les dents qui se trouvent en face d'un bras doivent être goupillées d'un seul côté au moyen d'une broche qui traverse le tenon de part en part; il est évident qu'il n'en peut être autrement, à moins de percer le bras lui-même, ce qui doit s'éviter autant que possible; comme aussi on doit rendre le nombre de dents divisible par celui des bras, afin de ne pas rencontrer les nervures.

On peut résumer par quelques remarques particulières l'emploi des engrenages d'angle ou coniques :

1° On ne peut pas faire varier à volonté le diamètre de l'une des roues dans un engrenage conique, sans changer l'autre en même temps, non-seulement à cause de l'angle même de leurs axes, mais encore à cause de la position rigoureuse qu'elles doivent occuper sur ceux-ci, position entièrement dépendante de leurs diamètres respectifs.

Une même roue d'angle ne peut donc commander plusieurs pignons à la fois qu'à la condition expresse qu'ils seront tous exactement de même diamètre entre eux;

2° Quand une roue en commande deux autres dont les axes sont situés sur une même ligne droite, ces axes tournent en sens contraire l'un de l'autre.

Cette propriété est souvent mise à profit pour obtenir des mouvements de va-et-vient, comme dans les machines à raboter, par exemple (p. 177);

3° On doit observer dans la pose des roues d'angle une grande exactitude, et rendre les axes aussi rigides que possible, attendu que la forme des dents en coin nécessite qu'elles soient parfaitement à la place qui leur a été assignée par le tracé; car si elles se déplacent, elles se serrent dans les creux, et empêchent le mouvement, ou du moins, augmentent le frottement d'une quantité très-nuisible;

4° Enfin, comme les roues d'angle sont plus difficiles à exécuter que les roues droites, et qu'elles ont, en outre, l'inconvénient d'exercer des pressions latérales qui tendent à faire glisser leurs axes et qui, par cela même, occasionnent des frottements inutiles sur les embases et les coussinets, on doit, autant qu'il est possible, lorsque la disposition des machines le permet, chercher à leur substituer des engrenages droits qui sont plus faciles à appliquer et n'ont pas ces inconvénients.

Exemple de l'établissement d'une paire de roues d'angle. — Il est nécessaire de compléter ce qui précède, à l'égard des roues coniques, par un exemple de l'application de ces nombreuses règles à un problème proposé.

Les fig. 4 à 6 de la planche 17 représentent une paire de roues d'angle exécutée conformément aux données suivantes et aux proportions qui ont été établies précédemment, tant pour les roues droites que spécialement pour celles coniques.

Cette paire de roues est établie pour transmettre une force de 5 chevaux, entre deux axes AB et CD perpendiculaires l'un à l'autre, le premier faisant 20 tours par minute et le second 40, soit dans un rapport de vitesse de 1 à 2. La roue est à denture de bois.

Les diamètres de la roue et du pignon devant être dans ce même rapport, il suffit que l'un des deux soit donné pour que l'autre s'en déduise immédiatement; mais il faut au moins fixer l'un de ces diamètres, et bien que le choix en soit libre, cette détermination est loin cependant d'être complétement arbitraire.

Il est clair que des diamètres adoptés et des vitesses rotatives dépend la vitesse circonférentielle des dentures, et de cette vitesse dépend évidemment l'effet direct à transmettre; d'où résultent enfin les proportions générales de l'engrenage.

En thèse générale, il y aurait intérêt à faire ces diamètres aussi grands que possible, attendu qu'il en résulterait une réduction correspondante de l'effort, un plus grand développement des dentures et, par suite, moins d'usure, un mouvement plus doux, etc. Mais on est ordinairement limité pour la place, et, après tout, il existe certaines limites qu'il serait inutile de dépasser, surtout si l'on tient compte des vitesses rotatives qui peuvent représenter déjà par elles-mêmes, si elles sont considérables, une notable division de la puissance à transmettre.

S'il était possible de toujours agir ainsi, nous proposerions, lorsque l'engrenage transmet la puissance totale renfermée dans les arbres, de baser le diamètre des roues sur celui de ces arbres qui représentent à la fois la puissance et la vitesse rotative ; seulement, comme les diamètres ne sont pas en rapport direct avec les vitesses, on prendrait pour base le diamètre de l'arbre *le plus vif*, comme étant relativement *le plus gros* (Int., p. XXII). Ainsi, dans l'exemple actuel, l'arbre du pignon ayant 90 millimètres de diamètre, on pourrait faire celui du pignon 3, 4 ou 5 fois plus grand et en déduire ensuite celui de la roue, d'après le rapport des vitesses.

Mais, en résumé, comme cette détermination est liée avec d'autres circonstances, qui diffèrent dans chaque application, nous admettrons, pour notre exemple, que ces diamètres soient fixés à 340 millimètres pour le pignon, et, par conséquent, à 680 pour la roue.

Afin de faire correspondre cet exemple aux considérations ci-dessus relatives à la section moyenne de résistance de la denture, nous attribuons ces diamètres, non pas aux bases extérieures E G et E F des cônes primitifs, mais aux bases intérieures E′ G′ et E′ F′, qui doivent être le point de départ du tracé et sur lesquelles on va chercher la vitesse circonférentielle pour en déduire l'effort transmis, et l'épaisseur des dents sur la section correspondante $z\,z'$.

La puissance de 5 chevaux à transmettre, répond à :

$$5 \times 75 = 375 \text{ kilogrammètres.}$$

Par la roue qui fait 20 tours et dont le diamètre primitif *rationnel* égale $0^{m},680$, on trouve pour la vitesse circonférentielle commune :

$$V = \frac{0^{m},680 \times 3,1416 \times 20}{60} = 0^{m},712 \text{ pour } 1''.$$

Par suite, l'effort transmis égale (p. 254) :

$$P = \frac{375}{0,712} = 527 \text{ kilogrammes.}$$

Admettant, *à priori*, le rapport 1 est à 6, entre l'épaisseur des dents de fonte et leur largeur, il vient pour cette épaisseur :

$$e = 2\sqrt{\frac{1,2 \times 527}{6}} = 20^{\text{mill.}},52.$$

Les dents en bois de la grande roue devant avoir un tiers de plus d'épaisseur, le pas approximatif égale :

$$20,52 \times \frac{7}{3} = 47^{\text{mill.}},88.$$

Divisant la circonférence primitive de la grande roue pour connaître le nombre de dents auquel ce pas correspond, on trouve :

$$\frac{680^{\text{mill.}} \times 3,1416}{47,88} = 44.$$

Mais comme il n'a pas été tenu compte du jeu nécessaire et que le nombre de dents de cette roue doit s'accorder avec la division des bras, qui sont au nombre de six, c'est évidemment 42 dents qu'il faut adopter, nombre qui est aussi divisible par 2, et qui attribue 21 dents au pignon, conformément au rapport des vitesses.

Le pas réel égale, d'après cela :

$$\frac{680^{\text{mill.}} \times 3,1416}{42} = 50^{\text{mill.}},86.$$

On pourra donner à la dent de fonte 21 millimètres d'épaisseur et 28 à la dent de bois, ce qui laissera pour le jeu sur ce même cercle moyen :

$$50,86 - (21 + 28) = 1^{\text{mill.}},86.$$

Néanmoins, si l'engrenage est bien exécuté, on peut admettre, surtout en commençant, un jeu un peu moindre.

Enfin, la largeur de la dent, sur l'épaisseur déterminée *à priori*, égale :

$$20,52 \times 6 = 123,12,$$

soit 125 millimètres, en nombre rond.

Ayant arrêté ainsi les principales dimensions des deux dentures, d'après la méthode la plus rigoureuse, on peut achever le tracé en s'en rapportant, comme on l'a expliqué plus haut (p. 271) aux deux diamètres primitifs extérieurs E G et E F et à ceux intérieurs *eg* et *ef*, qui se trouvent déterminés tout naturellement en reportant la largeur de la dent par moitié, sur la génératrice S E à partir de la section moyenne zz'.

Ajoutons cette importante remarque. Dans les proportions particulières de ces deux roues, comme dimensions relatives de diamètres et de largeur de dentures, on ferait une erreur de 2 chevaux, au détriment de leur résistance, si l'on calculait l'épaisseur des dents sur leur section extérieure, au lieu de prendre celle moyenne zz'. Autrement dit, tandis qu'elles ne répondent réellement qu'à 5 chevaux, on leur en attribuerait faussement 7 en s'en rapportant à l'épaisseur maximâ des dents de fonte.

Il ne nous paraît pas utile d'insister davantage, quant aux autres dimensions de ces deux roues qui se déterminent de même que pour les roues droites, et comme on l'a vu ci-dessus. Le tracé a été du reste exécuté conformément aux mêmes règles.

Engrenages coniques de grandes dimensions, fig. 7 à 10. — Quand une roue dépasse les dimensions possibles pour le moulage, ou la facilité du transport, on peut la construire d'une manière analogue à celle représentée par les figures 7 à 10, où la jante est en plusieurs parties et indépendante du croisillon.

Les portions de jantes J sont réunies par des oreilles rectangulaires *a*, fig. 9 et 10, qui sont évidées au contact, pour n'avoir que des parties étroites à l'ajustement ; elles sont fixées par un ou plusieurs boulons à écrous *c*, de diamètres proportionnels aux dimensions de la denture, afin qu'ils puissent, par leurs sections réunies, offrir à chaque assemblage au moins la même résistance qu'une dent.

L'évidement des oreilles *a* présente aussi cette particularité qu'il sert à former l'un des cabinets *j*, dans lesquels s'ajustent de force les dents de bois ; une ouverture *f* ménagée préalablement sert à passer les goupilles en fer *n*.

Dans un tel cas, on voit qu'il est encore nécessaire de mettre le nombre de dents en rapport avec celui des portions de jantes.

La couronne ainsi formée, le croisillon B vient s'y assembler au moyen de pattes à oreilles *b* fondues avec elle et portant des encastrements dans lesquels l'extrémité de chaque bras vient s'y ajuster et s'y assujétir par des boulons à écrou *d*.

Avec une construction ainsi entendue, la roue d'engrenage présente autant de solidité que si elle était d'une seule pièce, si on a le soin de faire les ajustements sans aucun jeu, et sans le moindre gauche.

ENGRENAGES D'ANGLE DE DIFFÉRENTS SYSTÈMES.

Nous avons dit que les engrenages coniques ne sont pas les seuls qui jouissent de la propriété de transmettre des mouvements *d'angle :* mais ce sont les plus employés et pour les plus grands efforts.

Après eux vient l'engrenage *à vis sans fin*, qui permet de transmettre le mouvement entre deux axes perpendiculaires et situés dans des plans différents ; il procure aussi de très-grands rapports de vitesse ; mais il ne convient guère de l'employer pour de grands efforts et la commande ne peut pas venir indifféremment de l'un des deux axes portant la vis et le pignon.

On rencontre aussi des engrenages d'une nature très-remarquable, qui, avec la structure apparente de roues droites, mettent en rapport deux axes obliques et dans des plans différents : telles sont les roues *à denture héliçoïdale*.

Enfin, on applique aussi des roues d'angle coniques dont les axes sont situés dans des plans différents et passent, en se croisant, à côté l'un de l'autre.

Nous désirons nous arrêter quelques instants sur ces variétés importantes des organes désignés en général sous le nom d'engrenage d'angle.

ENGRENAGE A VIS SANS FIN, FIG. 13 A 15, PL. 17. — L'engrenage à vis sans fin se compose d'une vis V, dont l'axe est monté dans des collets fixes, et dont les filets, qui ont le même profil qu'une dent de crémaillère, engrènent avec un pignon P dont les dents ont la même inclinaison que le filet de la vis V. Les axes AB et O', ou CD, fig. 14, de la vis et du pignon, sont perpendiculaires l'un à l'autre, et situés dans des plans différents.

Pour faire le tracé, on doit supposer que la vis et le pignon sont coupés par un même plan 1–2, fig. 14, comme la partie en coupe, fig. 13, et déterminer la forme des dents de la même manière que pour un pignon engrenant avec une crémaillère ; les sections du filet aux points de contact se présentent, en effet, sur une ligne droite tangente au cercle primitif GHI du pignon.

Ainsi, après avoir indiqué le pas *ab* de la vis, qui doit diviser exactement la circonférence du pignon, et tiré la droite EF, considérée comme étant la ligne primitive de contact d'une crémaillère, on donne aux dents le même profil que pour un engrenage de cette nature, c'est-à-dire, une développante de cercle pour la dent du pignon et une cycloïde tracée avec la circonférence du diamètre HO′ pour celle de la vis.

On trace ensuite des hélices passant par les points du fond et de l'extrémité du profil de ces dernières dents avec le même pas *ab*, et d'après le diamètre des cylindres auxquels ils appartiennent. Puis on donne aux dents du pignon la même inclinaison que le filet de la vis, inclinaison que l'on obtient facilement au moyen d'un triangle rectangle ayant pour base la circonférence du cylindre primitif EFJL, et pour hauteur perpendiculaire le pas *ab* ; l'hypoténuse de ce rectangle donne précisément, par rapport à la base, l'inclinaison cherchée.

Le pignon P est comparable à une vis à autant de filets qu'il porte de dents, et dont le pas est très-allongé. D'après cette considération, il pourrait être intéressant, dans certains cas, de connaître la valeur de ce pas, en supposant, par exemple, qu'on voulût exécuter cette pièce avec une machine à fileter. On peut résoudre le problème par le raisonnement suivant.

Puisque l'inclinaison du filet de la vis peut être représentée par un triangle rectangle ayant sa circonférence pour base, et le pas pour hauteur perpendiculaire, cette inclinaison, rapportée au pignon, est représentée par un triangle semblable, mais dont la base homologue est égale au pas cherché, et la hauteur perpendiculaire, à la circonférence du pignon.

Représentant par p le pas de la vis,
— — c sa circonférence primitive,
— — C la circonférence primitive du pignon,
— — p' le pas cherché,

on a :

$$\frac{c}{p} = \frac{p'}{C}, \text{ d'où : } p' = \frac{C \times c}{p}.$$

Mais en examinant par quelles valeurs cette formule est exprimée, on voit que diviser par p, le pas de la vis ou du pignon, c'est justement la même chose que de diviser par $\frac{C}{n}$, c'est-à-dire, la circonférence du pignon divisée par le nombre de dents ; ce qui revient à :

$$p' = C \times c \div \frac{C}{n} \text{ ; soit : } p' = c \times n.$$

C'est donc simplement la circonférence primitive de la vis multipliée par le nombre de dents du pignon.

Si on voulait savoir, d'après cela, à quel pas correspond l'inclinaison des dents du pignon P, de l'exemple fig. 13, dont les données sont :

Diamètre primitif EJ de la vis. . . . . = 22 mill.
Circonférence correspondante . . . . = 69,1
Nombre de dents du pignon . . . . = 30

On trouverait pour le pas des dents :

$$p' = 69,1 \times 30 = 2^m,073.$$

Lorsque la vis est à simple filet, le rapport de vitesse rotative entre la vis et le pignon est égal au nombre de dents du pignon, puisque chaque tour de la vis ne fait avancer la circonférence du pignon que d'une dent.

Mais si la vis était à plusieurs filets, le rapport serait divisé par leur nombre.

Dans notre exemple, ce rapport est 30 : c'est-à-dire qu'il faut 30 tours de l'axe qui porte la vis pour 1 de celui du pignon.

Si la vis était à deux filets, le rapport serait 15 ; avec 3, il deviendrait 10, etc.

L'engrenage à vis sans fin est donc très-utile pour transmettre des vitesses de rotation avec de grands rapports, à la condition, toutefois, que l'effort ne soit pas considérable, en raison du peu de surface de dents en contact, et de la décomposition de force occasionnée par la direction inclinée des dents.

Le plus généralement cet engrenage est établi pour que ce soit la vis qui commande et non le pignon, ce qui serait du reste impossible dans certains cas, où l'inclinaison du filet est faible, comme dans notre exemple. Dans les rares circonstances où le contraire arrive, la vis est nécessairement à plusieurs filets, afin de former un rampant très-sensible ; telle est la disposition qui a été appliquée dans les ventilateurs de forges volantes et dans quelques autres cas où l'on a besoin de transmettre une grande vitesse sans intermédiaire.

On rend quelquefois la denture des pignons creuse, comme l'indique la fig. 15, afin de suivre la circonférence de la vis et l'embrasser ainsi sur une plus grande étendue. On en a vu un exemple (pl. 10) à propos d'un mécanisme appartenant au mouvement d'une hélice propulsive.

Engrenages a denture hélicoïdale, fig. 11 et 12. — Dans quelques machines, celles qui appartiennent à la filature, entre autres, on a besoin de commander des axes qui se trouvent placés dans deux plans différents, et formant entre eux un certain angle. Ces axes n'ayant jamais qu'un faible effort à transmettre, on peut les commander par deux pignons semblables à ceux représentés sur les figures 11 et 12, et dont la denture est construite d'après le principe de l'hélice ou des vis à plusieurs filets. On ne pourrait pas, en effet, transmettre un effort un peu considérable, avec ces engrenages, à cause de la décomposition de force résultant de l'obliquité de la denture, et qui viendrait agir sur les axes et les fausser.

Supposons les axes AB et CD, formant l'angle ASD, fig. 12, et projetés l'un en O et l'autre en C'D', fig. 11, et proposons-nous d'y construire les deux pignons P et P', avec l'inclinaison de leurs dentures, en admettant que les deux axes tournent tous deux à la même vitesse.

Ces deux pignons auront d'abord chacun le même rayon, égal à O'E moitié de la plus courte distance entre les axes AB et CD, laquelle est facile à déterminer, les deux axes AB et CD étant, fig. 12, compris dans deux plans parallèles au plan vertical et normal de projection, et qui, par conséquent, sont perpendiculaires au même plan fig. 11. Cette plus courte distance est donc en définitive la perpendiculaire O*s*′ à ces plans.

L'obliquité de la denture est la même pour les deux pignons, et correspond à la bissectrice MN de l'angle ASD.

La construction graphique devient alors assez facile à déduire de ces données. On commence par déterminer la forme générale des pignons, suivant la position exacte de leurs axes respectifs, ainsi qu'on le voit sur la fig. 12, dans laquelle l'un d'eux, celui P, qui est en avant, est représenté en coupe verticale, et, par suite, en raison de sa verticalité, projeté en vraie grandeur sur la fig. 11. Le second P′, qui est oblique par rapport au plan horizontal de projection, est représenté par un cylindre, dont les bases sont projetées suivant des ellipses, telle que celle F″ EG, correspondant à son cercle primitif.

La denture du pignon P ayant été déterminée par les procédés ordinaires, sur la vue fig. 11, en raison de sa position symétrique avec les plans de projection, pour obtenir la projection des dents de celui P′, on trace le rabattement *fhg*, sur lequel on reproduit le tracé de la denture en ayant soin de tenir compte, par un tracé double en lignes ponctuées ou en lignes de couleur, de la situation des bouts de la dent sur les deux faces parallèles du pignon, selon l'obliquité mesurée par la ligne M N.

On devra opérer la projection de ce tracé sur chaque face correspondante du pignon, ainsi qu'il a été indiqué pour une dent, dont l'un des bouts *ace* se projette en *bdi*, et l'autre *jlm* en *kno;* joignant ces points par des courbes peu sensibles, de la nature d'hélices très-allongées, on aura la représentation approchée, mais suffisante, du champ de la denture du pignon. Il est évident que s'il était nécessaire de faire un tracé très-rigoureux, ce qui est rare en pareil cas, on devrait supposer plusieurs sections dans l'épaisseur du pignon, parallèles à *fg*, pour lesquelles on ferait des rabattements spéciaux semblables au précédent.

La projection oblique du même pignon, fig. 11, se ferait en traçant pour chaque face les ellipses représentant les cercles du bout et du fond des dents; et, après avoir projeté la division sur le cercle primitif, toujours d'après la fig. 12, on joindrait ces points avec le centre, comme O′*p*, et J*q*; les flancs ainsi obtenus, il reste la courbure, qui se déduit facilement de la fig. 12, en projetant seulement les points appartenant à l'extrémité des courbes, sur l'ellipse qui représente le cercle correspondant.

Le contact et l'obliquité des dents ayant lieu suivant MN, il est évident que leur section réelle de résistance est dans le sens de la perpendiculaire QR; cette section étant évidemment inférieure comme dimension à celle que l'on trouve sur chaque face du pignon, on doit tenir compte de cette particularité, afin de ne pas faire les dents trop minces.

On voit que si les pignons sont du même diamètre, l'engrenage se trouve formé de deux pièces tout à fait identiques.

On peut encore comparer un pignon de cette nature à une portion de vis ayant un pas extrêmement allongé, et autant de filets qu'il porte de dents.

Engrenages coniques, dont les axes sont dans des plans différents. — On sait que les métiers de filatures désignés sous le nom de bancs-à-broches, métiers continus et mulls-jenny, sont composés principalement d'un très-grand nombre de *broches*, ou tiges sur lesquelles sont montées les bobines où s'emmagasine le fil produit; ces broches, qui tournent avec une très-grande vitesse, sont placées verticalement sur la même ligne et sont mises en mouvement de manières différentes.

Pour les métiers en *fin*, dont les broches effectuent de 4 à 5000 tours par minute, on les commande les unes par les autres au moyen de cordes et de petites poulies; mais pour les métiers en gros, dont les broches tournent moins rapidement, on emploie des engrenages d'angle.

Fig. 75.

Pour comprendre l'explication de ce dernier moyen, il faut remarquer que les broches ne doivent pas moins être montées sur pivot et leur pignon placé au-dessus; or, comme elles doivent recevoir leur mouvement d'un même arbre longitudinal portant autant de roues qu'il y a de broches, il s'ensuit que cet arbre ne peut être disposé que *latéralement*, au lieu que son axe coïncide avec celui des broches, ce qui aurait lieu si ces dernières n'étaient pas prolongées au-delà de leur pignon.

C'est pour satisfaire à cette condition que l'on arrive à cette disposition d'engrenage conique que représente la fig. 75, à l'échelle de moitié de l'exécution, et dont nous désirons faire connaître les particularités intéressantes.

On voit que l'arbre horizontal de commande portant des roues, les broches, portant chacune un pignon, passent à côté de l'arbre et les axes du mouvement ne se rencontrant plus, comme dans les circonstances ordinaires, les dentures n'ont plus un sommet de concours commun et acquièrent une structure toute spéciale, très-remarquable par l'obliquité des dents.

Cependant, si ces dents ne concourent pas simultanément à un même sommet, il faut bien que cette concordance ait lieu au moins pour celles en prise ; autrement dit, il est évident qu'au point où se fait l'engrènement, une dent de l'une des deux roues et un creux de l'autre ont un sommet commun, car, sans cela, le mécanisme ne fonctionnerait pas.

Fig. 76.

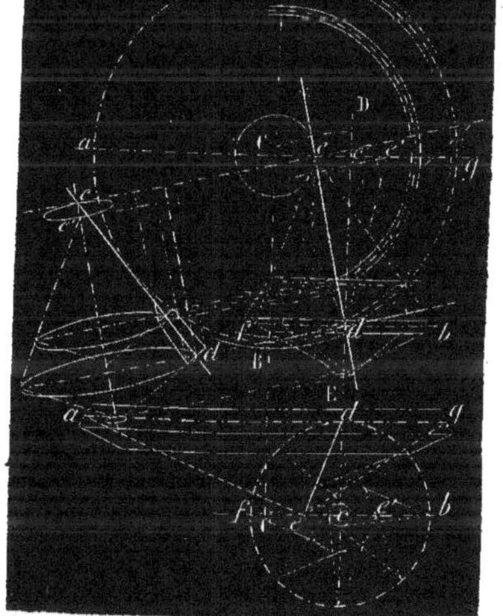

Il est, en effet, exact de dire qu'il existe *autant de sommets que de dents et de creux*, et qui ne viennent se rencontrer qu'en un seul point, celui de la mise en prise ; aussi avec une pareille disposition, les axes en mouvement sont forcément *invariables*, et il ne serait pas possible, comme avec les autres engrenages, de rendre l'une des deux roues complétement fixe en faisant produire à l'autre un double mouvement de rotation et de translation : si, par exemple, on voulait faire tourner le pignon en maintenant la roue immobile, non-seulement les dentures sortiraient l'une de l'autre, mais les dents ne s'emboîteraient pas, puisque la partie forte des dents viendrait se présenter devant la partie faible des creux. Ceci démontre encore qu'il ne peut pas se rencontrer plus d'une dent à la fois en contact plein, ce qui exclue la possibilité d'employer un tel système d'engrenage pour transmettre de grands efforts. Mais comme ce n'est pas le cas dans son application aux broches de filatures, nous devons continuer de l'admettre ainsi pour la nature du mouvement produit et non pour l'effet de résistance.

Sans prétendre donner l'étude géométrique complète de ces curieux organes de transmission, nous désirons en donner une idée générale qui deviendra, cependant, suffisante pour les personnes ayant quelque habitude des opérations graphiques.

Soient, fig. 76, AB l'axe vertical de la roue dont le centre est C et le rayon du cercle primitif C *a*, et DE l'axe du pignon (celui de la broche) dont le centre est *c* et le rayon *cb*.

Ayant établi les axes à leur place, en projection verticale, et tracé le cercle de la roue, son intersection *d* avec l'axe DE du pignon indique le point par lequel on fait passer la base primitive *bf* du pignon ; de même la projection horizontale est obtenue en décrivant le cercle correspondant, du centre *c*, et en lui menant la tangente *ag* qui représente la base primitive de la roue.

En principe, l'engrenage, ou mieux, *le moment de l'engrènement*, doit avoir pour éléments : *deux cônes tangents ayant ces cercles pour base*, et, par conséquent, *un sommet commun*.

Pour fixer la position de ce sommet, il se présente plusieurs conditions différentes :

On pourrait prendre l'intersection C des deux axes, et alors le cône de la roue serait droit et celui du pignon oblique, d'où la denture de ce dernier présenterait seule de l'obliquité ;

Ou bien, on choisirait l'autre intersection *c*, et ce serait, au contraire, la roue qui supporterait toute l'obliquité, tandis que le pignon serait exactement conique droit.

Le mouvement pourrait évidemment avoir lieu dans l'un ou l'autre de ces deux cas. Mais il est remarquable qu'au moment du contact, et dans le mouvement, les éléments tangents des deux dentures se meuvent, les uns dans la direction du cercle *a*A*g*B et les autres dans celle du cercle *bf*, d'où les côtés des dents en contact *glissent* longitudinalement l'un sur l'autre ; or, cet effet sera d'autant plus marqué que ces faces actives des dents différeront davantage des deux directions, et, en résumé, il vaut mieux prendre pour sommet commun un point intermédiaire entre ceux C et *c*, soit, par exemple, celui *e* pris sur la bissectrice de l'angle déterminé par ces deux points, et par celui *d* d'intersection de la projection *bf* de la base du pignon et du cercle *a*A*g*B.

Adoptant cette méthode et après avoir projeté le point *e*, du plan, par *be*, on obtient pour les cônes primitifs *du moment d'engrènement*, les projections *ebf*, pour le pignon, et *ega* pour la roue, lesquels cônes sont tangents sur *ed*, qui détermine la direction réelle des dents pour les deux dentures.

Maintenant, puisque chaque dent doit posséder cette même obliquité, il est clair que le sommet *e*, ne correspondant pas au centre de figure des roues, n'appartient qu'à une seule dent pour chaque roue, et qu'il faut déterminer autant de sommets symétriques que de dents.

Les sommets des dents de la roue sont, en effet, disposés sur un cercle tracé avec C *e* pour rayon et ceux des dents du pignon avec le rayon *ce ;* le tracé fig. 76 indique une série de droites obliques, menées entre les deux bases *bf* et *ee'*, figurant ainsi la génération des dents du pignon.

Ce tracé fait également voir, par un rabattement parallèle à la ligne de contact *d e*, que la forme des dents doit être déterminée sur cette ligne où elles se présentent en *vraie grandeur* dans ce rabattement.

Lorsque les deux roues ont été ainsi déterminées en donnant à toutes les dents l'obliquité qui leur convient, l'ensemble de chacune de ces roues prend une conicité *apparente* différant de celle rationnelle des dents, et leurs dentures paraissent découpées dans des cônes droits qui auraient respectivement C et *c* pour sommets.

Tel est l'aperçu que nous désirions donner sur la construction géométrique de ce genre d'engrenage et qui présenterait plus d'une difficulté pour être traitée à fond. Il faudrait aussi pouvoir disposer d'un espace suffisant pour exécuter le tracé à une grande échelle, et nous ne pensons pas, en définitive, que l'importance du sujet nous oblige à un développement plus considérable, des opérations purement géométriques, s'écartant, d'ailleurs, de notre objet principal.

ENGRENAGES PAR FRICTION.

En nous occupant des assemblages d'arbre, nous avons décrit un système, avec de nombreux exemples, qui consiste à utiliser les propriétés du frottement pour des mécanismes d'embrayage, dits embrayages par friction (p. 187).

On fait usage aussi d'organes de transmission basés exactement sur le même principe, mais qui offrent plus particulièrement le caractère des engrenages dont il vient d'être question ; ce sont, en effet, des engrenages droits ou coniques, à denture *infiniment fine.*

Ces engrenages *par friction*, comme leurs congénères, les embrayages, ont pour précieuse propriété de permettre une mise en train progressive, si importante pour tous les appareils qui doivent tourner à de très-grandes vitesses. Une des plus remarquables de leurs applications est celle qui en fut faite aux appareils dits *turbines centrifuges* employées dans les raffineries au clairçage des sucres. On sait que l'axe principal de ces turbines est vertical et soumis à une vitesse de plus 1000 tours par minute, ce qui donnerait lieu, pour passer de l'état de repos, au mouvement, *et vice versâ*, à une résistance considérable, si l'on voulait imprimer ou détruire cette vitesse sans transition.

L'entrainement par friction convient absolument à cette condition et devient, pour ainsi dire, *sine qua non* du système, car il permet aux organes de commande de glisser l'un contre l'autre, tant que l'équilibre de vitesse n'est pas établi. C'est à cette application importante que nous empruntons le premier exemple des engrenages par friction. La même disposition serait, du reste, applicable à d'autres appareils analogues, tels que les essoreuses des buanderies, et, en général, chaque fois qu'il s'agit de communiquer un rapide mouvement de rotation avec une faible résistance directe.

Engrenages coniques a friction, fig. 15, pl. 19. — Cette figure représente, en détail, la disposition adoptée pour mettre en mouvement le tambour des turbines centrifuges appliquées dans les raffineries.

L'arbre D est celui du tambour soumis à la grande vitesse ; celui C, qui reçoit la commande et la transmet, est poussé par un fort ressort, à lames superposées, qui fait appuyer les cônes l'un sur l'autre et engendre la pression qui donne naissance au frottement capable de faire équilibre à l'effort à surmonter (p. 190).

Le cône A est en fonte et tourné du côté du contact ; il est monté sur la portée conique de l'arbre C et serré au moyen d'un écrou *a*. Le cône B est composé d'une *âme* en fonte garnie de rondelles en cuir *b*, qui s'appuient sur un rebord ménagé à la partie inférieure et sont serrées fortement au moyen d'un écrou *a'* monté sur le corps du pignon, dont la partie supérieure est filetée ; l'ensemble du pignon est ensuite fixé sur son arbre, comme le précédent, à l'aide d'un autre écrou a^2 qui le fait serrer sur cet arbre, dont l'extrémité est conique.

Fig. 77.

Afin de donner une idée bien complète de cet ingénieux arrangement, nous reproduisons, fig. 77, l'ensemble de ce mécanisme tout monté sur son bâti, avec une amélioration importante, dont il a été doté récemment par MM. E. et G. Étienne, raffineurs à Nantes.

Ce dessin montre bien comment les deux axes sont disposés sur le bâti, dans les jambages duquel tourne le tambour de la turbine, ainsi que l'organisation du ressort R qui doit presser l'extrémité de l'arbre de commande pour la mise en mouvement.

Habituellement cet arbre porte poulie fixe et poulie folle, et on opère ainsi la mise en train ou l'arrêt comme à l'ordinaire. MM. Etienne ont imaginé de conserver à l'arbre de commande la permanence du mouvement en supprimant la poulie folle et en plaçant derrière le ressort R, dont l'extrémité est reliée avec l'arbre, une manivelle P portant une camme, et à l'aide de laquelle on oblige ce ressort à reculer, en entraînant l'arbre avec lui, lorsqu'on veut soustraire les deux cônes à leur contact mutuel et suspendre le mouvement du tambour.

Il est aisé de concevoir, qu'en effet, cette camme repoussant le ressort en arrière, non-seulement il n'exerce plus d'action dans le sens du contact des cônes, mais il les sépare, comme la figure l'indique, en emmenant avec lui l'arbre avec lequel il est relié par une bride formant un simple rappel, qui laisse le mouvement de rotation libre et permet aussi au ressort un certain jeu latéral. Pour remettre en mouvement, on fait faire à cette manivelle P environ un quart de tour, et la camme, abandonnant le ressort, le laisse libre de se détendre et de presser sur l'arbre qui revient à sa position de mise en marche.

Cette disposition est très-appréciée pour la commodité du service et pour la simplification qu'elle apporte à l'ensemble du mécanisme. La manœuvre en est, d'ailleurs, prompte et facile, et, en outre, ce recul, éprouvé par l'arbre de commande dans l'arrêt, isole complétement l'axe vertical de toute autre résistance extérieure et permet de le faire très-aisément mouvoir à la main.

Fig. 78.

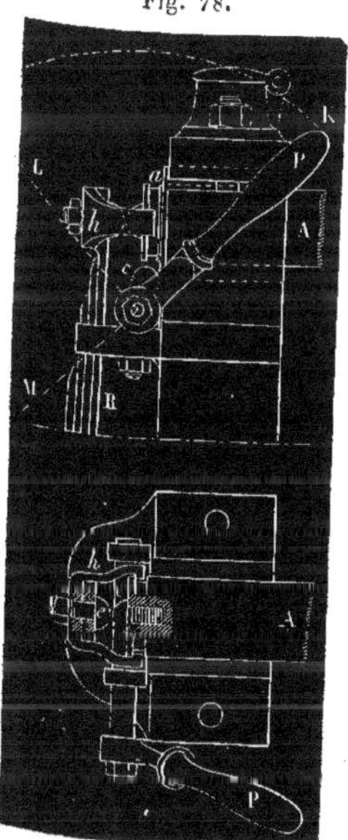

Le tracé, fig. 78, montre, à une plus grande échelle, les détails de ce système de débrayage.

On y distingue la manivelle P montée sur un petit axe horizontal sur lequel est fixée la camme *c* destinée à agir sur le ressort R. Celui-ci est terminé par un étrier *h*, dont les branches sont engagées dans une gorge *a* ménagée dans le bout de l'arbre de commande. Le contact de cet arbre avec le ressort a lieu par deux têtes sphériques appartenant, l'une à une vis en acier taraudée dans le bout de l'arbre, et l'autre à un petit boulon *e* servant en même temps à relier l'étrier *h* et la grande lame du ressort R.

La figure indique aussi le mouvement de la poignée P pour passer de la position K, correspondant à l'état de marche, à celle moyenne L où la camme *c* est arrivée en contact avec le ressort, et, enfin, à celle M où le ressort est repoussé et la turbine arrêtée

Évaluation de l'effort transmis. — L'effort utile d'entraînement, que l'on peut transmettre par ce moyen, dépend évidemment : de la pression exercée sur le bout de l'axe de commande, de l'angle formé par la ligne de contact des cônes avec les axes, et, enfin, du rapport entre le frottement et la pression, suivant l'état des surfaces en contact. C'est, du reste, exactement le même problème à résoudre que ce que l'on a vu plus haut à propos des embrayages (p. 187). Il suffira donc d'en rappeler seulement le principe.

La roue de commande A, fig. 15, pl. 19, figure exactement un coin conique agissant suivant l'angle formé par les génératrices, ou d'après le rapport de la base à sa hauteur, rapport qui dépend de celui des diamètres des deux roues coniques. Mais il est très-important de faire remarquer que cette roue de commande agit, par la pression, comme un demi-coin isocèle dont l'une des faces serait, par conséquent, parallèle à son axe, ce qui répartit l'effort exercé en deux parties égales, dont l'une agit utilement sur le cône commandé, et dont l'autre est dépensée en pression contre les supports qui maintiennent l'axe horizontal et qui figurent le plan contre lequel s'appuierait, en glissant, le demi-coin isocèle.

Rappelant ce qui a été dit à cet égard (p. 191), nous trouvons que si l'on représente par P'' la pression exercée par le ressort sur le bout de l'arbre, et par P' celle qui en résulte normalement à la ligne de contact cf, fig. 15, pl. 19, cette dernière pression a pour valeur :

$$P' = \frac{1}{2} P'' \times \frac{cf}{cg}.$$

Comme cf est l'hypothénuse du triangle rectangle formé par les demi-bases cg et gf des deux cônes, on trouve ainsi sa valeur :

$$cf = \sqrt{(cg)^2 + (gf)^2}.$$

Remplaçons, dans l'expression précédente, cf par sa valeur, il vient :

$$P' = \frac{1}{2} P'' \frac{\sqrt{(cg)^2 + (gf)^2}}{cg}.$$

Admettons, pour fixer les idées, que dans cet exemple, fig. 15, pl. 19, où les diamètres sont dans le rapport 1 : 2, le ressort exerce contre l'arbre un effort P'' de 100 kilogrammes ; on trouve pour celui P', qui détermine le frottement utile sur le pignon commandé :

$$P' = \frac{1}{2} \times 100^k \times \frac{\sqrt{(2 \times 2) + (1 \times 1)}}{2} = 55^k,90.$$

Le coefficient de frottement étant, pour le cas actuel, au moins égal à 0,25 ou 0,30, on obtiendra, pour l'effort circonférentiel P d'entraînement (celui même qui servirait de base à la détermination de la denture, si cet engrenage en possédait une) :

$$55,90 \times 0,25 = 13^k,900.$$

Ce chiffre est évidemment susceptible de quelques variations, suivant le poli plus ou moins grand du métal et du cuir qui forme le pignon ; indépendamment de cela, il arrive que, pour augmenter la friction, on saupoudre les surfaces avec de la résine en poudre.

Engrenages d'angle cylindriques par friction.— Il est remarquable que la conicité, parfaitement observée entre les deux roues, c'est-à-dire, la concordance exacte des deux sommets, comme avec les engrenages à denture, n'a pour but que d'éviter tout glissement en conservant à tous les cercles en contact des vitesses circonférentielles correspondantes égales. Mais il se présente certaines circonstances où, pour un but différent, on néglige cette propriété et l'on fait l'une des roues *plate* et l'autre *cylindrique.*

Tel est le mécanisme représenté fig. 79 et 80, et qui est appliqué, par M. Tulpin, mécanicien à Rouen, pour commander de très-importants appareils sécheurs à plusieurs cylindres (1).

Fig. 79. Fig. 80.

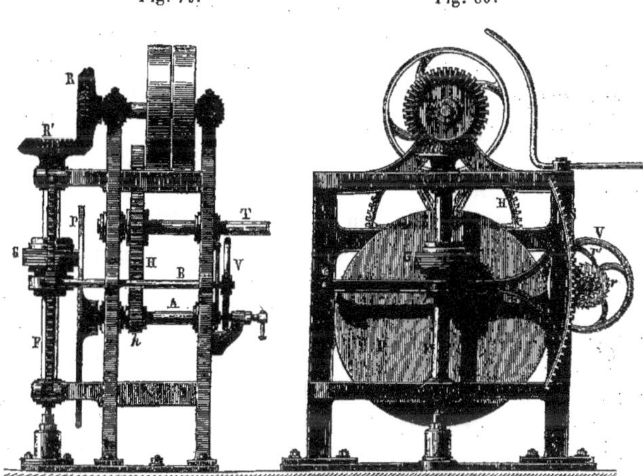

L'examen de ces figures, qui sont dessinées à l'échelle de 1/20 de l'exécution, suffit pour démontrer que ce mécanisme de commande par friction diffère du précédent en ce qu'il communique une vitesse *retardée* et lente, tandis que le dernier, ainsi qu'on l'a vu, est un multiplicateur à grande vitesse. Mais l'emploi de la friction a ici pour objet de transmettre facilement des vitesses variables, suivant celle que l'on veut faire acquérir aux cylindres sécheurs, et c'est ce qui motive aussi l'application d'organes cylindriques qui déterminent, néanmoins, un renvoi d'angle.

Ce mécanisme auxiliaire est établi sur un bâti qui vient s'adjoindre à celui de l'appareil principal et qui reçoit tous les organes primitifs de la transmission. On y reconnaît un premier axe horizontal portant poulies fixe et folle, et donnant le mouvement, par une paire de roues d'angle R et R′, à un axe vertical F, sur lequel est monté un *pignon* ou *rouleau* G, cylindrique et composé, comme dans l'exemple précédent, de

(1) Ces appareils sont complétement représentés et décrits dans le XIVe vol. de la ***Publication industrielle.***

rondelles de cuir superposées et tournées extérieurement. Ce rouleau, que la fig. 81 représente en détail et en coupe transversale, est en contact avec un plateau P fixé sur un axe horizontal A, lequel porte aussi un pignon d'engrenage *h* communiquant avec une roue H sur l'axe T, qui transmet, enfin, le mouvement requis.

Fig. 81.

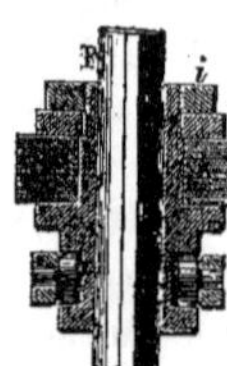

Le rouleau G communique ainsi, par friction, le mouvement de rotation au plateau P dont l'axe est muni, à cet effet, d'un appareil servant à opérer la pression nécessaire pour produire la friction d'entraînement. Cette disposition consiste, comme l'indique le détail fig. 82, en une vis de pression *a*, creuse et renfermant un ressort à boudin, qui vient presser l'extrémité de l'axe A par l'intermédiaire d'un goujon à tête hémisphérique *e* ; en faisant tourner cette vis, par la manivelle *d'étau*, on comprime plus ou moins le ressort qui réagit sur l'arbre et détermine la pression requise.

Fig. 82.

Il est clair que la vitesse rotative du plateau P dépend de celle du rouleau de commande G, et de *la distance de ce rouleau au centre de l'arbre du plateau;* c'est, en effet, cette propriété que l'on utilise en employant ce système de commande, et en s'arrangeant pour que le rouleau puisse occuper diverses positions sur son axe.

Pour cela, il est pris par une gorge circulaire dans laquelle pénètrent deux goujons *g* qui appartiennent au bras d'un secteur à centre fixe S, lequel engrène avec un pignon *p*, dont l'axe B porte un volant-manivelle V et un rochet *r* avec cliquet *r'*. Par conséquent, en faisant tourner à la main le secteur S, à l'aide de ce mécanisme, on amène le rouleau de commande G, qui peut glisser sur son axe, dans diverses positions différentes, depuis le bord supérieur du plateau P, ce qui correspond à la plus faible vitesse qu'il puisse acquérir, jusque près de son centre où cette vitesse devient maxima. Sur le centre même, elle serait évidemment nulle, et au-dessous, en sens inverse, ce qui n'a pas d'emploi ici, mais pourrait être utilisé autre part.

Ces exemples permettraient déjà de se faire une idée des services que peuvent rendre les commandes par la friction simple dont on a vu, du reste, l'application aux embrayages ; mais il nous reste encore à mentionner l'*engrenage à coin*, qui représente une curieuse extension du même principe.

Engrenage a coin, fig. 17, pl. 19. — M. Minotto, ingénieur italien, est l'inventeur d'un système d'engrenage à friction, qui consiste à utiliser ce principe en l'amplifiant par les propriétés du coin.

La fig. 17 de la pl. 19, qui représente, en section transversale, les jantes de deux roues de ce système, montrent deux tambours A et A', dont les contours cylindriques sont armés de nervures *b* et de gorges angulaires *a*, qui s'emboîtent exactement. Si l'on suppose que ces deux tambours soient soumis à une pression qui les maintienne en contact, et que l'on se reporte à ce qui a été dit sur la multiplication des efforts par la forme en *coin* (p. 191), on se rendra facilement compte des fonctions de cet engrenage d'espèce particulière.

Nous avons vu chez M. Penn, en Angleterre, une machine à percer, comprenant quatre porte-outils qui reçoivent ainsi leur mouvement ; ils sont répartis autour d'une roue centrale de commande, avec laquelle on les met individuellement en rapport, suivant la vitesse que l'on veut obtenir, attendu que les pignons qu'ils portent respectivement sont de différents diamètres.

PROPORTIONS ET CONSTRUCTION DES POULIES DE DIVERS SYSTÈMES.

(PLANCHES 18 et 19.)

L'emploi des poulies et des cônes et tambours, qui fonctionnent exactement sur le même principe, est très-répandu et très-général, et il n'existe pas, en effet, de procédé plus simple, moins dispendieux pour transmettre le mouvement à des axes situés à des distances relativement grandes les uns des autres. Nous avons déjà dit quelques mots, en commençant ce chapitre, sur la différence d'emploi entre les engrenages et les poulies : il est nécessaire d'insister sur quelques points particulièrement relatifs à ces dernières.

Malgré la similitude entre les effets rendus par les engrenages et les poulies, il est positif que l'on adopte de préférence ce dernier mode de transmission chaque fois que l'on se trouve dans les limites où son application est possible, car, bien établi, il a le mérite d'être très-doux, de ne causer ni bruit ni secousses en marchant, de n'exiger que des pièces d'un faible poids comparativement à la force transmise, et de ne pas présenter les mêmes chances de rupture que les engrenages ; enfin, il a l'avantage de figurer comme une sorte d'intermédiaire de sûreté entre la puissance et la résistance, c'est-à-dire qu'en cas d'excès de part ou d'autre, l'entraînement peut cesser d'avoir lieu, sans occasionner d'accidents, comme avec les engrenages : il y a glissement et non rupture.

La limite d'emploi de la transmissoin par courroie semble être évidemment l'intensité de l'effort direct à transmettre, car il n'est pas aussi aisé de multiplier la résistance d'une courroie, ou d'une corde, que celle d'une denture de métal ; et puis l'effort de traction se faisant sentir sur les axes connexés, on conçoit qu'il faille assigner une limite raisonnable à ce genre d'action. Cependant, les avantages de ce mode de transmission sont si nombreux, et en même temps si réels pour certaines applications, que nous avons vu faire les tentatives les plus sérieuses pour l'appliquer justement là où les efforts sont les plus considérables et pour lesquels les engrenages avaient été d'un emploi exclusif : nous voulons rappeler particulièrement les poulies-volants appliquées pour commander des trains de laminoirs dans l'usine de MM. Collas frères, à Rachecourt, et qui sont mentionnés plus loin comme *volants*, dans le chapitre spécialement relatif à ce sujet.

Mais il se rencontre aussi, assez souvent, une transmission dans laquelle on doit obtenir des mouvements périodiques ramenant certaines pièces en concordance réciproque, exacte ; il faut alors revenir aux engrenages, quand même la commande par courroie pourrait autrement convenir, car, par ce mode, il se produit toujours un glissement plus ou moins prononcé, et deux parties de mécanisme, ainsi mises en relation, ne conserveraient jamais le même rapport de position.

Revenant au système lui-même, à part l'opportunité de son application, l'établissement d'une transmission par courroie se résume à plusieurs questions, dont certaines sont connexes des fonctions des engrenages, et qui ont été exposées (p. 252 à 256), tandis que les autres sont tout à fait spéciales à ce dernier problème.

Connaissant, en effet, les conditions de puissance à transmettre par poulies et courroies, et particulièrement l'effort direct à exercer, il reste à donner les moyens de mettre ces courroies en rapport de résistance et à examiner leur mode d'action par les poulies, soit comme direction de mouvement, soit comme mode d'enveloppement, etc. Il faut, enfin, déterminer les proportions des poulies lesquelles dérivent naturellement de celles des courroies.

DIMENSIONS ET DISPOSITIONS DES COURROIES.

La courroie qui met deux poulies en communication est directement soumise à l'effort à transmettre, effort de même nature que pour les engrenages et dont on a vu le mode de détermination (p. 254). Mais il agit par *traction longitudinale* sur la courroie qui doit répondre à cette résistance sur *sa section transversale*, suivant la règle ordinaire appropriée à ce mode de résistance (Int. p. X).

Connaissant donc l'effort à transmettre, il faut en déduire la largeur et l'épaisseur de la courroie en fonction de la résistance de sa matière constitutive, qui est, le plus généralement, du *cuir*.

Si l'on observe l'action des courroies sur les poulies, on trouve que l'effort qu'elles sont capables de transmettre dépend surtout du frottement développé à la surface de ces dernières, et, par suite, d'une certaine tension donnée préalablement à la courroie ; sans cette tension, celle-ci glisserait et n'entraînerait pas la poulie ; par conséquent, elle ne transmettrait rien.

Le problème, de simple qu'il pouvait paraître tout d'abord, devient par cela même très-complexe ; il peut s'énoncer ainsi :

Quelle tension primitive doit-on donner à une courroie devant transmettre un effort donné, pour que le frottement développé à la surface des poulies soit supérieur, ou au moins égal, à cet effort ?

Les auteurs des traités de mécanique qui se sont occupés des transmissions de mouvement, et particulièrement MM. Poncelet et A. Morin, ont résolu le problème d'une manière rigoureuse dans ses applications aux poulies et aux tambours ou aux treuils en bois sur lesquels on enroule des cordes pour arrêter ou soutenir des corps pesants. Les formules qu'ils ont établies sont basées sur la loi suivante :

L'effort nécessaire pour faire glisser une corde ou courroie qui entoure un tambour fixe, et qui soutient un poids donné, est égal à ce poids, plus une quantité résultant du frottement, et qui croît comme la puissance marquée par le nombre de points en contact, ce qui revient à dire :

Fig. 83.

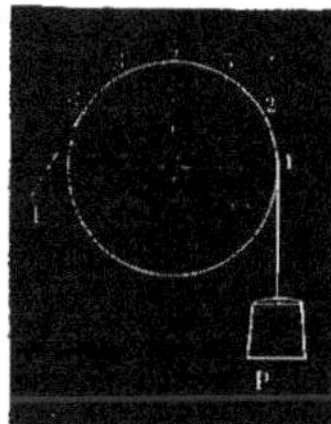

L'effort T, capable de soulever le poids P, fig. 83, surmontant la résistance développée de 1 à 6 par le frottement, est égal au poids P, plus le frottement qui résulterait du simple contact de 1 à 2, élevé à la sixième puissance.

On peut dire également :

Le nombre des points de contact croissant en progression arithmétique, la résistance croît en progression géométrique.

Les recherches auxquelles M. A. Morin s'est livré sur ce sujet lui ont fourni les résultats suivants, que nous empruntons à son excellent Traité de mécanique :

1° Quand les courroies sont convenablement tendues, elles ne glissent point et transmettent la vitesse dans un rapport constant et inverse des diamètres des tambours ;

2° Dans la transmission du mouvement d'un axe à un autre, par des cordes ou des courroies sans fin, la somme des tensions des deux brins reste constante ; de sorte que, quand le brin conducteur se surtend, le brin conduit se détend de la même quantité, et la somme des tensions de ces deux brins est la même que quand la machine est au repos.

M. Morin a déduit de ces expériences une formule algébrique, et, par suite, un tableau à l'aide duquel on peut calculer la tension des courroies ou des cordes, dans tous les cas possibles.

En résumant ses observations, on trouve que, dans les dispositions les plus générales des transmissions par courroies, le rapport du frottement à la traction exercée par la tension primitive se rapproche beaucoup d'être proportionnelle à l'angle suivant lequel les poulies sont enveloppées, en tant toutefois que l'on se renferme dans les limites ordinaires, qui, du reste, varient peu en pratique du 1/4 aux 3/4 ; en conséquence, nous avons cherché à établir une formule simple, empirique, basée sur cette considération, mais qui donne des résultats assez exacts pour la pratique.

Mais, pour bien la faire comprendre, nous croyons nécessaire d'entrer à ce sujet dans quelques explications.

La fig. 1, pl. 18, représente deux poulies en fonte polie d'égal diamètre, réunies par une courroie A B qui les enveloppe sur la moitié de leur circonférence.

La première E est supposée devoir commander la seconde F, elles marchent, d'ailleurs, toutes deux, dans le sens indiqué par les flèches.

La partie A de la courroie s'appelle le *brin conducteur*, et l'autre B, le *brin conduit*.

Ceci posé, la résistance qui s'oppose à la rotation de la poulie F est comparable à un poids P suspendu à une corde qui s'enroulerait sur un tambour de même diamètre ; le frottement développé à la circonférence des deux poulies doit être au moins égal au poids P, afin que la courroie entraîne ces poulies sans glisser.

Ce frottement est déterminé par une tension primitive donnée à la courroie en la montant autour des poulies *au repos* et dépend, d'ailleurs, de la nature et de l'état des surfaces en contact. Il est bien clair qu'en effectuant cette opération, toute pratique, on ne recherche aucunement la valeur de la tension que l'on donne et qu'on tend simplement cette courroie, au jugé, jusqu'à ce qu'elle produise son action sans glissement; mais elle n'en est pas moins soumise à cette tension primitive qui augmentera, pour le brin conducteur, pendant la transmission ; il faut donc savoir évaluer ce qu'elle peut être approximativement, de façon à ne faire travailler cette courroie qu'à un taux de résistance convenable, non-seulement pour qu'elle ne se rompe pas, mais aussi pour qu'elle n'éprouve pas d'allongement trop considérable, ce qui se manifeste toujours, pour une courroie neuve, avec beaucoup d'intensité.

Si l'on représente par :

P l'effort direct à transmettre ;

a le numérateur de la fraction qui exprime le rapport de l'arc enveloppé à la circonférence entière ;

c le dénominateur de la même fraction ;

la formule empirique dont nous avons parlé ci-dessus, et qui permet de déterminer approximativement cette tension primitive, est la suivante, qui se rapporte EXCLUSIVEMENT *aux courroies en cuir sur poulies en fonte tournée et polie*, dans l'état de marche ordinaire :

$$P' = P\left(\frac{c}{a} + \frac{a}{5c}\right).$$

Cette quantité P′ est la traction totale que les deux brins de la courroie devraient exercer sur les deux poulies pour faire naître sur leur contour un frottement capable de faire équilibre à l'effort P, qu'il s'agit de transmettre sans glissement. Mais, outre que ce frottement ne ferait qu'*équilibre* à l'effort circonférentiel, nous allons voir que par cette disposition où les deux brins conducteurs constituent un seul brin *sans fin*, ce qui fait que l'un se *surtend*, tandis que l'autre se *détend*, pendant la transmission, leur tension primitive totale doit encore être augmentée de l'effort même à transmettre,

Si, en effet, la tension totale primitive n'était que P′, celle de chacun des deux brins, au repos, serait 1/2 P′ ; mais comme la tension totale du brin conducteur, pendant la transmission, est augmentée de P et devient 1/2 P′ + P, il s'ensuit que la tension totale S des des deux brins égale :

$$S = P' + P,$$

valeur qu'elle conserve, d'après l'expérience, aussi bien au repos que pendant le mouvement.

La tension de chaque brin, au repos, devient donc, d'après cela :

$$T' = \frac{P' + P}{2},$$

et celle maxima du brin conducteur, pendant la transmission, comme on l'a dit ci-dessus :

$$T = \frac{P'}{2} + P.$$

C'est sur cette tension maxima que l'on doit baser la résistance de la courroie, de façon à ce qu'elle travaille sans se rompre, ni même s'allonger sensiblement.

Pour bien faire comprendre ces notions, prenons un exemple :

Quelle est la tension maxima d'une courroie disposée, comme dans le cas indiqué sur la fig. 1, en admettant que P soit égal à 100 kil., que les poulies soient de même diamètre, et, par conséquent, enveloppées sur la moitié de leur circonférence, et que la courroie soit directe, ou non croisée?

On aurait alors :

$$P = 100^{k},\ c = 2,\ a = 1\ ;\ \text{d'où :}\ \frac{a}{c} = \frac{1}{2},$$

et, par suite, d'après ce qui précède :

$$P' = 100 \times \left(\frac{2}{1} \times \frac{1}{5 \times 2}\right) = 100 \times \frac{21}{10} = 210.$$

La somme des tensions des deux brins A et B devient :

$$S = 210 \times 100 = 310 \text{ kil.}$$

La tension de chaque brin, au repos, égale :

$$T' = \frac{310}{2} = 155 \text{ kil.}$$

Enfin, la tension maxima T :

$$T = \frac{210}{2} + 100 = 205 \text{ kil.}$$

C'est ce dernier chiffre qui sert de base à la détermination de la largeur de la courroie. Il suffit alors de connaître la résistance du cuir à la traction.

Or, pour être dans de bonnes conditions, on ne la porte pas à plus de 20 kilogr. par centimètre carré, c'est-à-dire qu'on peut lui faire supporter cette charge avec sécurité dans la pratique, sans crainte de rupture ou d'allongement sensible (1).

(1) Il a été fait de nombreuses tentatives pour remplacer le cuir dans la fabrication des courroies, tant à cause du prix élevé de cette précieuse matière première que pour produire plus facilement de grandes longueurs qui ne peuvent être obtenues, avec du cuir, que par des jonctions. Cependant, le cuir est encore presque exclusivement employé, et l'une des plus sérieuses applications différentes que nous pourrions citer fut à l'Exposition de Londres, en 1862, où un très-grand nombre de courroies de transmission, dans la partie des machines en mouvement, étaient en caoutchouc vulcanisé renforcé d'une bande de tissus, afin d'en limiter l'allongement.

Néanmoins, il existe en Angleterre une importante fabrique de courroies en *lin*, dites : *cuir végétal* (vegetable leather), lesquelles auraient, nous dit-on, une très-notable résistance.

Si l'on suppose que l'épaisseur de la courroie est toujours la même, et égale à 5 millimètres environ, sa largeur C, en centimètres, se trouve alors par la relation suivante :

$$C = \frac{T}{20} \times 2 = \frac{205 \times 2}{20} = 20^c,5.$$

Ainsi, la largeur de la courroie est de $20^c,5$ ou 205 millimètres.

Il est remarquable qu'en adoptant 20 kilog. pour la résistance du cuir, et 5 millimètres pour son épaisseur, la largeur des courroies est égale en millimètres à la tension T, énoncée en kilogrammes.

Si la courroie avait été croisée, comme on l'a indiqué en C et D, fig. 1, les poulies se trouvant enveloppées sur une plus grande partie de leur circonférence, le rapport du frottement à la pression diminue, ce qui revient à dire que pour obtenir une même adhérence, les courroies doivent être moins tendues.

D'après les dimensions adoptées sur le tracé, les poulies sont enveloppées sur les 2/3 de leurs circonférences. Si nous cherchons qu'elle serait, dans ce cas, la tension T, on trouve :

$$P' = 100 \times \left(\frac{3}{2} \times \frac{2}{5 \times 3}\right) = 163,3.$$

Et, par suite :

$$T = \frac{163,3}{2} + 100 = 181^{kil.},6.$$

La largeur de la courroie n'aurait plus que $18^c,16$, soit 182 millimètres.

Voici, à ce sujet, les résultats d'expérence sur la résistance à la rupture de cette espèce particulière de courroie :

DIMENSIONS DE LA COURROIE.			CHARGE ayant occasionné la rupture	
Largeur.	Épaisseur.	Section en cent. carrés.	totale en kilog.	par cent. carré de section.
millim.	millim.	cent. carrés.	kilog.	kilog.
137	3,5	4 ,44	2844	640
127	5	6 ,35	3378	532
254	7	17 ,78	7544	424

Par conséquent, même en n'adoptant, comme résistance de grande sécurité, que le dixième de la plus faible de ces trois conditions de rupture, soit 42 kilog. environ, ce serait encore plus que le double de ce que nous admettons ici pour le cuir.

Quant à la traction totale sur les axes des poulies, elle est inférieure à la somme $P' + P$, suivant le rapport de $e\,d$ à $d\,f$; c'est par ce rapport qu'on doit multiplier $P' + P$ pour avoir cette traction, soit :

$$S' = P' + P \times \frac{e\,d}{d\,f}.$$

Ceci revient aussi à faire le produit de $P' + P$ par le cosinus de l'angle $e\,d\,f$.

Dans l'exemple présent, les poulies étant enveloppées des 2/3 de leurs circonférences, l'angle $e\,d\,f$ est de 30 degrés, et son cosinus égal 0,866.

On a, par conséquent :

$$S' = (163,3 + 100) \times 0,866 = 228 \text{ kil.}$$

D'après ces données, nous avons calculé la table suivante qui donne les tensions maxima supportées par les courroies, et leurs largeurs correspondantes, pour des efforts de 10 à 200 kilogrammes, en supposant les poulies enveloppées sur 1/4, 1/3, 1/2, 2/3 ou 3/4 de leurs circonférences.

Cette table peut être remplacée par le tableau graphique représenté sur la fig. A, pl. 18, analogue à ceux que nous avons déjà donnés précédemment.

L'échelle supérieure B C indique la largeur des courroies de 0 à 300 millimètres, la verticale AB désigne les pressions données, P, de 0 à 250 kil. ; et les obliques qui partent de A correspondent à l'enveloppement de la circonférence des poulies aux mêmes degrés que ci-dessus, 1/4, 1/3, 1/2, 2/3 et 3/4.

Si on voulait trouver avec ce tableau la largeur d'une courroie qui doit transmettre un effort de 100 kilog., par exemple, en supposant les poulies à moitié enveloppées, il suffirait de suivre l'horizontale correspondante à cette pression, de 100 jusqu'à son point d'intersection a, avec l'oblique 1/2 ; et la longueur de cette horizontale, mesurée depuis la verticale AB jusqu'au point a, donne la longueur cherchée, laquelle étant reportée sur l'échelle supérieure BC, est égale à 205 millimètres. On a trouvé plus haut le même résultat pour les mêmes conditions, que la table suivante fournit également.

On verra plus loin l'usage des autres lignes indiquées sur le même tableau graphique.

Remarque sur l'épaisseur des courroies. — Tout ce qui précède est basé sur cette donnée que les courroies seraient constamment d'une même épaisseur de 5 millimètres ; mais il n'en est pas toujours ainsi : le cuir employé peut être plus ou moins fort et on peut aussi composer une courroie de deux épaisseurs superposées ou la border simplement de deux bandes, de façon encore à en augmenter la résistance.

En général, on évite l'emploi de courroies *doublées*, car celle des deux épaisseurs placée intérieurement éprouve, en s'enveloppant autour des poulies, une extension plus faible que l'autre, puisqu'elle occupe un cercle d'un moindre diamètre ; il en résulte que ces deux épaisseurs tendent à se disjoindre et que l'espèce de *laçage* qui les réunit fatigue et peut perdre toute sa solidité.

Enfin, il est d'un véritable intérêt de faire usage d'épaisseurs aussi faibles que possible attendu que la résistance ou la *raideur* de la courroie en est d'autant moindre, en tenant compte, d'ailleurs, des diamètres des poulies autour desquelles on l'oblige à s'envelopper.

Mais on n'est pas maître de limiter cette épaisseur d'une façon absolue, car il vient un moment où, même avec cette épaisseur de 5 millimètres, et pour des puissances assez ordinaires à transmettre, la largeur serait trop considérable pour pouvoir être raisonnablement conservée, cet excès de largeur amenant, pour les poulies et les autres organes en rapport, des dimensions et des poids correspondants.

Il est donc nécessaire d'indiquer ici ce qu'il y aurait à faire pour modifier les largeurs fournies par la table en vue d'épaisseurs plus grandes ou plus faibles, que celle de 5 millimètres sur laquelle elle est basée.

L'opération à faire est extrêmement simple. Il suffit de multiplier la largeur donnée par la table par une fraction ayant 5 pour numérateur et, pour dénominateur, le chiffre exprimant, en millimètres, l'épaisseur totale que l'on se propose d'appliquer, soit en brin simple, soit pour deux brins réunis.

Supposons, pour exemple, que suivant les conditions données d'effort à transmettre et de degré d'enveloppement des poulies, la table ait donné 300 millimètres de largeur pour la courroie, avec l'épaisseur fixe de 5 millimètres ; si l'on peut porter cette épaisseur à 8, la largeur sera réduite à :

$$300 \times \frac{5}{8} = 187^{\text{mill.}},5.$$

On pourrait aussi se donner d'avance la largeur à adopter, et en déduire l'épaisseur correspondante.

Ainsi voulant n'avoir que 250, au lieu de 300, que donne la table, il faudrait, pour les mêmes conditions de résistance, que l'épaisseur fût portée de 5 à :

$$5 \times \frac{300}{250} = 6 \text{ millimètres.}$$

Ceci prouve combien il est important de ne pas admettre sans examen les chiffres donnés par cette table, puisqu'une faible augmentation d'épaisseur amène de suite, pour la largeur, à une réduction notable, dont l'influence se fait sentir surtout sur la masse des autres organes mécaniques.

Nous avons dit qu'au lieu de réunir deux courroies d'égale largeur, lorsqu'on veut acquérir une résistance supérieure à un brin simple, on se contente parfois de garnir les deux bords d'une bande solidement cousue, ce qui donne à l'ensemble de la courroie la section représentée fig. 84.

Fig. 84

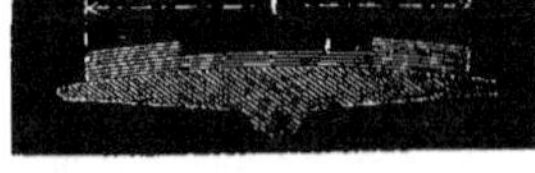

Cette disposition est assez favorable à l'enveloppement de la courroie qui conserve sa souplesse dans la partie du milieu qui, devant correspondre au *bombé* des poulies, s'allonge nécessairement plus que les bords.

XXe

TABLE

SERVANT A DÉTERMINER LA LARGEUR DES COURROIES, LA PRESSION EXERCÉE SUR LES AXES DES POULIES D'APRÈS LA PUISSANCE A TRANSMETTRE ET LA QUANTITÉ DE CIRCONFÉRENCE ENVELOPPÉE

Pression primitive P en kilog.	L'enveloppement ou le rapport $\frac{a}{c}$ étant supposé de :									
	1/4		1/3		1/2		2/3		3/4	
	Pression sur les axes P' + P	Largeur de la courroie en mill.	Pression sur les axes P' + P	Largeur de la courroie en mill.	Pression sur les axes P' + P	Largeur de la courroie en mill.	Pression sur les axes P' + P	Largeur de la courroie en mill.	Pression sur les axes P' + P	Largeur de la courroie en mill
	k.		k.		k.		k.		k.	
10	51	30	41	25	31	21	26	18	25	17
15	76	45	61	38	47	31	40	27	37	26
20	101	61	81	51	62	41	53	36	50	35
25	126	76	102	63	78	51	66	45	62	44
30	156	91	122	76	93	62	79	55	74	52
35	177	106	142	89	109	72	92	64	87	61
40	202	121	163	101	124	82	106	73	99	70
45	227	136	183	114	140	92	119	82	112	78
50	253	151	203	127	155	103	132	91	124	87
55	278	166	224	139	171	113	145	100	136	96
60	303	182	244	152	186	123	158	109	149	104
65	328	197	264	165	202	133	172	118	161	113
70	354	212	283	177	217	144	185	127	174	122
75	379	227	303	190	233	154	198	136	186	131
80	404	242	323	203	248	164	211	146	199	139
85	429	257	346	215	264	174	224	155	211	148
90	455	272	366	228	279	185	238	164	223	157
95	480	287	386	241	295	195	251	173	236	165
100	505	302	407	253	310	205	263	182	248	174
110	»	»	448	279	341	226	290	200	273	191
120	»	»	488	304	372	246	317	218	298	209
130	»	»	»	»	403	267	343	236	322	226
140	»	»	»	»	434	287	369	255	347	244
150	»	»	»	»	465	308	395	273	372	261
160	»	»	»	»	»	»	422	294	397	278
170	»	»	»	»	»	»	448	309	422	296
180	»	»	»	»	»	»	»	»	446	513
190	»	»	»	»	»	»	»	»	471	330
200	»	»	»	»	»	»	»	»	496	348

Pour pouvoir se rendre approximativement compte de l'accroissement acquis de résistance et de la réduction totale de largeur qui doit en résulter, il faut connaître le rapport de la largeur de ces bords ou nervures à la largeur totale, et en déduire d'abord l'accroissement de section.

On peut admettre, *à priori*, que ces bandes rapportées, dont l'épaisseur est la même que celle du brin principal, ont généralement le quart de la largeur totale, ce qui revient, pour la résistance, à augmenter cette largeur de moitié, soit 1,5 C.

Par conséquent, la largeur donnée par la table devrait d'abord subir une modification correspondante, puis ensuite celle due à la différence d'épaisseur, s'il y en a une.

Prenons le même exemple que ci-dessus, où l'on a supposé une largeur de 300, donnée par la table, et cherchons celle correspondante pour une courroie *bordée*, et en cuir de 6 millimètres d'épaisseur, au lieu de 5.

Il suffit de poser :

$$300 \times \frac{1}{1,5} \times \frac{5}{6} = 166^{\text{mill.}},7.$$

La largeur cherchée, et donnant une résistance équivalente, est donc, à 3 millimètres près, égale à environ 170 millimètres.

Vitesse des courroies. — La tension que doit recevoir une courroie produit évidemment une traction sur les axes des poulies ; et si cette tension est considérable, il en résulte un frottement, très-nuisible, de leurs tourillons dans les *collets* ou coussinets proprement dits.

Il convient donc de donner aux poulies des diamètres tels que la vitesse à la circonférence devienne assez considérable pour faire acquérir à l'effort P une valeur convenable : on comprend, du reste, qu'on doit faire cette appréciation pour rester dans les limites possibles de la dimension du cuir employé pour les courroies.

Le calcul suivant a pour but de fixer, autant que possible, la vitesse que les courroies doivent posséder, au minimum, pour transmettre un travail donné, exprimé en kilogrammètres.

Appelant V cette vitesse, en mètres, par seconde,

Et K le travail à transmettre, en kilogrammètres,

Nous faisons :

$$V = 0,0065\ K + 0^{\text{m}},5.$$

Ainsi, en multipliant le nombre de kilogrammètres par 0,0065, et en ajoutant un demi-mètre au produit, le résultat donne la vitesse cherchée.

Il est évident que lorsqu'on connaît la vitesse de la courroie et le nombre de révolutions que doit faire la poulie, on peut facilement connaître le diamètre de celle-ci.

Premier exemple.— On demande, d'une part, la vitesse d'une courroie qui doit commander l'axe d'un tour absorbant une force de 0,2 de cheval-vapeur, ou 15 kilogrammètres, et de l'autre, le diamètre de la poulie montée sur cet axe. On suppose que ladite courroie est croisée et que la poulie est embrassée sur 2/3 environ de la circonférence et doit tourner à la vitesse de 80 révolutions par minute.

On a, pour la vitesse de la courroie par seconde :

$$V = (0,0065 \times 15) + 0^{\text{m}},5 = 0^{\text{m}},597$$

L'effort P devient alors :

$$P = \frac{15}{0,597} = 25^{\text{k}},1.$$

La largeur de la courroie, pour un enroulement de 2/3, et pour cet effort, est égale, d'après la table précédente, à 45 millimètres.

Puisque l'axe fait 80 tours par minute, le diamètre de la poulie sera nécessairement égal à :

$$D = \frac{0,597 \times 60}{80 \times 3,1416} = 0^m,142.$$

Ainsi, le diamètre de la poulie ne peut être inférieur à $0^m,14$.

Cet exemple nous conduit à l'application de ce qui a été expliqué ci-dessus, à l'égard d'une modification à faire subir à l'épaisseur de la courroie, car pour cette petite force et le faible diamètre trouvé pour la poulie, il convient d'employer une courroie plus mince que 5 millimètres.

Si l'on adopte 4 pour cette épaisseur, la largeur augmente en proportion, et, de 45, devient :

$$45 \times \frac{5}{4} = 56, \text{ environ.}$$

Deuxième exemple. — Soient encore : le travail à transmettre, K = 1500 kilogrammètres ou 20 chevaux ; la vitesse à donner à la courroie, d'après la règle ci-dessus, $V = 10^m,25$; la circonférence de la poulie, qui fait 60 tours par minute, étant embrassée sur les 2/3 ;

On trouve, par ce qui précède :

Diamètre de la poulie $D = 3^m,26$;
Effort à la circonférence P = 146 kilog.
Largeur de la courroie C = 265 mill.

La ligne oblique V du tableau graphique, fig. A, représente le calcul de cette vitesse pour des quantités de travail de 0 à 1000 kilogrammètres sur l'échelle verticale CD ; celle inférieure DA indique les vitesses cherchées.

Ainsi, en opérant de la même manière que précédemment, pour la largeur des courroies, on trouverait, pour un travail de 600 kilogrammètres, par exemple, une vitesse minima de $4^m,40$.

TENDEURS APPLIQUÉS AUX COURROIES.

Dans l'établissement des transmissions par courroies, les axes des poulies sont souvent susceptibles de varier de position, ce qui tend à changer la tension de la courroie ; on a quelquefois besoin également d'arrêter le mouvement de l'une d'elles, sans suspendre l'action du moteur, ou faire usage d'un débrayage ordinaire.

Dans l'un comme dans l'autre cas, on emploie un rouleau de tension sollicité par un poids, et que l'on appelle *tendeur*, dont l'effet est d'exercer une pression latérale sur la courroie dans ses différentes variations de position, ou d'en suspendre complètement l'action, à volonté, en supprimant le poids momentanément.

Une telle disposition est surtout nécessaire dans les machines dont le travail ou la résistance est variable à chaque instant, comme dans les scieries mécaniques, les moulins à blé et d'autres appareils.

Un tendeur a ordinairement la forme d'une poulie qui se trouve placée à l'extrémité d'un levier agissant comme un rayon autour d'un axe fixe ; le tendeur s'applique sur le brin moteur ou conducteur de la courroie, comme on le voit en G, fig. 1.

L'action communiquée au tendeur par le poids, et, par suite, à la courroie, doit être capable de donner à cette dernière la tension exigée. On trouvera l'intensité de cette action de la manière suivante :

Si la pression du tendeur peut s'exercer sur la courroie, suivant la bissectrice gg' de l'angle hgh', formé par l'inflexion de la courroie elle est égale :

Au produit de la somme des tensions $P' + P$ par le rapport $\frac{gg'}{gh}$ du parallélogramme formé sur la courroie infléchie.

Si cette pression devait, au contraire, s'exercer hors de la direction de la bissectrice de l'angle hgh', suivant gj, par exemple, elle deviendrait égale :

Au produit de la précédente par le rapport $\frac{gj}{gg'}$, gj étant obtenu en menant par le point g' une perpendiculaire à gg'.

Si, dans ce tracé, hg et gh' représentaient chacune la moitié de $P' + P$, à une unité quelconque, les lignes gg' et gj correspondraient, et sans calcul, aux quantités cherchées.

Résumé des notions précédentes. — On peut résumer ainsi l'action des courroies sur les poulies :

1° Le frottement développé à la circonférence des tambours ou des poulies *est proportionnel à la pression exercée par la tension primitive des brins ;*

Il dépend aussi de l'angle suivant lequel les poulies sont enveloppées ;

Et il est, d'ailleurs, modifié par la nature et l'état des surfaces en contact ;

2° Le frottement est indépendant du diamètre de la poulie et de la largeur de la courroie.

On a pu remarquer que nous ne nous sommes attaché qu'aux courroies en cuir sur poulies en fonte polie, et à l'état ordinaire, passant sous silence les courroies ou cordes sur tambours en bois. C'est que cet état de marche est, en effet, celui où le frottement est le plus faible et qui exige, par conséquent, pour un même effort transmis, la plus grande tension primitive. Par conséquent, les dimensions déterminées d'après les données précédentes, seraient, en tout état de cause, les plus grandes qui puissent convenir, au moins quant aux courroies.

A l'égard des cordes, il suffirait de modifier le calcul par l'introduction du chiffre de la résistance spécifique de cet engin spécial.

Direction des courroies et des cordes. — On distingue, comme systèmes de montages des courroies, trois modes différents : courroies *non croisées*, courroies *croisées*, et courroies passant *du champ au plat.*

La disposition *non croisée*, comme en A et B, fig. 1, pl. 18, est celle qu'il convient d'adopter de préférence, lorsque rien ne s'y oppose, car c'est dans cette condition que la courroie n'éprouvant aucune torsion se conserve le mieux et laisse le plus de douceur au mouvement.

Mais lorsqu'il faut renverser le sens de rotation des deux axes commandés, il est nécessaire de recourir au croisement de la courroie, à moins que les deux axes soient trop rapprochés comparativement aux diamètres des poulies, ou que ces diamètres soient trop différents, soit encore que cette courroie atteigne une largeur trop considérable. En un mot, on ne peut se résoudre à croiser une courroie qu'autant que sa souplesse ne s'en trouve pas altérée au point de nuire notablement à sa fonction ; si cette condition défavorable devient évidente, il faut absolument prendre un parti pour l'éviter.

Examinons, en effet, la situation d'une courroie croisée.

Fig. 83

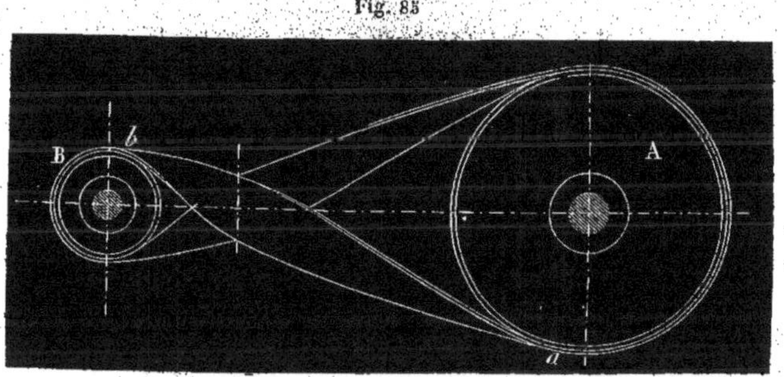

Soit, fig. 83, deux poulies A et B, dont nous faisons, à dessein, les diamètres sensiblement différents, et dont les axes sont relativement rapprochés. En croisant la courroie, on voit que les deux brins se tordent pour trouver leur passage au point du croisement où ils frottent l'un contre l'autre avec une intensité qui provient de la résistance qu'ils opposent à cette torsion, laquelle résistance dépend de l'épaisseur du cuir et de sa largeur comparée à la distance des points géométriques de contact *a* et *b*.

Ceci est déjà une cause très-sérieuse d'usure, et de raideur dans la transmission.

Mais, en outre, si les deux diamètres des poulies sont très-différents, on voit que le point de croisement est très-près de la petite, d'où il peut s'ensuivre que par l'effet de la torsion, dont le maximum est tout proche, le degré d'enveloppement, et, par suite, d'adhérence, soient notablement inférieurs à ce qu'ils devraient être.

Cet inconvénient du croisement des courroies est certainement facile à saisir ; nous ne pouvons pas néanmoins marquer les limites de son application : c'est, en pratique, de se rendre compte chaque fois de son opportunité.

On monte une courroie *du champ au plat* pour commander deux poulies, dont les axes ne sont pas parallèles, et à ce titre, ce genre de disposition est très-apprécié et rend de véritables services, autant qu'il est applicable sans inconvénients.

On arrive ainsi, très-aisément, à transmettre le mouvement à deux axes qui sont radicalement perpendiculaires l'un à l'autre, comme le montre la fig. 86.

Fig. 86.

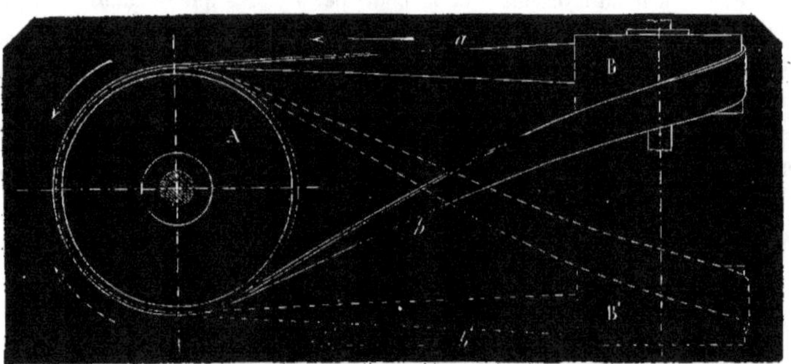

On voit que la courroie est tordue, mais non croisée, et fonctionne, par cela même, avec plus de douceur et de souplesse que dans ce dernier cas.

Une propriété très-remarquable et très-importante à connaître, de ce mode de transmission, c'est qu'il faut *rigoureusement : que le brin conducteur soit perpendiculaire à l'axe commandé*, pour que la courroie se tienne d'elle-même en place.

Ainsi, A étant la poulie de commande et tournant dans le sens indiqué par la flèche en trait plein, *a* est le brin conducteur, et sa position, comme l'indique la figure, est tellement absolue que si la poulie B peut glisser sur son axe, et que l'on vienne à faire tourner celle A en sens contraire, la courroie déplace cette poulie B et l'amène naturellement dans la position B', *b* étant devenu le brin conducteur qui se place en *b'* *perpendiculairement à l'axe commandé.*

Tout ce qui vient d'être dit à l'égard des courroies est applicable aux cordes, dans une certaine mesure. Il est évident qu'une corde se croise d'autant plus aisément qu'elle est plus mince par rapport à son développement. Par le fait de la structure circulaire de la section, qui se prête à la flexion en tous sens, on opère avec les cordes des renvois obliques qui ne pourraient s'effectuer que très-difficilement avec les courroies. Ceci ne signifie pas évidemment que les cordes soient préférables, et elle ne sont employées, au contraire, qu'exceptionnellement.

Assemblage des courroies. — La réunion des deux extrémités d'une courroie, constituant un système enveloppant, sans fin, doit être opérée de façon à pouvoir rompre et refaire cette jonction facilement chaque fois qu'il est nécessaire de rectifier la tension, ce qui arrive pour toute courroie neuve ; il est, du reste, nécessaire de pouvoir le faire pour démonter toute courroie posée sur des poulies montées entre les supports des arbres sur lesquels elles sont montées.

On adopte généralement un système de laçage à l'aide de lanières de cuir passées dans des trous percés dans les deux bouts à réunir de la courroie.

Mais on fait usage aussi d'un procédé qui offre plus de facilité pour cette opération. On *visse* les deux parties l'une sur l'autre à l'aide de petits boulons en fer, munis, ainsi que l'écrou, d'une tête en goutte de suif de fort peu de saillie et que le serrage imprime presqu'entièrement dans le cuir.

Fig. 87.

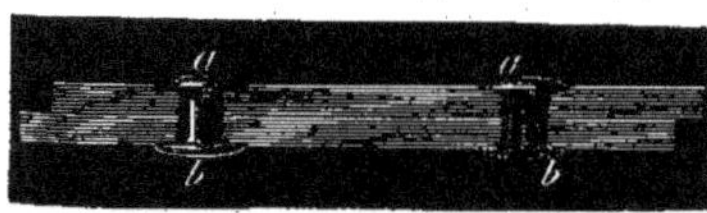

La fig. 87, qui représente ce mode d'assemblage, montre la forme du boulon ou vis *a* et celle de l'écrou *b*, dont le corps est entré, comme un œillet (moins la double tête), dont un trou pratiqué à l'emporte-pièce dans l'un des brins de la courroie.

Pour démonter celle-ci, il suffit évidemment de sortir les vis, dont la tête est munie de deux entailles pour une clef à béquille, et s'il s'agit de modifier la longueur, on perce de nouveaux trous pour les vis en changeant la position du recouvrement des deux brins.

Rien n'est plus commode que cet assemblage ; et, néanmoins, on lui reproche d'occasionner un peu de bruit, surtout pour les grandes vitesses, par les chocs nombreux et successifs, sur les poulies, des têtes de vis qui ne peuvent pas affleurer complétement le cuir.

Il est même certaines circonstances où, non-seulement le peu de saillie de ces têtes ne serait pas admissible, mais dans lesquelles il faut même éviter celle occasionnée par la superposition des deux épaisseurs. Cette obligation existe pour les axes d'outils animés de très-grandes vitesses, 3 ou 4000 tours, par exemple, et pour lesquels le recouvrement des bouts de la courroie produirait des secousses du plus mauvais effet. Il faut alors, soit lacer les deux brins bout-à-bout, ce qui n'est pas excellent, soit tailler les extrémités en *sifflet* et les supposer, puis les coudre et même les coller ; dans ce dernier cas, il est nécessaire de se réserver un moyen de *retendre*, soit en reculant à volonté l'axe de commande, soit par un tendeur, puisque la possibilité de changer la quantité de recouvrement n'existe plus.

Débrayage des courroies. — On sait, comme nous l'avons expliqué (page 177), qu'une courroie fonctionne comme procédé d'embrayage et de débrayage à l'aide de deux poulies fixe et folle sur lesquelles on la fait passer à volonté, en l'attaquant par une fourchette dite *de débrayage*.

La position de cette fourchette est loin d'être indifférente, et la connaissance de la différence de tension des deux brins, en marche, suffit pour qu'on le conçoive aisément.

Cette fourchette doit être placée sur le brin *conduit*, et le plus près possible des poulies, afin d'éviter la flexion de la courroie qui serait d'autant plus grande qu'on l'attaquerait près du milieu de la distance des deux axes. En attaquant par le brin *conduit*, on peut opérer en repoussant la courroie avec la main, même pour une transmission de quelque importance, tandis que le brin conducteur présente ordinairement une résistance invincible.

PROPORTIONS DES POULIES EN FONTE.

POULIE TYPE.

Les poulies employées pour transmettre le mouvement avec des courroies en cuir se composent le plus ordinairement d'une couronne en fonte mince J, reliée au moyeu M par des bras ou rayons B auxquels on donne diverses formes. On remplace souvent les bras par un panneau plein ou *toile*, comme le montre la fig. 5.

Les efforts supportés par les différentes parties d'une poulie dérivent nécessairement de la traction principale exercée par la courroie pour transmettre la force proposée.

Puisqu'à épaisseur égale, la largeur du cuir est proportionnelle à la pression, si nous admettons, pour l'instant, que cette épaisseur soit toujours la même, nous prendrons désormais la largeur de la courroie pour une quantité donnée d'après laquelle toutes les dimensions d'une poulie peuvent être déduites.

Nous sommes obligé de faire cette supposition pour simplifier les opérations, et s'il s'agissait, cependant, de poulies devant marcher avec des courroies de beaucoup plus de 5 milli. d'épaisseur, conformément à celle admise pour les largeurs qui vont nous servir de base, on aurait recours à certaines règles que nous ferons connaître.

Jante ou couronne. — L'expérience a démontré qu'on pouvait rendre l'épaisseur de la jante d'une poulie extrêmement mince, et lui donner tout juste ce qui est nécessaire pour éviter l'*ovalisation* à la fonte : cette épaisseur est plus que suffisante pour résister à la pression de la courroie et à l'effort tangentiel qui se manifeste pendant la marche ; on comprend, en effet, que la disposition même des bras ou de la *toile* pleine empêche que la couronne ne soit déformée par les efforts exercés à sa circonférence.

L'intérieur de la couronne se compose de deux troncs de cônes très-allongés et opposés par leurs bases, afin de former ce que l'on appelle *la dépouille*, qui facilite la sortie de la pièce du sable dans lequel elle a été moulée. Son extérieur est tourné suivant une forme légèrement bombée, afin de maintenir la courroie sur la poulie.

Cette courbure produit un certain allongement des fibres du cuir vers le milieu de la courroie, d'où il résulte des réactions qui augmentent son adhérence, et tendent sans cesse à la rapprocher du centre. On ne doit donner qu'une courbure peu prononcée, afin de ne pas dépasser les limites d'élasticité du cuir (1).

La jante se trouve donc plus épaisse au milieu de sa largeur que sur les bords, conditions tout à fait favorables à sa résistance.

Pour trouver les dimensions des différentes parties de cette jante, nous considérerons

(1) Il y a avantage à ce que l'extérieur de la couronne soit bien tourné, afin de présenter le plus de points possibles en contact avec la courroie, pour que la transmission n'ait lieu que par une sorte d'engrènement sans glissement. Ce serait donc une erreur grave de croire qu'en formant des stries ou en laissant des aspérités sur la circonférence de la poulie ou du tambour, on augmente l'adhérence de la courroie ; on la diminue, au contraire, puisqu'on réduit réellement la surface de contact.

d'abord l'épaisseur minima du bord; à cet effet, nous remarquerons qu'elle doit être aussi mince que les moyens pratiques le permettent, tout en observant une certaine relation avec la largeur de la courroie qui correspond à l'effort total.

En représentant par e l'épaisseur du bord de la jante en millimètres, par C la largeur de la courroie en millimètres, et par R le rayon de la poulie, en millimètres, nous établissons la relation suivante :

$$e = (0{,}03\ C) + 0{,}005\ R,$$

c'est-à-dire que l'épaisseur e est égale à 3/100 de la largeur C, augmentée de 5/1000 du rayon R.

Cette seconde valeur est introduite dans la formule pour augmenter l'épaisseur dans un certain rapport avec le diamètre, à cause de la coulée.

La flèche de la courbure nécessaire à la stabilité de la courroie étant comptée en dehors de l'épaisseur e, est donnée par cette valeur :

$$y = 0{,}03\ C.$$

La largeur L de la couronne doit être un peu supérieure à celle de la courroie, pour être sûr qu'elle porte toujours sur la couronne ; nous faisons cette largeur :

$$L = 1{,}2\ C.$$

La dépouille intérieure est comptée à partir de l'épaisseur au bord de la couronne ; on peut lui donner pour valeur :

$$x = 0{,}06\ C,$$

quantité qu'on porte à l'intérieur, au milieu de la largeur L.

En réunissant les trois quantités e, y et x, on a l'épaisseur totale de la jante au milieu de sa largeur, et qui peut être représentée ainsi :

$$y' \times (0{,}12\ C) + 0{,}005\ R.$$

Bras. — Les bras doivent être calculés, ainsi que ceux des roues d'engrenages, pour résister chacun à l'effort total qui s'exerce à la circonférence, d'autant mieux que, même pour de grands efforts, leur nombre est presque toujours égal à six.

La forme de la section généralement adoptée est celle elliptique, qui est aussi celle de notre modèle, fig. 2 et 3. Cette forme convient évidemment à leur marche rapide, comme offrant moins de résistance au déplacement de l'air.

Pour calculer leur résistance, nous supposons, premièrement, que leur épaisseur est uniforme, et proportionnelle à la largeur de la courroie.

Appelant a cette épaisseur, nous faisons :

$$a = 0{,}12\ C.$$

La largeur b des bras, près du moyeu, se calcule au moyen d'une formule déduite de celles dont on se sert habituellement pour les solides encastrés (Int., p. XXXII). L'effort s'y trouve représenté par la largeur de la courroie, qui équivaut, en effet, en millimètres de large, mais toujours avec l'épaisseur supposée fixe et égale à 5 millimètres, à l'effort de traction en kilogrammes ; l'épaisseur a devant aussi y figurer, nous trouvons en résumé l'expression empirique suivante :

$$b^2 = \frac{C \times R}{(0,12C)}.$$

Cette formule simplifiée prend les formes suivantes :

$$b^2 = \frac{R}{0,12} = \frac{50R}{6}, \text{ et, enfin : } b = \sqrt{\frac{50\ R}{6}}.$$

Il résulte de cette dernière expression que la largeur des bras d'une poulie n'est dépendante que de son diamètre, et leur épaisseur proportionnelle à la largeur de la courroie.

Cette épaisseur, supposée uniforme primitivement, est augmentée près du moyeu ; elle devient :

$$a' = 0,18\ C.$$

La valeur ci-dessus de la largeur b est représentée sur le tableau graphique A par la courbe b, avec laquelle on opère de même qu'avec les autres lignes du tableau, en observant que l'échelle AB correspond dans ce cas aux diamètres des poulies, de 0 à 250 cent. ou $2^m,500$.

Si, par exemple, nous cherchons la largeur des bras d'une poulie de 1 mèt. de diamètre, nous trouvons, avec l'horizontale passant par le point 100^c, par son intersection f avec la courbe b, 64 mil., valeur identique à celle que donne le calcul.

Moyeu. — Les dimensions du moyeu sont déterminées d'après les mêmes considérations que pour les engrenages : son épaisseur doit répondre à l'effort à la circonférence de la poulie, et au serrage de la clavette ; sa hauteur, ou portée sur l'arbre, est déduite des mêmes conditions, et de sa stabilité en raison du diamètre.

Nous faisons cette épaisseur E et la hauteur H :

$$E = 0,3\ C, \text{ et } H = 1,4\ C.$$

Les dimensions que nous avons attribuées jusqu'ici aux poulies de transmissions sont indépendantes du diamètre de l'arbre sur lequel elles sont montées, attendu qu'elles ne transmettent le plus souvent qu'une partie de la force totale de l'arbre ; il est donc admis qu'on connaît la force absorbée par la machine commandée par la poulie ; d'où la courroie étant déterminée, les autres parties de la poulie s'en trouvent déduites très-facilement.

Récapitulation des règles précédentes. — Nous allons appliquer les règles précédentes à un exemple, afin d'en mieux faire comprendre l'emploi et la simplicité.

Proposons-nous de déterminer la largeur d'une courroie devant transmettre un effort connu, et les dimensions de la poulie correspondante, dont le diamètre et le degré d'enveloppement sont donnés.

Effort à produire. . . . . $P = 55$ kil.
Rayon de la poulie . . . . $R = 250$
Rapport de l'arc enveloppé à la circonférence . . . . . $\frac{a}{c} = \frac{2}{3}$.

Largeur de la courroie. — La table (p. 325) donne pour 55 kil., pris dans la première colonne de gauche, 100 mill. de largeur à la courroie, dans la colonne qui correspond à la fraction 2/3 indiquant la portion de circonférence enveloppée de la poulie ; par conséquent :

$$C = 100 \text{ millimètres.}$$

Couronne ou jante. — La largeur de la jante est le produit de 100 mill. par 1,2 :

$$L = 100 \times 1{,}2 = 120 \text{ mill.}$$

La courbure égale :

$$y = 100 \times 0{,}03 = 3 \text{ mill.}$$

L'épaisseur au bord :

$$e = (100 \times 0{,}03) + (250 \text{ mill.} \times 0{,}005) = 4^{\text{mill.}},2.$$

La dépouille intérieure :

$$x = 100 \times 0{,}06 = 6 \text{ mill.}$$

Enfin, la somme de y, e et x détermine l'épaisseur maxima de la couronne, soit :

$$y' = 3 + 4{,}2 + 6 = 13^{\text{mill.}},2.$$

Bras. — L'épaisseur des bras auprès de la couronne est égale à :

$$a = 100 \times 0{,}12 = 12 \text{ mill.}$$

Leur largeur auprès du moyeu est, suivant la relation établie :

$$b = \sqrt{\frac{250 \times 50}{6}} = 45^{\text{mill.}},6.$$

L'épaisseur près du moyeu devient :

$$a' = 100 \times 0{,}18 = 18 \text{ mill.}$$

Moyeu. — L'épaisseur du métal autour de l'arbre est égale à :

$$E = 100 \times 0{,}3 = 30 \text{ mill.}$$

et la longueur ou portée :

$$H = 100 \times 1{,}4 = 140 \text{ mill.}$$

Le nombre de tours de cette poulie ayant été fixé à 30 par minute, la vitesse à la circonférence devient :

$$V = \frac{0{,}500 \times \pi \times 30}{60} = 0^{\text{m}},785.$$

Cette vitesse, multipliée par l'effort P donne, en kilogrammètres, la puissance transmise par la poulie, soit :

$$K = 0{,}785 \times 55^{\text{k}} = 43^{\text{kgm.}},2 \text{ ou } 0^{\text{ch.}},57.$$

La fig. 2 du dessin, pl. 18, est une section transversale d'une poulie en fonte exécutée sur les données ci-dessus ;

La fig. 3 en est une projection horizontale, la poulie supposée, d'après ces deux figures, comme si elle était montée sur un arbre vertical.

Les bras B, dont la section est une ellipse, sont courbes, pour éviter une rupture au refroidissement, après la coulée. Il arrive, en effet, que les bras droits ne cédant pas aux divers efforts produits par la contraction du métal en se refroidissant, se rompent dans quelques parties ; ceux courbes ont, au contraire, l'avantage de modifier eux-mêmes leur courbure, si les efforts du retrait tendent à les allonger ou à les raccourcir. On fait cependant des poulies avec des bras droits : mais on doit faire en sorte, dans ce cas-là, de rendre les épaisseurs aussi uniformes que possible, afin de produire un refroidissement bien simultané de toutes les parties.

Le tracé des bras courbes se faisant, le plus souvent, d'une manière arbitraire, et même par tâtonnement, nous avons pensé qu'on ne verrait pas sans intérêt une méthode que nous proposons pour déterminer cette courbure d'après un principe arrêté.

Traçons premièrement, d'après le rayon OA, fig. 3, un bras supposé droit, en lui donnant près du moyeu sa largeur *b*, et près de la jante une largeur moindre, dans un rapport analogue à celui indiqué pour les engrenages.

Ceci fait, nous supposons que la base *m n* est le point de départ du bras, et qu'à partir de là, il soit cintré de façon que le point A arrive en *d*, milieu de l'arc AF, sur le cercle intérieur de la jante ; on joint le point *f*, pris sur le cercle du moyeu, avec celui *d* par une droite *fd*, au milieu de laquelle on élève la perpendiculaire *oh* ; par le point *f* on trace la tangente *fo*, qui fait intersection en *o* avec *oh* ; ce point *o* est le centre de l'arc *fg'd*, qui devient l'axe du bras, suivant la courbure cherchée.

Si on trace maintenant, du point *d* comme centre, une portion de cercle ayant pour diamètre la largeur *pq* du bras près de la jante, et que l'on porte ensuite sa largeur *il* au milieu, en *i'l'* sur *oh*, il ne reste plus qu'à tracer deux arcs de cercle *mi'p'* et *nl'q'*, passant par les points *m*, *i'*, *n*, *l'* et tangents à l'arc décrit du point *d* ; leurs centres sont ici o' et o^2.

Il est évident que ces opérations étant faites simultanément pour chaque bras, il ne reste, pour raccorder le croisillon avec la jante et le moyeu, qu'à tracer des arcs de cercle ou *congés*, de façon à les réunir entre eux vers le moyeu, pendant que l'autre extrémité est liée avec la jante. Ces raccords avec la couronne, étant convenablement ménagés, sont du meilleur effet contre la rupture des bras, soit lors du refroidissement de la pièce, soit pour sa résistance propre.

La structure du moyeu est identique à celle des engrenages ; il est en dépouille comme la jante, et les faces sont terminées par un arrondi, plus un petit carré pour faciliter le dressage.

Nous résumons dans les deux tables suivantes les principales dimensions des poulies en fonte déterminées d'après les règles et observations qui précèdent.

XXIe

TABLE DES DIMENSIONS PRINCIPALES

DES POULIES EN FONTE SANS JOUES

Employées pour les transmissions de mouvement.

LARGEUR de la courroie.	ÉPAISSEUR AU BORD DE LA COURONNE DE FONTE pour les diamètres de :						
	0m25	0m50	0m75	1m00	1m25	1m50	2m00
millim.	millim.	millim.	millim.	millim.	millim.	millim.	millim.
30	1.5	2.1	2.7	3.4	4.0	4.6	5.0
40	1.8	2.4	3.0	3.7	4.3	4.9	6.2
50	2.1	2.7	3.3	4.0	4.6	5.2	6.5
60	2.4	3.0	3.6	4.3	4.9	5.5	6.8
70	2.7	3.3	4.0	4.6	5.2	5.8	7.1
80	3.0	3.6	4.3	4.9	5.5	6.1	7.4
90	3.3	3.9	4.6	5.2	5.8	6.4	7.7
100	3.6	4.2	4.9	5.5	6.1	6.7	8.0
120	4.2	4.8	5.5	6.1	6.7	7.3	8.6
140	4.8	5.4	6.0	6.7	7.3	7.9	9.2
160	5.4	6.0	6.6	7.3	7.9	8.5	9.8
180	6.0	6.6	7.2	7.9	8.5	9.1	10.4
200	6.6	7.2	7.8	8.5	9.1	9.7	11.0
220	7.2	7.8	8.4	9.1	9.7	10.3	11.6
240	7.8	8.4	9.0	9.7	10.3	10.9	12.2
260	8.4	9.0	9.6	10.3	10.9	11.5	12.8
280	9.0	9.6	10.2	10.9	11.5	12.1	13.4
300	9.6	10.2	10.8	11.5	12.1	12.7	14.0
Largeur des bras près du moyeu pour les mêmes diamètres.	32 mill.	46 mill.	55 mill.	64 mill.	72 mill.	83 mill.	91 mill.

XXIe

SUITE DE LA TABLE DES PRINCIPALES DIMENSIONS

DES POULIES EN FONTE SANS JOUES

Employées pour les transmissions de mouvement.

LARGEUR de la courroie.	LARGEUR de la jante L.	FLÈCHE de courbure.	DÉPOUILLE intérieure de la jante.	DIMENSIONS du moyeu. Épaisseur.	DIMENSIONS du moyeu. Portée.	ÉPAISSEUR DES BRAS Près du moyeu.	ÉPAISSEUR DES BRAS Près de la jante.
millim.	millim.	millim.	millim.	millim.	millim.	millim.	millim.
30	36	0.9	1.8	9	42	4.5	3.6
40	48	1.2	2.4	12	56	7.2	4.8
50	60	1.5	3.0	15	70	9.0	6.0
60	72	1.8	3.6	18	84	10.8	7.2
70	84	2.1	4.2	21	98	12.6	8.4
80	96	2.4	4.8	24	112	14.4	9.6
90	108	2.7	5.4	27	126	16.2	10.8
100	120	3.0	6.0	30	140	18.0	12.0
120	144	3.6	7.2	36	168	21.6	14.4
140	168	4.2	8.4	42	196	25.2	16.8
160	192	4.8	9.6	48	224	28.8	19.2
180	216	5.4	10.8	54	252	32.4	21.6
200	240	6.0	12.0	60	280	36.0	24.0
220	264	6.6	13.2	66	308	39.6	26.4
240	288	7.2	14.4	72	336	43.2	28.8
260	312	7.8	15.6	78	364	46.8	31.2
280	336	8.4	16.8	84	392	50.4	33.6
300	360	9.0	18.0	90	420	54.0	36.0
C = Largeur de la courroie.	L = 1,2 C.	f = 0,03 C.	z = 0,06 C.	E = 0,3 C.	H = 1,4 C.	d' = 0,18 C.	a = 0,12 C.

Modifications des règles précédentes pour les fortes courroies. — Tant que l'épaisseur de la courroie ne dépassera pas de plus de 1/5 ou 1/4 celle de 5 millimètres prise pour base, il est certain que ces proportions pourront être admises ou conservées sans modifications et sans qu'il en résulte aucun désavantage sensible en pratique. Mais si l'on atteint 1 1/2 fois cette épaisseur ou le double et au-dessus, il devient nécessaire de tenir compte de ce surcroît d'épaisseur qui correspond évidemment à une augmentation notable des efforts à transmettre.

Les quantités qui devront se ressentir particulièrement des augmentations à apporter sont évidemment, excepté la courbure ou le *bombé* de la jante, et la dépouille, celles qui se rapportent à toutes les dimensions des parties disposées en tout autre sens que la largeur de la couronne, celles de ce sens même dépendant de la largeur de la courroie prise pour base ; il faudra donc augmenter la largeur des bras, l'épaisseur de la couronne et celle du moyeu.

La règle simple à suivre est la suivante :

Multiplier les termes proportionnels de chaque relation correspondante (la quantité aditive fixe, lorsqu'il s'en trouve une, comptée à part) *par une fraction ayant pour numérateur la nouvelle épaisseur* (en millimètres) *de la courroie, et pour dénominateur* 5 *millimètres.*

Exemple. Si dans l'exemple général ci-dessus, la courroie devait avoir 8 millimètres d'épaisseur, voici ce que l'on obtiendrait pour les dimensions e, b et E :

Épaisseur au bord de la jante : $e = \frac{8}{5}(100 \times 0{,}03) + (250 \times 0{,}005) = 6^{\text{mill.}}, 05.$

Largeur des bras : $b = \sqrt{\frac{250 \times 50}{6}} \times \sqrt{\frac{8}{5}} = \sqrt{\frac{250 \times 50 \times 8}{6 \times 5}} = 58^{\text{mill.}}$

Épaisseur du moyeu : $\text{E} = \frac{8}{5} \times 100 \times 0{,}3 = 48^{\text{mill.}}$

POULIES ET TAMBOURS DE DIVERSES DISPOSITIONS.

Sur le même principe de fonctionnement, il existe des poulies de formes différentes, à part même celles qui sont appropriées spécialement aux cordes et aux chaînes, et en dehors des *tambours* qui sont des poulies de largeurs indéfinies.

Nous allons citer des exemples de ces différents types, réservant pour la suite les *cônes-poulies* qui offrent un caractère particulier qu'il faut étudier séparément.

Poulie de grande dimension, fig. 4, pl. 18. — Cette poulie commande l'arbre de couche principal d'un grand atelier de construction, et la force qu'elle transmet n'est pas moindre de 15 à 16 chevaux.

La jante est très-forte, et porte une nervure n à l'intérieur qui se raccorde avec les bras ; ceux-ci, au nombre de six, sont droits et garnis de nervures comme les roues d'engrenages.

La fig. 4 *bis* est une section moyenne de l'un des bras.

Le diamètre réel de cette poulie, qui n'a pu être dessinée entière sur la figure, est de $2^m,400$; la largeur de la courroie égale 184 mill.

Poulies a joues, fig. 5. — Cette figure représente, en section verticale, deux poulies A et A', montées sur un arbre C. L'une, celle A, est fixée sur l'arbre par une clavette *c* et s'appelle *poulie fixe ;* la deuxième A' y est ajustée libre, et son mouvement est tout à fait indépendant de celui de l'arbre : elle porte généralement le nom de *poulie folle*.

On sait que la disposition particulière de ces deux poulies a pour but de donner le mouvement à une machine et de le suspendre à volonté, en faisant glisser la courroie de l'une sur l'autre. En effet, lorque la courroie se trouve sur la poulie fixe, l'arbre doit participer à son mouvement, puisqu'ils sont rendus solidaires par la clavette ; la poulie folle, au contraire, obéit au mouvement de la courroie, et ne le transmet pas à l'arbre, sur lequel elle tourne librement.

La courroie recevant par ce fait un mouvement de transport chaque fois qu'on veut mettre en marche ou arrêter, comme il pourrait s'ensuivre qu'elle tombât hors des poulies, on munit souvent ces dernières d'un rebord saillant ou d'une joue mince *j* qui sert à prévenir cet accident.

Il est quelquefois utile de placer la poulie folle sur un goujon fixe et indépendant de l'arbre qui porte la poulie motrice fixe, pour éviter, ce qui arrive parfois, qu'il ne se produise un certain entraînement par friction, et que l'on craigne un mouvement accidentel, si faible qu'il soit.

Le système des bras ou croisillons est remplacé ici par une toile pleine *t*, d'une épaisseur faible et uniforme, affleurant extérieurement les rebords *j*. Cette forme offre de véritables avantages sous le rapport de la facilité du tournage et de l'entretien ; une surface unie ne présente pas non plus les mêmes dangers que les bras détachés, dans lesquels on peut se prendre quelquefois, et les poulies de commande sont précisément presque toujours à portée d'être atteintes.

On fait une grande application de ces poulies pleines dans les métiers de filature, et dans bien des machines dont les mouvements sont rapides, lorsque les diamètres ne dépassent pas sensiblement 50 ou 60 centimètres.

Dans les poulies pleines, simples, la toile occupe, comme les bras ordinaires, le milieu de la largeur de la couronne, condition plus convenable à la résistance.

La partie de l'arbre C qui reçoit la poulie folle A' est d'un diamètre un peu moindre que celle sur laquelle la poulie fixe est montée, pour former une sorte de collet. On emploie, pour retenir la poulie A' à sa place, une fausse embase *r*, avec une vis de pression *v*, ou, souvent encore, le bout de l'arbre est taraudé et porte un écrou et une rondelle ; cette deuxième méthode est peut-être moins applicable que la première dans le cas de grandes dimensions, à cause du taraudage à exécuter sur l'arbre.

Mais, il n'est pas indispensable que la paire de poulies occupe justement l'extrémité d'un arbre et peut très-bien se placer entre deux supports ; l'arbre reste alors régulièrement cylindrique, et il suffit de faire appuyer la poulie folle sur le moyeu de l'autre et de la maintenir extérieurement par une bague rapportée, comme nous en avons montré un exemple (p. 177).

Poulie a deux joues, fig. 6 a 8. — On emploie très-souvent des poulies qui sont munies de deux joues empêchant d'une manière complète la chute de la courroie : une grande partie des poulies appliquées dans les moulins sont de ce système, qui trouve surtout son application aux poulies montées sur les arbres verticaux.

Les joues appliquées aux poulies sont encore nécessaires, lorsque les arbres à commander ne sont pas parallèles entre eux, ce qui fait que les courroies ont beaucoup plus de tendance à tomber à cause de l'obliquité des poulies.

La couronne de cette poulie est simplement cylindrique, n'ayant plus besoin de la courbure pour la courroie, qui est suffisamment maintenue par les joues. L'épaisseur de celles-ci doit être à peu près la même que celle de la couronne.

Les bras des poulies ne sont pas toujours elliptiques ; on leur donne diverses formes, et entre autres, celle attribuée à celle-ci, vue en section fig. 8, qui est absolument semblable aux bras des engrenages.

Ces poulies, qui ne transmettent souvent que de faibles efforts, ne sont calées sur leur arbre qu'au moyen d'une vis de pression taraudée dans le moyeu, ce qui permet d'en varier la place d'autant plus facilement que les arbres sont tournés cylindriquement d'un diamètre uniforme.

Modèle en bois, fig. 9. — Nous pensons qu'on verra avec quelque intérêt les procédés à l'aide desquels on arrive à exécuter une poulie à deux joues, qui présente en fonderie une certaine difficulté.

La fig. 9 est la section du modèle en bois qui sert à faire un moule en sable dans lequel on verse la fonte en fusion.

Ce modèle se compose d'abord d'une jante J, formée de segments en bois collés et cloués l'un sur l'autre, et tournés ensuite. Le moyeu M, formé de rondelles superposées, avec le fil du bois croisé, est relié à la couronne par les bras B et les nervures N ; cet ajustement réclame un examen particulier.

Les bras, sans les nervures, sont formés de planchettes minces, croisées et assemblées *à moitié bois*, c'est-à-dire qu'elles sont entaillées réciproquement à moitié de leur épaisseur ; ainsi préparées et découpées, suivant la forme voulue, on les assemble avec la jante en montant celle-ci, et au moment où elle n'est qu'à la moitié de sa largeur. Le moyeu est nécessairement en deux parties rapportées de chaque côté du croisillon.

Les nervures sont rapportées ensuite et encastrées à chaque extrémité dans la jante et dans le moyeu.

L'une des deux joues, celle j', ne fait pas corps avec l'ensemble du modèle ; elle en est détachée et s'y ajuste au moyen de plusieurs goujons en fer g, d'une forme conique assez prononcée pour permettre de séparer les deux parties sans résistance.

La nécessité de rendre cette joue mobile vient de la position que le modèle occupe dans le sable dont il est complétement enveloppé. Il en résulte que, pour l'en sortir et finir le moule, le châssis en fonte, qui sert à maintenir le sable, doit être en trois parties se repérant au moyen de goujons ; la partie inférieure retient la portion de sable contenue d'un seul côté du croisillon, à l'intérieur du modèle, dans la position indiquée fig. 9 ; la partie milieu comprend le sable enfermé entre les deux joues ; enfin, la partie supérieure complète le moule.

La jonction des deux parties de sable, remplissant l'intérieur du modèle, a lieu suivant l'une des faces du croisillon B.

Quand on veut, maintenant, retirer le modèle du moule, *ou démouler*, on retire la partie supérieure du châssis emportant avec elle sa portion de sable : on comprend très-bien comment la dépouille favorise cette opération ; on retire alors la joue mobile j', qui se trouve à découvert, et on peut, par ce fait, retirer la partie centrale du châssis. C'est après cela que le modèle est complétement retiré, laissant le châssis inférieur avec sa partie de sable correspondante.

Pour le moulage des petites pièces, l'intervalle des deux joues ne nécessite pas l'emploi d'une partie de châssis supplémentaire. On s'arrange de façon que la portion de sable qui remplit la gorge puisse être détachée du moule et qu'elle forme une pièce à part : c'est ce que l'on appelle *battre une pièce*.

L'ouverture centrale du moyeu est ménagée en plaçant un *noyau*, ou cylindre préparé en sable dur, dans les emprunts faits dans le moule par les portées p et p' fixées au moyeu M, et dont le diamètre est plus faible que le trou fini de 3 à 4 mill. sur le rayon, pour l'alésage.

Il est à remarquer que la portée supérieure p' est très-conique : c'est que, en effet, le noyau n'étant primitivement posé que dans l'emprunt de la portée p, il faut qu'en refermant le moule l'autre extrémité s'engage facilement dans l'emprunt de la portée supérieure p' ; c'est pour obtenir ce résultat que cette portée présente beaucoup d'entrée au noyau, qui est également terminé par une partie conique semblable.

Le modèle, tel qu'il est indiqué fig. 9, produit une pièce de fonte ayant toute la matière nécessaire au tournage ; le diamètre du modèle est aussi plus grand d'une quantité égale à la dilatation de la fonte au point de fusion, quantité qu'on est dans l'usage d'appeler *le retrait*, et qui varie selon la nature de la fonte du 1/80 au 1/100 des dimensions linéaires à obtenir.

Le diamètre de la poulie étant ici de 400 mill., celui du modèle doit être, en conséquence, 404 à 405 mill., plus 8 mill. pour le tournage ; soit 413 millimètres.

Ce genre de poulie étant souvent employé brut de fonte dans bien des usines, il est prudent de faire le modèle en métal, soit en cuivre ou en fonte de fer, tourné et adouci partout ; il présente alors l'aspect de la pièce finie, à l'exception de la joue j' qui doit être mobile pour s'enlever à volonté, et qu'il faut monter avec des goujons comme on l'a dit ci-dessus.

Grande poulie double, fig, 10, 11 et 12. — Cette poulie, appliquée par M. Nillus, du Havre, à la machine à vapeur qui fait mouvoir ses ateliers (1), est une véritable preuve de l'emploi que l'on peut faire de ce genre d'organe, même dans de très-grandes dimensions, tout en réduisant beaucoup les épaisseurs.

La fig. 10 est une section transversale de la jante, près de l'assemblage de l'un des bras ;

La fig. 11 est la vue de face de la même portion de jante ;

La fig. 12 est une section transversale d'un bras, auprès du moyeu de la poulie.

Cette pièce porte, en effet, deux jantes distinctes J et J', fondues de la même pièce, et séparées par un rebord *j* ; son diamètre est de 3 mètres. Les deux courroies marchant sur cette poulie n'ont pas moins de 200 et 240 mill. de largeur ; la force totale transmise par les deux courroies est de 15 chevaux environ.

La poulie entière se compose de quatre parties, dont deux moitiés de couronne, et deux parties de croisillon de chacune trois bras. Les parties du croisillon sont assemblées à l'arbre de la machine par deux boulons et une frette en fer, et les moitiés de couronne sont réunies ensemble par des oreilles boulonnées. Ces parties de couronne sont munies de bouts de bras B', constituant autant d'amorces qui s'assemblent avec celles B appartenant au croisillon, par un ajustement *à moitié fer* et deux boulons *b*. Le raccord de ces amorces B' avec la couronne a lieu par de forts congés et deux nervures *n* qui s'avancent jusqu'au milieu de chaque jante.

L'épaisseur au bord de celle-ci, a été réduite à 10 mill., la courbure est de 12 mill., d'où l'épaisseur au milieu de chaque jante est à peu près de 22 mill.

Grande poulie simple, fig. 13 a 15. — Nous citons encore cette poulie pour sa bonne construction et pour la puissance qu'elle peut transmettre.

Son diamètre est de 2^m,360 ; la jante peut recevoir une courroie de 180 à 200 mill. de largeur. Elle peut, dans ces conditions, transmettre une effort de 90 à 100 kilogrammes, environ, à la circonférence, ce qui équivaudrait, avec 60 tours par 1', à une dizaine de chevaux.

Son croisillon est également indépendant de la jante, qui s'y trouve réunie au *moyen de pattes* B', fondues avec la couronne, ajustées *à moitié fer* avec les bras B, et fixées chacune par deux boulons *b*.

Tambour en bois, fig. 16 et 17. — Un tambour pour transmission de mouvement se compose de plusieurs croisillons en fonte J calés sur le même arbre de couche et garnis à leur circonférence de douves en bois J', fixées avec des vis à bois *v*.

La longueur d'un tambour est très-variable et atteint quelquefois plusieurs mètres.

On se sert, en effet, de cet organe pour transmettre le mouvement à plusieurs machines à la fois, avec la facilité de varier la position de la courroie.

Les bras B du croisillon en fonte sont méplats pour laisser la place des vis sur la jante. Les douves J sont le plus ordinairement en bois de sapin, à cause de sa légèreté.

(1) Nous avons publié cette intéressante machine dans le VIIe vol. de la *Publication industrielle*.

Les croisillons étant fixés sur l'arbre de couche, on pose les douves, et on les fixe au moyen des vis v qui se placent dans des trous percés à l'avance dans la jante du croisillon ; puis l'extérieur se termine sur le tour, d'après l'arbre de couche lui-même, à moins que sa longueur ne soit un obstacle. Dans ce dernier cas, on met le tambour au rond en employant la varlope.

Diverses sections de bras, fig. 18, 19 et 20. Ces figures indiquent plusieurs formes différentes de bras que l'on donne le plus généralement aux poulies.

Nous dirons de ces sections diverses, qu'en définitive, quelle que soit la manière de les varier, on ne s'écarte jamais du principe qui fait donner aux bras des poulies le moins d'épaisseur possible, afin de diminuer la résistance de l'air, question dont on doit toujours se préoccuper à l'égard des organes mécaniques qui marchent à de grandes vitesses.

Poulies extensibles, fig. 5 et 6, pl. 19. — On désigne ainsi un système de poulies et de tambours coniques ou cylindriques dont le diamètre peut être modifié pendant la marche de la machine où ils sont appliqués, certaines opérations exigeant de changer la vitesse d'un arbre pendant le cours même du travail.

Le système de poulie extensible que nous reproduisons ici est dû à M. Chapelle, qui, depuis longtemps, en a fait l'application dans les machines à fabriquer le papier continu.

La fig. 5 est une vue de face de la poulie toute montée ;

La fig. 6 est une coupe verticale suivant l'axe 1-2 de la précédente.

Cette poulie se compose d'un plateau en fonte B traversé en son centre par l'arbre de transmission C ; l'une des faces du plateau étant parfaitement dressée vers sa circonférence, le constructeur y a rapporté une jante circulaire D formée de six segments séparés qui peuvent glisser sur cette partie dressée, tout en s'y appuyant par l'une des rives et par leurs talons ou oreilles a, afin de rester constamment dans le même plan.

Chaque segment porte une tige en fer b, qui est en partie taraudée, et qui passe à travers trois pattes ou oreilles c fondues avec le plateau ; entre deux de ces dernières est placée une roue d'angle E, dont l'intérieur fait écrou pour la vis b.

Comme les six roues E engrènent ensemble, et que les vis b ont alternativement le taraudage en sens opposé, on comprendra facilement qu'il suffit de donner un mouvement à l'une de ces roues pour les faire mouvoir toutes, et, par cela même, repousser les segments en dehors, ou les rapprocher du centre, suivant le sens du mouvement donné aux roues ; on opère, du reste, ce mouvement en agissant avec une clef sur le moyeu qui est taillé à six pans.

On arrive ainsi à varier le diamètre enveloppé par la courroie, et cela dans les limites dépendantes des dimensions générales de la poulie.

Les solutions de continuité que présente la jante et l'invariabilité de la courbure des segments, malgré le changement de diamètre, pourraient nuire s'il s'agissait de transmettre des efforts considérables ; mais cette poulie n'était employée qu'à mettre en mouvement les bobinoirs ou ensouples qui reçoivent le papier à la fin de l'opération ;

on sait que la vitesse angulaire de ces ensouples doit nécessairement varier à mesure qu'elles se chargent, pour éviter que cette vitesse, en augmentant, ne produise un étirage sur le papier, ce qui le ferait rompre inévitablement. Ce système de poulies, néanmoins peu répandu, est en résumé très-propre à toutes les applications de ce genre qui ne nécessitent pas un trop grand effort.

Poulie a gorge circulaire, fig 7 et 8. — Cette forme est souvent employée comme poulie de renvoi, dans l'application des câbles de chanvre ou de fil de fer, et même des cordes à boyaux. L'exemple que nous avons choisi est emprunté à une grue : aussi les dimensions en sont-elles très-fortes.

Cette poulie A est susceptible en effet de supporter un effort de plus de 2000 kilogrammes, d'après la dimension du câble de chanvre qu'elle peut recevoir, qui est de 50 mill. On pourrait, par l'emploi d'un câble en fil de fer, lui faire supporter un effort de 18000 kil., mais on devrait, dans ce second cas, la faire pleine, pour plus de sécurité, au lieu de la diviser par des bras.

Poulie a chaine, fig. 9 et 10. — Celle-ci ne diffère de la précédente que par une rainure *a*, pratiquée au fond de la gorge rectangulaire, et qui reçoit les chaînons qui se présentent de champ sur la poulie.

Les bras sont aussi un peu différents ; ils sont plats, avec des nervures, au lieu d'être elliptiques comme précédemment ; mais cette condition n'est pas essentielle.

Néanmoins, cette poulie, appliquée à l'extrémité supérieure de la flèche d'une forte grue en fonte, est construite pour résister à un effort très-considérable, car la chaîne qu'elle peut recevoir est capable de supporter une charge de plus de 10000 kil.

On applique aux treuils des tambours en fonte qui portent une rainure semblable, mais disposée en hélice faisant plusieurs tours, quand la chaîne doit s'enrouler d'une certaine quantité. Cette disposition est très-utile pour éviter que les maillons d'une spire ne s'engagent dans l'axe de la spire voisine, ce qui, lorsque ce contact a lieu, peut occasionner des secousses, et par suite, des ruptures, en les faisant glisser subitement l'une sur l'autre.

Poulie de marine, fig. 12 a 14. — La manœuvre des voiles et autres organes dépendants des navires se fait ordinairement avec des cordes auxquelles on donne toutes les directions nécessaires au moyen de poulies de renvoi. Ces poulies, appelées dans le langage des marins, *riats*, sont montées dans une chape en bois B, fig. 12 et 13, entourée d'une ceinture ou bride en fer C, que l'on nomme *estrope*, qui sert en même temps à fixer ou supporter l'axe D et à suspendre le tout en un point quelconque du bâtiment. L'estrope est remplacée souvent par un câble goudronné, retenu dans une gorge pratiquée dans la chape ; elle forme une boucle à la partie supérieure, pour l'accrocher.

La fig. 12, qui est une section perpendiculaire à l'axe D, montre l'estrope coupée, et son assemblage avec un crochet E, dont on ne voit ici que la naissance.

M. Lahure, du Havre, a pensé que cette méthode d'assembler l'axe de la poulie avec l'estrope C, placée extérieurement, avait pour inconvénient d'allonger l'axe, et, par suite, en éloignant les points d'appui de l'effort, d'obliger à faire l'axe plus fort, ce qui occasionne une perte de force, absorbée par le frottement.

Il a proposé alors un système de poulie, dont nous donnons une idée par la fig. 14; l'estrope C est placée à l'intérieur de la chape, de telle sorte que la portion de l'axe, qui supporte l'effort exercé sur la poulie, n'est pas plus longue que son moyeu.

Les moufles qui servent à soulever des fardeaux un peu considérables sont formées de chapes à peu près analogues, mais qui renferment généralement plusieurs poulies.

Cette disposition présente encore l'avantage de ne faire frotter la poulie latéralement que par son moyeu et contre le fer ; il suffit, en effet, pour atteindre ce résultat, de laisser la bride désaffleurer un peu le bois.

Il est aussi plus possible de faire usage d'une poulie de métal, qui, dans la disposition ordinaire, use promptement les parois de la chape.

L'axe D porte un talon *a*, entaillé dans la chape, pour le maintenir et l'empêcher de tourner.

Poulies de renvoi sur axe oscillant, fig. 16. — Lorsqu'il est nécessaire de diriger une courroie en lui imprimant un changement de direction, on fait usage de poulies dites de *renvoi*, qui n'ont d'autre fonction que de servir à la courroie de point d'appui cédant au mouvement pour empêcher les frottements.

L'exemple choisi, fig. 16, est emprunté à une machine à percer les métaux anciennement construite dans la maison Décoster à Paris. Ce sont deux poulies A et A′ montées folles toutes deux sur deux goujons *a* et *a′* qui sont assemblés, par une rotule, de façon à pouvoir osciller d'après un centre commun.

Ces deux goujons, l'un terminé par un bouton sphérique et l'autre par une coquille semblable qui s'ajuste l'un dans l'autre, sont pris, ainsi réunis, dans une boîte de même forme et retenus par un coussinet *b*, serré par une vis de pression *c*.

Cette boîte en fonte fait partie du bâti de la machine à percer, du côté opposé à l'axe de la mèche sur lequel est placée la poulie réceptrice du mouvement. Ces deux poulies A et A′ servent à diriger les deux brins de la courroie qui, partant d'une poulie de commande placée plus haut que la poulie réceptrice et dans une position perpendiculaire, doivent éprouver, par cela même, un changement de direction. La mobilité des axes de ces poulies de renvoi permet à la courroie de prendre la flexion qui lui convient d'après le rapport exact des deux poulies actives, et suivant celui de leurs diamètres respectifs.

Poulies pour transmission a grande distance, par cable métallique. — Un ingénieur distingué de l'Alsace, M. Ferdinand Hirn, est l'auteur d'un système de transmission très-remarquable, à l'aide duquel il est parvenu à transmettre le mouvement et la puissance mécanique à d'énormes distances, de plusieurs centaines de mètres, et qu'il propose d'étendre, au besoin, bien davantage.

Aussi a-t-il donné à ce système, sur lequel nous désirons donner quelques détails, le nom de : *transmission télodynamique.*

En théorie, ce problème serait parfaitement résolvable par les procédés ordinaires, c'est-à-dire, au moyen d'une ligne d'arbres suffisamment prolongée, et composée même de brisures, si la direction donnée n'est pas droite ; mais même en admettant que cette ligne d'arbres puisse être rigide et droite, la perte de travail par les frottements devient si intense, avec de telles distances, qu'on finirait par ne recueillir qu'une très-faible portion de la puissance disponible à la source, d'autant plus que l'arbre devrait acquérir aussi un diamètre dépassant de beaucoup les proportions ordinaires. Aussi n'a-t-on jamais fait une pareille tentative, et les transmissions par ligne d'arbres ne dépasse pas ordinairement une trentaine de mètres.

Pour franchir de grandes distances, l'emploi des poulies avec des courroies ordinaires ou des cordes en chanvre n'est pas plus praticable.

Il se trouvait, près de Colmar, un ensemble de bâtiments que l'on voulait utiliser pour des usines, avec le désir d'emprunter, pour cela, de la force à une machine à vapeur montée dans une fabrique voisine, mais cependant trop éloignée pour employer les procédés habituels de transmission.

M. F. Hirn eut alors l'idée de mettre l'un de ces locaux en rapport avec la machine motrice, située à environ 80 mètres de distance, au moyen de deux poulies en bois de 2 mètres de diamètre et faisant 120 tours par minute, reliées par un ruban de fer acéré, sans fin, de 1 millimètre d'épaisseur sur 60 de large.

Nonobstant certains inconvénients, cette transmission, à distance jusqu'alors inusitée, marcha environ 18 mois. Mais on eut l'idée de remplacer le ruban par un câble rond en fil de fer, et le succès fut alors complet.

La seconde transmission établie dans ces conditions a été montée, comme la précédente, dans les établissements de MM. Haussmann, Jordan, Hirn et Cie, au Logelbach, près Colmar ; elle franchit, d'un seul coup, l'énorme distance de 234 mètres par un câble métallique sans fin de 12 millimètres de diamètre, entourant deux poulies à gorge de 3 mètres de diamètre et faisant 93 tours par minute ; la force transmise n'est pas moindre de 40 chevaux.

Mais pour une aussi grande distance des galets ou poulies de soutien intermédiaires deviennent nécessaires, car il ne serait pas possible de tendre suffisamment le câble, dont le propre poids suffit, d'ailleurs, pour développer, à la circonférence des poulies, le frottement nécessaire pour que l'entraînement se produise. Ces poulies-supports offrirent la plus grande difficulté à vaincre, à cause de l'usure qui se manifestait, soit sur leur jante, soit sur le câble lui-même ; le seul procédé qui ait parfaitement réussi, et qui se trouve maintenant adopté sans réserve, par l'auteur, pour toutes les poulies, motrices, supports ou réceptrices, consiste à garnir le fond de la gorge avec de la gutta-percha.

Fig. 88.

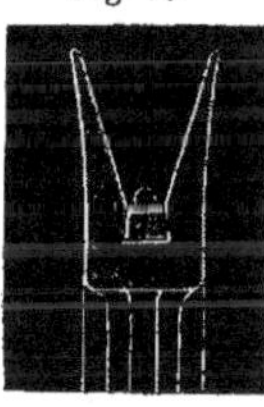

La fig. 88 représente la section de la jante d'une poulie en fonte de ce système. On voit que la gorge, qui est angulaire et très-profonde, offre, dans le fond, une rainure circulaire à queue d'hyronde, pour loger la garniture en gutta qui doit y être introduite à coups de maillet.

L'ensemble de la poulie présente à peu près la structure d'un croisillon ordinaire d'engrenage ; pour les poulies motrices, les dimensions sont proportionnées à la force à transmettre, et pour les poulies-supports, elles sont aussi réduites que possible.

Fig. 89.

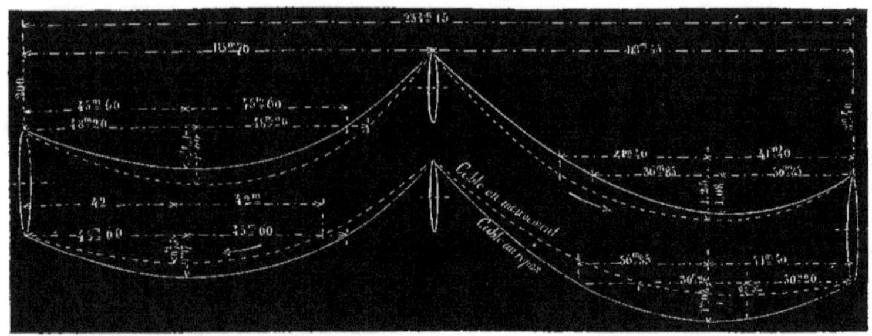

La fig. 89 est le relevé géométrique d'ensemble de la transmission que nous venons de citer, avec les dimensions exactes des courbes et inflexions du câble en mouvement et en repos. On voudra bien remarquer, seulement, que les échelles de longueur et de hauteur sont différentes, ce qui explique pourquoi les poulies sont indiquées par des ellipses.

On voit que les deux brins du câble reposent sur deux poulies-supports montées elles-mêmes sur une pile en maçonnerie très-solide. Les traits en ligne pleine correspondent aux inflexions du câble *en repos*, et le tracé en ponctué indique la position du câble *en mouvement* et sous charge. Le brin conducteur se trouvant à la partie inférieure, on comprend pourquoi les lignes ponctuées, qui correspondent à l'état de marche, sont situées à l'*intérieur* des deux autres, car le brin conducteur, en se *surtendant*, se relève, et le brin conduit, en se *détendant*, s'abaisse, par conséquent (p. 319).

Il est nécessaire de faire suivre cette courte description, du système de transmission *télodynamique*, de quelques citations sur les principes essentiels de son établissement.

M. F. Hirn fait remarquer que l'on doit s'appliquer à diviser l'effort à transmettre par l'accélération de la vitesse, afin de réduire, autant que possible, la section, et, par conséquent, le poids du câble transmetteur. Pour cela, on donne aux poulies de grands diamètres et une vitesse de rotation considérable, sans pourtant dépasser sensiblement 25 mètres de vitesse circonférentielle par seconde, au-delà de laquelle l'action de la force centrifuge sur ces poulies serait à craindre.

Quant à la perte de travail par les résistances passives, l'auteur estime qu'elles sont, relativement, très-faibles.

Comme terme de comparaison, il dit que « deux poulies d'un diamètre de 4 mètres, faisant environ 100 révolutions à la minute et munies d'un câble de 12 millimètres, peuvent, moyennant leur vitesse circonférentielle de 21 mètres par seconde, transmettre une force de 120 chevaux à des distances de 40 mètres, jusqu'à 150 mètres, sans donner lieu à une perte de travail qui dépasserait 3 chevaux... »

Cet ingénieux système se prête parfaitement à une transmission sur un terrain accidenté et même à un changement de direction horizontal. Dans ce dernier cas, il suffit de disposer, au point où doit se faire chaque brisure ou à chaque sommet de l'angle du changement de direction, des poulies de renvoi horizontales sur lesquelles les brins du câble viennent prendre point d'appui.

Fig. 90.

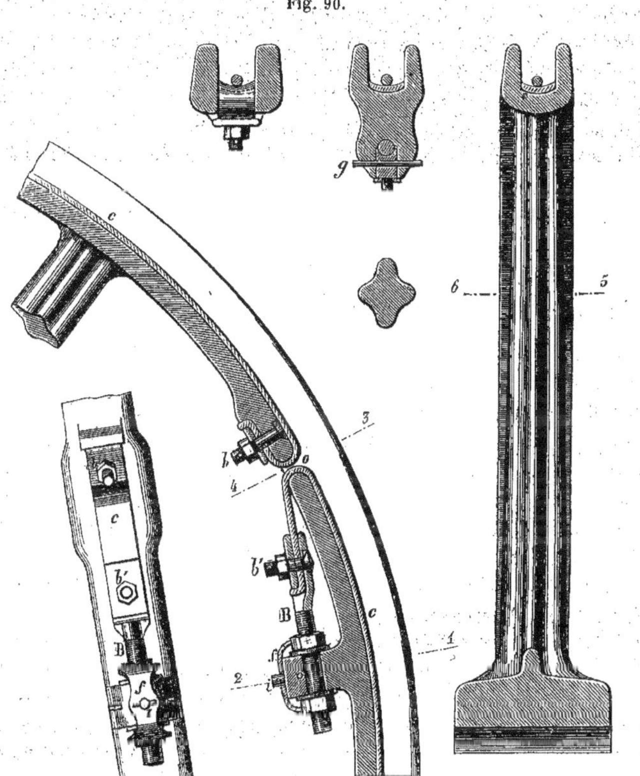

Sur environ 400 applications faites, à ce jour, de la transmission télodynamique, on cite une force de 100 chevaux transmise à 984 mètres, 45 chevaux à 1000 mètres, une force hydraulique à 1500 mètres, 60 chevaux à 1200 mètres, etc., etc.

Nous terminerons cet exposé rapide par la description d'une poulie spécialement destinée à ce mode de transmission et qui a été étudiée, comme construction, par M. Houel, le directeur des établissements Cail et Cie, pour M. Peltier, mécanicien, qui en a fait l'application à des appareils d'agriculture.

Cette poulie, dont la fig. 90 représente tous les détails, offre, comme principal caractère, un cuir qui garnit le fond de la gorge, et qui a donné lieu à une très-ingénieuse disposition pour le tendre et le maintenir parfaitement appliqué.

Cette bande de cuir *c* est réellement en trois parties sur la circonférence de la jante, et s'y rattachant par leurs extrémités qui la traversent par des ouvertures *o*, ménagées à cet effet. L'une des extrémités de chaque segment, se repliant sur le contour interne de la jante, s'y fixe par un boulon *b* appuyant sur une cale en fer ; l'autre extrémité, repliée de même, est rattachée, par un boulon *b'*, à une tige B munie d'une partie filetée et de deux écrous qui servent à la fixer après une oreille appartenant à la jante de la poulie. Comme il est aisé de le comprendre, c'est en déplaçant la tige B, au moyen des écrous, que l'on parvient à donner à chaque segment de cuir la tension désirable, et pour qu'il ne se lâche pas, une bride *f* à entaille a été posée pour empêcher les écrous de se desserrer.

Ajoutons que l'organe transmetteur est un câble, en fils de fer, de 6 1/2 millimètres de diamètre.

Les figures précédentes, qui sont exécutées à l'échelle de 1/5, montrent que le diamètre de la poulie égale, au contact, $1^m,20$.

CÔNES-POULIES ET TAMBOURS CONIQUES.

On désigne ainsi des organes de transmission consistant en plusieurs jantes de poulie fondues d'une même pièce, et de plusieurs diamètres formant habituellement une progression régulière par différence. On comprend que le but est d'avoir à sa disposition une série de vitesses variables ; et pour en réaliser l'effet, au lieu d'effectuer la variation avec un seul cône, que l'on mettrait en rapport avec un tambour cylindrique de même longueur, afin de répondre au déplacement de la courroie d'une jante à une autre, on base le plus souvent cette variation sur *deux cônes semblables*, montés, *leurs diamètres opposés en regard.*

Cette disposition, qui a pour objet de conserver à la courroie qui les réunit, *une longueur à peu près constante*, est représentée par la figure 1 de la pl. 19, laquelle montre, en effet, deux cônes A et A', semblables et opposés, transmettant le mouvement de l'un à l'autre par une courroie B. L'un de ces cônes est représenté en coupe longitudinale et l'autre en vue extérieure.

La coupe fait bien voir que l'ensemble de la pièce comprend plusieurs jantes de poulies, sans croisillons, la petite base fondue pleine avec un moyeu pour l'assujétir sur l'arbre D, et la grande base fermée par un plateau C, qui se fixe, avec des vis, sur des oreilles *a*, et porte un moyeu semblable au premier pour le deuxième point d'appui sur l'arbre. Lorsque le cône est suffisamment court, comparativement au plus grand diamètre, on supprime ce plateau en donnant au moyeu du fond plein une portée assez grande pour obtenir sur l'arbre la stabilité requise.

On voit que l'intérieur reproduit, autant que possible, l'extérieur, attendu que le cône doit être aussi mince que le mode de fabrication le permet, tout en conservant une parfaite égalité d'épaisseur. La forme générale de la pièce, composée de plusieurs cylindres superposés, exige qu'elle soit moulée et coulée debout, pour la stabilité du noyau qui sert à déterminer l'intérieur ; elle est ensuite tournée extérieurement, et chaque diamètre reçoit alors la forme galbée que la jante doit avoir, forme que l'on n'obtiendrait que très-difficilement à la fonte.

Nous avons dit que dans la plupart des cas, on accouple deux cônes, afin de conserver à la courroie une longueur constante et éviter l'emploi d'un tendeur ; le jeu des deux cônes forme ainsi un renvoi intermédiaire, l'un des deux axes recevant du moteur une vitesse constante et l'autre transmettant à l'appareil des vitesses variables, suivant la position donnée à la courroie qui met les cônes en relation.

Mais il peut arriver, cependant, que l'on mette en rapport un cône avec un tambour cylindrique, en acceptant les conséquences du changement de longueur de la courroie.

Nous allons donc examiner séparément ces deux circonstances différentes, et rechercher la loi suivie par la variation des vitesses.

Afin de mieux généraliser les conséquences à déduire de ce mode de commande, nous devons faire remarquer de suite que l'on peut entendre par *cône*, un tambour véritablement conique, sans diamètres étagés, comme sont constitués ceux dont il vient d'être question ; dans certaines circonstances, lorsque la variation de vitesse doit être successive et continue pendant l'opération même, c'est de ce procédé qu'il faut faire usage en appliquant à la courroie un mécanisme qui la déplace et lui fasse parcourir la longueur des tambours.

Loi de la variation de vitesse. — *Un cône avec un tambour cylindrique.* — Lorsqu'un cône-poulie est constitué, comme on le fait généralement et tel que l'indique la fig. 1, pl. 19, par une série de jantes de diamètres équidifférents, l'ensemble représente géométriquement un cône tronqué réel, dont les génératrices ef et gh passent par tous les milieux de ces jantes, desquelles les diamètres figurent alors des sections transversales, équidistantes, du cône tronqué.

Ces sections, représentant autant de déplacements de la courroie et de vitesses différentes, forment ensemble la progression par différence dont nous avons parlé et dont les termes extrêmes sont les deux bases du cône tronqué.

Quels que soient le nombre de ces sections et le rapport des bases, puisqu'ils forment une progression par différence, on peut les représenter, en principe, par la suite naturelle des nombres .

1, 2, 3, 4, 5, 6, 7, etc.

Or, le tambour que nous supposons en relation avec le cône étant cylindrique, si on lui figurait autant de sections correspondantes, elles seraient toutes représentées par l'unité, et si, finalement, l'on fait correspondre ces deux séries de diamètres, afin d'en déduire celle des vitesses en rapport, on obtient :

Cône : 1, 2, 3, 4, 5, 6, 7, etc.
Cylindre : 1 1 1 1 1 1 1, etc.

Par conséquent, si c'est *le cône qui commande et dont la vitesse de rotation soit* FIXE, attendu que la vitesse linéaire de la courroie suit la même progression que les diamètres du cône, et qu'à diamètres égaux, les vitesses angulaires ou rotatives sont proportionnelles aux vitesses circonférentielles, le tambour cylindrique reçoit successivement des vitesses variables, formant la progression suivante :

$$\frac{1}{1} \cdot \frac{2}{1} \cdot \frac{3}{1} \cdot \frac{4}{1} \cdot \frac{5}{1}, \text{ etc.}$$

Ceci revient à dire :

Lorsqu'un cône, tournant à vitesse rotative constante, commande un tambour cylindrique, la vitesse de ce dernier est variable et proportionnelle à chaque diamètre successif sur lequel se trouve la courroie.

Cette loi nous conduit à une remarque assez intéressante.

Si la courroie, sans cesser de commander le tambour cylindrique, est animée d'un mouvement de translation parfaitement uniforme, suivant la longueur d'un tambour conique, la variation du diamètre, et, par conséquent, de vitesse, aura lieu suivant des temps égaux, d'où il est facile de déduire :

Que les vitesses seront proportionnelles aux temps que la courroie met à parcourir la longueur du tambour conique.

Il résulte de ces conditions que l'axe du tambour cylindrique est animé d'un mouvement dit, uniformément accéléré ou retardé suivant que la courroie se déplace en allant du petit diamètre au grand, *et vice versâ.* Par conséquent, si on suspendait un poids à une corde s'enroulant sur le tambour cylindrique, ce poids serait animé d'un mouvement absolument de la même nature que celui qui lui serait communiqué en tombant librement par l'action naturelle de la pesanteur.

Pour fixer les idées, nous supposerons que ce soit l'un des cônes, fig. 1, pl. 19, qui commande un tambour cylindrique dont le diamètre serait égal *à celui moyen du cône.*

Les diamètres extrêmes du cône ont 500 et 300 millimètres, et l'ensemble comprend 5 diamètres différant successivement de 50 millimètres.

Les deux séries en regard, établissant les rapports de vitesses sont, d'après cela, les suivantes :

$$\begin{array}{ll} \text{Cône :} & 300 \quad 350 \quad 400 \quad 450 \quad 500 \\ \text{Cylindre :} & \overline{400} \cdot \overline{400} \cdot \overline{400} \cdot \overline{400} \cdot \overline{400} \cdot \end{array}$$

Effectuant le calcul de ces rapports, il vient :

0,75 0,875 1 1,125 1,25.

Si le cône fait 100 tours par minute, le tambour cylindrique en fera successivement, en transportant la courroie d'un diamètre à l'autre :

75 , 87,5 , 100 , 112,5 et 125.

On voit, d'après cela, qu'il ne serait pas difficile de combiner les dimensions d'un cône-poulie, ou d'un tambour conique, pour obtenir, dans ces conditions, une progression de vitesse déterminée, puisqu'il suffit de faire les diamètres extrêmes proportionnels aux termes extrêmes de la progression, en remarquant, toutefois, que si, dans un moment, les vitesses rotatives des deux axes doivent être *égales*, il faut que le cône présente, en ce même moment, un diamètre égal à celui du tambour cylindrique.

Nous avons maintenant à examiner le cas où c'est le tambour qui commande et qui possède la vitesse invariable.

Revenant aux progressions de principe ci-dessus, mais superposées dans l'ordre inverse, il vient :

cylindre :	1,	1,	1,	1,	1,	1,	1,	etc.
Cône :	1,	2,	3,	4,	5,	6,	7,	etc.

Comme, dans cet autre cas, la vitesse linéaire de la courroie est fixe, elle communique au cône des vitesses angulaires ou rotatives : *inversement proportionnelles aux diamètres par lesquels elle l'attaque ;* par conséquent, la série de vitesses obtenues est encore exprimée par des rapports formés de la superposition telle quelle des deux progressions ci-dessus ; soit :

$$\frac{1}{1}, \frac{1}{2}, \frac{1}{3}, \frac{1}{4}, \frac{1}{5}, \frac{1}{6}, \frac{1}{7}, \text{ etc.}$$

Ainsi, la progression des vitesses de l'axe du cône recevant son mouvement du tambour cylindrique est plus rapide que dans le cas contraire, et, cependant, en ramenant à l'unité la plus petite vitesse reçue, la plus grande est la même dans les deux cas. Il n'est pas de meilleur procédé, pour achever de le faire comprendre, que de dresser un diagramme pour chacun de ces deux cas particuliers.

Fig. 91.

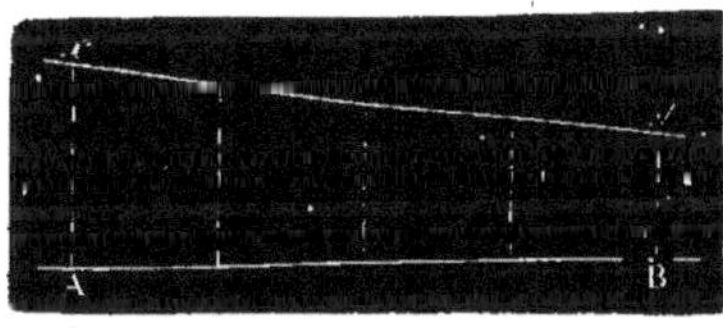

Adoptant le même cône que dans l'exemple proposé tout à l'heure, c'est-à-dire, le tambour conique $efhg$, fig. 1, pl. 19, lorsque la commande vient de lui, la progression des vitesses reçues par l'axe du tambour cylindrique serait exprimée par une ligne droite xy, fig. 91, la ligne AB des abscisses représentant le déplacement longitudinal de la courroie, et les ordonnées les vitesses rotatives correspondantes du tambour cylindrique.

La commande venant, au contraire, de ce dernier, les vitesses variables du tambour conique suivent la loi représentée, dans les mêmes conditions, par la courbe $x y z$, fig. 92, l'ordonnée Bz correspondant à la vitesse rotative obtenue, lorsque la courroie est sur le petit diamètre du cône.

Fig. 92.

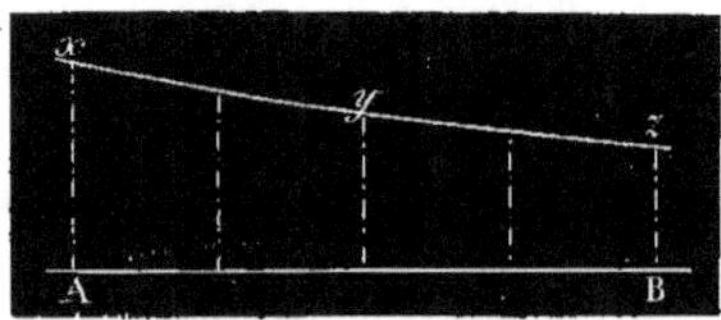

Deux cônes semblables se commandant. — Deux cônes-poulies, comme figure 1, ou deux tambours coniques, qui se commandent, la vitesse de l'un d'eux étant uniforme, ce deuxième cas ne présente évidemment qu'une circonstance par la similitude des deux organes.

Les rapports de vitesse du cône commandé seront encore déterminés par la progression ci-dessus, superposée à elle-même dans les deux ordres inverses, c'est-à-dire :

$$\frac{1}{7}, \frac{2}{6}, \frac{3}{5}, \frac{4}{4}, \frac{5}{3}, \frac{6}{2}, \frac{7}{1}, \text{ etc.}$$

En désignant par l'unité la vitesse invariable du cône qui commande, on aura évidemment les vitesses variables de celui commandé par les termes de cette progression.

Quant au rapport des vitesses extrêmes, on reconnaît de suite qu'il est égal au carré du rapport des diamètres extrêmes ; autrement dit, avec des cônes dont la grande base serait 7 fois la petite, la plus grande vitesse du cône commandé serait 49 fois la petite.

Les cônes-poulies, fig. 1, pl. 19, fournissent ainsi la progression de vitesses suivante :

$$\frac{300}{500} \frac{350}{450} \frac{400}{400} \frac{450}{350} \frac{500}{300},$$

soit, en rapports décimaux :

0,6, 0,778, 1, 1,285, 1,667.

Soit, encore, en ramenant la plus petite vitesse à l'unité :

1, 1,296, 1,667, 2,143, 2,778.

Le diagramme de cette progression donne la courbe $x y z$, fig. 93, analogue à la précédente, mais évidemment plus rapide.

Il nous reste à dire quelques mots sur les procédés qu'il faudrait employer pour combiner les dimensions d'un cône, poulies étagées ou tambour, devant fournir, dans ces conditions, une progression de vitesses déterminée.

Fig. 93.

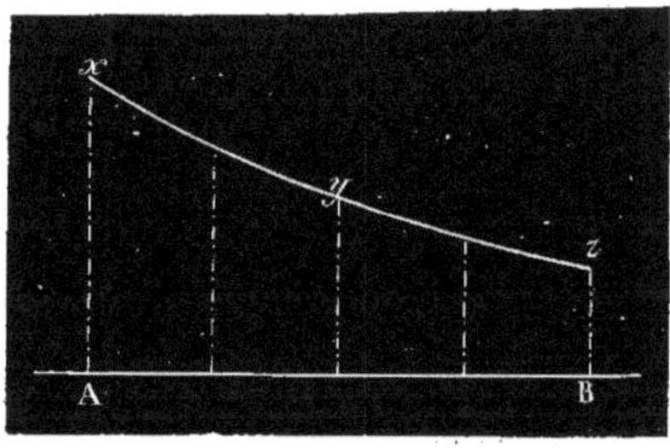

Soient deux cônes accouplés devant fournir à un outil commandé les deux vitesses extrêmes 50 et 100 tours par minute, en admettant, y compris ces deux limites, 5 vitesses différentes.

D'après ce qu'il vient d'être dit, la détermination des diamètres extrêmes, ou les bases du cône tronqué, ne présente aucune difficulté, puisqu'ils doivent être dans le même rapport que les racines carrées des vitesses auxquelles ils correspondent.

Ces vitesses données étant 50 et 100 ou 1 et 2, les diamètres extrêmes seront évidemment $\sqrt{1}$ et $\sqrt{2}$, soit 1 et 1,4142. Quant à la longueur, s'il s'agit d'un cône-poulie, elle sera la somme des cinq largeurs de couronnes à adopter, et si c'est un tambour, sa longueur sera la plus grande possible, afin que la forme angulaire soit le moins sensible à la courroie.

Mais il existe, dans ce problème, une difficulté qu'il est important de résoudre. Les vitesses extrêmes reçues étant données, celle moyenne est déterminée *ipso facto*, et comme cette vitesse moyenne sera celle même du cône de commande (puisque leurs diamètres moyens sont en regard, lorsque le nombre total en est impair), il faut donc rechercher cette vitesse moyenne, et lorsque l'arbre, sur lequel doit être monté le cône de commande, existe et fonctionne préalablement, ce n'est que par hasard que sa vitesse s'accorde avec cette vitesse moyenne, ce qui donne lieu à quelque embarras, à des tâtonnements et parfois à des renvois supplémentaires.

En résumé, cette vitesse moyenne est : *une moyenne proportionnelle entre les deux vitesses extrêmes.*

Donc, dans l'exemple proposé, ces vitesses étant dans le rapport 1 et 2, la vitesse moyenne x égale :

$$1 : x :: x : 2 \text{ ; d'où } x = \sqrt{2} = 1{,}4142.$$

Par conséquent, la petite vitesse étant 50, celle moyenne sera :

$$50^{t} \times 1{,}4142 = 70^{t}{,}71,$$

vitesse rotative que le cône commandant devra rigoureusement posséder, pour que celui commandé puisse fournir les vitesses extrêmes.

Mais il est important de remarquer que la similitude complète des deux cônes n'est nullement une condition *sine qua non* du problème, et il suffit, quant à ce qui concerne la courroie, que la somme des diamètres en regard soit la même sur l'étendue complète des deux cônes pour que la courroie conserve dans chacune de ses positions, approximativement la même longueur. Autrement dit, il faut seulement que l'angle géométrique de conicité soit le même pour les deux cônes.

Ainsi, nous pouvons très-bien représenter les diamètres progressifs de deux cônes dissemblables par des nombres analogues aux suivants :

$$\begin{matrix} 1^{\text{er}} \text{ cône :} \\ 2^{\text{e}} \text{ cône :} \end{matrix} \quad \frac{1}{10}, \frac{2}{9}, \frac{3}{8}, \frac{4}{7}, \frac{5}{6}, \frac{6}{5}, \text{ etc.}$$

Par conséquent, avec une semblable ressource, on pourra toujours construire deux cônes correspondants pour des limites de vitesse déterminées et quelle que soit celle de l'axe de commande.

Proposons-nous, comme exemple, de déterminer les dimensions proportionnelles de deux cônes, l'axe de commande faisant 100 tours par minute, et la vitesse de celui commandé devant varier de 50 à 80.

Désignant par S la somme invariable de leurs diamètres, on trouve pour le rapport de deux des bases correspondantes :

$$\frac{a}{b} = \frac{50}{100}, \text{ et : } a + b = S \text{ ; d'où : } a = \frac{S}{3}, \text{ et : } b = \frac{2}{3} S.$$

Pour le rapport des deux autres bases, on trouve de même :

$$\frac{c}{d} = \frac{80}{100}, \text{ et ; } c + d = S, \text{ d'où : } c = \frac{4}{9} S, \text{ et : } d = \frac{5}{9} S.$$

Faisons cette somme S égale à 80 cent., par exemple, il vient, en résumé :

$$a = \frac{80}{3} = 26^{c},67. \quad b = \frac{2}{3} \times 80 = 53^{c},33.$$

$$c = \frac{4}{9} \times 80 = 35^{c},56 \quad d = \frac{5}{9} \times 80 = 44^{c},44.$$

Les deux bases extrêmes du cône de commande, celui qui fait 100 tours, seront donc, en nombres ronds, 267 et 356 millimètres ;

Et celles correspondantes du cône commandé seront 533 et 444 millimètres ;

Lorsque la courroie se trouvera sur les diamètres correspondants 267 et 533, le cône commandé fera 50 tours pour 100 ;

La courroie transportée sur les diamètres des bouts apposés 356 et 444, ce même cône fera 80 tours pour 100;

Et, enfin, le cône commandé pourra prendre toutes les vitesses intermédiaires, à l'exclusion, par conséquent, de celle même du cône de commande.

Recherche sur la longueur de la courroie. — Nous avons dit que l'on fait usage de deux cônes semblables opposés ou, de toute manière, du même angle de conicité, dans le but de conserver à la courroie la même tension en la reportant d'un couple à l'autre, ce qui revient à dire que son développement doit être, pour cela, de même longueur dans toutes les positions qu'elle est susceptible d'occuper entre les bases des cônes. Or, sans faire une trop longue recherche, il est facile de prouver que la courroie étant *non croisée*, il n'en est point ainsi, et que le développement change, au contraire, mais d'une faible quantité qui dépend de l'angle de conicité et de la distance qui sépare les deux axes tournants.

Fig. 94.

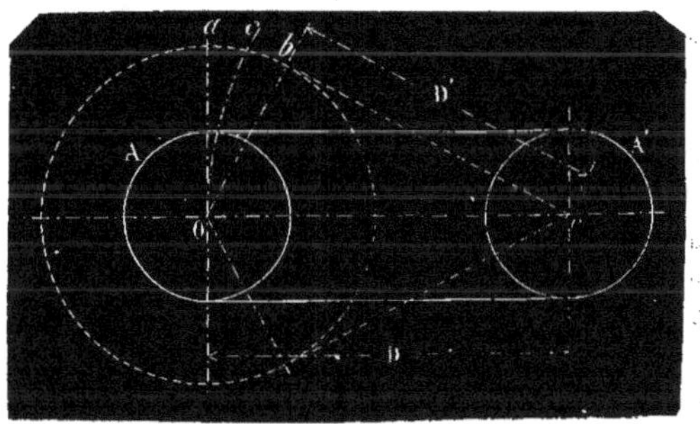

Soient, fig. 94, les deux tambours coniques A et A′ représentés par deux cercles indiquant leurs sections moyennes égales, condition qui peut exister, que les cônes soient ou non semblables, dès l'instant qu'il possèdent le même angle de conicité ; lorsque la courroie se trouve sur ces deux diamètres égaux, il est évident que les deux brins en sont parallèles, et que sa longueur totale se compose de : deux fois la distance D des centres, plus deux demi-circonférences ou une circonférence entière.

Pour apprécier plus facilement si cette longueur va changer par l'effet d'un déplacement, supposons les deux cônes continués ensemble d'un même côté jusqu'à rencontrer le sommet de l'un d'eux ; la base extrême de l'autre acquière un rayon O *a* double de celui moyen, attendu qu'en chaque point, la somme des diamètres étant la même, puisque l'un est réduit à zéro l'autre est naturellement doublé.

La courroie étant amenée en ce point, son développement se composera de : une demi-circonférence (soit une circonférence moyenne), plus deux arcs *a b*, plus deux tangentes D′.

En rapprochant les deux développements, nous en trouvons une partie dont la valeur est commune et qui est une circonférence de ce cercle moyen ; par conséquent, il suffit de comparer les deux autres parties, qui sont, pour le premier développement : 2 D, et pour le second : 2 D′ + 2 *a b*.

Or, il est aisé, en décrivant du centre o un arc de cercle Oc avec oO ou D pour rayon, de s'apercevoir que $D' + ab$ est toujours plus grand que D.

Par conséquent le développement total d'une courroie *non croisée* est variable et est à son minimum sur les diamètres moyens, d'où :

La courroie se surtend au fur et à mesure qu'on l'éloigne des diamètres moyens égaux.

Maintenant quelle est l'influence réelle de cette surtension qui varie avec chaque cône différent ? Un exemple seul peut en donner une idée.

Si nous choisissons celui représenté fig. 1, pl. 19, en conservant les proportions des deux cônes, et en portant leur distance de centre en centre à 1 mètre, nous trouvons que la courroie passant de la position moyenne, où son développement total égale :

$$(1^{m} \times 2) + (3{,}1416 \times 0^{m}{,}40) = 3^{m}{,}257,$$

à l'une des positions extrêmes, doit s'allonger d'environ 10 millimètres, ce qui est réellement peu de chose sur une longueur primitive de 3,257. Mais aussitôt que la distance des axes diminuerait ou que le rapport des diamètres extrêmes serait plus grand, la différence deviendrait plus sensible, et cela suffit pour que l'on soit averti que ces deux conditions doivent être combinées de façon à ne pas rendre cet allongement trop considérable.

Il faut, en résumé :

Que l'obliquité maxima de la courroie soit ramenée à la plus petite valeur possible.

Nous rappelons encore qu'il s'agit d'une courroie *non croisée*, attendu qu'étant *croisée*, son développement reste, au contraire, constant dans les mêmes conditions. Mais il est bien rare qu'avec l'emploi des cônes accouplés on n'évite pas le croisement de la courroie, ce qui en rend les déplacements bien moins faciles.

Nous terminons ce que nous avions à dire sur les cônes-poulies en décrivant quelques types de construction en ce genre.

Cône appliqué a un tour, fig. 2 et 3, pl. 19. — Ce cône A, appliqué à un puissant tour construit dans les ateliers de Graffenstaden, est monté sur un axe E qui reçoit directement la commande du moteur.

Cet organe est d'une construction remarquable. Il se compose de cinq diamètres de poulies B, et d'un pignon denté C fondu de la même pièce ; la poulie la plus voisine de ce pignon est munie d'une joue a, afin de préserver la courroie d'une chute sur la denture. Le cône est fermé, comme nous l'avons montré précédemment, par un plateau en fonte D, portant un moyeu, et fixé au moyen d'oreilles b venues de fonte avec le cône ; la fig. 3 est un détail de cette disposition.

Ce cône, comme en général ceux qui s'appliquent aux tours à engrenages, n'est pas fixé sur l'axe E ; il y tourne, au contraire, librement, et avec une vitesse bien supérieure. C'est, en effet, le pignon C qui, par une transmission quelconque, commande, soit le plateau universel fixé à l'extrémité de l'arbre, soit une roue dentée rapportée sur celui-ci. En raison du frottement du cône sur son axe E, on a disposé, pour graisser, un tube en cuivre *c* qui permet d'introduire de l'huile, à laquelle la gorge *d* pratiquée dans l'arbre sert de réservoir.

Cône a débrayage de M. Decoster, fig. 4. — Ce cône est une double application du frottement à la transmission du mouvement, en raison du système de calage qui sert à le fixer sur son axe. On peut, en effet, le rendre fou à volonté, en agissant sur un manchon conique B qui forme coin entre l'arbre C et le moyeu du cône A. Le coin B, en forme de virole conique, est seul claveté sur l'arbre C au moyen de la clef *a* ; il est assemblé à rappel avec une vis D taraudée dans le bout de l'arbre C, et qui porte, fixé avec elle, un volant-manivelle E. Par cette disposition, il suffit, lorsqu'on veut embrayer, d'agir sur le volant E de façon à faire serrer le manchon B dans l'ouverture du moyeu, et produire, par le serrage, un frottement capable de résister à l'effort d'entraînement de la courroie sur la circonférence de la poulie.

Les notions que nous avons données sur les effets du coin combiné avec la friction permettront de se faire une idée du résultat d'un pareil assemblage.

Cône-poulie a gorges angulaires, fig. 11. — Ce système est très-employé, et convient aux transmissions qui se font avec des cordes de chanvre ou des cordes à boyau de petites dimensions et à section circulaire. La forme angulaire des gorges a pour objet d'augmenter l'adhérence de la corde qui se trouve serrée latéralement entre les deux surfaces en coin par la tension primitive qu'elle reçoit, comme les courroies ordinaires. L'angle que l'on adopte ordinairement, comme le plus convenable pour l'ouverture de la gorge, est de 60 degrés.

Le cône A, en fonte de fer ou en cuivre, est tourné extérieurement, tandis que l'intérieur pourrait rester brut. Il est supposé appliqué à un modérateur à force centrifuge employé dans les machines à vapeur ; on sait que dans ces sortes d'appareils, l'effort à surmonter, pour mettre le mécanisme en mouvement, est seulement égal au frottement du pivot dans sa crapaudine, et résulte du poids propre de l'équipage.

On applique également les poulies à gorge angulaire aux tours à pédale, dans lesquels l'effort à vaincre ne peut pas être considérable. Ces poulies se font aussi en bois et se composent, suivant leurs dimensions, d'un seul morceau ou de plusieurs parties superposées et fixées avec des vis.

OBSERVATIONS GÉNÉRALES SUR LES TRANSMISSIONS.

Avant de quitter ce sujet, sur lequel nous nous sommes efforcé de donner tous les renseignements nécessaires pour le faire bien connaître, il nous semble utile d'ajouter quelques observations générales sur les conditions essentielles à remplir pour l'établissement de toute bonne transmission dans laquelle se trouvent ordinairement réunis : des arbres, des paliers, des engrenages et des poulies ou tambours.

En principe, une transmission doit être aussi légère que possible et être réduite au nombre de tournants strictement nécessaires.

Toute masse en mouvement circulaire continu doit être parfaitement équilibrée ; aucune partie ne doit présenter de faux-rond ni éprouver de vibrations sensibles.

De l'observation de ces conditions fondamentales dépendent la durée du mécanisme et l'économie de puissance absorbée par les résistances passives.

Tous les constructeurs qui seraient, d'ailleurs, experts dans une autre spécialité, ne savent pas également bien établir une transmission, et ajoutons que la plus simple est l'objet d'une étude sérieuse de la part de celui qui sait et qui veut bien faire.

Et puis, il s'est introduit dans les usages de la mécanique une méthode qui n'a rien de favorable au progrès de cette branche de la construction, c'est le traité *au poids*, souvent le motif de contestations et de déloyale concurrence.

Un constructeur, qui a l'intention de faire pour le mieux, c'est-à-dire, réduire les poids et rendre les ajustements parfaits, est naturellement conduit à un prix de base élevé, tandis qu'en négligeant la main-d'œuvre et en employant plus de matière, un autre eût pu s'engager à des conditions, en apparence, plus avantageuses, mais, en réalité, aboutissant à un prix de revient total plus élevé par l'excès de matière employée et à un résultat défectueux par cet excès même.

D'ailleurs, ce prix au poids ne peut suivre aucune règle fixe, équitable : il est évident qu'une transmission avec de forts arbres et de lourds paliers sera taxée, à mérite égal, à un prix au poids bien moins élevé qu'une transmission composée de petits arbres, de minces poulies, d'engrenages à fines dentures, etc.

(Assez généralement, les prix de transmission varient, à Paris, de 1 fr. 60 le kilogramme à 0 fr. 90 ou 0 fr. 80, des plus délicates à celles qui comportent les plus lourdes pièces.)

Il faut avouer que l'on éprouve dans une pareille circonstance un véritable embarras, et nous ne pouvons donner de meilleurs conseils aux personnes qui désirent faire établir une transmission dans les conditions les plus convenables, que les suivants :

S'adresser à un constructeur habile dans cette spécialité.

Faire étudier d'avance l'ensemble de la transmission par un ingénieur-praticien qui fixera, au moins approximativement, la force de toutes les pièces, savoir : le diamètre des arbres, les dimensions des poulies, même comme épaisseur de la couronne et du croisillon ; les proportions des dentures d'engrenages, s'il s'en rencontre, les proportions des paliers et supports ; la nature des métaux employés, etc.

Enfin, traiter, sur un tel programme, avec le mécanicien, et ne pas hésiter à lui accorder le prix (à forfait, s'il est possible) pour lequel il s'engagera à une exécution parfaite.

Rien n'est plus cher qu'une transmission lourde et mal montée, l'eût-elle été pour rien.

CHAPITRE VII.

PROPORTIONS ET CONSTRUCTION DES COLONNES ET BATIS EN FONTE.

(PLANCHES 20 ET 21.)

Nous nous proposons de donner, dans ce chapitre, quelques exemples de dispositions employées pour établir les bâtis fixes et les grands supports des arbres de transmission importants et des engrenages qu'ils sont susceptibles de recevoir; nous nous occupons plus spécialement des colonnes-supports, considérées isolément, et appliquées, soit dans les constructions architecturales, soit dans des bâtis de machines.

Ce sujet se présente donc sous le double aspect de l'étude de la résistance et de la forme, deux conditions qui, dans cette circonstance encore, ne devraient jamais être disjointes; malheureusement, la résistance des colonnes, comme solides soumis à des charges de compression, ne repose, jusqu'à présent, sur aucune règle fixe et certaine, et nonobstant un certain nombre d'expériences tentées par des savants et des praticiens très-recommandables, les plus ingénieux analystes ont pour ainsi dire renoncé à déduire de leurs propres discussions sur ces expériences des principes qu'ils puissent poser sans réserve.

En disant quelques mots des principales recherches à cet égard, nous essayons de faire comprendre les motifs de cette incertitude.

PROPORTIONS DES COLONNES EN FONTE.

COLONNES PLEINES.

En exposant les principes généraux sur lesquels on s'appuie pour estimer la résistance des matériaux, nous avons dit quelques mots sur *la compression* (Int., p. XVII), ce qui nous dispense de revenir sur les circonstances particulières qui caractérisent ce mode de résistance.

Les *colonnes-supports*, en fonte, pleines ou creuses, que l'on applique dans la construction des machines ou des édifices, sont essentiellement des corps soumis à des efforts de compression ou d'écrasement de la part de la charge qu'ils supportent; leurs dimensions doivent donc être fixées en rapport avec cette résistance, et sur un taux tel qu'ils ne cèdent ou ne fléchissent jamais, même d'une quantité appréciable. Cette observation porte surtout sur l'application aux constructions architecturales, dans lesquelles les charges atteignent les plus grandes valeurs, et qui ne devraient souffrir d'aucun tassement (nous ne disons pas : *de ruptures*).

Avant toute expérience scientifique, la simple connaissance pratique de la question indique que la solidité d'un pilier, en général, si elle dépend de l'étendue de la section disposée perpendiculairement à la direction de l'effort, est aussi très-intimement liée à la forme d'ensemble de ce pilier, à sa longueur comparée à sa dimension transversale et aux dispositions qui peuvent intervenir pour le maintenir latéralement.

Or, des expériences qui permettraient de ramener un tel problème à des principes suffisamment arrêtés, devraient être faites sur des types aussi semblables que possible aux pièces en œuvre, et aussi variés que l'on est susceptible d'en rencontrer en pratique. Mais c'est là précisément que réside la difficulté, car la moindre colonne en fonte possède ordinairement des dimensions auxquelles une charge poussée jusqu'à la rupture par écrasement devient énorme, et, jusqu'à présent, on n'a tenté ce genre d'expérience que, pour ainsi dire, sur des échantillons, ce qui laisse donc au problème la plus grande partie des incertitudes qu'il offre.

Ainsi, M. Hodgkinson, le savant ingénieur anglais qui s'est tant occupé de la résistance des métaux, a recherché *la flexion*, par compression, de la fonte de fer sur des barres de 3 mètres de longueur sur $6^{cq},45$ de section ; il n'avait en vue que de déterminer le coefficient d'élasticité, mais lorsqu'il a voulu pousser jusqu'à la rupture, il n'a guère employé que de petits prismes de quelques millimètres de hauteur et de dimension transversale.

Ces dernières expériences lui ont démontré que dans ces conditions, c'est-à-dire, lorsque la hauteur d'un prisme cylindrique ne dépasse pas 1 à 3 fois le diamètre, la fonte s'écrase sous un effort moyen de 8000 kilogrammes par centimètre carré.

M. A. Guettier, ingénieur français, qui possède les connaissances pratiques les plus étendues sur l'industrie des métaux et, particulièrement, sur la fonte de fer, a fait des expériences analogues qui lui ont fourni des résultats assez conformes aux précédents.

Nous trouvons dans son excellent ouvrage sur la fonderie, que de petits cubes de de fonte de 1 cent. de côté, ayant été écrasés, ont fourni les résultats suivants :

Fonte grise, très-douce. — . . . . Rupture à 9800 kil.
Fonte à grains, serrée et presque truitée. — . . . . . . » . . 10600
Fonte presque blanche. — . . . . » . . 6800

Le même expérimentateur a fait des essais sur une série de prismes en fonte à grain *gris-serré*, cylindriques, quadrangulaires et triangulaires, de 1 centimètre de diamètre ou de côté, dont les hauteurs variaient, dans les trois types, de 1 à 3 fois la dimension de la base.

Les résultats de ces essais sont indiqués dans le tableau suivant :

EXPÉRIENCES SUR LES FONTES A L'ÉCRASEMENT, PAR M. GUETTIER.

NATURE DU PRISME.	DIMENSIONS.		CHARGE ayant produit l'écrasement.	
	Diamètre ou côté.	Hauteur.	Totale.	Par millim. carré.
	millim.	millim.	kilog.	kilog.
Cylindrique	10	10 20 30	8635 8400 7930	110 107 101
Quadrangulaire	10	10 20 30	10600 10400 9992	106 104 100
Triangulaire	10	10 20 30	4214 4000 3875	98 93 90

Par conséquent, ce sont, en général, les prismes les plus courts qui ont résisté davantage, et, toutes choses égales, d'ailleurs, les cylindres ont offert la plus grande résistance.

Que l'on veuille bien remarquer que chaque rapport de hauteur correspond à un mode de rupture différent, ce qui justifie évidemment l'effort différent sous lequel elle se produit.

Donc chaque système de colonne ou de pilier, plein ou creux, rond ou carré, avec ou sans nervures, long ou court, etc., donnerait un résultat différent, sans parler de chaque nature de fonte qui possède son caractère particulier, l'une résistant mieux à l'écrasement qu'à la flexion, *et vice versâ*, l'autre possédant ces deux qualités à des degrés divers, etc., etc.

Comment, en présence de tant de caractères propres et distincts, s'appuyer sûrement sur autre chose que sur des expériences aussi nombreuses que variées, et portant, non sur des spécimens, mais sur les objets eux-mêmes ?

C'est précisément parce que ces expériences n'ont pas encore été faites, au moins d'une façon aussi complète, qu'il y a doute, et que les quelques données scientifiques que l'on possède actuellement sont rarement en accord avec la pratique usuelle.

Néanmoins, comme il faut bien s'arrêter à quelque chose et indiquer un point de départ, nous allons donner, d'après M. le général Morin, le résultat des expériences spéciales faites par M. Hodgkinson sur quelques types de colonnes-piliers.

Déjà nous avons fait connaître (Int., p. XIX), d'après le même expérimentateur, une loi suivant laquelle la résistance des piliers cylindriques, par compression, serait, à peu près, directement proportionnelle à la quatrième puissance du diamètre et en raison inverse du carré de la hauteur.

Ces dernières expériences, relatives aux piliers en fonte, l'ont conduit à des formules empiriques dont les suivantes sont la traduction en mesures françaises :

$$\text{Colonnes pleines : } \quad P = 10676\,\frac{d^{3,6}}{l^{1,7}}\,;$$

$$\text{Colonnes creuses : } \quad P = 10676\,\frac{d^{3,6} - d'^{3,6}}{l^{1,7}},$$

dans lesquelles :

P représente la charge de rupture, en kilogrammes ;

d et d' — les diamètres extérieur et intérieur en centimètres ;

l — la hauteur en décimètres.

Néanmoins, ces formules ne sont applicables, ou pour mieux dire, ne s'accordent avec les faits observés, que pour des piliers dont la hauteur est comprise, environ, entre 25 fois et 120 fois leur diamètre.

Mais il est remarquable que ces formules, avec leurs exposants fractionnaires, ne sont que d'un difficile usage pour les praticiens, et même pour les employer à la formation de tables toutes calculées.

M. Love, ingénieur distingué que nous avons souvent cité pour son ouvrage et ses recherches sur la résistance des matériaux, a proposé la formule suivante pour remplacer celle ci-dessus relative aux colonnes pleines et comme pouvant lui être substituée, avec une exactitude suffisante pour la pratique :

$$P = \frac{RA}{1,45 + 0,00337\left(\frac{L}{D}\right)^2},$$

dans laquelle :

P exprime la charge de rupture, comme ci-dessus;

R — la résistance spécifique maxima du métal à l'écrasement, par centimètre carré ;

A — la section transversale du pilier, en centimètres carrés ;

L et D — sa hauteur et son diamètre, en centimètres.

Substituant à l'aire A, dans cette formule, sa valeur en fonction du diamètre D, et remplaçant R par 1250 kil., charge par centimètre carré à laquelle on trouve que la fonte peut résister *avec sécurité*, on obtient, en résumé, la règle pratique suivante qui peut être alors appliquée à la détermination des proportions d'une colonne en fonte, pleine, à construire :

$$P = \frac{1250\,D^4}{1,85\,D^2 + 0,0043\,L^2}.$$

A l'aide d'une méthode semblable, on obtient pour les colonnes rondes, pleines, *en fer*, cette deuxième relation dans laquelle on admet que ce métal ne doit pas être chargé, par compression, de plus de 600 kilogrammes par centimètre carré :

$$P = \frac{600\,D^4}{1,97\,D^2 + 0,00064\,L^2}.$$

Désirant restreindre cette étude aux colonnes en fonte, dont l'emploi, en mécanique, est du reste beaucoup plus fréquent que celui des colonnes en fer, nous citons seulement la formule, qui offre la même disposition dans les deux cas, et ne diffère que par les coefficients. L'exemple suivant, appliqué aux colonnes en fonte, suffira donc pour montrer comment l'on devrait opérer pour celles en fer.

Exemple. Quelle charge peut porter, avec sécurité, une colonne en fonte semblable à celle représentée fig. 7, pl. 20, dont le diamètre minimum égale 15 centimètres et la hauteur 6 mètres ?

La règle précédente fournit :

$$P = \frac{1250 \times (15)^4}{1,85 \times (15)^2 + 0,0043 \times (600)^2} = 32216 \text{ kilog.}$$

Mais ces colonnes, qui sont solidement reliées au bâtiment en un point ordinairement situé un peu au-dessus du milieu de leur hauteur, offriraient, par cela même, un grand accroissement de résistance.

Tables des proportions des colonnes pleines. — Cette formule a été employée, par M. Morin, pour dresser une table qui permet d'estimer, sans calcul, les résistances d'un grand nombre de colonnes, et que nous reproduisons ci-après, n° XXII, en modifiant un peu sa disposition.

Cette table correspond à une série de colonnes cylindriques en fonte de diamètres différents : 5, 6, 8, 10, 12, 15, 20 et 25 centimètres, et de hauteurs variables, et indique les charges auxquelles on peut les soumettre avec sécurité. Sa disposition est justifiée par ce fait que, principalement pour les constructions architecturales, on trouve, dans le commerce, des modèles tout prêts, parmi lesquels on choisit alors celui qui convient le mieux à la charge que l'on veut soutenir.

Supposons, par exemple, une charge de 100000 kilog. qui doit reposer sur 12 colonnes, dont la hauteur doit être de 4 mètres ou 400 centimètres ; chaque colonne devra donc porter environ 8333 kilog. ; or, la table indique, pour cette hauteur, dans les deux séries des diamètres 8 et 10, 6349^k et 14318^k : il faudra donc que les colonnes portent environ 9 centimètres, et si l'on doit les choisir dans une série existante, on adoptera le modèle le plus approché de ce diamètre.

Mais, si de la même formule, on tire directement la valeur du diamètre en fonction de la charge et de la hauteur, on obtient, après calcul des quantités numériques invariables, la relation suivante :

$$D^2 = \left(\frac{\sqrt[2]{344\,L^2P + 54,76\,P^2}}{10000}\right) + \frac{74\,P}{100000}.$$

XXIIe

TABLE

DES CHARGES QUE L'ON PEUT FAIRE SUPPORTER A DES COLONNES EN FONTE, PLEINES, DE DIAMÈTRES ET DE HAUTEURS VARIABLES.

Diamètre = 50 mill.		Diamètre = 60 mill.		Diamètre = 80 mill.		Diamètre = 100 mill.	
Hauteur.	Charge.	Hauteur.	Charge.	Hauteur.	Charge.	Hauteur.	Charge.
mètres.	kilog.	mètres.	kilog.	mètres.	kilog.	mètres.	kilog.
1.00	8742	1.50	9917	2.00	17630	2.00	35014
1.10	7929	1.75	8169	2.25	15234	2.50	27548
1.20	7232	2.00	6789	2.50	13228	3.00	21853
1.30	6569	2.25	5698	2.75	11542	3.50	17562
1.40	5985	2.50	4830	3.00	10130	4.00	14318
1.50	5463	2.75	4134	3.25	8941	4.50	11839
1.60	4997	3.00	3571	3.50	7936	5.00	9920
1.80	4210	3.25	3110	3.75	7080	5.50	8413
2.00	3579	3.50	2730	4.00	6349	6.00	7212
2.20	3086			4.50	5176		
2.40	2665			5.00	4290		
2.60	2318						
2.80	2038						
3.00	1803						

Diamètre = 120 mill.		Diamètre = 150 mill.		Diamètre = 200 mill.		Diamètre = 250 mill.	
3.00	39669	3.00	78781	4.00	140056	4.00	264758
3.50	32679	3.50	67106	4.50	124165	4.50	240888
4.00	27158	4.00	57306	5.00	110192	5.00	218837
4.50	22793	4.50	49169	5.50	98003	5.50	198730
5.00	19323	5.00	42435	6.00	87112	6.00	180560
5.50	16559	5.50	36855	6.50	78224	6.50	164238
6.00	14285	6.00	32216	7.00	70249	7.00	149630
6.50	12442	6.50	28339	7.50	63316	8.00	124936
7 00	10921	7.00	25079	8.00	57273	9.00	105250
		7.50	22321	8.50	51991	10.00	89490
		8.00	19973	9.00	47359		
				10.00	39682		

A l'aide de cette expression, nous avons calculé une autre table n° XXIII, qui, bien que complétement en rapport avec la première, en diffère en ce qu'elle a pour points de départ les charges et les hauteurs, et donne les diamètres correspondants en millimètres.

Quoique tous les diamètres aient été calculés dans cette seconde table pour tous les cas proposés, il est nécessaire de rappeler que la formule de M. Hodgkinson n'est considérée comme représentant suffisamment bien les résultats de ses expériences que pour des piliers dont le rapport du diamètre à la hauteur varie dans les limites de 25 à 120, environ. A cet effet, un trait indique, dans les trois pre-

XXIIIe

TABLE

DES DIAMÈTRES DES COLONNES EN FONTE, PLEINES, POUR DES CHARGES ET DES HAUTEURS VARIABLES.

CHARGES en kilog.	DIAMÈTRES DES COLONNES EN FONTE, PLEINES, POUR LES HAUTEURS DE :									
	1 mètre.	2 mètres.	3 mètres.	4 mètres.	5 mètres.	6 mètres.	7 mètres.	8 mètres.	9 mètres.	10 mètres.
kilog.	mill.	mill.	mill.	mill.	mill.	mill.	mill.	mill.	mill.	mill.
1000	26	35	43	49	55	60	64	69	73	77
1500	29	39	47	54	61	66	71	76	81	85
2000	31	42	51	58	65	71	77	82	87	92
3000	35	47	57	65	73	79	85	91	97	102
6000	44	58	69	78	88	95	102	109	115	122
8000	49	63	75	85	94	103	110	117	124	131
10000	52	67	80	90	100	103	117	124	131	139
15000	60	76	89	101	112	122	130	139	146	154
20000	67	83	97	109	121	132	141	150	158	166
25000	73	90	104	117	129	140	150	159	168	176
30000	78	95	109	123	135	147	157	167	176	185
40000	87	104	120	134	147	159	170	181	191	200
50000	96	113	129	143	157	170	181	192	203	212
75000	115	131	147	163	178	191	204	215	226	238
100000	130	147	163	179	194	209	222	234	246	257

mières colonnes de la table, le point où les diamètres trouvés commencent à sortir de ces limites.

Pour rendre plus sensible, même aux yeux, la loi suivie par cette relation de résistance, nous l'avons traduite en un diagramme représenté par la fig. 95, page 368.

Ce tracé a pour base deux échelles qui correspondent respectivement aux charges et aux diamètres, constituant les abscisses et les ordonnées d'une série de courbes partant de A, lesquelles sont relatives aux hauteurs différentes de 1 à 10 mètres, inclusivement.

Il est facile de voir que ce tracé, lorsqu'il est possible de l'exécuter à une échelle un peu grande, permet les mêmes résolutions que la table ci-dessus.

Ainsi, admettons qu'il s'agisse de trouver le diamètre d'une colonne en fonte, pleine, de 4 mètres de hauteur, et devant supporter 18000 kilogrammes, le diamètre cherché est représenté par la partie *ab* de l'ordonnée passant par ce chiffre pris sur l'échelle inférieure AB et limitée par la courbe correspondant à 4 mètres, partie qui est égale, d'après l'échelle AD, à 106 millimètres, le diamètre cherché.

Mais ce diagramme, malgré les faibles proportions auxquelles il nous a fallu le réduire, permet d'apprécier la loi suivie par les diamètres relativement aux hauteurs et aux charges, ou du moins celle qui résulte de la formule empirique dont il n'est que la traduction.

A partir de 0 charge, les diamètres augmentent avec une grande rapidité, et semblent, en quelque sorte, leur devenir proportionnels dans les limites opposées du tracé où les courbes se rapprochent sensiblement de la ligne droite.

Quant aux changements de hauteur, les diamètres forment une progression en rapport décroissant en sens inverse des hauteurs, décroissance d'autant plus sensible que les charges sont plus faibles.

Fig. 95.

DIAGRAMME RELATIF AUX DIMENSIONS DES COLONNES PLEINES EN FONTE.

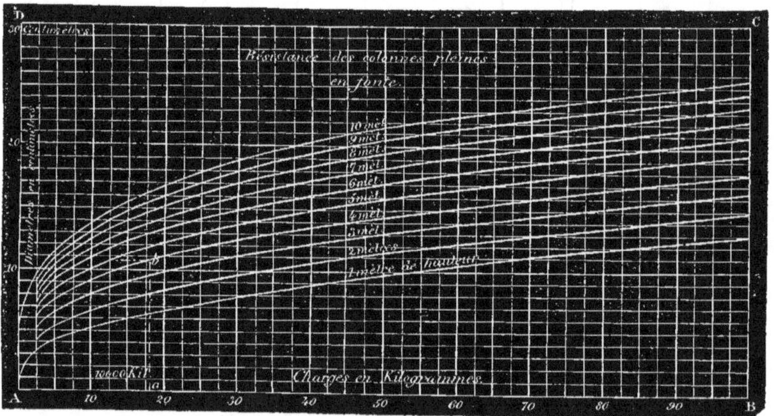

Remarque. La formule dont on vient d'examiner l'emploi pour déterminer les proportions des colonnes en fonte, pleines, présente aussi cette particularité intéressante, qu'elle leur attribue une résistance spécifique variable par unité de section, mais qui devient constante pour chaque rapport différent entre la hauteur et le diamètre.

Ainsi, si l'on désigne ce rapport par n, soit que l'on ait :

$$L = nD,$$

et que l'on remplace, dans la formule, L par cette dernière valeur, il vient :

$$P = \frac{1250\,D^4}{1{,}85\,D^2 + 0{,}0043\,n^2 D^2} = \frac{1250\,D^2}{1{,}85 + 0{,}0043\,n^2}.$$

Or, ceci étant la charge totale P qui correspond à la colonne dont le diamètre est D et la hauteur nD, son taux de résistance, ou la charge qu'elle supporte par *centimètre carré de section transversale*, est évidemment le quotient de valeur de P par la section même, soit :

$$\frac{P}{0,7854\,D^2} = \frac{1250\,D^2}{(1,85+0,0043\,n^2)\times 0,7854\,D^2} = \frac{1250}{(1,85+0,0043\,n^2)\times 0,7854}.$$

Par conséquent, ce taux de charge ne dépendant absolument que de n^2 et ne variant qu'avec lui, il en résulte : *qu'à rapport égal entre la hauteur et le diamètre*, toute colonne est basée sur : *une même charge par centimètre carré de section transversale.*

Si, nous appuyant sur ce principe, nous recherchons les taux de charge extrêmes dans la série de colonnes portée au tableau n° XXII précédent, nous obtenons les résultats qui suivent :

Le plus grand rapport n, qui doit fournir le plus faible taux de charge, correspond à la colonne de 80 mill. de diamètre et de 5 mètres de hauteur, et égale 62,5.

Le plus petit, qui donnera le taux de charge le plus élevé, correspond à la colonne de 250 mill. de diamètre et de 4 mètres de hauteur ; il égale 16.

Les deux taux de charge atteignent, d'après cela, les valeurs suivantes :

Le plus faible : $$p = \frac{1250}{(1,85+0,0043\times\overline{62,5}^2)\times 0,7854} = 85^k,30.$$

Le plus fort : $$p = \frac{1250}{(1,85+0,0043\times 16^2)\times 0,7854} = 539^k,49.$$

Nous aurions donc pu construire une table d'après ce système, c'est-à-dire, qui indiquât chaque taux de charge, pour une série de rapports différents. Mais comme, lorsqu'il s'agit d'établir une colonne, ce rapport n'est pas connu, la nécessité d'une pareille table ne nous paraît pas démontrée. Il nous semble donc suffisant de s'en tenir à cette remarque.

COLONNES CREUSES.

Si, pour une certaine limite du rapport entre le diamètre et la longueur, l'opération de la coulée des colonnes en fonte ne s'y opposait pas, il y aurait toujours avantage à les faire *creuses*, car il est évident qu'en considération des effets de flexion qui font baisser le taux de résistance d'un pilier, une colonne creuse, à poids égal, sera d'un diamètre plus grand qu'une colonne pleine et fléchira moins.

Mais, comme on n'est pas maître de réduire indéfiniment l'épaisseur d'une colonne creuse, et que le minimum de cette épaisseur, pour des motifs de fabrication, est limité, en raison du rapport entre le diamètre extérieur et la longueur, on est conduit à restreindre l'emploi des colonnes creuses qui ne conviennent, en effet, qu'au-delà d'un certain diamètre.

Voici d'après M. Guettier, les relations de diamètres, épaisseurs et hauteurs qu'il est bon de conserver, afin de réserver à la fabrication toutes ses facilités :

COLONNES CREUSES.		
DIAMÈTRE EXTÉRIEUR.	LONGUEUR.	ÉPAISSEUR.
millimètres.	mètres.	millimètres.
70	2.50	12
81	2.50	12
	3.25	15
94	2.50	12
	3.65	15
108	3.00	12
	3.50	15
	4.50	18
135	3.00	15
	4.50	18
	5.50	20
162	3.00	15
	4.50	18
	5.50	20
200	4 à 5	20
	5 à 6	25
250	6 à 7	28
300	6 à 8	30 à 35

En dehors de ces limites, il arrive que l'on établit des colonnes creuses d'un plus grand diamètre extérieur et relativement minces, mais qui sont en plusieurs parties sur la hauteur, comme nous en montrerons un exemple.

Proportions des colonnes creuses. — En appliquant, dans les formules de M. Hodgkinson (p. 364), le même coefficient aux colonnes creuses qu'aux colonnes pleines, on admet que :

La résistance d'un pilier creux cylindrique est égale à la différence des résistances de deux piliers pleins ayant respectivement pour diamètres le diamètre extérieur et le diamètre du vide.

Nonobstant la simplicité de cette donnée générale, son application à un cas proposé est à peu près impossible *sans tâtonnements*, et la détermination des diamètres d'une colonne creuse, pour une charge et une hauteur données, ne peut plus avoir lieu par le même procédé que précédemment.

La méthode qui nous a paru la plus simple, pour guider les recherches dans cette détermination, consiste à former à priori une série de colonnes, pour différentes hauteurs, et dont les diamètres intérieurs et extérieurs restent, pour chaque type, *dans un rapport constant*, puis de déterminer, dans chaque cas proposé, la charge correspondante, en nous basant sur le théorème précédent.

En fixant ce rapport à 0,8, et en partant de 10 centimètres comme diamètre extérieur minimum, on conserve des épaisseurs praticables dans tous les cas, sous la réserve de n'appliquer chaque modèle, *d'une seule pièce, qu'autant que la hauteur le permet*, en considération des exigences de la fonderie.

Ainsi, il est clair que supposant une série de hauteurs de 2 à 10 mètres, la colonne creuse de 10 centimètres de diamètre extérieur n'est possible, d'une seule pièce, qu'au plus jusqu'à 2 ou 3 mètres ; celle de 20 centimètres pourra s'exécuter peut-être jusqu'à 5 ou 6 mètres et même au-delà, etc. Ajoutons même, que pour ces hauteurs et au-dessus, il est toujours plus sûr de composér la colonne de plusieurs tronçons, *quel que soit le diamètre.*

La table suivante donne les résultats calculés, d'après cette méthode, pour des colonnes variant de 100 à 500 millimètres de diamètre, de 50 en 50 millimètres, et pour des hauteurs de 2 à 10 mètres, de mètre en mètre.

XXIVe TABLE

DES CHARGES QUE L'ON PEUT FAIRE SUPPORTER AVEC SÉCURITÉ A DES COLONNES CREUSES, EN FONTE, LE RAPPORT ENTRE LES DIAMÈTRES INTÉRIEUR ET EXTÉRIEUR ÉTANT CONSTANT ET ÉGAL A 0,8.

DIAMÈTRES		CHARGES POUR DES HAUTEURS DE :								
extérieur.	intérieur.	2 mètres.	3 mètres.	4 mètres.	5 mètres.	6 mètres.	7 mètres.	8 mètres.	9 mètres.	10 mètres.
mill.	mill.	kilog.	kilog.	kilog.	kilog.	kilog.	kilog.	kilog.	kilog.	kilog.
100	80	17500	12000	7800	5800	4000	3250	2500	1910	1600
150	120	44000	38500	31000	24600	18000	14000	11250	9500	7800
200	160	92409	83435	69533	57293	46888	38505	32500	26000	22700
250	200	148314	138936	124707	108645	93150	79381	67662	57891	49810
300	240	216070	208092	193948	176260	156449	137706	120595	105503	92448
350	280	295756	288819	275647	257164	235539	212943	190963	170565	152059
400	320	387411	381556	369634	351653	322792	303972	278131	252918	229174
450	360	491120	486158	475527	458568	436063	409632	381089	352009	323566
500	400	606911	602679	593257	577553	555743	528965	498810	466891	434579

L'emploi de cette table n'exige aucune instruction particulière. Nous en donnerons seulement un exemple.

Une colonne de 200 extérieur et de 160 intérieur, ce qui répond au rapport 0,8, et lui donne 20 millimètres d'épaisseur, est capable de supporter, avec sécurité, des charges variant de 92409 à 22700 kilogrammes, suivant qu'elle doit avoir de 2 à 10 mètres de hauteur ; mais elle sera construite en une ou plusieurs pièces, suivant que les procédés de fonderie permettront ou ne permettront pas d'obtenir l'épaisseur avec régularité, ce qui peut être résolu en s'en rapportant aux indications ci-dessus empruntées à M. Guettier.

Maintenant il est possible que l'on ne veuille pas ou que l'on ne puisse pas se conformer rigoureusement aux épaisseurs supposées dans la table, qu'ayant, par exemple, à construire des colonnes dont le diamètre extérieur et la hauteur sont donnés d'avance, ces colonnes n'aient pas à porter une charge aussi élevée que celle indiquée par la table, dans lequel cas on peut réduire l'épaisseur.

En pareille circonstance, la table permet de connaître les limites qui circonscrivent le problème que nous avons dit ne pouvoir se résoudre sans tâtonnements. Pouvant donc apprécier à peu près la réduction possible d'épaisseur, si l'on veut se fixer positivement sur la résistance de cette colonne, dont on vient de se donner toutes les dimensions, on devra estimer les résistances du plein et du vide, considérés comme piliers pleins, et en faire la différence, laquelle ne devra pas être inférieure à celle totale proposée. Elle pourra bien se trouver supérieure ; mais si l'on a adopté l'épaisseur minima que la coulée permette et que le diamètre extérieur ne puisse varier, il faudra bien accepter l'excédant de résistance et de poids, ce que, du reste, l'on admet constamment en pratique, pour de pareils supports qui ont certainement toujours un excès de résistance.

Il ne sera pas inutile de faire un exemple tendant à démontrer l'économie de poids qui résulte de l'emploi des colonnes creuses, comparativement aux autres.

En jetant les yeux sur la table XXIIIe, relative aux colonnes pleines, nous voyons qu'une colonne pleine de 4 mètres de hauteur et de 123 millimètres de diamètre, répond à une charge de 30000 kilogrammes ; de même la table des colonnes creuses nous indique qu'une colonne creuse de même hauteur et pour une charge de 31000 kilogrammes, aurait 150 et 120 de diamètres extérieur et intérieur.

Or, 123, diamètre de la colonne pleine, correspond à une section de 119 centimètres carrés ; 150 à $174^{cq.}$, et 120 à $113^{cq.}$, d'où la section effective annulaire de la colonne creuse égale :

$$174 - 113 = 61^{cq.}$$

Puisqu'à hauteurs égales, les poids de ces deux colonnes sont proportionnels à leurs sections, le rapport de ces poids sera :

$$\frac{\text{Colonne creuse : } 61}{\text{Colonne pleine : } 119} = 0,51.$$

Donc la colonne creuse, qui correspond même à une charge de 31000 contre 30000, procurera une économie de poids de 49/100 sur la colonne pleine, ce qui est énorme.

Pour les colonnes creuses, comme pour les colonnes pleines, nous avons dressé un diagramme qui reproduit la table précédente, mais qui met bien en évidence les propriétés singulières du calcul employé pour cette détermination.

La fig. 96, qui est une reproduction réduite du tracé original que nous avons exécuté sur une grande échelle, montre, comme précédemment, une série de courbes relatives aux hauteurs différentes de 2 à 10 mètres ; l'échelle AD représente encore les diamètres *extérieurs* des colonnes, et celle AB les charges, de 0 à 600000 kilogrammes.

L'emploi de ce tracé est évidemment le même que celui du précédent. Mais montrons-en néanmoins un exemple.

De quel poids peut-on charger une colonne creuse de 40 cent. de diamètre extérieur (32 cent. de diamètre intérieur, par conséquent) et de 4 mètres de hauteur ?

De l'intersection b, du degré de l'échelle A D indiquant ce diamètre, avec la courbe relative à 4 mètres de hauteur, abaissant l'ordonnée $b\,a$, on trouve sur l'échelle inférieure un peu moins de 370000 kil., qui est la charge demandée.

Fig. 96.

DIAGRAMME RELATIF AUX DIMENSIONS DES COLONNES CREUSES, EN FONTE.

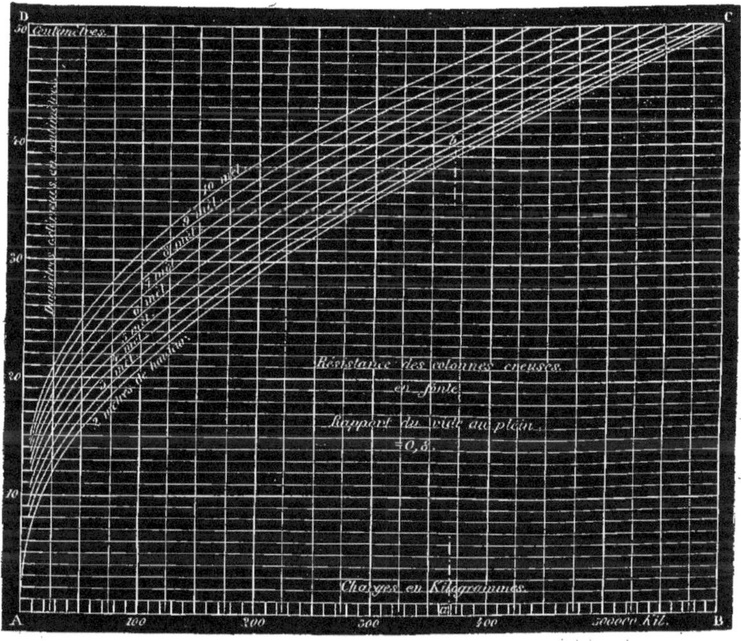

La table numérique précédente indique 369634 kil. pour les mêmes données.

Ce qui est très-digne de remarque, c'est l'espèce de progression renversée que présentent les distances relatives entre ces courbes qui se rapprochent dans une extrémité du tracé et s'éloignent dans l'autre.

A partir de 0 charge, ces courbes semblent se confondre et s'écartent progressivement, en partant de la série des plus grandes hauteurs aux plus faibles ; mais au fur et à mesure que les diamètres augmentent, il y a d'abord deux minimâ d'écartement (vers 250 de diamètre), puis la décroissance change de direction et, vers les plus grands diamètres, ce sont les courbes relatives aux plus faibles hauteurs qui tendent à se rapprocher, etc.

On pourrait tirer de cet examen diverses conséquences qui rentrent plutôt dans le domaine d'une discussion théorique que dans l'application, et dont nous croyons alors pouvoir nous dispenser, d'autant plus, qu'après tout, cette méthode destinée à servir seulement de guide dans une recherche pratique, a pour base des principes qui ne sont pas absolument rigoureux, comme nous le disions en commençant cette relation sur la résistance des colonnes et des piliers.

Nous ne pensons pas, en résumé, devoir insister davantage, vu l'état peu avancé de la question, sur les proportions à donner aux colonnes en fonte, dont l'intérêt, surtout au point de vue des machines, réside principalement dans la forme et les dispositions plutôt que sur la résistance même, que ces dispositions exigées par chaque application différente et les procédés de construction conduisent plutôt à augmenter qu'à restreindre. Ce qu'il nous en reste à dire, trouvera, du reste, sa place plus loin, en décrivant quelques types principaux de ce genre d'organes.

Néanmoins, les recherches qui ont permis de poser ces bases approximatives, que nous avons essayé de faire connaître, sont dignes d'être prises en considération, puisque ce sont les seules que l'on possède, et il nous a paru très-utile de les joindre au travail purement descriptif qui suit, car ce sont au moins des bases, quoiqu'incertaines, et que les constructeurs pourront vérifier par leur application même.

Conformément à l'ordre suivi précédemment, nous allons examiner d'abord quelques types de colonnes pleines et ensuite des modèles de colonnes creuses.

CONSTRUCTION DES COLONNES EN FONTE.

COLONNES PLEINES.

(PLANCHE 20.)

COLONNES SIMPLES APPLIQUÉES DANS LES CONSTRUCTIONS EN MAÇONNERIE, FIG. 1 à 4. — On applique depuis longtemps, dans la construction des bâtiments, des colonnes en fonte qui font l'office de piliers et qui permettent, lorsque la place est disponible pour les recevoir, de réduire, pour une portée donnée, les dimensions d'une poutre ou d'un poitrail.

Une colonne de ce genre, dont la fig. 1 représente la partie supérieure, présente un fût à peu près cylindrique A, terminé, en haut par un chapiteau circulaire B et, en bas, par une base d'une forme analogue ; à chacune des extrémités on scelle, à la coulée, un goujon en fer *a* qui sert à maintenir latéralement la colonne dans le dé ou *libage* en pierre qui la reçoit et dans la poutre qu'elle supporte.

Ce modèle de colonne, qui n'est nullement décoratif, se trouve dans le commerce par série, comprenant des grosseurs et des longueurs différentes. Lorsqu'on veut, au contraire, que la colonne figure franchement dans la décoration et qu'elle s'harmonie avec l'ensemble de l'édifice, il faut qu'elle soit commandée exprès.

Tel serait, par exemple, le modèle représenté, comme détails, fig. 2 et 3, dans lequel le chapiteau est d'un profil plus élégant, et dont le tailloir possède une large surface, avec des écoinçons ou nervures *b* pour le consolider.

Il est, du reste, un point qui ne nous semble pas toujours suffisamment observé dans la structure des colonnes de fabrication courante pour le bâtiment : c'est la grande surface que doivent posséder les extrémités comparativement au diamètre du corps. Ces colonnes sont prises, en effet, ordinairement entre une pierre et une pièce de bois dont la résistance à l'écrasement est bien moindre que celle de la fonte ; il serait donc naturel d'établir le contact de la colonne avec ces matériaux, relativement tendres, par des surfaces beaucoup plus grandes que la section du corps de la colonne, afin d'éviter au moins les effets de compression ou de pénétration qui peuvent amener, au bout d'un certain temps, du *tassement* dans une construction.

En Angleterre, on fait usage d'un système de pilier qui permet de varier assez facilement le profil de la base et du chapiteau et de fixer très-exactement la longueur du pilier sans recourir à des séries composées de types nombreux.

La fig. 4, qui représente un exemple de ce mode particulier, montre qu'il consiste à faire du pilier une simple tige cylindrique A, qui s'emboîte, par les deux extrémités, dans la base B et le chapiteau C, qui constituent alors des pièces fondues à part. Il est aisé, alors, de couper le pilier à la longueur voulue et de lui appliquer une base et un chapiteau de profils plus ou moins variés. Néanmoins, on fait remarquer que ce système n'offre peut-être pas une aussi grande sécurité que lorsque la colonne est d'une seule pièce, et pour en récupérer autant que possible les avantages, il faut que les joints plats des emboîtements soient exécutés avec une très-grande précision.

Colonnes accouplées, fig. 5 et 6. — On a appliqué à Paris, pendant très-longtemps, dans la construction des maisons de produit, et ayant des boutiques ou magasins à devantures ouvertes, des piliers composés de deux colonnes A, pareilles à celle décrite tout à l'heure, et reliées en deux points de leur longueur par des colliers en fer *a*. Ces colliers sont formés de deux brides qui entourent chaque colonne, s'entre-croisent et sont rivées dans l'intervalle qui les sépare.

On adoptait cette disposition pour réduire l'épaisseur d'ensemble de ces piliers qui étaient ordinairement au nombre de deux pour soutenir la portée du poitrail dans l'ouverture d'une travée de boutique, dont ils occupaient les deux côtés de la porte, et que l'on enveloppait d'un coffre en menuiserie, formant pilastre, pour les dissimuler.

L'emploi des colonnes jumelles accouplées a peu à peu fait place, dans la construction des bâtiments en maçonnerie, à celui des colonnes simples, plus fortes en diamètre, dont nous allons citer un exemple.

Si l'on se reporte aux principes exposés précédemment et sur lesquels reposent la résistance des piliers, on reconnaît facilement qu'à résistance égale, deux colonnes sont plus lourdes qu'une seule.

Admettons, pour exemple, qu'une charge de 30000 kilogrammes doive être supportée, soit par une seule colonne de 4 mètres de hauteur, soit par deux colonnes de hauteur égale et supportant alors chacune 15000 kilogrammes.

Suivant la première de ces deux conditions, la table indique que le diamètre qui convient à la colonne unique de 4 mètres et pour 30000 kil., serait de 123 millimètres; dont la section correspondante égale 119 centimètres carrés ;

Pour la seconde, la même table donne pour 15000 kil., 101 mill. de diamètre, dont la section est de 80 centimètres carrés.

Enfin, les poids étant, à hauteurs égales, proportionnels aux sections, on aurait pour les poids comparés de la colonne unique et des deux colonnes jumelles :

$$\frac{123}{80 \times 2} = 0,76.$$

L'économie de poids serait donc d'environ 20 à 25 pour cent, en faisant usage de la colonne simple. Il est vrai que les colonnes jumelles sont reliées ensemble; mais puisque c'est la forme cylindrique qui paraît le mieux résister à la compression, il n'en reste pas moins établi, qu'à poids égal, la colonne simple sera la plus résistante.

Colonne simple, fig. 7. — On remplace aujourd'hui, dans le même emploi, les colonnes jumelles par celles du modèle dont la fig. 7 représente la partie supérieure et dont la hauteur peut comprendre le rez-de-chaussée et l'entresol, comme elle peut être aussi limitée à celle du rez-de-chaussée.

Lorsqu'une colonne semblable doit s'élever jusqu'à la partie supérieure de l'entresol, comme dans notre exemple, elle est fondue, à son extrémité supérieure et à la hauteur du premier plancher, avec deux consoles b et b' sur lesquelles viennent s'appuyer les fers en double T, ou *filets* B, qui entrent dans la construction de ces planchers ; lorsqu'on applique des colonnes comprenant l'étage d'entre-sol, les poitraux en charpente ou en fer ou le bandeau principal en pierre, sur lequel la façade du bâtiment est assise, se trouvent reportés au-dessus de cet étage et les consoles b' intermédiaires ne correspondent qu'à un simple plancher.

C'est de ce dernier que les fers B font partie, comme solives principales ; ils sont placés de chaque côté du corps A de la colonne, puis reliés entre eux par des liens en fer. On a représenté ici, ce qui n'a pas toujours lieu, des talons saillants c destinés à maintenir ces fers B extérieurement.

Les colonnes employées dans les bâtiments civils, dont la façade est en pierre et comprend quatre étages, ont ordinairement 14 à 15 centimètres de diamètre sur environ 6 mètres de hauteur, lorsque l'entresol s'y trouve compris.

Nous avons vu (p. 365) que de pareilles colonnes, si on les supposait même complétement isolées et de 6 mètres de hauteur, devraient résister, sans fatigue, à une charge de plus de 30000 kilogrammes.

Colonne pleine a nervure et en bielle, fig. 8 a 10. — Ce modèle de colonne, dont l'emploi est beaucoup moins fréquent que celui des colonnes rondes, a été créé exprès pour les caves de la gare du chemin de fer de Saint-Germain.

La section du corps A, que la fig. 9 permet de reconnaître, est formée de deux nervures plates disposées en croix et dont les champs sont galbés comme pour la résistance à une flexion transversale ; ces nervures se réunissent aux deux extrémités sous la forme d'un corps cylindrique, avec un patin carré B pour le point d'appui inférieur et avec une semelle rectangulaire C à l'extrémité opposée pour recevoir les fermes du plancher.

Cette forme de pilier, étudiée en vue de la légèreté, convient plus particulièrement aux bâtiments d'usines, où les métaux entrent pour la plus grande partie des matériaux employés, que pour les constructions civiles en maçonnerie dont le style architectural ne s'accorde point avec elle ; néanmoins, on applique aussi, dans cette dernière vue, des colonnes qui ne sont pas purement rondes, et auxquelles on donne, au contraire, des sections variées en rapport avec les pièces qui doivent s'y trouver en rapport.

Telle est, par exemple, la section représentée fig. 11, qui se compose d'un cercle entrecoupé de quatre nervures plates, section que l'on retrouve dans diverses constructions, soit pleine, soit creuse, comme pour les piliers placés dans les nouvelles Halles centrales de Paris.

Revenant au pilier représenté fig. 8, on remarque qu'il a été tenu sérieusement compte de l'étendue à donner aux points d'appui par les dimensions du socle B et de la semelle C sur laquelle la ferme, qui est en fonte, vient se fixer au moyen de quatre boulons.

Quant à l'établissement du point d'appui inférieur, la colonne est munie d'un court tenon cylindrique *a*, qui doit s'encastrer dans le dé en pierre, afin d'empêcher les variations latérales.

La fig. 10 représente une modification qui peut être apportée à la structure du corps en arrondissant les champs des nervures.

Nous devons ajouter que cette forme de pilier, dit *en bielle,* paraît beaucoup moins favorable à la résistance que la colonne creuse, car M. Hodgkinson aurait trouvé, qu'à poids égal, leurs deux résistances seraient dans le rapport de 17 à 39.

Mais hâtons-nous de répéter que dans la plupart des applications, on est loin d'atteindre même ce taux de résistance, dit *de sécurité*, et qu'il reste plus que la latitude nécessaire pour adopter telle variété de forme qui convient plus particulièrement, non pas à la résistance, mais aux dispositions spéciales de la construction.

Aussi n'avons-nous aucunement cherché à établir une relation entre ces proportions des colonnes et celles que l'on doit attribuer aux bâtis de diverses formes et de sections différentes qui se rencontrent en pratique. Dans ces applications si multipliées, il se présente, d'ailleurs, que les bâtis offrent des points d'appui à des organes qui, eux, sont parfaitement calculés et proportionnés pour leur résistance, et dont les dimensions deviennent alors les bases de celles qui conviennent au bâti.

COLONNES CREUSES.

Lorsqu'une colonne est appelée, par la charge qu'on lui attribue, à prendre de fortes dimensions et un grand poids, si on la laissait pleine, ou bien, lorsque l'on veut lui donner des proportions assez harmonieuses pour qu'elle devienne décorative, on la fait *creuse*, forme dont nous avons constaté les conditions particulièrement favorables à la résistance, à poids égal de matière employée.

Telle est la structure de toutes les colonnes appliquées dans la composition du bâti des machines à vapeur à balancier, dans le gros mécanisme d'un moulin, dans les grandes constructions, dites à charpente en fer, etc.

COLONNES D'UN BATI DE MACHINE, FIG. 12 A 15. — Le modèle représenté fig. 12 et 13 a été particulièrement appliqué dans la construction d'un beffroi de moulin qui comprend un entablement en fonte supportant les cuvettes des meules, et qui est porté lui-même par une série de colonnes reposant sur une plaque de fondation disposée sur un massif en maçonnerie.

La forme générale extérieure de cette colonne correspond à peu près à l'ordre toscan, si ce n'est que la hauteur est beaucoup plus grande comparativement au diamètre du fût A, et que la forme du chapiteau C et de la base B est souvent entièrement ronde, afin de pouvoir tourner la colonne sur toute son étendue. Mais ce fût est galbé et s'élève en s'effilant comme les colonnes architecturales.

Contrairement à ce qui a lieu pour les bâtiments, on sait, en effet, qu'ici tous les ajustements doivent être faits avec beaucoup de soin, c'est-à-dire que les joints doivent être rectifiés à la lime ou au tour, suivant leurs dispositions ; ainsi, les deux bouts de la colonne sont redressés au tour et rendus exactement parallèles pour l'ajustement de la plaque de fondation D et de l'entablement E, lesquels présentent également des saillies ou *dressages* correspondants, dressés à la machine ou au burin et à la lime. De plus, on leur réserve des portées pénétrantes *a* et *b* pour assurer le centrage de la colonne.

A part ce travail d'ajustement qui regarde la précision du montage, il faut, pour les machines, employer des procédés propres à établir la liaison rigide de la colonne avec les autres pièces, au lieu de se contenter de la superposition simple qui suffit dans les constructions en maçonnerie à cause du grand poids des masses supportées.

Le procédé indiqué ici, et qui a été souvent employé, consiste à passer dans toute la hauteur de la colonne un boulon F qui relie, du même coup, cette colonne, l'entablement, la plaque de fondation et le massif en pierre qui supporte le tout ; une plaque en fer *c* sert d'appui à l'écrou *d*, et l'autre extrémité du boulon est souvent retenue dans la maçonnerie à l'aide d'un clavetage.

Ce moyen ne manque pas de solidité, mais il présente quelque inconvénient au point de vue de la facilité du montage, surtout si la colonnne atteint, comme celle-ci, une longueur relativement considérable ; et puis, il faut remarquer que si ce boulon a le mérite de rassembler le tout du même coup, il ne peut être démonté, par la même raison, sans que le tout se disloque à la fois. Il peut donc être préférable d'user du mode suivant, par lequel on peut, à volonté, démonter l'entablement sans rien compromettre de la rigidité de la colonne avec son support.

La colonne représentée en coupe verticale, fig 14, et en section horizontale, fig. 15, offre cette condition d'indépendance dans les ajustements qui est adoptée le plus généralement dans le montage des machines, au moins en principe, car les détails d'exécution diffèrent beaucoup d'une machine à l'autre.

Dans cette disposition toute spéciale, l'entablemenl E, à profil haut et prononcé, repose à plat sur le sommet de la colonne, vis-à-vis de laquelle il présente un évidement pyramidal à fond circulaire, pour recevoir la large tête d'un boulon F, qui pénètre jusqu'au-dessous de l'astragale de la colonne, et s'y assemble au moyen de deux clavettes *c* qui sont juxtaposées dans la même mortaise, et doivent être chassées en sens contraire. Cette conditon est nécessaire, lorsque cette partie du boulon n'est point maintenue et *flotte*, en quelque sorte, dans le vide, car, s'il n'existait qu'une simple clavette, il est évident, qu'en la serrant, le boulon serait repoussé de côté.

Par un procédé semblable, la partie inférieure de la colonne se terminant par une portée cylindrique *b* qui pénètre dans un socle *a* ménagé à la plaque de fondation D, un boulon G réunit ces deux pièces à l'aide des clavettes *d*. Ceci suppose même que la plaque de fondation D possède ses moyens particuliers de fixation sur son massif; mais il peut arriver que le boulon G, au lieu de s'arrêter au-dessous de cette plaque, traverse le massif et le rassemble simultanément avec la plaque et la colonne.

Faisons remarquer que l'emboîtement de la colonne dans le socle de la plaque présente une certaine quantité de jeu, de façon à laisser de la latitude au montage. C'est par une considération du même ordre que la tête du boulon supérieur F est ronde, afin de laisser toute facilité de le faire tourner sur lui-même, lorsqu'on cherche à faire rencontrer les mortaises pratiquées dans ce boulon et dans le fût de la colonne pour le clavetage.

Nous pouvons ajouter à tout ceci une remarque sur la grande résistance d'une colonne, comme celle représentée fig. 12, comparativement à la charge qu'elle est appelée à supporter.

Le diamètre extérieur minimum de cette colonne égale 15 centimètres, et celui intérieur correspondant, 11 centimètres; le rapport de ces diamètres est donc inférieur à celui admis dans la formation du tableau n° XXIV, autrement dit, sa section effective est plus grande que celle du type similaire dans ce tableau.

Néanmoins, si nous admettons ce type, la table indique 44000 kilogrammes, pour sa résistance avec 2 mètres de hauteur, qui est celle de la colonne considérée, fig. 12 et 13, pl. 20.

Or, ce type de colonne serait applicable, sans modifications, à un beffroi de moulin comprenant quatre paires de meules, par exemple, et se composant de quatre colonnes semblables, qui pourraient être chargées, par conséquent, de 176000 kilogrammes.

Il est inutile de chercher à démontrer que le poids des quatre meules gisantes, plus celui de leurs cuvettes et de l'entablement sur lequel elles sont fixées, est bien inférieur à cette charge, et, pourtant, la coulée, l'aspect du mécanisme, etc., s'opposent à ce que les proportions de ces colonnes soient beaucoup plus réduites.

Il est également remarquable que l'on doit distinguer les colonnes appliquées aux constructions stables et inertes de celles appartenant à des mécanismes, mobiles par conséquent, susceptibles de vibrations qu'il faut combattre par la grande résistance des supports.

Colonne a nervures et a noyau creux, fig. 16 et 17. — Ce remarquable modèle, qui a été composé par l'éminent ingénieur du chemin de fer de l'Ouest, M. Eugène Flachat, pour la construction de la gare des marchandises de Batignolles (Paris), présente une circonstance intéressante de l'application des colonnes creuses que l'on fait servir, comme de simples tuyaux de descente, à l'écoulement des eaux pluviales.

On voit que ce *pilier* est formé d'un noyau cylindrique creux A, et de quatre nervures plates galbées *b* qui viennent se raccorder avec le chapiteau C et la base B, tous deux d'un profil décoratif et d'une surface très-largement développée. Ce noyau, traversant le chapiteau, s'ouvre à la partie supérieure par un emboîtement auquel vient correspondre un semblable ajutage fondu avec la ferme qui repose sur la colonne, et communique avec le chéneau réservé sur le pourtour du comble de bâtiment ; à la partie inférieure du pilier, le noyau forme une courbe qui se termine latéralement par une portée sur laquelle doit se faire le raccord du tuyau conduisant dans le caniveau ménagé dans le sol.

Ce pilier repose à plat sur un dé en pierre par sa base qui est carrée ; un simple goujon *a* suffit pour la centrer. Le tailloir du chapiteau est également carré pour recevoir la ferme en fonte qui s'y appuie par une bride de même forme et s'y fixe à l'aide de quatre boulons.

On voit que les quatre grandes nervures *b* sont prolongées à l'intérieur de la base en *b'*, afin de bien relier le profil extérieur au noyau. Le chapiteau y est joint de la même manière, excepté que les nervures intérieures *c* sont disposées diagonalement pour concourir aux quatre angles occupés par les boulons d'assemblage dont nous venons de parler.

Colonnes du Palais de cristal, fig. 18 et 19. — On se rappelle cette construction grandiose dans laquelle eut lieu l'Exposition universelle de Londres, en 1851, et qui a été depuis démontée et réédifiée à peu de distance de Londres, à Sydenham. Son nom de Palais de cristal lui venant de sa structure qui était celle d'une immense serre vitrée, la carcasse est tout en métal fer et fonte, formant de vastes travées à claire-voie qu'il a suffi de garnir intérieurement de bois pour les planchers et extérieurement de verres à vitre.

La base de cette construction est donc un grand nombre de colonnes en fonte reliées par des fermes de même métal et quelques entretoises en fer.

Les fig. 18 et 19 montrent les détails principaux de l'une de ces nombreuses colonnes qui sont composées chacune de plusieurs parties dans la hauteur, une jonction par chaque plancher.

On remarque d'abord la base B qui s'appuie directement sur un massif en maçonnerie dans le sol, par un large patin rectangulaire *a* racordé avec le noyau central par quatre nervures *b*. Cette partie inférieure de la colonne, s'élevant à peu près à la hauteur du plancher du rez-de-chaussée, se rattache, par une bride et quatre boulons *c*, avec une partie intermédiaire A qui est assemblée de la même façon avec la troisième partie C, laquelle est munie des talons nécessaires pour l'assemblage des fermes D. Enfin, une quatrième portion de colonne E surmonte le tout, et l'ensemble de la colonne complète comprend une, deux ou trois hauteurs d'étages, suivant la partie qu'elle occupe dans l'édifice qui présente, en effet, des travées de diverses hauteurs.

La fig. 19 indique que la section transversale de la colonne est circulaire, avec quatre méplats tangents au cercle extérieur ; ces méplats ont une attribution purement figurative pour le raccord des fermes qui s'ajustent vis-à-vis, et ont une épaisseur égale à leur largeur.

Ces fermes, qui viennent aboutir au nombre de quatre sur chaque colonne située à l'intérieur de l'édifice, sont agrafées avec des talons *d* venus de fonte avec le tronçon C de la colonne ; pour cela elles sont elles-mêmes munies de deux autres talons *e* entre lesquels et les précédents, on a inséré des clefs de serrage *f*, qui, de distance en distance dans le bâtiment, sont en bois, afin de conserver une certaine élasticité à l'ensemble et parer aux effets de la dilatation.

Indépendamment de ce premier clavetage, qui opère longitudinalement, la ferme est serrée entre deux des talons *d* de la colonne par une clef en fer *g*, pour laquelle une rainure a été pratiquée dans ces talons, ainsi que dans le champ de la ferme dont la partie inférieure correspondante est, au contraire, munie d'une portée saillante *g'* qui s'ajuste dans la rainure du talon *d* et constitue le point d'appui de la ferme qu'elle maintient en même temps dans le sens latéral.

On sait, en résumé, que la construction du Palais de cristal est d'une grande solidité et l'une des plus remarquables que l'on connaisse en ce genre.

Cherchons, une dernière fois, comme exemple, à quelle résistance une pareille colonne correspond, en nous appuyant sur les mêmes principes que précédemment.

Les diamètres extérieur et intérieur qui sont 203 et 168 correspondent, à très-peu près, au rapport 0,8 admis dans le tableau ci-dessus, car :

$$\frac{168}{203} = 0,827.$$

Si nous choisissons le tronçon principal, dont la hauteur égale 5^{m},600, nous le comparerons, sans autre recherche, aux deux types les plus rapprochés du même tableau qui sont : 200 de diamètre extérieur et 5 et 6 mètres de hauteur. On trouve pour ces deux types 57293 et 46888 kilogrammes : par conséquent, chaque partie de colonne du Palais de cristal répondrait, environ, à une charge de 50000 kilogrammes.

Cette remarque suffit pour faire apercevoir que les piliers en fonte appliqués dans la construction architecturale sont proportionnés d'après un taux de résistance beaucoup plus élevé que pour la mécanique, car si l'on cherche à se rendre compte, en effet, de la charge effective que chacune de celles-ci a dû supporter, lorsque l'édifice était rempli de produits et parcouru par de nombreux visiteurs, on ne doute pas qu'elle ait pu s'approcher sensiblement de celle qui vient d'être estimée.

Nous allons examiner maintenant plusieurs spécimens de bonne construction mécanique dans lesquels on retrouve des assemblages de colonnes et d'entablements formant bâtis, pour l'établissement des organes principaux de grandes transmissions, dont on a vu précédemment tous les détails, arbres, paliers, engrenages, etc.

ASSEMBLAGES DE BATIS POUR TRANSMISSIONS DE MOUVEMENT.

(PLANCHE 21.)

BATI POUR UN ARBRE VERTICAL.

(FIGURES 1 ET 2.)

Ce remarquable mécanisme est dépendant de la grande transmission établie dans la manufacture impériale des tabacs de Strasbourg, dont les études ont été entièrement faites par M. Rolland, qui est aujourd'hui directeur général, à Paris (1) ; il forme le point d'appui d'un arbre vertical qui relie, par des engrenages d'angle, deux lignes d'arbres horizontales situées dans deux plans différents et perpendiculaires l'une à l'autre.

L'ensemble de ce bâti, qui se trouve appliqué près d'un mur, est formé de deux colonnes en fonte A qui s'appuient sur une plaque de fondation B et sont reliées, en outre, par un entablement C et un arc D sur lesquels sont ménagés les paliers de l'arbre vertical E qui motive cette construction ; l'entablement et l'arc sont eux-mêmes fortement reliés avec le mur voisin.

L'arbre vertical E, comme le veut sa disposition, repose sur une crapaudine, dont le support F est fixé sur la plaque de fondation B qui porte au même point le palier G sur lequel s'appuie le tourillon terminal de l'arbre horizontal H, la source de la commande. Il porte, en effet, une roue d'angle en rapport avec celle I de l'arbre vertical qui est muni, au-dessus de l'entablement, d'une roue semblable J commandant la ligne d'arbres supérieure.

Si l'on examine en détail ce mécanisme, dont ce qui précède caractérise complétement les fonctions, on est frappé de la justesse de ses formes qui ne sont pas moins d'accord avec les détails d'ajustement qu'avec la solidité requise. On sait, d'ailleurs, que toute transmission par roues d'angle exige cette précision et cette solidité qui sont indispensables pour atténuer les fâcheux effets de la *poussée oblique*, par la décomposition de l'effort transmis suivant l'inclinaison des dentures.

(1) Nous avons publié avec beaucoup de détails, dans le XIIIe vol. de notre recueil industriel, les différents appareils qui ont été appliqués dans cette manufacture, et dont M. Rolland avait bien voulu nous communiquer les dessins et les documents.

Prenant à part chacune des parties constitutives de l'ensemble, on remarque, d'abord, que l'entablement C est boulonné sur une plaque d'attente K préalablement fixée contre la maçonnerie au moyen de boulons qui en traversent toute l'épaisseur ; cette plaque porte des ergots entre lesquels l'entablement peut être déjà claveté et centré, indépendamment des boulons.

Cet entablement est limité par deux renflements ronds vis-à-vis desquels les colonnes A viennent s'ajuster à plat ; mais leur vide intérieur est alésé, à la partie supérieure, pour recevoir une sorte de faux tenon en fonte *a* qui dépasse de la quantité nécessaire pour pénétrer dans le vide du renflement et assurer le centrage de la colonne ; ce tenon est traversé par le boulon *b* qui la réunit définitivement avec l'entablement par une clef *c* traversant la colonne, et par un écrou qui s'appuie sur une cale rapportée sur l'entablement.

Ces colonnes sont composées d'un fût rond et d'un piedestal carré, dont la base porte une bride en saillie qui s'ajuste et se cale entre des ergots ménagés à la plaque de fondation B et s'y fixe à l'aide de quatre boulons *d*.

Les piedestaux portent de larges semelles dressées pour recevoir l'arcade D qui ne s'appuie pas moins sur la maçonnerie et s'y trouve reliée par un boulon.

Par des procédés d'ajustement tout à fait analogues, le support F de la crapaudine et le palier G de l'arbre horizontal sont fixés sur la plaque de fondation.

Si l'on considère la parfaite solidarité de ces différentes pièces, on ne peut douter que toute variation entre les axes tournants soit impossible, nonobstant la poussée de leurs engrenages ; par la même raison, la facilité et la précision du montage sont assurés, puisque tous les ajustements peuvent être faits d'avance en construisant, sans qu'il soit nécessaire de les rectifier au moment de la mise en place définitive, une fois qu'ils ont été bien faits.

Les ajustements des mobiles ne sont pas moins remarquables pour la précision et les précautions prises pour ménager le poids et la masse.

Tous les coussinets, dont la portée est plus du double du diamètre, sont en bronze, avec évidements extérieurs et ajustés dans les paliers en fonte également évidés.

Le gobelet *e* de la crapaudine repose librement dans son support F ; il est armé d'un double grain d'acier, etc.

Enfin, l'arbre est tourné, dans toute son étendue, aux différents diamètres exactement requis pour chaque partie différente : des portées saillantes pour les engrenages, un diamètre réduit dans la portée qui forme pivot ; il est muni d'un élégant vase en métal mince *f*, pour recevoir l'huile qui s'échappe des coussinets supérieurs.

Cet arbre porte 165 millimètres de diamètre entre les deux roues I et J, partie soumise à la torsion ; il tourne à la vitesse de 69 tours par minute.

Si l'on se reporte aux notions relatives à ce mode de résistance (p. 79), et que l'on classe cet arbre dans les *deuxièmes moteurs*, on trouve qu'il suffirait pour transmettre une puissance de plus de 200 chevaux.

CONSOLE-SUPPORT POUR RÉUNIR QUATRE ARBRES.

(FIGURES 3 ET 4.)

Cet ensemble est très-caractéristique en ce qu'il est destiné à former le point d'appui de quatre arbres mis en relation au même point par un égal nombre de roues d'angle.

La base commune de ces quatre tourillons est une grande console en fonte B fixée d'abord à la maçonnerie et supportée, en outre, par une colonne A qui descend jusqu'au sol de l'étage où cette transmission est établie. Cette console reçoit d'abord un support C, claveté et boulonné, sur lequel s'appuie, par son pivot, un arbre vertical D portant la roue d'angle E qui en commande simultanément trois autres F, G et H, dont deux sont en regard l'une de l'autre, et la troisième dans un plan perpendiculaire ; les axes I, J et K de ces trois roues se terminent par des tourillons dont les paliers se fixent sur la même console B qui porte, à cet effet, des portées dressées et des ergots pour les recevoir. On remarque que l'arbre K, le seul des trois qui puisse être librement prolongé des deux côtés de la roue, dépasse, le support central, et peut être, en ce point, manchonné avec un autre ou prolongé lui-même.

La console est formée d'une plate-forme et d'une semelle d'équerre qui s'applique sur la partie verticale de la maçonnerie et s'y fixe au moyen de quatre boulons *a* ; ces deux parties de la console sont fortement liées par quatre nervures *d* qui viennent se réunir sur le noyau central *e* par lequel cette console s'appuie sur la colonne A.

La réunion de ces deux pièces est opérée par le boulon *f* qui porte une tête arrêtée dans le noyau creux, par lequel il a été introduit, et se trouve serré, sur la colonne, par une clef *g* accompagnée de la contre-clavette à mentonnets *h*.

Nous ne trouvons rien de plus à dire sur ce mécanisme, si ce n'est d'engager à l'examiner avec attention, et de tenir compte de ses harmonieuses proportions, qui en font le modèle le mieux étudié que l'on puisse se donner pour guide.

COLONNE-SUPPORT POUR TROIS ARBRES HORIZONTAUX.

(FIGURES 5 ET 6.)

Cette pièce, qui n'est pas moins remarquable pour sa construction, et qui sort, du reste, des mêmes ateliers que la précédente, est une véritable colonne *interrompue de forme* à un certain point de sa hauteur, pour recevoir les paliers de trois arbres, et qui se prolonge, ensuite, avec la disposition d'une chaise ordinaire, pour rejoindre le plancher supérieur et s'y rattacher directement.

La colonne proprement dite A se termine, à la partie supérieure, par une large semelle *a* raccordée avec le fût par trois nervures *d*, et qui porte latéralement les dressages et les ergots nécessaires pour recevoir les deux paliers des deux arbres B et C sur lesquels sont montées les roues d'angle D et E, qui sont commandées simultanément par une troisième F ayant son arbre supporté par un palier dont nous allons expliquer la position.

Ce palier *b* est réservé entre deux joues *c*, fondues avec la colonne, et qui, se raccordant avec une nervure transversale *e* et une semelle supérieure *f*, constituent le prolongement par lequel l'ensemble de la colonne s'élève jusqu'au plancher supérieur et lui sert de support.

Comme la position l'exige, le chapeau du palier est retenu à l'aide de deux clefs *g* qui s'appuient contre les ergots *h* fondus avec les joues latérales *c*.

COLONNE TRAVERSÉE PAR UN ARBRE.

Dans une circonstance où deux arbres commandés par roues d'angle se trouvaient exactement dans le même plan que les colonnes qui devaient servir de support à l'un d'eux, nous avons été conduit à appliquer la disposition reproduite fig. 97.

Fig. 97.

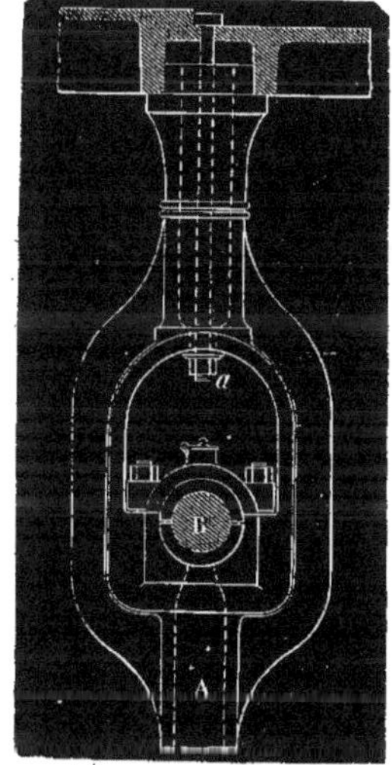

Cette figure représente la partie supérieure d'une colonne A dans laquelle se trouve ménagé le palier d'un arbre horizontal B qui la traverse de part en part, axe sur axe. A cet effet, et pour réserver toute la place nécessaire au montage du chapeau et des coussinets, le fût de la colonne qui est, d'ailleurs, cylindrique, s'ouvre et forme une cage nervée avec une masse évidée pour recevoir le coussinet inférieur. Le vide général de la colonne n'en est pas interrompu pour cela, et l'on voit qu'il est traversé, dans la partie supérieure, par le boulon qui réunit la colonne au mécanisme, et dont l'écrou *a* vient naturellement se mettre en place par l'ouverture de la cage.

Cette disposition ne présente aucune difficulté de construction et peut rendre des services dans une situation donnée. Il faut noter, seulement, qu'elle ne permet le démontage de l'arbre qu'en le tirant *de long*, et après l'avoir débarrassé des organes qu'il porte. Il reste bien entendu que chaque fois qu'il sera possible de se conserver la faculté du démontage libre, c'est-à-dire, latéralement, et l'arbre tout armé, on devra ne pas négliger d'en profiter.

PALIER SIMPLE AU SOMMET D'UNE COLONNE.

(FIGURES 7 ET 8.)

L'exemple que ces figures représentent est emprunté à l'une de ces fortes transmissions relativement isolées des murs et du sol, et qui doivent, néanmoins, s'y trouver invariablement reliées.

Le palier B, qui doit être l'un des supports d'un très-puissant arbre de transmission placé dans ces conditions, se trouve appuyé directement sur une colonne en fonte qui repose elle-même sur le sol de l'usine et se trouve, en même temps, rattachée à un mur latéral au moyen d'une forte console C. Cette colonne est munie d'un patin de la dimension exacte de la semelle du palier qui s'y trouve fixé par des coins *a* et deux boulons *b*; ce patin est raccordé, avec le fût de la colonne, par une nervure simple *c* et par une console d'attente *d* qui vient se boulonner, par quatre boulons, avec celle C rattachée au mur : la difficulté pratique empêche seule que les deux parties soient fondues de la même pièce.

L'examen attentif des figures de notre dessin permettra d'étudier complétement cet assemblage aussi solide que bien exécuté.

COLONNE-SUPPORT AVEC CONSOLE.

(FIGURES 9 A 11.)

Pour les petites transmissions qui s'établissent vers le milieu de la largeur d'un atelier et à une assez grande hauteur du sol, on fixe les paliers sur des consoles venues de fonte avec les colonnes qui servent en même temps de support au plancher supérieur : le modèle de colonne représenté fig. 9 à 11 est un exemple de cette disposition.

La colonne A, reposant sur un dé en maçonnerie si elle occupe un rez-de-chaussée, ou sur de fortes poutres transversales dans le cas contraire, se termine, à l'extrémité opposée, par un chapiteau accompagné de deux consoles *a*, fortement nervées, ayant pour objet d'augmenter la surface portante pour la charpente qui s'y appuie; si le dessus de cette charpente est libre, on peut la relier à la colonne au moyen d'un boulon central *b* que l'on arrête dans la colonne par une clef *c* et une contre-clavette *d*, en prenant aussi le soin d'encastrer dans le bois le bossage qui désaffleure le patin *a*, ce qui assure mieux l'invariabilité du montage.

C'est sur l'autre console *e*, ménagée au fût de la colonne, que vient reposer le palier de transmission B qui s'y fixe, comme à l'ordinaire, au moyen de clefs et de boulons.

La seule remarque importante que nous croyions devoir faire à l'égard de ce mode de support, le plus simple et d'un usage très-fréquent, c'est la parfaite rigidité de la colonne qui ne doit ni varier ni fléchir sous les différents efforts de traction exercés par les courroies de transmission, car c'est le procédé qui concorde surtout avec l'emploi de semblables colonnes. C'est bien là une circonstance où la charge verticale sur la colonne est le plus souvent d'un intérêt secondaire comparativement à sa flexion transversale.

Aussi l'emploi de colonnes *creuses* minces et d'un grand diamètre extérieur, est-il, dans cette application, entièrement justifié.

COLONNE-SUPPORT AVEC CHAISE RAPPORTÉE.

(FIGURES 12 A 14.)

C'est ce genre d'installation qui est adopté dans l'atelier de réparation des locomotives, à Mulhouse. Les colonnes A sont rondes dans toute leur hauteur et l'on y ajoute les différentes pièces servant de support à la transmission ou à certains outils. Elles sont remarquables aussi par l'espèce d'enfourchement formé par les joues *a* qui les surmontent et viennent embrasser une poutre en charpente B qui réunit toute une rangée de colonnes.

La chaise C, appliquée pour l'arbre de transmission, mérite qu'on s'y arrête un instant pour sa forme toute spéciale. C'est une sorte d'arc avec patins concaves qui s'ajustent sur le fût cylindrique et s'y fixent au moyen de vis taraudées dans la fonte ; celui inférieur s'appuie, en outre, sur un talon *b* venu de fonte avec la colonne et qui soulage ces vis de la charge verticale de la chaise.

Le serrage du chapeau *c* des coussinets est effectué très-simplement à l'aide d'un véritable coin en fer *d* qui s'appuie contre une saillie réservée à la chaise.

CONSIDÉRATIONS GÉNÉRALES.

Les exemples qui viennent d'être passés en revue avaient particulièrement pour objet de montrer l'intervention de la colonne, proprement dite, dans la construction des supports appliqués à la mécanique qui présente, d'ailleurs, des bâtis de structures extrêmement variées.

On choisit surtout la colonne, comme pilier, lorsque l'idée d'un aspect décoratif entre pour une part quelconque dans un projet ; elle est toujours avantageuse, au point de vue de la stabilité, comme support isolé, et sa forme, favorable comme résistance, se prête aussi très-bien au poli par le tournage, à moins qu'il ne suffise de peindre, comme cela se fait pour les colonnes d'atelier.

Mais, dans bien des circonstances où elle aurait été employée autrefois, la colonne est aujourd'hui évitée dans la composition de certains bâtis auxquels on donne des formes plus spécialement appropriées à chaque mode de résistance et à la nature des points d'appui qui doivent s'y trouver réservés. Dans l'origine de la mécanique, on cherchait à adapter aux machines les formes décoratives de l'architecture, tandis qu'à présent, on les évite, car la finesse de ses moulures est peu en rapport avec la marche énergique d'une machine et ne convient guère non plus aux exigences de la fonderie. Le genre gothique, cependant, s'y appliquait mieux, et après avoir vu des machines d'ordre toscan, pestum, dorique, même corinthien, on en vit avec des bâtis gothiques, à ogives, trèfles découpés, etc., etc.

Mais combien ces formes détaillées et délicates s'accordent peu avec la construction des modèles, avec la difficulté d'obtenir des pièces de fonte régulières et avec les soins indispensables à donner à l'entretien. Tout en ne réservant à une pièce que des formes à peu près rigoureusement appropriées à ses fonctions, ce n'est qu'avec peine que l'on obtient de la pureté au moulage, et, le plus souvent, on se trouve dans l'obligation de retoucher, au burin et à la lime, certaines parties qui eussent dû rester brutes de fonte et qui sont altérées par suite de *contre-moulages, gales, rugosités*, etc., tandis que la beauté d'une pièce de fonte consiste, pour la mécanique comme pour l'ornement, à rester *sans retouches*, dans les parties non réservées à l'ajustement.

Il vaut donc mieux se passer de moulures délicates et fines et éviter les chances d'une fabrication d'autant plus défectueuse que l'on en aura multiplié les difficultés.

Les pièces rondes sont particulièrement susceptibles de ce défaut appelé contre-moulage, qui provient de ce que le raccord des deux moitiés du moule, qui doit avoir lieu sur un diamètre, ne se fait pas exactement et que, par suite, les deux demi-cercles ne concordent pas. Si cette pièce doit être tournée, le travail en est augmenté d'autant, le diamètre est réduit, et si elle est creuse, son épaisseur reste inégale ; si elle doit rester brute, il n'en faut pas moins faire disparaître le faux raccord au burin et à la lime : mais la pièce n'est plus ronde.

Nous pensons donc que l'on ne saurait apporter trop de soins pour éviter ce défaut qui ne tient, après tout, qu'à une variation entre les deux châssis qui composent le moule. S'il s'agit d'une colonne creuse, le centrage du noyau est aussi de la plus grande importance ; il ne faut pas non plus qu'il puisse fléchir sur sa longueur, de là la difficulté des pièces longues et de faible diamètre.

M. Guettier, dans son excellent ouvrage sur la fonderie, donne, à cet égard, de judicieux conseils ; il recommande, entre autres, d'éviter cette réduction dans les épaisseurs qui rend la circulation de la fonte difficile et peut amener des soufflures, des faiblesses et compromet la réussite de la pièce ; pour le même motif, il conseille d'éviter les profils *heurtés*, à changements brusques de direction, les angles vifs, etc.

En général, une pièce longue et mince est au moins coulée *inclinée*, lorsqu'elle ne peut pas l'être *debout*, de façon à favoriser l'expulsion de la *crasse*, qui étant plus légère que le métal pur, tend naturellement à s'élever.

Enfin, on a pu remarquer que dans les machines, la résistance des colonnes est moins à considérer que leur forme, leurs dimensions extérieures, et qu'elles sont toujours moins chargées que dans les constructions architecturales. Mais elles doivent être aussi en métal plus doux, car elles sont susceptibles d'être travaillées, soit qu'on les tourne, soit qu'elles reçoivent des ajustements et des taraudages.

CHAPITRE VIII.

TIGES ET TRAVERSES DE PISTON, BIELLES MOTRICES EN FER ET EN FONTE

(PLANCHES 22 A 24.)

TIGES ET TRAVERSES DE PISTON.

On sait que dans un grand nombre d'appareils mécaniques, et particulièrement dans les moteurs à vapeur, on rencontre une combinaison de mouvement composée d'un piston se mouvant dans un cylindre et relié à un axe tournant par une tige, une bielle et une manivelle ; dans les machines à vapeur, c'est toujours le piston qui est moteur et met ce mécanisme en mouvement en déterminant la rotation de l'arbre, tandis que dans les pompes, c'est, au contraire, par la rotation de cet arbre que le mouvement est communiqué au piston. Mais, dans les deux cas, les résultats sont tout à fait identiques comme combinaison de mouvement : transformation d'un mouvement circulaire continu en rectiligne alternatif, *et vice versâ*, ou comme équilibre entre les efforts transmis et ressentis par les différentes pièces qui composent ce genre de mécanisme.

Nous nous proposons ici d'étudier ces importants organes sous le double rapport de leur résistance et de leur structure dans les différentes applications que l'on en fait, en choisissant, néanmoins, nos principaux exemples dans les moteurs à vapeur qui en offrent certainement les types les plus nombreux et les plus variés, comme aussi les plus divers sous le rapport de la puissance.

Mais de cet ensemble, qui comprend depuis le piston jusqu'à l'arbre tournant, nous nous occuperons séparément de la tige, de la bielle et de la pièce qui les relie, l'arbre ayant été déjà étudié, et réservant pour la suite la manivelle et le piston, ce dernier devant être surtout considéré sous le rapport de sa structure plutôt que pour sa résistance.

TIGES DE PISTON.

MODE DE RÉSISTANCE. — La tige du piston moteur d'une machine à vapeur est un organe d'une très-grande importance, puisque c'est par elle que la puissance de la vapeur est immédiatement transmise à tout le mécanisme et ensuite aux appareils commandés ; c'est, en effet, la première pièce en mouvement soumise directement à l'effort moteur, lequel a pour termes ou pour facteurs *la pression spécifique de la vapeur* et *la superficie du piston* auquel cette tige est reliée.

La tige d'un piston qui se meut dans un cylindre fermé à ses deux extrémités, comme le sont tous ceux des machines à double effet, est par la nature même de ses fonctions, essentiellement *cylindrique*, afin qu'elle puisse toujours se mouvoir à frottement doux, mais étanche, dans la garniture-guide qui lui est réservée ; et quelle que soit, d'ailleurs, la nature de ce guide, du moment qu'il en existe un, le déplacement de la tige commande cette forme pour laquelle on choisit surtout le cylindre et non le prisme qui serait d'une exécution plus difficile.

Si l'on examine la nature des fonctions d'une tige de piston à vapeur, on reconnaît qu'elle est intégralement soumise à la pression totale effective exercée par la vapeur sur le piston, effort qui se manifeste exactement suivant la direction de son axe de figure et de mouvement, et normalement à sa section transversale, alternativement par traction et par refoulement, suivant que la vapeur agit sur la face du piston où elle se trouve implantée, ou sur la face opposée.

Une tige de piston est donc essentiellement : *un solide prismatique soumis longitudinalement à l'extension ou à la traction, et à la compression.* (Int., p. X.)

Les notions données sur ce mode de résistance permettent de comprendre de suite la forme de calcul qu'il est nécessaire d'adopter pour déterminer les dimensions d'une tige de piston, dont la section transversale doit évidemment être : *directement proportionnelle à l'effort qu'elle transmet.*

Mais ici, comme dans toute autre application, il convient de rechercher dans quelles limites les données générales de la science peuvent être suivies.

Il est clair que si une tige de piston n'était soumise qu'à l'un de ces deux modes d'effort, celui de l'*extension*, comme cela se présente pour des pompes élévatoires à simple effet, on pourrait en réduire la grosseur à celle qui correspond seulement à un taux de charge incapable de déterminer un allongement sensible ; mais pour celle d'un piston à vapeur, qui doit résister aussi bien à la compression qu'à l'extension, et dont la forme régulièrement cylindrique ne se prête aucunement à combattre la tendance à la flexion transversale, qui peut se manifester très-vivement avec un aussi grand rapport entre la longueur et le diamètre, il faut, de toute nécessité, limiter le taux de charge, en donnant au diamètre une valeur bien supérieure à celle qui pourrait convenir autrement pour assurer la résistance du métal.

Mais, indépendamment de cela, il faut encore considérer qu'une tige de piston subit, en plusieurs points, un affaiblissement notable par les mortaises nécessaires pour les clavettes qui servent à l'assembler avec le corps du piston et la traverse, etc.

Enfin, ces motifs conduisent à limiter la charge spécifique d'une tige de piston à vapeur au plus à 200 kilog. par centimètre carré de la section transversale maxima, pour le fer forgé, et pour l'acier fondu, qui est surtout en usage aujourd'hui, à environ 350 kilog. Il nous sera facile de démontrer que par suite des affaiblissements, dont il vient d'être question, ces taux de charge se trouvent, en réalité, à peu près doublés.

Ces nombres, donnés ici comme aperçu, vont nous permettre de discuter les formules pratiques à l'aide desquelles on détermine le diamètre de ces tiges.

Détermination du diamètre des tiges de piston en fer et en acier. — Le célèbre Watt avait pris pour règle de donner au diamètre de la tige, en fer forgé, du piston de ses machines, *le dixième* du diamètre du piston lui-même, d'où les sections se trouvant dans le rapport de 1 à 100, et la pression effective de la vapeur dépassant peu 1 atmosphère ou 1 kilogramme par centimètre carré, la tige se trouvait ainsi proportionnée pour une résistance d'environ 100 kilogrammes par centimètre carré.

En étudiant ce que montre la pratique moderne, il est facile de s'apercevoir que l'on adopte aujourd'hui des proportions moindres, à part même l'emploi, de plus en plus fréquent, de bon acier fondu qui permet encore de réduire considérablement le diamètre des tiges.

Si l'on désigne par :

d Le diamètre de la tige, en centimètres ;

P L'effort total tendant à produire l'extension ou la compression, en kilogrammes ;

R La résistance spécifique que l'on adopte, suivant l'espèce de métal, en kilogrammes par centimètre carré ;

On pose la relation suivante entre la résistance de la tige et l'effort auquel elle est soumise :

$$\frac{\pi d^2 R}{4} = P \; ; \quad \text{d'où :} \; d = \sqrt{\frac{4P}{\pi R}}.$$

En adoptant R = 200 pour le fer forgé et 350 pour l'acier fondu, il vient :

$$\text{Diamètre des tiges en fer :} \; d = \sqrt{\frac{4P}{3{,}1416 \times 200}} = \sqrt{\frac{P}{157{,}08}}.$$

$$\text{Diamètre des tiges en acier :} \; d' = \sqrt{\frac{4P}{3{,}1416 \times 350}} = \sqrt{\frac{P}{274{,}9}}.$$

Mais il y a lieu ici, comme dans d'autres cas qui se sont présentés précédemment, de modifier ces règles par l'adjonction d'une quantité additive fixe qui favorise surtout les pièces de petites dimensions, en les rendant proportionnellement plus fortes que les autres.

Prenant un demi-centimètre pour cette quantité additive, et exprimant les diviseurs en nombres ronds, nous arrivons aux formules définitives suivantes, qui se rapprochent aussi bien que possible des données immédiates de la pratique :

$$\text{Tiges de piston en fer :} \quad d = \sqrt{\frac{P}{160}} + 0^c{,}5.$$

$$\text{Tiges de piston en acier :} \; d' = \sqrt{\frac{P}{275}} + 0^c{,}5.$$

Ces règles s'appliquent, comme nous l'avons dit, à la détermination du diamètre maximum de la tige, aux dépens duquel se font les emprunts ou épaulements divers nécessités par l'assemblage avec le piston lui-même et avec la traverse, ainsi que les mortaises pour le passage des clavettes. Avant de rechercher la diminution de résistance qui en résulte et les motifs qui pourraient conduire à s'écarter en deçà ou au-delà des quantités fournies par ces formules, nous allons en donner des exemples d'application, avec une table renfermant une série de dimensions ainsi calculées.

1er *Exemple.* — Trouver le diamètre de la tige en fer du piston d'une machine à vapeur, celui-ci ayant 42 centimètres de diamètre, la pression de la vapeur étant de $3^{at},5$, et la contre-pression de $0^{at},1$.

Que la machine soit ou non à détente, il est évidemment rationnel de compter sur la pression maxima, celle que le piston ressent avant que la détente commence.

On a donc pour cette pression totale, en prenant simplement 1 kilog. par atmosphère et en négligeant la contre-pression qui est faible :

$$P = \frac{3,1416 \times (42)^2}{4} \times 3^k,5 = 4849 \text{ kilog.}$$

Par suite, le diamètre cherché égale :

$$d = \sqrt{\frac{4849}{160}} + 0,5 = 5,5 + 0,5 = 6 \text{ centimètres},$$

et correspond à une section de $28^{cq},27$.

Dans ce cas, le corps de la tige est à peine chargé de 172 kilog. par centimètre carré.

2me *Exemple.* — Même recherche pour un piston de 65 centimètres de diamètre, la pression effective de la vapeur étant de 5 atmosphères ou 5 kilog. par centimètre carré, et la tige en acier fondu :

$$P = \frac{3,1416 \times (65)^2}{4} \times 5 = 16591 \text{ kilog.}$$

$$d = \sqrt{\frac{16591}{275}} + 0,5 = 8^c,25.$$

Soit, pour la section de cette tige, $53^{cq},46$.

Et, par suite, la charge par centimètre carré = 310 kilog. seulement.

La table suivante fournit les mêmes résultats pour des tiges de piston en fer forgé et en acier fondu, pour des charges totales de 100 à 100000 kilogrammes.

XXVe

TABLE

DES DIAMÈTRES DES TIGES DE PISTON EN FER ET EN ACIER POUR DES EFFORTS VARIABLES DE 100 A 100000 KILOGRAMMES.

PRESSION ou charge totale sur la tige.	DIAMÈTRE DE LA TIGE		PRESSION ou charge totale sur la tige.	DIAMÈTRE DE LA TIGE		PRESSION ou charge totale sur la tige.	DIAMÈTRE DE LA TIGE	
	en fer.	en acier.		en fer.	en acier.		en fer.	en acier.
kilog.	millim.	millim.	kilog.	millim.	millim.	kilog.	millim.	millim.
100	13	11	10000	84	65	38000	159	122
150	15	12	10500	86	66	39000	161	123
200	16	13	11000	88	68	40000	163	125
250	17	14	11500	90	69	41000	165	126
300	19	15	12000	91	71	42000	167	128
350	20	16	12500	93	72	43000	169	129
400	21	17	13000	95	73	44000	171	131
500	23	18	13500	97	75	45000	173	132
600	24	20	14000	98	76	46000	174	134
700	26	21	14500	100	77	47000	176	135
800	27	22	15000	102	78	48000	178	136
900	29	23	15500	103	80	49000	180	138
1000	30	24	16000	105	81	50000	182	139
1100	31	25	16500	106	82	52000	185	142
1200	32	26	17000	108	83	54000	189	144
1300	33	27	17500	109	84	56000	192	147
1400	34	27	18000	111	85	58000	195	149
1500	36	28	18500	112	87	60000	198	152
1600	37	29	19000	114	88	62000	202	154
1700	37	30	19500	115	89	64000	205	157
1800	38	30	20000	117	90	66000	208	159
1900	39	31	21000	119	92	68000	211	161
2000	40	32	22009	122	94	70000	214	164
2500	44	35	23000	125	96	72000	217	166
3000	48	38	24000	127	98	74000	220	168
3500	52	40	25000	130	100	76000	223	170
4000	55	43	26000	132	102	78000	226	173
4500	58	45	27000	135	104	80000	228	175
5000	61	47	28000	137	105	82000	231	177
5500	64	50	29000	139	107	84000	234	179
6000	66	51	30000	142	109	86000	237	181
6500	69	53	31000	144	111	88000	239	183
7000	71	55	32000	146	112	90000	242	185
7500	73	57	33000	148	114	92000	245	187
8000	76	59	34000	151	116	94000	247	189
8500	78	60	35000	153	117	96000	250	191
9000	80	62	36000	155	119	98000	252	193
9500	82	63	37000	157	120	100000	255	195

Nous n'avons rien à ajouter, quant à l'emploi de cette table, qui ne nécessito, en effet, aucune explication après ce qui précède. Mais, en décrivant ci-dessous divers modes d'assemblages des tiges avec les traverses empruntés à des machines construites et fonctionnant, nous essayons des comparaisons tendant à démontrer l'exactitude des données de cette table et des règles mêmes dont elle est déduite.

ASSEMBLAGES DES TRAVERSES ET DES TIGES DE PISTON.

(PLANCHE 22.)

On appelle *traverse de piston* ou *joug*, une pièce qui a essentiellement pour objet d'assurer le mouvement rectiligne de la tige, indépendamment du cylindre où elle possède ordinairement un premier guide, et qui est elle-même maintenue par un ou deux guides rectilignes appelés *guides des glissières*. La traverse est aussi le lien de la tige du piston et de la bielle qui ne s'assemble directement avec la tige que dans certaines circonstances particulières où la traverse est remplacée, comme fonction, par un simple piton dans lequel cette tige est guidée.

Nous montrerons plus loin un exemple de ce cas particulier, et nous nous occupons d'abord des traverses proprement dites.

TRAVERSE SIMPLE ET DROITE, FIG. 1 ET 2. — Cette disposition, une des plus usitées dans les machines à vapeur dites à *directrices*, et dont la puissance s'élève au moins à 10 chevaux, consiste, comme ensemble, en une véritable traverse en fer, droite et entièrement ronde, A, montée d'équerre avec la tige de piston B, et munie, aux deux extrémités, des *blocs* ou *glissières* D par lesquels la traverse est maintenue dans deux guides E exactement parallèles à la direction du mouvement de la tige.

La fig. 1 est une vue de face ou élévation de la traverse (cette traverse étant empruntée à une machine horizontale), les glissières en coupe transversale ;

La fig. 2 est une coupe perpendiculaire à la projection précédente et faite suivant l'axe même de la tige de piston dont elle montre l'emmanchement.

Cette pièce, entièrement symétrique à partir de son milieu qui est renflé et tourné sphérique, présente, de chaque côté, trois parties distinctes *a*, *b* et *c*, qui vont en diminuant graduellement de diamètre.

Le renflement central étant destiné à l'assemblage de la tige est percé, de part en part, d'un trou à peu près cylindrique au diamètre de cette tige, moins la diminution nécessaire à l'épaulement qui doit servir de point d'appui au serrage de l'écrou C, suivant le mode adopté ici, car nous verrons qu'on lui substitue souvent une clavette qui traverse à la fois le tenon de la tige et le renflement. Que l'on admette l'un ou l'autre de ces deux modes, il est clair que cette partie de la traverse doit offrir un renflement analogue, afin de compenser l'affaiblissement dû au trou ; de plus, si l'on fait usage d'une clavette, il faut encore tenir compte de son serrage et de la mortaise qui diminue la section de la traverse ; comme avec l'écrou, pour lequel on fait le tenon de la tige légèrement conique, il se produit aussi un effort qui tend à faire éclater le mamelon central, la traverse doit, de toute façon, présenter en cet endroit une très-grande résistance.

Les deux portées *a* les plus rapprochées du centre sont de véritables tourillons munis de leurs collets, et par lesquels s'effectue l'assemblage de la traverse et de la bielle qui se termine, comme on le verra plus loin, par une fourche dont les deux branches sont munies d'ouvertures à coussinets qui entourent ces tourillons d'après lesquels la bielle exécute son mouvement oscillatoire. C'est, en définitive, sur ces deux tourillons qu'est reporté tout l'effort transmis par la tige à la bielle qui le communique à la manivelle et à l'arbre moteur de la machine ; leur résistance doit donc être calculée en vue de cet effort qui agit transversalement et classe la traverse, au moins, quant à cette partie, dans les *solides encastrés* soumis à un effort de flexion.

Viennent ensuite deux autres tourillons *b*, destinés, pour ce système particulier de machine, à transmettre le mouvement, par deux petites bielles latérales, à la pompe du condenseur.

Puis à la suite se trouvent les deux fusées ou portées *c*, par lesquelles la traverse se termine, qui sont embrassées par les glissières ou patins en fonte D maintenus par les guides E, entre lesquels ils glissent avec la traverse, et qui possèdent des rebords ou joues *d* pour les retenir latéralement.

Ces deux fusées et leurs patins sont soumis à un mode d'effort particulier qui, sans être relativement très-intense, influe néanmoins assez notablement pour qu'il ait donné lieu à l'un des perfectionnements les plus importants apportés dans la construction des machines à vapeur.

Lorsqu'on étudie ce mode de transmission entre la tige de piston et la manivelle d'une machine à vapeur, on ne tarde pas à reconnaître que par les différentes positions obliques que prend la bielle, la traverse est soumise à un effort transversal qui tend à la faire appuyer sur *l'un ou l'autre* des deux guides des glissières qui la maintiennent (inférieur ou supérieur pour une machine horizontale), la direction de cette pression variant *avec le sens de rotation de la machine.*

Cette pression, qui n'est qu'une assez faible partie de l'effort transmis par la tige, lorsque la bielle est dans un rapport convenable de longueur avec la manivelle, serait cependant assez intense pour déterminer l'usure rapide des glissières et des guides, si l'on ne se mettait en garde contre cette difficulté.

Le meilleur moyen consiste à donner à ces patins D une aussi grande surface frottante que possible, et à les bien graisser ; c'est en cela que réside l'amélioration dont nous parlions ci-dessus, c'est-à-dire, l'emploi de larges patins plats ou d'autre forme, substituées aux galets roulants anciennement en usage. Ces derniers offraient, du reste, d'autres inconvénients dont nous disons plus loin quelques mots. On peut remarquer ici l'extension donnée à ces patins, et, par suite, à leurs fusées *c*, dont la longueur est environ le cinquième de celle totale de la traverse.

Au point de vue du fonctionnement théorique, une semblable traverse devrait être aussi courte que possible, car il y a évidemment intérêt à rapprocher ses points d'appui de la tige ; c'est, en effet, ce qui a ordinairement lieu, à moins qu'on ne l'utilise, comme ici, pour la commande directe d'un appareil auxiliaire par les tourillons *b*, dont la place eût été prise autrement par les glissières qui se seraient trouvées ainsi tout près des tourillons de la bielle.

Il y a peu de chose à dire sur l'ensemble de la structure de cette pièce qui est très-simple, et que les figures du dessin feront très-bien comprendre. Nous désirons maintenant donner un aperçu de ses proportions comparées à la résistance à laquelle elle est soumise.

CONDITIONS DYNAMIQUES GÉNÉRALES D'UNE TRAVERSE DE PISTON. — Cette traverse appartient, comme nous l'avons dit en commençant, à une machine à vapeur horizontale à détente et condensation, d'une puissance nominale de 20 chevaux, et construite par MM. Farcot (1).

Le diamètre du piston est de $0^m,415$, correspondant à une superficie de 1353 centimètres carrés ; la pression manométrique de la vapeur, en marche normale, étant de 5 atmosphères et la contre-pression, par le condenseur, d'environ $0^{at},1$, on peut évaluer, sans erreur, la pression totale et maxima sur ce piston, à :

$$(5 - 0,1 \times 1^k,0333) \times 1353 = 6850^k,469.$$

Pour répondre à cet effort, la tige du piston, qui est en acier fondu, a 50 millimètres de diamètre en plein corps, et se réduit à 30 au noyau de la partie filetée pour recevoir l'écrou C.

Par conséquent, le taux de charge de cette tige, égale au minimum :

$$6850 \div \frac{\pi \times (50)^2}{4} = 3^k,49 ;$$

ou 349 kilogrammes par centimètre carré de sa section transversale maxima.

Mais dans la partie filetée où le noyau est réduit à 30 millimètres, cette charge s'élève nécessairement à :

$$349 \times \left(\frac{50}{30}\right)^2 = 969 \text{ kil. par centimètre carré.}$$

Par conséquent, on voit qu'en dehors de toute autre influence que celle de l'effort de traction auquel cette partie est, en effet, exclusivement soumise, on ne craint pas de charger l'acier fondu jusqu'à près de 1000 kilogrammes par centimètre carré de section transversale. Mais rappelons que, dans cette machine, ce serait bien là le plus grand effort que dût ressentir la tige, puisque nous avons pris pour base la pression initiale de la vapeur avant toute détente.

Il est aisé de concevoir, maintenant, que les dimensions de la tige étant données et mises en rapport avec l'effort auquel elle est soumise, on peut prendre directement son diamètre pour y rapporter les dimensions de la traverse, laquelle subit le même effort.

Cependant, pour ne laisser aucun doute, nous allons essayer de déterminer les dimensions principales de cette traverse d'après la charge totale sur le piston ; ces dimensions sont la section du renflement central et le diamètre des tourillons ou portées *a*.

La section du renflement central, sur lequel s'emmanche la tige, est celle *d'un solide encastré et soumis à une charge qui agit à une distance* L, fig. 1, *du point*

(1) Cette machine a été dessinée et décrite avec détails dans notre *Traité des moteurs à vapeur* (Ier vol.).

d'encastrement (Int., p. XXXII), cette charge étant la *moitié* de l'effort total de la vapeur sur le piston. Quant à la forme de cette section, ce n'est pas celle circulaire qui existe ici qu'il convient de prendre pour base du calcul, à cause du trou qui la divise et qui compliquerait singulièrement l'opération, si l'on voulait en tenir directement compte. Il vaut mieux la supposer rectangulaire et composée de deux parties disposées par moitiés égales de chaque côté de la tige (ce qui a réellement lieu, lorsque ce mamelon central est cylindrique), sauf à la ramener ensuite, par approximation, à une figure équivalente et avec sa forme réelle.

On a vu (Int., p. XXXII), que la formule qui s'applique à cette détermination est la suivante :

$$PL = \frac{Rab^2}{6}.$$

Pour l'application actuelle, on a les données suivantes :

Effort tendant à produire la rupture. . . . . $P = \frac{6850}{2} = 3425$ kil.

Levier de cet effort. $L = 10$ centimètres.

Dimension de la section de rupture dans le sens de l'effort. . . . . $b = 11$ id.

Charge spécifique à attribuer au métal (fer forgé), par centimètre carré . . . . $R = 500$ kilogrammes.

Il vient pour la largeur transversale de cette section :

$$a = \frac{6 \times 3425 \times 10}{500 \times (11)^2} = 3^c,39.$$

Soit environ 34 millimètres, ce qui déterminerait une épaisseur de 17 millimètres de chaque côté du tenon de la tige.

Cette épaisseur ayant été figurée sur le dessin, fig. 1, par une ligne ponctuée, on voit combien la forme sphérique conduit à une section excédante, sans pourtant qu'elle soit exagérée, attendu qu'elle diminue très-rapidement à partir de la section principale par cette forme même.

D'une manière générale, on peut admettre que lorsque la tige est bien proportionnée, *que les points d'attache de la bielle en sont aussi rapprochés que possible*, et que la tige est fixée par un écrou, le mamelon central d'assemblage, ramené à la forme cylindrique, doit avoir pour hauteur au moins le double du diamètre maximum de cette tige, et pour diamètre 1,7 fois, au moins, ce diamètre maximum.

Pour le cas qui nous occupe, où le diamètre de la tige égale 50 millimètres, celui du mamelon, s'il était cylindrique, aurait :

$$50^{\text{mill.}} \times 1,7 = 85,$$

sur $50 \times 2 = 100$ de hauteur.

Nous devons maintenant examiner la portée a, considérée comme tourillon soumis à un effort de pression.

Nous avons montré que le diamètre d'un tourillon placé dans cette condition se détermine à l'aide de la formule suivante (p. 87) :

$$d = \sqrt[2]{0{,}0085\,\mathrm{P}m} + 0{,}5.$$

Le diamètre ne différant que très-peu de la portée, m égale sensiblement l'unité, et la charge étant, comme ci-dessus, 3425 kil., on trouve :

$$d = \sqrt[2]{0{,}0085 \times 3425} + 0{,}5 = 5{,}9.$$

Soit environ 60 millimètres, dimension qui se rapporte à 5 millimètres près (ils ont 65), à celle existante. Or, il faut bien remarquer qu'ici ce tourillon peut être augmenté sans aucun inconvénient, attendu qu'il ne s'exécute sur lui qu'un mouvement oscillatoire peu rapide et d'une très-faible amplitude ; on doit donc plutôt chercher à le mettre en harmonie avec l'ensemble de la traverse, et principalement avec le mamelon central, que de s'astreindre à le réduire au diamètre strictement nécessaire.

Il nous reste à dire quelques mots de cette pression résultant du mouvement de la bielle et qui s'exerce sur l'un des deux guides des glissières suivant le sens de rotation de la machine.

Fig. 98.

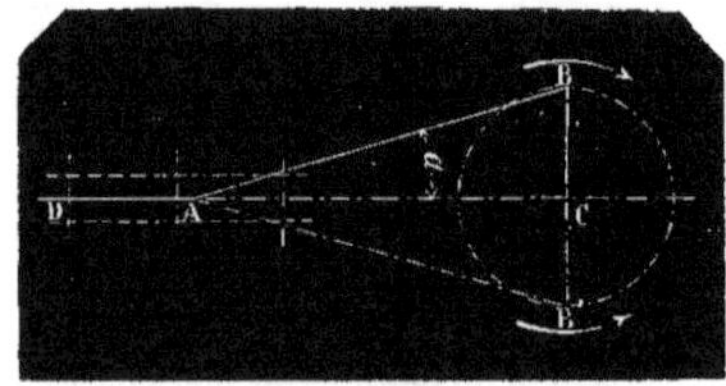

Soit, fig. 98, un système articulé formé de la tige DA, de la bielle AB et de la manivelle BC, dans lequel le mouvement est fourni par la tige et donne lieu à un mouvement circulaire dans le sens indiqué par la flèche supérieure.

Lorsque, dans l'une des deux périodes du mouvement, la tige *pousse* de D vers A, l'obliquité de la tige et de la bielle *tendant à augmenter*, il est évident que leur point de réunion A tend à *s'abaisser*, d'où la pression s'exerce sur le guide *inférieur ;* quand, au contraire, à la prochaine période, la bielle étant en B'A, la tige viendra *à tirer*, de A vers D, la tige et la bielle tendront à se mettre *en ligne droite*, le point A tendra encore *à baisser* et la pression s'exercera toujours sur le même guide inférieur.

Que le sens de la rotation change et devienne celui indiqué par la flèche inférieure, les mêmes effets se reproduiront, mais aussi en sens inverse, et la pression sera reportée, cette fois, sur le guide supérieur.

Dans les deux cas, si l'on représente par AC, comme grandeur proportionnelle, l'effort transmis par la tige du piston, dans la position où la manivelle est perpendiculaire à cette direction, AB et BC représenteront de même les efforts équilibrant le système dans les directions respectives de la bielle et de la manivelle ; et puisque celle-ci est prise perpendiculairement à la direction de la tige et des guides des glissières, BC représentera, en résumé, *la pression supportée par ces derniers*, dans cette position qui correspond aussi au moment où cette pression est maxima, autrement dit, *lorsque la bielle forme le plus grand angle avec l'axe du mouvement rectiligne de la tige.*

Si nous désignons cet angle par a et la pression verticale BC par p, P représentant l'effort AC par la tige, il est clair que l'on aura :

$$p = \text{P tang. } a.$$

Or, cet angle, qui atteint nécessairement un maximum en deux points de la rotation, sera, toutes choses égales, d'ailleurs, d'autant plus grand que le rapport entre la longueur de la bielle et de la manivelle, ou AB à BC, sera plus faible ; aussi, en pratique, cherche-t-on toujours à avoir de longues bielles, afin d'éviter des obliquités trop prononcées qui n'ont pas que ce seul inconvénient ; pour les machines à vapeur, on adopte très-généralement le rapport 5, sans descendre jamais au-dessous du rapport 3 qui est déjà défectueux.

Mais admettons ces limites pour ce qui nous occupe, c'est-à-dire, la pression réactive sur les glissières.

Si les deux côtés AB et BC du triangle rectangle, fig. 98, sont dans le rapport de 5 : 1, l'angle a est de 11°,30, dont la tangente égale 0,203 ; si le rapport est 3 : 1, l'angle a correspondant égale 19°,30, dont la tangente est 0,354.

Par conséquent, d'après ce qui précède, la pression sur les glissières varie de :

$$0{,}354 \text{ P à } 0{,}203 \text{ P},$$

pour des longueurs de bielle variant de 3 à 5 par rapport au rayon de la manivelle.

Ainsi, pour la machine actuelle, dont la bielle est cinq fois la manivelle, la plus grande pression que les guides des glissières auraient à supporter si la vapeur conservait sa pression maxima pendant toute la course du piston, serait de :

$$p = 6850 \times 0{,}203 = 1390^{k},55,$$

qui se répartit, par moitié, sur les deux guides latéraux.

Si cette bielle n'était que le triple de la manivelle, la pression sur les guides s'élèverait à :

$$p = 6850 \times 0{,}354 = 2424{,}90,$$

soit plus de 1200 kilogrammes par chaque extrémité de la traverse.

Mais comme la condition du plus grand effort correspond seulement à un point qui est à peu près le milieu de la course du piston et que cette machine est à très-grande détente, l'effort réel en ce point est infiniment moindre, la pression de la vapeur étant réduite en ce moment à moins du cinquième de sa pression initiale. Enfin, si le volant régularise bien les efforts moteurs et résistants, lorsque le travail développé correspond à la force nominale de 20 chevaux, à la vitesse de 48 tours par minute, on trouve que la pression réactive maxima sur chacun des deux guides latéraux atteint environ 80 à 90 kilogrammes ; chaque glissière D offrant une surface de frottement de :

$$10^{c} \times 23^{c},5 = 235 \text{ centimètres carrés},$$

il en résulte que la charge spécifique de ce frottement ne dépasse pas :

$$\frac{90}{235^{cq}} = 0^{k},383 \text{ par centimètre carré.}$$

L'usure doit donc être très-faible ; et pour améliorer encore cette situation, MM. Farcot, et d'autres constructeurs, font tourner les machines horizontales dans le sens qui convient pour que l'effort transversal de la traverse se trouve reporté sur les guides supérieurs et soit alors en partie compensé par le poids propre des pièces en mouvement.

Ces notions, qui exigeaient un certain développement, vont nous permettre maintenant d'expliquer plus facilement les particularités offertes par les différents types de traverses et glissières suivants.

Traverse en té, avec galets directeurs. — Dans les premières machines à directrices qui ont été construites, la tige du piston était assemblée avec une traverse qui transmettait son mouvement à l'arbre moteur placé au-dessous du cylindre, à l'aide de deux bielles pendantes assemblées aux deux extrémités de cette traverse, dont la direction rectiligne se trouvait déterminée par deux galets roulant dans des guides latéraux.

Fig. 99.

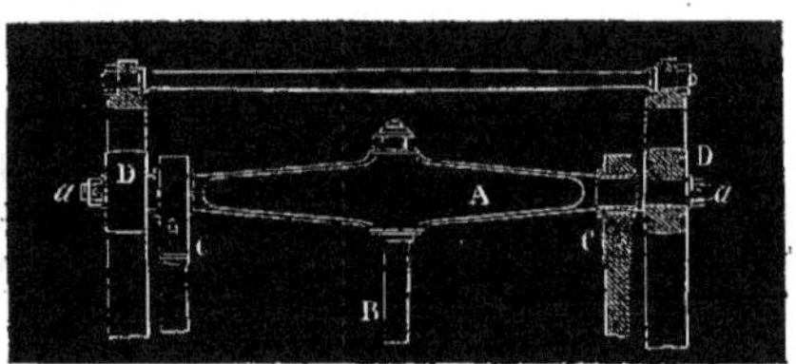

La fig. 99, qui représente ce mode de disposition, montre que la traverse A est une pièce en fer forgé, méplate sur la plus grande partie de sa longueur, renflée au milieu pour l'assemblage de la tige de piston B et tournée à chaque extrémité pour recevoir les têtes de bielle C et les galets directeurs D. Sa structure, en principe, est celle d'un corps qui aurait été rond du renflement central aux extrémités et dans lequel on a ensuite enlevé des méplats et découpé ce mamelon central de forme cylindrique ; c'est, en effet, sur le tour que les champs sont exécutés en même temps que les tourillons extrêmes.

Ces tourillons offrent deux portées de diamètres différents de façon à retenir le galet qui est maintenu par l'écrou *a* et peut rouler librement sur sa portée.

Ces galets tournent, en effet, sur eux-mêmes, emportés par le mouvement de la traverse, en s'appuyant sur celle des deux faces du guide où les amène la pression due à l'effort décomposé par l'obliquité de la bielle ; non-seulement ils ne pressent pas sur l'autre face, mais il faut même leur conserver un certain jeu, car, en tournant sur eux-mêmes, s'ils *roulent* pour l'une des faces, ils *frotteraient* nécessairement pour l'autre, s'ils les touchaient simultanément, et ce frottement serait complétement préjudiciable à leurs fonctions.

Tout en observant cette condition, il était difficile de conserver aux galets leur liberté parfaite de roulement, car la pression s'exerçant par un contour circulaire, dont la surface de contact avec le guide droit ne peut être que d'une très-faible étendue, l'usure se produisait assez rapidement en déterminant à la circonférence du galet une petite face plate qui devait infailliblement l'empêcher de tourner. On avait donc l'inconvénient d'un guide fixe sans profiter de l'avantage de sa large surface, et c'est ainsi que l'on est arrivé à faire franchement des glissières plates auxquelles on est libre de donner autant de surface qu'on le juge nécessaire pour réduire les effets de l'usure.

Cette nécessité s'est trouvée, du reste, de plus en plus démontrée au fur et à mesure que la puissance de ce système de machine s'est élevée, et aujourd'hui les galets ne sont plus admis.

TRAVERSE-ENTRETOISE AVEC SERRAGE A CLAVETTES, FIG. 3 ET 4. — Nous désignons ainsi ce système de traverse qui est appliqué à diverses machines à vapeur verticales et qui est disposé pour s'arc-bouter, en quelque sorte, entre deux guides qui se trouvent placés dans le même plan que celui dans lequel la bielle exécute son mouvement, contrairement à la disposition précédente dans laquelle on vient de voir que les guides sont situés dans un plan horizontal, tandis que la bielle joue dans un plan vertical.

Cette traverse, qui présente plusieurs points intéressants, est formée de quatre branches d'équerre *a* et *b* forgées de la même pièce avec un mamelon central A, de forme cubique, dans lequel la tige de piston B s'emmanche et se fixe au moyen d'un écrou C, comme précédemment ; les deux branches *a* constituent les tourillons qui assemblent la bielle avec la traverse, et celles *b* sont destinées à recevoir les coussinets-glissières en bronze D par lesquels l'ensemble de la traverse est maintenu entre les deux tiges cylindriques en fer E faisant fonction de guides latéraux.

On voit que la stabilité de la traverse est obtenue, dans le plan du mouvement de la bielle, par la distance extrême des glissières D, et, dans l'autre sens, par la forme de ces glissières qui sont creuses et enveloppent à moitié les guides fixes E.

Ce qui vient d'être dit sur la poussée due au mouvement de la bielle, permet de comprendre que l'ensemble de la traverse presse constamment sur l'un des deux guides E, suivant le sens de rotation de la machine, d'où, par l'effet de cette pression, la glissière D correspondante subit exclusivement une usure dont le résultat final serait de faire dévier la tige de piston de sa direction normale, au fur et à mesure que le centre de la traverse se trouverait déplacé.

C'est pour obvier à cet inconvénient que les deux glissières sont fondues avec une douille cylindrique par laquelle on les emmanche sur les fusées *b* en les y fixant par un clavetage qui permet de rattraper l'usure, et même de faciliter la rectification du mouvement de la tige au moment du montage. Cet assemblage consiste en une clavette en fer F qui traverse la fusée et la douille et se termine par une tige filetée avec écrou *c*, permettant de l'assurer dans sa position ; cet écrou s'appuie sur la tête d'un petit socle en bronze *d*, dans lequel le corps de la clavette peut pénétrer d'une certaine quantité en s'avançant.

Cette pièce, qui peut être donnée comme exemple de bonne construction, appartient à une petite machine de 4 chevaux de la série de MM. Cail et Cie. Ce n'est guère, en effet, que pour les petites puissances que l'on applique cette disposition, qui est simple et élégante, mais qui convient moins pour des efforts considérables.

Traverse pour bielle a tête simple, fig. 5. — Cet exemple montre une disposition employée encore pour de petites machines avec une bielle qui, au lieu de se terminer par une fourche, possède une tête simple conduisant alors à réserver l'enfourchement à la traverse même, comme s'il appartenait à la tige de piston.

La tige de piston B porte, clavetée avec elle, une tête, ou *crosse* A, formée d'un mamelon cylindrique et de deux joues entre lesquelles s'assemble la tête de bielle au moyen de la traverse proprement dite C, constituant l'axe de cette articulation ; la traverse se termine par les fusées *a* pour recevoir les glissières, comme dans l'exemple fig. 1.

Pour pouvoir établir la solidarité complète de la crosse et de la traverse, qui ne peuvent être forgées de la même pièce lorsque l'axe du mouvement de la bielle et celui de la traverse sont communs, la crosse A est serrée entre un écrou *b* monté sur une partie filetée ménagée à la traverse, et une embase *c* répétant la forme de l'écrou, et de la même pièce que cette traverse.

Ce mode de construction, qui est simple et solide, laisse toute facilité pour l'assemblage de ces pièces et permet de faire la tête de bielle en forme d'œil simple, sans bride démontante.

On remarque que cette disposition ne se prête pas facilement à la réunion de la tige de piston au moyen d'un écrou qu'on ne pourrait mettre en place ou retirer qu'en démontant préalablement la traverse ; cette tige B est, en effet, simplement conique, sans épaulement sensible, et fixée, avec la crosse A par une clef *d*. L'un des exemples suivants nous permet d'examiner plus en détail ce mode d'assemblage.

Traverse en fonte, fig. 6 a 8. — Cette disposition est applicable dans la même circonstance que celle des fig. 3 et 4, c'est-à-dire, la traverse placée dans le plan du mouvement de la bielle ; elle en diffère par une combinaison moins parfaite, il est vrai, mais imaginée en vue de l'économie de construction.

La traverse D est une sorte de châssis en fonte, dont les extrémités sont disposées en demi-coquilles pour former glissières et épouser les deux guides fixes E ; à l'intérieur de ce châssis s'ajuste la crosse A clavetée avec la tige B, et qui se trouve réunie avec la traverse par le boulon *a* servant d'axe d'articulation à la bielle F. Ce boulon, qui est retenu par un écrou C, est garni de deux clefs ou languettes c, qui, placées diamétralement, s'ajustent dans l'une des joues de la traverse et celle correspondante de la crosse, empêchent ce boulon de tourner sur lui-même en cédant au mouvement de la bielle, et en même temps, maintiennent l'horizontalité de la traverse en la rendant solidaire de la crosse A.

L'économie obtenue ainsi réside dans la simplification du travail de la forge, qui se réduit à la crosse dont la forme est celle ordinaire d'une tête à enfourchement. La traverse étant en fonte est aussi une pièce peu dispendieuse, et si aucune disposition ne lui est réservée pour rectifier sa longueur, comme cela a été prévu, fig. 3, il faut dire que l'usure de fonte sur fer n'est pas considérable, surtout si, les patins ayant une grande surface, le graissage est bien maintenu, et, qu'après tout, l'on n'applique ce système qu'à de petites machines.

On peut remarquer encore que les deux joues de cette traverse sont consolidées par deux nervures intérieures en écoinçons e, fig. 8, qui donnent à l'ensemble de la pièce une rigidité suffisante.

Crosse pour glissières centrales, fig. 9 et 10. — Aujourd'hui bien des constructeurs adoptent, même pour des machines d'une certaine puissance, un système de glissière simple et rationnel, emprunté principalement au mode de construction des locomotives dont les tiges de piston sont maintenues, comme on a pu le remarquer, par une seule paire de guides placés dans le même plan vertical que la tige et très-rapprochés d'elle.

Les fig. 9 et 10 représentent la crosse, ou *bloc* A, qui, suivant ce mode de construction, se trouve clavetée avec la tige de piston B, l'assemble avec la bielle et forme en même temps la glissière.

Cette pièce, qui est en fonte de fer, appartient à une machine horizontale, de la force de 8 à 10 chevaux, construite dans les ateliers Cail et Cie (1). Elle consiste en un véritable bloc quadrangulaire fondu avec un mamelon cylindrique a, dans lequel la tige B est emmanchée et fixée par une clef c, et qui est ouvert d'un trou cylindrique b pour recevoir le tourillon d'assemblage de la bielle. Cette dernière affecte, à cet effet, la structure dite *à fourche* dont les deux branches embrassent le bloc A et sont assez longues pour que le mouvement alternatif s'effectue sans rencontrer les deux guides E, entre lesquels la crosse A glisse et se trouve maintenue latéralement par les joues-rebords d.

Cette disposition est excellente en ce qu'elle centralise complétement les efforts résultant, par décomposition, du mouvement de la bielle. Pourtant, elle n'est pas généralement adoptée, pour les machines fixes, peut-être à cause de l'importance que prend la bielle par sa forme spéciale.

Nous profitons de cet exemple pour examiner les conditions dans lesquelles se trouve la tige de piston et son assemblage.

(1) Cette machine est représentée et décrite dans le 1er vol. de notre *Traité des Moteurs à vapeur*.

Le piston a 320 millimètres de diamètre, et la tige, qui est en fer forgé, est très-forte, car elle porte 50 millimètres, ce qui correspond à une section de 19,63 centimètres carrés.

La pression initiale étant de 5 atmosphères, sans condensation, la pression totale effective sur le piston est d'environ 3200 kilogrammes ; la charge spécifique sur la tige en plein corps, est donc de :

$$\frac{3200}{19,63} = 163 \text{ kilogrammes par centimètre carré.}$$

Dans l'emmanchement, le diamètre du tenon est réduit à 40 millimètres, et s'il n'y avait pas à tenir compte de la clavette, le taux de la charge dans cette partie serait de :

$$164 \times \left(\frac{50}{40}\right)^2 = 256 \text{ kilog.}$$

Mais, la mortaise, pour le passage de la clavette dont l'épaisseur égale 8 millimètres, réduit cette section d'environ $8 \times 50 = 400$, soit 4 centimètres carrés, d'où la section effective de résistance n'est plus que de :

$$\frac{3,1416 \times (4^c,0)^2}{4} - 4 = 8,57 \text{ centimètres carrés.}$$

Le taux de charge réel auquel la tige est soumise dans cette partie, atteint donc :

$$\frac{3200^k}{8,57} = 373 \text{ kilog. par centimètre carré.}$$

On voit, par là, l'influence du clavetage sur la réduction de résistance de la tige, et qui est d'autant plus prononcée que les pièces sont généralement de petites dimensions, car la retraite de l'épaulement, par exemple, n'est certainement pas proportionnelle au diamètre de la tige et amène une réduction d'autant plus sensible que cette tige est plus faible.

Il nous reste à rendre compte de la résistance de la clavette pour laquelle il existe une certaine condition d'égale résistance avec la tige.

Une semblable clef, que nous admettons en acier trempé, est soumise à ce genre d'effort que l'on désigne par : *cisaillement double* (p. 52). En doublant la section transversale pour ramener au cisaillement simple, il vient :

$$8^{\text{mill}} \times 30 \times 2 = 480, \text{ ou } 4,8 \text{ centimètres carrés.}$$

Puisque la clavette éprouve le même effort que la tige, la charge spécifique, tendant à la couper par cisaillement, égale :

$$\frac{3200}{4,8} = 667 \text{ kil. par centimètre carré.}$$

Or, comme, ainsi qu'on l'a dit, la résistance au cisaillement est un peu inférieure à celle à la traction longitudinale, et que cette clavette est en acier dont la résistance est supérieure à celle du fer, nous en concluons qu'elle est convenablement proportionnée et qu'elle travaille relativement, à très-peu près, au même taux que la tige.

La section de résistance de la clavette dépendant à la fois de son épaisseur et de sa largeur, il semble que l'on pourrait, à égale section, ménager celle de la tige en amincissant de plus en plus la clavette. Mais, si cette dernière devenait par trop mince, elle *se maculerait*, c'est-à-dire, s'écraserait, et bientôt prendrait du jeu qui amènerait la dislocation de cet assemblage auquel il faut, au contraire, une parfaite rigidité.

En somme, si l'on s'en remet aux enseignements de la pratique, on reconnaît que l'épaisseur de la clavette (admise invariablement en acier) ne descend pas au-dessous *du cinquième* du diamètre du tenon qu'elle traverse, et que, sa largeur étant déterminée d'après cette épaisseur et la charge à supporter, la longueur du tenon traversé doit être supérieure *au triple* de cette largeur.

Il est, d'ailleurs, une précaution qui améliore singulièrement les conditions de cet assemblage, et qui ne doit pas être négligée : c'est *d'arrondir* les deux champs de la clavette, comme on le voit fig. 9 ; la mortaise ne présentant plus alors d'angles vifs, la résistance du tenon s'en trouve considérablement augmentée.

Crosse cylindrique pour guides creux, fig. 11. — Depuis quelque temps, on a mis en usage, même pour des machines marines de plus de 400 chevaux, des guides *creux* au lieu d'être *plats*, comme les précédents, et qui ont pour mérite de parfaitement retenir l'huile qui forme une sorte de bain dans lequel la glissière baigne constamment.

La fig. 11 représente, en coupe transversale, un système à glissière centrale, complétement analogue à ce qui vient d'être décrit, excepté que les deux guides E sont creux, et, par suite, la crosse ou glissière A extérieurement cylindrique.

Dans cet exemple, emprunté à une machine de faible puissance (8 à 10 chevaux), cette crosse est en fer forgé; elle est clavetée avec la tige de piston et traversée d'un trou *b* pour le passage du tourillon de la bielle.

La retenue de l'huile n'est pas le seul mérite de ce mode d'agencement; il offre aussi une certaine facilité de construction en ce que les faces intérieures des deux guides peuvent être façonnées simultanément à l'aide d'un alésoir, tandis que la crosse s'exécute sur le tour.

Crosse de piston pour locomotive, fig. 12 et 13. — Ces figures représentent l'un des types de glissières adoptés dans les machines locomotives et qui ont été imités, comme nous le disions ci-dessus, dans un grand nombre de machines fixes.

Cette crosse de piston appartient à un système de machine à voyageurs, à cylindres extérieurs, en circulation sur le chemin de fer de Paris à Lyon, et sortant des ateliers de MM. Cail et Cie. Elle est formée d'une masse principale A, qui s'assemble avec la tige B et avec la bielle, et de deux patins C rapportés et montés sur deux tenons *a* forgés de la même pièce que cette pièce principale. La bielle étant simple, au lieu d'être à fourche comme cela se fait souvent dans les locomotives, le bloc A présente un enfourchement *c* pour la recevoir et un trou *b* pour le passage du boulon d'assemblage. Cette pièce est également forgée avec une oreille en saillie *d* pour fixer la tige du piston de la pompe alimentaire qui marche comme celui à vapeur.

On reconnaît facilement que la complication de cette pièce, comme travail de forge, ne permet pas d'y comprendre les patins C qui doivent avoir une grande étendue et dont le rapport ne présente, au contraire, aucun inconvénient.

La tige B est emmanchée cône et fixée par une clavette *e* retenue elle-même par une forte goupille *f* pour empêcher, d'une façon absolue, qu'elle ne vienne à s'échapper par l'effet des ébranlements et des vibrations si intenses dans les machines locomotives.

Cette tige, qui est en acier fondu, porte 60 millimètres de diamètre, en plein corps, et le piston à vapeur a 400 millimètres de diamètre; si nous prenons pour la pression absolue de la vapeur 8 atmosphères, pression qui est souvent atteinte avec ces machines, l'effort total sur le piston s'élèvera à environ :

$$\frac{3,1416 \times (40)^2}{4} \times 7^k = 8799 \text{ kilogrammes.}$$

La section transversale de la tige étant de $28^{cq},27$, le taux de charge correspondant égale :

$$\frac{8799}{28,27} = 311^k,248 \text{ par centimètre carré.}$$

Mais nous avons montré combien le taux de charge s'élève à l'endroit du clavetage; il se trouve ici très-approximativement doublé, ce qui le porte à environ 620 à 630 kilogrammes, effort qui n'est cependant pas excessif pour de l'acier fondu, qui pourrait, ainsi qu'on l'a dit, en supporter près de 1000.

Traverse pour glissière en simple support, fig. 14 et 15. — Cette disposition, qui était employée par feu M. Duvoir, mécanicien à Liancourt, offre cette particularité que le piston est guidé par une seule glissière centrale inférieure, conformément à ce fait démontré, que la décomposition des efforts par le mouvement de la bielle ne détermine de pression sur les guides que d'un seul côté, changeant avec le sens de rotation ; ce sens doit être choisi, alors, de façon que la pression soit dirigée exclusivement de haut en bas, ce qui revient à dire que cette disposition n'est, en tout cas, applicable qu'aux machines dont le sens de rotation ne change jamais.

A cet effet, la tige de piston B est emmanchée cône, et fixée, par un écrou C, dans le mamelon central d'une traverse en fer A dont les extrémités sont rattachées avec deux bielles latérales fonctionnant comme une bielle simple ordinaire ; cette traverse est forgée avec un patin *a*, qui glisse sur un guide E armé de joues latérales *b*, et fondues avec le bâti de la machine.

Cette disposition convient aussi pour la retenue de l'huile, qui se maintient très-bien entre les joues *b*, sur le guide dont les deux extrémités sont fermées également par des joues en tôle *c*, que l'on doit rapporter, afin de laisser la pièce accessible au rabotage.

En somme, ce mode, assez original, semble bien convenir pour de petites machines fixes, toujours à la condition que le sens de rotation ne varie pas, ainsi que cela a lieu, du reste, pour le plus grand nombre de ces moteurs; nous l'avons vu fonctionnant bien des fois et avec succès.

Guide cylindrique fixe. — Dans bien des circonstances, où une tige de piston n'est pas sujette à ressentir un effort latéral capable de la faire fléchir sensiblement, on fait usage, pour la guider, d'une sorte de piton ou douille cylindrique A, fig. 100 ci-dessous, dans lequel cette tige B glisse à frottement doux; ce piton est fixé dans le bâti de l'appareil à l'aide d'un taraudage direct ou d'un boulonnage.

Avec cette disposition, la bielle C est nécessairement fourchue, et les deux branches de la fourche s'étendant de chaque côté du guide fixe, vont, au-delà, se réunir et s'articuler avec la tige.

Fig. 100.

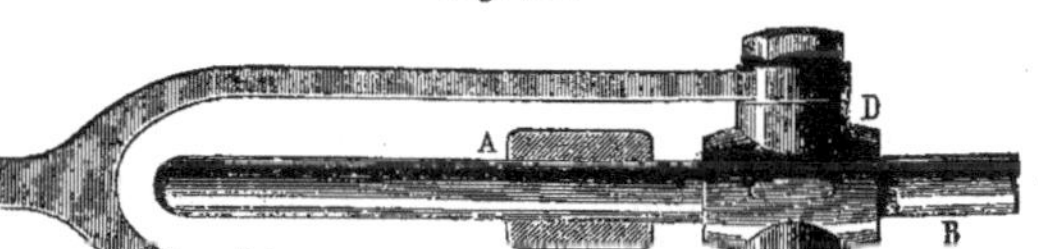

Pour opérer cet assemblage, il existe deux modes que nous allons faire connaître.

Le plus simple, celui représenté fig. 100, consiste à claveter sur la tige un manchon en fer D portant des renflements latéraux dans lesquels se taraudent des goujons qui traversent les branches de la bielle et forment les tourillons.

Mais, comme ces tourillons ne doivent ainsi leur rigidité qu'à celle du taraudage, lorsque l'on désire plus de solidité on donne au manchon D la forme de deux douilles cylindriques d'équerre et on le forge, d'une même pièce, avec une partie de tige *a*, fig. 101, qui remplace, dans l'exemple précédent, le prolongement de celle principale, laquelle tige B s'arrête au clavetage. Cela permet alors de percer le manchon d'un

Fig 101.

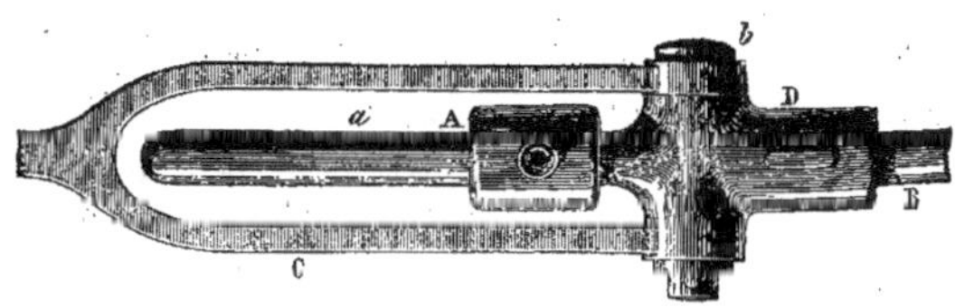

trou transversal pour recevoir un tourillon *b*, d'une seule pièce, portant une tête d'un bout et un écrou ou une rondelle goupillée de l'autre pour maintenir les deux branches de la bielle. Cet agencement est évidemment plus dispendieux que le premier à cause de l'importance, comme pièce de forge, du manchon D et de son prolongement, il exige aussi quelques soins pour bien centrer cette partie prolongée avec la tige, et l'assemblage doit être très-bien fait pour que cette rectitude ne s'altère pas. Mais il faut bien reconnaître, néanmoins, qu'il appartient à un mode de construction plus soignée.

Tête de tige pour machine a balancier, fig. 16. — La tige de piston d'une machine à balancier n'a point de traverse, ou du moins celle-ci est remplacée par une crosse simple qui s'assemble avec l'axe à tourillons par lequel cette tige est suspendue au balancier par les liens du parallélogramme.

La fig. 16 est un détail de la crosse qui arme la tige de piston des nouvelles machines élévatoires de Chaillot (Paris).

Cette crosse est une forte pièce de fer forgé A, composée d'un mamelon cylindrique, avec lequel s'assemble la tige B, au moyen de la clavette a, et d'une partie sphérique ouverte d'un trou transversal pour recevoir l'axe des liens du parallélogramme.

L'intérêt principal qu'offre cette pièce, dont la construction n'a rien de particulier, réside dans sa résistance aux efforts énormes qu'elle transmet.

Ces machines, qui sont, comme on le sait, à simple effet, ont un piston moteur de $1^{m},800$ de diamètre sur lequel la vapeur agit sous une pression initiale de 3,5 atmosphères ; si de cette pression on défalque la contre-pression, qui est moyennement de $0^{at},15$, on trouve, pour la pression effective :

$$(3,5 - 0,15) \times 1,0333 = 3^{k},46 \text{ par centimètre carré ;}$$

La tige porte 18 centimètres de diamètre, c'est-à-dire, justement le dixième du diamètre du piston, ce qui fait que les deux sections se trouvent dans le rapport de $1/100^{e}$. Par conséquent, la tige est susceptible de travailler au taux maximum de 346 kilogrammes par centimètre carré, effort qui ne conviendrait, dans les circonstances ordinaires, qu'à l'acier. Mais dans ces machines à simple effet, l'effort du piston ne se manifeste que de haut en bas, exclusivement, d'où il suit que la tige n'est absolument soumise qu'à *l'extension*, et jamais à un effort contraire tendant à la faire fléchir ; par conséquent, en admettant que ce taux de charge s'élève à 600 au clavetage, il peut être supporté sans danger par de bon fer ne résistant qu'à ce mode d'effort, et il n'est pas nécessaire que cette tige soit en acier.

Traverse pour piston a deux tiges avec glissière centrale, fig. 17 et 18. — Il nous reste à décrire deux de ces remarquables pièces, de la construction moderne, qui entrent dans la composition des gigantesques appareils à vapeur dont on arme aujourd'hui les bâtiments de guerre et même certains navires du commerce.

Le premier exemple, fig. 17 et 18, représente, en détail, une grande traverse avec ses glissières pour les cylindres à deux tiges des appareils de 1000 chevaux construits, par MM. Mazeline et Cie, pour la marine de l'État et que nous avons décrits dans le IIe vol. de notre *Traité des moteurs à vapeur*.

La fig. 17 est une coupe faite sur ces glissières perpendiculairement aux tiges, la traverse conservée en vue extérieure ;

La fig. 18 est une coupe perpendiculaire à la précédente passant sur l'axe 1-2 de l'assemblage de l'une des deux tiges et sur la ligne brisée 3-4-5 du patin inférieur, celui opposé restant en vue extérieure.

Les deux énormes cylindres dont se composent ces appareils à vapeur, d'une puissance nominale de 1000 chevaux, sont placés horizontalement, en travers de la coque du bâtiment, et leurs pistons, de $2^{m},10$ de diamètre, sont pourvus chacun de deux tiges B qui viennent se réunir à une traverse A, au-dessus et au-dessous de l'axe du mouvement et du cylindre, de telle sorte que cette traverse prend l'obliquité qu'on lui voit fig. 17.

La bielle, qui est à tête simple, vient prendre la traverse en son milieu, qui présente, à cet effet, un fort tourillon central *a*, accompagné latéralement de deux collets rectangulaires *b*, sur lesquels s'ajustent les deux patins ou glissières D, dont nous parlerons bientôt. A partir de ces collets viennent les deux bras obliques *c*, de section rectangulaire, et qui se terminent par les mamelons cylindriques *d* avec lesquels s'assemblent les tiges du piston.

Chaque tige portant une large embase, qui s'appuie contre le mamelon *d*, y pénètre suivant un tenon cylindrique portant un filet de vis carré pour recevoir l'écrou C à l'aide duquel on la fixe, et qui s'incruste, par une portée ronde, dans une fraisure de même forme pratiquée dans le mamelon. La partie extérieure de l'écrou, dont l'ensemble a une grande longueur, présente une partie à huit pans pour le saisir et le serrer, après laquelle il redevient cylindrique.

Comme tous les moyens possibles doivent être mis en jeu pour qu'aucune partie de cet assemblage ne vienne accidentellement à se disjoindre, la partie filetée de la tige dépasse suffisamment l'écrou pour recevoir une petite clef *e*, qui, empêchant cet écrou de s'avancer, l'empêche, par conséquent, de tourner et de se desserrer.

Les guides E, qui soutiennent et dirigent cette traverse, sont deux tables dressées et réservées dans le bâti de la machine et dans la paroi inférieure du coffre du condenseur qui se trouve placé en regard du cylindre à vapeur correspondant. Elles présentent chacune une grande surface plate, accompagnée de deux rebords *f* relevés d'équerre et très-bien dressés.

Ces rebords servent à maintenir les glissières D, qui sont de fortes pièces de fonte composées de la semelle frottante reliée, par des nervures, avec deux portées en saillie qui s'ajustent contre la traverse. La réunion de cette dernière avec le patin inférieur se fait par un emboîtement simple entre deux talons *g* réservés à la partie supérieure de ce patin, tandis que du côté opposé, ces talons n'existent pas et sont remplacés par quelques vis et par un emboîtement en feuillures longitudinales *h*; la traverse, ainsi rendue solidaire du patin supérieur, tant dans la direction de l'entraînement que dans le sens latéral, entraîne celui inférieur par les deux talons *g*, de sorte que ces trois pièces se trouvent ainsi complétement reliées.

Cette disposition est très-remarquable par la grande surface donnée aux glissières ; il faut dire aussi que les efforts qu'elles supportent sont très-considérables, ainsi qu'on va pouvoir en juger :

Chaque piston ayant $2^m,100$ de diamètre et la pression initiale effective de la vapeur étant de $2^{at},5$ — $0^{at},2$, l'effort total transmis par les deux tiges égale :

$$\frac{3,1416 \times (210^c)^2}{4} \times 1,0333\ (2^{at},5 - 0,2) = 82316 \text{ kil.}$$

La charge spécifique sur chacune des deux tiges dont le diamètre, en plein corps, égale 19 cent. et la section transversale $283^{cq},52$, devient d'après cela :

$$\frac{41158^k}{283,52} = 145 \text{ kil. par centimètre carré.}$$

La portée a, sur laquelle s'assemble la bielle, a 38 centimètres de diamètre et autant de largeur ; la distance horizontale des deux tiges étant de $1^m,440$, on peut, pour calculer la résistance de ce tourillon, le considérer comme un solide encastré à partir du collet, circulaire sur la section de rupture, la charge moitié de l'effort total sur le piston, et ayant pour bras de levier la partie située en dehors du tourillon dont la portée égale 0,720 — 0,19 = $0^m,53$ ou 53 centimètres.

Si, de la formule (Int., p. XXXV) relative à ce mode de résistance,

$$PL = \frac{\pi R d^3}{32},$$

on tire la valeur de R, en y introduisant les données numériques actuelles, on trouve, pour le taux de résistance auquel travaille ce tourillon :

$$R = \frac{32\ PL}{\pi d^3} = \frac{32 \times 41158^k \times 53^c}{3,1416 \times (38)^3} = 404.$$

Soit environ 400 kilogrammes d'effort moyen par centimètre carré de section transversale.

Quant à la pression sur le guide inférieur, sur lequel elle est dirigée pendant la marche *en avant*, elle se compose évidemment de l'effort par décomposition (p. 399) et du poids propre des pièces.

Pour estimer cet effort, nous avons le rapport de la longueur de la bielle, qui est de $2^m,40$, au rayon de la manivelle qui égale $0^m,65$, soit :

$$\frac{2,40}{0,65} = 3,7.$$

Avec ce rapport, l'angle maxima que forme la bielle avec l'axe du mouvement est de $15°,40$ dont la tangente égale 0,280. La pression transmise par la glissière, égalerait d'après cela, s'il n'existait pas de détente :

$$82316 \times 0,280 = 23048^k,48.$$

Mais la marche normale étant réglée avec environ 2/3 de détente, la pression est à peu près réduite d'un tiers lorsque la bielle atteint la position de l'angle maximum, ce qui abaisserait cette pression sur la glissière à environ 15000 kilogrammes.

Si, maintenant, l'on ajoute la partie du poids propre des pièces que supporte la glissière, partie que l'on ne peut pas estimer à moins de 4000 kil., on trouve, en résumé, environ 19000 kilogrammes pour l'effort total transmis par la glissière au guide inférieur.

Cette glissière formant un rectangle de 0m,80 de largeur sur 0m,92 de longueur, la surface frottante égale :

$$0,80 \times 0,92 = 0^{mq},7360 \text{ ou } 7360 \text{ centimètres carrés.}$$

La pression spécifique maxima serait donc de :

$$\frac{19000^k}{7360} = 2^k,58 \text{ par centimètre carré.}$$

Ainsi cette pression est plus élevée que celle qui a été trouvée ci-dessus (p. 400) malgré l'énorme dimension donnée à ces glissières. Mais cela résulte de l'obligation d'adopter des courses de piston faibles, comparativement à la puissance de la machine, et une bielle courte, afin d'arriver à suffisamment réduire l'espace occupé par ce mécanisme.

Il existe un très-grand nombre de dispositions différentes pour les glissières des machines marines qui présentent aussi, même dans chaque genre, d'assez nombreux types. Il nous serait donc assez difficile de les faire connaître tous sans donner à ce sujet un développement considérable ; nous devons nous limiter à l'exemple suivant qui est emprunté, par contraste avec celui qui vient d'être décrit, à une machine marine à hélice de faible puissance.

Traverse pour piston a deux tiges et glissières latérales, fig. 19 et 20. — Cette traverse appartient à un appareil à hélice, du système dit à bielle renversée, cylindres à deux tiges, d'une puissance nominale de 30 chevaux, et construit par M. Nillus.

Chaque traverse, des deux systèmes qui composent l'appareil, consiste en une pièce de fer forgé A, droite et ronde, portant deux mamelons *d* disposés en dessus et en dessous de l'axe pour s'assembler avec les deux tiges de piston B ; le milieu de la traverse est occupé par la portée *a* sur laquelle articule la bielle, et les deux portées extrêmes *c* sont destinées à recevoir les patins qui suivent deux guides placés latéralement, comme dans l'exemple fig. 1.

Quant aux tiges de piston, elles sont emmanchées cylindriquement dans les mamelons *d* et retenues par un écrou C appelant contre l'embase *b*.

La simplicité de cette pièce nous permet de terminer ainsi cet exposé, en le complétant par l'évaluation de l'effort auquel elle est soumise.

Chaque cylindre à vapeur porte 0m,500 de diamètre, et la pression effective maxima de la vapeur est d'environ 2at,3, déduction faite de la contre-pression, soit, par centimètre carré :

$$1^k,0333 \times 2^{at},3 = 2^k,377.$$

Cet effort est supporté par les deux tiges dont le diamètre maximum est de 50 millimètres, et, par suite, leur section le centième de celle du cylindre, d'où leur taux de charge égale :

$$\frac{2^k,377 \times 100}{2} = 118^k,8 \text{ par cent. carré.}$$

La longueur totale de la traverse, que notre dessin n'indique qu'en partie, est de $0^m,81$, ce qui donne 0,18 à la longueur de chacune des portées *c*.

BIELLES MOTRICES EN FER ET EN FONTE.

(PLANCHES 23 ET 24.)

Nous avons rappelé plus haut en quoi consiste ce mode de transmission qui comprend trois pièces principales en mouvement, savoir : *une tige droite* se déplaçant sur toute son étendue dans cette direction même ; *une bielle* dont l'une des extrémités décrit une ligne droite et l'autre un cercle ; enfin, une *manivelle* qui exécute exclusivement le mouvement circulaire.

Hâtons-nous d'ajouter, cependant, que ces conditions sont un cas particulier de l'emploi des mêmes pièces, c'est-à-dire, la transformation du *mouvement rectiligne alternatif en circulaire continu*, *et vice versâ*, mais que la bielle et la manivelle s'emploient aussi, sans modification de formes, dans la communication d'un mouvement *oscillatoire*.

Ce que nous devons distinguer surtout dans le fonctionnement de la bielle, pour en définir plus exactement la structure, c'est, invariablement, son assemblage par *double articulation* avec les pièces qu'elle fait communiquer.

Une bielle est donc essentiellement :

Une tringle *de transmission de mouvement, connexant par ses deux extrémités et par articulation.*

Lorsque les pièces mobiles connexées se meuvent dans le même plan ou dans des plans parallèles, les articulations sont *cylindriques ;*

Si ces plans ne sont pas parallèles, les articulations sont à *rotules*.

Les différents types de bielles que nous nous proposons d'étudier appartiennent, pour la plupart, aux machines à vapeur, soit comme bielles motrices, soit comme bielles des mécanismes auxiliaires : c'est aussi dans ce genre d'application que cet organe possède ses caractères les plus remarquables.

Nous avons aussi à distinguer les bielles en métal forgé, en fer ou en acier, qui conviennent au plus grand nombre de cas, et celles en fonte de fer qui sont depuis longtemps réservées à peu près exclusivement aux machines à vapeur à balancier et quelquefois à de grandes pompes verticales. Enfin, nous aurons encore à examiner les bielles en bois qui trouvent également leur application, soit dans les pompes, soit dans les scieries et autres machines spéciales.

Dans chacun des types principaux, il faut avoir le soin de considérer à la fois la structure et les proportions, en commençant par la première des deux conditions qui doit nécessairement servir de base à la seconde.

CONSTRUCTION DES BIELLES MOTRICES EN FER.

(PLANCHE 23.)

Bielle ronde a tête fourchue, fig. 1 a 5. — Ce modèle de bielle est celui que l'on applique généralement, sauf certaines variations dans les détails, à toutes les machines à vapeur fixes, horizontales ou verticales, mais à directrices et non à balancier.

La fig. 1 en est une vue d'ensemble extérieure, avec une partie seule en coupe ;

Les fig. 2 à 5 sont des coupes en différents sens de l'extrémité correspondant à *la tête simple.*

La fig. 1 montre que cette pièce est formée d'un corps principal A, rond et galbé dans le sens de sa longueur, se terminant, à l'une des extrémités, par une fourche dont les branches sont disposées pour l'une des deux articulations, et à l'autre par une portée carrée appropriée à l'articulation opposée, qui est simple. En se reportant à plusieurs des exemples de traverse représentés pl. 22, on voit que souvent le milieu de la traverse est occupé par l'assemblage de la tige de piston et que de chaque côté, il existe un tourillon pour l'assemblage de la bielle. C'est ce qui explique la fourche de celle-ci, dont les deux branches correspondent aux deux tourillons latéraux, tandis que l'extrémité opposée, ou *tête simple,* se rapporte à la manivelle, dont le tourillon, ou *bouton*, est aussi à portée simple. Mais on doit également se rappeler que certaines traverses sont elles-mêmes *fourchues*, disposition qui comporte une bielle *à deux têtes simples.*

Revenant à celle qui nous occupe en ce moment, on voit que le corps et les deux têtes de la bielle sont forgés d'une seule et même pièce, en bon fer, capable de résister à la fois à la flexion et à la pression.

La bielle est, en effet, soumise, comme la tige, à des efforts alternatifs d'extension et de compression ; mais de plus, comme elle ne se meut pas en ligne droite, elle est susceptible d'éprouver des efforts de flexion considérables qui tendent à la *cintrer,* et c'est pour empêcher un pareil accident que l'on renfle le corps des extrémités au milieu, comme le montre notre dessin.

La section du corps est ronde sur toute la longueur, pour la facilité du tournage ; les parties extrêmes ou les têtes sont à sections carrées ou rectangulaires; elles sont disposées pour recevoir des coussinets de bronze, que l'on recouvre par des chapes ou des brides en fer retenues à l'aide de clavettes ou de clefs, afin de former des articulations, soit autour des tourillons de la traverse du piston, soit autour du bouton de la manivelle.

Ainsi, à chacune des branches qui composent la double tête, du côté de la traverse qui réunit la bielle à la tige du piston, sont rapportées les deux paires de coussinets à joues C, qui sont enveloppés par les brides en fer méplat B, traversées chacune, ainsi que la branche, par la clavette à vis *c* et par une clavette à talon *c'*, lesquelles clavettes permettent ainsi de serrer les coussinets sur le tourrillon.

L'inclinaison qui détermine le serrage est d'environ 5 degrés et se trouve exclusivement supportée par la partie en contact des deux clavettes dont l'extérieur est, au contraire, perpendiculaire à la direction de l'axe de la verge, afin que la pression se fasse bien exactement dans cette direction.

De même, la tête simple qui doit s'assembler avec le bouton de la manivelle porte une paire de coussinets C' qui sont enveloppés par la bride en fer méplat B' que l'on retient également par la clavette à vis *c* et la clavette à talon *c'*.

Pour dissimuler la partie filetée de chaque clavette, on l'enveloppe d'une petite douille de cuivre mince *b*, qui sert de point d'appui à l'écrou et cache le joint des clavettes.

Il est utile de rapporter sur la tête des bielles un godet de cuivre *g*, fermé par un couvercle, et renfermant une mèche de coton qui amène des gouttes d'huile par un conduit ménagé au centre, afin de graisser constamment la surface des tourillons. Dans les machines horizontales, ce godet se place, comme le montre la fig. 2, sur le côté supérieur de la bride ; dans les machines verticales, il est disposé sur le sommet, comme nous en montrons des exemples.

Avant d'examiner cette remarquable pièce au point de vue de ses proportions, et, en général de celles qui conviendraient à d'autres analogues, nous devons passer en revue divers types différents qui ne sont pas moins appliqués que le précédent.

Bielle méplate, fig. 6 a 9. — Cette bielle, dont une tête simple est représentée en coupe verticale, fig. 6, et en section horizontale, fig. 7, est du même genre que la précédente, dont elle diffère par la verge qui est plate, à section rectangulaire, au lieu d'être ronde, et par quelques autres points de détail.

Comme l'indique la section transversale, fig. 9, laquelle est faite sur la ligne 11-12 de la fig. 7, le côté le plus large de cette section se trouve nécessairement dans le plan vertical suivant lequel la bielle se meut. Les deux champs de cette partie méplate s'exécutent cependant sur le tour et les faces sont rectifiées à la lime ; cette courbure se répète sur la bride ou chape B, comme le montrent les fig. 7 et 8.

Les coussinets C sont ronds extérieurement et d'une épaisseur uniforme, ce qui permet de les tourner pour leur ajustement dans la bride ; mais il est généralement préférable de réserver une plus grande épaisseur dans le sens du serrage, à cause de l'usure.

Le clavetage diffère de l'exemple précédent en ce qu'il existe ici deux contre-clavettes à talon *c'*, ce qui rend la forme de la clavette principale symétrique et centralise son avancement dans le serrage.

Petite bielle d'accouplement, fig. 11. — La tête de la bielle dessinée de face et de profil sur la fig. 11 est un modèle que l'on emploie souvent, soit dans les parallélogrammes des machines à balancier, pour relier les guides, soit comme bielle motrice dans les machines de petite force. La tête entière est forgée avec la verge, et les coussinets qui y sont rapportés sont ajustés vifs et sans joue. Pour la mettre en place, on commence par monter les coussinets autour du bouton ou du tourillon même. Ils s'y trouvent naturellement maintenus par les embases qui limitent la portée de celui-ci ; on passe alors la bielle, dont l'ouverture, qui reçoit les coussinets, est nécessairement plus grande que les embases : on introduit ensuite la clavette qui pénètre d'une petite quantité dans l'entaille ménagée au coussinet inférieur et retient le tout solidaire. Quand les coussinets sont usés et qu'il faut les rapprocher pour regagner le jeu, on serre non-seulement par la clavette, mais encore par la vis de pression *v*, afin de ne pas déplacer le centre, et, par suite, ne pas changer la longueur de la bielle.

Bielle fourchue sans bride mobile, fig. 12 et 13. — Cette disposition est remarquable en ce que les coussinets, au lieu d'être retenus par une bride rapportée et assujétie par la clavette même employée au serrage, sont ajustés dans un véritable enfourchement dont les branches font partie du corps même de la bielle.

Ce mode d'assemblage, qui est excellent et qui pourrait se substituer à celui à bride mobile dans toutes les applications, est pourtant plus spécialement employé pour les petites bielles, comme, par exemple, celles qui commandent les appareils accessoires d'une machine à vapeur, tels que pompes alimentaires, tiroirs, etc., ou qui, à tête simple, font partie du parallélogramme, et y remplissent le même office que le modèle fig. 11, auquel nous préférons de beaucoup ce dernier, fig. 12 et 13, à cause de la plus grande facilité qu'il présente pour le dégagement des coussinets : rappelons, d'ailleurs que, dans le cas de la tête double, l'ouverture libre des têtes de bielle est indispensable.

La fig. 12 est une élévation vue de face de cette tête de bielle, et la fig. 13 en est une vue de côté, l'une des branches extérieure et l'autre coupée sur le centre du tourillon.

On voit que chaque branche présente un enfourchement dont l'ouverture est tournée en dehors ; les coussinets s'y ajustent en les introduisant par le bout, et sont retenus latéralement par les joues saillantes qu'ils portent de chaque côté. On les serre au degré convenable au moyen d'une clavette, qui s'appuie d'un côté sur le coussinet extérieur, et de l'autre contre la clef à talon qui maintient l'écartement des deux parties de la fourche. Le corps de la tige ou de la verge A est généralement forgé méplat, mais légèrement arrondi sur les deux côtés les plus minces.

Tête de bielle fermée, avec coussinets sphériques, fig. 14 et 15. — Cette tête de bielle offre comme caractère d'être forgée de la même pièce que le corps, sans partie ouverte ni démontante autre que le clavetage des coussinets ; ce mode de construction est maintenant très-employé, surtout pour les bielles d'accouplement des locomotives. Celle actuelle a, du reste, une application semblable, mais pour un effort moindre, et c'est, en effet, pour parer à un défaut éventuel de parallélisme entre les axes connexés que les coussinets sont tournés sphériques intérieurement.

Cette bielle est donc formée d'une seule pièce forgée avec la verge, sans parties démontantes pour l'introduction des coussinets. Pour mettre ces derniers à la place qu'ils doivent occuper, on les passe successivement par l'évidement *o* qui a été ménagé à cet effet, puis on les fait glisser de gauche à droite dans la partie intérieure dressée sur laquelle ils se trouvent naturellement retenus par leurs joues latérales.

La clavette et la contre-clavette, au moyen desquelles on effectue le serrage, diffèrent un peu dans leur construction de celles indiquées précédemment; c'est un des talons mêmes que l'on a prolongés pour recevoir la pression de l'écrou.

Les deux têtes d'une bielle d'accouplement ont une disposition opposée par rapport à la verge, c'est-à-dire qu'à l'une des extrémités, le clavetage se trouve entre la tige et les coussinets, comme on le voit sur les fig. 14 et 15, tandis qu'à l'autre extrémité, ce sont, au contraire, les coussinets qui se trouvent entre la tige et le clavetage. Cette disposition est nécessaire pour conserver invariablement la distance des centres ou la longueur de la bielle, malgré le serrage des clavettes et le rapprochement des coussinets, ce qui ne peut être obtenu, lorsque la disposition du clavetage est, comme dans l'exemple fig. 1 à 5, symétrique pour les deux extrémités.

Dans ce genre de bielle, la verge est généralement méplate, dressée et polie partout, et les champs tournés.

Tête de bielle d'accouplement pour locomotive. — Les machines locomotives *à marchandises* ont leurs roues connexées ou *couplées* à l'aide d'une bielle formée elle-même, sur sa longueur, de deux parties assemblées par une articulation, de façon à lui retirer la rigidité qu'elle présenterait si on la faisait d'une seule pièce et qui ne lui permettrait pas de céder, sans flexion ou rupture, aux variations que les essieux éprouvent en marche dans leur alignement horizontal.

Fig. 102.

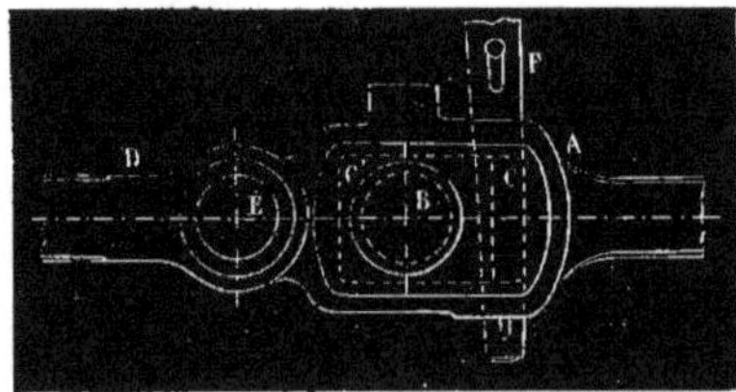

La fig. 102 représente, en vue de face extérieure, à l'échelle de 1/10, le mode de jonction des deux parties d'une bielle de ce genre. La tête A est, comme précédemment, un châssis dans lequel sont ajustés les coussinets C et C' qui entourent le bouton de manivelle B, lequel est implanté dans le moyeu de la roue ; l'autre partie D de la bielle vient se joindre à la précédente par un enfourchement pour lequel un œil est réservé, de forge, avec la tête A, et dont l'assemblage s'opère sur un fort boulon E.

Les coussinets ne possèdent de joues qu'extérieurement, excepté celui C′ auquel un rebord a été conservé sur la face opposée et sur son côté vertical ; l'ouverture du châssis est plus longue que l'ensemble des coussinets en place, de façon à faciliter leur introduction, et la clavette F, qui pénètre d'une certaine quantité dans l'un d'eux, achève de les maintenir. Cette clavette est elle-même retenue en dessous par une goupille et en dessus par un verrou.

Tête de bielle ou de tige de piston pour machine oscillante, fig. 16 et 17. — Ce mode de construction, en tous points remarquable, est adopté plus particulièrement pour la tête des tiges de piston des machines marines du système oscillant dit de Penn, dont une très-large application a été faite en France par plusieurs constructeurs. On sait, en effet, que dans une machine à vapeur *oscillante*, la tige du piston à vapeur est rattachée directement avec le bouton de la manivelle, et qu'il n'y a point de bielle, l'oscillation du cylindre tenant lieu des fonctions de cette pièce dans la transformation du mouvement.

Les fig. 16 et 17 représentent la *tête de tige* d'une machine de ce système d'une puissance nominale de 120 chevaux, à double cylindre, montée sur un navire de l'État, *Le Flambart*, et qui a été construite par M. Nillus, du Havre.

Cette tête de tige se compose de trois parties distinctes, savoir :

1° La douille en fer A, qui est alésée intérieurement et ajustée sur le sommet de la tige B, où elle est retenue par une clef méplate *a* ;

2° Les coussinets de bronze C, C′, qui embrassent le bouton de deux manivelles accouplées, suivant une disposition, dont nous donnerons plus loin des exemples ;

3° Le chapeau en fer D, qui surmonte les coussinets et qui se relie à la douille A par les deux forts boulons E.

La douille A se termine par une partie plate, bien dressée, sur laquelle repose et s'applique exactement la base du coussinet inférieur C. Le chapeau D a la même forme et se trouve muni d'un godet graisseur. Les coussinets sont fondus avec des oreilles traversées par les boulons d'assemblage E ; ils se touchent exactement afin que ceux-ci ne puissent pas, par un excès de serrage, rendre l'articulation trop dure.

Il est aisé de reconnaître, par la fig. 17, que ces boulons d'assemblage E sont exécutés exactement suivant les principes exposés précédemment, au sujet des proportions des boulons et des écrous à filets carrés.

Les dimensions données à cette tête de bielle correspondent à la force nominale de 60 chevaux par chaque cylindre, dont le diamètre est de 1^{m}, 10.

Tête de bielle motrice d'un appareil de navigation, fig. 18 et 19. — La bielle dont ces figures représentent la tête, côté de la manivelle, appartient à un appareil construit par MM. Mazeline, du Havre, pour le navire à hélice de l'État, *La Biche*. La forme reproduit, avec de plus fortes proportions, le type représenté fig. 14 et 15 ; la tête est de la même pièce que le corps qui est méplat et tourné sur champ ; les coussinets y sont ajustés de la même manière et serrés par une clavette à double écrou avec rondelle ou douille en bronze, comme dans les premiers modèles décrits.

Tête de bielle en forme de collier, fig. 20. — Cet élégant modèle, qui rappelle entièrement un *collier d'excentrique*, est appliqué, avec ses proportions actuelles, pour commander l'un des appareils accessoires, légers, d'une machine à vapeur, ce qui explique la disproportion entre les diamètres du tourillon et de la tige. Il se distingue en ce point que la masse de la tête est en bronze sans coussinets rapportés.

Cette tête est, en effet, formée de deux demi-parties circulaires C fondues avec des oreilles par lesquelles on les réunit au moyen de deux boulons taraudés dans l'une des deux. Celle inférieure porte une douille par laquelle elle est assemblée à tenon cylindrique et clavetée avec la tige A; l'autre moitié est munie du godet-graisseur g.

On admet ce mode de construction pour transmettre de faibles efforts, comme nous le disions en commençant, et lorsque l'on vise à la légèreté, ainsi que cela se présente dans les appareils de navigation pour lesquels aussi on n'épargne point la dépense utile. On choisit encore ce système pour de petites bielles motrices qui deviendraient relativement volumineuses et seraient disproportionnées si l'on rapportait les coussinets dans une chape extérieure en fer.

Bielles en bois, fig. 21 et 22. — Ce système est réellement intéressant par les applications particulières que l'on en fait à certaines machines, dans lesquelles elles doivent atteindre une grande longueur et, par suite, un grand poids, ou bien lorsque les chocs ou les vibrations sont à craindre, comme, par exemple, dans les scieries à débiter les bois et dans les machines d'épuisement employées dans les mines.

Le modèle représenté en élévation fig. 21 et en coupe transversale fig. 22, appartient à une scierie à cylindres propre à débiter les planches, et transmet le mouvement du moteur au porte-scie avec une vitesse qui n'est pas moindre de 250 révolutions par minute.

La verge A est en bois qui est à la fois dur, raide et flexible ; sa section est rectangulaire, plus forte au milieu qu'aux extrémités. Chaque tête proprement dite se compose d'une pièce de fer forgé B, ayant la forme d'une fourche dont les branches sont très-prolongées afin d'embrasser la tige de bois sur une certaine étendue, et de s'y fixer solidement par plusieurs boulons; pour soustraire ceux-ci à l'effort de traction longitudinale, on ménage, à l'intérieur des branches, des petits talons que l'on entaille dans le bois. Les coussinets C sont en bronze et ajustés vifs dans la chape, puis serrés par une simple clavette qui est légèrement entaillée dans l'un d'eux.

Comme on cherche généralement à faire ces bielles très-légères, on leur fait supporter des efforts assez considérables ; il est utile cependant, pour éviter des ruptures et des accidents, de ne pas les charger au-delà de 40 à 50 kilog. par centimètre carré, vers les sections extrêmes, qui sont les plus faibles.

On n'atteint même pas ordinairement cette résistance, et si nous prenions pour exemple l'une de ces immenses tiges appliquées aux machines d'épuisement des mines, qui, réunies, atteignent plusieurs centaines de mètres de longueur, on verrait que la résistance transversale de ces tiges exceptionnelles, dont la charge est leur poids propre, ne dépasse guère une vingtaine de kilogrammes par centimètre carré.

La fig. 103 représente, à l'échelle de 1/20, les détails d'une tête de bielle en bois appartenant à de puissantes machines d'épuisement de formes de carénage construites, pour le port d'Alger, par M. Nillus et ses fils.

Fig. 103.

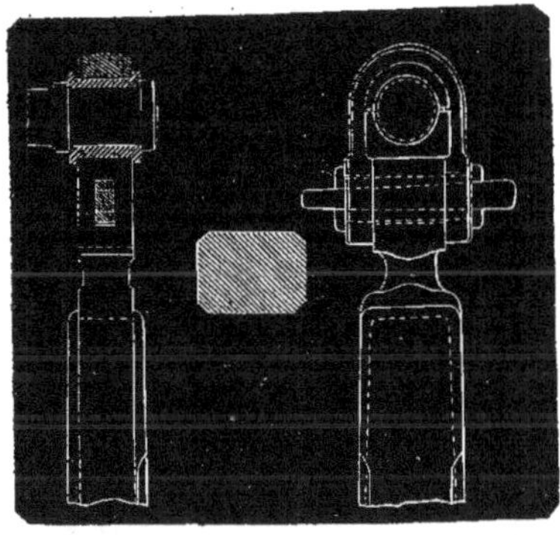

Dans ces machines, chaque bielle commande simultanément deux corps de pompes de 50 centimètres de diamètre et de 1,50 de course. La bielle est formée d'une forte tige rectangulaire en bois de chêne, aux deux extrémités de laquelle sont fixées deux têtes semblables à celle que nous reproduisons, et qui est aussi complètement pareille au type principal en fer, à bride mobile, décrit ci-dessus.

La longueur totale de ces bielles est de 6 mètres de centre en centre ; l'équarrissage de la tige, qui est renflée vers le milieu, est de 24 sur 16 centimètres aux extrémités.

Par conséquent, si l'on suppose, ce qui n'arrive pas dans le cas actuel, que la pression sur le piston atteigne 1 atmosphère, l'effort total supporté par la tige sera d'environ 4000 kilogrammes.

La résistance spécifique à la traction transversale serait donc égale à :

$$\frac{4000^{k}}{24 \times 16} = 10^{k},416 \text{ par centimètre carré.}$$

Néanmoins, il faut noter que ces pompes étant foulantes, les tiges sont soumises à un certain effort de compression qui peut exiger, de leur part, un supplément de résistance. Mais, cet effort de compression est aussi bien moindre que celui sur lequel nous venons de compter, de façon qu'en résumé le chiffre ci-dessus représente assez sensiblement le plus grand effort que ces tiges aient jamais à surmonter.

PROPORTIONS DES BIELLES MOTRICES EN FER.

La principale résistance d'une bielle est exprimée par la section transversale du corps ou de la verge qui doit être proportionnée d'après l'effort à transmettre, comme on l'a vu à l'égard des tiges de piston. Les deux têtes sont soumises au même effort avec lequel leurs différents détails doivent être mis en relation. Mais, quant à ces proportions, il est remarquable que le tourillon embrassé par les coussinets exprime déjà, par son diamètre, l'effort que l'on a entendu transmettre : par conséquent, si la bielle correspond à la totalité de cet effort, il est naturel de prendre le diamètre du tourillon pour base des dimensions de la tête de bielle, comme nous avons déjà procédé à l'égard des paliers.

Donc, sans prétendre fixer d'avance les dimensions à adopter avec les nombreux types que l'on rencontre en pratique, nous exposerons seulement cette étude pour les bielles exécutées sur le modèle de celle représentée fig. 2 à 5, en prenant pour bases :

L'effort direct à transmettre, pour le corps ;

Le diamètre des tourillons ou du bouton, pour les têtes correspondantes.

Sections du corps. — *Sections aux extrémités.* — Le diamètre des extrémités du corps d'une bielle en fer forgé pourrait être, dans le sens rigoureux de la question, le même que celui de la tige, puisque l'effort est le même pour les deux pièces ; mais nous avons déjà fait remarquer que la bielle est exposée à des efforts de flexion, dont la tige est préservée par ses guides et sa marche exactement rectilignes. Par conséquent, indépendamment du galbe, de toute façon indispensable, il est prudent d'augmenter la résistance du corps, même aux extrémités où la tendance à la flexion est nulle ou du moins minima.

Adoptant donc les mêmes expressions que pour les tiges de piston en fer forgé, nous donnons, pour le diamètre d' minimum du corps de la bielle :

$$d' = \sqrt{\frac{P}{100}} + 0^c,5 ;$$

expression qui peut prendre la forme suivante, en adoptant le millimètre pour unité :

$$d' = \sqrt{P} + 5.$$

Ceci étant le diamètre d'une tige ronde, on peut en faire facilement l'application à une tige d'une autre section, méplate, par exemple, en faisant cette section égale à celle qui correspond au diamètre trouvé.

Comme, en résumé, l'emploi de cette formule est le même que pour les tiges de piston, nous n'en donnerons pas d'exemples, d'autant plus qu'on en verra plus loin l'application à une table calculée.

Section au milieu. — La quantité dont le corps de la bielle doit être renflé vers le milieu de sa longueur varie selon le rapport qui existe entre celle-ci et le diamètre de la section aux extrémités, et il est naturel qu'il en soit ainsi pour que le *galbe* conserve l'arc de courbure nécessaire pour prévenir les effets de flexion.

Le soin que nous avons apporté à rechercher pour le galbe de la bielle les dimensions les plus convenables nous a amené à une formule pratique, très-simple, que nous croyons applicable d'une manière générale.

Comme la longueur totale d'une bielle varie avec la longueur de la course du piston ou le rayon de la manivelle, et suivant le rapport que l'on veut établir entre elle et cette dernière, nous faisons entrer dans la formule pratique le rapport r qui existe entre la longueur du corps, ou de la partie tournée de la bielle, et le diamètre des sections extrêmes déterminé d'avance, comme on vient de le voir.

Ainsi, en appelant D le diamètre au milieu de la longueur, nous faisons :

$$D = d' \sqrt{\frac{30 + r}{30}}.$$

La formule peut évidemment se simplifier, lorsque le rapport r est connu. Ainsi, par exemple, supposons que ce rapport soit égal en nombre rond, à 25, on aurait :

$$D = d' \sqrt{\frac{30 + 25}{30}} = d' \times 1,353.$$

De même, si le rapport était de 10 à 1, on aurait :

$$D = d' \sqrt{\frac{30 + 10}{30}} = d' \times 1,153.$$

D'après cela, il devient facile, pour déterminer le galbe des bielles en fer forgé, de former la table suivante dans laquelle on suppose que les longueurs des verges sont 5, 10, 15, 20,25, 30 et 35 fois plus grandes que les diamètres des sections extrêmes.

XXVIe

TABLE

RELATIVE AUX DIAMÈTRES DU CORPS OU DE LA VERGE DES BIELLES EN FER FORGÉ.

Pression totale sur la tige ou la verge en kilog.	Diamètre à l'extrémité d'.	Diamètre au milieu de la longueur du corps, le rapport entre cette longueur et le diamètre d' étant :						
		5 : 1 $d' \times 1.077$	10 : 1 $d' \times 1.153$	15 : 1 $d' \times 1.225$	20 : 1 $d' \times 1.288$	25 : 1 $d' \times 1.353$	30 : 1 $d' \times 1.414$	35 : 1 $d' \times 1.469$
kilog.	millim	millim.	millim.	millim.	millim.	millim.	millim.	millim.
400	25	27	28	31	32	34	35	37
625	30	32	35	37	39	41	42	44
9 0	35	38	40	43	45	47	50	51
1225	40	43	46	49	52	54	57	59
1600	45	48	52	55	58	61	64	66
2025	50	54	58	61	64	68	71	73
2500	55	59	63	67	71	74	78	81
3025	60	65	69	74	77	81	85	88
3600	65	70	75	80	84	88	92	95
4225	70	75	81	86	90	95	99	103
4900	75	81	86	92	97	101	106	110
5625	80	86	92	98	103	108	113	118
6400	85	91	98	104	109	115	120	125
7225	90	97	104	110	116	122	127	132
8100	95	102	109	116	122	129	134	140
9025	100	108	115	123	129	135	141	147
10000	105	113	121	129	135	142	148	154
11025	110	118	127	135	142	149	156	162
12100	115	124	133	141	148	156	163	169
13225	120	129	138	147	155	162	170	176
14400	125	135	144	153	161	169	177	184
15625	130	140	150	159	167	176	184	191
16900	135	145	156	165	174	183	191	198
18225	140	150	161	172	180	189	198	206
19600	145	156	167	178	186	196	205	213
21025	150	161	173	184	193	203	212	220
22500	155	167	179	190	200	210	219	228
24025	160	172	184	196	206	216	226	235
25600	165	178	190	202	213	223	233	242
27225	170	183	196	208	219	230	240	250
28900	175	188	202	214	225	237	247	257
30625	180	194	207	221	232	244	253	264
32400	185	199	213	227	238	250	262	272
34225	190	205	219	233	245	257	269	279
36100	195	210	225	239	251	264	276	287
38025	200	215	231	245	258	271	283	294
60025	250	269	288	306	322	338	354	367
87025	300	323	346	368	386	406	424	441

La première colonne de cette table donne la pression totale supportée par la tige, en kilogrammes ; dans la deuxième colonne sont les diamètres des sections extrêmes correspondant à ces pressions; et dans les colonnes suivantes, le diamètre au milieu du corps ou de la verge, selon les différents rapports mentionnés.

Exemple. — Quel est le diamètre à donner au milieu du corps d'une bielle en fer forgé, dans le cas où la longueur de la partie tournée serait de $1^m,700$, la charge ou la pression totale qu'elle doit transmettre étant de 6400 kilogrammes ?

On voit, d'après le tableau, que, pour une telle charge, le diamètre des sections extrêmes est de 85 millim., et que, par suite, le rapport r, existant entre la longueur de la verge et ce diamètre, est égal à 20 ; par conséquent, on trouve dans la colonne correspondant à ce rapport le nombre 109 millim. pour le diamètre cherché. Le diamètre ne serait que de 98 millim., si le rapport r était seulement de 10 à 1.

La table calculée peut être au besoin remplacée par le tracé géométrique tel que celui que nous avons indiqué sur le diagramme, fig. 10, pl. 23, en représentant d'un côté, sur la ligne verticale AC, le diamètre en centimètres des sections extrêmes, et de l'autre, sur l'horizontale CF, les diamètres des sections milieux correspondant aux rapports r, qui sont désignés par les lignes obliques A 5, A 10, A 15, etc. Les nombres gravés sur cette même horizontale CF expriment aussi des tonneaux métriques pour les pressions que les charges exercent sur les tiges, et auxquels correspondent les points de la courbe parabolique AoE tracée d'après la formule qui précède.

Exemple. — Quels sont les diamètres d'une bielle en fer, sur laquelle la pression est de 10000 kilog. ou 10 tonneaux, et dont la longueur de la verge égale $2^m,10$?

L'ordonnée ou la perpendiculaire élevée du nombre 10 sur la ligne horizontale CF rencontre la courbe parabolique au point o ; l'abcisse ou la ligne horizontale tirée de ce point montre, sur la verticale AC, le diamètre d de la section extrême, lequel est de 105 millim.; comme $2,10 \div 105$ donne le rapport 20 à 1, on suit cette ligne horizontale de o en o', jusqu'à son intersection o' avec l'oblique A 20 représentant le rapport r dans le problème actuel, puis suivant l'ordonnée qui passe par le point o', on trouve sur l'échelle CF, $13^c,5$, ou 135 millim., qui est le diamètre D de la bielle au milieu de la longueur de la partie galbée.

Lorsqu'on connaît le diamètre aux extrémités et celui au milieu du corps de la bielle, on peut tracer le galbe en forme de parabole, qui est la courbe adoptée pour le contour des pièces soumises à des pressions latérales, telles que des balanciers, des arbres de roues hydrauliques, etc.

Proportions des têtes. — On a vu que le type représenté fig. 1 à 5 est *à fourche*, c'est-à-dire que l'extrémité qui correspond à la traverse du piston se divise en deux branches, suivant la disposition particulière même de cette traverse.

La construction de la tête qui s'assemble au bouton de la manivelle étant la même que pour la partie fourchue qui s'assemble au tourillon de la traverse du piston, il suffit d'établir les rapports qui existent entre les parties d'une même tête, celle du côté de la manivelle, par exemple, avec le bouton qu'elle doit embrasser, et de les appliquer aux têtes des deux extrémités de la bielle.

Comme nous donnons plus loin, en nous occupant des *manivelles,* la règle qui permet de déterminer le diamètre du bouton, nous le supposerons donc connu pour lui rapporter les proportions des coussinets, des brides et des sections de la tête.

Coussinets. — L'épaisseur e des coussinets, fig. 2 et 3, mesurée dans le sens de la longueur de la bielle, doit être suffisante pour les empêcher de s'ovaliser sous le tirage de la bride ; nous la supposons égale au cinquième, environ, du diamètre d du bouton, pour les petites dimensions, et au sixième pour les grandes. Ainsi, on a :

$$e = 0{,}2\ d, \text{ à : } e = 0{,}15\ d.$$

Cette épaisseur est plus forte que celle qui correspond à la jonction des deux coquilles, à cause de l'usure qui a lieu précisément suivant l'axe de la verge.

Ainsi, on peut réduire l'épaisseur des côtés à la vingtième partie environ du diamètre. Soit :

$$e' = 0{,}05\ d + 1 \text{ millimètre.}$$

La quantité additive 1 millimètre est surtout nécessaire pour les petites dimensions.

Dans certains cas, surtout pour les petites pièces, on conserve l'épaisseur du coussinet uniforme, afin d'avoir la facilité de tourner les deux coussinets extérieurement, comme une douille d'une seule pièce : telle est la disposition indiquée sur les fig. 6 et 7. On fait bien cependant de donner plus d'épaisseur dans le sens du plus grand effort et du serrage, car au bout d'un certain temps de marche, cette épaisseur est réduite par l'usure, et son excédant permet néanmoins de prolonger la durée du service des coussinets.

La largeur, ou portée l de chaque coussinet est évidemment égale à la longueur adoptée pour le bouton, c'est-à-dire, d'un quart plus grande que le diamètre, afin de présenter assez de surface frottante pour résister longtemps à l'usure, sans cependant dépasser une certaine limite à cause du porte-à-faux. On a donc :

$$l = 1{,}25\ d.$$

Pour que les coussinets restent bien à la place qu'ils doivent occuper, on a soin de ménager de chaque côté des joues bien dressées au tour, et dont la saillie est au moins égale à la dixième partie du diamètre. Soit :

$$s = 0{,}1\ d + 3 \text{ millimètres.}$$

Bride. — La largeur B de la bride est égale à la portée l des coussinets, moins deux fois l'épaisseur s' réservée aux joues de ces derniers : cette épaisseur étant suffisante avec le 1/10e du diamètre d, on a pour B la valeur suivante :

$$B = l - 2\ s', \text{ ou : } B = 1{,}25\ d - 2\ (0{,}1\ d) = 1{,}05\ d.$$

L'épaisseur maxima de la bride égale :

$$E = 0{,}3\ d + 2 \text{ millimètres,}$$

et celle E′ des côtés qui se trouvent en regard de la jonction des coussinets, est environ de 1/10e plus faible. Soit :

$$E' = 0{,}2\ d + 2.$$

Enfin, l'épaisseur de la partie renflée qui est entaillée pour le passage des clavettes est exprimée par :

$$E'' = \frac{d + 0{,}10}{4}.$$

Clavetage.—La largeur moyenne b de la clavette multipliée par son épaisseur c doit donner une section capable de résister à l'effort dû à la traction et au serrage ; nous admettons pour ces dimensions :

$$b = 0{,}35\ d + 5\ ;\ c = 0{,}25\ d.$$

Il en est de même pour la contre-clavette. Quant à l'inclinaison de la face suivant laquelle la clavette est en contact avec la contre-clavette, elle doit être d'environ 5 à 6 degrés par rapport à la perpendiculaire tracée sur la ligne d'axe de la bielle.

On a compris que l'épaisseur et la largeur données à l'extrémité de la bielle sont naturellement déduites de celles du coussinet et de la bride. La section, qui est de forme carrée ou plus souvent rectangulaire, est toujours plus grande que celle des extrémités de la verge ; elle se raccorde, d'ailleurs, avec celle-ci, comme on le voit sur les fig. 1, 2 et 3, par des arcs de cercle qui forment comme une sorte de congé adouci.

La distance G qui doit exister entre le bord de la mortaise dans laquelle passent les clavettes et le dos du coussinet, ou, pour mieux dire, l'épaulement nécessaire entre l'extrémité et la face verticale de la clavette, est au moins égale à la moitié du diamètre du bouton. Soit :

$$G = 0{,}5\ d + 5 \text{ millimètres.}$$

Il en est de même de la saillie G′ des deux branches de la bride, au-delà de la contre-clavette. Quant à la largeur de la mortaise mesurée dans le sens de la longueur de la bielle, elle doit être égale à deux fois la largeur moyenne b, augmentée du jeu nécessaire pour l'usure des coussinets.

Nous allons résumer les données précédentes, par une application à une tête de bielle dont le diamètre du bouton porte 100 millimètres.

On arrive aux proportions suivantes, qui sont toutes en millimètres :

$e = 20$	$s = 13$	$E' = 22$	$c = 25$
$e' = 6$	$B = 105$	$E'' = 27{,}5$	$G = 25$
$l = 125$	$E = 32$	$b = 40$	

Nous avons traduit par le tableau graphique fig. 10, toutes les proportions ci-dessus applicables à la détermination des différentes parties d'une bielle.

L'échelle FH indique les diamètres d des boutons, en centimètres, chacune des obliques Fe′, Fs, FE′, etc., représente les valeurs successives de : e', s, E′, G, B et l.

Nous n'avons pu y figurer les valeurs de e et de c, qui se seraient confondues avec celles de E′ et de G.

Au reste, nous avons résumé, dans la table suivante n° XXVII, toutes ces valeurs calculées pour les différentes têtes de bielles en fer, leurs brides et leurs coussinets, en rapport avec les diamètres de boutons, depuis 25 jusqu'à 200 millimètres.

XXVIIe

TABLE

RELATIVE AUX DIMENSIONS DES TÊTES DE BIELLES EN FER FORGÉ.

DIAMÈTRE du bouton *d*.	COUSSINETS. Épaisseur maxima. *e*.	Épaisseur à la jonction *e'*.	Portée *l*.	Saillie des joues *s*.	BRIDES. Largeur B.	Épaisseur sur l'axe E.	Épaisseur vis-à-vis des coussinets E'.	Épaisseur en face de la mortaise E''.	CLAVETAGE. Largeur moyenne de la clavette. *b*.	Épaisseur de la clavette *c*.	Épaulement G.
25	5	2.2	31.2	5.5	26.2	9.5	7	8.7	13.7	6.2	17.5
30	6	2.5	37.5	6.0	31.5	11.0	8	10	15.5	7.5	20
35	7	2.7	43.7	6.5	36.7	12.5	9	11.2	17.2	8.7	22.5
40	8	3.0	50.0	7.0	42	14	10	12.5	19	10	25
45	9	3.2	56.2	7.5	47.2	15.5	11	13.7	20.7	11.2	27.5
50	10	3.5	62.5	8.0	52.5	17	12	15.0	22.5	12.5	30
60	12	4.0	75.0	9.0	63	20	14	17.5	26	15.0	35
70	14	4.5	87.5	10.0	73.5	23	16	20.0	29.5	17.5	40
80	16	5.0	100	11.0	84	26	18	22.5	33	20	45
90	18	5.5	112.5	12.0	94.5	29	20	25.0	36.5	22.5	50
100	20	6.0	125.0	13.0	105	32	22	27.5	40	25.0	55
110	22	6.5	137.5	14	115.5	35	24	30.0	43.5	27.5	60
120	24	7	150.0	15	126	38	26	32.5	47	30	65
130	26	7.5	162.5	16	136.5	41	28	35	50.5	32.4	70
140	28	8	175	17	147.0	44	30	37.5	54	35	75
150	30	8.5	187.5	18	157.5	47	32	40	57.5	37.5	80
160	32	9	200.0	19	168	50	34	42.5	61	40	83
170	34	9.5	212.5	20	178.5	53	36	45	64.5	42.5	90
180	36	10	225.0	21	189	56	38	47.5	68	45	95
190	38	10.5	237.5	22	199.5	59	40	50.0	71.5	47.5	100
200	40	11	250.0	23	210	62	42	52.5	75	50	105
	$e=0.2\,d.$	$e'=0.05d+1$	$l=1.25\,d.$	$s=0.1\,d+3.$	$B=1.05\,d.$	$E=0.3\,d+2.$	$E'=0.2\,d+2$	$E''=\frac{d+10}{4}$	$b=0.35d+5$	$c=0.25\,d.$	$G=0.5\,d+5.$

CONSTRUCTION DES BIELLES MOTRICES EN FONTE.

(PLANCHE 24.)

Nous avons dit que les bielles en fonte de fer sont presque exclusivement appliquées aux machines à vapeur fixes du système à balancier ; le détail de forme, que la fonte permet facilement d'obtenir, convient assez pour mettre la bielle en harmonie d'aspect avec les autres pièces de ces machines et particulièrement avec le balancier qui est lui-même en fonte et dont les formes relativement massives le paraîtraient encore davantage si on lui rattachait une pièce *grêle* comme ce que donne ordinairement le fer forgé. On ne pourrait guère expliquer autrement l'emploi des bielles en fonte, qui date des premières machines à balancier de Watt. Cependant on peut si bien les remplacer aujourd'hui par des bielles en fer, que déjà l'Exposition de Londres, en 1862, offrait plusieurs exemples de machines dues à des constructeurs anglais qui ont fait cette substitution.

Quoi qu'il en soit, comme on exécutera encore beaucoup de bielles en fonte, nous croyons utile de les examiner aussi au double point de vue de leur construction et de leurs proportions.

TYPE GÉNÉRAL, FIG. 1 A 7. — Ces figures représentent, comme ensemble et détails, une bielle en fonte appartenant aux machines motrices des ateliers de la Monnaie de Paris, et construites, il y a maintenant plus de vingt-cinq ans, par M. Moulfarine. Ce type exprime tout à fait, dans ses formes les plus simples, celui qui était généralement adopté autrefois et qui sert encore de point de départ pour les bielles du même genre que l'on construit actuellement.

L'ensemble d'une telle bielle, fig. 1, se compose invariablement de trois parties principales, fondues d'une seule pièce, savoir : la tête inférieure A qui s'assemble avec la manivelle, et son prolongement A′, sans renflement pour passer devant cette manivelle ; le corps galbé B auquel on donne une section cruciforme (voir fig. 5) ; et la tête supérieure C, en fourche, fig. 6, par laquelle la bielle se rattache au balancier.

Comparativement au type en fer forgé, on reconnaît que la tête inférieure est plus particulièrement différente, bien qu'elle puisse être assimilée à ce genre de tête dite *fermée*, ou sans bride démontante dont nous avons donné plusieurs exemples. Nous allons, du reste, en examiner toutes les parties en détail.

Les fig. 2 et 3 montrent, au 1/10ᵉ d'exécution, une vue de face et une section verticale faite par l'axe 1–2 de la première partie, celle inférieure ;

La fig. 4 est une coupe horizontale faite à la hauteur de la ligne 3–4 ;

La fig. 5 est une section transversale du corps galbé ;

Les fig. 6 et 7 sont les vues de face et de profil de la fourche qui termine la partie supérieure.

La tête inférieure A de la bielle est entièrement fermée pour recevoir les deux coquilles ou coussinets de bronze a et a' qui y sont ajustés avec beaucoup de soin, mais sans joue pour ne pas augmenter la portée du tourillon. Le premier de ces coussinets, celui *a*, est fondu avec une saillie qui se loge dans la mortaise ménagée à la fonte, et qui l'empêche de glisser dans le sens de l'axe, comme sa forme demi-octogonale l'empêche de tourner. Le second, celui du haut, *a'*, est dressé extérieurement pour recevoir une cale en fer ou en acier *b*, dans laquelle est entaillée la clavette de serrage *c* qui traverse toute la largeur de la tête.

Cette clavette, qui est méplate et posée de champ, est peu conique, et par cela même très-prolongée pour permettre de regagner l'usure des coussinets ; son côté inférieur qui porte sur la cale est horizontal ; par son peu de conicité, elle est peu susceptible de se desserrer. Cependant, pour plus de sûreté, des constructeurs ont le soin de la fendre par le plus petit bout, et d'y enfoncer un coin ; mais il est évidemment préférable de la faire à vis, comme nous l'avons indiqué pour les bielles en fer.

La forme de la tête, vue de face, est elliptique (le petit axe étant horizontal) pour laisser plus de fonte dans le bas ; le contour étant tourné présente une sorte d'ove ou d'ellipsoïde de révolution coupé par les deux faces verticales sur lesquelles se terminent les coussinets. Ces faces qui sont aussi dressées, afin d'être exactement en contact avec les embases du bouton de la manivelle, doivent, pour cela, former une faible saillie.

La partie qui reçoit la clavette est également plus large, fig 2, pour conserver à la tête la force nécessaire, malgré la mortaise qui y est pratiquée. Cette partie se raccorde avec la tige A' qui forme le prolongement de la tête de bielle. Elle est cylindrique jusque près du cordon *f*, fig. 1, mais coupée cependant suivant deux faces verticales et parallèles qui diminuent sa section, afin de présenter un léger dégagement nécessité par le passage de la manivelle dans le mouvement de rotation. C'est pourquoi le cordon *f* doit être assez haut pour se trouver au-dessus de l'œil de cette manivelle, lorsqu'elle est verticale et dans la position inférieure de la course.

Le corps de la bielle, ou partie comprise entre les deux cordons *f f'*, se compose de quatre fortes nervures galbées qui se raccordent par des congés, de manière à présenter une section horizontale, comme le montre la fig. 5.

La partie supérieure se termine par deux branches E qui forment fourche comme on le voit sur les détails, fig. 6 et 7. Ces branches présentent sur les deux faces opposées une partie dressée sur laquelle s'appliquent exactement les parois intérieures des brides en fer F qui servent à retenir les coussinets de bronze *e* par lesquels sont embrassés les tourillons fixés à l'extrémité du balancier. Chacune de ces brides est retenue à la place qu'elle doit occuper par la clavette *c'* ajustée entre les deux clefs à talons c^2 dont les côtés extérieurs sont parallèles entre eux et perpendiculaires à l'axe de la bielle.

Ce mode d'ajustement est modifié par certains constructeurs qui admettent celui représenté fig. 104.

Fig. 104.

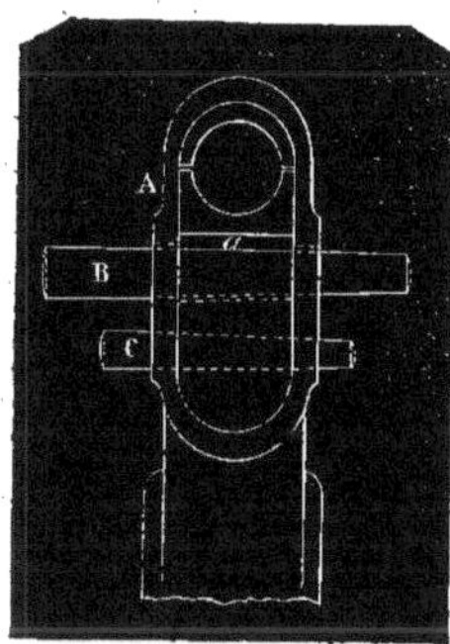

Dans cet agencement particulier, qui offre des avantages sur le précédent, on retrouve, en effet, cette qualité distinctive des bielles en fer à tête fermée, de retenir les coussinets à leur place, indépendamment de la clavette, dont la rupture ou l'échappement, avec la bride ouverte, amènerait la dislocation complète de l'assemblage de la bielle.

Ici la bride est une véritable frette A qui entoure complétement la branche de la fourche et les coussinets; elle doit être alors mise en place en l'entrant latéralement, ce qui exige que les coussinets ne portent de joue qu'à l'intérieur. Cette bride fixée d'abord au moyen d'une clef B, est ensuite traversée par une clavette de serrage C pour les coussinets ; cette clavette, dont l'entaille est un simple enfourchement pratiqué dans la tête de bielle, agit sur les coussinets par l'intermédiaire d'une cale en fer *a*, dont la sortie facilite le démontage de la tête de bielle, lorsqu'il est nécessaire de le faire.

Bielle avec fourche en fer forgé, fig. 8 a 14. — Cette bielle appartenait à une machine à balancier et deux cylindres de Woolf, de 30 chevaux, qui fut montée dans les anciens ateliers de Chaillot, par l'ingénieur Edwards, dont le nom est attaché à ce système de machine pour divers perfectionnements.

Il est évident que cette bielle, dont la structure extérieure rappelle la précédente, était déjà un premier acheminement vers l'emploi du fer forgé, car sa fourche, ou tête supérieure, est rapportée et de ce métal même, comme nous allons l'expliquer.

La fig. 8 est une vue de face extérieure de la tête à fourche qui s'assemble avec le balancier ;

La fig. 9 en est une section verticale faite par l'axe;

La fig. 10 est une section horizontale faite à la hauteur de la ligne 7 et 8, pour montrer la forme des cannelures pratiquées entre les deux cordons *f* et *g*;

Les fig. 11 et 12 représentent aussi de face et en coupe verticale la partie inférieure de la même bielle, qui ne diffère de celle de la précédente que par la forme des coussinets, dont les fig. 13 et 14 donnent les détails sur une plus grande échelle.

La particularité qui existe dans la construction de cette tête à fourche, c'est qu'au lieu d'être fondue avec le corps de la bielle, elle est, au contraire, en fer forgé, puis ajustée et fixée sur la partie en fonte au moyen d'un fort boulon G, que l'on y retient solidement par la clavette de serrage *c* et la clef à talons *c'*.

Sur les deux branches E de la fourche sont également rapportées, comme précédemment, les deux brides en fer F, qui embrassent et retiennent les coussinets de bronze *e*.

Ces coussinets sont alésés intérieurement suivant la forme sphérique qui correspond à celle donnée au bouton de la manivelle avec laquelle la bielle doit s'assembler. Comme, d'après la disposition de la machine, les paliers de l'arbre moteur sont posés sur une fondation indépendante de celle du balancier et du cylindre, le constructeur a voulu, en adoptant cette forme sphérique, parer au tassement qui peut apporter certaines perturbations dans le parallélisme des axes.

Les deux coussinets *a* et *a'* portent une joue encastrée dans l'épaisseur de la fonte; celui inférieur y est retenu par trois petites vis, et celui du dessus par une saillie rectangulaire *b* qui se trouve serrée derrière la clavette, lorsque le tout est en place.

La construction de cette bielle est, comme on le voit, très-remarquable, et présente beaucoup de solidité ; mais elle est dispendieuse, et peut-être vaut-il mieux opter franchement entre le fer ou la fonte, mais faire l'ensemble d'une seule pièce. C'est, du reste, le parti que nous voyons actuellement suivi par tous les constructeurs.

Bielle Nillus, fig. 15 a 20. — Nous ne saurions désigner autrement ce système de bielle que M. Nillus a appliqué à la machine qui fait mouvoir ses ateliers et qui se distingue en tous points des autres systèmes. Elle est disposée d'une telle façon qu'il est possible, sans calage et sans changer aucun des coussinets, de régler exactement sa longueur, soit au moment du montage, soit au fur et à mesure que l'usure se manifeste. On a vu que dans les dispositions précédentes cette propriété ne peut exister, attendu que le serrage tend constamment *à écarter les deux centres* l'un de l'autre.

Ainsi que le montrent les fig. 15 et 16, la fourche de cette bielle est formée de deux têtes F en fer forgé munies chacune d'une tige filetée par lesquelles ces deux pièces s'emmanchent sur le corps principal en fonte qui se termine, à cet effet, par deux douilles cylindriques E ; deux écrous G permettent d'arrêter les deux têtes solidement et de régler leur position.

Les coussinets de bronze *e*, sont fondus avec une joue et serrés par la clavette *c*, dont l'extrémité traverse une petite douille en cuivre *c'* sur laquelle s'applique l'écrou qui doit la rappeler.

On conçoit alors que, par cette disposition, si, par suite d'usure, on a rapproché le coussinet inférieur de celui supérieur en serrant la clavette *c*, on peut toujours, pour conserver à la bielle sa longueur réelle, redescendre de la quantité nécessaire les deux boulons ou têtes de bielle F, en desserrant d'abord les écrous G et en les resserrant ensuite.

Les fig. 18 et 19 montrent aussi de face et de côté les détails de la même bielle ; La fig. 20 en est une section horizontale faite vers la hauteur de la ligne 11-12.

On voit par ces figures que cette partie diffère aussi de celle correspondante des bielles précédentes ; ainsi les coussinets qui sont ajustés vers le milieu du renflement A sont au nombre de quatre, au lieu de deux, les premiers ajustés dans le bas et les seconds dans le haut, suivant des plans inclinés et ramenés au centre à la fois par les clavettes à vis *d*, par l'intermédiaire des cales *i*, lorsqu'on serre les écrous qui surmontent les douilles de cuivre *h*. Ces mêmes coussinets sont maintenus latéralement, non-seulement par leur ajustement à queue, mais encore par l'épaisseur des cales *i* qui y sont en partie encastrées.

Quant à la forme du galbe ou du corps de la bielle, elle se compose de quatre nervures garnies dans les angles de forts chanfreins.

PROPORTIONS DES BIELLES MOTRICES EN FONTE.

Les dimensions des bielles en fonte sont évidemment basées, comme pour les bielles en fer, sur l'effort qu'elles transmettent, alternativement, par traction et par compression, effort qui est encore celui maximum exercé par la vapeur sur le piston. Comme cet effort est transmis à la bielle par le balancier, on doit reconnaître si les bras de ce dernier sont égaux, et, s'ils ne l'étaient pas, il suffirait d'en tenir compte en multipliant la pression directe sur le piston par leur rapport inverse.

Les bielles des machines à balancier offrent cette particularité, avantageuse pour la régularité du mouvement, d'être d'une très-grande longueur par rapport au rayon de la manivelle, ce qui nécessite aussi de les soustraire, par une forte section et un galbe convenable, à toute chance de flexion qui pourrait en être la conséquence : Mais il faut ajouter que ce système de machines ne se prête pas à de très-larges limites de vitesse et que leur marche doit être relativement lente, d'où, par suite, l'inconvénient des chocs et des vibrations a moins de raison d'être.

Nous rapportons les données qui suivent au modèle représenté fig. 1 à 7, considéré comme type.

Sections du corps. — On est dans l'usage, en pratique, de faire supporter au corps une charge de 30 à 35 kilogrammes vers les extrémités, et seulement 20 à 25 kilogrammes vers le milieu.

On a vu que près des cordons f et f' la section est circulaire ; en admettant qu'elle soit chargée au maximum de 35 kilogrammes par centimètre carré, on détermine son diamètre, en tenant compte de la réduction provenant des parties méplates qui existent sur la portion inférieure A', par l'expression suivante :

$$D = \sqrt{\frac{P}{23,6}}.$$

Dans cette formule :

D représente le diamètre cherché, en centimètres;

P la pression maxima sur le piston à vapeur, en kilogrammes.

Soit, comme exemple, une machine à vapeur, dont le diamètre du piston est égal à $0^{m},82$, et la pression effective de la vapeur, déduction faite de la pression contraire, est égale à 2 kilogrammes par centimètre carré.

On trouve pour la pression totale sur la surface de ce piston :

$$P = \frac{3,1416 \times (,082)^2}{4} \times 2 = 10562^{kil.}$$

Par conséquent, on a :

$$D = \sqrt{\frac{10562}{23,6}} = 21^{c},1.$$

La fig. 5 montre que la section du galbe est formée d'une sorte de carré évidé vers les quatre angles par les arcs du cercle décrits de leur centre, et dont le rayon est plus petit que la moitié du côté.

En tenant compte de cette forme, on trouve pour le diamètre de la section au milieu du galbe ou pour le côté du carré circonscrit :

$$D' = \sqrt{\frac{P}{10}}.$$

Nous supposons pour cela que l'épaisseur des nervures ou des listels mesurée sur les côtés du carré est environ 0,15 de ceux-ci.

En admettant ces proportions et en calculant le côté du carré à l'aide de la formule précédente, la charge correspondant au milieu du corps est à peu près égale à 20 kilogrammes par centimètre carré.

On peut, sans changer sensiblement le résultat du calcul, modifier la forme de la section, comme le font certains constructeurs, en ménageant des baguettes, avec ou sans filets, à la place des listels, ou, enfin, en variant les détails du profil.

Proportions des têtes. — De même que pour les bielles en fer forgé, nous déterminons les différentes dimensions de la partie de la bielle en fonte qui doit s'assembler avec le bouton de la manivelle d'après son diamètre supposé connu.

Soit O la largeur de l'ouverture pratiquée dans cette tête pour recevoir les coussinets, nous ferons :

$$O = 1,25\, d + 7^{\text{mill.}}$$

Cette largeur est évidemment aussi celle extérieure des coussinets.

La hauteur m, ou la distance du centre du bouton à la partie supérieure de l'ouverture, est égale à :

$$m = 0,9\, d + 4.$$

La hauteur m', ou la distance du même centre à la partie inférieure de l'ouverture, devient :

$$m' = 0,7\, d + 2.$$

Ces valeurs donnent à l'épaisseur des coussinets, mesurée verticalement sur l'axe de la bielle, ainsi qu'à la cale b :

$$H = 0,2\, d + 2.$$

L'épaisseur totale de la tête est égale à la longueur même du bouton ou des coussinets ; on se rappelle que cette longueur est généralement d'un quart en plus du diamètre, soit :

$$L = 1,25\, d.$$

Les dimensions de la tête, suivant l'intersection qui a la forme elliptique, fig. 1 et 2, peuvent s'exprimer ainsi :

Grand axe de l'ellipse : $X = 2,70\, d + 4^{\text{mill.}}$

Petit axe *id.* $x = 2,25\, d + 7$

La largeur moyenne de la clavette c et son épaisseur c' sont à peu près égales à :

$$c = 0,35\ d + 5\ ;\ \text{et :}\ c' = 0,25\ d.$$

Comme elle est parfaitement soutenue sur une grande partie de sa longueur, il est inutile de dépasser ces dimensions.

Quant à la fourche, ou tête supérieure, dont les armatures ont la même disposition que dans le modèle de bielle en fer décrit ci-dessus, il nous suffit de renvoyer à ce qui a été dit à cet égard. Nous devons dire, néanmoins, quelques mots du diamètre d' des tourillons auxquels cette fourche se rattache et qui servent de bases aux proportions des coussinets, de la bride et du clavetage.

Il est clair que si le bouton de la manivelle a été calculé, les deux tourillons qui appartiennent au balancier ayant à résister au même effort, le plus simple est de déterminer leur diamètre d'après celui du bouton de la manivelle.

Sans plus de recherche, on peut admettre que la section de ces tourillons soit la moitié environ de celle du bouton de manivelle ; néanmoins, pour qu'ils se trouvent plutôt au-dessus qu'au-dessous de cette proportion, nous posons la relation suivante :

$$d' = 0,8\ d.$$

Il n'y a pas d'inconvénient à ce que ces tourillons soient un peu forts, car n'étant soumis qu'à un mouvement de rotation partiel, ou mieux, simplement oscillatoire, le frottement et l'usure y sont moins intenses qu'au bouton de la manivelle.

Par la même raison, il est inutile que leur portée excède le diamètre ; il suffit donc de faire :

$$L' = d'.$$

Ce qu'il importe de rendre très-résistant, c'est la fourche elle-même, prise suivant sa section 1–2, fig. 6 ; celle-ci n'est pas inférieure à la section cylindrique maxima du corps de la bielle, et l'intérieur de la fourche est formé de congés de très-grand rayon.

Quant à l'écartement même des deux branches, que l'on doit restreindre autant que possible, il n'a pour mesure que la grosseur du bout du balancier qui se détermine d'après des considérations d'un ordre particulier, dont il sera question en leur lieu.

Nous résumons dans les deux tables suivantes, d'une part, les diamètres et les sections aux extrémités et au milieu du corps des bielles en fonte, calculés d'après les données qui précèdent pour des charges ou des pressions variables depuis 1000 jusqu'à 10000 kilogrammes, et d'autre part les proportions relatives à leurs coussinets.

XXVIIIe

TABLE RELATIVE AUX DIAMÈTRES ET AUX SECTIONS DU CORPS DES BIELLES DE FONTE.

POIDS en kilogrammes. P.	SECTION DU CORPS AUX EXTRÉMITÉS. S.	Diamètre D.	AU MILIEU. S.	Diamètre D'.
	centim. q.	centim.	centim. q.	centim.
1000	28.57	6.5	50	10.0
1200	34.29	7.1	60	11.0
1400	40.00	7.7	70	11.8
1600	45.71	8.2	80	12.7
1800	51.43	8.7	90	13.4
2000	57.14	9.2	100	14.1
2200	62.83	9.6	110	14.8
2400	68.57	10.1	120	15.5
2600	74.29	10.5	130	16.1
2800	80.00	10.9	140	16.7
3000	85.71	11.3	150	17.3
3500	100.00	12.2	175	18.7
4000	114.29	13.0	200	20.0
4500	128.57	13.8	225	21.2
5000	142.86	14.6	250	22.4
5500	157.14	15.3	275	23.5
6000	171.43	15.9	300	24.5
6500	185.71	16.6	325	25.5
7000	200.00	17.3	350	26.5
7500	214.29	17.9	375	27.4
8000	228.57	18.4	400	28.3
8500	242.86	19.0	425	29.2
9000	257.14	19.5	450	30.0
9500	271.43	20.1	475	30.8
10000	285.71	20.6	500	31.6
P.	$\frac{P}{35}$	$D=\sqrt{\frac{P}{23.6}}$	$\frac{P}{20}$	$D'=\sqrt{\frac{P}{10}}$

Remarque. — Il est nécessaire de donner ici quelques mots d'explication sur une sorte d'inexactitude que la première de ces deux tables semble présenter par les deux colonnes indiquant les sections S, qui expriment, non pas les sections effectives résultant des deux dimensions D et D', mais bien *celles données par le quotient de la pression ou de l'effort total* P, *par les coefficients* 35 *et* 20, que nous avons admis ci-dessus comme bases. Nous avons dit, en effet, que les deux sections du corps pouvaient être déterminées de façon que leurs taux de charge respectifs ne dépas-

XXIXe

TABLE DES PROPORTIONS RELATIVES AUX COUSSINETS ET A LA TÊTE INFÉRIEURE DES BIELLES DE FONTE.

Diam. du bouton de fer.	EMPLACEMENT DES COUSSINETS.			DIMENSIONS EXTÉRIEURES DE LA TÊTE.			Largeur de la clavette.
		HAUTEUR		ELLIPSE.			
	Largeur.	Du centre en haut.	Du centre en bas.	Grand axe.	Petit axe.	Épaiss.	
d.	O.	*m.*	*m'.*	X.	*x.*	L.	*c.*
millim.	millim.	millim.	millim.	millim.	millim.	millim.	millim.
65	88	63	48	180	153	84	28
68	94	65	50	188	160	85	29
72	07	69	52	198	169	90	30
75	101	72	55	207	176	94	31
78	105	74	57	215	183	98	32
80	107	76	58	220	187	100	33
83	111	79	60	228	194	104	34
86	115	81	62	236	200	108	35
88	117	83	64	242	205	110	36
90	120	85	65	247	210	113	37
92	122	87	66	252	214	115	37
98	130	92	71	269	228	123	39
102	135	96	73	279	237	128	41
106	140	99	76	290	246	133	42
110	145	103	79	301	255	138	44
114	150	107	82	312	264	143	45
117	153	109	84	320	270	146	46
120	157	112	86	328	277	150	47
123	161	115	88	336	284	154	48
126	165	117	90	344	291	158	49
129	168	120	92	352	297	161	50
132	172	123	94	360	304	165	51
134	175	125	96	366	309	168	52
137	178	127	98	374	315	171	53
140	182	130	100	382	322	175	54
d.	$O=1.25d+7$	$m=0.9d+4$	$m'=0.7d+2$	$X=2.7d+4$	$x=2.25d+7$	$L=1.25$	$c=0.35d+5$

sassent pas sensiblement 35 et 20 kilogrammes par centimètre carré, ce qui revient à dire que ces sections, exprimées en centimètres carrés, doivent être approximativement le 1/35 et le 1/20 de l'effort exprimé en kilogrammes ; mais les formules adoptées pour déterminer D et D′ correspondent en réalité à des sections un peu différentes, et un peu plus faibles, en ce qui concerne particulièrement la grande section du milieu.

Nous allons voir ce qu'il en est, à cet égard, en prenant pour exemples les deux grands diamètres D′ en rapport avec les efforts extrêmes de la table, 1000 et 10000 kilogr.

En se reportant à la fig. 5 de la pl. 24, on se rappelle que nous appliquons la formule du diamètre à une figure qui consiste en un carré dont on a échancré les angles par des congés, lesquels ont un rayon qui résulte du rapport entre le côté D de ce carré et l'épaisseur du listel, séparant les deux congés, laquelle épaisseur est de 0,15 D.

Il s'ensuit que ce rayon égale :

$$\frac{D - 0{,}15\,D}{2} = \frac{D(1 - 0{,}15)}{2} = 0{,}425\,D.$$

Donc la section effective a pour expression la superficie du carré moins celle d'un cercle, dont le diamètre égale $2 \times 0{,}425\,D$ ou $0{,}85\,D$, soit :

$$D^2 - \frac{\pi\,\overline{0{,}85}^2\,D^2}{4} = 0{,}4325\,D^2.$$

Appliquant ce rapport aux diamètres 10 cent. et 31,6 trouvés pour les efforts 1000 et 10000 kilogrammes, il vient :

$$0{,}4325 \times 10 \times 10 = 43{,}25 \text{ centimètres carrés,}$$

au lieu de 50 qui résulteraient simplement de l'effort divisé par 20 ;

$$0{,}4325 \times 31{,}6 \times 31{,}6 = 432 \text{ centimètres carrés,}$$

au lieu de 500 qu'indique la table.

Mais faisons remarquer encore que cette observation n'a pour objet que d'expliquer ce qui eût pu sembler une inexactitude, car le taux de charge pris pour base n'était qu'une approximation pour servir à l'établissement de la formule, et, en réalité, on ne s'en éloigne pas sensiblement.

En effet, il devient, par centimètre carré, dans le premier cas :

$$\frac{1000}{43{,}25} = 23 \text{ kilogrammes ;}$$

Et Dans le second :

$$\frac{10000}{432} = 23 \text{ kilogrammes.}$$

Nous allons maintenant nous occuper des manivelles et des balanciers qui complètent le mécanisme de transmission, dont les bielles font partie, ainsi que nous le rappellions en commençant.

CHAPITRE IX.

PROPORTIONS ET CONSTRUCTION

DES MANIVELLES MOTRICES ET DES EXCENTRIQUES.

PROPORTIONS ET CONSTRUCTION

DES BALANCIERS EN FONTE ET EN FER.

(PLANCHES 25 ET 26.)

L'article dont nous allons nous occuper comprend :

D'une part, les manivelles de différents genres et les excentriques ;

Et de l'autre, les balanciers en fonte et en fer.

L'organe connu sous la désignation de *manivelle* fait essentiellement partie du mécanisme décrit précédemment, et dont nous avons étudié en détail les autres parties constitutives, telles que : les arbres, les tiges et les bielles.

Sous le nom général de manivelles, on doit comprendre des organes de plusieurs natures, très-différents de formes et de construction, mais dont les fonctions cinématiques sont pourtant semblables.

C'est ainsi que nous aurons à passer en revue dans cette étude :

Les manivelles simples, proprement dites, et les *manivelles doubles* ou accouplées ;

Les plateaux-manivelles, à rayons fixes ou variables ;

Les excentriques circulaires.

Il existe ensuite un organe très-important qui peut intervenir dans la composition d'un mouvement de transmission par bielle et manivelle, et que l'on appelle *balancier*, nom qui caractérise de suite son genre de fonctionnement.

C'est principalement dans les machines à vapeur, dites *à balancier*, que cette pièce remarquable, par le rôle important qu'elle remplit, mérite d'être spécialement étudiée, et on se rappelle que c'est déjà dans les moteurs à vapeur que nous avons choisi les principaux types de tiges et de bielles, dans lesquelles ces pièces ont le plus d'importance et où leur jeu et leur résistance sont le plus nettement indiqués.

Ce sera encore aux machines à vapeur que nous allons emprunter, pour les manivelles et les balanciers, nos principaux exemples.

MANIVELLES MOTRICES EN FER ET EN FONTE.

PRINCIPAUX TYPES DE CONSTRUCTION.

(PLANCHE 25.)

MANIVELLES A BRAS. — Une manivelle n'est autre chose, en principe, qu'un bras de levier, dont le point d'application de la force exécute un mouvement circulaire continu autour d'un centre invariable : ce mouvement pourrait être alternatif sans que la pièce même changeât de nature ; mais alors, elle serait moins une *manivelle* et plutôt un simple *levier*.

Comme le mot l'indique, la désignation de manivelle vient, par extension du principe, de cet organe du même nom sur lequel l'homme agit à la main pour produire un mouvement circulaire, son corps figurant exactement, dans certaines circonstances, un balancier, et son bras, d'une façon plus frappante encore, une *bielle*. Il serait inutile de citer ici les nombreuses applications de cette pièce depuis si longtemps connue et employée; nous rappellerons seulement, par quelques croquis, la structure particulière qu'elle affecte, suivant que l'homme doit agir avec la totalité ou avec une partie seulement de la force musculaire de ses deux bras ou de sa main.

Pour mettre en mouvement, à bras, une grue, un treuil ou autre appareil analogue de grande résistance, la manivelle, montée sur l'axe moteur, est disposée comme l'indique la figure 105.

Fig. 105.

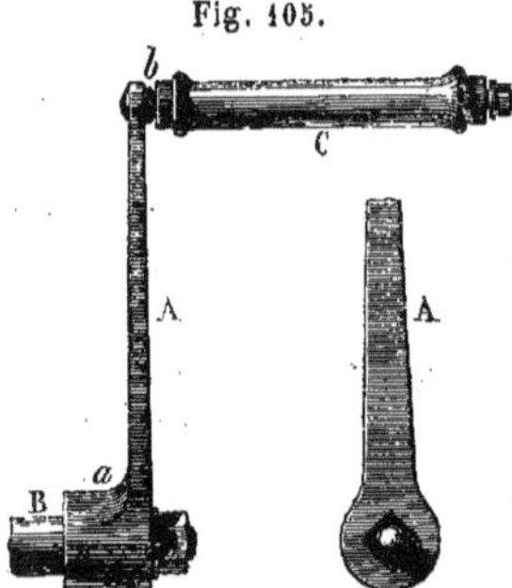

Le corps de la manivelle est un véritable levier A (supposé ici en fer forgé), portant un mamelon *a* percé d'un trou pour s'emmancher sur l'extrémité de l'axe B à mettre en mouvement, et qui se termine à cet effet par une portée à épaulement. Cette portée est cylindrique ou carrée ; lorsqu'on la fait cylindrique, il faut une clef pour rendre la manivelle solidaire de l'arbre ; mais, de toute façon, on l'assujétit au moyen d'un écrou qui se visse sur un taraudage ménagé à l'arbre.

L'extrémité opposée du corps A est armée d'une tige en fer *b*, rivée et implantée d'équerre, que l'on appelle *la soye*, sur laquelle a lieu l'application de la force pour produire le mouvement circulaire. On pourrait très-bien agir sur la manivelle en l'attaquant directement par la soye avec les mains; mais si l'on suit son mouvement dans le déplacement circulaire de l'ensemble de la manivelle, on reconnait de suite que cette soye, en se rapportant à un point absolument fixe, fait aussi en réalité un tour sur elle-même, et comme les bras, en agissant, ne font que décrire un angle de peu d'ouverture pendant la durée d'un tour, il s'ensuit que si la manivelle est attaquée directement, la soye *tourne* réellement dans les mains et y détermine un frottement d'une intensité proportionnée à l'effort que l'on exerce.

Comme cette action deviendrait pénible, pour un travail de quelque durée, on garnit la soye d'une poignée ou manchon en bois C qui l'entoure librement, en conservant la faculté de tourner autour d'elle. Il s'ensuit que cette poignée peut être exactement tenue *serrée* dans les mains, tandis que pendant la rotation de la manivelle, elle exécute un véritable roulement autour de la soye.

Néanmoins, pour certains appareils puissants qui ne travaillent aussi que par moment et de peu de durée, on renonce à cette propriété de la soye à poignée mobile, et l'on fait les manivelles en fer forgé, le corps et la soye d'une seule pièce.

Quant au *rayon* de la manivelle, il doit être tel que l'oscillation du corps de l'ouvrier, dans le déploiement des bras en avant et en arrière, puisse avoir lieu sans *déplacement* des jambes et des pieds; les proportions moyennes de l'homme devenant alors les bases d'après lesquelles ce rayon est déterminé, on trouve qu'il ne doit pas excéder 40 centimètres, soit environ la longueur de l'avant-bras, moins les doigts. On leur donne cependant quelquefois un rayon de 45 centimètres pour des grues ou des treuils qui doivent fonctionner avec plusieurs hommes et dont la vitesse est très-lente (1).

Mais pour un travail qui n'exige que l'emploi de la main et moins que la force d'un bras, une manivelle peut être d'un rayon infiniment moindre : on peut aussi se dispenser, dans bien des cas, de la poignée mobile autour de la soye.

Fig. 106.

Telle serait une manivelle en fer comme celles qui sont représentées fig. 106, l'une droite et l'autre contre-coudée, lorsqu'une disposition l'exige, pour éviter de rencontrer, en tournant, quelque pièce fixe saillante.

Enfin, dans ce même genre d'application, lorsqu'une manivelle n'est destinée qu'à produire des mouvements angulaires *lents* et qui peuvent être intermittents, au lieu d'être continus, ou d'une étendue moindre qu'un tour entier, et qu'en outre, il est nécessaire de conserver la position de la main en quelque instant qu'on l'attaque, ou encore, qu'elle doit être attaquée, même étant déjà *en mouvement*, on la remplace par un *volant*, qui prend alors le nom de *volant-manivelle*.

Sans nous arrêter davantage sur les différentes dispositions sous lesquelles se présentent les *manivelles*, dans la véritable acception de leur nature, nous ferons seulement remarquer que leur emploi est nécessairement bien antérieur aux machines à vapeur, dans lesquelles elles jouent maintenant un rôle si important, et qu'ayant à opérer, dans ces moteurs, un mouvement circulaire par transformation, il devait être naturel d'appliquer immédiatement une *manivelle*.

(1) Nous ne parlerons pas des manivelles découpées en forme d'S ou de développante, que quelques mécaniciens ont cru devoir leur donner, soit comme présentant un meilleur aspect, soit sous le prétexte absurde d'obtenir plus de force.

Néanmoins, il n'en fut point ainsi dès l'origine, et nous rappellerons que le célèbre Watt dut se priver, pendant un certain temps, d'utiliser cet organe, aujourd'hui vulgaire, attendu qu'un autre ingénieur nommé Washborough, s'était fait patenter pour l'application de la manivelle aux machines à vapeur qui, jusque-là, actionnaient directement des pompes et ne produisaient pas de mouvement circulaire.

Fig. 107.

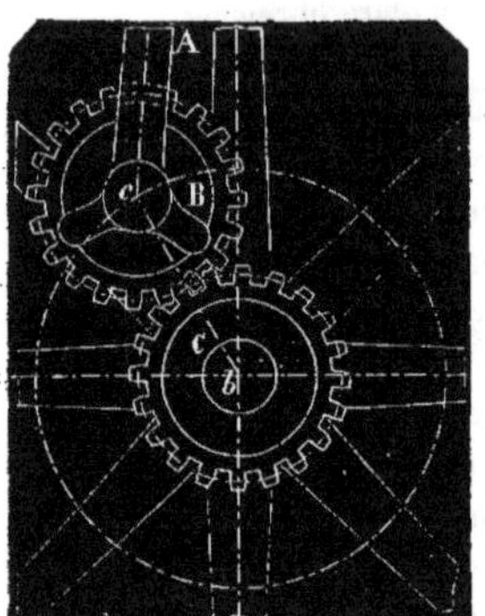

Afin de ne pas empiéter sur les prétendus droits de Washborough, Watt imagina le mécanisme suivant, qu'il appela *mouche* ou *roue planétaire*, et que nous essayerons de décrire en terminant cette sorte d'avant-propos.

Roue planétaire de Watt. — L'extrémité de la bielle A, fig. 107, d'une machine à balancier, était munie d'une roue d'engrenage B, complétement *solidaire* de cette bielle, c'est-à-dire, formant avec elle partie intégrante et ne possédant pas, par conséquent, la faculté de tourner sur son centre *c* ; cette roue, par une armature convenablement organisée, se trouvait maintenue en contact avec une roue semblable C, fixée sur l'arbre du volant ; d'après cela, la bielle, par son mouvement ordinaire, faisait faire à la première roue B le tour de la seconde C, laquelle, étant douée exclusivement de mobilité par rapport à son centre *b*, exécutait, sur elle-même, le mouvement circulaire requis. Mais il existe cela de particulier que les deux roues B et C, étant *de même diamètre*, celle C fait 2 tours pour 1, ou autrement dit, l'arbre du volant fait deux révolutions par coup double du piston.

Pour faire comprendre cette particularité, qui peut être démontrée de plusieurs façons différentes, nous ferons remarquer que *tous* les points de la roue B décrivent simultanément le même cercle que son centre, puisque l'ensemble n'exécute que ce seul mouvement de translation circulaire ; par conséquent, le point de contact *a*, considéré par rapport à la roue B, participe à cette propriété et se déplace avec la même vitesse angulaire que le centre *c*, et comme les circonférences des deux roues s'entraînent *sans glissement*, mais que le point *a*, considéré par rapport à la roue C, décrit un cercle d'un diamètre moitié moindre, il s'ensuit que la vitesse angulaire de la circonférence de cette roue C est *double* de celle de tous les points matériels de la roue B.

Donc la roue C fait deux tours sur elle-même, pendant que celle B exécute un seul parcours circulaire, soit pendant que le piston moteur donne un coup double.

Inutile d'ajouter qu'aussitôt que l'application de la manivelle aux machines à vapeur fut tombée dans le domaine public, on s'empressa de l'adopter en renonçant à ces mécanismes d'engrenages qui ne peuvent s'accorder avec la solidité et la simplicité nécessaires.

Nous allons donc décrire ce genre d'organe, d'abord avec sa structure la plus générale et dans ce mode d'emploi, puis, sous des formes et des applications différentes, à l'exclusion, toutefois, des manivelles *à bras*, dont il nous a suffi de dire quelques mots en commençant cet article.

Manivelle motrice en fer, fig. 1 et 2. — Ces figures représentent la manivelle motrice d'une machine à vapeur, suivant la forme ordinairement adoptée, lorsque cette pièce est exécutée en fer forgé, matière la plus convenable et qui est aujourd'hui bien préférable à la fonte pour cet emploi.

On voit que cette pièce est tout à fait la reproduction, en principe, d'une manivelle véritable, mais avec des détails différents.

Elle est regardée comme composée de trois parties distinctes qui sont :

1° Le *moyeu a* par lequel elle est montée sur l'arbre moteur B;

2° L'*œil b* dans lequel se fixe le *bouton* C qui représente la soye ou poignée de la manivelle à bras et par lequel se fait l'assemblage de la bielle qui, dans cette circonstance, est, en effet, le bras moteur;

3° Enfin, le *corps* A reliant le moyeu et l'œil.

Une manivelle constituant le bras de levier par lequel tout l'effort de la vapeur sur le piston est transmis à l'arbre, sa résistance et la solidité des ajustements doivent y répondre, et c'est surtout pour un pareil organe qu'un excès de solidité ne peut nuire.

Le maximum d'effort existe évidemment sur l'emmanchement du moyeu et de l'arbre, et c'est à cet ajustement que tous les soins sont réservés. Il est effectué *à chaud* ou *à dilatation*, c'est-à-dire que le moyeu, ayant été alésé à un diamètre un peu inférieur à celui de la portée sur laquelle on veut le fixer, on fait chauffer cette partie de la manivelle jusqu'à une température approchant du rouge naissant, puis cette élévation de température ayant, par la dilatation, fait agrandir assez l'ouverture du moyeu, on pratique l'emmanchement à coups de masse, souvent à l'aide d'une presse hydraulique. Le refroidissement, qui tend à produire l'effet contraire, rend déjà cet assemblage très-solide par la contraction du métal qui détermine un serrage extrêmement énergique; cependant, on le complète au moyen d'une clef en acier *c* qui est entaillée mi-partie dans l'arbre et mi-partie dans la manivelle.

Conformément à la disposition ordinaire d'une machine à vapeur, la manivelle occupe exactement l'extrémité de l'arbre, en avant du premier tourillon (p. 00). La portée qui la reçoit a pour diamètre, soit celui du tourillon lui-même, soit un plus grand diamètre correspondant aux saillies ou rebords dont les tourillons sont généralement accompagnés : c'est cette dernière disposition qui est admise dans notre exemple.

Le bouton C ne doit pas être moins solide; mais comme il est soumis à un effort moindre, soit celui même transmis par la bielle, sans multiplication, il n'est plus indispensable de l'emmancher à dilatation. On fait très-fréquemment usage du mode indiqué ici, lequel consiste à lui réserver une portée conique avec une partie filetée pour le retenir avec un écrou *f*. On a quelquefois admis le mode indiqué fig. 3, c'est-à-dire, le cône en sens inverse, et une clef traversant les deux parties de part en part. Mais le premier de ces deux procédés est évidemment préférable, à moins que la saillie de l'écrou soit un obstacle.

L'ensemble de la pièce est ainsi constitué par deux mamelons cylindriques réunis par un corps de section rectangulaire, diminuée progressivement du moyeu à l'œil, comme l'effort va lui-même en diminuant. Pour le fer forgé, qui demande des formes simples, toutes ces parties le sont, en effet ; elles offrent seulement des congés et des arrondis très-prononcés. Dans la plupart des cas, l'ensemble est entièrement poli ; mais la face plane doit toujours être dressée exactement et les deux alésages du moyeu et de l'œil parfaitement d'équerre à cette même face.

Manivelle motrice en fonte, fig. 4 a 8. — Nonobstant la préférence que l'on doit accorder au fer, on a fait beaucoup de manivelles en fonte et on en fait encore à cause de la facilité et de l'économie de construction.

Les fig. 4 et 5 représentent un des meilleurs modèles en ce genre et que nous supposons appliqué exactement dans les mêmes conditions que le précédent, ce qui nous permet d'étudier plus aisément les modifications apportées par le seul changement de métal, puisque l'effort à transmettre, les diamètres de l'arbre et du bouton, et le rayon du bras de levier sont identiques dans les deux cas.

On remarquera qu'à part les proportions générales, qui sont nécessairement plus fortes, la différence la plus caractéristique réside dans la forme du corps A qui a la section indiquée fig. 6. C'est celle qui nous semble convenir le mieux ; mais on adopte aussi les sections représentées fig. 7 et 8.

La fonte permet certaines moulures décoratives, dont plusieurs ont aussi leur utilité pour l'ajustement. On comprend, en effet, que, comme il n'est pas possible de rectifier une semblable pièce dans toutes ses parties, qui restent généralement brutes, il faut néanmoins en retoucher plusieurs, telles que les faces des mamelons, ce qui rend les listels ou carrés saillants utiles.

Notons, en passant, une particularité, de peu d'importance il est vrai : l'œil présentant une moulure saillante sur la face principale, le rebord du bouton a été encastré, afin de n'en pas augmenter inutilement le porte-à-faux.

Manivelles motrices accouplées, fig. 9 a 11. — En nous occupant des arbres moteurs, nous en avons décrits qui sont *coudés* (p. 90), dans le but de former eux-mêmes la manivelle par laquelle ils doivent être actionnés, et lorsque le point d'attaque est placé autre part qu'à l'une des extrémités.

On ne construit pas toujours de pareils arbres d'une seule pièce ; il se présente des circonstances où on les forme de plusieurs parties simplement droites, armées, aux extrémités destinées à se raccorder, de véritables manivelles rapportées qui sont assemblées sur le même bouton et que l'on appelle *des manivelles accouplées*. L'ensemble de deux manivelles, ainsi réunies, remplace en tous points la partie coudée d'un arbre d'une seule pièce.

Les arbres qui offrent cette organisation se rencontrent particulièrement, comme premiers moteurs, sur les navires à vapeur et à roues ; l'ensemble d'un tel arbre présente ordinairement deux groupes de manivelles accouplées et d'équerre reliant trois parties d'arbre, dont l'une, celle centrale, possède elle-même un coude pour la commande des pompes à air.

Les deux manivelles accouplées, dessinées fig. 9, appartiennent à l'arbre moteur de l'appareil monté sur le navire de l'État *Le Phénix*, dont la force nominale est de 220 chevaux, et qui a été construit en 1848 par M. Nillus.

Les deux manivelles A et A′ composant ce groupe ont la même figure, mais possèdent néanmoins des résistances différentes, ce qui est rendu sensible par leurs épaisseurs respectives. On considère, en effet, la partie d'arbre intermédiaire B comme susceptible de transmettre accidentellement, par l'inégale résistance des deux roues, un effort supérieur à celui d'un seul cylindre, et on proportionne, en conséquence, les deux manivelles dont les extrémités de cet arbre sont armées.

Chacune de ces manivelles est fixée sur son arbre respectif B ou B′ par une clef, fig. 11. Le *bouton* C est cylindrique, ajusté d'un bout très-solidement dans l'œil de la plus forte des deux manivelles, où il est retenu par une clavette *f*; mais il n'est qu'engagé dans l'œil de la seconde manivelle, dont l'intérieur est garni d'une virole en bronze *g*, fig. 10, laquelle présente, ainsi que le bouton, deux méplats qui ont pour objet d'empêcher que cette virole ne tourne dans son ajustement. On tient à ne pas rendre le bouton rigidement solidaire des deux manivelles, de façon à laisser à l'ensemble de l'arbre une certaine latitude pour céder aux variations d'axe qui peuvent survenir.

Il existe un autre mode d'accouplement, maintenant moins souvent employé, mais dont nous devons, cependant, dire quelques mots.

Fig. 108.

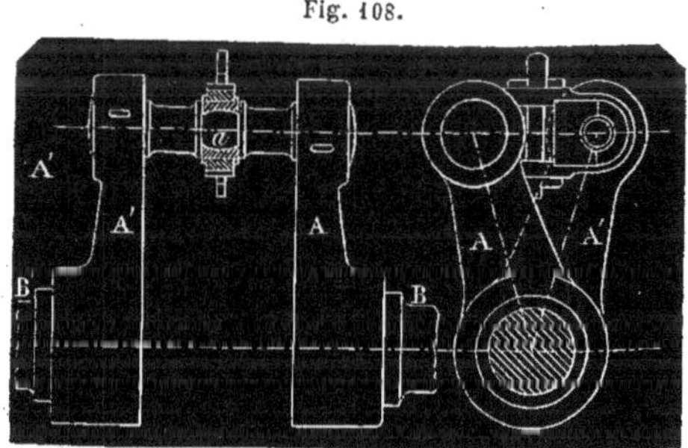

Lorsqu'un arbre de machine à vapeur se trouve attaqué au même point par deux pistons agissant dans des directions différentes et qu'il est nécessaire de maintenir leurs positions, par rapport à leurs courses respectives, dans une relation déterminée qui ne permet pas l'emploi d'une manivelle unique, on fait usage de deux manivelles distinctes A et A', fig. 108, que l'on cale l'une par rapport à l'autre sous l'angle voulu, puis, on opère leur connexion au moyen d'un *bridage* qui rend cet angle de calage invariable en reliant intimement les deux parties d'arbre B et B'.

A cet effet, leurs deux boutons sont armés d'un tourillon extérieur *a*, auquel on donne une forme à peu près sphérique, afin de permettre à l'assemblage une certaine quantité de variation, comme dans le cas précédent ; ces boutons sont ensuite enveloppés de coussinets maintenus par une bride en fer et serrés à l'aide d'une clavette et de deux contre-clavettes.

Ce mode de jonction a aussi été employé pour la connexion pure et simple de deux parties d'arbres, par deux manivelles qui ne correspondaient qu'à un seul piston, comme dans l'exemple, fig. 9, pl. 25. Dans cette circonstance, l'une des deux manivelles du groupe ne porte que le bouton sphérique correspondant à la bride d'accouplement. On conçoit que, si rien ne s'oppose à son emploi, la disposition représentée pl. 25 est plus simple et préférable.

Avant de décrire les différents organes qui, sous des formes diverses, remplissent dans les machines ou les transmissions de mouvement les fonctions de manivelles, nous devons étudier les bases qui servent à déterminer les proportions des types qui viennent d'être examinés.

PROPORTIONS DES MANIVELLES MOTRICES.

En principe, une manivelle est un solide, *encastré* et soumis à la flexion transversale; on pourrait donc lui appliquer la forme de calcul qui convient à ce mode de résistance (Int. p. XXXIV). Mais on doit remarquer aussi que le diamètre de l'arbre et celui du bouton représentent déjà l'effort que la manivelle est appelée à supporter; puis des considérations toutes pratiques, telles que le serrage du moyeu par lui-même ou par la clavette, et celui du bouton dans l'œil, doivent conduire à modifier notablement le résultat qui serait fourni par le calcul en fonction de la résistance directe à transmettre. D'après cela, il est plus simple et plus pratique de rapporter les proportions d'une manivelle de ce genre aux diamètres de l'arbre et du bouton, alors préalablement déterminés par le calcul, en considérant les différentes parties de la pièce comme en rapport respectif avec ces deux organes principaux.

Ayant déjà étudié, avec tous les détails nécessaires, les règles employées pour déterminer le diamètre d'un arbre soumis à un effort de torsion (p. 60), nous n'aurons qu'à dire quelques mots sur ce qui regarde le *bouton* de la manivelle, proprement dit.

DIAMÈTRE D'UN BOUTON DE MANIVELLE. — Cet organe est aussi un solide soumis à la flexion transversale, dans des conditions tout à fait analogues à ce que nous avons montré à l'égard des *tourillons soumis à des efforts de pression* (p. 84) ; la même forme de calcul peut donc leur être appliquée, soit cette formule pour le fer (p. 87) :

$$d = \sqrt{0{,}0085\ \mathrm{P}\, m} + 0^{c}, 5.$$

Si, en effet, on fait cette application à différentes machines construites par des mécaniciens expérimentés, on trouve presque toujours un accord complet entre l'exécution et le résultat du calcul, ce qui avait rarement lieu lorsqu'on faisait usage des anciennes formules empruntées à des auteurs anglais, et dans lesquelles le diamètre est considéré comme proportionnel à la racine cubique de la charge, ne tenant pas compte du rapport variable *m* entre la longueur du bouton et son diamètre.

Le modèle de manivelle en fer, représenté fig. 1 et 2, est supposé appartenir à une machine d'environ 60 chevaux, faisant 25 tours par minute avec une détente au 1/5 et condensation, la pression effective maxima sur le piston étant de 9000 kilogrammes.

L'arbre moteur étant en fer forgé, la formule adoptée pour le calcul du diamètre de son tourillon (p. 67), donne 16 centimètres.

Pour le bouton, également en fer, et dont la portée ou longueur des collets égale 1,25 d, on trouve avec la formule précédente :

$$d = \sqrt[3]{0{,}0085 \times 9{,}000^{k} \times 1{,}25} + 0{,}5 = 10^{c}{,}3.$$

Nous adoptons, pour la simplification des autres calculs, 10 ou 100 millimètres.

Prenant donc pour bases ces deux diamètres 16 et 10 pour l'arbre et le bouton, que nous avons supposés en fer forgé, nous allons donner les proportions correspondantes *minima* de la manivelle, successivement en fer forgé et en fonte. Nous disons minima, car il n'y aurait aucun inconvénient à les augmenter, si on le cro convenable, tandis que nous ne croyons pas qu'elles doivent être jamais réduites.

Proportions des manivelles en fer. — *Parties rapportées au tourillon.* — La partie qui se rapporte au tourillon de l'arbre est évidemment le moyeu et la naissance du corps dont on peut supposer les faces géométriquement prolongées jusqu'au centre.

Désignant par :

D le diamètre du tourillon, en millimètres ;
D' le diamètre de la portée saillante qui reçoit la manivelle ;
E l'épaisseur du moyeu autour de cette portée ;
L la portée ou longueur du moyeu ;
A la largeur du corps mesurée au centre ;
H l'épaisseur correspondante ;

nous adoptons les proportions pratiques suivantes, comme paraissant dans de bonnes conditions :

Moyeu. — L'alésage du moyeu, où le diamètre de la portée, est déterminé ici en considération de la saillie qui en résulte pour former les collets du tourillon ; ce diamètre ne peut être inférieur à :

$$D' = 1{,}1\ D + 10 \text{ mill.}$$

La longueur du moyeu doit être suffisante pour que la manivelle soit convenablement assise ; on fait alors :

$$L = 1{,}2\ D.$$

Toutefois, lorsqu'on est limité par l'emplacement, on peut la réduire à $L = D$.

L'épaisseur E étant calculée de façon à ce que la section $L \times E$ soit au moins les 2/3 de celle du tourillon, il vient, d'après la valeur ci-dessus attribuée à L :

$$E = 0{,}44\ D.$$

Corps. — Pour proportionner maintenant le corps, dont les faces sont prolongées idéalement jusqu'à la ligne d'axe, nous admettons que sa section, mesurée en ce point, est égale à celle totale du moyeu ; soit, par conséquent :

$$A \times H = 2\,(L \times E).$$

Mais de ces deux dimensions A et H, la première, de laquelle dépend la *figure* de la manivelle regardée de face, doit être fixée *à priori* en vue de la forme la plus favorable pour l'aspect de la pièce et le raccord convenable des parties droites avec le cercle du moyeu.

La fig. 2 résulte, comme dessin de la relation suivante :

$$A = 1{,}3\ D.$$

Par suite, cette valeur, introduite dans la formule précédente, fournit pour H :

$$1{,}3\,D \times H = 2\,(1{,}2\,D \times 0{,}44\,D)\ ;\ \text{d'où :}\ \ H = 0{,}812\,D.$$

Pour être exact, on devrait calculer ces dimensions au moyen de la formule rationnelle :

$$PL = \frac{R\,a\,b^2}{6},$$

dans laquelle P exprime l'effort total transmis à l'extrémité du rayon L de la manivelle ; R la résistance spécifique du métal, a et b l'épaisseur et la hauteur ou la largeur correspondantes aux deux dimensions que nous avons désignées par H et A. Il faudrait alors admettre à l'avance un rapport entre a et b ; mais outre que le calcul serait plus long, on ne serait pas certain d'arriver à des proportions aussi convenables entre le corps et les parties extrêmes de la manivelle.

On aurait aussi à observer que les côtés devraient former une parabole, ce qui ne se fait jamais en exécution.

Parties rapportées au bouton. — La même méthode est applicable à la détermination des proportions de l'œil qui dépend du diamètre d du bouton.

Nous désignons par :

d le diamètre du bouton, en millimètres ;
d' le diamètre intérieur de l'œil ;
l sa longueur ou portée ;
e l'épaisseur du métal autour de l'ouverture ;
a et h les dimensions de la section du corps prolongé jusqu'au centre de l'œil.

Dans le mode d'assemblage indiqué fig. 1 et 2, l'ouverture de l'alésage, qui est conique, est de même diamètre que le bouton. On a donc :

$$d' = d.$$

Pour que l'emmanchement soit solide, il suffit que la portée soit environ d'un tiers en plus du diamètre ; on peut adopter :

$$l = 1,3\, d.$$

L'épaisseur du métal autour de l'alésage ne doit pas être inférieure au rayon du bouton. Soit :

$$e = 0,5\, d.$$

Enfin, fixant, comme tout à l'heure, la largeur du corps à :

$$a = 1,3\, d,$$

et la section $a \times h$ aux 2/3 de celle $2\,(e \times l)$, il vient, pour la dimension h :

$$h = 0,675\, d.$$

Le modèle représenté fig. 1 et 2, et qui appartient à une machine exécutée, est l'application exacte de toutes ces règles, dont les résultats s'y trouvent en même temps rappelés par des cotes.

Proportions des manivelles en fonte. — En procédant de la même façon, nous avons attribué aux différentes parties des manivelles en fonte les proportions minima suivantes, d'après les diamètres du tourillon et du bouton, que nous admettons toujours en fer :

Diamètre intérieur du moyeu	$D' = 1,1\, D + 10^{\text{millim.}}$,
Longueur ou portée.	$L = 1,2\, D$,
Épaisseur du métal	$E = 0,525\, D$,
Largeur du corps	$A = 1,55\, D$,
Épaisseur id.	$H = 1,22\, D$,
Diamètre intérieur de l'œil.	$d' = d$,
Longueur ou portée.	$l = 1,3\, d$,
Épaisseur du métal	$e = 0,63\, d$,
Largeur du corps.	$a = 1,5\, d$,
Épaisseur id.	$h = 0,9\, d$.

Ici les dimensions attribuées au corps se rapportent aux côtés des rectangles dans lesquels la section est inscrite aux deux extrémités, et en supposant que cette section ait une forme analogue à celle qui est représentée fig. 6 ; autrement dit, quels que soient les détails de cette forme curviligne, elle ne doit pas réduire la section plus que celle-ci.

Nous devons faire observer encore que les dimensions, dans le sens de l'axe de l'arbre, sont les mêmes que pour la manivelle en fer, et la raison en est que, dans ce sens, il peut être utile de ne pas augmenter le porte-à-faux que présente la manivelle, et cela évidemment, quel que soit le métal qui la constitue.

Proportions du clavetage. — Les manivelles sont généralement, comme nous l'avons montré plus haut, montées sur l'arbre à l'aide d'une clavette ou d'une clef que les constructeurs soigneux ne manquent pas de faire en acier. Autrefois, on faisait la clavette épaisse et étroite, maintenant, c'est le contraire qui a lieu, ce qui est rationnel, puisque c'est dans le sens de sa largeur que l'effort qu'elle supporte s'exerce. La largeur de la clavette n'est ordinairement pas inférieure au 1/3 ou au 1/4 du diamètre de l'arbre, et son épaisseur est environ dans le même rapport avec la largeur.

Mais avant tout, il faut que l'emmanchement soit parfait et assez serré pour qu'il puisse, pour ainsi dire, par son extrême solidité, rendre le clavetage superflu.

Observations. — Nous avons fait remarquer que les proportions indiquées ci-dessus peuvent être dépassées sans inconvénient, dans de certaines limites, et il est des applications où elles le sont d'une façon assez notable.

Ainsi, les manivelles accouplées représentées fig. 9 à 11 offrent un exemple de ce fait que l'on peut constater pour la plupart des pièces qui entrent dans la composition des appareils de navigation, pour lesquels on doit parer à des résistances imprévues. Si l'on se rend compte, d'ailleurs, des fonctions de ces manivelles accouplées, on reconnaît qu'elles ne divisent pas la résistance qui doit, au contraire, se transmettre intégralement de l'une à l'autre ; il serait donc naturel qu'elles fussent basées, au minimum, chacune sur les mêmes proportions que ci-dessus, et il est remarquable que celle A', la plus faible, comparée aux diamètres de l'arbre et du bouton, s'en rapproche très-sensiblement. Quant à celle A, nous avons donné les motifs qui conduisent à lui donner un excès de résistance.

MANIVELLES DE DIVERSES DISPOSITIONS.

Manivelle motrice de locomotive, fig. 12 a 14. — Nous avons décrit les *essieux coudés*, qui constituent, à la fois, l'arbre moteur et les manivelles d'une machine locomotive dont les cylindres à vapeur sont situés à l'*intérieur* du châssis des roues. Mais pour celles de ces machines, dont les cylindres sont, au contraire, *extérieurs*, l'essieu coudé n'est plus employé, la disposition des cylindres ayant pour motif cette suppressoin même, et la machine est alors pourvue de manivelles dont le moyeu des roues constitue le corps principal.

Les fig. 12 et 13 représentent le moyeu d'une roue motrice de ce système et dépendant d'une machine tender, dite pour *forte rampe*, que M. Petiet a fait construire pour le chemin de fer du Nord, et que nous avons publiée avec détails dans le XIIIe vol. de notre grand Recueil.

On sait que les roues appliquées aux véhicules des voies ferrées, remarquables spécimens des progrès modernes de la forge, sont d'une seule pièce en fer forgé, présentant un fort moyeu central A d'où rayonnent un grand nombre de bras *a*, de section rectangulaire ; ce moyeu est percé d'un trou alésé pour l'emmanchement sur l'essieu B, et dans des conditions que nous avons fait connaître (p. 95). Lorsque la roue est *motrice* et non pas simplement *portante*, la masse du moyeu est augmentée d'un mamelon excentré *b* pour fixer le bouton C avec lequel s'assemble la bielle motrice correspondante, l'ensemble de la machine comprenant, comme on le sait, deux systèmes semblables conjugués.

Dans cet exemple, toutes les roues étant égales et *couplées*, le bouton C est d'une longueur suffisante pour recevoir à la fois la bielle motrice principale et celle d'accouplement, dont il a été question précédemment (p. 416). Mais de plus, cette pièce prend une importance tout à fait exceptionnelle par un bras coudé *d* qui revient vers le centre et se termine par deux autres boutons *c* sur lesquels sont montées deux petites bielles D qui commandent le tiroir de distribution par l'intermédiaire de la coulisse dite de *changement de marche;* on sait que cette coulisse est ordinairement mise en rapport avec une paire d'excentriques circulaires, qui, ainsi que nous le rappelons ci-dessous, remplissent le même office que de simples manivelles, et sont employés lorsque le mouvement ne peut être pris sur l'extrémité d'un arbre.

Par la position actuelle, et grâce à cette pièce de forge tout à fait remarquable, c'est comme si l'arbre avait pu être continué en dehors du bouton principal, ou, si l'on veut, comme s'il présentait trois coudes de différents rayons. Par la fig. 12, où se trouve le tracé géométrique des mouvements obtenus, on voit que les deux boutons *c* se trouvent, en effet, situés à une faible distance du centre de l'essieu duquel est déduit le cercle qu'ils décrivent et qui correspond à la course du tiroir; ces deux boutons entrent en action séparément pour la marche *en avant* et pour la marche *en arrière*, et occupent, sur le même cercle, deux positions différentes, conformément à l'*angle de calage* qui doit être porté à droite et à gauche du *rayon de la manivelle*.

Indépendamment de cette application particulière aux locomotives, qui est certainement la plus difficile à réaliser, en raison de l'extrême solidité requise, ce mécanisme se rencontre dans quelques machines fixes, dont le tiroir est ramené en avant du cylindre; il a, comme nous l'avons dit, pour avantage, la supression des excentriques.

Pour terminer ce qui concerne cet exemple, nous dirons que l'emmanchement du bouton dans l'œil *b*, réservé au moyeu, se fait à la presse hydraulique, comme pour l'essieu , après quoi, il est rivé fortement ; pour cela l'ouverture de l'œil est fraisée sur le bord, et le bouton porte une sorte de barbe *e* , destinée à être écrasée en la rabattant pour former la tête conique et remplir la fraisure.

Un tel bouton est soumis à un effort énorme, auquel il est bon de comparer la résistance qu'il présente par son diamètre, en lui appliquant la formule que nous avons donnée à ce sujet.

Les cylindres de cette machine ont 48 centimètres de diamètre, ce qui correspond à une section de 1809 centimètres carrés; comme la pression de la vapeur peut s'élever, dans la chaudière, jusqu'à 8 atmosphères, chaque cylindre développe donc un effort maximum total de :

$$1^{k},0333 \times (8 - 1) \times 1809 = 13084^{k},678.$$

Mais on doit en déduire la contre-pression qui peut être considérée comme un peu supérieure à la pression atmosphérique; en outre, cet effort ne se transmettant pas dans toute son intégrité au bouton de manivelle, il est permis, en résumé, de ne compter, pour sa résistance normale que sur environ 12000 kilogrammes.

D'après cela, et en tenant compte du rapport m entre la portée et le diamètre, lequel rapport égale 1,76, nous trouvons pour ce diamètre :

$$d = \sqrt[2]{0,0085 \times 12000 \times 1,76} + 0,5 = 14^c,1.$$

Les ingénieurs ont admis $12^c,5$, soit $1^c,6$ de moins que ce qui vient d'être trouvé; mais en conservant le rapport 1,76 sur lequel le calcul est basé, notre tourillon aurait :

$$14^c,1 \times 1,76 = 24^c,8 \text{ de portée, au lieu de } 22,$$

ce qui signifie qu'avec cette dernière dimension, le diamètre pourrait être inférieur à $14^c,1$; par conséquent, il n'est guère possible de trouver plus d'accord entre la théorie et un fait observé.

Manivelles a rayons variables, plateaux-manivelles, fig. 15 a 19. — On rencontre certaines circonstances où la course produite par une manivelle doit *varier :* il suffit d'énoncer ce principe pour faire comprendre qu'en effet, il peut souvent en être ainsi parmi les applications si nombreuses et si multiples de la mécanique.

Pour obtenir cet effet d'une manivelle, on conçoit que le *bouton*, ou point d'articulation de la bielle, doit être *mobile*, de façon à être rapproché plus ou moins du centre de rotation.

La fig. 15 représente l'un des procédés qui permettent cette mobilisation.

A est une manivelle, solidaire ou non de l'arbre B, mais dont le corps est percé d'une mortaise rectangulaire dans laquelle le bouton C est engagé par une portée carrée et traversée par une vis D, logée dans la mortaise.

Cette vis est terminée par un tenon cylindrique pénétrant dans le moyeu et porte un carré par lequel on peut la saisir et la faire tourner; une rondelle a, rapportée et fixée à l'aide d'une goupille, l'empêche de céder longitudinalement.

Ainsi, en faisant tourner cette vis, on déplace le bouton C et on l'amène à la distance voulue du centre de l'arbre; mais comme il faut pouvoir l'assujétir solidement dans toutes ses positions, la portée, qui forme écrou à la vis, est munie elle-même d'une tige taraudée et d'un écrou b que l'on desserre, lorsqu'on veut changer la position du bouton, et que l'on resserre ensuite. Seulement, on comprend que pour rendre ce serrage efficace, il faut un certain jeu qu'il vaut mieux ménager dans l'ajustement de la vis que dans son écrou.

Pour certains outils, dans lesquels la variation de course est fréquente et doit s'opérer dans de larges limites, on fait usage de dispositions analogues à celle représentée sur les fig. 16 et 17.

Le corps de la manivelle est remplacé par un *plateau* en fonte A, dans lequel une coulisse à queue d'hironde a été ménagée; le bouton C est armé d'un coulisseau a, et d'un taraudage avec un écrou b, dont le serrage permet d'assurer sa position et qui retient aussi la bielle D. Ce système a certainement pour inconvénient de prendre la bielle pour point d'appui du serrage et de la gêner dans son mouvement d'articulation ; il ne pourrait donc être employé dans le cas d'un grand effort à transmettre, exigeant un serrage énergique.

Nous ferions presque la même réserve à l'égard de la disposition suivante, fig. 18 et 19, qui diffère seulement de la précédente par la forme de la coulisse et par la position du coulisseau.

Le plateau A, qui n'a qu'une partie de cercle d'étendue, au lieu d'un cercle complet, est muni d'une coulisse de section rectangulaire comme un support de tour; le bouton de manivelle C est un véritable boulon à tête carrée, retenu dans la coulisse, et le coulisseau *a* forme comme une simple cale ayant une légère saillie par laquelle elle est maintenue et guidée latéralement dans la coulisse; enfin, ce coulisseau est fixé au moyen du boulon principal C et d'un autre boulon *c*, arrêté dans la coulisse, comme tout à l'heure, par sa tête.

En ce point, ce mécanisme serait préférable au précédent, car le boulon *c* permet de fixer le coulisseau avec toute l'énergie nécessaire, indépendamment de celui C, d'après lequel la bielle D articule.

On emploie aussi des plateaux-manivelles, comme celui représenté fig. 109, sur lequel un bouton de manivelle peut occuper plusieurs positions à l'aide d'un certain nombre de trous pratiqués d'avance et sur des cercles de rayons différents. En procédant ainsi, la variation de course ne peut être progressive, et se trouve limitée au nombre de trous du plateau; mais dans chaque position, le bouton a la même solidité et autant qu'il lui est nécessaire : rien ne s'oppose donc à ce que cette méthode soit appliquée pour de grands efforts, mais à condition que les changements de course ne soient pas fréquents et que l'on puisse consacrer un certain temps au démontage et au remontage du mécanisme. On trouve des applications de ce système dans la transmission de mouvement des pompes foulantes de la machine à vapeur de Marly à Bougival, et qui ne fonctionne presque plus depuis l'installation des nouvelles machines hydrauliques (1).

Fig. 109.

MANIVELLE A BOUTON SPHÉRIQUE, FIG. 20. — Cette petite manivelle offre de particulier qu'elle appartient à un mécanisme de transmission dans lequel les extrémités articulées de la bielle se meuvent dans des plans *perpendiculaires l'un à l'autre* : c'est le système de commande appliqué aux moulins à noix de la manufacture des tabacs de Strasbourg, dont on trouve tous les documents dans le XIIIe vol. de la *Publication industrielle*. Ces moulins ont un axe vertical qui reçoit un mouvement circulaire alternatif d'un axe horizontal animé d'un mouvement circulaire continu, au moyen d'une bielle reliant deux manivelles montées respectivement sur ces deux axes.

(1) Ces nouvelles machines, établies dans de larges conditions, en utilisant la puissante chute qui existe en cet endroit sur le second bras de la Seine, envoient actuellement 6000 mètres cubes d'eau par jour aux aqueducs qui alimentent Versailles et Saint-Cloud. Elles sont publiées avec détails, dans le XIVe vol. de notre *Recueil industriel*.

La fig. 20 représente celle des deux manivelles qui se trouve montée sur l'axe du moulin et qui possède le mouvement alternatif; pour satisfaire à cette condition de transmettre le mouvement entre deux axes réciproquement perpendiculaires, le bouton C est complétement sphérique; mais son emmanchement et la forme même de la manivelle ne diffèrent pas des premiers types que nous avons décrits.

EXCENTRIQUES CIRCULAIRES.

Lorsqu'on veut emprunter un mouvement de bielle à un axe droit et dans tout autre point qu'à l'une des extrémités de cet axe, on fait usage de l'*excentrique circulaire*, qui doit être regardé comme l'une des ingénieuses conceptions de la mécanique. Son application est déjà ancienne, et remonte au moins aux premiers temps de la machine à vapeur à rotation.

Depuis longtemps, en effet, l'excentrique circulaire est employé, dans ces moteurs, pour mettre le tiroir de distribution et souvent la pompe alimentaire en mouvement, à l'exception de quelques circonstances particulières où il est possible de commander ces appareils par une manivelle ordinaire, ou par une disposition semblable à celle qui est représentée fig. 12 à 14.

Fig. 110.

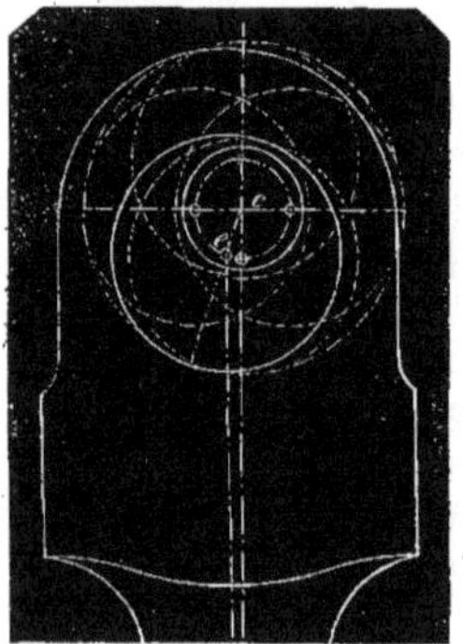

On peut définir un excentrique circulaire en disant : *que c'est une manivelle dont le rayon est inférieur à celui du bouton*, qui peut même envelopper, par la figure de son disque, celui de l'arbre tournant.

Si, en effet, l'on trace deux cercles *excentrés*, l'un dans l'autre, fig. 110, et que l'on admette que ces deux cercles exécutent simultanément un mouvement de rotation autour du centre *c*, de celui intérieur, on reconnaît que le cercle enveloppant, dont le centre est *e*, n'est autre chose que le bouton d'une manivelle dont le centre fixe de rotation est *c* et le rayon *c e*.

On pourrait évidemment faire la supposition inverse, c'est-à-dire que le cercle intérieur tournât, au contraire, autour du centre *e*; par un même raisonnement, le cercle intérieur représenterait le bouton en question; mais, dans cette hypothèse, l'idée de l'excentrique circulaire ne serait pas exactement rendue. En prenant le cercle intérieur pour l'arbre fixe, et l'autre pour un disque plein représentant le bouton de manivelle mobile, il suffira, comme nous avons essayé d'en donner l'idée sur la figure, de supposer ce disque enveloppé par les coussinets d'une tête de bielle pour avoir l'idée la plus exacte du mouvement produit par l'excentrique circulaire qui est celui d'une manivelle ordinaire; mais avec cette précieuse particularité que cette manivelle de nouvelle structure *peut occuper un point quelconque de l'étendue d'un arbre droit.*

Nous choisissons pour exemple pratique de cet important organe, un excentrique, fig. 21 et 22, emprunté à une machine locomotive mixte du chemin de fer d'Orléans : on sait que c'est souvent dans cette classe de machines qu'il faut chercher les types d'organes les mieux étudiés et les mieux construits.

L'excentrique complet se compose d'un disque circulaire A, rendu solidaire de l'arbre par un clavetage, et constituant le *bouton de manivelle*, suivant la définition précédente ; les coussinets de la tête de bielle sont représentés par le *collier* B, qui entoure l'excentrique A, proprement dit, et fait partie d'une tige C, laquelle achève de compléter l'image d'une bielle, dont le collier est la *tête* et cette tige le *corps*.

Par cette assimilation, rien n'est plus aisé que d'expliquer les détails d'exécution de cette pièce, qui nous offre, en effet, les mêmes particularités que l'assemblage d'une bielle et d'une manivelle.

Le collier B, comme serait une tête de bielle de la même pièce que ses coussinets (voir un exemple analogue, pl. 23, fig. 20), est formé de deux parties qui entourent le disque A et sont reliées par deux boulons *a*, pour lesquels des renflements cylindriques sont ménagés de chaque côté de la ligne de jonction des deux parties ; pour que le collier se maintienne sur le disque, on réserve à ce dernier des joues ou rebords (voir fig. 23), qui représentent exactement ceux d'un tourillon ordinaire ; mais, renversant la proposition, on adopte, surtout aujourd'hui, la disposition indiquée fig. 21 et 22, et dans laquelle, c'est le collier qui présente une gorge intérieure s'emboîtant avec une saillie réservée au disque A de l'excentrique.

Pour les locomotives, le collier est en bronze et le disque A en fonte de fer ; ce disque porte une semelle plate *b* pour opérer son assemblage avec la tige de transmission C, qui est en fer forgé. Enfin, le graissage étant toujours une condion *sine qua non* des fonctions d'un semblable organe, un godet *f*, réservé au collier, permet l'introduction de l'huile pour lubrifier le frottement des deux parties l'une sur l'autre.

Il nous reste à faire remarquer que, par la position que le disque excentré A est susceptible d'occuper sur l'arbre où il est souvent placé entre des pièces considérées comme en étant solidaires ou d'un démontage difficile, ce disque est aussi en deux parties que l'on réunit à l'aide de deux boulons *d*. La place disponible pour les loger étant fort restreinte, on est souvent obligé, comme dans cet exemple, de tarauder ces boulons dans l'une des deux parties et d'employer, pour les serrer, des clavettes au lieu d'écrous que l'on ne pourrait ni placer ni saisir.

Enfin, la course produite par une manivelle étant *le double de son rayon*, ou de la distance des centres de l'arbre et du bouton, de même la course produite par un excentrique circulaire est égale *au double du rayon d'excentricité*, c'est-à-dire, de la distance *ce* des centres de l'arbre et du disque A ; cette course est donc tout à fait indépendante des dimensions générales de l'excentrique.

Ces dimensions, qui ont pour base le diamètre du disque A, dépendent à la fois du rayon d'excentricité et du diamètre de l'arbre ; on voit, en effet, que le disque étant monté sur l'arbre, comme un moyeu quelconque, doit l'entourer complétement et conserver, à l'endroit où les cercles se rapprochent, sur la ligne des centres, une épaisseur suffisante au métal.

Il s'ensuit que, pratiquement, on ne peut guère faire usage de l'excentrique circulaire que pour produire de faibles courses, car pour peu que l'arbre soit relativement gros et le rayon d'excentricité grand, le diamètre du disque A devient considérable ; or, la quantité de travail absorbée par le frottement étant proportionnelle à la vitesse des surfaces frottantes, le disque A se trouve dans les mêmes conditions qu'un tourillon que l'on aurait fait trop gros : sous ce rapport, un excentrique circulaire absorbera toujours plus de résistance passive, toutes choses égales, d'ailleurs, qu'une manivelle produisant la même course.

Pour mieux mettre en évidence le grand développement que peut prendre un excentrique circulaire, nous ferons remarquer que celui représenté sur le dessin donnant 135 millimètres de course, n'atteint pas moins de 340 millimètres de diamètre sur le cercle frottant, celui de l'arbre étant de 176 millimètres, quoique l'épaisseur minima sur la ligne des centres ait été réduite à environ 12 millimètres.

Si maintenant nous considérons que la vitesse de cet arbre est de 140 tours par minute, la vitesse circonférentielle moyenne de la surface frottante du disque sera de :

$$\frac{0^{m},34 \times 3,1416 \times 140}{60} = 2^{m},492 \text{ par seconde.}$$

Avec une telle vitesse et d'après la résistance du tiroir mis en mouvement, on pourrait démontrer que la quantité de travail absorbée par le seul frottement du collier et du disque, n'est pas inférieure, avec le meilleur état d'entretien possible, à 1 cheval-vapeur de 75 kilogrammètres, soit environ 5 fois plus que si l'excentrique pouvait être remplacé par une manivelle à laquelle un bouton d'environ 70 millimètres suffirait grandement pour la même résistance, au lieu du disque de 340.

Nous terminerons cet article en citant les fig. 23 et 24, qui représentent un groupe composé de la partie de l'arbre moteur d'une machine à vapeur portant la manivelle motrice et l'excentrique de distribution.

Cet arbre est celui d'une machine double, qui met en mouvement les grands ateliers de construction établis à Paris par la Compagnie du chemin de fer de Lyon et de la Méditerranée ; cette machine, que nous avons décrite dans le XIe volume, est composée de deux appareils complets, dont les cylindres, placés dans le même plan, à 45° par rapport à la base de l'ensemble de la machine et entre eux à angle droit, ont leurs pistons rattachés par les bielles à la manivelle motrice unique A montée sur l'arbre de couche B. On sait que cette disposition équivaut à une conjugaison par manivelles d'équerre, avec cette seule différence que ce sont les cylindres qui occupent cette position, d'où, par suite, une seule manivelle suffit.

La relation des tiroirs de distribution étant la même que celle des pistons à vapeur, un seul excentrique doit également suffire, ce qui a effectivement lieu. Mais cet excentrique C est disposé pour recevoir deux colliers D (1) comme le bouton de manivelle *c* reçoit aussi deux têtes de bielles, mais avec une portée simple, tandis que l'excentrique présente deux gorges séparées. Nous avons déjà fait remarquer que l'emploi des gorges dans l'excentrique constitue l'un des deux modes en usage, l'autre consistant à les réserver au collier.

Ajoutons, afin de faciliter l'examen de ces pièces, que l'ensemble des deux appareils correspond à une force nominale de 60 chevaux pour 60 tours par minute de l'arbre moteur.

Les pistons ont 50 cent. de diamètre et 70 cent. de course ; ils travaillent sous une pression absolue de 5 atmosphères, à détente variable et sans condensation.

BALANCIERS MOTEURS EN FONTE ET EN FER.

CONSTRUCTION DES BALANCIERS EN FONTE.

(PLANCHE 26.)

Nous nous occuperons plus spécialement des balanciers *en fonte*, dont le mode de construction, quant à leur application aux machines à vapeur, est beaucoup plus usuel que celui des balanciers en fer qui sont plutôt l'exception : nous dirons pourtant quelques mots de ces derniers, ainsi que de certains balanciers en fer et en fonte également applicables aux moteurs à vapeur.

TYPE GÉNÉRAL DE BALANCIER MOTEUR, FIG. 1 A 4. — On connaît le rôle particulier que remplit cet organe important dans le système de machine à vapeur auquel il a même donné son nom et qui le distingue des autres machines où la transformation du mouvement rectiligne du piston s'opère, sans intermédiaire, au moyen de la bielle. Dans les machines à *balancier*, cette pièce est interposée entre la tige du piston et la bielle et rendrait le même effet que dans les appareils à action directe, s'il ne fallait tenir compte de son propre mouvement oscillatoire qui donne à l'extrémité de la bielle opposée à la manivelle, un mouvement en arc de cercle ; il en serait de même pour la tige de piston, si l'on ne faisait usage du *parallélogramme* pour compenser ce mouvement, qui ne peut s'accorder avec la marche rectiligne, dont la tige ne doit pas s'écarter.

En dehors de ces points particuliers, la transformation s'opère comme si la bielle se trouvait directement attaquée par la tige du piston ; et le balancier, ses deux *bras* étant supposés de même longueur, comme cela se trouve le plus généralement, transmet exactement, par l'une de ses extrémités, l'effort et le mouvement qui lui sont communiqués par l'autre.

La fig. 1 du dessin, pl. 26, représente, en vue de face, un tel balancier dans ses dispositions les plus simples et les plus généralement usitées.

(1) En réalité, les deux colliers n'occupent jamais la position qui leur est attribuée sur le dessin, puisqu'ils ont, au contraire, respectivement pour axes de mouvement les lignes ponctuées *om* et *om'*.

Sa structure a pour base une *toile* ou *panneau t* renforcé, sur le bord extérieur et sur l'axe géométrique horizontal, de nervures n et n', et muni de mamelons destinés à recevoir les différents axes par lesquels le balancier commande et se trouve lui-même commandé et supporté.

Le mamelon principal est celui du centre où s'emmanche l'axe D par lequel le balancier s'appuie et oscille sur les supports qui lui sont réservés sur le bâti de la machine. Viennent ensuite les mamelons extrêmes qui reçoivent les axes o et o' correspondant aux points de suspension de la tige du piston et de la bielle. Enfin, des points d'attache intermédiaires sont ménagés pour l'axe q dépendant du mouvement du parallélogramme, et pour l'axe q' à l'aide duquel on commande une pompe auxiliaire.

Un plus grand nombre de points d'attache peuvent être pris sur un balancier, mais toujours par le même moyen ; il suffira donc d'examiner en détail la disposition actuelle.

La fig. 2 est une coupe transversale, suivant la ligne 1-2 de la fig. 1, destinée à montrer à la fois la section *maxima* du balancier et l'axe principal D par lequel il est supporté.

Cette section, qui peut présenter des profils variés, est réduite ici au panneau à fond plat avec les deux parties de moyeu également saillantes et les deux rebords, dont les champs offrent une légère courbure ; les angles sont garnis de congés limités par des carrés ou listels. La nervure centrale n' pourrait être accompagnée des mêmes moulures, ce qui se fait le plus souvent ; mais on ne l'a pas admis ici, et nous ferons observer que ce n'est pas, en effet, sur l'axe central du balancier, qui est *la ligne des fibres invariables* (Int., p. XXXIII), que le métal résiste avec le plus d'efficacité, quant à l'effort à transmettre ; mais cette nervure a pour objet principal de résister à la flexion *latérale*, et à ce titre, elle doit surtout présenter de la *hauteur* ou *saillie*, plutôt que de l'épaisseur.

L'axe D est cylindrique dans l'emmanchement et devient légèrement conique en arrivant aux deux tourillons par lesquels il s'appuie sur ses supports. Bien qu'il ne transmette aucun effort mécanique, il n'en doit pas moins être très-intimement relié au balancier, de façon à ce qu'il ne se détermine pas de jeu dans l'assemblage ; ajusté d'abord avec beaucoup d'exactitude dans l'alésage du moyeu, il est fixé à l'aide d'une ou de deux clavettes parfaitement serrées ; la symétrie voudrait que ces deux clavettes fussent vis-à-vis l'une de l'autre, mais leur serrage s'exercerait en s'ajoutant sur un seul diamètre et serait nul dans la direction perpendiculaire : c'est en raison de ce fait qu'on les a supposées sur des diamètres différents.

Les autres axes du balancier sont ajustés d'une façon identique, excepté qu'une clavette suffit pour chacun d'eux.

La fig. 3, qui est une vue horizontale partielle et extérieure du balancier, en fait connaître la forme et les dimensions.

Pour achever de faire comprendre les fonctions de ces axes, il suffira de rappeler la disposition des têtes de bielles fourchues qui s'adaptent précisément à celui o', le premier o, correspondant aux liens du parallélogramme.

Indépendamment des détails de forme, qui varient d'un balancier à un autre, on distingue une différence fondamentale dans le mode de construction et d'assemblage des axes extrêmes qui, au lieu d'être passés simplement au travers de mamelons disposés comme dans notre type, fig. 1, sont montés comme nous allons l'expliquer.

Assemblage a boulet, fig. 8 a 10. — Il existe des balanciers qui, au lieu d'être terminés, à chaque extrémité, par un simple renflement cylindrique que traverse l'axe qui est fixé à demeure, sont, au contraire, disposés pour former tourillons, afin de mobiliser l'axe de suspension de la bielle et celui des liens du parallélogramme.

Les fig. 8, 9 et 10 en sont un exemple tiré d'une belle machine à vapeur de 30 chevaux, d'Edwards, construite, il y a déjà un grand nombre d'années, dans l'ancien établissement Scipion Perrier et C°, à Chaillot, et qui a fonctionné très-longtemps dans les ateliers du chemin de fer de Saint-Germain à Paris.

La fig. 8 est une section verticale, faite par le centre du balancier;

La fig. 9 est la vue de face de l'une de ses extrémités;

La fig. 10 en est une coupe horizontale, faite au milieu, suivant la ligne 5-6.

On voit, par la première de ces figures, que le moyeu central est renforcé par des nervures latérales qui n'existent pas dans le modèle précédent, et, en outre, par une moulure annulaire qui s'ajoute à la nervure du pourtour extérieur.

Les extrémités, qui ne se prolongent pas tout à fait jusqu'aux axes de suspension, sont alésées à une certaine profondeur pour recevoir, chacune, un fort boulon ou goujon en fer forgé G, terminé par une tête sphérique et portant, sur la partie cylindrique désaffleurante, la bague ou virole mobile K, forgée de la même pièce avec ses deux tourillons o. En serrant le boulon au moyen de la clef c comprise entre les clavettes à talon c', on fait appliquer l'une des bases de la virole contre le bout tourné du balancier, en même temps que la tête s'appuie contre la base opposée.

Cette disposition permet d'avoir l'axe des tourillons o dans un plan rigoureusement perpendiculaire à la ligne milieu du balancier, et, par suite, de maintenir la tige du piston, comme la bielle, dans un seul et même plan vertical avec celui-ci.

Assemblage a viroles mobile. — Ce mode de construction est évidemment bien entendu, et donne de bons résultats en pratique; mais il est plus dispendieux que celui indiqué fig. 1.

D'autres constructeurs ont cherché à le simplifier en remplissant le même but, comme on peut le voir par les fig. 11 à 14, qui représentent les détails d'un des balanciers appliqués aux machines à vapeur de l'hôtel des Monnaies à Paris.

La fig. 11 en est une section verticale, faite par l'axe central;

La fig. 12 est la vue de face de l'une des extrémités avec la coupe de la virole portant les tourillons;

La fig. 13 est un détail vu de face de celui-ci;

Et la fig. 14 une coupe transversale suivant la ligne 7-8.

On remarque, par ces dernières figures, que chaque extrémité du balancier se termine par une partie cylindrique formant son prolongement, au lieu d'être alésée, afin de recevoir la virole mobile K, qui est forgée avec ses deux tourillons *o*, et retenue par la bague tournée B', que l'on applique contre elle en la retenant par le boulon *b'*, lequel est fixé au balancier par la clavette *c* et serré par l'écrou *e'*.

Cette disposition est plus économique que la précédente et remplit évidemment le même objet. On ne peut pas dire, toutefois, qu'elle soit meilleure, attendu que le boulon en fer, dans le système d'Edwards, offre plus de sécurité que le tourillon B réservé de fonte au balancier.

Balancier a deux flasques, fig. 5 a 7. — Dans la plupart des cas, un balancier est formé d'une seule pièce comme ceux des exemples précédents. Mais il se rencontre des cas où, par suite d'efforts très-importants à transmettre, on s'est cru dans l'obligation de composer le balancier en fonte de *deux parties* semblables, c'est-à-dire, de deux flasques placées à une certaine distance l'une de l'autre et fortement réunies.

L'exemple que nous donnons à ce sujet est emprunté à de puissantes machines élévatoires appliquées à l'épuisement de l'eau dans les mines, et dont les balanciers présentent la disposition indiquée sur les fig. 5 à 7.

La fig. 5 est une section verticale, faite au milieu de la longueur sur l'axe principal D;

La fig. 6 est une vue de face extérieure de l'une des extrémités;

La fig. 7, une section horizontale et un fragment de plan, vu en dessus, de cette extrémité, montrant, avec la fig. 5, l'écartement exact des deux flasques.

A bien examiner, le balancier double ne diffère du balancier simple, que nous avons décrit, que par l'intérieur; car, vu de face extérieurement, il présente absolument le même aspect. On y trouve les nervures, les renflements et les moulures qui le garnissent sur tout le pourtour et autour de chacun des axes; mais la face intérieure de chacune des deux flasques est entièrement unie et ne porte aucune saillie.

Dans ce système, l'axe principal D est fixé aux deux flasques qu'il traverse par 3 ou 4 clefs; et, comme on peut adapter les liens du parallélogramme à l'intérieur de ces flasques, les collets ou les tourillons des axes extrêmes *o* et *o'* se trouvent en dedans, au lieu d'être en dehors, comme le montre le plan, fig. 7. L'assemblage de ces axes avec les bouts du balancier est caché par une large embase circulaire *e'*, que l'on retient par une vis taraudée à chaque extrémité de l'axe.

PROPORTIONS ET TRACÉ DES BALANCIERS EN FONTE.

Détermination de la section principale. — Nous avons déjà fait connaître le mode de résistance d'un balancier qui n'est autre que celui des solides dits *encastrés*. Il est facile de concevoir qu'il en soit ainsi; car la résistance qu'il éprouve à l'une de ses extrémités et qui fait équilibre à l'effort qui s'exerce à l'autre, reproduit la même situation que si le balancier ne possédait que le bras situé du côté de l'effort et qu'il fut solidement *encastré* à partir de son axe central.

Par conséquent, négligeant, pour l'instant, les deux nervures qui renforcent les deux rives du panneau, la section élémentaire d'encastrement étant celle même du panneau t, dont la hauteur est b et l'épaisseur a, et la distance du point d'application de l'effort P à cette section étant le rayon L du bras situé du côté considéré (nous avons dit qu'ils sont ordinairement égaux), la formule de résistance applicable est encore celle-ci (Int., p. XXXIV) :

$$PL = \frac{Rab^2}{6},$$

dans laquelle P exprime l'effort total transmis par la tige de piston, et R la résistance spécifique du métal.

Comme dans toutes les applications de la même formule, la section d'encastrement ne peut être déterminée que si l'une des dimensions a ou b, ou leur rapport, sont connus d'avance. Or, lorsqu'il s'agit de calculer la résistance d'un balancier, on connaît toujours l'effort P et le rayon L du bras, et c'est justement l'épaisseur et la hauteur du panneau que l'on cherche ; si l'on n'a aucune raison pour fixer d'avance l'une ou l'autre de ces deux dimensions, le plus simple est d'admettre *à priori* leur rapport, qui variera généralement peu d'une application à l'autre.

Les motifs qui conduisent à modifier ce rapport sont la grandeur absolue de l'effort comparée au rayon du bras et les proportions que l'on veut conserver entre ce rayon et la hauteur de la section. On conçoit, en effet, que si l'on ne faisait pas l'épaisseur du panneau relativement forte ou faible, suivant les circonstances, on arriverait à des formes massives ou grêles : le balancier serait tantôt trop ou trop peu allongé, au lieu de garder entre sa longueur et sa largeur certaines proportions qui lui donnent le meilleur aspect.

Mais le régime de marche des machines à balancier est en définitive peu variable, et l'on maintient, au contraire, leurs différentes dimensions, la pression de la vapeur, le degré de la détente et leur vitesse de rotation, dans des limites qu'il ne serait pas avantageux ou prudent de dépassser. Il en résulte qu'en choisissant entre les rapports 1/12, 1/16 et 1/20, pour l'épaisseur a et la hauteur b du panneau, on trouvera presque toujours celui qui convient à un cas proposé.

Dans les anciennes machines à basse pression de Watt, où il n'existait pas de détente, le balancier pouvait être *étroit*, il était alors possible d'adopter le rapport 1/12 ; actuellement, la pression est beaucoup plus élevée, la vapeur est employée à détente plus ou moins prolongée, et l'on est conduit à faire le balancier plus haut, pour ne pas trop en augmenter le poids, conformément à la condition de résistance la plus favorable.

Si donc nous désignons par r ce rapport de b à a, la formule prendra la disposition suivante :

$$\frac{b}{r} b^2 = \frac{6PL}{R}; \text{ d'où } b^3 = \frac{6PLr}{R}.$$

Il ne reste plus qu'à donner à R une valeur convenable pour assurer au métal une résistance suffisante. Comme la formule ne s'applique qu'au panneau et ne tient pas compte des nervures qui en augmentent assez notablement la résistance, des praticiens, sur le savoir et l'expérience desquels on peut compter, prennent 700, pour cette valeur, soit la moitié, environ, du chiffre qui correspond à la rupture à l'extension pour la fonte. Il est remarquable, d'ailleurs, qu'un solide résistant à la flexion transversale, est soumis en partie à la compression et à l'extension, ce qui résulte de ce mode même de résistance, et des expériences faites en vue de vérifier la valeur du coefficient de rupture par flexion, suivant son attribution dans la formule, ont, en effet, prouvé qu'il atteint une plus grande valeur que dans le cas de rupture à l'extension simple.

D'après cela, résolvant la formule ci-dessus pour les trois valeurs 12, 16 et 20 du rapport r, nous obtenons les relations suivantes :

$$\text{avec } r = 12 \text{ on a : } b = \sqrt[3]{0{,}103\,\mathrm{PL}}\,;$$

$$\text{avec } r = 16 \text{ on a : } b = \sqrt[3]{0{,}137\,\mathrm{PL}}\,;$$

$$\text{avec } r = 20 \text{ on a : } b = \sqrt[3]{0{,}171\,\mathrm{PL}}\,,$$

dans lesquelles les dimensions sont exprimées en centimètres et les efforts en kilogrammes.

Pour bien fixer les idées sur l'emploi de ces formules, admettons qu'il s'agisse de déterminer la grande section d'un balancier à établir dans les conditions suivantes :

Plus grand effort transmis par la tige de piston . . . . P = 7700 kil.
Rayon ou longueur du bras. . . . . L = 150 cent.
Rapport entre la hauteur du panneau et son épaisseur. . . . . r = 16

La formule disposée pour trouver la hauteur b avec le rapport donné, fournit :

$$b = \sqrt[3]{0{,}137 \times 7700^{k} \times 150} = 54^{c},$$

ou 540 millimètres.

L'épaisseur a correspondante, égale, d'après cela :

$$a = \frac{540}{16} = 33{,}7, \text{ soit 34 millimètres.}$$

Ces données sont celles mêmes qui ont été adoptées, comme nous le montrons plus loin, pour le type représenté fig. 1 à 4, pl. 26.

Cependant, il arrive souvent que la hauteur b sera donnée, au moins *à priori*, car la forme générale d'un balancier dépendant du rapport entre cette hauteur et la longueur, il est naturel que cette dernière dimension étant fixée à l'avance, on cherche, au moyen du tracé, la hauteur la plus convenable pour l'aspect : c'est alors l'épaisseur a qui reste à déterminer, en dehors de tout rapport r à prévoir, sauf à modifier ensuite cette hauteur si l'épaisseur trouvée, d'après elle, conduisait à un poids trop considérable.

La formule de principe prendrait, pour cette application, la disposition suivante :

$$ab^2 = \frac{6\,PL}{700}\ ;\ \text{d'où}:\ a = 0{,}00857\ \frac{PL}{b^2}.$$

On suit aussi une méthode par laquelle, en établissant d'avance le rapport entre le rayon du balancier et sa largeur, toute racine est évitée dans le calcul.

Si l'on admet, par exemple, la proportion 1 à 3 entre la hauteur b et le rayon L du balancier, en supposant les deux bras égaux, il vient alors :

$$b^2 = \frac{L^2}{9}.$$

Par suite, la formule fondamentale devient, en remplaçant b^2 par sa valeur correspondante :

$$PL = \frac{R\,a\,L^2}{6 \times 9}\ ;\ \text{d'où}:\ a = \frac{54\,PL}{RL^2} = \frac{54\,P}{RL}.$$

Ainsi, avec les données précédentes, on aurait pour l'épaisseur :

$$a = \frac{54 \times 7700^k}{700 \times 150} = 3^c{,}96,$$

tandis que la hauteur serait de :

$$b = \frac{150}{3} = 50 \text{ cent.}$$

On voit que, par cette méthode qui donne, d'ailleurs, des résultats très-comparables avec ceux obtenus à l'aide du premier procédé, la forme ou la figure du balancier serait constante pour toutes les conditions d'effort et de dimensions. En admettant, au contraire, un rapport variable entre l'épaisseur et la hauteur, cette figure peut changer; mais on parvient ainsi à alléger la pièce, lorsque, par des efforts considérables, on devrait être conduit, par la seconde méthode, à une grande valeur de a.

En conservant la première méthode et à l'aide des formules relatives aux rapports 12, 16 et 20, nous avons calculé les tables suivantes, qui donnent la grande section d'un balancier en fonte pour des pressions variant de 1000 à 20000 kilog., les bras, ou rayons, de 100 à 300 centimètres, et en admettant les trois rapports différents. Mais on voudra bien remarquer que les résultats calculés ne sont pas poussés au delà du terme où chaque hauteur trouvée atteint ou dépasse un peu ce rapport qu'il est raisonnablement possible d'admettre entre la hauteur et le rayon du balancier, soit environ 1/3.

XXXe

TABLES

RELATIVES AUX PRINCIPALES DIMENSIONS DES BALANCIERS DE FONTE POUR DES PRESSIONS ET DES BRAS VARIABLES.

PREMIÈRE TABLE CALCULÉE AVEC LE RAPPORT $\frac{a}{b}$ OU $r = 1/12$ OU $a = \frac{b}{12}$

P PRESSION en kilog.	SECTIONS DES BALANCIERS — LE RAYON OU LA DEMI-LONGUEUR L ÉTANT EN CENTIMÈTRES DE :											
	100 cent.		125 cent.		150 cent.		200 cent.		250 cent.		300 cent.	
	b Hauteur en millim.	*a* Épaisseur en millim.	*b* Hauteur en millim.	*a* Épaisseur en millim.	*b* Hauteur en millim.	*a* Épaisseur en millim.	*b* Hauteur en millim.	*a* Épaisseur en millim.	*b* Hauteur en millim.	*a* Épaisseur en millim.	*b* Hauteur en millim.	*a* Épaisseur en millim.
1000	218	18	235	20	249	21	274	23	295	25	314	6
1100	224	19	242	20	257	21	283	24	305	25	323	27
1200	231	19	249	21	265	22	291	24	314	26	332	28
1300	238	20	256	21	272	23	299	25	325	27	341	28
1400	244	20	262	22	279	23	306	26	330	28	350	28
1500	249	21	268	22	285	24	313	26	338	28	359	29
1600	255	21	274	23	291	24	321	27	345	29	367	31
1700	260	22	280	23	297	25	327	28	352	29	374	31
1800	265	22	285	24	303	25	334	28	359	30	381	32
1900	270	23	290	24	308	26	339	28	368	31	388	32
2000	274	23	295	25	314	26	345	29	372	31	395	33
2200	283	24	305	25	324	27	357	29	384	32	408	34
2400	291	24	314	26	333	28	367	30	391	33	420	35
2600	»	»	322	27	342	29	377	32	406	34	431	36
2800	»	»	331	28	351	29	386	32	416	35	442	37
3000	»	»	»	»	359	29	395	33	426	36	453	37
3500	»	»	»	»	378	32	416	35	448	37	477	39
4000	»	»	»	»	395	33	435	36	469	39	496	41
4500	»	»	»	»	411	34	453	38	487	41	515	41
5000	»	»	»	»	426	36	469	38	505	41	524	43
5500	»	»	»	»	439	36	480	40	521	43	542	45
6000	»	»	»	»	»	»	498	41	537	45	560	46
6500	»	»	»	»	»	»	512	42	551	46	570	47
7000	»	»	»	»	»	»	524	44	565	47	587	48
7500	»	»	»	»	»	»	537	45	578	48	604	51
8000	»	»	»	»	»	»	548	46	591	49	621	51
8500	»	»	»	»	»	»	559	46	601	51	637	53
9000	»	»	»	»	»	»	570	48	623	52	653	54
9500	»	»	»	»	»	»	588	49	634	53	665	54
10000	»	»	»	»	»	»	591	49	636	53	676	55
11000	»	»	»	»	»	»	610	50	657	55	698	58
12000	»	»	»	»	»	»	628	52	676	55	717	59
13000	»	»	»	»	»	»	646	54	694	58	736	61
14000	»	»	»	»	»	»	661	55	712	58	755	62
15000	»	»	»	»	»	»	676	56	728	61	773	65
16000	»	»	»	»	»	»	694	58	744	62	791	66
17000	»	»	»	»	»	»	»	»	759	63	817	67
18000	»	»	»	»	»	»	»	»	774	65	832	69
19000	»	»	»	»	»	»	»	»	793	66	847	71
20000	»	»	»	»	»	»	»	»	802	67	852	71

XXXIe

DEUXIÈME TABLE CALCULÉE AVEC LE RAPPORT $\frac{a}{b} = \frac{1}{16}$ OU $a = \frac{b}{16}$

P PRESSION en kilog.	SECTION DES BALANCIERS LE RAYON OU LA DEMI-LONGUEUR L ÉTANT EN CENTIMÈTRES DE :											
	100 cent.		125 cent.		150 cent.		200 cent.		250 cent.		300 cent.	
	b Hauteur en millim.	*a* Épaisseur en millim.	*b* Hauteur en millim.	*a* Épaisseur en millim.	*b* Hauteur en millim.	*a* Épaisseur en millim.	*b* Hauteur en millim.	*a* Épaisseur en millim.	*b* Hauteur en millim.	*a* Épaisseur en millim.	*b* Hauteur en millim.	*a* Épaisseur en millim.
1000	239	15	258	16	274	17	302	19	325	20	345	22
1100	247	15	264	16	282	17	311	19	335	21	355	22
1200	254	15	270	17	290	18	320	20	345	22	365	23
1300	262	16	275	17	298	19	329	20	354	22	375	23
1400	268	16	280	17	306	19	337	21	363	23	385	24
1500	274	17	295	18	314	19	345	22	372	23	393	25
1600	280	17	301	19	322	20	352	22	380	24	403	25
1700	286	17	307	19	330	21	359	22	388	24	411	26
1800	291	18	313	19	337	21	366	23	395	25	419	26
1900	296	19	319	20	344	22	373	23	402	25	427	27
2000	302	19	325	20	351	22	380	24	409	25	435	27
2200	311	19	334	21	362	23	392	25	422	26	449	28
2400	321	20	343	21	371	23	403	25	434	27	462	29
2600	»	»	352	22	379	23	414	26	446	27	474	29
2800	»	»	360	22	387	24	425	26	457	28	486	30
3000	»	»	391	23	395	25	435	27	468	29	498	31
3500	»	»	410	24	416	26	458	28	493	30	524	32
4000	»	»	421	25	434	27	476	29	513	31	545	33
4500	»	»	436	26	452	28	494	30	533	32	567	34
5000	»	»	441	27	478	29	512	31	552	33	588	36
5500	»	»	453	28	484	29	530	32	571	35	608	37
6000	»	»	468	29	498	30	548	33	590	36	627	39
6500	»	»	»	»	517	31	569	34	612	38	651	40
7000	»	»	»	»	536	32	590	35	634	39	675	41
8000	»	»	»	»	554	34	610	37	656	40	698	43
9000	»	»	»	»	572	35	630	38	678	42	721	45
10000	»	»	»	»	590	37	650	39	700	43	744	46
11000	»	»	»	»	»	»	669	41	722	45	767	47
12000	»	»	»	»	»	»	688	42	742	46	788	48
13000	»	»	»	»	»	»	706	43	762	47	809	49
14000	»	»	»	»	»	»	724	44	781	48	830	50
15000	»	»	»	»	»	»	742	45	800	49	850	52
16000	»	»	»	»	»	»	760	46	819	50	870	53
17000	»	»	»	»	»	»	775	47	835	51	895	55
18000	»	»	»	»	»	»	790	49	851	52	919	56
19000	»	»	»	»	»	»	804	50	867	53	943	58
20000	»	»	»	»	»	»	»	»	882	54	967	59

XXXIIe

TROISIÈME TABLE CALCULÉE AVEC LE RAPPORT $\frac{a}{b} = \frac{1}{20}$ **OU** $a = \frac{b}{20}$

P PRESSION en kilog.	SECTIONS DES BALANCIERS — LE RAYON OU LA DEMI-LONGUEUR L ÉTANT EN CENTIMÈTRES DE : 100 cent.		125 cent.		150 cent.		200 cent.		250 cent.		300 cent.	
	b Hauteur en millim.	*a* Épaisseur en millim.	*b* Hauteur en millim.	*a* Épaisseur en millim.	*b* Hauteur en millim.	*a* Épaisseur en millim.	*b* Hauteur en millim.	*a* Épaisseur en millim.	*b* Hauteur en millim.	*a* Épaisseur en millim.	*b* Hauteur en millim.	*a* Épaisseur en millim.
1000	258	13	278	14	295	15	325	16	350	17	372	18
1200	270	13	290	14	306	15	337	17	363	18	386	19
1300	280	14	300	15	317	16	352	17	376	19	401	20
1400	288	15	309	15	327	16	362	18	389	19	413	21
1500	295	15	318	16	336	17	372	19	401	20	425	21
1600	302	15	326	16	345	17	380	19	410	20	436	22
1700	308	16	333	17	353	18	388	20	418	21	445	22
1800	314	16	339	17	359	18	396	20	426	21	453	23
1900	320	16	344	17	366	18	403	20	434	22	461	23
2000	325	17	349	18	372	19	410	21	442	22	469	23
2200	337	17	370	18	384	19	424	21	462	23	483	24
2400	347	17	388	19	395	20	437	22	481	24	495	25
2600	356	18	401	20	405	20	449	22	499	25	509	25
2800	365	18	418	21	415	21	460	23	515	26	522	26
3000	372	19	434	22	425	21	469	23	530	26	535	27
3500	»	»	446	22	448	22	493	24	550	27	563	28
4000	»	»	455	23	469	23	511	25	568	28	587	30
4500	»	»	464	23	487	24	535	26	583	29	609	30
5000	»	»	473	24	503	25	556	27	597	30	629	31
5500	»	»	»	»	519	26	578	28	615	31	650	32
6000	»	»	»	»	535	27	590	29	632	31	670	33
6500	»	»	»	»	»	»	605	30	649	32	689	34
7000	»	»	»	»	»	»	621	31	666	33	708	35
7500	»	»	»	»	»	»	635	32	683	34	726	36
8000	»	»	»	»	»	»	650	32	700	35	745	37
8500	»	»	»	»	»	»	660	33	715	36	760	38
9000	»	»	»	»	»	»	670	33	729	36	774	39
9500	»	»	»	»	»	»	685	34	742	37	787	39
10000	»	»	»	»	»	»	700	35	754	38	800	40
11000	»	»	»	»	»	»	720	36	778	39	825	41
12000	»	»	»	»	»	»	745	37	801	40	850	42
13000	»	»	»	»	»	»	760	38	823	41	873	43
14000	»	»	»	»	»	»	780	39	844	42	895	44
15000	»	»	»	»	»	»	800	40	868	43	915	45
16000	»	»	»	»	»	»	»	»	877	44	935	46
17000	»	»	»	»	»	»	»	»	886	44	954	47
18000	»	»	»	»	»	»	»	»	»	»	972	48
19000	»	»	»	»	»	»	»	»	»	»	989	49
20000	»	»	»	»	»	»	»	»	»	»	1006	50

Tableau graphique. — Ces tables peuvent être remplacées par le tracé fig. A de la pl. 26, et dont la disposition est analogue aux tracés précédents.

Le rectangle ECDI sert à la détermination des différentes hauteurs et épaisseurs des balanciers, ou des leviers en fonte, qui sont susceptibles d'agir de la même façon.

L'échelle horizontale E représente les efforts, en kilogrammes, par des divisions égales qui sont toutes jointes au point F par des droites obliques ; ce point F est le départ de l'échelle correspondant aux diverses longueurs ou rayons L des balanciers, de 0 à 300 centimètres.

L'échelle DC correspond aux différents rapports que l'on peut concevoir entre la largeur b du panneau et son épaisseur a, de 1 : 2 jusqu'à 1 : 20.

Enfin, la courbe CiI est le lieu géométrique de tous les points correspondant à la hauteur cherchée b, pour tous les cas qui peuvent se présenter. Les valeurs de b se lisent sur la ligne horizontale DI divisée en centimètres.

Pour se servir d'un tel tableau, supposons que l'on ait à chercher la hauteur b du balancier type, dans les conditions désignées plus haut, la 1/2 longueur L étant de $1^{m},50$.

On tire d'abord l'horizontale cf, qui, comprise entre les deux lignes passant aux points 140 et 160 sur la verticale E F, correspond à la longueur donnée 150 cent. ou $1^{m},50$, rayon ou bras du balancier ; on suit cette droite jusqu'à l'oblique Fc, qui passerait par le point inférieur c, pour le poids 7800 kilog.; puis, du point de rencontre f, on descend la verticale fg, qui s'arrête à l'oblique E-16, laquelle exprime le rapport 1 à 16.

Enfin, du point g, on mène l'horizontale gi, qui coupe en i la courbe CI. La portion de cette droite, comprise entre ce point i et le côté CD, est la hauteur cherchée b, hauteur qu'on lit sur la ligne supérieure DI, en élevant la verticale ii'. Il est aisé de voir que cette valeur est approximativement égale à $54^{c},3$, comme celle calculée précédemment, car elle est inférieure à 55, et dépasserait un peu la division qui serait faite au chiffre 54, si on avait exécuté le tableau sur une plus grande échelle.

Accroissement de résistance par les nervures. — Si dans les données précédentes, l'influence des nervures a été négligée, c'est parce que le calcul à l'aide duquel on en tiendrait immédiatement compte pourrait acquérir quelques complications ; mais leur effet, sur l'accroissement de résistance, est assez notable pour qu'il en soit fait ici un examen particulier ; d'ailleurs, si la grande section a été déterminée sans y avoir d'abord égard, mais que ces nervures soient ensuite proportionnées d'après elle, comme nous le faisons plus loin, c'est comme si l'on en avait tenu compte dès l'origine, mais par un procédé plus simple.

Afin de mieux faire comprendre l'opération que nous allons faire pour arriver à cette estimation, rappelons que pour déterminer le *moment* de résistance d'un solide soumis à ce mode d'effort, et dont la section d'encastrement est, comme celle-ci, composée de plusieurs rectangles *pleins* et *vides*, on doit déterminer le moment de la section totale comme si elle était *pleine*, et en retrancher ensuite les moments des *vides* considérés comme *pleins*.

Pour estimer d'après cela la part de résistance attribuable aux nervures, ramenons la grande section du balancier à la forme théorique représentée fig. 111, en admettant que la hauteur totale b étant $16a$, ou seize fois l'épaisseur, les nervures extérieures n aient, ainsi que celles n', celle a du panneau pour saillie et pour épaisseur.

Fig. 111.

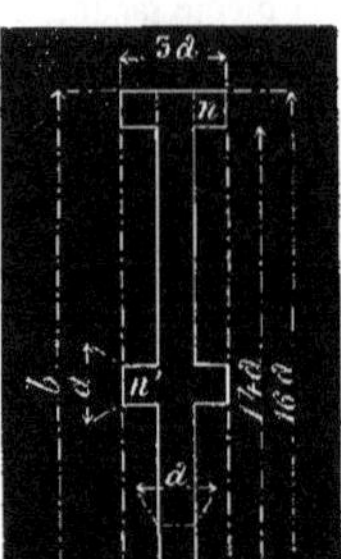

Le moment total de résistance de cette section, qui offre des pleins et des vides, doit être établi ainsi :

Celui du panneau principal est, comme on l'a vu ci-dessus :

$$PL = \frac{Rab^2}{6} = \frac{R}{6} a \times \overline{16a}^2 = \frac{R}{6} 256a^3.$$

Les deux parties latérales, qui offrent des vides, ont pour moment de résistance la valeur suivante :

$$PL = \frac{R\left(2a \times \overline{16a}^2 - 2a \times \overline{14a}^2\right)}{6} = \frac{R}{6}\ 120a^3.$$

Enfin, on a pour le moment des deux nervures centrales n' :

$$PL = \frac{R2a \times a^2}{6} = \frac{R}{6}\ 2a^3.$$

Or, n'ayant à considérer, dans ces trois résultats, que a^3 et son coefficient, puisque les autres termes sont invariables, nous trouvons que le moment PL de résistance pour les trois parties de la section, le panneau, les nervures extérieures et celles du milieu, est respectivement proportionnel à $256a^3$, $120a^3$ et $2a^3$; et que le moment total est, par conséquent, égal à :

$$(256 + 120 + 2)\, a^3 = 378\, a^3.$$

Après avoir fait remarquer combien les nervures du milieu entrent pour une faible partie dans l'accroissement de résistance et combien, au contraire, celles extérieures ont d'influence, nous dirons, en résumé, que cet accroissement a pour valeur proportionnelle :

$$\frac{122}{378} = 0{,}35,$$

soit plus du tiers de la résistance totale, bien entendu dans les proportions adoptées comme exemple.

Mais cette notion serait insuffisante, si nous ne tenions pas compte, en même temps, du surcroît de matière employée.

La section du panneau simple était $a \times 16a$, ou $16a^2$; avec les nervures, elle devient :

$$16a^2 + 4a^2 + 2a^2 = 22a^2.$$

Par conséquent, si le balancier conservait partout la même section, l'augmentation du poids, qui serait proportionnel à celui de cette section, atteindrait :

$$\frac{6}{22} = 0,273.$$

Soit un peu plus du quart du poids total.

Mais comme la section diminue notablement de hauteur et que les nervures conservent, au contraire, leur section partout, cet accroissement de poids s'élève davantage, et en raison des exigences mêmes de la forme, il dépasse peut-être celui de la résistance.

Le taux de charge R, qui est pris égal à 700 kilog. par centimètre carré, subit, par suite, une diminution dans le même rapport inverse de l'accroissement de résistance ; il n'est plus que :

$$700 \times \frac{256}{378} = 474 \text{ kilog. par centimètre carré.}$$

En nous occupant plus loin de fixer les proportions des nervures, on verra que nous leur attribuons, en effet, les dimensions admises dans le calcul qui précède.

Terminons en faisant remarquer encore que les conclusions auxquelles nous venons d'être amené seront réalisées, et avec d'autant plus d'avantage, *que la largeur totale de la grande section sera relativement plus grande*, autrement dit, que les nervures extérieures sont le plus loin possible du centre.

Arbre du balancier. — Avant d'examiner les proportions qu'il convient d'adopter pour les diverses autres parties du balancier, il est nécessaire de déterminer celles des organes principaux qui s'y adaptent et dont la résistance est, en quelque sorte, indépendante du balancier lui-même. Nous nous sommes occupé précédemment des tourillons extrêmes en parlant des têtes de bielles ; il nous reste à rechercher les dimensions de l'*arbre* ou axe oscillant qui *porte* le balancier.

Cette pièce, par sa disposition et la nature de ses fonctions, rentre complétement dans la catégorie des *solides reposant sur deux appuis et chargés au milieu de leur longueur* (Int., p. XXXVII).

Par conséquent, si cette charge était supposée concentrée sur le milieu géométrique de la longueur de l'arbre et que l'on prît pour la distance des points d'appui celle l des deux centres des tourillons, fig. 2, la formule, permettant de déterminer le diamètre D de cet arbre et en son milieu, serait :

$$\frac{P' l}{4} = \frac{\pi R D^3}{32}.$$

Mais la charge ne peut réellement pas être considérée comme agissant exactement dans ces conditions, car elle est répartie par le moyeu du balancier qui est d'une longueur très-appréciable comparativement à la distance des points d'appui ; ensuite ces derniers ne se réduisent pas à un point sans étendue, puisqu'ils ont toute celle des tourillons. On se rapproche davantage de la vérité en ne comptant la portée que pour la moitié de sa valeur réelle, mais en conservant les autres données, sans modifications.

Nous admettrons qu'un tel axe soit toujours en fer forgé, quelles que soient ses dimensions, car la fonte est une matière trop peu sûre pour un pareil service, et, à égalité de résistance, elle conduirait ici à un diamètre relativement trop considérable.

Prenant alors pour R, 600^k, la résistance spécifique du fer forgé, comme on l'a fait dans une circonstance semblable, il vient, pour la formule spécialement applicable à l'axe d'un balancier disposé comme dans notre type :

$$\frac{P' l}{8} = \frac{600 \pi}{32} D^3 ; \quad \text{d'où : } D = \sqrt[3]{\frac{P' l}{471}} = \sqrt[3]{0{,}0021 \, P' l}.$$

Au résultat donné par cette règle, on pourrait ajouter, pour les petites dimensions, un demi-centimètre, ainsi que nous l'avons fait déjà autre part.

Le diamètre, ainsi déterminé, convient à la partie de l'arbre qui s'emmanche dans le balancier : à partir de là, il prend une forme conique jusqu'aux collets des tourillons. Quant au diamètre de ces derniers, il doit être déterminé suivant la méthode, dont nous avons déjà montré bien des applications.

Voyons maintenant à faire usage de ces données pour calculer l'arbre du balancier type.

La longueur géométrique l de cet arbre, qui nous est nécessaire dans le calcul précédent, ne peut rien avoir d'absolu et dépend de la distance des supports d'après lesquels il oscille. On ne doit pas faire cette distance trop grande, afin de ne pas augmenter inutilement la portée ; cependant, il ne faut pas non plus qu'elle soit trop restreinte, attendu qu'elle a une certaine influence sur le maintien de l'*assiette* et du *carrément* du balancier.

Avec les proportions générales de notre type, nous avons fixé cette distance l à *une fois et demie* la hauteur b de la grande section du balancier, soit :

$$l = 1{,}5\, b.$$

La charge P′ que porte cet arbre pourrait être considérée comme variable, suivant que le piston *monte* ou *descend*, et la machine étant à *double effet;* car, lorsque le piston *monte,* l'effort est dirigé de bas en haut et le poids des pièces est évidemment *à défalquer* de l'effort total exercé sur l'axe du balancier ; mais lorsqu'il descend, son action et le poids des pièces *s'ajoutent,* au contraire. Comme, en résumé, il faut compter sur la plus grande charge, nous disons qu'elle est égale *au double de l'effort* P *exercé par le piston* à une extrémité (toujours les deux bras égaux), *plus le poids de tout l'équipage du balancier et des pièces qui s'y trouvent en quelque sorte suspendues.*

Ayant fixé l'effort P à 7700 kil. celui P′ sera d'environ 15400 kil., plus un poids qui n'est pas connu et que nous pouvons supposer approximativement ici de 2500 à 2800 kilogr.

Soit, pour l'ensemble de la charge totale, 18000 kilogrammes.

Quant à la longueur l, elle égale, suivant le rapport établi ci-dessus :

$$l = 1,5 \times 54 = 81 \text{ cent.}$$

Nous possédons maintenant les éléments nécessaires pour fixer le diamètre D maximum de l'arbre. Il vient en effet :

$$D = \sqrt[3]{0,0021 \times 18000 \times 81^c} = 14^c,5,$$

soit 145 millimètres.

La portée des tourillons ne doit pas être très-grande, car leur mouvement circulaire est très-lent et ne donne lieu qu'à une usure relativement peu considérable. Il suffit donc de faire :

$$l' \text{ ou } m = 1,2\,d.$$

Puisqu'ils portent chacun la moitié de la charge P', soit 9000 kil., leur diamètre d égale :

$$d = \sqrt[2]{0,0085 \times 9000 \times 1,2} + 0,5 = 10^c,$$

soit 100 mil. de diamètre et 120 de portée.

L'étude de cet arbre ne peut être achevée ensuite qu'au moyen du tracé qui permet de coordonner les dimensions ainsi déterminées par le calcul, et de voir si, en effet, elles peuvent s'ajuster ensemble convenablement.

La fig. 2 qui est l'exécution de l'axe, conformément à ces données, montre qu'elles sont très-bien applicables dans cette circonstance.

Diagramme ou tracé graphique. — La partie B du tracé, pl. 26, est la traduction de cette formule dont l'application vient d'être expliquée ; sa disposition et son emploi sont complétement analogues à ceux de l'autre tracé fig. A.

Ainsi l'échelle inférieure GB correspond aux charges de 0 à 5000 kilog. ; celle AB est relative aux distances des portées l, de 0 à 200 cent., et chaque degré de cette échelle est réuni au point G par une droite angulaire ; enfin la courbe BH est le lieu géométrique qui sert à coordonner ces échelles avec celle supérieure AI qui fournit les diamètres cherchés.

Prenons, comme exemple, les données du type actuel, c'est-à-dire, une charge de 18000 kil. et 81 de portée (soit 80 pour plus de simplicité).

L'ordonnée qui passe par le degré de l'échelle GB indiquant cette charge rencontre en j l'angulaire correspondant à la portée donnée ; menant par ce point j une horizontale jl, la partie kl de cette droite comprise entre la courbe BH et le côté du tableau exprime le *diamètre cherché*, dont la valeur numérique peut être immédiatement lue sur l'échelle supérieure AI.

Nous trouvons ici environ 15 cent. (il faut 14, 5, ainsi qu'on l'a vu ; mais l'exiguïté du tracé qui doit être, au contraire, exécuté sur une grande échelle, peut rendre les fractions difficiles à estimer exactement).

Remarque sur les balanciers a bras inégaux. — Nous avons admis, dans les raisonnements qui précèdent, que les deux bras des balanciers étaient *égaux*, ce qui a lieu généralement. Cependant, il se présente des circonstances où cette condition n'est pas réalisée, et où le centre oscillatoire du balancier n'est pas placé exactement au milieu de sa longueur.

Nous supposions également que le balancier était appliqué à une machine à cylindre simple, ce qui place l'effort total à transmettre exactement sur l'extrémité. Mais, s'il s'agit d'une machine à *deux cylindres,* dite du système de Woolf, l'effort se trouve divisé sur deux points, l'un qui est l'extrémité, et correspond au grand cylindre, et l'autre qui se trouve vers les 2/3 ou les 3/4 du rayon ou du bras, et correspondant au petit cylindre.

En pareil cas, il est suffisant de faire la somme des efforts afférents à chacun des deux cylindres et de supposer que cet effort total est appliqué au milieu de la distance des points d'attache de leurs tiges, d'où l'on en déduit le rayon du bras de levier d'après lequel la grande section doit être calculée.

Une telle situation présente cette circonstance particulière de l'inégalité des bras, au sujet de laquelle il nous paraît utile de donner les renseignements suivants.

L'inégalité des deux bras du balancier est sans influence sur le procédé à employer pour déterminer sa grande section ; car les efforts exercés aux deux extrémités étant en raison inverse du rapport de ces bras, il est indifférent de prendre l'un ou l'autre, pourvu que l'on considère en même temps l'effort et le bras de levier à l'extrémité duquel il se produit. On ne doit donc pas se préoccuper autrement de cette inégalité, lorsqu'elle existe, et comme l'effort exercé par le piston est plus facile à évaluer que la résistance que le balancier est appelé à vaincre, on prendra, en résumé, comme termes du calcul, *cet effort par le piston à vapeur et le bras de levier du côté du cylindre.*

Quant à la charge qui s'exerce sur l'axe, elle est toujours la somme des deux efforts extrêmes, lesquels étaient égaux, lorsque les bras l'étaient aussi, plus le poids p de l'équipage.

Dans le cas d'inégalité, les deux bras étant L et L', et les efforts correspondants P et x, on a d'abord :

$$\frac{P}{L'} = \frac{x}{L} \text{ ; d'où : } x = \frac{LP}{L'}.$$

On trouve, ensuite, pour la charge P' d'après laquelle on doit calculer l'axe :

$$P' = P + p + x = P + p + \frac{LP}{L'}.$$

Moyeu central. Les dimensions de ce moyeu dépendent évidemment de celles de l'arbre et de la largeur même du balancier auquel il doit offrir, sur l'arbre, une assiette suffisante.

Ce n'est pas trop que de faire sa largeur M, ou portée sur l'arbre, égale à :

$$M = 0,45\ b.$$

Il aurait pour portée sur notre exemple :

$$M = 0,45 \times 540 = 243 \text{ mill.}$$

Quant à l'épaisseur E autour de l'arbre, elle ne doit pas être inférieure à :

$$E = 0,3\,D + 5 \text{ mill.}$$

Soit ici :

$$E = (0,3 \times 145) + 5 = 48,5, \text{ soit } 49 \text{ mill.}$$

Cette épaisseur est applicable au bord, à partir duquel elle doit augmenter ; de puissants congés doivent être ensuite ménagés, afin de relier très-intimement la masse du moyeu avec le panneau du balancier.

Mamelons extrêmes. Le diamètre de ces deux parties nous paraît devoir être déterminé, plutôt en vue de l'aspect général ou de la forme du balancier, qu'en rapport avec le diamètre des axes o et o' qui s'y emmanchent (nous admettons, bien entendu, qu'en procédant de cette façon, la solidité devra être au moins excédante).

Dans les conditions du tracé actuel, le diamètre de ces mamelons est avec la hauteur de la grande section dans le rapport suivant :

$$D' = 0,4\,b.$$

Il égale donc :

$$D' = 0,4 \times 540 = 216 \text{ millimètres.}$$

Quant à leur épaisseur ou portée M', elle est en rapport avec celles des nervures du balancier dont nous allons nous occuper.

Nervures n et n'. — On a vu qu'en calculant la résistance du balancier, nous n'avions pas tenu compte de ces nervures qui influent, cependant, d'une façon notable sur la rigidité de la pièce, ainsi que nous l'avons montré par des exemples.

Pour se trouver dans les mêmes conditions de résistance, on devra donc faire l'épaisseur a' des nervures n au moins égale à celle a du panneau, y compris le peu de *dépouille* ou de bombé que le champ du balancier présente.

La largeur b' de ce champ, composée de la saillie des nervures et l'épaisseur du panneau, est exprimée par :

$$b' = 3\,a.$$

Soit ici :

$$b' = 3 \times 34 = 102 \text{ millimètres.}$$

Nous avons fait remarquer que la portée M' des mamelons extrêmes dépend de l'épaisseur du champ sur lequel elle doit former saillie.

On donnera à ces mamelons une portée suffisante en faisant $M' = 1,75\,b'$, ce qui revient à :

$$M' = 5,25\,a.$$

Cette relation fournit, dans notre exemple :

$$M' = 5,25 \times 34 = 178 \text{ millimètres.}$$

Résumé des conditions d'établissement du balancier type. — Le modèle de balancier représenté fig. 1 à 4, et qui se trouve être la réalisation des principes exposés précédemment, est supposé applicable à une machine à double effet et à condensation fonctionnant dans les conditions suivantes :

Diamètre du piston.	$0^m,56$
Course	1 mètre.
Nombre de coups simples par minute	60
Pression initiale de la vapeur	3 atmosphères.
Durée de l'admission à pleine vapeur	1/4 de la course.
Contre-pression	$0^{at},1$.

Suivant les probabilités ordinaires d'une bonne construction, une machine fonctionnant bien, dans ces conditions, développerait un travail utile d'environ 28 à 30 chevaux-vapeur.

Mais la donnée importante ici, c'est la pression maxima que la vapeur exerce sur le piston et de laquelle dépend l'effort auquel le balancier doit résister. Il est évident que pour se trouver dans la meilleure condition de sécurité, on doit prendre la pression *manométrique* même, avant toute détente et sans tenir compte de la contre-pression, lorsqu'elle est faible, d'ailleurs, comme nous l'admettons ici. Par cette façon de procéder, qui est la plus sûre, on comprend que plus la détente est prolongée et plus une pièce importante, comme le balancier, doit acquérir des dimensions qui semblent disproportionnées avec celles de la machine, et surtout avec la puissance qui dépend, non pas seulement de la pression initiale de la vapeur, mais avant tout, de son travail total avant et pendant la détente. Ajoutons de suite, qu'il ne serait pas prudent de faire marcher une machine à balancier à un seul cylindre, à une détente très-prolongée, car, on a peine à compenser, par le volant, l'inégalité d'effort qui en résulte, et on s'expose à des chocs qui peuvent amener de graves accidents. Une marche rapide ne convient pas davantage à une machine de ce système, tant à cause des mouvements alternatifs du balancier, comme masse importante, que des différents organes du *parallélogramme*, dont il faut éviter les vibrations.

La vitesse de 60 à 70 oscillations simples, soit 30 à 35 tours par minute, représente très-sensiblement celle qui ne doit pas être dépassée avec une machine de cette puissance.

Revenant au point qui doit nous occuper, et qui est la recherche de l'effort transmis au balancier par la tige du piston, nous trouvons :

$$P = 0,7854 \times \overline{56}^2 \times 1,0333 \times 3 = 7635 \text{ kilogr.}$$

On a vu que nous avons pris, pour calculer ce balancier 7700 kilogr., en nombre rond.

Remarque sur les balanciers doubles des machines de Chaillot. — Ces deux machines sont à simple effet, et du système dit de Cornwall, du nom de celles auxquelles appartient le balancier représenté fig. 5 à 7. Mais les machines de Chaillot sont plus puissantes, et leurs balanciers sont aussi de plus fortes dimensions que celui de notre dessin. Nous croyons intéressant de dire quelques mots sur ces importants organes (1).

(1) Voir, pour la description complète de ces machines, le IIe vol. de notre *Traité des Moteurs à vapeur*.

Le travail de ces balanciers consiste, dans chaque machine, à transmettre par l'une des extrémités, l'action d'un piston à vapeur de $1^m,80$ de diamètre, à une pompe foulante dont il doit soulever le piston qui n'offre pas une résistance moindre de 65000 kilogrammes, y compris la masse dont il est chargé, la colonne d'eau qu'il enlève par aspiration, les frottements, etc.

La longueur totale de ce balancier est de $9^m,29$; la largeur des deux flasques qui le composent est de $1^m,500$, et l'épaisseur du panneau est de 50 millimètres.

Comme le comporte le système de la machine, la charge agit, exclusivement, de *haut en bas.*

Pour essayer une comparaison entre la résistance de ce balancier et les règles données précédemment, nous remarquons d'abord que le rapport entre la largeur du panneau et son épaisseur égale :

$$\frac{150}{5} = 30.$$

Mais on peut supposer que les deux flasques soient réunies, comme si elles ne formaient qu'une seule pièce, et alors ce rapport devient environ 15, pour un balancier idéal simple, dont le panneau aurait 100 millimètres d'épaisseur.

Maintenant le bras du balancier situé du côté du plongeur, auquel nous rapportons l'effort de 65000 kilogr., étant de $4^m,594$, soit en nombre rond 460 centimètres, nous pouvons effectuer le calcul de la grande section sur ces données, et par la méthode exposée plus haut (p. 460).

Nous trouvons, en effet :

$$b^3 = \frac{6PLr}{R} \text{ ; d'où : } b = \sqrt[3]{\frac{6 \times 65000^k \times 460 \times 15}{700}} = 156^c.$$

L'exécution se trouve donc très-approchée de ce résultat, quoique légèrement inférieure.

Cependant, dans l'une des deux machines, le balancier a cassé ; mais il a eu à subir des chocs imprévus, par suite du défaut de fonctionnement des clapets de la pompe, qui, un jour, n'ayant pu retenir l'eau aspirée, ont occasionné la chute brusque du piston.

Ne voulant pas entreprendre de le remplacer entièrement, ce qui eût nécessité des travaux immenses pour le démontage, on a préféré le réparer, en appliquant et en fixant de fortes tôles sur le panneau, et de forts tirants en fer qui relient maintenant les deux extrémités et les soutiennent.

On a bridé de la même façon le balancier de l'autre machine, afin de parer à un accident semblable, qui n'est pas arrivé, mais qui aurait pu également se produire.

CONSTRUCTION GÉOMÉTRIQUE DU BALANCIER ET DU PARALLÉLOGRAMME.

Courbe du balancier. — Rigoureusement, la courbe qui termine le contour supérieur et le contour inférieur du balancier doit être une parabole ou courbe d'égale résistance.

comme celle qu'il convient de donner aux solides encastrés; mais, à cause de sa forme très-allongée et de ses extrémités arrondies, on se contente le plus souvent, dans la pratique, de les tracer, soit par des arcs de cercle, soit par des points de la manière suivante :

Après avoir tiré de l'un des points qui limitent la hauteur *b* du centre du balancier, *fig.* 1, du point E′, par exemple, une tangente E′ *c* au cercle du moyeu extrême décrit du centre *o*, on a le point de contact *c*, par lequel on trace une perpendiculaire à la ligne milieu *o* O *o′*; on mène du même point E′ une parallèle E′ *c′* à cette ligne *o* O *o′*, et on la divise en un certain nombre de parties égales; puis, des points de division 1, 2, 3, 4, 5, on tire des parallèles à *c c′*; on partage de même la différence *c c′* en autant de parties égales, et des points 1′, 2′, 3′, 4′ et 5′, on mène les obliques qui concourent toutes au sommet E′ ; les points de rencontre de ces dernières avec les verticales correspondantes donnent la courbe cherchée *c* E′, que l'on reproduit en dessus, comme à la droite du balancier.

Cette courbe a le mérite de satisfaire autant que possible le coup d'œil pour le plus grand nombre de cas qui se présentent dans la pratique ; elle a, en outre, l'avantage de se tracer, comme on vient de le voir, avec une grande facilité.

Tracé du parallélogramme. — Le mécanisme, désigné sous le nom de *parallélogramme*, fait partie du balancier comme organe complémentaire de ses fonctions dynamiques ; mais il en est tout à fait indépendant comme pièce à étudier au point de vue de la résistance et des proportions. Nous aurions donc pu éviter d'en parler. Néanmoins, comme il n'existe pas aujourd'hui de balancier appartenant à une machine à vapeur sans parallélogramme, nous croyons utile de dire quelques mots du tracé géométrique sur lequel il est fondé, ce qui complétera celui même du balancier.

Le parallélogramme est le mécanisme au moyen duquel on rattache la tige de piston au balancier, et qui a pour but, en compensant son mouvement en arc de cercle, de maintenir cette tige dans sa direction rectiligne. Comme son nom l'indique, ce mécanisme forme un véritable parallélogramme double articulé, dont deux côtés, les petits, sont constitués par quatre *liens* assemblés avec les tourillons des axes *q* et *o* et dont les deux grands côtés sont formés par la partie *q o* du balancier même, et par deux tringles, ayant cette même longueur, pour rassembler les liens par leur extrémité opposée à celle qui correspond aux tourillons du balancier.

Le tracé géométrique qui permet d'assigner à ces pièces leurs dimensions respectives, ou plutôt leurs positions pendant le mouvement, est opéré de la manière suivante :

On mène d'abord, parallèlement à l'axe *o* O *o′* du balancier, la droite J J′, à une distance égale au rayon même de la manivelle, soit à la demi-course du piston ; du centre O, on décrit, avec la longueur du bras O *o*, pris pour rayon, l'arc de cercle *o* G, qui coupe l'horizontale J J′ au point G que l'on joint à O par l'oblique G O, laquelle indique la position du balancier à l'une des extrémités de la course.

On décrit de même l'arc de cercle *q* H, du centre O, avec la longueur O *q* égale à la moitié du bras ; cet arc s'arrête à l'oblique G O. Alors, des points G et H, on tire les cordes Gg', Hh' perpendiculaire à oo', puis on divise chacune des flèches og' et qh' en deux parties égales, par les verticales IJ et ij, pour avoir les lignes d'axe du cylindre à vapeur et de la pompe à air.

La droite inclinée oJ et celle qj, qui lui est parallèle, représente les deux liens mobiles du parallélogramme, dans la position même qu'ils occupent lorsque le balancier est horizontal et, par conséquent, au milieu de sa course. On sait que la tige du piston à vapeur s'attache au point J, extrémité du lien oJ, et celle du piston à air au point j', milieu du lien qj, et situé sur la droite GO, laquelle est le lieu géométrique de tous les points du parallélogramme satisfaisant à la condition de marcher en ligne droite.

Mais pour que ce mécanisme ainsi disposé et proportionné rende l'effet qu'on en attend, c'est-à-dire que l'angle J du parallélogramme, auquel est rattachée la tige, suive exactement l'axe IJ, il faut *forcer* l'angle opposé J' à ne pas quitter, à son tour, une direction voulue, laquelle est : *un arc de cercle de même rayon que celui de l'arc* qH, c'est-à-dire, d'un rayon égal à Oq.

Pour cela, il suffit de rattacher cet angle J' à deux bielles, ou *guides*, qui possèdent ce rayon et qui articulent d'après un centre *fixe* placé sur l'axe horizontal J J', du côté de J.

Faisons remarquer qu'il n'est nullement indispensable que le point d'attache q des liens intermédiaires soit pris exactement sur le milieu du bras du balancier ; un tout autre point pourrait convenir, à condition *qu'on le rapproche autant que possible de l'extrémité*, et non du centre ; la raison en est que la rectitude cherchée dans le mouvement de la tige n'est réalisée, de toute façon, que pour les points principaux de la course, les extrémités et le milieu, et que les irrégularités, qui peuvent être négligées, en pratique, lorsque ce point d'attache occupe au plus le milieu du bras, deviendraient de plus en plus sensibles au fur et à mesure qu'on le rapprocherait du centre d'oscillation du balancier.

BALANCIERS EN FER ET DE CONSTRUCTION MIXTE EN FER ET EN FONTE.

Indépendamment du système de balancier qui vient d'être décrit, et qui est celui presque exclusivement adopté comme balancier moteur des machines à vapeur, il existe des balanciers appliqués à des transmissions d'un autre genre, soit dans ces mêmes moteurs, soit dans des outils. Mais dans ces diverses autres applications, le balancier n'affecte jamais cette structure caractéristique qui fait de lui un organe tout à fait remarquable, lorsqu'il figure comme pièce principale du mouvement d'une machine à vapeur ; en dehors de ce rôle important, on le considère autant comme un *levier* que comme un balancier proprement dit ; ses formes sont alors très-simples, et on peut l'exécuter, aussi bien en fer forgé qu'en fonte.

Nous ne nous attacherons donc à ce système de balancier qu'au point de vue de la résistance pour laquelle nous choisissons, du reste, un exemple très important et de la construction la plus récente.

Balanciers en fer des transatlantiques français. — Jusqu'à présent, la plupart des balanciers moteurs des machines à vapeur ont affecté des formes analogues à celles qui viennent d'être décrites et qui conviennent à l'emploi de la fonte de fer. Mais, aujourd'hui que les procédés de forgeage permettent d'exécuter de très-fortes pièces, on a pu, pour des balanciers moteurs très-puissants, adopter ce mode de construction qui conviendra toujours mieux que la fonte pour des organes de transmission de cette nature.

On sait que la France vient d'inaugurer un service commercial transatlantique qui s'effectue à l'aide de puissants steamers de 1000 chevaux, desservant actuellement les Antilles et le Mexique, par Saint-Nazaire. Ces navires sont à roues et leurs moteurs à balancier. Les machines de ce système étaient ordinairement armées de deux balanciers inférieurs en fonte et à nervures : ici, les balanciers sont composés chacun de deux flasques *en fer forgé*.

La fig. 112 représente une de ces importantes pièces qui ont été fabriquées en grand nombre par MM. Pétin et Gaudet, à Rive-de-Gier (1), pour les divers constructeurs français et anglais auxquels la Compagnie des transatlantiques a confié l'exécution de ses machines motrices; le balancier que cette figure reproduit appartient plus particulièrement aux machines construites dans les établissements du Creuzot.

Fig. 112.

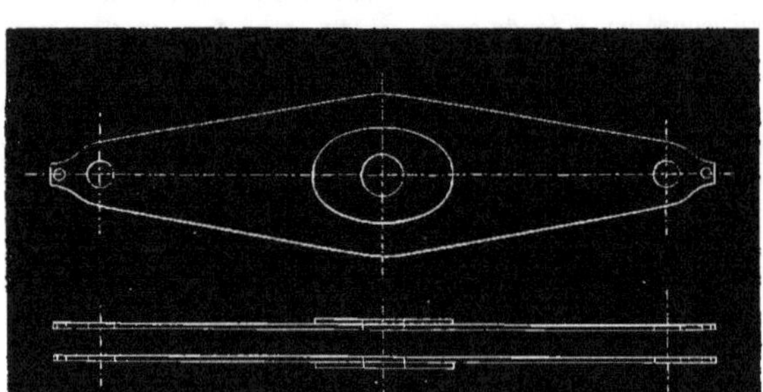

En donnant le croquis de ce balancier, notre intention est principalement de l'examiner au point de vue de ses proportions comparées à sa résistance, en lui appliquant la formule qui convient à ce genre de détermination, ainsi qu'on l'a vu précédemment à l'égard des balanciers en fonte.

Voici ses dimensions principales :

Rayon	3m,455
Épaisseur des flasques.	0 ,065

(1) Nous avons fait connaître dans notre Recueil (le *Génie industriel*), les prix auxquels ces habiles maîtres de forges sont arrivés à exécuter ces énormes pièces, prix inférieurs à celui demandé par des fabricants anglais qui, quoiqu'ayant la matière première à meilleur compte, n'ont pas osé les entreprendre.

Largeur au centre . . . . $1^m,950$

Écartement des deux flasques . . . . $0\ ,288$

L'épaisseur des deux flasques est uniforme, si l'on excepte un simple renflement saillant ménagé autour des ouvertures pratiquées pour le tourillon central et destinées à compenser la réduction de section qui en résulte.

Comme le dessin l'indique, le contour des flasques est formé de lignes droites, que l'on doit supposer tangentes, et, par conséquent, extérieures à la courbe parabolique exacte. D'après cela on doit compter, pour l'estimation du taux de résistance, sur une largeur centrale moindre que celle que l'on mesure réellement sur le centre, afin de ne faire entrer dans le calcul que la largeur qui correspondrait à la courbe.

Les machines auxquelles ce balancier appartient sont établies dans les conditions suivantes :

Diamètre des pistons à vapeurs. $2^m,400$

Superficie correspondante. . . . . $4^{mq},5238$

Course. . . . . $2^m,640$

Nombre de coups doubles ou de tours par minute, des roues à pales 16 à 17.

Comme on règle, en France, la marche des grandes machines marines à $2^{at},5$, en moyenne, on peut compter, déduction faite de la contre-pression par le condenseur, sur une pression effective sur les pistons d'environ $2^{at},3$. Chacun des pistons, dans les machines actuelles, transmet donc un effort total de :

$$2^{at},3\ (1^k,0333) \times 45238^{cq} = 107512 \text{ kilogrammes.}$$

Cet énorme effort est transmis par deux balanciers semblables, qui, comme nous l'avons dit, sont composés chacun de deux flasques. Chaque flasque supporte donc :

$$\frac{107512}{4} = 26878 \text{ kilogrammes.}$$

En appliquant cet effort et les autres données dans la formule à l'aide de laquelle on détermine la section principale d'un solide encastré, on en déduit la valeur de R, c'est-à-dire, le taux de résistance sur lequel les dimensions du balancier ont été basées, les autres données étant :

Hauteur de la grande section (réduite d'après la forme parabolique, comme on l'a dit ci-dessus). $b = 185^c$

Épaisseur de cette section . . . . $a = 6^c,5$

Bras de levier de l'effort . . . . $L = 345^c,5$

Introduisant toutes ces données dans la formule et tirant la valeur de R, on obtient :

$$ab^2 = \frac{6\,PL}{R};\ \text{d'ou} : R = \frac{6\,PL}{ab^2};$$

D'où, par suite :

$$R = \frac{6 \times 26878 \times 345,5}{6,5 \times (185)^2} = 250 \text{ kilogrammes seulement.}$$

Ce taux de résistance est beaucoup moins élevé que celui auquel correspondent les balanciers en fonte, suivant ce qui a été dit précédemment, et même après avoir tenu compte de l'influence des nervures.

Ces balanciers en fer ont donc des proportions relativement beaucoup plus fortes que ceux en fonte ; mais il faut noter que tous les organes principaux des machines marines offrent un pareil accroissement de résistance, en raison des efforts excessifs et inattendus auxquels on les sait exposés ; et puis, pour une charge inférieure à la rupture, à laquelle le fer forgé doit nécessairement résister davantage que la fonte, ce dernier métal fléchit moins, ce qui fait qu'on peut lui attribuer un taux de charge plus élevé ; d'ailleurs, par les formes pratiques auxquelles les pièces de fonte conduisent, leur poids étant de toute façon relativement considérable, il n'est pas sans intérêt de chercher à les alléger.

Ajoutons, en terminant, que le poids de ces balanciers en fer est moyennement de 14000 kilog., soit 7000 par chaque flasque, et non compris les tourillons.

Balancier dit américain, de construction mixte. — Il peut être intéressant de dire quelques mots d'un système de balancier moteur, ayant le même emploi que ceux en fer ci-dessus, et qui sont d'une construction *mixte*, c'est-à-dire, qui sont formés d'un certain nombre de pièces en fer et en fonte reliées ensemble. C'est un type que l'on trouve dans les machines de navigation américaines qui lui ont donné, pour ainsi dire, leur nom.

Nous rappelons en quoi consiste ce mode singulier de construction à l'aide de la fig. 113, qui représente une image, à l'échelle de 15 mill. pour mètre, du balancier moteur de la machine montée sur le bâtiment à vapeur américain *North America*.

Fig. 113.

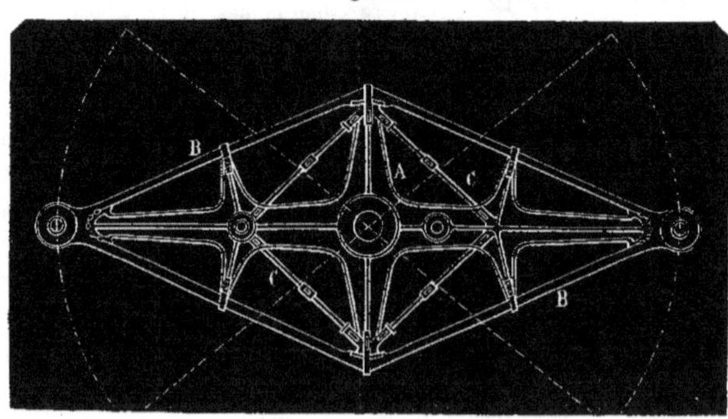

Ce balancier est formé d'une *âme* principale en fonte A qui se trouve, en quelque sorte, *frettée*, au moyen d'un système de tirants en fer B, et consolidée intérieurement par des tirants-entretoises C, ce qui donne à l'ensemble de cette pièce l'aspect d'une sorte de *ferme* double, avec ses armatures.

La forme générale de cette pièce est certainement justifiée par le mode de résistance des parties qui la composent.

Ainsi les tirants extérieurs sont des *tiges* qui travaillent alternativement à la traction et à la compression longitudinales, suivant les deux phases différentes de l'oscillation du balancier. Plus l'angle formé par ces tiges avec la direction verticale, qui est celle suivant laquelle les efforts agissent, serait grand, et plus leur résistance devrait être considérable ; c'est pour limiter cette résistance à un taux raisonnable, et, en un mot, réduire l'obliquité des tirants, que la largeur du balancier est aussi considérable que l'indique la figure, et presque égale au rayon.

Mais comme c'est aussi, de toute façon, sur cette armature extérieure que les efforts agissent avec la plus grande énergie, l'âme en fonte peut acquérir une légèreté très-remarquable ; et somme toute, ce mode de construction, s'il n'offre rien d'agréable pour la vue, ne manque pas de solidité.

Il faut ajouter, néanmoins, que toute la construction de la machine est en harmonie d'aspect avec celle du balancier et ne possède, comme pièces de fonte que celles qui ne peuvent pas s'exécuter autrement, telles que le cylindre à vapeur. D'abord, la bielle est d'une structure toute semblable au balancier, ainsi que la manivelle qui est aussi formée d'un bras de levier en fonte armé extérieurement d'une bride en fer ; le bâti est en charpente fortement boulonnée et armée, etc.

Maintenant, il ne sera peut-être pas inutile d'expliquer le mode d'emploi de ces machines si différentes, comme construction, de celles qui sont usitées en Europe. Les Américains les appliquent à des bâtiments qui font généralement le service de leurs grands fleuves, et qui ne doivent avoir qu'un faible tirant d'eau ; le bateau est presque plat, mais il est surmonté d'un vaste édifice, à deux étages, dans lequel les passagers sont logés ; la machine repose sur le fond, et le balancier, qui est à la partie supérieure, comme pour les machines fixes, s'élève ordinairement jusqu'au dessus du pont du bâtiment. Mais cette disposition n'est pas absolument restreinte aux navires qui font ce genre de service, et le célèbre steamer transatlantique, *Vanderbilt*, que son propriétaire a donné à l'État, était muni de machines à balancier d'une construction analogue.

Voici les dimensions principales de la machine du *North-America* dont nous venons de donner ci-dessus le croquis du balancier :

Diamètre du cylindre	$1^m,09$
Course du piston.	3 ,35
Longueur du balancier.	$5^m,62$
Rapport avec la course du piston	1 ,667
Diamètre des roues à pales	$8^m,23$

Le balancier est donc extrêmement court comparativement à la course du piston qui est, au contraire, d'une étendue peu usitée ; aussi la tige de ce dernier est maintenue par un guide fixe, et le parallélogramme est remplacé par une petite bielle simple qui rattache la tige avec l'extrémité du balancier.

Nous aurions désiré entrer dans quelques détails sur la construction des balanciers en tôle, dont l'application n'a pas été, du reste, très-fréquente jusqu'à ce jour; autant pour ce motif que pour le peu d'espace dont nous pouvons disposer ici, nous n'examinerons pas en détail ce mode de construction encore peu répandu.

On sait, d'ailleurs, qu'un balancier en tôle qui serait employé dans les mêmes conditions que ceux qui ont été examinés précédemment, serait formé d'un panneau en tôle plus ou moins épaisse avec des cornières rivées sur les bords et sur le centre. Une pareille section serait donc tout à fait analogue à ce qui se fait avec la fonte, et pour en calculer le moment de résistance, on appliquerait la même méthode en utilisant surtout les principes posés page 466, pour la détermination séparée des moments du panneau et des cornières formant nervures, et avec l'emploi du coefficient particulier au fer laminé.

Nous allons nous occuper maintenant de la construction des cylindres, dans les types nombreux et variés d'organes qui reçoivent particulièrement cette désignation dans la mécanique appliquée.

CHAPITRE X.

PROPORTIONS ET CONSTRUCTION DES CYLINDRES.

(PLANCHES 27 A 29.)

On désigne particulièrement par *organes cylindriques*, ou simplement *cylindres*, ceux qui, dans la mécanique, fonctionnent essentiellement en vertu de cette forme, soit intérieurement comme cylindres creux, tels que les corps de pompe en général, les cylindres à vapeur, soit extérieurement comme cylindres pleins ou rouleaux mobiles d'après leur axe de figure, fonction qui commande la section circulaire exclusivement, tels que ceux des appareils connus sous le nom de laminoirs.

On distingue, en effet, un certain nombre de pièces auxquelles la forme cylindrique est tellement dévolue par la nature de leurs fonctions qu'on leur accorde cette désignation de *cylindre* à l'exclusion d'un très-grand nombre d'autres qui possèdent cependant presque toujours cette forme.

Ainsi, des arbres, des boulons, des tuyaux sont bien véritablement des cylindres; mais, sauf les tourillons des arbres (qui pourraient être néanmoins coniques), le corps de l'arbre peut être aussi bien polygonal que rond; des boulons pourraient être et sont quelquefois carrés; les tuyaux ne doivent pas forcément être ronds, etc.

Il est vrai qu'un cylindre à vapeur ou à eau pourrait être aussi prismatique, elliptique ou polygonal; mais la forme circulaire lui convient tant, de préférence à toute autre, que c'est bien dûment encore un *cylindre*.

Nous nous proposons d'examiner successivement dans ce chapitre :

1° Les *cylindres creux*, comme types principaux des cylindres à vapeur, corps de pompe à eau, des cylindres soufflants, etc.;

2° Les *cylindres pleins mobiles*, ou rouleaux, du genre laminoir;

3° Les cylindres creux ou tambours mobiles disposés pour un travail extérieur, et aussi ceux qui sont appropriés pour un chauffage intérieur, etc.

Nous considérons ces divers organes sous le double point de vue de leur résistance et surtout de leur structure, qui offre particulièrement de l'intérêt, et que nous devons tout d'abord étudier, afin de rendre plus aisée la recherche des proportions qu'il convient de leur donner dans les différents cas.

CONSTRUCTION DES CYLINDRES CREUX.

CYLINDRES MOTEURS A VAPEUR.

(PLANCHES 27 ET 28.)

CYLINDRE SIMPLE SANS ENVELOPPE, FIG. 1 ET 2. — Cet exemple, donné surtout comme principe général, a pour objet de montrer la structure d'un cylindre de machine à vapeur dans ce qu'elle peut être de plus simple et de plus élémentaire.

On sait que le cylindre d'une machine à vapeur, l'organe fondamental de cet admirable moteur, est, en effet, une capacité cylindrique close renfermant un piston qui peut s'y mouvoir à frottement juste et cependant doux, que la vapeur, introduite dans le cylindre, pousse alternativement vers chacune de ses extrémités.

Suivant l'énoncé même du principe de ces fonctions, un cylindre à vapeur doit présenter les caractères principaux suivants :

1° Le piston étant une cloison mobile qui sépare l'intérieur du cylindre en deux capacités distinctes, ne devant jamais communiquer, ces deux parties possèdent chacune une ouverture qui permet l'introduction de la vapeur et son échappement;

2° Le cylindre doit être parfaitement étanche, ou, du moins, les parties travaillantes de son intérieur doivent s'étancher alternativement par rapport aux deux milieux, celui d'où la vapeur lui est fournie et celui dans lequel elle s'échappe;

3° Pour que le piston, dont la dimension est considérée comme invariable, puisse toujours, quelle que soit sa position, étancher les deux parties du cylindre, ce dernier doit donc être rigoureusement de même dimension, ou de même diamètre, sur toute l'étendue parcourue par le piston.

On distingue donc dans la composition d'un cylindre à vapeur :

1° Le corps cylindrique principal muni des canaux distributeurs;

2° Les deux fonds, dont l'un porte le nom de couvercle, lequel est traversé par la tige du piston qui est quelquefois muni d'une contre-tige traversant le fond opposé.

Par les fig. 1 et 2, qui sont deux coupes d'un tel cylindre, l'une verticale passant par l'axe 1-2, fig. 2, et l'autre horizontale suivant 3-4, fig. 1, on voit que le corps principal A est, en effet, un cylindre en fonte, creux, terminé à ses deux extrémités par des rebords *a*, appelés aussi collerettes ou brides, servant à fixer, par des boulons, le couvercle B et le fond C qui sont munis de brides semblables. Faisons remarquer déjà que sur ce premier point, il existe une variante caractéristique suivant la position même du cylindre qui est *vertical* ou *horizontal*, conformément aussi au système d'ensemble de la machine. Lorsqu'il est vertical, comme dans notre exemple, le fond C appartient à une plaque de fondation que l'on considère alors comme étant la base et le point d'appui du cylindre, tandis que si ce dernier est horizontal, la position de son point d'appui change et le fond C est un véritable fond rapporté qui ne diffère du couvercle B que parce qu'il est plein, et encore souvent lui est-il tout à fait semblable, lorsque, comme nous le disions tout à l'heure, le piston est lui-même traversé par sa tige.

L'intérieur du cylindre est donc parfaitement rectifié à l'aide d'un outil bien connu, nommé *alésoir*, qui sert à aléser ou à tourner *creux;* les faces des brides sont très-bien tournées, de façon à obtenir un joint parfait. Les deux faces intérieures des fonds sont également tournées, avec le champ des brides, et, d'ailleurs, dans une construction soignée, le couvercle et le fond sont entièrement rectifiés au tour, à moins que, quant au fond, ce dernier fasse partie, comme ici, de la plaque de fondation.

A part ces différentes parties, dont l'ajustement est rigoureusement nécessaire, l'extérieur du cylindre reste brut, même en fait de travaux les mieux soignés, et, indépendamment des détails de forme extérieure, que nous allons décrire, et qui rendent le tournage impraticable, il est aisé de concevoir qu'il n'existe aucune raison autre qu'une question de luxe mal entendue d'enlever la croûte extérieure de la fonte qui lui donne tant de solidité. Il est vrai que pour certaines petites machines, qui étaient destinées, dans quelques établissements, autant à attirer l'attention qu'à travailler, on s'est avisé de polir le cylindre au burin et à la lime (le tour ne pouvant pas être employé) ; mais ce n'est là qu'une exception, qu'un coûteux caprice d'acheteur, car autrement, *cela ne se fait pas.*

L'extérieur du cylindre, loin d'être conservé régulièrement circulaire, offre, au contraire, des saillies très-variées, dont nous allons expliquer les motifs.

Nous avons dit que la vapeur fournie par le générateur doit pouvoir s'introduire dans le cylindre alternativement par chacune de ses extrémités, de façon à agir sur les deux faces du piston D et lui faire prendre ce mouvement caractéristique de va-et-vient ou rectiligne alternatif si connu. A cet effet, le cylindre est fondu avec deux renflements extérieurs longitudinaux constituant le relief de deux canaux b et b' qui, à chaque extrémité, sont coudés et débouchent à l'intérieur ; ces deux canaux, qui sont parfaitement distincts, aboutissent, d'autre part, à une table dressée c, également de la même pièce que le cylindre, et sur laquelle se fixe *la boîte à vapeur* dans laquelle se rend directement la vapeur venant de la chaudière, et d'où elle est fournie au cylindre à l'aide du *tiroir de distribution* E, organe destiné, en vertu de son mouvement de va-et-vient, à découvrir sucessivement les deux orifices et à donner passage à la vapeur.

Indépendamment de cela, un troisième orifice, situé entre les deux premiers, est l'origine d'un autre canal d, appelé *conduit d'échappement*, lequel, après avoir contourné le cylindre sur une étendue plus ou moins grande de sa circonférence extérieure, se termine définitivement par une tubulure à bride e à laquelle s'adapte un tuyau conduisant au milieu d'échappement, l'atmosphère ou un condenseur. L'orifice de ce canal reste donc en communication incessante avec la cavité du tiroir, tandis que les deux autres orifices ne s'y trouvent qu'alternativement, et enfin, tandis que la vapeur pénètre dans le cylindre par le canal b', par exemple (voir fig. 1), celle qui se trouve confinée entre le piston et le fond opposé peut s'en échapper en rebroussant chemin par le canal *b* qui l'a fournie, suivre l'intérieur du tiroir et, en s'introduisant par le canal central *d*, parvenir au milieu d'échappement.

Telles sont, dans leur plus simple acception, les fonctions fondamentales d'un cylindre à vapeur, ou plutôt, tel est, en principe, le mode de circulation de la vapeur, sur lequel est basé le système de construction que nous avons à décrire. Nous montrerons néanmoins, par le peu d'exemples qu'il nous est donné de citer, de combien cette structure est susceptible de variations, tout en répondant à un but identique. Quelques points de détail doivent être maintenant examinés.

Tous ces canaux, qui offrent souvent une bien plus grande complication dans la forme, doivent pourtant venir de fonte et parfaitement nets, sans obstruction et sans fissures ou soufflures, car il serait très-difficile de les réparer ; c'était, dans l'origine, l'une des difficultés de l'art du fondeur, qui est maintenant victorieusement vaincue. Toutefois, on a le soin de rétrécir les extrémités de ces canaux en leur réservant de légères saillies qui sont principalement nécessaires sur la table du tiroir pour les bien rectifier au burin et à la lime, ce qui n'offre, dans cette partie, aucune difficulté. Cette rectification n'est, d'ailleurs, indispensable que pour les orifices des canaux *b* et *b'* que les bandes du tiroir, qui sont également rectifiées, doivent aborder en temps voulu avec la plus grande précision.

Quant aux débouchés intérieurs de ces mêmes canaux, ils n'exigent qu'une précision relative; on s'arrange seulement pour qu'ils atteignent tout à fait les fonds dans lesquels on les fait même pénétrer, car le piston doit en approcher, à fin de course, aussi près que possible, pour réduire ce que l'on appelle *les espaces perdus ;* et il est nécessaire, non-seulement que l'orifice ne soit pas masqué dans cet instant, qui est celui du premier mouvement d'action de la vapeur, mais encore que ces orifices ne soient pas atteints par les *segments* du piston qui pourraient s'y arrêter.

Nous avons réservé, pour en parler d'une façon toute spéciale, la mention d'une particularité que présente l'intérieur du cylindre qui est d'un *plus faible* diamètre que les extrémités pénétrées par le *drageoir* des fonds. Il est, en effet, d'une très-grande importance pratique que toute la partie parcourue par le piston et, par conséquent, soumise à l'usure, laisse aux deux termes de la course un *évitement* qui ne soit pas atteint. Autrement, l'intérieur s'userait peu à peu sur la seule étendue de la course, et, en cas de démontage ou de réparation, ne pouvant de toute manière sortir ou entrer le piston que par les bouts, on ne pourrait donner à ses segments une tension suffisante, étant assujéti à le faire entrer par un orifice plus faible de diamètre que la partie dans laquelle ce piston est appelé à travailler.

Les divers types que nous examinons ci-après nous fourniront l'occasion de citer un assez grand nombre d'autres points importants pour nous dispenser d'entrer ici dans plus de détails sur ce cylindre; signalons seulement la *boîte à étoupe f*, dont le couvercle est armé pour le passage de la tige de piston, et que nous étudions en détail dans le chapitre suivant.

Cylindre a enveloppe indépendante, fig. 3 et 4. — Ce modèle de cylindre est appelé à fonctionner exactement dans les mêmes conditions que le précédent, et, néanmoins, il présente dans sa construction de notables différences.

Un piston-moteur travaillant sous l'action d'un fluide dont la puissance motrice réside dans la quantité de chaleur qu'il renferme et sous l'influence de laquelle il a été engendré, il est du plus grand intérêt que cette chaleur ne soit pas dispersée en pure perte par le refroidissement naturel, par rayonnement ou par le contact du récipient où ce fluide travaille. Or, la fonte de fer, quoique à un degré inférieur parmi les métaux en général, est bonne conductrice de la chaleur, et un cylindre *nu*, comme celui qui vient d'être décrit, offre à l'action de l'air extérieur une grande surface réfrigérante, très-préjudiciable à l'économie de la puissance motrice.

Aussi, en adoptant ce cylindre à paroi simple, on doit avoir le soin de le revêtir d'une *chemise* ou *enveloppe en bois* avec garniture de feutre, ou de matière pulvérulente non conductrice interposée entre cette enveloppe et le cylindre. Mais lorqu'on veut arriver à un degré supérieur de perfection, on maintient d'abord cette enveloppe en bois, puis on construit le cylindre avec une *double paroi*, laissant un espace dans lequel on fait arriver la vapeur, soit lorsqu'elle s'en échappe, soit encore de la vapeur vierge spécialement affectée à ce chauffage.

Cette double paroi est obtenue de deux façons différentes, soit de la même pièce que le cylindre lui-même, soit en ajustant ce dernier dans une *enveloppe en fonte* fondue séparément ; c'est ce dernier mode qui est le plus fréquemment employé et qui est admis dans le type représenté fig. 3 et 4.

Cette enveloppe A, considérée isolément, offre à peu près la structure du cylindre simple de tout à l'heure et porte comme lui, fondus de la même pièce, les canaux distributeurs b, b' et d, et les brides a par lesquelles le couvercle B et le fond C sont fixés. Mais l'intérieur de cette enveloppe n'est point alésé ; elle présente deux cordons saillants g qui sont tournés, et laissent à chaque extrémité une partie conique rentrante.

Le cylindre proprement dit A' est alors un véritable manchon, régulièrement circulaire, qui porte deux cordons semblables tournés au même diamètre, de façon que, étant introduit dans l'enveloppe, il s'y ajuste par les cordons qui, par leur contact intime, déterminent la fermeture de l'espace réservé entre les deux parois. Néanmoins, ce contact n'est pas considéré comme suffisant pour empêcher la fuite de l'enveloppe, et l'intervalle conique et étroit, réservé en dehors des cordons, est soigneusement luté.

Des constructeurs opèrent l'emmanchement du cylindre dans l'enveloppe *à chaud* ou à dilatation. Cette méthode donne un assemblage très-solide et se trouve d'autant mieux justifiée que la pièce travaillera à une température élevée. Mais il faut avoir soin de ne faire l'alésage qu'à la suite de cette opération, car, ainsi que nous en avons été témoin, le cylindre peut *s'ovaliser* sous l'effort énergique de la contraction du métal en se refroidissant.

Dans le modèle actuel, qui est fort bien entendu, la différence de longueur entre le cylindre et l'enveloppe détermine le vide nécessaire pour la pénétration du couvercle et du fond, lesquels achèvent ainsi l'étanchement du vide de l'enveloppe, dont les deux extrémités sont, pour cela, tournées intérieurement.

Indépendamment des deux joints de mastic qui retiennent déjà le cylindre à sa place, il faut, lorsque l'ensemble est vertical, le soutenir d'une façon plus solide et plus assurée.

Ici, le cordon supérieur *g* de l'enveloppe présente une feuillure dans laquelle s'ajuste un rebord correspondant ménagé au cylindre et sur lequel il est porté. Mais, d'ailleurs, il s'appuie directement par son bout inférieur sur le fond C, coïncidence que l'on peut obtenir facilement, et avec précision, en tournant cet emboîtement inférieur, lorsque le cylindre est solidement scellé dans son enveloppe.

Nous devons examiner maintenant à l'aide de quel artifice on parvient à établir la communication entre l'intérieur du cylindre et les canaux distributeurs qui appartiennent à l'enveloppe. C'est un problème sérieux et qui est résolu de différentes façons par les constructeurs.

Dans cet exemple, le procédé employé est très-simple. Comme le cylindre ne dépasse que peu le bord des orifices des canaux *b* et *b'*, il est légèrement entaillé vis-à-vis de ces orifices et le joint de mastic, qui suit le même évidement, conserve néanmoins toute la hauteur nécessaire pour assurer la jonction parfaite entre les conduits et l'enveloppe. Il est remarquable que, dans tous les cas, ce joint est toujours facilement accessible pour le vérifier ou le refaire au besoin.

La fig. 5 a pour objet d'indiquer une légère variante de ce procédé. Le joint de mastic est d'abord beaucoup plus profond, et ensuite une plaque en fer *h*, entaillée suivant la forme de l'orifice, s'y trouve incrustée en cet endroit.

Les fig. 6 à 8 montrent un autre procédé analogue, mais moins souvent employé. Le cylindre étant de même longueur que l'enveloppe, le canal est assez loin du bord pour que la dimension de la plaque *h* permette d'y percer une ouverture correspondant à l'orifice entier. Cette plaque, qui doit très-bien joindre sur le cylindre, est entaillée dans le cordon *g* et tournée comme lui, mais à cheval sur le joint des deux cordons ; elle se trouve, après l'emmanchement, entourée de mastic, et les fuites, entre le canal et l'enveloppe par l'ajustement de cette plaque, sont d'autant moins probables que, s'il existait la moindre fissure, elle ne tarderait pas à se fermer par l'oxydation.

La fig. 9 représente encore un pareil assemblage pour une machine à cylindre horizontal. Le contact du cylindre et de l'enveloppe a lieu sur de simples cordons *g* sans pénétration, puisque, par la position, ces pièces n'ont point de tendance, par leur pesanteur, à glisser l'une sur l'autre.

C'est aussi le cas où le cylindre et son enveloppe étant de même longueur, ils présentent comme une seule pièce, les extrémités tournées ensemble pour recevoir les fonds dont le drageoir pénètre dans le cylindre même.

Revenant à notre exemple principal, fig. 3 et 4, il nous reste à signaler encore quelques particularités importantes.

Suivant le mode particulier admis ici pour le fonctionnement de ce cylindre moteur, l'introduction de la vapeur se fait directement du générateur dans l'enveloppe d'où elle se rend dans la boîte du tiroir pour être distribuée. A cet effet, le conduit venant du générateur s'adapte directement à une tubulure *i* fondue avec l'enveloppe dans laquelle la vapeur se répand ; elle peut ensuite pénétrer de là dans la boîte du tiroir par un conduit *j*, dont l'orifice débouche sur la table *c* sur laquelle s'applique la boîte qui renferme l'organe distributeur. Cette disposition est excellente et maintenant très-employée ; la boîte du tiroir reste ainsi complétement libre et exempte de tuyau ou raccord qui nuise à son démontage ; elle n'est augmentée que du mécanisme de la soupape obturatrice ou de *mise en train*, pour laquelle un siége en bronze *j'* est réservé sur la tubulure *j*, soupape qui remplace avec succès le robinet à boisseau conique.

La disposition du canal d'échappement *d* peut être considérée comme semblable à ce que nous avons vu fig. 2, si ce n'est qu'ici, on fait faire un quart de tour à l'extérieur de l'enveloppe, soit pour la symétrie des deux tubulures *i* et *e*, et des tuyaux qui s'y adaptent, soit en raison de la direction à donner au tuyau d'échappement lui-même.

Terminons ce sujet par quelques observations sur les effets de l'enveloppe et sur le mode d'action de la vapeur qui la remplit.

On s'est demandé, en établissant des enveloppes chauffées par la vapeur, lequel des trois procédés suivants était le meilleur, savoir :

1° Faire usage de la vapeur d'échappement ;

2° Faire circuler la vapeur dans l'enveloppe avant de l'envoyer travailler dans le cylindre ;

3° Chauffer l'enveloppe au moyen d'un filet de vapeur vierge, comme divers autres appareils chauffés par la vapeur.

Si le second de ces trois procédés n'était pas aujourd'hui reconnu convenable et très-employé, nous dirions que c'est le troisième qui est préférable, le premier devant être absolument repoussé.

On veut, en effet, que, non-seulement le cylindre conserve intégralement sa chaleur, mais qu'il puisse même se *réchauffer*, puisqu'il est mis incessamment en rapport avec un milieu froid, l'atmosphère ou un condenseur : or, ce serait passer à côté du but que d'appliquer le premier procédé qui revient naturellement à mettre l'enveloppe en communication avec ce milieu froid.

En la faisant, au contraire, communiquer avec le générateur, c'est-à-dire, en y faisant passer la vapeur avant son introduction dans le cylindre, on atteint parfaitement le but, puisque l'intérieur de l'enveloppe n'est soumis à aucun changement de température résultant de ses fonctions ; mais il faut bien la préserver des refroidissements accidentels en l'enveloppant soigneusement elle-même, car la vapeur qu'elle renferme, c'est l'agent moteur lui-même, intégralement disponible, qui n'a encore rien donné et qu'il faut précieusement ménager. Aussi, jamais de cylindre à enveloppe dans laquelle circule la vapeur motrice, sans chemise extérieure, parfaitement conditionnée, sans quoi le remède serait pire que le mal.

Reste à comparer ce procédé avec le filet réchauffeur indépendant.

C'est un bon procédé, qui a été utilement mis à profit et par des constructeurs expérimentés. Mais ne comprend-on déjà que pour en tirer le meilleur parti, il faut régler ce filet de vapeur, ne pas le rendre continu pour ne pas élever inutilement la dépense, mais l'établir et l'interrompre en temps voulu, et enfin purger fréquemment l'enveloppe pour expulser l'eau de condensation ?

Évidemment, ces soins nécessaires ont fait préférer la circulation continue, c'est-à-dire, le deuxième moyen, qui remplit parfaitement l'objet proposé, à condition, nous le répétons, que l'enveloppe soit elle-même protégée efficacement du refroidissement extérieur.

Notons, d'ailleurs, que cylindre et enveloppe sont pourvus de robinets purgeurs, quel que soit le mode de circulation adopté. Cependant, avec la circulation extérieure de la vapeur dans l'enveloppe, le cylindre peut se passer de purgeur, d'abord, parce que la vapeur s'y condense peu, objet principal de l'enveloppe, et ensuite, parce que s'il s'en forme pendant un repos quelque peu prolongé, elle est bientôt vaporisée par la chaleur de l'enveloppe. Mais cette dernière ne peut être privée de purgeur.

Plus on avance dans l'art et dans l'application des machines à vapeur, et plus on étend ce principe du chauffage et des enveloppes préservatrices des cylindres moteurs. Ainsi, bien que les fonds ne présentent qu'une surface relativement réduite, on se préoccupe de leur action réfrigérente pour essayer de la détruire.

Le moyen ordinairement employé consiste, comme l'indique la fig. 3 pour le couvercle B, à fondre cette pièce avec une double paroi déterminant un vide clos et naturellement rempli d'air, qui est peu conducteur de la chaleur. On pourrait, d'ailleurs, remplir ce vide d'une autre substance non conductrice, car pour l'obtenir à la fonte, il a fallu nécessairement réserver, pour le moulage, quelques ouvertures dans la paroi située à l'intérieure du cylindre, et que l'on rebouche ensuite à l'aide de bouchons taraudés et mattés.

Plusieurs constructeurs ont poussé le soin jusqu'à chauffer le couvercle en le mettant en rapport avec l'enveloppe, et nous citons plus loin un exemple dans lequel *on chauffe l'intérieur du piston.*

Quant au fond C, qui, dans la disposition actuelle, fait partie d'une plaque de fondation et repose sur de la maçonnerie, il n'y a pas à se préoccuper de la chaleur qui peut se disperser par là.

Doubles cylindres a enveloppe, du système de Woolf, fig. 10 a 13. — On sait que les machines à vapeur dites du système de Woolf ont pour caractère principal deux cylindres moteurs de différents volumes, le plus grand servant de milieu d'échappement à l'autre et renvoyant ensuite la vapeur au condenseur après qu'elle a travaillé successivement dans les deux. Avec un pareil système, qui eut toujours pour but une bonne utilisation du calorique moteur, par la réalisation bien entendue du principe de la détente, tout doit concourir à ce but, et l'emploi d'une enveloppe est, pour ainsi dire, de fondation. Il nous serait à peu près impossible de mentionner ici toutes les dispositions si diverses et si nombreuses qui ont été imaginées pour la construction de ce groupe qui comprend deux cylindres renfermés dans une enveloppe et leur distribution double, d'ailleurs, assez compliquée. Nous nous bornerons à la description du type représenté fig. 10 à 13, qui est à peu près celui adopté par les constructeurs de Rouen ; il réunit la plupart des conditions nécessaires pour une bonne construction simple et relativement économique.

La fig. 10 est une section longitudinale de ce groupe, faite par l'axe commun 1-2 des deux cylindres ;

La fig. 11 en est une section horizontale, suivant le plan 3-4 mené par les orifices d'échappement ;

La fig. 12 est une section transversale du petit cylindre par son axe 5-6 ;

La fig. 13 est une section semblable, suivant l'axe 7-8 du grand cylindre.

L'inspection de ces figures permet de reconnaître que la pièce principale, l'enveloppe A, est un double cylindre creux avec socle inférieur a', par lequel elle est boulonnée sur la plaque de fondation G ; ses deux parties sont en libre communication, et dans chacune d'elles sont ajustés les deux cylindres A' et A'' par un procédé analogue à ce qui a été décrit précédemment, c'est-à-dire, mastiqués et reposant sur un cordon g qui règne régulièrement dans les deux ouvertures supérieures de l'enveloppe. Celle-ci étant fondue ouverte de part en part, la partie inférieure est close par deux tampons E et E', s'emboîtant par une pénétration tournée, et lutés au mastic de fonte. On remarque que celui E, vis-à-vis du petit cylindre, se trouve relevé de façon à ce que la capacité de l'enveloppe, qui est remplie de vapeur, ne présente point un volume superflu.

Les cylindres ne devant avoir aucune communication directe avec l'enveloppe, sont exactement clos à leur extrémité inférieure, qui pourrait être venue de fonte fermée, si ce n'était le travail de l'alésage qui nécessite de toute façon que la pièce soit d'abord ouverte de part en part. On est donc obligé de clore l'ouverture inférieure, ce qui se fait au moyen de tampons C et C' semblables aux précédents, car cette extrémité ne peut présenter aucune saillie extérieure, brides ou oreilles, puisqu'il faut qu'elle passe par l'ouverture des cordons supérieurs g.

Avant d'insister sur les détails de cette construction, nous devons considérer l'ensemble des moyens employés pour l'établissement de l'appareil de distribution, et à l'aide desquels on est parvenu à ce que tous les canaux distributeurs appartiennent exclusivement aux cylindres, contrairement au type précédent dans lequel ils étaient réservés à l'enveloppe.

Chacun de ces cylindres est, en effet, muni de ses deux canaux b et b' pour le petit, et *c* et *c'* pour le grand, qui aboutissent, à la partie supérieure, à une masse saillante de forme extérieure rectangulaire, pour laquelle une échancrure correspondante a été réservée à l'enveloppe ; la masse et cette échancrure étant munies de cordons en saillie pour opérer l'emboîtement exact, il reste un vide étroit dans lequel on peut, à l'aise, bourrer du mastic ferrugineux et compléter ainsi l'étanchage parfait du vide de l'enveloppe. Enfin, remarquons que la masse, appartenant au cylindre, est venue avec un rebord supérieur qui complète, avec celui qui entoure les trois côtés de l'échancrure de l'enveloppe, une surface à brides *h* et *h'* que l'on dresse à la machine à raboter, pour y joindre et y fixer la *tête* qui reçoit la boîte du tiroir et dans laquelle est principalement réservé le conduit d'échappement.

Pour le petit cylindre, cette pièce F, dont la face extérieure est disposée pour le jeu du tiroir, est traversée d'abord par les canaux *b* et *b'* prolongés ; elle présente ensuite l'orifice intermédiaire *d*, par lequel se fait l'échappement qui, dans ce système de machine, se fait *du petit cylindre dans la boîte à tiroir du grand*. Enfin, cette tête est encore traversée d'un conduit *j*, avec siége de soupape *j'* (voir même disposition fig. 4), en rapport avec une tubulure réservée à l'enveloppe, et par lequel conduit la vapeur passe de l'enveloppe dans la boîte de distribution.

La tête F', en rapport avec le grand cylindre, diffère de la précédente en ce qu'elle communique, non plus avec l'enveloppe, mais avec le condenseur de la machine, par le conduit central *d'* qui se bifurque, en entourant le canal *c'*, pour se former en une tubulure centrale et circulaire *e*, à laquelle s'adapte le tuyau mis en rapport avec le condenseur ; ce tuyau est ici une colonne creuse, qui sert en même temps d'ornement et de support pour soulager le joint boulonné *h'* du poids de la tête F', et de tout l'attirail de la boîte de distribution, ce qui amène, pour le même motif, à placer sous l'autre tête F une semblable colonne, qui n'est plus alors qu'un simple support. Enfin, cette tête de distribution F' est percée d'un quatrième orifice *i* aboutissant à une tubulure supérieure que l'on met en rapport, à l'aide d'un bout de conduit rapporté, avec le canal *d*, de la distribution voisine, par lequel la vapeur sortant du petit cylindre vient pénétrer dans la boîte de distribution du grand.

Résumant cette ingénieuse combinaison, en apparence compliquée et pourtant d'un jeu très-simple, nous rappelons que les deux tiroirs fonctionnent simultanément dans les deux boîtes, et distribuent la vapeur à leur cylindre respectif dans les mêmes conditions que pour un cylindre simple ; seulement, le petit cylindre reçoit directement la vapeur vierge qui circule dans l'enveloppe, et pénètre dans la boîte du tiroir par le conduit *j*, tandis que le grand cylindre fonctionne avec cette même vapeur, qui, par le jeu ordinaire du tiroir opposé, s'échappe par le canal central *d*, se rend dans la boîte du grand tiroir par l'orifice *i*, et, enfin, après avoir travaillé sur le grand piston, est renvoyée au condenseur par le canal bifurqué *d'*.

Cet exposé général nous rend plus facile l'examen de certains détails de construction qui méritent une mention particulière.

On remarque d'abord qu'aucun conduit ou tuyau quelconque n'apparaît extérieurement, si l'on en excepte, toutefois, un conduit en forme d'S, que les figures n'indiquent pas, et qui met en communication le canal d'échappement *d* avec celui *i*, lequel débouche dans la boîte du grand tiroir; mais ce conduit, logé entre les deux têtes F et F', est fort peu apparent. Quant au tuyau qui conduit la vapeur dans l'enveloppe, il est dissimulé par la plaque de fondation G qu'il traverse au-dessous du petit cylindre, et vient s'adjoindre à une tubulure *k* réservée de fonte au tampon de fermeture E, laquelle tubulure fait saillie à l'intérieur, de façon à empêcher le retour des condensations par le conduit de vapeur.

Ces condensations se manifestent particulièrement, en effet, dans l'enveloppe qu'il faut pouvoir *purger*, c'est-à-dire, en extraire la vapeur condensée en plus ou moins grande abondance, après un certain temps de repos. On adapte, pour cela, un petit conduit *l* avec robinet au fond E' sur lequel les eaux viennent évidemment se réunir; ce conduit traverse aussi la plaque et est ordinairement dirigée sur la bâche du condenseur. Nous ferons remarquer qu'en installant ces divers conduits, qui sont tout à fait cachés, il ne faut pas moins s'en réserver l'abord à tout instant, car on est rarement sûr d'un joint qui, fait avec soin, peut néanmoins céder dans un moment donné; il ne faut pas alors, pour refaire ce joint, s'être mis dans l'obligation de démonter la machine entière.

Nous avons expliqué le mode employé pour faire le joint de l'enveloppe et des cylindres à la sortie des canaux distributeurs. L'échancrure, réservée pour cela à l'enveloppe pour chacun des cylindres, présente évidemment deux joues latérales isolées en dessus, puisque l'introduction des cylindres ne peut avoir lieu qu'en les faisant descendre à leur place par la partie supérieure de l'enveloppe; afin d'éviter que ces joues ne s'écartent, soit par le serrage du mastic, soit par les effets de dilatation, ces deux assemblages sont traversés par les boulons *m* et *m'* qui n'ont, d'ailleurs, d'autre objet que de parer à cette éventualité.

Les deux couvercles B et B' sont creux, comme dans l'exemple précédent; ils pénètrent directement dans les cylindres, et s'appliquent sur leur extrémité supérieure qui est dressée avec la bride de l'enveloppe. Comme on cherche à réduire, autant que possible, l'intervalle qui sépare ces cylindres, les couvercles ne peuvent pas présenter deux cercles complets et s'entre-coupent, au contraire, par un joint droit sur lequel, indépendamment des boulons libres qui garnissent la circonférence des brides, on peut placer un ou deux boulons taraudés dans l'enveloppe et entaillés mi-partie de chaque côté, afin de ne pas laisser ce joint sans serrage direct.

Inutile de répéter que l'enveloppe en fonte est essentiellement protégée extérieurement elle-même par une chemise en bois et un garnissage de feutre.

Nous avons dit qu'il existe un grand nombre de méthodes pour la construction d'un pareil groupe, y compris celle qui consiste à fondre les deux cylindres et l'enveloppe d'*une seule pièce*. Bien que des constructeurs, et particulièrement les fondeurs, aient montré une habileté suffisante pour de pareils tours de force, il ne nous paraît pas que ce moyen ait prévalu, et il est facile de démontrer, en effet, de combien de difficultés il est hérissé.

Accomplir d'abord l'œuvre difficile du moulage, et ne pas manquer la coulée dont la réussite dépend de tant de conditions ; puis, en admettant cette opération heureuse, remuer une pièce qui, pour une machine un peu puissante, devient si lourde, la soumettre à l'alésoir, aux outils à raboter, etc., et encore sans être absolument sûr qu'il ne se découvrira pas quelque défaut inaperçu, une soufflure, une obstruction, une crique, etc., qui oblige de renoncer à la pièce entière. Et enfin, si tout est bien, mais que l'une des parties tombe un jour hors de service, l'ensemble de la pièce est à remplacer.

Aussi voyons-nous que, sauf dans quelques circonstances très-restreintes, les constructeurs, qui se sont le plus distingués dans la fabrication de ces pièces extraordinaires, admettent aujourd'hui, au moins en principe, le type que nous venons de décrire, et qui, bien exécuté, ne laisse rien à désirer sous le rapport des fonctions.

Cylindre d'une machine locomotive, fig. 14 et 15, pl. 28. — Les cylindres moteurs de locomotive ne sont pas remarquables par leurs dimensions, mais par la complication des détails de forme, qui en font des pièces de fonderie très-difficultueuses. Cela tient à ce que ce genre de cylindre doit venir de fonte avec un certain nombre de pièces qui, dans les autres machines à vapeur, sont fondues à part et rapportées.

Le modèle représenté fig. 14 et 15 est emprunté à l'une des locomotives *à forte rampe*, que M. Petiet, ingénieur en chef du matériel du chemin de fer du Nord, a fait construire pour le service de cette ligne, et dont nous avons déjà cité, dans cet ouvrage (p. 448), plusieurs organes importants.

La fig. 14 est une coupe longitudinale passant par l'axe de ce cylindre ;

La fig. 15 en est une section transversale, suivant un plan 1-2 mené sur le canal d'échappement.

Ce cylindre, qui est horizontal, comme pour la plupart des locomotives (parmi lesquelles il s'en trouve qui présentent seulement une légère inclinaison), est aussi disposé pour le système dit *à cylindres extérieurs*, et s'applique contre la face extérieure du châssis qui forme la base d'établissement de la machine. Il est muni, à cet effet, d'un large patin *a* rectangulaire, présentant un dressage sur tout son pourtour pour faciliter l'ajustement et son application sur le longeron, qui est en forte tôle.

Une particularité remarquable de ce type de construction, c'est que la boîte du tiroir est fondue de la même pièce que le corps principal A du cylindre. Cette boîte F est constituée par quatre parois qui enveloppent la table dressée *c* où viennent aboutir les trois canaux de distribution *b* *b'* et *d*, et sur laquelle glisse le tiroir E, dont la tige traverse la boîte à bourrage *h*, qui est également de la même pièce que l'ensemble ; la boîte à vapeur ne présente donc de pièce rapportée que le couvercle H, qui est une forte plaque en fer forgé.

L'introduction de la vapeur dans la boîte du tiroir a lieu par une tubulure *i*, qui part de cette boite et se relève verticalement en s'incorporant avec le patin *a* auquel se joint de même le canal de sortie *e*, dont la tubulure s'élève au-dessus du longeron et s'ouvre vers l'intérieur de la machine, de façon à se trouver disposée pour la jonction des échappements des deux cylindres.

La disposition du couvercle ou bouchon B est, comme on le voit, complétement différente de ce qui se fait pour les autres cylindres. Afin de mieux faire comprendre les motifs de ce mode de construction, nous remarquerons, d'abord, que le piston D, étant en fer forgé et creux, il est nécessaire que le bouchon du cylindre, à fin de course, en épouse la forme et s'y emboîte, en quelque sorte, de façon à ne pas laisser de vide nuisible ; ensuite, comme dans ce genre de machines, les glissières I sont centrales (p. 403) et fixées au cylindre, il est bon qu'elles possèdent un point d'attache indépendant d'un autre démontage.

A cet effet, on dispose le bouchon B pour être mis en place en l'introduisant par l'extrémité opposée du cylindre, à l'intérieur duquel il saillit de toute la quantité nécessaire pour remplir, à un peu de jeu près, tout le vide du piston. De cette façon, le cylindre possède à cette extrémité un véritable fond fixe percé d'un trou assez grand pour le passage de la boite à étoupe *f*, et avec lequel le bouchon B est retenu par quatre boulons seulement, car la pression agissant de l'intérieur, il n'en est que mieux appuyé sur son siége. Par conséquent, les glissières I peuvent se boulonner à des pattes venues de fonte avec le cylindre même, et n'ont rien de commun avec aucune autre partie susceptible d'être démontée.

L'introduction du piston et sa visite s'effectuent, d'après cela, par l'*avant* du cylindre qui est fermé par le fond mobile C ; c'est un simple plateau, avec évidement central pour loger le manchon du piston, et renforcé par des nervures.

Il nous reste à signaler, pour compléter cette description, le mode d'application des *purgeurs* qui jouent un rôle si important dans les fonctions d'un pareil cylindre, et en passant, le graisseur G, dont le service n'est ni moins utile ni moins fréquent.

Les deux robinets purgeurs sont montés sur deux bossages *j* ménagés à la fonte, et dans lesquels on pratique à froid les trous qui communiquent avec l'intérieur du cylindre. Comme cette communication est formée de deux trous d'équerre qui viennent aboutir en dehors, l'un d'eux doit être rebouché au moyen d'un tampon à vis *j'* qui laisse, d'ailleurs, la facilité de le visiter, lorsqu'on veut s'assurer qu'il est bien libre.

Quant au graisseur G, qui sert à lubrifier le cylindre et le piston, il est placé de façon à percer directement dans le canal *b'*.

Ces cylindres n'ont point d'enveloppe en fonte ; mais on a bien soin de les garantir du refroidissement extérieur au moyen d'une chemise en tôle peinte qui recouvre une épaisse garniture de feutre. Une chemise en bois serait promptement hors de service.

Cylindre de machine de navigation a hélice, fig. 16. — Ce cylindre appartient à la machine, dont nous avons représenté et décrit l'une des traverses et les glissières (p. 408) ; nous avons alors expliqué le système de construction de cette machine, qui comprend deux cylindres pareils à celui-ci et munis chacun de deux tiges.

Ce cylindre A est remarquable par son grand diamètre comparé à sa longueur et à la course du piston que l'on réduit autant que possible dans ce système de machine, afin de réduire dans le même rapport tout le développement du mécanisme qui se trouve placé en travers dans le navire. Les deux cylindres, qui ont cette même disposition, sont fondus avec des parties du bâti qui en constituent les *pattes* par lesquelles ils sont boulonnés sur la plaque de fondation ; le bout du cylindre, qui correspond à la sortie des deux tiges, porte un fond fixe dans lequel sont ménagées les deux boîtes à étoupe *f*, et un trou rond, nécessaire pour l'alésage, que l'on ferme en marche au moyen d'un tampon boulonné B.

Le bout opposé, par lequel on entre le piston D, est nécessairement ouvert à son diamètre, et reçoit le fond mobile C dans lequel on réserve néanmoins un tampon C' d'un faible diamètre et que l'on peut retirer plus aisément, pour visiter l'intérieur du cylindre, que le fond C lui-même. Le cylindre n'est pas enveloppé d'une chemise en fonte ; mais les fonds, qui dans ces proportions offrent une très-grande surface, sont à double paroi.

La disposition des canaux distributeurs *b* et *b'* et de la table *c* du tiroir est la même que dans les exemples précédents, si ce n'est qu'en raison de leur grande largeur, ces canaux sont coupés par une cloison formant nervure. Mais par suite d'une combinaison particulière du tiroir, dont nous dirons quelque mots, le conduit d'échappement se trouve dans une situation tout à fait différente.

Ce tiroir, au lieu d'être plein et tenu appuyé sur la table par la pression de la vapeur, est ouvert de part en part et glisse entre cette table et une garniture élastique disposée dans une large ouverture *d* réservée à la partie supérieure de la boîte à vapeur F ; cette ouverture est accompagnée extérieurement d'une tubulure à laquelle est joint le conduit qui communique avec le condenseur. D'après cela, la vapeur sortant du cylindre *traverse* le tiroir et s'écoule par l'orifice *d*, qui, dans la disposition ordinaire, occupe, comme on l'a vu, l'intervalle des deux autres, et appartient à un canal fondu avec le cylindre.

Ainsi que le dessin l'indique, la boîte à vapeur F est pourvue de deux boîtes à étoupe *h* et *h'*, pour guider les deux tiges, dont le tiroir est muni à ses extrémités ; il reçoit sa commande par la tige principale correspondant à la garniture *h* ; l'autre, qui est d'un plus petit diamètre et lui sert seulement de guide, est cependant utilisée pour faire mouvoir, à l'aide d'un balancier de renvoi, un petit tiroir *purgeur i*, logé dans une petite boîte placée à la partie inférieure du cylindre. Cette boîte étant en communication avec l'intérieur du cylindre, directement pour l'extrémité qu'elle occupe et par un tuyau *j* pour l'autre extrémité, l'eau condensée se rend dans la boîte et, par le jeu du tiroir *i*, s'écoule par le conduit *k* sur l'orifice duquel ce tiroir est placé. C'est un moyen d'opérer incessamment la purge indépendamment du mécanicien qui n'a besoin d'agir lui-même qu'en mettant en marche.

Remarquons encore que les cylindres des machines de navigation sont, comme celui-ci, munis de soupapes de sûreté *g* qui sont logées dans les deux fonds.

Cylindre superposé, de la même pièce. — Comme l'économie de combustible est, pour les machines de navigation, une question, dont l'importance n'a même rien de comparable à ce qu'elle est pour les machines de terre, tout a été mis en œuvre pour cette précieuse économie, et le système de Woolf, malgré sa complication, a été appliqué par plusieurs constructeurs aux machines marines.

Nous prenons pour exemple d'un groupe de cylindres, dans cette application particulière, celui représenté fig. 114, qui appartient à un appareil construit par M. Gâche, de Nantes, et qui se trouve monté sur un petit navire à hélice de 120 chevaux, *Comtesse Luba*.

Fig. 114.

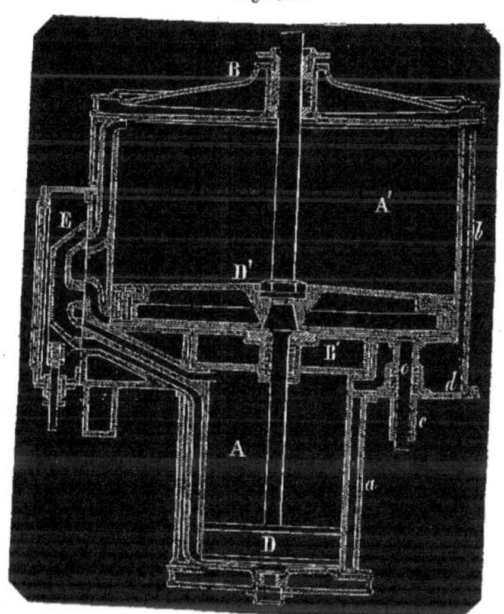

Il est composé des deux cylindres A et A', fondus de la même pièce, et de leurs enveloppes respectives *a* et *b* fondues à part et rapportées. Ces deux cylindres se trouvant bout à bout et sur le même axe, leurs pistons D et D' sont fixés sur la même tige, qui est guidée par une garniture ordinaire ménagée dans le couvercle B du grand cylindre, et par une autre garniture *métallique* réservée dans un bouchon B', qui établit la séparation des deux cylindres.

Cette pièce remarquable se distingue encore par les canaux distributeurs qui sont tous venus de fonte avec elle et viennent aboutir à une table sur laquelle glisse l'unique tiroir E, à l'aide duquel tous les détails de la distribution s'accomplissent pour les deux cylindres de l'un à l'autre. On sait que ce procédé est celui qui convient particulièrement, lorsqu'on peut l'employer, aux machines de Woolf, dans lesquelles les espaces perdus sont le plus à redouter. En général l'économie de vapeur et l'utilisation des détentes prolongées conduisent à ces dispositions minutieuses, telles que l'enveloppement des cylindres, le chauffage des couvercles et des fonds, enfin, dans ce système particulier, au chauffage *du piston*, comme nous allons l'expliquer.

On comprend, qu'en général, le piston d'une machine à condensation a ses deux faces alternativement soumises au refroidissement du condenseur, et que cet inconvénient s'accroît ici en raison du diamètre relativement grand dans cette machine où la course est, au contraire, aussi restreinte que possible.

M. Gâche s'est proposé d'y remédier en chauffant l'intérieur du grand piston, comme l'enveloppe, en y introduisant sans cesse de la vapeur. Il y est parvenu, malgré la mobilité de ce piston, en lui adaptant un canon *c* qui glisse à frottement doux dans une garniture réservée entre le fond du cylindre et une plate-forme *d*, toujours de la même pièce, sur laquelle viennent se joindre les deux enveloppes *a* et *b*; le canon *c*, au sortir de la garniture, plonge dans un conduit extérieur *e* communiquant avec la chaudière, et sur lequel on prend aussi la vapeur nécessaire au chauffage des deux enveloppes. Cette vapeur peut donc pénétrer dans l'intérieur du piston par le canon *c* qui, à tout instant de la course, reste en rapport avec le conduit *e*.

Il résulte d'expériences exécutées, avec le plus grand soin, par MM. Tresca et Lecœuvre, que l'effet de ce piston chauffé, joint à un certain autre appareil de surchauffage de la vapeur même avant son admission dans les cylindres, est très-favorable à l'économie de combustible, dont la dépense ne s'est élevée, lors de ces expériences en mer, qu'à $1^k,114$ de houille par force de cheval de 75 kilogrammètres et par heure, cette force étant le travail même de la vapeur dans les cylindres, mais non pas celle disponible sur l'arbre de l'hélice qui est nécessairement un peu moindre ; mais les observateurs font remarquer que si l'on ramenait la dépense spécifique de combustible à la puissance réellement disponible, qui n'est probablement pas inférieure aux 8/10 de celle *indiquée* sur les cylindres, cette dépense ne serait pas supérieure à $1^k,4$ par cheval et par heure.

L'appareil comprend deux groupes semblables de cylindres, disposés verticalement et dont voici les dimensions principales :

Diamètre du grand piston.	$1^m,540$
Diamètre du petit.	0 ,630
Course commune.	0 ,700

Les autres dimensions sont faciles à estimer d'après le tracé ci-dessus qui est exécuté à l'échelle de 1/30.

Cylindre a vapeur oscillant, fig. 17 et 18. — On connaît ce système de machine à vapeur qui, d'abord appliqué comme moteur fixe, a été ensuite plus généralement employé pour les machines de navigation des navires à roues, application à laquelle le constructeur anglais Penn, de Greenwich, a surtout attaché son nom. Nous avons cité également MM. Mazeline et Nillus, du Havre, pour les remarquables spécimens de ce système qui sont sortis de leurs ateliers, et le modèle de cylindre, représenté fig. 17 et 18, appartient précisément à un appareil construit par M. Nillus.

Le point caractéristique de ce système de machine est que le cylindre moteur *oscille* et permet à la tige du piston de remplir, dans cette fonction, le rôle de la bielle dans les machines à cylindre fixe, cette bielle étant, par conséquent, supprimée dans les machines *à cylindre oscillant*.

Ce cylindre offre donc, comme caractère principal et distinctif des autres, les deux tourillons E et E' qui le portent et d'après lesquels il exécute son oscillation ; comme étant les seuls points de sa masse qui se meuvent sans s'écarter des parties fixes de la machine, on les a choisis pour l'entrée et la sortie de la vapeur, non sans avoir essayé un très-grand nombre de procédés différents, attendu que l'on regardait comme un inconvénient de faire passer de la vapeur à travers les tourillons soumis à une lourde charge et déjà exposés à chauffer eux-mêmes par l'intensité du frottement. Néanmoins, cette méthode paraît si intimement liée au système en lui-même et procure une telle simplification de la structure générale, qu'elle a définitivement prévalu.

Ces deux tourillons, qui sont évidés en gorge et engagés dans des paliers à coussinets comme les tourillons des arbres ordinaires, sont creux et en relation directe et respective, l'un avec le canal *j* qui doit amener la vapeur dans la boîte du tiroir, et l'autre avec celui *d* par lequel elle s'échappe au condenseur; la vapeur est amenée par un conduit, dont l'extrémité vient aboutir à un manchon en bronze *j'* qui pénètre dans le tourillon E, lequel est disposé en garniture avec presse-étoupe *f;* le conduit d'échappement *d'* est appliqué exactement de la même manière au tourillon opposé et ne diffère que par son diamètre qui est plus grand, comme l'exige la nature de ses fonctions. Ces deux manchons *j* et *j'* sont absolument fixes, ce qui fait que les tourillons tournent ou oscillent sur eux ; mais ils n'en éprouvent évidemment aucune gêne, puisque la charge ne s'exerce que sur les paliers dans lesquels ces tourillons sont ajustés.

La table *c* du tiroir ne présente de particulier que sa position ; elle est reportée de côté pour des motifs qui tiennent au mécanisme de commande du tiroir que nous n'avons pas à décrire ici ; il nous suffira de dire que la machine étant composée de deux appareils et, par conséquent, de deux cylindres semblables, disposés avec les tourillons d'échappement E' en regard, c'est dans cette partie, qui est le centre de l'ensemble, que se place la commande de la double distribution. Nous pourrions dire quelquefois *quadruple*, car, lorsque la machine atteint une certaine puissance et la masse des cylindres un poids considérable, on leur applique à chacun deux boîtes à vapeur disposées symétriquement de chaque côté de l'axe d'oscillation, pour équilibrer le cylindre lui-même et toutes les pièces mobiles qui concourent à la distribution.

Le couvercle B, à double paroi, ainsi que le fond C, n'est remarquable que par la boîte à étoupe *f''* qui, pour les cylindres oscillants, est toujours d'une grande longueur, afin de mieux assurer la direction de la tige de piston. C'est une question sur laquelle nous revenons en détail plus loin, à propos des garnitures, en général. Nous citerons encore le rebord *l* qui, intérieurement, est tourné *rentrant*, de façon à mieux retenir l'huile qui s'échappe de la garniture de la tige et à l'empêcher d'être projetée au dehors dans les mouvements du cylindre.

Comme précédemment, ce cylindre est armé de deux soupapes de sûreté, l'une sur le couvercle B et recouverte d'une cloche en bronze *g*, et l'autre sur le fond C où l'on n'aperçoit ici que les points d'appui du ressort *g'*, qui la maintient sur son siége. On voit aussi un vase graisseur *m*, monté sur le couvercle et affecté au graissage du piston.

Signalons encore l'espèce de virole F, emboîtée et vissée sur le tourillon E, mais qui n'a rien de commun avec les fonctions du cylindre. Cette virole porte deux bras de levier que le dessin n'indique pas, et qui actionnent deux petites pompes accessoires pour la commande desquelles on profite ainsi du mouvement du cylindre.

En somme, cette pièce, remarquable par son ensemble élégant, par la justesse de ses formes et de son exécution, ne l'est pas moins pour sa légèreté. Pas une masse n'est de trop, tout ce qui peut être évidé, dégagé, l'est autant que le permettent les exigences de la fabrication. Il faut qu'il en soit ainsi, d'abord, parce qu'il s'agit d'une machine marine, pour laquelle, plus que pour une machine fixe de terre, l'économie de poids est l'une des conditions fondamentales, et, ensuite, parce que le cylindre est lui-même mobile et ne doit point charger inutilement ses points d'appui.

Les applications des différents cylindres que nous venons de décrire se trouvent dans le *Traité des moteurs à vapeur.*

CYLINDRES DES POMPES A EAU.

Les cylindres ou *corps* des pompes à eau se distinguent généralement des cylindres moteurs à vapeur par plus de simplicité dans leur structure, au moins en ce qui concerne le cylindre lui-même comme pièce détachée, car ils n'ont généralement pas de canaux distributeurs et jamais d'enveloppe. Cependant, il se présente certaines circonstances où le corps de pompe devant être solidaire d'un ensemble de pièces appartenant au service de l'appareil ou même à un service étranger, on arrive encore à des pièces difficultueuses ; mais alors ce n'est plus un cylindre proprement dit, mais une réunion de pièces différentes.

Il ne serait pas plus facile pour les pompes que pour les machines à vapeur, de passer en revue tous les genres de cylindres que l'on exécute aujourd'hui ; nous devons donc nous restreindre à un certain nombre de types, qui, à l'exception de nombreuses variantes, représentent sensiblement les fonctions attribuées, en mécanique, à ce genre d'organes. On distingue, en effet :

1° Les corps de pompes élévatoires, à simple effet, dites *des fontainiers*, à deux brides, boîtes à clapets indépendantes placées aux deux extrémités du cylindre ;

2° Les pompes *plongeantes*, dans lesquelles les clapets sont reportés à une même extrémité du cylindre ;

3° Les pompes *foulantes*, dont la partie supérieure du cylindre est librement ouverte ;

4° Les pompes foulantes, à plongeur, le cylindre non alésé ;

5° Les corps de pompes à double effet ;

6° Et enfin les corps de presses hydrauliques.

Nous nous proposons de décrire un modèle de cylindre pour chacun de ces systèmes.

POMPE SIMPLE, DITE DES FONTAINIERS. — Nous désignons ainsi un genre de pompe qui s'applique, en effet, plus souvent en travaux de fontainerie qu'en mécanique, et dont le corps ou cylindre se fait ordinairement en cuivre jaune fondu.

Fig. 115.

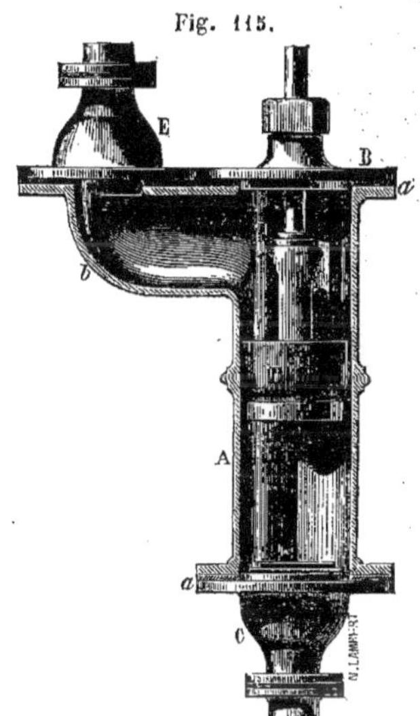

La fig. 115 représente un tel cylindre A, avec brides *a* aux deux extrémités, et une tubulure coudée *b*, dont la bride s'élève à la même hauteur que celle du corps.

Ce cylindre qui n'est pas ordinairement soumis à une grande pression, a, lorsqu'il est fondu en cuivre, seulement quelques millimètres d'épaisseur, soit environ 6 sur 80 à 100 millimètres de diamètre intérieur; il est fermé à la partie supérieure par un couvercle B avec garniture serrée par un écrou pour le passage de la tige d'un piston D percé et muni d'un clapet ; la bride inférieure sert à fixer une cloche C formant le siége du clapet d'*aspiration;* enfin, le clapet de refoulement est monté de même sur le sommet de la tubulure *b* et recouvert d'une pareille cloche E.

Il n'est pas utile d'insister sur le fonctionnement d'une telle pompe, qui se comprend très-bien et qui n'est pas, d'ailleurs, notre objet actuel.

Nous nous attachons seulement au cylindre, qui est d'une structure très-simple et qui convient à une fabrication courante. En dehors du travail de la fonderie, qui est lui-même tout ce qu'il y a de plus élémentaire, il n'y a de façon que l'alésage, le dressage des brides et les trous de boulons à percer ; les joints sont aisés à faire à l'aide de rondelles de plomb, de cuir ou même de carton, interposées entre les brides du corps et des autres pièces qui s'y rattachent. La plupart du temps, le corps ne présente même aucune patte pour le fixer, attendu qu'on fait usage de colliers en fer, qui l'embrassent et sont eux-mêmes scellés ou attachés par des boulons.

CORPS DE POMPES PLONGEANTS. — Ce type est représenté, entre autres exemples, par les pompes à air, à simple effet, des machines à vapeur, et dont le cylindre a pour caractère que son extrémité inférieure peut être *librement ouverte ;* le piston est percé, muni d'un clapet et descend alors jusqu'à la nappe d'eau à élever.

Conformément à cet énoncé, le corps de pompe A, fig. 116, est absolument cylindrique, sans autre détail qu'une bride servant à le fixer sur une caisse C, dans laquelle se rendent la vapeur et l'eau que la pompe doit en extraire. Le piston D descend dans l'eau, son clapet se lève, et, lorsqu'il remonte, le clapet retombant sur son siége, l'eau qui est au-dessus se trouve naturellement enlevée et se rend dans l'espèce de bâche E qui couronne le corps de pompe. Mais ce dernier est recouvert d'un plateau B, muni d'un guide pour la tige du piston et qui constitue en même temps le clapet qui sert à retenir l'eau élevée dans la bâche.

Fig 116.

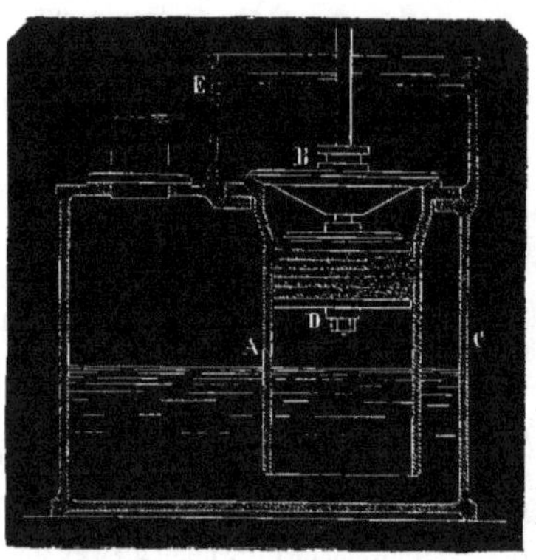

Ce système de corps de pompe, spécial aux machines à vapeur à condensation, se fait en fonte de fer ; il est simplement alésé, avec un léger évasement pour l'entrée du piston, et sa bride tournée. Il est juste d'ajouter que souvent, bien que cette disposition puisse fonctionner telle quelle, on ajoute, pour plus de sûreté, un clapet *de pied*, que l'on établit sur un fond réservé de fonte au cylindre et percé d'une large ouverture, ou rapporté, mais en disposant les points d'attache de façon à ne pas gêner l'introduction de ce cylindre par l'ouverture de la bâche E.

Nous désirons encore rappeler une disposition de pompe élévatoire, dans laquelle on retrouve le corps plongeant et ouvert et dont le piston est cependant *plein*. Dans ce cas, les deux clapets sont reportés à la partie supérieure du corps de pompe, et l'eau est puisée par un conduit placé directement sous le clapet d'aspiration (1).

Corps de pompe a partie supérieure libre. — Ceux-ci sont, en quelque sorte, la contre-partie des précédents : les pompes à incendie en comportent le type. C'est un simple cylindre, renfermant un piston plein, et qui se fixe par une bride inférieure, ou par des oreilles, sur l'ouverture du canal en communication avec les clapets. Ce genre de cylindre s'exécute en fonte de cuivre ou de fer, et même en chaudronnerie, suivant la nature de l'application.

Pompes a piston plein, dit plongeur. — Dans ce système, qui a pour types bien

(1) On peut voir, comme exemple de ce type, la pompe alimentaire de la machine de Saint-Ouen, *Publication industrielle*, vol. Ier, et *Traité des moteurs à vapeur*, pl. 13. Voir aussi les pompes foulantes de la machine d'Ivry, *Publication industrielle*, vol. XII.

connus les pompes *alimentaires*, les pompes d'injection des presses hydrauliques, et, en général, celles qui sont appelées à refouler un liquide sous une pression très-élevée, le corps n'est pas alésé, et le piston, qui est d'un faible diamètre, est plein et ne joint que dans la garniture qu'il traverse de part en part, comme la tige des autres pistons : c'est, en un mot, une tige qui fait elle-même piston.

Fig. 117.

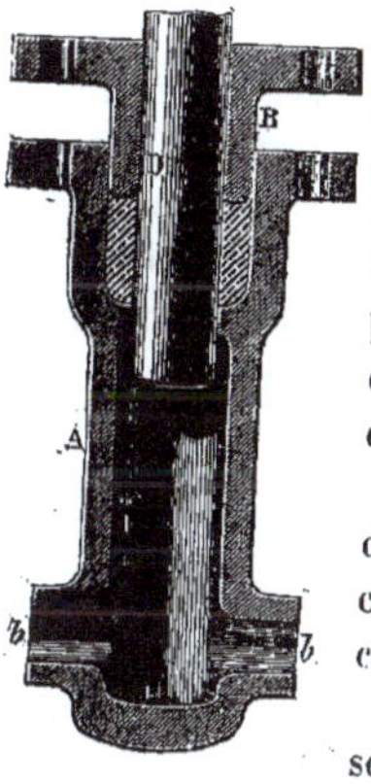

La fig. 117 représente la structure du *cylindre* dans ce genre de pompe, et dans le cas particulier d'une pompe alimentaire. C'est une sorte de canon en fonte ou en bronze A, renflé à sa partie supérieure pour former la garniture et recevoir le presse-étoupe B, dans lequel glisse le piston D ; ce piston est une tige de même métal, parfaitement tournée extérieurement, plein ou creux, suivant sa grosseur, mais, d'ailleurs, sans aucun rapport, par son intérieur, avec la pompe. Ce cylindre est nécessairement en communication avec les clapets qui sont disposés dans une chapelle que l'on fait souvent de la même pièce que le cylindre.

D'une manière ou de l'autre, la communication est établie par deux canaux *b*, si les clapets sont disposés de chaque côté du corps, ou par un seul, s'ils sont reportés d'un seul côté ; ces canaux sont situés, soit à la partie inférieure, soit en haut, etc.

Les corps de pompe à piston plongeur s'exécutent avec toutes sortes de dimensions, depuis les plus petites pompes d'injection des presses hydrauliques, dont le piston n'a pas plus de 2 centimètres de diamètre, jusqu'aux grandes pompes, comme celles de Chaillot (Paris), dont les pistons ont plus de 1 mètre de diamètre et 2 mètres de course. Dans le premier cas, les pressions qu'ils ont à surmonter en travaillant, peuvent s'élever à plusieurs centaines d'atmosphères.

Corps de pompe a double effet, fig. 19, pl. 28. — Nous choisissons, pour exemple de ce type, une pompe à air de machine à vapeur, comme on les construit maintenant, particulièrement pour les machines à vapeur horizontales, la pompe ayant la même position ou légèrement inclinée, comme celle-ci, suivant la disposition de la commande.

Dans cette circonstance, le cylindre devient une pièce de fonte assez compliquée, car il est pourvu d'une vaste chapelle pour les clapets, qui sont très-développés, et il est quelques fois de la même pièce que le condenseur.

Ce cylindre A est fondu dans une direction inclinée, avec un coffre rectangulaire et vertical, dont l'intérieur présente deux capacités E et E' en rapport respectif, par les lumières *b* et *b'*, avec les deux extrémités du cylindre séparées par le piston D qui est plein ; ces deux capacités sont déterminées par deux cloisons qui laissent entre elles un intervalle dans lequel débouche, par une ouverture circulaire *d*, le tuyau communiquant avec le condenseur et par lequel arrivent l'eau de condensation et la vapeur condensée. Enfin, ces deux cloisons sont percées de deux ouvertures *c* et *c'*, sur lesquelles sont montés deux clapets ouvrant dans chacune des deux capacités E et E'.

Toutes les parties de ce coffre sont, d'ailleurs, parfaitement étanchées par rapport à l'atmosphère extérieure avec laquelle elles ne communiquent que par le jeu même de la pompe. Le corps A est d'abord fermé par le couvercle B et par le tampon C mastiqué; puis, le coffre est surmonté d'une bâche bien jointe et boulonnée avec un fond qui porte deux clapets ouvrant en dehors et vis-à-vis des chambres E et E'.

Cette disposition rend donc la pompe *à double effet*, car dans chaque parcours du piston, il se produit simultanément une aspiration par l'un des clapets en *c* ou *c'*, et un refoulement par l'un des clapets supérieurs ; l'eau qui afflue par l'orifice *d* est ainsi sans cesse élevée dans la bâche supérieure qui, elle, est ouverte à l'air libre et verse simplement son eau par un orifice de trop-plein.

Nous compléterons l'idée que l'on peut se faire d'une pareille pièce, en disant que celle-ci porte encore, fondus avec elle, *deux corps de pompes alimentaires*, ménagés de chaque côté du corps principal A ; les pistons de ces deux pompes sont mis en mouvement par la même traverse à laquelle est attaché celui D ; il y en a deux pour équilibrer les efforts, car, autrement, une seule d'une dimension convenable suffirait. C'est pour guider cette traverse, qui commande ainsi trois tiges, qu'elle est maintenue entre deux glissières *g* que le génie économique du constructeur a réservées de la même pièce de fonte que le couvercle B.

Décrire cette pompe à air, c'est à peu près décrire toutes celles du même système, qui ne diffèrent que par certains détails de formes, sans importance, quant à la pièce de fonte principale, dans laquelle nous distinguons particulièrement le cylindre.

Ce système de pompe à air est l'un des perfectionnements les plus importants qui aient été apportés, depuis une quinzaine d'années, aux machines à vapeur.

Corps de presse hydraulique. — On désigne ainsi la pièce principale de ce puissant engin, dans laquelle joue le piston presseur ; ce n'est pas un corps de pompe, quant aux fonctions, mais à notre point de vue, c'est encore un *cylindre*, et dont la structure mérite un examen particulier.

Dans les conditions ordinaires, un corps de presse est un véritable *mortier* en fonte A, fig. 118, accompagné de quatre oreilles *a*, détachées ou comprises dans un plateau, par lesquelles le mortier est réuni, par de fortes colonnes en fer, avec le *sommier* qui sert de point d'appui à l'effort exercé. On sait que cet effort, résultant de l'eau refoulée à l'intérieur du corps de presse, est transmis par un piston cylindrique et plein, comme un *plongeur*, qui glisse à frottement juste dans l'ouverture du mortier, laquelle est garnie, intérieurement, d'un cuir embouti.

C'est donc la seule partie de la pièce qui doive être retouchée après la coulée, si nous en exceptons la pose du tube d'injection et l'ajustement des colonnes ou tirants en fer et de quelques pièces accessoires. On peut dire que le seul intérêt que présente, en effet, la fabrication d'un corps de presse hydraulique, réside dans l'opération de la coulée et dans le choix de la matière première. On appréciera mieux les difficultés que ce travail présente, lorsque nous examinerons les conditions de résistance exigées pour cette pièce, dont la matière travaille souvent près du point de rupture ; à une pareille limite, et avant de l'atteindre, il peut se produire certains phénomènes particuliers, qui rendent, en général, le fonctionnement d'une presse hydraulique très-délicat ; l'eau s'infiltre parfois au travers de la fonte, la moindre soufflure peut amener prématurément la rupture, et une fissure absolument imperceptible la laisse passer en jets fins comme des cheveux qui donnent parfois une fuite assez abondante pour qu'il ne soit pas possible d'atteindre à la pression requise, etc.

Fig. 118.

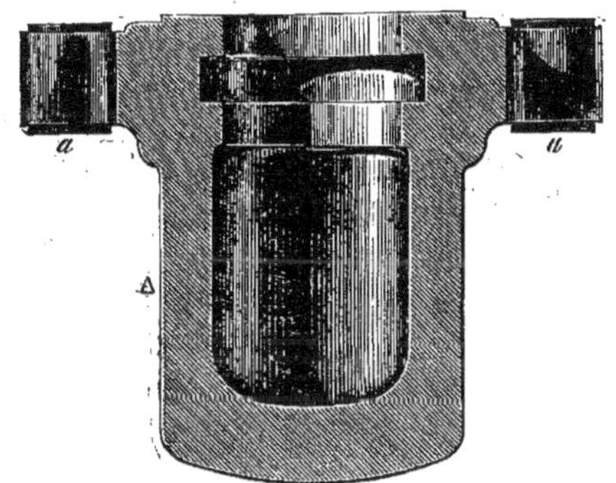

Comme, en résumé, la construction d'un corps de presse hydraulique a sa véritable importance dans ses dimensions et dans la disposition des garnitures, points qui seront examinés plus loin séparément et avec les détails nécessaires, qu'il nous suffise, quant à présent, d'en avoir reproduit la forme extérieure, qui varie peu, si ce n'est que la presse pouvant fonctionner verticalement ou horizontalement, le mortier est disposé pour occuper l'une ou l'autre de ces deux positions. Mais cela n'amène que des modifications extérieures et de peu d'importance.

CYLINDRES A AIR.

(PLANCHE 28.)

Cylindre soufflant, fig. 20. — On connaît les machines dites *soufflantes*, employées dans les forges, et qui, suivant la construction moderne, se composent d'un cylindre à vapeur horizontal, actionnant directement, par son piston, celui d'un cylindre soufflant, c'est-à-dire, qui puise de l'air ambiant par aspiration et le refoule dans une conduite aboutissant au foyer qu'il s'agit d'alimenter.

La fig. 20 représente, en section horizontale, un cylindre soufflant détaché de la partie motrice de la machine, mais muni de ses accessoires principaux, piston, fonds et tiroir distributeur. Rappelons que l'on distingue dans les machines soufflantes, le système à *clapets* et le système à tiroirs auquel notre exemple appartient.

On voit que ce cylindre A est composé, en principe, tout à fait comme un cylindre moteur à vapeur. Il présente deux fonds (ou couvercles) B et B', trois canaux distributeurs *b*, *b'* et *d*, et un tiroir de distribution E renfermé dans la boîte close F. Mais on reconnaît de suite que la circulation du fluide suit un ordre inverse, et c'est, en somme, *une pompe à air*, à double effet et à tiroir remplaçant les clapets.

Le cylindre est une pièce de fonte très-importante qui comprend le corps cylindrique A, la boîte du tiroir F et deux patins C formant exactement la prolongation du bâti qui porte l'ensemble du mécanisme de la machine à vapeur. Ces deux patins s'appuient directement sur le massif en maçonnerie avec lequel ils sont reliés par plusieurs boulons de fondation ; mais pour que la liaison entre les deux parties du mécanisme soit aussi intime que possible, les deux patins se joignent bout à bout aux bâtis principaux et sont aussi agrafés par des frettes en fer, qui entourent et rassemblent des demi-bossages *e*, réservés sur chacune des parties réunies.

Les deux fonds B et B', qui sont pareils, sont armés d'un rebord qui pénètre très-profondément dans le cylindre et dans une partie d'un diamètre un peu plus grand que celui du piston. Ils sont renforcés extérieurement par un certain nombre de nervures joignant le rebord extérieur et la boîte *f*, dans laquelle est disposée la garniture pour le passage de la tige D' ; cette tige, qui traverse les deux fonds, est, comme nous l'avons rappelé, celle même du piston à vapeur ou au moins son prolongement. Du côté opposé, elle sort du cylindre enveloppée d'un étui fixe *g*, en métal mince, et destiné à protéger les personnes qui circulent autour de la machine contre un choc imprévu de cette tige.

Nous aurons de nouveau l'occasion de parler spécialement de ce genre de piston D, qui est un simple disque en fonte, évidé et recouvert d'une plaque en tôle, et portant à sa circonférence un certain nombre de gorges, dans lesquelles de l'air se confine et produit l'étanchement des deux parties du cylindre.

Indépendamment des deux canaux *b* et *b'* par lesquels l'air pénètre dans le cylindre et s'en échappe ensuite refoulé par le piston, l'intervalle de ces canaux est occupé par un orifice très-vaste *d*, qui est celui d'un autre canal disposé exactement comme le conduit d'échappement d'un cylindre à vapeur, mais par lequel l'air aspiré s'introduit, au contraire, dans le cylindre, en passant par la cavité intérieure du tiroir et par l'un des deux canaux *b* ou *b'*, suivant la phase des mouvements.

Ce tiroir, construit comme ceux des machines à vapeur, est commandé par une tringle *h* prolongée, débouchant, comme celle du piston, dans un étui extérieur *i*; des écrous *j* permettent de régler la position du tiroir sur la tige, qui a aussi du jeu dans la douille fondue avec le tiroir, de façon à lui laisser la faculté de s'appliquer librement sur la table *c* des orifices. Enfin, la boîte du tiroir est fermée par un couvercle G avec lequel est venue de fonte la tubulure H où s'adapte la conduite d'air refoulé ; cette tubulure étant dirigée vers le haut, est en partie enlevée par la coupe sur notre dessin, et n'a pu être indiquée qu'en lignes ponctuées.

Ce cylindre n'étant soumis qu'à une pression intérieure qui dépasse peu celle de 1 atmosphère, on en réduit les épaisseurs autant que les exigences de la construction le permettent. Son diamètre est toujours grand, comparativement à sa longueur, car il est de même course que le piston à vapeur dont le diamètre, suivant les rapports ordinaires, est environ la moitié de cette course ; mais comme la pression spécifique est beaucoup plus forte sur l'un des deux pistons que sur l'autre, et que les pressions totales doivent néanmoins se faire équilibre, il faut alors que les surfaces soient en rapport inverse, ce qui conduit, pour le piston à vent, au grand diamètre qu'on lui voit sur le dessin.

Cylindre en cristal pour machine pneumatique, fig. 21. — On sait que les cylindres des pompes employées pour faire le *vide*, dans les cabinets de physique, et nommées *machines pneumatiques*, sont ordinairement en cristal, matière peu susceptible d'usure dans ces conditions d'emploi, et dont les surfaces peuvent acquérir un poli parfait.

Ce modèle, représenté fig. 21, est emprunté à une magnifique machine construite par M. Richard, ingénieur-opticien et constructeur de baromètres métalliques, à Paris ; cette machine comprend huit corps de pompes semblables, puisant de l'un dans l'autre, depuis le récipient où se fait le vide et avec lequel le premier cylindre communique exclusivement, jusqu'à l'atmosphère embiante qui est en rapport exclusif avec le dernier, lequel y verse les volumes d'air extraits du récipient.

Nous proposant de décrire cet ingénieux appareil dans notre *Publication industrielle*, nous ne pouvons montrer ici que le mode de construction des cylindres, mode différant notablement de celui qui peut être admis avec le métal, le verre ne se prêtant pas le moins du monde à la même manutention.

Le cylindre de cristal A est un simple manchon parfaitement alésé et ses extrémités dressées (nous dirons tout à l'heure par quel procédé) ; il se trouve pris entre une lunette B et un fond plein C, portant tous deux quatre oreilles pour recevoir autant de boulons *a*, qui relient fortement ces trois pièces et servent en même temps à fixer l'ensemble sur la table en fonte E, appartenant au bâti de la machine. La lunette et le fond sont à drageoir pour s'emboîter avec le cylindre et maintenir la rondelle de caoutchouc ; mais, tandis que la rondelle supérieure n'a pour objet que d'adoucir et d'égaliser le serrage contre le verre, cette partie du cylindre étant à l'air libre, celle inférieure doit produire un joint parfait, puisque c'est par la partie inférieure que le cylindre agit ; c'est pour assurer ce joint que la rondelle inférieure est logée tout entière dans une rainure circulaire pratiquée au fond, et dans laquelle le cylindre pénètre même d'une certaine quantité.

Bien que nous devions nous occuper plus loin des pistons en général, nous décrivons dès à présent celui-ci, dont la construction est tout spécialement appropriée à ce genre de cylindre et à son mode d'emploi.

La partie active de ce piston D est en cuir embouti, avec beaucoup de soin, dans des matrices soigneusement tournées ; il est pincé entre un champignon en bronze *b* et une rondelle conique *c*, rectifiant le cône pour recevoir à plat la pression de l'écrou *d* monté sur la douille cylindrique du champignon, et à l'aide duquel on réunit ces pièces.

Mais la partie la plus remarquable et la plus caractéristique de ce piston est son assemblage avec la tige D'. Avant de l'expliquer, nous devons faire observer que pour une semblable machine pneumatique, destinée à opérer le vide jusqu'à une limite que l'on n'a peut-être jamais atteinte, il est nécessaire, non-seulement que les pistons se meuvent lentement, mais encore qu'ils éprouvent, à chaque fin de course, un *repos absolu* de quelques instants, afin de laisser aux volumes d'air le temps de se mouvoir, ou de compléter leur écoulement, conditions qui deviennent d'autant plus importantes que le vide est plus avancé et que la force élastique de l'air aspiré est plus faible.

Or, comme ces pistons sont mis en mouvement par un mécanisme ordinaire de bielles et de manivelles agissant d'une manière continue, et que l'espèce de repos dû à chaque point mort ne serait pas suffisant, on a fait la course de la *tige plus longue* que celle du *piston* lui-même, et pour cela, il a fallu opérer leur assemblage avec *un temps perdu*, de la manière suivante :

La tige D' se termine par un renflement par lequel elle pénètre dans la douille du piston, qui est creuse et renferme aussi un ressort à boudin *e*; puis la tige et la douille sont reliées par un écrou *f*, monté sur celle-ci, et qui, arrêtant la tige par la saillie du renflement, l'empêche de se dégager. Par conséquent, dans le mouvement ascensionnel, le piston est *tiré* par la tige, et dans le sens contraire, il est *poussé*, la tige s'appuyant sur le ressort *e*, dont la résistance est suffisante pour qu'il ne cède pas complétement sous l'effort nécessaire pour vaincre le frottement du piston ; mais, à fin de course, le champignon *b*, dont la face est dressée avec le plus grand soin, vient s'appliquer sur le fond C, qui est dressé avec la même exactitude, et la tige, à laquelle *il reste une certaine quantité de course*, la termine en comprimant le ressort à boudin qui fait presser le dessous du piston sur le fond, ce piston se trouvant ainsi en contact et en repos absolu pendant tout le temps que la tige achève sa course descendante et celui qu'elle emploie à ratrapper ensuite, en remontant, l'écrou *f* par lequel elle enlève de nouveau le piston.

L'utilité de ces fonctions sera bien comprise des personnes qui connaissent la difficulté que *les chambres d'air* opposent à l'opération du vide ; sans le contact intime et prolongé du piston sur le fond, il serait à peu près impossible de se débarrasser d'une certaine couche d'air, qui tend à se maintenir entre ces deux pièces, et qui, si peu volumineuse qu'elle soit, s'oppose néanmoins à ce que le vide soit poussé au-delà de la force élastique qu'elle conserve dans le cylindre, lorsque le piston se relève.

Un mot maintenant sur les procédés employés pour travailler le verre à froid.

On alèse l'intérieur de ce cylindre et on en tourne les bouts, comme s'il était en métal, tout simplement avec un burin *d'acier*, mais mouillé incessamment avec *de l'essence de térébenthine*. L'intérieur est ensuite rodé et poli à l'aide des moyens ordinaires, ce qui n'empêche pas que le piston soit constamment recouvert d'une couche d'huile qui l'étanche et lubrifie son frottement.

Nous avons vu cette application faite aussi avec succès, pour tourner des molettes en acier trempé.

CYLINDRES A ACTION EXTÉRIEURE.

(PLANCHE 29.)

Nous allons passer en revue maintenant quelques exemples de ces cylindres que nous désignions, en commençant, comme étant du genre *laminoir*, c'est-à-dire, qui agissent en tournant d'après leur axe de figure, par leur extérieur, et rigoureusement en vertu de leur forme cylindrique à laquelle aucune autre ne pourrait être substituée, tandis qu'on pourrait, au contraire, admettre une forme prismatique quelconque pour les cylindres à action intérieure et qui ne possèdent eux-mêmes aucun mouvement en rapport avec la figure de leur section transversale.

C'est logiquement par des cylindres de laminoir proprement dits que nous devons commencer cet examen, qui s'étend ensuite à différents types analogues, quant au fonctionnement, mais cependant très-variables par les détails et la nature de leurs applications.

Cylindres de laminoir. — Les laminoirs à métaux sont des outils destinés à la fabrication de pièces pleines, d'une structure linéaire à profil constant, tant pour la première fabrication *à chaud*, que pour certaines préparations subséquentes *à froid*. Les fers ouvrés et considérés cependant comme matériaux de construction, tels que les fers plats, ronds, carrés et la tôle se préparent et se fabriquent au laminoir et à chaud; il en est de même d'autres fers spéciaux des profils les plus variés, comme les fers d'angles, les fers à T, les cornières, les petits fers pour vitrages, et enfin les rails de chemins de fer, etc.

Maintenant le laminoir agit *à froid* pour la rectification, l'amincissage, l'étirage de métaux qui sont arrivés déjà à un point très-voisin de leur état d'emploi, mais qui doivent néanmoins subir une dernière préparation de ce genre. Nous citerons seulement, pour exemples, les plaques de plomb, d'étain ou de zinc, et, mieux encore, les cuivres minces destinés au repoussé ou à l'estampage, et les métaux employés pour la fabrication de la monnaie. Ces métaux, en feuilles ou en rubans, doivent recevoir ce laminage à froid, qui les écrouit en même temps qu'il en rectifie l'épaisseur avec la plus grande exactitude ; aussi, les laminoirs employés à cette opération doivent-ils être d'une précision exceptionnelle. Mais, hâtons-nous d'ajouter que si ce laminage s'opère *à froid*, il ne se complète pas sans que la matière ait été soumise au *recuit* pour une série déterminée de *passes*, suivant la réduction d'épaisseur à produire et suivant le degré de ductilité du métal travaillé.

Nous désirons faire entendre, par cet exposé, combien la structure d'un *cylindre* de laminoir est variable, et qu'elle peut être moins souvent cylindrique, dans toute l'acception du mot, que de tout autre profil qu'une génératrice droite, mais ne déterminant pas moins de toute façon, un solide de révolution.

La fig. 119 représente, en vue extérieure et à l'échelle de 1/25, un cylindre de laminoir *de forge,* à table droite, comme sont les laminoirs à tôle. Le laminoir comprend deux cylindres semblables superposés et montés, par leurs tourillons, sur deux supports latéraux formant la *cage* du laminoir ; ils reçoivent tous deux, d'un moteur, un mouvement de rotation, et, dans les forges, plusieurs laminoirs placés à la suite les uns des autres composent ce que l'on appelle un *train*, et sont mis en mouvement par une commande unique.

Fig. 119.

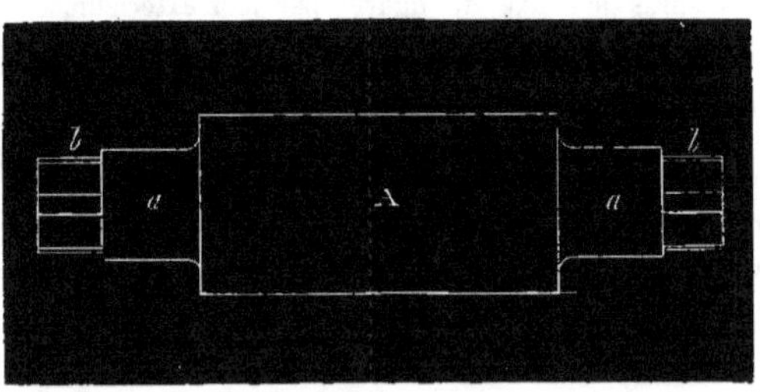

Un semblable cylindre est une pièce de fonte pleine, comprenant la table A, qui est la partie travaillante, les deux tourillons *a* et deux portées *b* appelées *trèfles*, servant à opérer la connexion de deux cylindres d'un même train : nous avons donné assez de détails sur cette particularité, à propos des manchons d'assemblages (p. 154), pour qu'il nous paraisse inutile d'y revenir ici.

La table et les tourillons sont parfaitement tournés, et particulièrement pour un laminoir à tôle, la cylindricité doit être absolument rigoureuse.

Fig. 120.

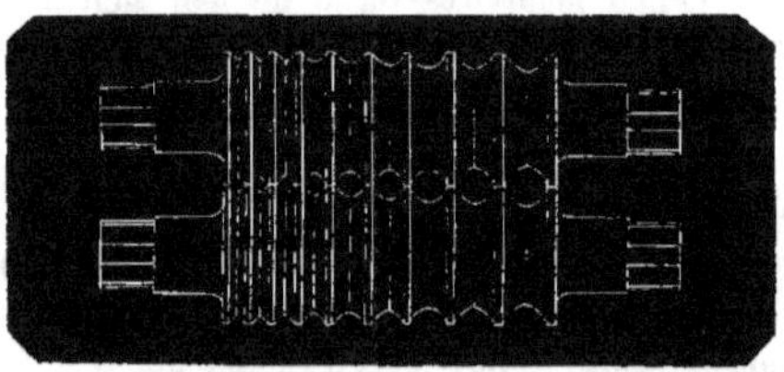

La fonte employée doit être extrêmement saine, résistante et néanmoins d'une dureté qui permette encore le tournage ; ordinairement, de semblables pièces doivent être coulées *de bout*, avec une masselotte, pour l'expulsion des crasses ; on fait usage aussi de la coulée *en coquille,* c'est-à-dire, en revêtissant la partie du moule qui correspond à la partie travaillante d'une chemise en fonte, contre laquelle le métal se refroidit assez vivement et subit une espèce de trempe. Mais, d'habiles praticiens font observer que cette opération assez délicate ne réussit, d'ailleurs, que si la fonte, par sa propre composition, est toute disposée à s'y prêter, autrement la trempe ne se produit pas. La difficulté d'une réussite complète est démontrée par le prix attaché, par le possesseur, à un laminoir dont la qualité ne laisse rien à désirer sous ce rapport, principalement pour les cylindres travaillant à froid, et dont la table doit conserver un parfait poli.

Voici maintenant le profil des cylindres de laminoir dans deux autres circonstances différentes.

La fig. 120 est le tracé, à l'échelle de 1/40, des cylindres d'un laminoir à fer *dégrossisseur*, dont la table forme des cannelures ogivales qui se correspondent exactement d'un cylindre à l'autre et déterminent des passages qui ressemblent à des carrés ; ces cannelures vont en diminuant d'une extrémité à l'autre des cylindres. On conçoit que ces cannelures, de dimensions successivement décroissantes, correspondent aux passes successives que l'on fait subir à une masse de métal que l'on présente d'abord à la plus large, où elle éprouve un premier étirage, puis après à la suivante, où elle s'amincit encore en s'allongeant davantage, et ainsi de suite, jusqu'à la cannelure possédant la dimension où la barre doit être tenue avant une nouvelle chaude, si elle doit subir d'autres préparations.

Fig. 121.

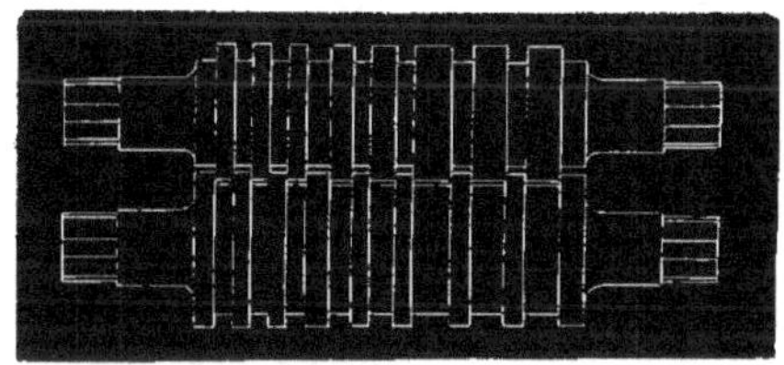

Le tracé, fig. 121, est celui de deux autres cylindres dégrossisseurs, dont la disposition des cannelures est toute différente. Appropriées à la préparation des fers plats, on voit que ces cannelures sont déterminées par des gorges rectangulaires pratiquées dans le cylindre inférieur, dit *cylindre femelle*, et dans lesquelles pénètrent des portées appartenant au *cylindre mâle*, mais non *à fond*, et en laissant un vide qui correspond à l'épaisseur réservée aux barres à chaque passage.

Ces deux paires de laminoirs, qui composent un train dégrossisseur, se complètent dans le travail, et les barres sont soumises d'abord au premier pour être terminées dans le second : aussi, doit-on remarquer que dans chaque paire une barre n'est pas soumise à toute la série de cannelures, mais seulement, à la partie de la série en rapport, avec son échantillon particulier.

Comme nous n'avons aucunement pour objet d'entrer dans tous les détails de cette partie de la fabrication du fer, mais seulement de donner des exemples de cylindres disposés pour ce genre de travail, nous n'insistons pas davantage sur ce sujet. Les types qui viennent d'être reproduits donneront une idée suffisante des différents cylindres de laminoirs appropriés à tous les profils que l'on obtient par cette méthode.

Cylindre pour moulin a cannes, fig. 1, pl. 29. — Les moulins à cannes sont de véritables laminoirs qui ne le cèdent en rien, quant à la puissance qu'ils sont susceptibles d'absorber, à ceux employés dans les usines métallurgiques pour le traitement des fers. A la vérité, leur travail normal peut très-bien se maintenir dans des limites moins élevées ; mais par les résistances accidentelles qu'ils peuvent éprouver, on est conduit à leur donner des dimensions tout à fait remarquables.

Le cylindre pris ici pour exemple est l'un des trois qui composent un moulin ordinaire, correspondant à une puissance de 10 chevaux : on compte habituellement 1 cheval par décimètre de largeur, et l'on voit que ce cylindre possède effectivement 1 mètre de longueur travaillante ou de *table* (1).

Un semblable cylindre est composé d'un corps principal en fonte A, armé d'un arbre en fer B d'un très-fort diamètre ; les trois cylindres se communiquant le mouvement de l'un à l'autre, leurs axes portent chacun un fort pignon denté, et l'un d'eux est, en outre, muni d'une grande roue qui reçoit le mouvement du moteur. On peut donc considérer ces trois axes comme soumis à un effort de torsion très-énergique, car cette puissance de 10 chevaux qu'ils transmettent est basée sur une vitesse très-lente qui n'est que de trois tours par minute. Indépendamment de cet effort normal, ils ont à résister à des chocs ou plutôt à des efforts de pression d'une énorme intensité, par suite de trop forts volumes de cannes engagés à la fois et même inégalement répartis, ce qui produit souvent la rupture même du cylindre ; si bien que la pratique seule a pu indiquer les forces à adopter pour ces arbres, et les mettre en état de résister dans les circonstances les plus générales de leur travail.

Le cylindre de fonte, qui doit être en métal très-dur, n'est pas exactement plein ; il y a avantage, au contraire, à lui réserver, en plus du trou nécessaire au passage de l'arbre, des vides comme ceux *a*, de façon à conserver à l'intérieur des parois brutes, qui sont toujours plus résistantes par leur croûte, en quelque sorte vitreuse ; et puis, les parties pleines sont d'autant plus saines ou exemptes de soufflures que le vide central, venu de fonte, est plus grand proportionnellement à la masse totale de la pièce.

Mais il faut remarquer que ce vide est interrompu par un cordon alésé au diamètre de l'arbre, car on craindrait que le cylindre *fléchît*, s'il en était autrement.

L'arbre, emmanché de force dans le cylindre, est fixé par deux clavettes *b* répondant à deux portées de l'arbre qui diffèrent de 2 millimètres sur le diamètre pour la facilité de son introduction. D'après une note de MM. Brissonneau frères, de Nantes, à l'obligeance desquels nous devons ce modèle construit dans leurs ateliers, voici comment ces constructeurs procèdent pour l'assemblage du cylindre et de son axe :

Le cylindre étant alésé et l'arbre tourné avec la plus grande précision, plus fort d'un dixième de millimètre, on procède à l'emmanchement de l'arbre, à froid, à l'aide d'un pilon vertical tombant de 4 à 5 mètres de hauteur, et pesant de 200 à 1000 kilog., suivant la dimension même des pièces à ajuster. Les deux clavettes sont chassées également à l'aide d'un pilon qui agit horizontalement.

(1) On peut voir à ce sujet les différents types de moulins à cannes que nous avons donnés dans la *Publication industrielle* (tomes V, VII et XIV).

Malgré tous les soins apportés à cet ajustement, les clavettes ont de la tendance à sortir au bout d'un certain temps de travail. Pour remédier à cet inconvénient, les constructeurs ont imaginé de masquer ces clavettes au moyen d'une rondelle *c* en deux pièces, de chaque bout, qui pénètre dans une gorge réservée à l'arbre, cette rondelle étant elle-même enveloppée ou *sertie* par une deuxième rondelle *d*, d'une seule pièce, qui se monte *à chaud*. C'est en raison de ce mode d'ajustement que le contact des deux rondelles présente une légère conicité intérieure, qui empêche complétement la sortie de la rondelle *d* et que la dilatation permet de franchir à la pose.

Cylindre presseur d'une machine a imprimer, fig. 2. — Cet organe dépend d'une très-importante machine à imprimer à quatre couleurs, pour les étoffes, comme celle publiée dans le XIVe vol. de notre Recueil industriel.

On sait que, dans les machines de ce genre, le *presseur* est un cylindre qui agit principalement par son propre poids pour tendre l'étoffe et la maintenir en contact avec les cylindres gravés, lesquels donnent quelquefois le mouvement au presseur, tandis que dans certains cas, ce dernier est lui-même commandé, ainsi que les rouleaux imprimeurs disposés autour de lui.

Le cylindre A, représenté fig. 2, est un presseur simple tournant par conctact, d'où il suit que l'axe en fer B qui le traverse est d'un diamètre très-réduit. L'ensemble de ce cylindre offre une pièce de fonte très-remarquable en ce qu'il est d'un assez grand diamètre, comparativement à l'épaisseur de la paroi, et que les fonds sont venus de la même pièce.

Lorsqu'en effet, on considère le faible diamètre des ouvertures que l'on peut seulement réserver pour le passage de l'arbre et les seules par lesquelles on puisse porter le noyau et ensuite débourrer la pièce, on reconnaît immédiatement une certaine difficulté de fonderie.

L'extérieur du cylindre est très-exactement tourné. L'intérieur, qui reste naturellement brut, présente au milieu une nervure ou cordon en saillie *a*, très-favorable pour la résistance de la pièce, dont ce cordon permet de réduire l'épaisseur et le poids.

Cylindre de machine a dégraisser les laines, fig. 3 et 4. — Dans les machines appliquées au dégraissage des laines, on adopte assez généralement des cylindres en fonte analogues à ceux des moulins à cannes ; mais alors on est obligé de les garnir extérieurement d'une enveloppe ligneuse ou filamenteuse, capable de présenter l'élasticité nécessaire. Un ancien mécanicien de Reims, M. Legros, a eu l'idée de construire ces cylindres d'une telle façon, que la partie travaillante fut en bois, et montée néanmoins sur une âme en fonte, comme on le fait dans d'autres circonstances.

La fig. 3 représente la moitié de l'un de ces cylindres, en coupe longitudinale, et la fig. 4, en section perpendiculaire à l'axe tournant.

L'ensemble de chacun des deux cylindres, qui agissent l'un sur l'autre comme dans un laminoir, comprend quatre anneaux en fonte A (la fig. 3 représentant la moitié d'un cylindre), formés chacun d'un moyeu, pour se monter sur l'arbre B, et d'une jante circulaire reliée au moyeu par un croisillon nervé. Cette jante est divisée en cabinets dans lesquels s'emmanchent et s'ajustent des coins en bois de bout *a*, exactement conformes aux dents ou alluchons des roues d'engrenage à denture de bois. Les quatre anneaux, qui composent un cylindre, étant montés sur leur arbre et serrés ensemble par quatre boulons *b*, tous les coins sont ensuite tournés ensemble, comme si le tout était d'une seule pièce.

Cette garniture de bois présente assez d'élasticité pour remplacer l'enveloppe d'étoffe et offre plus de durée qu'elle ; on a le soin, en montant les alluchons *a*, de laisser entre eux le jeu nécessaire pour compenser le gonflement que le bois ne tarde pas éprouver dans le travail, par suite de l'humidité.

Cylindre de machine a fouler les draps, fig. 5. — Les machines à fouler les draps, dites *à percussion*, ont généralement leurs cylindres alimentaires ou *délivreurs* analogues au précédent.

La fig. 5 représente, partie en coupe et partie en vue extérieure, l'un des deux cylindres de la paire qui entre dans la composition d'une telle machine ; c'est celui qui se trouve placé à la partie supérieure et qui doit presser fortement sur l'autre.

Ce cylindre est formé d'un croisillon à quatre branches, en fonte A, avec une couronne percée de 36 mortaises, pour recevoir des alluchons en bois de charme *a*, jointifs et en retraite des faces de la couronne, pour l'application de deux joues en cuivre *b*, fixées par des vis en laiton, et qui ont pour objet de maintenir les deux faces du tambour parfaitement lisses, tandis que le bois, restant découvert, pourrait jouer et présenter des irrégularités capables de déchirer l'étoffe soumise au foulage. Les deux faces du tambour sont ensuite munies de deux tourteaux en fonte B, qui n'ont pour but que d'augmenter son poids et qui n'existent pas au cylindre inférieur.

Tambours de cardes, fig. 6 a 11. — On sait que les *cardes*, employées dans le traitement des matières textiles, ont pour organe principal un tambour cylindrique d'un assez grand diamètre, animé d'un rapide mouvement de rotation, et couvert, sur toute sa surface extérieure, de bandes de cuir garnies de pointes ou dents plus ou moins fines, appelées *rubans de carde*.

La structure de ces tambours est très-simple et ne réclame particulièrement que la légèreté alliée à une parfaite invariabilité de la forme, qui ne doit éprouver aucune altération, telle que faux rond ou flexion du contour cylindrique.

Bien que la fonte ait été employée dans cette application, il s'est construit pour les filatures de laine et de coton beaucoup de tambours de cardes en *bois*, avec croisillons en fonte, sur le mode représenté par les fig. 6 et 7, qui offre, en effet, une légèreté très-remarquable ; mais l'établissement du tambour cylindrique même exige certains soins pour lui faire acquérir cette invariabilité que le métal présente toujours à un degré très-prononcé, à l'exclusion du bois. Néanmoins, c'est ce dernier mode de construction qui paraît être redevenu en faveur, car avec la fonte, on est conduit, quoiqu'on fasse, à des pièces trop pesantes ; et puis le métal offre de la difficulté pour la fixation des rubans de carde.

Ce tambour, représenté en détails fig. 6 et 7, est composé de couronnes en bois tendre, tel que d'aulne, de poirier, de cerisier ou même d'acajou, disposées les unes contre les autres, collées et clouées ou vissées. Chacune de ces couronnes est elle-même formée de segments d'un faible développement angulaire, et qui sont découpés dans de la planche, de façon que le fil du bois se trouve parallèle à la corde de l'arc que forme chaque segment.

Il existe deux méthodes pour construire la jante du tambour, en formant les couronnes et en les superposant, travail opéré le tambour monté *de bout.*

La première consiste à conformer les segments au moyen d'un calibre, qui permet de leur donner la courbure et la coupe angulaire des joints très-exactement, puis à former deux cercles dont les morceaux sont retenus avec une *presse à corde ;* ces cercles sont placés l'un sur l'autre, en croisant les joints, collés ensemble et unis au moyen de presses à vis ordinaires, en nombre suffisant, deux par chaque segment. Cette première zone de deux épaisseurs, une fois formée, on continue de superposer les cercles suivants, un par un, par le même procédé.

Par la seconde méthode, on n'emploie la presse à corde que pour le premier cercle, sur lequel on dispose et on ajuste la deuxième épaisseur, en plaçant chaque segment un à un, et en le fixant à sa place avec une presse ordinaire. Lorsque cette épaisseur est complète, on desserre successivement les presses de chacun de ces segments, que l'on colle isolément en faisant ainsi le tour du cercle entier. Ce procédé est d'une pratique plus facile que le précédent qui exige une grande habileté de main et une dextérité sans pareille, pour arriver à coller un cercle tout entier du même coup et serrer toutes les presses dans un temps assez court, afin que la colle ne se refroidisse pas.

Dans l'un ou l'autre cas, le collage n'étant pas suffisant, on fixe encore les segments les uns sur les autres avec des clous ou des vis au fur et à mesure de leur superposition. On passe, en outre, dans l'épaisseur de la jante du tambour des boulons *b* qui le traversent dans toute sa largeur, et pour lesquels les trous sont préparés d'avance en l'établissant.

Ce tambour doit être monté sur plusieurs croisillons en fonte B (la fig. 6 ne montre qu'une partie de la longueur), qui sont eux-mêmes clavetés sur un arbre en fer C. Ces croisillons, qui ont chacun huit bras, ne possèdent pas de couronne circulaire ; ils sont réunis avec le tambour en bois par les bras mêmes, dont les extrémités sont terminées par des amorces plates *a*, qui doivent être entaillées dans le bois à l'endroit d'un joint de cercle, moitié par moitié, et encastrés au moment où les cercles correspondants sont rapprochés l'un de l'autre et fixés. Il est évident qu'en faisant cette opération, il est utile que les croisillons soient montés ensemble sur l'arbre, afin que le centrage soit conservé. C'est aussi d'après cet arbre, monté sur le tour, que l'extérieur du tambour doit être tourné.

Voici maintenant un exemple d'un autre tambour de carde, en fonte d'une seule pièce, d'un diamètre plus considérable que le précédent, et plus particulièrement appliqué dans les filatures de lin et de chanvre.

La fig. 8 est un détail de ce tambour, dont le diamètre extérieur égale 1^{m},550 et la longueur 1^{m},835 ; il appartient à une grande carde à étoupes, construite par MM. Windsor frères, de Lille, et fonctionnant dans la filature de chanvre de Saint-Martin-les-Riom.

Il se compose d'un corps cylindrique A, tourné extérieurement et fondu avec deux croisillons B, de chacun huit bras. Les rubans qui le garnissent y sont fixés au moyen de vis, pour lesquelles des trous sont taraudés dans la fonte.

On construit également des tambours de carde en fonte, dont la couronne cylindrique est à part des croisillons qui sont rapportés et boulonnés. Nous les citons seulement pour insister davantage sur un système particulier, proposé par M. Legros, et représenté par les fig. 9 et 10.

Afin d'arriver à la plus grande économie possible dans le poids de ces tambours, tout en employant la fonte qui a, sur le bois, l'avantage de ne pas jouer, on les compose de plusieurs poulies A, montées sur un même arbre B et serrées fortement ensemble au moyen de plusieurs boulons-entretoises C ; le tournage de l'extérieur s'effectue après la réunion effectuée.

Ces pièces étant relativement peu importantes, on arrive facilement à une grande réduction dans les épaisseurs, qui ne sont pas plus considérables que celles d'une poulie ordinaire de transmission.

Pour l'application des *rubans* de carde, on perce des trous dans la jante pour recevoir les vis qui les fixent ; mais lorsque ce sont des *plaques*, on y ménage des ouvertures oblongues *a*, dans lesquelles s'ajustent des portées en bois qui affleurent extérieurement, et sont retenues à l'intérieur par des tringles sur lesquelles on les visse, et qui sont elles-mêmes fixées au tambour par des boulons à tête fraisée, posés dans des trous pratiqués sur le joint, mi-partie dans les deux couronnes voisines ; les plaques de carde se fixent ensuite sur ces portées avec des pointes.

Nous parlerons encore du cylindre dont le détail est donné fig. 11, et qui est le *peigneur* d'une carde. Comme il est d'un diamètre beaucoup plus faible que le tambour, le mode de construction doit en être différent. Il est formé d'un cylindre creux A, aux extrémités duquel sont montés deux plateaux B, ajustés sur son axe C, et retenus par quatre boulons D traversant le cylindre ; ils sont munis de têtes à une extrémité et taraudés par l'autre bout dans le plateau.

Cylindre de calandre, fig. 12. — On fait usage, soit pour gauffrer, moirer ou satiner le papier, ou en préparer la dorure, soit pour lustrer les étoffes, etc., d'une sorte de laminoir appelé calandre, dont l'un des cylindres est en *papier ;* tel est l'exemple représenté fig. 12.

Cet organe est composé d'un axe en fer B, à six pans sur toute la longueur de la partie travaillante, et muni de diverses portées cylindriques lisses ou taraudées pour former ses collets, et recevoir les engrenages de commande ainsi que les écrous qui servent à retenir la garniture de papier A. Cette garniture est, en effet, formée de rondelles de papier, blanc et collé, qui sont enfilées sur l'axe et serrées ensemble à l'aide d'une presse hydraulique ; pour que cette pression agisse également avec toute son énergie sur la pile entière qui compose le cylindre, on ne l'effectue que par partie, en ayant soin de mettre un certain intervalle entre les mises et les pressées successives, de façon que le papier *se rende* complétement. On voit que l'ensemble de la pile est maintenu entre deux rondelles *a*, serrées par deux forts écrous *b* montés sur le taraudage de l'arbre.

Lorsque la pressée est terminée, on met le cylindre sur le tour et on le tourne au chariot avec le plus grand soin à l'aide de burins très-coupants et d'une bonne trempe, car cette matière use très-promptement les outils. Terminé, un pareil cylindre semble avoir le poli et la dureté du marbre ; mais il conserve cependant l'élasticité recherchée pour le travail et pour la conservation du cylindre opposé, qui est en fonte ou quelquefois en cuivre, gravé ou uni, et chauffé.

Cylindres cannelés des étirages, fig. 13 et 14. — La fig. 13 est un détail de ces cylindres cannelés qui jouent un rôle si important dans les métiers à filer, où ils sont en longues files et en nombre correspondant à celui des broches auxquelles ils distribuent le fil fourni par les bobines.

Ce sont de petits cylindres A, en fer trempé et divisés en cannelures triangulaires ; la ligne entière des étirages, qui est souvent très-longue, est formée de plusieurs bouts reliés ensemble par un emmanchement carré, ainsi que la coupe l'indique.

Les fils soumis à l'étirage passent entre ces cannelés et d'autres petits cylindres B, fig. 14, appelés *presseurs*. Ces derniers sont en bois et garnis en peau ; ils sont montés sur un axe en fer C muni de portées carrées pour les recevoir. Ces cylindres, qui sont soumis à une certaine pression, tournent par l'entraînement des cannelés et ne reçoivent point d'autre commande. Dans quelques établissements, on a essayé des cylindres de pression en gutta-percha ou en caoutchouc durci.

Cylindres sécheurs, fig. 15 a 17. — Diverses machines, employées principalement dans l'industrie des tissus et la fabrication du papier, sont pourvues de cylindres mobiles et chauffés intérieurement, faisant l'office de *sécheurs continus*.

Le premier exemple, fig. 15 et 16, est emprunté à un séchoir à cylindres, publié dans le XIVe volume de notre Recueil et établi par M. Tulpin pour les apprêteurs d'étoffe. L'ensemble de cette importante machine comprend un grand nombre de cylindres tournants, chauffés à la vapeur, et superposés en quinconce, de façon que l'étoffe circule autour d'eux, en y appliquant alternativement l'endroit et l'envers.

Chacun de ces cylindres est composé d'un corps en cuivre rouge mince A, s'assemblant, des deux bouts, avec un plateau en fonte B qui porte un tourillon *a* disposé pour servir, en même temps, de point d'appui dans les supports, et de conduit pour l'entrée de la vapeur, ou pour l'évacuation de l'eau de condensation.

La fig. 15 représente, en coupe longitudinale, l'extrémité attribuée à cette dernière fonction, et la fig. 16 est une coupe transversale qui complète la vue de la même partie regardée de l'intérieur du cylindre.

Ces deux plateaux sont reliés par six boulons *b*, pour lesquels des bossages ont été ménagés sur les nervures qui consolident ces pièces, dont l'extérieur présente une cavité remplie de sciure de bois, comme préservatif contre la déperdition de chaleur, et fermée par une tôle mince *c*.

Le conduit C, qui amène la vapeur ou qui dirige extérieurement l'eau de condensation, est ajusté dans le bout du tourillon au moyen d'une garniture étanche qui lui laisse la liberté nécessaire pour ne pas céder au mouvement rotatif du cylindre. Pour cette extrémité relative à l'évacuation, le tourillon est muni, à l'intérieur du cylindre, d'un autre tuyau D qui vient aboutir à une gouttière E placée contre la paroi interne du corps cylindrique, et qui a pour fonction de recueillir l'eau condensée à chaque passage de cette gouttière à la partie inférieure.

La fig. 17 est le détail d'un cylindre A, qui remplit exactement le même office que le précédent dans une machine à fabriquer le papier sans fin.

Ce cylindre est en fonte, parfaitement tourné à l'extérieur; les extrémités en sont fermés à l'aide de plateaux B avec tourillons creux *a*, pour l'entrée de la vapeur ou pour le *retour d'eau*. L'extrémité correspondant à l'entrée de vapeur est armée d'un ajutage en bronze à robinet C, duquel part un petit tube D qui est contre-coudé et vient déboucher près de la paroi du cylindre.

La figure montre aussi un petit bouchon de regard *b*, par lequel on peut vérifier le conduit intérieur D et le faire sortir au besoin, sans démonter le plateau.

Cylindre de laminoir chauffé, fig. 18. — Ce détail, qui peut en quelque sorte compléter l'explication des précédents, représente le tourillon d'un cylindre de laminoir spécialement approprié à la préparation du caoutchouc vulcanisé, dans une opération qui exige un chauffage, ce qui fait que les cylindres doivent joindre cette propriété à une grande résistance comme laminoirs.

Le cylindre A est fondu creux et se termine de chaque bout par un tourillon qui présente, en plus du collet *a*, un renflement cylindrique dans lequel se trouve ménagée une garniture pour un ajutage en fonte B auquel est vissée l'extrémité d'un tube en fer D; cet ajutage se termine, comme on le voit, par un rebord *b* contre lequel de l'étoupe est pressée par le bouchon C retenu par deux boulons de serrage *c*.

Le tuyau D amène la vapeur par l'une des extrémités du cylindre, et le pareil, de l'autre extrémité, la laisse écouler plus ou moins condensée.

Le cylindre tourne, ainsi que le presse-étoupe C qui ne est solidaire ; mais l'ajutage B, devant rester fixe, comme la tuyauterie qui s'y rattache, ce presse-étoupe frotte nécessairement, en tournant, sur l'ajutage.

PROPORTIONS DES CYLINDRES.

Les nombreux types de cylindres, qui viennent d'être passés en revue, peuvent se diviser, sous le rapport de leur mode de résistance, en trois groupes distincts :

1° Les cylindres, qui résistent à une pression intérieure, tels que les cylindres moteurs à vapeur, les corps de pompes et les tambours sécheurs chauffés à la vapeur ;

2° Ceux, d'un emploi moins fréquent, qui sont soumis à une pression extérieure agissant par compression ou par écrasement, et parmi lesquels nous pourrions citer les appareils de condensation ;

3° Enfin, les cylindres du type laminoir, qui éprouvent des efforts extérieurs tendant à la rupture par flexion transversale.

Quant à ce dernier mode de résistance, nous manquons des éléments qui nous permettent de le traduire en règles à peu près fixes, car l'expérience seule pourrait indiquer les limites énormes dans lesquelles peuvent varier les efforts qu'un cylindre de laminoir donné, par exemple, est susceptible d'éprouver, et jusqu'à présent, au moins, il ne nous paraît point que les constructeurs aient suivi autre chose qu'une sorte de tradition pratique, pour fixer les proportions de ce genre d'organes. Nous nous en tiendrons donc aux deux premiers modes de résistance, c'est-à-dire, l'extension et la compression.

CYLINDRES SOUMIS A UNE PRESSION INTÉRIEURE.

Résistance d'un cylindre moteur a vapeur. — Un cylindre à vapeur, sans enveloppe, comme le type représenté fig. 1, pl. 27, résiste à la pression qui règne à son intérieur :

Par l'épaisseur de ses parois cylindriques ;

Par celle des fonds ;

Par les brides du cylindre et des fonds ;

Et par les boulons qui réunissent ces mêmes brides.

Nous devons donc étudier séparément la résistance de chacune de ces parties.

Résistance du corps cylindrique. — Par l'étude (Int. p. XL) de la résistance des corps creux aux efforts intérieurs, et par son application aux chaudières en tôle (p. 36), nous avons développé les principes qui conduisent à la formule servant à déterminer l'épaisseur d'un récipient cylindrique, laquelle formule est théoriquement applicable à un cylindre à vapeur, en tenant compte de l'espèce de métal qui le constitue. Mais il existe quelquefois un tel écart entre la théorie et la pratique, que c'est à peine s'il est possible de faire un rapprochement qui permette l'application de ces données générales, tout en leur apportant les modifications qui semblent convenir, *à priori*, à ce cas particulier.

La formule qui donne l'épaisseur d'un récipient cylindrique, en général, est la suivante (Int., p. XLII):

$$e = \frac{PD}{2R},$$

dans laquelle on représente par :

e l'épaisseur cherchée, en centimètres ;

D le diamètre intérieur du récipient ;

P la pression intérieure, en kilogrammes par centimètre carré ;

R la résistance à attribuer au métal sur la même unité de section transversale.

Pour appliquer cette formule à un cylindre à vapeur, il est nécessaire de la modifier par l'adjonction d'un terme fixe, comme pour les chaudières en tôle, de tenir compte de ce qu'un pareil cylindre est soumis à l'usure, par suite, susceptible d'être réalésé, et que son épaisseur primitive doit être augmentée dans cette éventualité.

Pour constituer la formule pratique, en nous fondant sur la précédente, nous admettons donc :

1° Une quantité additive fixe de 1 centimètre ;

2° Un dixième en plus de l'épaisseur, ainsi déterminée, pour un réalésage éventuel ;

3° Et, en ne prenant que 1300 pour le point de rupture de la fonte (Int. p. XVI), nous admettons 130 pour le coefficient R, ce qui revient à supposer, qu'indépendamment des quantités additives précédentes, le métal ne travaillerait encore qu'au dixième de la rupture.

Modifiée d'après ces considérations, la formule générale ci-dessus prendrait donc la diposition suivante :

$$e = 1{,}1\left(\frac{PD}{2R} + 1\,c\right) = \frac{1{,}1}{2} \times \frac{PD}{130} + 1{,}1 = 0{,}00423\,PD + 1^c{,}1.$$

Pour en faire la comparaison avec la pratique, nous allons appliquer les valeurs qu'elle fournit, aux trois cylindres représentés fig. 1 et 2, pl. 27, et fig. 14 à 16, pl. 28.

Le premier cylindre étant construit pour marcher à la pression absolue de 5 atmosphères (soit une pression effective de 4 atmosphères ou environ 4 kilog. par centimètre carré, déduction faite de celle extérieure), et son diamètre intérieur étant de 35 centimètres, on trouverait, pour l'épaisseur de sa paroi cylindrique :

$$e = (0{,}00423 \times 4^k \times 35) + 1^c{,}1 = 1^c{,}69,$$

soit 17 millimètres.

Or, l'épaisseur de ce cylindre étant de 18 millimètres, il existe ici un véritable accord entre l'exécution et les données de la formule.

Passons au cylindre de locomotive, fig. 14 et 15, pl. 28, dont le diamètre intérieur est de 48 centimètres et dans lequel la pression de la vapeur peut s'élever jusqu'à 8 atmosphères (soit une charge effective d'environ $7 \times 1{,}0333 = 7^k{,}2331$ par centimètre carré, afférente à la section des parois);

On obtiendrait pour l'épaisseur de ces dernières :

$$e = (0{,}00423 \times 7{,}2 \times 48) + 1^c{,}1 = 2^c{,}56,$$

soit 26 millimètres, en nombre rond. Il y a donc encore concordance, puisque cette épaisseur est de 27 ; mais ce cylindre peut être rangé, quant à ses proportions générales, dans la même classe que le précédent.

Nous arrivons au grand cylindre de machine marine, représenté fig. 16, pl. 28, dont le diamètre intérieur égale $2^m{,}10$; la pression de la vapeur ne devant pas dépasser $2^{atm},5$, ce n'est donc qu'une charge effective de moins de 2 kilogrammes par centimètre carré de la section du cylindre.

Admettant, néanmoins, cette charge de 2 kilogrammes, la formule nous donne :

$$e = (0,00423 \times 2^{k} \times 210^{c}) + 1^{c},1 = 2^{c},88, \text{ soit environ 29 millim.}$$

Or, les constructeurs ont adopté une épaisseur plus que *double*, ce qui ne peut plus avoir aucune relation logique avec la résistance directe, mais qui concorde, au contraire, parfaitement avec l'ensemble de la pièce et les différentes parties qui en dépendent.

Une pareille discussion établie sur les proportions de tous les cylindres bien construits, amènera toujours à une semblable conclusion, à savoir que l'épaisseur est constamment bien supérieure à ce que donnerait l'évaluation ordinaire de sa résistance, et ensuite que cet excès semble augmenter avec le diamètre du cylindre.

On reconnaît, en effet, que cette épaisseur est maintenue dans un certain rapport avec le diamètre indépendamment de l'effort, et en vue de donner à la pièce une rigidité qu'elle pourrait ne pas conserver s'il n'était tenu compte que de la résistance à l'effort intérieur. Ainsi, il est certain que ce cylindre de $2^{m},10$ de diamètre intérieur, placé horizontalement, s'ovaliserait, sous l'influence de son poids, s'il ne portait, par exemple, que 20 à 25 millimètres d'épaisseur qui suffiraient amplement pour la pression qui règne à l'intérieur, et cette épaisseur ne pourrait aucunement s'accorder avec *les parties de bâti* qui sont venues de la même pièce que ce cylindre, etc., etc. Il est vrai que l'épaisseur pourrait être réduite et cette rigidité obtenue par des nervures ; on en admet bien quelquefois, et un cylindre est toujours renforcé extérieurement par un ou plusieurs cordons, suivant sa longueur. Mais des nervures trop saillantes ou trop nombreuses gêneraient ou nuiraient à l'aspect décoratif de la pièce, et, en général, on préfère avec raison augmenter uniformément l'épaisseur.

En résumé, nous proposons, pour servir de guide dans la détermination de l'épaisseur de la paroi cylindrique des cylindres à vapeur, de calculer cette épaisseur à l'aide de la formule qui vient de nous servir dans la recherche précédente ; mais, quel que soit le résultat trouvé, *de ne jamais donner à cet épaisseur moins que le* 1/30 *ou le* 1/35 *du diamètre intérieur, quand il doit être placé horizontalement.*

Ordinairement, la plus grande réduction d'épaisseur pourra être admise, toutes choses égales, d'ailleurs, pour les cylindres disposés verticalement, dont l'ovalisation, sous l'influence du poids propre de la masse, n'est aucunement à craindre.

Jusqu'ici, nous nous sommes rapporté à des cylindres sans enveloppe, et dont la paroi est intégralement soumise à l'effort intérieur. Mais, lorsqu'il existe une enveloppe, le cylindre lui-même est, pour ainsi dire, en équilibre de pression, puisque l'enveloppe est remplie de vapeur, ou du moins le plus grand effort qu'il ressent agit extérieurement, par compression, au moment de la communication avec le condenseur et pendant la détente. A ce titre, un cylindre enveloppé pourrait être allégé, tandis que c'est à l'enveloppe qu'il convient d'appliquer le maximum de résistance. Cette dernière condition est toujours observée, mais on n'applique que rarement la réduction possible au cylindre.

Nous en citerons pourtant un exemple dans les cylindres des machines élévatoires de Chaillot (Paris), dont l'épaisseur est sensiblement inférieure à celle des enveloppes.

Résistance des fonds et des brides. — Les fonds proportionnés d'après la paroi cylindrique, avec son épaisseur ordinaire, et augmentés de nervures ou de cordons, comme on le fait habituellement, sans parler de ceux qui sont à double paroi, offrent, dans de telles conditions, une résistance plus que suffisante à la pression qu'ils supportent. Mais il est bon d'examiner dans quelles conditions résistent les *brides*, par lesquelles les fonds sont rattachés au cylindre et qui résument plus directement l'effort auquel ils sont soumis.

Pour cette recherche, on peut se représenter la collerette ou bride du cylindre comme un solide encastré et soumis à une charge transversale (Int. p. XXXII), dont la section d'encastrement ab, fig. 122, est exprimée par la circonférence du cylindre et par l'épaisseur de la bride, et le levier L de l'effort P′, par la distance de cette section au cercle sur lequel sont placés les boulons, P′ étant, cette fois, la pression totale de la vapeur sur la face intérieure du fond.

Fig. 122

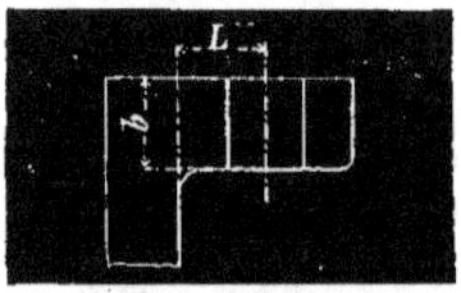

Dans cette hypothèse, l'équilibre de résistance de la collerette aurait encore pour expression (Int. p. XXXIV) :

$$P'L = \frac{Rab^2}{6}.$$

Les termes de cette expression ont ici des valeurs déterminées qui doivent leur être substituées.

Premièrement, l'effort total P′ est le produit de la pression élémentaire P, en kilogrammes par centimètre carré, sur la section du cylindre dont le diamètre est D. Cet effort P′ doit donc être remplacé par :

$$P' = \frac{\pi D^2 P}{4}.$$

D'autre part, la section d'encastrement, dont b, ou l'épaisseur de la bride, est encore indéterminée, possède, au contraire, un côté comme celui a qui n'est autre chose que la circonférence extérieure du cylindre, soit celle d'un cercle dont le diamètre est D plus deux fois l'épaisseur de la paroi cylindrique. Admettons, pour cette évaluation, que l'épaisseur de la paroi cylindrique soit 1/20 D, et le diamètre extérieur sera 1,1 D, dont la circonférence a devient donc :

$$a = 1,1\pi D.$$

La distance L reste indéterminée; mais, dans les conditions ordinaires de la construction, cette distance est sensiblement égale à l'épaisseur b, et elle est, d'ailleurs, aussi faible que possible. Nous remplaçons donc, dans la formule, L par b, et P′ et a par leurs valeurs précédentes, et nous obtenons :

$$\frac{\pi D^2 P}{4} b = \frac{1,1 R \pi D b^2}{6}, \text{ d'où : } \frac{PD}{2} = \frac{1,1 R b}{3};$$

d'où, enfin :

$$b = \frac{3 P D}{2,2 R}.$$

Si nous comparons alors cette valeur de l'épaisseur de la bride à celle e ci-dessus de l'épaisseur de la paroi cylindrique, nous trouvons :

$$\frac{1}{2} \frac{PD}{R}, \text{ et : } \frac{3 P D}{2,2 R}.$$

Ce qui signifie que, pour le même cylindre, et tout en réduisant au minimum la saillie des brides, leur épaisseur devrait être plus grande que celle de la paroi cylindrique dans le rapport de :

$$\frac{3}{2,2} : \frac{1}{2} = 2,727$$

Ainsi, à égalité de taux de charge pour la résistance du métal, les brides devraient posséder presque *trois* fois l'épaisseur de la paroi cylindrique. On les fait seulement plus épaisses d'un quart ou d'un cinquième à peu près ; mais comme cette paroi porte elle-même 20 à 30 fois, environ, l'épaisseur qui répondrait à la rupture, il s'ensuit que les brides, dont l'épaisseur est un peu plus grande, sont, quoique plus chargées, bien assez résistantes.

On pourra nous objecter qu'une telle bride devrait plutôt être considérée comme soumise au *cisaillement* (Int., p. XXX) qu'à la charge par encastrement, vu la faible valeur du bras de levier L de l'effort, car les boulons sont, pour ainsi dire, tangents à la section d'encastrement. La question envisagée sous cet autre point de vue, nous conduit aux résultats suivants :

On se rappelle (Int., p. XLIII) que la charge, sur la section transversale d'un récipient cylindrique, est moitié moindre de celle qui correspond à la section suivant ses génératrices, et que la résistance au cisaillement est les 2/3 ou les 3/4 de celle à la traction longitudinale.

Or, l'effort qui tendrait à produire le cisaillement de la bride est précisément celui qui agit sur la section transversale du cylindre, d'où les deux épaisseurs e et b, pour être en équilibre de résistance, devraient être, en admettant 2/3 pour le cisaillement, dans le rapport suivant :

$$\frac{b}{e} = \frac{1}{2} \times \frac{3}{2} = \frac{3}{4}.$$

Cette façon d'envisager les choses est donc moins satisfaisante que la première, en ce qu'elle aboutit à une conclusion en contradiction avec la pratique, et qu'elle suppose, d'ailleurs, la distance L nulle, ce qui n'est pas ; mais elle démontre une fois de plus qu'il est d'un grand intérêt de rapprocher, autant que possible, les boulons du corps du cylindre et de les rendre nombreux en réduisant leur diamètre.

En terminant, nous rappelons que la résistance d'une bride est singulièrement améliorée, toutes choses égales, d'ailleurs, en prenant le soin de lui ménager un congé bien marqué à son intersection avec le corps cylindrique. Comme fonderie, c'est encore indispensable.

Résistance des boulons. — Ce qui précède réduit à peu de chose ce que nous devons dire sur les boulons, dont la résistance, en général, a été traitée en détail dans un chapitre spécial (chap. Ier). On y a vu qu'ils sont faits pour résister à des efforts d'environ 100 kilogrammes par centimètre carré de la section du corps cylindrique, ce qui permet d'évaluer la section totale d'une garniture de cylindre dont on connaît la pression intérieure ; mais il faut, en même temps, rechercher en combien de parties cette section doit être divisée, c'est-à-dire, en combien de boulons, et de quel diamètre ils doivent être.

L'espacement des boulons est une question de pratique où l'on cherche à les rapprocher suffisamment pour que le joint se fasse bien et soit bien serré dans toute son étendue. En général, la distance de deux boulons consécutifs ne dépasse pas 4 à 5 fois l'épaisseur des brides séparées.

Pour donner une idée de la méthode à suivre pour déterminer la garniture de boulons d'un bridage de cylindre, nous allons poser le problème complet, résumant tout ce qui précède, et consistant dans la recherche de l'épaisseur de la paroi et des brides d'un cylindre, dont les conditions de fonctionnement et le diamètre sont donnés.

Soit un cylindre à vapeur de 1 mètre de diamètre intérieur, marchant avec de la vapeur à la pression initiale de 4 atmosphères, à détente et condensation.

La pression effective maxima tendant à l'effort extensif n'étant pas de plus de 3 kilogrammes par centimètre carré, on obtient, pour l'épaisseur de la paroi cylindrique, à l'aide de la règle ci-dessus (p. 518) :

$$e = (0{,}00423 \times 3^{k} \times 100^{c}) + 1^{c}{,}1 = 2^{c}{,}369.$$

Mais, ayant admis qu'en pratique cette épaisseur ne doit pas être au-dessous du 1/35 du diamètre, nous adoptons $2^{c}{,}8$ ou 28 millimètres.

Les brides seront d'une épaisseur suffisante avec 30 millimètres en réduisant leur saillie, comme nous allons le faire, à la plus petite dimension possible.

Le diamètre extérieur de ce cylindre étant, d'après cela, de $1^{m}{,}056$, si nous admettons que les boulons des brides soient espacés de 5 fois l'épaisseur de ces brides, soit de 150 millimètres de centre en centre, en rapportant cette division à la circonférence du cylindre, nous trouvons, approximativement, pour le nombre de ces boulons :

$$\frac{1^{m}{,}056 \times 3{,}1416}{150} = 22.$$

Maintenant, la pression effective maxima sur les fonds est égale à :

$$\frac{3{,}1416 \times \overline{100}^2}{4} \times 3^k = 23562 \text{ kilogrammes.}$$

Par conséquent, si la charge spécifique des boulons n'est que de 100 kilogr., ils auront chacun pour section :

$$\frac{23562}{100 \times 22} = 10^{c.q.},71,$$

qui répond à 37 millimètres de diamètre.

Ce diamètre serait trop fort comparativement aux épaisseurs de fonte ; il faudrait adopter 30, au plus, pour le diamètre de ces boulons, et porter leur nombre à 25. Chacun d'eux répondrait ainsi à une charge totale de :

$$\frac{23562}{25} = 942^k,48,$$

et de 133 kilogr. par centimètre carré de sa propre section, ce qui n'a rien d'excessif.

En général, il faut plutôt que le diamètre des boulons soit inférieur que supérieur à l'épaisseur des brides ; il serait égal dans cet exemple ; mais nous considérons cette condition comme une limite.

La saillie des brides peut être maintenant fixée avec exactitude, car il est inutile qu'elle excède de beaucoup les écrous, dont le diamètre est environ le double de celui des boulons (p. 6).

Cette saillie serait donc au plus de 70 millimètres, en dehors de l'espèce de renflement réservé aux deux bouts du cylindre et qui, en formant, comme une nervure, compense la réduction d'épaisseur due à la fraisure réservée pour l'emboîtement des fonds.

Résistance d'un corps de pompe. — Un cylindre de pompe peut être regardé comme résistant dans les même conditions que le précédent, et ses dimensions dépendent des mêmes considérations. Mais l'incompressibilité des liquides peut donner lieu accidentellement à des efforts de beaucoup supérieurs à celui qui résulte de la marche normale, et lorsqu'il s'agit de pompes foulantes, soumises à de grandes pressions, il est indispensable d'assurer leur résistance par un excès d'épaisseur et par des nervures convenablement distribuées.

Comme la méthode de calcul, pour estimer l'épaisseur de la paroi d'un corps de pompe, est la même que précédemment, après avoir déterminé le chiffre de la pression tendant à la rupture par extension, nous n'en ferons pas de nouvel exemple ; mais nous donnons, dans le tableau ci-après, les conditions de marche et d'établissement d'un certain nombre de pompes foulantes exécutées et fonctionnant. Dans une colonne de ce tableau, nous avons inscrit la valeur que prend le coefficient R, de la formule de principe, en appliquant cette formule à chaque exemple du tableau.

TABLEAU COMPARATIF

DES RÉSISTANCES PROPORTIONNELLES DE DIVERS CORPS DE POMPES EMPLOYÉES AUX ÉLÉVATIONS D'EAUX DANS LES VILLES.

DÉSIGNATION des machines auxquelles les pompes appartiennent.	PRESSION effective en kilog. par cent. carré P.	DIAMÈTRE intérieur D.	ÉPAISSEUR de la paroi cylindrique e.	VALEUR de R d'après la formule $e = \frac{PD}{2R}$.	SÉCURITÉ théorique, la rupture admise à 1300 kil. par c. q.
	kilog.	mètres.	mètres.	kil. par c. q.	
Nouvelles pompes de Marly . . .	16	0,400	0,050	64	20,3
Nouvelles machines de Chaillot .	4	1,090	0,040	54,5	23,8
Machines d'Ivry (Farcot)	9	0,345	0,035	44,3	29,3
Anciennes pompes de Marly. . .	16	0,200	0,040	40	32,5
Machines des ponts de Cé (Farcot)	5	0,480	0,030	40	32,5
Machines de St-Ouen (établ. Cavé)	5,5	0,450	0,035	35,3	36,8

Les valeurs inscrites dans la 5e colonne justifient ce que nous venons de dire, que pour les pompes, on s'écarte peut-être encore davantage de la théorie que pour les cylindres à vapeur. Cette colonne indique, en effet, que dans ces différentes pompes, le métal travaille dans les limites de 64 à 35 kilogrammes par centimètre carré de la section longitudinale du corps, ce qui répond à peu près au 1/20 et au 1/37 de la charge qui occasionnerait la rupture de la bonne fonte, comme le montre la dernière colonne. Et pourtant, il n'est aucun mécanicien qui, à l'examen de ces pompes, trouverait ces épaisseurs trop fortes.

Corps de presse hydraulique. — Si les constructeurs peuvent se considérer comme parfaitement à l'aise pour donner la résistance nécessaire aux cylindres, à l'intérieur desquels la pression atteindrait 10 ou 20 atmosphères, il n'en est pas de même pour les corps des presses hydrauliques, dont nous avons rappelé précédemment la structure. Dans ces cylindres, il se développe des pressions qui peuvent s'élever à *plusieurs centaines d'atmosphères*, et, dans de telles conditions, l'épaisseur de la paroi atteint, même avec un faible diamètre intérieur, une épaisseur sous laquelle la résistance spécifique du métal coulé décroît sensiblement.

Quelques mots d'explication sont nécessaires pour démontrer comment l'on est conduit à admettre d'aussi fortes épaisseurs, qui ne sont pas, toutefois, une condition *sine qua non* du problème.

La puissance d'une presse hydraulique a évidemment pour mesure l'effort qu'elle est capable d'exercer, avant toute autre notion sur ses dimensions ou sur ses dispositions particulières. Cet effort, que nous désignons par E, est le produit de la pression élémentaire P du fluide dans le corps de presse et de la section transversale du piston presseur, dont le diamètre est D ; cet effort est donc proportionnel à $E = PD^2$; pour la presse à construire, ces deux facteurs sont variables et indéterminés.

D'autre part, l'épaisseur de la paroi cylindrique étant toujours :

$$e = \frac{PD}{2R},$$

(le diamètre intérieur est en réalité un peu plus grand que D ; mais supposons-les égaux pour l'instant), cette épaisseur est proportionnelle à PD, et pour l'effort PD^2 à produire, on conçoit que PD est susceptible de bien des valeurs différentes donnant lieu, par conséquent, à autant d'épaisseurs e aussi différentes.

Pour que cette épaisseur e diminue et descende à une certaine limite convenable, il faut que PD subisse la même réduction ; or, pour un même effort PD^2, la plus *faible* valeur de PD correspondrait à la plus *grande* du facteur D, qui figure dans le premier produit à la deuxième puissance (1), c'est-à-dire que le corps de presse, capable d'un effort déterminé, peut être établi dans deux conditions différentes :

Un faible diamètre de piston et une forte pression, ce qui conduit *à la plus forte épaisseur de paroi ;*

Un grand diamètre de piston et une faible pression, ce qui conduit *à la plus faible épaisseur de paroi.*

Si rien ne s'opposait jamais à ce que cette propriété fût mise à profit, la construction d'un corps de presse ne présenterait pas de difficulté particulière, puisqu'il suffirait de donner à son diamètre telle dimension qu'il serait nécessaire pour réduire l'épaisseur des parois à celle où le métal garde toute sa ténacité et son homogénéité. Mais, plus le diamètre est grand, et plus le volume d'eau à refouler est considérable pour une course déterminée, ce qui prolonge, dans le même rapport, la durée des opérations.

C'est enfin, par ces motifs, que l'on s'est attaché jusqu'ici à donner de grandes épaisseurs aux corps des presses hydrauliques, épaisseurs qui vont de 8 à 20 centimètres environ, et à les faire fonctionner à d'énormes pressions, qui s'élèvent à 600 atmosphères et plus.

(1) On démontre très-bien cette vérité de la façon suivante :

Soit l'effort à produire PD^2 donnant lieu à une épaisseur de paroi proportionnelle à PD, et admettons que pour la production du même effort total, on remplace P par une pression plus faible p et le diamètre D par un diamètre plus grand Dx : on aura donc $PD^2 = pD^2x^2$, et la nouvelle épaisseur de paroi e' devra être proportionnelle à pDx. Mais de l'égalité précédente si l'on tire la valeur de p, il vient :

$$p = \frac{P}{x^2}.$$

Par conséquent, l'épaisseur e' correspondante de la paroi est proportionnelle à :

$$\frac{P}{x^2}Dx, \text{ soit à : } \frac{PD}{x}.$$

Donc, la première valeur proportionnelle de cette paroi étant PD, si x est plus grand que l'unité, ce qui est une donnée *sui generis* du problème actuel, cette valeur est réduite dans le même rapport, c'est-à-dire, dans le rapport inverse de l'augmentation du diamètre.

Mais alors la coulée d'un pareil cylindre est entourée des plus grandes difficultés, car la fonte travaille à un taux souvent très-voisin de sa limite de cohésion, qui est encore abaissée par le fait de sa grande épaisseur ; certains mélanges de fontes sont, d'ailleurs, seuls capables de résister. Mais, en général, une grande épaisseur peut engendrer des vices de fabrication que l'on évite difficilement. Ainsi, le refroidissement nécessairement successif et inégal de grandes masses de fonte en fusion détermine des soufflures, des retraits qui rompent toute résistance, ou du moins, celle sur laquelle on se croyait en droit de compter ; l'eau refoulée pénètre dans les pores du métal, se loge dans des soufflures inaperçues et, enfin, détermine inopinément la rupture de la pièce.

Pour fixer les idées sur les solutions différentes que le problème en question est susceptible de présenter, nous allons essayer un exemple consistant à calculer les dimensions d'un corps de presse devant produire un effort maximum de 500000 kilogrammes, en admettant que, dans un premier cas, la pression intérieure ne doive pas s'élever à plus de 50 kilogrammes par centimètre carré de la section du piston, et que, dans un autre cas, elle puisse, au contraire, atteindre jusqu'à 500.

1er *Cas.* — Connaissant l'effort total et la pression élémentaire, il est aisé de trouver le diamètre du piston. On obtient, en effet :

$$\frac{\pi d^2}{4} \times 50^k = 500000 \,;\ \text{d'où : } d = 112^c{,}8 \,;$$

soit $1^m{,}128$ de diamètre. L'intérieur du cylindre est un peu plus grand d'environ 3 à 4 centimètres, ce qui donne pour ce diamètre intérieur D à peu près 115 à 116 centimètres.

Admettant que le métal ne soit chargé, sur la section longitudinale du cylindre, qu'au quart de la rupture de la bonne fonte ordinaire, soit 300 kilogrammes par centimètre carré, nous obtenons, pour l'épaisseur de la paroi cylindrique :

$$e = \frac{PD}{2R} = \frac{50^k \times 115^c}{2 \times 300^k} = 9^c{,}58,$$

soit 96 millimètres.

2e *Cas.* — La pression élémentaire devant être portée maintenant à 500 kilogrammes par centimètre carré, il vient pour le diamètre du piston :

$$\frac{\pi d^2}{4} \times 500 = 500000^k,\ \text{d'où : } d = 35^c{,}6,$$

ou 356 millimètres, soit pour le vide du cylindre, environ 38 centimètres.

L'épaisseur de la paroi devient cette fois :

$$e = \frac{500^k \times 38^c}{2 \times 300} = 31^c{,}6,$$

soit l'énorme épaisseur de 316 millimètres !

Ni l'une ni l'autre de ces deux solutions ne conviendrait pour l'exécution d'une telle presse. Dans le 1er cas, la pression élémentaire est trop faible et conduit à un piston d'un diamètre exagéré, qui ne fonctionnerait qu'avec une extrême lenteur et donnerait à l'ensemble de la machine des dimensions complétement inusitées. Dans le 2e cas, cette pression élémentaire est, au contraire, trop considérable et exigerait une épaisseur de métal tout à fait en dehors des conditions pratiques.

On devrait donc :

1° Abaisser cette pression au-dessous du dernier chiffre proposé, ce qui amènerait à une augmentation du diamètre ;

2° Élever le taux de charge du métal, ce qui conduit à l'obligation d'en perfectionner la qualité.

On pourrait, par exemple, abaisser la pression à 200 kilogrammes et élever, au contraire, le taux de charge du métal à 400 kilogrammes.

Le diamètre du piston deviendrait donc :

$$\frac{\pi d^2}{4} \times 200 = 500000 \text{ ; d'où : } d = 56^c,4.$$

Le cylindre ayant, d'après cela, environ 58 centimètres de diamètre intérieur, son épaisseur serait de :

$$e = \frac{200^k \times 58^c}{2 \times 400} = 14^c,5,$$

ou 145 millimètres d'épaisseur.

Telles seraient les conditions bonnes à adopter pour le corps d'une presse hydraulique, qui doit fournir un effort de 500000 kilogrammes. En ayant admis que le métal supporte un effort de 400 kilogrammes par centimètre carré, il faut s'attendre à ce que ce métal travaille au moins à la moitié de la charge capable de produire la rupture, car dans ce genre d'application, l'expérience a démontré que la rupture peut se produire à un taux voisin de 600 kilogrammes par centimètre carré, tandis que de bonne fonte, en plus mince épaisseur, peut arriver jusqu'à 13 ou 1400 kilogrammes.

Cependant, nous ferons observer, qu'indépendamment de la partie cylindrique à laquelle cette épaisseur est rapportée, le corps présente une culasse très-épaisse et des oreilles formant nervures, qui s'ajoutent à cette partie cylindrique et augmentent nécessairement la résistance totale de la pièce. Mais, quoiqu'il en soit, on est si souvent déçu, en pratique, et des accidents se produisent si fréquemment, lorsqu'on se croit en pleine sécurité, que l'on fera bien de ne pas compter, pour la construction d'une forte presse, sur cet accroissement de résistance, en calculant la partie cylindrique comme si elle était seule à résister.

En présence de cette difficulté de construire des corps de presse d'une résistance certaine, sans exagérer les dimensions générales en vue d'abaisser la pression intérieure, nous joignons nos vœux à ceux des ingénieurs qui prêchent pour l'adoption du fer forgé remplaçant la fonte dans cet emploi, et nous ne serions pas étonné qu'un jour on appliquât l'acier fondu.

MM. Petin et Gaudet, qui ont réalisé de notables progrès dans les forges, se sont chargés plusieurs fois d'exécuter des corps de presse en fer forgé : nous ne faisons donc que de demander la généralisation d'un fait connu. Voici, à cet égard, une anecdote rapportée par M. Morin, dans son ouvrage sur la résistance des matériaux, et qui est, on ne peut plus curieuse.

Une presse hydraulique a été construite en Angleterre pour la fabrication des tuyaux de plomb, le métal étant à l'état pâteux ou demi-fluide ; le corps de cette presse était en fonte, et la pression s'élevait jusqu'à *treize mille six cents* atmosphères !

Aussi, ces corps en fonte, qui eurent jusqu'à 1 pied d'épaisseur (305 millimètres), ne résistèrent jamais, et l'on eut recours à un corps en fer forgé de 203 millimètres d'épaisseur. Celui-là résista très-bien ; mais la matière se comprima de telle façon, que le diamètre extérieur ne manifestant aucune augmentation, celui intérieur s'est dilaté assez pour que l'on ait dû changer le piston plusieurs fois. L'épaisseur de la paroi a donc été réduite par compression jusqu'à un certain terme, au-delà duquel le corps en fer forgé a tenu bon.

Nous ne terminerons pas ce sujet, sans dire quelques mots de la disposition adoptée pour la pose du conduit d'injection et des difficultés auxquelles cet ajustement entraîne. Parmi divers procédés, qui diffèrent peu les uns des autres, on adapte le tube par lequel l'eau est introduite au corps de presse, à l'aide de la disposition représentée fig. 123.

Fig. 123.

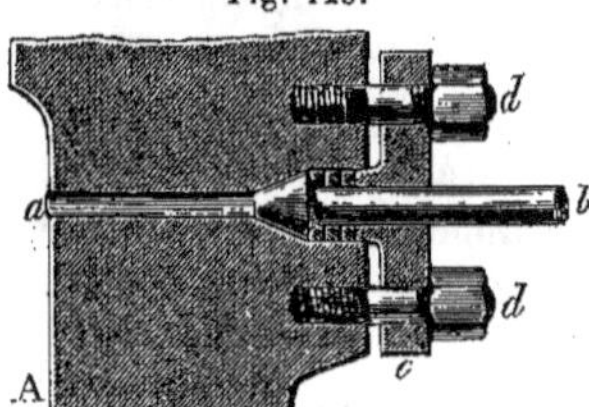

On réserve au cylindre A un fort bossage que l'on perce d'un trou *a*, de quelques millimètres de diamètre, mais dont l'entrée est agrandie et fraisée pour recevoir l'extrémité du tube d'injection *b*, lequel se termine par une portée conique devant s'adapter exactement à la fraisure ; l'ouverture cylindrique est ensuite remplie de rondelles de cuir fortement pressées par une bride à oreilles *c*, qui présente un bossage central pénétrant dans cette ouverture, et qui est fixée par deux vis *d* taraudées dans la fonte.

Lorsque la fonte est parfaitement saine et que la partie percée jouit particulièrement de la plus entière compacité, sans la moindre soufflure, ce joint tient parfaitement bien. Mais il arrive souvent que, par des causes rappelées plus haut, la fonte est, en quelque sorte, spongieuse entre les deux croûtes, et que le trou rencontre de légères criques ou soufflures que l'on pourrait regarder comme absolument sans importance pour une tout autre pièce. Dans le cas actuel, l'eau agissant avec son énorme pression, pénètre dans la masse de la fonte et détermine la rupture ; ou bien l'on voit, après quelque temps de marche, des fuites se déclarer aux deux boulons, les trous taraudés se trouvant mis ainsi en communication avec le conduit *a*, dont le percement à froid a mis à découvert la partie tendre du métal, et détermine ces fissures imperceptibles par lesquelles l'eau s'est néanmoins frayé un passage.

Il existe un bon moyen de parer à cet inconvénient, d'autant plus difficile à éviter autrement que l'épaisseur de la fonte est plus grande et partant plus sujette à la porosité.

Ce procédé, préconisé, avec raison, par M. le général Morin, dans ses divers ouvrages, consiste à ajuster dans le trou d'injection un étui ou fourreau *b*, fig. 124, maté à l'intérieur du corps, ainsi que dans la fraisure où le conduit extérieur peut s'adapter comme précédemment, mais en le terminant par une embase plate, de façon à le faire appuyer sur une rondelle de cuir. Comme le mattage intérieur peut offrir de la difficulté, si le diamètre du corps est faible, on l'évite en réservant d'avance une tête au fourreau, sous laquelle on pourrait aussi placer une rondelle de cuir; le mattage dans la fraisure tient ensuite le fourreau en place, si on a le soin, pour faire cette opération, de *tenir coup* très-énergiquement à l'intérieur.

Fig. 124.

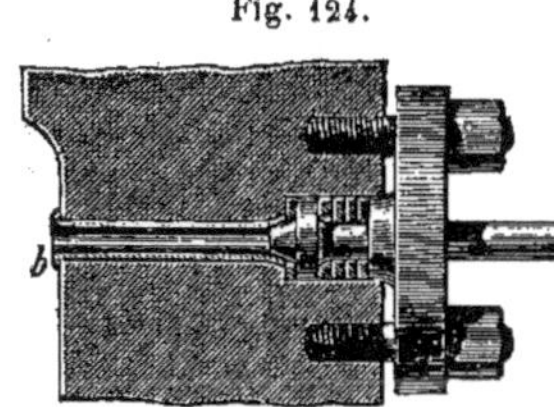

Ce procédé n'a d'autre inconvénient que d'exiger un trou un peu plus grand dans la fonte; mais ce n'est là qu'une question de place à choisir, et un renfort ou bossage suffisant à réserver. Lorsqu'on pourra placer l'injection au centre de la culasse, on fera bien, car c'est à peu près la partie la moins vulnérable de toute la pièce, dès l'instant qu'elle porte au centre au moins l'épaisseur de la paroi cylindrique, et que, loin d'offrir aucun angle aigu à l'intérieur, elle présente un raccord arrondi *du plus grand rayon possible* (voir fig. 118).

Nous complétons cette notice, déjà longue, sur les corps de presses hydrauliques, par un extrait de l'intéressant ouvrage sur la résistance de la fonte et du fer, par M. Love, relativement aux grandes presses qui ont été construites en Angleterre, pour l'établissement du pont tubulaire de Menai.

La grande presse à un seul cylindre avait 55c,08 de diamètre intérieur et 105c,88 de diamètre extérieur (soit 254 mill. d'épaisseur de paroi), et une longueur de 2m,181. Le piston avait 50c,80 de diamètre et une course de 1m,83. Le poids de ce cylindre terminé était de plus de 13 tonnes, et pour l'obtenir aussi sain que possible, la quantité de métal coulé atteignait 21 tonnes. On coula quatre de ces cylindres. Le premier, coulé la tête en bas, fut trouvé défectueux, bien que l'on prît le plus grand soin d'alimenter le moule, afin de remplir les cavités qui auraient pu se produire par le retrait. Le défaut ne fut découvert qu'après que le cylindre ayant été tourné et fini, tant à l'intérieur qu'à l'extérieur, on voulut couper la masselotte qui restait attachée au fond du cylindre. Cette opération fit découvrir une poche, ayant plus d'une pinte de capacité. Ce cylindre fut rejeté et un autre fut coulé dans la position inverse, celle que devait occuper la presse, le fond en bas. Cette fois la fonte la plus dense était à la partie inférieure; mais la partie supérieure ayant été surmontée d'une masselotte du poids de sept tonnes, présenta néanmoins une densité convenable. Sur ces sept tonnes, trois avaient été versées dans l'espace de six heures à mesure que le refroidissement et le retrait s'opéraient. La fonte, dont le cylindre était composé, était le résultat du mélange de quatre fontes dans les proportions suivantes :

Blaenavon n° 3 à l'air froid	10 tonnes.
Pontypool n° 3 d°	3 —
Fonte de vieux canons de Woolwich	4 —
Glengarnock métal fluide	4 —
Total. .	21 tonnes.

Au premier essai que l'on fit de cette presse, on trouva que l'eau s'échappait en abondance par le haut, et presque aussi rapidement qu'elle était introduite.

Elle s'infiltrait à travers la fonte du piston qui était creux, ainsi qu'à travers celle du cylindre, par la rainure où était logée la garniture en cuir, et de là à travers les trous où venaient s'insérer les guides du piston (1). On remédia en grande partie à cet inconvénient, en martelant la fonte et en mettant une deuxième garniture en cuir sous la première, et, enfin, en introduisant par la pression, dans les pores du métal, un liquide chargé de farine d'avoine et de sel ammoniac. Ces préparatifs étant terminés, le levage du tube commença non sans que la presse ne continuât à fuir un peu, et lorsqu'il fut élevé à une hauteur de vingt-quatre pieds, le piston étant au tiers environ d'une nouvelle course, le fond du cylindre de la presse, du poids de deux tonnes 1/2, se détacha subitement, tomba sur le tube et de là dans l'eau, entraînant dans sa chute et tuant un marin qui montait une échelle de cordes. Tout l'appareil, soutenant les chaînes et présentant un poids de cinquante tonnes, descendit rapidement sur le cylindre de la presse. Le tube n'étant plus retenu, descendit d'une hauteur de 8 à 9 pouces par l'écrasement du large coussin en charpente que l'on établissait sous les extrémités de la poutre à mesure qu'on l'élevait, afin de pouvoir soulager la presse dès qu'elle arrivait à l'extrémité de sa course et pour parer aussi à un accident de la nature de celui qui se produisit. Le tube souffrit beaucoup de cette chute, ainsi qu'il résulte de la description détaillée qu'en donne M. Edwin Clark.

La fracture s'effectua à la jonction de la calotte sphérique du fond et de la partie cylindrique, et bien que la cassure fournît la preuve que le métal, quoique à gros grain, surtout dans le milieu, était parfaitement sain, on en conclut que l'accident était dû à ce que le fond du cylindre, étant trop plat, avait dû produire dans l'angle des contractions contrariées de nature à affaiblir le métal, et que le remède consisterait à lui donner une courbure beaucoup plus prononcée.

La meilleure forme à donner au fond du cylindre devait donc offrir, en commençant, une courbe du plus grand rayon possible, tangente à une génératrice ; telle serait, par exemple, une ellipse, dont le grand axe serait vertical. C'est la forme qui fut adoptée par M. R. Stephenson, et avec cette heureuse et rationnelle modification apportée au fond du cylindre, la presse hydraulique put achever, sans nouvel encombre, le levage de la poutre tubulaire qui avait failli être compromis entièrement par un détail de construction en apparence infime, mais qui exigeait, cependant, ainsi qu'on la vu, une attention toute spéciale.

Un autre cylindre de rechange avait été coulé, en cas de nouvel accident, avec une forme elliptique plus allongée encore ; mais on ne fut pas obligé d'y avoir recours. Malgré le succès de la nouvelle presse, il n'en est pas moins certain qu'elle a dû être soumise à des efforts voisins de la rupture et que, par conséquent, son emploi présentait un danger continuel. On tire de cette expérience la conclusion, qu'à moins d'obtenir par un procédé particulier, et malgré l'épaisseur qu'il faut lui donner, une fonte d'un grain plus serré, plus homogène, et partant beaucoup plus résistante, la pression d'environ 600 atmosphères devrait être considérée comme une limite, dont il conviendrait de se tenir encore assez écarté, si l'on voulait avoir des presses travaillant longtemps avec sécurité.

Cette presse fonctionnait, en effet, à une pression d'environ 572 kilogrammes par

(1) C'est un fait assez curieux à noter, que les fuites se soient effectuées à la fois par le cylindre de la presse soumis à un effort d'extension qui devait agrandir les pores du métal et faciliter la sortie de l'eau, et par le piston qui était soumis à une compression énorme, paraissant de nature à resserrer les pores et à s'opposer aux fuites.

centimètre carré de la section du piston, ce qui conduit M. Love à considérer une pression de 600 atmosphères comme une limite, bien qu'elle ait été quelquefois dépassée.

CYLINDRES CREUX SOUMIS A UNE PRESSION EXTÉRIEURE.

A part les foyers intérieurs et les tubes des générateurs tubulaires, il existe assez peu d'exemples à citer de cylindres soumis à ce genre de résistance et pour des efforts un peu considérables. Ce mode de résistance avait même été si peu observé dans tous ces temps passés, que dans l'ordonnance qui impose les épaisseurs à donner aux chaudières, on s'est contenté, après avoir minutieusement indiqué la façon de calculer l'épaisseur des parties de ces chaudières soumises à l'extension, de dire que l'on devrait *augmenter* celle des corps soumis à la pression extérieure, et les armer *fortement.*

Cette dernière prescription, sans être plus précise, était au moins la plus rationnelle; car, lorsqu'un semblable corps est *écrasé* sous la pression, on peut affirmer qu'il y a eu surtout *résistance inégale* plutôt que résistance *insuffisante* par défaut d'épaisseur. Ainsi, il est clair qu'à égalité d'épaisseur, de diamètre et de pression, de deux corps, l'un parfaitement cylindrique, et l'autre non armé, offrant un léger commencement de déformation, ce dernier pourra être absolument écrasé, tandis que l'autre soutiendra fermement la pression.

Ce n'est que très-récemment que des ingénieurs distingués, en France et en Angleterre, se sont livrés à des expériences directes sur ce mode de résistance, expériences rapportées et discutées par M. le général Morin, à qui nous empruntons le résumé qui suit.

Les principales de ces expériences sont dues à M. Fairbairn, qui a proposé, pour en représenter les résultats, la formule suivante :

$$P = \frac{AE^2}{LD},$$

dans laquelle :

P représente la pression d'écrasement, en kilogrammes par centimètre carré;
A » un coefficient numérique dépendant de la nature du métal;
L » la longueur du tube, ou du cylindre soumis à la pression, en mètres;
D » son diamètre intérieur, en mètres;
E » l'épaisseur du métal, aussi en mètres.

Les tubes soumis aux expériences étaient en tôle et de différents modes de construction, avec rivures simples ou avec couvre-joints et double rivure; leurs dimensions ont varié de 102 millimètres à 305 et 363 millimètres de diamètre; les longueurs, de 383 millimètres à $1^m,524$, et les épaisseurs, de 1 à 6 millimètres environ.

La valeur du coefficient A résolue d'après la formule ci-dessus, en admettant qu'elle représente bien la loi suivie par la résistance des tubes dans cette circonstance, et en y introduisant les dimensions de chaque tube et le chiffre de la pression à laquelle il a cédé, serait donc la mesure abstraite de cette résistance, et pourrait servir de guide dans un cas proposé, soit pour l'établissement d'un cylindre soumis à un effort analogue.

M. Morin ayant fait ce calcul pour chacune des expériences, dont il a fait connaître en détail toutes les circonstances, a trouvé pour le coefficient A, toujours pour la tôle de fer, une valeur moyenne de 400000, les écarts extrêmes variant de 300000 à 500000 environ.

Ce savant a fait l'application de la même formule à diverses autres expériences faites en France, et particulièrement à Montluçon. Le corps soumis à l'essai, dans cet établissement, était un cylindre en tôle de 6 millimètres d'épaisseur, $1^m,70$ de diamètre intérieur, et de $1^m,88$ de longueur entre les rivures des fonds; il était formé de deux viroles réunies par une rivure circulaire à double rang de rivets et fermées par une semblable rivure longitudinale.

Ce cylindre a été écrasé sous une pression effective de 5 atmosphères ou $5^k,1665$ par centimètre carré. Cherchant la valeur de A déduite de la formule et de cette expérience, il vient :

$$A = \frac{PLD}{E^2}\ ;\ \text{d'où : } A = \frac{5^k,1665 \times 1^m,88 \times 1^m,70}{0,006 \times 0,006} = 458670.$$

Ce coefficient est plus élevé que la moyenne des expériences Fairbairn ; mais M. Morin fait observer, avec raison, que la ceinture de deux rangs de rivets, qui formait la jonction des deux viroles, peut passer pour une sorte d'anneau ou d'armature capable d'augmenter notablement la résistance en retardant le moment de la flexion.

En résumé, lorsqu'il s'agit de ces tubes bouilleurs composés de plusieurs viroles de forte tôle, et présentant plusieurs joints rivés, on pourrait admettre environ 500000 pour le coefficient, et la formule qui permettrait d'évaluer la pression capable de déterminer l'écrasement serait :

$$P^{kil.} = 500000 \frac{E^2}{LD}.$$

Voyons donc, d'après cette formule, quelle serait la pression capable d'écraser un bouilleur-foyer en tôle de 10 millimètres d'épaisseur, $0^m,80$ de diamètre intérieur sur $1^m,50$ de longueur, et qui serait enveloppé d'eau sous une pression de vapeur que, dans les conditions proposées, les réglements ne permettent pas d'élever à plus de 6 atmosphères.

La formule donne pour la pression effective capable de produire l'écrasement d'un tel corps cylindrique :

$$P = 500000 \times \frac{0^m,01 \times 0^m,01}{1^m,50 \times 0^m,80} = 41^k,67.$$

Soit une pression extérieure de plus de 42 atmosphères.

Il est probable que l'écrasement se produirait avant que l'on eût atteint une aussi grande pression ; on sait, d'ailleurs, que le plus léger défaut de fabrication ou l'échauffement inégal de la tôle peut déterminer un commencement de déformation qui, en altérant la forme circulaire, est suivi très-promptement de l'écrasement complet.

Bien des cylindres qui ne sont pas disposés, par les fonctions qu'ils doivent remplir, pour résister à cette pression extérieure, s'y trouvent, néanmoins, soumis accidentellement.

Tous les appareils chauffés à la vapeur et dans lesquels le vide peut se produire par la condensation, sont évidemment dans ce cas ; on se préoccupait même de cela pour les anciennes chaudières à vapeur qui, marchant à basse pression, étaient construites en matériaux minces, et pouvaient être écrasées par la pression atmosphérique, si une rentrée d'air ne pouvait avoir lieu au moment du refroidissement et de la condensation de la vapeur.

Les générateurs actuels, que l'on fait toujours en tôle épaisse comme on l'a vu précédemment, sont tellement résistants que cet accident n'est pas à craindre pour eux.

Mais, l'objection reste tout entière à l'égard de ces cylindres qui, comme celui représenté fig. 15, pl. 27, par exemple, destinés simplement à un chauffage, reçoivent de la vapeur à une faible tension et sont, par conséquent, en métal mince.

Pour de semblables appareils, on peut, comme pour les anciennes chaudières dont nous venons de parler, leur appliquer une petite soupape appelée *reniflard*, ouvrant de dehors en dedans, et qui permet à l'air atmosphérique de pénétrer dans le récipient dès l'instant que la pression s'y abaisse au-dessous de celle extérieure.

Nous n'insisterons pas, quant aux corps en fonte qui, tels que les appareils de condensation des machines à vapeur, sont également soumis à la compression extérieure, mais dont les dimensions résistantes, déterminées par des motifs de construction sont infiniment supérieures à celles qui ne se rapporteraient qu'à cette résistance même, et peuvent être considérées comme tout à fait hors de cause dans cette question.

Nous compléterons plus tard ces quelques notions, sur la résistance extérieure des corps cylindriques, en nous occupant spécialement des tuyaux de conduite et des tubes appliqués dans les générateurs à vapeur.

CHAPITRE XI.

PROPORTIONS ET CONSTRUCTION DES GARNITURES A ÉTOUPE, DES GARNITURES MÉTALLIQUES ET DES GARNITURES EN CUIR.

(PLANCHE 30.)

Nous nous occupons, dans ce chapitre, de ce genre d'organe appelé *garnitures*, et souvent *stuffing-box*, et qui, dans la construction mécanique, intervient chaque fois qu'une tige doit traverser, étant *en mouvement*, la paroi séparative de deux milieux différents qui doivent être *étanchés* réciproquement. Ainsi se trouvent les tiges de piston des cylindres à vapeur et des pompes, les tiges des tiroirs de distribution, celles des valves glissantes ou tournantes, etc.

Le caractère distinctif d'une telle garniture est son *élasticité*, qui laisse à l'organe mobile la liberté de son mouvement tout en établissant la jonction requise. L'espèce de matière employée pour remplir cette fonction d'élasticité constitue alors chaque genre différent de garniture, et le choix de cette matière dépend souvent de la nature des fluides à maintenir, de leur pression, de leur température, et, d'ailleurs, de diverses conditions que la description de chaque type permettra de mieux définir.

C'est ainsi que nous distinguons, en les classant dans cet ordre :

1° Les garnitures à étoupe (ou stuffing-box de leur origine anglaise), qui s'appliquent pour la vapeur et pour l'eau, lorsque la température de l'appareil n'y fait point obstacle, et permettent le graissage de la tige ;

2° Les garnitures métalliques, qui peuvent supporter de plus hautes températures que l'étoupe, et fonctionner sans graissage ;

3° Les garnitures de cuir, dont on fait usage surtout pour l'eau ou l'huile, et, en général, avec les fluides froids.

GARNITURES A ÉTOUPE.

DISPOSITION TYPE.

Détails de construction. — La fig. 1, pl. 30, résume, comme type, la disposition générale adoptée pour la garniture de la tige de piston d'un cylindre à vapeur vertical, à son passage au travers du couvercle, dont on a vu précédemment la construction à propos des cylindres eux-mêmes.

Cette figure ne comprend évidemment que la partie centrale du couvercle *a*, qui vient de fonte avec le boisseau ou *boîte à bourrage* A, dans laquelle se loge la garniture d'étoupe que traverse la tige de piston *b*. Cette boîte est tournée à l'extérieur et à l'intérieur, et, néanmoins, le passage de la tige s'effectue au travers d'une virole en bronze rapportée *c*, sur laquelle s'appuie l'étoupe, et qui peut être facilement remplacée, lorsque l'usure est devenue assez considérable pour que ce changement soit nécessaire.

L'ensemble de la garniture est complété par cette pièce essentielle, le *bouchon* ou *presse-étoupe* B, à l'aide duquel on exerce sur l'étoupe la pression nécessaire pour établir son contact intime avec la tige. A cet effet, le presse-étoupe, dont le corps est cylindrique, est muni, ainsi que la partie supérieure de la boîte A, d'une bride circulaire, ou découpée de manière à présenter deux oreilles (voir fig. 2), pour l'application de deux boulons C, qui permettent d'exercer le serrage requis.

Avec la position verticale, qui le permet, le presse-étoupe porte un godet *f*, dans lequel on verse l'huile destinée à pénétrer dans l'étoupe et à lubrifier la tige.

Néanmoins, l'étoupe proprement dite, doit être, en faisant le garnissage de la boîte, préalablement imprégnée de suif.

Telle est la disposition la plus répandue et la plus simple de cette garniture à laquelle on a donné le nom de *boîte à étoupe*, et qui joue dans les machines l'un des rôles les plus importants. Il nous reste à indiquer certaines particularités du type au moyen duquel nous nous sommes proposé d'en résumer les différents genres, et les nombreuses variantes.

Les boulons sont le plus souvent fixés au moyen d'un taraudage dans la bride de la boîte, comme nous l'indiquons ici ; mais quelquefois, ils portent une tête et sont mis en place en les introduisant par la partie inférieure. Cependant, on tient assez à ce qu'ils soient maintenus indépendamment des écrous que l'on veut pouvoir démonter, lorsqu'il est nécessaire de sortir le bouchon pour refaire la garniture, sans que ces boulons se trouvent détachés. C'est pour ce motif que l'on forge quelquefois ces boulons avec un œil par lequel on les monte sur un goujon taraudé dans l'épaisseur de la boîte (voir cet exemple sur la fig. 14 de la pl. 1).

Le bouchon B qui, par les hachures de la coupe fig. 1, pl. 30, est supposé en bronze, s'exécute le plus souvent en fonte, et dans les grandes dimensions, pour la construction soignée, on le garnit intérieurement d'une virole de frottement en bronze, comme on le fait pour la boîte elle-même. Dans les anciennes constructions, on donnait au corps du presse-étoupe une très-grande longueur, ce qui, joint à celle du taraudage des boulons, annonçait que l'on réservait une latitude considérable au serrage. Mais maintenant, on ne veut pas comprimer l'étoupe dans une limite aussi étendue, et en donnant peu de course au presse-étoupe, on montre par là, au conducteur de la machine, qu'il doit refaire sa garniture, lorsqu'elle a perdu son élasticité, au lieu de la *durcir* en continuant de l'écraser.

Ici, ce presse-étoupe possède, dans sa forme, une petite amélioration qui n'est pas sans utilité ; le corps est tourné à un diamètre un peu plus faible que celui de la boîte, excepté à sa partie inférieure où il présente un léger renflement qui s'adapte exclusivement à ce diamètre. Cette espèce de dégagement rend plus facile l'enfoncement du bouchon, et, en évitant la raideur de l'ajustement, assure mieux la transmission du serrage des écrous à l'étoupe.

Proportions de la garniture. — Bien que les proportions d'un pareil mécanisme n'aient rien d'absolu, et que l'habitude de la construction suffise, la plupart du temps, pour trouver celles qui conviennent, il appartient à cette classe d'organes pour lesquels il est possible d'établir d'avance, en quelque sorte, une série de dimensions d'après les différents diamètres de tiges, en se basant alors sur quelques règles proportionnelles destinées seulement à mettre une certaine harmonie entre les modèles différents.

C'est dans cette intention que nous avons établi les proportions suivantes, conformément auxquelles ce type a été dessiné.

Ces proportions ont pour point de départ, comme nous le disions, le diamètre d de la tige, dont nous avons cherché la détermination dans un précédent chapitre.

Presse-étoupe. — Le diamètre D du presse-étoupe dépend surtout de l'épaisseur qu'il est nécessaire de donner à la garniture autour de la tige, et ce diamètre est naturellement égal à deux fois cette épaisseur, plus le diamètre de la tige de piston.

Comme cette épaisseur d'étoupe ne peut pas être exactement proportionnelle au diamètre de la tige, et qu'elle est plus forte, relativement, pour les petites tiges que pour les grosses, il convient de faire intervenir, dans le rapport à adopter, une quantité fixe additionnelle, comme nous l'avons fait déjà dans maintes circonstances.

Nous trouvons, en résumé, et d'après l'observation de pièces exécutées, que cette épaisseur de la couronne d'étoupe peut être représentée par :

$$m = 0{,}2\, d + 3 \text{ millimètres.}$$

Par conséquent, le diamètre du bouchon et du vide de la boîte devient :

$$D = d + 2m = 1{,}4\, d + 6 \text{ millimètres.}$$

La hauteur h de cette partie cylindrique, qui est plus faible aujourd'hui qu'autrefois, est un peu inférieure au diamètre D ; il suffit de la faire environ 0,8 D, soit :

$$h = 1{,}08\, d + 5 \text{ millimètres.}$$

L'épaisseur e de la bride peut être basée sur celle m de la garniture, autant pour répondre à la résistance qu'elle oppose au serrage, que pour régulariser les épaisseurs de la pièce. Admettant, par exemple, que l'épaisseur de cette bride soit environ $5/4\,m$, on peut prendre, pour la déterminer, la relation suivante :

$$e = 0{,}2d + 5 \text{ millimètres.}$$

Il reste, quant à ce presse-étoupe, à fixer les dimensions du godet graisseur, son diamètre D'' et sa hauteur g.

Ces dimensions, d'ailleurs, susceptibles de variations, peuvent être basées sur les données suivantes :

$$\text{Diamètre } D'' = 1{,}5\,d + 10 \text{ millimètres.}$$

$$\text{Hauteur } g = 0{,}5\,d + 5 \text{ millimètres.}$$

Boulons. — Le diamètre d' des boulons doit être en rapport avec la pression que l'on doit exercer sur l'étoupe, ce qui revient à dire qu'il existe entre leur section et celle de la zone annulaire de l'étoupe, une relation déterminée. Dans de certaines limites, deux boulons suffisent ; mais lorsque le diamètre de la tige et, par conséquent, de la garniture, atteint une grande valeur, on en augmente le nombre plutôt que le diamètre ; et puis, cela devient assez nécessaire pour répartir la pression plus également sur l'étoupe, bien qu'après tout, plusieurs boulons soient plus difficiles à bien régler que deux ; mais, dans tous les cas, il est rare que le nombre de ces boulons s'élève à plus de trois ou quatre.

Il nous semble qu'après avoir rapporté la largeur de la zone d'étoupe au diamètre de la tige et ensuite l'épaisseur de la bride e à cette zone, cette dernière épaisseur peut servir à la détermination du diamètre des boulons, qui serait *égal* à cette épaisseur, lorsqu'ils ne sont que *deux*. Pour un plus grand nombre, on pourrait donc les prendre un peu plus faibles, mais sans descendre évidemment jusqu'à l'égalité de la somme des sections. Il est clair que pour plus de deux boulons, la bride du presse-étoupe doit être circulaire, pleine, ou découpée en autant d'oreilles que de boulons, si l'on veut alléger la pièce.

Pour le nombre minimum de deux boulons, nous posons donc comme base :

$$d' = e = 0{,}2\,d + 5 \text{ millimètres.}$$

Maintenant, on conserve deux boulons jusqu'à 10 à 12 centimètres de tige, trois de 12 à 20, et quatre à partir de ce dernier diamètre qui est, d'ailleurs, rarement dépassé.

Pour trois boulons, il suffirait de faire leur diamètre égal à environ :

$$d'' = 0{,}16\,d + 5.$$

Pour quatre, on aurait :

$$d''' = 0{,}14\,d + 5.$$

Quant au diamètre du cercle sur lequel sont placés les boulons, il y a intérêt à le rendre le plus faible possible, comme pour tout assemblage de ce genre.

Boîte à bourrage. — La dimension importante de cette partie de la garniture est évidemment sa hauteur H, de laquelle dépend l'étendue du joint ou du contact de l'étoupe avec la tige ; vient ensuite son diamètre extérieur D' qui, étant donné le diamètre du vide, n'est plus qu'une question d'épaisseur de paroi.

Pour les machines à vapeur à cylindre *fixe*, la hauteur de la boîte est peu considérable. On lui donne environ, et en moyenne, le triple du diamètre de la tige, ce que nous traduisons de la façon suivante, pour favoriser les petites dimensions :

$$H = 2,5\,d + 25 \text{ millimètres.}$$

Pour le diamètre minimum extérieur (nous admettons un peu de cône), il ne nous reste, pour le déterminer, qu'à fixer l'épaisseur n de la paroi.

Cette épaisseur reste suffisante avec :

$$n = 0,2\,d + 5 \text{ millimètres.}$$

Par conséquent, le diamètre extérieur, qui est la somme du vide et des deux épaisseurs, devient :

$$D' = D + 2\,n = (1,4\,d + 6) + 2\,(0,2\,d + 5) = 1,8\,d + 16.$$

L'épaisseur des oreilles, dans lesquelles sont taraudés les boulons, doit être assez forte pour supporter cette opération ; elle ne doit pas être moindre de 1 fois 1/2 leur diamètre, ce qui revient à $1,5\,n$, puisque nous supposons que cette épaisseur est égale au diamètre d' des boulons. On a donc, d'après cela :

$$e' = 0,3\,d + 7 \text{ millimètres.}$$

Pour les machines à vapeur à cylindre *oscillant*, on donne à la boîte à étoupe une hauteur beaucoup plus considérable, afin de mieux assurer la direction de la tige. Mais, par les exemples que nous en donnons, on verra que cette augmentation de hauteur ne porte pas sur la garniture d'étoupe proprement dite, qui conserve sensiblement les proportions que nous venons de lui attribuer.

Récapitulons maintenant toutes les règles précédentes, en les appliquant au type représen é fig. 1 et 2, pl. 30, qui correspond à une tige de 50 millimètres de diamètre.

Épaisseur du presse-étoupe :	$m = 0,2\,d + 3 = 0,2 \times 50 + 3 =$	13 mill.
Diamètre du corps :	$D = 1,4\,d + 6 = 1,4 \times 50 + 6 =$	76 mill.
Hauteur du corps :	$h = 1,08\,d + 5 = 1,08 \times 50 + 5 =$	59 mill.
Épaisseur de la bride :	$e = 0,2\,d + 5 = 0,2 \times 50 + 5 =$	15 mill.
Diamètre du godet :	$D'' = 1,5\,d + 10 = 1,5 \times 50 + 10 =$	85 mill.
Hauteur du godet :	$g = 0,5\,d + 5 = 0,5 \times 50 + 5 =$	30 mill.
Diamètre des boulons :	$d' = 0,2\,d + 5 = 0,2 \times 50 + 5 =$	15 mill.
Hauteur de la boîte :	$H = 2,5\,d + 25 = 2,5 \times 50 + 25 =$	150 mill.
Épaisseur de la paroi :	$n = 0,2\,d + 5 = 0,2 \times 50 + 5 =$	15 mill.
Diamètre extérieur :	$D' = 1,8\,d + 16 = 1,8 \times 50 + 16 =$	106 mill.
Épaisseur des oreilles :	$e' = 0,3\,d + 7 = 0,3 \times 50 + 7 =$	22 mill.

Afin que l'on ne se méprenne pas sur l'importance de ces règles, répétons, en terminant, qu'elles n'ont d'autre objet :

Que de permettre la création d'une série sur le modèle représenté fig. 1, *et pour des tiges de différents diamètres.*

Les différents types que nous allons passer en revue expliquent suffisamment, par leur grande variété, la difficulté de les assujétir à des règles absolument fixes.

GARNITURE AVEC PRESSE-ÉTOUPE A RECOUVREMENT.

(FIGURE 3.)

Cette disposition diffère surtout de la précédente par une modification dans la forme du presse-étoupe, qui est circulaire et se trouve muni extérieurement d'un rebord B′, assez large pour recouvrir et dissimuler extérieurement la bride de la boîte et, par conséquent, les boulons, dont on ne peut apercevoir que les écrous et les extrémités. Cette forme, qui est d'un bon effet extérieur, s'obtient sans difficulté, attendu que c'est tout ouvrage de tour, sans autre ajustement ; aux différents degrés du serrage, l'ensemble de la garniture conserve ainsi le même aspect.

Ce modèle offre l'exemple du presse-étoupe dont l'intérieur est garni d'une virole en bronze *c′* rapportée, pour le frottement de la tige.

GARNITURE A ÉTOUPE ET A RÉSERVOIR DE VAPEUR.

(FIGURE 4.)

Cette garniture est une reproduction, mais sur de moindres dimensions, de celle appartenant au cylindre moteur de la machine élévatoire, dite de Cornwall, dont nous avons donné tous les détails dans le VIe volume de la *Publication industrielle.*

Le principe caractéristique de cette garniture réside dans l'application d'une bague creuse D, placée dans l'intérieur de la boîte, entre deux couches d'étoupe. Cette bague entoure la tige du piston et se trouve mise en communication avec la vapeur de l'enveloppe du cylindre par un petit tube qui vient aboutir au bossage *g*, réservé au corps A de la boîte à étoupe ; cette vapeur exerce sa pression contre la tige et coopère, avec l'étoupe, à l'étanchement de la garniture, et si, cependant, celle-ci venait à fuir, on en serait averti par le sifflement que produirait l'échappement de la vapeur de la bague, qui serait évidemment la première à s'enfuir.

La partie supérieure de la garniture offre la même particularité que la précédente, mais par inversion, car c'est la boîte A qui se termine par une sorte de bassin *o*, dans lequel vient s'emboîter le presse-étoupe. Enfin, cette boîte porte encore un vaste bassin *d*, pouvant au besoin retenir les graisses échappées, mais qui a surtout pour objet de former raccord et jonction avec une chemise dans laquelle le cylindre à vapeur et son enveloppe en fonte sont exactement renfermés.

BOITE A ÉTOUPE POUR TIGE HORIZONTALE AVEC RÉSERVOIR D'HUILE INTÉRIEUR.

(FIGURE 5.)

Pour les tiges horizontales ou très-inclinées, l'introduction de l'huile nécessaire au graissage ne peut se faire par un godet disposé à l'extérieur et autour de la tige, comme dans les dispositions précédentes ; il faut faire usage d'un graisseur latéral mis en rapport direct avec l'étoupe, comme on le voit par l'exemple fig. 5, qui est la garniture du cylindre d'une machine horizontale construite par M. Bourdon.

La boîte A est munie, à cet effet, d'un *robinet-graisseur* C, que l'on met en rapport avec une bague D, entourant la tige et insérée entre deux couches d'étoupe ; cette bague offre deux gorges demi-circulaires, communiquant par de petits trous pour donner passage à l'huile, qui peut ainsi se répandre et pénétrer aisément dans toute la masse de l'étoupe. Quant au bouchon presseur B, il se termine, extérieurement, par une sorte de coupe sphérique *f*, dont la moitié est rapportée par un emboîtement et dans laquelle est retenue l'huile ramenée par la tige.

Voici, fig. 125, un autre mode employé pour les presse-étoupes horizontaux, lorsque la disposition ne permet pas l'application d'un graisseur direct sur la boîte.

Fig. 125.

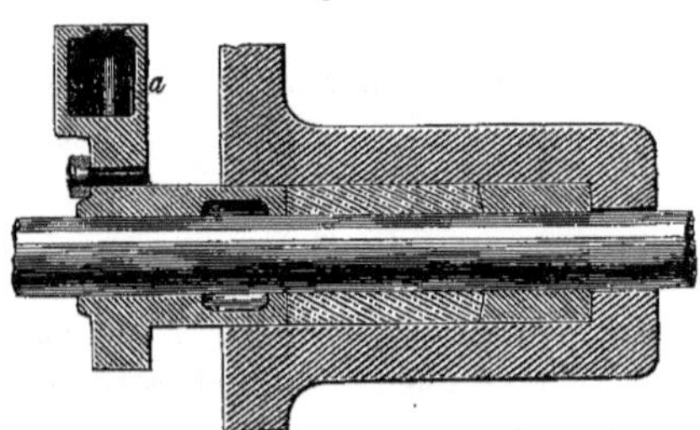

C'est le presse-étoupe qui porte lui-même, et de la même pièce, une petite boîte *a* dans laquelle on verse l'huile, et qui communique par un trou, vertical ou oblique, avec l'intérieur du presse-étoupe, lequel offre des évidements pour faciliter la circulation de l'huile et son introduction dans l'étoupe.

GARNITURE AVEC PRESSE-ÉTOUPE ET CONTRE-PRESSE-ÉTOUPE.

(FIGURE 6.)

Nous avons relevé sur une machine à vapeur horizontale, construite par M. Farcot, le curieux modèle représenté par cette figure, et dans lequel le presse-étoupe a son *contre-presse-étoupe*, comme un écrou peut avoir son *contre-écrou*.

L'ensemble de la boîte A et du presse-étoupe principal B est analogue au type décrit ci-dessus ; ce presse-étoupe est lui-même évidé pour recevoir une garniture d'étoupe serrée par un petit bouchon B′ d'une même disposition que le premier. Cette garniture additionnelle a évidemment pour objet particulier de retenir l'huile qui est introduite dans la garniture principale à l'aide d'un robinet monté sur le bord de la boîte A, et à sa partie supérieure. Il ne pouvait être indiqué sur la figure qui, nonobstant le sens suivant lequel elle est éclairée, est absolument une section *horizontale*.

ASSEMBLAGE D'UNE BOÎTE–A–ÉTOUPE AVEC DES GLISSIÈRES.

(FIGURES 7 ET 8.)

Nous ne reproduisons cette disposition, dans laquelle la garniture elle-même n'offre rien de particulier, que pour rappeler la condition spéciale dans laquelle la boîte à étoupe sert de point d'attache aux glissières du piston qui sont *centrales*, comme cela se présente pour les locomotives et pour quelques machines fixes.

Il en résulte que l'extérieur de cette boîte A est rectangulaire et que les deux faces horizontales sont dressées pour l'application des deux glissières E, qui s'y agrafent et s'y boulonnent. Nous avons eu l'occasion, en parlant des glissières, de décrire cette disposition spéciale (p. 403).

BOÎTES A ÉTOUPE POUR CYLINDRES OSCILLANTS.

(FIGURES 9 ET 10.)

Ces garnitures ne se distinguent, en principe, de celles qui conviennent aux cylindres fixes que par leur grande longueur, comparativement au diamètre de la tige, laquelle, en raison de l'oscillation du cylindre, est soumise à des efforts latéraux assez intenses et doit être, par ce fait, d'une grande résistance et largement guidée et maintenue.

Le premier modèle, fig. 9, appartient à l'un des cylindres d'un appareil de navigation, système de Penn, et construit par M. Nillus. Il est remarquable, d'abord, par la grande longueur de la boîte A′, et ensuite par le couvercle auquel elle appartient et qui est à double paroi *a* et *a′*. La garniture d'étoupe n'a pas elle-même plus d'étendue que pour les cylindres fixes ; mais le corps intérieur A de la boîte forme un long guide revêtu intérieurement d'un fourreau en bronze *c*, dans lequel glisse la tige du piston *b*.

Le presse-étoupe B est garni, de la même façon, d'une virole en bronze de laquelle le godet graisseur *f* fait partie ; l'intérieur de ce godet présente une gorge rentrante, afin de prévenir l'échappement de l'huile dans les positions inclinées du cylindre.

Le modèle de garniture représenté fig. 10, est emprunté aux machines du yacht impérial *l'Aigle*, dont les ensembles ont été donnés dans notre *Traité des moteurs à vapeur*. Cette disposition, un peu plus compliquée que la précédente, procède en partie des garnitures métalliques, dont il sera question plus loin, par une bague D en deux parties et à jonctions entre-croisées, qui entoure la tige de piston, et sur laquelle s'appuie l'étoupe, dont la pression, agissant sur l'extérieur, qui est conique, force cette bague à joindre très intimement avec la tige. Le presse-étoupe B est fondu avec le godet graisseur et son intérieur est garni d'une virole en bronze *c′*.

Le luxe et la propreté étant particulièrement recherchés pour ces machines, tous les moyens d'empêcher l'huile de se répandre ont été employés; on remarque, entre autres, un bassin en bronze C monté à la partie supérieure de la boîte à étoupe et enveloppant tout à fait le bouchon B.

PETITES GARNITURES AVEC PRESSE-ÉTOUPES FILETÉS.

(FIGURES 11 ET 12.)

Pour de petites tiges, et dans certaines circonstances, on fait usage de garnitures dont le bouchon presseur, au lieu d'être maintenu par des boulons, est lui-même fileté et constitue un véritable écrou monté sur la boîte à étoupe.

Sur cette donnée simple, il existe néanmoins divers modes de montage, et parmi eux, les deux principaux que nous allons décrire.

Dans la première disposition, représentée fig. 11, la boîte A est filetée intérieurement et tournée lisse à l'extérieur; le presse-étoupe B, dont l'extérieur est taillé à 6 ou 8 pans, s'adapte exactement à la boîte par son corps central fileté et par son contour extérieur cylindrique creux. Comme il est à craindre que des filaments d'étoupe ne viennent accidentellement embarrasser les filets des vis, et pour éviter que le mouvement tournant ne s'exerce sur l'étoupe au moment du serrage, on entoure la tige *b* d'un petit manchon *c* indépendant du presse-étoupe et terminé par un rebord qui, par son diamètre, remplit exactement le vide de la garniture et l'isole complétement de la partie filetée.

La seconde disposition, représentée fig. 12, est d'une construction beaucoup plus simple et remplit, cependant, au moins aussi bien, le but proposé.

C'est l'extérieur de la boîte qui est fileté, ce qui ne laisse aucune crainte, quant à l'obstruction des filets par l'étoupe ; le presse-étoupe, proprement dit, est une simple virole B, détachée de l'écrou B', qui ne fait que serrer sur lui, de façon que cet écrou n'en est que plus libre de tourner sur lui-même. Seulement, lorsqu'on veut refaire la garniture, comme l'écrou, en le desserrant, n'entraîne pas le bouchon B, il faut se réserver un moyen de le saisir pour l'extraire de la boîte ; le plus simple est, comme l'indique la figure, de lui conserver, à la partie supérieure, un léger rebord qui ne peut pas pénétrer dans la boîte et par lequel on le soulève à l'aide d'un outil quelconque.

Maintenant, ce n'est pas la grosseur de la tige seule qui peut décider de l'adoption de ce système à presse-étoupe fileté. Il faut, avant tout, que la pièce à laquelle appartient la boîte, se prête elle-même à cette opération du filetage, et souvent la forme ou le poids de cette pièce ne le permet pas ; il faut dire aussi, que si cette pièce est en fonte de fer, le filetage ne réussit que médiocrement, bien qu'il puisse être néanmoins pratiqué, en ayant le soin de choisir un pas assez fort et un filet peu profond et obtus.

Mais dans les appareils en cuivre ou en bronze, comme dans la *robinetterie*, ce système s'applique avec beaucoup de succès. Nous aurons l'occasion plus loin d'en citer quelques exemples.

GARNITURES MÉTALLIQUES.

SYSTÈME DE M. F. MILLION.

(FIGURE 13.)

Les garnitures à étoupe sont encore les plus employées pour les tiges de piston à vapeur ; mais on essaye quelquefois, cependant, de les remplacer par d'autres systèmes qui auraient le mérite de ne pas créer une aussi grande résistance pour le mouvement de la tige, et d'exiger des renouvellements moins fréquents que l'étoupe. On fait usage, en effet, de garnitures métalliques, dont le principe sera entrevu en se rappelant les *pistons à vapeur à segments*, qui ne fonctionnent pas autrement.

Nous commencerons, cependant, par la description d'une garniture métallique de tige de piston, qui n'offre pas ce caractère d'élasticité que l'on s'attend à rencontrer dans tout organe analogue et affecté à un même service. Ce système, représenté fig. 13, appartient à M. Francisque Million, ingénieur et physicien distingué, dont les travaux sur les moteurs à air chaud lui assurent une place honorable parmi les ingénieurs, tels que MM. Ericcson, Franchot, Pascal, etc., qui ont étudié cette importante question.

Cette curieuse garniture est formée tout simplement d'une longue douille en fonte B, alésée au diamètre de la tige qu'elle est appelée à guider, et maintenue dans la boîte A fondue avec le couvercle *a* du cylindre. Cette douille s'appuie, d'abord, par son extrémité intérieure, et par l'intermédiaire de quelques rondelles élastiques *e*, sur la virole de bronze *c*, dont l'ouverture du couvercle est garnie ; elle s'appuie aussi, par un rebord *f*, sur la bride de la boîte contre laquelle elle est fortement pressée à l'aide d'une bague C boulonnée, qui presse directement sur une seconde garniture élastique e' ; enfin, l'extrémité de la douille est armée d'un écrou D serrant une pareille garniture e'', dont nous expliquerons tout à l'heure l'usage.

En fait, la tige de piston glisse librement dans la douille, dont le diamètre intérieur est tel que le mouvement s'effectue à frottement doux. L'étanchement ne résulte absolument que de la difficulté qu'éprouve la vapeur à s'insinuer entre les surfaces de la douille et de la tige, dont le très-faible intervalle est incessamment occupé par de l'eau provenant du peu de vapeur qui a d'abord passé et qui s'y est condensée ; c'est justement pour retenir cette eau, en l'empêchant d'être entraînée au dehors par la tige, que la garniture extérieure e'' est installée. Quant aux deux autres e et e', elles n'ont pour objet que d'empêcher les fuites entre la douille et la boîte A, et comme elles ne sont soumises à aucune mobilité, elles peuvent être serrées à fond sans obstacle pour le fonctionnement.

On remarque, en effet, un certain jeu réservé entre la douille directrice et la boîte, dans laquelle elle n'est retenue que par une pression longitudinale qui ne l'empêcherait pas, alors, de se déplacer excentriquement, dans les limites de ce jeu, entre les deux pièces. L'auteur du système a pensé que cette mobilité facultative pourrait devenir utile, afin de permettre à la douille B de céder aux flexions de la tige, s'il s'en produisait, et de conserver, enfin, à cette tige sa plus entière liberté.

Des applications importantes ont été faites de ce système de garnitures, et particulièrement à la manufacture des tabacs de Paris, où elle a été placée sur une machine de 50 chevaux, marchant à 4 atmosphères et demie, et construite par M. Farcot. Il nous a été déclaré, lors d'une visite que nous fîmes à cet établissement, en 1863, que depuis six mois de marche, les petites garnitures n'avaient pas été renouvelées ; on démontait seulement les pièces de temps en temps pour les nettoyer, les graisser et empêcher l'oxydation de se manifester.

Des essais au dynamomètre ont démontré que la résistance opposée par cette douille au glissement de la tige, était de beaucoup inférieure à celle de l'étoupe, ce qui était, d'ailleurs, le but du système et facile à prévoir.

GARNITURE MÉTALLIQUE PAR M. BRÉVAL.

M. Bréval, ingénieur-mécanicien, à Paris, a proposé un système de garniture métallique pour les tiges de piston, qui diffère du précédent en ce que l'auteur n'a pas cru pouvoir se dispenser de donner de l'élasticité à cette garniture, tandis qu'on vient de voir que dans le système Million, la douille directrice n'en possède aucune.

Fig. 126.

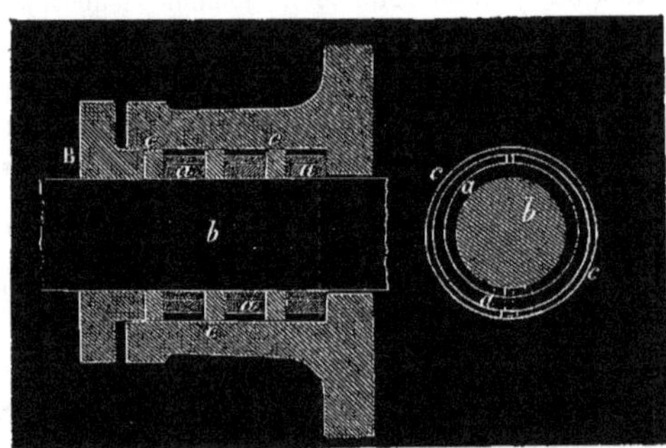

Par la fig. 126, qui représente, suivant deux sections longitudinale et transversale, le système de M. Bréval, on voit que la tige *b* est entourée de plusieurs étages de bagues *a* fendues, l'une dans l'autre, et les coupures diamétralement opposées ; ces anneaux concentriques sont séparés les uns des autres par des rondelles plates *c*. Un bouchon B maintient cet ensemble et le presse, soit à l'aide de boulons extérieurs, soit de toute autre façon.

Aucune autre explication n'est nécessaire pour faire comprendre ce mode de garniture, dont les bagues, étant fendues et élastiques, doivent fonctionner exactement comme les segments de certains pistons à vapeur.

Faisons remarquer seulement que ce système ne nécessite l'intervention d'aucune autre garniture accessoire, d'une nature non métallique, comme il s'en trouve dans le système Million ; mais aussi, la tige est de nouveau soumise à une pression latérale que l'on peut, il est vrai, rendre peu importante.

GARNITURE PAR MM. DURAND ET SOULIÉ.

(FIGURE 14.)

Cette disposition, qui a été appliquée aux cylindres à vapeur de plusieurs locomotives, a quelque analogie avec la précédente. La boîte A est garnie intérieurement de viroles en bronze *c*, superposées et emboîtées à feuillures, et maintenues par un manchon *d* boulonné avec la bride de la boîte ; dans ces viroles sont ajustées deux bagues brisées *e* appelées à serrer contre la tige en mouvement.

GARNITURES DES MACHINES A FOURREAU.

(FIGURES 15 ET 16.)

C'est surtout pour les cylindres des machines marines du système *à fourreau*, que l'emploi des garnitures métalliques s'est trouvé nécessaire. On sait que les pistons de ces machines sont rendus annulaires par leur tige, qui est un manchon creux traversant le cylindre de part en part, et d'un diamètre qui peut n'être pas inférieur à la moitié de celui du piston ; ce manchon atteint fréquemment 1 mètre de diamètre. Par conséquent, une garniture de chanvre d'une telle dimension serait très-difficile à faire et à maintenir en bon état de fonctionnement, et le système métallique doit être préféré.

La fig. 15 représente la garniture adoptée pour les cylindres des machines du *Castiglione*, construites à Indret, et d'une puissance nominale de 800 chevaux. Le fourreau *b* est un manchon en fonte de 1 mètre de diamètre extérieur, et de 40 millimètres d'épaisseur vers son extrémité ; la garniture disposée, pour son passage, dans la boîte A réservée au couvercle *a* du cylindre, est formée d'un certain nombre de segments en fonte *c* en deux rangs superposés, et dont l'extérieur, qui est conique, reçoit l'action de 24 coins *d* disposés de façon à recouvrir les coupures des segments et à former cache-joints. Ces pièces sont, d'ailleurs, renfermées dans la boîte, à l'aide d'un plateau B boulonné, dans lequel sont pris, par un assemblage à rappel, les boulons *e* taraudés dans les coins et à l'aide desquels on règle leur pression.

Cette disposition de garniture est loin d'être la seule admise dans cette application particulière ; on en trouve, au contraire, maintenant bien des modes différents.

Nous citerons, entre autres, le système représenté fig. 16, qui consiste dans un mariage du métal et du chanvre, ce dernier remplissant le rôle de *compresseur* des segments. Les coins de la disposition précédente sont remplacés par un remplissage en étoupe, elle-même comprimée à l'aide du bouchon B, qui remplit véritablement la fonction d'un *presse-étoupe*. Mais cette étoupe, au lieu d'être en contact avec la tige, presse contre elle les segments métalliques *c*, et la fonction définitive de cette garniture est la même que précédemment. Nous ferons remarquer, toutefois, qu'ici le fourreau est d'un plus faible diamètre, de 615 millimètres seulement.

GARNITURE D'UNE TIGE DE POMPE A AIR.

(FIGURE 17.)

Cet exemple, encore emprunté aux machines de navigation, est le couvercle de l'une des pompes à air du *Tourville*, dont les tiges sont guidées par des garnitures métalliques. Ce mode de garniture est formé simplement de deux bagues ou viroles coniques c, fendues et l'une dans l'autre, sans autre serrage que leur propre élasticité qui les tient appliquées sur la tige. Elles sont même libres dans la boîte et flottent suivant le mouvement alternatif de la tige, qui les entraîne tantôt contre le bouchon de fermeture B et tantôt contre la bague fixe c'.

GARNITURES DE CUIR.

CUIR DIT DE BRAMAH.

(FIGURES 18 ET 19.)

Cette garniture célèbre, à laquelle on a donné le nom de son inventeur, Bramah, ingénieur anglais, qui, en 1796, imagina de l'appliquer à la presse hydraulique de Pascal, possède le précieux mérite d'opposer aux fuites une résistance justement proportionnelle à la pression sous laquelle elles tendent à se produire. Aussi, ce ne fut qu'à partir de cette heureuse innovation qu'il fut possible d'obtenir, sûrement, des presses hydrauliques, les énormes pressions auxquelles aucune autre espèce de garniture ne pouvait résister.

Cependant, rien n'est plus simple. C'est une rondelle de cuir que l'on emboutit de façon à en faire une couronne annulaire présentant une section en forme d'U, fig. 19. Ce cuir C, ainsi conformé, se loge dans une gorge pratiquée dans l'ouverture du corps de presse, ainsi que l'indique la fig. 18, qui représente la partie correspondante d'une pièce de ce genre et son emmanchement avec le piston presseur b. Comme nous avons fait connaître (p. 502) les particularités de cette construction, il ne nous reste qu'à expliquer les fonctions spéciales de la garniture.

Bien que le piston passe à frottement juste dans l'ouverture du corps de presse, qui est, en effet, très-exactement alésée, l'eau, sous la pression qu'elle éprouve, ne tarde pas à s'y insinuer, et à remplir le vide annulaire déterminé par les lèvres du cuir embouti ; elle y exerce alors sa pression, ce qui a pour résultat de faire appliquer ces deux lèvres contre les parois de la gorge du corps de presse et contre le piston ; par conséquent, l'effort avec lequel cette application a lieu, étant celui même de l'eau refoulée et augmentant avec lui, c'est le fluide qui se trouve être son propre obturateur, et c'est ainsi que l'on parvient, sans que la moindre fuite se manifeste de ce côté, à comprimer de l'eau jusqu'à plusieurs centaines d'atmosphères. Un corps de presse se laisse pénétrer par l'eau, il se rompt même avant que la garniture ait laissé passer une seule goutte de liquide.

GARNITURE DES POMPES D'INJECTION.

(FIGURE 20.)

Ces pompes, à l'aide desquelles on détermine précisément ces efforts que le corps de presse hydraulique transmet, éprouvent naturellement des pressions internes égales ; mais le piston étant d'un diamètre infiniment plus petit, le cuir embouti de Bramah, qui serait difficilement applicable, peut être remplacé par des cuirs différemment conformés.

La figure 20 représente la partie supérieure d'un corps de pompe d'injection où se trouve la garniture du piston. Cette garniture est composée de deux cuirs *c*, auxquels on a donné, par l'emboutissage, la forme de douilles cylindriques à rebords plats, et qui se trouvent serrés l'un sur l'autre à l'aide d'un bouchon à vis B ; on a seulement interposé entre eux une rondelle de cuir, de façon à opposer la résistance de trois épaisseurs, au lieu de deux, à la pression du bouchon.

L'étanchement ne s'en produit pas moins d'après le même principe que pour le corps de presse, car le liquide refoulé tend à s'introduire entre les parois du corps de pompe et les lèvres du cuir inférieur, et les force à s'appliquer sur le piston.

GARNITURE POUR LA VAPEUR D'ÉTHER.

(FIGURE 21.)

On sait qu'il a été fait de sérieux essais sur l'emploi de la vapeur de l'éther, de l'alcool et du chloroforme, liquides extrêmement volatils et dont, cependant, par leur prix élevé et par leur nature même, on ne peut tolérer la moindre fuite.

M. Dutremblay, qui s'est particulièrement occupé de cette espèce de moteur à vapeur, avait imaginé le mode de garniture représenté figure 21, et qui se distingue par l'emploi d'une pression hydraulique s'exerçant sur les corps élastiques en contact avec la tige mobile.

On remarque, en effet, que dans cette disposition, la tige du piston est entourée par une enveloppe en tissu flexible *c*, sur toute la hauteur de la boîte A appartenant au couvercle du cylindre. Cette enveloppe est fixée, d'une part, à la partie conique inférieure du vase en bronze *f* vissé sur le couvercle B et, d'autre part, à une partie conique qui surmonte la virole *c'*, dont l'ouverture dans le couvercle est garnie.

Si, à l'aide d'une petite pompe, on refoule de l'huile dans l'intérieur de la boîte A, qui porte, à cet effet, un petit tube d'injection *e*, la presion du liquide agissant sur toute la surface extérieure de l'enveloppe *c*, la force nécessairement à prendre la forme indiquée sur la figure et à s'appliquer sur la tige qui se trouve ainsi continuellement pressée, en même temps qu'elle est guidée, d'ailleurs, par le bouchon *f* et par la virole *c'*.

CONSIDÉRATIONS GÉNÉRALES.

Les nombreux systèmes de garnitures qui viennent d'être passés en revue, et d'autres plus nombreux encore qui ont été imaginés, mais auxquels l'espace, dont nous disposons, ne nous permet pas de nous arrêter encore, ces nombreuses dispositions, disons-nous, prouvent surabondamment que, pour la vapeur, on n'est point encore fixé sur un mode de garniture de tige, d'un fonctionnement certain et autant exempt de mécomptes qu'il est possible de l'espérer d'une œuvre humaine. Il paraît probable, toutefois, que la garniture métallique l'emportera un jour sur la garniture d'étoupe, car déjà, nous avons l'exemple de pareilles garnitures d'invention récente et donnant, dans des circonstances spéciales, il est vrai, de meilleurs résultats que celles à étoupe ; cette opinion a, du reste, pour appui, cet autre exemple des pistons à vapeur, qui sont aujourd'hui entièrement métalliques, après avoir été primitivement garnis en tresses de chanvre, système qui subsiste seulement pour l'eau, dans lequel cas, nous verrons même, plus loin, le métal intervenir quelquefois exclusivement.

En terminant ce travail, il nous est parvenu une notice sur le même sujet, écrite par M. E. Furno, ancien élève des Écoles d'arts et métiers, et qui nous a paru de nature à fournir de très-bons renseignements pratiques aux personnes qui s'occupent de l'importante question des garnitures de tiges de piston et des pistons eux-mêmes ; l'auteur l'envisage surtout au point de vue des machines locomotives, dont il a particulièrement l'expérience.

Suivant lui, encore, c'est au système métallique qu'il faut demander une bonne garniture de tige, et il en décrit un qu'il a appliqué avec beaucoup de succès sur l'une des machines du chemin de fer d'Orléans. Ce système consiste à entourer la tige de plusieurs bagues fendues et élastiques, séparées les unes des autres par d'autres bagues fixes à rebords, qui permettent aux premières de jouer isolément, sans se transmettre la pression qu'elles éprouvent de la vapeur qui parvient à s'insinuer dans la boîte.

Cette disposition nous rappelle celle de M. Bréval, décrite précédemment (p. 544), qui en diffère, néanmoins, par les points suivants :

1° Les rondelles plates séparatives n'étant point solidaires les unes des autres, les bagues élastiques ne sont rendues indépendantes que dans leurs fonctions contractives ;

2° Ces bagues sont formées chacune de deux viroles l'une dans l'autre, tandis qu'elles sont simples dans le système Furno.

M. Furno se livre, dans sa notice, à un examen comparatif des divers modes de garnitures essayés, dans lequel il ne nous est pas possible de le suivre ici. Nous renvoyons les personnes qui désireraient se renseigner à ce sujet, à cette notice qui est elle-même extraite de l'*Annuaire de la Société des anciens élèves des Écoles d'arts et métiers*, année 1864.

CHAPITRE XII.

PROPORTIONS ET CONSTRUCTION DES TUYAUX DE DIFFÉRENTS SYSTÈMES.

(PLANCHES 31 ET 32.)

Le nom de *tuyau* s'applique exclusivement à ces organes creux à génération tubulaire, droits ou courbes, d'un développement linéaire très-variable, etc., employés à conduire les fluides d'un point à un autre, ou à les distribuer entre différents récepteurs. On nomme *conduite* un nombre plus ou moins grand de tuyaux réunis bout-à-bout, et très-exactement joints, de façon à former comme un seul tuyau assez long pour correspondre au parcours complet que l'on veut faire effectuer au fluide.

L'étude des tuyaux et des conduites porte, d'une part, sur les règles qui lient leurs dimensions géométriques avec les lois de l'écoulement et de la circulation des fluides, sur leur résistance comme pièces soumises à des efforts, et, d'autre part, sur leur mode de construction, leur agencement et leurs assemblages, soit pour l'établissement des conduites, soit même comme tuyaux simples en relation avec les récipients qu'ils sont appelés à mettre en communication.

En abordant ce sujet important, notre intention n'est pas de traiter de l'établissement, proprement dit, des grandes conduites ou des canalisations pour l'eau et pour le gaz des villes, ce qui donnerait matière à des développements dans lesquels nous ne pouvons entrer et qui ne vont pas au but que nous nous sommes proposé ; nous désirons seulement examiner les tuyaux comme pièces détachées, ainsi que nous l'avons fait jusqu'ici pour les autres organes de mécanique. Mais nous ne pouvons néanmoins nous dispenser de faire connaître succinctement les principes généraux sur lesquels on s'appuie pour établir les conduites, et qui servent évidemment de bases pour les proportions et la résistance des tuyaux.

C'est même par là que nous devons commencer ce chapitre avant d'entreprendre la description des nombreux modes imaginés pour la construction des tuyaux, les divers procédés de jonction employés ou proposés, les différentes matières en usage pour les exécuter, etc.

PRINCIPES DE L'ÉTABLISSEMENT D'UNE CONDUITE.

DÉBIT D'UNE CONDUITE D'EAU.

VITESSE D'ÉCOULEMENT. — Le mode de débit que l'on doit entendre ici est celui qui correspond à une conduite *sous charge*, c'est-à-dire, lorsqu'il s'agit d'un liquide, quand ce liquide remplit exactement la conduite et que l'écoulement se fait *à plein tuyau*. Il ne faut donc pas confondre ce genre de conduites, dites *forcées*, avec celles dans lesquelles le liquide s'écoule sous la seule influence de son poids et de la position plus ou moins inclinée de la conduite, dans les mêmes conditions que dans tout chenal ou caniveau *à ciel ouvert*.

Dans cette circonstance, le débit d'une conduite où le liquide est forcé est le volume écoulé dans un temps déterminé, et a pour facteurs la vitesse du liquide et la section de la conduite au point où cette vitesse est acquise.

Pour bien fixer les idées sur les conditions dans lesquelles nous supposons une pareille conduite, admettons un réservoir d'eau A, fig. 127, duquel part une conduite B, *à section constante*, ouverte à sa partie inférieure qui débouche à une certaine distance du réservoir et en un point situé à une hauteur *a c*, ou H, au-dessous du niveau *b c* du liquide dans ce réservoir.

Fig. 127.

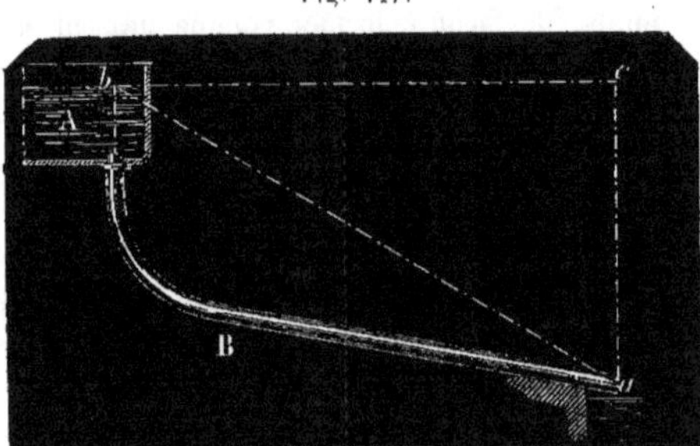

Conformément aux lois ordinaires de l'hydraulique et de l'écoulement des liquides, si aucune cause n'intervenait pour altérer la vitesse suivant laquelle l'écoulement tend à se produire, l'eau sortirait à la partie inférieure de la conduite avec la vitesse *due à la hauteur* H, c'est-à-dire, d'après le théorème de Toricelli, *avec la vitesse acquise par un corps après une chute, dans le vide, d'une pareille hauteur*.

C'est là ce qui se produirait si le fluide ne prenait cette vitesse d'écoulement qu'à une très-faible distance de l'orifice, en admettant que ce soit, par exemple, un véritable orifice ouvert directement dans la paroi d'un réservoir de même hauteur, ou bien que la longueur de la conduite fût très-petite, ou encore que l'orifice de sortie eût une section infiniment plus petite que tout le reste de la conduite.

Mais dès l'instant que la section de la conduite est constante, le liquide, sollicité par la pression du réservoir, prend pour ainsi dire dès son entrée la vitesse avec laquelle il s'écoule par l'orifice inférieur (1), et son frottement contre les parois de la conduite s'oppose à ce que cette vitesse atteigne la valeur théorique, dont nous venons de rappeler tout à l'heure les éléments.

En résumé, le frottement de l'eau dans une conduite donne lieu à ce que l'on nomme *une perte de charge*, et l'écoulement s'effectue avec une vitesse inférieure à celle qui serait théoriquement due à la hauteur totale d'une colonne d'eau mesurée verticalement depuis le niveau supérieur du réservoir jusqu'à l'orifice de sortie.

C'est peut-être le moment de faire remarquer une autre condition dans laquelle une conduite est susceptible de fonctionner. Si l'eau, au lieu de s'écouler sous l'influence de sa propre charge, se trouve refoulée à l'aide d'un procédé mécanique, comme, par exemple, au moyen d'une pompe, sa vitesse est alors entièrement dépendante des fonctions du moteur et ne peut plus être affectée par la conduite ; mais le frottement n'en a pas moins lieu avec toute son intensité, et si son influence n'a pas d'action sur la vitesse, elle est vivement ressentie par le moteur et se traduit en quantité de travail dépensée pour le surmonter.

Nous restons donc bien dans les conditions proposées d'une conduite dans laquelle circule du liquide sous l'influence d'une simple pression hydrostatique, et nous cherchons à nous rendre compte de cette diminution de vitesse qui exprime justement la quantité de travail absorbée par ce frottement et empruntée à la puissance totale disponible, dont la quotité est complétement indépendante de l'état de la conduite. Les savants observateurs Dubuat, Couplet, Eytelwein, Bossut, d'Aubuisson, etc., ont trouvé que la résistance d'une conduite à l'écoulement d'un liquide est basée sur les points suivants :

Elle est proportionnelle à l'étendue des parois de la conduite, cause de cette résistance, et, par conséquent, proportionnelle à sa longueur et à son périmètre mouillé, soit sa circonférence intérieure, sa section étant circulaire ;

Elle est proportionnelle au carré de la vitesse du fluide (qui sert, en effet, de mesure à la pression que le fluide exerce contre les parois), augmenté d'une certaine fraction de la vitesse simple à cause de la viscosité du fluide, dont l'influence est surtout relativement sensible pour les faibles vitesses ;

Enfin, elle est inversement proportionnelle à la section de la conduite, car la section

(1) Il peut sembler étrange, avant d'y avoir réfléchi, que l'eau entre dans la conduite avec la vitesse suivant laquelle elle s'écoule par l'orifice inférieur et qu'elle puisse acquérir de suite une certaine vitesse avant d'avoir effectué la chute correspondante. Mais si la vitesse n'était pas la même en tous les points de la conduite, *dont la section est constante*, le liquide, qui n'est ni compressible ni extensible, s'isolerait des parois au fur et à mesure de l'accroissement de sa vitesse : l'écoulement n'aurait point lieu à *plein tuyau*. Or, l'écoulement s'effectuant, au contraire, à *plein tuyau*, le liquide *mouille* les parois de la conduite dans toute son étendue et la vitesse est évidemment la même en tous les points du parcours. On doit se rappeler que c'est sur ce principe qu'est basée la turbine Jonval-Kœchlin, qui a pour propriété de pouvoir être établie en un point quelconque de la hauteur de chute disponible (voir notre Traité des moteurs hydrauliques).

augmentant ou diminuant beaucoup plus rapidement que son périmètre, plus cette section sera grande et plus la masse de liquide en mouvement sera considérable par rapport à la surface des parois, moins, par conséquent, cette résistance, se reportant sur un plus grand nombre de molécules liquides, aura d'influence pour diminuer la vitesse. Si, maintenant, on désigne par :

C, le contour mouillé de la conduite, soit sa circonférence intérieure, sa section étant circulaire ;

L, sa longueur totale ;

S, sa section transversale ;

a et b, deux coefficients d'expérience, dont l'un se rapporte particulièrement à l'influence de la vitesse simple ;

v, la vitesse moyenne du fluide dans la conduite, celle qui devra servir de mesure au débit ;

On arrive, pour exprimer la valeur de cette résistance, à la relation suivante (1) :

$$a\frac{\mathrm{C\,L}}{\mathrm{S}}(v^2+bv).$$

D'autre part, il est remarquable que cette vitesse v, dont on cherche la valeur, correspond à une hauteur génératrice $h=\frac{v^2}{2g}$, laquelle hauteur est celle qui reste de celle totale H après la réduction $\mathrm{H}-h$, que lui a fait subir la résistance de la conduite ;

Cette résistance peut donc encore être exprimée par :

$$\mathrm{H}-\frac{v^2}{2g}.$$

Égalant ces deux valeurs de la résistance, il vient :

$$\mathrm{H}-\frac{v^2}{2g}=a\frac{\mathrm{C\,L}}{\mathrm{S}}(v^2+bv).$$

Si maintenant l'on introduit dans cette formule la valeur de $2g$, qui est 19,62, et celles des coefficients a et b, qui sont, d'après Couplet, 0,0003425 et 0,055, et que l'on fasse disparaître ensuite la section S et le périmètre C, pour y substituer le diamètre D du cercle auquel ces quantités correspondent nécessairement, il vient une autre relation de laquelle on peut déduire la vitesse cherchée v, qui égale, après toutes les réductions nécessaires :

$$v=\sqrt{\frac{\mathrm{DH}}{0{,}00137\,\mathrm{L}+0{,}051\,\mathrm{D}}-\frac{0{,}07535\,\mathrm{L}}{2{,}74\,\mathrm{L}+102\,\mathrm{D}}}.$$

Mais nous préférons, à cette formule, la suivante déduite par Prony des mêmes recherches, et rapportée par M. Morin ; c'est néanmoins la même, mais simplifiée en

(1) D'Aubuisson, *Traité d'hydraulique*. Paris, 1840.

ce que les termes des dénominateurs affectés du signe D ont été négligés. Le résultat définitif ne peut subir aucun changement sensible de cette suppression, attendu que le diamètre d'une conduite est ordinairement très-faible comparativement à sa longueur totale et à la hauteur H.

Voici cette formule :

$$U = 26,79 \sqrt{DJ} - 0^m,025,$$

dans laquelle :

U représente la vitesse moyenne cherchée ;

D — le diamètre de la conduite ;

J — le quotient de la hauteur génératrice H par la longueur L de la conduite, soit sa déclivité par mètre courant. Par cette longueur L, il faut entendre l'hypothénuse d'un triangle rectangle *b a c*, fig. 127, ayant H pour hauteur et pour base la distance horizontale des deux extrémités de la conduite. Cette formule peut donc s'écrire ainsi :

$$U = 26,79 \sqrt{\frac{DH}{L}} - 0^m,025.$$

Donnons maintenant un exemple de l'emploi de cette formule.

Exemple. — Déterminer la vitesse de régime de l'eau dans une conduite de $0^m,50$ de diamètre et de 3000 mètres de longueur, le niveau de l'eau dans le réservoir supérieur se trouvant à 25 mètres au-dessus de l'orifice inférieur de la conduite.

On trouve :

$$U = \left(26,79 \times \sqrt{\frac{0,50 \times 25}{3000}}\right) - 0^m,025 = 1^m,702.$$

Si l'on opère à l'aide de la première formule, on trouve $1^m,705$, ce qui prouve que les deux formules sont bien identiques, car cette faible différence est tout à fait négligeable.

Si la vitesse n'était pas altérée par le fait de son passage dans la conduite et qu'elle fût celle théoriquement due à la hauteur génératrice H, elle serait (voir Traité des moteurs hydrauliques) :

$$V = \sqrt{19,62 \times 25^m} = 22 \text{ mètres}.$$

Ce seul exemple suffit pour faire comprendre l'énorme influence de la conduite sur la vitesse et, par conséquent, sur le débit et la gravité de l'erreur que l'on commettrait en n'en tenant pas compte. Nous admettons, d'ailleurs, qu'il s'agisse d'une conduite à section constante et sans coudes brusques, car de pareils obstacles, surtout si la charge est considérable, sont de nature à réduire encore la vitesse. On les évite soigneusement dans l'établissement d'une canalisation, ou, si l'on est forcé d'admettre un changement de direction quelque peu subit, on doit au moins s'arranger pour que la prise se fasse sur une conduite d'un diamètre assez considérable, comparativement aux orifices de débit, pour que la vitesse du fluide s'y trouve très-faible.

VOLUME ÉCOULÉ. — Une fois la vitesse d'écoulement connue, la recherche du volume écoulé n'offre aucune difficulté, puisqu'il est le produit de la section de l'orifice d'écoulement par cette vitesse.

Représentant par Q ce volume, en mètres cubes par seconde, on aura naturellement :

$$Q = U \frac{\pi D^2}{4}.$$

Si nous revenons à l'exemple précédent pour faire l'application de cette règle, c'est-à-dire, pour connaître de quel débit cette conduite est capable dans les conditions de l'exemple, il vient :

$$Q = 1^m,702 \times \frac{3,1416 \times (0,50)^2}{4} = 0^{mc},334,$$

ou 334 litres par seconde.

Rien dans ce problème n'offrant de particularité, nous devons, sans nous y arrêter davantage, examiner le cas beaucoup plus intéressant où l'on recherche le diamètre que doit avoir une conduite dans des conditions déterminées.

RECHERCHE DU DIAMÈTRE D'UNE CONDUITE POUR UN DÉBIT DÉTERMINÉ. — Lorsqu'il s'agit d'établir une conduite d'eau destinée à être alimentée par un réservoir *libre*, c'est bien moins la vitesse que cette eau y prendra que l'on désire connaître que le diamètre capable de suffire au débit proposé ; bien qu'on ne se limite pas ordinairement au plus faible diamètre possible, il faut au moins en connaître la valeur.

Si ce diamètre était connu et que dans l'expression ci-dessus du volume écoulé, on fît entrer celle complète représentative de la vitesse, on écrirait :

$$Q = \left(26,79 \sqrt{\frac{DH}{L}} - 0^m,025\right) \frac{\pi D^2}{4},$$

ce qui nous amène tout naturellement à la formule suivante :

$$D^5 = \frac{Q^2 + 0,03926\, QD^2 + 0,01154\, D^4}{441,7} \frac{L}{H}.$$

Pour tirer de cette formule la valeur de D, on est obligé d'en chercher d'abord une première approximative, en négligeant les deux termes où cette lettre est à la deuxième et à la quatrième puissance, ce qui amène à cette relation simplifiée :

$$D = \sqrt[5]{\frac{Q^2 L}{441,7\, H}}.$$

La première valeur du diamètre déterminée ainsi sera un peu faible, quoique généralement suffisante ; mais pour apprécier son degré d'exactitude, il suffira de faire une seconde opération, en employant la formule complète ci-dessus et en y introduisant cette fois D^2 et D^4, d'après sa valeur approximative trouvée : il en résultera une seconde valeur de D plus approchée et qui même, dans la généralité des circonstances, ne différera de la première que d'une quantité assez insignifiante pour que l'on puisse admettre immédiatement cette seconde valeur pour la bonne.

Un exemple est maintenant nécessaire.

Exemple. — Déterminer le diamètre intérieur d'une conduite devant débiter 334 litres d'eau par 1'', sous 25 mètres de charge, et ayant 3000 mètres de longueur.

On obtient le premier résultat suivant :

$$D = \sqrt[5]{\frac{(0^{mc},334)^2 \times 3000^m}{441,7 \times 25^m}} = 0^m,497.$$

Voulant connaître le degré d'approximation auquel nous sommes parvenu, nous recommençons l'opération de la façon qu'il a été dit ci-dessus, et il vient :

$$D = \sqrt[5]{\left(\frac{(0^{mc},334)^2 + 0,03926 \times 0,334 \times (0,497)^2 + 0,01134 \times (0,497)^4}{441,7}\right) \times \frac{3000}{25}} = 0^m,501.$$

Ce diamètre, qui ne diffère que de 4 millimètres sur 500 de la première valeur trouvée, peut être regardé comme celui qui convient au problème proposé : on a dû remarquer, d'ailleurs, que nous avons admis comme données celles qui, dans un exemple précédent, correspondent à un diamètre de 500 millimètres.

Table des dépenses d'eau par des conduites circulaires en fonte. — Bien que le calcul précédent ne présente pas de difficultés sérieuses, il exige un certain temps pour l'effectuer, et comme, d'ailleurs, un pareil problème peut offrir l'un ou l'autre des termes qu'il renferme comme inconnu, des tables toutes calculées sont indispensables pour la pratique.

On peut en tirer d'autant plus facilement un parti utile, que, dans l'établissement des grandes conduites, on ne fait usage que d'un nombre relativement faible de diamètres différents, afin de ne pas trop multiplier les types des tuyaux employés. Nous aurons, du reste, l'occasion de montrer que ce serait se créer un embarras superflu.

M. Mary, l'habile ingénieur qui a dirigé pendant longtemps les travaux de canalisation de la ville de Paris, a calculé une table très-complète qui donne les vitesses et les volumes débités par seconde, par des conduites de différents diamètres et sous différents degrés de déclivité.

Nous en donnons, ci-après, un extrait, en supprimant aussi les vitesses en rapport avec chaque déclivité, afin de ne pas donner à cette table une étendue qui excède notre cadre : on vient de voir, d'ailleurs, que cette vitesse n'entre pas directement dans les conditions du problème.

XXXIIIe.

TABLE RELATIVE AUX TUYAUX DE CONDUITE.

DÉBIT DES TUYAUX DE DIVERS DIAMÈTRES SUIVANT LA CHARGE PAR MÈTRE.

VOLUMES d'eau débités en litres par 1″.	CHARGE PAR MÈTRE EXPRIMÉE EN MILLIMÈTRES pour des tuyaux dont les diamètres intérieurs sont de :					
	0m 05	0m 08	0m 10	0m 15	0m 20	0m 25
	millim.	millim.	millim.	millim.	millim.	millim.
0.1	0.11	0.02	0.01	»	»	»
0.5	2.16	0.26	0.10	»	»	»
7.0	7.93	0.87	0.31	»	»	»
7.2	11.25	1.20	0.43	»	»	»
7.4	15.15	1 59	0.57	»	»	»
7.6	19.63	2.04	0.72	»	»	»
7.8	24.69	2.54	0.89	0.11	»	»
2.0	30.32	3.10	1.08	0.17	»	»
2.2	36.53	3 72	1.29	0.20	»	»
2.4	43.32	4.33	1.51	0.23	»	»
2.6	50.69	5.	6.76	0.27	»	»
2.8	58.63	5.89	2.02	0.31	»	»
3.0	67.16	6.72	2.30	0.35	»	»
3.5	91.00	9.05	3.08	0.46	0.13	»
4.0	88.45	11.72	3 97	0.58	0.16	»
4.5	849.52	14.73	4.97	0.72	0.20	»
5.0	884.20	18.09	6.08	0.87	0.23	0.09
5.5	228.90	21.82	7.32	1.04	0.27	0 10
6.0	264.39	25.84	8.66	1.23	0.32	0.12
7.0	»	34.98	11.68	1.64	0.42	0.15
8.0	»	45.49	15.16	2.11	0.54	0.19
9.0	»	57.38	19.09	2.64	0.67	0.24
70.0	»	70.64	23.47	3.24	0.82	0.29
62.0	»	701.31	33.58	4.60	1.15	0.40
64.0	»	737.49	45.50	6.20	1.53	0.53
76.0	»	»	59.23	8.03	1.98	0.68
78.0	»		74.76	10.11	2.49	0.85
20.0	»	»	92 10	12.42	3.04	1.04
25.0	»	»	»	19.24	4.69	1.59
30.0	»	»	»	27.55	6.68	2.25
35.0	»	»	»	37.35	9.03	3.03
40.0	»	»	»	48.63	11.73	3.93
45.0	»	»	»	61.40	14.78	4.94
50.0	»	»	»	75 76	18.20	6.06
55.0	»	»	»	»	21.96	7.31
60.0	»	»	»	»	26.05	8.66
65.0	»	»	»	»	30.53	10.14
70.0	»	»	»	»	35.35	11.73
80.0	»	»	»	»	46.05	15.25
90.0	»	»	»	»	58.16	19.24
100.0	»	»	»	»	»	23.69

XXXIIIe

SUITE DE LA TABLE RELATIVE AUX TUYAUX DE CONDUITE.

DÉBIT DES TUYAUX DE DIVERS DIAMÈTRES SUIVANT LA CHARGE PAR MÈTRE.

VOLUMES d'eau débités en litres par 1".	CHARGE PAR MÈTRE EXPRIMÉE EN MILLIMÈTRES pour des tuyaux dont les diamètres intérieurs sont de :					
	0m 30	0m 35	0m 40	0m 45	0m 50	m 60
	millim.	millim.	millim.	millim.	millim.	millim.
10	0.13	0.06	»	»	»	»
12	0.17	0.09	0.05	»	»	»
14	0.23	0.11	0.06	»	»	»
16	0.29	0.14	0.08	0.05	»	»
18	0.36	0.18	0.10	0.06	»	»
20	0.44	0.21	0.12	0.07	0.04	»
22	0.52	0.25	0.14	0.08	0.05	»
24	0.61	0.30	0.16	0.09	0.06	»
26	0.71	0.34	0.19	0.11	0.07	»
28	0.82	0.40	0.21	0.12	0.08	»
30	0.93	0.45	0.24	0.14	0.09	0.04
35	1.25	0.60	0.32	0.18	0.11	0.05
40	1.62	0.77	0.41	0.24	0.14	0.06
45	2.03	0.96	0.51	0.29	0.18	0.08
50	2.49	1.18	0.62	0.35	0.22	0.09
55	2.99	1.41	0.74	0.42	0.26	0.11
60	3.54	1.67	0.88	0.50	0.30	0.13
65	4.14	1.95	1.02	0.58	0.35	0.15
70	4.78	2.25	1.18	0.67	0.40	0.17
80	6.21	2.92	1.52	0.86	0.52	0.22
90	7.82	3.67	1.91	1.08	0.65	0.27
100	9.62	4.51	2.34	1.32	0.79	0.33
120	13.78	6.44	3.34	1.88	1.13	0.47
140	18.67	8.72	4.52	2.53	1.52	0.63
160	24.31	11.37	5.87	3.29	1.96	0.81
180	30.70	14.30	7.39	4.14	2.47	1.01
200	37.83	17.61	9.10	5.09	3.03	1.24
240	»	25.20	13.03	7.28	4.33	1.77
280	»	34.29	17.68	9.87	5.86	2.39
300	»	»	26.26	11.31	6.72	2.74
320	»	»	23.02	12.85	7.63	3.11
340	»	»	[illegible]	14.48	8.60	3.50
360	»	»	29.08	16.21	9.62	3.91
380	»	»	32.37	18.04	10.70	4.35
400	»	»	»	20.97	11.84	4.81
425	»	»	»	22.52	13.35	5.42
450	»	»	»	25.22	14.95	6.07
475	»	»	»	28.08	16.64	6.75
500	»	»	»	»	18.42	7.47
525	»	»	»	»	20.29	8.22
550	»	»	»	»	22.25	9.01
600	»	»	»	»	25.58	10.70

Usage de la table. — Dans chacune des deux parties de cette table, la première colonne contient une série de dépenses qui s'étend de $0^l,1$ à 100 litres par seconde, dans la première, et de 10 à 600 litres dans la deuxième ; les colonnes suivantes, qui répondent chacune à un diamètre de conduite différent, de 5 à 60 centimètres, renferment les degrés de déclivité, en millimètres, auxquels chaque diamètre est capable du débit porté en regard dans la première colonne.

Il est bien entendu que nous entendons toujours par *déclivité*, la pente ou charge par mètre, ou l'inclinaison de la conduite, résultant, comme on l'a vu ci-dessus (p. 553), de la charge totale H, divisée par la longueur totale L, évaluée comme cela a été expliqué.

Nous allons, au moyen de quelques exemples, montrer comment on peut, à l'aide de cette table, résoudre les principales questions qui se rattachent à l'établissement d'une conduite d'eau.

1er *Exemple*. — Déterminer, à l'aide de la table, le diamètre maximum d'une conduite capable d'amener 20 litres d'eau par seconde, en un point situé à 2000 mètres du réservoir alimentaire et à 20 mètres au-dessous de son niveau supérieur.

Le premier point à connaître, pour se conformer aux données de la table, c'est la pente ou charge par mètre courant. Elle égale :

$$\frac{H}{L} = \frac{20^m}{2000} = 0^m,010,$$

soit 10 millimètres par mètre.

Cherchant dans les deux parties de la table la coïncidence de ce degré de déclivité avec la dépense de 20 litres donnée, nous trouvons, dans la première partie, 20 litres en regard de $12^{mil.},42$, qui se trouve situé dans la colonne correspondant à un tuyau de 15 cent. de diamètre, la charge $10^{mil.},11$, plus approchée, ne répondant, pour le même tuyau, qu'à une dépense de 18 litres par seconde.

Par conséquent, ce diamètre de 15 serait un peu faible et 20^c serait trop fort, puisque la table indique qu'il peut suffire à la dépense avec seulement $3^{mil.},04$ de déclivité.

Dans la pratique, on adopterait, cependant, ce dernier diamètre, dès l'instant que les modèles de série existants ne présenteraient pas d'intermédiaires, et il faut dire, qu'en effet, on ne se borne jamais au diamètre rigoureusement exact, en supposant même qu'il fasse partie de la série disponible.

Mais, admettons que l'on désire, cependant, combler la lacune de la table et estimer plus exactement le diamètre cherché. On pourra procéder ainsi :

Pour le même débit de 20 litres par seconde, les diamètres 15 et 20, dont la différence est 5, répondent aux deux charges 3,04 et 12,42, dont la différence est 9,38 ; et cette charge de 3,04 diffère elle-même de celle 10 donnée de 6,96.

Comparant ces deux différences, et admettant qu'elles soient proportionnelles à celles des diamètres, on pose la proportion suivante :

$$9,38 : 6,96 :: 5 : x,$$

x serait alors ce qu'il faut retrancher du diamètre 20, pour obtenir celui qui répond plus exactement à la déclivité donnée.

Il vient, d'après cela :

$$x = \frac{6,96 \times 5}{9,38} = 3^c,71.$$

Retranchant ce chiffre de 20, on obtient, en résumé, pour le diamètre cherché plus approché :

$$20 - 3,71 = 16^c,29.$$

2e *Exemple.* — Quel volume d'eau peut être amené par une conduite de 8 centimètres de diamètre, offrant une déclivité de $2^{mil},5$ par mètre ?

On cherche dans la colonne qui répond à ce diamètre, la charge qui se rapproche le plus de celle donnée ; on trouve que c'est $2^{mil.},54$ qui se trouve en regard de 1,8 litre par seconde.

Le débit réel serait donc un peu inférieur et égal, environ, à 1,7 ; soit, par 24 heures :

$$1,7 \times 3600 \times 24 = 146880 \text{ litres},$$

ou à peu près, 147 mètres cubes.

3e *Exemple.* — A quelle hauteur faut-il établir le niveau supérieur d'un réservoir alimentaire, destiné à conduire 15000 mètres cubes d'eau en 24 heures à une distance de 3600 mètres et à l'aide d'une conduite existante, dont le diamètre intérieur égale $0^m,35$?

15000 mètres cubes par 24 heures font par seconde :

$$\frac{15000}{86400} = 0^{mc},1736, \text{ ou environ } 174 \text{ litres.}$$

Nous trouvons dans la table, comme condition la plus approchée, 180 litres répondant à une charge de $14^{mil.},30$ par mètre courant, pour le diamètre 35.

Par conséquent, la distance étant de 3600 mètres, il faut que le niveau supérieur du réservoir soit à une hauteur de :

$$0^m,0143 \times 3600^m = 51^m,48,$$

au-dessus de l'orifice inférieur de la conduite.

Nous ne multiplierons pas davantage ces exemples, n'ayant pas l'intention, ainsi que nous l'avons dit en commençant, de traiter de l'établissement, proprement dit, de l'ensemble d'une conduite ; il nous faudrait entrer pour cela dans des détails et de nombreuses considérations qui dépassent notre but.

Rappelons seulement que ce qui vient d'être dit s'applique à des conduites circulaires sans coudes brusques ni étranglements, et n'ayant d'autre orifice de débit que celui inférieur.

Comme, en réalité, une conduite de grande canalisation présente, au contraire, de nombreux branchements, des obturateurs, des changements de direction plus ou moins brusques, etc., il est naturel qu'on ne se restreigne pas, pour fixer leur diamètre, aux données rigoureuses de la théorie pratique, dont nous venons d'exposer les premiers éléments.

Mais, d'ailleurs, disposant d'un certain nombre de modèles de tuyaux, dont les diamètres varient, par exemple, suivant l'ancienne série de pouce en pouce, ou de 2 en 2 et de 5 en 5 centimètres, d'après la nouvelle, on choisit tout simplement parmi ces types celui qui se rapproche, surtout en le dépassant, du but proposé.

Se renfermer dans des limites rigoureuses serait de toutes façons une faute, car un débit suffisant aujourd'hui sera insuffisant demain ; aussi voyons-nous fréquemment renouveler les conduites d'eau ou de gaz dans les grandes villes.

Avant de nous occuper de la *résistance* des tuyaux, point qui nous intéresse surtout, il est, cependant, nécessaire de donner sur *les conduites à gaz* quelques notions analogues aux précédentes, qui ne sont relatives qu'aux conduites d'eau.

DÉBIT D'UNE CONDUITE A GAZ.

Mesure de la pression d'un gaz. — De même que les liquides, les gaz qui s'écoulent par un tuyau de conduite y perdent, par le frottement, une partie plus ou moins grande de la force suivant laquelle leur introduction s'y trouvait sollicitée : entrant avec une certaine pression et, par conséquent, avec une certaine vitesse, ils sortent avec une pression et une vitesse moindres.

Pour l'application des formules qui conduisent à l'estimation du débit d'une conduite de gaz, il est nécessaire de bien définir préalablement la mesure des pressions, car pour un fluide aériforme, doué d'une puissance expansive indéfinie, cette pression ne peut pas être directement énoncée en *hauteur de colonne de ce fluide*, dont la pression est due, surtout, à la puissance d'élasticité et non pas au poids de la masse considérée. De la mesure de cette pression, on arrive à celle de la *vitesse d'écoulement*, point important du sujet qui nous occupe.

Si à un récipient clos, et renfermant un fluide élastique à une certaine pression, on adapte un tube recourbé en U, soit *un manomètre*, contenant du mercure, l'une des branches ouverte librement à l'atmosphère et l'autre en rapport avec le récipient par un robinet, et que l'on établisse la communication par l'ouverture du robinet, le mercure supportera la pression du récipient dans l'une des branches du tube, comme il supporte celle de l'atmosphère dans l'autre ; si ces pressions sont différentes, les deux colonnes de mercure se dénivelleront, l'une s'élevant du côté de la plus faible et s'abaissant dans l'autre.

L'équilibre étant ainsi établi, l'excès de hauteur d'une colonne sur l'autre sera évidemment l'indice et la mesure de l'excès des deux pressions ; le poids de la colonne de mercure soulevée sera égal à celui de l'excès des deux pressions; comme, d'ailleurs, le poids total de cette colonne est lui-même proportionnel à la section transversale de sa base et à la densité du liquide, l'excès de pression cherché est rapporté à ces deux dernières conditions, c'est-à-dire, simplement à une hauteur de colonne d'un liquide d'une densité déterminée.

Si, par exemple, la pression du gaz dans le récipient étant plus élevée que celle de l'atmosphère extérieure, le manomètre différentiel à mercure indique une dénivellation de $0^m,50$, on dira que l'excès de pression correspond à une colonne de mercure de 50 centimètres; comme une colonne de mercure de 1 mètre de hauteur sur un mètre carré de base pèse 13598 kilogrammes, ou $1^k,3598$ par centimètre carré, l'excès de pression dans le récipient, celui sous l'influence duquel aurait lieu l'écoulement dans l'atmosphère, si l'on y pratiquait un orifice, serait de $0^k,6799$ par centimètre carré.

On sait que c'est sur une semblable observation qu'est basée la mesure de la pression de l'atmosphère terrestre, à l'aide du *baromètre*, instrument dans lequel le récipient que nous supposions tout à l'heure est la *chambre barométrique*, ou vide dit de Toricelli, d'où la hauteur de la colonne de mercure soulevée équivaut à la pression atmosphérique totale, puisqu'il ne lui est opposé que le *vide*. La hauteur moyenne de cette hauteur étant, au niveau des mers et à 0 température, de $0^m,76$, on en conclut que la pression atmosphérique est égale, dans ces conditions, à :

$$1^k,3598 \times 0,76 = 1^k,033$$

par centimètre carré.

Vitesse d'écoulement en mince paroi. — Possédant maintenant le moyen de mesurer et d'évaluer la pression d'un gaz, voici le théorème par lequel on exprime la loi suivie par son écoulement par un orifice dit *en mince paroi*, c'est-à-dire, de nature à ne pas altérer cette vitesse par le frottement :

La vitesse d'un fluide ÉLASTIQUE, qui s'écoule *dans un certain milieu, par un orifice en mince paroi, est la même que celle que posséderait, dans les mêmes conditions, un fluide* NON ÉLASTIQUE, *de même densité que ce gaz, mais qui, par sa hauteur de colonne sur le centre de l'orifice, serait capable d'y exercer une égale pression relative.*

Il suit de là, qu'à pression égale, la vitesse d'écoulement des gaz est bien supérieure à celle des liquides, dont la densité est toujours beaucoup plus considérable et dont une colonne de même poids est nécessairement beaucoup moins élevée.

Nous ne pourrions trouver de meilleur exemple à proposer, pour l'explication du théorème précédent, qu'un générateur à vapeur qui renferme de l'eau et de la vapeur, évidemment sous la même pression. Admettons que l'on y perce deux orifices, l'un dans la partie qui correspond à la chambre de vapeur, et l'autre dans la partie de ce générateur qui se rapporte à l'eau restée à l'état liquide; et, en nous donnant la pression intérieure à 5 atmosphères, cherchons quelles seront les vitesses respectives d'écoulement de l'eau et de la vapeur.

Vitese de l'eau. — L'eau exerçant contre les parois intérieures de la chaudière une pression de 5 atmosphères, et cette dernière étant soumise extérieurement à une contre-pression de 1 atmosphère, on est dans les mêmes conditions que si l'on avait à déterminer la vitesse d'écoulement due à une colonne d'eau de $10^m,33 \times 4 = 41^m,32$

de hauteur au-dessus de l'orifice d'écoulement. On trouve donc, pour cette vitesse, et avec la formule ordinaire :

$$v = \sqrt{19,62 \times 41^{m},32} = 28^{m},47.$$

L'eau jaillirait donc de la chaudière à raison d'une vitesse de $28^{m},47$ par seconde.

Vitesse de la vapeur. — De la vapeur *saturée*, à 5 atmosphères, pèse $2^{k},5763$ par mètre cube, tandis que l'eau pèse environ 1000 kilog. Par conséquent, et pour rentrer dans les données du théorème précédent, il faudrait, à poids égal, contre une colonne d'eau de $41^{k},32$ de hauteur, une colonne de vapeur de :

$$41,32 \times \frac{1000}{2,5763} = 16038 \text{ mètres.}$$

La *vitesse due* à cette hauteur, égale :

$$V = \sqrt{19,62 \times 16038} = 561 \text{ mètres.}$$

Telle serait la vitesse d'écoulement de la vapeur d'une chaudière dont l'eau, à l'état liquide, mais sous la même pression, ne s'échapperait qu'à la vitesse trouvée ci-dessus de $28^{m},47$ par seconde.

En résumé, la vitesse d'écoulement des gaz, *en mince paroi*, est exprimée par la formule suivante :

$$v = \sqrt{2\,g\,(P - p)\frac{d'}{d}},$$

dans laquelle d' représente la densité du mercure qui égale 13,598, celle de l'eau étant 1, et d la densité du gaz considéré, également rapportée à celle de l'eau prise pour unité.

Si l'on réduit ensuite, par rapport aux quantités numériques invariables, c'est-à-dire, $2g = 19,62$ et $d' = 13,598$, il vient définitivement :

$$v = \sqrt{\frac{266,76\,(P - p)}{d}}.$$

Dans cette dernière formule, P représente la pression du gaz qui s'écoule, en mètres de mercure, et p celle du milieu où se fait l'écoulement représentée de la même manière.

VITESSE D'ÉCOULEMENT PAR UNE CONDUITE. — Ces bases nous étaient nécessaires avant d'arriver à l'examen de la formule qui permet de déterminer la vitesse d'écoulement d'un gaz par un *conduit*, vitesse nécessairement réduite comparativement à ce qu'elle vient d'être trouvée pour un orifice en mince paroi.

Pour les gaz, comme pour les liquides, d'Aubuisson a trouvé que la résistance qu'une conduite oppose à l'écoulement suit sensiblement les lois suivantes :

1° Cette résistance est proportionnelle à la longueur du conduit ;

2° Elle croît avec le carré de la vitesse du gaz ;

3° Elle est en raison inverse du diamètre de la conduite.

Sans entrer dans les développements qui y ont amené, nous donnons de suite la formule fondée sur les principes énoncés ci-dessus et déterminée d'après les coefficients fournis par l'expérience.

Voici cette formule relative à l'écoulement d'un gaz par un conduit :

$$v = \sqrt{\frac{2gPD^5}{k2gLD'^4 + D^5}\,\frac{d'}{d}} = \sqrt{\frac{266,76PD^5}{(0,0238\,LD'^4 + D^5)\,d'}}$$

dans laquelle :

v représente la vitesse cherchée, en mètres par 1″ ;

P » la pression sous l'influence de laquelle se fait l'écoulement, c'est-à-dire, l'excès de la pression dans le récipient sur celle du milieu d'écoulement, en mètres de mercure ;

L » la longueur de la conduite, en mètres ;

D » le diamètre intérieur de la conduite, en mètres ;

D′ » le diamètre de l'orifice par lequel se fait l'écoulement ;

d » la densité du gaz, celle de l'eau prise pour unité.

On suppose, en effet, dans cette formule, que la conduite soit terminée par un ajutage conique, ou d'une autre disposition, mais percé d'un orifice d'un diamètre inférieur à celui de la conduite, condition dans laquelle la vitesse éprouve une réduction moindre que si cette conduite était librement ouverte, puisqu'elle ne commence qu'à une très-faible distance de l'orifice (p. 550).

Mais, si l'on suppose, au contraire, la conduite librement ouverte, D′ égale D, la formule est simplifiée et devient :

$$v = \sqrt{\frac{266,76PD}{(0,0238\,L + D)\,d}}.$$

Nous allons proposer des exemples de l'application de ces deux formules qui supposent, d'ailleurs, pour se trouver en rapport avec les expériences de d'Aubuisson, que l'intérieur des conduites soit bien lisse, sans rugosités ni aspérités, et, bien entendu, sans étranglements.

1er *Exemple.* — Trouver la vitesse de l'écoulement de l'air par une conduite terminée par un ajutage, dans les conditions suivantes :

Pression excédante dans le récipient à l'origine de la conduite, indiquée par la hauteur d'une colonne de mercure à l'aide d'un manomètre différentiel. P = 0m,10

Longueur de la conduite. . . . . L = 60m,00

Diamètre de la conduite . . . . D = 0m,20

Diamètre de l'orifice de sortie. . . . . D′ = 0m,05

Densité de l'air (supposée d'après sa température). . . . . d = 0 ,0013

On trouve :

$$v = \sqrt{\frac{266,76 \times 0,10 \times \overline{0,20}^5}{(0,0238 \times 60 \times \overline{0,05}^4 + \overline{0,20}^5) \times 0,0013}} = 140^m,90.$$

2ᵉ *Exemple.* — Trouver la vitesse d'écoulement pour les mêmes données, mais en supposant la conduite librement ouverte, de façon à avoir $D' = D$.

On obtient :

$$v = \sqrt{\frac{266{,}76 \times 0{,}10 \times 0{,}20}{(0{,}0238 \times 60 + 0{,}20) \times 0{,}0013}} = 50^{m},4.$$

Ce résultat rend bien sensible l'influence de la vitesse se manifestant avec sa plus grande valeur dans toute la longueur de la conduite, comparativement à la situation précédente où l'air ne circule qu'avec lenteur, le diamètre du conduit étant beaucoup plus grand que l'orifice de sortie.

En effet, ces diamètres étant respectivement 20 et 5 centimètres, la vitesse moyenne de l'air dans la conduite n'est que le 1/16 (carré du rapport des diamètres) de la vitesse à la sortie que nous avons trouvée égale à $140^{m},9$. Elle n'est donc, dans toute la longueur de la conduite, que d'environ $8^{m},75$, et même que de $7^{m},60$, si nous tenons compte d'une légère contraction qui réduit la section de la veine libre et produit le même effet que si l'orifice se trouvait plus petit dans le même rapport, mais qu'il n'y eût point de contraction.

A cette vitesse, il est clair que la résistance de la conduite est bien moins grande que lorsque l'air a dû circuler avec cette vitesse de 50 mètres qu'il possède encore à la sortie.

Pour se fixer définitivement, à cet égard, il suffit de rechercher ce que serait cette vitesse si elle n'était aucunement altérée.

Elle serait, d'après la formule ci-dessus (p. 562) :

$$V = \sqrt{\frac{266{,}76 \times 0^{m},10}{0{,}0013}} = 143^{m},2.$$

La vitesse n'est donc réduite que très-peu dans la conduite à orifice rétréci.

Débit par une conduite. — Par un orifice en mince paroi, ou par une conduite, le débit, en gaz, est évidemment le produit de la section de l'orifice de sortie par la vitesse du gaz en ce point et par un coefficient de contraction qui, pour un conduit cylindrique librement ouvert, s'approche assez près de l'unité pour que nous n'en tenions pas compte dans les exemples suivants, qui portent exclusivement sur des organes de cette nature.

Nous n'avons, d'ailleurs, pour but, en ce moment, que d'indiquer la méthode de calcul à suivre pour trouver le *diamètre* d'une conduite, dont les conditions d'établissement et de débit sont données.

L'expression du débit Q, en mètres cubes par seconde, d'une conduite librement ouverte, et dont le diamètre est D, est, d'après ce qui précède :

$$\sqrt{\frac{266{,}76PD}{(0{,}0238\,L + D)d}} \times \frac{3{,}1416\,D^2}{4} = Q.$$

Cherchant à dégager D de cette relation, et réduisant par rapport aux quantités numériques, il vient l'expression suivante :

$$D = 0,36 \sqrt[5]{\frac{(0,0238\,L + D)\,Q^2 d}{P}},$$

dans laquelle le diamètre cherché n'est pas dégagé entièrement, mais qu'il va être, cependant, facile de déterminer dans un cas proposé, à l'aide d'un procédé analogue à celui indiqué précédemment (p. 554) pour les conduites d'eau.

Il suffit, en effet, de faire une première opération en négligeant D, sous le radical, puis de faire une deuxième opération, en attribuant à ce terme négligé la valeur approximative trouvée : le plus souvent, la seconde valeur sera assez peu différente de la première pour qu'une nouvelle épreuve soit inutile.

Exemple. — Soit donné de trouver le diamètre D d'une conduite à établir pour correspondre aux conditions suivantes :

Longueur de la conduite.	$L =$	$100^m,00$
Débit, en mètres cubes de gaz par 1″	$Q =$	$0^{mc},500$
Pression relative du gaz en mètres de mercure	$P =$	$0^m,7$
Densité.	$d =$	$0,002$

La première opération, en négligeant D sous le radical, fournit :

$$D = 0,36 \times \sqrt[5]{\frac{0,0238 \times 100^m \times (0,5)^2 \times 0,002}{0,7}} = 0^m,101.$$

La deuxième opération effectuée, en introduisant cette valeur de D dans la formule complète, donne une seconde valeur qui ne diffère de celle-ci que dans les décimales d'un ordre inférieur aux millièmes, c'est-à-dire que le premier résultat est exact *à des dixièmes de millimètre près :* il peut donc être conservé sans nouvelle recherche.

En général, chaque fois que la longueur de la conduite sera égale à plusieurs fois le diamètre à déterminer, ce qui a presque toujours lieu, une seule opération donnera un résultat suffisamment exact pour la pratique ; disons aussi qu'il ne coûte guère de le vérifier en opérant une seconde fois.

RÉSISTANCE DES TUYAUX DE CONDUITE EN FONTE DE FER.

Qu'une conduite soit employée pour l'eau ou pour un gaz, l'effort auquel elle doit résister est la pression même en vertu de laquelle a lieu l'écoulement, et qui peut être estimée en atmosphères ou en kilogrammes par unité de surface ; en un mot, la résistance d'un tuyau de conduite forcée ne diffère aucunement de celle des cylindres, en général, et doit être calculée comme on l'a vu précédemment pour ces derniers organes (p. 517).

Bien que pendant le débit, c'est-à-dire, lorsque le fluide est en mouvement dans la conduite, la cause qui en réduit la vitesse en diminue également la pression contre les parois, il est évident que pour calculer l'épaisseur à donner à un tuyau, on ne doit avoir aucunement égard à cette circonstance, et que l'effort intérieur doit être calculé d'après la charge totale H sur la partie inférieure de la conduite, qui, d'ailleurs, quand le débit est arrêté, supporte intégralement cette charge. Nous allons voir, du reste, que de même que pour les cylindres, la donnée théorique est toujours amplement dépassée en pratique.

Admettons que l'on veuille se rendre compte de l'épaisseur à donner à des tuyaux en fonte de 20 centimètres de diamètre intérieur, et dans lesquels règne une pression due à une colonne d'eau de 50 mètres de hauteur, dont le poids équivaut, par conséquent, à environ 5 kilogrammes par centimètre carré.

A l'aide de la formule relative à l'épaisseur des cylindres, et en prenant pour taux de charge du métal seulement le 1/10 de la rupture, soit 140 kilogrammes par centimètre carré, il vient pour l'épaisseur cherchée :

$$e = \frac{\mathrm{PD}}{2\mathrm{R}} = \frac{5^{k} \times 20^{c}}{2 \times 140^{k}} = 0^{c},357,$$

ou moins de 4 millimètres.

Mais les procédés de moulage et de coulée ne permettent nullement de faire des tuyaux de ce diamètre, et d'une longueur convenable, d'une aussi faible épaisseur ; et puis, indépendamment de la pression régulière, la conduite est susceptible d'éprouver des *coups de bélier*, des chocs, qui proviennent de l'arrêt spontané du mouvement de la colonne d'eau, si l'on vient à fermer trop brusquement l'orifice du débit ; enfin, l'oxydation pouvant amener la réduction du métal, un surcroît d'épaisseur lui est encore pour cela nécessaire, etc.

Donc, il faut faire usage d'une règle pratique qui, cependant, sans être en opposition avec le principe général (lequel n'en reste pas moins vrai), fournisse immédiatement un résultat applicable, et dans laquelle il est plus que jamais nécessaire de faire intervenir un terme fixe favorisant les petites épaisseurs qui comportent, de toute façon, une limite extrême inférieure au-dessous de laquelle on ne doit pas descendre.

Comme dans la plupart des grandes canalisations, il ne se rencontre guère de hauteurs de charge totale dépassant 50 ou 60 mètres, et que les tuyaux sont soumis à une épreuve de réception sous une pression fixe de 100 mètres de hauteur d'eau, ou environ 10 atmosphères, il s'ensuit que dans l'énoncé de la règle, le chiffre de la pression disparaît et se trouve remplacé par un rapport numérique constant, déduit, d'ailleurs, de cette pression constante.

On a fait usage, en résumé, de la règle simple suivante :

$$e = 0,02\,d + 0^{m},01,$$

dans laquelle, le mètre étant pris pour unité, e représente l'épaisseur cherchée et d le diamètre intérieur du tuyau. D'après cette règle, il est clair que pour les petits diamètres, soit jusqu'à 100 millimètres, le premier terme prend une très-faible valeur, d'où l'épaisseur, dans la série correspondante, diffère peu de 10 à 12 millimètres.

Cependant, cette règle n'est pas imposée d'une façon absolue aux constructeurs, auxquels les ingénieurs laissent la latitude d'économiser les épaisseurs et les poids, dès l'instant que leurs procédés de fabrication sont assez perfectionnés et les pièces assez bonnes pour qu'elles supportent la pression d'épreuve. C'est surtout depuis que l'on a pratiqué la coulée le moule *incliné*, et même *debout*, que l'on est parvenu à faire de bons tuyaux en fonte, bien sains, l'épaisseur plus uniforme par la concentrité parfaite du noyau et du moule, et, enfin, que l'on a pu obtenir une réduction d'épaisseur.

Ainsi, on adopte maintenant cette autre règle :

$$e = 0{,}016\,d + 0^{m}{,}008,$$

sur laquelle sont basées des séries que nous reproduisons plus loin.

D'après cette règle, l'épaisseur du tuyau de $0^{m},20$, de l'exemple précédent, devient :

$$e = 0{,}016 \times 0^{m}{,}20 + 0{,}008 = 0^{m}{,}0112,$$

soit 11 millimètres.

Telle est la formule qui sert à fixer les épaisseurs des tuyaux en fonte pour les conduites d'eau des villes, et particulièrement pour Paris. Comme ces épaisseurs, ainsi déterminées, n'excèdent pas ce qu'une bonne fabrication exige et qu'elles suffisent aux plus fortes charges qui se présentent dans le service ordinaire des eaux de cette ville, on les conserve, dans tous les cas, sans chercher à les faire varier suivant les charges différentes, ce qui est préférable, pour une fabrication sûre et rapide, que de créer un trop grand nombre de modèles.

Mais nous ne parlons ici que des services ordinaires, car il peut se rencontrer, pour de fortes élévations d'eau, comme celle de Marly, par exemple, des pressions exceptionnelles ; dans ces circonstances les tuyaux sont fabriqués sur des modèles faits exprès. Et si, comme dans l'exemple que nous citons, l'eau est élevée dans un réservoir libre, comme la pression dans la conduite diminue au fur et à mesure que l'on arrive à son sommet, il est naturel, en commandant des tuyaux sur des modèles spéciaux, de faire varier leur épaisseur un certain nombre de fois sur le développement total de la conduite.

Il ressort, en résumé, de ce qui précède, que l'épaisseur à donner à un tuyau de conduite dépend autant des motifs de fabrication que de l'effort qu'il est appelé à supporter ; d'où il résulte que pour une conduite de gaz d'éclairage, dont la pression est relativement insignifiante, si l'on emploie des tuyaux en fonte, ils ont néanmoins la même épaisseur que pour l'eau. Ceci explique aussi les nombreuses tentatives faites pour employer d'autres matières que la fonte pour la fabrication des tuyaux, dans l'espérance d'arriver à réaliser des économies sur le prix de revient, sur le poids et sur les assemblages, tout en donnant la résistance nécessaire.

C'est ce qu'il sera facile d'apprécier par l'examen que nous allons faire des différents modes de constructions employés ou proposés.

CONSTRUCTION ET ASSEMBLAGES DES TUYAUX DE CONDUITE DE DIFFÉRENTS SYSTÈMES.

TUYAUX DE CONDUITE EN FONTE.

(PLANCHE 31.)

TUYAUX A JONCTIONS A EMBOÎTEMENTS ET A BRIDES, FIG. 1 A 3. — Ces figures représentent le type de construction, encore le plus généralement en usage pour les conduites en fonte, caractérisé surtout par le mode d'assemblage des tuyaux qui les composent. On y distingue deux systèmes de jonction : *à emboîtements et à brides,* qui se rencontrent tous deux sur une conduite d'un certain développement.

La fig. 1 représente en vue extérieure, et à l'échelle de 1/10, une portion de conduite comprenant 5 tuyaux, de 1 à 5, qui offrent respectivement ces deux systèmes d'assemblages ;

La fig. 2 en est un détail, représenté en coupe et à l'échelle de 1/5 ;

La fig. 3 est la coupe transversale d'un tuyau, faite auprès d'un emboîtement.

Dans ces figures, les longueurs des tuyaux n'ayant pu être conservées, faute de place, sont indiquées par des cotes.

On voit que pour le joint *à emboîtement,* l'un des deux tuyaux à réunir se termine par un élargissement cylindrique B, renforcé d'un rebord en *demi-jonc*, et dans lequel se loge l'extrémité de l'autre tuyau qui reste cylindrique, sauf un cordon *b*, de peu de saillie, destiné à servir de point d'appui à la garniture.

Pour faire cette garniture, qui doit assurer la jonction étanche, l'extérieur du tuyau mâle est entouré, en partie, par une corde goudronnée *c* (voir n° 4, fig. 2), refoulée à la main, jusqu'au cordon *b*, à l'aide d'un refouloir en fer sur lequel l'ouvrier frappe à coups de marteau. Lorsqu'elle est matée *à refus* et qu'elle occupe environ la moitié de la longueur de l'emboîtement, on procède au coulage du plomb duquel dépend particulièrement la solidité du joint.

Pour faire cette opération, on entoure le tuyau d'un bourrelet en terre glaise dans lequel on ménage une ouverture en entonnoir, puis on y coule le plomb qui vient remplir la partie vide *d* restant entre les deux tuyaux, à l'extérieur de la première garniture, ainsi qu'une petite gorge pratiquée à l'intérieur de l'emboîtement. Le plomb étant refroidi doit être ensuite fortement maté.

Par ce mode de jonction, on laisse à l'ensemble d'une conduite plus de liberté de céder aux variations longitudinales dues à la dilatation ou à la contraction du métal, par les changements de température, que si les tuyaux étaient tous joints bout à bout comme par un assemblage à brides. Mais il est concevable que si toute la conduite n'était composée que de semblables jonctions, il serait fort difficile d'en démonter aucune partie, soit pour une réparation, soit pour l'intercalation d'un robinet ou d'une prise de branchement, ou, enfin, de faire une opération exigeant la dépose d'une partie de tuyaux, ce qui ne pourrait avoir lieu qu'en rompant la conduite sur une assez grande longueur pour pouvoir, en la soulevant, faire échapper un emboîtement.

Il est donc nécessaire de placer de distance en distance un tuyau avec jonction *à brides*, comme celui n° 2, fig. 1 et 2, qui, n'offrant pas de pénétration avec les voisins, sort naturellement de sa place lorsque les deux joints sont rompus.

Pour la confection de ces joints, on laisse entre les brides A et A′ un intervalle suffisant pour recevoir une rondelle de plomb *a*, enduite sur ses deux faces d'une couche de mastic ou de minium. Ces rondelles ont la forme d'un anneau plat, dont le diamètre intérieur est égal à celui du tuyau à raccorder, et dont le diamètre extérieur est calculé de manière à affleurer les trous des boulons ; elles ont, en général, 12 millimètres d'épaisseur uniforme ; mais, lorsque les deux tuyaux à joindre ne sont pas exactement en ligne droite, leur épaisseur est variable, mais ne doit pas être, au point le plus mince, au-dessous de 10 millimètres.

La rondelle étant introduite entre les deux brides, on serre le joint à l'aide des boulons *e*, dont le corps est carré, ainsi que les trous dans les brides, pour qu'ils ne tournent pas pendant le serrage ; une fois la compression de la rondelle opérée aussi énergiquement que possible, elle est ensuite matée, par l'intervalle des deux brides, pour achever le joint.

Procédés de branchements et de raccordements, fig. 4 a 7. — Ces dispositions, qui s'appliquent aux tuyaux droits, conviennent également aux tuyaux courbes nécessaires pour les changements de direction, et aux *culottes* ou prises de branchement principales, consistant en des portions de tuyaux fondus avec une tubulure, qui, pour les points de partages principaux, doivent former, avec l'axe de la conduite, un angle aussi aigu que possible. Mais, indépendamment de ces bifurcations importantes d'une conduite, il s'y fait, sur tout son parcours, des prises, dont certaines sont prévues, même en posant la conduite, tandis que les autres ne se font que successivement, au fur et à mesure des exigences de la consommation ou d'après les modifications qui surviennent dans l'état de la distribution.

Les embranchements principaux se font ordinairement au moyen de tuyaux portant une tubulure *t*, venue à la fonte, comme il est indiqué sur le tuyau n° 2, fig. 1. Quand on pose une conduite maîtresse, il est prudent de placer un de ces tuyaux au droit de chaque voie, qui tôt ou tard aura son embranchement. On ferme provisoirement la tubulure par une plaque pleine ; on peut aussi mettre tout simplement un tuyau à bride, qu'on remplace facilement par un tuyau à tubulure, quand cela est nécessaire.

Lorsqu'aucune de ces précautions n'a été prise, et qu'on ne veut pas démonter la conduite, on fait le percement au diamètre voulu, et on y applique une tubulure en plomb à double bride, comme l'indiquent les fig. 4 et 5, c'est-à-dire qu'on rabat un collet formant bride à l'extrémité du tuyau de plomb, et on applique cette bride sur la conduite principale. Elle en épouse la forme, et on la garnit d'un cuir, qui est serré par un collier de fer E. Ce collier est composé de deux parties demi-circulaires, portant chacune deux oreilles percées d'un trou pour placer un boulon *e*, que l'on serre jusqu'à refus.

Ce moyen est fréquemment employé pour les embranchements particuliers, lorsqu'on ne se sert pas de conduite à mamelons taraudés ; mais le travail qu'il nécessite est assez dispendieux, lorsqu'il a lieu sur de grosses conduites, à cause de la dimension à donner aux colliers. On peut se servir alors d'un autre mode, qui consiste à percer la fonte, à tarauder l'orifice, et à y visser un bout de tuyau de bronze, dont une extrémité porte un pas de vis, et dont l'autre se termine, soit par une partie conique, soit par une bride sur laquelle on assemble l'embranchement.

Pour le succès de ce procédé, il faut que la fonte présente une certaine épaisseur ; de plus, le taraudage sur place demande un outil spécial que l'on n'a pas toujours à sa disposition. C'est par ce double motif que, depuis quelques années, dans le service de Paris, on établit à l'avance, comme l'indiquent les fig. 1, 2 et 3, une partie renflée F, dans laquelle est ménagé un trou taraudé. Ce trou est fermé provisoirement par un tampon en cuivre *f*. Lorsqu'il s'agit de faire une prise d'eau, il suffit de dévisser le tampon et de le remplacer par un robinet qui porte le même pas de vis.

C'est ainsi que se pratique la pose normale des tuyaux ; mais les sujétions imposées par les localités obligent d'avoir quelquefois recours à d'autres systèmes. Lorsqu'on a démonté une portion de conduite pour ôter un tuyau cassé ou pour y intercaler un tuyau à tubulure, on est obligé de faire un raccord, c'est-à-dire, de rétablir la conduite entre deux points qui ne se trouvent pas à des distances convenables ; c'est alors qu'on emploie la disposition du manchon simple à coquilles, représentée en sections longitudinale et transversale fig. 6 et 7.

Imaginons qu'on ait deux tuyaux T et T′ à réunir par les extrémités qui portent les cordons *b* et *b′* ; avant de mettre en place l'un des tuyaux, on y fera glisser le manchon M, qu'on ramènera ensuite sur les cordons, où il formera double emboîtement, ce qui donnera, par suite, un moyen facile de former le joint.

Les cordons *b* et *b′*, fondus avec les tuyaux, ne sont pas indispensables pour former un bon joint ; on peut rassembler de la même manière des tuyaux coupés de longueur convenable pour combler les lacunes, ce qui dispense de faire fondre des tuyaux spéciaux.

On se sert des manchons à coquilles lorsque les tuyaux sont fêlés ou cassés sur de petites étendues ; la réparation se fait ainsi sans dépose de tuyaux. On fait sauter les brides au ciseau, lorsqu'elles doivent être enveloppées par des manchons.

Pose, épreuve et dépose d'une conduite. — La première opération de la pose des tuyaux consiste dans l'ouverture de la tranchée, qui doit avoir partout une profondeur suffisante pour que l'eau soit à l'abri de la gelée. On donne ordinairement à Paris $1^{m},40$ au-dessus du tuyau ; si la voie publique dans laquelle elle est ouverte a de légères inflexions de pente, on doit chercher à les faire disparaître, autant que possible, dans le nivellement de la conduite, surtout en ce qui concerne les contre-pentes.

La tranchée doit nécessairement avoir une largeur suffisante pour que les ouvriers puissent descendre jusqu'au fond ; si le tuyau est un peu gros, cette largeur ne suffit pas pour faire le joint, on l'augmente alors après coup au droit de l'assemblage, en forme de niche. C'est ensuite que l'on procède aux jonctions en employant les procédés expliqués plus haut.

Lorsqu'un certain nombre de tuyaux ont été ainsi préparés, on s'occupe de leur épreuve. Dans les conduites en tranchée, cette opération doit toujours précéder celle du rejet des terres dans la fouille. On introduit les eaux dans la conduite que l'on veut essayer, en arc-boutant solidement le tuyau posé le dernier, pour empêcher le déboîtement des joints sous la pression du liquide. Il est inutile de faire observer que l'on doit avoir le soin, dans cette mise en charge partielle, de ménager les orifices nécessaires pour le dégagement complet de l'air contenu dans la conduite ; puis on ferme peu à peu ces orifices, et on laisse un certain temps les conduites dans cet état. Alors, si quelques fuites se manifestent, on les fait, en général, aisément disparaître par un nouveau matage des joints qui perdent.

Une conduite part, en général, d'une tubulure ménagée sur une plus grosse conduite. Cette tubulure est à bride, pour pouvoir être fermée provisoirement par une plaque pleine ; le premier tuyau est alors à bride et à cordon, comme l'indique le modèle n° 3, fig. 1 et 2 ; le second à emboîtement et cordon n° 5, etc., etc. Si on juge à propos de mettre un robinet à l'origine de la conduite, ce robinet étant à double bride, rien n'est changé dans l'ordre des tuyaux ; si le robinet est placé dans le cours de la conduite, on met à la place un tuyau à emboîtement et à bride (modèle n° 1) ; puis le robinet, puis un tuyau à bride et cordon, etc., etc.

On procède de la même manière, que la pose ait lieu en tranchée ou en galerie ; dans cette dernière circonstance, surtout lorsque les galeries servent d'égouts, il est commode d'employer des consoles en fonte, qui ne gênent pas le cours de l'eau, et permettent de nettoyer le radier. Une précaution essentielle, lorsqu'on pose en galerie, c'est d'attacher la conduite aux pieds-droits par des agrafes qui ne lui permettent pas de sortir de sa direction, quand elle y est sollicitée par les coups de bélier qui résultent de l'ouverture ou de la fermeture des robinets.

Disons maintenant quelques mots sur les opérations à faire pour déposer une partie de conduite.

Pour déposer les tuyaux à emboîtement, on place sous le joint une feuille de tôle qu'on enroule autour de la conduite et que l'on couvre de charbon. En allumant celui-ci, on fait couler le plomb ; mais, pour extraire un tuyau, il faut que cette opération soit répétée sur un certain nombre de joints ; on tire alors la conduite perpendiculairement à son axe, et on arrive ainsi à déboîter un bout de tuyau.

Cette opération est assez longue et assez dispendieuse, car le plomb est ordinairement perdu ; c'est ce qui fait que l'on se résigne souvent à briser un tuyau, d'autant plus facilement, qu'en chauffant le joint, comme nous venons de le dire, il arrive quelquefois qu'on fait éclater le tuyau.

Les tuyaux à brides se démontent beaucoup plus facilement ; il suffit de couper les boulons au ciseau, car il est rare qu'au bout d'un certain temps, on puisse dévisser les écrous; on peut ainsi enlever un seul tuyau parfaitement intact; aussi, pour avoir cette facilité, il est bon d'en intercaler quelques-uns dans la longueur des conduites.

Table des dimensions et poids des tuyaux en fonte. — Nous complétons ce que nous désirons faire connaître sur le système de tuyaux de conduite du type représenté fig. 1 et 2, par une table reproduisant une série très-étendue, et où se trouvent indiquées les dimensions de toutes les parties des tuyaux qu'elle comprend, ainsi que leurs poids.

Entre diverses séries analogues, nous choisissons celle de MM. Boigues, Rambourg et Cie, de Fourchambault (Nièvre), à l'obligeance desquels nous en devons la communication. Ce sont ces habiles maîtres de forges, qui, à l'Exposition de 1855, se sont fait particulièrement remarquer pour l'extrême réduction d'épaisseur des tuyaux qu'ils avaient fabriqués, et qui faisaient partie de la distribution d'eau de Madrid.

Quant à la série actuelle, elle correspond à peu près aux dimensions adoptées en France, et particulièrement à la série de la ville de Paris. Les épaisseurs des tuyaux répondent à la formule ci-dessus (p. 567) :

$$0{,}016\,d + 0^{m}{,}008.$$

A l'aide de cette table, et en s'appuyant sur tous les renseignements que nous avons donnés sur les moyens d'apprécier le débit d'une conduite, le projet d'un pareil établissement ne pourra présenter aucune difficulté sérieuse.

Ainsi, ayant recherché avec soin le diamètre nécessaire pour suffire au débit proposé sous la charge donnée, et après avoir tenu compte des augmentations éventuelles, on cherchera, dans la table précédente, la longueur *utile* d'un tuyau de ce diamètre ; puis, divisant la longueur totale de la partie de la conduite, qui doit posséder ce diamètre, par la longueur utile correspondante, on aura le nombre de pièces à employer, et enfin, d'après leur poids, le poids total de la conduite.

Joints a emboîtement précis, système Chameroy et Cie, fig. 8. — Le mode de jonction qui vient d'être décrit, bien que très-généralement employé encore, est loin de réaliser tout ce qui serait désirable pour établir une conduite dans les meilleures conditions de durée et d'économie. La confection de ces joints, en quelque sorte soudés, est longue et dispendieuse ; leur rigidité expose trop la conduite aux variations du sol, dans la pose en tranchée, soit, par suite des tassements naturels, soit par le fait de l'ébranlement causé par le passage des chariots ; enfin, la dépose pour les réparations et les changements coûte beaucoup de temps et de pièces à remplacer, faute de pouvoir les démonter sans les briser. Aussi a-t-il été proposé une infinité de modes différents de jonctions, rien que pour ces mêmes tuyaux en fonte, afin d'arriver à obvier à ces graves inconvénients. Nous citerons ici ceux de ces nombreux essais qui ont reçu le plus la sanction de l'expérience.

Nous commençons par le procédé de M. Chameroy, que l'on applique actuellement à Paris, dans un grand nombre de points de l'immense canalisation que possède la capitale, procédé que ce manufacturier applique également, en principe, aux tuyaux en fonte, et à ceux en tôle et bitume dont nous parlerons plus loin.

XXXIVe

TABLE

DES DIMENSIONS ET DES POIDS DES TUYAUX DE CONDUITE EN FONTE, A EMBOITEMENT ET A BRIDES

(SÉRIE DE MM. BOIGUES, RAMBOURG ET Cie).

DIAMÈTRE DES TUYAUX.	LONG. DES TUYAUX unis.	LONG. DES TUYAUX à emboîtement et cordon. Longueur totale.	LONG. DES TUYAUX à emboîtement et cordon. Longueur utile.	ÉPAISSEUR DES TUYAUX.	DIMENS. DES BRIDES. Diamètre extérieur.	DIMENS. DES BRIDES. Épaisseur maxima.	DIMENS. DES BRIDES. Nombre de trous.	POIDS DES TUYAUX unis.	POIDS DES TUYAUX à emboîtement et cordon.	POIDS DES TUYAUX à emboîtement et bride.	POIDS DES TUYAUX à bride et cordon	POIDS DES TUYAUX à deux emboîtemts	POIDS DES TUYAUX à deux brides
mèt.	mèt.	mèt.	mèt.	mill.	mèt.	mill.		kilog.	kilog.	kilog.	kilog.	kilog.	kilog.
0,040	»	1,56	1,50	7	0,160	14	3	»	12	»	»	»	»
0,054	»	2,09	2,00	8	0,174	14	3	»	27	»	»	»	»
0,060	»	2,09	2,00	9	0,180	15	3	»	32	»	»	»	»
0,067	»	2,09	2,00	9	0,190	15	3	»	36	»	»	»	»
0,081	»	2,61	2,50	9,5	0,224	16,5	3	»	58	»	»	»	»
0,100	2,700	2,71	2,60	10	0,250	17	4	68	71	21	15	23	20
0,108	»	2,61	2,50	10	0,253	17	4	»	78	»	»	»	»
0,120	»	2,61	2,50	10	0,265	17	5	»	90	»	»	»	»
0,135	»	2,61	2,50	10	0,280	17	5	»	96	»	»	»	»
0,150	2,700	2,71	2.60	10,5	0,306	17	6	105	112	30	23	31	30
0,162	»	3,11	2.50	10,5	0,317	17,5	6	»	119	»	»	»	»
0,190	»	2,61	2,50	11	0.347	18	6	»	145	»	»	»	»
0,200	2,700	2,71	2,60	11	0,358	18	6	143	152	39	30	40	39
0,216	»	3,11	3,00	11,5	0,377	18,5	6	»	201	»	»	»	»
0,250	3,100	3,11	3,00	12	0,411	20	6	223	240	58	41	61	53
0,300	3,100	3,11	3,00	13,5	0,474	21	8	290	310	74	54	77	70
0,325	»	3,11	3,00	13,5	0,499	21,5	8	»	»	»	»	»	»
0,350	3,100	3,11	3,00	14	0,528	21,5	9	362	385	89	66	91	85
0,400	3,100	3,11	3,00	14,5	0,582	22,5	10	426	453	105	78	107	101
0,450	»	3,11	3,00	15,5	0,634	23	12	»	510	»	»	»	»
0,500	3,100	3,11	3,00	16	0,682	24	12	585	618	139	104	140	133
0,600	4,100	4,11	4,00	18	0,786	26	14	1039	1074	175	138	168	176
0,800	4,100	4,11	4,00	20	0,990	30	16	1584	1640	269	201	260	259
0,850	3,130	3,13	3,00	22	1,014	37	18	1270	»				
1,000	4,100	4,11	4,00	22	1,194	»	18	2099	»				
1,100	4,100	4,11	4,00	25	»	»	18	2626	»				

Tous les tuyaux de cette série ont uniformément 0m,40 de longueur totale.

Nota. Les tuyaux unis sont assemblés avec des bagues en fonte. — Les brides ont uniformément 5 millimètres de fruit.

La fig. 8 représente la disposition de cet assemblage approprié à des tuyaux en fonte T et T'. Ces tuyaux se terminent simplement, aux extrémités, par un renflement cylindrique sur lequel se trouve réservée extérieurement une gorge demi-circulaire *a;* l'une des deux parties à réunir présente en plus un rebord ou talon *b* destiné à former point d'appui à la garniture.

Cette garniture, que nous pourrions appeler *emboîtement mobile*, est formée d'un manchon en plomb A, enveloppé extérieurement d'une frette en fer *c*, et qui doit joindre, ainsi qu'on le voit, à la fois sur les deux tuyaux qui sont de même diamètre et se présentent simplement bout à bout, sans pénétration aucune.

Pour exécuter ce joint, on commence par nettoyer convenablement la partie jointive des tuyaux à l'aide d'une brosse dure et d'un grattoir, puis on remplit les gorges *a* avec du fil de trame imprégné de cire ou de suif. On enduit ensuite les deux parties d'un mélange de plombagine et de saindoux, dans le but de faciliter l'entrée du manchon qui doit recouvrir ces deux parties. Ce manchon étant introduit sur l'un des tuyaux auquel il constitue un véritable emboîtement, on y fait pénétrer l'autre, et le plomb étant convenablement maté, le joint est terminé.

Il est évident que par ce mode de jonction, qui est aussi moins dispendieux que celui à emboîtement ou à brides, la fabrication du tuyau lui-même est plus simple et son poids moindre ; on peut espérer aussi moins de rigidité qu'avec une jonction coulée. Jusqu'à ce jour, les joints opérés de cette façon ont parfaitement tenu : il ne reste qu'à attendre une plus longue expérience, et à acquérir l'assurance que ce système peut convenir à de fortes pressions.

Système de jonction de MM. Hermann frères, fig. 9. — Ce système, dont bon nombre d'applications ont été faites à Paris, et avec succès, est à proprement parler, celui à emboîtement, mais le tulipage remplacé par un manchon en fonte A, indépendant.

Les deux tuyaux, se terminant par un simple cordon, reçoivent d'abord une garniture *a* en corde goudronnée, qui se trouve fortement comprimée en engageant les deux tuyaux dans le manchon ; on remplit ensuite les deux vides extérieurs avec du plomb *b* coulé et maté. Sous le rapport de la tenue de la conduite enfouie et fonctionnant, on peut considérer le résultat comme étant le même qu'avec l'emboîtement ordinaire, la rigidité du joint étant sensiblement la même.

Mais les tuyaux sont beaucoup plus simples et leurs extrémités semblables ; l'emploi de joints à brides intercalaires est évité, puisque, pour relever, même un seul des tubes, il suffit de chauffer deux jonctions, puis de faire couler les manchons hors des joints. Si l'expérience démontre que l'on puisse compter sur la durée et la solidité de ce mode de jonction, il offre sur celui à emboîtement ordinaire des avantages sérieux.

Assemblage par M. Lacarrière, fig. 10 et 11. — Dans cette disposition, les extrémités des deux tuyaux T et T′ sont terminées par des rebords *b* et *b′*, dont le contour est légèrement concave. On ajuste, sur l'un des deux rebords, une bague en plomb, et on approche l'autre ; puis, à l'aide du manchon M, formé de deux pièces que l'on réunit par les boulons *e*, on comprime la bague sur les bords des tuyaux. On voit que ces deux coquilles présentent intérieurement une cavité pour recevoir la bague et un cordon central qui, en s'y imprimant, divise, en quelque sorte, cette bague en deux lèvres qui viennent s'appliquer très-intimement sur les rebords des deux tuyaux.

On peut reprocher à ce mode de jonction, qui paraît, d'ailleurs, satisfaire aux conditions d'un bon service, d'exiger un peu trop de précision dans la pose, attendu qu'il est indispensable que les deux tuyaux s'approchent bien à la distance voulue, et que leurs extrémités soient dans un parfait rapport.

JONCTION A MANCHON ET A BRIDES, FIG. 12 ET 13. — On fait usage, en Allemagne, d'un mode de jonction représenté par ces figures, qui offre quelque ressemblance avec le précédent. Ainsi qu'on le voit, les extrémités des tuyaux T et T' sont armées de brides dont les faces extérieures sont coniques, de façon à coincer avec un manchon M, évidé et en deux parties reliées par deux boulons *e*, lequel manchon force les brides à se rapprocher en comprimant une rondelle de plomb *a* interposée.

Cet assemblage est aussi assez délicat sous le rapport de la précision des pièces; car pour obtenir facilement un serrage énergique, il faut que les deux coquilles du manchon s'emboîtent sur les brides avec exactitude et que les surfaces en contact soient assez bien rectifiées pour ne pas donner naissance à un frottement trop intense. Et puis la jonction ne peut s'effectuer qu'à la condition que l'un des deux tuyaux soit libre pour pouvoir arriver à joint. Enfin, comme l'assemblage à brides, celui-ci est entièrement rigide.

TUYAUX A JONCTION SPHÉRIQUE PAR MM. DORÉ, CHEVÉ ET Cie, FIG. 14. — MM. Doré, Chevé et Cie, maîtres de forges, au Mans, ont imaginé un système de jonction qui apporte avec lui des améliorations sensibles dans la fabrication des tuyaux, ainsi que dans l'établissement et la pose des conduites.

La fig. 14, qui représente ce système de joint, fait voir qu'il consiste dans un véritable emboîtement sphérique que l'on ferme simplement avec une bande de plomb *a* refoulée au matoir.

Dans ces conditions, on peut faire suivre à l'ensemble de la conduite une certaine courbe et éviter les coudes fondus exprès. Pour faciliter l'établissement de conduites infléchies, les constructeurs donnent à ces tuyaux beaucoup moins de longueur qu'on ne le fait habituellement, craignant moins la multiplicité des joints, dont la confection est très-simple; et puis, plus les tuyaux sont courts et plus il est facile d'en réduire l'épaisseur et d'obtenir des pièces pures et saines.

Suivant les constructeurs de ces tuyaux à jonction sphérique, leur poids serait de 1/4 environ de moins que ceux à emboîtement ordinaire, dit *façon de Paris*, et l'ensemble d'une conduite pourrait offrir 30/00 d'économie sur le prix de revient ordinaire.

TUYAUX A JOINTS ÉLASTIQUES PAR M. H. PETIT, FIG. 15 A 17. — Nous abordons une nouvelle série de types, qui se distinguent des précédents par l'emploi du caoutchouc vulcanisé dans la confection des joints. Cette précieuse matière, parvenue au point d'appropriation aux usages mécaniques où nous la voyons depuis peu d'années, est certes la seule qui pouvait convenir pour donner aux joints des tuyaux de conduite cette souplesse vainement réclamée par l'emploi du plomb coulé ou appliqué à froid, comprimé et maté.

C'est feu M. Petit, maître de forges, qui est, nous le croyons, le promoteur de l'application du caoutchouc dans les jonctions de tuyaux, et qui a imaginé, pour cela, un système d'emboîtement et d'attache tout différent des méthodes usitées avant lui.

Les fig. 15 et 16 représentent, en section longitudinale et transversale, la jonction finie de deux tuyaux T et T', suivant ce système;

La fig. 17 représente les mêmes tuyaux, avant la jonction opérée.

Les deux tuyaux T et T′ sont disposés à emboîtement peu profond, et une rondelle en caoutchouc vulcanisé *a* est interposée entre les extrémités mâle et femelle, qui sont, en outre, fondues avec des oreilles doubles *o* et *o*′, diamétralement opposées les unes aux autres.

Pour assembler les tuyaux, on place la rondelle en caoutchouc sur l'embase formée par la partie fondue avec l'extrémité mâle ; puis, rapprochant l'extrémité femelle du tuyau T′, et en la soulevant dans la position indiquée fig. 17, on commence par réunir les deux oreilles supérieures *o* et *o*′ par une patte en fer *p* et des broches *c* et *c*′ ; on abaisse ensuite le tuyau T′ qui forme levier, la rondelle en caoutchouc se trouve naturellement comprimée, et l'emboîtement s'opère de lui-même ; il suffit, pour compléter le joint, d'attacher la seconde patte *p*′ au moyen des broches coniques semblables à celles engagées dans les oreilles supérieures. Dans cette opération, on n'a besoin de dépenser aucune force, le tuyau, formant lui-même levier, est suffisant par son poids pour exercer la pression nécessaire.

Il est inutile de faire observer que cette pression est calculée d'avance par l'écartement des oreilles, et qu'on s'arrange de manière à comprimer la rondelle de caoutchouc d'un certain nombre de millimètres en rapport avec l'usage et la dimension des tuyaux.

Pour conserver au joint toute son élasticité, les tuyaux sont disposés, comme on peut le remarquer fig. 15, de façon à n'avoir dans la longueur aucun point de contact, si ce n'est par l'intermédiaire du caoutchouc ; les broches étant d'un diamètre plus petit que celui des oreilles et des pattes, laissent ainsi tout le jeu nécessaire à l'élasticité du joint. Cette disposition permet aux tuyaux de pénétrer plus avant l'un dans l'autre sous l'action de la dilatation, de revenir à la position première et de décrire des courbes très-prononcées, suivant l'affaissement du sol.

L'emploi du tuyau comme levier est un moyen très-simple et d'une grande puissance ; il donne une facilité et une promptitude telles dans la pose, qu'avec deux ou quatre manœuvres, on a pu poser en une seule journée, suivant M. Petit, plus d'un kilomètre de tuyaux, depuis 40 mill. jusqu'à 135 mill. de diamètre.

Entre autres avantages qui résultent de l'emploi de ce système, on peut démonter et remplacer les tuyaux à quelque point que ce soit d'une conduite ; en outre, le peu de longueur de l'emboîtement donne, à épaisseur égale, une économie assez importante sur les tuyaux comparativement aux anciens systèmes.

Une expérience, faite en présence de M. l'ingénieur en chef du département de la Seine, a prouvé qu'une conduite établie avec ce système de joint peut supporter, sans fuir, une pression de 70 atmosphères, et ce système a reçu d'assez nombreuses applications.

Perfectionnement de M. Petit père. — Ayant reconnu l'inconvénient que les efforts, qui sollicitent la conduite longitudinalement, s'exercent tout entiers sur les broches qui relient les oreilles avec les pattes, et occasionnent fréquemment l'arrachement de ces dernières, M. Petit père a eu l'idée de modifier ce système par une disposition perfectionnée dans laquelle les deux tuyaux n'ont entre eux d'autre lien que la pression de la garniture de caoutchouc, pression que l'on obtient à l'aide de deux anneaux en fer galvanisé qui s'accrochent aux oreilles venues de fonte avec les bouts des tuyaux. Ces oreilles n'étant pas percées, présentent beaucoup plus de résistance et ne sont pas aussi susceptibles de se casser que les précédentes.

Jonction élastique de M. Lavril, fig. 18 et 19. — Ancien contre-maître de M. Petit fils, M. Lavril a aussi cherché à éviter l'inconvénient que nous venons de signaler. Pour cela, il supprime également les chevilles et il applique à l'un des tuyaux une bride libre qui comprime la rondelle de caoutchouc.

La fig. 18 est une coupe transversale de cet assemblage, le joint terminé, par un plan passant sur les oreilles de la bride A et sur celle *b* du tuyau femelle ;

La fig. 19 représente le même assemblage, avant la compression du caoutchouc, la bride éloignée, et en coupe par un plan perpendiculaire à celui dans lequel sont placées les oreilles.

D'après cela, on voit que le joint s'effectue en introduisant l'extrémité du tuyau simple T, entourée de la bague de caoutchouc *a* pour laquelle une cannelure, peu profonde, lui est réservée dans l'emboitement du tuyau T', qui présente intérieurement une petite gorge demi-circulaire ; on approche ensuite la bride A, qui est d'avance enfilée sur le premier tuyau ; puis, en serrant les deux boulons B, on comprime le caoutchouc jusqu'à ce qu'il remplisse exactement le vide dans lequel il est engagé. On comprend que les deux tuyaux restent libres de céder aux efforts longitudinaux, et que les boulons n'ont à supporter que l'effort exercé pour comprimer la rondelle de caoutchouc.

Jonction du système de M. Marini, fig. 20. — Ce procédé est la réalisation la plus complète de la construction simplifiée, et d'une nature de jonction applicable à des tuyaux des espèces les plus diverses. Les deux tuyaux à joindre n'ont plus ni cordons ni emboitements quelconques; ils sont rigoureusement cylindriques d'un bout à l'autre.

Le joint est opéré à l'aide de deux brides mobiles A, qui compriment simultanément deux rondelles de caoutchouc *a* contre une bague en fonte *b*, à cheval sur les deux extrémités des tuyaux T et T', qui ne se touchent pas complétement.

Si ces deux tuyaux ne sont pas maintenant *trop libres*, on peut dire que l'on est en possession d'un mode de jonction vraiment remarquable, car il peut convenir à tous les tuyaux fabriqués en toute autre matière que la fonte de fer, ne pouvant pas se prêter, comme elle, à des formes variées, et qui doivent rester uniformément cylindriques.

Jonction du système de M. Delperdange, fig. 21 et 22. — M. Delperdange, sous-ingénieur au chemin de fer de l'État en Belgique, a soumis à l'appréciation de la Société d'encouragement, en 1856, un système d'assemblage de tuyaux dont il est l'inventeur, et qui lui a valu, à l'Exposition universelle de 1855, une mention honorable.

Ce système, représenté fig. 21 et 22, est fort simple ; les extrémités des tuyaux T et T' sont terminées par un bourrelet circulaire d'environ 1 centimètre de diamètre venu à la fonte. Les axes sont dans le prolongement l'un de l'autre, sans qu'il y ait contact entre les surfaces de raccordement ; de cette manière, l'écartement laissé entre les deux bourrelets rend l'assemblage moins rigide et lui permet de céder, soit aux effets de la dilatation, soit au mouvement de poussée du terrain.

Une bande de caoutchouc vulcanisé *a*, d'une largeur de 3 à 4 centimètres, porte d'une égale quantité sur chaque bourrelet, dont elle prend sensiblement la forme, par suite de la pression que lui fait subir le collier de serrage C.

Ce collier est en fer et d'une largeur moindre que la bague de caoutchouc qu'il embrasse ; il porte intérieurement sur ses bords, deux nervures à l'aide desquelles, tout en maintenant le système de raccordement bien étanche et en empêchant sa dislocation, il permet, cependant, aux tuyaux de se mouvoir dans tous les sens. Le serrage est produit au moyen d'un boulon à écrou *e* traversant les deux oreilles *c*. Une plaque de tôle *p* est placée sous ces oreilles, entre le collier et la bague de caoutchouc, afin d'empêcher que, par suite du serrage, le caoutchouc ne vienne à gripper et à se prendre entre les oreilles du collier en fer.

Lorsque les tuyaux ont un grand diamètre, le collier à oreilles est renforcé par des nervures placées sur sa surface externe. Il doit toujours être galvanisé, ainsi que la petite plaque de tôle, afin d'être préservé de l'oxydation.

Si les liquides ou les gaz à conduire sont de nature à altérer le caoutchouc vulcanisé, on enveloppe les bourrelets des tuyaux avec une feuille mince de plomb, et c'est seulement sur cette feuille que vient se placer la bague en caoutchouc.

Ce qui précède résume ce qui a été fait de plus important comme assemblages des tuyaux de conduites forcées, en fonte d'abord, au moyen du plomb, comme garniture, et, ensuite, à l'aide du caoutchouc simple, système qui, nous le croyons, finira par prévaloir. Nous devons entrer, maintenant, dans quelques détails sur les tuyaux fabriqués en matières différentes et sur le mode de jonction approprié à chaque genre particulier.

TUYAUX DE CONDUITE EN TÔLE ET BITUME, PAR M. CHAMEROY.

(FIGURES 23 A 25, PLANCHES 31 ET 32.)

Les tuyaux en fonte ne pouvant être obtenus qu'en leur donnant une épaisseur bien supérieure à celle réclamée par leur résistance en fonction, et offrant toujours, par conséquent, un poids relativement considérable, l'idée des inventeurs s'est plus d'une fois reportée vers les métaux minces laminés, avec lesquels on peut aussi fabriquer d'excellents tuyaux, très-légers et résistants, ce qui se fait, d'ailleurs, avec le plus grand succès pour les conduites de peu de longueur, usitées principalement dans le service des usines et qui, restant toujours en vue, peuvent être facilement surveillées et entretenues. Mais, lorsqu'il s'agit d'une conduite de grande canalisation, souvent établie en tranchée, mais, de toute façon, hors de portée d'entretien et de surveillance, il est nécessaire de la garantir et de la mettre à l'abri des influences extérieures tendant à la déformer ou à la détruire chimiquement ; les tuyaux de fonte ne sont pas garantis de cette dernière cause de destruction, mais ils peuvent, par leur grande épaisseur, la supporter plus longtemps.

C'est d'après ces considérations que M. Chameroy a imaginé et très-largement appliqué un système de tuyaux en tôle de fer, recouverts extérieurement d'une couche de bitume de 1 à 2 centimètres d'épaisseur, suivant le diamètre du tuyau lui-même, car ce mode de construction a été employé pour tous les diamètres ordinairement employés.

Le mode de construction particulier devait entraîner avec lui un procédé d'assemblage qui lui soit propre ; deux ont été mis en usage, l'assemblage *à vis*, qui est maintenant abandonné par MM. Chameroy et Cie, et remplacé par le système *à joints précis*, dont nous avons précédemment fait connaître l'appropriation aux conduites en fonte.

Les fig. 24 et 25, pl. 32, représentent deux parties de tuyaux, tôle et bitume, disposés, suivant l'ancien procédé, pour l'assemblage à vis, et sur lesquels sont indiqués aussi les moyens employés pour les réunir à des conduites en fonte terminées par des brides ou des emboîtements, lorsqu'il faut, en effet, assembler des tuyaux de ces deux genres ou intercaler des raccords en fonte, des robinets-valves, etc.

Ces tuyaux sont fabriqués avec de la tôle mince qui, pour le gaz, peut n'être que de 1 à 2 millimètres d'épaisseur, suivant le diamètre ; cette tôle, préalablement étamée, est roulée, puis rivée. On dépose ensuite sur une table une couche de bitume mélangé à du sable de rivière, puis on y fait rouler le tuyau, dont l'extérieur est enduit de goudron et enlacé de ficelle pour faciliter l'adhérence du bitume, jusqu'à ce qu'il s'en trouve enveloppé à une épaisseur convenable.

Pour le mode d'assemblage à vis, l'un des tuyaux a été évasé, ou *tulipé*, comme on le voit fig. 25 ; puis, après y avoir disposé un mandrin, dont l'extérieur présente le relief des filets de vis, on coule du métal formé d'un mélange de zinc et d'étain, et qui, le mandrin enlevé, forme l'écrou *a*. L'extrémité, qui constitue la contre-partie, reçoit, par le même procédé, une bague filetée *b*, en relief.

Cette fabrication devait s'effectuer avec une précision telle que les tuyaux pussent être assemblés, sans choix, les uns avec les autres.

Pour procéder à la pose sur place, on nettoie les filets de vis avec une brosse de chiendent, puis on les enduit de graisse convenablement préparée et mélangée de plombagine ; on enroule ensuite quelques tours de corde cirée contre le collet de la vis mâle, et enfin on présente le tuyau que l'on fait tourner à la main pour commencer le vissage ; mais, pour serrer à fond, on termine l'opération à l'aide de leviers à corde.

Sur la partie de tuyau T′, fig. 25, nous avons indiqué le rapport d'une bride A, destinée, comme il a été dit, à opérer la jonction avec une autre partie ainsi disposée. C'est une bride indépendante en fonte, munie d'un emboîtement conique rentrant, dans lequel on a *coulé* un écrou *c*, par le même procédé que pour les tuyaux. Ainsi complétée, cette bride est vissée et fortement serrée sur une extrémité mâle.

L'autre partie T indique le procédé suivi pour une jonction avec un tuyau B en fonte, à emboîtement.

Pour cela, le tuyau de tôle est arrasé, sans filet de vis, et armé d'un manchon en tôle *d*, qui doit pénétrer dans l'emboîtement et y être scellé en suivant la méthode habituelle pour ce mode d'assemblage. Après avoir, en effet, enveloppé l'extrémité de ce manchon, qui offre un léger rebord, d'une garniture de corde goudronnée *e*, on coule du plomb en *f*. On comprend que pour exécuter cette opération, la partie extérieure du tuyau T, qui approche le joint, a dû être dégarnie de son enveloppe de bitume que l'on rétablit ensuite sur place.

Enfin, la fig. 25 montre aussi le moyen employé pour l'application d'un tampon d'attente C, moyen très-simple et qui consiste à river sur le tuyau un petit manchon de tôle dans lequel on *coule* un écrou.

Tels étaient, en principe, les procédés usités pour la jonction et le raccordement des tuyaux en tôle bitumés, lorsque la Société Chameroy et Cie a proposé le mode de *joints précis*, en remplacement des joints à vis, et que les ingénieurs des ponts et chaussées ont adopté, après s'être assurés que ce nouveau mode offre des avantages sérieux ; il paraît que le joint à vis donnait trop de rigidité aux conduites.

La fig. 23, pl. 31, représente cet assemblage à joint précis, en coupe longitudinale, et une extrémité mâle isolée et en vue extérieure. C'est le même principe que ci-dessus pour les tuyaux en fonte, fig. 8. Au lieu que les manchons *a* et *b*, coulés sur les tuyaux en tôle, soient filetés, ils sont lisses, légèrement coniques, pour faciliter l'introduction et donner du serrage ; ils présentent seulement des gorges peu profondes, pour recevoir une garniture ligneuse, imprégnée de suif et de cire, dans les conditions qui ont été expliquées précédemment (p. 572). Il nous suffira même de renvoyer le lecteur à ce qui a été dit en cet endroit, pour ce que nous aurions encore à ajouter, touchant ce mode d'assemblage approprié aux tuyaux en tôle.

Voici, néanmoins, quelques renseignements pratiques qui compléteront les notions relatives à l'établissement de ces tuyaux.

Les tuyaux pour l'eau diffèrent de ceux destinés aux gaz d'éclairage, en ce qu'ils sont *embrayés* intérieurement d'une couche de bitume uni, formant une couche de vernis d'environ 1 millimètre d'épaisseur, lequel vernis a pour but de préserver la tôle de l'oxydation et d'empêcher la formation des tubercules ferrugineux, comme aussi de retarder celle des dépôts calcaires.

Pour l'une ou l'autre de ces deux applications, la couche extérieure de bitume est de 7 à 15 millimètres, suivant le diamètre du tuyau.

Ces tuyaux sont essayés en fabrique à une pression de 10 atmosphères, pour fonctionner normalement sous une pression constante et maxima de 5. Le tableau ci-après indique l'épaisseur du métal, suivant le diamètre, pour répondre à ces conditions, ainsi que le poids des tuyaux par mètre courant.

XXXVe

TABLE

DES DIMENSIONS ET DES POIDS DES TUYAUX DE CONDUITE EN TOLE ET BITUME

FABRIQUÉS PAR MM. CHAMEROY ET Cie.

Diamètres intérieurs en mètre.	0,035	0,042	0,054	0,068	0,081	0,108	0,135	0,162	0,189	0,216	0,244	0,271
Épaiss. de la tôle en millimètres. . . .	0,9	0,9	0,9	0,9	1,0	1,1	1,2	1,3	1,4	1,5	1,6	1,7
Poids par mètre en kilogrammes. . .	4,00	5,00	6,00	7,50	8,50	11,00	14,00	17,00	22,00	25,00	28,00	33,00
Diamètres intérieurs en mètre.	0,297	0,324	0,350	0,400	0,450	0,500	0,550	0,600	0,700	0,800	1,000	
Épaiss. de la tôle en millimètres. . . .	1,8	2,1	2,3	2,5	2,7	2,9	3,2	3,4	3,7	4,1	5,0	
Poids par mètre en kilogrammes . . .	39,00	45,00	52,00	70,00	78,00	90,00	95,00	100,00	125,00	155,00	210,00	

Ce système de tuyaux a pour lui une assez longue expérience, qui n'est pas moindre de 25 ans. C'est assez pour apprécier ce qu'il vaut et, durant cette période, on n'a pas cessé de l'appliquer pour les distributions d'eau et de gaz, à Paris, dans un grand nombre des principales villes de l'Europe, en Algérie, dans les Indes anglaises, etc.

TUYAUX DE CONDUITE EN PAPIER BITUMÉ, PAR MM. JALOUREAU ET Cie.

(FIGURES 26 ET 27, PLANCHE 32.)

MM. Jaloureau et Cie, manufacturiers, à Asnières, près Paris, fabriquent des tuyaux de conduite avec du papier employé en feuille et sans fin, que l'on enroule sur lui-même jusqu'à ce que l'épaisseur soit obtenue ; pendant l'enroulement, la feuille se recouvre, sur ses deux faces, d'une composition bitumineuse liquide, qui réunit fortement les spires superposées ; ces tuyaux sont en bouts d'environ 1^m,50 de longueur.

Les fig. 26 et 27 représentent le mode employé pour la jonction de ces tuyaux.

Il sont armés, aux extrémités, d'une douille en fonte A, à trois oreilles, qui est emboîtée sur le bout du tuyau et scellée au bitume ; l'assemblage se fait donc de la façon la plus simple, en boulonnant les brides entre lesquelles on intercale une rondelle de caoutchouc *a*.

Ce procédé de fabrication ne pouvant s'appliquer qu'à des formes de solides à génération développables, comme les cylindres ou les cônes, les coudes ou raccords divers, nécessaires dans l'établissement d'une semblable conduite, sont nécessairement en métal.

Comme le démontrent les applications de ce nouveau système de tuyaux, et des expériences spéciales faites au Conservatoire des arts et métiers de Paris, ils offrent une résistance à laquelle on pourrait très-bien ne pas s'attendre.

En effet, au Conservatoire, des tuyaux de 75, 105, 135 et 200 millimètres de diamètre intérieur, ont supporté, sans se rompre, des pressions de 15, 18 et 24 atmosphères. La trop faible épaisseur des douilles à oreilles a seule empêché que ces pressions fussent poussées plus loin, car elles ont généralement cédé aux pressions ci-dessus, que les tuyaux ont, au contraire, parfaitement supportées ; mais rien ne s'oppose à ce que les douilles soient établies avec une plus grande résistance.

Les inventeurs de ce système de tuyaux font valoir leur bas prix de revient, comparé à celui ordinaire des conduites en métal ; ils font remarquer qu'ils sont complétement inoxydables, qu'ils ne peuvent donner naissance à aucun courant électrique destructeur, etc.

TUYAUX DE CONDUITE EN PLOMB.

Les tuyaux en plomb ne sont point en usage pour les grandes conduites ; ils seraient d'un prix trop élevé, surtout en leur donnant l'épaisseur que la faible résistance de ce métal rend nécessaire pour une haute pression. Les anciens, qui ne possédaient pas aussi facilement que nous le moyen de leur en substituer d'autres, en ont fait usage comme le prouvent des parties de conduites en plomb retrouvées dans le midi de la France, et remontant à l'époque de la domination romaine ; mais aujourd'hui, le plomb est réservé pour les branchements de peu de longueur, et de faibles diamètres, des services particuliers d'eau et de gaz ; les tuyaux en plomb sont, d'ailleurs, dans ces circonstances, d'un emploi extrêmement commode, par la faculté qu'ils offrent de se plier et de se contourner pour obéir à toutes les sinuosités que l'on doit leur faire suivre, comme, par exemple, pour une distribution de gaz à l'intérieur des bâtiments.

Sauf pour certains diamètres exceptionnels, qui ne peuvent être exécutés qu'en soudant les deux bords d'une feuille préalablement roulée, les tuyaux en plomb se fabriquent aujourd'hui en refoulant, à l'aide de la presse hydraulique, le métal liquide au travers d'une filière d'où il sort à l'état de tuyau très-régulier et qui peut être d'une très-grande longueur d'une seule pièce, suivant le rapport de son poids linéaire et de celui de la masse totale de métal en fusion que l'on peut soumettre à la fois à la presse. La conséquence de ce fait est que la longueur d'un tuyau fabriqué est en raison inverse de sa section transversale.

Dans les petits diamètres de 1 à 2 ou 3 centimètres d'intérieur, il est possible d'obtenir des tuyaux de plus de 20 mètres de longueur, en moyenne, d'une seule pièce (1).

Les tuyaux en plomb se prêtent admirablement à toutes les opérations de raccordements, branchements, rapports de pièces de raccord, etc., qui s'effectuent par le soudage ordinaire à la soudure d'étain. Quelquefois, pour des tuyaux d'un grand diamètre et d'assez faible épaisseur, on fait usage de brides en fer boulonnées que l'on passe sur le tuyau, dont le bout est ensuite rabattu pour former un collet qui se trouve pincé, avec celui du tuyau voisin, entre les deux brides.

Sans qu'il soit nécessaire d'entrer ici dans plus de détails sur les conduites en plomb, nous mentionnerons seulement l'importante amélioration qui leur a été apportée, depuis quelques années, par M. Ch. Sébille, manufacturier à Nantes.

On sait combien la plupart des composés à base de plomb sont dangereux et redoutés pour tout ce qui touche à l'alimentation, et, en général, à l'hygiène.

M. Sébille fabrique des tuyaux en plomb qui sont *étamés* intérieurement et extérieurement dans la plus grande perfection (2). Cet étamage, en empêchant la formation des sels vénéneux, donne aussi plus de raideur au plomb, et il est possible de réduire l'épaisseur des tuyaux étamés de 1/10 de ce quelle est dans les circonstances ordinaires. Il est vrai de dire que la main-d'œuvre et surtout la matière première en augmentent le prix de revient

TUYAUX DE CONDUITE EN BOIS, EN PIERRE ET EN TERRE CUITE.

(FIGURES 28 A 31, PLANCHE 32.)

Nous terminons, pour ainsi dire, à l'égard des tuyaux de conduite, par ce qu'ils furent, au contraire, dans l'origine; car c'est après le bois et la pierre que la fonte fut employée comme capable d'une plus grande résistance et se prêtant mieux aux formes variées exigées pour les raccords, les jonctions, les changements de direction, etc. Aussi, ne disons-nous quelques mots de ces anciens modes de construction que pour citer des systèmes récents qui ont eu des applications.

TUYAUX EN BOIS, FIG. 28 ET 29. — Les tuyaux en bois étaient formés de bouts d'arbre forés, de chêne, d'aulne ou d'orme, de 4 à 5 mètres de longueur ; on pouvait obtenir ainsi des tuyaux de 10 à 20 centimètres de diamètre intérieur. Pour de plus grands diamètres, on était obligé de les former de plusieurs pièces par divers procédés d'assemblage que nous ne décrirons pas.

Quant à la jonction bout-à-bout, parmi plusieurs moyens de l'effectuer, on faisait usage de celui représenté fig. 28.

Ce moyen consiste, ainsi qu'on le voit, à *embrever* les deux parties de tuyaux T

(1) Voir le vol. V du Recueil la *Publication industrielle*, où les *presses à plomb* sont décrites, très en détail, avec un historique sur cette industrie, qui ne date que de 1825.

(2) On peut voir aussi dans le même Recueil, vol. XII, l'article relatif à l'étamage mécanique des tuyaux de plomb.

et T', sur une virole en fer *a* présentant deux bords coniques séparés par une nervure saillante, contre laquelle les tuyaux viennent buter ; ce joint doit être ensuite calfaté au moyen de filasse goudronnée ou par tout autre procédé analogue.

Outre que ces tuyaux ne pouvaient, avec l'épaisseur qu'il est possible de leur donner, supporter une pression élevée (M. Dupuit dit : pas plus de 2 atmosphères), ils se détruisaient assez promptement, parce qu'on n'avait pas la précaution, comme on le ferait aujourd'hui, de les *injecter*, ou même *de les enduire*, de façon à les préserver de la décomposition.

Persuadés, cependant, que des tuyaux en bois, convenablement établis, peuvent faire un bon service, MM. Trottier et Schweppé, manufacturiers, à Angers, se sont adonnés à la fabrication des tuyaux en bois bitumés extérieurement et intérieurement, ou, quant à l'intérieur, revêtus d'un manchon en tôle. Ils ont, du reste, imaginé divers procédés de revêtissement ou d'enduits, ayant toujours pour but la conservation du tuyau en bois, et que notre intention n'est pas d'analyser ici. Nous décrivons seulement un mode de jonction qu'ils proposent et que représente la fig. 29.

Les deux tuyaux T et T' sont à emboîtement conique avec une petite garniture de corde, ou de chanvre graissé, en *a*. Avant la pénétration, on a eu le soin de passer sur la partie femelle une frette en fer A, aussi légèrement conique, mais que l'on ne chasse à sa place qu'après l'emmanchement, ce qui lui donne le serrage nécessaire.

Tuyaux en pierre naturelle, fig. 30 et 31. — Ces figures représentent le mode d'assemblage et la structure des tuyaux en pierre forés avec la machine imaginée à cet effet par M. Champonnois, et décrite dans les *Annales des mines*, t. VIII, 1855. L'extérieur de ces tuyaux reste carré; ils s'emboîtent cylindriquement, et la jonction est complétée en ciment.

D'après un tableau annexé à la description de la machine à l'aide de laquelle ces tuyaux sont forés, et disposés pour l'emboîtement, on en produit de 68 à 350 millimètres de diamètre intérieur. Leur prix de revient, tout posés, serait à diamètre égal, presque moitié moindre que pour ceux en fonte.

Tuyaux en poterie. — On fait usage surtout en agriculture, depuis quelques années, de tuyaux en terre cuite, qui ne peuvent évidemment soutenir une pression élevée et ne peuvent se faire sur une grande longueur ; aussi, leur principale application est le drainage proprement dit.

OBSERVATIONS SUR L'EMPLOI DES DIFFÉRENTS SYSTÈMES DE TUYAUX DE CONDUITE.

En présence des nombreux modes de construction employés et proposés pour les tuyaux de conduites, on peut se demander s'ils sont tous bons, ou s'ils s'en trouvent d'assez défectueux pour devoir être complétement rejetés, ou encore, s'ils ne sont pas tous utilement applicables dans certaines circonstances déterminées.

C'est cette dernière façon d'envisager le problème qui est la vraie.

A notre avis, lorsqu'il s'agit d'une grande canalisation, pour une ville importante, exigeant de nombreux branchements, des raccords fréquents pour des robinets, des prises nombreuses et éventuelles et, enfin, une pression élevée, la fonte présente des avantages difficiles à égaler.

Néanmoins, les tuyaux en tôle et bitume sont encore d'un bon emploi en pareil cas, et il en est fait un usage très-étendu.

Mais souvent, les eaux à conduire sont d'une telle nature, que les conduites en métal se conservent difficilement et s'encombrent rapidement de dépôts calcaires. C'est le cas d'examiner si les tuyaux en papier, en pierre, en bois ou en poterie peuvent être employés de préférence à ceux métalliques.

Enfin, toutes choses égales, d'ailleurs, l'importance même de la conduite comme développement ou comme débit, les ressources disponibles, le lieu d'emploi, peuvent être des raisons déterminantes pour le choix à faire, car nous ne connaissons, après tout, aucune cause qui puisse être le motif de rejet absolu de l'un quelconque des systèmes que nous avons cités.

Il n'y a pas, dirons-nous, jusqu'à la nature du terrain dans lequel la conduite doit être enfouie, qui ne puisse devenir l'une des considérations importantes pour se fixer sur l'espèce de tuyaux à employer ; son degré de stabilité y entre également pour quelque chose, surtout pour le mode de jonction qui se prêtera plus ou moins à la mobilité du sol, aux ébranlements qu'il éprouve par le roulement des voitures, plus ou moins nombreuses, plus ou moins pesantes, etc., etc.

TUYAUX, TUBES ET JONCTIONS DE DIVERS SYSTÈMES.

En dehors des tuyaux de *conduite*, proprement dits, qui, par la nature même de leurs applications, comportent des modes d'assemblages spéciaux en rapport avec les exigences particulières de la pose, il existe un certain nombre de tuyaux employés surtout dans la construction mécanique, dont le développement ou la longueur est toujours relativement faible et, enfin, auxquels on peut appliquer la dénomination de *tubes* et de *conduits*, qui convient moins aux tuyaux de conduite.

Nous pouvons citer, comme exemples, les *tuyaux* ou *conduits* de vapeur employés dans les appareils dans lesquels cet agent physique circule, les *tubes* des générateurs tubulaires, les tuyaux des pompes, les tubes en caoutchouc pour l'eau, le gaz ou la vapeur, etc., etc.

Ces différents systèmes de tubes s'exécutent en fonte, en fer, en cuivre (rosette, bronze ou laiton) et en caoutchouc ou en gutta-percha : nous ne parlons pas des tuyaux en ferblanc qui ne fonctionnant pas *sous pression*, n'exigent pas l'herméticité des joints, et ressortent des types que nous étudions.

Nous commençons cette revue par les tubes en fer et leurs modes de jonction.

TUYAUX ET RACCORDS EN FER.

(FIGURE 32, PL. 32.)

Depuis plusieurs années, on fabrique courramment des tubes en fer soudés et étirés à chaud, ne présentant pas plus de reprise que s'ils avaient été coulés en fonte, mais de tous diamètres, depuis les plus faibles qui n'ont que quelques millimètres, ce que la fonte ne permet pas. Ces tuyaux sont applicables dans l'appareillage du gaz, aux distributions d'eau et de vapeur, dans les calorifères et dans les machines, et ils résistent aux plus hautes pressions. Les constructeurs spéciaux étant parvenus à fabriquer aussi bien les coudes que les tubes droits, les raccords d'équerre, les robinets mêmes, etc., l'emploi de ces tubes est extrêmement facile. De plus, on les galvanise, s'il est nécessaire, et ils deviennent applicables en toutes circonstances.

La fig. 32 représente la réunion des principaux assemblages usités avec ce genre de tubes, suivant le mode à *vis*.

Les parties droites T sont taraudées aux extrémités, et deux de ces parties d'égal diamètre sont reliées par un manchon comme celui A, qui forme écrou. Comme, en montage courant, on ne peut pas admettre que les filets des vis aient des inclinaisons de sens différents, ce qui amènerait à de certaines sujétions pour le rapport des différentes pièces à réunir, la jonction ne peut avoir lieu en ne faisant tourner que l'écrou ; il faut visser chaque tuyau sur l'écrou, ou bien, après avoir monté l'écrou sur l'un des deux, y visser ensuite l'autre.

Si l'on a deux tubes de diamètres intérieurs à joindre, comme ceux T' et T'', le manchon de raccord C a la forme indiquée sur la figure.

Pour un changement de direction à angle droit, si la circulation du fluide est lente et qu'enfin les pertes de forces vives ne soient pas à redouter, on fait usage de coudes, comme celui B, formé tout simplement de deux parties cylindriques qui se coupent à angle droit et à vive arête. Mais dans le cas contraire, où l'on veut éviter un changement de direction brusque, on applique un coude arrondi en fer, comme pour les conduites en fonte : on comprend qu'avec la fonte, cette distinction n'existe pas, car un coude arrondi ne présentant pas plus de difficulté de fabrication qu'un coude en équerre, on n'a jamais intérêt à faire usage de cette forme.

La même figure montre l'emploi d'un assemblage à quatre branches sur un raccord *en croix* D, présentant quatre portées taraudées.

La jonction à vis n'est pas la seule usitée pour les tuyaux en fer ; si la nature de leur application l'exige, on peut leur adapter des brides et les assembler avec des boulons.

Voici, pour compléter ce sujet, quelques chiffres empruntés à la série de M. Bouteillain, qui se livre depuis longtemps, à Paris, ainsi que la maison Gaudillot, de Saint-Denis, à la fabrication en grand des tubes en fer pour les locomobiles, les navires à vapeur et, en général, les générateurs tubulaires.

XXXVIe

TABLE

DES DIMENSIONS DES TUYAUX DE CONDUITES EN FER

FABRIQUÉS PAR M. BOUTEILLAIN.

TUYAUX EN FER, TOLES DU BERRY, soudée à recouvrement et sur mandrins, POUR GÉNÉRATEURS ET CONDUITES DE VAPEUR. Ces tubes sont livrés avec brides de raccord ou avec renflements aux extrémités.						TUYAUX pour conduites, DE GAZ ET D'EAU se raccordant par des manchons à vis.	
Diamètre extérieur.	Épaisseur.	Diamètre extérieur.	Épaisseur.	Diamètre extérieur.	Épaisseur.	Diamètre intérieur.	
mill.	mill.	mill.	mill.	mill.	mill.	mill.	mill.
40	2	70	2,50	100	3,25	3	25
45	2	75	2,50	105	3,25	6	30
50	2	80	2,75	110	3,25	9	35
55	2	85	2,75	120	3,75	12	40
60	2,25	90	3			15	50
65	2,25	95	3			20	

TUYAUX EN CUIVRE ET LEURS RACCORDS

(FIGURES 33 A 39, PLANCHES 31 ET 32.)

TUYAUX A BRIDES BRASÉES ET MOBILES, FIG. 33 ET 34, PL. 32. — Les tuyaux de distribution des machines à vapeur, soit pour l'arrivée ou l'échappement de la vapeur, soit pour l'alimentation d'eau et la purge du cylindre, sont exécutés en cuivre rouge mince roulé et soudé au laiton. On les joint entre eux ou avec les organes qu'ils mettent en communication à l'aide de brides en fer, qui sont *mobiles* ou *fixes*, suivant le cas. Mais le plus souvent, elles sont fixes, c'est-à-dire qu'on les rend solidaires et comme partie intégrante du tuyau lui-même, en les *brasant*, opération bien connue dans l'art de la chaudronnerie. Pour cela, le tuyau doit être parfaitement ajusté sur place, pour que ses arrasements s'adaptent avec une grande exactitude à ses points de raccordements extrêmes.

La figure 33 représente ce raccordement avec brides fixes A, rassemblées par des boulons *a*.

Une brasure est, ainsi qu'on le sait, une soudure au cuivre jaune et au borax, employé pour faciliter le soudage. On place la bride en fer sur le bout du tuyau, en l'avivant à la lime, ainsi que l'intérieur de la bride ; on entoure ensuite cette jonction d'une quantité suffisante du métal soudant, puis l'on porte le tout à une température assez élevée pour que le métal soudant coule. On termine ensuite le raccord des deux parties à la lime, et dans les constructions soignées, on arrive jusqu'à un beau poli qui est d'un très-bon effet.

Mais lorsqu'il s'agit de monter un tuyau, dont on ne peut fixer la longueur que sur place, et dans des conditions où l'on n'est pas outillé pour le brasage des brides, on peut avoir recours au procédé indiqué fig. 34, par lequel les brides sont mobiles sur les tuyaux, dont le bout est rabattu et pincé entre elles.

Dans les deux cas, on comprend que le joint ne peut se faire sans interposer entre les brides une matière élastique ou cimenteuse, suivant la nature et la température du fluide circulant. Pour la vapeur, on fait usage du mastic rouge, auquel on mêle quelques filaments d'étoupe, dont on forme une petite couronne qui se trouve écrasée entre les brides en serrant les boulons.

Système de jonction par MM. Laforest et Boudeville. — Ce système a pour principe l'emploi d'une bague ou anneau, dont la section transversale génératrice est à peu près un trapèze, double ou simple, et que l'on place entre les deux brides dans lesquelles sont pratiquées des gorges de même profil.

Fig. 128.

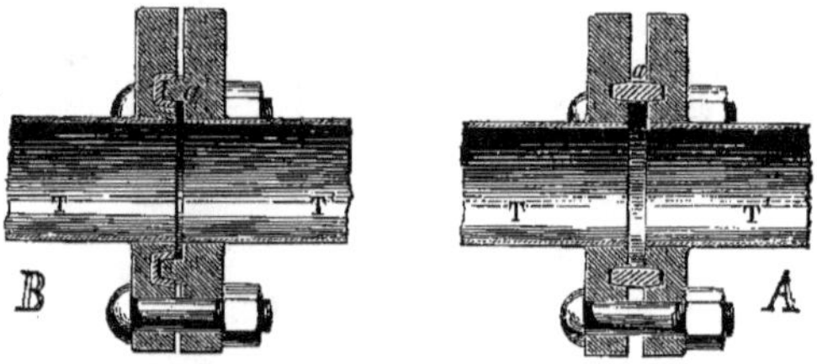

La fig. 128, tracé A, représente, en section transversale, deux tuyaux T et T', rassemblés d'après cette méthode. Les brides portant chacune une gorge évasée, on y place la bague *a* qui doit être en métal assez malléable, tel que du cuivre, pour céder, dans une certaine limite, à la pression exercée au moyen des boulons. Alors, la bague, en raison même de sa section qui forme coin, se serre très-fortement dans les gorges qu'elle remplit d'autant mieux que sa malléabilité lui permet d'en épouser intimement le creux. Ce procédé, qui est applicable à la plupart des fermetures qu'il faut rendre parfaitement étanches, a l'avantage d'éviter toute espèce de mastic, lequel est susceptible de se transformer par la chaleur et qui, dans tous les cas, encrasse les boulons. On recommande seulement de remplir les entailles avec du suif au moment d'opérer la jonction.

Au lieu de faire usage d'une bague indépendante, on peut, lorsque la nature de l'application le permet, réserver à l'une des deux brides un cordon conique *a'*, comme sur le tracé B, qui vient pénétrer dans une gorge pratiquée dans une virole en métal mou incrustée dans l'autre bride, ou directement réservée dans la bride même.

Raccords par manchons coniques, fig. 35. — Il peut se rencontrer que l'on ait, entre deux de ces tuyaux de cuivre mince, à faire une jonction qu'il soit nécessaire de rompre fréquemment et en peu d'instants, ce qui exclurait ordinairement la posibilité d'employer un joint mastiqué.

La fig. 35 représente l'un des moyens qui peuvent être mis en usage dans cette circonstance. Les deux parties de tubes T et T′ à rejoindre sont soudées respectivement avec deux manchons coniques A et A′, qui s'emboîtent réciproquement et que l'on rassemble au moyen de boulons *a*.

Les deux manchons étant exactement tournés et bien en rapport de conicité, le serrage des boulons suffit pour faire un bon joint, sans l'intervention d'aucun mastic. Il faut, d'ailleurs, pour monter et démonter cette jonction, que les deux parties puissent s'écarter l'une de l'autre, comme pour tout emboîtement; mais l'emploi même de ce système comporte d'avance cette faculté, puisqu'il est motivé par l'obligation de séparer en temps voulus les récipients que les tubes mettent en communication.

Jonction en genouillère, fig. 36. — Dans différentes circonstances, comme pour le battage des pieux dans les travaux d'eau du viaduc de Tarascon, on a fait usage d'une *sonnette*, dont le mouton était relevé par un piston à vapeur qui devait s'abaisser au fur et à mesure de l'enfoncement du pieu battu ; le générateur à vapeur reposant sur la base de l'appareil était naturellement fixe ; le conduit, qui communiquait de ce générateur à la boîte du tiroir de distribution du cylindre, avait été formé de trois parties *articulées*, pour se conformer aux changements successifs d'élévation de ce cylindre.

Le système d'articulation, ou genouillère, adopté, était celui que représente la fig. 36.

Elle consiste en deux raccords d'équerre en fer A et A′, s'emboîtant l'un sur l'autre par des portées circulaires, ayant pour centre le boulon *a* qui les tient serrés et leur sert d'axe d'articulation. Les deux tuyaux T et T′ correspondants, de 6 cent. de diamètre, en fer, sont terminés par des portées taraudées qui se vissent dans les raccords.

Jonction par des brides rapportées, fig. 37. — Ce mode de jonction, que l'inspection seule de la figure suffit pour faire comprendre, est applicable aux gros tuyaux en métal mince, fer ou cuivre. Les extrémités des parties de tuyaux sont armées de cornières d'angle A, rivées, et qui forment des brides que l'on rassemble par des boulons *a*.

Tubes des générateurs, fig. 38 et 39, pl. 31. — On sait que les générateurs tubulaires doivent leur caractère à une série de tubes qui les traversent dans la partie occupée par l'eau, et par lesquels les produits de la combustion passent en se divisant, pour aller du foyer à la cheminée.

Ces tubes se font en fer ou en laiton roulé et soudé, de 2 à 3 millimètres d'épaisseur, suivant le diamètre, lequel est aussi faible qu'il est possible de l'admettre, eu égard à la facilité de circulation des gaz chauds, de façon à en loger un très-grand nombre dans le corps de la chaudière ; car l'étendue de la surface de chauffe, à longueur égale, augmente avec leur nombre. Pour les locomotives, où la place est restreinte, on est arrivé, en réduisant le diamètre extérieur des tubes à 40 millimètres, à en loger jusqu'à 464 dans une chaudière cylindrique de $1^m,45$ de diamètre. Pour les appareils de navigation et pour les locomobiles, où l'on est moins gêné, on leur donne de 7 à 8 centimètres, et quelquefois plus.

La fig. 39 a pour objet de montrer les moyens employés pour rassembler ces tubes avec le générateur, dont ils réunissent deux parois planes.

Pour les locomotives, la paroi de *départ* est celle même du foyer qui est en cuivre rouge de 20 à 25 millimètres d'épaisseur ; à l'extrémité opposée, qui correspond à la boîte à fumée, c'est le fond de la chaudière, qui est en tôle, et d'une épaisseur moindre.

La paroi A (soit celle du foyer fig. 38 et 39) est percée de trous dans lesquels sont engagées les extrémités des tubes : ces trous sont légèrement coniques. Dans le principe de ce genre de construction, après avoir introduit le tuyau à sa place, on rabattait le bord sur la paroi, comme le montre le tuyau T, fig. 39, puis ensuite, on chassait, dans l'ouverture du tube, une virole en fer *a*, dont l'extérieur, étant conique comme le trou percé pour recevoir le tube, formait coin et serrait ce dernier très-énergiquement.

Plus tard, on a reconnu que l'action de la virole est suffisante sans rabattre le bord du tube, mode d'assemblage représenté en T'.

Enfin, aujourd'hui, la virole est supprimée du côté de la boîte à fumée, et le tube est simplement coincé dans le trou, comme on l'a figuré en T'', jonction que la pression intérieure tend constamment à maintenir.

La virole a l'inconvénient de rétrécir l'entrée du tube, et d'occasionner une contraction qui gêne la circulation des produits de la combustion. C'est pour obvier à cet inconvénient que M. Bérendorf, mécanicien à Paris, a proposé un système de montage par lequel cette virole serait placée à l'*extérieur* du tube.

La fig. 129 représente, à l'échelle de 1/3, un tube monté, suivant cette méthode, avec l'indication des moyens employés pour y parvenir.

Fig. 129.

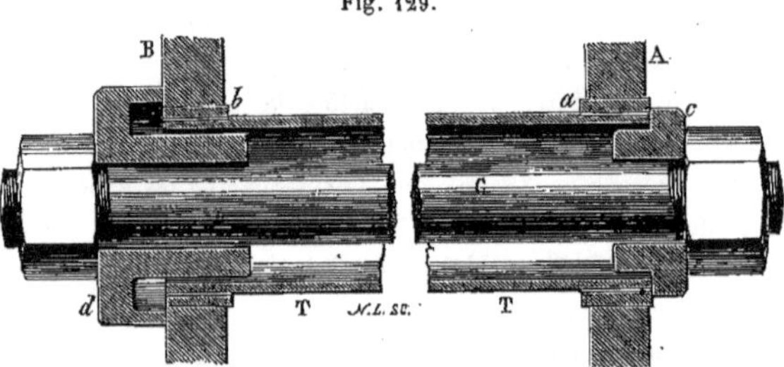

Le tube T porte ses deux viroles *a* et *b*, qui en sont rendues solidaires par un soudage ou une brasure ; ces viroles sont coniques *dans le même sens*, et, pour faciliter l'entrée du tube, celle *b* d'entrée est un peu plus faible de diamètre que l'autre.

On met donc le tube en place, en le faisant passer au travers de la première paroi A et en le faisant avancer jusqu'à ce que les viroles viennent s'engager dans leurs parois respectives A et B, puis, pour *forcer* cet assemblage, on procède de la manière suivante :

On passe au travers du tube un boulon C, dont les deux extrémités sont armées d'écrous que l'on fait appuyer sur deux rondelles *c* et *d*, l'une disposée pour porter exclusivement sur le bout du tube, et l'autre sur la paroi du générateur. Par conséquent, en serrant fortement l'écrou situé du côté *d*, on tire sur le boulon et, en même temps, sur le tube qui s'avance à joint.

Le même procédé est applicable pour démonter le tube en changeant seulement les viroles *c* et *d* de bout.

Résistance des tubes à la compression extérieure. — Nous avons donné ci-dessus (p. 531), quelques notions sur la résistance des cylindres à la compression extérieure, en promettant de les compléter à propos des tubes spéciaux dont il vient d'être question. Ces tubes des générateurs tubulaires offrent essentiellement, en effet, pour caractère, d'être soumis à une pression extérieure qui tend à les écraser ; dans les conditions habituelles de la construction, ils sont d'une résistance de beaucoup supérieure à l'effort capable de déterminer cet accident ; mais il n'est pas moins utile de connaître, cependant, les limites dans lesquelles il pourrait se produire

Il résulte d'expériences rapportées par M. Manès, ingénieur en chef des mines, et relatées dans l'ouvrage de M. le général Morin, que des tubes en cuivre rouge ont été écrasés, et que d'autres ont résisté, dans les conditions suivantes :

TUBES QUI ONT ÉTÉ ÉCRASÉS.						TUBES QUI ONT RÉSISTÉ.					
NUMÉROS.	NOMBRE des tubes applatis.	PRESSION en atmosph.	DIMENSIONS DES TUBES.			NUMÉROS.	NOMBRE des tubes.	PRESSION en atmosph.	DIMENSIONS DES TUBES.		
			Longueur.	Diamètre intérieur.	Épaisseur				Longueur.	Diamètre intérieur.	Épaisseur
			mètres.	mètres.	mètres.				mètres.	mètres.	mètres.
1	8	10	3,00	0,15 à 0,17	0,003	6	14	15	2,00	0,12	0,002
2	3	10	3,00	0,15	0,003	7	14	16,5	2,00	0,13	0,003
3	1	9	3,50	0,06	0,0015	8	14	25,5	2,00	0,13	0,003
4	1	12	3,50	0,06	0,0015	9	45	9	2,70	0,06	0,0015
5	1	9	3,50	0,06	0,0015	10	45	15	2,70	0,05	0,0015

Afin d'établir un rapprochement entre ces résultats et la formule qui représente, d'après M. Fairbairn, la loi d'écrasement, cherchons la valeur que prendrait le coefficient A, en appliquant cette formule à deux séries, soit à celle n° 2, des tubes qui ont été écrasés, et à celle n° 8, des tubes qui ont résisté.

Nous obtenons, pour le premier cas :

$$A = \frac{PLD}{E^2} \text{ ; d'où : } A = \frac{10^{atm} \times 1^k,033 \times 3^m \times 0,15}{0,003 \times 0,003} = 516500.$$

Ce coefficient prend ici une valeur très-approchée de celle qui lui a été attribuée pour la résistance des cylindres de tôle à l'écrasement (p. 532).

Venant à la série n° 8, nous trouvons :

$$A = \frac{25,5 \times 1,033 \times 2 \times 0,13}{0,003 \times 0,003} = 760976.$$

Ainsi, ce tube, qui a résisté, n'aurait donc été écrasé que sous une pression supérieure à celle qui donne cette valeur déjà élevée au coefficient A.

Dans une expérience faite à Montluçon, un tube de *laiton* a cédé sous une pression de 18 atmosphères, ce qui donne, d'après les dimensions de ce tube, l'énorme valeur de 929700 au coefficient A.

Nous sommes amené à conclure de ce qui précède et d'autres résultats que nous ne pouvons citer, faute d'espace, que le coefficient qui convient pour évaluer la pression d'écrasement de cette nature de tube, est environ 800000, en nombre rond.

Cherchons donc, en terminant, quelle serait la pression capable d'écraser les tubes d'une machine locomotive, qui ont les dimensions suivantes :

Diamètre intérieur. . . . . $D = 0^m,037$
Épaisseur . . . . $E = 0\ ,0015$
Longueur . . . . $L = 3,\ 500$

Tirant P de la formule, il vient :

$$A = \frac{PDL}{E^2} \text{ ; et : } P = A\ \frac{E^2}{LD}.$$

Cette dernière expression fournit :

$$P = 800000 \times \frac{0,0015 \times 0,0015}{3,5 \times 0,037} = 13^k,9 \text{ par cent. carré.}$$

Soit environ 13 atmosphères. Les locomotives étant construites pour marcher à une pression effective de 7 atmosphères, les tubes sont donc dans de bonnes conditions de résistance ; mais on comprend que cette pression ne peut être dépassée sans courir le risque de s'approcher trop près de la limite, d'autant mieux que les expériences précitées ont été faites à froid, et qu'il est permis d'admettre qu'à la température à laquelle fonctionnent les tubes, dans les générateurs, la raideur du métal doit avoir subi une certaine altération.

Résistance des tubes à l'extension. — Indépendamment de ce mode principal de résistance, les mêmes tubes sont manifestement soumis, par *extension*, à l'effort intérieur de la vapeur contre les parois de la chaudière, qu'ils réunissent et auxquelles ils servent même d'entretoises.

En admettant que les tubes soient, en effet, les seules entretoises qui s'opposent à l'écartement des fonds de la chaudière, sous la pression effective de la vapeur, chaque tube supporte évidemment une partie proportionnelle de cet effort total, qui correspond à la surface de l'un de ces fonds, diminuée de la somme des sections des trous percés pour l'assemblage des tubes.

Ainsi, nous avons cité une chaudière de locomotive, dont le diamètre intérieur est de $1^m,45$, et qui renferme 464 tubes de 40 millimètres de diamètre extérieur.

La pression effective de la vapeur étant de 7 atmosphères, il s'ensuit que chaque tube répond, pour sa part, à un effort de :

$$E = \frac{3,1416 \times (\overline{145^c}^2 - 464 \times \overline{4^c}^2)\ 7 \times 1,0333}{4 \times 464} = 166 \text{ kil.}$$

Mais on ne peut regarder comme supportant cette charge que les tubes du centre, car il est évident que les fonds sont déjà très-facilement maintenus, indépendamment des tubes, par leur rivure avec le corps cylindrique de la chaudière, et cette pression ne pourrait donc agir, avec toute son intensité, sur les tubes que loin de cette rivure, c'est-à-dire, au centre, où la flexion du fond se manifesterait, si les tubes ne s'y opposaient pas.

Néanmoins, en admettant même cet effort de 166 kilog. environ par tube, leur section est suffisante pour y résister dans de bonnes conditions.

En effet, le diamètre extérieur égale 40 millimètres et celui intérieur 37 ; on a donc, pour la section annulaire métallique :

$$\frac{3,1416\,(\overline{40}^2 - \overline{37}^2)}{4} = 181,42 \text{ mill. carrés.}$$

Le taux de charge du métal est, d'après cela :

$$\frac{166^k}{1^{cq},8142} = 91^k,5 \text{ par cent. carré.}$$

Or, on voit, par la table n° I (Int., p. XIV), que la rupture du laiton fin correspondrait environ à une charge de 1260 kilog. par centimètre carré, c'est-à-dire, près de quatorze fois le taux de charge précédent.

Ce n'est donc pas dans ce sens que les tubes des générateurs, avec leur proportions habituelles, sont soumis aux plus grands efforts.

ASSEMBLAGES DIVERS DE TUYAUX ET DE TUBES.

(FIGURES 40 A 46, PLANCHE 32.)

APPAREILS DE RACCORDEMENT D'ALIMENTATION DES LOCOMOTIVES, FIG. 40 A 44. — Pour les locomotives à tender indépendant, les conduits qui communiquent des caisses à eau du tender avec les pompes alimentaires, ou les injecteurs, placés sur la machine, doivent être disposés de façon à se rompre facilement, afin de séparer le tender de la machine, et cette jonction doit posséder assez d'élasticité pour céder aux variations d'axe que la machine et son tender éprouvent, en circulant sur les voies qui offrent des courbes nombreuses, quelquefois très-sensibles, et même des irrégularités dans le nivellement.

La difficulté d'établir une jonction qui satisfasse convenablement à de semblables exigences, pour des conduits sur lesquels repose en grande partie le fonctionnement régulier des machines locomotives, n'a pas été immédiatement surmontée et a donné lieu, au contraire, à bien des essais.

L'un des systèmes qui a reçu le plus d'applications, et qui est encore très-répandu aujourd'hui, est celui que représente la fig. 40. Il a pour principes l'assemblage à rotules sphériques, pour répondre aux variations d'axes, et la jonction libre par garniture d'étoupe, pour satisfaire à la condition d'un emmanchement facile, avec longueur variable.

L'ensemble de ce remarquable assemblage comporte trois parties principales distinctes, deux extrêmes A et B, appartenant respectivement au tender et à la machine, et une intermédiaire C et D, établissant leur relation dans les conditions de mobilité requises.

Les deux tubulures A et B, qui sont semblables et en bronze, se composent chacune d'une partie cylindrique et d'une hémisphère creuse avec bride pour les boulons d'assemblage ; du côté de la machine, la tubulure A s'emboîte avec le conduit A′ allant à l'appareil alimentateur, et se trouve soutenue par une bride en fer *a*, reliée au tablier de la machine. La tubulure opposée, qui est rattachée de même par la bride *b* attenant au tender, est jointe avec le conduit B′, qui aboutit à l'une des caisses à eau.

La partie qui établit la jonction des deux précédentes est composée des deux tubulures C et D aussi en bronze, terminées par des rotules, et pénétrant l'une dans l'autre par une boîte à étoupe, dont celle C est armée ; les deux assemblages à rotules sont effectués, comme dans toute circonstance semblable, à l'aide des coquilles à brides *c* et *d*.

Le mode de fermeture de la boîte à étoupe est complétement analogue à l'une des dispositions décrites précédemment (p. 542), c'est-à-dire que le presse-étoupe *e* est un simple bouchon cylindrique, serré au moyen d'un écrou E, monté à vis sur l'extérieur de la boîte. Mais cet écrou remplit ici un autre rôle par le vaste *pavillon* qu'il possède et qui s'ouvre du côté de l'entrée du tube D. Cette structure particulière a été imaginée en vue de faciliter le raccordement des deux parties, lorsqu'il faut rétablir la jonction entre la machine et le tender ; en faisant rouler l'un des deux véhicules vers l'autre, le tube D ne peut manquer de s'engager dans le pavillon, et, par suite, de s'introduire à sa place.

Dans le temps de la disjonction de la machine d'avec le tender, la partie C, qui est très-lourde, tendrait à s'abaisser et à forcer sur la rotule, si elle n'était soutenue autrement. Mais elle est, au contraire, suspendue à la machine à l'aide d'une chaînette qui s'accroche à une bride en fer *f*, boulonnée avec un collier en deux parties *g* qui l'embrasse.

Dans cette même partie, on peut remarquer encore un frein *h*, vissé sur le collier, et portant deux lames de ressort engagées dans des cannelures réservées à l'extérieur de l'écrou, de façon à l'empêcher de se dévisser ; on serre cet écrou à l'aide d'une clef à béquilles, que l'on met en prise avec une autre série de dents *i*.

Faisons remarquer, en terminant, la petite tubulure *j*, sur laquelle on branche un conduit par lequel, dans les moments d'arrêt, on fait passer la vapeur en excès dans l'eau du tender.

Il est inutile d'insister longtemps pour démontrer combien cet appareil exige de soins dans sa construction, et, par cela même, combien il est dispendieux et délicat, tout à la fois ; son fonctionnement dépend, d'ailleurs, de trois jonctions, dont deux surtout ne doivent leur perfection qu'à la précision de l'ajustement, puisqu'il ne peut leur être appliqué aucune garniture élastique.

C'est pour cela que l'on a cherché à perfectionner les anciennes dispositions plus simples, mais peut-être moins sûres, et qui consistaient dans l'emploi de tuyaux flexibles en toile ou en cuir, avec jonctions par raccord à écrou.

La disposition représentée fig. 41 et 42 rappelle, en effet, les anciennes, mais avec certaines améliorations qui la rendent pratique et permettent maintenant d'en faire usage.

Deux tubulures fixes A et B, appartenant respectivement à la locomotive et au tender, sont mises en rapport par un tube de caoutchouc vulcanisé C, d'une très-forte épaisseur, appelé à supporter toutes les variations que la jonction éprouve ; ce tuyau, qui est protégé extérieurement par un fort ressort à boudin *c*, s'emmanche, d'un bout, sur une portée appartenant à la tubulure B, laquelle portée est striée extérieurement pour que le caoutchouc, serré par un collier à charnière *b*, s'y imprime et ne puisse s'échapper ; à l'aide du même procédé, l'autre extrémité du tube C est armée d'un ajutage D, serré par l'autre collier *a*, par le boulon de serrage duquel cette partie de conduit est, d'ailleurs, soutenue au moyen d'une chaîne.

On voit que la rupture du conduit, pour effectuer la séparation des deux véhicules, a lieu sur les deux parties A et D, qui sont à emboîtement conique et rassemblées au moyen d'un raccord à vis. La partie A est, à cet effet, filetée extérieurement, tandis que sur l'autre se trouve emmanché un écrou E, à quatre poignées, dont l'intérieur offre un rebord par lequel il s'appuie sur celui réservé à l'ajutage D. Par conséquent, l'écrou ne quitte pas cet ajutage sur lequel il peut tourner librement, et, en résumé, cette jonction ne diffère aucunement d'un raccord ordinaire à vis, dont la manœuvre est seulement favorisée ici et rendue rapide par les poignées réservées à l'écrou qui dispensent de l'usage de clefs.

Les fig. 43 et 44 représentent un autre système de jonction applicable au même service que les précédents, imaginé par M. Guyet, et dont M. Frézard, ingénieur à Paris, est chargé de la construction.

Cet appareil est basé sur l'emploi d'un tube intermédiaire C en métal, rigide, par conséquent, mais réuni avec les parties fixes A et B par de fortes bagues en caoutchouc D et E, dans l'une desquelles il pénètre librement, dans des conditions analogues au tube D du premier appareil, fig. 40.

Mais ici, les rotules sphériques n'existent pas, et dans les variations hors d'axes, c'est principalement la bague D qui cède, et de quantités telles que le tube C puisse arriver à occuper une position oblique analogue à celle qui a été indiquée en lignes ponctuées sur la figure.

C'est pour répondre à de semblables variations que la bague D a d'aussi fortes proportions, et que la tubulure A présente cette forme de cloche qu'on lui voit. Cette bague est fortement maintenue par un bouchon *a*, à trois oreilles boulonnées, et qui offre une ouverture évasée en pavillon pour favoriser la jonction, dans les mêmes conditions que pour le précédent système, fig. 40.

Quant à l'extrémité opposée, qui n'est pas soumise à la disjonction fréquente, et qui est prise comme centre des mouvements obliques du tuyau C, ce tuyau porte un collet par lequel il est pincé entre la bague en caoutchouc E et la bride *b*. Cette bague est elle-même préalablement mise à sa place, en la comprimant pour l'introduire dans une gorge réservée sur la tubulure B et dont elle ne pourrait sortir seule, en supposant que ce joint fût entièrement démonté.

Jonction simple pour tubes en caoutchouc, fig. 45 et 46. — Ces figures représentent le moyen simple que l'on emploie pour faire la jonction de deux tubes en caoutchouc T et T′, qui doivent être aisément joints ou disjoints à volonté.

Les deux parties sont armées d'ajutages en cuivre A et B, sur lesquels le caoutchouc est forcé et ligaturé extérieurement ; l'un des ajutages est fileté extérieurement, et l'autre porte un écrou C monté à rappel. Ce procédé est, d'ailleurs, le même que pour les tuyaux en cuir et pour les tuyaux en plomb dans certaines circonstances : nous ne l'avons rappelé que pour la réunion proprement dite des deux raccords métalliques A et B, avec les tubes de caoutchouc qui se prêtent parfaitement, en raison de leur élasticité, à ce mode de jonction.

Nous devons limiter ici notre étude sur les tuyaux et les tubes, en général, étude qui, sans pouvoir être complète, nous a, cependant, conduit dans de longs développements, tant ce sujet est fécond en particularités intéressantes. D'ailleurs, c'est presque nous en occuper encore que de passer en revue le grand nombre de soupapes, robinets, valves, etc., dont le jeu se lie si intimement aux fonctions des tuyaux, et qui font l'objet du chapitre suivant.

CHAPITRE XIII.

SOUPAPES, CLAPETS, ROBINETS ET VALVES DE DIVERS SYSTÈMES.

(PLANCHES 33 A 36.)

Nous allons nous occuper, dans ce chapitre, d'un organe aussi important qu'il est varié dans ses nombreuses dispositions, et qui, offrant, d'ailleurs, plusieurs classes principales pour ses divers emplois, se compose même dans chacune de ces classes d'un très-grand nombre de types.

On désigne, en effet, sous les noms de soupapes, valves, robinets, robinets-valves, etc., des organes faisant fonction d'*obturateurs* sur les conduits affectés à la circulation des fluides, liquides ou gazeux, ou sur des récipients qui, sans être précisément des organes circulatoires pour des fluides, en renferment et possèdent alors les orifices nécessaires pour leur introduction et pour leur expulsion.

Bien que ces divers organes offrent, considérés séparément, des différences essentielles très-caractéristiques, on les rencontre néanmoins appliqués réciproquement aux mêmes emplois. Il serait donc inutile de les définir plus longuement avant de décrire chaque objet lui-même, en indiquant alors, avec précision, le cas spécial de son application qui motive sa structure particulière.

Un classement méthodique absolu étant difficile, nous admettons seulement, *à priori*, pour l'ordre de notre étude, cette classification générale :

Les *clapets*, organes fonctionnant librement sous l'influence isolée des fluides qui les traversent ;

Les *soupapes*, qui se composent réellement d'un clapet mis en jeu à la main ou à l'aide d'un mécanisme ;

Les *robinets*, organes ordinairement mis en jeu à la main, et qui, ayant pour point de départ le type principal à clef conique, affectent une multitude de structures différentes présentant même de véritables soupapes et des clapets ;

Et les *valves*, qui ne sont, le plus souvent, que de véritables soupapes et même des robinets, qu'une application ou une forme particulière a fait dénommer ainsi.

CLAPETS DE DIFFÉRENTS MODES DE CONSTRUCTION.

(PLANCHE 33.)

CLAPETS A SOULÈVEMENT ANGULAIRE.

CLAPETS A CHARNIÈRE. — Cette disposition de clapet fonctionne en s'ouvrant angulairement d'après une articulation fixe ; elle a été généralement adoptée dans les pompes d'une construction soignée jusqu'au moment où les clapets en caoutchouc ou en cuir ont commencé à leur être substitués avec un certain avantage.

La fig. 130 représente un clapet à charnière, nécessairement métallique, en fonte de fer ou en bronze, suivant son genre d'emploi ou ses dimensions mêmes.

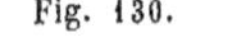

Fig. 130.

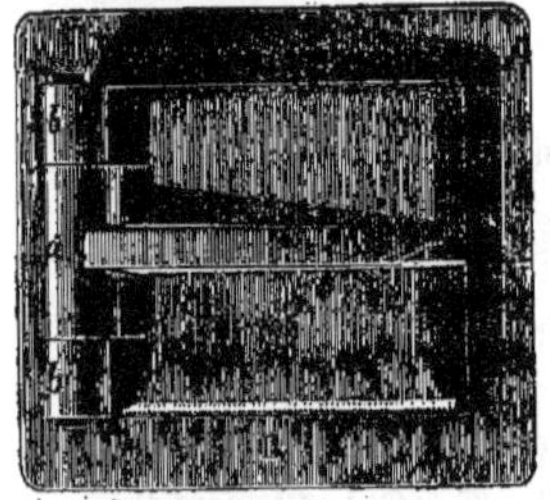

C'est une plaque à nervure A s'appuyant sur les bords de l'orifice B que l'on appelle *le siége du clapet*, et s'y rattachant par une charnière, dont le nœud est divisé en plusieurs parties *a* et *b* réservées de fonte avec le clapet et avec le siége ; une goupille *c* les traverse et complète l'articulation. Ordinairement, la partie inférieure du clapet est évidée et présente un contour en saillie, qui doit s'appliquer, avec la plus grande exactitude, sur la partie correspondante du siége.

Lorsque le conduit B, sur lequel s'ajuste le clapet, doit conserver la forme circulaire, le clapet possède nécessairement cette forme ; mais la charnière ne peut avoir alors que peu de longueur et, autant qu'elle est possible, la forme rectangulaire ou demi-circulaire convient mieux.

La construction d'un semblable clapet ne présente réellement d'important que la charnière même, dont il faut avoir soin de placer le centre *un peu en dehors* de la perpendiculaire tracée sur le bord extérieur et à la face de contact, de façon que le développement puisse avoir lieu aisément. Cet assemblage doit être fait, d'ailleurs, avec infiniment de soin, si l'on veut que l'application du clapet ait toujours lieu avec exactitude sans que la charnière présente un jeu trop sensible. Comme cette articulation est de toute façon susceptible d'une usure assez prompte, s'il s'agit d'un clapet fonctionnant, même seulement dans l'eau douce, la goupille *c* se fait en cuivre rouge. Mais pour les liquides tant soit peu corrosifs, les clapets doivent, en outre, être eux-mêmes en bronze.

On connaît les fonctions d'un clapet et son importance, surtout pour les pompes. Se trouvant ordinairement tout à fait enveloppé de liquide, il se tient complétement appliqué sur son siége tant que la pression qu'il supporte extérieurement prédomine sur celle qui règne dans le conduit qu'il recouvre.

Mais aussitôt que le contraire arrive, il cède de lui-même et livre passage au fluide en s'ouvrant d'une quantité en rapport avec l'excédant de pression et son propre poids ; dans la plupart des circonstances, ce poids étant relativement peu considérable, il serait brusquement rejeté en arrière et se renverserait complétement, si l'on n'avait la précaution de limiter sa course d'ouverture au moyen d'une *butée* ou *battement*. On comprend qu'un clapet, à siége à peu près horizontal, qui, en se levant, dépasserait la verticale passant par son articulation, ne retomberait pas sur son siége.

Ces mouvements si fréquemment répétés, dans une pompe, par exemple, et les chocs qui en sont la conséquence, ne tarderaient pas à altérer la bonne fonction d'un clapet, soit en le faussant, ou simplement en maculant les surfaces en contact, surtout si la pression supportée est considérable. Par ces motifs et encore par le bruit qu'ils produisent en retombant sur leur siége, les clapets métalliques à charnière sont presque totalement abandonnés pour les pompes appliquées aux grandes élévations d'eau, et remplacés par divers systèmes, dont nous montrerons d'importants exemples.

Un mot seulement en terminant ce que nous croyons utile de dire relativement aux clapets *libres*, quel que soit, d'ailleurs, leur système.

Nous avons dit que rien ne remplace un semblable obturateur dans la circulation d'un fluide incompressible, en raison de son entière liberté de céder au fluide lui-même ; on a essayé d'appliquer des tiroirs aux pompes, sous prétexte que les clapets sont d'un entretien difficile, ou qu'ils créent des résistances faute de livrer des passages suffisants, etc. ; mais, quelle que soit la précision apportée aux mécanismes de ces appareils à commande indépendante, à moins de donner une avance également nuisible, jamais on ne peut éviter un retard qui, si faible qu'il soit, suffirait pour produire la rupture des organes de l'appareil, sous l'invincible résistance du fluide.

Clapets en cuir pour pompe a eau, fig. 1, pl. 33. — Au lieu de clapets à charnières et entièrement métalliques, on applique avec avantage la disposition représentée fig 1, pl. 33, à la condition qu'on l'exécute comme dans cet exemple, qui est emprunté à une pompe hydraulique des plus perfectionnées et des mieux construites par MM. Farcot.

Ce clapet A, qui joue réellement comme sur charnières, est formé de deux fortes lames de cuir *a* réunies, par des rivets *b*, avec une épaisse lame de fer *c* et une contre-platine *d* servant à soutenir les rivures ; ces deux lames de cuir sont ensuite fixées sur le bord du siége B en les tenant pincées entre lui et une barrette en fer *e*, et fortement serrées à l'aide de boulons *f*. On remarque que la face de la barrette en contact avec le cuir est striée de façon à s'y imprimer et à augmenter la solidité du point d'attache, en évitant aussi que le cuir n'éprouve de fatigue en tirant sur le corps des boulons.

L'articulation se fait ainsi par la flexion simple des lames de cuir *a* ; mais la résistance à la pression est confiée tout entière à la plaque de fer *c*, qui doit être d'une dimension suffisante pour déborder partout l'ouverture du conduit et s'appuyer solidement sur le siége. De plus, cette ouverture, avec ses dimensions actuelles, est divisée en deux, perpendiculairement à l'articulation du clapet, par une cloison venue de fonte, afin d'augmenter son point d'appui et le soustraire à toute espèce de flexion. C'est que ces clapets sont soumis, en effet, à une pression considérable.

La pompe de laquelle ils font partie (1) est établie à Port-à-l'Anglais (près Paris) ; elle est employée à élever les eaux de la Seine dans des réservoirs, dont l'un est à Gentilly, à 40 mètres au-dessus de l'étiage de ce fleuve, et dans un autre réservoir, encore plus élevé, et qui n'est pas à moins de 68 mètres du même niveau.

D'après cela, il est facile d'évaluer la pression que chacun de ces clapets supporte, et qui est d'environ 8 kilogrammes par centimètre carré. Comme l'ouverture du canal du conduit qu'il recouvre est rectangulaire, de 540 sur 185 millim., la pression totale qui agit sur le clapet est donc d'environ :

$$54^{c} \times 18^{c},5 \times 8^{k} = 7992 \text{ kilogrammes.}$$

Il est concevable, qu'avec un effort aussi énorme, on apporte les plus grands soins à la construction d'un clapet de ce genre et que rien ne doit être négligé pour lui assurer une extrême solidité. Si, par exemple, le cuir n'était pas de première qualité et parfaitement battu, il ne tarderait point à s'écraser et à se détruire ; sa flexion, pour l'ouverture du clapet, pourrait bien aussi le faire se déchirer dans cette partie, et c'est, en réalité, le véritable côté faible de ce système de clapet, qui a, d'ailleurs, le mérite d'être simple, facile à loger et à remplacer, et de fonctionner d'une manière très-satisfaisante.

Dans la pompe actuelle, les clapets sont disposés dans des conduits dont la hauteur même limite la *levée*, sans battement disposé exprès ; au-dessus de chacun d'eux se trouve réservé un regard de visite permettant de les mettre à jour, sans autre démontage, chaque fois que cela devient nécessaire.

En général, il est important que la levée du clapet se fasse juste dans la direction que le fluide doit prendre en s'écoulant, afin d'éviter d'une façon absolue tout changement brusque qui nuirait au fonctionnement.

Clapets d'une machine soufflante, fig. 2. — Cette figure représente, en section transversale, les clapets d'aspiration, et leur boîte, d'une machine soufflante verticale construite par M. Quillacq, et qui se trouve décrite dans le vol. XIII de notre Recueil, la *Publication industrielle*.

Ces clapets A sont d'une construction analogue au précédent, mais beaucoup plus légers, car ils n'ont à résister qu'à une pression comparativement insignifiante. La boîte qui les renferme, et qui s'applique à la partie supérieure du cylindre soufflant, est une caisse en fonte B percée d'ouvertures latérales par lesquelles l'air doit s'introduire dans ce cylindre, et qui a pour fermeture supérieure un couvercle C ayant pour section un trapèze, dont les côtés inclinés sont destinés à servir de battements aux clapets en limitant leur course.

Ces clapets sont formés d'une lame de cuir, de 4 millimètres d'épaisseur, joignant

(1) L'ensemble de cette pompe et de sa machine motrice est entièrement décrit et représenté dans le vol. XII de la *Publication industrielle*.

directement sur le siége et pincée entre les rebords de la boîte et de son couvercle; cette lame de cuir se trouve placée entre deux plaques de fer, dont l'une d'elles, celle intérieure, est de dimension suffisante pour porter sur les bords de l'ouverture du siége. De plus, on a eu le soin de rapporter au dos du clapet une bande de cuir qui a pour objet d'amortir son choc contre le battement.

Clapets en caoutchouc, fig. 3 a 9. — Aujourd'hui, dans la plupart des pompes à eau qui n'ont pas à supporter de pressions considérables, telles que les pompes à air des machines à vapeur, les clapets se font en caoutchouc vulcanisé, fonctionnant sur le même principe que ceux en cuir qui viennent d'être décrits ; seulement, le caoutchouc s'emploie, au besoin, en lames beaucoup plus épaisses qu'on ne peut le faire avec le cuir, n'exige pas d'armatures, et présente une élasticité bien plus grande, permettant des joints très-exacts.

Les fig. 3 et 4 représentent la disposition la plus simple suivant laquelle s'applique ce système de clapet, et celle qui est ordinairement adoptée pour les pompes à air des machines à vapeur fixes.

La lame de caoutchouc A, qui constitue le clapet, a pour siége une plaque de fonte B que l'on rapporte ordinairement dans le coffre de la pompe, en se réservant ainsi d'installer le clapet tout monté et de dresser ce siége avec facilité ; la lame de caoutchouc étant déjà maintenue latéralement par un rebord *a* fondu avec le siége, est serrée fortement, à l'aide de boulons *b*, entre ce dernier et une plaque en fonte ou en fer C, qui est coudée et d'une largeur suffisante pour lui servir de battement, lorsqu'il se lève.

Il existe deux points importants que l'on doit signaler.

Le clapet n'étant point armé, et le caoutchouc étant très-flexible, malgré la grande épaisseur qu'on lui donne ici, il céderait inévitablement sous la pression et s'enfoncerait dans l'ouverture du siége, s'il n'avait que ses bords pour points d'appui. Aussi, cette ouverture est une véritable *grille*, dont la fig. 3 montre les barreaux *c*, sur lesquels la lame de caoutchouc s'appuie dans toute l'ouverture du siége, et qui ne laissent entre chacun d'eux qu'un espace seulement un peu plus fort que son épaisseur même, soit environ 22 millimètres.

Le battement C forme également une grille ; mais c'est pour un tout autre motif, attendu que l'on pourrait, *à priori*, la supposer pleine. C'est pour que la pression ne cesse pas d'agir sur le revers du clapet et qu'il se détache avec facilité, lorsqu'il doit retomber sur son siége.

Pour des appareils de dimensions médiocres, chaque jeu peut n'être composé que d'un clapet unique, rectangulaire comme celui que nous venons de décrire ; mais pour les grands appareils, ceux de la marine, par exemple, où un seul clapet acquerrait des dimensions considérables, on préfère quelquefois diviser chaque orifice en plusieurs passages distincts armés chacun d'un clapet indépendant ; cependant, on admet aussi des clapets d'une seule pièce, lorsque la qualité du caoutchouc le permet.

Tel est, par exemple, le type représenté fig. 5 et 6, et qui est emprunté aux machines de *la Souveraine*, qui ont été construites par M. Mazeline.

Ce clapet est formé d'une seule lame de caoutchouc A, s'appuyant sur un siége en bronze B divisé en grille, et dont la surface présente quatre inflexions courbes régulièrement réparties par rapport aux quatre côtés du rectangle. Le clapet est pincé entre le siége et une pièce d'arrêt, ou buttoir C, en bronze, offrant sur ses quatre faces une courbure convenable pour que la lame de caoutchouc, en se relevant, vienne s'y appuyer, et, comme l'on dit, s'y *emboutir ;* deux boulons *a*, taraudés dans le siége et à double écrou, suffisent pour effectuer cet assemblage.

On ne remarque pas sans intérêt les grandes dimensions de ce clapet, qui appartient, d'ailleurs, à un appareil à hélice d'une puissance nominale de 800 chevaux, soit 400 chevaux par machine.

L'ouverture rectangulaire sur laquelle est placé le siége a 600 sur 400 millim., soit 2400 cent. carrés ; mais cette section est notablement réduite par la grille du siége.

La lame de caoutchouc est de 40 millimètres d'épaisseur.

La fig. 7 représente un clapet du même genre, mais appartenant à une machine marine de plus faible puissance. Il diffère aussi du précédent en ce que le siége est tout à fait plat ; puis le buttoir C est disposé pour que la levée du clapet soit régulièrement angulaire et par les deux grands côtés du rectangle.

Nous avons dit que l'on préfère parfois diviser le passage en un grand nombre de clapets isolés auxquels on donne la forme circulaire. Bien que cette méthode exige de plus grands emplacements que pour le clapet unique d'une section effective équivalente, elle a néanmoins pour avantage, si le caoutchouc n'est pas à toute épreuve employé en grande lame, de rendre le service plus sûr, en ce sens que ces clapets ne peuvent être défectueux tous à la fois, et qu'il est assez facile et peu coûteux de remplacer ceux qui viennent à manquer.

Les fig. 8 et 9 représentent l'un des clapets des machines du navire *le Castiglione ;* chaque condenseur en renferme 18 semblables par chaque jeu, l'aspiration et le refoulement.

Le siége commun de ces 18 clapets est une forte plaque de bronze B, percée d'un même nombre d'orifices toujours divisés en grille ; le centre en est occupé par un boulon *a*, portant une embase sur laquelle est enfilé le clapet A et qui sert aussi de point d'appui à un buttoir C en forme de sébile, lequel est percé d'ouvertures pour favoriser le détachement du clapet, comme cela a été expliqué dans un précédent exemple.

Par conséquent, ce clapet, qui est entièrement libre, est enlevé par la pression et vient se coller contre le buttoir C, dont il épouse à peu près la forme en vertu de son élasticité. Nous remarquons, après tout, que ce système est moins employé qu'il y a quelques années, et que principalement les constructeurs français admettent les grands clapets rectangulaires, même pour les plus puissants appareils, sauf à en mettre deux ou quatre par chaque jeu.

Soupape multiple. — On applique à certaines pompes de grandes dimensions des soupapes analogues à celle représentée fig. 131, qui se distingue par quatre siéges superposés armés chacun d'un clapet circulaire en caoutchouc.

Fig. 131.

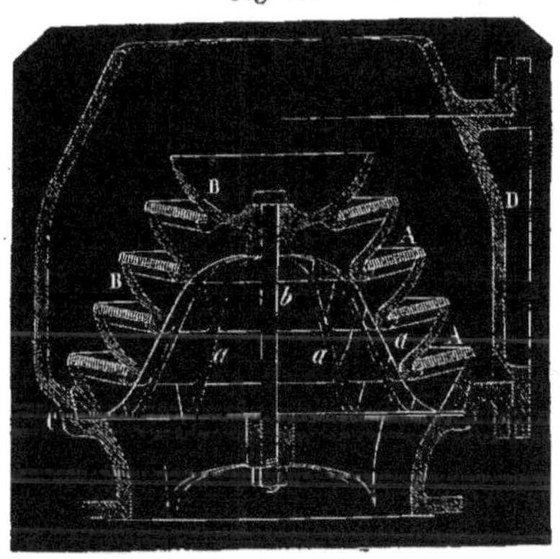

Ce remarquable siége de soupape est constitué par cinq vasques B, venues de la même pièce de fonte avec un certain nombre de nervures a qui les relient ; leurs intervalles formant autant d'orifices annulaires offerts au débit de l'eau, sont recouverts par quatre clapets en caoutchouc A, qui, en s'ouvrant, doivent venir s'appliquer et s'emboutir contre la surface extérieure du siége supérieur. La vasque inférieure, du plus grand diamètre, présente une partie conique par laquelle elle vient s'ajuster sur l'ouverture de la chapelle en fonte C montée sur la conduite ; une large ouverture rectangulaire, fermée en marche par un tampon D, est réservée à la chapelle pour l'introduction du siége tout monté. Bien que par son poids propre, ce siége puisse se maintenir en place, on l'y assure encore à l'aide du boulon central b, dont l'écrou s'appuie sur le moyeu d'un croisillon venu de fonte avec la chapelle.

Cette disposition a pour mérite d'offrir un très-large passage au fluide avec de faibles levées de clapets ; elle permet aussi l'emploi du caoutchouc pour ceux-ci sans donner à l'ensemble du siége beaucoup plus de diamètre qu'à la conduite.

C'est ce type de construction qui a été adopté par MM. Nillus, pour l'aspiration des pompes d'épuisement appliquées aux formes de radoub du port d'Alger, que nous décrivons dans le vol. XVI de notre Recueil.

Clapets en forme d'anche, fig. 10. — Ce système de clapet (ou de soupape), qui a été l'objet d'un rapport favorable inséré dans le 56e Bulletin de la Société d'encouragement, est dû à un mécanicien distingué, M. Perreaux, sur le principe duquel il a établi de très-bonnes pompes.

Cette soupape est faite d'une seule pièce A de caoutchouc moulé, ayant à peu près la forme d'un cylindre, dont le contour cylindrique serait interrompu par deux parois planes figurant un véritable sifflet, ou deux lèvres qui se touchent seulement à leur intersection en *ab* (le tracé en ponctué correspond à une vue de cette pièce perpendiculairement à sa section transversale) ; cette partie principale de la soupape est accompagnée d'une bride plate *c*, par laquelle elle est pincée entre les deux portions B et B′, d'une tubulure constituant la chapelle de ce singulier clapet.

On conçoit facilement comment, par le jeu ordinaire des pressions dans une pompe, ce clapet s'ouvre et se ferme pour donner passage au liquide refoulé ou aspiré ; l'élasticité propre du caoutchouc suffit à cette fonction, les deux parois en sifflet se séparant à leur jonction *ab* lorsque la pression inférieure prédomine, et se rapprochant aussitôt dans la circonstance opposée.

Ce système de clapet permet d'établir des pompes simples et économiques ; il présente aussi l'avantage de donner facilement passage à des corps solides assez volumineux sans que ses fonctions en soient troublées. Il ne paraît pas convenir à de très-grandes pressions, bien qu'il ait été essayé, avec certaines modifications permettant d'augmenter sa résistance, sur la pompe alimentaire de quelques machines locomotives : mais nous en ignorons les résultats.

CLAPETS A SOULÈVEMENT PARALLÈLE.

On applique particulièrement aux petites pompes alimentaires un système de clapet qui, avec certaines variétés de formes, a été désigné longtemps sous le nom de clapet *à lanterne*, ou *champignon*, etc. Ce nom de lanterne lui était attribué lorsqu'en effet, il était formé d'une sorte de cloche divisée par des ouvertures comme une lanterne, ainsi que le représente la fig. 132, ci-contre. On voit qu'un clapet de ce genre est un cylindre creux en bronze ou en laiton A, dont le contour est divisé en larges ouvertures *a*, et qui est complétement ouvert à la partie inférieure, tandis que la partie supérieure est *pleine* et présente extérieurement un rebord conique qui doit s'appliquer exactement sur le bord du siége B ; ce siége, qui constitue la cloison séparant les capacités que le clapet doit mettre en communication, est percé d'un trou cylindrique de même diamètre que lui; sous la pression du fluide, le clapet se soulève en restant maintenu et guidé par sa partie cylindrique, dont les lumières *a*, se trouvant alors en communication avec les deux capacités séparées par le siége, permettent au fluide de passer de l'une à l'autre.

Fig. 132.

Cette partie cylindrique du clapet, qui est le véritable *guide*, reçoit le plus généralement d'autres formes différentes que nous aurons l'occasion d'examiner plus loin. Constatons, dès l'instant, ce principe du soulèvement parallèle, avec guide, pour conserver à ce mouvement sa régularité et assurer la *retombée* exacte du clapet, et le joint du siége qui peut être *conique* ou *plat*.

Clapets a joints plats, fig. 11. — Cette figure représente l'ensemble de ce que l'on appelle la *chapelle* des clapets d'une pompe alimentaire, c'est-à-dire, une boîte renfermant le jeu de clapets qui complète avec le piston et son corps particulier tout le mécanisme d'une pompe. Avant d'examiner la structure particulière de ces clapets, qui sont du même genre que le précédent, il ne sera pas inutile de rappeler l'ensemble de leurs fonctions.

La chapelle, ou boite à clapets B, est en fonte, circulaire intérieurement et extérieurement, et munie de trois tubulures *a*, *b* et *c*, qui communiquent respectivement : celle *a* avec le corps où joue le piston, celle *b* avec le récipient où se fait la prise d'eau et la troisième *c* avec le récipient dans lequel on la refoule. Comme les clapets doivent être mis en place en les entrant par le haut de la boite, cette extrémité doit s'ouvrir et se fermer à volonté à l'aide d'un bouchon *d*.

Les deux clapets se trouvant installés de chaque côté de la tubulure *a* qui communique avec le piston, et ouvrant dans le même sens, et les deux autres tubulures étant en communication isolée avec la partie inférieure de l'un et avec la partie supérieure de l'autre, il en résulte ceci :

Lorsque, par le jeu du piston, la partie du cylindre en rapport avec la tubulure *a* et le dessus du clapet A, dit *d'aspiration*, *augmente de volume*, la pression du fluide par la tubulure *b* prédomine, et le clapet A se soulevant, le fluide s'introduit dans la pompe ; la diminution de pression n'a pu que faire appuyer davantage sur son siége l'autre clapet A' qui n'a pas bougé.

Mais dans le mouvement contraire du piston, le liquide refoulé ne peut s'écouler qu'en soulevant ce dernier clapet qui lui livre passage par la tubulure *c* en surmontant la pression opposée par le fluide déjà contenu dans le récipient.

Tel est le jeu bien connu des pompes et particulièrement de cette boîte, dont nous devons examiner maintenant les détails de construction.

Les deux clapets sont semblables ; mais par la simple raison qu'ici celui A doit être mis en place en l'introduisant par l'ouverture du siége de l'autre, ils sont différents de diamètre.

Prenant celui A comme exemple, il se compose d'un disque plat en bronze réuni par un pas de vis avec une pièce à quatre branches ou ailettes *e*, dont l'extérieur est tourné au diamètre exact d'une virole *f*, aussi en bronze, qui constitue le siége proprement dit et que l'on rapporte en l'emmanchant cône sur l'ouverture supérieure de la tubulure *b* ; cette pièce à ailettes, ou la queue du clapet, a pour objet, comme dans le premier exemple cité, de le guider et de le maintenir dans sa levée ; mais indépendamment de cela, le disque du clapet est fondu avec une tige cylindrique *g*, par laquelle il est encore guidé dans le noyau des ailettes du clapet supérieur A', dont le guide similaire se trouve ménagé dans un appendice réservé au bouchon *d* de la boite.

Il nous reste à faire remarquer que le joint de ces clapets sur leurs siéges est *plat*, et qu'il a lieu par l'intermédiaire d'une rondelle de caoutchouc *h*, pincée entre le disque et le corps des ailettes. On s'éloigne autant qu'on le peut du joint conique, métal sur métal, car ce mode de jonction demande des soins, un parfait rodage et se trouve exposé à se détruire par le gravier entraîné par l'eau ; même s'il n'y a pas usure, un petit corps dur peut s'interposer et empêcher le contact, tandis qu'il peut pénétrer dans le caoutchouc sans empêcher la pompe de fonctionner. Avec le contact métallique, sans intermédiaire, on est également exposé à ce qu'une soufflure, dans le métal du clapet ou du siége, inaperçue d'abord, détruise la fermeture et diminue notablement le produit de la pompe, ce dont nous avons été témoin.

Pour visiter ces clapets, il suffit de retirer le couvercle *d*, qui est retenu par trois boulons *i*, et dont le joint se fait ordinairement en y interposant une rondelle de cuir. Cette disposition n'est pas, cependant, la plus commode, car on ne peut atteindre le clapet inférieur qu'en retirant l'autre, et même son siége, s'il faut le sortir complétement. Il est évidemment préférable d'employer une autre disposition dans laquelle les clapets se trouvant placés à peu près côte à côte, possèdent chacun leur regard de visite particulier.

Clapet de pompe d'injection, fig. 12. — On désigne ainsi ces pompes qui mettent les presses hydrauliques en fonction, en refoulant de l'eau sous des pressions qui, souvent, ne sont pas au-dessous de quelques centaines d'atmosphères, ordinairement 4 ou 500, et quelquefois davantage. Le clapet que cette figure représente appartient à une pompe de ce genre construite par feu M. Falguière, ingénieur-mécanicien à Marseille, qui s'était acquis une juste renommée pour l'établissement d'huileries munies de presses hydrauliques perfectionnées.

Ce clapet, du type dit *en champignon*, fonctionne exactement comme ceux de l'exemple précédent, fig. 11 ; mais il est formé d'une seule pièce, en bronze comme l'ensemble de la pompe, se composant de la tête A, d'une queue *a*, découpée en triangle et d'une petite portée *b*, pour le saisir, et par laquelle il vient buter, lorsqu'il se lève, contre une pièce d'arrêt. Dans la plupart des pompes d'injection, les clapets sont semblables à celui-ci, excepté que le joint du siége est conique, tandis qu'ici il est plat, avec une rondelle de cuir *c* entrée de force dans une rainure à queue d'hironde. Nous venons de dire quels sont les motifs qui font préférer ce dernier mode, lequel a sa raison d'être, dans cette application, plus que tout autre. Sous d'aussi énormes pressions, l'angle du joint peut avoir de l'influence, être trop ou trop peu aigu pour ne pas *coincer*, gripper, ou, au contraire, pour revenir en contact parfait en retombant : et puis, le rodage est tellement difficile à bien faire, que l'on doit craindre même, dans cette opération, les rayures un peu sensibles dues à de la *potée* trop grosse, ce qui suffit pour occasionner des fuites ; enfin, ce rodage doit être renouvelé assez fréquemment, parce que le métal se macule, etc.

Il est donc concevable que le joint plat, opéré à l'aide d'un cuir tellement bien maintenu qu'il ne peut s'écraser ni s'étaler, soit tout à fait préférable.

Clapets sphériques ou boulets, fig. 13. — On applique souvent aux pompes alimentaires des machines locomotives des clapets entièrement sphériques, dans la disposition indiquée fig. 13, qui représente la chapelle du clapet de refoulement appartenant à l'une des pompes d'une ancienne machine du chemin de fer du Nord.

Ce clapet, ou *boulet* A, est creux, en bronze, et repose sur un siége B de même métal, dont le bord intérieur seulement épouse la forme du boulet. On remarque que ce dernier est traversé par une tige taraudée et rivée, laquelle n'a d'autre objet que de servir à boucher les deux trous nécessaires au moulage de la pièce.

Il est évident que l'on adopte ce système, qui n'est pas sans difficulté d'exécution, pour ces pompes instables, qui marchent surtout à de très-grandes vitesses, deux causes qui concourent à ce que des clapets ordinaires ne reviennent ni assez juste ni assez promptement sur leurs siéges. Cependant, il n'est pas admis pour toutes les pompes de locomotives sans exception, et beaucoup de ces pompes sont munies de clapets ordinaires, en champignon et à siége conique.

Purgeur automatique, fig. 14. — M. Régnier-Poncelet, directeur de la Société de Saint-Léonard, de Liége (Belgique), nous a donné communication de cet ingénieux appareil disposé pour être appliqué à un cylindre à vapeur et pour en opérer automatiquement la purge. On sait en quoi consiste ordinairement cette manœuvre qui a pour objet d'extraire du cylindre d'une machine à vapeur l'eau condensée qui s'y amasse en quantité plus ou moins considérable pendant un certain temps d'arrêt momentané ; si, en remettant en marche, on négligeait de purger et que l'eau ne pût s'écouler par les orifices de distribution, on éprouverait presque infailliblement la rupture des fonds du cylindre, l'eau ne se laissant pas comprimer.

Dans le but de parer à un accident de cette nature, dû à l'oubli ou à la négligence, l'auteur de l'appareil a pensé que l'on pouvait faire en sorte que la purge fût pour ainsi dire continuelle et se fît d'elle seule, sans l'intervention du conducteur de la machine. C'est pour obtenir ce résultat qu'il a imaginé la disposition représentée fig. 14.

C'est un petit manchon de bronze B, en communication libre et permanente, par les tuyaux a et a', avec les deux extrémités du cylindre à vapeur, et qui renferme deux clapets A et A' réunis sur une même tige b ; ces deux clapets sont formés d'une tête plate et d'une queue c cylindrique et évidée suivant trois cannelures ; ils correspondent à deux siéges réservés au manchon B, dont la distance, étant plus petite que celle des deux clapets, leur laisse une certaine latitude pour venir en contact séparément et alternativement. L'intervalle des deux siéges est en relation immédiate avec une tubulure d à laquelle est raccordé, à vis, un petit tuyau e qui correspond avec le milieu d'échappement de la machine, un condenseur ou l'atmosphère.

Si, d'après cela, on se reporte au jeu du piston à vapeur, dont les deux faces sont aussi alternativement pressées par la vapeur active, on comprend que l'ensemble des deux clapets est soumis à la même influence et exécute le même mouvement en venant se porter alternativement sur l'un des deux siéges, tandis que l'autre, restant découvert, laisse échapper l'eau qui s'est condensée dans le cylindre.

La position représentée est celle que prennent les clapets, lorsque la vapeur est introduite dans le bout du cylindre en rapport avec le tuyau a. Le clapet A est appuyé sur son siége et l'autre s'en trouve détaché : c'est donc ce dernier qui en ce moment laisse écouler l'eau que peut renfermer cette partie du cylindre. Au coup de piston prochain, la position des clapets sera inverse, ainsi que leur fonction, etc.

SOUPAPES DE DIVERSES DISPOSITIONS.

SOUPAPES DITES DE SURETÉ.

SOUPAPE A POIDS ET A LEVIER. FIG. 15. — On appelle *soupape de sûreté*, ce genre d'obturateur appliqué sur tout récipient soumis à une pression intérieure qui ne doit pas dépasser un chiffre déterminé, et qui possède, par conséquent, la propriété de fonctionner de lui-même sous la seule influence d'un excès de pression. Ce n'est, en principe, qu'un simple clapet qui pourrait être rangé dans la catégorie précédente ; mais l'usage, comme appareil spécial, a consacré la désignation de soupape que nous lui conservons dans le classement actuel.

La fig. 15 représente, en coupe transversale, l'ensemble d'une soupape de sûreté applicable aux chaudières à vapeur, et exécutée conformément aux prescriptions des règlements en vigueur.

La soupape A, véritable clapet à ailettes, est un disque circulaire en bronze un peu concave, muni à sa partie inférieure de trois ailettes *a*, dont l'extérieur est tourné au diamètre de l'ouverture du siége B sur lequel la soupape s'appuie. Ce siége est une pièce cylindrique, alésée, en fonte ou en bronze, suivant les dimensions de l'appareil, qui est boulonnée avec une tubulure en fonte C, montée directement sur le générateur, et qui reçoit ordinairement plusieurs organes formant un groupe, soit deux soupapes de sûreté, un flotteur à sifflet, un robinet de prise de vapeur, etc.

Les fonctions de cette soupape, qui supporte en dessous toute la pression de la vapeur, sont donc de résister à cette pression et de n'y céder, en se soulevant de dessus le siége, qu'au moment où elle dépasse le chiffre convenu, et celui, qu'en pratique, indique le timbre apposé sur le générateur. Il faut donc que cette soupape soit *chargée* à un taux correspondant à la pression qu'il s'agit de maintenir.

Pour de faibles pressions et de petits diamètres, on a quelquefois appliqué directement sur la soupape une masse ayant le poids requis. Mais il est plus commode, surtout à cause des pressions élevées, d'employer le système dit *romaine*, dans lequel un levier multiplicateur permet de faire usage d'un poids relativement réduit.

A cet effet, on dispose, au-dessus de la soupape, un levier en fer D articulé sur un support E monté sur le siége B, et maintenu latéralement par un support à enfourchement F boulonné avec la bride de la tubulure C ; ce levier, à l'extrémité opposée duquel est accroché le poids qui doit déterminer la charge, repose sur un pointal en acier *c* engagé dans un manchon-guide *b* fondu avec la soupape, lequel pointal a pour objet de supporter la légère obliquité que le levier prend, lorsque la soupape se lève.

On comprend, d'après cela, comment la soupape se trouve maintenue par la charge du poids transmise, en la multipliant, par le levier au pointal et, par suite, à la soupape. Mais elle ne conserve pas moins la faculté de se soulever, lorsque la pression inférieure prédomine, en donnant alors issue à la vapeur, but que l'on s'est proposé pour prévenir une élévation anormale de pression.

La construction d'une telle soupape se distingue par quelques points que nous allons mentionner. D'abord, le parfait contact du clapet et du siége, qui doit être, suivant les règlements administratifs, plat et se faire sur une zone annulaire aussi étroite que possible. La loi qui régit les machines à vapeur dit, en effet, que la largeur de la partie circulaire constituant le contact de la soupape avec son siége, ne doit pas dépasser *la trentième partie* du diamètre, et ne doit excéder, dans aucun cas, 2 millimètres.

Voici, d'ailleurs, le tableau annexé aux instructions ministérielles, et qui indique la relation entre les différents diamètres de soupapes et la surface de recouvrement.

ORIFICES EXPOSÉS DIRECTEMENT A L'ACTION DE LA VAPEUR.		SURFACES DE CONTACT AVEC LA SOUPAPE.		
Diamètres.	Sections.	Largeurs des rebords.	Diamètres.	Sections.
millimètres.	mill. carrés.	millimètres.	millimètres.	mill. carrés.
20	314	0,67	21,34	357
25	491	0,83	26,66	558
30	707	1,00	32,00	804
35	962	1,11	37,22	1087
40	1257	1,32	42,54	1426
45	1590	1,50	48,00	1810
50	1963	1,67	53,34	2233
55	2376	1,83	58,66	2706
60 (et au-dessus.)	2827	2,00	64,00	3217

La soupape étant construite dans ces conditions, il faut que le levier soit monté lui-même de façon à lui laisser une mobilité particulière, et qu'il offre le moins possible de résistances passives susceptibles de fausser les conditions d'équilibre calculées. Le mode d'articulation est surtout le point sur lequel l'attention du constructeur doit être appelée.

Sur l'exemple, fig. 15, cet assemblage est opéré à l'aide d'un simple boulon *d* retenu par une goupille, et fixé dans le support E. Nous pensons que pour un aussi grand modèle de soupape, qui représente une grande puissance comparativement aux résistances passives du mécanisme, ce procédé offre assez de garantie, mais que pour de petites soupapes, on ferait bien d'employer ce système de point d'appui *à couteau*, en usage pour les balances de quelque précision.

D'ailleurs, des constructeurs spéciaux ont employé, même pour les grands modèles, un autre procédé qui consiste à armer le levier d'un axe fixe monté *sur pointes* dans son support ; cette disposition est bonne, et n'a peut-être pour défaut que d'être un peu plus dispendieuse que celle indiquée fig. 15.

SOUPAPE A RESSORT, FIG. 16. — L'usage du poids et du levier, pour charger une soupape de sûreté, n'est possible que pour les générateurs fixes ; car, dans le cas contraire, ce poids, simplement suspendu, ne pourrait conserver la stabilité qui lui est nécessaire. Ainsi, pour les locomotives, on remplace le poids par un ressort taré avec précision, et rattachant l'extrémité du levier à un point fixe pris sur la machine.

Le modèle de soupape représenté fig. 16, appartient au système à ressort, sans être cependant la soupape de sûreté réglementaire, car le clapet est un simple champignon à tige conique. Cette soupape est appliquée à un cylindre moteur de machine marine, dans des conditions qui ont été expliquées précédemment à propos de ces importants organes (p. 498). Le clapet A est ajusté sur le siége B, dont l'ouverture est armée d'ailettes *a* avec un noyau central servant de guide à la queue du clapet ; sur ce siége est fixée la cloche en métal mince C, dont le sommet porte un mamelon dans lequel est taraudée une vis à contre-écrou D, qui permet de régler la pression du ressort à boudin E ; la cloche et le siége sont boulonnés ensemble sur la paroi en fonte F, qui est l'un des couvercles même du cylindre ou la bride d'une tubulure spécialement réservée à cet effet.

Le ressort E est formé d'un fil d'acier de 6 millimètres de diamètre, et, dans les dimensions actuelles de cette soupape, il ne doit pas supporter un effort de plus de 26 kilogrammes ; il est maintenu entre le clapet et un dé en bronze *b*, dans lequel la vis D pénètre et vient buter.

La cloche C, qui est percée d'une ouverture pour établir la libre communication entre le clapet et l'atmosphère, a pour fonction principale de servir de point d'appui au ressort auquel on donne la tension voulue à l'aide de la vis D ; cette cloche pourrait donc être remplacée par un simple étrier en fer, ce qui a lieu, du reste, quelquefois ; mais elle offre l'avantage d'être plus décorative, facile à entretenir, puisqu'elle est en bronze poli, et de dissimuler, en les protégeant, les diverses pièces de ce mécanisme.

Soupapes de sureté des presses hydrauliques. — Les pompes d'injection des presses hydrauliques sont essentiellement pourvues de soupapes qui limitent la pression au chiffre qui ne doit pas être dépassé. Tandis que les soupapes des générateurs ne sont, à proprement parler, que *préventives*, la pression étant, d'ailleurs, incessamment accusée par le manomètre, les soupapes de presses sont, au contraire, toujours *actives*, c'est-à-dire qu'elles fonctionnent, la plupart du temps, à chaque pressée, et comme on n'a pas encore réussi à établir des manomètres capables d'indiquer sûrement des pressions de plusieurs centaines d'atmosphères, il s'ensuit que la soupape devient, dans cette circonstance, l'unique appareil *d'observation et de sûreté.*

Les soupapes de ce genre sont, d'ailleurs, construites sur le même principe que les précédentes, c'est-à-dire, chargées au moyen d'un poids suspendu à l'extrémité d'un levier multiplicateur ; mais le clapet proprement dit ne peut plus avoir la même structure que pour les soupapes à vapeur.

Ce clapet est ordinairement un petit cylindre de bronze A, fig. 133, se terminant par une partie conique tronquée introduite, à frottement doux, dans la partie B qui forme le siége, et très-exactement ajustée sur l'ouverture du conduit *a* communiquant avec l'intérieur du corps de presse; au-dessus de la partie conique, on pratique une gorge qui doit correspondre, lorsque le clapet se lève, avec une autre tubulure *b* servant de dégorgeoir libre ou de *décharge*.

Fig. 133.

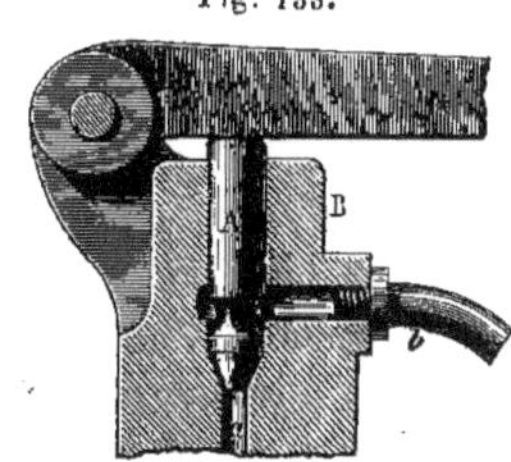

D'après cela, le clapet A, se trouvant maintenu par le levier à poids qui s'appuie sur son extrémité supérieure, résiste jusqu'à ce que la pression inférieure en *a* prédomine ; en cet instant, il est soulevé, et l'orifice *b* se trouvant démasqué, l'eau, favorisée dans son passage par la gorge du clapet, peut s'écouler extérieurement, ce qui ne permet plus alors à la pression de s'élever davantage.

Voici maintenant l'observation importante que nous désirons faire au sujet de ce genre de soupape employée pour les fortes pressions.

Ces pressions sont, en effet, si élevées, que pour éviter de suspendre au levier un poids considérable, ou pour ne pas trop allonger le levier lui-même, on ne donne souvent au conduit *a* et, par conséquent, à la petite base du clapet, que 4 à 5 millimètres de diamètre, à partir de laquelle base s'ouvre le cône que l'on ne peut pas faire trop aigu, sous peine de le voir se *coincer* dans le siége.

La précision d'une telle soupape réside dans l'exactitude de cette base, et comme il s'agit d'un très-petit cercle, on conçoit que la plus légère augmentation du diamètre entraîne immédiatement un accroissement relativement grand de la surface. Or, malgré les plus grands soins apportés dans le rodage du clapet, à l'aide de la potée la plus fine, on ne peut éviter d'imperceptibles rayures qui suffisent cependant pour que l'eau refoulée s'insinue entre le clapet et le siége ; alors il vient un moment où cette eau communique intégralement la pression au clapet, non plus exclusivement sur sa base, mais sur une certaine étendue de sa surface conique, et comme elle agit sur une partie d'un plus grand diamètre que la base rigoureuse, le clapet est soulevé *avant que la pression requise ne soit atteinte.*

Et notons qu'il suffit pour cela que l'eau ait pénétré de fort peu, car avec le degré de conicité indiqué sur la figure, et avec 5 millimètres de base, la tranche du cône, située à 3 millimètres au-dessus de la base, est environ le double en superficie de cette dernière, ce qui semble indiquer que si l'eau parvenait à exercer sa pression jusqu'à cette tranche, le clapet pourrait se soulever à la moitié de la pression totale requise.

En résumé, nous sommes d'avis que les clapets *coniques* laissent de l'incertitude dans l'estimation de semblables pressions, surtout lorsqu'on leur donne un aussi faible diamètre, comme on l'a fait souvent, pour équilibrer des pressions de 100 et 200 atmosphères. Il nous paraîtrait préférable de faire usage d'un système analogue à celui représenté fig. 12, dont on a vu ci-dessus la description comme clapet de pompe d'injection.

RÈGLES POUR L'ÉTABLISSEMENT DES SOUPAPES DE SURETÉ. — Les dimensions des soupapes de sûreté applicables aux générateurs à vapeur sont très-précisément déterminées par les instructions annexées à l'ordonnance relative aux machines à vapeur. Ne pouvant entrer ici dans tous les développements qui seraient nécessaires pour expliquer complétement les motifs de ces règles, nous devons nous borner à un résumé, en renvoyant, pour plus de détails, au 1er vol. de notre *Traité des Moteurs à vapeur*.

Diamètre des soupapes. — Le point de départ des motifs qui conduisent à la formule suivante, servant à déterminer le diamètre d'une soupape de sûrete, est le débit dont elle doit être capable, et qui doit correspondre à la plus grande production de vapeur du générateur auquel on l'applique.

Voici cette formule :

$$d = 2{,}6\sqrt{\frac{S}{n - 0{,}412}},$$

dans laquelle :

d représente le diamètre de la soupape en centimètres ;

S » la surface de chauffe du générateur exprimée en mètres carrés ;

n » la tension de la vapeur indiquée, en atmosphères, par le numéro du timbre légal appliqué sur le générateur.

Conformément à la même ordonnance, chaque générateur doit recevoir deux soupapes du diamètre déterminé par cette formule, dont nous allons donner un exemple d'application.

Soit un générateur, dont la surface de chauffe totale S égale 25 mètres carrés, et dont le timbre porte $n = 5$ atmosphères, trouver le diamètre des deux soupapes dont il doit être pourvu.

On obtient :

$$d = 2{,}6\sqrt{\frac{25}{5 - 0{,}412}} = 6^{c}{,}069.$$

Ce diamètre est celui attribuable, en se reportant au type fig. 15, à l'ouverture du siége B, dans lequel pénètrent les ailettes a qui servent de guide à la soupape A. Ces ailettes, qui réduisent un peu la section effective du débit, doivent être néanmoins assez minces et déliées pour que cette réduction ne s'élève pas à plus de 1/50 de la section totale de l'ouverture, même pour les plus faibles diamètres.

A la formule précédente, les ingénieurs du Gouvernement ont joint une table toute calculée des diamètres des soupapes, que nous reproduisons ci-après, en nous permettant d'y supprimer seulement les décimales du dernier ordre que renferme la table originale.

Chargement d'une soupape de sûreté. — Il est bien compris que pour qu'une soupape se maintienne sur son siége, elle doit être chargée d'un poids équivalent à l'effort qui tend à la soulever lorsque la vapeur a acquis la tension qu'elle ne doit pas dépasser.

XXXVIIe

TABLE

DES DIAMÈTRES DES SOUPAPES DE SURETÉ, CALCULÉES AU MOYEN DE LA FORMULE LÉGALE.

SURFACE de chauffe des chaudières.	DIAMÈTRES CORRESPONDANTS AUX NUMÉROS DES TIMBRES qui indiquent les tensions absolues de la vapeur, de 1 1/2 à 6 atmosphères.									
	1 1/2	2	2 1/2	3	3 1/2	4	4 1/2	5	5 1/2	6
mèt. car.	cent.	cent.	cent.	cent.	cent.	cent.	cent.	cent.	cent.	cent.
1	2,49	2,06	1,80	1,62	1,48	1,37	1,29	1,21	1,15	1,10
2	3,52	2,92	2,54	2,29	2,09	1,94	1,82	1,72	1,63	1,55
3	4,32	3,57	3,62	2,80	2,56	2,38	2,23	2,10	2,00	1,90
4	4,98	4,13	3,60	2,23	2,96	2,74	2,57	2,43	2,30	2,20
5	5,57	4, 61	4,02	3,61	3,31	3,07	2,87	2,71	2,58	2,46
6	6,11	5,05	4,41	3,96	3,62	3,36	3,15	2,97	2,82	2,69
7	6,59	5,46	4,76	4,28	3,91	3,63	3,40	3,21	3,04	2,91
8	7,05	5,83	5,09	4,57	4,18	3,88	3,61	3,43	3,26	3,11
9	7,48	6,19	5,40	4,85	4,44	4,12	3,86	3,64	3,46	3,30
10	7,88	6,52	5,69	5,11	4,68	4,34	4,07	3,84	3,64	8,48
11	8,27	6,84	5,97	5,36	4,91	4,55	4,23	4,02	3,82	3,65
12	8,63	7,15	6,23	5,60	5,12	4,75	4,45	4,20	3,99	3,81
13	8,99	7,44	6,49	5,83	5,33	4,95	4,64	3,38	4,16	3,96
14	9,32	7,72	6,73	6,05	5,54	5,14	4,81	4,54	4,31	4,12
15	9,05	7,99	6,97	6,26	5,73	5,32	4,98	4,70	4,46	4,21
16	9,97	8,25	7,20	6,46	5,92	5,49	5,14	4,83	4,61	4,40
17	10,28	8,51	7,42	6,66	6,10	5,66	5,30	5,00	4,75	4,53
18	10,58	8,75	7,63	6,84	6,28	5,82	5,45	5,15	4,89	4,67
19	10,86	8,99	7,84	7,04	6,45	5,98	5,60	5,29	5,02	4,79
20	11,15	9,23	8,05	7,23	6,62	6,14	5,75	5,43	5,15	4,92
21	11,42	9,45	8,24	7,39	6,78	6,29	5,89	5,56	5,28	5,04
22	11,69	9,68	8,44	7,58	6,94	6,44	6,03	5,69	5,41	5,16
23	11,95	9,89	8,63	7,75	7,09	6,58	6,17	5,82	5,53	5,27
24	12,21	10,11	8,81	7,92	7,25	6,72	6,30	5,84	5,65	5,39
25	12,46	10,32	9,00	8,08	7,40	6,86	6,43	6,07	5,76	5,50
26	12,71	10,52	9,17	8,24	7,54	7,00	6,56	6,19	5,88	5,61
27	12,95	10,72	9,35	8,40	7,78	7,13	6,68	6,31	5,99	5,71
28	13,19	10,92	9,52	8,55	7,83	7,26	6,80	6,42	6,10	5,82
29	13,42	11,11	9,69	8,70	7,97	7,39	6,92	6,53	6,21	5,92
30	13,65	11,30	9,35	8,85	8,10	7,52	7,04	6.65	6,31	6,02

Par le mode ordinaire de chargement par un levier à bras inégaux, la charge qui pèse sur la soupape se compose de :

La pression atmosphérique ;

Le poids propre de la soupape ;

Le poids suspendu à l'extrémité du levier et multiplié par le rapport de ses bras ;

Enfin, le poids du levier lui-même.

De ces diverses parties de la charge totale, la part afférente au levier offrirait seule quelques difficultés à estimer ; car ce n'est point son poids simple lui-même, mais un poids plus grand composé de ce poids simple, plus le contre-poids qu'il faudrait suspendre à l'extrémité du petit bras, pour que ce levier se maintînt en équilibre sur le centre de la soupape.

Au lieu de procéder ainsi, MM. les ingénieurs de l'administration proposent d'éprouver directement la charge simple du levier au moyen d'un peson à l'aide duquel on le soulèverait par le point même où il porte sur la soupape, tandis qu'il est à sa place et assemblé par son centre d'articulation. L'indication du peson correspondra juste au poids qu'il convient d'attribuer au levier pour sa part d'influence dans la charge totale.

Admettons, maintenant, comme exemple, qu'il s'agisse de déterminer le poids p à suspendre à l'extrémité du levier d'une soupape dans les conditions suivantes :

Diamètre de l'orifice de la soupape. . . . . d = 8 cent.
Pression de la vapeur (numéro du timbre) . . . . n = 5 atm.
Poids de la soupape . . . . p'' = 1 kilog.
Poids du levier (expérience du peson) . . . . p' = 7 kilog.
Rapport des bras du levier. . . . . = 1/10

La pression totale P de la vapeur sous la soupape est naturellement égale à :

$$P = 0,7854 \times \overline{8}^2 \times 1,0333 \times 5 = 259^k,668.$$

La pression extérieure, qui agit en sens contraire, s'exerce sur un cercle dont le diamètre est plus grand de 4 millimètres que celui de l'ouverture (voir la table précédente, p. 609). Par conséquent, cette partie de la charge supérieure égale :

$$E = 0,7854 \times \overline{8,4}^2 \times 1^k,0333 = 57^k,263.$$

D'après cela, la portion de la charge à produire, au moyen du poids p à suspendre à l'extrémité du levier, égale :

$$259^k,668 - (57,263 + 7^k + 1) = 194^k,405.$$

Enfin, ce poids lui-même, en raison du rapport des bras du levier, est le dixième de cette charge, soit $19^k,4405$.

SOUPAPES DE DISTRIBUTION.

(FIGURES 17 A 20.)

Soupapes de prise de vapeur, fig. 17. — Ce genre de soupape fonctionne dans les mêmes conditions qu'un robinet ordinaire, auquel on le substitue lorsque le diamètre de la conduite dépasse une certaine limite ; il y aurait même avantage à en faire exclusivement usage, surtout pour la vapeur, si son importance, comme prix d'établissement, n'y faisait souvent obstacle.

La fig. 17 représente, en section transversale, l'ensemble d'une soupape de ce système, toute montée avec sa boîte, et analogue à celles appliquées aux générateurs des anciennes machines motrices du chemin de fer atmosphérique de Saint-Germain.

Cette soupape A, destinée à régler la communication entre deux conduits de différents diamètres et perpendiculaires l'un à l'autre, se trouve établie dans une boîte cylindrique en fonte B, portant, en effet, deux tubulures de raccord, sur l'une desquelles se trouve le siége de la soupape. Cette dernière est un clapet en bronze, en champignon, dont le contour repose à plat sur un siége en bronze *a*, lequel est une simple couronne incrustée, par son extérieur légèrement conique, dans l'ouverture de la tubulure inférieure, et qui est armée d'ailettes portant au centre la douille qui sert de guide à la queue de la soupape.

La levée de la soupape devant être opérée à la main, loin d'être soumise à l'écoulement du fluide, est rattachée par articulation, afin d'éviter tout défaut de centrage, avec une tige en fer *b* qui traverse, par une garniture à étoupe, le couvercle *c* qui ferme la boîte B ; en dehors de la garniture, cette tige est goupillée avec une petite traverse *d*, dont les extrémités sont évidées circulairement pour suivre deux guides C vissés dans le couvercle ; enfin, ces derniers sont réunis par un sommier en fer *e*, sur lequel s'appuie une manivelle D, dont le moyeu forme écrou à la tige *b*, qui est filetée à partir de la traverse *d*.

La manœuvre de la soupape s'effectue ainsi en agissant sur la manivelle D, qui fait mouvoir la tige *b* verticalement, tandis que la traverse *d* l'empêche de tourner sur elle-même. On conçoit que pour une aussi forte conduite, de 20 centimètres de diamètre, ce genre d'obturateur est infiniment plus convenable qu'un robinet à boisseau, qui acquerrait des dimensions et un poids énormes, et qui offrirait, en raison du serrage de sa clef, une très-grande résistance. Nous allons, d'ailleurs, montrer, par un autre modèle du même genre, que ce système est recherché pour de bien plus faibles dimensions.

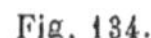
Fig. 134.

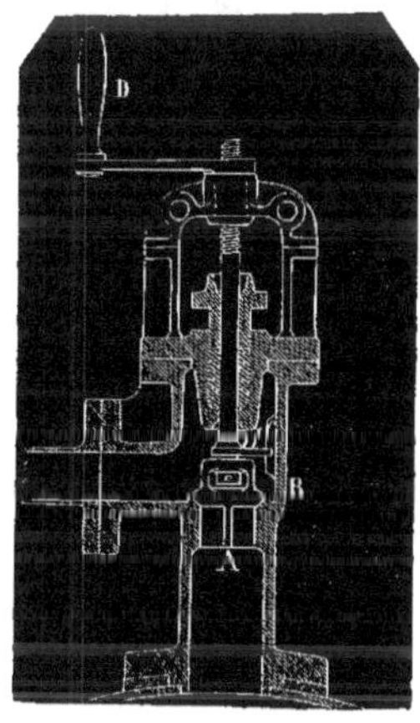

La fig. 134 représente l'ensemble d'une boîte à soupape appliquée pour la prise de vapeur sur une chaudière, et correspondant à un conduit de 60 millimètres de diamètre.

Le clapet A est à trèfle, et monté sur un siége réservé sur le sommet de la tubulure verticale par laquelle la boîte est fixée sur le corps du générateur ; la tige, à laquelle ce clapet est rattaché par un écrou, est armée d'un petit bras *d*, dont l'extrémité est engagée entre deux talons *e*, fondus avec la boîte B, et qui ont pour effet d'empêcher cette tige de tourner sur elle-même, lorsqu'on agit sur la manivelle D pour déplacer la soupape. Cette manivelle, qui est en bronze, forme, par son moyeu, un coussinet à joues qui se trouve embrassé par une bride à chapeau mobile venue de fonte avec le couvercle de la boîte à soupape.

SOUPAPES ÉQUILIBRÉES DITES DE CORNWALL, FIG. 18 ET 19. — On fait usage, depuis déjà bien des années, principalement pour la distribution de vapeur dans les machines d'une certaine importance, d'un système de soupapes qui offrent le grand avantage d'être *presque équilibrées*, si l'on compare leur résistance à la levée au passage qu'elles livrent au débit.

Si l'on se rend compte, en effet, de ce qui se passe avec une soupape disposée comme la précédente, fig. 17, on ne tarde pas à reconnaître que pour la détacher de son siége, il faut exercer un effort égal à la différence des pressions qui règnent sur ses deux faces et agissant sur toute la surface de son disque, laquelle équivaut à la section même de l'orifice sur lequel elle est établie.

Or, il va être facile de démontrer qu'il n'en est pas de même avec le système de soupape que nous allons décrire et dont l'invention est attribuée à Hornblower, ingénieur anglais qui vivait à la fin du siècle dernier.

Ce système, fig. 18, dit de Cornwall, du nom du comté d'Angleterre où sont établies les machines qui en ont d'abord été pourvues, comprend deux pièces principales : le siége B et une cloche A, qui vient reposer par deux rebords distincts, dont les diamètres respectifs diffèrent d'une quantité telle, que l'extérieur de l'un correspond à l'intérieur de l'autre.

Le siége est composé d'un anneau *a* dont la circonférence intérieure est tournée pour recevoir le bord de la cloche et constituer l'un des deux joints. Cet anneau est fondu avec une sorte de coupole pleine *b* présentant un bord également disposé pour former l'autre point de contact avec la cloche ; l'anneau et la coupole sont réunis par quatre nervures perpendiculaires *c* dont l'extérieur tourné sert de guide à la cloche. L'ensemble du siége se place sur la cloison C qui forme le fond de la boîte de la soupape, comme fig. 17, en encastrant l'anneau *a* dans une fraisure ménagée autour de l'ouverture réservée pour le passage du fluide, et se fixe au moyen d'un boulon *d* qui traverse un mamelon fondu au centre de la coupole, et dont la tête est arrêtée par une barrette *h* placée en travers de l'ouverture de la cloison.

La cloche A est entièrement circulaire et percée d'outre en outre ; elle est munie seulement, à sa partie supérieure, de quatre rayons ou bras *f*, au centre desquels se fixe une tige *g* par laquelle elle doit être soulevée à l'aide d'un mécanisme extérieur. Enfin, deux points de la cloche sont tournés avec exactitude pour coïncider, par des limbes coniques étroits, avec les bords correspondants de l'anneau et de la coupole.

Si, maintenant, nous supposons l'extérieur de la cloche plongé dans la vapeur et en contact avec le siége, il est clair que la pression s'exercera autour de cette cloche et sur la face concave de la coupole, tandis que son passage par l'ouverture de la cloison C sera complétement intercepté.

Mais la cloche étant soulevée, la vapeur passera par les deux espaces annulaires que le soulèvement détermine à partir de l'anneau *a* et du bord de la coupole *b*.

Pour se rendre compte de la propriété fondamentale de cette disposition, il faut supposer l'application d'une soupape ordinaire sur un orifice de même diamètre.

Dans cette circonstance, l'effort nécessaire pour détacher une soupape pleine de son siége serait égal à la différence de pression des deux milieux, multipliée par la section circulaire augmentée du limbe de contact de la soupape.

Par la structure même du système de Cornwall, les parties soumises à la pression sont réduites à la superficie de deux zones de contact projetées parallèlement à l'axe de la levée, et comme la largeur de ces contacts est arbitraire, ou pourrait être, *théoriquement*, indéfiniment réduite, il s'ensuit que la résistance au soulèvement pourrait être également aussi faible que possible et qu'elle est, d'ailleurs, *indépendante de la section offerte au débit.*

Sous ce point de vue, une telle soupape serait réellement *équilibrée ;* mais comme la largeur des contacts ne peut être nulle, il en résulte qu'elle offre nécessairement une certaine résistance, qui est, toutefois, bien inférieure à celle d'une soupape pleine, capable d'un même débit et soumise à une même pression.

En somme, ces soupapes perfectionnées devenaient indispensables en les appliquant à un mécanisme distributeur, qui agit rapidement et ne doit pas alors rencontrer une résistance sérieuse, condition qui n'a plus la même raison d'être pour une soupape, comme celle fig. 17, dont la levée, qui s'effectue à la main, n'a pas de durée déterminée, et pour laquelle on peut prendre tout le temps nécessaire.

M. Farcot, dans les importantes machines à deux cylindres qu'il a construites pour la filature d'Ourscamps, a fait l'application de soupapes équilibrées, en leur donnant la forme remarquable représentée fig. 19.

Cette soupape A, qui offre à peu près la structure d'une poulie à gorge circulaire, repose sur deux siéges indépendants B et B′, établis des deux côtés d'un canal C par lequel doit s'introduire, dans le cylindre moteur, la vapeur qui afflue, venant du générateur, par un conduit bifurqué en rapport avec les deux faces extérieures de la soupape ; celle-ci est, d'ailleurs, fixée sur un axe D, par lequel elle est mise en rapport avec le mécanisme de commande, et qui trouve un guide intérieur par le croisillon *a*, appartenant au siége inférieur B′.

Il reste encore très-bien démontré que cette soupape, qui est pressée en dessus et en dessous par la vapeur, n'offre de résistance que celle due à la différence des surfaces de ses bases, soit la projection des deux zones de contact.

Grands clapets des pompes de Chaillot. — Les clapets des pompes foulantes établies à Chaillot (Paris), pour l'élévation des eaux, sont construits d'une façon tout à fait analogue aux soupapes de Cornwall, système d'ailleurs appliqué aux machines à vapeur qui mettent ces pompes en mouvement.

La fig. 135 ci-après représente, à l'échelle de 1/25, l'un de ces énormes clapets correspondant à un conduit de plus de 1 mètre de diamètre et qui est proportionné pour fonctionner sous la pression d'une colonne d'eau d'environ 45 mètres de hauteur.

On voit que ce clapet est établi dans une chapelle en fonte E, avec laquelle se raccorde la conduite ascentionnelle et le corps de la pompe. Il se compose d'une cloche en fonte V′, reposant par deux bords, sur un siége V, rapporté dans la chapelle. La partie centrale du siége est réunie au cordon extérieur par un certain nombre de nervures dont la tranche est élargie par des parties saillantes, et tournée de façon à servir de guide à la cloche. Cette dernière est un véritable anneau réuni, par des nervures intérieures, à un moyeu par lequel elle est encore guidée sur le mamelon cylindrique appartenant au siége; ce frottement a lieu par des garnitures en bronze rapportées sur chacune des deux parties ; un fort boulon central sert à fixer la rondelle en fonte contre laquelle la cloche vient battre en s'élevant.

Fig. 135.

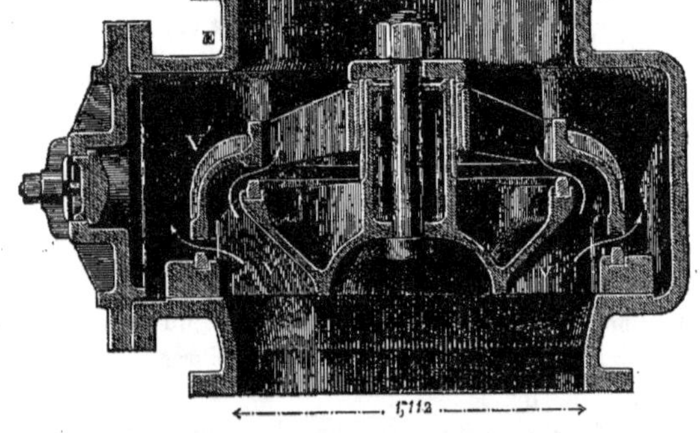

Les deux zones de contact ne sont pas coniques, comme dans les précédentes soupapes ; les deux bords du siége sont garnis de bagues en bronze présentant une saillie de 25 mill., tournées légèrement coniques, et qui pénètrent, au moment de la fermeture, dans une élégie de 5 mill. de profondeur ménagée sur chaque bord de la cloche ; cette disposition a pour but d'empêcher les fuites mieux qu'un joint plat, en évitant la difficulté d'ajustement d'un siége conique ordinaire ; suivant les dimensions générales du clapet et l'intensité de la pression qu'il supporte, le bronze peut être remplacé, pour ces bagues, par du bois dur, posé *en bois debout*.

En somme, de plusieurs systèmes essayés, celui qui vient d'être décrit est le seul qui ait donné, aux pompes de Chaillot, un résultat tout à fait satisfaisant.

Soupape d'admission conique, fig. 20. — M. Charbonnier, ingénieur à Paris, est l'auteur de ce système de soupape conique, dont il a fait l'application au mécanisme désigné sous le nom de *détente Meyer*, fonctionnant par un manchon à bosses et par le régulateur à boules.

Cette soupape A se trouve établie dans une boîte en fonte B, précédant celle qui renferme le tiroir de distribution de vapeur ; c'est un cône tronqué, creux et en bronze, monté sur une tige *a*, qui communique extérieurement, en traversant une boîte à étoupe C, avec le mécanisme destiné à la mettre en fonction ; son siége est évidé sur tout son pourtour, moins les cloisons nécessaires à la réunion des deux parties, suivant des lumières b aboutissant dans la boîte du tiroir et par lesquelles doit passer la vapeur qui afflue, du générateur, dans la boîte de la soupape, par la tubulure c.

La manœuvre de cette soupape est facile à comprendre : comme elle a pour fonction de produire de la *détente*, un mécanisme spécial, indépendant de celui du tiroir, vient agir sur la tige a et la détache de son siége chaque fois que la vapeur doit être introduite, pour l'y laisser revenir aussitôt que l'admission doit cesser.

En principe, elle offre à peu près les mêmes conditions que les soupapes précédentes.

VALVE D'INTRODUCTION, PAR M. BRÉVAL. — Le tracé, fig. 136, représente un système de soupape ou de valve, employé par M. Bréval dans la construction des machines à vapeur et qui est du meilleur effet.

Fig. 136.

Cette soupape est un simple secteur cylindrique A ajusté dans un boisseau B de même forme et où vient percer la lumière a, qui communique avec la boîte du tiroir de distribution, tandis qu'il est en rapport, par l'un de ses bouts, avec le conduit qui amène la vapeur. Ce secteur, ou registre A, se trouvant en prise avec le panneton b d'un axe C, qui traverse le boisseau et porte à l'extérieur un volant-manivelle, on peut ainsi, en faisant tourner cet axe, l'amener devant l'orifice a, pour le masquer, ou l'en écarter pour le découvrir et établir le passage de la vapeur.

Ce qui est remarquable, c'est que le registre n'étant *qu'entraîné* par le panneton b, et n'en étant aucunement solidaire, la pression de la vapeur le pousse continuellement à joint contre le boisseau, sans que l'usure puisse influer sur cette jonction, que la forme cylindrique rend constamment régulière, d'une exécution facile et sans grippement ou résistance anormale quelconque.

PROPORTIONS GÉNÉRALES DES CLAPETS ET DES SOUPAPES.

DÉBIT DES CLAPETS A LEVÉE ANGULAIRE. — Le débit d'un clapet a évidemment pour base la section de l'ouverture du siége sur lequel il est appliqué, section qui est, d'ailleurs, déterminée elle-même d'après les conditions particulières dans lesquelles doit s'effectuer l'écoulement du fluide considéré comme pression, vitesse, densité, etc. Admettant donc cette section de l'ouverture du siége comme donnée, nous ne devons nous préoccuper ici que de la *levée* du clapet, qui doit répondre au débit dont l'ouverture du siége est capable.

A ce point de vue, il y a peu de chose à dire d'un clapet libre, à levée angulaire, comme celui représenté fig. 1 ; car si sa levée, sous l'influence du mouvement du fluide, n'était pas limitée mécaniquement, il prendrait de lui-même le degré d'ouverture en rapport avec le débit, et même, sous de fortes pressions, il serait rejeté avec violence en arrière de son axe d'articulation.

Loin de lui laisser cette faculté, on dispose une butée qui doit l'arrêter, dans son soulèvement, sous un angle qui, en pratique (le siége étant horizontal), ne devrait guère dépasser 20°, de façon à ce que son retour sur le siége fût prompt et qu'il n'éprouvât pas, dans ce mouvement, un changement de direction trop marqué. D'une manière générale, cette observation sera particulièrement applicable aux clapets flexibles, en cuir ou en caoutchouc, dont la solidité et la durée seraient compromises, s'ils étaient soumis à une flexion dépassant une certaine limite.

Dans cette circonstance, la section du débit n'est plus celle de l'ouverture du siége, mais celle que le clapet livre réellement, sous l'angle qui lui est assigné, et qui est évidemment plus faible. Ceci revient tout simplement à augmenter cette ouverture du siége d'une quantité suffisante pour compenser la différence.

En nous en rapportant au tracé fig. 1, où le clapet est représenté dans son moment de levée maxima, par le buttoir qui l'arrête, nous considérons l'orifice effectif de débit comme composé d'un rectangle qui a pour largeur la perpendiculaire menée de l'arête *g* au plan du clapet, et pour longueur celle de cette arête, plus les deux bouts qui représentent deux orifices triangulaires, ayant cette perpendiculaire pour base et le point de flexion du clapet pour sommet.

Si l'ouverture du siége n'était que carrée, ou à peu près, cet orifice effectif ne serait pas loin d'être équivalent à la section transversale du conduit ; mais si, au contraire, ce conduit est rectangulaire, ainsi que l'orifice du siége et le clapet, le grand côté du rectangle disposé suivant son axe d'articulation, il est évident que ce rapport change et devient d'autant plus petit que l'unité, que ce rectangle est plus allongé, puisque les deux parties triangulaires de l'orifice effectif restent constantes.

Pour éviter toute obscurité, nous ne tiendrons compte que du passage rectangulaire suivant la perpendiculaire menée au plan du clapet, passage qui équivaut ici à environ *la moitié de la section transversale du conduit.* Dans la plupart des circonstances, le clapet n'est pas tellement allongé, dans le sens de son articulation, que les passages triangulaires extrêmes ne figurent que pour une fraction peu importante du débit effectif total, qui sera toujours alors plus élevé que le rapport précédent.

Débit des clapets a levée parallèle. — Le mouvement, beaucoup plus régulier, de ce genre de clapet, permet facilement de le mettre en rapport exact avec la section de l'ouverture du siége.

Pour que la levée d'un semblable clapet offre au débit un passage égal à celui que présente le siége par sa section libre effective, il faut que cette levée soit égale *au quart* du diamètre d'un cercle d'une section équivalente. Or, comme un certain excédant ne saurait nuire dans cette circonstance, on peut négliger ce qui diminue le passage par l'ouverture du siége, et régler tout simplement la levée du clapet *au quart du diamètre* de cette ouverture, ce qu'il est facile de démontrer.

La levée parallèle d'un clapet circulaire détermine un orifice cylindrique, dont le développement est un rectangle ayant pour base la circonférence même de l'ouverture du siége et la levée du clapet pour hauteur.

Appelant D le diamètre de cette ouverture et l la levée du clapet, la surface de ce rectangle est exprimée par :

$$l \pi D.$$

Mais la superficie du cercle, dont le diamètre est D, est égale à :

$$\frac{\pi D^2}{4};$$

donc, en égalant ces deux sections, il vient :

$$l \pi D = \frac{\pi D^2}{4}; \quad \text{d'où : } l = \frac{D}{4}.$$

En appliquant ce principe à une soupape à deux siéges, comme celle de Cornwall, représentée fig. 18, ou comme celle que montre la fig. 19, on en déduit que la levée d'une semblable soupape peut se trouver réduite *au huitième* de son diamètre (le plus grand), ce qui est l'un des avantages du système, de n'exiger qu'un mouvement d'une faible amplitude.

Pour terminer ce sujet, nous allons donner les principales dimensions du grand clapet ci-dessus, fig. 135.

On a vu que le siége du clapet est monté sur l'ouverture d'un conduit de $1^m,112$ de diamètre ; bien que celui du siége soit un peu plus grand, la section offerte au débit est plus faible et correspond seulement à la zone circulaire comprise entre le siége inférieur lui-même et le corps central.

La levée de la cloche est limitée à 45 millimètres, ce qui donne 40, pour le passage effectif, à cause de la pénétration des bagues qui est de 5 millimètres. Les diamètres intérieurs de ces deux bagues étant respectivement $1^m,311$ et $0^m,961$, la superficie totale de l'orifice offert au débit, est, d'après cela :

$$(1^m,311 + 0^m,961) \times 3,1416 \times 0^m,040 = 0^{mq},2855,$$

ou 2855 centimètres carrés, superficie qu'il faut, pour être exact, réduire en raison des 12 nervures servant de guides à la cloche, et dont la largeur, dans la partie ajustée, est de 7 centimètres.

L'orifice effectif se réduit ainsi à .

$$2855 - (12 \times 7^c \times 4^c,5) = 2477 \text{ cent. carrés.}$$

Cette superficie, supposée ramenée à celle d'un orifice circulaire, correspond à 562 millimètres de diamètre, et résulte, néanmoins, de cette faible levée effective de 40 millimètres.

En résumé, cette soupape répond au produit d'un piston de $1^m,05$ de diamètre, et dont la vitesse maxima est égale à environ $0^m,80$ par $1''$.

La section correspondante du piston étant de 8659 cent. carrés, si on la compare à celle offerte au débit par la levée du clapet, on trouve que la vitesse maxima du fluide, en traversant les orifices de la soupape, égale environ :

$$0^m,80 \times \frac{8659}{2477} = 2^m,79 \text{ par } 1''.$$

Poids des clapets. — Le poids des clapets joue un rôle qui n'est pas sans importance, surtout dans les appareils, comme les pompes, où la puissance, pour les soulever, est empruntée à la force vive du fluide en mouvement, ce qui revient à dire que cette puissance doit être nécessairement dépensée par la machine motrice. La même dépense n'est pas moins à faire pour une soupape commandée mécaniquement, comme celles de distribution précédentes ; seulement, un excès de poids, dans ce cas-là, n'est qu'un excès de dépense de force, tandis que pour un clapet libre, ce peut être un obstacle complet à sa fonction.

Soit, par exemple, un clapet dit d'aspiration dans une pompe à eau ou à gaz, ou même un clapet de refoulement dans ce dernier cas.

Il est évident qu'un clapet d'aspiration ne peut être soulevé de dessus son siége, et avec la promptitude nécessaire, qu'à condition que l'effort, sous sa face inférieure, qui résulte de l'excès de pression dû au jeu du piston, excède son poids d'une quantité suffisante. Un clapet de refoulement, avec un fluide compressible, offre la même particularité ; car s'il finit par se détacher de son siége, ce ne sera qu'au moment où ce gaz, refoulé par le piston, aura acquis une élasticité en rapport avec la résistance du clapet.

On peut citer, comme exemple d'un cas où la légèreté des clapets est particulièrement réclamée, la communication entre un condenseur et sa pompe à air. Dans cette circonstance, le clapet qui établit cette communication se trouve entre deux colonnes d'eau qui ne sont pas loin de se faire équilibre, et lorsque la pompe aspire, on ne peut compter, pour que le clapet se soulève, que sur le *défaut de vide* dans le condenseur ; autrement dit, si ce vide pouvait être aussi parfait qu'on le désire, aucune force ne resterait disponible pour faire lever le clapet.

La réalité de cette objection se trouve démontrée par un certain nombre de faits pratiques. Ainsi, beaucoup de clapets sont armés d'un contre-poids, comme on en verra un exemple dans le prochain chapitre, où se trouve décrite la partie principale des pompes à air des machines de Chaillot, dont les clapets de pied sont, en effet, munis de contre-poids.

Ce qui précède ne peut conduire, en résumé, à aucune règle fixe, mais à rechercher, pour chaque cas particulier, dans quelles conditions doit se trouver un clapet à établir, afin d'en régler le poids que l'on doit, d'ailleurs, réduire autant que ses dimensions et sa résistance le permettent. Il est toujours facile d'estimer l'effort qui tend à soulever un clapet, dont il est utile de considérer le poids intégral, bien qu'il soit plongé dans un fluide, car l'allégissement qui en résulte ne peut se manifester qu'à partir du moment où il est détaché du siége.

ROBINETS A BOISSEAU, ROBINETS-VALVES ET VANNES DE DIVERS SYSTÈMES.

(PLANCHES 34 A 36.)

ROBINETS A BOISSEAU ET A CLEF CONIQUES.

TYPE GÉNÉRAL, A DEUX BRIDES, FIG. 1, 2, 3 ET 9, PL. 34. — L'organe qui, dans toute l'industrie, porte essentiellement cette désignation, est un obturateur composé, comme l'indiquent ces figures, d'un corps principal conique creux B, que l'on appelle *boisseau*, et qui est armé de deux tubulures cylindriques par lesquelles l'ensemble du robinet est joint avec les conduites ou les récipients qu'il met en rapport; ce boisseau est rempli par un corps plein, à frottement doux, que l'on appelle la *clef* du robinet, laquelle est percée transversalement d'une ouverture qui vient mettre les deux tubulures en communication, quand elle est tournée dans le sens convenable; tandis que lorsque cette clef est tournée différemment, sa partie pleine masque les deux orifices intérieurs du boisseau, et la communication est interrompue: dans la première position de la clef, le robinet est *ouvert*, et dans la seconde, il est *fermé*.

Néanmoins, la clef pouvant occuper toutes les positions possibles dans l'étendue d'un quart de tour, qui, dans les robinets ordinaires, dont les tubulures sont en ligne droite, renferme toutes les phases de son fonctionnement complet, le robinet peut être *partiellement* ouvert, ce qui arrive chaque fois que la lumière de la clef n'est pas amenée exactement dans l'axe des deux tubulures.

On voit que, sous une forme différente, le robinet peut remplir exactement les mêmes fonctions qu'une soupape, et nous décrivons un assez grand nombre de types qui offrent le mariage de ces deux organes, par la forme extérieure rappelant le *robinet* proprement dit, et par la disposition intérieure qui a le *clapet* pour principe. La description particulière de chacun de ces types fera mieux comprendre leurs attributions respectives qu'une définition générale *à priori*.

Nous commençons par le modèle représenté fig. 1 et 2, et que nous désignons par *type français*. La structure bien connue de cet organe nous dispense d'entrer dans de longs détails à son égard.

L'ensemble du robinet, en fait de construction soignée, s'exécute ordinairement en bronze, même dans les grandes dimensions.

La clef C, très-exatement ajustée par un rodage, et conique sous un angle très-faible, tiendrait le joint dans bien des cas, par sa seule adhérence; mais dès l'instant que le fluide circulant est à une pression dépassant un peu notablement celle de l'atmosphère, cette clef pourrait être soulevée, et on la retient à l'aide d'un écrou E, monté sur une partie filetée qui la termine, et qui vient serrer contre le boisseau, par l'intermédiaire d'une rondelle *r*. Mais il est essentiel d'adopter une disposition capable d'empêcher cet écrou de tourner sur sa tige, après qu'il a été serré à point, sans quoi, la clef se *serrerait* ou se *lâcherait* à chaque manœuvre qu'on lui ferait faire.

La clef porte à sa partie supérieure un carré C', de la même pièce, sur lequel s'emmanche l'organe, poignée ou volant manivelle, à l'aide duquel on la fait tourner. Dans certaines circonstances, cet organe est de la même pièce que la clef.

Le corps du robinet est armé de deux brides circulaires avec lesquelles se boulonnent les tuyaux à joindre qui en sont pareillement munis. Nous montrerons, à cet égard, divers modes de jonction différents.

Nous allons maintenant étudier ce modèle de robinet au point de vue de son tracé et de ses dimensions proportionnelles.

Proportions du robinet type français. — Un organe de cette espèce est essentiellement de ceux qui peuvent s'exécuter par *série* basée sur des rapports fixes simples, que nous nous sommes proposé d'établir.

Le diamètre D des ouvertures étant donné, on trace deux lignes parallèles qui le représentent, et que l'on divise en deux parties égales par une ligne d'axe *ab*.

Sur cette ligne, on détermine la longueur L du robinet, en faisant cette longueur égale à 3 fois le diamètre plus 50 mill., soit :

$$L = 3\,D \times 50.$$

Par conséquent, un robinet, applicable à un tuyau de 60 millimètres de diamètre intérieur, aurait pour longueur :

$$3 \times 60 + 50 = 230 \text{ mill.}$$

Divisant cette longueur en deux parties égales et traçant une ligne perpendiculaire à la ligne *ab*, on a la ligne d'axe du boisseau. L'intersection de ces deux axes est le centre du cercle de la section moyenne de ce dernier, et dont on fait le diamètre D' :

$$D' = D + 6.$$

Les constructeurs font généralement varier l'inclinaison du cône de 1/8 à 1/10 ou 1/12 de la hauteur du boisseau. Nous pensons que l'on peut admettre même 1/16, soit, d'après le tracé actuel, de donner au cône un angle de 7 degrés au sommet.

Ainsi, les deux génératrices extrêmes de la surface conique intérieure de celui-ci et de la clef sont tracées parallèlement aux deux lignes ponctuées *cd* et *cd'*, qui, par suite, forment chacune avec l'axe vertical un angle de 3 degrés et demi.

L'angle du cône tracé, on donne à la hauteur H du boisseau 2 fois le diamètre augmenté de 35 millimètres, soit :

$$H = 2\,D + 35.$$

Ainsi, pour le robinet de 60 mill., la hauteur du boisseau serait de :

$$2 \times 60 + 35 = 155 \text{ mill.}$$

L'épaisseur *e* à donner au boisseau pour que, dans les conduits de vapeur, par exemple, la température n'ait pas une trop grande influence sur la dilatation et la contraction du métal, ce qui, dans ce cas, déterminerait ou un relâchement qui amènerait des fuites, ou un serrage qui empêcherait de faire tourner la clef, peut être égale à 1/7 du diamètre, plus 2 millimètres, soit :

$$e = \frac{1}{7} D + 2 \text{mill.},$$

c'est-à-dire que, dans l'exemple ci-dessus, on aurait pour *e* :

$$1/7 \times 60 + 2 = 10,6.$$

L'épaisseur e' du corps du robinet peut être un peu moindre sans inconvénient. Il suffit de la faire égale à 1/10 du diamètre avec 2 millimètres en plus, ou :

$$e' = 0,1 \text{ D} + 2,$$

soit, pour l'exemple actuel :

$$e' = 0,1 \times 60 + 2 = 8 \text{ mill.}$$

Les brides seront très-bien proportionnées au corps du robinet et pourront recevoir aisément les boulons d'attache, en faisant leur diamètre D″ égal à 2 fois celui de l'orifice, plus 40 millimètres, soit :

$$D'' = 2 \text{ D} + 40,$$

d'où, pour D = 60, on a :

$$D'' = 2 \times 60 + 40 = 160 \text{ millimètres.}$$

L'épaisseur e'' de ces brides aura la force nécessaire pour résister au serrage des boulons, en lui donnant un sixième du diamètre de l'orifice, avec une augmentation de 4 millimètres, soit alors :

$$e'' = \frac{1}{6} D + 4 \text{ mill.} = \frac{60}{6} + 4 = 14 \text{ mill.}$$

Il nous reste encore à déterminer les proportions de la clef. A cet effet, les deux dimensions les plus importantes sont celles de la lumière qui doit livrer passage au fluide, quand le robinet est ouvert, et dont la section doit être au moins égale à celle du tuyau d'écoulement. La forme de cette ouverture est un trapèze, car il est essentiel que ses côtés concourent au sommet du cône. Faute d'observer cette importante condition, c'est-à-dire, si l'on faisait cette ouverture rectangulaire, il pourrait arriver que le robinet n'eût point de *garde* dans la partie inférieure de la clef, ou une garde insuffisante. On appelle *garde* l'étendue des parties pleines de contact entre les orifices du boisseau et la lumière de la clef (ouvertures qui sont *égales* et *semblables*), lorsque le robinet est fermé, dans la position représentée fig. 2. La valeur technique de la *garde* est l'angle dont il faut tourner la clef, à compter de cette position, pour amener en coïncidence les arêtes des lumières de la clef et du boisseau, ce qui correspond au moment qui précède immédiatement celui de la communication.

Nous adoptons, avec plusieurs constructeurs, comme produisant une bonne exécution, le rapport de 2 à 3 entre le diamètre de l'ouverture circulaire et la hauteur du trapèze. Ainsi, cette hauteur sera égale au diamètre D, plus la moitié de ce diamètre, soit :

$$h = D + 0,5\ D, = 1,5\ D,$$

ce qui, pour l'exemple choisi, ferait

$$h = 1,5 \times 60 = 90 \text{ mill.}$$

La hauteur étant donnée, il est facile, pour que sa section soit en rapport avec la surface du cercle, de déterminer, par le calcul, la largeur l de l'orifice. Cette largeur sera attribuable à la section de la lumière prise au milieu de sa hauteur, c'est-à-dire, à la largeur moyenne du trapèze.

Pour simplifier cette opération, il suffit de poser la relation suivante :

$$l \times 1,5\ D = \frac{\pi d^2}{4}, \text{ d'où : } l = 0,\ 524\ D.$$

Ainsi, prenant pour exemple un robinet de 60 millimètres de diamètre, nous aurons pour les deux dimensions du trapèze :

$$h = 1,5 \times 60 = 90 \text{ mill. et } l = 0,524 \times 60 = 31^{\text{mill.}},44.$$

Il est remarquable que cette proportion, admise entre les deux dimensions de la lumière de la clef, porte à 27 degrés, en moyenne, l'angle de garde, soit à moins du tiers de l'amplitude totale de la fermeture à l'ouverture en plein. Il est indispensable que cet angle ne soit jamais moindre dans aucun cas.

On opère généralement le serrage de la clef, soit par un écrou, soit par une clavette. Ce dernier moyen n'est employé que pour les robinets à eau, de petit calibre, parce qu'il est moins dispendieux que le premier ; il a l'inconvénient de ne permettre de serrer que dans de faibles limites, et, comme on est obligé de frapper, on ébranle par ce fait le joint des brides.

L'écrou de serrage, au lieu d'appuyer directement sur le boisseau, exerce sa pression sur une rondelle qui tourne avec la clef. Cette rondelle est percée d'une ouverture centrale pour le passage de la vis qui termine la clef. Le diamètre est déterminé en conservant les proportions indiquées fig. 1, pl. 34, par rapport à l'ouverture de la rondelle r, ouverture que l'on fait égale à la moitié du diamètre D, plus 7 millimètres, soit :

$$r = 0,5\ D + 7 = 0,5 \times 60 + 7 = 37.$$

Les dimensions du carré qui surmonte la clef sont un peu arbitraires ; pourtant, afin de ne pas conserver une épaisseur de métal inutile, et d'en laisser une assez considérable pour que le carré résiste à l'effort de la poignée de manœuvre, on peut donner au cercle inscrit c la moitié du diamètre D, plus 9 mill., soit donc :

$$c = 0,5\ D + 9,$$

et une dimension égale pour la hauteur du carré.

XXXVIIIe

TABLE

DES DIMENSIONS PRINCIPALES DES ROBINETS A DEUX BRIDES (TYPE FRANÇAIS).

Diamètre de l'orifice D.	Longueur du robinet $L = 3D + 50$	BOISSEAU.		Épaisseur du boisseau $e = \frac{1}{7}D + 2$	Épaisseur du robinet $e' = \frac{1}{10}D + 2$	Diamètre des brides $D'' = 2D + 40$	Épaisseur de la bride $e'' = \frac{1}{6}D + 4$	ŒIL DE LA CLEF		Diamètre de la rondelle. $r = \frac{1}{2}D + 7$	Carré cercle inscrit c. $c = \frac{1}{2}D + 9$
		Diamètre intérieur $D' = D + 6$	Hauteur $H = 2D + 35$					Hauteur $h = D + \frac{1}{2}D$	Largeur $l = 0.524\,D$		
mill.	mill.	mill.	mill.	mill.	mill.	mill.	mill.	mill.	mill.	mill.	mill.
10	80	16	55	3.4	3	60	5.4	15	5.2	12	14
13	89	19	61	3.8	3.3	66	6	19.5	6.8	13.5	15.5
15	95	21	65	4.1	3.5	70	6.5	22.5	7.8	14.5	16.5
18	104	24	71	4.5	3.8	76	7	27	9.4	16	18
20	110	26	75	4.8	4	80	7.3	30	10.4	17	19
23	119	29	81	5.2	4.3	86	7.8	34.5	12	18.5	20.5
25	125	31	85	5.5	4.5	90	8.4	37.5	13.1	19.5	21.5
27	131	33	89	5.8	4.7	94	8.5	40.5	14	20.5	22.5
30	140	36	95	6.3	5	100	9	45	15.7	22	24
35	155	41	105	7	5.5	110	9.8	52.5	18.3	24.5	26.5
40	170	46	115	7.7	6	120	10.6	60	21	27	29
45	185	51	125	8.4	6.5	130	11.5	67.5	23.5	29.5	31.5
50	200	56	135	9.1	7	140	12.3	75	26.2	32	34
55	215	61	145	9.8	7.5	150	13.1	82.5	28.8	34.5	36.5
60	230	66	155	10.1	8	160	14	90	31.4	37	39
65	245	71	165	11.2	8.5	170	14.8	95.5	34	39.5	41.5
70	260	76	175	12	9	180	15.6	105	36	42	44
75	275	81	185	12.7	9.5	190	16.5	112.5	40	44.5	46.5
80	290	86	195	13.4	10	200	17.3	120	42	47	49
85	305	91	205	14.1	10.5	210	18.1	127.5	44.3	49.5	51.5
90	320	96	215	14.8	11	220	19	135	47.1	52	54
95	335	101	225	15.5	11.5	230	19.8	142.5	49.8	54.5	56.5
100	350	106	235	16.2	12	240	20.6	150	52.4	57	59
110	380	116	255	18	13	260	21.3	165	57	62	64
120	410	126	275	19	14	280	24	180	62.8	67	69

Il nous resterait bien encore à déterminer la hauteur totale de la clef, mais celle-ci dépend naturellement de celle du boisseau ; il suffit donc de lui laisser une saillie convenable pour qu'une fois engagée, on puisse manœuvrer librement la poignée du levier monté sur le carré. En faisant cette saillie égale à :

$$0{,}5\,D + 6 \text{ mill.} = 0{,}5 \times 60 + 6 = 36,$$

les conditions d'aspect et de commodité sont complétement obtenues.

Nous avons tracé, grandeur d'exécution, sur les données qui précèdent, une série de robinets depuis l'orifice de 10 mill. de diamètre jusqu'à celui de 120 mill.; toutes les proportions présentent entre elles les meilleures conditions de forme et de solidité. Le tableau ci-contre en résume les dimensions principales.

XXXIX°

TABLE

DES DIMENSIONS PRINCIPALES DES ROBINETS A DEUX BRIDES DE M. THIÉBAUT.

Diamètre de l'orifice D	Longueur du robinet L	BOISSEAU. Diamètre intérieur. Haut.	Bas.	Hauteur. H	Diamètre des brides D''	ŒIL DE LA CLEF Hauteur h	Largeur l	RONDELLE — Diamètre du trou r	Poids net.
mill.	mill.	mill.	mill.	mill.	mill.	mill.	mill.	mill.	kilogr.
10	75	18	13	50	60	16	5	12	0.60
13	100	25	18	65	70	21	7	15	1
15	103	27	19	70	80	24	8	15	1.20
18	105	28	20	75	85	29	9	18	1.50
20	110	30	21	78	90	33	10	18	1.75
23	115	33	25	82	95	36	12	20	2.25
25	125	35	26	66	100	40	13	20	2.75
27	131	37	27	90	110	43	14	23	3
30	145	39	29	100	120	45	16	23	4.30
35	160	44	32	108	130	54	18	27	5.60
40	170	54	40	118	140	58	23	30	8.70
45	200	60	45	130	150	67	25	30	10.60
50	215	65	50	138	160	72	28	37	13.20
55	230	70	54	146	170	81	31	40	15.20
60	240	80	63	155	180	88	34	40	18
65	250	85	66	165	190	92	37	40	22
70	260	90	70	175	200	96	42	45	27.50
75	270	95	73	187	210	103	45	45	31.75
80	280	100	76	200	220	110	48	45	34
85	295	103	78	205	225	120	50	45	37
90	310	105	80	210	230	130	51	50	40
95	325	115	85	215	235	138	53	50	46
100	350	125	95	220	240	146	55	55	51
110	370	135	105	245	250	161	60	60	65
120	400	165	140	290	270	171	70	60	72

Cette série de robinets se rapproche beaucoup de celle de M. Victor Thiébaut, que nous reproduisons ci-après et que l'on pourra comparer avec la précédente.

La dernière colonne de ce tableau, qui donne le poids net de chacun des robinets, permettra aux ingénieurs de compléter rapidement un devis d'appareils comprenant divers groupes de robinets. Il suffit, en effet, de connaître le cours du kilog. de métal pour estimer approximativement la valeur de toute la robinetterie.

La fig. 8 représente, en vue extérieure, un robinet à deux brides, pour la vapeur, et tiré de la série de M. Thiébaut.

On voit qu'il est complétement analogue, dans sa structure générale, à celui que nous avons pris pour type.

Il en est de même du modèle représenté fig. 9, qui dépend d'une série que le fabricant, M. Simon, de Saint-Dié, avait envoyé à l'Exposition universelle de 1855, et qui figure actuellement au Conservatoire des arts et métiers de Paris. On y distingue toutefois ces différences, que la lumière de la clef est plus allongée et qu'elle est terminée par des arrondis, ce qui est une excellente chose.

ROBINETS A CANELLE, FIG. 4 ET 5. — Ces deux robinets, qui appartiennent aussi à la série de M. Thiébaut, sont applicables aux liquides, et se distinguent particulièrement en ce qu'ils sont destinés à verser immédiatement à l'air libre, au lieu de former obturateur sur le courant d'une conduite. A cet effet, l'une des deux tubulures est une *canelle* ou dégorgeoir librement ouvert, infléchi vers la partie inférieure, de façon à préparer la sortie du fluide dans la direction voulue ; dans le modèle, fig. 5, la seconde tubulure porte une bride, pour le montage du robinet, conformément à ce mode d'assemblage, et dans celui, fig. 4, c'est une simple portée cylindrique pour être réunie par une soudure avec un tube de plomb.

Dans les deux modèles, qui doivent répondre à un serrage permanent, les clefs sont fondues avec leurs poignées, dont l'une a la forme d'un levier. Pour le robinet à bride, qui convient surtout à la construction mécanique, la clef est retenue par un écrou *e'*, tandis que pour l'autre, fig 4, qui est plutôt approprié aux travaux de plomberie ou de fontainerie, on a admis une simple clavette *e*.

ROBINET A TROIS EAUX, FIG. 6 ET 7. — Ces figures montrent, en sections verticale et horizontale, un *robinet à trois eaux*, permettant d'établir la communication entre une conduite de liquide, ou de vapeur, placée dans un certain sens, et une ou deux autres conduites placées dans le sens perpendiculaire. A cet effet, le boisseau est fondu avec trois branches terminées par des brides qui se boulonnent aux trois tuyaux.

Quand ce sont les deux tuyaux en ligne droite qui doivent communiquer, l'orifice *o* de la clef doit se trouver dans la position indiquée fig. 7. Dans le cas contraire, pour établir une circulation entre deux branches perpendiculaires, il suffit de faire tourner la clef à droite ou à gauche, d'un quart de tour, et les ouvertures *o*, *o'* établissent la communication. En tournant la clef encore d'un quart de tour dans le même sens, on fait communiquer les trois tubulures entre elles.

ROBINET PURGEUR, FIG. 8. — Cette figure représente en section un robinet purgeur employé pour les cylindres de locomotives. La clef de ce robinet est manœuvrée par des tringles qui s'attachent au levier en fer L maintenu sur le carré au moyen d'un écrou *e'* ; pour empêcher son desserrage, on a toujours le soin d'introduire une goupille à l'extrémité du boulon fileté qui traverse l'écrou *e*.

ROBINET A RACCORDS A VIS, FIG. 10. — Ce robinet, appartenant aussi à la fabrication de M. Simon, se distingue par le mode adopté pour son assemblage avec les parties de conduites qu'il doit réunir.

Le raccord de droite n'est autre qu'un écrou à huit pans E, fondu avec une saillie tubulaire filetée d'un pas de vis très-fin, formant elle-même écrou pour recevoir l'extrémité du tuyau en cuivre rouge T.

Le raccord de gauche, un peu plus compliqué que le précédent, présente cet avantage sur ce dernier, que le serrage et le desserrage de l'écrou E', et, par suite, la réunion ou la séparation du tuyau avec le robinet, peuvent s'opérer sans faire tourner le tuyau T' avec son écrou. Ce résultat est obtenu au moyen d'un manchon de raccord *t*, auquel le bout du tuyau T' est vissé. Ce manchon est terminé par une partie conique qui pénètre dans la tubulure du robinet, et il est muni d'un anneau saillant qui est rencontré par le rebord intérieur de l'écrou E'. En vissant alors celui-ci sur le robinet, on opère sa réunion avec le tuyau.

Modèle allemand, fig. 11 a 13. — Les figures 11 et 12 représentent, en sections verticale et horizontale, un robinet à trois eaux de construction allemande.

Comme on le remarque, la forme de ce robinet diffère assez sensiblement de de celles adoptées généralement en France. Les orifices des tubes, qui sont circulaires près des brides, vont en s'aplatissant pour prendre la forme rectangulaire de l'œil *o* de la clef C. Celle-ci est creuse et fondue avec deux carrés : celui supérieur *c* pour recevoir le levier de manœuvre, et celui inférieur pour entraîner la rondelle *r* sur laquelle s'opère le serrage de l'écrou *e*.

Le modèle fig. 13, qui est du même genre, comme construction, en diffère cependant, quant au mode d'application.

Il est disposé pour faire communiquer deux conduits d'équerre, dont l'un se trouve sur le même axe que le boisseau. A cet effet, la clef C est librement ouverte par sa grande base et se trouve soumise au serrage de bas en haut; le boisseau, qui est également ouvert du même côté, est armé d'une bride pour se raccorder avec celui des tuyaux correspondants. Son autre extrémité est disposée, comme à l'ordinaire, pour le passage du carré *c* de la clef, auquel s'adaptent à la fois l'écrou de serrage *e* et le levier de manœuvre L.

Modèle anglais, fig. 14, 15 et 16. — Ces figures représentent, en section verticale faite par l'axe, en vue de côté et en coupe horizontale, un robinet à trois eaux, *type anglais*, employé particulièrement pour les conduites de vapeur dans les machines marines.

Le tableau suivant résume les dimensions principales d'une série de robinets de ce genre, de 30 à 100 millimètres de diamètre à l'orifice. Les dimensions restent les mêmes que le robinet soit à deux ou à trois eaux ; il n'y a, dans ce dernier cas, qu'une branche à ajouter d'une longueur moitié de celle donnée, de bride en bride, du canal principal.

Ce genre de robinet diffère de ceux que nous avons décrits en ce que la clef est maintenue par un presse-étoupe placé du côté de la grande base, au lieu de se trouver *tirée* par un écrou monté à l'extrémité opposée. Le boisseau B est alors fondu avec un fond plein, et sa partie supérieure avec un évidement et avec deux oreilles *b* (fig. 15). Celles-ci sont filetées pour recevoir les vis *v*, au moyen desquelles on comprime la garniture par l'intermédiaire du presse-étoupe D. La clef C est creuse, et son carré *c* dépasse ce presse-étoupe de façon à laisser la place nécessaire pour la poignée de manœuvre.

XLe

TABLE

DES DIMENSIONS PRINCIPALES DES ROBINETS A BRIDES (TYPES ANGLAIS).

Diamètre de l'orifice D	Longueur du robinet L	BOISSEAU.				Diamètre des brides D''	Profondeur du presse-étoupe.	ŒIL DE CLEF.		Épaisseur de la clef.
		Diamètre intérieur.		Hauteur H'	Épaisseur e			Hauteur h	Largeur l	
		Haut.	Bas.							
mill.	mill.	mill.	mill.	mill.	mill.	mill.	mill.	mill.	mill.	mill.
30	120	40	27	98	8	86	15	40	19	6
35	130	45	30	110	8	93	16	47	22	6
40	140	50	35	120	8	98	17	53	25	6
45	146	58	39	130	9	106	18	60	29	6
50	150	61	40	140	9	110	19	67	33	6
55	160	67	43	150	9	125	20	73	36	6
60	170	72	48	164	10	132	21	80	40	7
70	190	82	54	190	10	142	23	93	46	7
80	200	92	60	205	10	156	25	110	54	7
90	210	102	69	225	10	166	27	120	62	7
100	220	113	70	245	10	180	29	132	66	7

Modèle belge, fig. 17. — Cette figure représente une modification du système anglais exécuté en Belgique, dans les établissements de Seraing. On remarque que le presse-étoupe D est conservé, et qu'en outre un ressort à boudin r' est logé dans un évidement circulaire ménagé au sommet de la clef C. Ce ressort est pressé facultativement par un bouchon d vissé sur le presse-étoupe, de façon à régler le serrage à volonté.

Robinet a clef double, fig. 18 et 19.—Ces figures représentent, en sections verticale et horizontale, un robinet appliqué par M. Nillus sur une machine à vapeur. Le boisseau B de ce robinet reçoit une clef peu conique C, dont le serrage est effectué par un écrou e au-delà duquel se trouve le carré c pour l'application du levier de manœuvre.

Mais dans l'intérieur de cette première clef C, se trouve ajustée une clef cylindrique C', maintenue en serrage par un presse-étoupe à vis d, qui laisse passer sa tige de manœuvre, laquelle peut alors être ouverte ou fermée indépendamment de la première. Cette disposition a pour but, comme déjà on a dû s'en rendre compte, de permettre de régler le passage de la vapeur, soit par un modérateur, soit par un levier à main qui agit à l'extrémité de la tige de la clef C'.

Robinet d'injection, fig. 20. — Cette figure montre la disposition d'un robinet d'injection pour un condenseur. La clef C est creuse et fondue avec deux portées étagées et avec une tige qui reçoit le levier de manœuvre L. Sur la première rondelle est ajusté le plateau de bronze P, destiné à serrer la clef au moyen de trois écrous à vis qui traversent la bride supérieure du boisseau B. Ce plateau est, en outre, fondu avec un cadran divisé, auquel répond un index a monté sur la clef, ce qui permet d'en apprécier le degré d'ouverture.

Robinets de bain, fig. 21. — Cette figure représente un robinet à *col de cygne* avec raccord et rosace, modèle de M. Thiébaut. Le boisseau B est fondu avec une petite bride terminée par une tubulure filetée. Sur la bride vient s'arrêter la rosace R, que l'on maintient serrée par le raccord E, vissé sur la tubulure. Comme dans ce genre de robinet, il n'y a pas de vis de rappel pour la clef, et qu'elle pourrait alors sortir du boisseau sous la pression de l'eau, le constructeur, pour éviter cet inconvénient, applique à la partie inférieure une petite plaque de métal f, munie d'une rainure que traverse une vis engagée dans l'épaisseur de la clef. Cette plaque, une fois placée à la hauteur convenable, on visse à l'extrémité inférieure du boisseau l'appendice B′.

Robinet de jauge, fig. 22. — Cette figure montre en section un petit *robinet de jauge*, appliqué sur la face du foyer d'une locomotive. Trois robinets semblables à ce modèle, étagés à 65 millimètres l'un de l'autre, sont disposés pour faire reconnaître exactement le niveau du liquide dans la chaudière. Le boisseau est fondu d'une seule pièce avec l'écrou, le bossage et la tubulure filetée qui se visse dans la paroi F de la chaudière. Celle-ci est recouverte, comme on sait, par des douves en bois G garanties par des feuilles de tôle mince g.

Robinets jumeaux, fig. 23 et 24. — Ces figures représentent, vues de face et en section, deux robinets jumeaux appliqués sur les locomotives pour envoyer de la vapeur dans la caisse à eau du tender, afin de réchauffer l'eau d'alimentation. Les deux boisseaux B sont fondus avec un conduit arqué et avec une forte bride boulonnée sur la paroi F de la chaudière. Avec cette bride est fondue une portée filetée intérieurement pour recevoir l'écrou h, qui relie le tuyau de prise de vapeur H avec le conduit arqué des robinets. Ceux-ci reçoivent les clefs C que l'on manœuvre à l'aide des leviers L, dont les poignées sont en bois pour éviter de se brûler par la transmission de la chaleur. Les tuyaux réchauffeurs sont réunis aux robinets par de petits tubes en bronze t, raccordés par une jonction conique serrée à l'aide des écrous E.

Robinet graisseur, fig. 25.— Cette figure est une section verticale d'un robinet graisseur pour cylindres à vapeur et tiroirs de distribution de locomotives. Le canal coudé indique le modèle pour cylindre, et le tracé en ponctué le modèle pour tiroir. Ce robinet est double, c'est-à-dire, muni de deux clefs C et C′, qui se manœuvrent indépendamment. Avec les deux boisseaux sont fondus un godet supérieur b, et une capacité sphérique B′, servant de réservoir à huile. On emplit d'abord ce réservoir en ouvrant la clef supérieure, puis celle-ci fermée, on ouvre la seconde clef, qui laisse alors pénétrer l'huile dans le cylindre ou dans la boîte de distribution. Cette précaution est indispensable pour éviter que la vapeur ne projette l'huile en dehors du godet b.

Robinet graisseur, par M. Farcot, fig. 26. — Pour éviter la complication des deux clefs, et surtout pour assurer l'entrée de l'huile dans le cylindre, M. Farcot fait usage d'un robinet dont le fonctionnement présente des particularités intéressantes.

Ce robinet représenté en section, fig. 26, a son canal vertical divisé en deux compartiments qui débouchent dans le récipient B' vissé sur la tubulure supérieure du boisseau. L'un de ces compartiments est surmonté d'un tube *t*, qui monte jusqu'au plafond du récipient et qui est fermé par une petite soupape ; l'autre compartiment est muni d'un bouchon *s*, taillé en sifflet, de façon à ne laisser qu'un petit passage pour l'écoulement du liquide qui doit passer du récipient dans le conduit. Il résulte de ces dispositions que, lorsqu'on tourne la clef C pour opérer le graissage, la vapeur du cylindre pénètre dans le récipient par le tube *t*, en soulevant la soupape, et exerce sur l'huile une pression qui l'oblige à descendre par le canal en traversant la petite ouverture ménagée au bouchon *s*.

Le récipient B' est surmonté d'un petit godet *b*, fermé par une poignée à vis *b*, que l'on ouvre pour introduire de l'huile lorsque la clef est fermée.

Robinet graisseur par M. J. Brechbiel. — Ce système est applicable, comme les robinets à double clef (voir fig. 25) aux récipients dans lesquels règne une pression qui s'opposerait à l'introduction de l'huile, si l'on ne procédait à l'aide de ces deux réservoirs superposés, qui permettent la transition dans le passage d'un milieu à l'autre. Mais l'effet de ce dernier système est beaucoup plus certain en ce que sa manœuvre n'admet ni erreur ni oubli comme le jeu des deux robinets superposés.

Fig. 137.

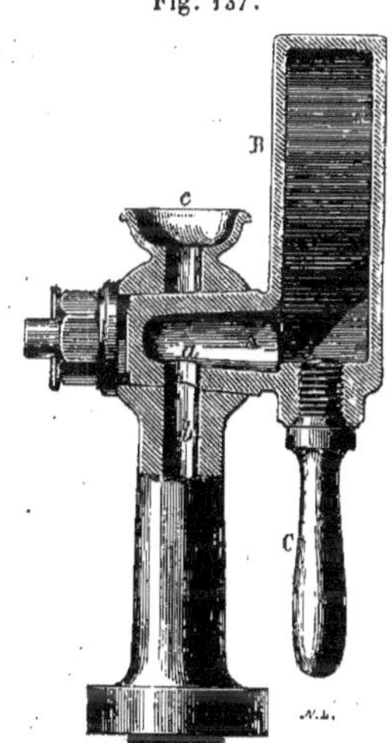

Ce robinet, qui est représenté en coupe, fig. 137, ne comporte qu'une seule clef A, mais qui est creuse, et porte, de la même pièce, un réservoir B auquel on peut donner une assez grande capacité en l'évasant, dans le sens perpendiculaire à l'axe du boisseau conique, suivant la forme d'un secteur ; cette clef est, d'ailleurs, percée d'un orifice *a* qui vient coïncider avec le canal *b* du robinet, soit en dessus, soit en dessous, suivant la position qu'on lui fait occuper en la tournant à la main par sa poignée C. On voit que cette poignée est montée à vis et peut se démonter, si l'on veut visiter l'intérieur du réservoir.

Mais, dans l'une ou l'autre de ces deux positions, il est clair que la communication ne peut jamais s'établir entre l'extérieur et le récipient sur lequel est monté le robinet. Par conséquent, lorsqu'on doit introduire de l'huile, on tourne la clef de façon que l'orifice *a* de la clef se présente vers l'ouverture du godet *c* ; on y verse l'huile qui se répand dans le réservoir B, puis on ramène la clef dans la position qu'elle occupe sur la figure ; la vapeur pouvant alors y pénétrer, en traversant la masse d'huile, met celle-ci sous l'égalité de pression, et lui permet de s'écouler librement dans le récipient.

Donc, durant cette manœuvre, il n'est jamais possible que la vapeur trouve accidentellement une issue et rejette l'huile au visage ou sur les mains de l'ouvrier qui en est chargé.

Robinets de niveau d'eau, fig. 27 et 28. — Ces figures montrent, en section verticale et de face, la disposition des robinets inférieurs d'un niveau d'eau. La communication est établie avec la chaudière par le robinet B, dont le boisseau forme support et reçoit le tube indicateur en verre I, monté dans le presse-étoupe E. A ce support est fixée la réglette J, qui porte des divisions et un écrou indicateur avec aiguille. Directement au-dessous du tube en verre est monté à vis le boisseau du petit robinet de vidange B', auquel est relié le tube d'écoulement T par le raccord à vis E'. Une soupape conique *s*, système Dietz, est ajustée entre le tube et le robinet de vidange pour faciliter le nettoyage du niveau d'eau.

Robinet a clef hyperboloïdale, fig. 29. — Ce robinet présente cette particularité distinctive, que le boisseau et sa clef, au lieu d'être simplement coniques, sont tracés suivant une courbe dite *d'égal frottement*. L'auteur, M. Schiele, a cherché à faire l'application de cette courbe (1) à toutes les pièces de machines qui reçoivent un mouvement de rotation, et sont en même temps soumises à une pression dans la direction de leur axe de rotation, prétendant que ces pièces éprouvent une usure inégale sur les surfaces de contact, et principalement que le robinet conique du côté du plus grand diamètre doit s'user plus promptement que par le côté opposé, attendu que, quand on tourne la clef, chacun des points sur l'extrémité la plus forte doit parcourir une surface de frottement plus étendue que les mêmes points à l'autre extrémité.

Robinets en fonte de fer, fig. 30. — Cette figure représente un robinet en fonte de la construction de MM. John Russell, de Londres, appliquable aux tuyaux en fer raccordés à vis dans des conditions qui ont été expliquées précédemment (p. 586). Ce modèle de robinet faisait partie d'une collection envoyée à l'Exposition universelle de 1855, et qui figure maintenant dans les galeries du Conservatoire des arts et métiers.

La figure permet de reconnaître que le boisseau B est fondu avec deux tubulures filetées, pour recevoir les extrémités des tuyaux dont il doit opérer la jonction. La clef est fondue avec son carré *c*; elle est munie d'une petite goupille *o* destinée à venir buter contre une saillie demi-circulaire, ménagée au boisseau, pour l'arrêter dans l'une ou l'autre des deux positions d'ouverture ou de fermeture.

M. Boutevillain, tout en construisant ce genre de robinet d'une manière analogue, fait exécuter le boisseau en fonte de fer et la clef en bronze.

Composition des robinets. — Avant d'examiner les autres dispositions de robinets employés dans l'industrie, nous croyons devoir rappeler quelques-uns des alliages adoptés pour fabriquer les robinets ordinaires en cuivre ou en bronze.

(1) Cette dénomination d'*hyperboloïdale*, que nous avons adoptée, ne signifie pas que ce soit nécessairement la forme géométrique qui réponde aux conditions du problème ; nous ne l'avons admise que parce qu'elle exprime, en effet, la nature de ce genre de structure.

Les deux principaux alliages en usage sont le *bronze* et le *laiton*. Le premier est formé de l'union du cuivre avec l'étain ; le second, du cuivre avec le zinc. En dehors des quantités plus ou moins grandes de l'un ou de l'autre de ces métaux que l'on fait entrer dans les compositions pour en modifier les qualités, on obtient des résultats encore plus variés par des mélanges, en très-petites proportions, de plomb ou de régule d'antimoine.

Si les fondeurs se servaient toujours de cuivre neuf, il leur serait facile de déterminer exactement les proportions de cuivre, de zinc et d'étain, qui entrent dans leur alliage ; mais il n'en est pas ainsi, et, le plus souvent, ce n'est que par une appréciation approximative que se font les alliages destinés à la fonte des petites pièces d'ornementation et de machines ; de là cette grande variété de titres qu'ont tous les cuivres qui se fabriquent dans les fonderies. C'est donc au fondeur qui fait usage de mitraille, ou débris de cuivre, d'apprécier par les différents moyens en usage, par l'aspect de la cassure du métal, par des essais au creuset ou à l'acide nitrique, les proportions des différents métaux qui sont entrés dans la matière première dont il fait usage.

Voici, d'après M. Lafond aîné, habile fondeur de Paris, un alliage de bronze tendre et malléable qui peut être employé avantageusement pour les robinets, les corps de pompes et les boîtes à clapets :

Cuivre rouge	80	
Étain	18	100.
Zinc	2	

Ce bronze se lime, se polit très-bien et donne une cassure rouge tendre.

Pour les robinets en cuivre jaune, les proportions comprises depuis 20 0/0 de zinc jusqu'à 33 0/0, sont considérées comme de bon emploi.

Voici trois proportions souvent adoptées par les praticiens :

Cuivre	79,50		74,50		66,50	
Zinc	20	100	25	100	33	100.
Plomb	0,50		0,50		0,50	

Le premier alliage donne une cassure jaune d'or très-brillant, le deuxième une cassure d'un beau jaune, moins malléable que le précédent. En général, plus la proportion du zinc augmente, plus le métal devient cassant.

Le *bronze pour sifflets* doit être dur et d'un son plus ou moins clair, suivant le genre des machines auxquelles ils sont destinés.

	Machines à voyageurs.		Machines à marchandises.	
Cuivre	80		81	
Étain	18	100	17	100.
Régule d'antimoine	2		2	

Le premier alliage donne un son clair et perçant et le deuxième un son sensiblement moins clair.

M. Dupuit, dans son *Traité de la conduite et de la distribution des eaux*, cite le devis des fournitures pour la distribution des eaux de Paris, dans lequel les alliages exigés sont les suivants :

Cuivre en poids	100	100	100
Étain —	10	2	8
Zinc —	6	10	50
Plomb —	»	6	»

Le premier de ces alliages est employé principalement à la composition des clefs dans les robinets coniques, des vis dans les robinets-vannes, etc.

Cependant, comme on doit éviter de composer les pièces qui frottent sur des alliages identiques, le bronze entrant dans la construction des boisseaux, des robinets coniques, des écrous des robinets-vannes, etc., il est bon d'adopter le second alliage.

Enfin, le troisième est employé exceptionnellement pour le laiton.

ROBINETS-VALVES ET ROBINETS-VANNES A SOUPAPE A LEVÉE PARALLÈLE.

(PLANCHE 35.)

TYPES DE M. THIÉBAUT, FIG. 1 A 3. — Le système de robinet-valve à soupape le plus répandu est celui de M. V. Thiébaut, représenté en section verticale, fig. 1. Il est composé d'un boisseau B en fonte de fer, présentant en dessous une forme sphérique, en dessus une ouverture cylindrique avec deux oreilles pour recevoir les boulons e' de la boîte à étoupe B′, et aux deux extrémités des brides circulaires servant à effectuer sa réunion avec les tuyaux.

Dans l'intérieur de ce boisseau est ménagée une ouverture circulaire destinée à recevoir un siége en bronze *s*, sur lequel vient s'appliquer la valve ou soupape conique S, qui fait partie de la tige tournée et filetée T. Cette tige traverse la boîte à étoupe B′, l'écrou en bronze E et reçoit à sa partie supérieure le petit volant à main V, monté sur un carré forgé avec elle et sur lequel il est maintenu par l'écrou *e*. L'écrou E est fondu avec un renflement cylindrique fileté intérieurement pour se visser sur le chapeau en fonte B′, et serrer le presse-étoupe en bronze *d*.

La manœuvre de la soupape s'opère ainsi en faisant tourner la tige T qui se visse dans l'écrou E.

Pour opérer la réunion de deux tuyaux de conduite posés à angle droit, M. Thiébaut modifie ces dispositions, ainsi que le représente la fig. 2. On voit que les brides du boisseau B, auxquelles sont boulonnées celles des tuyaux d'arrivée et de sortie, sont placées perpendiculairement l'une à l'autre. La soupape S et sa tige filetée T sont en bronze ; celle-ci traverse un double presse-étoupe formé par la cuvette en fonte *b* et par le chapeau B′ sur lequel se visse l'écrou en bronze E, qui opère le serrage de la douille de même métal *d*.

La fig. 3 représente un petit modèle du même genre, complétement en bronze. Le boisseau B n'est plus muni de siége pour recevoir la soupape S, mais simplement fondu avec un rebord arrondi sur lequel elle vient reposer. Cette soupape est composée d'un disque en cuir fixé sur l'embase de la tige filetée T par un écrou e'. Le chapeau B′ est vissé à l'intérieur du boisseau, lequel est garni d'une rondelle en métal formant le fond, et d'étoupe interposée entre cette rondelle et le dessous du chapeau. Le joint de celui-ci sur le boisseau est obtenu par une rondelle en caoutchouc.

SYSTÈME JACQUET, FIG. 4.—Cette figure représente, en section verticale, un robinet à soupape dû à M. Jacquet. Dans ce modèle, la soupape S est fondue avec une sorte de lanterne à trois branches formant guide à l'intérieur du siége *s*. Celui-ci présente cette particularité, que son rebord extérieur est rodé, suivant un plan incliné annulaire sur lequel repose une gorge de forme correspondante, pratiquée à l'intérieur du corps de la soupape. Par cette disposition, la partie rodée se trouve à l'abri du fluide qui s'écoule par l'orifice central ; de là, suivant l'auteur, suppression presque complète de l'usure, et, par suite, le robinet n'est pas sujet à fuir au bout de quelque temps d'usage, comme dans les dispositions où le rodage du siége est intérieur à l'orifice.

Le chapeau en fonte B′, qui recouvre le boisseau B, est disposé pour recevoir la douille en bronze D traversée par la tige filetée T. La partie supérieure de celle-ci est taraudée et reçoit l'écrou E qui serre le presse-étoupe *d*; sa partie inférieure présente une saillie rodée, légèrement conique, sur laquelle s'applique le dessous de la soupape, quand elle est ouverte, de façon à empêcher les fuites par la vis. A cet effet, elle est munie d'une gorge intérieure correspondant à la saillie de la douille D.

M. Jacquet exécute un autre modèle, dans lequel le presse-étoupe est remplacé par un ajutage conique formant fermeture au moyen d'un ressort de pression en spirale. Dans ce modèle, la tige filetée, à l'extrémité de laquelle la soupape est attachée, monte et descend sans tourner ; c'est l'écrou seul qui tourne au moyen d'un levier ou d'un volant à manettes fixé sur la tige en bronze placée dans le prolongement de cet écrou.

Système a soupape de M. Roland, fig. 5 et 6. — Ces soupapes offrent, dans leur construction, des particularités intéressantes ; elles sont appliquées à la manufacture des tabacs de Strasbourg, pour effectuer des distributions de vapeur destinées au chauffage de divers appareils en usage dans cet établissement et que nous avons publiés dans le 13ᵉ vol. de notre grand recueil industriel.

On remarque, par la fig. 5, que la soupape S est reliée à la tige filetée T, de manière que cette tige puisse tourner sous l'impulsion de la manivelle M sans l'entraîner dans sa rotation, et la soulever ou la laisser descendre sur son siége *s*. Elle est guidée dans ce mouvement vertical par une tige carrée *t*, engagée au centre du croisillon *c*.

Quand la soupape est ouverte pour laisser passer librement la vapeur du conduit principal dans les deux tuyaux de distribution F, la tige T, au moyen d'une embase conique ménagée au-dessous de la partie filetée, vient s'appliquer sous l'écrou D, rodé de forme correspondante pour recevoir cette embase, qui, par suite, forme une sorte de fermeture hermétique, conjointement avec le presse-étoupe E.

La soupape verticale de l'appareil représenté en section, fig. 6, est disposée, comme la précédente, de manière à se soulever sur son siége *s* avec la tige T, sans tourner avec celle-ci. Et, au contraire, la soupape horizontale S′, reliée à sa tige T, tourne avec elle. Les boîtes B de ces deux soupapes sont fermées par les chapeaux en fonte B′, garnis des écrous en bronze D, des bagues de même métal *b* et des presse-étoupes en fonte E.

Nous avons décrit ci-dessus, avec les soupapes proprement dites, un modèle analogue (p. 614) qui se distingue, cependant, en ce que la vis est en dehors de la boîte et tourne sans entraîner la soupape.

Système a double siége, fig. 7. — Cette figure représente, en section, un robinet à double siége, c'est-à-dire que la même soupape S est disposée pour pouvoir s'appliquer sur deux siéges, l'un supérieur *s* faisant partie de la boîte à tubulure B′, l'autre inférieur *s*′, rapporté à l'intérieur de la boîte B fondue avec les deux tubulures *b* et *b*′.

Au moyen de cette disposition, on peut faire passer le liquide ou la vapeur qui arrive par le tuyau b, soit par la tubulure b', quand la soupape est appliquée sur le siége supérieur, ainsi que l'indique la fig. 7, soit par celle B', quand la soupape repose sur le siége en bronze s'.

Cette disposition est appliquée dans les machines à vapeur que l'on désire faire marcher, à volonté, avec ou sans condensation ; dans ce cas, la tubulure b' peut communiquer avec le condenseur, et celle B' conduire la vapeur d'échappement du cylindre dans l'air libre.

Robinet a soupape en caoutchouc, fig. 8. — Ce modèle de robinet en bronze est employé au chemin de fer d'Orléans pour le lavage des locomotives. Le corps B est fondu avec une bride que l'on fixe par trois boulons sur le conduit en fonte, et la tubulure d'échappement est filetée pour recevoir, soit la douille filetée d'un col dirigeant l'eau vers le sol, soit, au besoin, le raccord d'un tuyau de pompe à incendie.

La soupape S est formée d'un bloc de caoutchouc hémi-sphérique serré entre deux rondelles en bronze fixées à la tige de même métal T. Celle-ci est carrée jusqu'à sa partie filetée qui traverse la douille D vissée à l'intérieur du boisseau B, et sa partie supérieure traverse le centre de la manivelle M, taraudée pour former écrou. Cette manivelle est montée à rappel sur la douille D, de façon à pouvoir tourner sans se déplacer verticalement, fonction exclusivement réservée à la tige filetée T qui, à son tour, ne peut tourner sur elle-même en vertu de son carré qui traverse la douille.

Robinets-vannes, fig. 9 a 11. — Dans les distributions importantes, quand le diamètre de la conduite dépasse 6 centimètres, on fait usage de robinets-vannes du modèle représenté par les fig. 9, 10 et 11.

Tout le mécanisme de ce robinet est renfermé dans une boîte en fonte B, composée de deux pièces semblables fondues chacune avec une tubulure portant bride pour s'adapter sur le conduit. Ces deux pièces sont reliées entre elles, et avec le couvercle b et la plaque de fonte b', par des boulons qui serrent des bandes de plomb enduites de minium. Les faces de la vanne S, légèrement inclinées, pour qu'elle forme coin lorsqu'elle est fermée, portent une saillie circulaire parfaitement dressée qui correspond à une saillie semblable de la paroi intérieure de la boîte.

Pour assurer le contact de ces saillies, on y adapte des cercles en cuivre s, qu'on a dressés en les faisant glisser l'un sur l'autre, jusqu'à ce le contact soit parfait. Cet ajustage demande du soin et, par conséquent, de la main-d'œuvre ; c'est pour faciliter ce travail que la boîte B est faite en quatre parties : elle doit toujours être en fonte de deuxième fusion.

Un écrou en cuivre e est engagé latéralement dans la tête de la vanne ; il est traversé par la tige en cuivre T, filetée jusqu'à la paroi intérieure de la plaque qui recouvre la boîte ; à partir de ce point, le pas est interrompu ; la tige traverse la garniture B', et se termine par un carré destiné à recevoir la manivelle servant à la manœuvre de la vanne.

Pour empêcher cette tige de se mouvoir verticalement, elle est munie d'une embase cylindrique qui la retient prisonnière entre le couvercle et la boîte du presse-étoupe. Et afin que dans sa rotation, la vis ne tende pas à faire tourner la soupape, celle-ci est munie de guides en cuivre *g* qui glissent entre deux rebords saillants *r*, ménagés à l'intérieur de la boîte.

Ce système de robinet-vanne, malgré quelques inconvénients qu'on lui reproche, comme, par exemple, d'occuper beaucoup de place en hauteur, de ne pas indiquer de l'extérieur si le robinet est ouvert ou fermé, et principalement d'être d'un prix très-élevé, est pourtant un de ceux dont la manœuvre est la plus facile et dont la fermeture est suffisamment étanche sous une assez forte pression.

Système Herdevin, fig. 12 a 14. — M. Herdevin exécute, sur le principe des robinets-vannes de la ville de Paris, un nouveau modèle de vanne d'une construction plus simple et, par suite, d'un prix moins élevé. Ce modèle est représenté en sections verticale et horizontale par les fig. 12, 13 et 14. Il se compose d'une boîte B, fondue d'une seule pièce avec son plafond, une des brides et une ouverture latérale destinée à recevoir la tubulure *b* ; celle-ci est fondue avec la seconde bride et un appendice formant un des côtés du siége de la soupape S. Cette dernière est formée d'un disque en fonte, aminci d'un bout, pour former coin, et garni sur ses deux faces d'anneaux méplats en cuivre *s*, ajustés pour glisser sur des anneaux semblables fixés à l'intérieur de la boîte.

La tige filetée T traverse l'écrou en bronze *e* engagé dans une cavité ménagée sur la tête de la soupape, laquelle est guidée dans son mouvement rectiligne par les deux boulons en fer *g* (fig. 13 et 14), qui traversent la boîte dans toute sa hauteur pour relier la plaque du fond *b'* et la boîte à étoupe B'.

Robinet-vanne a coin, fig. 15. — Cette figure représente un robinet-vanne, dont le mode de fermeture est également basé sur l'emploi du coin ; mais celui-ci est disposé en sens contraire de façon à venir, quand il est descendu pour livrer passage au liquide, se loger dans la poche *b'*, laquelle est fixée par des boulons sous le boisseau B du robinet.

Ce coin S est de forme rectangulaire sur ses faces en contact avec les cadres en bronze *s* fixés de chaque côté à l'intérieur de la boîte ; il est taraudé au milieu pour former écrou et recevoir ainsi l'impulsion de la vis T, qui le fait monter et descendre bien verticalement, guidé par des saillies latérales engagées dans des rainures venues de fonte avec la boîte. Quand la vanne est fermée, la poche *b'* est pleine d'eau, et comme cette eau présenterait naturellement une certaine résistance à la descente de la vanne, l'auteur, pour éviter cet inconvénient, a ménagé des ouvertures au-dessous des coins de chaque côté de l'écrou.

Par ces dispositions, ce robinet présente quelques avantages : il occupe peu de place en hauteur, et le coin présentant ses faces inclinées de haut en bas laisse descendre les graviers, le sable ou autres matières étrangères dans la poche inférieure, lesquelles peuvent être retirées aisément quand la vanne est fermée, en dévissant les boulons qui relient cette poche au boisseau.

Système Hubert, fig. 16 et 17. — Ces figures représentent, en section verticale et en plan horizontal, un robinet-vanne appliqué avec un certain succès par M. Hubert, ingénieur civil à Paris ; sa construction est assez simple : c'est une boîte B, fondue avec le siége incliné sur lequel vient s'appliquer la vanne en fonte S, qui est garnie d'une forte épaisseur de cuir pour assurer le contact, laquelle épaisseur est recouverte d'une feuille de tôle *s* pour la garantir de la pression du liquide.

Afin d'assurer son mouvement rectiligne, cette vanne est munie, sur ses côtés, de saillies en forme de fourches qui glissent le long des guides *g* (fig. 17), venus de fonte avec la boîte B et avec son chapeau B′, dans la cavité duquel cette vanne vient se loger quand elle est ouverte.

La tige filetée T traverse une douille en fonte *d*, et se visse dans l'écrou en bronze E ; au-dessus de cet écrou, ses faces sont équarries pour recevoir la manivelle ou le volant à main, au moyen duquel on peut le faire tourner, soit à droite, soit à gauche, pour ouvrir ou fermer la vanne. L'assemblage de celle-ci avec la tige est à rotule, afin de laisser une certaine souplesse dans les mouvements et assurer l'adhérence du cuir sur le siége. Directement au-dessous de celui-ci est ménagée une ouverture allongée, fermée par une sorte de bouchon *b*′, retenu par deux écrous que l'on dévisse, au besoin, pour le nettoyage.

La fig. 18 représente une soupape double, du même ingénieur, destinée à être appliquée à une borne-fontaine. Toutes les pièces qui composent cet appareil sont en bronze. La soupape S est formée de deux disques qui enserrent une rondelle de cuir venant s'appliquer sur un bord annulaire formant siége, et fondu avec la boîte B.

La tige T′, à l'extrémité inférieure de laquelle cette soupape est fixée, est creuse, pour laisser passer la tige pleine T qui est munie de la petite soupape *s* garnie également d'une rondelle de cuir : celle-ci ferme l'ouverture circulaire pratiquée au centre de la soupape principale S, au moyen du ressort à boudin *r*, qui agit sur l'écrou *e*, pour tenir constamment soulevée la tige intérieure T. Il suffit alors d'appuyer avec la main sur cette tige pour faire descendre la soupape *s* et, par suite, laisser passer un certain volume d'eau, relativement petit, par les ouvertures *o* ménagées à la circonférence de la tige creuse T′.

Pour obtenir le maximum d'eau que peut donner l'orifice d'échappement, on fait descendre la soupape principale S, en faisant tourner l'écrou E, fondu à cet effet avec trois manettes. Cet écrou est retenu prisonnier par deux goujons cylindriques *e*′, qui pénètrent dans une gorge circulaire pratiquée à sa circonférence et qui sont engagés dans des renflements venus de fonte avec la boîte, de telle sorte qu'il ne peut que tourner, tandis que la tige filetée T′ se meut verticalement sans tourner, retenue par la vis *g*, laquelle est engagée dans une rainure ménagée à l'extérieur de cette tige.

Système d'Orléans, fig. 19 et 20. — Ces figures montrent, en sections verticale et horizontale, le système de valve avec serrage à coin, employé par la compagnie du chemin de fer d'Orléans, pour conduite d'eau. La boîte en fonte B est en deux pièces reliées par des boulons à écrou. Le tiroir en bronze S est fondu avec des joues latérales *s* (fig. 20), qui peuvent glisser dans des rainures ménagées de chaque côté, sur toute la hauteur de la boîte, près des brides. Ces rainures, qui guident le tiroir, présentent, au contact des joues de celui-ci, des surfaces dressées, allant en diminuant vers le bas, de sorte que le tiroir, en descendant sous l'action de la tige filetée T, vient se serrer sur les faces dressées du siége de la boîte.

Ce mode de fermeture du tiroir met dans l'obligation de lui laisser un certain jeu, par rapport à l'écrou E, qui reçoit la commande de la vis. Dans ce but, cet écrou est fondu avec un cadre dans lequel sont engagées deux oreilles méplates *e*, venues de fonte avec le tiroir, et entre lesquelles passe librement la vis.

ROBINETS-VALVES A SOUPAPE A LEVÉE ANGULAIRE.

Système Petit, fig. 21. — Cette figure représente un robinet de ce genre, du système de M. Petit. Le clapet S, comme on le remarque, est monté à charnière, et est fondu, à cet effet, avec des oreilles réunies par une tige ronde en cuivre *t*, à des oreilles semblables, ménagées à l'intérieur du chapeau B′ qui recouvre la boîte en fonte B. Le siége, par le fait de la position inclinée du conduit circulaire, présente un rebord de forme elliptique, sur lequel vient s'appliquer une garniture en caoutchouc maintenue serrée dans une rainure pratiquée dans la plaque, également elliptique, du clapet, par des boulons et une couronne en fonte *s*.

L'ouverture et la fermeture de ce clapet sont obtenues au moyen de la tige filetée T, qui commande l'écrou en bronze E, relié au clapet par une petite bielle à double articulation *b*. Pour que cet écrou puisse se mouvoir bien verticalement, il est guidé, comme l'indique le détail fig. 22, par une sorte de cage venue de fonte avec le chapeau B′.

Système de MM. Neustadt et Bonnefond, fig. 23. — Fondée sur le même principe, cette disposition a pour but de rendre l'articulation libre, afin de permettre à la pression de se faire sentir également sur tout le pourtour du clapet S, et d'éviter, au moyen du mode de transmission de la vis T par l'intermédiaire du goujon qui peut glisser dans la coulisse *l* du levier L, le glissement de la garniture en caoutchouc du clapet sur le siége oblique ménagé à l'intérieur de la boîte en fonte B.

La vis est commandée par un écrou à chapeau E, qui ne peut que tourner sans se déplacer suivant l'axe, parce qu'il est retenu par une collerette prisonnière entre le dessus du couvercle sphérique D′ et le dessous de la boîte à étoupe *b*.

Système Bonnin, fig. 24. — M. Bonnin, ancien entrepreneur du service municipal de Paris, a fait exécuter ce modèle de robinet vanne à doubles clapets, qui se distingue par la superposition des clapets S et *s*, S′ et *s*′, reliés tous quatre par des bielles méplates *l* à l'écrou E, qui se déplace verticalement sur la tige filetée T, celle-ci ne faisant que tourner sur son pivot fixe *p* et dans le presse-étoupe *b*.

Les bielles *l* sont attachées directement aux petits clapets *s* et *s*′, de telle sorte que ce sont eux, en tournant sur leurs charnières respectives *t*′, qui commencent à s'ouvrir, en laissant passer un certain volume d'eau qui établit une sorte de contre-pression derrière les grands clapets S et S'.

Les petits clapets *s* et s', une fois entr'ouverts, jusqu'à ce que les goujons de l'articulation soient venus buter au fond des coulisses fondues avec les grands clapets S et S', ceux-ci se trouvent à leur tour entraînés par les bielles *l*, sollicitées par l'ascension de l'écrou E sur la vis T.

M. Bonnin a également fait exécuter des robinets de ce genre d'un plus petit diamètre, dans lesquels les petits clapets *s* et *s'* sont supprimés.

Système de M. Devanne, fig. 25 a 27. — Cette disposition a beaucoup d'analogie avec ce robinet-vanne ; mais le mode de construction en est beaucoup plus simple, puisque les quatre clapets sont remplacés par un seul ; elle est due à M. Devanne, ingénieur en chef, qui en fait l'application à Bordeaux.

Le clapet est formé d'une coquille en fonte S, dont le bord est disposé pour recevoir un anneau méplat en caoutchouc fixé par un double fil de laiton que l'on enlace autour de dents venues de fonte, tant en dedans qu'en dehors de la lèvre que forme le rebord du clapet. L'écrou E, qui soulève ce clapet par l'intermédiaire des bielles *l*, est guidé verticalement par le col du couvercle B', fig. 25 et 26, disposé pour recevoir la tige filetée T et le presse-étoupe *b* que celle-ci traverse. Comme on peut le remarquer sur la fig. 27, les ouvertures par lesquelles on introduit la broche de la charnière *t* du clapet sont garnies de tubes en bronze pour obtenir un frottement plus doux, et ces tubes sont fermés par des bouchons en laiton rendus étanches au moyen d'étoupe suifée.

ROBINETS A BOISSEAU, ROBINETS-VANNES DE DIFFÉRENTS SYSTÈMES.

(PLANCHE 36.)

Robinets se fermant seuls, fig. 1 et 2. — Les robinets qui ont la propriété de se fermer d'eux-mêmes aussitôt qu'on en abandonne la clef, sont reconnus indispensables depuis que l'on distribue les eaux à l'intérieur des appartements, afin d'éviter les inondations qui pourraient avoir lieu par l'oubli de leur fermeture. Ils permettent aussi d'éviter une perte considérable par l'ouverture continuelle des robinets placés dans les cours, lavoirs, écuries, etc.

Les modèles les plus généralement adoptés sont représentés fig. 1 et 2, pl. 36. Ils sont composés d'un corps ou boisseau en bronze A, présentant intérieurement un rebord annulaire sur lequel vient s'appliquer une rondelle en cuir ou en caoutchouc opérant la fermeture, laquelle est engagée dans un culot en bronze formant la soupape proprement dite *s*. Cette soupape est fixée par un écrou sur une tige *t*, entourée d'un ressort à boudin *r*, lequel est disposé pour maintenir constamment la soupape appuyée sur son siége et, par conséquent, empêcher l'écoulement du liquide.

Pour ouvrir cette soupape, il suffit de vaincre la résistance du ressort en appuyant, soit sur le levier L du robinet fig. 1, soit en faisant tourner la poignée P du modèle représenté fig. 2. Dans ce dernier, la clef verticale faisant partie de cette poignée présente à l'intérieur du boisseau une face méplate à bords arrondis formant saillie pour repousser la soupape quand on tourne la clef ; il y a, du reste, deux petits ergots fixés à celle-ci et destinés à venir buter sur un arrêt qui limite la course à un cinquième de tour environ, soit à droite, soit à gauche, afin de ne pas dépasser une certaine position qui facilite le glissement de la tige *t*, et permet au ressort de ramener la soupape sur son siége, aussitôt qu'on abandonne la poignée.

Cette tige est guidée horizontalement par un croisillon *a*, qui fait partie de la pièce de raccord A', et par deux rainures latérales à bords saillants *a'*, ménagées à l'intérieur du boisseau. Pour s'engager entre ces rainures, cette tige est double au-dessus de la soupape, c'est-à-dire qu'elle est formée de deux branches réunies par une traverse en contact avec le bossage de la clef. Dans les deux modèles, les joints et la fermeture de la boîte traversée par la clef sont obtenus par un raccord à vis et une rondelle en cuir très-juste, serrée fortement entre les brides.

Robinet a piston, fig. 3. — Ce système, que l'auteur, M. Herdevin, désigne sous le nom de *robinet à piston et à double fermeture*, a été étudié principalement dans le but d'éviter les chocs connus sous le nom de *coups de bélier*, qui se produisent lors de la fermeture brusque des robinets. Cet inconvénient n'est plus à craindre par la disposition de l'orifice *o*, qui descend graduellement avec le piston *p*, sous la pression exercée sur le bouton B, pour se placer devant le canal d'arrivée de l'eau, et qui, par cela même, lorsque le piston remonte sous l'action du ressort à boudin *r*, vient couper graduellement la veine liquide et fermer le canal d'arrivée. L'eau passe de l'intérieur du piston par les orifices *o'* et s'écoule par la pièce de raccord A'. La fermeture est double, parce qu'elle est obtenue à la fois par la circonférence du piston et par la rondelle de caoutchouc logée dans le rebord creux ménagé à la partie inférieure de celui-ci.

Robinet en caoutchouc, fig. 4 et 5. — Bien des dispositions ont été imaginés, ainsi que nous l'avons montré, pour appliquer le caoutchouc à la construction des clapets *battants* ; mais on a également essayé de l'employer comme membrane fixe, fléchissante, comme l'ont fait MM. C. Faivre et fils, de Nantes, de façon à en obtenir un véritable robinet, dont ces figures feront connaître les dispositions.

La fig. 4 montre, en section longitudinale, un modèle de ce genre de robinet indiqué dans une position fermée.

La fig. 5 le représente en section transversale et supposé ouvert.

Le boisseau A de ce robinet, ainsi que son chapeau A', sont en fonte de fer ; le tampon de même métal B est disposé pour recevoir l'écrou en bronze *e* traversé par la tige filetée *t* qui, terminée par un carré, reçoit la manivelle de manœuvre. A ce tampon est fixée la membrane en caoutchouc *s* dont les bords sont pincés entre le dessus du boisseau et les brides du chapeau A', reliés aux angles par quatre boulons. Le centre de la membrane est réuni au tampon par un boulon et une plaque en métal *a*, qui vient s'appliquer sur le rebord annulaire du siége pour opérer la fermeture.

On remarque que, par ces dispositions, la membrane en caouchouc, en même temps qu'elle forme un joint pour la réunion des deux parties du robinet, empêche le liquide auquel la conduite livre passage, de se trouver en contact avec le mécanisme qui opère la manœuvre ; il en résulte qu'il ne peut être ni oxydé, ni engorgé par les impuretés.

Robinet-valve en caoutchouc, par M. Trottier. — On a, dans certaines circonstances, obtenu des jonctions parfaites en écrasant, purement et simplement, un tube en caoutchouc établissant une communication entre deux récipients. L'efficacité d'un pareil mode sera complétement prouvée, lorsque nous dirons que dans les machines pneumatiques employées depuis plus de 12 ans, dans les ateliers de M. Richard, constructeur de baromètres métalliques, les soupapes sont remplacées par des bouts de tubes en caoutchouc qui sont *écrasés* mécaniquement à chaque évolution des pistons.

La fig. 138 représente, à l'échelle de 1/5, suivant deux coupes longitudinale et transversale, un robinet-valve établi, sur le même principe, par M. Trottier, constructeur à Angers.

Fig. 138.

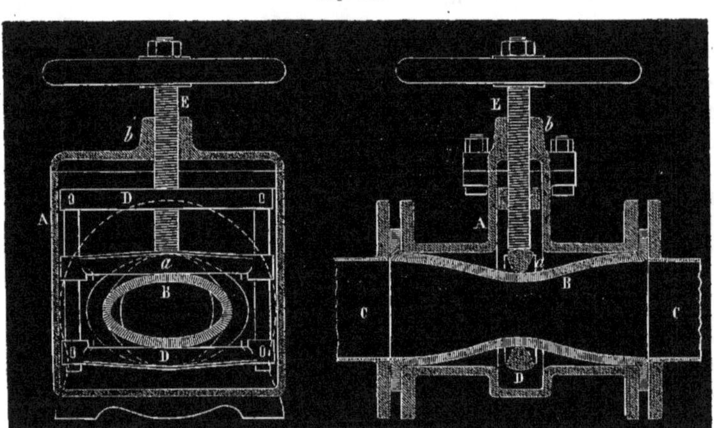

On voit que ce robinet ce compose d'un corps cylindrique en fonte, intercepté par un coffre rectangulaire A dans lequel est disposé un châssis destiné, comme nous allons l'expliquer, à écraser un manchon de caoutchouc B, introduit dans la partie cylindrique du robinet, et dont les extrémités étant rabattues sont pincées entre les brides du robinet et celles des deux parties du conduit C qu'il réunit.

Le châssis dont nous venons de parler est un cadre en fer D sur lequel est aussi montée une traverse mobile *a*, qui doit être poussée par une vis E, taraudée à la fois dans la traverse supérieure du châssis et dans le chapeau *b* qui ferme le coffre. Le manchon de caoutchouc étant passé entre la traverse mobile *a* et celle inférieure du châssis, on conçoit l'action de la vis que l'on fait agir, pour *fermer* le robinet, jusqu'à ce que le manchon soit complétement applati et pincé entre ces deux traverses.

Mais ce que l'on doit faire remarquer encore, c'est la mobilité de l'ensemble du châssis D qui, combinée avec celle particulière de la traverse *a*, rend l'écrasement du manchon symétrique par rapport à son axe. Cette propriété est réalisée, en effet, par le double taraudage de la vis E qui, dans la manœuvre de fermeture, par exemple, *relève* le châssis d'autant qu'elle *repousse* la traverse mobile *a*, et *vice versa*.

Quant à l'ouverture du robinet, bien que la vis puisse ne pas être reliée avec la traverse mobile et la rappeler, il est concevable que l'élasticité propre du manchon et la pression du fluide circulant suffisent amplement à cette fonction.

Robinet a chasse, fig. 6. — Cette figure représente, en section verticale, un clapet dit *de chasse*, employé dans les distributions d'eau ; il ne diffère des clapets d'arrêt que par la position du siége qui sépare la longueur du tuyau, entre les brides, exactement comme dans le robinet de MM. Faivre, fig. 4 et 5. Il est composé d'un clapet cylindrique en fonte S, garni en dessous d'une rondelle *s* en gutta-percha, reposant sur l'arête légèrement arrondie et bien dressée de l'orifice d'échappement. La tige en bronze T est reliée au clapet par une tête saillante engagée dans une fourche qui la retient conjointement avec une petite barrette en fer *t*. Cette tige traverse la garniture en gutta-percha *b*, établie au centre du couvercle en fonte A', boulonné sur la boîte A du clapet ; l'herméticité du joint est obtenue au moyen d'un anneau en caoutchouc vulcanisé, serré entre les deux brides. Le couvercle est fondu avec un support à deux branches E, qui reçoit l'écrou *e*, et qui est traversé par la tige filetée T.

« On a reconnu, dit M. Dupuit, que pour les clapets d'arrêt de ce système destinés aux conduites de $0^m,20$, $0^m,25$ et $0^m,30$ de diamètre, la pression serait trop forte dans une conduite soumise à une charge d'eau de huit atmosphères. » Pour remédier à cet inconvénient, on a disposé deux soupapes concentriques : la plus petite qui, naturellement, occupe le centre, commence à s'ouvrir sous l'action de la vis et, rencontrant un croisillon fixé à la seconde soupape annulaire, entraîne celle-ci dans son mouvement ascensionnel.

Système Laforest et Boudeville, fig. 7. — Ce système de robinet se distingue par le mode de fermeture de la soupape sur son siége, qui est garni d'un tube en cuivre *s*, sur le bord supérieur duquel vient s'appuyer la gorge conique d'une virole encastrée dans le corps de la soupape *s*. C'est en faisant tourner la tige filetée T que l'on fait descendre cette soupape sur son siége ou qu'on la soulève pour livrer passage au liquide. La réunion du chapeau A' avec le corps du robinet A est effectuée par des boulons de serrage qui compriment et écrasent une virole en cuivre rouge *v* dans des rainures coniques, (conformément au procédé des mêmes inventeurs qui a été décrit plus haut p. 588), de telle sorte que cette virole prend exactement leur forme angulaire et forme un joint hermétique.

Une virole semblable est appliquée pour former le joint des brides du tuyau de raccord de gauche ; celui de droite est obtenu par un procédé analogue, au moyen d'une saillie ménagée à l'une des brides et pénétrant dans une rainure annulaire conique, ménagée à la bride correspondante.

Robinet a flotteur, fig. 8. — On fait souvent usage de *robinets dits à flotteur*, destinés à laisser arriver un liquide dans un réservoir et à l'y maintenir à un niveau constant, malgré son échappement en plus ou moins grande quantité. Dans ce but, la clef ou la soupape de ces robinets s'ouvre et se ferme automatiquement, sous l'action d'un flotteur qui obéit aux fluctuations du niveau de l'eau

Un robinet de ce genre est représenté fig. 8. Il est composé simplement d'une soupape *s*, garnie d'une rondelle en caoutchouc semblable à celle du robinet fig. 1. La tige étant guidée dans un renflement venu de fonte avec le boisseau A, elle repose par son extrémité inférieure, taillée en sifflet, sur le levier L, qui a son centre d'oscillation sur un goujon *l*, engagé entre deux oreilles fondues avec le chapeau A'. C'est à l'extrémité de ce levier que se trouve le flotteur, composé généralement d'une sphère ou d'un cylindre creux en métal. Aussitôt que le niveau du liquide, au-dessus duquel nage ce flotteur, monte ou descend, le levier L, suivant naturellement les mêmes mouvements, oblige la tige *t*, qui repose sur ce levier, à ouvrir ou à fermer proportionnellement la soupape *s*.

Bouches sous trottoirs, fig. 9. — On emploie à Paris, pour le lavage et l'arrosage des chaussées, des boîtes en fonte incrustées dans les bordures des trottoirs, dans lesquelles sont ménagées très-habilement des prises d'eau à la disposition exclusive des cantonniers.

Cette figure représente une bouche sous trottoir, dont la disposition est due à M. Cadet. C'est une boîte en fonte B, garnie d'une soupape *s* qui, lorsqu'elle est soulevée au-dessus de son siége, permet à l'eau de s'écouler par le conduit *b* et de remplir la boîte d'où elle s'échappe ensuite par une ou deux ouvertures O débouchant à même le ruisseau. Sur le conduit *b* est fixée une tubulure filetée *b'* à laquelle on visse le raccord du tuyau d'arrosage, ou, en cas de besoin, celui d'une pompe à incendie. Pour opérer l'ouverture ou la fermeture de la soupape, on soulève le couvercle C de la boîte, ce qui a lieu au moyen d'une clef que l'on engage dans le trou carré du loquet *c* pour le faire tourner, et, par suite, le dégager du rebord saillant ménagé à l'intérieur de la boîte.

Robinet a clapet, par M. Cadet, fig. 10. — Cet autre genre de robinet à clapet, du même constructeur, a été appliqué aux distributions d'eau de Saint-Cloud et de Marly. Les deux pièces de fonte A et A', qui forment le corps du robinet, sont reliées par des boulons traversant les brides *a* garnies, dans des rainures intérieures, d'une rondelle en caoutchouc. Le clapet S est monté à charnière sur la pièce A' ; il reçoit également une forte rondelle en caoutchouc *s*, maintenue serrée par un étrier *e*. Cette rondelle, en venant s'appliquer sur le rebord saillant qui forme le siége, opère la fermeture hermétique. Ce clapet est en outre fondu avec un secteur denté qui engrène avec la vis sans fin *v* dont l'axe *t* traverse la garniture *b*, pour recevoir, sur le carré qui le termine, la manivelle au moyen de laquelle s'effectuent les manœuvres.

Dans un autre modèle du même genre, M. Cadet a remplacé la vis sans fin par un pignon qui engrène avec le secteur ; cette modification n'apporte de changement que dans la position de l'axe, qui se trouve alors placé horizontalement, ce qui, dans certains cas, peut présenter plus de commodité.

Ventouse, fig. 11. — Dans les distributions d'eau, lorsque les conduites présentent des inflexions dans le sens vertical, l'air qui y est contenu à l'instant où on les met en charge se porte au sommet de ces inflexions, et, si le volume de cet air est assez considérable, il peut arriver qu'il occupe toute la capacité de la conduite, et s'y trouve comprimé de manière que la pression due à la charge d'eau ne soit pas assez forte pour surmonter la force d'élasticité de l'air; alors l'écoulement est suspendu. En général, la présence de l'air dans une conduite gêne le mouvement de l'eau et diminue le produit de l'écoulement : il est donc important d'avoir un moyen de le faire sortir.

On se sert le plus ordinairement d'un robinet qu'on laisse ouvert pendant que l'on met l'eau dans la conduite, jusqu'à ce que l'air se soit échappé et que l'eau commence à jaillir, ou d'une soupape, dite ventouse, disposée de telle sorte qu'elle puisse laisser l'air s'échapper, et se fermer d'elle-même lorsque l'eau vient prendre sa place et remplir la capacité du tuyau.

La fig. 11 représente une ventouse établie d'après ce principe. Elle se compose d'un vase cylindrique en fonte A, boulonné sur le tuyau de conduite au moyen de la bride inférieure *a*. Ce vase est muni intérieurement d'une sphère creuse en laiton S, laquelle est suspendue à une tige *t* terminée à son extrémité supérieure par un tampon conique qui, lorsque le flotteur est élevé, est tenu appliqué sur le siége *c* réservé au couvercle C de la boîte.

Lorsque l'air de la conduite a pénétré dans la boîte de la ventouse, et qu'il y a acquis une tension suffisante pour faire descendre le niveau de l'eau, le flotteur s'abaisse avec le fluide, entraîne l'obturateur que porte son axe, et laisse ouvert l'orifice par lequel l'air s'échappe graduellement. Une fois l'air expulsé, la ventouse étant pleine d'eau, le flotteur est remonté et l'orifice *c* est fermé par le tampon.

Robinets de jauge, fig. 12 et 13. — Les administrations qui font des concessions pour un certain volume d'eau déterminé, placent sur le branchement de la distribution un *robinet de jauge*. Celui qui est en usage à Paris est représenté en sections longitudinale et transversale par les fig. 12 et 13. Ce n'est, comme on le remarque, qu'un robinet ordinaire dont la clef C est percée d'un très-petit trou *c*, auquel on donne, par expérience, le diamètre nécessaire pour que le débit, par vingt-quatre heures, soit égal à celui concédé. Un petit grillage *d* précède cette ouverture afin d'empêcher les ordures d'obstruer l'orifice de jauge.

Cette clef est placée entre deux autres clefs d'arrêt C' et C² ajustées sur le même boisseau B ; elles ont pour but de permettre de retirer la clef principale et de nettoyer le filtre. Une plaque de fer P, assemblée à charnière sur la partie supérieure de ce robinet, est percée de trois trous correspondant aux carrés des trois clefs, de façon à maintenir celles-ci ouvertes. Cette plaque est elle-même arrêtée par un cadenas, dont la clef reste dans les mains de l'administration.

Robinets d'alimentation, fig. 14. — Cette figure représente une disposition de robinet destiné à être appliqué à une borne-fontaine ou à une grue hydraulique d'alimentation des chemins de fer. Ce robinet est composé d'un cylindre en fonte A, alésé intérieurement pour recevoir une soupape double en bronze S qui, en occupant toute la longueur de ce cylindre, peut, en se déplaçant horizontalement suivant son axe, ouvrir et fermer alternativement l'orifice d'arrivée du liquide, en s'appliquant sur le siége *s*, et sur celui du petit tube D, lequel sert à l'échappement du liquide qui reste dans la conduite de sortie D′ quand la soupape principale S est fermée.

Le mouvement de va-et-vient nécessaire pour ouvrir et fermer cette double soupape est communiqué, par la tige *t*, à un excentrique circulaire *e*, logé dans une ouverture pratiquée pour la recevoir dans le corps de la soupape.

Les siéges *s* et *s*′ de la soupape S sont formés d'une rondelle de caoutchouc d'une épaisseur relativement assez forte, qui, en même temps, forme joint, étant comprimée par la bride du tuyau correspondant. La fermeture de la boîte, dans laquelle passe la tige *t* de transmission de mouvement, est obtenue également par une rondelle en caoutchouc, comprimée par le chapeau en fonte *c*. Il en est de même pour la réunion du tube E d'ascension du liquide avec le corps du robinet, dont la bride *b* comprime la rondelle en caoutchouc *r*.

Robinets a obturateur de MM. Brown et May, fig. 15. — L'obturateur est une plaque en fonte S, fondue avec un secteur denté qui engrène avec le pignon d'angle *p*. Lorsqu'on fait tourner ce pignon, en agissant au moyen d'une manivelle sur la tige *t*, on fait décrire au secteur un arc de cercle sur son centre *c*, soit pour le placer vis-à-vis de l'orifice d'arrivée du liquide, soit, au contraire, pour le démasquer et le mettre dans la position indiquée fig. 15.

La boîte B, renfermant ce mécanisme, est fondue avec les deux tubulures à brides qui reçoivent les tuyaux de la conduite. L'une des faces intérieures porte une nervure en arc de cercle, parfaitement dressée, avec laquelle viennent se mettre en contact les petites saillies *s*, ménagées à la plaque de l'obturateur, afin de lui servir de guide et le maintenir pressé sur le rebord saillant de la tubulure d'arrivée du liquide.

Vannes a coulisse, fig 16 a 18. — Les fig. 16 et 17 représentent, en section verticale et en plan horizontal, une vanne à coulisse appliquée à un réservoir de la distribution d'eau de Dijon. Les eaux de vidange du réservoir passent à travers le tuyau T, logé dans la maçonnerie ; sa bride rectangulaire, faisant saillie, est coupée obliquement pour recevoir la vanne en fonte V. Les deux côtés verticaux de cette bride sont reliés par des boulons à deux armatures verticales en fonte *a*, servant en même temps de guide à la vanne, coupée elle-même suivant l'inclinaison de la section de la bride, et placée entre les armatures. Le contact entre la vanne et le tuyau s'établit, comme dans le cas des robinets-vannes représentés fig. 9 à 11, pl. 35, suivant deux cercles en cuivre *c* ajustés, l'un au tuyau, l'autre à la vanne. Le mouvement est communiqué à celle-ci au moyen d'une tige en fer *t* taraudée à son extrémité supérieure, et terminée par un écrou en cuivre, dont la rotation détermine l'ascension de la tige, et, par suite, celle de la vanne.

La fig. 18 montre une autre disposition de vanne disposée pour être appliquée sur une conduite d'eau ou de gaz. Cette vanne est composée de deux boîtes A et A′, fondues chacune avec une tubulure, et reliées entre elles par des boulons qui compriment une garniture de cuir placée entre les brides pour former le joint. La vanne, proprement dite, est formée d'un disque en bronze V, relié à une tige *t*, qui, filetée à sa partie supérieure, traverse l'écrou *e*, prisonnier entre les brides d'un manchon en deux pièces *m*, réunies à la boîte A par deux tirants en fer. C'est en faisant tourner l'écrou *e* que l'on fait monter ou descendre la vanne, laquelle glisse entre deux cuirs emboutis *c′*, logés dans des cavités pratiquées dans l'épaisseur des faces intérieures des boîtes. Les cuirs sont maintenus dans ces cavités au moyen de petites règles en bronze introduites avec force.

Fig. 139.

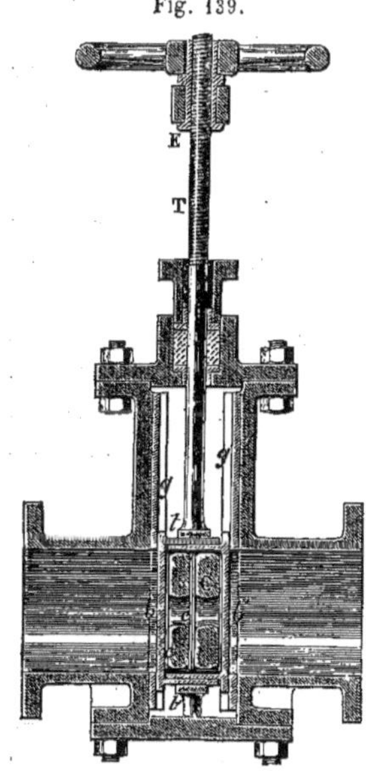

Fig. 140.

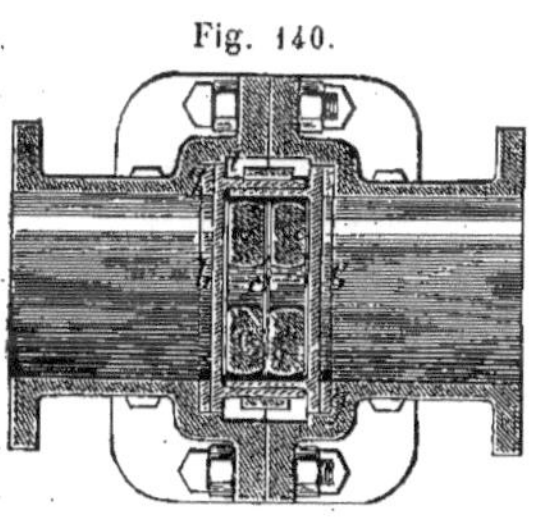

ROBINET-VANNE PAR MM. LEBRUN ET LÉVÊQUE.— Cette disposition, représentée suivant deux sections verticale et horizontale, fig. 139 et 140, avait pour objet de profiter du système de tiroir parallèle, qui évite le coincement, tout en utilisant l'élasticité du caoutchouc pour assurer la jonction.

Ainsi que ces figures l'indiquent, la particularité distinctive de cet appareil consiste dans l'application, à l'intérieur de la vanne, de deux fortes rondelles en caoutchouc C, placées entre des lames de cuir *c*, et dont l'élasticité est utilisée pour faire appliquer les deux parois *b*, *b′*, de la vanne, sur les plaques en bronze *g* qui garnissent l'intérieur de la boîte.

Afin de pouvoir introduire à l'intérieur de la vanne les rondelles de caoutchouc, et aussi pour que cette vanne puisse s'ouvrir sous leur action expansive, elle est composée de deux pièces emboîtées et ajustées l'une sur l'autre à frottement doux.

La boîte formant vanne est entourée par un cadre en fer *t*, forgé avec la tige de commande T qui est filetée à sa partie supérieure et traverse l'écrou en bronze E, maintenu prisonnier par un collier en deux pièces, lequel fait partie d'un support attenant au couvercle de la boîte et qui renferme la garniture d'étoupe.

En dehors de ces détails de construction, on voit que l'ensemble de la vanne fonctionne et se manœuvre comme la précédente fig. 18, pl. 36.

ROBINET A PAPILLON, FIG. 19. — Cette figure représente une disposition d'obturateur auquel on donne le nom de *papillon*. C'est un disque en bronze D, fondu avec un renflement en son milieu pour le passage d'une tige t, au moyen de laquelle on le fait tourner dans l'intérieur d'une boîte tubulaire en fonte B.

Ce genre de valve est principalement employé dans les machines à vapeur pour régler l'admission par une fermeture plus ou moins complète du papillon, qui se trouve alors placé sur la conduite d'arrivée de vapeur du générateur à la boîte de distribution du cylindre.

Système Gargan, fig. 20. — Ce robinet, qui est à double clef, a quelque analogie avec celui de M. Nillus, représenté fig. 18, pl. 34. Comme celui-ci, le boisseau B reçoit une clef C, dans l'intérieur de laquelle une seconde clef C′ est ajustée de façon à pouvoir être commandée indépendamment de la première. M. Gargan applique cette disposition de robinet sur ses machines locomobiles ; pour la mise en marche, la première clef C est ouverte en grand, afin de laisser arriver la vapeur dans la boîte de distribution, et c'est au moyen de la seconde clef C′, commandée par le modérateur, que l'ouverture de la première est modifiée de façon à régler l'admission.

Robinets a sifflet, fig. 21 a 23. — La fig. 21 représente, en section verticale, un robinet à sifflet pour locomotive. Il est composé d'un premier tube en bronze A destiné à être vissé sur la chaudière. Ce tube est fondu avec une cloche renversée et reçoit, au moyen d'un pas de vis pratiqué en son centre, le second tube A′, également en bronze, ainsi que la cloche supérieure C. Une tige t, d'un diamètre moindre que celui de l'intérieur des tubes, les traverse ; sa partie inférieure est terminée par une soupape s, qui ferme l'orifice du tube A, et son extrémité supérieure est reliée, par une traverse articulée, à un levier en fer L mobile sur la branche de même métal b. C'est le ressort à boudin r qui maintient la soupape fermée ; en appuyant sur le levier, on fait fléchir le ressort, la tige t et sa soupape descendent alors, et laissent passer la vapeur dans le tube autour de la tige et s'échapper par les ouvertures o, et de là à la circonférence du disque a pour venir frapper sur les bords de la cloche C, en produisant un sifflement aigu.

Bien que ces sifflets puissent se faire entendre à une assez grande distance, ils sont insuffisants, employés sur mer, dominés alors par le bruit des vagues et du vent soufflant avec force dans la voilure et les cordages. Feu M. Lethuilier-Pinel a trouvé une disposition au moyen de laquelle ces appareils sont doués d'une puissance beaucoup plus considérable.

Les fig. 22 et 23 représentent ce système, dit *sifflet d'alarme*, en sections verticale et horizontale. Il se compose principalement de quatre chambres circulaires C, montées sur un plateau de forme correspondante E, vissé sur le boisseau d'un robinet ordinaire à clef R, qui communique, par un tuyau T, avec le réservoir de vapeur de la chaudière. Quand ce robinet est ouvert, la vapeur pénètre entre le plateau E et le fond des chambres C, pour s'échapper à la fois par les quatre ouvertures c, ménagées à ce fond, et produire des sons très-puissants, en venant frapper sur les plans inclinés à arêtes aiguës e, disposées au plafond des chambres, au-dessus des ouvertures pour diviser la vapeur.

La puissance de ce sifflet peut être modifiée à volonté en fermant un, deux ou trois des orifices d'échappement *c*, au moyen d'opercules à ressort, semblables à celui *a*, façonnés de telle sorte que leur élasticité naturelle leur permet, sous une légère pression du doigt, de se dégager du plan incliné *e*, du plafond des chambres.

L'expérience a démontré que les dimensions des chambres et celles des orifices par lesquels s'échappe la vapeur, doivent varier avec la pression de cette vapeur ; ainsi, pour une 1/2 atmosphère effective, par exemple, la hauteur sera de 25 mill.; pour 1 atmosphère, de 30 mill., et ainsi de suite. En donnant aux orifices d'échappement 2 mill. de largeur et 60 mill. de longueur, on obtient des sifflets de puissance moyenne, et en portant la largeur à 90 mill., ces sifflets sont d'un très-grand effet.

Petit robinet graisseur, fig. 24. — Aux deux dispositions représentées fig. 25 et 26 de la pl. 34, nous ajoutons celle toute particulière d'un robinet graisseur indiqué fig. 24, qui a été appliqué par M. Christian sur une presse-balancier. Il se distingue par sa forme extérieure qui en fait une sorte d'ornement, tout en empêchant les matières étrangères d'entrer dans le godet et de se mêler à l'huile qu'il contient. Ce godet A est en bronze et recouvert par un chapeau de même métal A′, au moyen duquel on fait tourner la clef *c* du robinet. Un disque *r*, relié au chapeau par deux vis et muni d'une petite saillie qui vient s'arrêter sur un goujon *e* fixé au godet, sert à limiter le mouvement de rotation de la clef dans une position ouverte ou fermée.

Robinets a gaz, fig 25 a 29. — Les robinets destinés spécialement aux distributions de gaz d'éclairage, pourraient ne pas différer de ceux employés pour les distributions d'eau ou de vapeur, si ce n'était le mode d'ouverture et de fermeture. On sait que, d'après une ancienne ordonnance de la préfecture de police, relative à la distribution du gaz dans les magasins, boutiques et maisons particulières, chaque robinet doit être renfermé dans un coffre en fonte et combiné de façon à ce que l'abonné ne puisse l'ouvrir sans qu'il ne soit préalablement disposé à cet effet par l'agent de la compagnie, tandis qu'il peut être fermé par celui-ci sans le secours de l'abonné. Ces précautions étaient indispensables quand les concessions de gaz étaient faites pour un certain nombre d'heures ; mais il n'en est plus de même, maintenant que presque toutes les maisons sont pourvues d'un compteur. Quoiqu'il en soit, le modèle de boîte de robinet adopté par la Compagnie générale du gaz de Paris possède encore les propriétés mentionnées plus haut : seulement, sauf certaines circonstances particulières, on le laisse à la libre disposition de l'abonné.

Les fig. 25 et 26 représentent ce modèle vu de face, la porte de la boîte ouverte, et en section verticale passant par le milieu de cette boîte. Le boisseau B du robinet proprement dit est en fonte et la clef C en bronze. Les deux tuyaux T et T′ d'arrivée et de sortie du gaz sont raccordés au boisseau par une simple portée lisse et avec une rondelle de cuir pincée entre les filets de vis, réservés à ces tuyaux, et la bride du boisseau ; mais l'ensemble du robinet et des deux tuyaux se trouve ensuite très-fermement tenu dans la boîte au moyen des deux écrous *b*. Cette boîte est fermée par la porte P, montée à charnière sur le côté de droite, et munie d'un verrou *v* maintenu fermé par un ressort méplat *r*. Pour l'ouvrir, il suffit de vaincre la résistance de ce ressort en passant une clef dans l'ouverture *o* et en la faisant tourner jusqu'à ce qu'elle rencontre la saillie *s*, ménagée à cet effet dans la bande courbe de métal dont le verrou est formé.

La porte est percée de trois autres trous ronds : l'un *t*, au centre, pour permettre de tourner la clef du robinet et les deux autres *u* et *u'*, destinés à recevoir une tige *c* qui fait partie d'une lunette C', montée autour de la clef et en arrière de la bride *d* qui se trouve assemblée avec le boisseau au moyen de deux vis.

La clef du robinet est munie d'un ergot en saillie *e* (indiquée en ponctué, fig. 25), destiné à venir buter contre une goupille d'arrêt fixée au boisseau, dans la position de fermeture. Pour ouvrir le robinet, on la fait tourner de droite à gauche d'un quart de tour, jusqu'à ce que l'ergot *e* vienne rencontrer un autre arrêt *e'*, formé par un rebord en saillie ménagé à la lunette C'. Or, l'ergot *e* de la clef ne peut effectuer ce quart de tour, qui procure l'ouverture du robinet, que dans cette seule position de la lunette où la tige *c* peut s'engager dans le trou *u* de la porte P, au-dessous duquel se trouve la lettre O, qui indique que le robinet peut être alors *ouvert* ou fermé à volonté.

Mais quand cette tige est déplacée vers la gauche, et qu'elle pénètre dans le trou *u'*, au-dessous duquel est gravée la lettre F, *fermée*, la saillie *e'* de la lunette a été ramenée de gauche à droite contre l'ergot *e*, qui se trouve alors engagé entre cette saillie et la goupille fixée au boisseau. On ne peut donc plus faire tourner la clef du robinet qui, nécessairement, ne pourra être ouvert tant que la tige *c* restera engagée dans le trou *u*.

Il faut donc, pour opérer la manœuvre du robinet, que l'agent de service ait préalablement placé la tige *c* dans la position convenable, en ouvrant la porte de la boîte dont seul il a la clef.

Les fig. 27 et 28 représentent, suivant deux sections faites perpendiculairement l'une à l'autre, une nouvelle disposition due à M. Bruley qui a pour but :

1° De supprimer le rodage du boisseau et de sa clef ;

2° De réduire le volume de la boîte ;

3° De supprimer les soudures et les douilles de jonction ;

4° Enfin de diminuer les frais de fabrication des robinets ordinaires de ce genre.

La boîte A de ce robinet est en fonte et pourvue de deux ouvertures correspondantes, pour recevoir les deux tuyaux T et T' qui s'y rapportent à l'aide d'un cordon et d'une rondelle en cuir serrée par la bride en cuivre *b*, au moyen de boulons.

Le mécanisme destiné à faire mouvoir les deux soupapes *s* et *s'*, qui ferment et ouvrent simultanément les orifices des tuyaux de conduite, est monté sur une platine en fer *a*, fixée par des vis contre une feuillure ménagée à la boîte, et garnie d'une légère épaisseur de cuir ou de caoutchouc pour former joint.

Ce mécanisme se compose d'une double camme *c*, ayant la forme d'une S, fixée sur un axe *d* qui traverse la platine, sur laquelle il appuie par une embase extérieure, creusée intérieurement pour recevoir le carré de la clef. Cette embase est renfermée dans un tambour e, muni d'un ressort à boudin et d'un cuir serré par des boulons sur la platine, pour former le joint de l'axe.

La camme c agit sur deux pièces semblables f, coudées d'équerre, contre-coudées et disposées inversement. Dans chaque branche verticale est pratiquée une rainure dans laquelle pénètre une languette-guide g, fixée à la platine, tandis que la branche horizontale se relève perpendiculairement pour porter, en regard des tuyaux T et T', les deux soupapes ou tampons en caoutchouc s et s'.

L'écartement des deux tampons, dirigés en ligne droite par les guides g, s'explique aisément par le développement de la camme que l'on fait tourner dans le sens convenable à l'aide d'une clef engagée dans le carré de son axe d.

Pour opérer l'ouverture, c'est-à-dire le rapprochement l'un vers l'autre des deux tampons, il suffit de faire tourner la camme. Dans ce mouvement, ses branches courbes rencontrent les goujons i fixés sur les pièces f, près des coulisses, et les entraînent naturellement. L'action de cette double camme est limitée par un goujon j vissé sur l'une des languettes fixes g.

Afin d'empêcher le consommateur ou toute autre personne étrangère de chercher à ouvrir le robinet lorsque l'agent de l'administration l'a fermé, celui-ci introduit un petit tampon dans le carré de l'axe et par l'ouverture pratiquée au centre de la porte P.

Les robinets des appareils d'éclairage n'offrent rien de particulier ; ce sont généralement de petits robinets à clef, semblables à celui R représenté en section fig. 29. Lorsqu'on a besoin de modifier à volonté la position de la lumière, on fait usage d'un assemblage à rotation appelé *genouillère*, qui comprend deux ou trois tubes reliés chacun à chacun comme celui-ci A l'est avec le robinet R. Ce tube est soudé avec une clef c qui pénètre dans un petit boisseau conique b muni d'une gorge circulaire, vis-à-vis du canal de communication qui livre passage au gaz ; l'extrémité du dernier tube porte alors le bec, et, quand le robinet R est ouvert, le gaz y arrive toujours, quelle que soit la position des tubes, puisque la gorge annulaire du boisseau b communique constamment avec le conduit principal, fermé ou ouvert à volonté par le robinet.

CHAPITRE XIV.

CONSTRUCTION DES PISTONS A VAPEUR, A EAU ET A VENT.

(PLANCHES 37 A 39.)

Nous nous proposons d'étudier, dans ce chapitre, la construction des pistons employés pour les cylindres moteurs à vapeur et pour les pompes à eau et à vent, ou machines soufflantes. On sait que cet organe fait fonction d'obturateur mobile dans les cylindres des machines servant à faire mouvoir les fluides, dans lequel cas il transmet à ces fluides l'action d'un moteur, et dans les cylindres où ces fluides sont, au contraire, moteurs et transmettent leur action par l'intermédiaire d'un piston.

Comme pour la plupart des organes mécaniques que nous avons passés en revue, les pistons offrent de très-nombreux types, même dans chaque grande division principale de leurs différents emplois. Une infinité de systèmes ont été proposés ou employés pour les machines à vapeur et pour les pompes à eau, sans parler de quelques dispositions spécialement appropriées à d'autres fluides ou liquides de natures particulières, mais qui ne peuvent offrir le même intérêt, pour l'étude, que tout ce qui a été fait pour l'eau et la vapeur.

Nous commencerons par les pistons qui concernent cette dernière application, en décrivant, avec les dispositions en usage, quelques-unes de celles qui ont été seulement proposées ou qui sont abandonnées, de façon à faire une espèce d'aperçu historique de cette importante question.

Pour faciliter cette étude, nous divisons les systèmes de pistons à vapeur en *deux grandes classes*, subdivisées elles-mêmes en plusieurs catégories ou types, de façon à permettre de reconnaître aisément les différences qui existent entre tels ou tels systèmes. Ainsi, la *première classe* comprendra *les pistons à garnitures filamenteuses*, *légèrement expansives*. Ces pistons, applicables seulement aux machines à basse et à moyenne pression, sont représentés par deux types :

Le premier est *à garniture simple de chanvre*, engagée dans une gorge ménagée au corps du piston, et serrée par son couvercle au moyen de boulons ;

Le second est *à garniture mixte* également composée de chanvre ; mais il est recouvert d'anneaux en métal, qui se trouvent en contact avec la circonférence intérieure du cylindre, afin que la matière filamenteuse ne soit pas détériorée aussi vite par la chaleur et le frottement qui résultent du mouvement de va-et-vient du piston.

La *seconde classe* comprend *tous les pistons à garnitures métalliques.*

Ces derniers, adoptés presque généralement maintenant pour toutes les machines fixes motrices, pour les locomotives et pour quelques machines de bateaux, sont représentés par deux types dont les caractères sont parfaitement tranchés :

1° Le premier comprend tous les pistons *avec ou sans centrage de la tige*, dont les anneaux métalliques, *en outre de leur propre action expansive*, sont *actionnés* du centre à la circonférence par *des ressorts intérieurs ;*

2° Le second, que l'on peut appeler *à expansion self-acting,* comprend tous les pistons dans lesquels la jonction résulte de *la force de détente seule des anneaux.*

Quoique la garniture soit la partie la plus importante de la composition d'un piston, son assemblage avec la tige présente certaines difficultés d'exécution, comme nous le ferons remarquer en décrivant les nombreuses combinaisons imaginées pour opérer la réunion de ces deux pièces.

CONSTRUCTION DES PISTONS A VAPEUR.

(PLANCHES 37 ET 38.)

PISTONS A GARNITURES FILAMENTEUSES.

GARNITURE DE CHANVRE, FIG. 1, PL. 37. — Les garnitures de chanvre n'ont été employées, pour les pistons à vapeur, que dans les machines à basse pression où la vapeur n'était introduite qu'à 1 ou 1 1/2 atmosphère, au plus, c'est-à-dire, à une température qui ne dépassait pas 115 degrés centigrades. Aujourd'hui, ce système de garniture, qui n'était pas sans avantages pour sa douceur et pour la conservation du cylindre, est abandonné, parce que la vapeur est employée à une pression, et, par conséquent, à une température plus élevée.

La fig. 1, pl. 37, donne le modèle d'une garniture ordinaire en chanvre, telle qu'elle était appliquée, il y plus de trente ans, dans les machines de Watt.

Le corps du piston n'est autre chose qu'une sorte de *boîte* B, fondue avec un renflement central pour recevoir l'extrémité de la tige. Le pourtour est creusé de façon à présenter une gorge annulaire pour recevoir la garniture en chanvre tressé *a*. Sur la circonférence de cette gorge sont pratiquées, à des distances égales, des ouvertures rectangulaires dans lesquelles on introduit des écrous en bronze *c*, pour les boulons *b*, qui servent à la fois à réunir le *couvercle* C avec la boîte, et à comprimer la garniture, dans la gorge annulaire.

Pour atteindre ce but, l'extérieur de celle-ci doit être tourné exactement, ainsi que l'intérieur de la saillie ménagée autour du couvercle, et à un diamètre tel que ces deux pièces puissent pénétrer l'une dans l'autre à frottement doux.

Le nombre des boulons de serrage *b*, pour les pistons de moyenne dimension (de

50 centimètres par exemple), peut être de cinq à six. Les écrous correspondants *e* sont introduits dans des entailles à queue d'hironde pratiquées dans des bossages que l'on ménage à la couronne de la boîte, à l'endroit des nervures qui relient cette couronne au renflement central. Pour éviter le desserrage des écrous, le couvercle est muni d'un cercle méplat en fer *c*, garni d'entailles disposées sur sa circonférence extérieure, de façon à correspondre à deux ou trois côtés de chacun des écrous, afin qu'une fois ceux-ci serrés au degré convenable et le cercle vissé sur le couvercle, toutes les pièces soient complètement solidaires et se meuvent dans le cylindre comme si le piston n'était formé que d'une seule pièce.

Pendant les premiers jours de marche avec une garniture nouvelle, il est essentiel de la resserrer quelquefois, pour qu'elle soit suffisamment comprimée ; une bonne garniture, bien faite, peut durer environ trois ou quatre mois. Dans le cas contraire, on est obligé de démonter les pistons pour les regarnir en partie tous les quinze jours et en totalité toutes les six semaines, ce qui entraîne une consommation énorme d'étoupes et de suif.

Piston Maudslay, fig. 2. — Pour opérer le serrage des tresses bien également sur toute la circonférence, il importe de tourner chaque boulon *b*, qui relie le couvercle à la boîte, au fur à mesure, et d'une faible quantité à la fois, ce qui est assez long et demande beaucoup de soins. Pour éviter cet inconvénient, et surtout pour pouvoir resserrer la garniture sans démonter le couvercle du cylindre, un constructeur anglais, M. Maudslay, a imaginé la disposition représentée par la fig. 2.

Elle consiste dans l'application, au centre du couvercle, d'une roue en cuivre R, dont le moyeu taraudé forme écrou pour se visser sur la portion filetée de la tige en fer T. Un pignon *p* engrène avec cette roue, et son axe est forgé avec une tête carrée pour recevoir une clef au moyen de laquelle on peut le faire tourner sur lui-même. Lorsqu'on tourne le pignon, qui est retenu sur le couvercle par la bride *b'*, la roue R se trouve naturellement entraînée, et comme son moyeu forme écrou sur la tige, et qu'un disque *r* le retient au couvercle, celui-ci est forcé de monter ou de descendre suivant le sens dans lequel on a fait tourner l'axe du pignon. Pour resserrer par ce moyen la garniture en chanvre *a*, sans démonter le couvercle du cylindre, il faut nécessairement que ce couvercle soit garni d'un bouchon que l'on dévisse pour introduire la clef lorsque le piston est en haut de sa course. En sus du rebord qui presse la garniture pour guider le mouvement du couvercle et l'empêcher de tourner, on a ménagé dans son fond une saillie cylindrique *c*, qui pénètre dans un trou percé dans le renflement B', fondu avec le fond de la boîte ou corps de piston B.

On a vu à l'Exposition régioniale de Rouen, en 1859, un piston à garniture filamenteuse, imaginé par M. Sukfull, et qui se compose de cercles concentriques en cuivre écroui, sur lesquels s'enroule *un ruban en tresse tissé* à cet effet. Cette tresse, à mailles serrées, est poussée par des segments qui la forcent à rester toujours en contact avec la paroi intérieure du cylindre.

Garnitures mixtes, fig. 3 a 7. — Les pistons en chanvre fonctionnent dans d'excellentes conditions, si la température de la vapeur n'est pas trop élevée. Dans le cas contraire, il faut changer souvent les garnitures ou avoir recours à d'autres dispositions.

Dans l'exemple fig. 3, la garniture en chanvre *a* est protégée par deux cercles métalliques *a'*, l'un introduit dans une cavité pratiquée à la circonférence de la boîte B, formant le corps du piston, l'autre dans une cavité semblable, dont le bord du couvercle presse-étoupe C est muni.

Nous croyons que cette disposition n'offre pas les mêmes avantages que le mode de construction adopté par M. Nillus, et représenté fig. 4 à 7, dans lequel aucun frottement ne peut avoir lieu, puisque le chanvre n'est plus en contact avec la paroi du cylindre. La garniture filamenteuse n'agit alors que comme ressort pour ouvrir le segment en fonte D.

Pour éviter les fuites, les deux extrémités de ce segment sont réunies par une petite plaque ou languette de métal *d*, fig. 6, entaillée partie dans l'une des extrémités des segments, et partie dans l'autre. Seulement, d'un côté, la languette peut se mouvoir dans l'entaille, tandis que de l'autre côté, elle est fixée par des goujons *f*.

Dans les pistons de grande dimension, au lieu d'un seul segment en fonte, M. Nillus en met deux superposés D et D', lesquels, comme l'indique la fig. 7, sont réunis chacun séparément à leurs extrémités par des languettes métalliques *d'* semblables à celle du segment unique. Dans les deux cas, le bord du segment, qui touche le fond de la boîte du piston, est renflé en forme de boudin, de façon à présenter une surface plus large fermant mieux la gorge dans laquelle les tresses de chanvre sont comprimées par l'anneau en fer C et les boulons *b*. A cette effet, ceux-ci sont vissés dans les écrous en bronze *e*, taillés à queue d'hironde et engagés dans des cavités de même forme pratiquées dans les renflements fondus avec la boîte B du piston.

M. Nillus emploie deux modes d'assemblage de la tige : le premier, celui dont nous nous occupons, quand la boîte est fondue d'une seule pièce (voir les fig. 4 et 5 séparées des figures inférieures 4 *bis* et 5 *bis* par des lignes ponctuées), est obtenu au moyen d'un trou alésé conique au centre de cette boîte, et dans lequel la tige T, dont l'extrémité a une forme analogue, vient se loger. De plus, cette tige est filetée immédiatement au-dessus de la partie conique pour recevoir l'écrou en fer E qui, venant se loger dans une cavité circulaire pratiquée pour le recevoir, complète la réunion de la tige avec son piston.

PISTONS A GARNITURES MÉTALLIQUES.

Système a bagues concentriques, fig. 4 *bis* et 5 *bis*. — Un système de piston, déjà ancien, et qui est bien employé dans les machines à vapeur à haute pression, consiste simplement dans la disposition de deux bagues concentriques fendues d'un côté, et écrouies sur toute leur circonférence, de façon à former une sorte de ressort qui tend constamment à les ouvrir. C'est à M. Ch. *Taylor*, croyons-nous, que l'on doit la première application de ce système qui, à la vérité, a, depuis 1828, subi quelques modifications par divers constructeurs.

M. Nillus applique les bagues concentriques aux pistons de ses moteurs à haute pression, en les disposant comme le montrent les coupes fig. 4 *bis* et 5 *bis*.

Cette disposition, qui a l'avantage d'être d'une grande simplicité d'exécution et de réduire, autant qu'il est possible, le nombre de pièces, se compose de deux plateaux semblables en fonte B et C, tournés sur leur moyeu et à la circonférence, et réunis par quatre boulons à écrou *b*, qui, lorsqu'ils sont serrés, rendent l'extrémité à double cône *t* de la tige du piston complétement solidaire avec les disques, de manière à ne former qu'un seul et même corps.

Mais, avant le serrage définitif, on place entre ces plateaux les deux bagues ou anneaux S, S', qui ont été préalablement tournés, écrouis et fendus, de manière à présenter une certaine élasticité.

Ces bagues, que l'on a faites souvent en bronze, puis en fer ou en acier, et que l'on fait aujourd'hui le plus généralement en fonte douce, sont plus minces vers les extrémités, c'est-à-dire, vers leur partie séparée, que du côté opposé, et elles sont ajustées l'une dans l'autre de façon que le milieu le plus épais *s*, de celle intérieure, corresponde justement à l'ouverture, qui est plus mince, de celle extérieure, et réciproquement. Pour fermer l'intervalle que laisse celle-ci, on y pratique une entaille dans laquelle se loge une petite pièce semblable à celle *d* de la fig. 6, et qui est fixée sur la circonférence de la bague intérieure.

De cette sorte, quel que soit l'écartement que le cercle extérieur tend à prendre dans le cylindre, lorsque le piston fonctionne, le passage laissé libre par sa fente est toujours fermé par la pièce rapportée, qui, à cause du jeu latéral qu'on a eu le soin de ménager, n'empêche nullement les deux parties de l'anneau de se rapprocher.

Il est bon de remarquer que les deux bagues ne sont pas serrées entre les deux plateaux ; ceux-ci se touchent par leur moyeu, mais ne pressent pas les cercles qui peuvent parfaitement obéir au mouvement d'expansion ou de retrait que le défaut d'alésage du cylindre à vapeur peut lui faire subir.

PISTONS A RESSORTS INTÉRIEURS SANS CENTRAGE DE LA TIGE.

Piston Goussard, fig. 8. — Cette figure est une section faite par l'axe d'un piston imaginé par M. Goussard, chef des ateliers du chemin de l'Est, à Épernay. Ce système a reçu un grand nombre d'applications dans les locomotives. Le modèle que nous reproduisons a été employé par la Compagnie du chemin de fer du Nord. C'est vers 1842 que M. Goussard, alors chef d'atelier des chemins de fer de Saint-Germain et de Versailles, a commencé à les appliquer. La construction adoptée par l'auteur, à cette époque, diffère un peu de celle que nous allons décrire, mais le mode d'expansion de la garniture est resté le même.

Le corps du piston est composé d'un plateau ou boite B, fondu avec un moyeu central et quatre renflements percés pour le passage d'un même nombre de boulons *b*, qui servent à réunir le couvercle C avec ce plateau. Entre ces deux pièces sont placés deux anneaux superposés *a* et *a'*, portant chacun sur leur circonférence intérieure onze petites saillies d'environ 1 centimètre de largeur. Ces saillies, comme on le remarque, sont légèrement inclinées afin de correspondre à la bague conique E, disposée pour faire l'office de coin et agir simultanément sur toute la circonférence des deux anneaux et les ouvrir. A cet effet, six ressorts à boudin, en fil d'acier trempé, sont ajustés sur des goujons cylindriques *e*, fixés entre les deux plateaux et tendent, en s'ouvrant, à remonter la bague conique à droite ou à gauche.

Pour que les anneaux *a* et *a'* ne laissent pas passer la vapeur entre les joints, une petite pièce en bronze *d*, fig. 10, est rapportée à queue d'hironde, comme dans le système précédent, dans l'épaisseur même de chacun des segments à leur point de jonction. Un petit goujon *i* est vissé à l'une des saillies intérieures des anneaux *a* et *a'*, et placé de façon à glisser librement dans une rainure pratiquée dans l'épaisseur de la bague conique E, afin de ne pas empêcher l'action des ressorts, et pourtant éviter que les anneaux ne tournent.

L'assemblage de la tige avec la boîte B est obtenu au moyen d'un ajustement conique de 1/20 environ d'inclinaison, et d'une forte clavette en acier qui traverse la mortaise *m*, percée dans le moyeu.

La clavette a 16 millimètres d'épaisseur et 50 millimètres de hauteur. L'emmanchement est rodé à l'émeri ; après le rodage, la naissance ou le renflement fait saillie de 5 millimètres sur le plateau, et, dans cette position, il reste un serrage de 5 millimètres à la clavette. On chauffe le plateau à 200 degrés environ, et, l'emmanchement fait à la presse, la naissance du renflement se trouve à peu près à fleur du plateau ; il reste un serrage de 2 millimètres à la clavette.

Après la double opération du calage et du clavetage, on affleure sur le tour et on termine le bout de la tige qui est prolongée d'une petite partie cylindrique du diamètre du trou *t*, pratiqué dans la platine en fer *c*, afin que celle-ci soit maintenue par une goupille en fer, de 15 millimètres de diamètre, engagée dans la partie cylindrique de la tige prolongée (voir la fig. 12). La platine a pour but d'éviter le desserrage des boulons, et, dans ce but, elle est taillée avec des pans correspondants à ceux des boulons.

Piston Bourdon, fig. 9. — Ce piston présente quelque analogie avec celui de M. Goussard, par son mode d'action, mais en diffère complètement par sa construction. Ainsi, quoique l'extension des anneaux soit obtenue au moyen des ressorts à boudin *e*, qui agissent sur la bague conique E, celle-ci, au lieu de présenter une surface unie agisant directement sur deux cercles étagés, appuie par un grand nombre de points sur autant de sailies en plans inclinés, ménagées sur la circonférence intérieure d'un anneau en fonte A. Cet anneau est coupé, et sa circonférence extérieure coïncide parfaitement avec le segment *a*, fondu plus épais au point diamétralement opposé à son ouverture, c'est-à-dire, que ce segment et l'anneau A ne sont pas concentriques l'un à l'autre par leur surface en contact.

La bague conique E est percée de douze cavités dans lesquelles sont engagés autant de ressorts à boudin qui, ayant leur point d'appui sur le couvercle C, agissent simultanément pour écarter la bague et la faire appliquer sur toute la circonférence de l'anneau intérieur A. Une languette en fonte *d*, fig. 9 et 10, de l'épaisseur du segment extérieur, est fixée au milieu par une vis *a ;* le segment intérieur est introduit dans une cavité pratiquée pour la recevoir dans les deux extrémités de cet anneau, et pour empêcher les fuites qui pourraient se produire par la jointure. Trois boulons *b* relient le fond B avec son couvercle C. Tous deux sont traversés par la tige en fer T, ajustée cône et fixée en outre par la clavette en fer *m*.

M. Bourdon emploie, de préférence, ce système de piston pour les machines de petite force dont le cylindre ne dépasse pas 30 à 40 centimètres de diamètre. Pour les machines d'une plus grande puissance, il applique le piston à coins du système Vancamp représenté fig. 18, et dont nous décrirons bientôt les dispositions particulières avec celles des systèmes à ressorts intérieurs avec centrage de la tige (1).

EXTENSION DES SEGMENTS PAR DES COINS.

Les pistons de ce genre ont été très-généralement adoptés par les constructeurs ; seulement chacun d'eux les applique d'une façon particulière, comme nous allons essayer d'en rendre compte. Le plus ordinairement on prend deux cercles, ou anneaux en fonte, de dimensions telles qu'ils ne présentent d'eux-mêmes aucune élasticité sensible, c'est-à-dire, ayant une section normale de 4 à 6 centimètres carrés environ. On coupe ensuite chacun de ces anneaux en deux, trois ou en un plus grand nombre de segments, suivant les dimensions du cylindre, et on les place l'un au-dessus de l'autre, de manière que les joints ne correspondent pas. On enlève au ciseau, à chacun de ces joints, une certaine portion de l'épaisseur du métal pour permettre d'introduire un coin entre les rebords.

(1) Voici, d'après une note insérée dans le *Guide du chauffeur* de MM. Grouvelle et Jaunez, le mode de préparation des ressorts à boudin employés dans les deux systèmes de pistons que nous venons de décrire. On prend du fil d'acier fondu de 1 millimètre 1/2 environ de diamètre, bien recuit ; puis, ajustant à un vilbrequin une tige de fer tournée, d'un diamètre un peu plus petit que celui des ressorts à obtenir, on attache le bout du fil d'acier au vilbrequin, et, tournant celui-ci, pendant qu'un ouvrier tient le fil à la main et le laisse couler lentement sur un morceau de bois, on le roule en boudin autour de la tige de fer rond dans toute sa longueur ; on l'enlève ensuite de la tige, en desserrant légèrement le boudin de fil d'acier, puis on écarte chacun des anneaux de l'anneau suivant, en faisant passer le tour successivement, comme une vis, sur le côté d'un burin ou d'un morceau de fer, dont l'épaisseur détermine l'écartement des tours du boudin.

On trempe ensuite les ressorts en les chauffant jusqu'au rouge cerise. L'égalité parfaite de la chaude fait la bonté des ressorts et en prévient la rupture ; on doit, pour cela, les chauffer sur un feu de charbon de bois, bien embrasé, et les jeter dans l'eau froide. Pour les recuire, on les essuie, ou les frotte d'huile, puis on les met sur des charbons de bois ardents jusqu'au moment où l'huile s'enflamme; alors on les jette de nouveau dans de l'eau et leur degré de trempe est bon.

On peut aussi les recuire en les plongeant dans du plomb fondu ; ce procédé est même plus sûr, et donne une trempe plus régulière que la trempe à l'huile, qui demande une main exercée.

L'angle que doit former ce coin est très-important à déterminer : plus cet angle est aigu, plus aussi la force de pression tendant à ouvrir les segments est considérable, ce qui serait la meilleure condition possible, si l'on ne recherchait qu'une force de détente illimitée ; mais, comme d'un autre côté le ressort doit librement réagir sur le coin sur la tête duquel il presse, afin que la garniture puisse obéir elle-même, en se resserrant, lorsque le piston se trouve dans un endroit du cylindre moins usé, il en résulte que l'inclinaison des deux faces doit être considérablement plus grande qu'un angle aigu qui s'opposerait au jeu libre de la réaction.

Quelques mécaniciens ont adopté l'angle de 90 degrés ; mais par expérience, et d'accord en cela avec beaucoup de constructeurs, nous sommes d'avis que l'angle de 75 degrés environ est celui qu'il convient d'adopter pour que l'action et la réaction aient lieu dans les meilleures conditions possibles.

Piston du Nord, fig. 11 et 12. — Ces figures représentent, en section verticale et vue de face (le couvercle enlevé), un piston d'une construction simple, qui fut appliqué dans les locomotives du Nord, vers 1844. Le fond de ce piston est fondu avec un moyeu alésé cône pour recevoir la tige T, et avec quatre oreilles traversées par les vis à tête carrée *b*, qui relient le couvercle C au fond, de façon à tenir serrés entre eux les deux anneaux *a* et *a'*. Chacun de ces anneaux est fondu avec un renflement a^2, fig. 12, assez large pour être entaillé et recevoir le coin E ; de plus, l'épaisseur de cet anneau, à droite et à gauche du renflement, va en augmentant graduellement jusqu'à la partie diamétralement opposée. Il en est de même du second anneau *a'*, muni d'un coin E' et d'un ressort R', semblable à celui R.

Chacun de ses ressorts est composé d'une lame méplate en acier, tournée en cercle, sans solution de continuité, mais aplatie vis-à-vis du coin, et renflée en cet endroit pour recevoir la vis *v*, au moyen de laquelle on règle la position du coin, et on le maintient en serrage dans la jointure.

Piston du Creusot, fig. 13 et 14. — Ces figures représentent un piston construit par MM. Schneider et Cie, à l'usine du Creusot, et appliqué aux machines locomotives en service sur la ligne du Nord.

Ce piston diffère peu de celui que nous venons de décrire, si ce n'est dans quelques détails de construction ; ainsi, les ressorts en acier R et R', qui agissent sur les coins E et E', diamétralement opposés, pour ouvrir les deux anneaux *a* et *a'*, sont contournés, à notre avis, d'une manière plus rationnelle pour la détente. Les vis *b*, qui réunissent le fond B avec son couvercle C, au lieu d'être vissées dans la fonte, le sont dans des écrous en fer *e*, introduits par les côtés des quatre oreilles du moyeu. Les têtes de ces quatre vis sont également maintenues en serrage par un disque en tôle *c*, encastré dans l'épaisseur du couvercle. Pour éviter que les anneaux tournent, ils sont munis chacun d'un petit goujon *i*, fig. 13, qui pénètre, pour l'un dans le couvercle, et pour l'autre dans le fond.

Piston Vancamp, fig. 15. — Ce piston a été appliqué aux locomotives du chemin de fer du Nord, de deux manières : avec adjonction des ressorts à boudin *r* et *r'*, qui agissent de concert avec les ressorts circulaires R et R', ou bien avec les ressorts r^2 (indiqués en lignes ponctuées), dont les extrémités appuient sur deux petites saillies *s*, ménagées aux ressorts circulaires.

Dans les deux cas, il y a deux anneaux superposés entre le fond et le couvercle, et chacun d'eux est coupé en deux points diamétralement opposés ; l'un reçoit le coin E, l'autre une lame mince engagée mi-partie dans l'épaisseur d'un segment, et mi-partie dans l'autre segment. Cette lame, au moyen des goujons *g*, fait l'office de charnière et permet, par suite, au deux segments de s'ouvrir aisément sous la double action du ressort circulaire R, et de celui additionnel *r* ou r^2.

La même disposition est adoptée pour le second anneau ; seulement son coin, au lieu d'être disposé à 180 degrés, par rapport au premier anneau, comme dans les exemples précédents, est à 90 degrés. Le fond et son couvercle sont reliés par quatre boulons à tête fraisée *b*, munis de petites clavettes *b'* pour les empêcher de tourner. La tige est vissée dans le moyeu, et retenue, en outre, par la clavette en fer *m*.

Piston Cavé, fig. 16 et 17. — Ce mode de construction consiste en un disque en fonte B, présentant un évidement annulaire pour recevoir deux anneaux superposés *a* et *a'*, composés de quatre segments égaux. Chacun d'eux est repoussé vers son milieu, du centre à la circonférence, par un ressort à boudin en fil d'acier *r*, monté sur un goujon-guide *e'*. De plus, les quatre jointures sont entaillées pour recevoir les coins E, que pressent quatre ressorts à boudin *r*, montés sur les tiges-guides *e*. Ces tiges, ainsi que celles *e'* et leurs ressorts, sont logés dans des cavités pratiquées dans l'épaisseur du disque en fonte B.

Pour les pistons au-dessus de $0^m,600$ de diamètre, M. Cavé remplaçait les ressorts à boudin par des ressorts méplats.

Graissage. — Le reproche que l'on adresse aux pistons garnis de ressorts à boudin, c'est que ceux-ci s'encrassent facilement. L'huile de graissage se coagule, se durcit au bout d'un certain temps, et les ressorts cessent de fonctionner, ce qui nécessite un renouvellement assez fréquent de ces pièces. Cet inconvénient existe même pour les pistons à ressorts méplats, quand leur action n'est pas simple. C'est ainsi qu'en Belgique, où l'on emploie généralement dans les locomotives des pistons assez compliqués, on ne garnit pas, nous a-t-on assuré, les cylindres de robinets graisseurs, afin que les mécaniciens-conducteurs ne puissent pas graisser les pistons.

En France, le graissage au suif est employé de préférence à l'huile pour lubrifier les segments. On a reconnu que non-seulement il y avait économie, mais encore que l'encrassage avait lieu bien moins rapidement.

Pistons Farcot, fig. 23 à 26, pl. 37, et 45 et 46, pl. 38. — Considéré au point de vue du graissage, le piston appliqué anciennement par M. Farcot doit donner des résultats plus satisfaisants. Ce piston, représenté fig. 45 et 46 pl. 38, est composé d'un corps en fonte B, alésé à son centre suivant un trou conique pour recevoir l'extrémité inférieure de sa tige, avec laquelle il est relié par une clavette. Des segments *a* *a'* sont partagés en quatre parties, et les coins E et E' sont placés de manière que les joints se croisent. Les ressorts R et R' sont en acier méplat, amincis par les extrémités et soutenus par des goujons *e* et *e'*, taraudés dans le corps du piston ; il tendent à pousser dans la direction des rayons passant par leur milieu, et par conséquent, par le joint des segments. Ceux-ci sont eux-mêmes guidés par des goujons *i*, rapportés, soit à la boite, soit au couvercle.

Malgré la simplicité de ce piston, M. Farcot l'a abandonné pour adopter le système tout particulier représenté par les fig. 23, 24, 25 et 26, de la pl. 37.

Ce système, auquel l'auteur donne le nom de *piston à extension facultative*, offre l'avantage de permettre de régler, à volonté, l'extension des segments du dehors du cylindre. Le corps principal de ce piston est un plateau en fonte B, fondu avec un moyeu pour l'ajustement de la tige T et avec une jante concentrique reliée au moyeu par huit nervures. Cette jante est à une distance suffisante de la circonférence du plateau pour laisser la place de la garniture extensible A, et d'une couronne mobile D, qui agit précisément sur cette garniture pour augmenter son diamètre.

Pour atteindre ce but, la couronne D peut tourner autour de la jante qu'elle emboîte très-exactement par sa circonférence intérieure ; de petites portées ont été ménagées après la couronne, afin de diminuer les surfaces en contact. L'extérieur de la même pièce est taillé suivant huit courbes excentrées, contre lesquelles s'appuient un nombre correspondant de saillies *a*, qui appartiennent à la garniture A. Or, celle-ci étant fendue en un point de sa circonférence, il est évident qu'en faisant tourner la couronne D d'une certaine quantité, les courbes excentrées agissant comme des plans inclinés sur les contacts *a*, les pousseront *au vide*, et feront augmenter le diamètre extérieur de la garniture.

Le mouvement de la couronne est produit de l'extérieur, c'est-à-dire sans démonter aucune des pièces qui composent le piston. A cet effet, le constructeur a ménagé dans la jante une partie vide servant à loger une vis *v'*, fixe dans le sens de son axe ; son écrou *e* porte un talon qui s'engage dans une entaille pratiquée dans la couronne.

Il suffit donc de tourner la vis *v'* pour faire avancer l'écrou *e*, lequel, par son talon, entraine la couronne. Ce mouvement est produit en agissant avec une clef sur la vis sans fin *v*, engrenant avec le pignon *p* fixé à l'extrémité de la vis *v'*.

Toutes les pièces composant le piston sont maintenues par un plateau C retenu au corps principal par huit boulons *b* et *b'*. L'axe de la vis sans fin *v* traverse le même plateau, par une petite garniture d'étoupe *o'*, fig. 25, afin d'éviter les fuites de vapeur d'un côté à l'autre du piston.

Ainsi qu'il est nécessaire de le faire pour tous les pistons à segments, afin de maintenir ces derniers en place, on a fixé dans le plateau B du piston un goujon *i*, qui s'engage dans une coulisse pratiquée dans la bague A et dirigée dans le sens du rayon. La jonction est obtenue au moyen d'une languette *d*, ajustée en enfourchement dans les deux parties, et fixée après l'une d'elles par les vis *g*, fig. 23 et 26.

Ce système de piston, entre les mains d'un mécanicien soigneux et intelligent, sachant bien le régler, est très-commode ; mais, comme il présente une masse rigide dans le cylindre, si le serrage n'est pas suffisant, il y a fuite ; si malheureusement, au contraire, il est trop considérable, les segments peuvent exercer un frottement sur les parois du cylindre qui amènent une absorption de force motrice en pure perte.

PISTONS A RESSORTS INTÉRIEURS AVEC CENTRAGE DE LA TIGE.

Les pistons que nous avons examinés jusqu'ici ne sont pas pourvus de dispositions qui permettent de les centrer, c'est-à-dire que leurs segments sont abandonnés dans le cylindre à l'impulsion seule des ressorts. Nous allons maintenant étudier la construction des pistons avec centrage de la tige, qui paraissent être adoptés aujourd'hui de préférence aux premiers.

Piston Vancamp, fig. 18. — Ce piston, qui est aussi de M. Vancamp, a été adopté par M. Bourdon pour les machines dont le cylindre a plus de 40 centimètres de diamètre. On remarque que chacun des ressorts R et R' est pourvu des vis v qui règlent la position des coins E et E', et d'une tige v', vissée dans le moyeu du plateau B. Cette tige est placée diamétralement opposée au coin qui lui correspond, de façon à permettre de centrer le segment, c'est-à-dire, de régler sa position du côté opposé au coin, et par rapport à la ligne d'axe passant par le centre du piston, de la même manière qu'on règle la place du coin au moyen de la vis v.

Ce piston est composé de deux segments étagés, formés chacun d'une seule bague en fonte, dont l'épaisseur croît depuis la fente qui reçoit le coin, jusqu'à l'extrémité opposée du diamètre correspondant.

Les coins sont placés suivant un angle de 120 degrés l'un par rapport à l'autre, afin que les organes de règlementation ne se trouvent pas superposés, et que, par suite, il y ait la place nécessaire pour opérer facilement le centrage des deux segments, indépendamment l'un de l'autre.

Piston du Nord, fig. 19 et 20. — Ces figures représentent un piston à centrage flexible qui diffère assez sensiblement, comme construction, du précédent. Chacun des deux anneaux a et a', qui forment la garniture, au lieu de se trouver centré dans la partie la plus épaisse, en un point diamétralement opposé au coin E, l'est suivant un angle de 90 degrés, au moyen d'une vis v, qui traverse un écrou en fer r, fig. 19 et 22, lequel est forgé avec deux bras qui appuient sur des bossages fondus avec le plateau B, et dans lesquels passent les boulons b, reliant le plateau avec le cercle C. Ces bras sont amincis aux extrémités, afin de présenter une certaine élasticité permettant au segment de céder au besoin.

Par suite de la disposition des coins E et E', les deux écrous r et r', correspondant aux segments superposés a et a', se trouvent placés l'un au-dessus de l'autre et renfermés dans une même boîte en bronze F (fig. 19, 20 et 21). Une boîte semblable recouvre également chacune des vis v' qui règlent la position de chaque coin.

La tige T est forgée avec un large renflement cylindrique t, et deux parties tronc-coniques sur lesquelles sont ajustés les deux plateaux, et, pour que ceux-ci ne puissent tourner sur la tige pendant le fonctionnement du piston, on a ménagé à l'un d'eux une oreille dans laquelle est taraudée la vis v^2, que l'on engage dans le renflement. Dans les locomotives et dans les machines horizontales, où les cylindres sont exposés à s'ovaliser, ce mode de réunion de la tige peut offrir un certain avantage, parce qu'il permet de déplacer le piston de temps en temps pour combattre la tendance à l'ovalisation ; mais il a l'inconvénient de laisser prendre facilement du jeu à la tige. Pour ne pas visser les boulons *b* dans la fonte, les bossages fondus avec le plateau B sont munis d'écrous en bronze retenus en place par des goujons indiqués en lignes ponctuées sur la fig. 19.

Piston Wilson, fig. 27 et 28. — Parmi les nombreuses dispositions de garnitures métalliques actionnées par des coins et des ressorts, une des plus curieuses que nous ayons remarquées est celle de M. Wilson, dont les fig. 27 et 28 donnent le détail en section et en plan. Chacun des deux anneaux *a* et *a'*, qui forment la garniture, présente, sur toute sa conférence intérieure, un plan incliné qui, lorsque les deux anneaux sont superposés, reçoit un certain nombre de coins semblables à celui E. Chaque coin est percé au centre, afin de laisser la place nécessaire au ressort à boudin *r*, et à l'extrémité de la tige filetée *v*, au moyen de laquelle on règle la position du coin et la tension du ressort.

Pour empêcher le desserrage de cette vis, sa tête est carrée, et une goupille *g*, qui est introduite dans l'épaisseur de la couronne *b*, fondue avec le fond du piston, vient appuyer sur l'un des côtés afin d'empêcher la vis de tourner. Les anneaux présentent, en outre, sur la circonférence, un grand nombre de fentes *f*, qui leur donnent l'élasticité nécessaire pour que l'action des coins se produise, et que la garniture s'applique bien complétement sur toute la paroi du cylindre.

Grand piston du Creusot, fig. 29 a 31. — Ces grands pistons sont appliqués aux machines de Chaillot, dont il a été souvent question précédemment. La garniture est composée de trois anneaux superposés ; les deux extrêmes *a* et a^2 sont formés d'une seule pièce fendue en un point, et poussée par neuf ressorts méplats en acier R, qui ont leur point d'appui contre la couronne en fonte du corps B du piston, fig. 31.

L'anneau intermédiaire est coupé en neuf segments ayant chacun, à son point de jonction, un coin E, fig. 30, qui est maintenu en pression par un ressort méplat R', composé de deux lames reliées par des boulons *v'*, vissés sur les segments mêmes de l'anneau du milieu ; par ce moyen, tous les segments se trouvent réunis par les ressorts R', dont l'élasticité sert à la fois à exercer la pression sur les coins et à permettre le mouvement des segments déterminé par cette pression.

La clavette *m*, qui relie la tige T de ce piston avec le fond B, réunit en même temps la seconde tige T' assemblée dans la partie renflée qui termine la première. Cette seconde tige sert à la suspension des contre-poids destinés, dans les machines à simple effet du système Cornwall, à augmenter le poids de la masse en mouvement.

Piston Cadiat, fig. 32. — Cette figure indique une disposition particulière de garniture appliquée par M. Cadiat au piston à vapeur d'une machine soufflante. Cette garniture est composée de trois cercles ; les deux extérieurs *a* et *a'* frottent contre la paroi interne du cylindre, le troisième cercle E, d'une hauteur double, est placé à l'intérieur, et forme un double cône produisant l'effet d'un coin qui, en pressant les deux autres cercles, les fait écarter et appliquer à la fois contre les plateaux du piston et contre la paroi du cylindre.

A cet effet, ce cercle E est sollicité à s'ouvrir par six ressorts méplats R, garnis, au milieu, de vis de réglage v, et ayant leurs extrémités appuyées sur les bossages du plateau B, lesquels sont traversés par les boulons qui relient ce plateau avec le couvercle C ; à la jonction du cercle E, un coin, actionné par un des ressorts méplats, est en outre ajusté pour assurer son développement.

Piston Polonceau, fig. 33 a 35, pl. 38. — Les cylindres des locomotives du chemin de fer d'Orléans ont été munis longtemps du piston à coins, avec centrage des ressorts, dont ces figures donnent la disposition. La garniture est composée de deux anneaux en fonte a et a' fendus chacun d'un côté, et placés entre le plateau B et son couvercle C. Ces anneaux sont moins épais vers le joint qu'à leur partie diamétralement opposée, afin de posséder une certaine élasticité que les coins en fonte E et E' déterminent, en tendant à les ouvrir sous l'action des ressorts R et R'. Ceux-ci sont composés de lames méplates circulaires en acier, dont on règle la tension et en même temps le centrage au moyen de vis ; il y a deux vis V pour le ressort supérieur, et deux autres vis V' pour le ressort inférieur, de façon que le centrage, par rapport au coin E ou à celui E', se fasse exactement dans les mêmes conditions pour chacun des deux anneaux ou segments a et a'. En outre, la position de chaque coin par rapport au plateau en fonte du piston, est réglée par les vis v et v', munies d'une embase qui appuie sur la couronne du plateau.

Il résulte de ces dispositions que chaque segment se trouve centré par trois points de sa circonférence, au lieu de un ou de deux seulement qui existent dans les autres systèmes que nous avons examinés jusqu'ici.

Dans les premières applications de ces pistons, M. Polonceau avait adopté la disposition indiquée, fig. 34, pour opérer la réunion de la tige avec les deux plateaux, et qui est semblable à celle représentée fig. 20, pl. 37 ; mais il l'abandonna pour adopter, comme donnant de meilleurs résultats, le mode de construction de la fig. 35, c'est-à-dire qu'il remplaça la tige à double cône, et à embase, par une tige tournée un peu cône et filetée d'un pas de vis triangulaire. Cette tige est vissée au centre du disque en fonte B, qui de plus est percé pour recevoir une goupille en fer m, de 15 millimètres de diamètre, qui doit traverser la tige. Comme dans une partie des pistons déjà décrits, une platine en tôle de fer c empêche le desserrage des boulons b au moyen des cinq entailles qui correspondent aux écrous de ces boulons.

Piston du Nord, fig. 36 et 37. — Ce mode de construction a été adopté dans les locomotives du Nord ; il est à peu près semblable au précédent, quant à la réunion de la tige avec le plateau B, la disposition des anneaux a et a', celles des coins E et E' et de leurs ressorts R et R' ; pourtant il en diffère en ce que le centrage, au lieu d'être obtenu par trois points, ne l'est en réalité que par un seul pour chaque segment : par la vis V, pour le segment supérieur a, et par la vis V′ pour le segment inférieur. Les deux autres vis v et v' ne servent qu'à régler la position des coins, afin de les mettre en rapport avec la force d'expansion des ressorts R et R′.

Piston de Lyon, fig. 38 a 40. — Les particularités distinctives de ce piston peuvent se reconnaître aisément. Les deux coins en fonte E et E′, poussés par les ressorts en acier R et R′, pour ouvrir les anneaux en fonte a et a', sont réglés par les vis v et v', et le centrage des deux ressorts est obtenu simultanément par la vis V qui traverse le milieu de la lame en acier r. Celle-ci appuie, par ses deux extrémités, sur les bossages ménagés au plateau en fonte B pour le passage des boulons b, et son centre est fileté pour recevoir la vis V, dont le bout appuie sur la pièce en fer s. Cette dernière, comme on le remarque sur le détail fig. 40, porte, rivés à ses branches, deux goujons qui appuient simultanément sur le milieu de l'épaisseur des deux anneaux a et a', en traversant les ressorts R et R′, percés à cet effet d'une ouverture circulaire.

Piston Dietz et Franck, fig. 41. — MM. Dietz et Franck, ainsi que M. Vancamp dans le modèle fig. 15, ont cherché à établir une brisure à charnière dans les anneaux ou segments, afin que la pression du coin se répartisse simultanément et également sur toute la circonférence de ces segments, par le sens même de leurs articulations. Ainsi, chacun des deux anneaux superposés est coupé en trois pièces ; deux des joints reçoivent les goujons cylindriques g, et le troisième, le coin E, qui est pressé par le ressort circulaire méplat R, lequel tend, non-seulement à pousser le coin, mais encore à égaliser la pression sur toute la circonférence de la garniture, en agissant simultanément sur les bossages ménagés aux anneaux pour les passages des goujons g, et sur le renflement qui se trouve diamétralement opposé au coin pour recevoir la vis de centrage v'.

Piston Mac'Connell, fig. 42. — Ce piston présente dans sa construction plusieurs particularités dignes de fixer l'attention : les deux plateaux sont en fer forgé, obtenus au moyen d'un marteau-pilon garni d'une étampe dont la surface correspond à la forme que doit prendre l'un des côtés du piston, tandis que la forme de son enclume correspond à l'autre face dudit plateau.

Un nombre considérable de pistons de ce genre, appliqués aux machines locomotives, fonctionnent depuis longtemps, paraît-il, en Angleterre. L'inventeur exécute plusieurs variétés de ces pistons ; souvent la tige fait corps avec l'un des plateaux, et quelquefois il emploie des tiges creuses ou tubes qui se vissent sur une saillie cylindrique du corps du piston. Celui représenté fig. 42, est de construction française, et tel qu'il a été appliqué dans les locomotives du chemin de fer du Nord.

L'avantage que présente ce système sur les pistons en fonte est, à dimensions égales et, par suite de ses faibles épaisseurs, d'être plus léger que les pistons en fonte, et d'être, si ce n'est moins cher, plus simple de construction et plus solide. Il est composé des deux plateaux en fer B et C. Celui B est forgé avec une saillie annulaire, qui reçoit les deux anneaux en fonte, d'égale épaisseur a et a', et le ressort circulaire R. Ce dernier est formé d'une seule lame fendue en un point de sa circonférence, et occupe toute la hauteur des deux anneaux ; il n'agit pour les ouvrir que par sa propre élasticité, sans l'intermédiaire de coins ; il n'y a qu'une seule vis v, diamétralement opposée à la fente du ressort, qui sert au centrage de la garniture. La tige T est forgée avec un renflement et une embase ; le renflement est fileté et se visse au centre du plateau B, et l'embase reçoit les deux vis à tête fraisée v' qui, engagées également dans le plateau, empêchent le desserrage de la tige.

Le couvercle C porte un rebord intérieur c, muni d'un filet en hélice, qui pénètre dans une rainure correspondante pratiquée dans la saillie annulaire du plateau B.

Pour visser le couvercle sur celui-ci, on se sert de leviers à manche que l'on visse dans les trous d filetés, à cet effet, pour les recevoir. Quand le couvercle est convenablement serré sur le plateau, on introduit la vis V, qui pénètre dans le renflement de la tige, et on chasse la clavette c' pour empêcher le desserrage.

Piston Cockerill, fig. 43 et 44. — Ces figures représentent un piston construit par la Société John Cockerill, à Seraing, et appliqué aux machines motrices des anciennes pompes pneumatiques du chemin de fer atmosphérique de Saint-Germain. La garniture de ce piston est composée d'un anneau en fonte a, divisé en quatre segments percés au milieu, à leur jointure, pour recevoir les coins E, fig. 44 *bis ;* ceux-ci sont réunis par des vis v' à des bandes de métal E', sur lesquelles agissent les ressorts arqués r, dont la tension est réglée par les vis v. Des goujons g traversent une rainure pratiquée dans le plateau B, pour guider les segments dans l'extension du centre à la circonférence, sous l'action des ressorts intérieurs.

Piston Gilmer, fig. 47. — Ce piston est composé de deux anneaux superposés et ouverts chacun en un point garni d'un coin E. Un ressort méplat circulaire R, muni d'un ressort à boudin (d'une disposition semblable à celui du piston Vancamp, fig. 15, pl. 37), tend à ouvrir l'anneau. Ce qui distingue le piston de M. Gilmer, c'est, comme on doit le remarquer, l'assemblage à rotule de la tige au moyen du chapeau C et de quatre boulons b, qui relient en même temps le plateau B et le couvercle C. L'avantage de cet emmanchement à rotule consiste principalement, suivant l'auteur, en ce qu'il agit librement et conserve toujours sa position naturelle dans le cylindre, sans être contrarié par le gauche provenant, soit de l'usure des anneaux, soit d'une garniture plus ou moins serrée.

Piston Legendre et Averly, fig. 48. — Cette figure représente le mode de réunion d'un piston avec la tige oscillante de l'ancienne machine à vapeur de MM. Legendre et Averly. La disposition intérieure et la garniture sont complétement semblables à celles représentées par les fig. 11 et 12 de la pl. 37 ; la différence réside dans l'assemblage de la tige qui est terminée par une douille en acier trempé pour recevoir le boulon à écrou t, également en acier, et autour duquel la douille peut osciller d'une petite quantité suivant un angle de 6 à 8 degrés environ.

PISTONS SANS RESSORTS INTÉRIEURS OU A EXPANSION SELF-ACTING.

La variété des pistons qu'il nous reste à examiner sont ceux qui présentent les dispositions les plus élémentaires et en même temps la plus grande simplicité dans leur construction ; et ce sont aussi ceux qui, aujourd'hui, semblent avoir la suprématie sur les systèmes de combinaisons plus compliquées.

Piston Forsyth, fig. 49 et 50. — Ces figures indiquent deux dispositions imaginées par M. Forsyth, ingénieur à Manchester, pour remplacer les garnitures à segments et à ressorts intérieurs. Le corps du piston n'est autre qu'un disque en fer P, forgé avec la tige ou avec une saillie centrale dans laquelle la tige est vissée et clavetée. La garniture est formée d'un anneau A, fig. 49, pour les petits pistons, ou de deux anneaux A et A', fig. 50, pour les pistons de plus grand diamètre. Dans les deux cas, une rainure circulaire est disposée à l'intérieur de ces anneaux pour pénétrer dans une saillie correspondante ménagée à la circonférence du plateau. Ces anneaux sont fendus en un point et entaillés pour recevoir une languette rapportée à la circonférence du plateau.

La méthode employée par l'auteur pour obtenir ces anneaux économiquement, consiste à faire fondre un manchon d'une certaine hauteur avec des rainures intérieures convenablement espacées pour présenter, une fois débitées, une série d'anneaux, lesquels sont resserrés afin d'augmenter leur élasticité, puis de tourner ce manchon à un diamètre un peu plus grand que celui du cylindre dans lequel les anneaux doivent fonctionner.

Piston Nasmyth, fig. 51 et 52. — Cet ingénieur, constructeur à Patricroft (Angleterre), bien connu pour son système de marteau-pilon, propose d'établir les garnitures des pistons, qui fonctionnent dans ces marteaux, de la manière indiquée, fig. 51 et 52. Le corps P du piston est en fer forgé avec sa tige, ou forgé avec une embase, à laquelle on relie la tige par un assemblage conique et une rivure. La garniture se compose d'un anneau A, à section triangulaire, et brisé en un point pour pouvoir se loger dans la rainure annulaire de même forme, pratiquée à la circonférence du piston.

L'angle aigu du triangle est en bas, de façon que le mouvement d'ascension du piston, fig. 51, a une tendance à serrer cet anneau sur la surface interne du cylindre, c'est-à-dire, dans la position la plus propre à constituer une garniture étanche. Quand, au contraire, le piston descend, le frottement de l'anneau contre le cylindre amène cette pièce dans la position indiquée, fig. 52, c'est-à-dire, desserre la garniture et permet au piston de descendre librement.

Piston Joy, fig. 53 et 54. — La fig. 53 représente, partie en coupe et partie extérieurement, le corps de ce piston assemblé avec sa tige, et la fig. 54, la garniture isolée prête à être introduite dans la gorge ménagée à la circonférence extérieure du plateau P.

La tige T est vissée et arrêtée par une clavette au centre de ce plateau ; la circonférence extérieure est tournée à un diamètre de 1 1/2 millimètre de moins que celui du cylindre, et on y pratique une rainure circulaire en hélice, dont le pas est de 12 à 13 millimètres, et qu'on prolonge de 7 à 8 centimètres au-delà de la révolution pour ménager l'espace libre p indiqué fig. 53.

La garniture est composée d'un large anneau en fonte ou en laiton A, fig. 54, de 15 millimètres d'épaisseur, et d'un diamètre de 18 millimètres plus grand que le cylindre. Cet anneau, une fois tourné, est placé sur un mandrin pour y découper une rainure en spirale, large de 3 millimètres, avec pas de 15 millimètres. Cette rainure, étant pratiquée de part en part, laisse une hélice de 12 à 13 millimètres sur 18 millimètres carrés de section, et formant environ cinq tours entiers. On enlève à peu près deux révolutions de cette hélice, et 18 millimètres au delà, comme l'indique la fig. 54 ; on insère ensuite cette hélice dans la rainure du piston, qu'elle doit remplir exactement, et on applique sur cette garniture, pour la contenir et permettre l'introduction du piston dans le cylindre, une ceinture en tôle que l'on serre au moyen de vis. Présentant alors le piston à l'ouverture du cylindre, dont les lumières doivent être remplies par de petits blocs de bois, on pousse ce piston, qui, en abandonnant la ceinture qui le comprimait, descend dans le cylindre.

Pistons Suédois, fig. 55 a 59. — Le piston représenté en section, fig. 55, figurait à l'Exposition universelle de 1855, appliqué sur la remarquable machine de bateau à hélice envoyée par l'usine de Mortolla, en Suède ; il est composé d'une cuvette en fonte P, dont la couronne présente quatre gorges, pour recevoir les nervures correspondantes de deux anneaux en fonte A et A'. Ces anneaux sont tournés et fendus en un point de leur circonférence, de façon à faire expansion par leur propre élasticité, sans addition de ressorts.

La grande simplicité de ce genre de piston a décidé feu M. Polonceau, à en faire l'application aux machines locomotives du chemin de fer d'Orléans. Seulement, il en modifia sensiblement la construction, comme on peut le remarquer sur la fig. 56. Le corps P de ce piston, au lieu d'être en fonte, est en fer forgé d'une seule pièce, laquelle est obtenue avec son évidement intérieur, soit à l'aide du marteau-pilon, au moyen de poinçons et de matrices, ainsi qu'ils sont exécutés chez MM. Petin et Gaudet, à Rive-de-Gier, soit en prenant un disque en fer, du diamètre et de l'épaisseur convenables, que l'on met sur le tour et que l'on évide intérieurement pour lui donner la forme creuse correspondant au fond C du cylindre à vapeur.

Sur la circonférence extérieure de ce plateau sont creusées deux rainures circulaires, dans lesquelles sont introduits les deux cercles en fonte A et A'. La tige T est vissée dans le renflement central, et elle est arrêtée par une goupille *g*.

Note sur la construction des pistons suédois. — Nous devons à l'extrême obligeance de M. Nozo, ingénieur du matériel au chemin de fer du Nord, la communication des renseignements intéressants qui suivent sur le *piston suédois* appliqué aux locomotives.

Dans l'application aux locomotives, on considère l'usure totale de mise au rebut des cylindres (supposés de 14 millimètres sur le diamètre intérieur) comme divisée en deux périodes d'usure partielle de 7 millimètres chacune.

La première période est desservie par un piston dit *de construction*, et la deuxième par un piston dit *d'entretien*, ayant un diamètre de 7 millimètres plus grand que le premier.

Comme la quantité dont le segment s'engage dans la rainure du piston diminue vers le haut proportionnellement à la double usure du segment et du cylindre ; comme aussi le piston s'excentre dans le cylindre au fur et à mesure que l'usure lui permet de descendre, on comprend qu'il faut remplacer les segments après un certain temps de service.

A cet effet, le magasin tient en approvisionnement :

1° pour chaque type de locomotive, deux espèces de pistons non garnis de segments, des *pistons de construction, des pistons d'entretien ;*

2° Pour chaque espèce de piston, des segments finis d'intérieur et de croisure, et présentant une largeur et une épaisseur suffisantes pour satisfaire à tous les agrandissements de largeur des rainures des pistons, et de diamètre des cylindres.

Les segments prennent, par analogie, les noms de *segment de construction, segment d'entretien.*

Pour appliquer dans un piston des segments ainsi préparés, il faut préalablement les monter sur un mandrin spécial, au moyen de cercles à vis de rappel et en prenant le soin de pincer de petits blocs de bois dur dans le joint ; on leur donne alors sur le tour la longueur qu'il convient ; ensuite, au moyen d'un plateau complémentaire du mandrin, on coince les segments sur champ, on enlève les cercles de rappel, et on les tourne au diamètre du cylindre.

Si, après cette opération, le segment n'épouse pas exactement la forme du cylindre, il faut, sur place, le battre au marteau jusqu'à ce qu'on obtienne un contact parfait. Il convient, dans tous les cas, de prendre la précaution de faire rentrer au marteau les extrémités de la croisure, et de chanfreiner un peu les arètes. Il est bon aussi d'abattre très-légèrement l'arète circulaire des segments, qui se présente la première dans le cylindre, afin de faciliter la mise en place.

Le montage du piston sur la tige se fait de la manière suivante :

1° La partie conique t de la tige, fig. 57, dont l'inclinaison n'est que de 1/50, s'ajuste à froid de manière que son extrémité affleure le corps du piston, du côté de la rivure x ;

2° On chauffe le corps du piston à peu près jusqu'au rouge sombre, et on l'emmanche en frappant sur sa tige ; sa partie conique avance ainsi généralement de $0^m,015$;

3° On laisse refroidir le piston, on le place sur le tour pour préparer l'extrémité de la tige, suivant le tracé indiqué par la lettre x', pour faire la rivure ;

4° On rive à froid ;

5° On termine le piston et sa tige sur le tour en en tournant toutes ses parties extérieures. La portion conique de la tige opposée à la rivure saillit, avant l'enfoncement, de la quantité indiquée par le tracé ponctué x^2 ; après cette opération, il ne saillit plus que de la quantité x^3, et enfin ne présente plus qu'un congé quand le piston est terminé. Le fond des gorges qui reçoivent les segments est centré sur l'axe de la tige, et le bord extérieur du piston est excentré de $0^m,0015$ vers le haut.

Le piston suédois, tel qu'il est construit au Nord, n'est composé que de *quatre* pièces, au lieu de *quarante* qui entraient dans la composition des pistons anciens ; son poids, avec la tige, est seulement de $70^k,66$ pour les *pistons de construction,* et de $76^k,66$ pour les *pistons d'entretien,* tandis que l'*ancien piston* en fonte pesait $94^k,25$, ou $99^k,50$.

Le prix des pistons suédois en fer forgé, malgré sa simplicité et son poids moins considérable, était, dans le principe, beaucoup plus élevé que celui des pistons en fonte, puisque ces derniers ne revenaient à la Compagnie qu'à $1^f,49$ à $1^f,94$ le kilogramme, tandis que les pistons en fer s'élèvent à $4^f,36$ le kilogramme.

Mais avec les progrès de la fabrication, le prix diminua bientôt graduellement : d'abord à $3^f,75$, il descendit à $2^f,65$, puis enfin à $2^f,57$; ce qui ramène les deux genres de piston à peu près dans les mêmes conditions de prix de revient.

Piston Ramsbottom, fig. 60. — Ce piston diffère du piston suédois en ce que les segments A, de la garniture, sont en acier doux au lieu d'être en fonte et beaucoup moins larges. L'auteur n'emploie ordinairement que trois anneaux insérés dans trois rainures de 6 millimètres chacune de largeur, sur 8 de profondeur, et distantes entre elles de 6 à 7 millimètres. Les anneaux sont amenés au profil voulu pour s'adapter exactement dans les rainures, et courbés ensuite suivant une circonférence dont le diamètre peut être d'un dixième plus grand, environ, que celui du cylindre.

On place ces anneaux dans les rainures en les comprimant, et on les insère avec le corps du piston dans le cylindre, en ayant le soin de bloquer les lumières de celui ci pour que les anneaux ne puissent s'y engager. Les anneaux sont établis à joints rompus sur le corps du piston, afin que, si la vapeur franchissait la coupure du premier anneau, la seconde lui fasse obstacle, puis ensuite la troisième.

M. Farcot a fait l'application de ce système à des machines à vapeur fixes ; seulement, au lieu de trois segments, il a jugé nécessaire, dans certains cas, pour les grands diamètres, d'en ajouter deux, soit en tout cinq, comme l'indique la fig. 60.

CONSTRUCTION DES PISTONS A EAU ET A VENT.

(PLANCHE 39.)

Cette longue énumération des pistons à vapeur nous rend au moins plus facile la description des pistons à eau avec lesquels les premiers ont plus d'une similitude. Mais pour les pistons des pompes à eau, on emploie souvent les garnitures de cuir, qui sont absolument exclues pour la vapeur, et beaucoup de ces mêmes pistons sont *à jour*, armés de clapets, caractère que ne peut jamais offrir un piston moteur à vapeur.

En passant en revue les principaux types de pistons à eau, nous les classons aussi d'après leur mode de garnitures, savoir :

Les pistons à garniture de chanvre, très-employés et d'un bon service avec les grands diamètres ;

Les pistons à garniture de cuir, plus en usage que les précédents pour les petites pompes ;

Les pistons à garniture exclusivement métallique, d'un emploi nouveau et peu fréquent, pour cette application ;

Enfin, les pistons à garnitures mixtes, où le métal, le cuir et le chanvre sont mariés pour concourir à la jonction requise.

Nous avons peu de chose à dire des pistons à vent qui n'offrent qu'un nombre assez restreint de types différents.

PISTONS A GARNITURES DE CHANVRE.

PISTONS DE POMPES A AIR, FIG. 61 A 63. — Pour ces pompes, dont le corps est soigneusement alésé, et qui n'est jamais traversé que par de l'eau exempte de vase ou de corps étrangers susceptibles de le détériorer lui-même ou la garniture du piston, on fait toujours usage, pour ce dernier, de garnitures en tresses de chanvre qui est doux pour le frottement et procure une bonne jonction, la température n'étant pas un obstacle comme avec la vapeur.

On distingue, parmi les différents systèmes de pistons de pompes, les pistons *pleins* et ceux qui sont *à jour* et armés de clapets. Ces derniers conviennent particulièrement aux pompes élévatoires, à simple effet, dans lequel le fluide élevé passe, durant l'évolution neutre du piston, d'une partie du cylindre dans l'autre, en traversant ce piston, dont les clapets se lèvent alors, tandis qu'ils se tiennent sur leur siége pendant l'élévation, qui est simultanée avec l'aspiration.

Tel est le piston, fig. 61, que nous représentons tout monté dans son corps de pompe, celui de l'un des condenseurs des machines à vapeur élévatoires de Chaillot (Paris).

Ce piston, qui est d'une grande dimension, est néanmoins en bronze, le corps et les clapets. Le corps est formé d'une couronne A reliée, par six nervures *a*, avec le moyeu *b* par lequel l'ensemble est assemblé avec la tige B. La couronne est cylindrique extérieurement, plus un rebord en congé contre lequel s'appuie la garniture qui est serrée à l'aide d'un anneau mobile *c* fixé par douze boulons *d* taraudés dans le corps du piston.

La face supérieure, qui doit recevoir les clapets, offre une partie plane, tournée, dans laquelle sont réservés deux orifices annulaires concentriques *e* et *e'* auxquels correspondent les deux clapets C et C', qui sont aussi des anneaux, joignant à plat. Ces deux anneaux, qui sont libres, sont néanmoins maintenus, sur leurs voies, par six mamelons cylindriques *f* en rapport avec chacune des nervures, et qui forment aussi la prolongation extérieure d'un même nombre de bossages traversés par des boulons *g* servant à fixer les plaques *h*, contre lesquelles les clapets viennent buter en s'élevant. Ainsi, ces deux clapets sont, d'ailleurs, indépendants, l'un étant *circonscrit* aux mamelons *f* et l'autre se trouvant *inscrit* à leur intérieur.

Quant à l'assemblage de la tige, celle-ci se termine par une portée conique dans le sens convenable pour *supporter* le piston; une clavette *i*, traversant la tige, vient fixer l'assemblage en serrant contre la face supérieure du mamelon.

En résumé, ce mode de construction est plutôt exceptionnel en ce genre, et répond, d'ailleurs, aux soins apportés dans tout l'ensemble de ces machines; il est surtout remarquable par l'emploi de l'anneau de serrage, ou joue mobile *c*, qui s'applique rarement.

Nous profitons de ce même ensemble, fig. 61, pour montrer la disposition particulière des clapets d'aspiration D, dont le fond de cette pompe est garni.

Ce sont deux clapets rectangulaires à charnière, de grandes dimensions, et montés sur un double siége en fonte E appliqué sur le fond du corps de pompe F. Ces clapets ont comme particularité de pouvoir être équilibrés à l'aide d'un caisson *j*, venu de la même pièce, et qui présente un vide dans lequel on peut verser du plomb ou de l'étain jusqu'à ce que le contre-poids exact soit obtenu.

La fig. 62 représente un piston appliqué à des fonctions semblables, mais du type de construction le plus simple, et aussi pour une pompe de moindres dimensions.

Le corps A est une simple poulie en fonte, à gorge plate pour recevoir les tresses qui composent la garniture. La partie supérieure est tournée pour l'application du clapet C qui est un disque en fonte plat, simplement enfilé sur la tige B sur laquelle une bague en fer *a* est fixée par une goupille, ou une vis de pression, pour limiter sa levée.

La tige présente, pour l'assemblage, une portée cylindrique renflée et terminée par une embase conique qui vient s'incruster dans le moyeu du piston ; elle est ensuite fixée par une clavette *b* qui traverse le moyeu. Dans les proportions actuelles, cette clavette est difficile à ajuster et à mettre en place, et il est même nécessaire, pour l'introduire, et, d'abord, pour pratiquer dans le moyeu la mortaise qui doit la recevoir, de ménager dans la couronne extérieure deux ouvertures qui se trouvent recouvertes ensuite par les tresses de la garniture.

Le piston représenté fig. 63 est plus conforme à la disposition admise aujourd'hui pour les pompes à air verticales et à simple effet (ce type est imité d'un mode souvent employé par M. Farcot).

Il a pour caractère principal la conicité du clapet qui est mieux en rapport, que dans le cas précédent, avec la direction de l'eau à son passage ; la conicité du joint avec le siége est aussi favorable à la jonction. Ce clapet est, d'ailleurs, aussi un disque circulaire, d'une seule pièce, enfilé sur la tige ; mais on remarque que l'emmanchement de cette tige n'offre pas la même difficulté que précédemment. A la faveur de deux portées de diamètres différents, le corps du piston et son clapet sont introduits sur la tige par cette extrémité inférieure, le piston est fixé au moyen de l'écrou *b* et la levée du clapet est limitée par une embase *a* appartenant à la tige, au lieu d'être rapportée.

Pistons des pompes élévatoires des ponts de Cé, fig. 64. — M. Farcot a construit, en 1856, pour la ville d'Angers, une machine élévatoire dont la pompe est munie d'un système de piston représenté par cette figure.

Il est surtout remarquable par la grande hauteur du corps A, comparativement à son diamètre, et par la conicité prononcée de son clapet C. Ce piston, conformé effectivement comme pour une pompe élévatoire, doit néanmoins fonctionner comme les plongeurs foulants, mais par une action en sens contraire, et soulever une colonne d'eau qui n'est pas moindre de 50 mètres de hauteur, ce qui motive sa disposition exceptionnelle en tant que piston *à jour* et *à clapet*.

Le corps de ce piston est un manchon en fonte, à nervures *a* intérieures se reliant à un manchon central *b*, dont la partie supérieure est garnie, ainsi que le bord intérieur du corps A, d'anneaux en caoutchouc *c* et *c'* sur lesquels vient joindre le clapet C. L'extérieur du corps est tourné et épaulé pour l'application de la garniture de tresses de chanvre, que l'on fait serrer contre l'épaulement au moyen d'une bague E montée à vis à la partie inférieure du piston.

Ce dernier est monté lui-même sur une tige en fer *d* qui se trouve clavetée avec un manchon en fonte B, lequel constitue la tige, proprement dite, et, par son fort diamètre, opère dans sa descente un déplacement tel dans l'eau élevée au-dessus du piston, qu'il produit une élévation équivalente à celle qui correspond à la phase ascentionnelle ; le piston est ainsi fixé sur cette tige *d* par l'écrou *d'*, dont le serrage a pour point d'appui une douille en bronze F enfilée sur la tige, et sur laquelle glisse le clapet.

Quant à ce dernier, on voit que c'est un cône tronqué en bronze, à jour et garni de nervures qui lient la couronne conique avec la douille centrale ; il ferme en joignant, comme nous l'avons dit, sur les anneaux en caoutchouc *c* et *c'* qui garnissent le moyeu du piston et son bord supérieur. Le tracé en ponctué le montre dans sa position *ouverte* et butant contre l'embase de la tige *d*.

Piston d'une petite pompe élévatoire, fig. 65. — Ce genre de piston convient aux pompes à eau élévatoires, dont le corps est d'un faible diamètre, et qui n'ont aussi à supporter qu'une colonne d'eau d'une élévation peu considérable ; cependant, par le mode de construction indiqué ici, on voit qu'il appartient encore au domaine de la bonne mécanique, et non pas à la *fontainerie*, qui fait plutôt usage du type représenté fig. 71 et qui se trouve décrit plus loin.

Celui-ci, fig. 65, est, en effet, un manchon en fonte A, évidé extérieurement en gorge pour recevoir la garniture, et entièrement traversé par une ouverture rectangulaire recouverte d'un clapet métallique C. Par cette disposition on reconnaît la nécessité de profiter, pour le passage du fluide, de toute la dimension du piston que la tige B ne traverse pas, comme on le fait lorsque le diamètre le permet. Cette tige se termine par une véritable fourche dont les deux branches *a* traversent le corps du piston, de chaque côté du vide intérieur, et étant épaulées en dessus, achèvent de s'assembler avec le corps A à l'aide d'un clavetage composé d'une clavette simple *b* et de la contre-clavette à mentonnets *c* : c'est exactement l'assemblage d'une bielle ouverte (p. 415).

Quant au clapet, il est monté à charnière, comme à l'ordinaire, et joue dans l'ouverture de la fourche de la tige.

On remarque deux trous *d* qui traversent le corps du piston. Ces deux trous, qui sont ramenés en vue de face et en lignes ponctuées, afin de faire comprendre leur situation par rapport à la gorge extérieure, sont destinés à servir de points d'attache à la tresse de chanvre qui, partant de l'un d'eux, est enroulée en hélice, et vient, par son extrémité opposée, se rattacher à l'autre.

PISTONS A GARNITURE DE CUIR.

Pistons a clapets, cuirs emboutis, fig. 66 à 68. — Le piston représenté fig. 66 est celui de la pompe nourricière de l'une des machines élévatoires de M. Farcot, auxquelles appartient aussi le clapet précédemment décrit (p. 599).

Le corps en fonte A, dont l'intérieur est vide, excepté le moyeu central *b* et les nervures *a*, présente, à sa partie supérieure, deux plans inclinés sur lesquels sont appliqués quatre clapets en cuir C et C', construits comme celui que nous venons de rappeler ; ils correspondent à un même nombre d'ouvertures déterminées par deux cloisons *c*, dont la masse est suffisante pour que l'on ait pu y fixer les clapets extérieurs C.

La garniture de ce piston est formée par un cuir embouti D qui se trouve pincé entre le corps A, qui est conique et rentrant dans cette partie, et une bague en fer *d*.

Ce cuir, comme pour tous les pistons qui en sont munis, joue un rôle analogue à celui des corps de presse hydraulique (p. 546) ; lorsque le piston descend, ce cuir tend à s'appliquer contre le corps du piston en s'isolant plus ou moins du corps de pompe ; mais il importe peu que dans cet instant la garniture joigne parfaitement, attendu que, dans cette période des fonctions d'un piston à jour, il n'opère que son propre déplacement en traversant la masse de l'eau ; mais lorsqu'au contraire, il s'élève, et que la garniture doit parfaitement tenir, l'eau supérieure, soulevée, concourt à cette jonction par sa résistance, en s'introduisant entre le corps du piston et la lèvre du cuir qu'elle force à s'appliquer contre les parois du corps de pompe.

Rappelons, d'ailleurs, que la pompe actuelle n'a pour mission que de soulever une colonne d'eau qui n'excède par 3^{m},50 de hauteur.

L'organisation des clapets, dans ce piston, mérite une mention particulière. Ceux intérieurs C′ sont formés par une seule lame de cuir, qui se trouve pincée entre le piston et une traverse en fer *e* forgée avec la tige B qui se trouve arrêtée, au-dessous du piston, par un clavetage. Mais, en même temps que la lame de cuir se trouve prise, une forte bande de caoutchouc *f′* qui, appuyant de chaque côté sur la plaque de renfort des clapets, a pour mission de hâter leur retour sur le siége. Une bande semblable *f* agit de la même façon sur chacun des deux clapets extérieurs C. Enfin la tige B porte, de la même pièce, une traverse *g*, perpendiculaire à la première, et qui a pour objet, par ses extrémités et par les deux talons *g′*, de servir de battement aux quatre clapets.

Le modèle de piston représenté fig. 67 est d'une construction analogue, mais plus simple ; il est vrai qu'il n'offre pas, comme le précédent, l'avantage de la multiplicité des clapets, ce qui, en les rendant plus petits, diminue l'amplitude de leur levée et diminue les chances de *claquement*.

Celui-ci est formé d'une couronne A, chaussée d'un cuir embouti D, qui est fixé par une bague en fonte E, retenue au moyen de quatre vis *c* taraudées dans des bossages réservés à la couronne. L'intérieur de celle-ci étant armé de quatre nervures en croix *a* et de son moyeu central *b*, reçoit les deux clapets C, qui sont formés d'une seule lame de cuir pincée sous la traverse *e* forgée avec la tige ; cette traverse, indépendamment du boulon central *d* qui forme le prolongement de la tige même, est encore reliée avec le corps du piston par deux boulons latéraux semblables. Enfin la tige est également forgée avec deux butoirs *g* auxquels correspondent deux rivets de *choc f*, à tête plate, appartenant aux clapets.

En somme, c'est un bon modèle de piston, que l'on pourrait cependant modifier avantageusement en limitant plus tôt la levée des clapets, dont l'ouverture est évidemment beaucoup trop considérable.

Nous avons encore à citer le petit piston représenté fig. 68, qui est celui de la pompe élévatoire, dite *à eau froide*, adjointe aux condenseurs des machines de Chaillot, dont la fig. 61 représente, en partie, la pompe à air.

Ce piston est formé d'un simple disque ou plateau en fonte A sur lequel est rivé le cuir embouti D; ce disque, qui est à jour, est fixé, par un emmanchement conique, avec la tige B, sur laquelle coule librement un clapet plat et circulaire C.

On sait que le travail de cette pompe est aussi très-peu important, et se résume à élever dans la bâche du condenseur, et sous une très-petite hauteur d'aspiration, l'eau nécessaire à l'injection.

PISTON A CLAPETS, AVEC GARNITURE DE CUIR EN RONDELLES, FIG. 69. — Ce modèle de piston, dont la disposition a de l'analogie avec les précédents, fig. 66 et 67, est donné ici pour sa garniture, qui est formée de rondelles de cuir D superposées et serrées, avec une certaine obliquité, par une bague à croisillon E, agissant par l'intermédiaire d'un anneau *h*, et fixé sur la tige prolongée *d*, en même temps que le corps du piston, à l'aide de la clavette *f* et de sa contre-clavette à mentonnets *f'*.

Ce mode de construction est, d'ailleurs, peu usité.

PISTON PLEIN, CUIRS EMBOUTIS, FIG. 70. — Ce piston appartient à une pompe à air *foulante* appliquée au service d'une cloche à plongeur qui a été construite, il y a quelques années, par M. Nillus.

Cette pompe était composée de trois corps ou cylindres semblables, dont la partie supérieure se trouvait entièrement à l'air libre, de façon que les pistons aspiraient et refoulaient du même côté : ils devaient donc être *pleins*.

La fig. 70, qui représente l'un de ces trois pistons, montre qu'il est formé de deux plateaux en bronze A et A' montés sur une tige en fer B, et qui, par l'intermédiaire d'un anneau C, retiennent deux cuirs emboutis D et D', leurs lèvres tournées dans le même sens, la pompe étant *à simple effet;* ces pièces se trouvent réunies et serrées par un écrou *a* monté sur la tige B, rond et noyé dans le plateau A', dont la face inférieure devant s'approcher, à bout de course, le plus près possible du fond du cylindre, afin de réduire les espaces nuisibles, ne doit offrir aucune saillie.

La tige B est le prolongement de celle extérieure qui porte un œil percé transversalement pour son assemblage avec une bielle fourchue, dans des conditions qui ont été expliquées dans un chapitre précédent (p. 407).

La disposition très-simple de ce piston nous dispense de plus grands développements; faisons remarquer, toutefois, que l'emploi de deux cuirs a pour raison de donner à la zone de jonction une hauteur suffisante avec des cuirs étroits, qui sont toujours plus fermes qu'un seul d'une largeur double.

PISTON DE POMPE A EAU TROUBLE, SYSTÈME LETESTU, FIG. 71 ET 72. — Cette ingénieuse disposition a reçu de très-larges applications pour ces pompes que l'on emploie dans les divers épuisements nécessités dans les constructions architecturales ou des ponts et chaussées, où les eaux à extraire étant susceptibles d'entraîner avec elles du gravier ou d'être vaseuses, les pompes ordinaires, à corps alésé et à organes précis, ne pourraient nullement convenir.

La particularité du système de M. Letestu réside justement en ce que la précision en est exclue, en principe, et que les fonctions de la pompe ainsi établie n'en sont point dépendantes.

Le corps de pompe E pouvant être en tôle, sans alésage, le piston se compose d'un cône A en cuivre rouge mince, percé d'un très-grand nombre de trous, et s'appuyant sur une sorte de carcasse en fèr ou en fonte, de même forme, armé à la base d'un rebord joignant approximativement avec la paroi du corps de pompe. Mais, à l'intérieur de ce cône creux, se trouvent disposées deux feuilles de cuir C dont l'étendue totale équivaut à la surface de son développement, plus un certain recouvrement des deux parties à leurs jonctions, et plus un rebord cylindrique destiné à s'appliquer aussi contre la paroi du corps de pompe; ces deux feuilles se trouvent prises, au sommet du cône, entre le fond A et une cale *a*, le tout serré avec la carcasse extérieure par un boulon D, auquel doit aussi s'assembler le prolongement-guide de la tige de piston et la bielle de commande.

Or, ces deux feuilles de cuir constituent les clapets du piston, et en même temps sa véritable garniture étanche pendant l'ascension. Lorsque le piston *descend* et traverse l'eau élevée par aspiration, cette eau, pour se livrer passage, traversant les trous du piston, repousse les cuirs C, qui se replient et prennent sensiblement la position indiquée en élévation, fig. 71, et en projection horizontale, fig. 72. Mais aussitôt que le sens du mouvement change, l'eau soulevée fait naturellement appliquer les cuirs contre le fond du piston et contre la paroi du corps de pompe, de façon que l'élévation se fait sans pertes et par la jonction opérée exclusivement par ces deux cuirs, lesquels font ainsi fonctions, simultanément, de clapets et de garnitures de piston.

Ajoutons que le clapet de fond, dans ces pompes, est d'une construction identique à celle du piston.

Piston a clapet dit des fontainiers, fig. 73. — Ce système simple, et d'une construction économique, est employé pour les pompes élévatoires de puits affectées aux usages domestiques plutôt qu'à l'industrie, et qui, sortant des moyens de la construction mécanique, rentrent dans la fontainerie, d'où ce piston tire sa désignation.

Il est néanmoins comparable, comme principe, à celui qui est représenté fig. 65 ; mais il en diffère complétement par les matériaux qui entrent dans sa composition. Le corps A et la chape *a*, par laquelle il est relié à la tige B, sont taillés dans un seul morceau de bois, que l'on choisit d'une espèce convenable pour supporter un pareil découpage et le travail auquel il est destiné.

Le corps est cylindrique, armé dans le bas d'une frette en fer *b*, et garni d'un cuir embouti D, qui est simplement fixé, par son bord inférieur, au moyen de vis ou de clous; il est évidé suivant une ouverture qui, circulaire à la partie inférieure, se rétrécit et devient en partie rectangulaire et demi-circulaire sous le clapet C. Ce dernier est fait d'une seule lame de cuir, fixée aussi au moyen de clous ou de vis, et armée d'une platine de renfort en métal, qui est quelquefois du plomb, afin d'augmenter la pesanteur du clapet et d'empêcher qu'en s'élevant trop, il ne se rejette en arrière.

L'extrémité B de la tige est assemblée avec la chape à l'aide d'une clavette *c*; mais cette chape ne pourrait résister suffisamment à l'assemblage si l'on ne prenait soin de la renforcer par une frette *d* posée sur la partie supérieure, et par une bride ou étrier *e* qui garnit le fond de l'enfourchement et se fixe sur les deux faces au moyen de quatre vis.

On ne peut cependant se dissimuler qu'aujourd'hui ce mode de construction paraît défectueux, ou, au moins, n'offre pas toutes les garanties désirables; le métal tel que le bronze ou le laiton, que l'on pourrait avoir le soin d'étamer, lorsqu'il s'agit d'eau destinée à l'alimentation, n'est point assez coûteux pour que son prix s'oppose à ce qu'il soit employé, dans cette circonstance, de préférence au bois, sur lequel il a une incontestable supériorité.

Piston a garniture conique, système Hussenet, fig. 74 et 75. — Ce système proposé, il y a quelques années, par M. Hussenet, constructeur à Paris, répond à l'objection que nous venons de soulever à propos du précédent. Le bois est entièrement remplacé par le cuivre, bronze ou laiton; mais il présente aussi certaines particularités que nous voulons faire ressortir.

Le corps A est un cône creux tronqué, ouvert à ses deux extrémités, et armé du clapet en cuir C, d'une construction ordinaire; la garniture est formée d'une lame de cuir D, qui, au lieu d'être emboutie, enveloppe seulement le corps, en en formant le prolongement conique. Un étrier en fer *a*, rattaché au corps, permet l'assemblage du piston avec sa tige.

En admettant cette forme conique pour l'ensemble du corps du piston et de sa garniture, l'inventeur a eu l'intention de favoriser le passage du piston, dans la descente, à travers l'eau, laquelle peut arriver sous le clapet en s'introduisant par l'ouverture centrale et par un certain nombre d'orifices *b* réservés dans la paroi du piston; il a cherché aussi à obtenir de la souplesse de la part de la garniture, et encore en donnant à cette dernière plus ou moins de développement, à faire servir le même modèle de piston pour plusieurs corps de pompe de diamètres différents.

PISTONS A GARNITURES MIXTES ET MÉTALLIQUES.

Piston plein, garniture de cuir et de chanvre, fig. 76. — Ce piston, dans lequel des cuirs emboutis et des tresses de chanvre sont appelés à concourir à la jonction, est appliqué à la pompe nourricière élévatoire et à double effet de la machine qui fournit les eaux à la ville de Châteauroux. Il a pour âme un plateau en fonte A, dont la couronne cylindrique présente extérieurement une nervure en saillie servant de point d'appui aux deux parties de la garniture, qui se trouve effectivement divisée en deux parties tout à fait semblables, et, par ce fait, entièrement indépendantes.

Chacune de ces deux parties, qui répondent aux deux actions symétriques du piston, est formée d'une zone de chanvre D, comprise entre la nervure du corps et une bague en bronze *a* faisant fonction de presse-étoupe; contre cette bague s'appuie un cuir E, et enfin, sur ce dernier, est appliquée une rondelle en fer *b*, et ces trois pièces sont fixées et serrées ensemble par un certain nombre de boulons *c*, taraudés dans le corps principal A.

L'ensemble du piston est ensuite assemblé, avec la tige B, par une portée conique et fixé à l'aide d'un fort écrou *d* monté à filets carrés sur la tige.

On voit que rien n'a été négligé pour assurer la bonne fonction de ce piston, dont la jonction, déjà opérée par le chanvre, se trouve complétée par la flexion des cuirs, que la pression de l'eau soulevée tend à faire appliquer contre les parois du corps de pompe; la garniture de chanvre peut, d'ailleurs, ainsi qu'on le remarque, être resserrée à volonté, toujours à condition qu'on ait pris les précautions nécessaires pour empêcher l'oxydation trop profonde des boulons.

Ajoutons que c'est aussi sur ce type qu'ont été, antérieurement, établis les pistons des pompes d'Ivry (Seine), construites dans les anciens établissements Cavé; seulement ces pompes étant à simple effet, la garniture de chacun des pistons était simple également, au lieu de se répéter symétriquement, comme ici, pour les deux faces.

Pistons des machines soufflantes, fig. 77 et 78. — Envisagées au point de vue le plus général, les machines soufflantes employées dans les forges sont des pompes de compression fonctionnant *à faible pression*, *à sec* et *à froid*. Les garnitures qui conviennent aux pistons de semblables pompes devaient donc différer des autres à plus d'un titre, et, nonobstant l'extrême fluidité de l'air, comparée à celle des liquides, ces garnitures pouvaient être d'une assez grande simplicité. C'est, en effet, le résultat auquel on est arrivé, en construisant des pistons dont la garniture est *à peine jointive*, loin d'exercer une pression par elle-même, mais avec laquelle c'est l'élasticité propre de l'air qui concourt à la jonction.

Cependant, on a fait usage de pistons à garnitures jointives et étanches, comme le montre la fig. 77, qui est un détail du piston de la remarquable machine soufflante, *à action directe*, sans mouvement rotatif, imaginée par M. Cadiat.

Ce piston se compose d'un grand plateau en fonte A, présentant extérieurement deux joues *a*, sur lesquelles sont placés deux cuirs emboutis D; ces cuirs sont maintenus par deux anneaux en bois *b*, et les deux garnitures sont serrées ensemble à l'aide d'une série de boulons B, au nombre de 32 sur la circonférence entière, armés de deux écrous qui portent sur des plates-bandes en fer *c*. Une partie du boulon est carrée, afin de le maintenir pendant le serrage; ce carré s'appuie, comme embase, sur l'une des joues *a*, tandis qu'il traverse l'autre, par laquelle il a fallu nécessairement l'introduire à sa place.

Cette garniture n'est lubrifiée que par de la plombagine que l'on projette de temps en temps dans le cylindre. Mais il est essentiel que les cuirs frottent à l'exclusion du métal du piston. A cet effet, les joues *a* étant un peu en retraite de la surface frottante des cuirs, comme ceux-ci fléchissant, ces joues, par le poids propre du piston, viendraient porter contre la partie inférieure du cylindre, qui est placée horizontalement, l'intervalle des deux joues est rempli par un autre anneau en bois C composé de segments séparés que l'on pousse contre les parois du cylindre à l'aide de vis de pression *d*. Le cylindre se trouve ainsi garanti de tout contact métallique.

(Il est utile de faire observer que les vis *d* ne peuvent se trouver vis-à-vis des boulons B, comme fig. 77, où cette situation ne résulte que d'un rabattement exigé pour l'intelligence du tracé.)

L'ensemble du piston, qui n'a pas moins de 2^{m},52 de diamètre, est, comme nous l'avons dit, un plateau nervé intérieurement, plein sur l'une de ses faces, et recouvert du côté à jour par une tôle mince *e*.

Le détail que représente la fig. 78 est celui de la jante d'un piston à vent établi d'après l'autre principe, en vertu duquel l'air coopère à la jonction ; il appartient à une machine soufflante horizontale de MM. Thomas et Laurens, construite par M. Farcot.

Ce piston est formé de deux plateaux en bois A, armés vers le centre des tourteaux en fonte nécessaires pour l'assemblage avec la tige, et serrant entre eux une couronne B composée de segments aussi en bois, qui sont superposés et de largeurs différentes, de façon à constituer une série de gorges rectangulaires ; ces segments sont, d'ailleurs, montés suivant le mode usité en pareille circonstance, et expliqué précédemment (p. 512) à propos des tambours de commande et des tambours de carde.

Ces gorges, ajoutées à deux petits cuirs C fixés à l'extérieur des plateaux A, suffisent pour assurer le jeu étanche du piston. L'air mis en mouvement, et légèrement refoulé, s'insinue peu à peu dans les gorges, mais avec assez de difficulté pour qu'il ne puisse y acquérir, en circulant dans leurs replis, qu'une vitesse de beaucoup inférieure à celle que le piston lui communique dans le cylindre. Cet air, ainsi emprisonné, est donc le véritable obstacle qui s'oppose à la fuite du piston par sa circonférence. On se rappelle que nous avons fait mention de garnitures métalliques fondées, à l'égard de la vapeur, sur le même principe (p. 543).

Piston plein, pour pompe a eau, a garniture métallique, fig. 79. — Ce dernier piston de la longue série que nous venons de passer en revue, a, comme caractère distinctif, une garniture exclusivement métallique, disposée comme on le fait maintenant pour la plupart des pistons à vapeur, et comme nous en avons montré un exemple (p. 671).

C'est le piston qui avait été d'abord appliqué aux pompes foulantes horizontales, à double effet, établies à Ivry (Paris), par M. Farcot, et que nous avons eu plusieurs fois l'occasion de citer. Il est formé d'un manchon en fonte A, évidé et nervé, à la circonférence extérieure duquel sont pratiquées cinq gorges pour recevoir des bagues *a*, suivant le système dit Ramsbottom décrit ci-dessus. L'ensemble du piston est monté sur une portée conique réservée à la tige B, qui est prolongée des deux côtés, et il s'y trouve fixé par un écrou en bronze *b* monté à filets carrés sur cette tige.

Ce système aurait toujours l'avantage d'un entretien moindre pour sa garniture, si celle-ci convenait aussi bien pour l'eau que pour la vapeur ; mais il paraît qu'il n'en est pas ainsi, car M. Farcot a lui même remplacé ce piston par un autre à garniture de cuir.

Piston a corps métallique extensible. — MM. Pouche, Scellier et Brasseur, d'Amiens, ont proposé, il y a quelque temps, un système de piston entièrement métallique, dont le corps est formé de lames disposées à peu près comme les douves d'un tonneau, mais qui font ressorts en fléchissant dans le sens de leur longueur.

La fig. 141 montre que ce piston est, en effet, composé d'un certain nombre de lames A, disposées circulairement et montées autour d'un disque plein B par lequel l'ensemble du piston est fixé sur sa tige C. Ces lames sont infléchies en dehors et donnent au piston la structure de deux troncs de cônes opposés par leurs petites bases, tandis que la jonction avec l'intérieur du cylindre s'opère par le contour extérieur des deux grandes ; leurs tranches longitudinales sont coupées obliquement pour qu'en s'ouvrant, elles ne cessent pas, néanmoins, de s'appliquer les unes sur les autres et de former la jonction requise ; on leur donne, d'ailleurs, le serrage nécessaire à l'aide des deux plateaux D, que l'on fait entrer plus ou moins à l'intérieur du piston en serrant les écrous des boulons E, qui sont plus ou moins nombreux suivant le diamètre du piston.

Fig. 141.

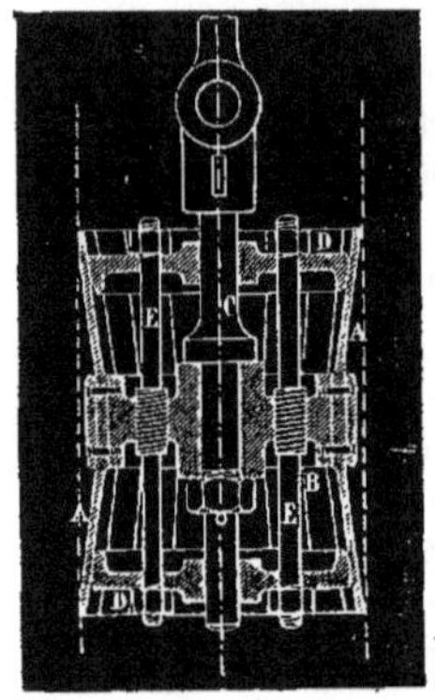

On a supposé ici que ces boulons soient fixés dans le disque B et à double écrou, de façon à rendre le serrage indépendant pour chacun des plateaux D ; mais ils peuvent être rendus libres, et, ne portant d'écrous que d'un seul bout, permettre de serrer ces deux plateaux simultanément

Enfin de semblables pistons peuvent être simples, c'est-à-dire ne former qu'un seul cône, dont le disque B formerait le fond.

NOTE SUR LES PROPORTIONS DES GARNITURES.

La garniture d'un piston en est évidemment la seule partie, après la tige, qui soit susceptible de se prêter à un examen théorique, et c'est aussi la partie essentielle par laquelle il remplit les fonctions que l'on attend de lui. La garniture doit, en résumé, créer la séparation étanche parfaite des deux parties suivant lesquelles le piston divise incessamment le cylindre qu'il parcourt; et ce résultat doit être atteint sans que l'élasticité de cette garniture donne lieu, néanmoins, à une trop grande résistance.

En dehors de la pratique des constructeurs, il n'existe pas de données théoriques qui fassent connaître d'une façon très-satisfaisante la règle à suivre pour déterminer les deux conditions principales qui servent de bases à l'établissement d'une garniture, savoir : sa puissance d'élasticité et sa hauteur, c'est-à-dire, la largeur de l'anneau de frottement, filamenteux ou métallique.

Les théoriciens adoptent cependant la règle suivante :

La tension élémentaire d'une garniture est équivalente, au minimum, à la différence des pressions qui règnent sur les deux faces du piston.

Ceci revient à dire que la garniture doit être capable de résister à la pression du fluide qui parviendrait à s'insinuer entre elle et la paroi du cylindre, et qui tendrait à l'en isoler en la refoulant vers l'intérieur du corps du piston.

Supposons, comme exemple, le cylindre d'une machine à vapeur sans condensation et marchant avec de la vapeur à 5 atmosphères; la garniture du piston devrait alors presser les parois du cylindre à raison d'au moins 4 kilogrammes par centimètre carré de la zone de frottement.

Pour admettre, sans restriction, cette donnée, il faudrait supposer que la vapeur parvenue à s'insinuer entre la paroi du cylindre et une garniture insuffisante, mais douée néanmoins d'une certaine élasticité, conservât toute sa pression, ce qui n'est guère supposable, et puis, d'après le même principe, la *hauteur* de l'anneau de frottement pourrait être quelconque, puisque, si mince qu'elle fût, on pourrait toujours donner à cet anneau une tension suffisante pour répondre à la condition proposée.

Cette hauteur est cependant loin d'être indifférente, et le piston ne peut être réduit à *un mince disque;* il faut, au contraire, que la largeur de la zone frottante soit dans un certain rapport avec le diamètre, de façon à ce qu'il conserve, dans son mouvement, une stabilité convenable. Si cette largeur était trop réduite, comparativement au diamètre, il est certain que lorsque le piston est *poussé,* son assemblage avec la tige tendrait à se *fausser.*

En réalité, un piston *épais* et ayant une garniture d'une tension relativement faible, tiendra mieux la pression et s'usera moins promptement qu'un piston à garniture étroite et fortement bandée.

Faute de données plus rigoureuses, voici ce qui nous semble pouvoir se déduire de la pratique des constructeurs, quant à la hauteur qu'il convient de donner à la garniture d'un piston :

Pour les pistons *métalliques*, la hauteur de la garniture est égale, en moyenne, *au 1/20 du diamètre, plus autant de centimètres que le piston supporte d'atmosphères effectives.*

Cette règle peut s'écrire ainsi :

$$H = 0,05\ D + (n - 1) \text{ centimètres.}$$

Pour les pistons à segments et à coins, cette hauteur est celle même de la zone formée des segments superposés, et pour les pistons à bagues, des types suédois ou Ramsbottom, c'est la somme des épaisseurs des bagues prises isolément.

Quant aux pistons à garnitures de chanvre ou de cuir applicables aux pompes à eau, on ne les fait pas plus étroites que :

$$H' = 0,3\ D + (n - 1) \text{ centimètres.}$$

1er *Exemple.* — Déterminer la largeur totale des segments d'un piston d'une machine locomotive du système Polonceau, le diamètre de ce piston étant de 42 centimètres et la pression absolue de la vapeur étant de 7 atmosphères.

La règle ci-dessus fournit :

$$H = 0,05 \times 42 + (7 - 1) = 8^{c},1,$$

ou 81 millimètres. Le constructeur a adopté 77.

2me *Exemple.* — Même recherche pour le piston des machines de Chaillot, qui fonctionnent avec une pression effective maxima, de 3 atmosphères, et dont les cylindres portent 1^{m},80 de diamètre.

La règle fournit, pour la hauteur totale des segments :

$$H = 0,05 \times 180 + 3 = 12 \text{ centimètres.}$$

Les constructeurs ont adopté 15 centimètres.

3e *Exemple.* — Déterminer la hauteur de la garniture de chanvre d'un piston de pompe à air dont le diamètre est de 40 centimètres, et en adoptant 1 atmosphère comme pression relative.

La deuxième règle fournit :

$$H' = 0,3 \times 40 + 1 = 13 \text{ centimètres.}$$

4e *Exemple.* — Même recherche pour le piston d'une pompe à eau, le diamètre étant aussi de 40 centimètres et la pression de la colonne d'eau refoulée, de 5 atmosphères.

Il vient :

$$H' = 0,3 \times 40 + 5 = 17 \text{ centimètres.}$$

A l'égard de la tension des garnitures, nous pensons que c'est une question toute pratique qui ne peut être résolue *à priori* par aucune règle. Comme résultat recherché, la meilleure garniture sera celle qui, par la combinaison de sa hauteur, de sa disposition même, et enfin de son élasticité, opérera la jonction la plus parfaite en donnant lieu, néanmoins, *au moindre frottement possible.*

CHAPITRE XV.

PROPORTIONS ET CONSTRUCTION DES VOLANTS RÉGULATEURS APPLIQUÉS AUX MACHINES A VAPEUR ET AUX OUTILS

(PLANCHES 40 ET 41.)

Nous nous occupons, dans ce chapitre, de l'organe appelé *volant-régulateur*, et que l'on applique aux moteurs à vapeur et aux outils à rotation dans le but de régulariser leur vitesse, ou mieux d'en maintenir les écarts dans de certaines limites, écarts qui proviennent du défaut de constance ou de fixité entre les efforts moteurs et résistants.

Cette étude porte sur deux ordres de faits : la théorie des volants proprement dite, qui permet d'expliquer leurs effets mécaniques, et l'application de cette théorie à la détermination de leurs proportions et de leur structure générale ou de leur construction.

L'examen complet de cette question intéressante exigerait de longs développements, et, comme nous avons tenté de l'entreprendre avec beaucoup de détails dans un article inséré dans le XIIIe vol. du recueil *la Publication industrielle*, nous n'en donnerons ici qu'un extrait, en nous attachant plus particulièrement *à la construction des volants*, nous en référant, pour la partie plus spécialement théorique, à notre travail fondamental.

Néanmoins, tout en retranchant les démonstrations qui prendraient une place dont nous ne pouvons disposer ici, nous indiquerons suffisamment les conséquences que l'on en tire pour mettre le lecteur à même de résoudre un problème posé.

PROPORTIONS DES VOLANTS RÉGULATEURS

PRINCIPES DES FONCTIONS

Avant d'expliquer les conditions pratiques que doit remplir un volant, il est indispensable d'énumérer les circonstances qui rendent son application nécessaire, et qui se produisent de deux façons différentes :

1° Par l'inégalité de résistance que présente un même travail dans les temps successifs de sa production ;

2° Par l'inégalité des efforts que transmet l'arbre moteur, soit directement de la part de la force motrice, suivant son mode d'emploi, soit à cause de l'inégale répartition due au mode de transmission entre le récepteur direct et les organes commandés.

Comme exemple du premier cas, supposons un laminoir commandé par un moteur hydraulique, ce qui présente, en effet, la réunion d'une résistance variable et d'une puissance sensiblement uniforme, telle que celle produite par une roue hydraulique qui reçoit l'eau d'une manière continue et en égale quantité.

Lorsqu'on soumet une barre de métal aux cylindres d'un laminoir, qui offre, comparativement, une résistance très-faible quand il marche à vide, il reçoit immédiatement son maximum de résistance ; or, si la commande était directe et sans masses mobiles intermédiaires, il est évident que le moteur, dont l'effort est supposé constant, pourrait passer d'une vitesse considérable à l'état de repos, puisque la résistance viendrait tout à coup dépasser l'effort en vertu duquel le moteur et les pièces de la transmission avaient pris leur vitesse de régime. Pour que le mouvement pût reprendre, il faudrait qu'il s'écoulât le temps nécessaire pour que la roue se chargeât d'une quantité d'eau, non-seulement capable de faire équilibre à la nouvelle résistance, mais encore de celle nécessaire pour vaincre l'inertie et faire acquérir au laminoir la vitesse à laquelle il doit fonctionner. Généralement, le moteur, incapable de contenir le volume d'eau suffisant, s'arrêterait d'une manière complète.

Mais si l'un des arbres intermédiaires est muni d'un volant assez pesant, les choses se passent d'une façon différente. En mettant le mécanisme en train, à vide, la roue motrice dépense un excès de force correspondant à celui exigé par la masse du volant pour vaincre son inertie, et le faire tourner à une certaine vitesse. Si l'on vient alors à engager une pièce de métal entre les cylindres du laminoir, le mécanisme subit bien un ralentissement, mais beaucoup moins considérable que la première fois, attendu que le volant oppose à la diminution de vitesse une résistance correspondante à l'excès de puissance que le moteur a dépensé pour lui donner l'excès de vitesse qu'il a acquis lorsque le laminoir marchait sans charge. En d'autres termes, le volant emmagasine l'excès de puissance développé par le moteur, quand le laminoir marche à vide, et restitue cet excès, lorsque le laminoir commence à travailler, ce qui, en résumé, *resserre*, dans une certaine limite, *les écarts de vitesse* que le mécanisme est susceptible de présenter par suite des inégalités alternatives entre la puissance et la résistance.

Pour exemple du deuxième cas, nous prendrons une machine à vapeur commandant un outil dont nous supposerons la résistance parfaitement fixe. Les variations à observer proviennent alors exclusivement du moteur.

Dans une machine à vapeur composée d'un cylindre, dont le piston actionne un axe tournant par une bielle et une manivelle, l'irrégularité de la puissance transmise est très-remarquable. On sait qu'aux *points morts*, quand la bielle et la manivelle sont en ligne droite, l'effort du piston est de nul effet, quant à la direction circulaire de la manivelle, puisque cet effort s'exerce uniquement suivant la ligne des centres. Au contraire, lorsque le piston est au milieu de sa course, ce qui correspond à la position où la bielle et la manivelle sont près d'être perpendiculaires l'une à l'autre, la pression sur le piston est communiquée presque intégralement au bouton de la manivelle.

Par conséquent, celui-ci est poussé par une force qui varie périodiquement, c'est-à-dire par une force qui, nulle aux deux points extrêmes de la course, atteint son maximum aux deux positions moyennes ; la résistance étant supposée constante, l'arbre moteur, s'il ne portait point de volant, tournerait alors avec une vitesse très-variable, susceptible de passer de zéro à son maximum, et de son maximum à zéro, suivant que la manivelle passe elle-même de l'un des points extrêmes à l'une des positions moyennes, *et vice versâ*.

Comme dans l'exemple précédent, l'application d'un volant empêche cette vitesse d'être nulle aux deux points morts, et ne lui permet pas d'atteindre le maximum aux positions moyennes ; l'excès de puissance, à ces deux positions, est absorbé par le volant, qui s'accélère un peu, et restitue cet excès aux points morts, en perdant ce qu'il avait gagné en vitesse.

Ces circonstances, qui se produisent dans l'hypothèse de la pression fixe sur le piston de la machine, se renouvellent, à plus forte raison, lorsqu'on marche *à détente;* dans ce mode d'emploi de la vapeur, l'inégalité de pression, aux différents points de la course du piston, vient s'ajouter aux positions variables de la bielle et et de la manivelle pour troubler l'égalité entre le travail moteur et la résistance moyenne.

Un volant n'est donc point une puissance, mais *un réservoir de force*, qui, interposé entre la résistance et le moteur, égaux comme somme, mais inégaux sous le rapport de la répartition des efforts, absorbe les excès momentanés de part et d'autre et les nivelle à peu près. Il ne peut pas rétablir une égalité absolue qui donne lieu à l'uniformité de vitesse parfaite, car une masse déterminée ne peut acquérir ni perdre de la force vive sans changement dans ses conditions de vitesse ; mais, pour une même quantité de force vive à gagner ou à perdre, la variation de vitesse peut être aussi faible qu'on le voudra, suivant que son rapport avec la masse en mouvement sera plus considérable.

Ce qui pouvait produire une illusion, quant à la puissance propre d'un volant, c'est que tel travail à accomplir, à l'aide d'un même moteur donné, était insurmontable sans volant et devenait, au contraire, possible par l'addition de cet organe. Cela ne signifiait pas que le moteur fût trop faible, mais que, par l'inégale répartition des efforts, il faisait un excès de dépense non restitué, pour entretenir la vitesse dans les moments de retard.

Supposons, comme exemple à l'appui de ce fait, une pompe élévatoire aspirante, dont l'unique résistance se manifeste, lorsqu'on élève le piston, et qui soit commandée par un homme à l'aide d'une manivelle. Si l'arbre de la manivelle ne porte pas de volant, et que le travail total à produire, d'après le poids et la hauteur de colonne d'eau à soulever, atteigne la puissance maxima que l'homme peut développer, il est certain que ce dernier ne pourra pas faire mouvoir la pompe ; car la résistance ne se manifestant que pendant la moitié de la durée du travail, *sera double* de ce qu'elle serait si elle était continue et régulière ; l'homme semblera trop faible.

Mais, s'il existe un volant, le travail développé en excès par l'homme pendant la descente du piston sera absorbé par le volant, qui le restituera pour élever le piston à sa prochaine ascension ; l'équilibre sera rétabli, et l'homme devient assez puissant, par le seul fait *d'une plus égale répartition* des efforts moteurs et résistants.

Le système de volant que l'on applique aux machines à vapeur et aux outils, consiste en un anneau de fonte réuni par des bras au moyeu, par lequel il est fixé sur l'axe de rotation ; il doit former un cercle parfait, rigoureusement centré et exempt de gauche, condition qui est cependant rarement remplie, peut-être à cause de sa difficulté même. Un volant doit être aussi composé de façon à ce que sa jante et ses bras présentent à l'air le minimum de surface résistante.

Bien que le poids total de l'anneau et des bras agisse comme masse régulatrice, on néglige celui des bras, que l'on fait aussi légers que possible, et l'on concentre la plus grande partie du poids dans l'anneau, où il agit le plus efficacement, comme formant la partie animée de la plus grande vitesse circonférentielle.

On ne tient compte ordinairement, en résumé, que du poids de l'anneau auquel s'appliquent les règles que nous allons exposer.

CALCUL DU POIDS DE L'ANNEAU.

Éléments du calcul. — Un volant, exprimé théoriquement par son anneau, agit en raison de sa *force vive*, c'est-à-dire le produit de sa masse, ou de son poids, et du carré de sa vitesse. Comme pour toute masse en mouvement, dans les mêmes conditions, la résistance que le volant oppose à un changement de vitesse est en raison de la grandeur de ce produit, ce qui pourrait conduire à donner aux volants une énergie infinie, afin d'obtenir une régularité parfaite, attendu, d'ailleurs, qu'un volant qui ne produit pas de force, n'en absorbe aussi que par le frottement qui résulte de son poids sur les supports de l'axe qui le porte.

Mais indépendamment de ceci, qui peut être déjà un motif de ne pas exagérer ses proportions, un volant dont l'énergie surpasserait de beaucoup la puissance de la machine motrice à laquelle on l'applique, pourrait, dans un arrêt brusque, par exemple, développer des efforts réactifs bien supérieurs à la résistance des autres pièces de la transmission et occasionner des accidents graves.

Il convient donc de régler assez exactement l'énergie d'un volant par rapport à la puissance des organes avec lesquels il se trouve en rapport, bien que cette réglementation subisse des écarts dans les applications.

Le calcul du poids d'un volant est basé, en résumé, sur les éléments suivants :

1° L'intensité des efforts variables, susceptibles, en se développant, de déterminer les écarts de vitesse ;

2° La vitesse circonférentielle de l'anneau, qui dépend elle-même de son diamètre et de sa vitesse de rotation ;

3° Un coefficient variable, et en rapport avec le degré de régularité que l'on veut obtenir.

Formule du poids de l'anneau. — On détermine le poids de l'anneau des volants appliqués aux machines à vapeur à l'aide de la formule suivante :

$$P = K \frac{N n}{m V^2},$$

dans laquelle,

P représente le poids cherché, en kilogrammes ;

N » la puissance de la machine, en chevaux-vapeur, de 75 kilogrammètres ;

m » le nombre de tours de l'arbre du volant, par minute ;

V » la vitesse circonférentielle de l'anneau, par seconde, et sur son cercle moyen ;

K » un coefficient qui varie avec le système de machine, et dont la valeur est proportionnelle aux irrégularités de travail susceptibles d'apporter des variations, dans la vitesse de régime ;

n » un coefficient également variable, suivant les limites dans lesquelles on veut maintenir les variations de vitesse.

Pour l'application de cette formule, la seule difficulté réside dans le choix à faire pour les valeurs des coefficients K et n, le premier dépendant de chaque cas particulier et ne pouvant être déterminé qu'à l'aide de l'analyse mathématique, et le second devant être fixé, *à priori*, suivant le degré de régularité exigée par les opérations confiées au moteur.

Nous donnons, ci-après, un tableau qui renferme un certain nombre de valeurs de K, déterminées pour autant de machines de différents systèmes. Quant au coefficient n, Watt adoptait moyennement 32, pour ses machines à balancier et à basse pression, ce qui veut dire qu'il admettait que la vitesse de rotation de la machine ne devait pas varier, du plus au moins, de 1/32 de la vitesse moyenne, calculée sur le nombre

XLIe

TABLE DES COEFFICIENTS NUMÉRIQUES

SERVANT A DÉTERMINER LE POIDS DES VOLANTS, SUIVANT LE SYSTÈME DE MACHINE ET LE DEGRÉ DE RÉGULARITÉ DE MARCHE.

DÉSIGNATION DES MACHINES A PLEINE PRESSION OU DÉTENTE AVEC OU SANS CONDENSATION. Rapport de la longueur de bielle.	VALEURS DE K.	VALEURS DE Kn en faisant n = 40	50	60
Machines à balancier à un seul cylindre.				
Marchant à pleine pression avec ou sans condensation. — bielle = 6 fois la manivelle..	5225	209 000	261 250	313 500
» = 5 fois id. ...	5530	221 200	276 500	331 800
» = 4 fois id. ...	5830	233 200	291 500	349 800
Marchant à 5 atmosphères de pression avec détente et condensation, la bielle = 5 fois la manivelle. — détente à 1/3 de la course...	7200	288 000	360 000	432 000
» 1/4 id. ...	7620	304 800	381 000	457 200
» 1/5 id. ...	7845	314 800	392 250	470 700
» 1/6 id. ..	8100	324 000	405 000	486 000
» 1/8 id. ...	8450	338 000	422 500	507 000
Marchant à haute pression avec détente, mais sans condensation, la bielle = 5 fois la manivelle. — 5 atmosphères, détente à 1/2	7080	283 200	354 000	424 800
» 1/3	8185	327 400	409 250	491 100
» 1/4	9220	368 800	461 000	553 200
» 1/5	10230	409 200	511 500	613 800
6 atmosphères » 1/2	6975	279 000	348 750	418 500
» 1/3	7950	318 000	397 500	477 000
» 1/4	8915	356 600	445 750	534 900
» 1/5	9695	387 800	574 700	582 000
» 1/6	10650	426 000	532 500	629 000
Machines à deux cylindres, détente et condensation.				
Pression = 4,5 atmosph. Bielle = 5 fois la maniv. — détente 4,5 dans le grand cylindre seulement...	5540	221 600	277 000	332 400
détente 7,5 commençant aux 2/3 du petit cylindre.	6030	241 200	301 500	361 800
Machines à directrices à un seul cylindre.				
Avec bielle = à 5 fois la manivelle. — pleine pression, avec ou sans condensation.	5590	223 600	279 500	335 400
5 atmosph. condensat. détente à 1/5 de la course.	7620	304 800	381 000	457 200
» 1/10 id. ...	9000	360 000	450 000	540 000
6 atmosp., détente à 1/4 sans condensat.	8600	344 000	430 000	516 000
Machines semblables doubles manivelles à angle droit. — pleine pression, avec ou sans condensation...............	1545	61 800	77 250	92 700
5 atmosphères condensation. détente à 1/5	1850	74 000	92 500	110 000
» 1/10	2155	86 200	107 750	129 300
Machines triples manivelles divisées suivant des angles égaux. — pleine pression, avec ou sans condensation	478	19 120	23 900	28 880
5 atmosphères condensation. détente à 1/5	663	26 520	33 150	39 780
» 1/10	780	31 200	39 000	46 800
Machines oscillantes à haute pression.				
5 atmosph. à condensation, détente à 1/3 de la course.	7440	297 600	372 000	446 400
6 atmosph. sans condens., id. 1/2 id. ..	7290	291 600	364 500	437 400
Machines à simple effet. (Bielle 5 f. la maniv.)				
A pleine pression, avec ou sans condensation.......	24390	975 600	1219 500	1463 400

de tours total, dans une minute, auquel la machine était réglée. Mais, aujourd'hui, on fait les volants plus énergiques, et le coefficient n s'élève moyennement à 40, et même plus, lorsqu'une grande régularité est nécessaire.

Exemples de l'application de la formule du poids. — *Premier cas.* — Prenons, comme premier exemple, qu'il s'agisse de déterminer le poids de l'anneau du volant qui doit être monté sur l'arbre moteur d'une machine à vapeur établie dans les conditions suivantes :

Puissance utile sur l'arbre du volant . . . . 20 chevaux.

Vitesse de l'arbre par minute . . . . 30 tours,

Bielle 5 fois la manivelle. — A directrices ou sans balancier. — Sans détente ni condensation.

Admettons encore, comme données, que l'anneau dont on cherche le poids puisse avoir, sur le cercle moyen, un diamètre D = 4 mètres, et que la régularité exigée conduise à adopter 40 pour le coefficient n.

Il vient, d'abord, pour la vitesse circonférentielle :

$$V = \frac{\pi D m}{60} = \frac{3{,}1416 \times 4 \times 30}{60} = 6^{m},2832.$$

Introduisant cette valeur, avec les autres données, dans la formule du poids et prenant dans la table le produit Kn qui correspond à ce cas particulier, on trouve :

$$P = Kn \frac{N}{m V^2} = 223600 \times \frac{20}{30 \times (6{,}2832)^2} \times 3777 \text{ kilog.}$$

Pour déterminer, d'après cela, la section de la jante, sachant que la fonte de fer pèse, en moyenne, 7200 kil. le mètre cube, on pose :

$$\frac{3777}{7200^{k} \times 3{,}1416 \times 4^{m}} = 0^{m.q.},0417\ ;$$

soit 417 centimètres carrés.

Comme on cherche à diminuer autant que possible la dimension transversale de l'anneau et à le rendre *mince*, afin de réduire la résistance de l'air, on donne à la section une forme allongée, que nous supposons, pour la facilité du calcul, un rectangle dont le petit côté soit le tiers du grand.

Appelant l le grand côté, on trouve :

$$l \times \frac{l}{3} = 417^{cq}\ ;\ \text{d'où} : l = \sqrt{417 \times 3} = 35^{c},3.$$

La largeur de l'anneau, dans le sens du rayon, sera donc 353 millimètres, et son épaisseur 117,67, soit 118.

Deuxième cas. — Si les dispositions et l'emplacement permettaient de donner au volant 5 mètres de diamètre, au lieu de 4 mètres, comme les vitesses circonférentielles sont proportionnelles aux diamètres, et que, d'après la formule même, le poids de la jante est en rapport inverse avec le carré de la vitesse, on aurait alors :

$$3777 \times \left(\frac{4}{5}\right)^2 = 2417 \text{ kilogrammes.}$$

Ainsi, dans ce cas, c'est-à-dire pour 1 mètre de diamètre en plus, on gagne sur le poids de la jante 1360 kilog., et on réduit en même temps la quantité de travail absorbée par le frottement de l'axe. C'est un principe qui reste vrai tant qu'on peut l'étendre, et qu'on ne s'approche pas trop près de la vitesse circonférentielle pour laquelle la force centrifuge acquiert une énergie capable de dépasser la ténacité du métal et d'occasionner la rupture de la pièce. En pratique, la vitesse circonférentielle des volants dépasse rarement 10 mètres par 1'', et atteint plus rarement encore 15 à 20 mètres.

Troisième cas. — En conformité de ce principe général, nous pouvons admettre le volant de 4 mètres, monté sur un arbre voisin recevant son mouvement à l'aide d'engrenages, et animé d'une vitesse de 45 tours à la minute pour 30 tours de l'arbre à manivelle.

A diamètre égal, la vitesse circonférentielle de l'anneau est proportionnelle à la vitesse de rotation, et le poids, d'après la formule, est inversement proportionnel à cette même vitesse.

Le poids de l'anneau, calculé ci-dessus pour 4 mètres et 30 tours, subira donc la modification suivante :

$$3777 \times \frac{30}{45} \times \left(\frac{30}{45}\right)^2 = 3777 \times \left(\frac{30}{45}\right)^3 = 1119 \text{ kilogr.}$$

Cet exemple suppose une exagération du principe, car il vaudrait mieux diminuer un peu le diamètre du volant et lui donner un poids correspondant un peu plus élevé ; mais, il nous permet de mieux apercevoir les ressources offertes par une augmentation de vitesse circonférentielle, soit par le diamètre, soit par la vitesse rotative, lorsqu'il est possible d'en profiter.

Pour compléter ce qui précède, et qui montre des applications de la formule du poids des volants, nous ferons remarquer que cette formule est susceptible de prendre une autre forme sous laquelle elle peut être d'un très-utile emploi.

Dans cette formule figurent la vitesse rotative m et la vitesse circonférentielle V qui se déduisent l'une de l'autre, si le diamètre du volant est connu.

Si, en effet, il s'agit de calculer le poids d'un volant d'après le diamètre D, au cercle moyen de l'anneau, qui lui est d'avance attribué, et d'après sa vitesse rotative m, on a évidemment, pour la vitesse V :

$$V = \frac{D \times \pi \times m}{60}, \text{ et : } V^2 = \frac{D^2 \times \pi^2 \times m^2}{3600},$$

pour le carré de cette vitesse.

Substituant alors dans la formule du poids, à V^2 sa valeur, et réduisant par rapport aux quantités numériques invariables, il vient :

$$P = Kn \frac{N}{0{,}002741\, D^2\, m^3}.$$

Sous cette forme, la règle devient applicable au calcul du poids d'un volant dont le diamètre est donné et sans faire le calcul préalable de sa vitesse circonférentielle.

Reprenons, comme exemple, le premier qui a été proposé ci-dessus, mais en adoptant 5 mètres pour le diamètre moyen de l'anneau, comme nous l'avons admis en second lieu. Les données étant, ainsi qu'on l'a vu :

$$N = 20 \text{ chevaux};\ m = 30 \text{ tours};\ Kn = 223600\ ;\ D = 5 \text{ mètres},$$

on trouve, comme ci-dessus, à l'aide de la formule transformée :

$$P = 223600 \times \frac{20}{0{,}002741 \times 5^2 \times 30^3} = 2417 \text{ kilog.}$$

TABLES ET TRACÉ GRAPHIQUES APPLICABLES AU CALCUL DU POIDS DES VOLANTS.

On a pu se convaincre, d'après tout ce qui précède, de la longueur de la plupart des opérations relatives au calcul des volants, et on a dû remarquer surtout certains tâtonnements inévitables, qui conduisent à répéter souvent les mêmes calculs plusieurs fois, par suite de changements dans les données d'un même problème.

Il n'est guère possible d'établir un tableau complet des dimensions principales de tous les volants, à cause de la multiplicité et de la variation des conditions à rassembler pour chaque cas proposé. Nous avons dû nous borner à former les tables suivantes, qui donnent immédiatement les vitesses circonférentielles correspondant à des diamètres de volants et à des nombres de tours variables, et les sections de jantes relatives à des poids et des diamètres donnés.

La première table indique les vitesses des cercles de 1 à 10 mètres de diamètre, pour des vitesses de rotation de 10 à 100 tours. L'étendue de cette table dépasse les conditions admissibles en pratique, qui ne permet pas, sans danger, d'atteindre une vitesse circonférentielle supérieure à 30 mètres par seconde. Mais cet excès d'étendue a l'avantage de montrer tous les cas compris hors des limites.

La seconde table est relative aux sections des jantes d'après les diamètres et les poids. Elle s'étend de 1 à 10 mètres, et de 100 à 18000 kilogrammes, mais avec des lacunes qui sont en effet tout naturellement indiquées par la pratique. Ainsi le poids de 100 kil. ne correspond pas à un diamètre plus grand que 2 mètres, et le poids de 18000 kil. n'est pas supposé répondre à un diamètre inférieur à 6 mètres, parce qu'il exigerait une très-forte section, etc.

XLIIe

Ire TABLE DES VITESSES CIRCONFÉRENTIELLES

DE LA JANTE D'UN VOLANT D'APRÈS LE DIAMÈTRE MOYEN ET LA VITESSE DE ROTATION.

JANTE.		VITESSE, PAR SECONDE, A LA CIRCONFÉRENCE MOYENNE, pour des vitesses de rotation par minute de :						
Diamètre moyen.	Circonférence.	10t	15t	20t	25t	30t	35t	40t
m.	m.	m.	m.	m.	m.	m.	m.	m.
1.00	3.14	0.52	0.78	1.05	1.31	1.57	1.83	2.09
1.10	3.46	0.58	0.86	1.15	1.44	1.73	2.01	2.30
1.20	3.77	0.63	0.94	1.26	1.57	1.88	2.20	2.51
1.30	4.09	0.68	1.02	1.36	1.70	2.04	2.38	2.72
1.40	4.40	0.73	1.10	1.46	1.83	2.20	2.56	2.93
1.50	4.59	0.78	1.17	1.57	1.96	2.35	2.75	3.14
1.60	5.03	0.83	1.25	1.68	2.09	2.51	2.93	3.35
1.70	5.34	0.89	1.33	1.78	2.22	2.67	3.11	3.56
1.80	5.65	0.94	1.41	1.89	2.35	2.83	3.30	3.77
1.90	5.96	0.99	1.49	1.98	2.48	2.98	3.48	3.98
2.00	6.29	1.05	1.57	2.09	2.61	3.14	3.66	4.19
2.20	6.91	1.15	1.72	2.30	2.88	3.45	4.03	4.61
2.40	7.54	1.26	1.88	2.51	3.14	3.77	4.40	5.03
2.60	8.17	1.36	2.04	2.72	3.40	4.08	4.76	5.45
2.80	8.79	1.47	2.20	2.93	3.66	4.40	5.13	5.86
3.00	9.43	1.57	2.35	3.14	3.92	4.71	5.50	6.28
3.25	10.21	1.70	2.55	3.40	4.25	5.10	5.95	6.81
3.50	10.99	1.83	2.75	3.67	4.58	5.50	6.41	7.33
3.75	11.78	1.96	2.94	3.93	4.91	5.89	6.87	7.85
4.00	12.57	2.09	3.14	4.19	5.23	6.28	7.33	8.38
4.25	13.35	2.23	3.34	4.45	5.56	6.68	7.79	8.90
4.50	14.14	2.36	3.53	4.71	5.89	7.07	8.24	9.42
4.75	14.92	2.49	3.73	4.97	6.22	7.46	8.70	9.95
5.00	15.71	2.62	3.92	5.24	6.54	7.85	9.16	10.47
5.25	16.49	2.75	4.12	5.50	6.87	8.24	8.62	10.99
5.50	17.28	2.88	4.32	5.76	7.20	8.64	10.08	11.52
5.75	18.07	3.01	4.51	6.02	7.52	9.03	10.54	12.04
6.00	18.85	3.14	4.71	6.28	7.85	9.42	11.00	12.57
6.25	19.63	3.27	4.90	6.55	8.18	9.81	11.45	13.09
6.50	20.42	3.40	5.10	6.80	8.51	10.21	11.91	13.61
6.75	21.21	3.53	5.30	7.07	8.83	10.00	12.37	14.13
7.00	21.99	3.67	5.50	7.33	9.16	11.00	12.83	14.66
7.25	22.77	3.80	5.69	7.59	9.49	11.39	13.29	15.19
7.50	23.56	3.93	5.89	7.85	9.81	11.78	13.74	15.71
7.75	24.35	4.06	6.08	8.12	10.14	12.17	14.20	16.23
8.00	25.14	4.19	6.28	8.38	10.47	12.56	14.66	16.75
8.25	25.91	4.32	6.48	8.64	10.80	12.96	15.12	17.28
8.50	26.70	4.45	6.67	8.90	11.12	13.35	15.58	17.80
8.75	27.49	4.58	6.87	9.16	11.45	13.74	16.03	18.33
9.00	28.28	4.71	7.07	9.43	11.78	14.14	16.49	18.85
9.25	29.06	4.84	7.26	9.69	12.11	14.53	16.95	19.37
9.50	29.84	4.98	7.46	9.95	12.43	14.92	17.41	19.90
9.75	30.63	5.11	7.66	10.22	12.76	15.32	17.87	20.42
10.00	31.42	5.24	7.85	10.47	13.09	15.71	18.33	20.95

XLIIIe

SUITE DE LA TABLE DES VITESSES CIRCONFÉRENTIELLES
DE LA JANTE D'UN VOLANT D'APRÈS LE DIAMÈTRE MOYEN ET LA VITESSE DE ROTATION.

JANTE. — Diamètre moyen.	VITESSE, PAR SECONDE, A LA CIRCONFÉRENCE MOYENNE, pour des vitesses de rotation par minute de :							
	45^t	50^t	55^t	60^t	70^t	80^t	90^t	100^t
m.	m.	m.	m.	m.	m.	m.	m.	m.
1.00	2.35	2.62	2.88	3.14	3.67	4.19	4.71	5.24
1.10	2.59	2.88	3.17	3.46	4.03	4.61	5.18	5.76
1.20	2.82	3.14	3.45	3.77	4.40	5.02	5.65	6.28
1.30	3.06	3.40	3.74	4.09	4.77	5.45	6.12	6.81
1.40	3.30	3.66	4.03	4.40	5.13	5.86	6.60	7.33
1.50	3.53	3.92	4.31	4.71	5.49	6.28	7.06	7.85
1.60	3.77	4.19	4.61	5.03	5.87	6.70	7.54	8.38
1.70	4.00	4.45	4.89	5.34	6.23	7.12	8.01	8.90
1.80	4.24	4.71	5.19	5.66	6.60	7.54	8.48	9.43
1.90	4.47	4.97	5.48	5.97	6.96	7.96	8.95	9.95
2.00	4.71	5.23	5.76	6.28	7.33	8.38	9.42	10.47
2.20	5.18	5.76	6.34	6.91	8.06	9.22	10.36	11.52
2.40	5.65	6.28	6.92	7.54	8.80	10.06	11.31	12.57
2.60	6.13	6.81	7.49	8.17	9.53	10.90	12.26	13.62
2.80	6.59	7.33	8.07	8.80	10.26	11.73	13.19	14.66
3.00	7.06	7.85	8.63	9.43	11.00	12.57	14.13	15.71
3.25	7.65	8.51	9.37	10.21	11.91	13.62	15.31	17.02
3.50	8.21	9.16	10.09	11.00	12.83	14.66	16.49	18.33
3.75	8.84	9.82	10.80	11.78	13.75	15.71	17.68	19.64
4.00	9.42	10.47	11.53	12.57	14.66	16.76	18.85	20.95
4.25	10.01	11.13	12.25	13.36	15.58	17.81	20.03	22.26
4.50	10.60	11.78	12.96	14.14	16.49	18.85	21.20	23.56
4.75	11.19	12.43	13.68	14.92	17.41	19.90	22.38	24.87
5.00	11.78	13.09	14.40	15.71	18.33	20.94	23.56	26.18
5.25	12.37	13.74	15.12	16.49	19.24	21.99	24.74	27.49
5.50	12.96	14.40	15.84	17.28	20.16	23.04	25.92	28.80
5.75	13.53	15.05	16.56	18.07	21.08	24.09	27.10	30.11
6.00	14.13	15.71	17.29	18.85	21.99	25.14	28.27	31.42
6.25	14.73	16.36	18.00	19.64	22.91	26.18	29.46	32.73
6.50	15.32	17.02	18.72	20.42	23.83	27.23	30.64	34.04
6.75	15.90	17.67	19.45	21.21	24.74	28.27	31.81	35.35
7.00	16.49	18.33	20.17	22.00	25.66	29.33	32.99	36.66
7.25	17.08	18.98	20.89	22.78	26.58	30.38	34.17	37.97
7.50	17.67	19.63	21.60	23.56	27.49	31.42	35.34	[illegible]
7.75	18.26	20.29	22.32	24.35	28.41	32.46	36.52	40.58
8.00	18.85	20.94	23.04	25.13	29.32	33.51	37.70	41.89
8.25	19.44	21.60	23.76	25.92	30.24	34.56	38.88	43.20
8.50	20.03	22.25	24.48	26.71	31.16	35.61	40.06	44.51
8.75	20.62	22.91	25.20	27.49	32.07	36.66	41.24	45.82
9.00	21.21	23.56	25.92	28.28	32.99	37.70	42.42	47.13
9.25	21.80	24.22	26.64	29.06	33.91	38.75	43.60	48.44
9.50	22.38	24.87	27.37	29.83	34.82	39.80	44.77	49.75
9.75	22.97	25.53	28.09	30.61	35.74	40.85	45.95	51.06
10.00	23.56	26.18	28.84	31.42	36.66	41.90	47.13	52.37

XLIV^c

IIe TABLE

SERVANT A DÉTERMINER LA SECTION DE LA JANTE D'UN VOLANT EN FONTE DE FER.

DIAMÈTRE moyen de la jante.	SECTIONS DE LA JANTE EN DÉCIMÈTRES CARRÉS pour des poids de :							
	100ᵏ	150ᵏ	200ᵏ	250ᵏ	300ᵏ	350ᵏ	400ᵏ	450ᵏ
1.00	0.442	0.633	0.884	1.105	1.326	1.547	1.768	1.989
1.10	0.402	0.602	0.804	1.004	1.206	1.406	1.607	1.808
1.20	0.368	0.552	0.736	0.921	1.105	1.289	1.473	1 657
1.30	0.340	0.510	0.680	0.850	1.020	1.190	1.360	1.530
1.40	0.315	0.473	0.631	0.790	0.947	1 105	1.262	1.440
1.50	0.294	0.442	0.589	0.736	0.884	1.031	1.178	1.326
1.60	0.276	0.414	0.552	0.690	0.828	0.967	1.105	1.243
1.70	0.260	0.390	0.520	0.650	0.780	0.940	1.040	1.170
1.80	0.245	0.368	0.491	0.614	0.736	0.860	0.982	1.105
1.90	0.232	0.349	0.465	0.581	0.698	0.814	0.930	1.047
2.00	0.221	0.331	0.442	0.552	0.663	0.773	0.884	0.994
	900ᵏ	1000ᵏ	1100ᵏ	1200ᵏ	1300ᵏ	1400ᵏ	1500ᵏ	1600ᵏ
2.00	1.989	2.110	2.431	2.652	2.873	2.095	3.315	3.537
2.25	1.768	1.964	2.161	2.357	2.554	2.750	2.947	3.143
2.50	1.587	1.764	1.940	2.117	2.293	2.470	2.646	2.823
2.75	1.446	1.607	1.768	1.929	2.089	2.250	2.411	2.572
3.00	1.326	1.473	1.620	1.768	1.945	2.063	2.210	2.357
3.25	1.224	1.360	1.496	1.632	1.768	1.904	2.040	2.176
3.50	1.136	1.263	1.389	1.515	1.642	1.768	1.894	2.021
3.75	1.061	1.178	1.296	1.414	1.532	1.650	1.768	1.886
4.00	0.994	1.105	1.215	1.326	1.436	1.547	1.657	1.768
	2500ᵏ	2750ᵏ	3000ᵏ	3250ᵏ	3500ᵏ	3750ᵏ	4000ᵏ	4250ᵏ
4.00	2.763	3.039	3.316	3.592	3.868	4.145	4.441	4.686
4.25	2.601	2 861	3.122	3.382	3.642	3.903	4.163	4.423
4.50	2.456	2.701	2.947	3.193	3.438	3.684	3.929	4.175
4.75	2.326	2.559	2.792	3.024	3.257	3.489	3.722	3.955
5.00	2.242	2.433	2.654	2.875	3.096	3.318	3.540	3.760
5.25	2.105	2.315	2.526	2.736	2.947	3.158	3.368	3.579
5.50	2.009	2.210	2.411	2.612	2.813	3.014	3.215	3.416
5.75	1.922	2.114	2.307	2.499	2.691	2.883	3.075	3.268
6.00	1.842	2.026	2.210	2.395	2.579	2.763	2.947	3.131
	6500ᵏ	7000ᵏ	7500ᵏ	8000ᵏ	8500ᵏ	9000ᵏ	9500ᵏ	10000ᵏ
6.25	4.598	4.951	5.305	5.659	6.012	6.366	6.720	7.073
6.50	4.421	4.761	5.101	5.441	5.781	6.121	6.461	6.801
6.75	4.257	4.585	4.912	5.240	5.567	5.895	6.222	6.550
7.00	4.105	4.421	4.738	5.052	5.368	5.684	5.999	6.316
7.50	3.831	4.126	4.421	4.716	5.010	5.305	5.600	5.895
8.00	3.592	3.868	4.145	4.421	4.697	4.973	5.250	5.526
8.50	3.380	3.641	3.901	4.161	4.421	4.681	4.941	5.201
9.00	3.193	3.438	3.684	3.930	4.175	4.421	4.666	4.912
9.50	3.025	3.257	3 490	3.723	3.955	4.188	4.421	4.654
10.00	2.874	3.095	3.316	3.537	3.759	3.979	4.200	4.421

XLVe

SUITE DE LA TABLE

SERVANT A DÉTERMINER LA SECTION DE LA JANTE D'UN VOLANT EN FONTE.

DIAMÈTRE moyen de la jante.	SECTIONS DE LA JANTE EN DÉCIMÈTRES CARRÉS pour des poids de :							
	500k	550k	600k	650k	700k	750k	800k	850k
1.00	2.210	2.431	2.652	2.873	3.094	3.315	3.536	3.757
1.10	2.009	2.210	2.411	2.612	2.813	3.014	3.215	3.416
1.20	1.842	2.026	2.210	2.394	2.578	2.763	2.947	3.131
1.30	1.700	1.870	2.040	2.210	2.380	2.550	2.720	2.890
1.40	1.580	1.756	1.894	2.072	2.210	2.387	2.525	2.703
1.50	1.473	1.621	1.768	1.915	2.062	2.210	2.356	2.505
1.60	1.381	1.520	1.657	1.796	1.934	2.072	2.210	2.348
1.70	1.300	1.430	1.560	1.690	1.820	1.950	2.080	2.210
1.80	1.228	1.350	1.473	1.596	1.720	1.842	1.964	2.087
1.90	1.163	1.279	1.396	1.512	1.628	1.745	1.861	1.977
2.00	1.103	1.215	1.326	1.436	1.547	1.657	1.768	1.878
	1700k	1800k	1900k	2000k	2100k	2200k	2300k	2400k
2.00	3.758	3.979	4.200	4.424	4.642	4.863	5.084	5.294
2.25	3.340	3.536	3.733	3.929	4.126	4.322	4.519	4.715
2.50	2.999	3.175	3.352	3.528	3.705	3.881	4.058	4.234
2.75	2.732	2.893	3.054	3.215	3.376	3.536	3.697	3.858
3.00	2.505	2.652	2.799	2.947	3.094	3.241	3.389	3.536
3.25	2.312	2.448	2.584	2.720	2.856	2.992	3.128	3.264
3.50	2.147	2.273	2.399	2.526	2.652	2.778	2.905	3.031
3.75	2.004	2.122	2.239	2.357	2.475	2.593	2.711	2.829
4.00	1.878	1.989	2.099	2.210	2.321	2.431	2.542	2.652
	4500k	4750k	5000k	5250k	5500k	5750k	6000k	6250k
4.00	4.937	5.210	5.526	5.802	6.078	6.355	6.631	6.908
4.25	4.683	4.943	5.206	5.466	5.728	5.988	6.248	6.508
4.50	4.420	4.666	4.912	5.157	5.403	5.649	5.894	6.140
4.75	4.187	4.420	4.653	4.883	5.118	5.350	5.583	5.815
5.00	3.984	4.203	4.424	4.645	4.866	5.088	5.310	5.530
5.25	3.790	4.000	4.210	4.421	4.631	4.842	5.052	5.262
5.50	3.617	3.818	4.020	4.220	4.424	4.622	4.823	5.024
5.75	3.459	3.652	3.844	4.036	4.229	4.421	4.613	4.803
6.00	3.316	3.500	3.684	3.868	4.052	4.237	4.421	4.605
	11000k	12000k	13000k	14000k	15000k	16000k	17000k	18000k
6.00	[illegible]	8.408	[illegible]	[illegible]	[illegible]	11.010	[illegible]	[illegible]
6.50	7.482	8.162	8.842	9.522	10.202	10.882	11.562	12.243
6.75	7.205	7.860	8.515	9.169	9.824	10.480	11.134	11.790
7.00	6.947	7.579	8.210	8.842	9.473	10.105	10.736	11.368
7.50	6.404	7.070	[illegible]	[illegible]	[illegible]	9.431	10.034	10.619
8.00	6.079	6.631	7.184	7.736	8.290	8.842	9.394	9.947
8.50	5.721	6.241	6.761	7.281	7.802	8.321	8.842	9.362
9.00	5.403	5.893	6.386	6.878	7.368	7.859	8.351	8.842
9.50	5.119	5.584	6.050	6.515	6.980	7.446	7.911	8.376
10.00	4.863	5.305	5.747	6.189	6.631	7.074	7.516	7.959

Usage des tables précédentes. — Pour faire comprendre l'utilité de ces tables, il nous suffira d'un exemple analogue à l'un de ceux qui ont été donnés ci-dessus.

Exemple. — Trouver toutes les conditions et dimensions d'un volant appliqué à une machine à vapeur sans condensation, et d'une puissance de 40 chevaux, marchant à la détente 4/5, avec 35 tours par minute.

Admettant pour n la valeur 45, et 10000 pour K, le produit PV^2 égale :

$$PV^2 = 10000 \times 45 \frac{40}{35} = 514286.$$

Si l'emplacement et le rayon de la manivelle conduisent à adopter 5 mètres pour le diamètre moyen de la jante, nous cherchons dans la première table à quelle vitesse ce diamètre correspond pour 35 tours, et nous trouvons $9^m,16$.

Comme cette vitesse peut être adoptée sans inconvénient, nous cherchons le poids correspondant, ce qui donne :

$$P = \frac{514286}{(9,16)^2} = 6129 \text{ kil.}$$

En cherchant dans la IIe table le poids 6000, le plus rapproché en regard du diamètre 5 mètres, on trouve pour la section $5^{d.q}$ 310. Cette dimension peut être adoptée sans dépasser les conditions pratiques.

Cependant, si l'on désirait un volant moins pesant, en adoptant un plus grand diamètre, $5^m,50$, par exemple, ce diamètre produisant, d'après la première table, et avec 35 tours une vitesse de $10^m,08$, le poids deviendrait :

$$P = \frac{514286}{(10,08)^2} = 5062 \text{ kil.}$$

La même table donne pour $5^m,50$ et 5000 kil. une section de $4^{d.q}$ 020, ou 402 centimètres carrés.

Tracé graphique, fig. A, pl. 40. — Ces tables peuvent être remplacées par un tracé graphique qui, exécuté sur une échelle assez grande, permet de résoudre les mêmes problèmes, avec l'avantage de laisser moins de lacunes entre les données. Disons un mot de ce tracé, dont le mode de construction présente un certain intérêt.

L'échelle verticale AB est divisée en parties égales représentant des diamètres exprimés en mètres;

Du point B part un certain nombre de droites obliques attribuées à des vitesses de rotation différentes, de 5 à 50 tours par minute ; ces lignes permettent de trouver de suite, sur l'échelle supérieure A C, les vitesses circonférentielles correspondantes pour chaque diamètre mesuré sur AB;

Du même point B part une droite BH, qui donne les circonférences des mêmes cercles.

L'autre partie du tableau est disposée pour l'évaluation des sections de jantes, pour des diamètres et des poids déterminés.

La base de cette partie du tracé repose sur une hyperbole quadrilatère IJ, à l'aide de laquelle nous allons montrer comment on peut obtenir chaque section requise, qui se lit sur l'échelle CD, et pour des poids indiqués par des droites angulaires partant du point D.

Exemple. — Un volant ayant 5 mètres de diamètre et faisant 25 tours par minute, on trouve sa vitesse circonférentielle en suivant l'horizontale qui passe par le degré 5 sur l'échelle AB, jusqu'à son intersection en *a* avec la droite angulaire qui correspond à 25 tours. Ce point projeté sur l'échelle supérieure, correspond à $6^{m},54$, qui est la vitesse cherchée.

La même horizontale suivie jusqu'à son intersection *c*, avec la droite BH, donne $15^{m},71$ pour la circonférence du cercle de 5 mètres.

Maintenant, supposons que le poids calculé de ce volant soit de 5000 kil. On trouve la section en opérant de la façon suivante :

On suit la même horizontale, passant par le diamètre 5 mètres, jusqu'à son intersection *d* avec la courbe IJ, puis on projette ce point en *e* sur celle des droites angulaires, partant de D, qui correspond au poids donné 5000 kil. Ce point *e* étant lui-même projeté sur l'échelle CD, donne la section cherchée qui est ici 4,5 décimètres carrés.

Ainsi, la même horizontale, représentant un diamètre, donne à la fois, par ses diverses intersections *a*, *c* et *d*, la vitesse circonférentielle, sa propre circonférence, et la section correspondante, suivant le poids.

Mais il est remarquable que l'étendue du tableau n'est aucunement limitée aux indications numériques qui s'y trouvent inscrites.

Que l'on suppose, par exemple, l'échelle des diamètres multipliée ou divisée par un certain nombre, il est évident que les vitesses circonférentielles éprouveront une modification analogue. Ainsi, si le diamètre était de $0^{m},50$ au lieu de 5 mètres, la vitesse trouvée, avec 25 tours, serait $0^{m},654$, au lieu de $6^{m},54$, etc.

Les sections subissent les mêmes modifications que les poids, lorsqu'on en change la valeur. Ainsi, pour 500 kil., au lieu de 5000, avec le même diamètre de 5 mètres, la section trouvée serait $0^{d\cdot q},45$ au lieu de 4,5.

Dans tous les cas, si l'on change la valeur de l'échelle des diamètres et celle des poids, on a le soin de modifier celle des sections en raison inverse de la première et en raison directe de la seconde.

Nous n'insisterons pas davantage sur ces détails, qui seront compris d'avance par toute personne ayant la plus légère habitude des calculs.

CONSTRUCTION DES VOLANTS.

VOLANT TYPE.

(PLANCHE 40.)

Les volants appliqués aux machines à vapeur et aux outils se construisent de bien des façons, comme nous en montrons des exemples sur les pl. 40 et 41 ; mais, pour résumer les règles ci-dessus par une application directe, nous avons supposé un volant simple, fondu d'une seule pièce. Ce volant est représenté en élévation fig. 1, suivant une partie de deux bras seulement, avec la portion de jante et de moyeu correspondante.

Voici les bases sur lesquelles ce modèle est établi :

Puissance de la machine transmise par l'arbre qui porte le volant. 20 chevaux

Vitesse de cet arbre par minute. . . . . 50 tours

Course du piston à vapeur 0m,90

Degré de la détente 4/5

Bielle = 5 fois la manivelle. Mouvement direct ou sans balancier. — Condensation.

Nous admettons, de plus, que la régularité requise comporte l'emploi du coefficient $n = 50$.

La recherche des dimensions d'un volant se divise en plusieurs opérations principales que l'on peut résumer ainsi :

1° Détermination du diamètre D et de sa vitesse circonférentielle, qui dépendent l'un de l'autre, quand la vitesse rotative est donnée ;

2° Détermination du produit PV^2 qui se déduit de la puissance du moteur, de son état de marche ou de son système, de sa vitesse de rotation et du degré de régularité à obtenir, indépendamment du diamètre du volant et de sa vitesse circonférentielle ;

3° Détermination de la section de la jante, d'après le poids et le diamètre.

Détermination du diamètre. — Le diamètre d'un volant est théoriquement arbitraire; mais il convient de rechercher celui qui s'accorde le mieux avec l'emplacement que la machine doit occuper, tout en produisant le minimum de poids et sans atteindre les limites de vitesse où la force centrifuge deviendrait trop considérable.

A une époque où la réglementation des machines suivait une marche plus uniforme qu'aujourd'hui, on évaluait *à priori* le diamètre d'un volant, en le faisant égal à 3 fois ou 3 fois et demie la course du piston, pour les machines à basse pression et à balancier, et à 4 ou 4,5 fois pour les machines à haute pression, à un seul cylindre.

Actuellement que les machines à basse pression sont à peu près sans application, et qu'on adopte des vitesses très-différentes, on ne peut pas compter sur une règle fixe pour déterminer le diamètre des volants. Cependant, en prenant les nombres ci-dessus pour points de départ, on peut chercher jusqu'à quel point on doit s'en écarter, et s'il est nécessaire de le faire, suivant le cas proposé.

En consultant la pratique, on remarque que les vitesses circonférentielles diffèrent, mais restent maintenues dans des limites de 6 à 12 mètres par seconde, excepté pour des volants dont l'énergie considérable conduirait à des poids dépassant de bonnes conditions pratiques. M. Morin conseille de ne pas dépasser, dans tous les cas, 25 à 30 mètres par 1'', vitesse, d'ailleurs, assez rare.

Détermination du poids d'après PV^2. — Après avoir trouvé le produit PV^2, pour une machine dans laquelle on ne peut fixer d'avance le diamètre ni la vitesse du volant, la première recherche consiste à diviser ce produit PV^2 en deux facteurs qui attribuent aux poids et à la vitesse des valeurs convenables. Comme l'une ou l'autre de ces valeurs n'a rien d'absolu, la méthode la plus simple consiste à mettre le rayon du volant en rapport avec celui de la manivelle, et à admettre que les deux rayons sont dans le rapport de 5 : 1, pour les machines simples à un seul cylindre.

Pour les machines doubles actionnant un même arbre par des manivelles d'équerre, comme la force vive du volant est à peu près réduite au quart, son diamètre peut supporter une part de la diminution.

On peut alors adopter le rapport 3,5 : 1 seulement.

Dans les conditions proposées pour notre volant type, le coefficient K égale, d'après la table (XLIe), 7620 ; ayant, d'ailleurs, admis que $n = 50$, on trouve pour PV^2 :

$$PV^2 = 7620 \times 50 \times \frac{20}{50} = 152400.$$

Si nous adoptons ensuite que la vitesse circonférentielle soit égale, *à priori*, à 10 mètres par 1'', le poids de l'anneau égale, d'après cette donnée :

$$\frac{152400}{100} = 1524 \text{ kilogrammes.}$$

Mais, le diamètre de cet anneau est également déterminé, puisqu'il se déduit naturellement des vitesses rotatives et circonférentielles. Il serait, en effet :

$$D = \frac{10^m \times 60''}{50^t \times 3{,}1416} = 3^m{,}82.$$

Seulement le poids est relativement faible, et le diamètre un peu grand, ainsi que la vitesse circonférentielle, ce qui fait que l'on peut adopter $3^m{,}50$ pour le diamètre définitif de l'anneau, d'où les autres conditions se trouvent ainsi modifiées :

$$V = \frac{3^m{,}50 \times 3{,}1416 \times 50}{60} = 0^m{,}162.$$

$$P = 7620 \times 50 \frac{20^{ch.}}{0{,}002741 \times (3{,}5)^2 \times (50)^3} = 1815 \text{ kil.}$$

Section de la jante d'après le poids et le diamètre. — Nous avons déjà donné un exemple de cette opération (p. 691) que nous rappelons ici pour en faire l'application au volant type, dont la jante est aussi de section rectangulaire.

Ramenant les dimensions linéaires au décimètre pour unité, afin de se conformer à l'unité de poids de la fonte, dont la densité est moyennement de $7^k,2$ par décimètre cube, nous obtenons, pour la section cherchée :

$$S = \frac{1815^k}{35^d \times 3,1416 \times 7^k,2} = 2^{d.c}29.$$

Pour constituer cette section, nous lui donnons la forme d'un rectangle ayant ses côtés dans le rapport de 1 à 2 ; l'épaisseur de la jante devient 107 mill. et la largeur dans le sens du rayon 214 mill. Mais en raison de ce qui doit être ajouté comme cordons et tore pour le raccord des bras, nous adoptons 100 et 200 pour l'épaisseur et la largeur primitives de la jante.

On commence par tracer les cercles intérieur et extérieur de cette jante, en portant la moitié de sa largeur en dehors et en dedans de la circonférence dont le diamètre égale $3^m,50$.

Après avoir légèrement galbé le champ extérieur de la jante, comme l'indique la fig. 1, nous ajoutons quatre cordons *a*, de peu de saillie, mais qui, en facilitant le raccord des bras, peuvent être tournés ou blanchis. Puis, ayant réservé intérieurement des congés *b*, il convient d'ajouter un tore à peu près demi-elliptique *c* pour le raccord des bras. On voit que les cordons *a* permettent de conserver à la jante toute son épaisseur pour disposer à l'aise ces diverses parties.

Les bras, au nombre de six, ont une section elliptique, et sont raccordés avec la jante par des congés auxquels il est indispensable de donner un grand rayon pour éviter les cassures, par le retrait après la coulée, et assurer la solidité de la pièce. Dans toute la longueur du bras, les deux axes de la section sont doubles l'un de l'autre. Près de la jante, le grand axe a les 0,6 de la largeur de cette dernière.

La largeur des bras augmentant vers le centre, l'accroissement a été déterminé en traçant les deux côtés avec une inclinaison de 17 mill. par mètre, environ, par rapport à l'axe géométrique, en cherchant toutefois si la dimension qui en résulte, pour la racine du bras, convient au raccord avec le moyeu.

Le moyeu se compose d'un noyau cylindrique, accompagné de très-forts congés et d'un demi-tore, pour le raccord des bras. Pour que le volant ait une assiette parfaite permettant de le bien dégauchir sur l'axe, et pour obtenir une résistance suffisante, il faut donner au noyau un diamètre au moins égal au double de celui de l'arbre en ce point : soit ici 340 mill. de diamètre, et autant de portée.

Mais de toute façon, on améliore beaucoup cette construction en garnissant le moyeu de fortes frettes en fer *d*, mises à chaud, et s'arrêtant contre la naissance des congés.

C'est une bonne sûreté, surtout si l'on prend en considération le serrage des clavettes et les efforts énormes que cette partie peut être appelée à supporter dans certaines circonstances. Avec de semblables frettes, le moyeu viendrait à se fendre, soit par un excès d'efforts, soit par un défaut de fonte, que le volant n'en continuerait pas moins son service sans trop de danger.

Pour mieux relier le moyeu avec les bras et répartir progressivement la masse de matière, chaque bras est accompagné, sur ses deux faces, d'une nervure e, dont la naissance correspond aux congés du moyeu et qui se termine à rien vers la moitié de la longueur du bras. Il convient de ne pas prolonger ces nervures dans une partie où la vitesse est assez grande pour que la résistance de l'air devienne nuisible.

Le volant est assujéti sur l'axe par une clavette fixe et une ou deux clefs de serrage : deux clavettes larges, bien ajustées et placées à un tiers de circonférence, pour correspondre aux bras, peuvent suffire. Nous avons supposé le moyeu évidé intérieurement à la fonte, comme le font bien des constructeurs, afin de diminuer le travail d'ajustement. Mais avec un bon outillage, on peut éviter cet évidement et tenir l'alésage plein, de façon que les clavettes portent dans toute leur longueur.

Toutes les proportions admises dans cet exemple, ainsi que les formes de détail, n'ont évidemment rien d'absolu ; mais telles qu'elles sont, leur ensemble est d'accord avec les meilleures conditions de la pratique.

On sait que pour fondre un volant d'une seule pièce on est obligé de couper la jante en un point, dans le moule, avant la coulée, de façon que par son retrait, qui est plus tardif, à cause de la plus grande masse, que celui des bras, ces derniers ne s'en séparent pas. La solution de continuité qui en résulte, et qui peut atteindre au moins 2 centimètres de largeur, est ensuite rebouchée au moyen d'une coulée partielle de métal facilement fusible, ou par une plaque de fonte bien ajustée, et fixée de façon que les deux parties ne puissent plus se disjoindre ni varier.

Des constructeurs préfèrent laisser la jante intacte et ménager trois fentes f au moyeu, comme on le voit sur la fig. 1.

On prend aussi le soin d'équilibrer les pièces hors de centre que l'arbre est susceptible de recevoir, telle que la manivelle. On ménage, pour cela, un vide dans la jante en un point convenable, que l'on remplit ensuite avec du plomb. Nous décrirons une disposition par laquelle le même résultat est obtenu en reportant ce vide, *sans le remplir*, du même côté que *le pesant* qui détruisait l'équilibre.

Le poids total de ce volant est environ de 2755 kilogrammes, et se répartit de la manière suivante :

Poids de la jante après l'addition des cordons et du tore intérieur. .	1980^k
Poids des 6 bras.	506 250
Poids de la masse du moyeu.	268 875
Total.	2755^k 125

Ainsi, il dépasse le poids calculé, qui était attribué exclusivement à la jante. Par conséquent, l'influence régulatrice des bras, si elle est faible, n'est cependant pas nulle et s'y ajoute encore ; elle est, à la vérité, diminuée par la résistance de l'air, ce qui conduit à faire la section de ces bras mince et arrondie. S'il était possible de les remplacer par une toile pleine et unie, les fonctions du volant y gagneraient. Mais la fonte de fer ne le permet pas avec des diamètres considérables.

VOLANTS DE DIFFÉRENTES CONSTRUCTIONS.

(PLANCHES 40 ET 41.)

Les volants appliqués aux machines à vapeur présentent entre eux des différences dans le mode de construction, qui tiennent également aux dimensions propres de l'organe, à son application particulière et à l'idée du constructeur. Il est certain, d'ailleurs, qu'un volant d'un très-grand diamètre ou d'un poids considérable, ne peut être d'une construction identique à celle d'un faible volant que l'on peut fondre d'une seule pièce; la position que la machine occupe peut exiger encore que le volant soit facilement démontable, quand bien même il pourrait être fait d'une seule pièce, etc.

Bien des causes concourent donc à multiplier les dispositions qui se rencontrent en pratique à l'égard des volants; nous sommes à même d'en montrer un grand nombre d'exemples, que nous avons pris le soin de choisir parmi les machines exécutées par les meilleurs constructeurs.

VOLANT EN DEUX PARTIES PAR M. FARCOT, FIG. 5 à 9, PL. 40. — Le volant représenté par les fig. 5 et 6 est le type que M. Farcot adopte généralement pour ses moteurs à vapeur. Celui-ci appartient à une machine de 25 chevaux, avec détente et condensation; il est d'une dimension assez réduite pour se faire en deux parties seulement; chacune est composée d'une demi-couronne et de trois bras. Ces deux moitiés, au lieu d'être rassemblées directement sur l'arbre, sont rapportées sur un tourteau en fonte d'une seule pièce, et muni d'un moyeu.

Chaque moitié comprenant, en effet, un demi-cercle de jante A et trois bras B, forme vers le centre une partie annulaire C, à peu près de même épaisseur que les bras, et présentant des cordons en saillie a et a' pour l'ajustement. Les deux moitiés sont alors rapprochées en les appliquant contre le tourteau D, composé d'un plateau circulaire et d'un mamelon central pour le passage de l'arbre qui doit porter le volant; un contre-plateau E étant appliqué sur la face opposée, le tout est réuni au moyen de douze boulons b, disposés deux à deux vis-à-vis chaque bras.

Cette construction se fait avec beaucoup de soin. Les surfaces des deux plateaux D et E et des cordons a et a' de la partie centrale sont dressées, de façon que la jonction ait lieu avec exactitude, et sans *gauche*; on sait que rien n'est fâcheux comme de voir un volant tourner faux rond, et cependant cela arrive assez souvent, lorsque les dimensions de la pièce ne permettent pas de la monter sur le tour.

La machine à laquelle appartient ce volant transmet directement sa puissance à l'aide d'une paire de roues d'angle, dont l'une F est appliquée sur l'arbre moteur. Mais au lieu de l'y assujétir directement, au moyen d'un clavetage ordinaire, cette roue est reliée exclusivement au tourteau D, comme si elle eût été fondue de la même pièce; elle est, en effet, emboîtée sur un cordon appartenant au tourteau, et retenue par six des boulons b, qui réunissent les deux moitiés du croisillon avec les deux plateaux D et E. C'est le moyen d'économiser à la fois un clavetage et de la place sur l'arbre, et de rendre le volant et la transmission plus solidaires l'un de l'autre.

La fig. 5 représente une partie du croisillon vue de face, la roue d'angle démontée, et un quart du tourteau D coupé et enlevé, afin de laisser voir la partie centrale du croisillon, ainsi que le point où les deux moitiés se joignent ;

La fig. 6 est une section horizontale de l'ensemble, par le centre de l'arbre ;

La fig. 7 représente spécialement la jante en section transversale. On remarque que cette section, rectangulaire en principe, est augmentée de cordons décoratifs ; ceux extérieurs ont une saillie plus considérable, ce qui présente, ainsi que nous l'avons fait observer, l'avantage d'excentrer encore le centre de gravité de la section, en augmentant la force vive proportionnelle de la masse en mouvement ;

La fig. 8 est la section transversale d'un bras faite vers l'origine, suivant la ligne 1-2. Cette section est elliptique, renforcée sur les deux tiers de la longueur du bras par une nervure *d*, peu saillante ;

La fig. 9 est un détail de la réunion des bras avec la couronne, lorsque les dimensions exigent que ces parties soient fondues séparément. Chaque portion de jante A' porte à l'endroit du bras B' une oreille *e*, formant parclose dans laquelle le bras s'encastre à demi-épaisseur ; un boulon *f*, à écrou rond et entaillé, tient les deux parties serrées l'une sur l'autre.

Volant en quatre parties, par MM. Cail et Cie, fig. 10 a 14. — Ce volant présente une analogie assez complète, comme système, avec celui précédemment décrit. On y remarque une construction très-étudiée au point de vue de l'assemblage et des jonctions. Cet exemple, d'un type adopté en général dans les établissements Cail et Cie, est emprunté à une machine de 16 chevaux.

La fig. 10 représente une partie du volant en vue de face extérieure, avec une partie du plateau D enlevée ;

La fig. 11 est une section horizontale par le centre de l'arbre et entre deux bras.

Ce volant est formé de quatre parties, comprenant chacune une portion de jante A, et deux bras B, terminés par un segment C, en quart de cercle ; les quatre parties rapprochées sont fixées par seize boulons sur un tourteau en fonte D, lequel se monte sur l'arbre de la machine.

Les boulons sont disposés suivant deux séries *a* et *a'*, de huit chacune, et sont divisés de façon à ne pas se rencontrer sur un même rayon. Bien qu'ils suffisent pour opérer très-solidement la réunion de ces diverses parties, on s'est arrangé, néanmoins, pour qu'ils ne supportent pas d'effort transversal résultant d'un défaut d'équilibre momentané entre la puissance transmise par l'arbre moteur et la force vive acquise par la jante. A cet effet, le plateau D est muni de quatre portées saillantes *b*, qui viennent s'ajuster chacune très-exactement entre deux talons *c*, ménagés aux quatre segments C appartenant aux parties du croisillon. Il en résulte que les boulons n'ont d'autre effet à produire que de tenir les segments appliqués contre le plateau D ; s'il survenait un effort tendant à faire varier circulairement ce dernier par rapport au croisillon, il agirait d'abord sur les talons et les portées, et ne produirait alors aucune dislocation, car la résistance de ces parties encastrées est considérable.

La section de la jante, que la fig. 13 fait voir, est de la forme la plus rationnelle pour obtenir, à poids égal de matière employée, le maximum de force vive, ou, autrement dit, elle comporte l'emploi du minimum de matière, à force vive égale engendrée. C'est une portion de cercle raccordée avec un trapèze dont la petite base est tournée vers le centre du volant.

La jonction des parties de jante s'effectue à l'aide d'une plaque de fer *d*, emmanchée comme un faux tenon sur les deux parties, dans une mortaise venue à la fonte et librement ouverte à l'intérieur du cercle. Cette plaque ainsi ajustée et maintenant les deux parties dans leur plan commun, on opère le serrage, bout à bout, par deux clavettes *e* qui traversent de part en part la jante et la plaque.

(Chaque jonction de la jante est placée sur le milieu de la distance de deux bras, au lieu d'être près de l'un d'eux, comme on a été obligé de le faire à cause de l'emplacement de la figure sur la planche.)

La fig. 12 est une section de cet assemblage suivant la ligne 1-2 ;

La fig. 13 en est une section transversale, suivant 3-4 ; elle indique la plaque *d* coupée et la jante en vue de bout à l'endroit du joint. On y remarque un cordon bordant la section pour éviter d'en dresser la surface entière.

Les bras sont elliptiques, comme le montre la fig. 14, qui est une section faite sur la ligne 5-6 ; ils sont renforcés par une nervure arrondie.

Volant avec bras et parties de couronne séparés, par M. Bourdon, fig. 15 et 16. — Ces figures représentent les détails d'un volant adopté par M. Bourdon ; on a pu en voir un exemple, par la machine que ce constructeur a présentée en 1855 à l'Exposition universelle, où elle participait à la mise en mouvement de la transmission.

Ses bras B sont fondus isolément, ainsi que les six parties de jante correspondantes A. Ils sont réunis sur un plateau central C, au moyen de boulons et d'encastrements, comme cela se pratique souvent pour le montage des croisillons d'une roue hydraulique. Pour sa réunion avec la jante, chaque bras se termine par une queue d'aronde qui s'engage entre deux talons *a* appartenant à la couronne.

On maintient cet assemblage par des cales qui doivent aussi servir au centrage en les chassant plus ou moins ; il n'est pas plus possible, du reste, de se passer de ce moyen de serrage que de faire tomber les six bras juste dans leurs entailles, sans un certain jeu qui sert à regagner les irrégularités, et que l'on détruit ensuite avec les coins. La couronne est, en outre, traversée par un boulon *b* qui pénètre également dans le bras et s'y trouve fixé par une clavette *c*.

La réunion des parties de couronne s'effectue à l'aide d'un faux tenon en fer et de deux clavettes de serrage : c'est le même mode que fig. 10 et 12, si ce n'est que le tenon est placé au milieu de la largeur de la jante.

Celle-ci est rectangulaire, avec les bords légèrement arrondis. Les bras sont elliptiques sur toute leur longueur et sans nervure.

VOLANTS DE GRANDES DIMENSIONS, FIG. 17 à 21. — Le volant représenté fig. 17 et 18 appartient à une machine de 35 chevaux, à grande détente et condensation, construite par M. Legavrian, pour mettre en mouvement des laminoirs à cuivre.

Le croisillon est formé de deux parties de chacune quatre bras fondus ensemble, avec la moitié du mamelon par lequel il est monté sur l'arbre moteur, qui est à huit pans; ces deux parties sont réunies par huit boulons. La réunion des bras B avec la jante est semblable à ce qui est représenté fig. 15. C'est encore un assemblage à queue d'aronde entre des talons *a* ménagés à la jante A, avec un boulon de tirage *b*. Mais les cales sont en bois de chêne, au lieu de métal; c'est une disposition souvent adoptée pour les organes soumis, comme un volant appliqué aux laminoirs, à des chocs ou réactions aussi brusques qu'énergiques : l'interposition, dans les assemblages, de corps en quelque sorte élastiques, atténue l'action destructive des chocs, et, pour le cas actuel, peut empêcher la rupture des bras du volant.

La jante est formée de plusieurs parties réunies suivant le mode indiqué par la fig. 18, qui est une section faite suivant le ligne 1–2, fig. 17. Les deux parties sont jointes à moitié épaisseur, à barbes parallèles et arrasements d'équerre, et serrées l'une contre l'autre par trois boulons *c*, à tête et écrou noyés. Toujours dans le but de soustraire les boulons à l'effort transversal, on introduit dans le joint deux clefs *d*, qui doivent être parfaitement ajustées et remplir très-exactement leur place.

La fig. 19 est le détail d'un volant construit par M. Cavé, pour une forge, dans des conditions assez semblables au précédent; mais ses bras sont en fer, et faibles de section comparativement à la jante.

Chaque bras B est, en effet, une tige en fer forgé, arrondie sur les rives, de façon à obtenir à peu près l'ovalisation de la section; l'extrémité forme un T à talons peu saillants, qui s'engage dans une entaille ménagée à la jante et renforcée de talons *a*. Comme le bras ne forme que le tiers environ de l'épaisseur de la jante, l'entaille, comme le montre la coupe sur 1–2, fig. 20, en a les deux tiers en profondeur, et le bras étant mis en place, le surplus est rempli par une cale *b*, puis un boulon *c*, à écrou et têtes affleurés, fixe le tout ensemble.

Ajoutons que cet assemblage ne présenterait pas la rigidité suffisante, si l'on n'y ménageait deux clefs *d*, qui font, en quelque sorte, opérer *la tension* des bras par rapport à la jante, et soulagent le boulon *c*.

La réunion des parties de jante se fait à demi épaisseur, suivant un joint *en sifflet*, comme le montre la projection horizontale fig. 21. Les deux parties sont retenues l'une sur l'autre par deux boulons *e*; deux clefs *f* les empêchent de fuir suivant le joint, en exerçant un effort transversal sur les boulons; les extrémités des barbes ne pouvant pas se terminer en lame aiguë, sont arrondies.

Ce mode de jonction, qui rappelle un peu ce que les charpentiers désignent par le *trait de Jupiter*, a de véritables qualités comme solidité et résistance des parties jointes. Il est évident que les barbes coupées en coins résisteraient plus, le cas échéant, que celles découpées parallèlement, comme sur l'exemple fig. 18; mais on rencontre de véritables difficultés, pour exécuter un pareil assemblage, et faire un joint en sifflet parfaitement *dégauchi* en tout sens, sans négliger l'ajustement des joints extrêmes arrondis. C'est pourquoi l'on choisit souvent le joint parallèle qui, par la facilité d'exécution, offre une garantie de plus pour l'exactitude et la solidité.

Détails divers, fig. 22 a 26. — Nous donnons encore quelques détails de construction de volant, qui, tout en différant de ceux qui précèdent, s'y rattachent assez pour être compris dans la même série.

Les fig. 22 à 24 sont les détails principaux d'un volant construit dans les établissements Cavé, pour une machine verticale de 14 chevaux.

Ce volant, dont le diamètre n'a que $3^m,76$, est fondu en deux pièces reliées à la jante et par le moyeu. (Les trois jonctions devant être sur le même diamètre, il faut supposer la fig. 23 tournée d'un quart de révolution pour être en rapport avec la fig. 22 qui indique l'une de ces jonctions.)

Le rapport des deux parties du moyeu est fait tout simplement à l'aide de quatre boulons *a* disposés deux à deux de chaque côté du croisillon ; le joint est plat, sans embrèvement ; mais le tout est armé de deux frettes en fer *b*, ce qui sera toujours, ainsi que nous l'avons fait observer, une bonne précaution, même pour les volants fondus d'une seule pièce.

La réunion de deux parties de jante se fait suivant un joint de bout exactement plat, avec deux plaques à talon *c*, entaillées sur chacune des faces, et fixées par deux boulons *d;* quatre clefs en fer *e* permettent de serrer cet assemblage.

Les fig. 25 et 26 représentent le même genre de fonction, empruntée à un autre volant, et considérée comme une variante de ce qui vient d'être décrit. Les plaques à talons, ou à double T, sont remplacées par deux autres plaques c' à queue d'aronde, prévenant, par leur forme, la disjonction circulaire, et aussi fixées par des boulons d'. On y remarque aussi un faux tenon *f*, de faible dimension, inséré dans le joint, afin de maintenir la rigidité latérale et réciproque des deux parties réunies, et cela indépendamment des plaques c'.

Mise en équilibre des volants. — On sait qu'un volant doit être parfaitement en équilibre sur son axe de rotation, ou, autrement dit, ne doit présenter aucun *pesant* d'un côté ou de l'autre, dans telle position qu'il occupe. Lui-même étant un solide de révolution régulier et sensiblement homogène, on peut le regarder comme équilibré ; mais il n'en est pas de même de son axe, qui porte souvent une manivelle à laquelle se rattache un mouvement de transmission. Ainsi, on peut considérer l'ensemble du poids de la manivelle, de la bielle et du piston, comme un *pesant* qui nuirait à la régularité de la marche du volant si on ne l'équilibrait pas.

A cet effet, le plus souvent on ménage dans la jante, au point *opposé* au côté de la manivelle, une cavité que l'on remplit de métal d'une densité supérieure à celle qui constitue le volant, du plomb pour les volants de fonte, de façon à faire contre-poids *au pesant*, en tenant compte, bien entendu, du rapport entre les rayons de la manivelle et de la jante.

Cette méthode, que l'on peut appeler *équilibre par addition*, ou *positif*, peut être remplacée par le procédé contraire, consistant à obtenir l'équilibre par *soustraction* ou *négativement*.

Le volant détaillé fig. 22 à 24 en offre un exemple. Au lieu de ménager le vide dans la jante du côté *opposé* à la manivelle, on le réserve *du même côté*, et on ne le remplit pas, ou on y introduit un morceau de bois pour le dissimuler. Le résultat obtenu est évidemment le même avec les deux méthodes.

Grand volant de forges, par MM. Thomas et Laurens, fig. 27 a 31, pl. 41. — Pour la construction de ce volant, les ingénieurs sont entrés, sans réserve, dans l'emploi des moyens capables de donner la plus grande solidité et une sécurité parfaite. Il se distingue particulièrement par la structure de la jante, qui est composée de deux parties, dans le sens de l'épaisseur, dans le but, facile à apprécier, d'obtenir la plus parfaite rigidité dans la réunion des divers segments qui la composent.

La fig. 27 en est une vue de face partielle, avec une partie démontée pour montrer le mode d'application des deux moitiés de l'épaisseur;

La fig. 28 en est une section tranversale faite sur l'axe 1-2;

La fig. 29 est une section de la jante suivant l'arc 3-4 rectifié;

La fig. 30 est une section transversale faite sur l'axe 5-6 de l'un des bras;

Et la fig. 31 est une section transversale de la jante, sur la ligne 7-8 passant sur le raccord de deux segments contigus.

La jante A, que l'on peut d'abord considérer comme d'une seule pièce, est réunie avec le croisillon suivant le mode précédemment indiqué fig. 17. On voit, en effet, que l'extrémité de chaque bras, taillée à queue, est prise entre deux ergots *c*, qui appartiennent à la jante, et serrée à l'aide de coins en fer; un boulon longitudinal *b*, claveté et à tête fraisée, complète l'assemblage.

Le croisillon est composé de deux parties comprenant chacune quatre bras B; ces parties sont assemblées au moyeu par dix boulons *a*, filetés des deux bouts, et par deux frettes en fer *g*, posées à chaud; une clef *h* est introduite dans le joint pour prévenir toute variation.

L'épaisseur de la jante est formée, comme nous l'avons dit, de deux parties qui sont composées elles-mêmes chacune de huit segments dont les joints sont croisés et ramenés de chaque côté des bras. La réunion des deux épaisseurs est effectuée vis-à-vis des bras et au milieu juste de leur intervalle, au moyen de broches en fer *f* rivées et fraisées des deux bouts; mais à l'endroit des talons *c* et des joints de segments, ce sont des boulons *e*, à écrou rond et noyé, de manière que la jante soit toujours démontable en huit parties sur sa circonférence. En plus des boulons et rivets, la réunion des segments est opérée par une clef *d*, à queue d'aronde et à talons pénétrants, toujours dans le but de soustraire les boulons aux efforts transversaux.

Le croisement des épaisseurs de jante est rendu sensible par la fig. 27, où l'un des segments supérieurs est démonté, ce qui laisse apercevoir celui de derrière avec les saillies dressées, pour faire le joint plat.

L'arbre qui reçoit le volant est à huit pans, et le calage est effectué au moyen de coins en fer, qui servent en même temps à centrer. Enfin, tout révèle, dans ce système, la plus sérieuse préoccupation, de la part des auteurs, des efforts énormes qu'il est susceptible de ressentir ou de développer par son inertie.

Ce volant est applicable à un train de tôlerie, et l'axe sur lequel il est monté est appelé à surmonter une résistance variable de 200 à 400 chevaux. Cet axe a pour section un octogone circonscrit à un cercle de 35 centimètres de diamètre et fait 60 à 70 tours par minute.

La jante du volant pèse 25000 kilogrammes, et son diamètre moyen égale $6^{m},50$. A 65 tours, on trouve pour la vitesse circonférentielle :

$$\frac{6,50 \times 3,1416 \times 65}{60} = 22^{m},122 \text{ par } 1''.$$

Ainsi, à part même le croisillon, on est en présence d'une masse de 25 tonnes qui se meut à la vitesse énorme de plus de 22 mètres par seconde : c'est presque le quadruple de la force vive que représente une locomotive lancée à la vitesse de 60 kilomètres à l'heure ! Il était donc intéressant de se rendre compte des dimensions qui ont été données aux diverses parties de ce volant en vue d'une énergie aussi considérable.

MM. Petin et Gaudet ont fait monter à Saint-Chamond des laminoirs puissants en acier fondu, pour la fabrication des blindages de navire, et des grandes et fortes tôles de 15 à 20 mètres de longueur et plus. Ils ont établi, pour les commander, une machine à vapeur de 5 à 600 chevaux, à détente variable, et dont le volant ne pèse pas moins de 50 tonnes.

Ce volant a 9 mètres de diamètre ; sa jante est en fonte, composée de plusieurs parties, et entourée d'un fort cercle en fer rapporté à chaud et d'une seule pièce ; les bras sont fondus creux ; mais ils sont traversés dans toute leur longueur par de forts tirants en fer qui les relient très-solidement à la jante.

Son moyeu, également fretté sur les deux côtés, est ajusté et calé sur un arbre de couche énorme, qui, outre la manivelle en fer du moteur, porte un gros engrenage en *acier fondu* de plus de 4 mètres de diamètre.

La vitesse moyenne de ce volant est de 50 tours par minute, ce qui correspond à $23^{m},58$ ou près de 24 mètres par seconde à la circonférence extérieure. Malgré cette énorme vitesse, les soins apportés à la construction et à son montage sont tels, qu'il tourne parfaitement rond ; et son énergie est tellement considérable que, lorsque les laminoirs fonctionnent, le moteur n'éprouve pas de ralentissement apparent, ce que nous avons pu constater en visitant les usines de MM. Petin, Gaudet et Cie.

VOLANTS-POULIES, FIG. 32 A 37. — MM. Colas frères, maîtres de forge, à Rachecourt, ont inauguré, il y a quelques années, un système de transmission d'une grande hardiesse : ils commandent les laminoirs directement au moyen de larges courroies.

L'emploi du volant, comme poulie, est bien connu, surtout pour des machines à vapeur de faible puissance; ce que nous devons montrer ici, c'est le mode de construction inhérent à des proportions qui dépassent les limites de la pratique ordinaire.

Les fig. 32 à 34 représentent les détails de l'une de ces immenses volants-poulies, dont la jante, qui est disposée pour recevoir deux courroies, a 5^{m},60 de diamètre, et ne pèse pas moins de 8500 kilogrammes.

Cette jante A est composée de deux épaisseurs serrées l'un contre l'autre au moyen d'oreilles *a* boulonnées, et divisées en plusieurs parties sur la circonférence. L'ensemble est rattaché à un croisillon B, en deux parties, dont les bras sont assemblés, comme on l'a vu précédemment, au moyen de talons *b*, appartenant à la jante.

Les bras B, dont la fig. 34 est une section transversale, permettent de soutenir la jante dans la presque totalité de sa largeur, et représentent *deux* systèmes de bras superposés et séparés l'un de l'autre, quoique fondus d'une même pièce qui comprend la moitié du croisillon.

Les fig. 33 à 35 représentent une poulie analogue, mais simple, qui constitue le volant d'une machine de 60 chevaux, construite par M. Gilmer, mécanicien, à Paris, pour la même usine, sous la direction de MM. Ch. Thirion et de Mastaing.

La largeur de la jante étant moindre, le croisillon est simple, et les bras ont pour section celle indiquée fig. 37. Leur réunion avec la jante est faite d'une façon inverse à ce qui vient d'être expliqué; chaque bras se termine par une griffe *b*, dans laquelle sont pris les talons de la jante, dont les segments sont réunis au même point au moyen de deux boulons *a*.

Ces deux volants-poulies tournent à de grandes vitesses : la poulie double, fig. 32, fait 90 tours par minute, et l'arbre de la machine à vapeur qui porte la seconde, fig. 36, en fait 45.

L'application du système à courroie aux gros outils de forge a pour but d'éviter les ruptures fréquentes que l'on éprouve avec les engrenages, malgré la grande résistance qui leur est donnée ; on comprend qu'une courroie pouvant glisser dans un moment d'effort excessif, les chocs et les accidents qui en résultent sont évités.

Volant-engrenage a dents de fonte, par M. Th. Powell, fig. 38 a 40. — Nous avons dit que l'on exécute des volants de machines à vapeur, qui constituent en même temps le premier engrenage de transmission.

Les fig. 38 à 40 représentent un volant de ce système appliqué sur l'arbre de deux machines accouplées à deux cylindres, construites par M. Powell ;

La fig. 38 en est une vue de face extérieure partielle, comprenant une portion de la jante et du croisillon ;

La fig. 39 en est une section diamétrale, faite sur l'axe d'un bras, dont la fig. 40 est la section transversale.

L'ensemble se compose de la jante A, divisée en douze segments, et du croisillon formé d'un nombre correspondant de bras B, lesquels sont réunis sur le tourteau central C, fondu d'une seule pièce.

La jante, dont la section représente un T, est fondue avec la denture qui comprend

276 dents : soit 23 par segment. Ce nombre correspond à un pas de 90 mil., divisé à peu près également entre la dent et le creux ; la largeur de la denture est de 375 mill. Ce raccord des segments se fait vis-à-vis des bras, qui se terminent chacun par deux talons *a* pour l'ajustement dans le sens du rayon, et par une griffe *b*, qui s'ajuste dans une entaille ménagée *ad hoc* a la jante ; cet assemblage est complété par deux boulons *c* qui réunissent les bras aux segments.

Ces bras sont ajustés dans les encloisonnements ménagés au tourteau C ; ils sont fixés par des boulons *d*, lesquels traversent en même temps le contre-plateau D qui donne à l'ensemble la solidarité nécessaire.

Volant-engrenage a dents de bois, par MM. Houdouart et Corbran, fig. 41 a 44. — Dans la plupart des cas, la denture d'un volant-engrenage, au lieu d'être en métal, est en bois, pour correspondre à une roue plus petite de diamètre, dont la denture est en fonte.

Les fig. 41 à 44 montrent un exemple de ce genre, emprunté à une machine à deux cylindres, construite à Rouen dans les ateliers de MM. Houdouart et Corbran.

Ce volant est composé de quatre pièces comprenant chacune deux bras et un quart de la couronne ou jante ; leur réunion s'opère à la jante par des faux tenons en fer clavetés, et au moyeu, par deux frettes en fer *a*; la structure générale est bien celle d'un engrenage, plutôt que d'un volant, par la forme donnée aux bras et par leur raccord avec le moyeu central. Toute l'attention doit être reportée sur le mode d'emmanchement des dents de bois *b*, dont on chausse la couronne comme une roue ordinaire, mais en surmontant une difficulté qui naît de ce que la jante n'a pas, comme pour une roue simple, les dimensions strictement nécessaires à la denture, puisqu'elle est augmentée de la masse affectée à l'énergie du volant.

L'assemblage des dents est représenté en détail, fig. 43, qui est une section transversale de la jante.

Cette jante est composée d'un limbe annulaire A, fondu avec une couronne A', percée de mortaises, ou *cabinets*, pour y fixer les dents ; pour que ces deux parties conservent leur solidarité, malgré les mortaises qui les sépareraient complétement, le limbe y pénètre suivant un triangle qui oblige alors d'entailler conformément la queue des dents.

Ces dernières se composent chacune, dans le sens de la largeur, de deux pièces qui sont mises en place et ajustées séparément, mais qui se touchent comme si elles n'en formaient qu'une seule ; si les dents étaient faites d'un seul morceau, on les fendrait presque toutes en les emmanchant, à cause de la pénétration du limbe qui forme coin, ou bien on ne parviendrait pas à leur faire remplir parfaitement la mortaise, comme on le peut, au contraire, aisément, en les coupant d'avance.

Quoique une semblable denture puise toute sa solidité dans l'ajustement très-serré des dents, que l'on a eu la précaution de faire sécher longtemps avant la pose, elles peuvent prendre du jeu et sortir de leur place ; pour empêcher cela, on les retient à l'aide d'une goupille en fer *c* placée dans le tenon, au-dessous de la couronne A' ; à cet effet, le limbe A est percé d'un trou, vis-à-vis de chaque cabinet, de façon que la même goupille puisse traverser de part en part.

Pour décorer ce volant, tout en complétant son poids, les constructeurs rapportent sur la face apparente une couronne en fonte mince D, composée de huit segments, et fixée contre la jante par des boulons *d*. Cette couronne, étant tournée, présente un profil à moulure du meilleur effet.

Ce volant est appliqué à une machine à deux cylindres d'une puissance nominale de 40 chevaux, dont l'arbre fait 21 tours par minute, et dont le rayon de la manivelle égale $0^m,900$; la détente totale est 6 fois l'admission à pleine vapeur. Il a les dimensions suivantes :

Diamètre au centre de gravité de la jante.	$6^m,716$
Vitesse correspondante par 1''.	$7^m,381$
Poids de la jante, environ.	6500 kil.
Poids total.	9345 »
Diamètre du cercle primitif de la denture.	$7^m,035$
Nombre de dents.	340

Volant-engrenage a dents de bois, par MM. Stehelin et c[ie], fig. 45 a 47. — Ce volant appartient à une machine de Woolf de 80 chevaux, faisant 28 tours par minute ; il a $6^m,22$ de diamètre au cercle primitif de la denture, et sa jante pèse 10000 kil. Il est composé de six pièces comprenant chacune un bras et une partie correspondante de la jante ; les bras se réunissent sur le tourteau C, et s'y fixent chacun par deux boulons *c* ; les jonctions de jante s'effectuent à l'aide de deux tenons *d* clavetés.

La jante présente une partie élargie A' dans laquelle sont ménagées les mortaises pour recevoir les dents; ces mortaises débouchent dans des ouvertures *a*, qui traversent la jante de part en part et ne conservent entre elles, de quatre en quatre dents, qu'un plein correspondant à un creux. Les dents sont retenues par des clefs en bois *b* que l'on chasse, entre leurs tenons, par les ouvertures *a*.

Volant-engrenage a dents de bois, par M. Legavrian, fig. 48 et 49. — Ce dernier exemple diffère presque complétement de ceux qui précèdent. Le jante A, divisée en huit segments, a la structure exacte d'une roue simple, et les mortaises la traversent entièrement, excepté devant les bras. Ceux-ci sont formés chacun de deux pièces B semblables, placées l'une devant l'autre, et entre lesquelles sont pincés le plateau central C et les pattes *a* venues de fonte avec les segments. Ces derniers se terminent par la moitié de cette patte, dont le bord est muni d'un cordon saillant afin d'encastrer les deux parties du bras, lesquelles présentent à cet endroit un élargissement suffisant pour placer six boulons *b*, qui les réunissent avec les parties de la jante.

La réunion des bras avec le plateau C est tout à fait semblable, et s'effectue par encastrement et au moyen de trois boulons *c* pour chaque bras. On remarquera qu'il a été ménagé à ceux-ci des talons *d* correspondant à de pareilles entailles dans les encastrements, ce qui a pour objet de soustraire les boulons *c* à l'effort de traction que la force centrifuge développe et qui s'exerce sur les bras.

Voici les dimensions de ce volant et les conditions de marche de la machine de Woolf à laquelle il est appliqué :

Puissance nominale de la machine	60 chevaux.
Détente totale	4,5
Vitesse de l'arbre moteur par 1′	24 tours.
Diamètre moyen de la jante du volant	5^m,932
Poids moyen de cette jante	7810 kilog.
Vitesse circonférentielle par 1′	7^m,452

ACTION DE LA FORCE CENTRIFUGE SUR LES VOLANTS.

Lorsqu'un corps pesant exécute un mouvement de rotation plus ou moins rapide, d'après un centre fixe, ce mouvement donne naissance à une force qui tend à éloigner de ce centre les particules solides du corps, et que l'on nomme *la force centrifuge*. Aucune pièce n'est plus directement soumise à cette force qu'un volant qui, sous son influence, tend à se séparer en fragments qui peuvent, si cet accident se produisait, être projetés dans différentes directions et occasionner les accidents les plus graves.

Nous allons donner un résumé des notions qui permettent d'estimer l'influence de cette force et d'en prévenir les résultats, qui sont la rupture des différentes parties d'un volant, lorsque leur résistance est insuffisante (1).

L'anneau d'un volant (que nous supposons d'une seule pièce), tend à se rompre, sous l'action de la force centrifuge, en deux parties et suivant un plan passant par l'axe de rotation ; la résistance opposée à cet effort est évidemment celle du métal de l'anneau à la rupture, par extension, et sur le double de sa section transversale. Nous ne parlons pas encore de la résistance des bras, qui ne peuvent être considérés comme soumis à l'action de la force centrifuge développée sur l'anneau qu'après sa rupture, qui peut se produire à l'exclusion des bras.

On démontre, en mécanique, que la *force centrifuge* a pour expression :

$$C = \frac{P V^2}{g R},$$

dans laquelle :

P représente le poids du mobile, en kilogrammes ;
V » sa vitesse circulaire, en mètres par 1″ ;
R » le rayon du cercle qu'il décrit ;
g » l'accélération due à la gravité, et égale à 9^m,81.

Ajoutons de suite que le cercle décrit, dont R est le rayon, est rapporté au *centre de gravité* du mobile. Dans le phénomène que nous examinons, le mobile est *un demi-anneau*, puisque l'ensemble tend à se séparer en deux fragments ; il faut donc en rechercher *le centre de gravité*, auquel on doit rapporter la relation précédente.

(1) Nous nous appuyons, pour cette étude, que nous produisons pour la première fois, sur le savant et récent travail de M. Charbonnier, relativement aux volants et aux régulateurs à force centrifuge.

L'anneau d'un volant est toujours assez étroit, comparativement à son diamètre, pour que l'on puisse, sans erreur notable, imaginer tout son poids concentré sur son cercle moyen, c'est-à-dire supposer que tous les centres de gravité des segments élémentaires, dont il est formé, soient placés sur ce cercle. Ceci admis, il reste à déterminer la position du centre de gravité *résultant*, soit, en résumé, *le centre de gravité d'une demi-circonférence.*

Fig. 142.

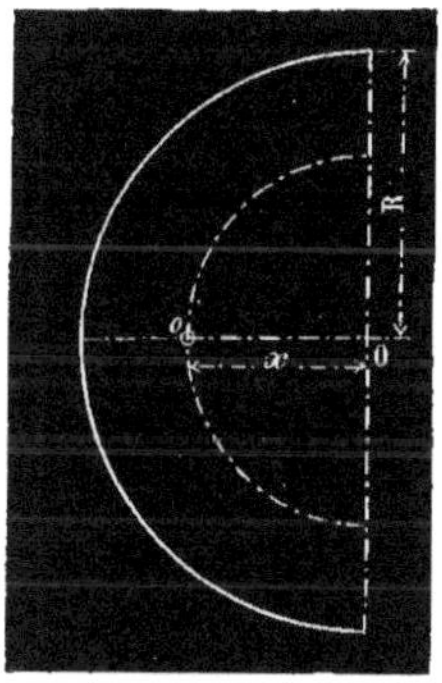

Le centre de gravité o d'une demi-circonférence est placé sur le rayon perpendiculaire au diamètre, et à une distance x du centre O, fig. 142, dont la relation suivante donne la valeur :

$$x = \frac{2\,R}{\pi}.$$

D'après cela, si la vitesse circonférentielle de l'anneau est V sur son cercle moyen, dont le rayon est R, la vitesse circonférentielle du centre de gravité o sera :

$$V\,\frac{x}{R} = \frac{2\,R\,V}{\pi\,R} = \frac{2\,V}{\pi}.$$

Si, maintenant, nous revenons à l'expression de la force centrifuge, rapportée au centre de gravité o, en adoptant cette vitesse et le rayon x, auquel elle correspond, et en appelant p le poids du demi-anneau, il vient d'abord :

$$c = \frac{p}{g} \times \left(\frac{2\,V}{\pi}\right)^2 \div x, \text{ ou : } c = \frac{4\,p\,V^2}{g\,x\,\pi^2}.$$

Remplaçant x par sa valeur ci-dessus, on obtient définitivement :

$$c = \frac{p}{g} \times \frac{4\,V^2}{\pi^2} \div \frac{2\,R}{\pi} = \frac{2\,p\,V^2}{g\,\pi\,R}.$$

Telle est, en résumé, l'expression de la force centrifuge développée dans la moitié de l'anneau d'un volant, dont le rayon est R et la vitesse circonférentielle V. Il va nous être facile d'en déduire la relation entre cette force et la résistance de l'anneau, qui a pour base, comme nous l'avons dit, le double de sa section transversale.

Si nous appelons S cette section, en mètre carré, et T la résistance du métal à la traction par même unité de surface, on aura, égalant l'effort à la résistance :

$$\frac{2\,p\,V^2}{g\,\pi\,R} = 2\,S\,T.$$

La jante étant en fonte, dont la densité est de 7200 kil. par mètre cube, on aura ainsi le poids de la moitié de l'anneau :

$$p = 7200 \times \pi\,R\,S.$$

Puis, si l'on se donne que le métal ne soit pas soumis à un effort de traction de plus de 200 kil. par centimètre carré, qui correspond à :

$$T = 2000000 \text{ kil.},$$

et que l'on fasse figurer ces quantités numériques dans l'équation de résistance, on arrive à une nouvelle relation de laquelle on tire ensuite la valeur de la vitesse circonférentielle *qui ne doit pas être dépassée, pour que le taux de résistance attribué au métal ne le soit pas lui-même.*

Voici ce calcul :

$$\frac{2 \times 7200 \times \pi R S V^2}{9{,}81 \times \pi R} = 2 \times S \times 2000000 \text{ ; d'où : } \frac{144 \times V^2}{9{,}81} = 40000.$$

Résolvant enfin, par rapport à V, il vient :

$$V = \sqrt{\frac{40000 \times 9{,}81}{144}} = 52^{m},19 \text{ p. } 1''.$$

Ainsi qu'on l'a remarqué dans ce chapitre, cette vitesse est au moins quadruple des plus élevées qui se rencontrent en pratique, si l'on excepte certains cas très-rares, où la vitesse de la jante d'un volant atteint 20 et 25 mètres par seconde. Il n'en est pas moins vrai que, même pour ces vitesses, on arme fortement le volant, loin de se reposer sur la résistance isolée de la fonte ; d'ailleurs, ces volants énergiques et de grandes dimensions sont formés de plusieurs pièces réunies par des assemblages qu'il est important de soustraire à l'action directe de la force centrifuge.

Quant aux bras, nous avons fait observer que tant que la jante résiste, ils n'ont pas à supporter l'action de la force centrifuge, à moins qu'on ne veuille tenir compte de cette action par leur propre masse sur elle-même, ce que l'on peut négliger. On pourrait seulement s'arranger pour que la somme de leurs sections minima, lorsqu'ils ne possèdent pas d'armatures spéciales, ne fût pas inférieure *au quadruple de celle de la jante*, ce qui établira au moins l'égalité entre leurs résistances considérées isolément, la moitié des bras répondant, en effet, à la double section de la jante dans le cas de rupture admis précédemment.

Ce qui est plus sérieux à l'égard de la résistance des bras, c'est l'inertie de la jante dans les moments de variations brusques de la vitesse. En admettant les proportions indiquées dans les exemples que nous avons montrés, on sera dans des conditions convenables pour un état de marche ordinaire. Mais s'il s'agit de ces volants exceptionnels, comme ceux des forges, qui peuvent éprouver des réactions d'une intensité tout à fait imprévue, on emploie alors des moyens particuliers de consolidation, et puis on interpose encore dans la transmission quelque pièce sacrifiée d'avance, qui est d'une moindre résistance et qui cède en se rompant ou en se tordant.

FIN.

TABLE DES MATIÈRES

INTRODUCTION

NOTIONS SUR LA RÉSISTANCE DES MATÉRIAUX

CHAPITRE PREMIER

PROPORTIONS DES VIS, DES BOULONS ET DES RIVETS

(PLANCHES 1 A 3)

CHAPITRE II

PROPORTIONS ET CONSTRUCTION DES ARBRES

(PLANCHES 4 ET 5)

CHAPITRE III

PIVOTS, CRAPAUDINES ET ARBRES VERTICAUX

(PLANCHES 6 ET 7)

CHAPITRE IV

MÉCANISMES D'ASSEMBLAGES FIXES ET MOBILES APPLIQUÉS AUX ARBRES DE TRANSMISSION

(PLANCHES 8 A 11)

CHAPITRE V

PALIERS, COUSSINETS ET BOITARDS, CHAISES ET SUPPORTS, PALIERS GRAISSEURS

(PLANCHES 12 A 15)

CHAPITRE VI

CONSTRUCTION DES ENGRENAGES ET DES POULIES DE TRANSMISSION

(PLANCHES 16 A 19)

CHAPITRE VII

PROPORTIONS ET CONSTRUCTION DES COLONNES ET BATIS EN FONTE

(PLANCHES 20 ET 21)

CHAPITRE VIII

TIGES ET TRAVERSES DE PISTON, BIELLES MOTRICES EN FER ET EN FONTE

(PLANCHES 22 A 24)

CHAPITRE IX

PROPORTIONS ET CONSTRUCTION DES MANIVELLES MOTRICES ET DES EXCENTRIQUES

PROPORTIONS ET CONSTRUCTION DES BALANCIERS EN FONTE ET EN FER

(PLANCHES 25 ET 26)

CHAPITRE X

PROPORTIONS ET CONSTRUCTION DES CYLINDRES

(PLANCHES 27 A 29)

CHAPITRE XI

PROPORTIONS ET CONSTRUCTION DES GARNITURES A ÉTOUPE, DES GARNITURES MÉTALLIQUES ET DES GARNITURES EN CUIR

(PLANCHE 30)

CHAPITRE XII

PROPORTIONS ET CONSTRUCTION DES TUYAUX DE DIFFÉRENTS SYSTÈMES

(PLANCHES 31 ET 32)

CHAPITRE XIII

SOUPAPES, CLAPETS, ROBINETS ET VALVES DE DIVERS SYSTÈMES

(PLANCHES 33 A 36)

CHAPITRE XIV

CONSTRUCTION DES PISTONS A VAPEUR, A EAU ET A VENT

(PLANCHES 37 A 39)

CHAPITRE XV

PROPORTIONS ET CONSTRUCTION DES VOLANTS RÉGULATEURS APPLIQUÉS AUX MACHINES A VAPEUR ET AUX OUTILS

(PLANCHES 40 ET 41)

SAINT-NICOLAS, PRÈS NANCY. — IMPRIMERIE DE P. TRENEL.

ERRATA

Page XXXV, ligne 16, en descendant, au lieu de : *rapport de 1,42 : 1*, lisez : *rapport de 1,12 : 1*.

» 166 » 19 » » 60 *degrés, limite bien supérieure*, lisez : 30 *degrés, limite supérieure*.

» 169 » 15 » » *demi-circulaires*, lisez : *demi-carrées*.

» 330, fig. 86. La direction des flèches doit être renversée, et dans le paragraphe qui suit, il faut remplacer partout : *brin conducteur* par : *brin conduit*.

» 369, ligne 1, en descendant, au lieu de : *quotient de valeur*, lisez : *quotient de la valeur*.

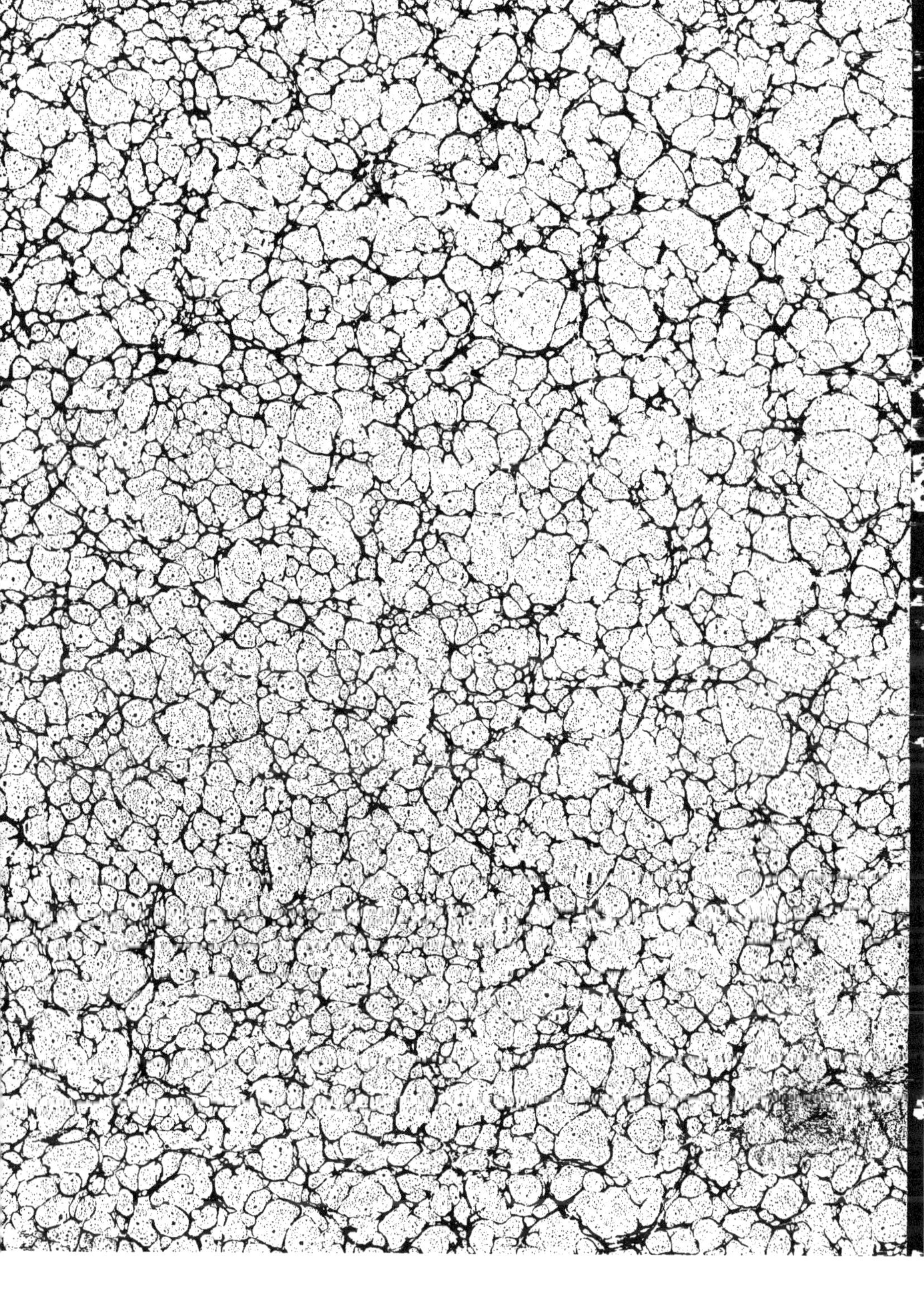

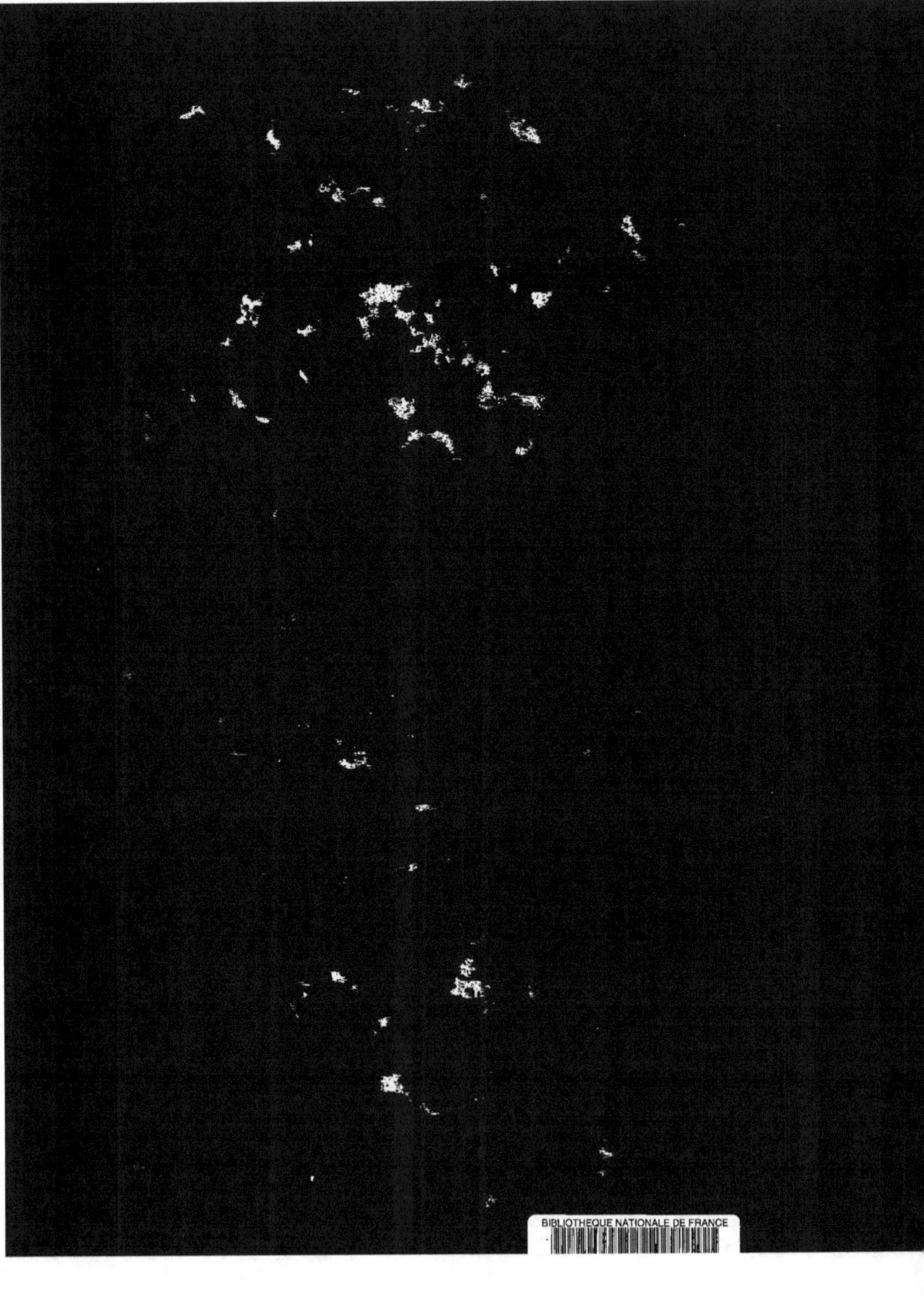
BIBLIOTHEQUE NATIONALE DE FRANCE

www.ingramcontent.com/pod-product-compliance
Lightning Source LLC
LaVergne TN
LVHW010112230826
846091LV00001BA/25

* 9 7 8 2 0 1 3 4 1 0 2 6 7 *